U0199364

贵州维管束植物编目

主　　编　罗　扬　邓伦秀
执行主编　杨成华

中国林业出版社

图书在版编目（CIP）数据

贵州维管束植物编目／罗扬等主编. —北京：中国林业出版社，2015.6
ISBN 978 - 7 - 5038 - 8033 - 9

Ⅰ．①贵…　Ⅱ．①罗…②邓…③杨…　Ⅲ．①维管植物 - 编目　Ⅳ．①Q949.4

中国版本图书馆 CIP 数据核字（2015）第 132777 号

出版　中国林业出版社（100009　北京西城区德内大街刘海胡同 7 号）
电话　（010）83143581
发行　中国林业出版社
印刷　北京中科印刷有限公司
版次　2015 年 6 月第 1 版
印次　2015 年 6 月第 1 次
开本　889mm×1194mm　1/16
印张　35.5
印数　1300 册
字数　1100 千字

编辑委员会名单

主　　编：罗　扬　邓伦秀
执行主编：杨成华

主要参编人员：

陈景艳	贵州省林业科学研究院	高级工程师
李　茂	贵州省林业科学研究院	高级工程师
戴晓勇	贵州省林业科学研究院	副研究员
李　鹤	贵州省林业科学研究院	工程师
陈志萍	贵州省林业科学研究院	高级工程师
侯　娜	贵州省林业科学研究院	高级工程师
李从瑞	贵州省林业科学研究院	高级工程师
姜运力	贵州省林业科学研究院	高级工程师
陈菊艳	贵州省林业科学研究院	工程师
陈　锐	贵州省林业科学研究院	助工
徐超然	贵州省林业科学研究院	助工
申敬民	贵州省林业科学研究院	高级工程师
杨　鹏	贵州省林业科学研究院	工程师

专家顾问：（按姓氏笔画排序）

安明态	贵州大学	教授
张华海	贵州省野生动植物管理站	研究员
杨传东	贵州梵净山国家级自然保护区管理局	研究员
苟光前	贵州大学	教授
谢双喜	贵州大学	教授
熊源新	贵州人学	教授

前　言

　　贵州地处云贵高原向湘桂丘陵平原和四川盆地过渡地带，山高谷深，沟壑纵横，喀斯特地貌占国土面积约73%。复杂的地形地貌，良好的水热条件，孕育了贵州丰富的植物多样性。调查研究贵州维管束植物多样性，摸清其种类、性状和分布特征，对保护和恢复生态环境、合理利用贵州植物资源有重要意义。

　　本书共收录贵州维管束植物8612种（包括亚种、变种和变型，下同），隶属于252科1781属，其中蕨类植物37科120属850种、裸子植物12科39属117种、被子植物203科1622属7645种，包括原生种8011种、引种601种。记录内容主要包括维管束植物的性状特征、生境以及贵州境内的产地。

　　所有维管束植物的排序，蕨类植物按"秦仁昌1978分类系统"排列，裸子植物按"郑万钧1978分类系统"排列，被子植物主要按"克朗奎斯特1998分类系统"排列。科内属名、种名顺序按英文字母先后排列。属名定名人用全名，种名定名人用简称。

　　本书以《Flora of China》为基准，在《中国植物志》、《贵州植物志》、《贵州蕨类植物志》等相关文献中与《Flora of China》中的拉丁学名不一致的，以异名形式在"【 】"中进行标注。《Flora of China》中没有收录的种，以参考文献记录种名为准。

　　本编目主要参考了《中国植物志》、《中国高等植物志》、《Flora of China》、《贵州植物志》、《贵州蕨类植物志》、《贵州药用蕨类植物志》、《贵州野生木本花卉》、《贵州野生草本花卉》、《贵州木兰科植物》、《贵州桑科植物资源图鉴及利用现状》等专著全册，贵州各类自然保护区科学考察成果、植物种质资源调查成果以及各学术期刊记录的贵州新分布及新种等文献资料。

　　为了表述简洁，书中涉及的分布地简称如下：县级单位的后面均省略"县"、"市"、"区"等称谓；贵州梵净山国家级自然保护区，简称"梵净山"；贵州茂兰国家级自然保护区，简称"茂兰"；贵州雷公山国家级自然保护区，简称"雷公山"；贵州麻阳河国家级自然保护区，简称"麻阳河"；贵州宽阔水国家级自然保护区，简称"宽阔水"；贵州佛顶山国家级自然保护区，简称"佛顶山"；贵州大沙河省级自然保护区，简称"大沙河"；贵州百里杜鹃省级自然保护区，简称"百里杜鹃"；月亮山自然保护区，简称"月亮山"。

　　在本书的调查、整理和成稿过程中，许多贵州的植物研究工作者以不同的形式给予了宝贵的支持，或提供资料，或协助鉴定标本，或解决疑难问题等，他们是王培善先生、熊源新教授、陈训研究员、张华海研究员、苟光前教授、安明态教授、陈翔研究员、杨传东研究员、杨荣和教授、邓朝义研究员、谢镇国研究员等，在此特意致谢！恕不一一列举，如有遗漏，敬请谅解。

　　此书编辑成稿历时长、文献多、内容广，加之水平所限，难免有不当之处，望不吝赐教。

编　者

目　录

蕨类植物

一、石松科 Lycopodiaceae

（一）石杉属 *Huperzia* Bernhardi

1. 赤水石杉 *Huperzia chishuiensis* X. Y. Wang et P. S. Wang

小型陆生蕨类；生于海拔 1450m 的藓丛中；分布于赤水等地。

2. 皱边石杉 *Huperzia crispata*（Ching ex H. S. Kung）Ching

小型陆生蕨类；生于海拔 1780 – 1820m 的阔叶林下或箭竹林下深厚而疏松的土壤中；分布于江口、雷山等地。

3. 峨眉石杉 *Huperzia emeiensis*（Ching ex H. S. Kung）Ching et H. S. Kung

小型陆生蕨类；生于海拔 1300m 的山顶银杉林下；分布于道真等地。

4. 锡金石杉 *Huperzia herteriana*（Kümm.）R. Sen et T. Sen

小型陆生蕨类；生于海拔 2030m 的近山顶流水旁藓丛中；分布于雷山等地。

5. 昆明石杉 *Huperzia kunmingensis* Ching

小型陆生蕨类；生于海拔 1200 – 1800m 的山谷溪边、林缘、灌丛下；分布于盘县、赫章、习水、雷山、台江、三都等地。

6. 雷山石杉 *Huperzia leishanensis* X. Y. Wang

小型陆生蕨类；生于海拔 2100m 的灌丛下藓丛中；分布于雷公山等地。

7. 南川石杉 *Huperzia nanchuanensis*（Ching ex H. S. Kung）Ching et H. S. Kung

小型陆生蕨类；生于海拔 1300 – 2200m 的银杉林下或山顶藓丛中；分布于道真、印江、江口等地。

8. 小杉兰石杉 *Huperzia selago*（L.）Bernh. ex Schrank et Mart.

小型陆生蕨类；生于海拔 1900 – 2300m 的高山草甸上、石缝中、林下、沟旁；分布地不详。

9. 蛇足石杉 *Huperzia serrata*（Thunb.）Trev.

小型陆生蕨类；生于海拔 300 – 1900m 山坡、河谷、溪边、林下、林缘、灌丛下；贵州酸性山地均有分布。

10. 四川石杉 *Huperzia sutchueniana*（Herter）Ching

小型陆生蕨类；生于海拔 1000 – 1610m 的山坡林下、灌丛下；分布于道真、桐梓、松桃、梵净山、雷公山等地。

（二）马尾杉属 *Phlegmariurus*（Herter）Holub

1. 华南马尾杉 *Phlegmariurus austrosinicus*（Ching）L. B. Zhang

小型陆生蕨类；生于海拔 1240m 以下的常绿阔叶林下，附生于树干基部或岩石上；分布于赤水、赫章、三都、剑河、雷山、榕江、从江等地。

2. 福氏马尾杉 *Phlegmariurus fordii*（Bak.）Ching

小型陆生蕨类；附生于海拔 1300m 以下的常绿阔叶林下的石上或树干上；分布于赤水、赫章、三都、剑河、雷山、榕江、从江等地。

3. 有柄马尾杉 *Phlegmariurus petiolatus*（C. B. Clarke）H. S. Kung et L. B. Zhang【*Phlegmariurus hamiltonii* var. *petiolatus*（Clarke）Ching】

小型陆生蕨类；生于海拔 500 - 920m 的溪谷林下或岩石上；分布于赤水等地。

（三）石松属 *Lycopodium* Linnaeus

1. 垂穗石松 *Lycopodium* cernuum L.【*Palhinhaea cernua*（L.）Franco et Vasc.】

中型至大型陆生蕨类；生于海拔 1300m 以下的山谷溪边，山坡湿地；省内酸性山地均有分布。

2. 扁枝石松 *Lycopodium complanatum* L.【*Diphasiastrum complanatum*（L.）Holub】

小型至中型陆生蕨类；生于海拔 750 - 2200m 的山坡草地、疏林下、林缘；省内酸性山地均有分布，常成片生长。

3. 石松 *Lycopodium japonicum* Thunb. ex Murray

中型陆生蕨类；生于海拔 2500m 以下的山坡、草地、林下、林缘；贵州酸性山地均有分布。

4. 笔直石松 *Lycopodium verticale* Li Bing Zhang【*Lycopodium obscurum* f. *strictum*（Milde）Nakai ex Hara】

中型陆生蕨类；生于海拔 1300 - 2300m 酸性山地的河谷、山坡灌丛、林缘；分布于毕节地区大部、桐梓、道真、盘县、西秀、修文、息烽、贵阳、印江、江口、施秉、雷山等地。

（四）藤石松属 *Lycopodiastrum* Holub

1. 藤石松 *Lycopodiastrum casuarinoides*（Spring）Holub ex Dixit

大型陆生蕨类；生于海拔 1300m 以下的常绿阔叶林山地；仅见于酸性山地之林缘或灌丛；分布于赤水、习水、遵义、七星关、黔西、金沙、安龙、兴仁、贞丰、紫云、西秀、六枝、平坝、清镇、贵阳、黔南州大部、黔东南州南部及西部、松桃、印江、江口、玉屏、余庆等地。

二、卷柏科 Selaginellaceae

（一）卷柏属 *Selaginella* P. Beauvois

1. 白毛卷柏 *Selaginella albociliata* P. S. Wang

小型陆生蕨类；生于海拔 530 - 760m 的石灰岩山地低山河谷地带的林下、溪边带土的石上；分布于荔波等地。

2. 二形卷柏 *Selaginella biformis* A. Braun ex Kuhn

小型陆生蕨类；生于海拔 800m 以下的河谷地带；分布于黎平、从江、安龙等地。

3. 大叶卷柏 *Selaginella bodinieri* Hieron.

小型陆生蕨类；生于海拔 380 - 1500m 的石灰岩山地林下、路边、溪边、河谷地带；分布于全省大部分地区。

4. 布朗卷柏 *Selaginella braunii* Baker

小型陆生蕨类；生于海拔 400 - 900m 的山坡疏林下、路边；分布于桐梓、德江、思南、松桃、碧江、岑巩、施秉等地。

5. 毛边卷柏 *Selaginella chaetoloma* Alston

小型陆生蕨类；生于海拔 900 - 1100m 的石灰岩洞内及密林下湿石上与苔藓混生；分布于贵定、荔波等地。

6. 块茎卷柏 *Selaginella chrysocaulos*（Hook. et Grev.）Spring

小型陆生蕨类；生于海拔 1900 - 2520m 的山坡林缘、路边、沟边；分布于盘县、威宁、赫章等地。

7. 蔓生卷柏 *Selaginella davidii* Franch.【*Selaginella gebaueriana*（Hand. -Mazz.）X. C. Zhang】

小型陆生蕨类；生于海拔 600 - 1900m 的山坡林下、山谷、河谷、路边、石上，多见于石灰岩山地；分布于赤水、威宁、金沙、纳雍、织金、盘县、六枝、安龙、普安、安顺地区大部、贵阳、黔南州大部、雷山、黄平、施秉、梵净山等地。

8. 薄叶卷柏 *Selaginella delicatula*（Desv.）Alston

中型陆生蕨类；生于海拔 1200m 以下的阴湿林下、溪沟边，石灰岩地区多见；全省大部均有分布。

9. 深绿卷柏 *Selaginella doederleinii* Hieron.

小型陆生蕨类；生于海拔 1200m 以下的常绿阔叶林下、溪沟边；省内酸性山地均有分布。

10. 镰叶卷柏 *Selaginella drepanophylla* Alston

小型陆生蕨类；生于海拔 600－800m 的石灰岩溶洞口岩壁上；分布地不详。

11. 疏松卷柏 *Selaginella effusa* Alston

小型陆生蕨类；生于海拔 500－1200m 的山坡林下、溪沟边湿地，土生或石生；分布于贞丰、都匀、雷山、三都、荔波等地。

12. 攀缘卷柏 *Selaginella helferi* Warb.

大型陆生蕨类；生于海拔 150－800m 的低山河谷地带，攀缘于灌丛上；分布于望谟、罗甸、册亨、镇宁、安龙等地。

13. 异穗卷柏 *Selaginella heterostachys* Baker

小型陆生蕨类；生于海拔 300－1300m 的山坡、草地、路边、田坎、沟边；分布于七星关、桐梓、绥阳、遵义、安顺地区大部、贵阳、黔南大部、雷山、务川、德江、江口、册亨、望谟等地。

14. 兖州卷柏 *Selaginella involvens* (Sw.) Spring

小型陆生蕨类；生于海拔 700－2000m 的山坡疏林下、林缘、荒坡、山谷路边；全省大部分地区均有分布。

15. 贵州卷柏 *Selaginella kouytcheensis* Lévl.

小型陆生蕨类；生于海拔 900－1100m 的岩洞口；分布于西秀、镇宁等地。

16. 细叶卷柏 *Selaginella labordei* Hieron. ex Christ

小型陆生蕨类；生于海拔 800－2200m 的林下、灌丛下、林缘，路边、岩洞口；分布于道真、绥阳、正安、松桃、印江、江口、桐梓、德江、七星关、黔西、水城、六枝、贵阳、龙里、贵定、雷山、三都等地。

17. 膜叶卷柏 *Selaginella leptophylla* Baker

小型陆生蕨类；生于海拔 1100－1680m 的溪边、山坡灌丛下；分布于六枝、水城、晴隆等地。

18. 罗甸卷柏 *Selaginella luodianensis* P. S. Wang et H. Y. Gao

小型陆生蕨类；分布于罗甸等地。

19. 狭叶卷柏 *Selaginella mairei* Lévl.

小型陆生蕨类；生于海拔 300－750m 的山坡、溪沟内林下、石上；分布于册亨、罗甸等地。

20. 江南卷柏 *Selaginella moellendorffii* Hieron.

小型到中型陆生蕨类；生于海拔 270－1700m 的山坡、林缘、路边、溪边石隙间；全省大部均有分布。

21. 单子卷柏 *Selaginella monospora* Spring

小型陆生蕨类；生于海拔 600－1300m 的灌丛下石隙、山谷石上；分布于贞丰、荔波等地。

22. 伏地卷柏 *Selaginella nipponica* Franch. et Sav.

小型陆生蕨类；生于海拔 300－1900m 的山坡、田坎、路边、溪边、疏林下、林缘、灌丛旁；全省大部均有分布。

23. 黑顶卷柏 *Selaginella picta* A. Braun ex Baker

中型陆生蕨类；生于海拔 450－1800m 的河谷疏林下；分布于罗甸等地。

24. 地卷柏 *Selaginella prostrata* H. S. Kung

小型陆生蕨类；生于海拔 1500m 的林下石隙、石上；分布于西秀等地。

25. 垫状卷柏 *Selaginella pulvinata* (Hook. et Grev.) Maxim.

小型陆生蕨类；生于海拔 500 – 2400m 的林下、灌丛下、荒坡石隙间及岩洞口石壁上；分布于威宁、赫章、大方、黔西、贵阳、水城、兴义、晴隆、册亨、西秀、镇宁、关岭、雷山、从江、松桃、碧江等地。

26. 疏叶卷柏 *Selaginella remotifolia* Spring

小型陆生蕨类；生于海拔 2000m 以下的山坡林缘、林下、溪边；全省大部分地区均有分布。

27. 高雄卷柏 *Selaginella repanda*（Desv. ex Poir.）Spring

小型陆生蕨类；生于海拔 280 – 800m 的南部河谷地带之路边、溪边；分布于望谟、罗甸等地。

28. 红枝卷柏 *Selaginella sanguinolenta*（L.）Spring

小型陆生蕨类；生于海拔 1100 – 2200m 的石灰岩地区的荒坡、林缘、灌丛旁之石隙、石上，旱生、喜钙植物；分布于威宁、赫章、普安、西秀、平坝、贵阳等地。

29. 糙叶卷柏 *Selaginella scabrifolia* Ching et Chu H. Wang【*Selaginella doederleinii* subsp. *trachyphylla*（Warb.）X. C. Zhang; *Selaginella trachyphylla* A. Br. ex Hieron】

小型陆生蕨类；生于海拔 350m 左右的河谷林下；分布于榕江等地。

30. 刺脉卷柏 *Selaginella spinulosovena* G. Q. Gou et P. S. Wang【*Selaginella xishuiensis* G. Q. Gou et P. S. Wang】

小型陆生蕨类；生于海拔 900 – 1100m 的石灰岩洞口岩石上；分布于紫云等地。

31. 卷柏 *Selaginella tamariscina*（P. Beauv.）Spring

小型陆生蕨类；生于海拔 1100m 的河谷石上；分布于桐梓等地。

32. 毛枝卷柏 *Selaginella trichoclada* Alston

中型陆生蕨类；生于海拔 150 – 900m 的林下；分布地不详。

33. 翠云草 *Selaginella uncinata*（Desv. ex Poir.）Spring

匍匐陆生蕨类；生于海拔 1100m 以下的阴湿山坡、林缘、溪边；分布于赤水、兴义、望谟、镇宁、西秀、清镇、贵阳、黔南大部、黔东南大部、铜仁地区东部等地。

34. 鞘舌卷柏 *Selaginella vaginata* Spring【*Selaginella xishuiensis* G. Q. Gou et P. S. Wang】

小型陆生蕨类；生于海拔 1000 – 2900m 的石灰岩山地；分布于长顺、丹寨、道真、关岭、贵定、赫章、惠水、江口、雷山、黎平、荔波、六枝、龙里、纳雍、盘县、威宁、瓮安、西秀、印江、永城、贞丰、镇宁、习水等地。

35. 藤卷柏 *Selaginella willdenowii*（Desv. ex Poir.）Baker

藤状陆生蕨类；生于海拔约 400m 的河谷地带；分布于册亨、望谟、罗甸等地。

36. 剑叶卷柏 *Selaginella xipholepis* Baker

小型陆生蕨类；生于海拔 2200m 以下的林下、灌丛下、溪边、路边、山顶石上、石隙、岩洞内；分布于道真、毕节地区西部、六盘水市、贞丰、西秀、镇宁、关岭、铜仁地区大部、丹寨、雷山、黎平、印江、江口等地。

三、水韭科 Isoëtaceae

（一）水韭属 *Isoëtes* Linnaeus

1. 云贵水韭 *Isoetes yunguiensis* Q. F. Wang et W. C. Taylor

小型沉水蕨类；生于海拔 1000 – 2200m 的山沟缓流中、水库浅水中、湿地；分布平坝、贵阳、纳雍、清镇、龙里等地。

四、木贼科 Equisetaceae

（一）木贼属 *Equisetum* Linnaeus

1. 问荆 *Equisetum arvense* L.

中小型蕨类；生于海拔 2900m 以下；分布于桐梓等地。

2. 披散木贼 *Equisetum diffusum* D. Don

中小型蕨类；生于海拔 280 – 2200m 的路边、水边、旷地，瀑布旁等潮湿地；分布于毕节地区大部、六盘水市、黔西南州大部、安顺地区大部、赤水、习水、仁怀、遵义、罗甸、三都、福泉、清镇、贵阳、黄平等地。

3. 木贼 *Equisetum hyemale* L.

大型蕨类；生于海拔 2900m 以下的林下溪流边；分布于大沙河等地。

4. 犬问荆 *Equisetum palustre* L.

中小型蕨类；生于海拔 1000 – 2200m 的潮湿旷地、溪沟边；分布于赤水、道真、正安、桐梓、遵义、威宁、赫章、七星关、黔西、息烽、贵阳、西秀、关岭、福泉、思南、印江、松桃等地。

5. 节节草 *Equisetum ramosissimum*（Desf.）Böern【*Hippochaete ramosissima*（Desf.）Boem】

中小型蕨类；生于海拔 2200m 以下的溪边、路边、旷地、林缘、灌丛旁；全省大部分地区均有分布。

6. 笔管草 *Equisetum ramosissimum* subsp. *debile*（Roxb. ex Vauch.）Hauke【*Hippochaete debilis*（Roxb. ex Vauch.）Holub】

大中型蕨类；生于海拔 380 – 1700m 的溪边、路边、旷地、林下、林缘、灌丛旁；全省大部分地区均有分布。

五、松叶蕨科 Psilotaceae

（一）松叶蕨属 *Psilotum* Swartz

1. 松叶蕨 *Psilotum nudum*（L.）Beauv.

小型陆生蕨类；生于海拔 500 – 1180m 的树蕨或其他乔木主干，也见于石隙；分布于赤水、习水、七星关、金沙、关岭、镇宁、贞丰、册亨、瓮安等地。

六、瓶尔小草科 Ophioglossaceae

（一）阴地蕨属 *Botrychium* Swartz J. Bot.

1. 薄叶阴地蕨 *Botrychium daucifolium* Wall. ex Hook. et Grev.【*Sceptridium daucifolium*（Wall. ex Hook. et Grev.）Lyon】

中型陆生蕨类；生于海拔 500 – 2200m 的阴湿山坡林下、灌丛下及河谷地带；分布于赤水、大方、安龙、贞丰、松桃、江口、赫章、贞丰、望谟、雷山等地。

2. 台湾阴地蕨 *Botrychium formosanum* Tagawa

中小型陆生蕨类；分布地不详。

3. 华东阴地蕨 *Botrychium japonicum*（Prantl）Underw.【*Sceptridium japonicum*（Prantl）Lyon】

中型陆生蕨类；生于海拔 800 – 1600m 的林下、溪边；分布于桐梓、正安、纳雍、黔西、金沙、修文、贵阳、西秀、平坝、普定、关岭、贞丰、丹寨、锦屏、印江、松桃等地。

4. 绒毛阴地蕨 *Botrychium lanuginosum* Wall. ex Hook. et Grev.【*Botrypus lanuginosus*（Wall. ex

Hook. et Grev. ）Holub】

中型陆生蕨类；生于海拔 1500 – 2200m 的林下、林缘；分布于六枝、兴仁等地。

5. 阴地蕨 *Botrychium ternatum*（Thunb.）Sw.【*Sceptridium ternatum*（Thunb.）Lyon】

中小型陆生蕨类；生于海拔 800 – 2500m 的溪沟边、林下、林缘、山坡灌丛旁、草丛中；全省有分布。

6. 蕨萁 *Botrychium virginianum*（L.）Sw.【*Botrypus virginianus*（L.）Michaux】

中小型陆生蕨类；分布海拔 1400 – 1900m 的溪沟边、阴湿林下、林缘；分布于桐梓、道真、绥阳、正安、江口、黔西、龙里等地。

（二）瓶尔小草属 *Ophioglossum* Linnaeus

1. 柄叶瓶尔小草 *Ophioglossum petiolatum* Hook.

小型陆生蕨类；生于海拔 600 – 2300m 的山坡灌丛旁或草丛中；全省有分布。

2. 心叶瓶尔小草 *Ophioglossum reticulatum* L.

小型陆生蕨类；生于海拔 800 – 2000m 的溪边、草坡、路边、疏林下；分布于桐梓、道真、修文、贵阳、平坝、西秀、雷山、江口、镇远等地。

3. 狭叶瓶尔小草 *Ophioglossum thermale* Kom.

小型陆生蕨类；生于海拔 1000m 以下的山地草坡；分布于兴义、关岭、独山、沿河等地。

4. 瓶尔小草 *Ophioglossum vulgatum* L.

小型陆生蕨类；生于海拔 500 – 2000m 的溪边、田坎、草坡、灌丛旁；分布于赫章、兴仁、镇宁、道真、天柱、德江、荔波等地。

七、合囊蕨科 Marattiaceae

（一）莲座蕨属 *Angiopteris* Hoffmann

1. 福建莲座蕨 *Angiopteris fokiensis* Hieron.

大型陆生蕨类；生于海拔 800m 以下的低山河谷的溪边林下、灌丛下；分布于赤水、黔西南州大部、黔南州南部、黔东南州南部等地。

八、紫萁科 Osmundaceae

（一）桂皮紫萁属 *Osmundastrum* Linnaeus

1. 桂皮紫萁 *Osmundastrum cinnamomeum*（L.）C. Presl【*Osmunda cinnamomea* L.】

大中型陆生蕨类；生于海拔 1000 – 2600m 的山坡林缘，湿地或沼泽中；分布于威宁、赫章、黔西、修文、贵阳、兴仁、紫云、贵定、都匀、雷山、麻江、道真等地。

（二）紫萁属 *Osmunda* Linnaeus

1. 绒紫萁 *Osmunda claytoniana* L.

大中型陆生蕨类；生于海拔 1650 – 2700m 的山坡草地、林缘；分布于桐梓、威宁、赫章、七星关等地。

2. 紫萁 *Osmunda japonica* Thunb.

大中型陆生蕨类；生于海拔 2500m 以下的酸性山地；全省大部分地区均有分布。

3. 宽叶紫萁 *Osmunda javanica* Bl.

大型陆生蕨类；生于海拔 760m 以下的河谷林下、溪边酸性土上；分布于赤水、罗甸、三都、荔波、黎平等地。

4. 华南紫萁 *Osmunda vachellii* Hook.

大型陆生蕨类；生于海拔 930m 以下的酸性山地的沟谷、溪边；分布于赤水、兴仁、贞丰、惠水、罗甸、三都、荔波、独山、江口、雷山、榕江、黎平、从江、施秉等地。

九、瘤足蕨科 Plagiogyriaceae

（一）瘤足蕨属 *Plagiogyria*（Kunze）Mettenius

1. 瘤足蕨 *Plagiogyria adnata*（Bl.）Bedd.

中型陆生蕨类；生于海拔 700 – 1540m 的溪边林下、林缘或阴湿山坡林下；分布于赤水、桐梓、遵义、织金、晴隆、兴义、贵阳、雷山、黎平、榕江、从江、都匀、贵定、平塘、三都、荔波、独山、松桃、江口等地。

2. 华中瘤足蕨 *Plagiogyria euphlebia*（Kunze）Mett.【*Plagiogyria grandis* Copel.；*Plagiogyria maxima* C. Chr.】

中型陆生蕨类；生于海拔 500 – 1900m 的山坡林下、林缘、河谷路边；分布于松桃、印江、江口、遵义地区大部、七星关、纳雍、赫章、黔西、西秀、贵阳、贵定、都匀、三都、雷山、榕江、黎平、瓮安等地。

3. 镰羽瘤足蕨 *Plagiogyria falcata* Copel.【*Plagiogyria dunnii* Copel.】

中型陆生蕨类；生于海拔 500 – 830m 的常绿阔叶林下河谷溪边；分布于贵定、平塘、雷山、榕江、荔波等地。

4. 华东瘤足蕨 *Plagiogyria japonica* Nakai

中型陆生蕨类；生于海拔 450 – 1500m 的阴湿林下，河谷溪沟边；分布于松桃、印江、江口、遵义地区大部、七星关、贵阳市西部、贵定、榕江、雷山、天柱、瓮安、黄平等地。

5. 密叶瘤足蕨 *Plagiogyria pycnophylla*（Kunze）Mett.【*Plagiogyria decrescens* Ching】

中型陆生蕨类；生于海拔 1800m 的溪沟边林下；分布于贞丰等地。

6. 耳形瘤足蕨 *Plagiogyria stenoptera*（Hance）Diels【*Plagiogyria argutissima* Chirst】

中型陆生蕨类；生于海拔 700 – 1800m 的河谷、路边、灌丛和密林下；分布于松桃、印江、江口、赤水、桐梓、绥阳、七星关、都匀、普安、兴仁、安龙、贞丰等地。

十、里白科 Gleicheniaceae

（一）芒萁属 *Dicranopteris* Bernhardi

1. 大芒萁 *Dicranopteris ampla* Ching et Chiu

大型陆生蕨类；生于海拔 400 – 1000m 的山坡向阳处及疏林下、林缘；分布于赤水、安龙、册亨、望谟等地。

2. 芒萁 *Dicranopteris pedata*（Houtt.）Nakaike【*Dicranopteris linearis*（Burm. f.）Underw.】

大型陆生蕨类；生于海拔 150 – 2000m 的酸性山地的林下、林缘、荒坡，常为马尾松林下的优势草本群落；全省大部均有分布。

（二）里白属 *Diplopterygium* Presl

1. 中华里白 *Diplopterygium chinense*（Rosenst.）De Vol

大型陆生蕨类；生于海拔 150 – 1100m 的溪边、林缘、林下、阳坡；分布于赤水、德江、江口、册亨、贞丰、西秀、贵阳、贵定、三都、独山、荔波、雷山、丹寨、榕江、从江、黎平等地。

2. 里白 *Diplopterygium glaucum*（Thunb. ex Houtt.）Nakai

大型陆生蕨类；生于海拔 700 – 2000m 的酸性山地、溪边、林下、林缘；广泛分布于道真、赤水、习水、桐梓、绥阳、仁怀、遵义、七星关、大方、黔西、水城、西秀、平坝、修文、贵阳、清镇、平塘、都匀、赫章、纳雍、织金、普定、印江、江口、玉屏、岑巩、三穗、天柱、台江、雷山、独山、三都、榕江等地。

3. 光里白 *Diplopterygium laevissimum*（Christ）Nakai

大型陆生蕨类；生于海拔 700 – 1410m 的山坡林下、林缘、路边；分布于赤水、桐梓、道真、松桃、印江、江口、七星关、息烽、贵阳、贵定、都匀、独山、雷山、贞丰等地。

4. 绿里白 *Diplopterygium maximum*（Ching）Ching et H. S. Kung

大型陆生蕨类；生于海拔 550 – 1400m 的山坡林下、林缘、河谷路边；分布于赤水、江口、普定、贞丰、望谟、紫云、息烽、贵定、都匀、雷山、剑河等地。

十一、海金沙科 Lygodiaceae

（一）海金沙属 *Lygodium* Swartz

1. 海南海金沙 *Lygodium circinnatum*（Burm. f.）Sw.【*Lygodium conforme* C. Chr.】

攀援陆生蕨类；生于海拔 200 – 500m 的沟谷季雨林的树上或灌丛中；分布于册亨、望谟、罗甸等地。

2. 曲轴海金沙 *Lygodium flexuosum*（L.）Sw.

攀援陆生蕨类；生于海拔 900m 以下的低山丘陵地带的林下、林缘、溪沟边的灌丛中；分布于册亨、望谟、贞丰、罗甸、贵定等地。

3. 海金沙 *Lygodium japonicum*（Thunb.）Sw.

攀援陆生蕨类；生于海拔 1500m 以下的山坡路边、河谷、疏林下及林缘；全省大部均有分布。

4. 网脉海金沙 *Lygodium merrillii* Copel.【*Lygodium subareolatum* Chirst】

攀援陆生蕨类；生于海拔 300 – 750m 的山沟林下；分布于安龙等地。

5. 小叶海金沙 *Lygodium microphyllum*（Cav.）R. Br【*Lygodium scandens*（L.）Sw.】

攀援陆生蕨类；生于海拔 150 – 1350m 的溪边灌丛中、山坡疏林下、林缘，常见于开阔而阳光充足的灌丛上；分布于罗甸、荔波、三都、雷山、施秉、榕江、从江、黎平等地。

6. 云南海金沙 *Lygodium yunnanense* Ching

攀援陆生蕨类；生于海拔 300 – 1300m 的南部低丘河谷地带林缘、灌丛旁；分布于兴义、册亨、望谟、罗甸等地。

十二、膜蕨科 Hymenophyllaceae

（一）假脉蕨属 *Crepidomanes* Presl

1. 南洋假脉蕨 *Crepidomanes bipunctatum*（Poir.）Copel.【*Crepidomanes liboense* P. S. Wang】

小型附生蕨类；生于海拔 660 – 850m 的石灰岩地区之林下树干上或石上；分布于荔波等地。

2. 长柄假脉蕨 *Crepidomanes latealatum*（Bosch）Copel.【*Crepidomanes racemulosum*（Bosch）Ching；*Crepidomanes omeiense* Ching et P. S. Chiu】

小型附生蕨类；生于海拔 600 – 1500m 的溪边、林下，附生树干上，偶见于石上；分布于赤水、纳雍、大方、金沙、西秀、紫云、瓮安、三都、荔波、雷山、黎平、江口、贵定、镇宁、赤水等地。

3. 团扇蕨 *Crepidomanes minutum*（Bl.）K. Iwatsuki【*Gonocormus minutus*（Bl.）v. d. B. Hymen.】

小型附生蕨类；生于海拔 500 – 1500m 的林下树干下部或石上；分布于赤水、松桃、织金、西秀、贵阳、龙里、贵定、平塘、荔波、雷山、黎平等地。

（二）毛边蕨属 *Didymoglossum* Desvaux

1. 单叶假脉蕨 *Didymoglossum sublimbatum*（Müller Berol.）Ebihara et K. Iwatsuki【*Microgonium*

sublimbatum（Müller）**Bosch**】

小型附生蕨类；生于海拔 400m 的阴湿林下石上；分布于罗甸等地。

（三）膜蕨属 *Hymenophyllum* J. Smith .

1. 蕗蕨 *Hymenophyllum badium* Hook. et Grev.【*Mecodium badium*（Hook. et Grev.）**Copel.** 】

小型附生蕨类；生于海拔 600 - 1900m 的阴湿溪边、林下，附生石上；分布于赫章、道真、绥阳、瓮安、贵定、独山、三都、雷山、剑河、榕江、从江、松桃、印江、江口等地。

2. 华东膜蕨 *Hymenophyllum barbatum*（Bosch）**Bak.**【*Hymenophyllum oxyodon* **Bak.** ; *Hymenophyllum khasyanum* **Hook. et Bak.** 】

小型附生蕨类；生于海拔 530 - 1240m 的溪边林下湿石上；分布于贵定、都匀、三都、雷山、剑河、赤水、道真、松桃、江口、荔波、梵净山等地。

3. 鳞蕗蕨 *Hymenophyllum levingei* C. B. Clarke【*Mecodium levingei*（Clarke）**Copel.** 】

小型附生蕨类；生于海拔 1330m 的河边岩石上或阴暗林下的树干上；分布于大沙河等地。

4. 长柄蕗蕨 *Hymenophyllum polyanthos*（Sw.）**Sw.**【*Mecodium polyanthos*（Sw.）**Copel.** 】

小型附生蕨类；生于海拔 800 - 1900m 的溪边、阴湿林下，附生石上、树干上；分布于赤水、道真、印江、松桃、江口、赫章、安龙、贞丰、独山、贵定、都匀、贵阳等地。

（四）瓶蕨属 *Vandenboschia* Copeland

1. 瓶蕨 *Vandenboschia auriculata*（Bl.）**Copel.**

小型附生蕨类；生于海拔 500 - 1500m 的溪边或密林下的石上、石壁上或树干，常满布于附生处的表面；分布于赤水、桐梓、纳雍、兴仁、贞丰、紫云、贵阳、贵定、都匀、独山、雷山、剑河、黎平、松桃、印江、江口等地。

2. 城口瓶蕨 *Vandenboschia fargesii*（Christ）**Ching**

中型附生蕨类；生于海拔 1100 - 1800m 的山谷滴水岩上、林下石上；分布于纳雍、贵定、独山、印江等地。

3. 南海瓶蕨 *Vandenboschia striata*（D. Don）**Ebihara**【*Vandenboschia birmanica*（Bedd.）**Ching**；*Trichomanes striatum* **D. Don**】

小型附生蕨类；生于海拔 1600m 以下的密林下，阴湿溪沟边或瀑布旁，附生树干下部及石上；分布于金沙、贞丰、贵定、都匀、三都、荔波、雷山、松桃、江口等地。

十三、金毛狗蕨科 Cibotiaceae

（一）金毛狗蕨属 *Cibotium* Kaulfuss

1. 金毛狗蕨 *Cibotium barometz*（L.）**J. Sm.**

大型陆生蕨类；生于海拔 600m 以下酸性山地的溪边、林下、林缘；分布于赤水、金沙、兴义、贞丰、望谟、册亨、罗甸、独山、道真、绥阳、三都、荔波、榕江、从江、黎平、剑河等地。

十四、桫椤科 Cyatheaceae

（一）桫椤属 *Alsophila* R. Brown.

1. 粗齿桫椤 *Alsophila denticulata* Bak.【*Gymnosphaera denticulata*（Bak.）**Copel.** 】

大型陆生蕨类；生于海拔 520m 的河谷溪边林缘；分布于荔波等地。

2. 小黑桫椤 *Alsophila metteniana* Hance【*Gymnosphaera metteniana*（Hance）**Tagawa**；*Alsophila metteniana* **var. subglabra Ching**】

大型陆生蕨类；生于海拔 300 - 1000m 的酸性山地的山谷溪边林下；分布于赤水、贞丰、册亨、望谟、罗甸、贵定、独山、荔波等地。

3. 黑桫椤 *Alsophila podophylla* Hook.【*Gymnosphaera podophylla*（Hook.）Copel.】

大型陆生蕨类；生于海拔 520m 的低山河谷的溪边灌丛下；分布于荔波等地。

4. 桫椤 *Alsophila spinulosa*（Wall. ex Hook.）Tryon

大型陆生蕨类；生于海拔 1300m 以下的湿热的沟谷林缘；分布于赤水、习水、安龙、贞丰、镇宁、册亨、望谟、罗甸、紫云、榕江、从江、荔波等地。

十五、碗蕨科 Dennstaedtiaceae

（一）碗蕨属 *Dennstaedtia* Bernhardi

1. 细毛碗蕨 *Dennstaedtia hirsuta*（Sw.）Mett. ex Miq.【*Microlepia lipingensis* P. S. Wang】

小型陆生蕨类；生于海拔 520 – 2100m 的酸性山地的溪沟边、路边、阳坡石缝中；分布于道真、桐梓、七星关、赫章、纳雍、盘县、织金、西秀、贵阳市大部、黔南州北部及中部、余庆、松桃、印江、江口、施秉、雷山等地。

2. 碗蕨 *Dennstaedtia scabra*（Wall. ex Hook.）T. Moore

大型陆生蕨类；生于海拔 500 – 2100m 的酸性山地的河谷路边、林下、林缘、山坡向阳处；全省大部均有分布。

3. 光叶碗蕨 *Dennstaedtia scabra* var. *glabrescens*（Ching）C. Chr.

大型陆生蕨类；生于海拔 680 – 1000m 的溪边、路边林下；分布地不详。

4. 溪洞碗蕨 *Dennstaedtia wilfordii*（T. Moore）Christ

小型陆生蕨类；生于海拔 1900 – 2400m 的林下湿地或高中山裸石隙；分布于桐梓、道真、梵净山、江口等地。

（二）栗蕨属 *Histiopteris*（J. Agardh）J. Smith

1. 栗蕨 *Histiopteris incisa*（Thunb.）J. Sm.

大型陆生蔓性蕨类；生于海拔 1000m 以下的山坡林下或溪边；分布于兴仁、贵定、三都、荔波、天柱等地。

（三）姬蕨属 *Hypolepis* Bernhardi

1. 姬蕨 *Hypolepis punctata*（Thunb.）Mett. ex Kuhn

大型陆生蕨类；生于海拔 2100m 以下的路边、林缘、旷地、土墙隙；分布于省内各地。

（四）鳞盖蕨属 *Microlepia* Presl

1. 金果鳞盖蕨 *Microlepia chrysocarpa* Ching

大中型陆生蕨类；生于海拔 600 – 970m 的石灰岩山地林下；分布于荔波等地。

2. 华南鳞盖蕨 *Microlepia hancei* Prantl

大型陆生蕨类；生于海拔 600 – 1500m 的山坡密林下；分布于望谟等地。

3. 毛盖鳞盖蕨 *Microlepia x hirtiindusiata* P. S. Wang

中型陆生蕨类；生于海拔 1200m 的林缘；分布于贵阳等地。

4. 虎克鳞盖蕨 *Microlepia hookeriana*（Wall. ex Hook.）C. Presl

中型陆生蕨类；生于海拔 300 – 1100m 的河谷密林下；分布于三都、荔波等地。

5. 西南鳞盖蕨 *Microlepia khasiyana*（Hook.）C. Presl【*Microlepia szechuanica* Ching】

大型陆生蕨类；分布海拔 1700 – 2200m 的溪边林下；分布于大沙河等地

6. 边缘鳞盖蕨 *Microlepia marginata*（Panz.）C. Chr.

大型陆生蕨类；生于海拔 1500m 以下的路边、溪边、林下、林缘，酸性山地及石灰岩地区均可见到；全省大部均有分布。

7. 二回边缘鳞盖蕨 *Microlepia marginata* var. *bipinnata* **Makino**

大型陆生蕨类；生于海拔 300 – 1500m 的林下或溪边；分布地不详。

8. 光叶鳞盖蕨 *Microlepia marginata* var. *calvescens*（Wall. Ex Hook.）C. Chr.【*Microlepia calvescens*（Wall. ex Hook.）C. Presl】

大型陆生蕨类；生于海拔 550 – 1000m 的密林下、林缘；分布于凯里、雷山、天柱等地。

9. 毛叶边缘鳞盖蕨 *Microlepia marginata* var. *villosa* **C. Presl**

大型陆生蕨类；生于海拔 300 – 1500m 的林下或溪边；分布地不详

10. 团羽鳞盖蕨 *Microlepia obtusiloba* **Hayata【***Microlepia chishuiensis* **P. S. Wang】**

大型陆生蕨类；生于海拔 600 – 650m 的峡谷底瀑布旁；分布于赤水等地。

11. 阔叶鳞盖蕨 *Microlepia platyphylla*（D. Don）J. Sm.

大型陆生蕨类；生于海拔 1160m 以下的山麓林下、溪边；分布于晴隆、安龙、望谟等地。

12. 假粗毛鳞盖蕨 *Microlepia pseudostrigosa* **Makino**

大中型陆生蕨类；生于海拔 1700m 以下的山坡林缘、溪边、路边；全省大部均有分布。

13. 热带鳞盖蕨 *Microlepia speluncae*（L.）T. Moore

大型陆生蕨类；生于海拔 350 – 1100m 的河谷地带；分布于西秀、罗甸等地。

14. 粗毛鳞盖蕨 *Microlepia strigosa*（Thunb.）C. Presl

大中型陆生蕨类；生于海拔 600 – 1100m 的沟边、林下；分布于七星关、望谟、都匀等地。

15. 薄叶鳞盖蕨 *Microlepia tenera* **Christ**

中型陆生蕨类；生于海拔 1100 – 1400m 的林下；分布于兴义等地。

16. 针毛鳞盖蕨 *Microlepia trapeziformis*（Roxb.）Kuhn

中型陆生蕨类；生于海拔 500 – 1900m 的林中；分布地不详。

17. 毛果鳞盖蕨 *Microlepia trichocarpa* **Hayata【***Microlepia hispida* **C. Chr.】**

大型陆生蕨类；生于海拔 350 – 1500m 的阴湿林下；分布于荔波等地。

（五）稀子蕨属 *Monachosorum* Kunze

1. 尾叶稀子蕨 *Monachosorum flagellare*（Maxim.）Hayata【*Monachosorum flagellare* var. *nipponicum*（Makino）Tagawa】

大中型陆生蕨类；生于海拔 600 – 1500m 的阴湿河谷及密林下；分布于道真、印江、都匀、平塘、锦屏、天柱等地。

2. 稀子蕨 *Monachosorum henryi* **Christ**

大中型陆生蕨类；生于海拔 800 – 2100m 的阴湿河谷及密林下；分布于道真、普安、松桃、印江、江口、兴义、贞丰、贵定、都匀、独山、三都、雷山、锦屏等地。

3. 穴子蕨 *Monachosorum maximowiczii*（Bak.）Hayata【*Ptilopteris maximowiczii*（Bak.）Hance】

大中型陆生蕨类；生于海拔 1200 – 2200m 的密林下湿石隙或岩洞内；分布于印江、江口、梵净山、麻江等地。

（六）蕨属 *Pteridium* Scopoli

1. 蕨 *Pteridium aquilinum*（L.）Kuhn var. *latiusculum*（Desv.）Underw. ex A. Heller

大型陆生蕨类；生于海拔 2500m 以下酸性山地的路边、林缘、疏林下、旷地、荒坡；全省大部均有分布。

2. 食蕨 *Pteridium esculentum*（Forst.）Cokayne

大型陆生蕨类；生于海拔 150 – 1000m 的荒坡、河谷灌丛下或林间路边；分布于荔波、榕江、黎平等地。

3. 毛轴蕨 *Pteridium revolutum*（Blume）Nakai

大型陆生蕨类；生于海拔 600 – 2900m 的阳坡、开阔的林下；全省大部均有分布。

十六、鳞始蕨科 Lindsaeaceae

（一）鳞始蕨属 *Lindsaea* Dryander ex Smith

1. 钱氏鳞始蕨 *Lindsaea chienii* Ching

中小型陆生蕨类；生于海拔 600m 的河谷溪边；分布于赤水等地。

2. 网脉鳞始蕨 *Lindsaea cultrata*（Willd.）Sw.

中小型陆生蕨类；生于海拔 200－600m 的山地林中；分布地不详。

3. 剑叶鳞始蕨 *Lindsaea ensifolia* Sw.

中小型陆生蕨类；生于海拔 600－700m 的河谷地带山坡密林下；分布于望谟等地。

4. 爪哇鳞始蕨 *Lindsaea javanensis* Bl.［*Lindsaea liankwangensis* Ching］

中小型陆生蕨类；生于海拔 250－600m 的河谷林下；分布于荔波、从江等地。

5. 团叶鳞始蕨 *Lindsaea orbiculata*（Lam.）Mett.

中小型陆生蕨类；生于海拔 700m 以下的酸性山地的低山河谷地带；分布于望谟、册亨、罗甸、平塘、三都、从江、黎平等地。

（二）乌蕨属 *Odontosoria* Fée

1. 乌蕨 *Odontosoria chinensis*（L.）J. Smith【*Sphenomeris chinensis*（L.）Maxon】

中型陆生蕨类；生于海拔 1900m 以下酸性山地的林下、林缘、深谷、灌丛旁、阳坡、路边；分布于全省大部分地区。

（三）香鳞始蕨属 *Osmolindsaea*（K. U. Kramer）Lehtonen et Christenhusz

1. 日本鳞始蕨 *Osmolindsaea japonica*（Bak.）Lehtonen et Chr.【*Lindsaea japonica*（Bak.）Diels.】

中小型陆生蕨类；生于海拔 500－700m 的山溪边或溪内石上；分布于赤水等地。

2. 香鳞始蕨 *Osmolindsaea odorata*（Roxb.）Lehtonen et Chr.【*Lindsaea odorata* Roxb.】

中小型陆生蕨类；生于海拔 500－1700m 的酸性山地阴湿林下、溪边、林缘；分布于赤水、习水、七星关、纳雍、织金、水城、盘县、兴义、兴仁、普安、安龙、贞丰、贵阳、贵定、平塘、独山、三都、荔波、雷山、榕江、印江等地。

十七、凤尾蕨科 Pteridaceae

（一）铁线蕨属 *Adiantum* Linnaeus

1. 毛足铁线蕨 *Adiantum bonatianum* Brause

中小型陆生蕨类；生于海拔 1400－2200m 的高中山地区林下、林缘之石隙；分布于威宁、盘县、水城、普安等地。

2. 团羽铁线蕨 *Adiantum capillus-junonis* Rupr.

小型石生蕨类；生于海拔 680－1800m 的石灰岩地区溪边、林缘、石灰岩洞口内外的石隙或石上；分布于正安、威宁、七星关、水城、普安、晴隆、关岭、镇宁、普定、兴仁、安龙、黔西、清镇、惠水、罗甸等地。

3. 铁线蕨 *Adiantum capillus-veneris* L.【*Adiantum capillus-veneris* f. *dissectum*（Mart. et Galeot.）Ching】

小型陆生或石生蕨类；生于海拔 260－1600m 的溪沟边、泉边、石灰岩洞口的石上或钙质土上；全省大部均有分布。

4. 鞭叶铁线蕨 *Adiantum caudatum* L.

小型陆生或石生蕨类；生于海拔 220－700m 的沟谷石隙间；分布于兴义、册亨、望谟等地。

5. 白背铁线蕨   *Adiantum davidii* Franch. 【*Adiantum davidii* var. *longispinum* Ching】

小型石生蕨类；生于海拔 2000 – 2700m 的山坡林下、山顶竹丛下石隙；分布于威宁、赫章等地。

6. 长尾铁线蕨 *Adiantum diaphanum* Bl.

小型石生蕨类；生于海拔 400 – 1400m 的岩洞内石上；分布于正安等地。

7. 普通铁线蕨 *Adiantum edgeworthii* Hook.

小型陆生蕨类；生于海拔 400 – 1800m 的山坡石上、石隙、土中；分布于赤水、威宁、水城、镇宁、西秀、长顺、贵定、平塘、都匀、独山等地。

8. 肾盖铁线蕨 *Adiantum erythrochlamys* Diels

小型石生蕨类；生于海拔 450 – 1900m 的溪边林下或山坡石上、石隙间；分布于道真、桐梓、绥阳、赫章等地。

9. 扇叶铁线蕨 *Adiantum flabellulatum* L.

小型陆生蕨类；生于海拔 150 – 1100m 的酸性山地林下、林缘、荒坡；分布于赤水及我省南部各地。

10. 白垩铁线蕨 *Adiantum gravesii* Hance

小型陆生蕨类；生于海拔 500 – 1200m 的阴湿石灰岩壁上，尤以石灰岩洞口内外的滴水岩石壁上常见；分布于德江、江口、镇宁、西秀、贵阳、黔南州大部、紫云等地。

11. 圆柄铁线蕨 *Adiantum induratum* Christ

小型陆生蕨类；生于海拔 600m 的林下；分布于册亨等地。

12. 粤铁线蕨 *Adiantum lianxianense* Ching et Y. X. Lin

小型石生蕨类；生于海拔 810m 的潮湿石灰岩上；分布于荔波等地。

13. 假鞭叶铁线蕨 *Adiantum malesianum* Ghatak

小型陆生或石生蕨类；生于海拔 1600m 以下的石灰岩山地林下、林缘、山坡、河谷的石上、石隙间；分布于赤水、绥阳、德江、石阡、威宁、七星关、黔西、清镇、贵阳、盘县、水城、黔西南州大部、黔南州大部、西秀、镇宁、紫云等地。

14. 小铁线蕨 *Adiantum mariesii* Bak.

小型石生蕨类；生于海拔 500 – 980m 的湿润的石灰岩壁上；分布于德江、贵定、贞丰、荔波等地。

15. 单盖铁线蕨 *Adiantum monochlamys* Eaton

小型石生蕨类；生于海拔 600m 的溪边林下石上；分布于赤水等地。

16. 灰背铁线蕨 *Adiantum myriosorum* Bak.

中小型陆生蕨类；生于海拔 850 – 1950m 的林下、灌木丛下、溪边石隙或滴水岩旁；分布于道真、绥阳、正安、桐梓、六盘水市、毕节地区大部、清镇、贵定、麻江、独山、松桃、印江、江口、雷山、梵净山等地。

17. 掌叶铁线蕨 *Adiantum pedatum* L.

中小型陆生蕨类；生于海拔 2900m 以下的林下沟旁；分布于大沙河等地。

18. 半月形铁线蕨 *Adiantum philippense* L.

小型陆生或石生蕨类；生于海拔 270 – 1100m 的阴湿溪边林下酸性土；分布于册亨、望谟、罗甸、榕江、从江、黎平等地。

19. 月芽铁线蕨 *Adiantum refractum* Christ

小型石生蕨类；生于海拔 1350 – 2600m 的石灰岩山地的林下、林缘、沟边石上及岩洞口石壁上；分布于印江、江口、修文、桐梓、绥阳、威宁、赫章、水城、六枝、盘县、黔西等地。

20. 陇南铁线蕨 *Adiantum roborowskii* Maxim.

小型石生蕨类；生于海拔 1000 – 2000m 的湿林下石缝中、悬崖上和沟边石上；分布地不详。

21. 峨眉铁线蕨 *Adiantum roborowskii* var. *faberi*（Bak.）**Y. X. Lin et Prado**〖*Adiantum faberi* **Bak.**〗

小型石生蕨类；生于海拔1380m的溪边石壁上；分布于道真等地。

（二）粉背蕨属 *Aleuritopteris* Fée

1. 小叶中国蕨 *Aleuritopteris albofusca*（Bak.）**Pic. Serm.**〖*Sinopteris albofusca*（Bak.）**Ching**〗

小型旱生蕨类；生于海拔1360－2200m的疏林下或山脚裸石石隙；分布于威宁、赫章、盘县、水城、西秀等地。

2. 白边粉背蕨 *Aleuritopteris albomarginata*（Clarke）**Ching**

小型旱生蕨类；生于海拔700－2600m的山坡岩石上；分布于赫章、西秀、镇宁等地。

3. 粉背蕨 *Aleuritopteris anceps*（Blanford）**Panigrahi**〖*Aleuritopteris pseudofarinosa* **Ching et S. K. Wu**〗

小型旱生蕨类；生于海拔400－2300m的岩石上；分布于威宁、水城、贞丰、都匀、荔波、雷山、普安等地。

4. 银粉背蕨 *Aleuritopteris argentea*（Gmel.）**Fée**〖*Aleuritopteris qianguiensis* **W. M. Chu et H. G. Zhou**〗

小型旱生蕨类；生于海拔580－2200m的石灰岩地区裸石间或岩洞石壁上；分布于全省大部分地区。

5. 陕西粉背蕨 *Aleuritopteris argentea* var. *obscura*（Christ）**Ching**

小型旱生蕨类；生于海拔500－1500m的石灰岩地区裸石间或岩洞石壁上；分布于全省大部分地区。

6. 无盖粉背蕨 *Aleuritopteris dealbata*（C. Presl）**Fée**〖*Aleuritopteris doniana* **S. K. Wu**〗

中型旱生蕨类；生于海拔400－1550m的岩石上；分布于兴义等地。

7. 中间粉背蕨 *Aleuritopteris dubia*（C. Hope）**Ching**

小型旱生蕨类；生于海拔1300－2700m的岩石缝中；分布地不详。

8. 裸叶粉背蕨 *Aleuritopteris duclouxii*（Christ）**Ching**

小型旱生蕨类；生于海拔350－2100m的石灰岩山地；分布于威宁、六盘水市、兴义、晴隆、遵义、贵阳、普定、西秀、镇宁、贵定、都匀、惠水、罗甸等地。

9. 黑柄粉背蕨 *Aleuritopteris ebenipes* **X. C. Zhang**

小型旱生蕨类；生于海拔500－1900m的山坡疏林下、溪边石上、石隙间；分布于盘县、贵阳、龙里、贵定、西秀、紫云、长顺、丹寨、道真等地。

10. 台湾粉背蕨 *Aleuritopteris formosana*（Hayata）**Tagawa**

小型旱生蕨类；生于海拔600－2000m的岩石缝中；分布地不详。

11. 阔盖粉背蕨 *Aleuritopteris grisea*（Blanford）**Panigrahi**〖*Aleuritopteris stenochlamys* **Ching ex S. K. Wu**〗

小型旱生蕨类；生于海拔920－1300m的山坡岩石缝中；分布于水城、贞丰等地。

12. 薄叶粉背蕨 *Aleuritopteris leptolepis*（Fraser-Jenkins）**Fraser-Jenkins**

小型旱生蕨类；生于海拔2750m的石隙中；分布赫章于等地。

13. 棕毛粉背蕨 *Aleuritopteris rufa*（D. Don）**Ching**

小型旱生蕨类；生于海拔900－2900m的石灰岩河谷或岩洞内湿石上；分布于水城、盘县、兴义、安龙、册亨、兴仁、普安、晴隆、清镇、关岭、镇宁、西秀、惠水、贵定等地。

14. 绒毛粉背蕨 *Aleuritopteris subvillosa*（Hook.）**Ching**〖*Leptolepidium subvillosum*（Hook.）**Shing et S. K. Wu**〗

小型陆生蕨类；生于海拔1600－2350m的山坡路边，石隙生或土生；分布于威宁、赫章、七星关、水城、兴义等地。

15. 金爪粉背蕨 *Aleuritopteris veitchii*（Christ）Ching

小型旱生蕨类；生于海拔 1600m 的路边石隙中；分布于威宁等地。

（三）翠蕨属 *Anogramma* **Link**

1. 翠蕨 *Anogramma microphylla*（Hook.）Diels

小型陆生蕨类；生于海拔 1100 – 1850m 的溪边石上或峡谷小瀑布旁石壁上；分布于纳雍、贵定等地。

（四）车前蕨属 *Antrophyum* **Kaulfuss**

1. 车前蕨 *Antrophyum henryi* Hieron.

小型附生或石生蕨类；生于海拔 400 – 600m 的低山丘陵区溪边石上；分布于独山、三都、荔波等地。

2. 长柄车前蕨 *Antrophyum obovatum* Bak.

小型附生或石生蕨类；生于海拔 500 – 1300m 的林下树干上或溪边石上；分布于赤水、印江、江口、贵阳、榕江、兴义、兴仁、贞丰、镇宁等地。

3. 书带车前蕨 *Antrophyum vittarioides* Bak.

小型附生或石生蕨类；生于海拔 300 – 1000m 的溪边有较厚腐殖土的石上；分布于清镇、荔波等地。

（五）水蕨属 *Ceratopteris* **Brongniart**

1. 水蕨 *Ceratopteris thalictroides*（L.）Brongn.

小型湿生蕨类；生于海拔 150m 的溪流河漫滩鹅卵石堆积的沙地中；仅见于黎平的地坪。

（六）碎米蕨属 *Cheilanthes* **Swartz**

1. 滇西旱蕨 *Cheilanthes brausei* Fraser-Jenkins〔*Pellaea mairei* Brause〕

小型旱生蕨类；生于海拔 800 – 2300m 的疏林下，山坡石隙，土墙上；分布于毕节地区西部、盘县、水城、兴仁、贞丰、西秀、印江、江口、瓮安、雷山等地。

2. 中华隐囊蕨 *Cheilanthes chinensis*（Bak.）Domin〔*Notholaena chinensis* Bak.〕

小型旱生蕨类；生于海拔 400m 的石灰岩上及岩洞口内外；分布于德江、江口、碧江等地。

3. 毛轴碎米蕨 *Cheilanthes chusana* Hook.〔*Cheilosoria chusana*（Hook.）Ching et Shing〕

小型陆生蕨类；生于海拔 1600m 以下的路边、林缘；分布于全省大部分地区。

4. 大理碎米蕨 *Cheilanthes hancockii* Bak.〔*Cheilosoria hancockii*（Bak.）Ching et Shing〕

小型陆生蕨类；生于海拔 1200 – 2300m 的路边、林缘、林下；分布于威宁、赫章、水城、普安等地。

5. 平羽碎米蕨 *Cheilanthes patula* Bak.〔*Cheilosoria patula*（Bak.）P. S. Wang〕

小型陆生蕨类；生于海拔 400 – 900m 的岩石缝中；分布于施秉等地。

6. 旱蕨 *Cheilanthes nitidula* Wall. ex Hook.〔*Pellaea nitidula*（Hook.）Bak.〕

小型旱生蕨类；生于海拔 650 – 1400m 的疏林下、阳坡石上、石隙；分布于赫章、水城、黔西南州大部、安顺地区大部、织金、黔西、贵定、三都等地。

（七）凤了蕨属 *Coniogramme* **Fée**

1. 尖齿凤了蕨 *Coniogramme affinis* Hieron.〔*Coniogramme affinis* var. *pilosa* H. S. Kung〕

大中型陆生蕨类；生于海拔 1600 – 2200m 的林下；分布于雷公山、普安等地。

2. 尾尖凤了蕨 *Coniogramme caudiformis* Ching et Shing

大中型陆生蕨类；生于海拔 1100 – 1600m 的山坡、沟边林下；分布于三都、贵定、绥阳、正安等地。

3. 峨眉凤了蕨 *Coniogramme emeiensis* Ching et Shing

大中型陆生蕨类；生于海拔 450 – 1800m 的河谷、溪边林下；分布于赤水、黔西、金沙、开阳、榕江、雷山、剑河等地。

4. 镰羽凤了蕨 *Coniogramme falcipinna* Ching et Shing

大中型陆生蕨类；生于海拔约 500m 的山谷土坡上；分布于独山等地。

5. 普通凤了蕨 *Coniogramme intermedia* Hieron. 【*Coniogramme maxima* Ching et Shing；*Coniogramme simillima* Ching】

大中型陆生蕨类；生于海拔 800 – 2500m 的路边、林下、林缘；全省有分布。

6. 无毛凤了蕨 *Coniogramme intermedia* var. *glabra* Ching

大中型陆生蕨类；生于海拔 800 – 2500m 的路边、林下、林缘；分布于赤水、桐梓、遵义、黔西、道真、正安、纳雍、赫章、六枝、晴隆、普安、贞丰、望谟、清镇、贵阳、龙里、贵定、都匀、雷山、黎平、沿河、松桃、印江等地。

7. 凤了蕨 *Coniogramme japonica* (Thunb.) Diels

大中型陆生蕨类；生于海拔 380 – 1300m 的路边、林下、林缘、河谷；分布于遵义、息烽、西秀、贵阳、贵定、三都、麻江、丹寨、雷山、榕江、从江、锦屏、三穗、镇远、江口等地。

8. 井冈山凤了蕨 *Coniogramme jinggangshanensis* Ching et Shing

大型陆生蕨类；生于海拔 500 – 1300m 的河谷、溪边林下；分布于印江、江口、锦屏、三都、荔波等地。

9. 黑轴凤了蕨 *Coniogramme robusta* Christ

中型陆生蕨类；生于海拔 700 – 1300m 的山谷溪边林下、林缘；分布于赤水、桐梓、遵义、黔西、道真、贵阳、紫云、都匀、瓮安、施秉、松桃、印江、江口等地。

10. 黄轴凤了蕨 *Coniogramme robusta* var. *rependula* Ching ex Shing

中型陆生蕨类；生于海拔 800m 的山谷、路边林下阴处；分布于都匀等地。

11. 棕轴凤了蕨 *Coniogramme robusta* var. *splendens* Ching ex Shing

中型陆生蕨类；生于海拔 600 – 1500m 的山谷或路边阴处；分布地不详。

12. 乳头凤了蕨 *Coniogramme rosthornii* Hieron.

大中型陆生蕨类；生于海拔 1000 – 2700m 的路边、林下、石灰岩洞口或石上；分布于威宁、纳雍、赫章、大方、织金、水城、普安、西秀、息烽、贵阳、贵定、平塘等地。

13. 上毛凤了蕨 *Coniogramme suprapilosa* Ching

中型陆生蕨类；生于海拔 1400 – 1900m 的山谷林下或草地；分布于威宁等地。

14. 疏网凤了蕨 *Coniogramme wilsonii* Hieron.

中型陆生蕨类；生于海拔 1000 – 1600m 的山坡林缘、林下；分布于道真、绥阳、息烽、贵阳、望谟、三都、雷山、镇远等地。

（八）书带蕨属 *Haplopteris* C. Presl

1. 带状书带蕨 *Haplopteris doniana* (Mett. ex Hieron.) E. H. Crane【*Vittaria doniana* Hieron.；*Vittaria forrestiana* Ching.】

小型附生蕨类；生于海拔 1700 – 1870m 的原生状态良好的阔叶林下，附生树干或石上；分布于安龙、印江、雷山等地。

2. 书带蕨 *Haplopteris flexuosa* (Fée) E. H. Crane.【*Vittaria filipes* Christ；*Vittaria modesta* Handel-Mazzetti】

小型附生蕨类；生于海拔 640 – 1800m 的河谷溪边、林下，附生石上或树干上；分布于兴仁、贞丰、贵阳、贵定、都匀、平塘、独山、三都、榕江、雷山、剑河、印江、江口、赫章等地。

3. 平肋书带蕨 *Haplopteris fudzinoi* (Makino) E. H. Crane.【*Vittaria fudzinoi* Makion】

中小型附生蕨类；生于海拔 640 – 1960m 的河谷溪边、密林下，附生石上或树干上；分布于道真、息烽、龙里、都匀、榕江、雷山、从江、施秉、印江、江口等地。

（九）金粉蕨属 *Onychium* **Kaulfuss**

1. **黑足金粉蕨** *Onychium cryptogrammoides* **Christ Notul. Syst.**（**Paris**）**.**【*Onychium contiguum* **C. Hope**】

中型陆生蕨类；生于海拔 1600 – 2700m 的山坡林缘、路边或疏林下；分布于威宁、纳雍、赫章、水城、盘县、钟山、江口等地。

2. **野雉尾金粉蕨** *Onychium japonicum*（**Thunb.**）**Kunze**

中型陆生蕨类；生于海拔 2750m 以下的山坡林下、林缘、路边；分布于全省大部分地区。

3. **栗柄金粉蕨** *Onychium japonicum* var. *lucidum*（**D. Don**）**Christ**

中型陆生蕨类；生于海拔 2750m 以下的山坡林下、林缘、路边；分布于全省大部分地区。

4. **繁羽金粉蕨** *Onychium plumosum* **Ching**

中型陆生蕨类；生于海拔 900 – 1320m 的河谷林下、灌丛下、路边石隙；分布于水城等地。

5. **蚀盖金粉蕨** *Onychium tenuifrons* **Ching**

中型陆生蕨类；生于海拔 1000 – 2100m 的山坡路边、林缘、灌丛下；分布于威宁、赫章、大方、兴义、安龙等地。

（十）金毛裸蕨属 *Paragymnopteris*（**C. Presl**）**K. H. Shing.**

1. **川西金毛裸蕨** *Paragymnopteris bipinnata*（**Christ**）**Shing**【*Gymnopteris bipinnata* **Christ**】

小型旱生蕨类；生于海拔 1700m 左右的山麓向阳处石隙；分布于赫章等地。

2. **耳羽金毛裸蕨** *Paragymnopteris bipinnata* var. *auriculata*（**Franch.**）**Shing**【*Gymnopteris bipinnata* var. *auriculata*（**Franch.**）**Ching**】

小型旱生蕨类；生于海拔 1900m 的山脚沟边石上；分布于赫章等地。

3. **滇西金毛裸蕨** *Paragymnopteris delavayi*（**Bak.**）**Shing**【*Gymnopteris delavayi*（**Bak.**）**Underw.**】

小型旱生蕨类；生于海拔 2200 – 2350m 的疏林下或荒坡干旱石隙；分布于威宁等地。

4. **金毛裸蕨** *Paragymnopteris vestita*（**Hook.**）**Shing**【*Gymnopteris vestita*（**Wall. ex Presl**）**Underw.**】

小型旱生蕨类；生于海拔 1800 – 2400m 的山坡石隙；分布于威宁、盘县、六枝等地。

（十一）凤尾蕨属 *Pteris* **Linnaeus**

1. **猪鬣凤尾蕨** *Pteris actiniopteroides* **Christ**

小型陆生蕨类；生于海拔 600 – 2000m 裸露的石灰岩缝隙中；分布于清镇、都匀、兴义、兴仁、安龙、瓮安、遵义等地。

2. **线羽凤尾蕨** *Pteris arisanensis* **Tagawa**【*Pteris linearis* **Poir.**】

大型陆生蕨类；生于海拔 310 – 1150m 的溪沟边林下；分布于安龙、册亨、罗甸等地。

3. **紫轴凤尾蕨** *Pteris aspericaulis* **Wall. ex J. Agardh**

大型陆生蕨类；生于海拔 800 – 2900m 的杂木林下；分布于梵净山等地。

4. **狭眼凤尾蕨** *Pteris biaurita* **L.**

大中型陆生蕨类；生于海拔 400 – 1540m 的路边、沟边林缘；分布于威宁、紫云、罗甸、望谟、榕江等地。

5. **条纹凤尾蕨** *Pteris cadieri* **Christ**

小型陆生蕨类；生于海拔 150 – 500m 的林下溪沟边；分布于思南、黎平等地。

6. **欧洲凤尾蕨** *Pteris cretica* **L.**【*Pteris dangiana* **X. Y. Wang et P. S. Wang**】

中型陆生蕨类；生于海拔 2500m 以下的山坡林缘、疏林下、路边、溪边；分布于全省大部分地区。

7. **粗糙凤尾蕨** *Pteris cretica* var. *laeta*（**Wall. ex Ettingsh.**）**C. Chr. et Tard. – Blot**

中型陆生蕨类；生于海拔 900 – 2600m 的山谷；分布于晴隆、安龙等地。

8. 银叶凤尾蕨 *Pteris cretica* var. *silvestris* X. Y. Wang et P. S. Wang

中型陆生蕨类；生于海拔1180m的石灰岩洞内；分布于紫云等地。

9. 指叶凤尾蕨 *Pteris dactylina* Hook.

小型陆生蕨类；生于海拔1200－2500m的荫蔽之岩石上、石隙，岩洞口；分布于赫章、道真、正安、印江、江口等地。

10. 多羽凤尾蕨 *Pteris decrescens* Christ

中型陆生蕨类；生于海拔300－900m的石灰岩地区疏林下、河谷灌丛下、岩洞内外，石隙生；分布于道真、黔西南州大部、罗甸、荔波等地。

11. 岩凤尾蕨 *Pteris deltodon* Bak.【*Pteris sanduensis* X. Y. Wang et P. S. Wang】

小型陆生蕨类；生于海拔500－1450m的石灰岩地区较为荫蔽的石壁上或石隙间，常见于岩洞内；分布于全省大部分地区。

12. 畸形岩凤尾蕨 *Pteris deltodon* var. *monstrosa* P. S. Wang et J. H. Zhao

小型陆生蕨类；生于岩洞内，或阴湿且有庇护的生境；分布于三都等地。

13. 刺齿半边旗 *Pteris dispar* Kunze

中小型陆生蕨类；生于海拔700m以下的山坡路边、沟边、林下、灌丛下；分布于安龙、望谟、湄潭、凤冈、贵定、罗甸、独山、荔波、黔东南州大部、铜仁地区东部等地。

14. 剑叶凤尾蕨 *Pteris ensiformis* Burm.

小型陆生蕨类；生于海拔1100m以下酸性山地的林下、林缘、溪边、灌丛旁；分布于赤水及我省南部各地。

15. 阔叶凤尾蕨 *Pteris esquirolii* Christ

大型陆生蕨类；生于海拔1000m以下的常绿阔叶林或沟谷季雨林下，土生或石隙生；分布于赤水、安龙、望谟、荔波等地。

16. 傅氏凤尾蕨 *Pteris fauriei* Hieron.【*Pteris guizhouensis* Ching】

中型陆生蕨类；生于海拔1100m以下酸性山地的常绿阔叶林下及溪边；分布于赤水、绥阳、思南、天柱、黎平、三都、荔波、册亨、沿河等地。

17. 百越凤尾蕨 *Pteris fauriei* var. *chinensis* Ching et S. H. Wu

中型陆生蕨类；生于海拔300－700m的山谷林下；分布于独山等地。

18. 鸡爪凤尾蕨 *Pteris gallinopes* Ching

小型陆生蕨类；生于海拔900－1450m的石灰岩地区荫蔽处的石壁上；分布于桐梓、正安、沿河、凤冈、晴隆、镇宁、西秀、贵阳、龙里、贵定、都匀等地。

19. 狭叶凤尾蕨 *Pteris henryi* Christ

小型陆生蕨类；生于海拔2000m以下的石灰岩山地石隙或土生；全省大部均有分布。

20. 中华凤尾蕨 *Pteris inaequalis* Bak.【*Pteris sinensis* Ching；*Pteris excelsa* var. *inaequalis*（Bak.）S. H. Wu】

中型陆生蕨类；生于海拔450－1360m的林下、溪边等阴湿环境下；分布于赤水、遵义、凤岗、七星关、金沙、息烽、修文、清镇、西秀、贞丰、黔南州大部、麻江、施秉、印江等地。

21. 全缘凤尾蕨 *Pteris insignis* Mett. ex Kuhn

大型陆生蕨类；生于海拔300－1250m的常绿阔叶林下、溪边、路边；分布于贵定、平塘、都匀、独山、荔波、雷公山、梵净山等地。

22. 平羽凤尾蕨 *Pteris kiuschiuensis* Hieron.

中型陆生蕨类；生于海拔560－1200m的河谷林下、林缘；分布于六枝、独山、江口等地。

23. 华中凤尾蕨 *Pteris kiuschiuensis* var. *centrochinensis* Ching et S. H. Wu

中型陆生蕨类；生于海拔300－1000m的河谷林下；分布于六枝、独山等地。

24. 荔波凤尾蕨 Pteris liboensis P. S. Wang

小型陆生蕨类；生于海拔 980m 石灰岩地区林下；分布于荔波等地。

25. 三轴凤尾蕨 Pteris longipes D. Don

大型陆生蕨类；生于海拔 600 – 2400m 的山地杂木林下；分布地不详。

26. 井栏边草 Pteris multifida Poir.

小型陆生蕨类；生于海拔 1700m 以下的路边、石隙、墙隙、水井边；全省大部均有分布。

27. 斜羽凤尾蕨 Pteris oshimensis Hieron.

中型陆生蕨类；生于海拔 500 – 1230m 的酸性山地林下溪沟边及石灰岩山地；分布于赤水、织金、安顺地区大部、平塘、荔波等地。

28. 稀羽凤尾蕨 Pteris paucipinnula X. Y. Wang et P. S. Wang

中型陆生蕨类；生于河谷林下；分布于赤水等地。

29. 栗柄凤尾蕨 Pteris plumbea Christ

小型陆生蕨类；生于海拔 400 – 600m 的石灰岩洞口及溪边石隙；分布于碧江、万山、独山、荔波等地。

30. 柔毛凤尾蕨 Pteris puberula Ching

中型陆生蕨类；生于海拔 1100 – 1200m 的山谷溪边灌丛中；分布于晴隆等地。

31. 方柄凤尾蕨 Pteris quadristipitis X. Y. Wang et P. S. Wang

中型陆生蕨类；生于海拔 350m 的溪边林下；分布于荔波等地。

32. 半边旗 Pteris semipinnata L.

中型陆生蕨类；生于海拔 150 – 900m 的酸性山地林下、溪边、路边；分布于册亨、望谟、罗甸、平塘、独山、荔波、三都、榕江、从江、雷山、黎平等地。

33. 有刺凤尾蕨 Pteris setulosocostulata Hayata

大中型陆生蕨类；生于海拔 600 – 1400m 的林下或峡谷内；分布于普安、晴隆、安龙、镇宁等地。

34. 隆林凤尾蕨 Pteris splendida Ching

大型陆生蕨类；生于海拔 450 – 970m 的河谷溪边林下；分布于兴义、安龙、册亨、望谟、荔波等地。

35. 细羽凤尾蕨 Pteris splendida var. longilinecazis Ching et S. H. Wu

大型陆生蕨类；生于海拔 500m 以下的沟谷林下；分布于罗甸、望谟、册亨等地。

36. 溪边凤尾蕨 Pteris terminalis Wallich ex J. Agardh〔Pteris excelsa Gaud.〕

大型陆生蕨类；生于海拔 1600m 以下山地的溪边、林下、林缘、灌丛旁；分布于全省大部分地区。

37. 绿轴凤尾蕨 Pteris viridissima Ching

中型陆生蕨类；生于海拔 600 – 1200m 的石灰岩山地河谷岸边、岩洞内；分布于清镇、平塘等地。

38. 蜈蚣草 Pteris vittata L.

大型陆生蕨类；生于海拔 2000m 以下的石灰岩山地空旷处；全省大部均有分布。

39. 西南凤尾蕨 Pteris wallichiana Agardh

大型陆生蕨类；生于海拔 150 – 2200m 的沟谷林下；分布于赤水、道真、七星关、赫章、纳雍、水城、西秀、罗甸、印江、江口、雷山、黎平等地。

40. 云南凤尾蕨 Pteris wallichiana var. yunnanensis（Christ）Ching et S. H. Wu

大型陆生蕨类；生于海拔 2060m 的谷底；分布于盘县等地。

41. 筱英凤尾蕨 Pteris xiaoyingiae H. He et L. B. Zhang

小型陆生蕨类；生于石灰岩干燥的岩溶洞穴；分布于荔波等地。

十八、冷蕨科 Cystopteridaceae

（一）亮毛蕨属 *Acystopteris* Nakai

1. 亮毛蕨 *Acystopteris japonica*（Luerss.）Nakai

中型陆生蕨类；生于海拔 800 – 1960m 的溪边林下、林缘；分布于赤水、道真、绥阳、印江、江口、松桃、兴仁、荔波、贵阳、贵定、雷山等地。

（二）冷蕨属 *Cystopteris* Bernhardi

1. 贵州冷蕨 *Cystopteris guizhouensis* X. Y. Wang et P. S. Wang

小型陆生蕨类；生于海拔 2800m 的林下朝天洞口之石隙间；分布于赫章等地。

2. 宝兴冷蕨 *Cystopteris moupinensis* Franch.

小型陆生蕨类；生于海拔 2500 – 2800m 的林下；分布于赫章等地。

（三）羽节蕨属 *Gymnocarpium* Newman

1. 细裂羽节蕨 *Gymnocarpium jessoense*（Koidz.）Koidz.

小型陆生蕨类；生于海拔 2850 – 2900m 的灌丛下；分布于赫章等地。

2. 东亚羽节蕨 *Gymnocarpium oyamense*（Bak.）Ching

小型陆生蕨类；生于海拔 1400 – 1920m 的高中山地带林下，溪边；分布于赫章、七星关、纳雍、黔西、道真、桐梓等地。

十九、肠蕨科 Diplaziopsidaceae

（一）肠蕨属 *Diplaziopsis* C. Christensen

1. 阔羽肠蕨 *Diplaziopsis brunoniana*（Wall.）W. M. Chu

中型陆生蕨类；生于海拔 650m 左右的山谷溪边密林下；分布于赤水等地。

2. 川黔肠蕨 *Diplaziopsis cavaleriana*（Christ）C. Chr.

中型陆生蕨类；生于海拔 650 – 2000m 的山谷溪边密林下、林缘、溪边；分布于余庆、湄潭、赤水、桐梓、绥阳、瓮安、江口、赫章、贞丰、惠水等地。

二〇、蹄盖蕨科 Athyriaceae

（一）安蕨属 *Anisocampium* C. Presl

1. 拟鳞毛安蕨 *Anisocampium cuspidatum*（Bedd.）Yea C. Liu【*Kuniwatsukia cuspidata*（Bedd.）Pichi Serm.】

中型陆生蕨类；生于海拔 400 – 1100m 的山坡林下，溪沟边；分布于晴隆、关岭、镇宁、西秀、平坝、贵阳、兴义、安龙、册亨、望谟、贞丰、罗甸、平塘等地。

2. 日本安蕨 *Anisocampium niponicum*（Mett.）Yea C. Liu【*Athyrium niponicum*（Mett.）Hance】

中型陆生蕨类；生于海拔 150 – 2200m 的较为阴湿的路边、疏林下；分布于全省大部分地区。

3. 华东安蕨 *Anisocampium sheareri*（Bak.）Ching

中型陆生蕨类；生于海拔 300 – 1500m 的林下、路边灌丛下；分布于赤水、七星关、金沙、西秀、贵阳、黔南州除西部外、黔东南州东部及北部、松桃、江口、思南、凤冈、德江、沿河等地。

（二）蹄盖蕨属 *Athyrium* Roth

1. 宿蹄盖蕨 *Athyrium anisopterum* Christ

中型陆生蕨类；生于 1100 – 2500m 的林下、林缘之溪边石隙或山脊陡壁上；分布于兴仁、贞丰、贵阳、龙里、贵定、雷山、印江、江口等地。

2. 阿里山蹄盖蕨 *Athyrium arisanense*（Hayata）**Tagawa**

中型陆生蕨类；生于海拔 1250 – 1450m 的林下、林缘；分布于贵阳、正安等地。

3. 大叶假冷蕨 *Athyrium atkinsonii* **Bedd.**【*Pseudocystopteris atkinsonii*（**Bedd.**）**Ching**】

中型陆生蕨类；生于海拔 1900 – 2600m 的林下、灌丛中；分布于威宁、赫章、江口等地。

4. 苍山蹄盖蕨 *Athyrium biserrulatum* **Christ**

中型陆生蕨类；生于海拔 2000 – 2200m 的沟边疏林下；分布于威宁等地。

5. 短柄蹄盖蕨 *Athyrium brevistipes* **Ching**

中型陆生蕨类；生于海拔 1300m 的山谷林下；分布于石阡等地。

6. 芽胞蹄盖蕨 *Athyrium clarkei* **Bedd.**

中型陆生蕨类；生于海拔 1500 – 2700m 的山谷常绿阔叶林下阴湿处或水边；分布于荔波、贵定等地。

7. 坡生蹄盖蕨 *Athyrium clivicola* **Tagawa**

中型陆生蕨类；生于海拔 1900 – 2100m 的林下；分布于桐梓、印江等地。

8. 合欢山蹄盖蕨 *Athyrium cryptogrammoides* **Hayata**

中型陆生蕨类；生于海拔 1500 – 2000m 的山谷林下阴湿处；分布于梵净山等地。

9. 翅轴蹄盖蕨 *Athyrium delavayi* **Christ**

中型陆生蕨类；生于海拔 800 – 1600 的阴湿林下、林缘；分布于赤水、习水、松桃、普安、雷山等地。

10. 薄叶蹄盖蕨 *Athyrium delicatulum* **Ching et S. K. Wu**

中型陆生蕨类；生于海拔 1000 – 2850m 的林下、林缘之溪沟边；分布于七星关、赫章、威宁、纳雍、织金、大方、水城、普安、道真、正安、桐梓、绥阳、印江、江口等地。

11. 溪边蹄盖蕨 *Athyrium deltoidofrons* **Makino**

中型陆生蕨类；生于海拔 880 – 2000m 的山谷溪边山地或草丛中；分布地不详。

12. 希陶蹄盖蕨 *Athyrium dentigerum*（Wall. ex Clarke）**Mehra et Bir**

中型陆生蕨类；生于海拔 2000 – 2900m 山地针叶林或杂木林下或开阔草坡；分布于赫章等地。

13. 湿生蹄盖蕨 *Athyrium devolii* **Ching**

中型陆生蕨类；生于海拔 500 – 2100m 的溪边，沟渠边及沼地；分布于平坝、贵阳、贵定、都匀、雷山、余庆等地。

14. 疏叶蹄盖蕨 *Athyrium dissitifolium*（Bak.）**C. Chr.**

中型陆生蕨类；生于海拔 1400 – 2200m 的酸性山地的林下、林缘；分布于威宁、赫章、水城、纳雍、盘县、普安、关岭、普定等地。

15. 多变蹄盖蕨 *Athyrium drepanopterum*（Kunze）**A. Braun ex Milde**

中型陆生蕨类；生于 700 – 2500m 的山坡路边石隙；分布于雷公山等地。

16. 毛翼蹄盖蕨 *Athyrium dubium* **Ching**

中型陆生蕨类；生于海拔 1000 – 2500m 的林下阴湿处；分布于梵净山等地。

17. 长叶蹄盖蕨 *Athyrium elongatum* **Ching**

中型陆生蕨类；生于 1000 – 1500m 的山溪边石隙；分布于雷公山等地。

18. 轴果蹄盖蕨 *Athyrium epirachis*（Christ）**Ching**

中型陆生蕨类；生于海拔 800 – 1900m 的酸性山地林下、林缘、路边、沟边；分布于遵义地区大部、毕节地区大部、贵阳市、西秀、雷山、印江等地。

19. 蹄盖蕨 *Athyrium filix – femina*（L.）**Roth**

中型陆生蕨类；生于海拔 2000 – 2200m 的路边、林缘；分布于赫章等地。

20. 广南蹄盖蕨 *Athyrium guangnanense* Ching

中型陆生蕨类；生于海拔 600 – 1150m 的阴湿林下；分布于榕江、三都等地。

21. 毛轴蹄盖蕨 *Athyrium hirtirachis* Ching et Y. P. Hsu

中型陆生蕨类；生于海拔 1800 – 2500m 的杂木林下；分布于大沙河等地。

22. 密羽蹄盖蕨 *Athyrium imbricatum* Christ

中型陆生蕨类；生于海拔 850 – 1450m 的阴湿沟边、林下、林缘；分布于道真、绥阳、印江等地。

23. 长江蹄盖蕨 *Athyrium iseanum* Rosenst.

中型陆生蕨类；生于海拔 800 – 2200m 的阴湿林下、溪边；分布于赫章、赤水、桐梓、正安、绥阳、遵义、印江、江口、瓮安、黎平、剑河、雷山、三都等地。

24. 紫柄蹄盖蕨 *Athyrium kenzo – satakei* Kurata

中型陆生蕨类；生于海拔 800 – 2100m 的山坡林下；分布于清镇等地。

25. 长柄蹄盖蕨 *Athyrium longius* Ching

中型陆生蕨类；生于海拔 1200 – 1800m 的山谷、山坡、路边灌丛中；分布于梵净山等地。

26. 川滇蹄盖蕨 *Athyrium mackinnonii*（C. Hope）C. Chr.

中型陆生蕨类；生于海拔 1200 – 2700m 的山坡林下、林缘；分布于中部以北的东、西各地。

27. 蒙自蹄盖蕨 *Athyrium mengtzeense* Hieronymus【*Athyrium liangwangshanicum* Ching】

中型陆生蕨类；生于海拔 1900 – 2100m 的山坡林缘；分布于赫章、盘县等地。

28. 红苞蹄盖蕨 *Athyrium nakanoi* Makino

中型陆生蕨类；生于海拔 1300 – 1550m 的沟谷林下石隙间；分布于贞丰等地。

29. 峨眉蹄盖蕨 *Athyrium omeiense* Ching

中型陆生蕨类；生于海拔 900 – 2700 的林下；分布于赫章、桐梓等地。

30. 光蹄盖蕨 *Athyrium otophorum*（Miq.）Koidz.

中型陆生蕨类；生于海拔 700 – 1600m 的山坡林下、河谷溪边湿地、灌丛旁石隙间；分布于兴义、贞丰、紫云、西秀、黔南州大部、贵阳、修文、赤水、桐梓、绥阳、印江、江口、松桃、三穗、黎平、雷山等地。

31. 裸囊蹄盖蕨 *Athyrium pachyphyllum* Ching

中型陆生蕨类；生于海拔 400 – 1500m 的山坡林下；分布于册亨等地。

32. 贵州蹄盖蕨 *Athyrium pubicostatum* Ching et Z. Y. Liu

中型陆生蕨类；生于海拔 1000 – 2100m 的酸性山地之林下、林缘、路边；分布于赫章、七星关、西秀、桐梓、正安、绥阳、遵义、息烽、瓮安、印江、都匀、雷公山、梵净山等地。

33. 软刺蹄盖蕨 *Athyrium strigillosum*（E. J. Lowe）T. Moore ex Salomon

中型陆生蕨类；生于海拔 1000 – 1360m 的山谷溪沟边；分布于晴隆、西秀、息烽、开阳、印江等地。

34. 上毛蹄盖蕨 *Athyrium suprapubescens* Ching

中型陆生蕨类；生于海拔 1800 – 1900m 的林下湿石隙；分布于道真等地。

35. 尖头蹄盖蕨 *Athyrium vidalii*（Franch. et Sav.）Nakai

中型陆生蕨类；生于海拔 1200 – 2700m 的山坡林下、林缘；分布于毕节地区大部、贵阳市大部、水城、关岭、西秀、雷山、遵义地区北部、印江、江口等地。

36. 胎生蹄盖蕨 *Athyrium viviparum* Christ

中型陆生蕨类；生于海拔 500 – 1400m 的山坡林下，河谷林缘；分布于赤水、遵义、松桃、江口、清镇、西秀、贞丰、贵定、荔波、三都、独山、榕江等地。

37. 启无蹄盖蕨 *Athyrium wangii* Ching

中型陆生蕨类；生于海拔 500 – 1500m 的林下；分布于正安等地。

38. 华中蹄盖蕨 *Athyrium wardii*（Hook.）Makino

中型陆生蕨类；生于海拔 750 – 1900m 的酸性山地林下、林缘、溪边；分布于道真、正安、绥阳、桐梓、西秀、清镇、贵阳、开阳、瓮安、余庆、龙里、贵定、印江、江口、天柱、锦屏、剑河、雷山等地。

39. 禾秆蹄盖蕨 *Athyrium yokoscense*（Franch. et Sav.）Christ

中型陆生蕨类；生于海拔 1210 – 2400m 的路边林缘及山顶石隙间；仅分布于梵净山。

（三）角蕨属 *Cornopteris* Nakai

1. 角蕨 *Cornopteris decurrenti – alata*（Hook.）Nakai【*Cornopteris decurrenti – alata* f . *pillosella*（H. Ito）W. M. Chu】

中型湿生蕨类；生于海拔 800 – 2000m 的阴湿林下、溪边；分布于桐梓、西秀、紫云、贵定、瓮安、雷山、剑河、松桃、印江、江口、惠水、都匀等地。

2. 峨眉角蕨 *Cornopteris omeiensis* Ching

中型湿生蕨类；生于海拔 1100 – 2400m 的山坡林下；分布于梵净山、赫章等地。

3. 黑叶角蕨 *Cornopteris opaca*（Don）Tagawa

中型湿生蕨类；生于海拔 1900m 以下的林下溪边；分布于赤水、赫章、晴隆、贞丰、安龙、贵定、印江等地。

（四）对囊蕨属 *Deparia* Hooker et Greville

1. 对囊蕨 *Deparia boryana*（Willd.）M. Kato【*Dryoathyrium boryanum*（Willd.）Ching；*Dryoathyrium edentulum*（Kunze）Ching】

中型陆生蕨类；生于海拔 1400m 以下的阴湿溪边或山坡林下；分布于赤水、正安、西秀、贵阳、龙里、贵定、都匀、望谟、独山等地。

2. 美丽对囊蕨 *Deparia concinna*（Z. R. Wang）M. Kato【*Athyriopsis concinna* Z. R. Wang】

中型陆生蕨类；生于海拔 1550 – 2010m 的沟边林下；分布于道真、绥阳等地。

3. 斜生对囊蕨 *Deparia dickasonii* M. Kato【*Athyriopsis dickasonii*（M. Kato）W. M. Chu】

中型陆生蕨类；生于海拔 1400 – 2300m 的山谷阔叶林下阴湿处；分布于绥阳等地。

4. 二型叶对囊蕨 *Deparia dimorphophyllum*（Koidz.）M. Kato【*Athyriopsis dimorphophylla*（Koidz.）Ching ex W. M. Chu】

中型陆生蕨类；生于海拔 1100m 以下的林缘及林下湿润地；分布于桐梓等地。

5. 直立对囊蕨 *Deparia erecta*（Z. R. Wang）M. Kato【*Athyriopsis erecta* Z. R. Wang】

中型陆生蕨类；生于海拔 200 – 2500m 的山谷杂木林下阴湿处；分布于绥阳等地。

6. 全缘对囊蕨 *Deparia formosana*（Rosenst.）R. Sano【*Dictyodroma formosana*（Rosenst.）Ching】

中型陆生蕨类；生于海拔 800m 左右的山谷阴湿溪边林下；分布于赤水、独山等地。

7. 鄂西对囊蕨 *Deparia henryi*（Bak.）M. Kato【*Dryoathyrium henryi*（Bak.）Ching】

中型陆生蕨类；生于海拔 1400 – 2000m 的山谷湿地林缘及山洞内；分布于赫章、桐梓、道真、正安、绥阳、麻江等地。

8. 东洋对囊蕨 *Deparia japonica*（Thunberg）M. Kato【*Athyriopsis japonica*（Thunb.）Ching】

中型陆生蕨类；生于海拔 230 – 1800m 的常绿阔叶林下及溪边；分布于道真、赫章、七星关、大方、黔西、清镇、修文、贵阳、西秀、贞丰、望谟、紫云、贵定、都匀、平塘、独山、从江、松桃、印江、江口等地。

9. 金佛山对囊蕨 *Deparia jinfoshanensis*（Z. Y. Liu）Z. R. He【*Athyriopsis jinfoshanensis* Ching et Z. Y. Liu】

中型陆生蕨类；生于海拔 1400 – 2150m 的常绿阔叶林下、林缘沟边；分布于道真、桐梓、绥阳等地。

10. 中日对囊蕨 *Deparia kiusiana*（Koidz.）M. Kato【*Athyriopsis kiusiana*（Koidz.）Ching】

中型陆生蕨类；生于海拔 1450m 以下的山地阔叶林、针阔混交林林下及林缘溪沟边；分布于道真等地。

11. 单叶对囊蕨 *Deparia lancea*（Thunb.）Fraser-Jenkins【*Diplazium subsinuatum*（Wall. ex Hook. et Grev.）Tagawa】

中型陆生蕨类；生于海拔 150 – 1300m 的酸性山地的沟谷林下、路边；分布于赤水、仁怀、黔西、贵阳市大部、黔西南大部、黔南大部、黔东南大部、铜仁地区东部等地。

12. 凉山对囊蕨 *Deparia liangshanensis*（Ching ex Z. R. Wang）Z. R. Wang【*Lunathyrium liangshanense* Ching ex Z. R. Wang】

中型陆生蕨类；生于海拔 2050m 的林下、林缘；分布于赫章等地。

13. 南谷对囊蕨 *Deparia minamitanii* Seriz.【*Athyriopsis minamitanii*（Seriz.）Z. R. Wang】

中型陆生蕨类；生于海拔 1400 – 2300m 的阴湿常绿阔叶林下；分布于道真、瓮安、绥阳等地。

14. 大久保对囊蕨 *Deparia okuboana*（Makino）M. Kato【*Dryoathyrium okuboanum*（Makino）Ching】

中型陆生蕨类；生于海拔 600 – 2500m 的山谷阴处、溪边、山坡林下、林缘；全省均有分布。

15. 阔羽对囊蕨 *Deparia pachyphylla*（Ching）Z. R. He【*Athyriopsis pachyphylla* Ching】

中型陆生蕨类；生于海拔 800 – 1780m 的林下；分布于七星关等地。

16. 毛叶对囊蕨 *Deparia petersenii*（Kunze）M. Kato【*Athyriopsis lasiopteris*（Kze.）Ching；*Athyriopsis petersenii*（Kunze）Ching；*Athyriopsis japonica* var. *oshimensis*（Christ）Ching】

中型陆生蕨类；生于海拔 400 – 2500m 的路边林缘、山沟灌丛下；分布于碧江、思南、岑巩、贵阳、册亨、麻江、从江、赤水、关岭、雷山、江口等地。

17. 刺毛对囊蕨 *Deparia setigera*（Ching ex Y. T. Hsieh）Z. R. Wang【*Dryoathyrium setigerum* Ching ex Y. T. Hsieh】

中型陆生蕨类；生于海拔 1400 – 2050m 的山谷路边；分布于正安、赫章等地。

18. 华中对囊蕨 *Deparia shennongensis*（Ching, Bouff. et K. H. Shing）X. C. Zhang【*Lunathyrium centro – chinense* Ching ex Shing】

中型陆生蕨类；生于海拔 1250 – 2400m 的山坡密林下及溪边；分布于道真、桐梓、绥阳、纳雍、大方、印江、江口等地。

19. 四川对囊蕨 *Deparia sichuanensis*（Z. R. Wang）Z. R. Wang【*Lunathyrium sichuanense* Z. R. Wang】

中型陆生蕨类；生于海拔 1430 – 2800m 的林下；分布于赫章、雷山等地。

20. 川东对囊蕨 *Deparia stenopterum*（Christ）Z. R. Wang【*Dryoathyrium stenopteron*（Baker）Ching】

中型陆生蕨类；生于海拔 500 – 2200m 的常绿阔叶林或灌木林下阴湿处；分布地不详。

21. 单叉对囊蕨 *Deparia unifurcata*（Bak.）M. Kato【*Dryoathyrium unifurcatum*（Bak.）Ching】

中型陆生蕨类；生于海拔 300 – 2500m 的山坡、河谷林下，亦生于岩洞内外；分布于赫章、七星关、纳雍、黔西、金沙、普安、贵阳市大部、镇宁、紫云、龙里、都匀、遵义地区大部、沿河、印江、江口、镇远、三穗等地。

22. 绿叶对囊蕨 *Deparia viridifrons*（Makino）M. Kato【*Dryoathyrium viridifrons*（Makino）Ching】

中型陆生蕨类；生于海拔 300 – 2100m 的沟谷林缘、山坡路边；分布于赤水、桐梓、道真、绥阳、务川、印江、江口、大方、黔西、修文、清镇、水城、兴仁、紫云、都匀、三都、荔波、榕江、雷山、锦屏等地。

23. 峨山对囊蕨 *Deparia wilsonii*（Christ）X. C. Zhang〖*Lunathyrium wilsonii*（Christ）Ching〗

中型陆生蕨类；生于海拔 1800 – 1950m 的山坡林下沟边；分布于赫章、正安等地。

24. 羽裂叶对囊蕨 *Deparia tomitaroana*（Masam.）R. Sano〖*Athyriopsis tomitaroana*（Masam.）P. S. Wang〗〖*Diplazium tomitaroanum* Masam.〗

中型陆生蕨类；生于海拔 400 – 1250m 的溪边林下；分布于贞丰、赤水、荔波、独山、三都、平塘、黔西等地。

（五）双盖蕨属 *Diplazium* Swartz

1. 狭翅双盖蕨 *Diplazium alatum*（Christ）R. Wei et X. C. Zhang〖*Allantodia alata*（Christ）Ching〗

大中型陆生蕨类；生于海拔 1200m 的山坡林下；分布于贵阳、罗甸等地。

2. 褐色双盖蕨 *Diplazium axillare* Ching〖*Allantodia himalayensis* Ching〗

大型陆生蕨类；生于海拔 1200m 以下的山坡密林下及河谷地带；分布于兴仁、贞丰、镇宁等地。

3. 中华双盖蕨 *Diplazium chinense*（Bak.）C. Christensen〖*Allantodia chinensis*（Bak.）Ching〗

中型陆生蕨类；生于海拔 900 – 1500m 的石灰岩地区林下、林缘、河谷、岩洞口；分布于大方、关岭、镇宁、西秀、贵阳、龙里、德江、江口等地。

4. 边生双盖蕨 *Diplazium conterminum* Christ〖*Allantodia contermina*（Christ）Ching〗

大中型陆生蕨类；生于海拔 500 – 700m 的山谷溪边林下；分布于都匀、江口等地。

5. 厚叶双盖蕨 *Diplazium crassiusculum* Ching

中型陆生蕨类；生于海拔 600 – 1050m 的阴湿林下、灌丛下；分布于赤水、贞丰、独山、三都、荔波、榕江等地。

6. 毛柄双盖蕨 *Diplazium dilatatum* Bl.〖*Allantodia dilatata*（Bl.）Ching〗

大型陆生蕨类；生于海拔 450 – 900m 的河谷林下；分布于赤水、册亨、贞丰、望谟、关岭、镇宁、独山、罗甸等地。

7. 光脚双盖蕨 *Diplazium doederleinii*（Luerss.）Makino〖*Allantodia doederleinii*（Luerss.）Ching〗

中型陆生蕨类；生于海拔 600 – 1100m 的溪边林下；分布于赤水、江口、黎平、雷山、独山、册亨等地。

8. 双盖蕨 *Diplazium donianum*（Mett.）Tardieu

中型陆生蕨类；生于海拔 300 – 600m 的阴湿林下、溪边、瀑布旁；分布于三都、荔波、赤水等地。

9. 独山双盖蕨 *Diplazium dushanense*（Ching ex W. M. Chu et Z. R. He）R. Wei et X. C. Zhang〖*Allantodia dushanensis* Ching ex W. M. Chu et Z. R. He〗

中型陆生蕨类；分布海拔 600 – 900m 的石灰岩山丘林下岩隙；分布于独山、平塘、荔波等地。

10. 食用双盖蕨 *Diplazium esculentum*（Retz.）Swartz〖*Callipteris esculenta*（Retz.）J. Sm. ex T. Moore et Houlst.〗

大型陆生蕨类；生于海拔 300 – 800m 的山谷溪边、河岸冲积沙地及石灰岩洞口；分布于册亨、望谟、罗甸、荔波、三都、榕江、从江、黎平、天柱等地。

11. 毛轴食用双盖蕨 *Diplazium esculentum* var. *pubescens*（Link）Tardieu et C. Chr.〖*Callipteris esculenta* var. *pubescens*（Link）Ching〗

大型陆生蕨类；生于海拔 300 – 600m 的山谷溪边、河岸冲积沙地及石灰岩洞口；分布地不详。

12. 大型双盖蕨 *Diplazium giganteum*（Bak.）Ching〖*Allantodia gigantea*（Bot.）Ching〗

大型陆生蕨类；生于海拔 1440 – 2200m 的林下、林缘；分布于道真、桐梓、赫章、七星关、水城、黔西、贵定等地。

13. 镰羽双盖蕨 *Diplazium griffithii* T. Moore〖*Allantodia griffithii*（T. Moore）Ching〗

大中型陆生蕨类；生于海拔 1100m 的山坡林下；分布于兴义、平塘等地。

14. 薄盖双盖蕨 *Diplazium hachijoense* Nakai【*Allantodia hachijoensis*（Nakai）Ching】

大中型陆生蕨类；生于海拔 500 – 1350m 的山坡林下、山谷溪边；分布于赤水、印江、江口、息烽、瓮安、贵定、荔波、紫云、西秀、剑河、榕江等地。

15. 异果双盖蕨 *Diplazium heterocarpum* Ching【*Allantodia heterocarpa*（Ching）Ching】

大中型陆生蕨类；生于海拔 400 – 1450m 的石灰岩浅洞阴湿处石隙及石灰质土壤上；分布于德江、江口、镇宁、西秀、关岭、贵定、贵阳等地。

16. 鳞轴双盖蕨 *Diplazium hirtipes* Christ【*Allantodia hirtipes*（Christ）Ching；*Allantodia hirtipes* f. *nigropaleacea* Ching ex W. M. Chu et Z. R. He；*Allantodia hirtipes* f. *nigropaleacea* Ching】

中型陆生蕨类；生于海拔 900 – 2200m 的沟边、山坡林下；分布于道真、绥阳、赫章、清镇、兴义、安龙、贞丰、贵定、都匀、三都、榕江、雷山、松桃、印江、江口、碧江等地。

17. 金佛山双盖蕨 *Diplazium jinfoshanicola*（W. M. Chu）Z. R. He【*Allantodia jinfoshanicola* W. M. Chu】

大型陆生蕨类；生于海拔 1500m 的山谷阔叶林下；分布于大沙河等地。

18. 异裂双盖蕨 *Diplazium laxifrons* Rosenst.【*Allantodia laxifrons*（Rosent.）Ching】

大中型陆生蕨类；生于海拔 350 – 2200m 的山谷阴湿常绿阔叶林下及林缘溪沟边；分布于赤水、正安、赫章、松桃、江口、安龙、望谟、紫云、平塘、贵定、荔波、三都、丹寨、榕江、黎平等地。

19. 大叶双盖蕨 *Diplazium maximum*（D. Don）C. Christensen【*Allantodia maxima*（D. Don）Ching】

大型陆生蕨类；生于海拔 500 – 900m 的溪边林缘；分布于赤水等地。

20. 大羽双盖蕨 *Diplazium megaphyllum*（Bak.）Christ【*Allantodia megaphylla*（Bak.）Ching】

大中型陆生蕨类；生于海拔 150 – 1700m 的低山河谷地带的阴湿林下、溪边或石灰岩洞内；分布于赤水、安龙、册亨、望谟、紫云、罗甸、惠水、荔波、黎平等地。

21. 江南双盖蕨 *Diplazium mettenianum*（Miq.）C. Christensen【*Allantodia metteniana*（Miq.）Ching】

中型陆生蕨类；生于海拔 560 – 1430m 的山谷、路边、林下、林缘；分布于桐梓、正安、遵义、息烽、清镇、七星关、纳雍、紫云、铜仁地区东部、黔南州东部、雷山、从江等地。

22. 南川双盖蕨 *Diplazium nanchuanicum*（W. M. Chu）Z. R. He【*Allantodia nanchuanica* W. M. Chu】【*Allantodia anshunica* P. S. Wang】

大中型陆生蕨类；生于海拔 1100 – 1300m 的石灰岩山谷谷底；分布于金沙、赤水、道真、大方、西秀、紫云等地。

23. 假耳羽双盖蕨 *Diplazium okudairai* Makino【*Allantodia okudairai*（Makino）Ching】

大中型陆生蕨类；生于海拔 800 – 2500m 的林下、沟边，常见于石灰岩地区的岩洞口；分布于赤水、仁怀、绥阳、赫章、纳雍、金沙、贵阳市大部、六枝、贞丰、西秀、龙里、贵定、都匀、独山、江口等地。

24. 卵果双盖蕨 *Diplazium ovatum*（W. M. Chu ex Ching et Z. Y. Liu）Z. R. He【*Allantodia ovata* W. M. Chu】

中型陆生蕨类；生于海拔 500 – 1100m 的山谷溪边林下；分布于赤水、安龙、贞丰、贵定、雷山等地。

25. 褐柄双盖蕨 *Diplazium petelotii* Tardieu【*Allantodia petelotii*（Tardieu）Ching】

中型陆生蕨类；生于海拔 540m 的密林下阴湿溪沟边；分布于望谟、荔波等地。

26. 假镰羽双盖蕨 *Diplazium petrii* Tardieu【*Allantodia petri*（Tardieu）Ching】

中型陆生蕨类；生于海拔 500 – 1260m 的河谷灌丛下及山坡密林下；分布于望谟、荔波等地。

27. 薄叶双盖蕨 *Diplazium pinfaense* Ching

中型陆生蕨类；生于海拔 500 – 1000m 的山谷阴湿溪边、林下、林缘；分布于赤水、贞丰、贵定、都匀、独山、三都、榕江、雷山、剑河、松桃、江口、德江等地。

28. 双生双盖蕨 *Diplazium prolixum* Rosenst.【*Allantodia prolixa*（Rosenst.）Ching】

大型陆生蕨类；生于海拔 300 – 1300m 的山坡、河谷之林下，也常见于石灰岩洞口内外；分布于晴隆、安龙、册亨、望谟、西秀、紫云、罗甸、平塘、荔波等地。

29. 矩圆双盖蕨 *Diplazium pseudosetigerum*（Christ）Fraser-Jenkins【*Allantodia pseudosetigera*（Christ）Ching】

中型陆生蕨类；生于海拔 700m 的石灰岩洞口；分布于西秀、平塘、罗甸等地。

30. 毛轴双盖蕨 *Diplazium pullingeri*（Bak.）J. Smith【*Monomelangium pullingeri*（Bak.）Taga-wa】

中型陆生蕨类；生于海拔 520m 沟边灌丛下；分布于荔波等地。

31. 鳞柄双盖蕨 *Diplazium squamigerum*（Mett.）C. Hope【*Allantodia squamigera*（Mett.）Ching】

中型陆生蕨类；生于海拔 900 – 2850m 的林下；分布于道真、桐梓、绥阳、七星关、赫章、纳雍、印江、江口、瓮安、都匀、雷山等地。

32. 肉质双盖蕨 *Diplazium succulentum*（Clarke）C. Christensen【*Allantodia succulenta*（Clarke）Ching】

大型陆生蕨类；生于海拔 400 – 640m 的溪边林缘；分布于荔波等地。

33. 淡绿双盖蕨 *Diplazium virescens* Kunze【*Allantodia virescens*（Kunze）Ching】

大中型陆生蕨类；生于海拔 350 – 1500m 的山地常绿阔叶林下、林缘；分布于赤水、印江、江口、兴仁、册亨、贵定、独山、荔波、三都、榕江等地。

34. 冲绳双盖蕨 *Diplazium virescens* var. *okinawaense*（Tagawa）Sa. Kurata【*Allantodia virescens* var. *okinawaensis*（Tagawa）W. M. Chu】

大中型陆生蕨类；生于海拔 600 – 850m 的山谷溪边林缘、林下；分布于赤水等地。

35. 异基双盖蕨 *Diplazium virescens* var. *sugimotoi* Sa. Kurata【*Allantodia virescens* var. *sugimotoi*（Kurata）W. M. Chu】

大中型陆生蕨类；生于海拔 1250 – 1550m 的阴湿山谷常绿阔叶林下；分布于贵定、惠水、罗甸等地。

36. 草绿双盖蕨 *Diplazium viridescens* Ching【*Allantodia viridescens*（Ching）Ching】

中型陆生蕨类；生于海拔 650 – 1200m 的沟边石隙中；分布于黎平等地。

37. 深绿双盖蕨 *Diplazium viridissimum* Christ【*Allantodia viridissima*（Christ）Ching】

大型陆生蕨类；生于海拔 500 – 1100m 的山谷溪边林下、林缘；分布于赤水、晴隆、兴仁、册亨、望谟、紫云、罗甸、惠水、三都、雷山、榕江等地。

38. 耳羽双盖蕨 *Diplazium wichurae*（Mett.）Diels【*Allantodia wichurae*（Mett.）Ching】

中型陆生蕨类；生于海拔 800 – 1200m 的山地林下溪沟边岩石旁；分布于德江等地。

二一、轴果蕨科 Rhachidosoraceae

（一）轴果蕨属 *Rhachidosorus* Ching

1. 脆叶轴果蕨 *Rhachidosorus blotianus* Ching

大型陆生蕨类；生于海拔 700 – 1350m 常绿阔叶林下；分布于贵定、紫云等地。

2. 喜钙轴果蕨 *Rhachidosorus consimilis* Ching

大型陆生蕨类；生于海拔 350 – 1220m 的石灰岩洞内外；分布于西秀、惠水、罗甸、贵定、荔波等地。

3. 云贵轴果蕨 *Rhachidosorus truncatus* Ching

大型陆生蕨类；生于海拔 570 – 1500m 的溪边林下及石灰岩洞内；分布于册亨、望谟、荔波等地。

二二、肿足蕨科 Hypodematiaceae

（一）肿足蕨属 *Hypodematium* Kunze

1. 肿足蕨 *Hypodematium crenatum*（Forsk.）Kuhn

中小型陆生蕨类；生于海拔 2300 以下的石灰岩山地的石隙；分布于全省大部分地区。

2. 福氏肿足蕨 *Hypodematium fordii*（Bak.）Ching

中小型陆生蕨类；生于海拔 400 – 1500m 的林下或光裸的石灰岩石隙；分布于贵阳、天柱等地。

3. 腺毛肿足蕨 *Hypodematium glandulosum* Ching ex K. H. Shing

中小型陆生蕨类；生于海拔 300 – 1180m 的山坡草地石缝中；分布于遵义等地。

4. 光轴肿足蕨 *Hypodematium hirsutum*（D. Don）Ching

中小型陆生蕨类；生于海拔 400 – 2000m 的山坡或林下石灰岩缝；分布于赫章等地。

5. 鳞毛肿足蕨 *Hypodematium squamuloso – pilosum* Ching

中小型陆生蕨类；生于海拔 400m 的石灰岩隙；分布于碧江等地。

二三、金星蕨科 Thelypteridaceae

（一）星毛蕨属 *Ampelopteris* Kunze

1. 星毛蕨 *Ampelopteris prolifera*（Retz.）Copel.

蔓生蕨类；生于海拔 150 – 1020m 的溪边、渠边、河滩地；分布于册亨、望谟、罗甸、紫云、镇宁、荔波、三都、榕江、黎平等地。

（二）钩毛蕨属 *Cyclogramma* Tagawa

1. 小叶钩毛蕨 *Cyclogramma flexilis*（Christ）Tagawa

中型陆生蕨类；生于海拔 300 – 1500m 的山坡及河谷林下；分布于赤水、正安、纳雍、黔西、贵阳、龙里、贵定、清镇、西秀、贞丰、都匀、麻江、福泉、镇远等地。

2. 狭基钩毛蕨 *Cyclogramma leveillei*（Christ）Ching

中型陆生蕨类；生于海拔 500 – 1100m 的河谷林下、岩洞内；分布于清镇、赤水、桐梓、德江、印江、江口等地。

3. 峨眉钩毛蕨 *Cyclogramma omeiensis*（Bak.）Tagawa

中型陆生蕨类；生于海拔 900 – 1600m 的河谷林下石上；分布于贞丰等地。

（三）毛蕨属 *Cyclosorus* Link

1. 渐尖毛蕨 *Cyclosorus acuminatus*（Houtt.）Nakai

中型陆生蕨类；生于海拔 150 – 1900m 的路边、溪边、林缘、荒坡；全省大部均有分布。

2. 干旱毛蕨 *Cyclosorus aridus*（D. Don）Tagawa

大中型陆生蕨类；生于海拔 800m 以下的溪边、路边、林缘；分布于赤水、江口、册亨、黔南州南部、榕江、黎平等地。

3. 节状毛蕨 *Cyclosorus articulatus*（Houlston et T. Moore）Panigrahi【*Cyclosorus euphlebius* Ching】

大中型陆生蕨类；生于海拔 200 – 1100m 的溪边灌丛下；分布于赤水、紫云、安龙等地。

4. 光羽毛蕨 *Cyclosorus calvescens* Ching【*Cyclosorus sanduensis* Shing et P. S. Wang】

中型陆生蕨类；生于海拔 700m 以下的低山河谷地带季雨林下、灌丛下；分布于望谟、罗甸、三都、荔波、榕江等地。

5. 鳞柄毛蕨 *Cyclosorus crinipes*（Hook.）Ching

大中型陆生蕨类；生于海拔 350 – 1200m 的山谷水边或林边湿地；分布于罗甸等地。

6. 狭基毛蕨 *Cyclosorus cuneatus* Ching et Shing〖*Cyclosorus clavatus* Shing〗

大中型陆生蕨类；生于海拔 600 – 700m 的山谷沟旁；分布于望谟等地。

7. 齿牙毛蕨 *Cyclosorus dentatus*（Forssk.）Ching

中型陆生蕨类；生于海拔 300 – 1450m 的溪边、林下；分布于赤水、水城、册亨、望谟、罗甸、紫云、修文、贵定等地。

8. 展羽毛蕨 *Cyclosorus evolutus*（Clarke et Bak.）Ching〖*Cyclosorus chingii* Z. Y. Liu ex Ching et Z. Y. Liu〗

大中型陆生蕨类；生于海拔 800m 以下的阴湿溪边林下；分布于赤水、绥阳等地。

9. 闽台毛蕨 *Cyclosorus jaculosus*（Christ）H. Itô〖*Cyclosorus houi* Ching〗

中型陆生蕨类；生于海拔 1200m 的山沟内酸性土上或深谷石灰岩上；分布于遵义、都匀等地。

10. 宽羽毛蕨 *Cyclosorus latipinnus*（Benth.）Tardieu〖*Cyclosorus subpubescens*（Bl.）Ching〗

中小型陆生蕨类；生于海拔 500 – 600m 的山谷疏林下；分布于望谟等地。

11. 美丽毛蕨 *Cyclosorus molliusculus*（Wall. ex Kuhn）Ching

中型陆生蕨类；生于海拔 350 – 1000m 的山谷沟边林下、林缘；分布于安龙、贞丰、册亨、望谟、罗甸、丹寨、三都、荔波、剑河、从江等地。

12. 华南毛蕨 *Cyclosorus parasiticus*（L.）Farwell

中型陆生蕨类；生于海拔 280 – 1200m 的山坡林缘、溪边、路边；分布于赤水、织金、贵阳、安顺地区南部、黔西南州南部、黔南州西部、沿河、石阡、黄平、榕江等地。

13. 无腺毛蕨 *Cyclosorus procurrens*（Mett.）Copel.〖*Cyclosorus kweichowensis* Ching ex Shing〗

中型陆生蕨类；生于海拔 300 – 1400m 的山坡竹林下；分布于册亨等地。

14. 石门毛蕨 *Cyclosorus shimenensis* Shing et C. M. Zhang〖*Cyclosorus wangmoensis* Shing et P. S. Wang〗

中型陆生蕨类；生于海拔 300 – 1000m 的山谷林下；分布于望谟等地。

15. 截裂毛蕨 *Cyclosorus truncatus*（Poir.）Farwell

大型陆生蕨类；生于海拔 600 – 1350m 的溪边林下；分布于水城、安龙、望谟等地。

（四）圣蕨属 *Dictyocline* T. Moore

1. 圣蕨 *Dictyocline griffithii* T. Moore

中型陆生蕨类；生于海拔 760 – 1050m 的密林下或阴湿溪边；分布于赤水、贞丰、贵定等地。

2. 戟叶圣蕨 *Dictyocline sagittifolia* Ching

中型陆生蕨类；生于海拔 650 – 1120m 的溪边林下；分布于赤水、惠水、松桃、江口、黎平、雷山、荔波等地。

3. 羽裂圣蕨 *Dictyocline wilfordii*（Hook.）J. Smith〖*Dictyocline griffithii* var. *wilfordii*（Hook.）T. Moore〗

中型陆生蕨类；生于海拔 800 – 1100m 的阴湿溪边；分布于赤水、晴隆、惠水、江口等地。

（五）方杆蕨属 *Glaphyropteridopsis* Ching

1. 方秆蕨 *Glaphyropteridopsis erubescens*（Hook.）Ching

大型陆生蕨类；生于海拔 500 – 1400m 的河谷溪边；分布于赤水、桐梓、正安、金沙、贵阳、平坝、西秀、镇宁、晴隆、兴仁、兴义、贞丰等地。

2. 粉红方秆蕨 *Glaphyropteridopsis rufostraminea*（Christ）Ching

中型陆生蕨类；生于海拔 500 – 1650m 的山谷、溪边石隙，石灰岩洞口内外石壁上；分布于赤水、道真、绥阳、、正安、七星关、纳雍、贵阳、龙里、贵定、修文、西秀、印江、江口、镇远等地。

（六）茯蕨属 *Leptogramma* J. Smith

1. 惠水茯蕨 *Leptogramma huishuiensis* Ching ex Y. X. Lin

中型陆生蕨类；分布于惠水等地。

2. 毛叶茯蕨 *Leptogramma pozoi*（Lag.）Ching【*Leptogramma mollissima*（（Kze.）Ching】

中型陆生蕨类；生于海拔 1590m 的山坡林下；分布于绥阳等地。

3. 峨眉茯蕨 *Leptogramma scallanii*（Christ）Ching

小型陆生蕨类；生于海拔 560 - 1900m 的山坡林下，溪边、路边；分布于赤水、桐梓、道真、绥阳、七星关、赫章、大方、织金、西秀、贞丰、松桃、印江、江口、息烽、瓮安、余庆、印江、江口、玉屏、岑巩、雷山、三都等地。

4. 中华茯蕨 *Leptogramma sinica* Ching ex Y. X. Lin

小型陆生蕨类；生于海拔 1800m 的林下沟谷中阴湿岩石上；分布于印江、梵净山等地。

5. 小叶茯蕨 *Leptogramma tottoides* H. Itô

小型陆生蕨类；生于海拔 720 - 2100m 的山坡竹林下、林缘、溪边；分布于道真、桐梓、绥阳、印江、松桃、江口、碧江、余庆、开阳、修文、贵阳、普定等地。

（七）针毛蕨属 *Macrothelypteris*（H. Itô）Ching

1. 针毛蕨 *Macrothelypteris oligophlebia*（Bak.）Ching

大中型陆生蕨类；生于海拔 400 - 1500m 的山谷路边、林缘、灌丛旁；分布于江口、三穗、天柱、锦屏等地。

2. 雅致针毛蕨 *Macrothelypteris oligophlebia* var. *elegans*（Koidz.）Ching

大中型陆生蕨类；生于海拔 400 - 1500m 山谷路边、林缘、灌丛旁；分布于道真、绥阳、松桃、印江、江口、玉屏、万山、岑巩、瓮安、黄平、天柱、剑河等地。

3. 普通针毛蕨 *Macrothelypteris torresiana*（Gaud.）Ching

大中型陆生蕨类；生于海拔 1300m 以下的溪边、山坡林下、林缘；分布于赤水、黔西南州大部、黔南州南部、贵阳、织金、西秀、镇宁、关岭、从江、黎平、德江、印江、江口等地。

4. 翠绿针毛蕨 *Macrothelypteris viridifrons*（Tagawa）Ching

大中型陆生蕨类；生于海拔 1400m 溪边；分布于纳雍等地。

（八）凸轴蕨属 *Metathelypteris*（H. Itô）Ching

1. 薄叶凸轴蕨 *Metathelypteris flaccida*（Bl.）Ching

中小型陆生蕨类；生于海拔 800 - 1100m 的林缘；分布于惠水、贵定等地。

2. 有腺凸轴蕨 *Metathelypteris glandulifera* Ching ex Shing

中小型陆生蕨类；生于山谷密林下；分布于黎平等地。

3. 林下凸轴蕨 *Metathelypteris hattorii*（H. Itô）Ching

中小型陆生蕨类；生于海拔 1500 - 1940m 的路边林缘、溪边；分布于桐梓、湄潭、正安、绥阳、江口、雷山等地。

4. 疏羽凸轴蕨 *Metathelypteris laxa*（Franch. et Sav.）Ching

中小型陆生蕨类；生于海拔 600 - 1900m 的路边、林下、林缘、灌丛旁；分布于七星关、赫章、纳雍、水城、赤水、桐梓、道真、正安、绥阳、修文、贵阳、惠水、贵定、都匀、荔波、雷山、镇远、江口等地。

（九）金星蕨属 *Parathelypteris*（H. Itô）Ching

1. 长根金星蕨 *Parathelypteris beddomei*（Bak.）Ching

中型陆生蕨类；生于海拔 500 - 2500m 的路边、山坡林缘、疏林下、湿地；全省均有分布。

2. 狭脚金星蕨 *Parathelypteris borealis*（Hara）K. H. Shing

中型陆生蕨类；生于海拔 400 - 1850m 的山谷灌丛下和林下阴湿处；分布于遵义等地。

3. 金星蕨 *Parathelypteris glanduligera*（**Kunze**）**Ching**

中型陆生蕨类；生于海拔 150 – 1650m 的山坡林缘，路边，溪边；全省大部均有分布。

4. 毛脚金星蕨 *Parathelypteris hirsutipes*（**C. B. Clarke**）**Ching**

中型陆生蕨类；生于海拔 520 – 1600m 的河谷林下；分布于荔波等地。

5. 光脚金星蕨 *Parathelypteris japonica*（**Bak.**）**Ching**【*Parathelypteris japonica* var. *musashiensis*（**Hiyama**）**Jiang**】

中型陆生蕨类；生于海拔 600 – 2100m 的疏林下、林缘、溪沟边；分布于威宁、七星关、织金、水城、普安、兴仁、西秀、清镇、修文、贵阳、绥阳、遵义、印江、江口、雷山、贵定、福泉、都匀、平塘等地。

6. 中日金星蕨 *Parathelypteris nipponica*（**Franch. et Sav.**）**Ching**

中型陆生蕨类；生于海拔 400 – 2500m 的疏林下；仅见黎平境内。

7. 长毛金星蕨 *Parathelypteris petelotii*（**Ching**）**Ching**

中型陆生蕨类；生于海拔 530 – 570m 的河谷灌丛下；分布于荔波等地

8. 有齿金星蕨 *Parathelypteris serrutula*（**Ching**）**Ching**

中型陆生蕨类；生于林下沟边；分布地不详。

（十）卵果蕨属 *Phegopteris* **Fée**

1. 卵果蕨 *Phegopteris connectilis*（**Michx.**）**Watt**

小型陆生蕨类；生于海拔 1900 – 2400m 的山顶及近山顶的酸性土或石隙间；分布于梵净山等地。

2. 延羽卵果蕨 *Phegopteris decursive-pinnata*（**van Hall**）**Fée**

中小型陆生蕨类；生于海拔 2000m 以下的路边、林缘、疏林下、灌丛中；分布于全省大部分地区。

（十一）新月蕨属 *Pronephrium* **Presl**

1. 新月蕨 *Pronephrium gymnopteridifrons*（**Hayata**）**Holtt.**

大型陆生蕨类；生于海拔 1000m 以下的山坡或沟谷林下；分布于安龙、罗甸等地。

2. 针毛新月蕨 *Pronephrium hirsutum* **Ching et Y. X. Lin**

大中型陆生蕨类；生于陡峭斜坡阴湿地上或河边湿地或沼泽地上；分布于三都等地。

3. 红色新月蕨 *Pronephrium lakhimpurense*（**Rosenst.**）**Holtt.**

大型陆生蕨类；生于海拔 1000m 以下的沟谷林下；分布于三都、荔波、安龙、黎平、赤水等地。

4. 大羽新月蕨 *Pronephrium nudatum*（**Roxb.**）**Holtt.**

大型陆生蕨类；生于海拔 700m 以下的溪沟边、林下；分布于兴义、册亨、望谟等地。

5. 披针新月蕨 *Pronephrium penangianum*（**Hook.**）**Holtt.**

大中型陆生蕨类；生于海拔 1500m 以下的河谷、路边、沟边、湿地、林缘等地；分布于全省大部。

（十二）假毛蕨属 *Pseudocyclosorus* **Ching**

1. 青岩假毛蕨 *Pseudocyclosorus cavaleriei*（**Lévl.**）**Y. X. Lin**

中型蕨类；分布于贵阳青岩等地。

2. 溪边假毛蕨 *Pseudocyclosorus ciliatus*（**Benth.**）**Ching**

小型蕨类；生于海拔 160 – 900m 的山谷湿地或溪边石缝；分布于贵阳等地。

3. 西南假毛蕨 *Pseudocyclosorus esquirolii*（**Christ**）**Ching**

大型蕨类；生于海拔 450 – 2100m 的山谷溪边石上或沟边；分布于全省大部分地区。

4. 镰片假毛蕨 *Pseudocyclosorus falcilobus*（**Hook.**）**Ching**

中型蕨类；生于海拔 300 – 1100m 的山谷溪边石缝；分布于贵定、贞丰、独山等地。

5. 阔片假毛蕨 *Pseudocyclosorus latilobus*（Ching）Ching

大型蕨类；分布于紫云等地。

6. 普通假毛蕨 *Pseudocyclosorus subochthodes*（Ching）Ching

大型蕨类；生于海拔200－1900m的杂木林下湿地或山谷石上；分布于赤水、道真、遵义、修文、贵阳、西秀、镇宁、贞丰、贵定、都匀、三都、松桃、印江、江口、剑河、台江、雷山等地。

7. 假毛蕨 *Pseudocyclosorus tylodes*（Kunze）**Holtt.**

大型蕨类；生于海拔150－1100m的山谷溪沟边；分布于晴隆、贵定、黎平等地。

（十三）紫柄蕨属 *Pseudophegopteris* Ching

1. 耳状紫柄蕨 *Pseudophegopteris aurita*（Hook.）Ching

中型陆生蕨类；生于海拔300－1000m的山坡林缘、溪边、湿地；分布于赤水、贵定、独山、江口、玉屏等地。

2. 日本紫柄蕨 *Pseudophegopteris bukoensis*（Tagawa）**Holtt.**

中型陆生蕨类；生于海拔1800m的林缘；分布于桐梓等地。

3. 密毛紫柄蕨 *Pseudophegopteris hirtirachis*（C. Chr.）**Holtt.**

中型陆生蕨类；生于海拔500－2200m的山坡林下、林缘，山谷溪沟边；分布于息烽、贵定、雷山、三都、印江、江口等地。

4. 星毛紫柄蕨 *Pseudophegopteris levingei*（Clarke）Ching

中型陆生蕨类；生于海拔1300－2900m的林下沟边或灌丛；分布于赫章等地。

5. 紫柄蕨 *Pseudophegopteris pyrrhorhachis*（Kunze）Ching【*Pseudophegopteris pyrrhorachis*（Kunze）Ching】

中型陆生蕨类；生于海拔500－2200m的山坡林下、林缘；分布于赤水、赫章、纳雍、晴隆、兴仁、梵净山、雷公山、大沙河等地。

6. 光叶紫柄蕨 *Pseudophegopteris pyrrhorhachis* var. *glabrata*（Clarke）**Holtt.**

中型陆生蕨类；生于海拔2500m以下的山坡林下、林缘；分布于梵净山等地。

7. 云贵紫柄蕨 *Pseudophegopteris yunkweiensis*（Ching）Ching

中型陆生蕨类；生于海拔600－900m的山坡林下、山谷路边、溪边；分布于赤水、安龙、荔波等地。

（十四）溪边蕨属 *Stegnogramma* Blume

1. 铁角形溪边蕨 *Stegnogramma asplenioides* **J. Sm. ex Ching**

中型陆生蕨类；生于海拔1600m的溪边林下；分布于贞丰等地。

2. 贯众叶溪边蕨 *Stegnogramma cyrtomioides*（C. Chr.）Ching

中型陆生蕨类；生于海拔800－1150m的山坡林下、林缘、沟边湿地；分布于印江、江口、赤水、习水等地。

二四、铁角蕨科 Aspleniaceae

（一）铁角蕨属 *Asplenium* Linnaeus

1. 狭翅巢蕨 *Asplenium antrophyoides* **Christ**【*Neottopteris antrophyoides*（Christ）Ching；*Neottopteris latipes* **Ching ex S. H. Wu**】

小型附生蕨类；生于海拔350－1100m的石灰岩山地林下石上、树干上；分布于水城、兴义、安龙、平塘、独山、紫云、西秀、贵阳、凤冈等地。

2. 黑鳞铁角蕨 *Asplenium asterolepis* **Ching**

小型蕨类；生于海拔900－1000m的阴湿林下、溪边的石上或树干上；分布于都匀、雷山等地。

3. 华南铁角蕨 *Asplenium austrochinense* Ching

小型蕨类；生于海拔 550 – 1750m 的山坡林下、溪边的石上或树干上，该种石灰岩山地及酸性山地均产；分布于赫章、纳雍、兴义、贞丰、西秀、贵阳、贵定、平塘、余庆、道真、瓮安、施秉、印江、江口等地。

4. 大盖铁角蕨 *Asplenium bullatum* Wall. ex Mett.【*Asplenium shikokianum* Makino】

中型蕨类；生于海拔 900 – 1600m 的深谷溪沟边或荫蔽林下；分布于贞丰、平坝、金沙、贵定等地。

5. 线柄钱角蕨 *Asplenium capillipes* Makino

小型石生蕨类；生于海拔 1400 – 2800m 的阴湿石灰岩洞内石壁上；分布于西秀、平塘、正安等地。

6. 线裂铁角蕨 *Asplenium coenobiale* Hance【*Asplenium toramanum* Makino】

小型蕨类；生于海拔 500 – 1900m 的石灰岩地区的林下、灌丛下石隙；分布于七星关、织金、盘县、水城、安顺地区大部、贵阳、黔南州北部、荔波、道真、思南、江口、施秉等地。

7. 毛轴铁角蕨 *Asplenium crinicaule* Hance

中型蕨类；生于海拔 500 – 1100m 的常绿阔叶林下；分布于贵阳、贵定、独山、三都、榕江、雷山、剑河、台江、江口等地。

8. 水鳖蕨 *Asplenium delavayi*（Franch.）Copel.【*Sinephropteris delavayi*（Franch.）Mickel】

小型陆生蕨类；生于海拔 500 – 2000m 的阴湿林下石隙、洞口及沟边土生；分布于威宁、水城、兴义、望谟、镇宁、罗甸等地。

9. 剑叶铁角蕨 *Asplenium ensiforme* Wall. ex Hook. et Grev.

小型蕨类；生于海拔 560 – 2000m 的酸性山地林下、附生石上或树干基部；分布于赫章、盘县、兴义、安龙、贞丰、贵定、都匀、独山、施秉、台江、雷山、江口、松桃等地。

10. 云南铁角蕨 *Asplenium exiguum* Beddome【*Asplenium yunnanense* Franch.】

小型蕨类；生于海拔 280 – 2200m 的石灰岩地区路边、林缘、荒坡、岩洞内外；分布于威宁、赫章、水城、安顺地区大部、黔西南州大部、罗甸、贵定、龙里、贵阳、长顺等地。

11. 易变铁角蕨 *Asplenium fugax* Christ

小型蕨类；生于海拔 1000 – 1500m 的阴湿石灰岩洞内石壁上；分布于正安、平塘、西秀等地。

12. 腺齿铁角蕨 *Asplenium glanduliserrulatum* Ching ex S. H. Wu

小型蕨类；生于海拔 1200 – 2350m 的山坡石灰岩隙或岩洞内石上；分布于威宁、赫章、水城、西秀、平坝等地。

13. 厚叶铁角蕨 *Asplenium griffithianum* Hook.

小型蕨类；生于海拔 630m 以下的山沟、常绿阔叶林下石壁上；分布于赤水、独山、榕江、黎平等地。

14. 肾羽铁角蕨 *Asplenium humistratum* Ching ex H. S. Kung

小型蕨类；生于海拔 800 – 2200m 的林下石灰岩壁上；分布于威宁等地。

15. 虎尾铁角蕨 *Asplenium incisum* Thunb.

小型蕨类；生于海拔 500 – 2160m 的路边、林缘、林下、灌丛下、阳坡，酸性山地常见种，也可在中性土上生长良好；分布于毕节地区大部、普安、西秀、黔南州大部、贵阳、榕江、麻江、三穗、道真、桐梓、遵义、铜仁地区西部等地。

16. 胎生铁角蕨 *Asplenium indicum* Sledge

小型蕨类；生于海拔 600 – 2700m 的密林下潮湿岩石上或树干上；分布于独山、印江等地。

17. 贵阳铁角蕨 *Asplenium interjectum* Christ

小型蕨类；生于海拔 600 – 1100m 的阴湿林下石灰岩隙；分布于兴义、贵阳、平塘、荔波、关岭、镇宁、西秀等地。

18. 江南铁角蕨 *Asplenium loxogrammoides* Christ

小型蕨类；生于海拔 500 – 1000m 的林下溪边石上；分布于独山、兴仁、惠水、榕江、雷山等地。

19. 滇南铁角蕨 *Asplenium microtum* Maxon

小型蕨类；生于海拔 2000m 的林下石上；分布于惠水、锦屏等地。

20. 巢蕨 *Asplenium nidus* **L.**

大中型附生蕨类；生于海拔 300 – 950m 的林下、石灰岩上或树干上；分布于兴义、安龙、望谟、罗甸、三都等地。

21. 倒挂铁角蕨 *Asplenium normale* **D. Don**

小型蕨类；生于海拔 300 – 1100(– 1800)m 的山谷溪边、林下石上；分布于赫章、兴义、安龙、贞丰、贵阳、黔南州东部、黔东南州大部、石阡、江口、印江等地。

22. 北京铁角蕨 *Asplenium pekinense* **Hance**

小型蕨类；生于海拔 500 – 2500m 的路边、林缘、向阳处裸石上；分布于全省大部。

23. 长叶巢蕨 *Asplenium phyllitidis* **D. Don**【*Neottopteris phyllitidis* (**D. Don**) **J. Sm.**】

中型附生蕨类；生于海拔 800m 以下的林下、河谷湿石上及树干上；分布于兴义、册亨、惠水等地。

24. 镰叶铁角蕨 *Asplenium polyodon* **G. Forster**

中小型蕨类；生于海拔 350m 的石灰岩上；分布于罗甸、望谟等地。

25. 长叶铁角蕨 *Asplenium prolongatum* **Hook.**

小型蕨类；生于海拔 150 – 1600m 的常绿阔叶林或阴湿石灰岩谷地的树干上或岩石上；分布于全省大部分地区。

26. 四倍体铁角蕨 *Asplenium quadrivalens* (**D. E. Meyer**) **Landolt**【*Asplenium trichomanes* **subsp.** *quadrivalens* **D. E. Meyer.**】

小型蕨类；生于海拔 300 – 2900m 的石灰岩石裂缝中；分布地不详。

27. 过山蕨 *Asplenium ruprechtii* **Sa. Kurata**【*Camptosorus sibiricus* **Rupr.**】

小型石生蕨类；生于海拔约 1300m 的石上；仅见清镇有分布。

28. 卵叶铁角蕨 *Asplenium ruta – muraria* **L.**【*Asplenium ruta – muraria* **var.** *subtenuifolium* **Christ**；*Asplenium subtenuifolium* (**Christ**) **Ching et S. H. Wu**】

小型蕨类；生于海拔 800 – 2350m 的石灰岩山地石隙；分布于威宁、贵阳等地。

29. 岭南铁角蕨 *Asplenium sampsonii* **Hance**

小型蕨类；生于海拔 300 – 750m 的林下石上、石隙；分布于罗甸、平塘、荔波等地。

30. 华中铁角蕨 *Asplenium sarelii* **Hook.**

小型蕨类；生于海拔 500 – 2200m 的石灰岩地区；分布于全省大部分地区。

31. 石生铁角蕨 *Asplenium saxicola* **Rosenst.**

小型蕨类；生于海拔 300 – 1300m 的石灰岩隙；分布于兴义、安龙、册亨、贞丰、紫云、西秀、长顺、贵阳、惠水、罗甸、平塘、独山、荔波等地。

32. 黑边铁角蕨 *Asplenium speluncae* **Christ**

小型蕨类；生于海拔 1100 – 1400m 的岩洞内及洞口石壁上；分布于贵定等地。

33. 细茎铁角蕨 *Asplenium tenuicaule* **Hayata**

小型蕨类；生于海拔 1000 – 1500m 的林下、溪边石上；分布于平坝、德江、剑河等地。

34. 钝齿铁角蕨 *Asplenium tenuicaule* **var.** *subvarians* (**Ching**) **Viane**

小型蕨类；生于海拔 600 – 2800m 的林下阴处岩石上；分布地不详。

35. 细裂铁角蕨 *Asplenium tenuifolium* **D. Don**

小型蕨类；生于海拔 800 – 2900m 的路边林缘石隙或瀑布旁；分布于晴隆、西秀、贵定、雷山等地。

36. 铁角蕨 *Asplenium trichomanes* L.

小型蕨类；生于海拔 320 – 2450m 的山坡林下、林缘石上、石壁上；分布于水城至天柱一线以北各地。

37. 三翅铁角蕨 *Asplenium tripteropus* Nakai

小型蕨类；生于海拔 450 – 1900m 的山坡、山谷、路边密林下；全省大部均有分布。

38. 半边铁角蕨 *Asplenium unilaterale* Lam.

小型蕨类；生于海拔 300 – 1500m 的阴湿山谷林下或石灰岩洞内外；分布于纳雍、赤水、绥阳、金沙、黔西南州东部、镇宁、紫云、西秀、黔南州东部、榕江、雷山、铜仁地区东部等地。

39. 变异铁角蕨 *Asplenium varians* Wall. ex Hook. et Grev.

小型蕨类；生于海拔 280 – 2660m 的路边、林下石上；分布于毕节地区大部、六盘水市、黔西南州大部、安顺地区大部、罗甸、龙里、贵定、麻江、印江、道真、务川、桐梓、绥阳、贵阳市等地。

40. 狭翅铁角蕨 *Asplenium wrightii* Eaton ex Hook. 【*Asplenium wrightioides* Christ】

大中型蕨类；生于海拔 450 – 1120m 的山坡、沟谷密林下；分布于黔南州东部、黔东南州大部、松桃、江口、碧江等地。

42. 棕鳞铁角蕨 *Asplenium yoshinagae* Makino

小型蕨类；生于海拔 800m 以下的山坡密林下或沟谷石壁上；分布于安龙、贞丰、独山、丹寨、雷山、印江等地。

(二)膜叶铁角蕨属 *Hymenasplenium* Hayata

1. 齿果膜叶铁角蕨 *Hymenasplenium cheilosorum* (Kunze ex Mett.) Jagawa【*Asplenium cheilosorum* Kunze ex Mett.】

小型石生蕨类；生于海拔 500 – 1800m 的密林下或溪旁阴湿石上；分布于贵定等地。

2. 切边膜叶铁角蕨 *Hymenasplenium excisum* (C. Presl) S. Lindsay【*Asplenium excisum* C. Presl】

中小型蕨类；生于海拔 500 – 600m 的山谷林下湿石上；分布于册亨、望谟、赤水等地。

3. 荫湿膜叶铁角蕨 *Hymenasplenium obliquissimum* (Hayata) Sugimoto【*Asplenium unilaterale* var. *udum* Atkinson ex Clarke】

小型蕨类；生于海拔 500 – 1120m 的溪边石上或滴水岩壁；分布于贞丰、贵定、都匀、江口、松桃等地。

4. 绿杆膜叶铁角蕨 *Hymenasplenium obscurum* (Bl.) Tagawa【*Asplenium obscurum* Bl.】

小型蕨类；生于海拔 650 – 800m 的林下石隙；分布于赤水、册亨等地。

5. 微凹膜叶铁角蕨微 *Hymenasplenium retusulum* (Ching) Viane et S. Y. Dong【*Asplenium retusulum* Ching】

小型蕨类；生于海拔 1000 – 1600m 的溪沟边石壁或石隙；分布于贞丰、雷山等地。

二五、球子蕨科 Onocleaceae

(一)东方荚果蕨属 *Pentarhizidium* Hayata

1. 中华荚果蕨 *Pentarhizidium intermedium* (C. Chr.) Hayata【*Matteuccia intermedia* C. Chr.】

中型陆生蕨类；生于海拔 1500 – 2900m 的林缘、林下；分布于赫章、大沙河等地。

2. 东方荚果蕨 *Pentarhizidium orientale* (Hook.) Hyata.【*Matteuccia orientalis* (Hook.) Trev】

中型陆生蕨类；生于海拔 850 – 2200m 的阴湿林下、林缘；分布于毕节地区大部、遵义地区北部、盘县、关岭、西秀、清镇、修文、贵定、都匀、雷山、松桃、印江、江口等地。

二六、岩蕨科 Woodsiaceae

（一）膀胱蕨属 *Protowoodsia* Ching

1. 膀胱蕨 *Protowoodsia manchuriensis*（Hook.）Ching

小型石生蕨类；生于海拔 1800－2500m 的高中山地带林缘、路边石隙；分布于雷山、梵净山等地。

（二）岩蕨属 *Woodsia* R. Brown

1. 贵州岩蕨 *Woodsia guizhouensis* P. S. Wang

小型石生蕨类；生于海拔 1600－2300m 的阴湿石缝；分布于七星关、六盘水、普安等地。

2. 耳羽岩蕨 *Woodsia polystichoides* D. C. Eaton

小型石生蕨类；生于海拔 1400－2400m 的高中山河谷、山脊及山顶石隙；分布于赫章、纳雍、桐梓、道真、印江、江口等地。

二七、乌毛蕨科 Blechnaceae

（一）乌木蕨属 *Blechnidium* T. Moore

1. 乌木蕨 *Blechnidium melanopus*（Hook.）Moore

中小型附生蕨类；生于海拔 800－2800m 的林中树干上或石壁上；分布于贵定、龙里等地。

（二）乌毛蕨属 *Blechnum* Linnaeus

1. 乌毛蕨 *Blechnum orientale* L.

大型陆生蕨类；生于海拔 200－950m 的山谷溪边林下；分布于赤水、晴隆、册亨、罗甸、平塘、独山、荔波、三都、都匀、榕江、从江、黎平、剑河、黄平等地。

（三）苏铁蕨属 *Brainea* J. Smith

1. 苏铁蕨 *Brainea insignis*（Hook.）J. Sm.

大型陆生蕨类；生于海拔 300－1700m 的灌丛或荒坡；分布于安龙、镇宁等地。

（四）崇澍蕨属 *Chieniopteris* Ching

1. 崇澍蕨 *Chieniopteris harlandii*（Hook.）Ching

中小型陆生蕨类；生于海拔 400－1300m 的河谷林下；分布于荔波等地。

（五）荚囊蕨属 *Struthiopteris* Scopoli

1. 荚囊蕨 *Struthiopteris eburnea*（Christ）Ching

中小型附生蕨类；生于海拔 400－1650m 的石灰岩石壁上；石灰岩山地广布。

（六）狗脊属 *Woodwardia* J. Smith

1. 顶芽狗脊蕨 *Woodwardia unigemmata*（Makino）Nakai

大中型陆生蕨类；生于海拔 2200m 以下的石灰岩地区的常见种类、酸性山地偶见；全省各地均有分布。

2. 狗脊蕨 *Woodwardia japonica*（L. f.）Sm.

大中型陆生蕨类；生于海拔 1800m 以下酸性山地的林下；全省各地均有分布。

二八、藤蕨科 Lomariopsidaceae

（一）拟贯众属 *Cyclopeltis* J. Smith

1. 拟贯众 *Cyclopeltis crenata*（Fée）C. Chr.

小型陆生蕨类；生于海拔 800－1300m 的河边密林下岩石旁阴湿处；分布于麻阳河等地。

二九、鳞毛蕨科 Dryopteridaceae

（一）复叶耳蕨属 *Arachniodes* Blume

1. 斜方复叶耳蕨 *Arachniodes amabilis*（Bl.）Tind.【*Arachniodes rhomboidea*（Wall. ex Mett.）Ching】

中型陆生蕨类；生于海拔 1500m 以下的酸性山地常绿阔叶林中；全省大部均有分布。

2. 美丽复叶耳蕨 *Arachniodes amoena*（Ching）Ching

中型陆生蕨类；生于海拔 400－1400m 的山地林下、溪边阴湿岩上或泥土上；分布于印江、江口、贵定、都匀、雷山、榕江、从江等地。

3. 刺头复叶耳蕨 *Arachniodes aristata*（G. Forster）Tindale【*Arachniodes michelii*（Lévl.）Ching ex Y. T. Hsieh；*Arachniodes exilis*（Hance）Ching】

中型陆生蕨类；生于海拔 550－1300m 的山谷林下；分布于思南、印江、江口、锦屏等地。

4. 西南复叶耳蕨 *Arachniodes assamica*（Kuhn）Ohwi

中型陆生蕨类；生于海拔 1000－1600m 的山坡密林下、沟边湿地；分布于晴隆、兴仁、安龙、紫云等地。

5. 粗齿黔蕨 *Arachniodes blinii*（Lévl.）T. Nakaike【*Phanerophlebiopsis blinii*（Lévl.）Ching】

中型陆生蕨类；生于海拔 500－1620m 的酸性山地河谷溪边、林缘、林下；分布于印江、江口、榕江、雷山、台江、黎平、惠水、都匀、独山等地。

6. 大片复叶耳蕨 *Arachniodes cavaleriei*（Christ）Ohwi

中型陆生蕨类；生于海拔 500－1350m 的密林中或河谷灌丛下；分布于贵定、雷山、三都、荔波等地。

7. 中华复叶耳蕨 *Arachniodes chinensis*（Rosenst.）Ching【*Arachniodes caudata* Ching；*Arachniodes nanchuanensis* Ching et Z. Y. Liu】

中型陆生蕨类；生于海拔 540－1400m 的酸性山地的山坡林下、溪边；分布于正安、赤水、桐梓、西秀、罗甸、贵定、都匀、独山、三都、荔波、雷山、台江、剑河、江口等地。

8. 细裂复叶耳蕨 *Arachniodes coniifolia*（T. Moore）Ching

中型陆生蕨类；生于海拔 500－1600m 的山坡路边、林下、溪边、林缘；分布于七星关、贞丰、松桃、江口等地。

9. 华南复叶耳蕨 *Arachniodes festina*（Hance）Ching

中型陆生蕨类；生于海拔 700－1800m 的溪边密林下及大落水洞旁；分布于兴义、水城、纳雍、龙里、贵定、江口等地。

10. 假斜方复叶耳蕨 *Arachniodes hekiana* Sa. Kurata

中型陆生蕨类；生于海拔 450－1130m 的山坡密林下，深谷溪边之林下、林缘；分布于兴义、赤水、金沙、瓮安、都匀、三都、荔波、雷山、江口、贞丰等地。

11. 毛枝蕨 *Arachniodes miqueliana*（Maxim. ex Franch. et Sav.）Ohwi【*Leptorumohra miqueliana*（Maxim. ex Franch. et Sav.）H. Itô】

中型陆生蕨类；生于海拔 1150－1750m 的酸性山地密林下；分布于道真、绥阳、江口、都匀、紫云等地。

12. 长叶黔蕨 *Arachniodes neopodophylla*（Ching）T. Nakaike【*Phanerophlebiopsis neopodophylla*（Ching）Ching et Y. T. Hsieh】

中型陆生蕨类；生于海拔 800－1300m 的山坡及山谷林下；分布于清镇、贵阳、贞丰、安龙等地。

13. 黑鳞复叶耳蕨 *Arachniodes nigrospinosa*（Ching）Ching

中型陆生蕨类；生于海拔 500－1500m 的低山林下；分布于独山等地。

14. 贵州复叶耳蕨 *Arachniodes nipponica*（Rosenst.）Ohwi〔*Arachniodes anshunensis* Ching et Y. T. Hsieh〕

中型陆生蕨类；生于海拔 720 – 1500m 的山谷溪边林下，仅见于酸性山地；分布于水城、瓮安、都匀、雷山、西秀、息烽等地。

15. 四回毛枝蕨 *Arachniodes quadripinnata*（Hayata）Serizawa〔*Leptorumohra quadripinnata*（Hayata）H. Itô〕

中型陆生蕨类；生于海拔 1800 – 1920m 的山坡林下、灌丛下、溪边；分布于赫章、纳雍等地。

16. 长尾复叶耳蕨 *Arachniodes simplicior*（Makino）Ohwi

中型陆生蕨类；生于海拔 1500m 以下的山坡路边、沟边、林下，多见于酸性山地；分布于金沙、织金、绥阳、思南、西秀、望谟、贵阳、黔南州大部、黔东南州大部、铜仁地区大部等地。

17. 华西复叶耳蕨 *Arachniodes simulans*（Ching）Ching〔*Arachniodes decomposita* Ching；*Arachniodes yinjiangensis* Ching〕

中型陆生蕨类；生于海拔 500 – 2100m 的山坡、溪边密林下，林缘；分布于赤水、桐梓、道真、绥阳、赫章、纳雍、黔西、清镇、息烽、雷山、松桃、印江、江口等地。

18. 无鳞毛枝蕨 *Arachniodes sinomiqueliana*（Ching）Ohwi〔*Leptorumohra sino – miqueliana*（Ching）Tagawa〕

中型陆生蕨类；生于海拔 1000 – 1650m 的酸性山地密林下；分布于道真、正安、绥阳、印江等地。

19. 美观复叶耳蕨 *Arachniodes speciosa*（D. Don）Ching〔*Arachniodes neoaristata* Ching〕

中型陆生蕨类；生于海拔 640 – 1430m 的山坡林下、林缘、溪边、灌丛中；分布于赤水、遵义、镇远、绥阳、黔西、安龙、望谟、西秀、贵阳、黔南州大部、雷山、从江、锦屏、印江等地。

20. 黔蕨 *Arachniodes tsiangiana*（Ching）T. Nakaike〔*Phanerophlebiopsis tsiangiana* Ching〕

中型陆生蕨类；生于海拔 400 – 700m 的阴湿常绿阔叶林下；分布于三都等地。

（二）实蕨属 *Bolbitis* Schott

1. 贵州实蕨 *Bolbitis christensenii*（Ching）Ching

中小型蕨类；生于海拔 400 – 1100m 的河谷溪边；分布于罗甸、普定等地。

2. 长叶实蕨 *Bolbitis heteroclita*（C. Presl）Ching

中小型蕨类；生于海拔 140 – 1500m 的阴湿林下，溪边，土生或石生；分布于赤水、金沙、兴义、安龙、贞丰、罗甸、望谟、独山、三都、荔波、榕江、黎平等地。

3. 中华刺蕨 *Bolbitis sinensis*（Bak.）K. Iwats.〔*Egenolfia sinensis*（Bak.）Maxon〕

中小型陆生蕨类；生于海拔 600 – 1900m 的密林下，亦可攀附于岩石上或树干基部；分布于兴义等地。

4. 华南实蕨 *Bolbitis subcordata*（Copel.）Ching

中型陆生蕨类；生于海拔 600m 以下的溪边林下阴处；分布于荔波等地。

（三）肋毛蕨属 *Ctenitis*（C. Christensen）C. Christensen

1. 直鳞肋毛蕨 *Ctenitis eatonii*（Bak.）Ching

生于海拔 300 – 1200m 的山谷溪边、灌丛下；分布于绥阳、沿河、凤冈、黔西、贵阳、贵定、福泉、西秀、惠水、荔波、镇宁、盘县、兴义、兴仁等地。

2. 棕鳞肋毛蕨 *Ctenitis pseudorhodolepis* Ching et Chu H. Wang

生于海拔 1000m 以下的山谷溪边密林下；分布于荔波等地。

3. 亮鳞肋毛蕨 *Ctenitis subglandulosa*（Hance）Ching〔*Ctenitis dumrongii* Tagawa et Iwatsuki；*Ctenitis membranifolia* Ching et C. H. Wang〕

中型陆生蕨类；生于海拔 300 – 1200m 的溪边、密林下；分布于望谟、紫云、荔波、盘县等地。

（四）贯众属 *Cyrtomium* C. **Presl**

1. 等基贯众 *Cyrtomium aequibasis*（C. Chr.）Ching【*Cyrtomium houi* Ching et Shing】

中型陆生蕨类；生于海拔 900 – 1600m 的林下、溪边石隙；分布于凤冈、贞丰、都匀、麻江、榕江等地。

2. 镰羽贯众 *Cyrtomium balansae*（Christ）C. Chr.

中型陆生蕨类；生于海拔 300 – 1300m 的沟谷湿地、石上、密林下；分布于松桃、印江、江口、施秉、黄平、剑河、雷山、榕江、从江、贵定、独山、三都、荔波等地。

3. 刺齿贯众 *Cyrtomium caryotideum*（Wall. ex Hook. et Grev.）C. Presl【*Cyrtomium caryotideum* f. *grossedentatum* Ching ex Shing】

中型陆生蕨类；生于海拔 500 – 2100m 的石灰岩山地；分布于全省大部分地区。

4. 秦氏贯众 *Cyrtomium chingianum* P. S. Wang

中型陆生蕨类；生于海拔 740m 的林下石灰岩隙；分布于荔波等地。

5. 密羽贯众 *Cyrtomium confertifolium* Ching et Shing

中型陆生蕨类；生于海拔 1000m 的灌丛中；分布于万山等地。

6. 披针贯众 *Cyrtomium devexiscapulae*（Koidz.）Ching

中型陆生蕨类；生于海拔 150 – 720m 的阴湿林下、灌丛下；分布于三都、荔波、黎平等地。

7. 贯众 *Cyrtomium fortunei* J. Sm.【*Cyrtomium fortunei* f. *polypterum*（Diels）Ching；*Cyrtomium fortunei* f. *latipina* Ching】

小型陆生蕨类；生于海拔 150 – 2200m 的路边石隙、墙隙、山坡林缘、溪沟边、谷底；分布于全省大部分地区。

8. 贵州贯众 *Cyrtomium guizhouense* H. S. Kung et P. S. Wang

中型陆生蕨类；生于海拔 600 – 1000m 的林下石灰岩隙；分布于荔波等地。

9. 惠水贯众 *Cyrtomium grossum* Christ

中型陆生蕨类；生于海拔 700 – 800m 的山地疏林下石灰岩石隙中；分布于惠水、荔波等地。

10. 单叶贯众 *Cyrtomium hemionitis* Christ

中型陆生蕨类；生于海拔 1100 – 1800m 的林下石灰岩隙；分布于贵定、荔波等地。

11. 小羽贯众 *Cyrtomium lonchitoides*（Christ）Christ

中型陆生蕨类；生于海拔 1200 – 2700m 的阔叶林下或松林下，多生于岩石上；分布地不详。

12. 大叶贯众 *Cyrtomium macrophyllum*（Makino）Tagawa【*Cyrtomium retrosopaleaceum* Ching et K. H. Shing】

中型陆生蕨类；生于海拔 850 – 2500m 的阴湿山地林下或溪边；分布于遵义地区大部、毕节地区大部、息烽、修文、贵阳、龙里、都匀、瓮安、施秉、雷山、黎平、德江、松桃、印江、江口等地。

13. 低头贯众 *Cyrtomium nephrolepioides*（Christ）Copel.【*Cyrtomium tengii* Ching et K. H. Shing】

中型陆生蕨类；生于海拔 900 – 1600m 的林下石隙或裸石隙，为喜钙性植物；分布于道真、绥阳、桐梓、德江、江口、黔西、西秀、清镇、贵阳、龙里、贵定、丹寨、凯里、黄平、施秉等地。

14. 峨眉贯众 *Cyrtomium omeiense* Ching et Shing

中型陆生蕨类；生于海拔 980 – 1500m 的阔叶林下、草地；分布于清镇、道真、西秀、紫云、雷山、印江等地。

15. 厚叶贯众 *Cyrtomium pachyphyllum*（Rosenst.）C. Chr

中型陆生蕨类；生于海拔 1400 – 1500m 的林下石灰岩隙中；分布于西秀、平塘等地。

16. 邢氏贯众 *Cyrtomium shingianum* H. S. Kung et P. S. Wang

中型陆生蕨类；生于海拔 840m 的松林下石灰岩隙；分布于荔波等地。

17. 秦岭贯众 *Cyrtomium tsinglingense* **Ching et Shing**

中型陆生蕨类；生于海拔500－1300m的山坡林下及岩洞内；分布于赫章、绥阳、江口、雷山、荔波等地。

18. 齿盖贯众 *Cyrtomium tukusicola* **Tagawa**

中型陆生蕨类；生于海拔1000－2300m的林下；分布于威宁、道真、桐梓、绥阳、务川、印江、江口、施秉、镇远、雷山等地。

19. 线羽贯众 *Cyrtomium urophyllum* **Ching**

中型陆生蕨类；生于海拔500－1400m的山谷阴湿林下；分布于赤水、道真、务川、西秀等地。

20. 阔羽贯众 *Cyrtomium yamamotoi* **Tagawa**

中型陆生蕨类；生于海拔500－1300m的山谷阴湿林下；分布于赤水、习水等地。

（五）鳞毛蕨属 *Dryopteris* Adanson

1. 阿萨姆鳞毛蕨 *Dryopteris assamensis*（C. Hope）**C. Chr. et Ching**

中型陆生蕨类；生于热带或亚热带森林中；分布地不详。

2. 大平鳞毛蕨 *Dryopteris bodinieri*（Christ）**C. Chr.**

中型陆生蕨类；生于海拔500－970m的密林下或灌丛下；分布于独山、荔波等地。

3. 阔鳞鳞毛蕨 *Dryopteris championii*（Benth.）**C. Chr. ex Ching**

中型陆生蕨类；生于海拔1450m以下的山坡林缘、路边灌丛下；除西部各县外，全省酸性山地均有分布。

4. 金冠鳞毛蕨 *Dryopteris chrysocoma*（Christ）**C. Chr.**

中型陆生蕨类；生于海拔1550－2200m的溪边山坡林下、灌丛下；分布于威宁、赫章、大方、水城等地。

5. 二型鳞毛蕨 *Dryopteris cochleata*（Buch. -Ham. ex D. Don）**C. Chr.**

中型陆生蕨类；生于海拔1200－1600m的林下；分布于兴义、册亨等地。

6. 混淆鳞毛蕨 *Dryopteris commixta* **Tagawa**

中型陆生蕨类；生于海拔400m的林下阴湿处；分布于黎平等地。

7. 膜边鳞毛蕨 *Dryopteris clarkei*（Bak.）**Kuntze【** *Dryopsis clarkei*（Bak.）**Holtt. et Edwards】**

中型陆生蕨类；生于海拔2200m的山顶；分布于梵净山等地。

8. 桫椤鳞毛蕨 *Dryopteris cycadina*（Franch. et Sav.）**C. Chr.**

中型陆生蕨类；生于海拔850－2010m的密林下、林缘、溪边、田边阴处；分布于道真、赫章、纳雍、大方、黔西、遵义、息烽、贵阳、龙里、贵定、西秀、安龙、平塘、荔波、雷山、余庆、松桃、印江、江口等地。

9. 囊鳞鳞毛蕨 *Dryopteris cystolepidota*（Miq.）**C. Chr.**

中型陆生蕨类；生于海拔1480m的林下；分布于绥阳等地。

10. 迷人鳞毛蕨 *Dryopteris decipiens*（Hook.）**Kuntze**

中型陆生蕨类；生于海拔520－1400m的山坡林下，路边林缘、灌丛下、溪边，土生或石隙生，仅见于酸性山地；分布于赤水、遵义、松桃、印江、江口、贵阳、龙里、贵定、瓮安、雷山、平塘、独山、三都、从江等地。

11. 深裂迷人鳞毛蕨 *Dryopteris decipiens* var. *diplazioides*（Christ）**Ching**

中型陆生蕨类；分布地不详。

12. 远轴鳞毛蕨 *Dryopteris dickinsii*（Franch. et Sav.）**C. Chr.**

中型陆生蕨类；生于海拔1000－2750m的山谷、山坡林下；分布于桐梓、正安、绥阳、赫章、七星关、黔西、兴义、紫云、贵阳、黔南州大部、雷山、天柱、印江等地。

13. 弯柄假复叶耳蕨 *Dryopteris diffracta*（Bak.）**C. Chr.【** *Acrorumohra diffracta*（Bak.）**H. Itô.】**

中型陆生蕨类；生于海拔 1400 - 1500m 的林下；分布于贵定等地。

14. 红盖鳞毛蕨 *Dryopteris erythrosora* (D. C. Eaton) Kuntze

中型陆生蕨类；生于海拔 900 - 1550m 的林下、林缘、溪边、阳坡；分布于遵义地区大部、毕节地区中部及东部、贵阳市大部、兴仁、安顺地区北部、黔南州北部、雷山、凯里、麻江、德江等地。

15. 台湾鳞毛蕨 *Dryopteris formosana* (Christ) C. Chr.

中型陆生蕨类；生于海拔 1500m 左右的林下；分布于绥阳等地。

16. 硬果鳞毛蕨 *Dryopteris fructuosa* (Christ) C. Chr. 【*Dryopteris pseudovaria* (Christ) C. Chr. 】

中型陆生蕨类；生于海拔 1540 - 2470m 的西部高中山地带；分布于赫章、水城、纳雍、关岭等地。

17. 黑足鳞毛蕨 *Dryopteris fuscipes* C. Chr.

中型陆生蕨类；生于海拔 140 - 1500m 的酸性山地的林下、林缘、路边、溪边、阳处；除西部各县外全省大部均有分布。

18. 裸叶鳞毛蕨 *Dryopteris gymnophylla* (Bak.) C. Chr.

中型陆生蕨类；生于海拔 300 - 700m 的林下；分布地不详。

19. 裸果鳞毛蕨 *Dryopteris gymnosora* (Makino) C. Chr.

中型陆生蕨类；生于海拔 600 - 1430m 的溪边、峡谷密林下；分布于道真、印江、江口、贞丰、贵阳、黔南州大部、雷山、榕江等地。

20. 边生鳞毛蕨 *Dryopteris handeliana* C. Chr.

中型陆生蕨类；生于海拔 850 - 1520m 山坡背阴处，密林下；分布于道真、印江、江口、黔西、贵定等地。

21. 有盖鳞毛蕨 *Dryopteris hendersonii* (Bedd.) C. Chr. 【*Nothoperanema hendersonii* (Bedd.) Ching】

中型陆生蕨类；生于海拔 1060 - 2500m 林下或灌丛中；分布于雷山等地。

22. 异鳞鳞毛蕨 *Dryopteris heterolaena* C. Chr. 【*Dryopsis heterolaena* (C. Chr.) Holtt. et Edwards】

中型陆生蕨类；生于海拔 800 - 1900m 的阴湿溪边、林下、林缘；分布于松桃、印江、江口、雷山、三都、榕江、贞丰等地。

23. 桃花岛鳞毛蕨 *Dryopteris hondoensis* Koidz.

中型陆生蕨类；生于海拔 1600m 的林下；分布于习水等地。

24. 假异鳞毛蕨 *Dryopteris immixta* Ching

中型陆生蕨类；生于亚热带常绿阔叶林中；分布地不详。

25. 平行鳞毛蕨 *Dryopteris indusiata* (Makino) Yamamoto ex Yamamoto

中型陆生蕨类；生于亚热带常绿阔叶林中；分布地不详。

26. 粗齿鳞毛蕨 *Dryopteris juxtaposita* Christ

中型陆生蕨类；生于海拔 1480 - 2500m 的山坡林下、灌丛下、路边，石生或石隙生；分布于毕节地区大部、道真、桐梓、水城、盘县、兴义、西秀、紫云、镇宁、贞丰、惠水、贵阳、开阳等地。

27. 泡鳞鳞毛蕨 *Dryopteris kawakamii* Hayata【*Dryopsis mariformis* (Rosenst.) Holtt. et Edwards】

中型陆生蕨类；生于海拔 1600 - 2100m 的山坡或山顶之密林下、林缘；分布于赫章、习水、桐梓、绥阳、麻江、贵定、印江、江口、雷山等地。

28. 京鹤鳞毛蕨 *Dryopteris kinkiensis* Koidz. ex Tagawa

中型陆生蕨类；生于海拔 740m 的林下；分布于平塘等地。

29. 齿头鳞毛蕨 *Dryopteris labordei* (Christ) C. Chr.

中型陆生蕨类；生于海拔 820 - 1900m 的酸性山地的山坡林下，河谷阴处，石隙生；分布于赤水、桐梓、道真、七星关、赫章、黔西、普安、兴仁、关岭、西秀、紫云、望谟、贵阳、贵定、都匀、平塘、三都、荔波、雷山、榕江、从江、松桃、印江、江口等地。

30. 中华狭顶鳞毛蕨 *Dryopteris lacera* var. *chinensis* **Ching**

中型陆生蕨类；生于海拔 1300 – 1500m 的林下、林缘石隙；分布于道真等地。

31. 脉纹鳞毛蕨 *Dryopteris lachoongensis*（Bedd.）**Nayar et Kaur**

中型陆生蕨类；生于海拔 1950 – 2710m 的疏林下、林缘石壁或石隙；分布于威宁、赫章、纳雍等地。

32. 黑鳞鳞毛蕨 *Dryopteris lepidopoda* **Hayata**

中型陆生蕨类；生于海拔 1500 – 1700m 的路边灌丛下，山谷沟边；分布于赫章、七星关、水城、贞丰、长顺等地。

33. 轴鳞鳞毛蕨 *Dryopteris lepidorachis* **C. Chr.**

中型陆生蕨类；生于亚热带常绿阔叶林组；分布地不详。

34. 路南鳞毛蕨 *Dryopteris lunanensis*（Christ）**C. Chr.**

中型陆生蕨类；生于海拔 900 – 1500m 的山坡林下、山谷沟边；分布于七星关、纳雍、金沙、息烽、贵阳、长顺、西秀、普定、盘县、兴义、紫云等地。

35. 边果鳞毛蕨 *Dryopteris marginata*（C. B. Clarke）**Christ**

中型陆生蕨类；生于海拔 1400m 以下的阴湿山坡林下、溪边；分布于兴义、贞丰、紫云、贵定、雷山等地。

36. 马氏鳞毛蕨 *Dryopteris maximowicziana*（Miq.）**C. Chr.【***Dryopsis maximowicziana*（Miq.）**Holtt. et Edwards】**

中型陆生蕨类；生于海拔 1100 – 1320m 的沟谷密林下；分布于赤水、桐梓、遵义、德江、印江、江口、都匀、三都、黎平等地。

37. 细鳞鳞毛蕨 *Dryopteris microlepis*（Bak.）**C. Chr.**

中型陆生蕨类；生于海拔 1200 – 1600m 的河谷中；分布于贞丰等地。

38. 黑鳞远轴鳞毛蕨 *Dryopteris namegatae*（Kurata）**Kurata**

中型陆生蕨类；生于海拔 400 – 1300m 的林下；分布于黔西等地。

39. 优雅鳞毛蕨 *Dryopteris nobilis* **Ching**

中型陆生蕨类；生于海拔 1900 – 2050m 的沟边杂木林下；分布于赫章等地。

40. 林芝鳞毛蕨 *Dryopteris nyingchiensis* **Ching**

中型陆生蕨类；生于海拔 2100m 左右的山坡灌丛下；分布于威宁等地。

41. 太平鳞毛蕨 *Dryopteris pacifica*（Nakai）**Tagawa**

中型陆生蕨类；生于海拔 500 – 880m 的河谷、路边、低丘茶林下；分布于印江、江口、瓮安、岑巩、玉屏等地。

42. 鱼鳞鳞毛蕨 *Dryopteris paleolata*（Pic. Serm.）**Li Bing Zhang【***Acrophorus stipellatus*（Wall.）**Moore】**

大型陆生蕨类；生于海拔 650 – 1000m 的阴湿林下、林缘、溪沟边；分布于印江、江口、赤水、习水、龙里、兴义、贵定、独山等地。

43. 大果鳞毛蕨 *Dryopteris panda*（C. B. Clarke）**Christ**

中型陆生蕨类；生于海拔 1500 – 2200m 的林下及山顶石隙；分布于印江、江口、麻江等地。

44. 半岛鳞毛蕨 *Dryopteris peninsulae* **Kitag.**

中型陆生蕨类；生于海拔 720 – 1460m 的山坡密林、林缘，田边；分布于遵义地区大部、西秀、平坝、贵阳、息烽、开阳、金沙、瓮安、施秉、松桃、印江、德江等地。

45. 微孔鳞毛蕨 *Dryopteris porosa* **Ching**

中型陆生蕨类；生于海拔 900 – 1420m 的山坡、溪边之阴湿密林下；分布于梵净山、大沙河等地。

46. 假稀羽鳞毛蕨 *Dryopteris pseudosparsa* **Ching**

中型陆生蕨类；生于海拔 1000 – 1350m 的山坡、溪边之林下、林缘；分布于息烽、荔波等地。

47. 蕨状鳞毛蕨 *Dryopteris pteridoformis* **Christ**

中型陆生蕨类；生于海拔 1900 – 2100m 的常绿阔叶林下；分布于贞丰等地。

48. 豫陕鳞毛蕨 *Dryopteris pulcherrima* **Ching**

中型陆生蕨类；生于海拔 1500 – 2300m 的林下或山谷阴湿处；分布于威宁等地。

49. 密鳞鳞毛蕨 *Dryopteris pycnopteroides*（**Christ**）**C. Chr.**

中型陆生蕨类；生于海拔 1880 – 2140m 的林下，沟边；分布于桐梓、贵定、江口等地。

50. 倒鳞鳞毛蕨 *Dryopteris reflexosquamata* **Hayata**

中型陆生蕨类；生于海拔 1800 – 2100m 的阴湿林下、渠边；分布于赫章、桐梓、印江、江口、雷山等地。

51. 川西鳞毛蕨 *Dryopteris rosthornii*（**Diels**）**C. Chr.**

中型陆生蕨类；生于海拔 1500 – 2200m 的山坡溪沟边；分布于威宁等地。

52. 无盖鳞毛蕨 *Dryopteris scottii*（**Bedd.**）**Ching ex C. Chr.**

中型陆生蕨类；生于海拔 560 – 1200m 的山坡、河谷密林下、林缘、灌丛下；分布于贞丰、紫云、赤水、息烽、贵定、都匀、独山、三都、丹寨、台江、雷山、梵净山等地。

53. 腺毛鳞毛蕨 *Dryopteris sericea* **C. Chr.**

中型陆生蕨类；生于海拔 700 – 1600m 的荒坡石隙；分布于桐梓等地。

54. 两色鳞毛蕨 *Dryopteris setosa*（**Thunb.**）**Akasawa**〔*Dryopteris bissetiana*（**Bak.**）**C. Chr.**〕

中型陆生蕨类；生于海拔 600 – 1800m 的山坡林下、林缘，路边，石隙生、土生；分布于习水、道真、绥阳、大方、黔西、织金、贵阳市大部、西秀、安龙、册亨、平塘、都匀、荔波、雷山、天柱、松桃、碧江、江口、玉屏等地。

55. 东亚鳞毛蕨 *Dryopteris shikokiana*（**Makino**）**C. Chr.**【*Nothoperanema shikokianum*（**Makino**）**Ching**】

中型陆生蕨类；生于海拔 560 – 1320m 的常绿阔叶林下溪边、路边、林下，石上或石隙生；分布于赤水、七星关、普安、松桃、江口、瓮安、雷山、三都等地。

56. 奇羽鳞毛蕨 *Dryopteris sieboldii*（**Van Houtte ex Mett.**）**Kuntze**

中型陆生蕨类；生于海拔 820 – 1500m 的山坡密林下、溪边、灌丛下；分布于金沙、遵义、清镇、瓮安、贵定、都匀、三都、荔波、雷山、剑河、榕江、黎平、施秉、松桃等地。

57. 高鳞毛蕨 *Dryopteris simasakii*（**H. Itô**）**Kurata**

中型陆生蕨类；生于常绿阔叶林下；分布地不详。

58. 密鳞高蕨毛蕨 *Dryopteris simasakii* var. *paleacea*（**H. Itô**）**Kurata**

中型陆生蕨类；生于常绿阔叶林下；分布地不详。

59. 稀羽鳞毛蕨 *Dryopteris sparsa*（**D. Don**）**Kuntze**

中型陆生蕨类；生于海拔 150 – 1600m 的山坡林下，溪沟边；除西北部未见外，其他各地酸性山地上均有分布。

60. 狭鳞鳞毛蕨 *Dryopteris stenolepis*（**Bak.**）**C. Chr.**

中型陆生蕨类；生于海拔 700 – 1600m 的山坡、溪边密林下；分布于印江、江口、黔西、贵阳、贵定、雷山、贞丰、望谟、紫云等地。

61. 半育鳞毛蕨 *Dryopteris sublacera* **Christ**

中型陆生蕨类；生于海拔 1300 – 2200m 的山坡疏林下；分布于威宁、赫章、西秀等地。

62. 无柄鳞毛蕨 *Dryopteris submarginata* **Rosenst.**

中型陆生蕨类；生于海拔 450 – 1700m 的山坡林下沟边石缝中；分布地不详。

63. 三角鳞毛蕨 *Dryopteris subtriangularis*（C. Hope）C. Chr.

中型陆生蕨类；生于海拔 800 – 1500m 的山坡、谷底密林下；分布于赤水、道真、正安、绥阳、印江、瓮安、息烽、贵阳、西秀、贞丰、望谟等地。

64. 华南鳞毛蕨 *Dryopteris tenuicula* Matthew et Christ

中型陆生蕨类；生于海拔 450 – 2100m 的山坡林下沟边石隙；分布于赤水、道真、印江、兴义、贞丰、望谟、紫云、罗甸、贵定、都匀、独山、雷山、剑河、锦屏、黎平等地。

65. 陇蜀鳞毛蕨 *Dryopteris thibetica*（Franch.）C. Chr.

中型陆生蕨类；生于海拔 2660 – 2780m 的山坡林下，石隙生或土生；分布于赫章等地。

66. 巢形鳞毛蕨 *Dryopteris transmorrisonense*（Hayata）Hayata〔*Dryopsis submariformis*（Ching et Chu H. Wang）Holtt. et Edwards；*Dryopsis wantsingshanica*（Ching et Shing）Holtt. et Edwards〕

中型陆生蕨类；生于海拔 1500 – 2000m 的山坡林下酸性土中；分布于梵净山等地。

67. 同形鳞毛蕨 *Dryopteris uniformis*（Makino）Makino

中型陆生蕨类；生于海拔 800m 的林缘石隙；分布于荔波等地。

68. 变异鳞毛蕨 *Dryopteris varia*（L.）Kuntze

中型陆生蕨类；生于海拔 1500m 以下的酸性山地林下、林缘、溪边、路边、灌丛下；全省大部均有分布。

69. 大羽鳞毛蕨 *Dryopteris wallichiana*（Spreng.）Hylander

中型陆生蕨类；生于海拔 1680 – 2200m 的酸性山地高中山地带林下；分布于道真、桐梓、印江、江口、雷山、赫章、大方、黔西等地。

70. 贵州鳞毛蕨 *Dryopteris wallichiana* var. *kweichowicola*（Ching et P. S. Wang）S. K. Wu

中型陆生蕨类；生于海拔 1700 – 2000m 的阴湿沟边及山顶石墙隙；分布于梵净山等地。

71. 细叶鳞毛蕨 *Dryopteris woodsiisora* Hayata

中型陆生蕨类；生于海拔 1600 – 2800m 的岩石缝中；分布地不详。

72. 易贡鳞毛蕨 *Dryopteris yigongensis* Ching

中型陆生蕨类；生于海拔 2000 – 2300m 的山坡、山麓、林下、灌丛下；分布于威宁、赫章等地。

73. 栗柄鳞毛蕨 *Dryopteris yoroii* Seriz.

中型陆生蕨类；生于海拔 1960 – 2000m 的林下石隙中；分布于雷公山等地。

74. 维明鳞毛蕨 *Dryopteris zhuweimingii* Li Bing Zhang〔*Dryopteris daozhenensis* P. S. Wang et X. Y. Wang；*Dryopteris hezhangensis* P. S. Wang；*Dryopteris zhenfengensis* P. S. Wang et X. Y. Wang；*Peranema cyatheoides* var. *luzonicum*（Copel.）Ching et S. H. Wu〕

大中型陆生蕨类；生于海拔 900 – 1900m 的酸性山地的路边，林下、林缘；分布于松桃、贞丰、印江、江口、余庆、道真、赫章、七星关、清镇、龙里、贵定、瓮安、都匀、麻江、梵净山等地。

（六）舌蕨属 *Elaphoglossum* Schott

1. 舌蕨 *Elaphoglossum marginatum* T. Moore〔*Elaphoglossum conforme*（Sw.）Schott〕

附生蕨类；生于海拔 1600 – 2010m 的山坡林下，河谷溪边，附生石上；分布于赫章、安龙、贞丰、雷山、江口等地。

2. 华南舌蕨 *Elaphoglossum yoshinagae*（Yatabe）Makino

附生蕨类；生于海拔 560 – 1000m 的溪边阴湿石上；分布于松桃、江口、剑河、都匀等地。

（七）耳蕨属 *Polystichum* Roth

1. 尖齿耳蕨 *Polystichum acutidens* Christ

中小型陆生或石生蕨类；生于海拔 600 – 2400m 的石灰岩地区林下、林缘、洞口内外及溪边之石上、石隙；分布于赤水、道真、赫章、金沙、黔西、江口、施秉、普安、晴隆、安龙、贞丰、望谟、安顺地区大部、贵阳、清镇、龙里、贵定、都匀等地。

2. 尖头耳蕨 *Polystichum acutipinnulum* **Ching et Shing**

中小型陆生或石生蕨类；生于海拔 800 – 1320m 的山谷密林下；分布于赤水、修文、独山等地。

3. 角状耳蕨 *Polystichum alcicorne*（**Bak.**）**Diels**

中小型陆生或石生蕨类；生于海拔 600 – 1000m 的山谷潮湿的石隙；分布于沿河、德江、思南、绥阳、大方、金沙、西秀等地。

4. 小狭叶芽胞耳蕨 *Polystichum atkinsonii* **Bedd.**

中小型陆生或石生蕨类；生于海拔 1900 – 2400m 高中山地带林下或山顶石隙；分布于赫章、印江、江口、雷山等地。

5. 长羽芽胞耳蕨 *Polystichum attenuatum* **Tagawa et K. Iwats.**

中小型陆生或石生蕨类；生于海拔 1400 – 2150m 的山谷常绿阔叶林下；分布地不详。

6. 宝兴耳蕨 *Polystichum baoxingense* **Ching et H. S. Kung**

中小型陆生或石生蕨类；生于海拔 1250 – 2300m 的林下；分布地不详。

7. 基芽耳蕨 *Polystichum capillipes*（**Bak.**）**Diels**

中小型陆生或石生蕨类；生于海拔 2780 – 2850m 的密林下石隙或藓丛中；分布于赫章等地。

8. 峨眉耳蕨 *Polystichum caruifolium*（**Bak.**）**Diels**〔*Polystichum omeiense* **C. Chr.**〕

中小型陆生或石生蕨类；生于海拔 1100 – 1600m 的林下岩石上；分布于盘县、大方、金沙、道真、独山等地。

9. 拟角状耳蕨 *Polystichum christii* **Ching**

中小型陆生或石生蕨类；生于海拔 800 – 1950m 的山谷密林下、灌丛下或岩石隙、岩洞内；分布于习水、沿河、金沙、大方、纳雍、六枝、西秀、贵定等地。

10. 陈氏耳蕨 *Polystichum chunii* **Ching**

中小型陆生或石生蕨类；生于海拔 550 – 1600m 的山坡林缘，山谷路边、溪边，土生或岩石隙生；分布于江口、丹寨、雷山等地。

11. 涪陵耳蕨 *Polystichum consimile* **Ching**

中小型陆生或石生蕨类；生于海拔 1450m 林下石灰岩上；分布于正安等地。

12. 华北耳蕨 *Polystichum craspedosorum*（**Maxim.**）**Diels**

中小型陆生或石生蕨类；生于海拔 1100 – 2300m 的石灰岩地区的石隙或石壁上；分布于道真、桐梓、绥阳、江口、印江、威宁、赫章、纳雍、西秀、镇宁、贵阳、龙里、平塘、都匀、福泉、凯里等地。

13. 粗脉耳蕨 *Polystichum crassinervium* **Ching ex W. M. Chu et Z. R. He**

中小型陆生或石生蕨类；生于海拔 200 – 400m 的石灰岩丘陵阴处岩隙；分布于荔波等地。

14. 楔基耳蕨 *Polystichum cuneatiforme* **W. M. Chu et Z. R. He**

中小型陆生或石生蕨类；生于海拔 1180m 的石灰岩洞内湿石上；分布于紫云等地。

15. 圆片耳蕨 *Polystichum cyclolobum* **C. Chr.**

中小型陆生或石生蕨类；生于海拔 1900 – 2400m 的石灰岩山地的疏林下及光裸石灰岩隙；分布于威宁、赫章等地。

16. 成忠耳蕨 *Polystichum dangii* **P. S. Wang**

中小型陆生或石生蕨类；生于海拔 700 – 800m 的路边石隙；分布于荔波等地。

17. 对生耳蕨 *Polystichum deltodon*（**Baker**）**Diels**〔*Polystichum deltodon* var. *cultripinnum* **W. M. Chu et Z. R. He**〕

中小型陆生或石生蕨类；生于海拔 320 – 1800m 的石灰岩地区林下、林缘、岩洞内外的石壁和石隙间；分布于赤水、绥阳、凤冈、金沙、修文、贵阳、贵定、施秉、凯里、都匀、西秀、水城、盘县、普安、晴隆等地。

18. 圆顶耳蕨 *Polystichum dielsii* Christ

中小型陆生或石生蕨类；生于海拔 500 – 1600m 的石灰岩洞或峡谷、溪边石壁、石隙间；分布于沿河、德江、桐梓、施秉、龙里、贵定、西秀、紫云、荔波等地。

19. 蚀盖耳蕨 *Polystichum erosum* Ching et Shing

中小型陆生或石生蕨类；生于海拔 1400 – 2400m 的林下岩石上；分布于桐梓、赫章、水城、关岭等地。

20. 尖顶耳蕨 *Polystichum excellens* Ching

中小型陆生或石生蕨类；生于海拔 700 – 1300m 的石灰岩山地林下、河谷及岩洞内石壁及石隙间；分布于清镇、平坝、西秀、紫云、龙里、贵定、独山等地。

21. 杰出耳蕨 *Polystichum excelsius* Ching et Z. Y. Liu

中小型陆生或石生蕨类；生于海拔 640 – 980m 的阴湿林下及谷底石隙；分布于绥阳、荔波等地。

22. 流苏耳蕨 *Polystichum fimbriatum* Christ

中小型陆生或石生蕨类；生于海拔 600 – 850m 的南部石灰岩低山地区之林下、灌丛下、岩洞内；分布于惠水、平塘、荔波等地。

23. 柳叶耳蕨 *Polystichum fraxinellum*（Christ）Diels【*Cyrtogonellum fraxinellum*（Christ）Ching】

中小型蕨类；生于海拔 500 – 1520m 的石灰岩地区林下石隙；分布于道真、桐梓、金沙、织金、清镇、贵阳、西秀、长顺、龙里、贵定、三都、荔波、施秉等地。

24. 喜马拉雅耳蕨 *Polystichum garhwalicum* N. C. Nair et Nag【*Polystichum brachypterum*（Kuntze）Ching】

中小型陆生或石生蕨类；生于海拔 1900 – 2800m 的密林下、林缘、溪沟边；分布于威宁、赫章等地。

25. 大叶耳蕨 *Polystichum grandifrons* C. Chr.

中小型陆生或石生蕨类；生于海拔 500 – 1300m 的林下、竹林下；分布于贞丰、都匀、三都等地。

26. 芒刺耳蕨 *Polystichum hecatopterum* Diels

中小型陆生或石生蕨类；生于海拔 1300 – 2100m 的林下溪沟边、山脚背阴处及山脊林下；分布于赫章、道真、桐梓、绥阳、印江、江口、雷山、都匀等地。

27. 草叶耳蕨 *Polystichum herbaceum* Ching et Z. Y. Liu

中小型陆生或石生蕨类；生于海拔 1240 – 1510m 的阴湿林下石隙；分布于道真、桐梓、湄潭、绥阳、正安、仁怀、息烽、贵阳、印江等地。

28. 虎克耳蕨 *Polystichum hookerianum*（C. Presl）（C. Presl）C. Chr.【*Cyrtomium hookerianum*（C. Presl）C. Chr.】

中型陆生蕨类；生于海拔 700 – 1660m 的阴湿林下、林缘、山路旁、沟边；分布于松桃、印江、江口、七星关、贞丰等地。

29. 猴场耳蕨 *Polystichum houchangense* Ching ex P. S. Wang

中小型陆生或石生蕨类；生于海拔 1100 – 1200m 的阴湿石灰岩洞内石壁上；分布于晴隆、西秀、紫云等地。

30. 宜昌耳蕨 *Polystichum ichangense* Christ

中小型陆生或石生蕨类；生于海拔 1000 – 1600m 的阴湿林下石隙；分布于道真、务川、沿河等地。

31. 深裂耳蕨 *Polystichum incisopinnulum* H. S. Kung et L. B. Zhang

中小型陆生或石生蕨类；生于海拔 850 – 1400m 的常绿阔叶林下；分布于梵净山等地。

32. 金佛山耳蕨 *Polystichum jinfoshaense* Ching et Z. Y. Liu

中小型陆生或石生蕨类；生于海拔 850 – 1950m 的山地常绿阔叶林地带阴处石灰岩隙；分布于镇宁、绥阳等地。

33. 韭菜坪耳蕨 *Polystichum jiucaipingense* **P. S. Wang et Q. Luo**

中小型陆生或石生蕨类；生于海拔 2800 – 2900m 的石灰岩的裂缝；分布于赫章等地。

34. 亮叶耳蕨 *Polystichum lanceolatum*（**Bak.**）**Diels**

中小型陆生或石生蕨类；生于海拔 900 – 1800m 的林下石壁及石灰岩洞内石上或石壁上；分布于道真、桐梓、绥阳、印江、施秉、贵阳、龙里、贵定、都匀、西秀、紫云等地。

35. 浪穹耳蕨 *Polystichum langchungense* **Ching ex H. S. Kung**

中小型陆生或石生蕨类；生于海拔 1000 – 2300m 的林下；分布于金沙、威宁等地。

36. 莱氏耳蕨 *Polystichum leveillei* **C. Chr.**

中小型陆生或石生蕨类；生于海拔 630m 的石灰岩洞内；分布于罗甸、紫云等地。

37. 荔波耳蕨 *Polystichum liboense* **P. S. Wang et X. Y. Wang**

中小型陆生或石生蕨类；生于海拔 600 – 1000m 的石灰岩的林下；分布于荔波等地。

38. 正宇耳蕨 *Polystichum liui* **Ching**

中小型陆生或石生蕨类；生于海拔 1100 – 1300m 的阴湿石壁或石隙；分布于道真、桐梓、绥阳、江口、金沙等地。

39. 长鳞耳蕨 *Polystichum longipaleatum* **Christ**

中小型陆生或石生蕨类；生于海拔 900 – 1960m 的林下、林缘、溪边、路边；分布于桐梓、遵义、七星关、黔西、清镇、兴义、都匀、三都、荔波、雷山、黎平、印江、江口等地。

40. 长叶耳蕨 *Polystichum longissimum* **Ching et Z. Y. Liu**

中小型陆生或石生蕨类；生于海拔 700 – 1000m 的常绿阔叶林中阴湿处岩壁上；分布于息烽、金沙等地。

41. 蒙自耳蕨 *Polystichum mengziense* **Li Bing Zhang**〔*Polystichum deltodon* var. *henryi* **Christ**〕

中小型陆生或石生蕨类；生于海拔 950 – 2200m 的山地阴湿处石灰岩隙；分布于中部至西部。

42. 黑鳞耳蕨 *Polystichum makinoi*（**Tagawa**）**Tagawa**

中小型陆生或石生蕨类；生于海拔 800 – 1800m 的山坡林缘、密林下、溪沟边；分布于遵义地区大部、七星关、赫章、大方、纳雍、水城、黔西南州大部、贵阳市大部、安顺地区大部、黔南州东部、从江、雷山、黄平、施秉、岑巩、松桃、印江、江口等地。

43. 镰叶耳蕨 *Polystichum manmeiense*（**Christ**）**Nakaike**

中小型陆生或石生蕨类；生于海拔 1610m 的山坡路边石隙；分布于雷公山等地。

44. 黔中耳蕨 *Polystichum martinii* **Christ**

中小型陆生或石生蕨类；生于海拔 1100 – 1300m 的石灰岩洞内石壁上；分布于西秀、平坝、贵阳、贵定等地。

45. 前原耳蕨 *Polystichum mayebarae* **Tagawa**

中小型陆生或石生蕨类；生于海拔 1920m 的山麓落水洞边湿地；分布于赫章等地。

46. 斜基柳叶耳蕨 *Polystichum minimum*（**Y. T. Hsieh**）**Li Bing Zhang**〔*Cyrtogonellum inaequale* **Ching**〕

中小型蕨类；生于海拔 500 – 1500m 的石灰岩地区的山坡、山谷林下石隙；分布于桐梓、西秀、紫云、贵阳、长顺、惠水、贵定、独山、施秉等地。

47. 纳雍耳蕨 *Polystichum nayongense* **P. S. Wang et X. Y. Wang**

中小型陆生或石生蕨类；生于海拔 1500m 的石灰岩天坑下；分布于纳雍等地。

48. 革叶耳蕨 *Polystichum neolobatum* **Nakai**

中小型陆生或石生蕨类；生于海拔 1600 – 2750m 的山谷阴处、山坡路边、林下；分布于威宁、赫章、桐梓、绥阳、道真、印江、江口等地。

49. 尼泊尔耳蕨 *Polystichum nepalense*（**Spreng.**）**C. Chr.**

中小型陆生或石生蕨类；生于海拔 1500－2900m 的林下；分布地不详。

50. 斜羽耳蕨 *Polystichum obliquum*（**D. Don**）**T. Moore**

中小型陆生或石生蕨类；生于海拔 1950m 左右的山谷石上；分布于赫章等地。

51. 乌鳞耳蕨 *Polystichum piceopaleaceum* **Tagawa**

中小型陆生或石生蕨类；生于海拔 950－2050m 的密林下；分布于赫章、桐梓、雷山等地。

52. 假亮叶耳蕨 *Polystichum pseudolanceolatum* **Ching ex P. S. Wang**

中小型陆生或石生蕨类；生于海拔 1360m 左右的石灰岩洞内石上、石壁上；分布于西秀等地。

53. 假黑鳞耳蕨 *Polystichum pseudomakinoi* **Tagawa**

中小型陆生或石生蕨类；生于海拔 1000－1400m 的路边林缘、林下；分布于印江、息烽、贵定、凯里、雷山等地。

54. 洪雅耳蕨 *Polystichum pseudoxiphophyllum* **Ching ex H. S. Kung**

中小型陆生或石生蕨类；生于海拔 1300－1900m 的灌木丛中；分布地不详。

55. 吞天井耳蕨 *Polystichum puteicola* **L. B. Zhang**

中小型陆生或石生蕨类；生于海拔 1700m 左右喀斯特天坑的石灰岩壁；分布于荔波等地。

56. 外卷耳蕨 *Polystichum revolutum* **P. S. Wang**

中小型陆生或石生蕨类；生于海拔 1000m 的溪边石上；分布于金沙等地。

57. 石生柳叶耳蕨 *Polystichum* ×*rupestris* **P. S. Wang et Li Bing Zhang**〖*Cyrtogonellum* ×*rupicola* **P. S. Wang et X. Y. Wang**〗

中小型蕨类；生于海拔 1450－1500m 的荫蔽林下、石灰岩隙；分布于西秀等地。

58. 灰绿耳蕨 *Polystichum scariosum*（**Roxburgh**）**C. V. Morton**〖*Polystichum eximium*（**Mett. ex Kuhn**）**C. Chr.**〗

中小型陆生或石生蕨类；生于海拔 200－1900m 的密林下或山谷灌丛下；分布于赤水、雷山、黎平、从江、独山、荔波等地。

59. 相似柳叶耳蕨 *Polystichum simile*（**Ching ex Y. T. Hsieh**）**Li Bing Zhang**〖*Cyrtogonellum simile* **Ching ex Y. T. Hsieh**〗

中小型蕨类；生于海拔 1000－1100m 的石灰岩山地裂缝中；分布于紫云、镇宁等地。

60. 中华对马耳蕨 *Polystichum sinotsus－simense* **Ching et Z. Y. Liu**

中小型陆生或石生蕨类；生于海拔 1100－1800m 的林下；分布于西秀等地。

61. 岩穴耳蕨 *Polystichum speluncicola* **L. B. Zhang et H. He**

中小型陆生或石生蕨类；生于海拔 700m 左右的喀斯特的洞穴；分布于荔波等地。

62. 密鳞耳蕨 *Polystichum squarrosum*（**D. Don**）**Fée**

中小型陆生或石生蕨类；生于海拔 1900－2400m 的林下；分布于梵净山等地。

63. 猫儿刺耳蕨 *Polystichum stimulans*（**Kunze ex Mett.**）**Bedd.**

中小型陆生或石生蕨类；生于海拔 1700－2900m 的沟边石缝中；分布地不详。

64. 近边耳蕨 *Polystichum submarginale*（**Bak.**）**Ching ex P. S. Wang**

中小型陆生或石生蕨类；生于海拔 700－1875m 的山坡林下石上、溪沟边、岩洞内；分布于江口、雷山、三都等地。

65. 钻鳞耳蕨 *Polystichum subulatum* **Ching ex L. B. Zhang**

中小型陆生或石生蕨类；生于海拔 1300－1800m 的山坡、山谷、路边的阔叶林、针叶林、竹林下湿地；分布于印江等地。

66. 离脉柳叶耳蕨 *Polystichum tenuius*（**Ching**）**Li Bing Zhang**〖*Cyrtogonellum caducum* **Ching**〗

中小型蕨类；生于海拔 300－1700m 的石灰岩地区的林下、谷底、洞口石隙间；分布于七星关、金沙、道真、关岭、紫云、西秀、黔南州大部、施秉等地。

67. 尾叶耳蕨 *Polystichum thomsonii*（J. D. Hook.）Bedd.

中小型陆生或石生蕨类；生于海拔 2100 – 2400m 的高中山石隙；分布于黔西、江口等地。

68. 中越耳蕨 *Polystichum tonkinense*（Christ）W. M. Chu et Z. R. He

中小型陆生或石生蕨类；生于海拔 850 – 1500m 的石灰岩丘陵及山坡常绿阔叶林下岩石上；分布于荔波等地。

69. 戟叶耳蕨 *Polystichum tripteron*（Kunze）C. Presl

中小型陆生或石生蕨类；生于海拔 1100 – 1800m 的沟谷密林下；分布于印江、江口、龙里、施秉、榕江、黎平、从江等地。

70. 对马耳蕨 *Polystichum tsus – simense*（Hook.）J. Sm.【*Polystichum tsus-simense* var. *parvipin-nulum* V. M. Chu】

中小型陆生或石生蕨类；生于海拔 500 – 2570m 的山坡林下、竹林下、林缘、路边、河谷及石灰岩壁、石隙间；分布于全省大部分地区。

71. 西畴柳叶耳蕨 *Polystichum xichouense*（S. K. Wu & Mitsuta）Li BingZhang【*Cyrtogonellum xichouense* S. K. Wu et Mitsuta】

中小型蕨类；生于海拔 900 – 1000m 的路边林缘之石灰岩隙；分布于施秉等地。

72. 剑叶耳蕨 *Polystichum xiphophyllum*（Bak.）Diels

中小型陆生或石生蕨类；生于海拔 520 – 1500m 的石灰岩山地路边、林下、林缘；分布于赤水、桐梓、道真、仁怀、绥阳、遵义、金沙、西秀、贵阳、龙里、贵定、福泉、麻江、凯里、丹寨、德江、印江、江口等地。

73. 云南耳蕨 *Polystichum yunnanense* Christ【*Polystichum jizhushanense* Ching】

中小型陆生或石生蕨类；生于海拔 1400 – 1950m 的山坡，山谷沟边林下；分布于赫章等地。

三〇、三叉蕨科 Tectariaceae

（一）牙蕨属 *Pteridrys* C. Christensen et Ching

1. 薄叶牙蕨 *Pteridrys cnemidaria*（Christ）C. Chr. et Ching

大型陆生蕨类；生于海拔 800m 以下的山谷密林中；分布于江口、罗甸等地。

2. 云贵牙蕨 *Pteridrys lofouensis*（Christ）C. Chr. et Ching

大型陆生蕨类；生于海拔 1200m 的密林下；分布于罗甸等地。

（二）地耳蕨属 *Quercifilix* Copeland

1. 地耳蕨 *Quercifilix zeylanica*（Houtt.）Copel.

小型陆生蕨类；生于海拔 280 – 700m 河谷地带的山坡林缘、溪边、路边石坑内；分布于兴义、册亨、望谟、罗甸、安龙、独山等地。

（三）叉蕨属 *Tectaria* Cavanilles

1. 大齿叉蕨 *Tectaria coadunata*（Wall. ex Hook. et Grev.）C. Chr.

大型陆生蕨类；生于海拔 520 – 1400m 的石灰岩洞内、瀑布旁，深谷、溪边石壁上；分布于赤水、黔南州大部、黔西南州大部、清镇、平坝、西秀、镇宁等地。

2. 毛叶轴脉蕨 *Tectaria devexa*（Kunze）Copel.【*Ctenitopsis devexa*（Kunze ex Mett.）Ching et Chu H. Wang】

中型陆生蕨类；生于海拔 200 – 1000m 的潮湿石缝中；分布于沿河、天柱、从江、荔波、贵定、惠水、罗甸、望谟、册亨、安龙、贞丰、兴义、兴仁、镇宁、关岭、水城、盘县等地。

3. 黑柄叉蕨 *Tectaria ebenina*（C. Chr.）Ching

大型陆生蕨类；生于海拔 740 – 1600m 的溪边林下、山谷湿地；分布于望谟、荔波等地。

4. 黑鳞轴脉蕨 *Tectaria fuscipes*（Wall. ex Bedd.）C. Chri.【*Ctenitopsis fuscipes*（Wall. ex Bedd.）Ching】

中型陆生蕨类；生于海拔 400 – 900m 的沟谷林下或石灰岩洞内；分布于盘县、册亨、望谟、罗甸等地。

5. 鳞柄叉蕨 *Tectaria griffithii*（Bak.）C. Chr.

大型陆生蕨类；生于海拔 630m 的岩洞内；分布于罗甸等地。

6. 疣状叉蕨 *Tectaria impressa*（Fée）Holtt.

中型陆生蕨类；生于海拔 280 – 700m 的沟谷季雨林下；分布于望谟、罗甸等地。

7. 多形叉蕨 *Tectaria polymorpha*（Wall. ex Hook.）Copel.

中型陆生蕨类；生于海拔 800m 以下的山坡林下及沟谷季雨林下；分布于兴义、册亨、望谟、罗甸、惠水等地。

8. 五裂叉蕨 *Tectaria quinquefida*（Bak.）Ching

中型陆生蕨类；生于海拔 630m 的沟谷林下及岩洞内；分布于望谟、罗甸等地。

9. 洛克叉蕨 *Tectaria rockii* C. Chr.【*Tectaria kweichowensis* Ching et Chu H. Wang】

中型陆生蕨类；生于海拔 600 – 1230m 的沟边林下或石灰岩洞内外；分布于盘县、安龙等地。

10. 燕尾叉蕨 *Tectaria simonsii*（Bak.）Ching

大型陆生蕨类；生于海拔 320 – 1000m 的河谷林下、灌丛下及溪沟边；分布于赤水、盘县、兴义、安龙、晴隆、镇宁、西秀、罗甸、贵定、三都等地。

11. 掌状叉蕨 *Tectaria subpedata*（Harr.）Ching

中型陆生蕨类；生于海拔 600 – 700m 的溪沟边、路边灌丛下；分布于盘县、荔波等地。

12. 无盖轴脉蕨 *Tectaria subsageniacea*（Christ）Christenhusz【*Ctenitopsis subsageniacea*（Christ）Ching】

大型陆生蕨类；生于海拔 800 – 1500m 的溪边林下或石灰岩洞内；分布于惠水、平塘、罗甸、荔波等地。

13. 三叉蕨 *Tectaria subtriphylla*（Hook. et Arn.）Copel.

中型陆生蕨类；生于海拔 600 – 640m 的灌丛下石隙及岩洞内；分布于罗甸、荔波等地。

14. 云南三叉蕨 *Tectaria yunnanensis*（Bak.）Ching

大型陆生蕨类；生于海拔 1400m 以下的溪沟边阴湿处；分布于赤水等地。

三一、肾蕨科 Nephrolepidaceae

（一）肾蕨属 *Nephrolepis* Schott

1. 肾蕨 *Nephrolepis cordifolia*（L.）C. Presl

中型陆生或附生蕨类；生于海拔 150 – 1450m 的石上、石隙或树干上；分布于赤水、仁怀、遵义、纳雍、织金、金沙、黔西、水城、黔西南州、安顺地区大部、黔南州大部、黔东南州大部、沿河、江口、碧江、贵阳等地。

三二、条蕨科 Oleandraceae

（一）条蕨属 *Oleandra* Cavanilles

1. 华南条蕨 *Oleandra cumingii* J. Sm.【*Oleandra intermedia* Ching】

小型附生或陆生蕨类；生于海拔 1250 – 1550m 的山坡石上或悬崖上；分布于晴隆、贞丰等地。

三三、骨碎补科 Davalliaceae

（一）小膜盖蕨属 *Araiostegia* Copeland

1. 细裂小膜盖蕨 *Araiostegia faberiana*（C. Chr.）Ching

中型附生或石生蕨类；生于海拔 1500 – 2900m 的山地混交林中树干上；分布地不详。

2. 鳞轴小膜盖蕨 *Araiostegia perdurans*（Christ）Copel.

中型附生或石生蕨类；生于海拔 1300 – 1950m 的混交林下、灌丛下石上、树干上；分布于赫章、水城、纳雍、兴义、兴仁、贞丰、普安、安龙、清镇、长顺等地。

3. 美小膜盖蕨 *Araiostegia pulchra*（D. Don）Copel.【*Araiostegia pseudocystopteris*（Kunze）Copel.；*Araiostegia yunnanensis*（Christ）Copel.】

中型附生或石生蕨类；生于海拔 600 – 1300m 的山谷林下石上或峭壁上；分布于安龙、西秀、紫云、罗甸、荔波等地。

（二）阴石蕨属 *Humata* Cavanilles

1. 杯盖阴石蕨 *Humata griffithiana*（Hook.）C. Chr.【*Humata platylepis*（Bak.）Ching；*Humata tyermannii* T. Moore】

中、小型附生蕨类；生于海拔 150 – 1300m 的山谷溪边林下，附生树干上或岩石上；分布于安龙、兴仁、贞丰、三都、黎平等地。

2. 阴石蕨 *Humata repens*（L. f.）Small ex Diels

中、小型附生蕨类；生于海拔 150 – 800m 的山谷溪边，附生树干上或岩石上；分布于贞丰、独山、荔波等地。

三四、双扇蕨科 Dipteridaceae

（一）燕尾蕨属 *Cheiropleuria* C. Presl

1. 燕尾蕨 *Cheiropleuria bicuspis*（Bl.）C. Presl

中型石生蕨类；生于海拔 530 – 1200m 的河谷石壁及石隙；分布于荔波等地。

（二）双扇蕨属 *Dipteris* Reinw.

1. 中华双扇蕨 *Dipteris chinensis* Christ

陆生或石生蕨类；生于海拔 530 – 1000m 的河谷峭壁上及常绿阔叶林下、灌丛下；分布于赤水、贵定、荔波、雷山等地。

三五、水龙骨科 Polypodiaceae

（一）连珠蕨属 *Aglaomorpha* Schott

1. 崖姜 *Aglaomorpha coronans*（Wall. ex Mett.）Copel.【*Pseudodrynaria coronans*（Wall. ex Mett.）Ching】

大型附生蕨类；生于海拔 800m 以下的河谷、树干或石上；分布于水城、望谟、三都等地。

（二）节肢蕨属 *Arthromeris*（T. Moore）J. Smith

1. 节肢蕨 *Arthromeris lehmannii*（Mett.）Ching

中型附生蕨类；生于海拔 1200 – 1500m 的树干上或石上；分布于兴义、兴仁、安龙、贞丰、贵定、西秀、七星关、修文、龙里等地。

2. 龙头节肢蕨 *Arthromeris lungtauensis* Ching

中型附生蕨类；生于海拔 700 – 1600m 的山坡林下或溪底溪边之石上、石隙；分布于赤水、习水、道真、松桃、印江、江口、息烽、清镇、西秀、兴仁、贞丰、榕江、雷山、都匀等地。

3. 多羽节肢蕨 *Arthromeris mairei*（Brause）Ching

中型陆生蕨类；生于海拔 1000 – 2700m 的山坡林下；分布于威宁、赫章、水城、安龙等地。

4. 单行节肢蕨 *Arthromeris wallichiana*（Spreng.）Ching

中型附生蕨类；生于海拔 1000 – 1600m 的山坡林下石上；分布于安龙、望谟、罗甸、贵定等地。

5. 灰背节肢蕨 *Arthromeris wardii*（C. B. Clarke）Ching

中型附生蕨类；生于海拔 1470 – 1900m 的山坡林缘石上；分布于赫章、兴义、安龙、贞丰等地。

（三）槲蕨属 *Drynaria*（Bory）**J. Smith**

1. 团叶槲蕨 *Drynaria bonii* Christ

大、中型附生蕨类；生于海拔 280 – 800m 的山谷林下，附生石上或树干上；分布于安龙、册亨、望谟、罗甸等地。

2. 川滇槲蕨 *Drynaria delavayi* Christ

大、中型附生蕨类；生于海拔 1900m 的山麓阳处石上；分布于威宁、赫章等地。

3. 石莲姜槲蕨 *Drynaria propinqua*（Wall. ex Mett.）J. Sm. ex Bedd.

大、中型附生蕨类；生于海拔 300 – 1400m 的树干或石上；分布于水城、六枝、织金、西秀、晴隆、关岭、兴义、兴仁等地。

4. 槲蕨 *Drynaria roosii* Nakaike

大、中型附生蕨类；生于海拔 150 – 1500m 的树干或石上；分布于全省大部分地区。

（四）雨蕨属 *Gymnogrammitis* **Griffith**

1. 雨蕨 *Gymnogrammitis dareiformis*（Hook.）Ching ex Tardieu et C. Chr.

中型附生蕨类；生于海拔 1300 – 1710m 的树干上或石壁上；分布于江口、雷山、印江、榕江等地。

（五）伏石蕨属 *Lemmaphyllum* **C. Presl**

1. 肉质伏石蕨 *Lemmaphyllum carnosum*（Wall. ex J. Sm.）C. Presl

小型附生蕨类；生于海拔 1300m 的石上；分布于兴义、荔波等地。

2. 披针骨牌蕨 *Lemmaphyllum diversum*（Rosenst.）Tagawa【*Lepidogrammitis diversa*（Rosenst.）Ching；*Lepidogrammitis elongata* Ching】

小型附生蕨类；生于海拔 800 – 2000m 的阴湿林下、树干或石上；分布于道真、桐梓、绥阳、正安、道真、印江、江口、松桃、雷山、纳雍、贵阳等地。

3. 抱石莲 *Lemmaphyllum drymoglossoides*（Bak.）Ching【*Lepidogrammitis drymoglossoides*（Bak.）Ching】

小型附生蕨类；生于海拔 300 – 1500m 的山坡林下，山谷、溪边的石上或树干上；分布于全省大部分地区。

4. 中间骨牌蕨 *Lepidogrammitis intermedia*China【*Lepidogrammitis intermedia* Ching】

小型附生蕨类；生于海拔 500 – 1400m 的山坡林下、山谷或河谷石上；分布于赤水、遵义、湄潭、赫章、七星关、织金、盘县、晴隆、西秀、紫云、平塘、三都、荔波、松桃、江口等地。

5. 伏石蕨 *Lemmaphyllum microphyllum* C. Presl

小型附生蕨类；生于海拔 720 – 970m 的树干上、石上；分布于紫云、荔波、雷山等地。

6. 骨牌蕨 *Lemmaphyllum rostratum*（Bedd.）Tagawa【*Lepidogrammitis rostrata*（Bedd.）Ching；*Lepidogrammitis pyriformis* Ching】

小型附生蕨类；生于海拔 900 – 1800m 的河谷常绿阔叶林下石上或树干上；分布于惠水、三都、荔波、独山、榕江、雷山、剑河、黎平、印江、修文、平坝等地。

（六）鳞果星蕨属 *Lepidomicrosorium* Ching et Shing

1. 鳞果星蕨 *Lepidomicrosorium buergerianum*（Miq.）Ching et K. H. Shing〔*Lepidomicrosorium latibasis Ching et Shing*；*Lepidomicrosorium lanceolatum* Ching et P. S. Wang；*Lepidomicrosorium hederaceum*（Chirst）Ching；*Lepidomicrosorium brevipes* Ching et Shing〕

中小型蕨类；生于海拔 700 – 1600m 的密林下，常攀缘石上或树干上；分布于全省大部分地区。

2. 滇鳞果星蕨 *Lepidomicrosorium subhemionitideum*（Christ）P. S. Wang〔*Lepidomicrosorium lineare* Ching & K. H. Shing〕

中小型蕨类；生于海拔 600 – 1550m 的密林下，常攀缘石上或树干上；分布于全省大部分地区。

3. 表面星蕨 *Lepidomicrosorium superficiale*（Blume）Li Wang〔*Microsorum superficiale*（Blume）Ching〕

中小型蕨类；生于海拔 500 – 1600m 的林下树干上或石上；分布于桐梓、贞丰、惠水、贵定等地。

（七）瓦韦属 *Lepisorus*（J. Smith）Ching

1. 天山瓦韦 *Lepisorus albertii*（Regel）Ching〔*Lepisorus papakensis*（Masam.）Ching et Y. X. Lin〕

小型附生或石生蕨类；生于海拔 2450 – 2900m 的林下、林缘石壁或石隙间；分布于赫章等地。

2. 狭叶瓦韦 *Lepisorus angustus* Ching

小型附生蕨类；生于海拔 900 – 2900m 的林下树干或岩石上；分布地不详。

3. 星鳞瓦韦 *Lepisorus asterolepis*（Bak.）Ching et S. X. Xu〔*Lepisorus macrosphaerus* var. *asterolepis*（Bak.）Ching〕

小型附生或石生蕨类；生于海拔 1000 – 2470m 的山坡林下、林缘石上；分布于全省大部分地区。

4. 二色瓦韦 *Lepisorus bicolor*（Takeda）Ching

小型附生或石生蕨类；生于海拔 1430 – 2600m 的石上或树干上；分布于，道真、桐梓、印江、江口、威宁、盘县、兴义、龙里、都匀、黔西、雷山、台江等地。

5. 网眼瓦韦 *Lepisorus clathratus*（C. B. Clarke）Ching

小型附生或石生蕨类；生于树干上或山坡岩石缝和河流石滩上；分布于沿河等地。

6. 扭瓦韦 *Lepisorus contortus*（Christ）Ching

小型附生或石生蕨类；生于海拔 500 – 2400m 的林下石上、石隙或树干上；全省石灰岩山地多有分布。

7. 高山瓦韦 *Lepisorus eilophyllus*（Diels）Ching

小型附生或石生蕨类；生于海拔 1000 – 2900m 的林下树干上或岩石上；分布于梵净山、盘县、凯里、黄平、江口、威宁等地。

8. 瑶山瓦韦 *Lepisorus kuchenensis*（Y. C. Wu）Ching

小型附生或石生蕨类；生于海拔 1200 – 1700m 的山坡密林中石上；分布于兴义等地。

9. 庐山瓦韦 *Lepisorus lewisii*（Bak.）Ching

小型附生或石生蕨类；生于海拔 300 – 1100m 的山谷沟边石上；分布于桐梓、榕江等地。

10. 丽江瓦韦 *Lepisorus likiangensis* Ching et S. K. Wu〔*Lepisorus coaetaneus* Ching et Y. X. Lin〕

小型附生或石生蕨类；生于海拔 2500 以上的山坡岩石缝或沟边石壁上；分布地不详。

11. 大瓦韦 *Lepisorus macrosphaerus*（Bak.）Ching

小型附生或石生蕨类；生于海拔 820 – 2550m 的山坡林下、林缘石上；分布于松桃、印江、江口、赤水、赫章、七星关、大方、盘县、黔西南州大部、黔南州东部、西秀、雷山、丹寨等地。

12. 有边瓦韦 *Lepisorus marginatus* Ching

小型附生或石生蕨类；生于海拔 1500 – 2350m 的林下或荒坡裸石上；分布于威宁、赫章、西秀等地。

13. 丝带蕨 *Lepisorus miyoshianus*（Makino）Fraser-Jenkins et Subh. Chandra〖*Drymotaenium miyoshianum*（*Makino*）*Makino*〗

小型附生蕨类；生于海拔800－2200m的溪边、山坡密林下，附生石上或树干上；分布于威宁、七星关、道真、松桃、瓮安、西秀、长顺、都匀等地。

14. 粤瓦韦 *Lepisorus obscurevenulosus*（Hayata）Ching

小型附生或石生蕨类；生于海拔500－2350m的溪边石上、林下树干上；分布于威宁、桐梓、道真、兴仁、贞丰、安龙、贵定、麻江、都匀、平塘、独山、荔波、三都、松桃、印江、江口、雷山、榕江、从江等地。

15. 鳞瓦韦 *Lepisorus oligolepidus*（Bak.）Ching

小型附生或石生蕨类；生于海拔200－2200m的疏林下或光裸山地石隙；分布于正安、道真、印江、石阡、雷山、威宁、纳雍、水城、盘县、兴义、兴仁、望谟、罗甸、平塘、独山、都匀、贵定、贵阳、修文、清镇、平坝、西秀、长顺等地。

16. 棕鳞瓦韦 *Lepisorus scolopendrium*（Buch.-Ham. et Ching）Mehra et Bir〖*Lepisorus paleparaphysus* Y. X. Lin〗

小型附生或石生蕨类；生于海拔500－2800m的林下树干上或岩石上；分布于凯里等地。

17. 瓦韦 *Lepisorus thunbergianus*（Kaulf.）Ching

小型附生或石生蕨类；生于海拔500－2400m的林下石上、树干上；分布于道真、赤水、桐梓、兴义、册亨、清镇、贵阳、黔南州大部、印江、江口、雷山、丹寨、剑河、天柱等地。

18. 阔叶瓦韦 *Lepisorus tosaensis*（Makino）H. Itô〖*Lepisorus paohuashanensis* Ching〗

小型附生或石生蕨类；生于海拔500－1700m的溪边、林下，附生于树干或石上；分布于赤水、江口、剑河、雷山、三都、荔波等地。

（八）薄唇蕨属 *Leptochilus* Kaulfuss

1. 薄唇蕨 *Leptochilus axillaris*（Cav.）Kaulf.

中小型陆生或附生蕨类；生于林下树干上；分布于望谟、罗甸等地。

2. 似薄唇蕨 *Leptochilus decurrens* Bl.〖*Paraleptochilus decurrens*（Bl.）Copel.〗

中小型陆生或附生蕨类；生于海拔500－1100m的溪边林下石上、石隙；分布于晴隆、兴义、安龙、紫云、望谟、罗甸等地。

3. 掌叶线蕨 *Leptochilus digitatus*（Bak.）Noot.〖*Colysis digitata*（Bak.）Ching〗

中型陆生或石生蕨类；生于海拔600－700m的沟边、林下，石灰岩洞口内外；分布于平塘、黎平等地。

4. 线蕨 *Leptochilus ellipticus*（Thunb.）Noot.〖*Colysis elliptica*（Thunb.）Ching〗

中型陆生或石生蕨类；生于海拔400－1400m的阴湿山谷、溪边林下，土生或生石上或石隙；分布于晴隆、镇宁、紫云、望谟、罗甸、惠水、贵定、独山、荔波、赤水等地。

5. 曲边线蕨 *Leptochilus ellipticus* var. *flexilobus*（Christ）X. C. Zhang〖*Colysis ellipticus* var. *flexiloba*（Christ）L. Shi et X. C. Zhang〗

中型陆生或石生蕨类；生于海拔300－1600m的溪边、林下、林缘石上；分布于全省大部分地区。

6. 滇线蕨 *Leptochilus ellipticus* var. *pentaphylla*（Bak.）X. C. Zhang et Noot.

中型陆生或石生蕨类；生于海拔500－1500m的河谷石上、石隙；分布于兴义、镇宁、望谟等地。

7. 宽羽线蕨 *Leptochilus ellipticus* var. *pothifolia*（Buch.-Ham. et D. Don）X. C. Zhang〖*Colysis pothifolia*（Don）Presl〗

中型陆生或石生蕨类；生于海拔350－1150m的山谷、溪边林下石上，或石灰岩洞内；分布于清镇、贵阳、贵定、雷山、西秀、惠水、平塘、独山、荔波、罗甸、望谟、贞丰、兴仁、安龙、册亨等地。

8. 断线蕨 *Leptochilus hemionitideus*（C. Presl）Noot.【*Colysis hemionitidea*（C. Presl）C. Presl】

中型陆生或石生蕨类；生于海拔600m以下的溪边、林下石上；分布于平塘、三都、荔波、榕江、黎平等地。

9. 胄叶线蕨 *Leptochilus* ×*hemitomus*（Hance）Noot.【*Colysis hemitoma*（Hance）Ching】

中型陆生或石生蕨类；生于海拔350-600m的溪边林下、林缘；分布于惠水、平塘、赤水等地。

10. 矩圆线蕨 *Leptochilus henryi*（Bak.）X. C. Zhang【*Colysis henryi*（Bak.）Ching】

中型陆生或石生蕨类；生于海拔300-1500m的阴湿林下、石灰岩洞口内外；分布于全省大部分地区。

11. 绿叶线蕨 *Leptochilus leveillei*（Christ）X. C. Zhang et Noot.【*Colysis leveillei*（Christ）Ching】

中型陆生或石生蕨类；生于海拔300-1100m的山谷阴湿林下；分布于兴义、安龙、望谟、罗甸、西秀、惠水、平塘、荔波等地。

12. 褐叶线蕨 *Leptochilus wrightii*（Hook. et Bak.）X. C. Zhang【*Colysis wrightii*（Hook.）Ching】

中型陆生或石生蕨类；生于海拔400-700m的石灰岩洞口石上；分布于荔波、平塘、独山等地。

（九）剑蕨属 *Loxogramme*（Blume）C. Presl

1. 顶生剑蕨 *Loxogramme acroscopa* C. Chr.

中、小型常绿附生蕨类；生于海拔250m的岩石上；分布于平塘等地。

2. 黑鳞剑蕨 *Loxogramme assimilis* Ching

中、小型常绿附生蕨类；生于海拔720-1100m的林下岩石上；分布于贵定、独山、荔波、丹寨等地。

3. 中华剑蕨 *Loxogramme chinensis* Ching

中、小型常绿附生蕨类；生于海拔600-1500m石上或树干上；分布于安龙、独山、荔波、三都、雷山、榕江、施秉、印江等地。

4. 褐柄剑蕨 *Loxogramme duclouxii* Chirst

中、小型常绿附生蕨类；生于海拔1000-2180m的密林下，附生树干或石上；分布于桐梓、道真、绥阳、七星关、大方、纳雍、金沙、息烽、修文、清镇、平坝、西秀、六盘水市、兴义、雷山、印江、江口等地。

5. 台湾剑蕨 *Loxogramme formosana* Nakai

中、小型常绿附生蕨类；生于海拔1000-1100m的阴湿林下石上；分布于西秀、龙里、贵定等地。

6. 匙叶剑蕨 *Loxogramme grammitoides*（Baker）C. Chr.

中、小型常绿附生蕨类；生于海拔1300-2000m的山坡密林下、溪谷石上、树干上；分布于道真、绥阳、正安、桐梓、印江、江口、雷山等地。

7. 老街剑蕨 *Loxogramme lankokiensis*（Rosenst.）C. Chr.

中、小型常绿附生蕨类；生于海拔600-740m的密林下石上、树干上；分布于荔波等地。

8. 柳叶剑蕨 *Loxogramme salicifolium*（Makino）Makino

中、小型常绿附生蕨类；生于海拔550-1300m的密林下、溪边，附生树干或石上；分布于独山、三都、雷山、江口等地。

（十）篦齿蕨属 *Metapolypodium* Ching

1. 篦齿蕨 *Metapolypodium manmeiense*（Christ）Ching

中小型附生蕨类；生于海拔1500-1900m的树干上或石上；分布于赫章、贞丰等地。

（十一）锯蕨属 *Micropolypodium* Hayata

1. 锯蕨 *Micropolypodium okuboi*（Yatabe）Hayata

小型附生植物；生于海拔1400-1920m的密林下树干上；分布于江口、雷山等地。

2. 锡金锯蕨 *Micropolypodium sikkimense*（Hieron.）X. C. Zhang

小型附生植物；生于海拔 2200m 的林中树干基部或岩石上；分布地不详。

（十二）星蕨属 *Microsorum* Link

1. 江南星蕨 *Microsorum fortunei*（T. Moore）Ching

大、中型攀援附生蕨类；生于海拔 1920m 以下的林下、灌丛下、石上、路边；分布于全省大部分地区。

2. 羽裂星蕨 *Microsorum insigne*（Bl.）Copel.

大、中型攀援附生蕨类；生于海拔 1200m 以下山谷溪边林下，土生或石隙生；分布于赤水、晴隆、兴仁、贞丰、安龙、望谟、西秀等地。

3. 膜叶星蕨 *Microsorum membranaceum*（D. Don）Ching

大、中型攀援附生蕨类；生于海拔 640 – 1200m 的山谷湿地、密林下；分布于兴义、册亨、西秀、镇宁、罗甸、惠水、荔波等地。

4. 有翅星蕨 *Microsorum pteropus*（Bl.）Copel.

大、中型攀援附生蕨类；生于海拔 150 – 450m 的溪边；分布于罗甸、黎平等地。

5. 星蕨 *Microsorum punctatum*（L.）Copel.

大、中型攀援附生蕨类；生于海拔 800m 以下的山坡林下、溪边，附生石上或树干基部；分布于镇宁、罗甸、荔波、贵定等地。

6. 广叶星蕨 *Microsorum steerei*（Harr.）Ching

大、中型攀援附生蕨类；生于海拔 300 – 450m 的溪边、林下，附生石上；分布于望谟、罗甸等地。

（十三）扇蕨属 *Neocheiropteris* Christ

1. 扇蕨 *Neocheiropteris palmatopedata*（Bak.）Christ

中型陆生蕨类；生于海拔 1100 – 2000m 的山坡林下、河谷，土生或石隙生；分布于威宁、水城、盘县、晴隆、兴仁、兴义等地。

（十四）盾蕨属 *Neolepisorus* Ching

1. 盾蕨 *Neolepisorus ensatus*（Thunb.）Ching

中型陆生蕨类；生于海拔 300 – 1100m 的山谷岩石上；分布于贵定、榕江等地。

2. 卵叶盾蕨 *Neolepisorus ovatus*（Wall. et Bedd.）Ching【*Neolepisorus basicordatus* P. S. Wang；*Neolepisorus lancifolius* Ching et Shing】

中型陆生蕨类；生于海拔 600 – 1500m 的密林下石上；分布于全省大部分地区。

3. 三角叶盾蕨 *Neolepisorus ovatus* f. *deltoidea*（Hand. -Mazz.）Ching

中型陆生蕨类；生于海拔 600 – 1500m 的石灰岩上土层较深的林下；分布于桐梓、正安、遵义、七星关、息烽、修文、贵阳、贵定、望谟、兴仁、安龙、镇宁、西秀等地。。

4. 蟹爪盾蕨 *Neolepisorus ovatus* f. *doryopteris*（Christ）Ching

中型陆生蕨类；生于海拔 1000 – 1350mm 石灰岩山地的石上、石隙、洞口或林下；分布于正安、仁怀、毕节地区大部、贵阳市、黔西南州、平坝、西秀、长顺、贵定等地。

5. 截基盾蕨 *Neolepisorus ovatus* f. *truncatus*（Ching et P. S. Wang）L. Shi et X. C. Zhang【*Neolepisorus truncatus* Ching et P. S. Wang】

中型陆生蕨类；生于海拔 600 – 1100m 的林下或灌丛下石灰岩上；分布于紫云、平塘、荔波、都匀等地。

6. 显脉星蕨 *Neolepisorus zippelii*（Bl.）Li Wang【*Microsorum zippelii*（Bl.）Ching】

中型陆生蕨类；生于林下石上；分布于罗甸等地 。

（十五）滨禾蕨属 *Oreogrammitis* Copeland

1. 短柄滨禾蕨 *Oreogrammitis dorsipila*（Christ）Parris【*Grammitis dorsipila*（Christ）C. Chr. et Tard.】

小型附生植物；生于海拔 850m 的溪边林缘石壁上；分布于江口等地。

（十六）修蕨属 *Selliguea* Bory

1. 交连假瘤蕨 *Selliguea conjuncta*（Ching）S. G. Lu〔*Phymatopteris conjuncta*（Ching）Pic. Serm.〕

小型附生蕨类；生于海拔 1550m 以上的树干上或石上；分布地不详。

2. 紫柄假瘤蕨 *Selliguea crenatopinnata*（C. B. Clarke）S. G. Lu〔*Phymatopteris crenatopinnata*（C. B. Clarke）Pic. Serm.〕

小型陆生蕨类；生于海拔 1100 – 2600m 的酸性山地山坡林缘、灌丛下、山顶石隙；分布于威宁、纳雍、七星关、水城、盘县、黔西南州大部、织金、西秀、平坝、贵阳市大部、贵定等地。

3. 掌叶假瘤蕨 *Selliguea digitata*（Ching）S. G. Lu〔*Phymatopteris digitata*（Ching）Pic. Serm.〕
小型附生蕨类；附生于海拔 1700 – 1800m 的林下树干上；分布于江口等地。

4. 恩氏假瘤蕨 *Selliguea engleri*（Luerss.）Fraser-Jenkins〔*Phymatopteris engleri*（Luerss.）Pic. Serm.〕

小型附生蕨类；生于海拔 1000 – 2000m 的树干上或石上；分布地不详。

5. 大果假瘤蕨 *Selliguea griffithiana*（Hook.）Fraser-Jenkins〔*Phymatopteris griffithiana*（Hook.）Pic. Serm.〕

小型附生蕨类；生于海拔 1300 – 2900m 树干上或石上；分布地不详。

6. 金鸡脚假瘤蕨 *Selliguea hastata*（Thunb.）Fraser-Jenkins〔*Phymatopteris hastata*（Thunb.）Pic. Serm.；*Phymatopteris similis*（Ching）W. M. Chu；*Phymatopsis similis* Ching〕

小型陆生蕨类；生于海拔 1300m 以下的林缘、路边、灌丛下；全省酸性山地常见。

7. 宽底假瘤蕨 *Selliguea majoensis*（C. Chr.）Fraser-Jenkins〔*Phymatopteris majoensis*（C. Chr.）Pic. Serm.〕

小型附生蕨类；生于海拔 500 – 1900m 的阴湿溪边或渠边石上、林下树干上；分布于赫章、贞丰、道真、龙里、印江、雷山等地。

8. 尖裂假瘤蕨 *Selliguea oxyloba*（Wall. ex Kunze）Fraser-Jenkins〔*Phymatopteris oxyloba*（Wall. ex Kunze）Pic. Serm.〕

小型陆生或附生蕨类；生于海拔 1000 – 2700m 树干基部和林缘石上；分布于麻阳河等地。

9. 喙叶假瘤蕨 *Selliguea rhynchophylla*（Hook.）Fraser-Jenkins〔*Phymatopteris rhynchophylla*（Hook.）Pic. Serm.〕

小型附生蕨类；生于海拔 820 – 1500m 的石上或树干上；分布于安龙、贞丰、江口等地。

10. 斜下假瘤蕨 *Selliguea stracheyi*（Ching）S. G. Lu〔*Phymatopteris stracheyi*（Ching）Pic. Serm.〕

小型附生蕨类；生于海拔 2000 – 2450m 的冷湿山顶附近的石上、石壁上；分布于赫章、印江、江口、雷山等地。

11. 细柄假瘤蕨 *Selliguea tenuipes*（Ching）S. G. Lu〔*Phymatopteris tenuipes*（Ching）Pic. Serm.〕

小型附生蕨类；生于海拔 1380 – 2100m 的石灰岩山顶或近山顶的林下石上；分布于赤水、七星关、赫章、清镇、西秀等地。

12. 三出假瘤蕨 *Selliguea trisecta*（Bak.）Fraser-Jenkins〔*Phymatopteris trisecta*（Bak.）Pic. Serm.〕

小型陆生蕨类；生于海拔 1600 – 2400m 的灌丛下；分布于威宁等地。

13. 屋久假瘤蕨 *Selliguea yakushimensis*（Makino）Fraser-Jenkins〔*Phymatopteris yakushimensis*（Makino）Pic. Serm.；*Phymatopteris fukienensis*（Ching）Pic. Serm.〕

小型附生蕨类；生于海拔 500 – 820m 的溪边或溪中石上、石壁上；分布于赤水、松桃、印江、江口等地。

（十七）瘤蕨属 *Phymatosorus* Pichi Sermolli

1. 光亮瘤蕨 *Phymatosorus cuspidatus*（D. Don）Pic. Serm.

中型陆生蕨类；生于海拔 1100m 以下林下、河谷石隙；分布于水城、盘县、普安、晴隆、兴仁、兴义、安龙、册亨、望谟、罗甸、荔波、贵定、惠水、西秀、紫云、镇宁、关岭、贞丰等地。

（十八）睫毛蕨属 *Pleurosoriopsis* Fomin

1. 睫毛蕨 *Pleurosoriopsis makinoi*（Maxim. ex Makino）Fomin

小型附生或石生蕨类；生于海拔 1900 – 2810m 的冷湿林下石上或树干上的苔藓丛中；分布于赫章、印江等地。

（十九）拟水龙骨属 *Polypodiastrum* Ching

1. 尖齿拟水龙骨 *Polypodiastrum argutum*（Wall. ex Hook. Hook.）Ching

中、小型附生蕨类；生于海拔 2300 – 2700m 的树干上或石上；分布地不详。

2. 川拟水龙骨 *Polypodiastrum dielseanum*（C. Chr.）Ching

中、小型附生蕨类；生于海拔 1500 – 2010m 的路边石上；分布于赫章、织金等地。

3. 蒙自拟水龙骨 *Polypodiastrum mengtzeense*（Christ）Ching

中、小型附生蕨类；生于海拔 1500 – 2010m 的密林下沟边石上或树干上；分布于赫章、雷山、贵定等地。

（二○）水龙骨属 *Polypodiodes* Ching

1. 友水龙骨 *Polypodiodes amoena*（Wall. ex Mett.）Ching

中、小型附生蕨类；生于海拔 2200m 的山谷、路边、山坡林下、林缘石上、树干上；全省各地有分布。

2. 红杆水龙骨 *Polypodiodes amoena* var. *duclouxi*（Christ）Ching

中、小型附生蕨类；生于海拔 1750 – 2450m 的灌丛下石上；分布于威宁、赫章、水城等地。

3. 柔毛水龙骨 *Polypodiodes amoena* var. *pilosa*（C. B. Clarke）Ching

中、小型附生蕨类；生于海拔 1500 – 2500m 岩石上、树干上；分布于大方、兴仁、贵阳、贵定、三都等地。

4. 滇越水龙骨 *Polypodiodes bourretii*（C. Chr. et Tardieu）W. M. Chu

中、小型附生蕨类；生于海拔 600 – 1500m 的岩石上或树干上；分布于荔波等地。

5. 中华水龙骨 *Polypodiodes chinensis*（Christ）S. G. Lu

中、小型附生蕨类；生于海拔 900 – 2800m 的树干上或石上；分布地不详。

6. 日本水龙骨 *Polypodiodes niponica*（Mett.）Ching

中、小型附生蕨类；生于海拔 300 – 1800m 的林下、林缘的石上或树干上；分布于赤水、道真、遵义、贵阳、织金、西秀、安龙、惠水、贵定、都匀、独山、雷山、剑河、铜仁地区大部等地。

7. 腺叶水龙骨 *Polypodiodes niponica* var. *glandulosa* P. S. Wang

中、小型附生蕨类；分布于西秀等地。

（二一）石韦属 *Pyrrosia* Mirbel

1. 石蕨 *Pyrrosia angustissima*（Giesenh. ex Diels）Tagawa et K. Iwats.【*Saxiglossum angustissimum*（Gies. ex Diels）Ching】

小型附生或石生蕨类；生于海拔 550 – 2500m 的树干上、石上或石壁；分布于威宁、紫云、黔南州大部、贵阳、清镇、修文、沿河、印江、松桃、石阡、岑巩、黄平、黎平等地。

2. 相近石韦 *Pyrrosia assimilis*（Bak.）Ching

小型附生或石生蕨类；生于海拔 500 – 1050m 的溪边、路边、石上、树干上；分布于松桃、印江、江口、德江、遵义、湄潭、黔南州大部、凯里、施秉、黎平等地。

3. 波氏石韦 *Pyrrosia bonii* (Christ ex Giesenh.) Ching

小型附生或石生蕨类；生于海拔 300 – 1100m 的林下岩石上；分布于贵定等地。

4. 光石韦 *Pyrrosia calvata* (Bak.) Ching

中型附生或石生蕨类；生于海拔 500 – 1900m 的石灰岩山地的石隙、石墙隙；分布于道真、绥阳、遵义、纳雍、织金、务川、黔西南州大部、西秀、镇宁、紫云、清镇、贵阳、龙里、惠水、独山、荔波、黄平、施秉、思南等地。

5. 华北石韦 *Pyrrosia davidii* (Giesenh. ex Diels) Ching【*Pyrrosia gralla* (Giesenh.) Ching】

小型附生或石生蕨类；生于海拔 1900 – 2540m 的石灰岩缝中；分布于威宁等地。

6. 毡毛石韦 *Pyrrosia drakeana* (Franch.) Ching

中型附生或石生蕨类；生于海拔 1500 – 2500m 的石上；分布于盘县等地。

7. 石韦 *Pyrrosia lingua* (Thunb.) Farwell

小型附生或石生蕨类；生于海拔 700 – 2000m 的酸性山地；分布于全省大部分地区。

8. 有柄石韦 *Pyrrosia petiolosa* (Christ) Ching

小型附生或石生蕨类；生于海拔 300 – 1600m 的疏林下、林缘、裸石上及石墙上；全省石灰岩山地常见。

9. 柔软石韦 *Pyrrosia porosa* (C. Presl) Hovenk.【*Pyrrosia porosa* var. *mollissima* (Ching) K. H. Shing】

小型附生或石生蕨类；生于海拔 350 – 1600m 的林下、林缘、灌丛下、旷地的石上，也附生树干上；全省石灰岩山地常见。

10. 庐山石韦 *Pyrrosia sheareri* (Bak.) Ching

小型附生或石生蕨类；生于海拔 1000 – 2500m 的密林下、山坡阴处及路边，附生树干上或石上；分布于全省大部分地区。

11. 相似石韦 *Pyrrosia similis* Ching

小型附生或石生蕨类；生于海拔 480 – 980m 的石灰岩山地林下石上；分布于兴仁、平塘、独山、荔波、福泉等地。

12. 绒毛石韦 *Pyrrosia subfurfuracea* (Hook.) Ching

小型附生或石生蕨类；生于海拔 350 – 1300m 路边林缘石上或林下树干上；分布于西秀、平坝、贵阳等地。

13. 中越石韦 *Pyrrosia tonkinensis* (Giesenh.) Ching

小型附生或石生蕨类；生于海拔 500 – 970m 的石灰岩地区的低山河谷地带，附生树干上及石上；分布于六枝、镇宁、西秀、安龙、册亨、望谟、罗甸、荔波等地。

(二二) 裂禾蕨属 *Tomophyllum* (E. Fournier) Parris

1. 裂禾蕨 *Tomophyllum donianum* (Spreng.) Fraser-Jenkins et Parris【*Ctenopteris subfalcata* (Bl.) Kunze】

中、小型附生植物；生于海拔 1400 – 1800m 的密林下石上；分布于梵净山、雷公山等地。

三六、苹科 Marsileaceae

(一) 苹属 *Marsilea* Linnaeus

1. 苹 *Marsilea quadrifolia* L.

小型浅水或泥沼生植物；生于水田、池沼、沟渠、浅水或湿地；全省各地有分布。

三七、槐叶苹科 Salviniaceae

(一)槐叶苹属 *Salvinia* Séguier

1. 槐叶苹 *Salvinia natans*（L.）All.

小型浮水蕨类；生于海拔 800m 以下池塘、沟渠、水田内；分布于赤水、遵义、金沙、清镇、开阳、贞丰、三都、黔东南、德江、松桃等地。

(二)满江红属 *Azolla* Lamarck

1. 细叶满江红 *Azolla filiculoides* Lam.

小型 浮水蕨类；生于水田、沼池等；全省各地栽培或逸生。

2. 满江红 *Azolla pinnata* subsp. *asiatica* R. M. K. Saunders et K. Fowle【*Azolla imbricata*（Roxb.）akai】

小型浮水蕨类；生于水田、池沼、沟渠等静水或缓流中；全省各地都有分布。

裸子植物

一、苏铁科 Cycadaceae

（一）苏铁属 *Cycas* Linnaeus

1. 贵州苏铁 *Cycas guizhouensis* K. M. Lan et R. F. Zou

棕榈状常绿木本植物；生于海拔 450 – 1300m 的灌丛或干热河谷蔬林地；分布于望谟、册亨、兴义、罗甸、安龙、惠水、平塘等地。

2. 细叶贵州苏铁 *Cycas guizhouensis* f. *tenuifolia* C. Y. Deng et D. Y. Wang f.

棕榈状常绿木本植物；分布于兴义等地。

3. 海南苏铁 *Cycas hainanensis* C. J. Chen

棕榈状常绿木本植物；引种；省内有栽培。

4. 叉叶苏铁 *Cycas micholitzii* Dyer

棕榈状常绿木本植物；引种；省内有栽培。

5. 攀枝花苏铁 *Cycas panzhihuaensis* L. Zhou et S. Y. Yang

棕榈状常绿木本植物；引种；省内有栽培。

6. 篦齿苏铁 *Cycas pectinata* Griff.

棕榈状常绿木本植物；引种；省内有栽培。

7. 苏铁 *Cycas revoluta* Thunb.

棕榈状常绿木本植物；引种；省内有栽培。

8. 叉孢苏铁 *Cycas segmentifida* D. Y. Wang et C. Y. Deng

棕榈状常绿木本植物；生于海拔 600 – 900m 的混交林中；分布于望谟、兴义、册亨、贞丰、罗甸、紫云等地。

9. 华南苏铁 *Cycas rumphii* Miq.

棕榈状常绿木本植物；引种；省内有栽培。

10. 云南苏铁 *Cycas siamensis* Miq.

棕榈状常绿木本植物；引种；省内有栽培。

11. 台湾苏铁 *Cycas taiwaniana* Carr.

棕榈状常绿木本植物；引种；省内有栽培。

二、银杏科 Ginkgoaceae

（一）银杏属 *Ginkgo* Linnaeus

1. 银杏 *Ginkgo biloba* L.

落叶乔木；引种；广泛栽培于省内 500 – 2000m 的地区。

三、南洋杉科 Araucariaceae

（一）南洋杉属 *Araucaria* Jussieu

1. 南洋杉 *Araucaria cunninghamii* Aiton ex D. Don

常绿针叶乔木；原产大洋洲东南沿海地区；省内有栽培。

四、松科 Pinaceae

（一）冷杉属 *Abies* Miller

1. 苍山冷杉 *Abies delavayi* Franch.

常绿针叶乔木；引种；省内有栽培。

2. 日本冷杉 *Abies firma* Sieb. et Zucc.

常绿针叶乔木；原产日本；省内有栽培。

3. 梵净山冷杉 *Abies fanjingshanensis* W. L. Huang, Y. L. Tu et S. T. Fang

常绿针叶乔木；生于海拔 2100 – 2350m 的陡陵山坡；仅见梵净山有分布。

（二）银杉属 *Cathaya* Chun et Kuang

1. 银杉 *Cathaya argyrophylla* Chun et Kuang

常绿针叶乔木；生于海拔 900 – 1900m 的阳坡阔叶林中和山脊地带；分布于大沙河、桐梓等地。

（三）雪松属 *Cedrus* Trew

1. 雪松 *Cedrus deodara*（Roxb.）G. Don

常绿针叶乔木；引种；省内广泛栽培。

（四）油杉属 *Keteleeria* Carrière

1. 铁坚杉 *Keteleeria davidiana*（Bertr.）Beissn.【*Keteleeria davidiana* var. *chienpeii*（Flous）W. C. Cheng et L. K. Fu】

常绿针叶乔木；生于海拔 1000 – 1300m 以下的酸性黄壤或微钙质山地；分布于贵阳、息烽、修文、遵义、碧江等地。

2. 黄枝油杉 *Keteleeria davidiana* var. *calcarea*（C. Y. Cheng et L. K. Fu）Silba

常绿针叶乔木；生于海拔 700 – 1100m 的石灰岩山地；分布于独山、荔波、平塘、罗甸、惠水、龙里等地。

3. 云南油杉 *Keteleeria evelyniana* Mast.

常绿针叶乔木；生于海拔 1000 – 2000m 的疏林地或成散生；分布于七星关、兴义、晴隆、罗甸、贵定等地。

4. 油杉 *Keteleeria fortunei*（Murr.）Carr.

常绿针叶乔木；引种；省内有栽培。

5. 江南油杉 *Keteleeria fortunei* var. *cyclolepis*（Flous）Silba

常绿针叶乔木；生于海拔 400 – 1000m 的酸性土山地；分布于册亨、望谟、罗甸等地。

6. 柔毛油杉 *Keteleeria pubescens* W. C. Cheng et L. K. Fu

常绿针叶乔木；生于海拔 600 – 1500m 的山地；分布于从江、黎平、榕江、雷山、镇远、丹寨、剑河、台江、平塘、荔波、惠水、贵定、三都、龙里、黔西、碧江、雷公山、佛顶山等地。

（五）落叶松属 *Larix* Miller

1. 日本落叶松 *Larix kaempferi*（Lamb.）Carr.

落叶针叶乔木；原产日本；省内有栽培。

（六）云杉属 *Picea* A. Dietrich

1. 云杉 *Picea asperata* Mast.

常绿针叶乔木；引种；省内有栽培。

2. 红皮云杉 *Picea koraiensis* Nakai

常绿针叶乔木；引种；省内有栽培。

3. 兴安鱼鳞云杉 *Picea jezoensis* var. *microsperma*（Lindl.）Cheng et L. K. Fu〔*Abies microsperma* Lindl.〕

常绿针叶乔木；引种；省内有栽培。

4. 欧洲云杉 *Picea abies*（L.）H. Karst.

常绿针叶乔木；原产欧洲北部及中部；省内有栽培。

（七）松属 *Pinus* Linnaeus

1. 华山松 *Pinus armandii* Franch.

常绿针叶乔木；生于海拔 1300－2500m 的酸性壤和钙质土山地；分布于威宁、赫章、七星关、水城、盘县、安龙、长顺、瓮安、独山、福泉、荔波、都匀、惠水、贵定、三都、龙里等地。

2. 白皮松 *Pinus bungeana* Zucc. ex Endl.

常绿针叶乔木；引种；省内有栽培。

3. 加勒比松 *Pinus caribaea* Morelet

常绿针叶乔木；原产加勒比海地区；省内有栽培。

4. 高山松 *Pinus densata* Mast.

常绿针叶灌木；生于海拔 2100－2500m 的常绿阔叶林中；分布于梵净山、纳雍等地。

5. 湿地松 *Pinus elliottii* Engelm.

常绿针叶乔木；原产于美洲东南部；省内有栽培。

6. 海南五针松 *Pinus fenzeliana* Hand. -Mazz.

常绿针叶乔木；生于海拔 1000－1500m 的山地；分布于赤水、习水、正安、绥阳、道真、务川、德江、黔西、雷山、平塘、从江等地。

7. 华南五针松 *Pinus kwangtungensis* Chun et Tsiang

常绿针叶乔木，生于海拔 600－1600m 的石灰岩山地；分布于都匀、独山、惠水、龙里、麻江、三都、平塘、从江、荔波、望谟等。

8. 马尾松 *Pinus massoniana* Lamb.

常绿针叶乔木；生于海拔 1300m 以下的山地；广泛分布于全省大部分地区。

9. 孟特松 *pinus montezumae*

常绿针叶乔木；省内有栽培。

10. 辐射松 *Pinus radiata* D. Don

常绿针叶乔木；原产美国；省内有栽培。

11. 油松 *Pinus tabuliformis* Carr.

常绿针叶乔木；引种；省内有栽培。

12. 火炬松 *Pinus taeda* L.

常绿针叶乔木；原产于美洲东南部；省内有栽培。

13. 巴山松 *Pinus tabuliformis* var. *henryi*（Mast.）C. T. Kuan

常绿针叶乔木；生于海拔 1150－2000m 的山地；分布于大沙河等地。

14. 台湾松 *Pinus taiwanensis* Hayata〔*Pinus taiwanensis* var. *damingshanensis* Cheng et L. K. Fu〕

常绿针叶乔木；生于海拔 600－2800m 的山坡林地；分布于梵净山等地。

15. 黑松 *Pinus thunbergii* Parl.

常绿针叶乔木；原产日本及朝鲜南部海岸地区；省内有栽培。

16. 云南松 *Pinus yunnanensis* Franch.

常绿针叶乔木；生于海拔 2500m 的山坡林地；分成于威宁、赫章、纳雍、织金、大方等地。

17. 细叶云南松 *Pinus yunnanensis* var. *tenuifolia* W. C. Cheng et Y. W. Law

常绿针叶乔木；生于海拔 400 - 1200m 的山地；分布于兴义、安龙、册亨、望谟、罗甸、平塘、贵阳等地。

（八）金钱松属 *Pseudolarix* Gordon

1. 金钱松 *Pseudolarix amabilis*（Nelson）Rehd.

落叶针叶乔木；引种；省内有栽培。

（九）黄杉属 *Pseudotsuga* Carrière

1. 短叶黄杉 *Pseudotsuga brevifolia* W. C. Cheng et L. K. Fu

常绿针叶乔木；生于海拔 950 - 1250m 的石灰岩山地的阳坡或山脊；分布于荔波、惠水、龙里、望谟等地。

2. 黄杉 *Pseudotsuga sinensis* Dode

常绿针叶乔木；生于海拔 300 - 2800m 的山地；分布于威宁、赫章、盘县、七星关、纳雍、德江、印江、松桃、湄潭、道真、桐梓、雷公山、三穗、施秉、黎平、惠水、三都、龙里、望谟、荔波等地。

（十）铁杉属 **Tsuga** Carrière

1. 铁杉 *Tsuga chinensis*（Franch.）Pritz.【*Tsuga chinensis* var. *tchekiangensis*（Flous）W. C. Cheng et L. K. Fu】

常绿针叶乔木；生于海拔 1100 - 2300m 的山地林中；分布于威宁、赫章、梵净山、贵阳、荔波、龙里等地。

2. 丽江铁杉 *Tsuga chinensis* var. *forrestii*（Downie）Silba

常绿针叶乔木；生于海拔 2000m 以上的山地、山谷及混交林中；分布于梵净山等地。

3. 云南铁杉 *Tsuga dumosa*（D. Don）Eichler

常绿针叶乔木；引种；省内有栽培。

4. 长苞铁杉 *Tsuga longibracteata* W. C. Cheng

常绿针叶乔木；生于海拔 600 - 2000m 的山地密林中；分布于务川、梵净山等地。

五、杉科 Taxodiaceae

（一）柳杉属 *Cryptomeria* D. Don

1. 日本柳杉 *Cryptomeria japonica*（Thunb. ex L. f.）D. Don

常绿针叶乔木；生于海拔 600 - 1300m 的山地；省内毕节地区、贵阳等地有栽培。

2. 柳杉 *Cryptomeria japonica* var. *sinensis* Miq.

常绿针叶乔木；生于海拔 600 - 1300m 的山地；分布于兴义等地。

（二）杉木属 *Cunninghamia* R. Brown

1. 杉木 *Cunninghamia lanceolata*（Lamb.）Hook.

常绿针叶乔木；生于海拔 300 - 1600m 的丘陵山地；广泛分布于黎平、从江、榕江、锦屏、黄平、天柱、台江、剑河、长顺、瓮安、独山、罗甸、福泉、荔波、都匀、惠水、贵定、三都、龙里、平塘等全省大部分地区。

（三）水松属 *Glyptostrobus* Endlicher

1. 水松 *Glyptostrobus pensilis*（Staunt. ex D. Don）K. Koch

常绿针叶乔木；引种；省内有栽培。

（四）水杉属 *Metasequoia* Miki ex Hu et Cheng

1. 水杉 *Metasequoia glyptostroboides* Hu et W. C. Cheng

落叶针叶乔木；引种；省内有栽培。

（五）北美红杉属 *Sequoia* Endlicher

1. 北美红杉 *Sequoia sempervirens*（D. Don）Endl.

常绿针叶乔木；原产美国加利福尼亚州海岸；省内黎平、贵阳等地有栽培。

（六）巨杉属 *Sequoiadendron* J. Buchholz

1. 巨杉 *Sequoiadendron giganteum*（Lindl.）J. Buchholz

常绿针叶乔木；引种；省内有栽培。

（七）台湾杉属 *Taiwania* Hayata

1. 台湾杉 *Taiwania cryptomerioides* Hayata【*Taiwania flousiana* Gaussen】

常绿针叶乔木；生于海拔 550－1300m 的山地；分布于雷公山、从江、剑河、榕江、台江、丹寨、黎平等地。

（八）落羽杉属 *Taxodium* Richard

1. 落羽杉 *Taxodium distichum*（L.）Rich.

落叶针叶乔木；原产北美东南部；省内有栽培。

2. 池杉 *Taxodium distichum* var. *imbricatum*（Nutt.）Croom

落叶针叶乔木；原产北美东南部；省内有栽培。

3. 墨西哥落羽杉 *Taxodium mucronatum* Tenore

落叶针叶乔木；原产于墨西哥及美国西南部；省内有栽培。

六、金松科 Sciadopityaceae

（一）金松属 Sciadopitys Siebold et Zuccarini

1. 金松 *Sciadopitys verticillata*（Thunb.）Sieb. et Zucc.

常绿针叶乔木；原产日本；省内有栽培。

七、柏科 Cupressaceae

（一）翠柏属 *Calocedrus* Kurz

1. 翠柏 *Calocedrus macrolepis* Kurz

常绿针叶乔木；生于海拔 400－1400m 的山地；分布于月亮山、雷公山、丹寨、荔波、三都、独山、平塘、榕江、从江、惠水、望谟等地。

2. 岩生翠柏 *Calocedrus rupestris* Kurz

常绿针叶乔木；生于海拔 800－1040m 的石灰岩山顶；分布于荔波等地。

（二）扁柏属 *Chamaecyparis* Spach

1. 红桧 *Chamaecyparis formosensis* Matsum

常绿针叶乔木；引种；省内有栽培。

2. 美国扁柏 *Chamaecyparis lawsoniana*（A. Murr.）Parl.

常绿针叶乔木；原产美国；省内有栽培。

3. 黄叶扁柏 *Chamaecyparis nootakatensis* Spach

常绿针叶乔木；原产北美西北部；省内有栽培。

4. 日本扁柏 *Chamaecyparis obtusa*（Sieb.－Zucc.）Endl.

常绿针叶乔木；原产日本；省内有栽培。

5. 日本花柏 *Chamaecyparis pisifera*（Sieb. – Zucc.）**Endl.**

常绿针叶乔木；原产日本；省内有栽培。

（三）柏木属 *Cupressus* **Linnaeus**

1. 干香柏 *Cupressus duclouxiana* **B. Hickel**

常绿针叶乔木；生于海拔 1400m 的山地；分布于六盘水、七星关、贵阳、平坝、册亨、思南等地。

2. 柏木 *Cupressus funebris* **Endl.**

常绿针叶乔木；生于海拔 700 – 1200m 的石灰岩山地；分布于独山、平塘、册亨、荔波、惠水、瓮安、罗甸、福泉、都匀、贵定、三都、龙里、安龙、贞丰、紫云、长顺、平坝、贵阳、施秉、黄平、桐梓、雷公山、梵净山等地。

3. 巨柏 *Cupressus gigantean* **Cheng et L. K. Fu**

常绿针叶乔木；引种；省内有栽培。

4. 墨西哥柏 *Cupressus lusitanica* **Mill.**

常绿针叶乔木；原产墨西哥；省内有栽培。

5. 地中海柏木 *Cupressus sempervirens* **L.**

常绿针叶乔木；原产于东地中海；省内有栽培。

6. 藏柏 *Cupressus torulosa* **D. Don**

常绿针叶乔木；引种；省内有栽培。

（四）福建柏属 *Fokienia* **A. Henry et H. H. Thomas**

1. 福建柏 *Fokienia hodginsii*（Dunn）**A. Henry et H. H. Thomas**

常绿针叶乔木；生于海拔 800 – 1800m 的山坡树林中；分布于荔波、雷山、习水、赤水、榕江、从江、赫章、金沙、大方、三都、剑河等地。

（五）刺柏属 *Juniperus* **Linnaeus**

1. 圆柏 *Juniperus chinensis* **L.**

常绿针叶乔木；生于海拔 2300m 以下中性或微酸性土上；分布于全省各地。

2. 垂枝圆柏 *Juniperus chinensis* **f.** *pendula* **Cheng et W. T. Wang**

常绿针叶乔木；引种；省内有栽培。

3. 刺柏 *Juniperus formosana* **Hayata**

常绿针叶乔木；生于海拔 800 – 2400m 的山坡树林中；分布于梵净山、佛顶山、麻阳河、道真、湄潭、务川、纳雍、普定、江口、赤水、桐梓、从江、麻江等地。

4. 铺地柏 *Juniperus procumbens*（Sieb. ex Endl.）**Miq.**

落叶针叶乔木；原产日本；省内有栽培。

5. 高山柏 *Juniperus squamata* **Buch. -Ham. ex D. Don**

常绿针叶灌木；生于海拔 1600 – 2500m 的石灰岩山顶；分布于梵净山等地。

6. 长叶高山柏 *Juniperus squamata* **var.** *fargesii* **Rehd. et Wils.**

常绿针叶灌木；生于海拔 1600 – 2500m 的山地；分布于江口等地。

（六）侧柏属 *Platycladus* **Spach**

1. 侧柏 *Platycladus orientalis*（L.）**Franco**

常绿针叶乔木；生于海拔 2900m 以下的山地；广泛分布于长顺、瓮安、独山、罗甸、福泉、都匀、惠水、贵定、三都、龙里、平塘等省内大部分地区。

（七）崖柏属 *Thuja* **Linnaeus**

1. 北美香柏 *Thuja occidentalis* **L.**

常绿针叶乔木；原产北美洲；省内有栽培。

2. 北美乔柏 *Thuja plicata* Donn ex D. Don

常绿针叶乔木；原产北美；省内有栽培。

3. 日本香柏 *Thuja standishii*（Gord.）Carr.

落叶针叶乔木；原产日本，省内有栽培。

（八）罗汉柏属 *Thujopsis* Siebold et Zuccarini ex Endlicher

1. 罗汉柏 *Thujopsis dolabrata*（Thunb. ex L. f.）Sieb. et Zucc.

常绿针叶乔木；原产日本；省内贵阳等地有栽培。

八、罗汉松科 Podocarpaceae

（一）鸡毛松属 *Dacrycarpus*（Endlicher）de Laubenfels

1. 鸡毛松 *Dacrycarpus imbricatus*（Bl.）de Laubenf.

常绿针叶乔木；生于海拔 400 – 1000m 的山地；仅见三都有分布。

（二）竹柏属 *Nageia* Gaertner

1. 竹柏 *Nageia nagi*（Thunb.）Kuntze

常绿针叶乔木；生于海拔 1200m 的常绿阔叶林中；分布于贞丰、锦屏、榕江等地。

（三）罗汉松属 *Podocarpus* L'Heritier ex Persoon

1. 罗汉松 *Podocarpus macrophyllus*（Thunb.）Sweet

常绿针叶乔木；生于海拔 1200m 的山地密林中；分布于荔波、德江、绥阳、正安、道真、务川、贵阳等地。

2. 狭叶罗汉松 *Podocarpus macrophyllus* var. *angustifolius* Bl.

常绿针叶乔木；生于海拔 1200m 的山地密林中；分布地不详。

3. 短叶罗汉松 *Podocarpus macrophyllus* var. *maki* Sieb. et Zucc.

常绿针叶小乔木；原产日本；省内有栽培。

4. 百日青 *Podocarpus neriifolius* D. Don

常绿针叶乔木；生于海拔 650 – 1300m 的溪边山谷疏林中；分布于麻阳河、佛顶山、道真、息烽、桐梓、安龙、罗甸、施秉、沿河、德江、荔波等地。

九、三尖杉科 Cephalotaxaceae

（一）三尖杉属 *Cephalotaxus* Siebold et Zuccarini ex Endlicher

1. 三尖杉 *Cephalotaxus fortunei* Hook.【*Cephalotaxus fortunei* var. *concolor* Franch.】

常绿针叶乔木；生于海拔 800 – 2000m 的山沟或山地密林中；分布于威宁、盘县、遵义、绥阳、贵阳、瓮安、长顺、独山、罗甸、福泉、荔波、都匀、贵定、三都、龙里、平塘、施秉、雷山、印江、松桃、江口、镇远、锦屏、黎平、榕江等地。

2. 高山三尖杉 *Cephalotaxus fortunei* var. *alpina* H. L. Li

常绿针叶乔木；生于海拔 1800 – 2300m 的山地；分布于梵净山等地。

3. 宽叶粗榧 *Cephalotaxus latifolia* L. K. Fu et R. R. Mill.

常绿小乔木；生于海拔 1300 – 1800m 的山沟密林中；分布于雷公山等地。

4. 篦子三尖杉 *Cephalotaxus oliveri* Mast.

常绿针叶灌木；生于海拔 600 – 1500m 的山地阔叶林中；分布于梵净山、平塘、荔波、独山、龙里、石阡、道真、务川、镇远、德江、思南、黎平、榕江、三都、台江、修文等地。

5. 粗榧 *Cephalotaxus sinensis*（**Rehd. et Wils.**）**H. L. Li**

常绿小乔木；生于海拔 800 - 2500m 的山沟密林中；分布于威宁、雷山、沿河、印江、松桃、石阡、施秉、桐梓、绥阳、江口、独山、荔波、龙里、罗甸、贵定等地。

十、红豆杉科 Taxaceae

（一）穗花杉属 *Amentotaxus* Pilger

1. 穗花杉 *Amentotaxus argotaenia*（**Hance**）**Pilg.**

常绿针叶灌木或小乔木；生于海拔 800 - 1500m 的沟谷阔叶林中；分布于从江、黎平、松桃、印江、江口、绥阳、赤水等地。

2. 短叶穗花杉 *Amentotaxus argotaenia* var. *brevifolia* **K. M. Lan et F. H. Zhang**

常绿针叶灌木或小乔木；生于海拔 750 - 1100m 的沟谷阔叶林中；分布于荔波等地。

3. 云南穗花杉 *Amentotaxus yunnanensis* **H. L. Li**

常绿针叶灌木或小乔木；生于海拔 1000 - 2100m 的石灰岩山地阔叶林中；分布于盘县、水城、六枝、兴义等地。

（二）红豆杉属 *Taxus* Linnaeus

1. 红豆杉 *Taxus wallichiana* var. *chinensis*（**Pilg.**）**Florin**

常绿针叶乔木；生于海拔 750 - 2350m 的山坡杂木林中；分布于梵净山、麻阳河、麻江、德江、安龙、息烽、纳雍、大方、赫章、金沙、织金、七星关、黔西、威宁、水城、钟山、盘县、普定、遵义、凤冈、瓮安、荔波、独山、龙里、福泉、都匀、贵定、镇远、天柱、黎平、锦屏、台江等地。

2. 南方红豆杉 *Taxus wallichiana* var. *mairei*（**Lemée et Lévl.**）**L. K. Fu et Nan Li**

常绿针叶乔木；生于海拔 1300m 以下的山坡杂木林中；分布于遵义、大方、金沙、荔波、长顺、瓮安、独山、罗甸、福泉、都匀、惠水、贵定、三都、龙里、平塘、镇远、天柱、锦屏、黎平、雷公山、梵净山等地。

3. 东北红豆杉 *Taxus cuspidata* **Sieb. et Zucc.**

常绿针叶乔木；引种；省内有栽培。

4. 曼地亚红豆杉 *Taxus media* **Rehd.**

常绿针叶乔木；引种；省内有栽培。

5. 云南红豆杉 *Taxus yunnanensis* **Cheng et L. K. Fu**

常绿针叶乔木；引种；省内有栽培。

（三）榧树属 *Torreya* Arnott

1. 巴山榧树 *Torreya fargesii* **Franch.**

常绿针叶乔木；生于海拔 1100 - 1800m 的山地；仅见于桐梓有分布。

2. 榧树 *Torreya grandis* **Fortune ex Lindl.**

常绿针叶乔木；生于海拔 700 - 1300m 的山地混交林中；分布于松桃、思南、麻江、务川、施秉、湄潭等地。

十一、麻黄科 Ephedraceae

（一）麻黄属 *Ephedra* Linnaeus

1. 丽江麻黄 *Ephedra likiangensis* **Florin**

常绿小灌木；生于海拔 1800 - 2800m 的山地石灰岩缝中；分布于威宁、七星关、盘县、大方等地。

2. 单子麻黄 *Ephedra monosperma* **Gemlin ex C. A. Mey.**

草本状矮小灌木；生于海拔 1800m 以上的山坡石缝中或林木稀少的干燥地区；分布于威宁等地。

十二、买麻藤科 Gnetaceae

（一）买麻藤属 *Gnetum* **Linnaeus**

1. 海南买麻藤 *Gnetum hainanense* C. Y. Cheng ex L. K.

常绿缠绕藤本；生于海拔 900m 以下的山地；分布地不详。

2. 买麻藤 *Gnetum montanum* Markgr.

常绿木质藤本；生于海拔 200 – 2700m 林中；分布于三都等地。

3. 小叶买麻藤 *Gnetum parvifolium*（Warb.）W. C. Cheng

常绿缠绕藤本；生于海拔 1000m 以下的干燥平地或湿润谷地的森林中，缠绕在大树上；分布于望谟、印江、三都等地。

4. 垂子买麻藤 *Gnetum pendulum* C. Y. Cheng【*Gnetum pendulum* f. *intermedium* C. Y. Cheng】

大型常绿藤本；生于海拔 400 – 680m 的山谷溪边阔叶林中；分布于安龙、册亨、望谟、罗甸、兴义、丹寨、榕江、册亨、三都等地。

被子植物

一、木兰科 Magnoliaceae

（一）长蕊木兰属 *Alcimandra* Dandy

1. 长蕊木兰 *Alcimandra cathcartii*（Hook. f. et Thoms.）Dandy

常绿乔木；引种；省内有栽培。

（二）厚朴属 *Houpoëa* N. H. Xia et C. Y. Wu

1. 厚朴 *Houpoëa officinalis*（Rehd. et Wils.）N. H. Xia et C. Y. Wu【*Magnolia officinalis* Rehd. et Wils.；*Magnolia officinalis* subsp. *biloba*（Rehd. et Wils.）Y. W. Law】

落叶乔木；生于海拔 250 - 2200m 的疏林中；分布于织金、正安、湄潭、思南、石阡、松桃、盘县、水城、剑河、雷公山、月亮山、佛顶山、宽阔水、梵净山、大方、石阡、威宁、赫章、习水、惠水、赤水、荔波、普安、兴义等地。

（三）长喙木兰属 *Lirianthe* Spach

1. 香港木兰 *Lirianthe championii*（Bentham）N. H. Xia et C. Y. Wu【*Magnolia paenetalauma* Dandy】

常绿灌木或小乔木；生于海拔 500 - 1000m 的山地、丘陵常绿阔叶林中；分布于罗甸、独山、荔波、黎平、雷山、兴义等地。

2. 夜香木兰 *Lirianthe coco*（Lour.）N. H. Xia et C. Y. Wu【*Magnolia coco*（Lour.）DC.】

常绿灌木或小乔木；生于海拔 600 - 900m 的湿润肥沃土壤林下；分布于茂兰、都匀、三都等地。

3. 山玉兰 *Lirianthe delavayi*（Franch.）N. H. Xia et C. Y. Wu

常绿乔木；生于海拔 900 - 2800m 的阔叶林中；分布于江口、罗甸、雷山、雷公山、梵净山、独山、安龙、兴义、贵阳等地。

（四）鹅掌楸属 *Liriodendron* Linnaeus

1. 鹅掌楸 *Liriodendron chinense*（Hemsl.）Sarg.

落叶乔木；生于海拔 500 - 2100m 常绿林或落叶阔叶树混交林中；分布于金沙、赤水、习水、正安、绥阳、印江、松桃、兴仁、望谟、锦屏、黎平、施秉、雷山、月亮山、雷公山、宽阔水、佛顶山、荔波、湄潭、道真、从江、剑河、息烽等地。

2. 北美鹅掌楸 *Liriodendron tulipifera* L.

落叶乔木；省内有栽培。

（五）木兰属 *Magnolia* Linnaeus

1. 荷花木兰 *Magnolia grandiflora* L.

常绿乔木；原产北美洲东南部；省内有栽培。

（六）木莲属 *Manglietia* Blume

1. 香木莲 *Manglietia aromatica* Dandy

常绿乔木；生于海拔 850 - 1450m 的山谷和山沟；分布于仁怀、望谟、兴义、荔波、黎平等地。

2. 石山木莲 *Manglietia calcarea* X. H. Song

常绿乔木；生于海拔 600 - 800m 的石灰岩山沟谷地带；分布于茂兰等地。

3. 桂南木莲 *Manglietia conifera* Dandy【*Manglietia chingii* Dandy】

常绿乔木；生于海拔 500 – 1800m 的山腰或山脚，沟谷密林中；分布于荔波、雷山、榕江、黎平、从江、剑河、台江等地。

4. 大叶木莲 *Manglietia dandyi*（Gagnep.）Dandy【*Manglietia megaphylla* Hu et Cheng】

常绿乔木；生于海拔 450 – 1800m 的山地林中，沟谷两旁；分布于册亨等地。

5. 川滇木莲 *Manglietia duclouxii* Finet et Gagnep.

常绿乔木；生于海拔 800 – 2100m 的山坡常绿阔叶林中；分布于雷公山、赤水、习水、从江、榕江、纳雍、盘县、普定、贞丰、安龙、大方等地。

6. 木莲 *Manglietia fordiana* Oliv.【*Manglietia yuyuanensis* Y. W. Law】

常绿乔木；生于海拔 550 – 2100m 的阔叶林内；分布于雷公山、望谟、盘县、三穗、黎平、从江、丹寨、都匀、三都、罗甸、赤水、习水、绥阳、江口、石阡、务川、印江、贵阳、惠水、荔波、镇远等地。

7. 滇桂木莲 *Manglietia forrestii* W. W. Smith ex Dandy

常绿乔木；生于海拔 400 – 750m 的村寨风水林中；分布于从江等地。

8. 苍背木莲 *Manglietia glaucifolia* Y. W. Law et Y. F. Wu

常绿乔木；生于海拔 700 – 1600m 的常绿阔叶林下，在山谷、斜坡地带生长；分布于雷公山、习水、凯里、黎平、榕江、剑河、从江、丹寨、三都等地。

9. 中缅木莲 *Manglietia hookeri* Cubitt. et W. W. Sm.

常绿乔木；生于海拔 1250 – 1400m 的密林中；分布于望谟等地。

10. 红花木莲 *Manglietia insignis*（Wall.）Bl.【*Manglietia maguanica* Hung T. Chang et B. L. Chen】

常绿乔木；生于海拔 700 – 2400m 山谷、缓坡的常绿阔叶林中；分布于开阳、赤水、绥阳、梵净山、印江、安龙、惠水、三都、凯里、榕江、雷山、黎平、施秉、麻阳河、道真、剑河、大方、麻江、从江、荔波、水城、台江等地。

11. 毛桃木莲 *Manglietia kwangtungensis*（Merr.）Dandy【*Manglietia moto*（Dandy）V. S. Kumar】

常绿乔木；引种；省内有栽培。

12. 倒卵叶木莲 *Manglietia obovalifolia* C. Y. Wu et Y. W. Law

常绿乔木；生于海拔 1150 – 2100m 的林中；分布于雷山、榕江、从江、麻江、丹寨、安龙、都匀、龙里等地。

13. 巴东木莲 *Manglietia patungensis* Hu

常绿乔木；生于海拔 600 – 1000m 的常绿阔叶林中；分布于梵净山等地。

14. 四川木莲 *Manglietia szechuanica* Hu

常绿乔木；生于海拔 550 – 1750m 的沟谷林中；分布于大沙河、麻阳河、道真、金沙等地。

（七）含笑属 *Michelia* Linnaeus

1. 白兰 *Michelia* × *alba* DC.

常绿乔木；引种；省内赤水、遵义、贵阳、望谟、兴义、册亨、罗甸有栽培。

2. 狭叶含笑 *Michelia angustioblonga* Y. W. Law

常绿小乔木；生于海拔 500 – 1000m 的石灰岩山地密林中；分布于茂兰等地。

3. 平伐含笑 *Michelia cavaleriei* Finet et Gagnep.

常绿乔木；生于海拔 600 – 1500m 的密林中；分布于印江、贵定、龙里、惠水、兴义、长顺等地。

4. 阔瓣含笑 *Michelia cavaleriei* var. *platypetala*（Hand. -Mazz.）N. H. Xia【*Michelia platypetala* Hand. -Mazz.】

常绿乔木；生于海拔 700 - 1800m 的密林中；分布于印江、松桃、惠水、黎平、榕江、从江、雷山、施秉、荔波、梵净山、佛顶山、麻阳河、兴仁、台江等地。

5. 黄兰 *Michelia champaca* L.

常绿乔木；引种；省内海拔 350 - 800m 有栽培。

6. 毛脉黄兰 *Michelia champaca* var. *pubinervia*（Bl.）Miq.

常绿乔木；引种；栽培于兴义等地。

7. 乐昌含笑 *Michelia chapensis* Dandy

常绿乔木；生于海拔 260 - 1500m 的沟谷中；分布于从江、黎平、雷山、剑河、台江、丹寨、榕江、都匀、独山、荔波、惠水、平塘、绥阳、赤水、贵阳等地。

8. 从江含笑 *Michelia chongjiangensis* Y. K. Li et X. M. Wang

常绿乔木；生于海拔 800 - 1650m 的常绿落叶阔叶林中；分布于从江、榕江、荔波等地。

9. 紫花含笑 *Michelia crassipes* Y. W. Law

常绿乔木；生于海拔 450 - 1100m 的常绿阔叶林中；分布于独山、黎平、从江、榕江、雷山、荔波、凯里、锦屏、兴义、剑河、台江、宽阔水等地。

10. 南亚含笑 *Michelia doltsopa* Buch. – Ham – ex DC.

常绿乔木；生于海拔 1500 - 2400m 的常绿阔叶林中；分布于梵净山等地。

11. 含笑花 *Michelia figo*（Lour.）Spreng

常绿灌木；分布于黎平等地。

12. 多花含笑 *Michelia floribunda* Finet et Gagnep.

常绿乔木；生于海拔 850 - 1700m 的斜坡、沟谷中；分布于习水、梵净山、雷公山、赤水、从江、惠水、平塘、西秀、松桃等地。

13. 棉毛多花含笑 *Michelia floribunda* var. *lanea* Y. K. Sima

常绿乔木；生于海拔 1000 - 1500m 的斜坡、沟谷中；分布于台江、习水、印江、平塘等地。

14. 福建含笑 *Michelia fujianensis* Q. F. Zheng【*Michelia caloptila* Y. W. Law et Y. F. Wu】

常绿乔木；引种；栽培于龙里、台江等地。

15. 棕毛含笑 *Michelia fulva* var. *calcicola*（C. Y. Wu ex Y. H. Law et Y. F. Wu）Sima et Hong Yu

常绿乔木；生于海拔 1940m 的石灰岩山地；分布于兴义等地。

16. 金叶含笑 *Michelia foveolata* Merr. ex Dandy【*Michelia fulgens* Dandy】

常绿乔木；生于海拔 350 - 1450m 的缓坡、山谷中；分布于梵净山、锦屏、榕江、从江、雷山、黎平、江口、石阡、惠水、荔波、都匀、独山、平塘、兴义、晴隆等地。

17. 长柄含笑 *Michelia leveilleana* Dandy【*Michelia longipetiolata* C. Y. Wu】

常绿乔木；生于海拔 1250 - 1950m 的山地常绿阔叶林中；分布于宽阔水、安龙、贞丰、七星关、纳雍、雷山、麻江、台江、习水、盘县等地。

18. 醉香含笑 *Michelia macclurei* Dandy

常绿乔木；生于海拔 820 - 1760m 的密林中；分布于雷山、从江、黎平、安龙等地。

19. 黄心夜合 *Michelia martinii*（Lévl.）Lévl.

常绿乔木；生于海拔 500 - 1900m 的林中；分布于江口、沿河、平坝、雷山、从江、榕江、梵净山、佛顶山、七星关、惠水、赤水、台江、黎平、剑河、息烽、贵定、道真、贵阳、习水等地。

20. 深山含笑 *Michelia maudiae* Dunn

常绿乔木；生于海拔 450 - 1450m 的山腹、山谷中；分布于印江、正安、息烽、雷山、榕江、从江、黎平、荔波、锦屏、剑河、梵净山、三都、独山、赤水、习水、麻江、台江等地。

21. 白花含笑 *Michelia mediocris* Dandy

常绿乔木；生于海拔 400 – 600m 的山坡杂木林中；分布于从江等地。

22. 观光木 *Michelia odora* （Chun）Noot. et B. L. Chen〔*Tsoongiodendron odorum* Chun〕

常绿乔木；生于海拔 200 – 750m 的沟谷斜坡或村寨旁；分布于三都、荔波、罗甸、黎平、榕江、从江等地。

23. 马关含笑 *Michelia opipara* Hung T. Chang et B. L. Chen

常绿乔木；生于海拔 800m 左右的石灰岩沟谷；分布于茂兰等地。

24. 野含笑 *Michelia skinneriana* Dunn

常绿乔木；生于海拔 650 – 1000m 的林下；分布于荔波、榕江、三都等地。

25. 峨眉含笑 *Michelia wilsonii* Finet et Gagnep.

常绿乔木；生于海拔 700 – 1700m 的山沟林中；分布于绥阳、纳雍、习水、宽阔水、梵净山、雷公山、榕江等地。

26. 川含笑 *Michelia wilsonii* subsp. *szechuanica* （Dandy）J. Li〔*Michelia szechuanica* Dandy〕

常绿乔木；生于海拔 840 – 1500m 的山地疏林中；分布于大沙河、梵净山、麻阳河、水城、习水、七星关等地。

27. 新宁含笑 *Michelia xinningia* Law et R. Z. Zhou

常绿乔木；分布于台江等地。

28. 云南含笑 *Michelia yunnanensis* Franch. ex Finet et Gagnep.

常绿灌木；生于海拔 1450 – 2800m 的山地灌丛中；分布于安龙、威宁、盘县、赫章、水城等地。

（八）天女花属 *Oyama* （Nakai）N. H. Xia et C. Y. Wu〔*Magnolia* sect. 〕

1. 天女花 *Oyama sieboldii* （K. Koch）N. H. Xia et C. Y. Wu〔*Magnolia sieboldii* K. Koch〕

落叶灌木或小乔木；生于海拔 1300 – 2200m 的山地；分布于梵净山、雷公山、麻江等地。

2. 西康天女花 *Oyama wilsonii* （Finet et Gagnep. ）N. H. Xia et C. Y. Wu〔*Magnolia wilsonii* （Finet et Gagnep. ）Rehder〕

落叶灌木或小乔木；生于海拔 1500 – 2650m 的山腰密林中；分布于雷公山、盘县、水城、赫章、纳雍、威宁、兴义、西秀等地。

（九）拟单性木兰属 *Parakmeria* Hu et Cheng

1. 乐东拟单性木兰 *Parakmeria lotungensis* （Chun et C. H. Tsoong）Y. W. Law

常绿乔木；生于海拔 820 – 860m 的山脚阳处密林中；分布于黎平、雷公山、丹寨、荔波、从江、贵阳、雷山等地。

2. 峨眉拟单性木兰 *Parakmeria omeiensis* W. C. Cheng

常绿乔木；生于海拔 300 – 1450m 山地常绿阔叶林中；分布于月亮山、雷公山、佛顶山、梵净山、黎平、榕江、剑河、从江、雷山、丹寨、江口、贵阳等地。

3. 云南拟单性木兰 *Parakmeria yunnanensis* Hu

常绿乔木；生于海拔 650 – 1300m 山谷密林中；分布于从江、榕江、水城、望谟、黎平、赫章等地。

（十）焕镛木属 *Woonyoungia* Y. W. Law

1. 焕镛木 *Woonyoungia septentrionalis* （Dandy）Y. W. Law〔*Kmeria septentrionalis* Dandy〕

常绿乔木；生于海拔 600 – 760m 的石灰岩山地中下部林中；分布于茂兰等地。

（十一）玉兰属 *Yulania* Spach〔*Magnolia* subg. 〕

1. 望春玉兰 *Yulania biondii* （Pampan. ）D. L. Fu〔*Magnolia biondii* Pampan. 〕

落叶乔木；生于海拔 600 – 2100m 的山林中；分布于印江等地。

2. 光叶玉兰 *Yulania dawsoniana* （Rehd. et Wils. ）D. L. Fu〔*Magnolia dawsoniana* Rehd. et Wils. 〕

落叶乔木；生于海拔 1750 – 2350m 的常绿阔叶林中；分布于宽阔水、雷公山、绥阳、大方、威宁、水城、黎平、大沙河等地。

3. 黄山玉兰 *Yulania cylindrica*（Wils.）**D. L. Fu**〔*Magnolia cylindrica* **Wils.**〕

落叶乔木；引种；省内道真有栽培。

4. 玉兰 *Yulania denudata*（Desr.）**D. L. Fu**〔*Magnolia denudata* **Desr.**〕

落叶乔木；生于海拔 500 – 2200m 的林中；分布于黎平、佛顶山、梵净山、雷公山、宽阔水、威宁等地。

5. 紫玉兰 *Yulania liliiflora*（Desr.）**D. C. Fu**〔*Magnolia liliflora* **Desr.**〕

落叶灌木；引种；省内贵阳等地有栽培。

6. 凹叶玉兰 *Yulania sargentiana*（Rehd. et Wils.）**D. L. Fu**〔*Magnolia saegentiana* **Rehd. et Wils.**〕

落叶乔木；生于海拔 1400 – 2900m 的潮湿的阔叶林中；分布于赫章等地。

7. 武当玉兰 *Yulania sprengeri*（Pamp.）**D. L. Fu**〔*Magnolia sprengeri* **Pampan.**；*Yulania dawsoniana* var. *sprengeri*（Pamp.）**Y. K. Sima et S. G. Lu**〕

落叶乔木；生于海拔 1200 – 2350m 山地山腰缓坡阔叶林中；分布于印江、德江、石阡、江口、松桃、施秉、绥阳、雷公山、佛顶山、梵净山、百里杜鹃、桐梓、遵义、宽阔水、纳雍、赫章、威宁、水城等地。

二、番荔枝科 Annonaceae

（一）鹰爪花属 *Artabotrys* R. Brown

1. 鹰爪花 *Artabotrys hexapetalus*（L. f.）**Bhandari**

常绿攀援灌木；生于海拔 500 – 850m 的山地；分布于贞丰、安龙、麻江、罗甸、荔波等地。

2. 香港鹰爪花 *Artabotrys hongkongensis* **Hance**

常绿攀援灌木；生于海拔 730 – 900m 的山地密林下；分布于册亨、贞丰、麻江、开阳、荔波、独山、罗甸、惠水等地。

3. 多花鹰爪花 *Artabotrys multiflorus* **C. E. C. Fisch.**

常绿攀援灌木；生于海拔 800 – 1000m 的山地；分布于荔波等地。

（二）假鹰爪属 *Desmos* Loureiro

1. 假鹰爪 *Desmos chinensis* **Lour.**

直立或攀援灌木；生于海拔 1050m 的山坡；分布于册亨、罗甸、三都等地。

2. 毛叶假鹰爪 *Desmos dumosus*（Roxb.）**Saff.**

直立灌木；生于海拔 500 – 1700m 的山地疏林或山坡灌木林中；分布于德江、罗甸等地。

（三）异萼花属 *Disepalum* J. D. Hooker

1. 窄叶异萼花 *Disepalum petelotii*（Merr.）**D. M. Johnson**

灌木或小乔木；生于海拔 2000m 以下的山林、潮湿的山谷；分布于黔南等地。

2. 斜脉异萼花 *Disepalum plagioneurum*（Diels）**D. M. Johnson**

常绿乔木；生于海拔 500 – 1600m 的山林、山谷中；分布于黔南等地。

（四）瓜馥木属 *Fissistigma* Griffith

1. 尖叶瓜馥木 *Fissistigma acuminatissimum* **Merr.**

攀援灌木；生于海拔达 1800m 的山地林中；分布于惠水等地。

2. 独山瓜馥木 *Fissistigma cavaleriei*（Lévl.）**Rehd.**

常绿攀援灌木；生于海拔 1000 – 1400m 的山地密林或灌丛中；分布于独山、长顺、惠水、贵定、三都、贞丰、安龙、贵阳等地。

3. 阔叶瓜馥木 *Fissistigma chloroneurum* （Hand. -Mazz.） Tsiang.

攀援灌木；生于海拔 150 – 900m 的丘陵山地疏林潮湿地；分布于荔波等地。

4. 大叶瓜馥木 *Fissistigma latifolium* （Dunal） Merrill

攀援灌木；生于 500 – 1200m 的山地林中；分布于三都等地。

5. 小萼瓜馥木 *Fissistigma polyanthoides* （Aug. DC.） Merr.【*Fissistigma minuticalyx* （McGr. et W. W. Sm.） Chatterjee】

常绿攀援灌木；生于海拔 400 – 800m 的沟边林荫下；分布于锦屏、罗甸、惠水、荔波等地。

6. 瓜馥木 *Fissistigma oldhamii* （Hemsl.） Merr.

常绿攀援灌木；生于海拔 400m 的疏林或灌丛中；分布于榕江、荔波等地。

7. 黑风藤 *Fissistigma polyanthum* （Hook. f. et Thoms.） Merr.

常绿攀援灌木；生于海拔 800m 以下的山谷或林下；分布于册亨、望谟、兴义、瓮安、罗甸、荔波、都匀、惠水、三都等地。

8. 凹叶瓜馥木 *Fissistigma retusum* （Lévl.） Rehd.

常绿攀援灌木；生于海拔 500 – 800m 的山地、沟谷和溪边湿润荫蔽处；分布于册亨、望谟、贞丰、罗甸、长顺、独山、荔波、天柱、湄潭等地。

9. 上思瓜馥木 *Fissistigma shangtzeense* Tsiang et P. T. Li

常绿攀援灌木；生于 600 – 800m 的山地林中；分布于荔波等地。

10. 贵州瓜馥木 *Fissistigma wallichii* （Hook. f. et Thoms.） Merr.

常绿攀援灌木；生于海拔 1300m 的山坡灌木林中；分布于贞丰、福泉、荔波等地。

（五）野独活属 *Miliusa* Leschenault ex A. Candolle

1. 中华野独活 *Miliusa sinensis* Finet et Gagnep.

常绿乔木；生于海拔 500 – 1500m 的山地密林或山谷灌木林中；分布于赤水、关岭、兴仁、兴义、贞丰、罗甸、册亨、望谟、长顺、瓮安、独山、荔波、惠水、贵定、平塘、修文等地。

2. 野独活 *Miliusa balansae* Finet et Gagnep.【*Miliusa chunii* W. T. Wang】

常绿灌木；生于海拔 500 – 1800m 的山地密林或灌丛中；分布于罗甸、荔波、三都等地。

（六）银钩花属 *Mitrephora* J. D. Hooker et Thomson

1. 山蕉 *Mitrephora macclurei* Weerasooriya et R. M. K. Saunders【*Mitrephora maingayi* Hook. f. et Thomson】

常绿乔木；生于海拔 700 – 1300m 的山地密林中；分布于册亨、贞丰、安龙等地。

2. 银钩花 *Mitrephora tomentosa* Hook. f. et Thoms.

常绿乔木；生于常绿阔叶林中；分布于黔南等地。

（七）紫玉盘属 *Uvaria* Linnaeus

1. 贵州紫玉盘 *Uvaria kweichowensis* P. T. Li

常绿攀援藤本；生于海拔 1000m 以下的山地、河谷密林中；分布于兴义、册亨、安龙、瓮安等地。

2. 光叶紫玉盘 *Uvaria boniana* Finet et Gagnep.

攀援灌木；生于海拔 800m 以下的山地林中较湿润处；分布地不详。

三、蜡梅科 Calycanthaceae

（一）夏蜡梅属 *Calycanthus* Lindley

1. 夏蜡梅 *Calycanthus chinensis* （W. C. Cheng et S. Y. Chang）

常绿灌木；引种；省内有栽培。

（二）蜡梅属 *Chimonanthus* Lindley

1. 山蜡梅 *Chimonanthus nitens* Oliv.

常绿灌木；生于海拔 600－1200m 的山地疏林中；分布于修文、长顺、瓮安、独山、罗甸、惠水、三都、龙里、平塘等地。

2. 蜡梅 *Chimonanthus praecox*（L.）Link

落叶灌木；生于海拔 600－1200m 的山地；分布于佛顶山、梵净山、贵阳、印江、锦屏、麻江、台江、碧江、荔波、长顺、瓮安、独山、罗甸、福泉、都匀、惠水、贵定、三都、龙里、平塘、兴义等地。

四、樟科 Lauraceae

（一）黄肉楠属 *Actinodaphne* Nees

1. 红果黄肉楠 *Actinodaphne cupularis*（Hemsl.）Gamble

常绿灌木或小乔木；生于海拔 600－1100m 的山坡密林、溪旁及灌丛中；分布于贵阳、遵义、赤水、道真、习水、麻阳河、佛顶山、德江、江口、松桃、黎平、安龙、普定、荔波、瓮安、独山、罗甸、福泉、惠水、三都、龙里、开阳、清镇、修文等地。

2. 毛尖树 *Actinodaphne forrestii*（C. K. Allen）Kosterm.

常绿乔木；生于海拔 1050－1300m 的石灰岩灌丛或山地混交林中；分布于兴义、荔波、贵阳等地。

3. 黔桂黄肉楠 *Actinodaphne kweichowensis* Yen C. Yang et P. H. Huang

常绿乔木；生于海拔 800－1300m 的常绿阔叶林中；分布于赤水、安龙、黎平、都匀、龙里等地。

4. 柳叶黄肉楠 *Actinodaphne lecomtei* C. K. Allen

常绿乔木；生于海拔 800－1100m 的山地、路旁、溪旁及杂木林中；分布于册亨、长顺、独山、荔波、都匀等地。

5. 峨眉黄肉楠 *Actinodaphne omeiensis*（H. Liu）C. K. Allen

常绿灌木或小乔木；生于海拔 500－1700m 的山谷、路旁灌丛及杂木林中；分布于梵净山、瓮安、贵阳、开阳等地。

6. 毛果黄肉楠 *Actinodaphne trichocarpa* C. K. Allen

常绿小乔木或灌木；生于海拔 1000－2600m 的山坡、路旁、灌丛中；分布于大方、瓮安、福泉、贵阳、开阳、修文、息烽等地。

（二）琼楠属 *Beilschmiedia* Nees

1. 美脉琼楠 *Beilschmiedia delicata* S. K. Lee et Y. T. Wei

常绿乔木；生于海拔 700－1500m 的林中；分布于关岭、从江、榕江、丹寨、荔波、瓮安、都匀、三都、开阳等地。

2. 贵州琼楠 *Beilschmiedia kweichowensis* Cheng

常绿乔木；生于海拔 700－1100m 的山脚或山谷林中；分布于荔波、长顺、独山、罗甸、都匀、三都、平塘、赤水、从江等地。

3. 长柄琼楠 *Beilschmiedia longepetiolata* C. K. Allen

常绿乔木；生于山地或山坡混交林中；分布于荔波等地。

4. 粗壮琼楠 *Beilschmiedia robusta* C. K. Allen

常绿乔木；生于海拔 1000－2400m 的林中；分布于册亨、荔波等地。

5. 表腺琼楠 *Beilschmiedia supraglandullosa* Y. K. Li

常绿乔木；分布于三都等地。

（三）无根藤属 *Cassytha* Linnaeus

1. 无根藤 *Cassytha filiformis* L.

寄生缠绕草本；生于海拔 980－1600m 的山坡灌丛或疏林中；分布于梵净山、荔波、三都、平塘、兴义、安龙、册亨、罗甸等地。

（四）樟属 *Cinnamomum* Trew

1. 毛桂 *Cinnamomum appelianum* Schewe

常绿小乔木；生于海拔 500－1400m 的山坡疏林中、阴处灌丛中或杂木林内；分布于松桃、江口、梵净山、锦屏、贵阳、三都、荔波、独山、罗甸、惠水、贵定、龙里、望谟等地。

2. 华南桂 *Cinnamomum austrosinense* H. T. Chang

常绿乔木；生于海拔 520－1140m 的山坡或溪边的常绿阔叶林或灌丛中；分布于黔东南、荔波等地。

3. 滇南桂 *Cinnamomum austroyunnanense* H. W. Li

常绿乔木；生于海拔 1140m 的山坡林中；分布于江口、丹寨、榕江等地。

4. 猴樟 *Cinnamomum bodinieri* Lévl.

常绿乔木；生于海拔 480－2000m 的路旁、沟边、疏林或灌丛中；分布于贵阳、清镇、息烽、印江、江口、松桃、德江、凯里、麻江、锦屏、兴义、安龙、绥阳、七星关、三都、梵净山、佛顶山、道真、都匀、惠水、独山、荔波、长顺、瓮安、罗甸、贵定、平塘、龙里、贞丰、普定、六枝、织金、丹寨等地。

5. 阴香 *Cinnamomum burmannii*（Nees et T. Nees）Bl.

常绿乔木；生于海拔 1000m 的山坡疏密林中；分布于罗甸、兴义、瓮安、都匀、三都、惠水、龙里等地。

6. 樟 *Cinnamomum camphora*（L. ）Presl

常绿乔木；生于海拔 400－1200m 的山坡或沟谷中；分布于贵阳、从江、黎平、锦屏、天柱、赤水、都匀、惠水、长顺、瓮安、独山、罗甸、福泉、荔波、贵定、三都、龙里、平塘等地。

7. 肉桂 *Cinnamomum cassia*（L. ）D. Don

常绿乔木；生境不详；分布于从江等地。

8. 尾叶樟 *Cinnamomum foveolatum*（Merr. ）H. W. Li et J. Li〔*Cinnamomum caudiferum* Kosterm. 〕

常绿乔木；生于海拔 800－1400m 的山坡密林中；分布于罗甸、望谟、惠水、三都、都匀、独山、平塘、雷公山、荔波、长顺、龙里、从江、月亮山、册亨、贵定、黎平、榕江、开阳等地。

9. 云南樟 *Cinnamomum glanduliferum*（Wall. ）Meisn.

常绿乔木；生于海拔 600－2500m 的河谷或阴处潮湿疏密林中；分布于册亨、贵阳、都匀、平塘、三都、长顺、瓮安、独山、罗甸、惠水、贵定、龙里、荔波、从江、黎平、锦屏、天柱、台江、麻江、印江、道真、七星关、威宁等地。

10. 狭叶桂 *Cinnamomum heyneanum* Nees〔*Cinnamomum burmannii* f. *heyneanum*（Nees）H. W. Li；〕

常绿乔木；生于海拔 500m 左右的水旁灌丛中或山脚阴处；分布于罗甸、望谟、兴仁等地。

11. 天竺桂 *Cinnamomum japonicum* Sieb.

常绿乔木；生于海拔 300－1000m 的常绿阔叶林中；分布于长顺、独山、都匀、惠水、龙里、平塘等地。

12. 野黄桂 *Cinnamomum jensenianum* Hand. -Mazz.

常绿小乔木；生于海拔 500－1600m 的山坡常绿阔叶林或竹林中；分布于大沙河等地。

13. 油樟 *Cinnamomum longepaniculatum*（Gamble）N. Chao ex H. W. Li

常绿乔木；生于海拔 600 – 2000m 的常绿阔叶林中；分布于大沙河等地。

14. 长柄樟 *Cinnamomum longipetiolatum* H. W. Li

常绿乔木；生于海拔 1000m 左右的山坡阳处；分布于龙里等地。

15. 沉水樟 *Cinnamomum micranthum*（Hay.）Hay.

常绿乔木；生于海拔 300 – 700m 的山坡或山谷密林中；分布于荔波等地。

16. 米槁 *Cinnamomum migao* H. W. Li

常绿乔木；生于海拔约 500m 的林中；分布于望谟、三都等地。

17. 黄樟 *Cinnamomum parthenoxylon*（Jack.）Meissn〖*Cinnamomum porrectum*（*Roxb.*）*Kost.*〗

常绿乔木；生于海拔 1500m 以下的常绿阔叶林或灌丛中；分布于贵阳、息烽、长顺、瓮安、罗甸、福泉、都匀、惠水、贵定、三都、龙里、荔波、独山、丹寨、从江、黄平、雷公山、锦屏、黎平、月亮山、凯里等地。

18. 少花桂 *Cinnamomum pauciflorum* Nees〖*Cinnamomum calcareum* Y. K. Li〗

常绿乔木；生于海拔 600 – 1700m 的石灰岩或砂岩上的山地或山谷疏林或密林中；分布于贵阳、息烽、赤水、习水、七星关、绥阳、德江、梵净山、凯里、黄平、荔波、惠水、龙里、瓮安、独山、福泉、都匀、平塘等地。

19. 屏边桂 *Cinnamomum pingbienense* H. W. Li

常绿乔木；生于海拔 550 – 1100m 的石灰岩山山坡或谷地常绿阔叶林中；分布于三都、荔波、罗甸、安龙、雷公山、贵阳、开阳等地。

20. 阔叶樟 *Cinnamomum platyphyllum*（Diels）C. K. Allen

常绿乔木；生于海拔约 1050m 的山坡；分布于大沙河等地。

21. 绒毛樟 *Cinnamomum rufotomentosum* K. M. Lan

常绿乔木；生于山坡路边林缘处；分布于兴义、长顺、罗甸等地。

22. 岩樟 *Cinnamomum saxatile* H. W. Li

常绿乔木；生于海拔 600 – 1500m 的石灰岩山上的灌丛中；分布于独山、惠水、三都等地。

23. 香桂 *Cinnamomum subavenium* Miq.

常绿乔木；生于海拔 400 – 2500m 的山谷或山坡的常绿阔叶林中；分布于七星关、赤水、梵净山、惠水、平塘、瓮安、贵定、惠水、龙里、锦屏、黎平、丹寨、从江、贵阳等地。

24. 粗脉桂 *Cinnamomum validinerve* Hance

常绿乔木；生于森林内；分布于瓮安等地。

25. 川桂 *Cinnamomum wilsonii* Gamble

常绿乔木；生于海拔 300 – 2400m 的路旁或潮湿山坡疏密林中；分布于贵阳、息烽、清镇、德江、印江、梵净山、赤水、丹寨、雷公山、瓮安、三都、长顺、独山、罗甸、福泉、荔波、都匀、惠水、贵定、龙里、平塘、望谟等地。

（五）厚壳桂属 *Cryptocarya* R. Brown

1. 黔南厚壳桂 *Cryptocarya austro – kweichouensis* X. H. Song

常绿小乔木；生于海拔 400m 的石灰岩山地；分布于荔波等地。

2. 短序厚壳桂 *Cryptocarya brachythyrsa* H. W. Li

常绿乔木；生于海拔 450m 的沟谷常绿阔叶林中；分布于榕江等地。

3. 岩生厚壳桂 *Cryptocarya calcicola* H. W. Li

常绿乔木；生于海拔 500 – 1000m 的山谷、水旁；分布于罗甸、独山、荔波等地。

4. 硬壳桂 *Cryptocarya chingii* W. C. Cheng

常绿小乔木；生于海拔 300 – 750m 的常绿阔叶林中；分布于荔波、三都等地。

5. 黄果厚壳桂 *Cryptocarya concinna* Hance

常绿乔木；生于海拔 400 – 700m 的山脚、林内；分布于三都、荔波、都匀等地。

6. 丛花厚壳桂 _Cryptocarya densiflora_ Bl.

常绿乔木；生于海拔 650 – 1600m 的常绿阔叶林中；分布于赤水、荔波等地。

7. 钝叶厚壳桂 _Cryptocarya impressinervia_ H. W. Li

常绿乔木；生于海拔 720m 的石灰岩沟谷常绿阔叶林中；分布于平塘等地。

8. 云南厚壳桂 _Cryptocarya yunnanensis_ H. W. Li

常绿乔木；生于海拔 800m 的石灰岩沟谷常绿阔叶林中；分布于荔波等地。

(六)单花山胡椒属 _Iteadaphne_ Blume

1. 香面叶 _Iteadaphne caudata_（Nees）H. W. Li〖_Lindera caudata_（Nees）Hook. f〗

灌木或小乔木；生于海拔 700 – 2300m 的稀疏森林、灌丛、路旁及森林边缘；分布于三都等地。

(七)山胡椒属 _Lindera_ Thunberg

1. 乌药 _Lindera aggregata_（Sims）Kosterm.

常绿灌木或小乔木；生于海拔 200 – 1000m 的向阳坡地、山谷或疏林灌丛中；分布于荔波、惠水、三都、龙里、清镇等地。

2. 鼎湖钓樟 _Lindera chunii_ Merr.

灌木或小乔木；生于向阳山坡灌丛中；分布于惠水等地。

3. 香叶树 _Lindera communis_ Hemsl.

常绿灌木或小乔木；生于海拔 500 – 1700m 的疏密林地或向阳山坡；分布于梵净山、雷公山、锦屏、天柱、丹寨、三都、黎平、德江、七星关、水城、赫章、纳雍、织金、黔西、都匀、罗甸、独山、荔波、长顺、瓮安、福泉、惠水、贵定、龙里、平塘、兴义、兴仁、册亨、贵阳、息烽、修文、开阳、安龙、清镇、赤水、习水、绥阳、道真、月亮山、麻江等全省大部分地区。

4. 红果山胡椒 _Lindera erythrocarpa_ Makino

落叶灌木或小乔木；生于海拔 1000m 以下山坡、山谷、溪边、林下等处；分布于桐梓等地。

5. 绒毛钓樟 _Lindera floribunda_（C. K. Allen）H. P. Tsui

常绿乔木；生于海拔 800 – 1300m 的山坡、河旁混交林或杂木林中；分布于梵净山、安龙、贵阳、开阳等地。

6. 香叶子 _Lindera fragrans_ Oliv.

常绿小乔木；生于海拔 700 – 2000m 的沟边、山坡灌丛中；分布于梵净山、丹寨、都匀、独山、福泉、惠水、贵定、龙里、瓮安、开阳等地。

7. 山胡椒 _Lindera glauca_（Sieb. et Zucc.）Bl.

落叶灌木或小乔木；生于海拔 750 – 1400m 的疏密林地或向阳山坡上；分布于梵净山、锦屏、雷山、榕江、黎平、丹寨、麻江、都匀、长顺、瓮安、独山、罗甸、福泉、惠水、贵定、龙里、平塘、荔波、三都、赤水、贵阳、息烽、雷公山、月亮山、麻阳河、开阳、修文等地。

8. 广东山胡椒 _Lindera kwangtungensis_（H. Liou）C. K. Allen

常绿乔木；生于海拔 1300m 以下的山坡密林中；分布于兴仁、赤水、罗甸等地。

9. 黑壳楠 _Lindera megaphylla_ Hemsl.〖_Lindera megaphylla_ f. _touyunensis_（Lévl.）Rehd.〗

常绿乔木；生于海拔 650 – 1600m 的山脚常绿阔叶林中；分布于七星关、黔西、望谟、绥阳、习水、道真、宽阔水、正安、务川、丹寨、贵阳、息烽、修文、开阳、麻江、荔波、长顺、瓮安、独山、罗甸、福泉、都匀、惠水、贵定、三都、龙里、平塘、德江等地。

10. 绒毛山胡椒 _Lindera nacusua_（D. Don）Merr.

常绿乔木；生于海拔 500 – 2500m 的谷地或山坡的常绿阔叶林中；分布于赤水、安龙、瓮安、惠水、龙里等地。

11. 绿叶甘橿 _Lindera neesiana_（Wall. ex Nees）Kurz〖_Lindera fruticosa_ Hemsl.〗

落叶灌木或小乔木；生于海拔 1100 – 1450m 的山坡、路旁或林下；分布于梵净山、绥阳、赤水、天柱、丹寨、瓮安、龙里、贵阳等地。

12. 三桠乌药 *Lindera obtusiloba* Bl.

落叶乔木或灌木；生于海拔 1100 – 1300m 的密林中；分布于梵净山、锦屏、绥阳、龙里等地。

13. 大叶钓樟 *Lindera partinii* Gamble

常绿小乔木；分布于大沙河等地。

14. 峨眉钓樟 *Lindera prattii* Gamble

常绿乔木；生于海拔 820 – 1100m 的山谷杂木林中；分布于梵净山、绥阳、黄平、贵阳、开阳、贵定、龙里等地。

15. 香粉叶 *Lindera pulcherrima* var. *attenuata* C. K. Allen

常绿乔木；生于海拔 900 – 1400m 的灌丛中；分布于梵净山、黎平、锦屏、赤水、都匀、长顺、瓮安、独山、罗甸、惠水、三都、龙里、平塘、威宁、贵阳、息烽、开阳等地。

16. 川钓樟 *Lindera pulcherrima* var. *hemsleyana* (Diels) H. P. Tsui

常绿乔木；生于海拔 1000 – 1600m 的山坡、灌丛中或林缘；分布于安龙、紫云、丹寨、七星关、绥阳、梵净山、台江、宽阔水、赤水、习水、水城、长顺、瓮安、独山、罗甸、福泉、荔波、都匀、惠水、龙里、平塘、三都、贵定、贵阳、息烽、开阳等地。

17. 山橿 *Lindera reflexa* Hemsl.

落叶灌木或小乔木；生于海拔 1100m 的山谷、山坡林下或灌丛中；分布于梵净山、锦屏、黎平、雷山、绥阳、丹寨、瓮安、荔波、都匀等地。

18. 红脉钓樟 *Lindera rubronervia* Gamble

落叶灌木或小乔木；生于海拔 1000m 的山坡林下、溪边或山谷中；分布于月亮山等地。

19. 四川山胡椒 *Lindera setchuenensis* Gamble

常绿灌木；生于海拔 1500m 以下的山坡路旁及疏林中；分布于七星关、绥阳、龙里等地。

20. 菱叶钓樟 *Lindera supracostata* Lec.

常绿灌木或乔木；生于谷地、山坡密林中；分布于榕江、七星关、独山等地。

21. 三股筋香 *Lindera thomsonii* C. K. Allen

常绿乔木；生于海拔 1100 – 2500m 的山地疏林中；分布于省内西部等地。

（八）木姜子属 *Litsea* Lamarck

1. 尖脉木姜子 *Litsea acutivena* Hay.

常绿乔木；生于海拔 500 – 2500m 的山地密林中；分布于雷公山、兴仁等地。

2. 高山木姜 *Litsea chunii* W. C. Cheng

落叶灌木；生于海拔 1500m 以上的向阳山坡、溪旁及灌丛中；分布于龙里等地。

3. 毛豹皮樟 *Litsea coreana* var. *lanuginosa* (Migo) Yang et P. H. Huang

常绿乔木；生于海拔 500 – 2300m 的山谷杂木林中；分布于雷公山、丹寨、黎平、锦屏、梵净山、赤水、盘县、道真、瓮安、荔波、惠水、三都、龙里、贵阳、息烽等地。

4. 山鸡椒 *Litsea cubeba* (Lour.) Per.

落叶灌木或小乔木；生于海拔 700 – 1500m 的向阳的山地、灌丛、疏林或林中路旁、水边；分布于梵净山、雷公山、三都、天柱、荔波、长顺、瓮安、独山、福泉、都匀、惠水、龙里、贵定、黎平、贵阳、息烽、开阳、修文、清镇、安龙、兴义、罗甸、锦屏、盘县、平塘、丹寨等地。

5. 毛山鸡椒 *Litsea cubeba* var. *formosana* (Nakai) Yang et P. H. Huang

落叶灌木或小乔木；生于海拔 700 – 1500m 的向阳的山地、灌丛、疏林或林中路旁、水边；分布于黎平等地。

6. 出蕊木姜子 *Litsea dunniana* Lévl.

常绿乔木；生于山坡林中；分布于西秀等地。

7. 黄丹木姜子 *Litsea elongata* (Wall. ex Ness) Benth. et Hook. f.

常绿乔木；生于海拔 500 – 1800m 的林下、山坡路旁；分布于梵净山、绥阳、雷山、黎平、独山、安龙、兴仁、赤水、宽阔水、佛顶山、麻阳河、月亮山、都匀、三都、荔波、长顺、瓮安、罗甸、福泉、惠水、贵定、龙里、平塘、台江、从江、册亨、道真、赤水、清镇、开阳等地。

8. 石木姜子 *Litsea elongata* var. *faberi* (Hemsl.) Yang et P. H. Huang

常绿乔木；生于海拔 1000 – 1540m 的山坡、林内；分布于贵阳、梵净山、都匀、长顺、瓮安、独山、福泉、惠水、三都、龙里、平塘、锦屏、七星关、黔西、织金、息烽、贵定、兴仁等地。

9. 近轮叶木姜子 *Litsea elongata* var. *subverticillata* (Yang) Yang et P. H. Huang

常绿乔木；生于海拔 500 – 1900m 的山坡、沟旁；分布于梵净山、锦屏、赤水、绥阳、安龙、望谟、瓮安、罗甸等地。

10. 圆果木姜子 *Litsea sinoglobosa* J. Li et H. W. Li. 〔*Litsea globosa* Yang et P. H. Huang〕

常绿灌木或小乔木；生于海拔 150 – 600m 的疏林中；分布于荔波等地。

11. 湖北木姜子 *Litsea hupehana* Hemsl.

常绿乔木；生于海拔 1100m 的山坡阔叶林中；分布于梵净山等地。

12. 宜昌木姜子 *Litsea ichangensis* Gamble

落叶灌木或小乔木；生于海拔 1000 – 2000m 的山坡灌丛中或密林中；分布于梵净山、七星关、雷山、道真、惠水等地。

13. 秃净木姜子 *Litsea kingii* Hook. f.

落叶灌木或小乔木；生于海拔 1000 – 2900m 的阳坡、灌丛、疏林、路旁；分布地不详。

14. 安顺木姜子 *Litsea kobuskiana* C. K. Allen

常绿小乔木；生于海拔 800 – 1800m 的山地密林中；分布于西秀、独山等地。

15. 润楠叶木姜子 *Litsea machiloides* Yang et P. H. Huang

常绿乔木；生于海拔 500m 的山谷阴处；分布于荔波等地。

16. 毛叶木姜子 *Litsea mollis* Hemsl. 〔*Litsea euosma* W. W. Smith〕

落叶小乔木；生于海拔 200 – 1500m 的山坡灌丛或阔叶林中；分布于榕江、天柱、都匀、荔波、平塘、长顺、瓮安、罗甸、福泉、惠水、三都、龙里、独山、贵定、贵阳、清镇、息烽、开阳、绥阳、赤水等地。

17. 假柿木姜子 *Litsea monopetala* (Roxb.) Pers.

常绿乔木；生于海拔 300 – 1000m 的阳坡灌丛或疏林中；分布于兴义、安龙、罗甸等地。

18. 少脉木姜子 *Litsea oligophlebia* Hung T. Chang

常绿乔木；生于海拔 200 – 300m 的山谷疏林中；分布于三都等地。

19. 宝兴木姜子 *Litsea moupinensis* Lec.

落叶乔木；生于海拔 700 – 2300m 的疏林中或林缘旷处；分布于大沙河等地。

20. 四川木姜子 *Litsea moupinensis* var. *szechuanica* (C. K. Allen) Yang et P. H. Huang

落叶乔木；生于海拔 500 – 2100m 的山地林中；分布于七星关等地。

21. 红皮木姜子 *Litsea pedunculata* (Diels) Yang et P. H. Huang

常绿小乔木；生于海拔 1200 – 1920m 的潮湿山坡或山顶混交林中；分布于梵净山、凯里、丹寨、雷公山、榕江、兴仁、安龙、麻江、宽阔水、罗甸、都匀、惠水、贵定、三都、龙里等地。

22. 毛红皮木姜子 *Litsea pedunculata* var. *pubescens* Yang et P. H. Huang

常绿小乔木；生于海拔 1600 – 1700m 的潮湿山坡或山顶混交林中；分布于安龙、绥阳、都匀等地。

23. 杨叶木姜子 *Litsea populifolia* (Hemsl.) Gamble

落叶小乔木；生于海拔 750 – 2000m 的山地阳坡或河谷两岸；分布于习水等地。

24. 木姜子 Litsea pungens Hemsl.

落叶小乔木；生于海拔800－2300m的溪旁和山地阳坡杂木林中或林缘；分布于贵阳、梵净山、长顺、荔波、都匀、惠水、贵定、三都、龙里、平塘等地。

25. 红叶木姜子 Litsea rubescens Lec.【Litsea forrestii Diels】

落叶小乔木；生于海拔800－2350m的灌丛或林缘中；分布于贵阳、息烽、修文、开阳、梵净山、锦屏、榕江、丹寨、雷山、都匀、三都、罗甸、长顺、瓮安、独山、福泉、都匀、惠水、贵定、龙里、册亨、紫云、平塘、赤水、绥阳、兴义、望谟、安龙、织金、赫章、麻阳河、道真、台江等地。

26. 滇木姜子 Litsea rubescens var. yunnanensis Lec.

落叶小乔木；生于海拔2300m的山坡林下或灌丛中；分布于七星关、安龙、罗甸、梵净山、惠水、龙里等地。

27. 黑木姜子 Litsea salicifolia（Roxb. ex Nees）Hook. f.【Litsea atrata S. K. Lee】

常绿乔木；生于海拔500－1050m的向阳山坡疏林中；分布于罗甸、安龙、望谟、兴义等地。

28. 绢毛木姜子 Litsea sericea（Wall. ex Nees）Hook. f.

落叶灌木或小乔木；生于海拔2000m的山坡路旁、灌丛中或针阔混交林中；分布于大沙河等地。

29. 桂北木姜子 Litsea subcoriacea Yang et P. H. Huang【Litsea subcoriacea var. stenophylla Yang et P. H. Huang.】

常绿乔木；生于海拔1200－1400m的山谷疏林或混交林中；分布于梵净山、三都、都匀、瓮安、罗甸、独山、都匀、三都、龙里、荔波等地。

30. 栓皮木姜子 Litsea suberosa Yang et P. H. Huang

常绿小乔木；生于海拔800－1500m的山坡林中或灌丛中；分布于宽阔水等地。

31. 钝叶木姜子 Litsea veitchiana Gamble

落叶灌木或小乔木；生于海拔2200m的山坡路旁或灌丛中；分布于梵净山、盘县、荔波、三都、龙里等地。

32. 轮叶木姜子 Litsea verticillata Hance

常绿灌木或小乔木；生于海拔1300m以下的山谷、溪旁、灌丛中或杂木林中；分布于大沙河等地。

33. 绒叶木姜子 Litsea wilsonii Gamble

常绿乔木；生于海拔300－1800m的山坡、路旁、灌丛或杂木林中；分布于赤水、三都等地。

（九）润楠属 Machilus Nees

1. 黔南润楠 Machilus austroguizhouensis（S. K. Lee et F. N. Wei）Kosterm.

常绿乔木；生于海拔1400m的山坡混交林中；分布于惠水等地。

2. 枇杷叶润楠 Machilus bonii Lec.

常绿乔木；生于海拔约1150m的疏林中湿润处；分布于黔西南、荔波等地。

3. 安顺润楠 Machilus cavaleriei Lévl.

常绿灌木或小乔木；生于海拔570－1340m的山坡疏林或密林中；分布于清镇、西秀、安龙、望谟、荔波、都匀、独山、长顺、罗甸、惠水、龙里等地。

4. 浙江润楠 Machilus chekiangensis S. K. Lee

常绿乔木；生于阔叶混交林；分布于荔波等地。

5. 黔桂润楠 Machilus chienkweiensis S. K. Lee

常绿乔木；生于海拔800－1100m的山谷阔叶混交密林或疏林中，或见于沟边；分布于黎平、雷公山、从江、梵净山、荔波、瓮安、独山、惠水、三都、龙里、平塘等地。

6. 川黔润楠 Machilus chuanchienensis S. K. Lee

常绿乔木；生于海拔1000－2100m山地林中；分布于梵净山、绥阳、贵定等地。

7. 道真润楠 *Machilus daozhenensis* Y. K. Li

常绿乔木；生于海拔 2000m 的山坡混交林中；分布于道真等地。

8. 基脉润楠 *Machilus decursinervis* Chun

常绿乔木；生于海拔 800－1100m 的山地阔叶混交林中；分布于雷山、凯里、丹寨、黎平、梵净山、台江、从江、都匀、平塘、三都、荔波、独山、罗甸、惠水、龙里等地。

9. 琼桂润楠 *Machilus foonchewii* S. K. Lee

常绿乔木；生于山谷灌丛中；分布于荔波等地。

10. 黄心树 *Machilus gamblei* King ex Hook. f.【*Machilus bombycina* King ex Hook. f.】

常绿乔木；生于海拔 370－1100m 的山脚、山谷；分布于三都、罗甸、安龙、贵阳等地。

11. 红楠 *Machilus thunbergii* Sieb. et Zucc.

常绿乔木；生于海拔 800m 以下的山地阔叶混交林中；分布于贵定等地。

12. 粉叶润楠 *Machilus glaucifolia* S. K. Lee et F. N. Wei【*Machilus lipoensis* C. S. Chao ex X. H. Song】

常绿乔木；生于山地常绿阔叶林中；分布于荔波等地。

13. 宜昌润楠 *Machilus ichangensis* Sieb. et Zucc.

常绿乔木；生于海拔约 560－1400m 的山坡或山谷的疏林中；分布于贵阳、开阳、清镇、梵净山、雷公山、黎平、三都、长顺、瓮安、独山、罗甸、福泉、荔波、惠水、龙里、平塘、赤水、七星关等地。

14. 滑叶润楠 *Machilus ichangensi* var. *leiophylla* Hand.-Mazz.

常绿乔木；生于海拔 850－1000m 的阔叶混交林中；分布于梵净山、雷公山、黎平、长顺、瓮安、独山、惠水等地。

15. 广东润楠 *Machilus kwangtungensis* Yang【*Machilus kwangtungensis* var. *sanduensis* Y. K. Li】

常绿乔木；生于海拔 900m 的山地或山谷阔叶混交疏林中，或山谷水旁；分布于荔波等地。

16. 薄叶润楠 *Machilus leptophylla* Hand.-Mazz.

常绿乔木；生于海拔 700－1500m 的阴坡谷地混交林中；分布于凯里、雷山、锦屏、丹寨、黎平、七星关、三都、都匀、罗甸、福泉、惠水、龙里、安龙等地。

17. 利川润楠 *Machilus lichuanensis* Cheng ex S. K. Lee

常绿乔木；生于海拔 800m 的山谷、山坡林中；分布于正安、道真、梵净山等地。

18. 木姜润楠 *Machilus litseifolia* S. K. Lee

常绿乔木；生于海拔 1700－1900m 的山地常绿阔叶林中；分布于雷公山等地。

19. 小果润楠 *Machilus microcarpa* Hemsl.

常绿乔木；生于海拔 800－1000m 的山地阔叶混交林中；分布于贵阳、开阳、锦屏、黎平、三都、荔波、长顺、独山、罗甸、福泉、都匀、惠水、龙里、平塘、松桃等地。

20. 多脉润楠 *Machilus multinervia* H. Liou

常绿乔木；生于海拔 700－1000m 石灰岩林中；分布于兴义、长顺等地。

21. 南川润楠 *Machilus nanchuanensis* N. Chao ex S. K. Lee

常绿乔木；生于混交林中；分布于大沙河等地。

22. 润楠 *Machilus nanmu*（Oliv.）Hemsl.

常绿乔木；生于海拔 1000m 以下的林中；分布于大沙河等地。

23. 建润楠 *Machilus oreophila* Hance

常绿乔木；生于山谷林边水旁或河边；分布于锦屏、瓮安等地。

24. 梨润楠 *Machilus pomifera*（Kosterm.）S. K. Lee

常绿乔木；生于常绿阔叶混交林中；分布于惠水等地。

25. 凤凰润楠 *Machilus phoenicis* Dunn

常绿乔木；生于海拔 500 – 900m 的山谷、坡地；分布于梵净山、荔波、丹寨等地。

26. 狭叶润楠 *Machilus rehderi* C. K. Allen

常绿乔木；生于海拔 500 – 920m 的山地灌丛中或山谷、溪畔疏林中；分布于贵阳、开阳、贵定、独山、长顺、罗甸、福泉、荔波、都匀、惠水、龙里、平塘、从江、雷山、丹寨、锦屏、黎平、梵净山等地。

27. 网脉润楠 *Machilus reticulata* K. M. Lan

常绿乔木；生于山地混交林中；分布于贵阳、兴义等地。

28. 粗壮润楠 *Machilus robusta* W. W. Sm.

常绿乔木；生于海拔 600 – 900m 的常绿阔叶林或开阔灌丛中；分布于册亨、荔波等地。

29. 柳叶润楠 *Machilus salicina* Hance

常绿灌木；生于低海拔地区的溪畔河边；分布于贵阳、开阳、榕江、雷山、三都、荔波、长顺、独山、惠水、贵定、罗甸、安龙等地。

30. 栓枝润楠 *Machilus subericlada* Y. K. Li et J. M. Yuang

常绿乔木；分布于从江等地。

31. 册亨润楠 *Machilus submultinervia* Y. K. Li

常绿乔木；生于山地混交林中；分布于册亨等地。

32. 绒毛润楠 *Machilus velutina* Champ. ex Benth.

常绿乔木；生于海拔 500 – 900m 的山谷、林缘；分布于雷山、丹寨、台江、三都、荔波、惠水、望谟等地。

33. 柔毛润楠 *Machilus villosa* Hook. f.

常绿乔木；生于海拔约 500m 的山坡或沟谷疏林或密林中；分布于三都、丹寨、荔波、罗甸等地。

34. 信宜润楠 *Machilus wangchiana* Chun

常绿乔木；生于山谷溪边、山脚、山岭密林中或无荫湿润处；分布于册亨、荔波等地。

35. 文山润楠 *Machilus wenshanensis* H. W. Li

常绿乔木；生于海拔 1800m 的山谷常绿阔叶林中；分布于安龙、三都等地。

（十）新樟属 *Neocinnamomum* H. Liu

1. 滇新樟 *Neocinnamomum caudatum*（Nees）Merr.

常绿乔木；生于海拔 500 – 1800m 的山谷、路旁、溪边、疏林或密林中；分布于望谟、罗甸等地。

2. 川鄂新樟 *Neocinnamomum fargesii*（Lec.）Kosterm.

常绿灌木或小乔木；生于海拔 600 – 1300m 的山地灌丛中；分布于大沙河、龙里等地。

3. 海南新樟 *Neocinnamomum lecomtei* H. Liu

常绿灌木；生于海拔 400 – 500m 的密林中或山谷水旁；分布于册亨等地。

（十一）新木姜子属 *Neolitsea*（Bentham et J. D. Hooker）Merrill

1. 新木姜子 *Neolitsea aurata*（Hay）Koidz.

常绿乔木；生于海拔 700 – 1700m 的山坡林缘或杂木林中；分布于梵净山、雷公山、榕江、黄平、丹寨、都匀、瓮安、独山、罗甸、福泉、惠水、龙里、荔波、三都、兴义、赤水等地。

2. 浙江新木姜子 *Neolitsea aurata* var. *chekiangensis*（Nakai）Yang et P. H. Huang

常绿乔木；生于海拔 500 – 1300m 的山地杂木林中；分布于大沙河等地。

3. 粉叶新木姜子 *Neolitsea aurata* var. *glauca* Yang

常绿乔木；生于海拔 950 – 1460m 的山坡阔叶林中；分布于开阳、清镇、赤水、贵定、长顺、瓮安、罗甸、都匀、三都、龙里等地。

4. 云和新木姜子 *Neolitsea aurata* var. *paraciculata*（Nakai）Yang et P. H. Huang

常绿乔木；生于海拔 500 – 1900m 的山地杂木林中；分布于瓮安等地。

5. 短梗新木姜子 *Neolitsea brevipes* H. W. Li

常绿小乔木；生于海拔470－600m的山地溪旁、灌丛、疏林或常绿阔叶林中；分布于榕江、黎平、瓮安、都匀等地。

6. 石山新木姜 *Neolitsea calcicola* Xu

常绿乔木；分布于荔波等地。

7. 鸭公树 *Neolitsea chui* Merr.

常绿乔木；生于海拔500－1400m的山谷或丘陵地的疏林中；分布于雷公山、丹寨、荔波等地。

8. 簇叶新木姜子 *Neolitsea confertifolia* (Hemsl.) Merr.

常绿小乔木；生于海拔400－1400m的山地、水旁、灌丛及山谷密林中；分布于三都、长顺、瓮安、独山、惠水、龙里、贵阳、道真、麻江等地。

9. 大叶新木姜子 *Neolitsea levinei* Merr.

常绿乔木；生于海拔600－1550m的山地路旁、水旁及山谷密林中；分布于梵净山、雷公山、黎平、榕江、丹寨、三都、荔波、瓮安、独山、罗甸、福泉、都匀、惠水、贵定、龙里、赤水、绥阳、贵阳等地。

10. 卵叶新木姜子 *Neolitsea ovatifolia* Yang et P. H. Huang

常绿小灌木；生于海拔2000m左右的常绿阔叶林中；分布于雷公山等地。

11. 羽脉新木姜子 *Neolitsea pinninervis* Yang et P. H. Huang

常绿小乔木；生于海拔940－1250m的山地、山顶密林或疏林中；分布于开阳、雷公山、凯里、瓮安等地。

12. 美丽新木姜子 *Neolitsea pulchella* (Meisn.) Merr.

常绿小乔木；生于混交林中或山谷中；分布于荔波等地。

13. 紫新木姜子 *Neolitsea purpurascens* Yang【*Neolitsea zeylanica* var. *fangii* H. Liu.】

常绿小乔木；生于海拔1500－2000m的混交林中；分布于荔波等地。

14. 舟山新木姜子 *Neolitsea sericea* Merr.

常绿乔木；引种；省内有栽培

15. 新宁新木姜子 *Neolitsea shingningensis* Yang et P. H. Huang

常绿乔木；生于海拔1300m的山坡疏林中；分布于梵净山、瓮安、福泉等地。

16. 四川新木姜子 *Neolitsea sutchuanensis* Yang

常绿小乔木；生于海拔1200－1800m的山坡密林中；分布于安龙、雷公山等地。

17. 波叶新木姜子 *Neolitsea undulatifolia* (Lévl.) Allen

常绿灌木或小乔木；生于海拔1400－2000m的石质山上或灌丛中；分布于独山、三都等地。

18. 巫山新木姜子 *Neolitsea wushanica* (Chun) Merr.

常绿小乔木；生于海拔800－1500m的山坡、林缘或混交林中；分布于梵净山、惠水等地。

（十二）赛楠属 *Nothaphoebe* Blume

1. 赛楠 *Nothaphoebe cavaleriei* (Lévl.) Yang

常绿乔木；生于海拔900－1700m的常绿阔叶林及疏林中；分布于贵阳、荔波、惠水等地。

（十三）楠属 *Phoebe* Nees

1. 闽楠 *Phoebe bournei* (Hemsl.) Yang

常绿乔木；生于海拔380－1400m的山坡、山脚等肥沃土壤上；分布于贵阳、息烽、梵净山、从江、榕江、黎平、锦屏、赤水、习水、三都、瓮安、独山、福泉、龙里、石阡、岑巩、镇远、黄平、台江、剑河、丹寨、凯里等地。

2. 石山楠 *Phoebe calcarea* S. K. Lee et F. N. Wei

常绿乔木；生于海拔900m的山地石灰岩森林中；分布于荔波等地。

3. 浙江楠 *Phoebe chekiangensis* **C. B. Shang**

常绿大乔木；引种；省内有栽培。

4. 山楠 *Phoebe chinensis* **Chun**

常绿乔木；生于海拔 1400 – 1600m 的山坡或山谷常绿阔叶林中；分布于水城、惠水、龙里等地。

5. 粗柄楠 *Phoebe crassipedicella* **S. K. Lee et F. N. Wei**

常绿乔木；生于山地石灰岩森林中；分布于荔波、长顺、独山、都匀、三都等地。

6. 竹叶楠 *Phoebe faberi*（Hemsl.）**Chun**

常绿乔木；生于海拔 800 – 1500m 的阔叶林中；分布于贵阳、正安、务川、都匀、惠水、龙里等地。

7. 细叶楠 *Phoebe hui* **Cheng ex Yang**

常绿大乔木；生于海拔 1500m 以下的密林中；分布于道真等地。

8. 湘楠 *Phoebe hunanensis* **Hand. -Mazz.**

常绿乔木；生于海拔 1000m 左右的沟谷或水边；分布于都匀、惠水、龙里、平塘、丹寨、凯里、印江、德江、松桃、碧江、荔波等地。

9. 桂楠 *Phoebe kwangsiensis* **H. Liu**

常绿小乔木；生于海拔 700m 的石灰岩林中；分布于荔波等地。

10. 小叶楠 *Phoebe microphylla* **H. W. Li**

常绿乔木；生于海拔 850m 的沟谷常绿阔叶林中；分布于从江等地。

11. 白楠 *Phoebe neurantha*（Hemsl.）**Gamble**

常绿乔木；生于海拔 760 – 1500m 的山地密林中；分布于梵净山、黎平、榕江、罗甸、瓮安、惠水、龙里等地。

12. 短叶白楠 *Phoebe neurantha* var. *brevifolia* **H. W. Li**

常绿大灌木至乔木；生于海拔 1200 – 1500m 的石灰岩山上丛林中或水旁；分布于荔波等地。

13. 兴义白楠 *Phoebe neurantha* var. *cavaleriei* **H. Liou**

常绿乔木；生于海拔 760 – 1500m 的石灰岩山地中；分布于兴义等地。

14. 光枝楠 *Phoebe neuranthoides* **S. K. Lee et F. N. Wei**

常绿乔木；生于海拔 750 – 1200m 的山地密林中；分布于贵阳、开阳、雷山、榕江、都匀、长顺、瓮安、福泉、荔波、惠水、三都、龙里、罗甸、平塘、安龙、兴仁、贞丰、务川等地。

15. 红梗楠 *Phoebe rufescens* **H. W. Li**

常绿乔木；引种；省内有栽培。

16. 紫楠 *Phoebe sheareri*（Hemsl.）**Gamble**

常绿乔木；生于海拔 400 – 1160m 的山地阔叶林中；分布于息烽、梵净山、松桃、黎平、锦屏、三都、瓮安、独山、罗甸、福泉、荔波、惠水、龙里等地。

17. 峨眉楠 *Phoebe sheareri* var. *omeiensis*（Yang）**N. Chao**

常绿乔木；生于海拔 650 – 850m 的常绿阔叶林中；分布于罗甸、赤水、七星关等地。

18. 楠木 *Phoebe zhennan* **S. K. Lee et F. N. Wei**

常绿大乔木；生于海拔 1500m 以下的阔叶林中；分布于开阳、思南、金沙、六枝、盘县、绥阳、桐梓、习水、长顺、瓮安、罗甸、福泉、都匀、惠水、贵定、三都、龙里、平塘、丹寨、凯里、印江、德江、松桃、碧江、荔波等地。

（十四）檫木属 *Sassafras* **Trew**

1. 檫木 *Sassafras tzumu*（Hemsl.）**Hemsl.**

落叶乔木；生于海拔 800 – 2100m 的疏林或密林中；分布于梵净山、雷山、黎平、丹寨、三都、都匀、平塘、翁安、荔波、长顺、独山、罗甸、福泉、贵定、龙里、惠水、安龙、兴仁、镇宁、息烽、七星关、黔西、赤水、习水等地。

（十五）油果樟属 *Syndiclis* **J. D. Hooker**

1. 安龙油果樟 *Syndiclis anlungensis* H. W. Li

常绿乔木；生于海拔 1300m 的山坡上；仅见安龙有分布。

2. 广西油果樟 *Syndiclis kwangsiensis* (Kosterm.) H. W. Li

常绿乔木；生于海拔 300 – 850m 的山谷密林中；分布于麻江等地。

五、莲叶桐科 Hernandiaceae

（一）青藤属 *Illigera* **Blume**

1. 短蕊青藤 *Illigera brevistaminata* Y. R. Li

常绿木质藤本；生于海拔 350m 的山谷疏林中；分布于罗甸、长顺、独山、荔波、平塘等地。

2. 心叶青藤 *Illigera cordata* Dunn

常绿木质藤本；生于海拔 900 – 1400m 的山坡丛林岩石缝中；分布于兴义、兴仁等地。

3. 大花青藤 *Illigera grandiflora* W. W. Sm. et Jeffrey

常绿木质藤本；生于海拔 1300 – 1800m 的林中岩石缝中；分布于罗甸等地。

4. 显脉青藤 *Illigera nervosa* Merr.

常绿藤本；生于海拔 810 – 2100m 的灌丛疏林中；分布于惠水等地。

5. 小花青藤 *Illigera parviflora* Dunn

常绿木质藤本；生于海拔 350 – 1200m 的山地林中；分布于罗甸、独山等地。

6. 尾叶青藤 *Illigera pseudoparviflora* Y. R. Li

常绿木质藤本；生于海拔 700 – 1000m 的山谷丛林中；分布于罗甸、荔波、都匀等地。

7. 绣毛青藤 *Illigera rhodantha* var. *dunniana* (Lévl.) Kubitzki

常绿木质藤本；生于海拔 450 – 1000m 的山谷林中；分布于罗甸、独山、惠水等地。

六、金粟兰科 Chloranthaceae

（一）金粟兰属 *Chloranthus* **Swartz**

1. 鱼子兰 *Chloranthus erectus* (Buch. -Ham.) Verdc.【*Chloranthus elatior* Link.】

半灌木；生于海拔 650 – 2000m 的山谷林下或溪边潮湿地；分布地不详。

2. 水晶花 *Chloranthus fortunei* (A. Gray) Solms

多年生草本；生于海拔 340m 的山坡或低山林下荫湿处和山沟草丛中；分布于雷山、安龙等地。

3. 宽叶金粟兰 *Chloranthus henryi* Hemsl.

多年生草本；生于海拔 750 – 1900m 的山坡林下荫湿地或路边灌丛中；分布于梵净山、雷公山、湄潭、镇远、安龙、剑河等地。

4. 全缘金粟兰 *Chloranthus holostegius* (Hand. -Mazz.) S. J. Pei et Shan

多年生草本；生于海拔 700 – 1600m 的山坡、沟谷密林下或灌丛中；分布于省内西部及南部、安龙、兴义等地。

5. 毛脉金粟兰 *Chloranthus holostegius* var. *trichoneurus* K. F. Wu

多年生草本；生于海拔 1050 – 1600m 的山坡草地或杂木林中；分布地不详。

6. 多穗金粟兰 *Chloranthus multistachys* S. J. Pei

多年生草本；生于海拔 600 – 1500m 的山谷密林潮湿地中；分布于印江、榕江、瓮安、兴义、雷山、贵阳、息烽等地。

7. 台湾金粟兰 *Chloranthus oldhamii* **Solms**

多年生草本；生于海拔 400 – 1000m 的常绿阔叶林中；分布于黔南等地。

8. 及已 *Chloranthus serratus*（**Thunb.**）**Roem. et Schult.**

多年生草本；生于海拔 280 – 1800m 的山谷阴湿林下；分布于贵阳、黔南、黔东南等地。

9. 四川金粟兰 *Chloranthus sessilifolius* **K. F. Wu**

多年生草本；生于海拔 990 – 1200m 的山坡林下荫湿处；分布于桐梓、道真等地。

10. 华南金粟兰 *Chloranthus sessilifolius* **var.** *austrosinensis* **K. F. Wu**

多年生草本；生于海拔 560 – 1200m 的山坡林下或路旁灌丛中；分布于安龙等地。

11. 金粟兰 *Chloranthus spicatus*（**Thunb.**）**Makino**

常绿半灌木；生于海拔 990m 的山坡、沟谷密林下；分布安龙、册亨等地。

（二）草珊瑚属 *Sarcandra* Gardner

1. 草珊瑚 *Sarcandra glabra*（**Thunb.**）**Nakai**

常绿直立半灌木；生于海拔 420 – 1500m 的山坡、沟谷林下荫湿处；分布于开阳、赤水、绥阳、沿河、江口、榕江、兴仁、安龙、雷公山、麻阳河、佛顶山、台江、麻江、三都、雷山、松桃、荔波、习水、从江等地。

七、三白草科 Saururaceae

（一）裸蒴属 *Gymnotheca* Decaisne

1. 裸蒴 *Gymnotheca chinensis* **Decne.**

多年生草本；生于海拔 450m 的水旁或山谷中；分布于沿河、印江、望谟、罗甸等地。

2. 白苞裸蒴 *Gymnotheca involucrata* **S. J. Pei**

无毛草本；生于海拔 700 – 1000m 的路旁或林中湿地上；分布于大沙河等地。

（二）蕺菜属 *Houttuynia* Thunberg

1. 蕺菜 *Houttuynia cordata* **Thunb.**

多年生草本；生于海拔 400 – 2500m 的沟边、溪边或林下湿地上；分布于全省各地。

（三）三白草属 *Saururus* Linnaeus

1. 三白草 *Saururus chinensis*（**Lour.**）**Baill.**

多年生草本；生于海拔 400 – 2000m 道旁、沟边、田埂的潮湿地处；省内黔南、黔东南等地常见，黔中和黔西北亦有分布。

八、胡椒科 Piperaceae

（一）草胡椒属 *Peperomia* Ruiz et Pavon

1. 石蝉草 *Peperomia blanda*（**Jacq.**）**Kunth〔** *Peperomia dindygulensis* **Miq.〕**

一年生肉质草本；生于林缘湿地；分布于兴义、安龙、独山、施秉等地。

2. 硬毛草胡椒 *Peperomia cavaleriei* **DC.**

一年生肉质草本；生于溪旁或湿润岩石缝中；分布于兴义、兴仁、安龙等地。

3. 蒙自草胡椒 *Peperomia heyneana* **Miq.【** *Peperomia duclouxii* **DC.】**

一年生短小肉质草本；生于海拔 800 – 2000m 的湿润岩石上或树上。分布于兴义、安龙、罗甸等地。

4. 豆瓣绿 *Peperomia tetraphylla*（**G. Forst.**）**Hook. et Arn.【** *Peperomia tetraphylla* **var.** *sinensis*（**DC.**）**P. S. Chen】**

一年生肉质丛生草本；生于潮湿的石上或枯树上；分布于贵阳、清镇、罗甸、施秉、三穗等地。

（二）胡椒属 *Piper* Linnaeus

1. 竹叶胡椒 *Piper bambusifolium* Y. C. Tseng

攀援藤本；生于海拔 300 – 1200m 的林中，攀援石壁上或树上；分布于清镇、西秀、惠水、龙里等地。

2. 蒌叶 *Piper betle* L.

攀援藤本；分布于望谟、罗甸等地。

3. 苎叶蒟 *Piper boehmeriifolium*（Miq.）Wall. ex C. DC.【*Piper boehmeriifolium* var. *tonkinense* C. DC.】

直立亚灌木；生于海拔 500 – 1900m 的疏林、密林下或溪旁；分布于平坝、罗甸、惠水、龙里等地。

4. 华山蒌 *Piper cathayanum* M. G. Gilbert et N. H. Xia【*Piper sinense*（Champ.）C. DC.】

攀援藤本；生于密林中或溪涧边，攀援于树上；分布于册亨、兴义、罗甸、赤水等地。

5. 海南蒟 *Piper hainanense* Hemsl.

木质藤本；生于密林或疏林中，攀援于树上或石上；分布于三都等地。

6. 山蒟 *Piper hancei* Maxim.

攀援藤本；生于山地溪涧边、密林或疏林中，攀援于树上或石上；分布于开阳、贞丰、望谟、罗甸、福泉、荔波、兴义等地。

7. 毛蒟 *Piper hongkongense* C. DC.【*Piper puberulum*（Benth.）Maxim.】

攀援藤本；生于疏林或密林中，攀援于树上或石上；分布于荔波、惠水等地。

8. 风藤 *Piper kadsura*（Choisy）Ohwi【*Piper arboricola* C. DC.】

木质藤本；生于海拔 200 – 1500m 的山谷阴湿或林下，攀援于树上或石上；分布于兴义、安龙、册亨、罗甸等地。

9. 变叶胡椒 *Piper mutabile* C. DC.

攀援藤本；生于海拔 400 – 600m 的山坡或山谷水旁疏林中；分布于兴义等地。

10. 角果胡椒 *Piper pedicellatum* C. DC.【*Piper curtipedunculum* C. DC.】

攀援藤本；生于海拔 700 – 900m 的密林中，攀援于树上；分布于册亨、望谟、罗甸等地。

11. 樟叶胡椒 *Piper polysyphonum* C. DC.

直立半灌木；生于海拔 760 – 1400m 的河谷阴湿地、林旁；分布于安龙、兴义等地。

12. 假蒟 *Piper sarmentosum* Roxb.

多年生草本；生于林下或村旁湿地上；分布于册亨、兴义、剑河、榕江等地。

13. 缘毛胡椒 *Piper semiimmersum* C. DC.

攀援藤本；生于海拔 280 – 900m 的山谷水旁密林中或村旁湿润地；分布于安龙、兴义、罗甸、荔波等地。

14. 石南藤 *Piper wallichii*（Miq.）Hand.-Mazz.【*Piper martinii* C. DC.】

攀援藤本；生于海拔 300 – 2600m 的林中荫处或湿润地，爬登于石壁上或树上；分布于清镇、遵义、沿河、施秉、兴义、罗甸、福泉、都匀、惠水、三都、龙里等地。

15. 复毛胡椒 *Piper bonii* C. DC.

攀援藤本；生于海拔 300 – 1000m 的山坡或山谷林中，攀援于树上；分布于开阳等地。

九、马兜铃科 Aristolochiaceae

（一）马兜铃属 *Aristolochia* Linnaeus

1. 长叶马兜铃 *Aristolochia championii* Merr. et Chun

落叶木质藤木；生于海拔 600 – 800m 的山坡灌丛中；分布于兴义、独山、罗甸、福泉、三都等地。

2. 葫芦叶马兜铃 *Aristolochia cucurbitoides* C. F. Liang

草质藤本；生于海拔 800 – 2400m 的疏林中；分布于西秀、兴义等地。

3. 马兜铃 *Aristolochia debilis* Sieb. et Zucc.

草质藤本；生于海拔 600 – 1400m 的山坡灌丛及田边；分布于黔西、大方、湄潭、思南、贵阳、独山、黎平等地。

4. 广防己 *Aristolochia fangchi* Y. C. Wu ex L. D. Chow et S. M. Hwang

落叶木质藤本；生于海拔 500 – 1000m 的山坡密林或灌丛中；分布于独山、长顺等地。

5. 西藏马兜铃 *Aristolochia griffithii* Hook. f. et Thoms. ex Duchartre

木质大藤本；生于混交林中；分布于平塘等地。

6. 异叶马兜铃 *Aristolochia kaempferi* Willd. 【*Aristolochia heterophylla* Hemsl.】

常绿半灌木；生于海拔 1000 – 1900m 的山坡林缘灌丛中；分布于威宁、七星关、赫章、金沙等地。

7. 昆明马兜铃 *Aristolochia kunmingensis* C. Y. Cheng et J. S. Ma

攀援灌木；生于海拔 2000m 的山地灌丛中；分布于威宁等地。

8. 广西马兜铃 *Aristolochia kwangsiensis* Chun et F. C. How

落叶木质藤本；生于海拔 600 – 1310m 的山谷灌丛中；分布于赤水、习水、绥阳、罗甸、长顺、独山、荔波等地。

9. 寻骨风 *Aristolochia mollissima* Hance

攀援半灌木；生于海拔 850m 以下的山坡、草丛、沟边和路旁等处；分布地不详。

10. 淮通 *Aristolochia moupinensis* Franch.

落叶木质藤本；生于海拔 1200 – 1900m 的山坡灌丛中；分布于威宁、松桃等地。

11. 卵叶马兜铃 *Aristolochia ovatifolia* S. M. Hwang

落叶木质藤本；生于海拔 1000 – 2500m 的灌丛中或疏林下；分布于威宁、水城、盘县等地。

12. 革叶马兜铃 *Aristolochia scytophylla* S. M. Hwang et D. Y. Chen

落叶木质藤本；生于海拔 600m 的石灰岩地区灌丛中；分布于长顺等地。

13. 耳叶马兜铃 *Aristolochia tagala* Cham.

草质藤本；生于海拔 600m 的河谷边灌丛中；分布于罗甸等地。

14. 背蛇生 *Aristolochia tuberosa* C. F. Liang et S. M. Hwang

草质藤本；生于海拔 800 – 1400m 的山坡、沟谷灌丛中；分布于正安、惠水、独山等地。

15. 辟蛇雷 *Aristolochia tubiflora* Dunn

草质藤本；生于海拔 1000 – 1700m 的山坡、沟谷的灌丛中；分布于贵定、独山、安龙等地。

（二）细辛属 *Asarum* Linnaeus

1. 花叶细辛 *Asarum cardiophyllum* Franch. 【*Asarum caudigerum* var. *cardiophyllum*（Franch.）】

多年生草本；生于海拔 500 – 1200m 的林下阴湿地；分布地不详。

2. 短尾细辛 *Asarum caudigerellum* C. Y. Cheng et C. S. Yang

多年生草本；生于海拔 1600 – 2100m 的林下阴湿地或水边岩石上；分布于贵阳、赫章、七星关、梵净山、独山、荔波等地。

3. 尾花细辛 *Asarum caudigerum* Hance

多年生草本；生于海拔 600 – 1700m 的山坡林下、溪边和路旁阴湿地；分布于开阳、赫章、湄潭、梵净山、兴义、安龙、惠水、独山、罗甸、剑河、荔波等地。

4. 双叶细辛 *Asarum caulescens* Maxim.

多年生草本；生于海拔 1200 – 1700m 的林下腐殖土中；分布地不详。

5. 川滇细辛 *Asarum delavayi* Franch.

多年生草本；生于海拔 800 – 1600m 林下阴湿岩坡上；分布于黔东南等地。

6. 地花细辛 *Asarum geophilum* Hemsl.

多年生草本；生于海拔 540 – 1600m 的林下阴湿处；分布于望谟、罗甸、独山、荔波等地。

7. 苕叶细辛 *Asarum himalaicum* Hook. f. et Thoms. ex Klotzsch.

多年生草本；生于海拔 2000 – 2900m 的林下或岩下腐殖土处；分布于威宁、赫章等地。

8. 大叶马蹄香 *Asarum maximum* Hemsl.

多年生草本；生于海拔 600 – 800m 林下腐殖土中；分布于佛顶山等地。

9. 长毛细辛 *Asarum pulchellum* Hemsl.

多年生草本；生于海拔 700 – 1700m 林下腐殖土中；分布于绥阳等地。

10. 花脸细辛 *Asarum splendens*（F. Maek.）C. Y. Cheng et C. S. Yang【*Asarum chingchengense* C. Y. Cheng et C. S. Yang.】

多年生草本；生于海拔 850 – 1300m 的陡坡草丛或竹林下阴湿地；分布于贵阳、赤水、湄潭、织金、普定、黄平等地。

11. 五岭细辛 *Asarum wulingense* C. F. Liang

多年生草本；生于海拔 1100m 的林下阴湿地；分布于贵阳、独山、三都、剑河、锦屏等地。

（三）马蹄香属 *Saruma* Oliver

1. 马蹄香 *Saruma henryi* Oliv.

多年生草本；生于海拔 1000 – 1300m 的山谷林下阴湿处；分布于兴义、望谟等地。

十、八角科 Illiciaceae

（一）八角属 *Illicium* Linnaeus

1. 红花八角 *Illicium dunnianum* Tutch.

常绿灌木；生于海拔 800 – 1850m 的山谷水旁、沿河两岸；分布于黔西、贞丰、清镇、麻阳河、道真、册亨、望谟、荔波、瓮安、独山、罗甸、惠水、龙里、贵阳、赫章等地。

2. 红茴香 *Illicium henryi* Diels

常绿小乔木或灌木；生于海拔 500 – 1900m 的山谷密林、疏林或溪涧灌丛中；分布于七星关、正安、江口、印江、松桃、修文、荔波、惠水、龙里、黎平、雷山、雷公山、水城、道真、宽阔水等地。

3. 红毒茴 *Illicium lanceolatum* A. C. Sm.

常绿小乔木；生于海拔 800 – 1000m 的山沟，溪谷阴处密林下、疏林中；分布于贵阳、清镇、黔西、纳雍、金沙、遵义、绥阳、德江、长顺、独山、罗甸、荔波、都匀、三都等地。

4. 大八角 *Illicium majus* Hook. f. et Thoms.

常绿乔木；生于海拔 500 – 1200m 的山谷密林中；分布于绥阳、江口、清镇、荔波、雷山等地。

5. 小花八角 *Illicium micranthum* Dunn

常绿灌木或小乔木；生于海拔 500 – 2600m 的灌丛或混交林内、山涧、山谷疏林、密林中或峡谷溪边；分布于清镇等地。

6. 短梗八角 *Illicium pachyphyllum* A. C. Sm.

常绿灌木；生于海拔 300 – 2100m 的山地沟谷、山坡湿润常绿宽叶林中；分布地不详。

7. 野八角 *Illicium simonsii* Maxim.

常绿灌木或小乔木；生于海拔 1305 – 2400m 的山腰或山顶杂木林或灌木林中；分布于七星关、威宁、水城、西秀、荔波、独山、都匀、雷公山、梵净山等地。

8. 厚皮香八角 *Illicium ternstroemioides* A. C. Sm.

常绿小乔木；生于海拔 850 – 1700m 的密林、狭谷、溪边林中；分布于梵净山等地。

9. 八角 *Illicium verum* **Hook. f.**

常绿乔木；生于海拔 800－1580m 的山谷、阴坡中；分布于习水、湄潭、江口、松桃、盘县、修文、贵阳、平塘、施秉、雷山等地。

十一、五味子科 Schisandraceae

（一）南五味子属 *Kadsura* **Jussieu**

1. 狭叶南五味子 *Kadsura angustifolia* **A. C. Sm.**

常绿木质藤本；分布于长顺、瓮安、独山、罗甸、福泉、都匀、三都、贵定、龙里等地。

2. 黑老虎 *Kadsura coccinea*（**Lem.**）**A. C. Sm.**

常绿木质藤本；生于海拔 400－1990m 的山脚林下；分布于开阳、七星关、道真、印江、西秀、麻阳河、佛顶山、剑河、麻江、江口、兴义、安龙、惠水、平塘、荔波、剑河、黎平、榕江、天柱、赤水、三都、水城等地。

3. 异形南五味子 *Kadsura heteroclita*（**Roxb.**）**Craib**

常绿木质藤本；生于海拔 400－2000m 的山坡林缘或疏林地中；分布于遵义、兴义、荔波、罗甸、惠水、龙里、雷山等地。

4. 南五味子 *Kadsura longipedunculata* **Finet et Gagnep.**

常绿木质藤本；生于海拔 500－1400m 的山坡、林中；分布于息烽、遵义、绥阳、湄潭、江口、碧江、兴义、贵阳、惠水、荔波、瓮安、独山、罗甸、福泉、龙里、天柱、黎平、从江、雷山、麻阳河、佛顶山、梵净山、宽阔水、赤水、麻江、三都、西秀、道真、万山、台江。

5. 冷饭藤 *Kadsura oblongifolia* **Merr.**

常绿木质藤本；生于海拔 500－1000m 的疏林中；分布于月亮山等地。

6. 仁昌南五味子 *Kadsura renchangiana* **S. F. Lan**

常绿木质藤本；生于海拔 700－1300m 的山坡、山谷林中；分布于梵净山等地。

（二）五味子属 *Schisandra* **Michaux**

1. 绿叶五味子 *Schisandra arisanensis* **subsp.** *viridis*（**A. C. Smith**）**R. M. K. Saunders**〖*Schisandra viridis* **A. C. Smith**〗

常绿木质藤本；生于海拔 200－1500m 的疏林、灌丛中；分布于开阳、贵阳、瓮安、荔波等地。

2. 二色五味子 *Schisandra bicolor* **Cheng**

落叶木质藤本；生于海拔 700－1500m 的山坡、林缘；分布于贵阳、大沙河、长顺等地。

3. 五味子 *Schisandra chinensis*（**Turcz.**）**Baill.**

落叶木质藤本；生于海拔 1200－1700m 的沟谷、溪旁、山坡；分布于大沙河、都匀、贵定等地。

4. 金山五味子 *Schisandra glaucescens* **Diels**

落叶木质藤本；生于海拔 1500－2100m 的林中或灌丛中；分布于大沙河等地。

5. 大花五味子 *Schisandra grandiflora*（**Wall.**）**Hook. f. et Thoms.**

落叶木质藤本；生于海拔 1800－2900m 的山坡林下灌丛中；分布于道真等地。

6. 翼梗五味子 *Schisandra henryi* **C. B. Clarke**

落叶木质藤本；生于海拔 500－1500m 的山坡阴处疏林下或灌丛中；分布于开阳、贵阳、大方、桐梓、印江、望谟、兴仁、兴义、清镇、关岭、罗甸、荔波、长顺、瓮安、独山、都匀、贵定、平塘、惠水、榕江、雷山等地。

7. 滇五味子 *Schisandra henryi* **subsp.** *yunnanensis*（**A. C. Smith**）**R. M. K. Saunders**〖*Schisandra henryi* **var.** *yunnanensis* **A. C. Smith**〗

落叶木质藤本；生于海拔 500－1500m 的山坡阴处疏林下或灌丛中；分布于湄潭等地。

8. 小花五味子 *Schisandra micrantha* **A. C. Sm.**

落叶木质藤本；生于海拔 1000 – 2900m 的山谷、溪边、林间；分布地不详。

9. 合蕊五味子 *Schisandra propinqua*（**Wall.**）**Baill.**

落叶木质藤本；生于海拔 2000 – 2200m 的河谷、山坡常绿阔叶林中；分布地不详。

10. 铁箍散 *Schisandra propinqua* **subsp.** *sinensis*（**Oliv.**）**R. M. K. Saunders**〔*Schisandra propinqua* **var.** *sinensis* **Oliv.**〕

落叶木质藤本；生于海拔 500 – 2000m 的山沟林下；分布于贵阳、清镇、镇宁、雷山、独山、都匀、罗甸等地。

11. 毛叶五味子 *Schisandra pubescens* **Hemsl. et Wils.**

落叶木质藤本；生于海拔 400 – 1000m 的山坡密林或溪边；分布于七星关、道真、梵净山、西秀、黎平、都匀等地。

12. 毛脉五味子 *Schisandra pubinervis*（**Rehd. et Wils.**）**R. M. K. Saunders**〔*Schisandra pubescens* **var.** *pubinervis*（**Rehd. et Wils.**）**A. C. Smith**〕

落叶木质藤本；生于海拔 1500 – 2500m 的山坡或林中；分布于大沙河等地。

13. 红花五味子 *Schisandra rubriflora*（**Franch.**）**Rehd. et Wils.**

落叶木质藤本；生于海拔 1000 – 1300m 的河谷、山坡林中；分布于大沙河等地。

14. 华中五味子 *Schisandra sphenanthera* **Rehd. et Wils.**

落叶木质藤本；生于海拔 740 – 1320m 的山坡路旁灌丛中、或山谷沟边杂木林下；分布于七星关、大方、绥阳、习水、湄潭、松桃、贵阳、开阳、荔波、罗甸、长顺、瓮安、独山、福泉、都匀、惠水、贵定、三都、龙里、佛顶山、麻阳河、宽阔水、赤水、普定、施秉、雷山等地。

十二、莲科 Nelumbonaceae

（一）莲属 *Nelumbo* Adanson

1. 莲 *Nelumbo nucifera* **Gaertn.**

直立、多年生水生草本；引种；黔东南、碧江、黔南、贵阳等地栽培。

十三、睡莲科 Nymphaeaceae

（一）芡属 *Euryale* Salisbury

1. 芡实 *Euryale ferox* **Salisb. ex K. D. Koenig et Sims**

一年生大型水生草本；生于湖塘池沼中；分布于黔东南、镇宁、普定、普安等地。

（二）萍蓬草属 *Nuphar* Smith

1. 萍蓬草 *Nuphar pumila*（**Timm**）**de DC.**〔*Nuphar borneti* **Lévl. et Vant.**〕

多年水生草本；生于池塘中；分布于凯里、贵阳、开阳、安龙等地。

2. 中华萍蓬草 *Nuphar pumila* **subsp.** *sinensis*（**Hand. -Mazz.**）**D. E. Padgett**

多年水生草本；生于池塘中；分布于安龙、贵阳等地。

（三）睡莲属 *Nymphaea* Linnaeus

1. 睡莲 *Nymphaea tetragona* **Georgi**

多年水生草本；生于池塘中；分布于贵阳、独山、荔波、遵义、兴义、马尾、雷山、凯里等地。

十四、金鱼藻科 Ceratophyllaceae

（一）金鱼藻属 *Ceratophyllum* Linnaeus

1. 金鱼藻 *Ceratophyllum demersum* L.

多年生水生草本；生于池塘、河沟中；分布于全省各地。

十五、毛茛科 Ranunculaceae

（一）乌头属 *Aconitum* Linnaeus

1. 乌头 *Aconitum carmichaelii* Debx .

多年生草本；生于海拔 900 – 1700m 的山坡灌丛中与林下；分布于赤水、湄潭、梵净山、凯里、岑巩、剑河、独山、贵阳、息烽、安龙等地。

2. 黔川乌头 *Aconitum cavaleriei* Lévl. et Vant.

多年生草本；分布于贵定等地。

3. 西南乌头 *Aconitum episcopale* Lévl.【*Aconitum vilmorinianum* var. *altifidum* W. T. Wang. 】

多年生草本；生于海拔 2400 – 2900m 的山地；分布于省内西部等地。

4. 梵净山乌头 *Aconitum fanjingshanicum* W. T. Wang

多年生草本；生于海拔 2200m 的山地；分布于梵净山等地。

5. 瓜叶乌头 *Aconitum hemsleyanum* E. Pritz.

多年生缠绕草本；生于海拔 1500m 的山谷阴处；分布于织金等地。

6. 拳距瓜叶乌头 *Aconitum hemsleyanum* var. *circinatum* W. T. Wang

多年生缠绕草本；生于海拔 530 – 1900m 的山坡灌丛中；分布于纳雍、盘县等地。

7. 岩乌头 *Aconitum racemulosum* Franch.

多年生草本；生于海拔 1620 – 2280m 的；分布于七星关、清镇等地。

8. 花葶乌头 *Aconitum scaposum* Franch.

多年生草本；生于海拔 1200 – 2000m 的山谷或林中阴湿处；分布于梵净山等地。

9. 聚叶花葶乌头 *Aconitum scaposum* var. *vaginatum* （Pritz. ）Rapaics

多年生草本；生海拔 1850 – 2000m 的山地林中或林边；分布地不详。

10. 高乌头 *Aconitum sinomontanum* Nakai

多年生草本；生于海拔 1100 – 2000m 的山坡林下；分布于开阳、纳雍、印江等地。

11. 狭盔高乌头 *Aconitum sinomontanum* var. *angustius* W. T. Wang

多年生草本；生于海拔 1400 – 1600m 的山谷林下；分布于桐梓等地。

12. 黄草乌 *Aconitum vilmorinianum* Kom.

多年生草本；生于海拔 1700m 的山坡上；分布于贵阳、七星关等地。

（二）类叶升麻属 *Actaea* Linnaeus

1. 类叶升麻 *Actaea asiatica* H. Hara

多年生草本；生于海拔 2000m 的林下或沟边阴处；分布于水城等地。

（三）侧金盏花属 *Adonis* Linnaeus

1. 短柱侧金盏花 *Adonis davidii* Franch.【*Adonis brevistyla* Franch. 】

多年生草本；生于海拔 2600m 的灌丛中；分布于威宁等地。

（四）银莲花属 *Anemone* Linnaeus

1. 卵叶银莲花 *Anemone begoniifolia* Lévl. et Vant.

多年生草本；生于海拔 600 – 800m 的沟边阴湿地；分布于开阳、兴仁、长顺、独山等地。

2. 西南银莲花 *Anemone davidii* Franch.

多年生草本；生于海拔 950 – 2400m 的山坡湿润地；分布于江口、凯里、雷山等地。

3. 鹅掌草 *Anemone flaccida* Fr. Schmidt

多年生草本；生于海拔 1100m 的山谷潮湿地；分布于凯里等地。

4. 拟卵叶银莲花 *Anemone howellii* Jeffrey et W. W. Sm.

多年生草本；生于海拔 1200 – 2300m 的山谷沟边阴湿处或疏林中；分布于安龙等地。

5. 打破碗花花 *Anemone hupehensis* Lem.

多年生草本；生于海拔 800 – 1980m 的山坡、路旁、沟边、田边、林边湿润处；分布于兴义、纳雍、大方、遵义、桐梓、江口、贵阳、平坝、凯里、都匀等地。

6. 钝裂银莲花 *Anemone obtusiloba* D. Don

多年生草本；分布于麻阳河等地。

7. 直果银莲花 *Anemone orthocarpa* Hand. -Mazz.

多年生草本；分布地不详。

8. 草玉梅 *Anemone rivularis* Buch. -Ham. ex DC.

多年生草本；生于海拔 850 – 2450m 的山坡潮湿处；分布于贵阳、修文、遵义、梵净山、凯里、兴义、安龙、雷公山等地。

9. 大火草 *Anemone tomentosa*（Maxim.）C. P'ei

多年生草本；生于海拔 700m 以上的山地草坡或路边阳处；分布于宽阔水等地。

10. 野棉花 *Anemone vitifolia* Buch. -Ham. ex DC.

多年生草本；生于海拔 1300m 山脚草地；分布于兴仁等地。

（五）耧斗菜属 *Aquilegia* Linnaeus

1. 无距耧斗菜 *Aquilegia ecalcarata* Maxim.

多年生草本；生于海拔 2200m 的灌丛中；分布于印江、梵净山等地。

2. 甘肃耧斗菜 *Aquilegia oxysepala* var. *kansuensis* Brühl

多年生草本；生于海拔 2300m 的山顶潮湿灌丛中；分布于威宁等地。

（六）星果草属 *Asteropyrum* J. R. Drummond et Hutchinson，

1. 裂叶星果草 *Asteropyrum cavaleriei*（Lévl. et Vant.）Drumm. et Hutch.

多年生草本；生于海拔 1000 – 1100m 的潮湿地、疏林下；分布于贵定、三都等地。

（七）铁破锣属 *Beesia* I. B. Balfour et W. W. Smith

1. 铁破锣 *Beesia calthifolia*（Maxim. ex Oliv.）Ulbr.

多年生草本；生于海拔 1000 – 1780m 的沟边、河边、林下；分布于雷山、江口、梵净山等地。

（八）鸡爪草属 *Calathodes* J. D. Hooker et Thomson

1. 多果鸡爪草 *Calathodes unciformis* W. T. Wang

多年生草本；生于海拔 1800 – 2000m 的山坡、山谷、疏林中；分布于省内西部等地。

（九）驴蹄草属 *Caltha* Linnaeus

1. 驴蹄草 *Caltha palustris* L.

多年生草本；生于海拔 1800 – 2540m 的山腹、阴处疏林中；分布于威宁、黔西等地。

（十）升麻属 *Cimicifuga* Linnaeus

1. 短果升麻 *Cimicifuga brachycarpa* P. G. Xiao

多年生草本；生于海拔 2000m 左右的林中荫湿处；分布于威宁、织金、赫章等地。

2. 升麻 *Cimicifuga foetida* L.

多年生草本；生于海拔 1600 – 2200m 的山坡灌丛中；分布于威宁、盘县、大方、赫章等地。

3. 小升麻 *Cimicifuga japonica*（Thunb.）Spreng.【*Cimicifuga acerina* Tanaka】

多年生草本；生于海拔 1500 - 1900m 的灌丛、草坡、林边湿润地；分布于赤水、印江、黎平等地。

4. 南川升麻 *Cimicifuga nanchuanensis* P. K. Hsiao

多年生草本；生于海拔 1500 - 1600m 的山坡灌丛中；分布于习水、梵净山等地。

5. 单穗升麻 *Cimicifuga simplex*（DC.）Wormsk. ex Turcz.

多年生草本；生于海拔 300 - 2300m 的山地草坪、潮湿的灌丛中；分布于大沙河等地。

（十一）铁线莲属 *Clematis* Linnaeus

1. 女萎 *Clematis apiifolia* DC.

木质藤本；生于海拔 1800 - 2100m 的灌木林中；分布于钟山、水城等地。

2. 钝齿铁线莲 *Clematis apiifolia* var. *argentilucida*（Lévl. et Vant.）W. T. Wang【*Clematis apiifolia* var. *obtusidentata* Rehd. et Wils.】

木质藤本；生于海拔 1000 - 1500m 的山坡、路旁灌丛中；分布于清镇、纳雍、绥阳、湄潭、三都、荔波、独山、罗甸、惠水、龙里、安龙等地。

3. 小木通 *Clematis armandii* Franch.

木质藤本；生于海拔 350 - 1500m 的山坡、山谷、路边灌丛中、林边或水沟旁；分布于赤水、正安、绥阳、梵净山、镇远、锦屏、雷山、贵阳、开阳、修文、宽阔水、榕江、贵定、荔波、长顺、瓮安、罗甸、福泉、三都、龙里等地。

4. 毛木通 *Clematis buchananiana* DC.

木质藤本；生于海拔 1200 - 2800m 的山区林边、沟边开阔地带的灌丛中；分布于兴仁、贞丰等地。

5. 威灵仙 *Clematis chinensis* Osbeck

木质藤本；生于海拔 300 - 1200m 的山坡、山谷灌丛中或沟边、路旁草丛中；分布于赤水、梵净山、贵阳、清镇、开阳、修文、瓮安、罗甸、长顺、独山、福泉、荔波、都匀、惠水、三都、龙里等地。

6. 厚叶铁线莲 *Clematis crassifolia* Benth.

木质藤本；生于海拔 500 - 850m 的低山常绿阔叶林林下或道路路旁；分布于梵净山等地。

7. 两广铁线莲 *Clematis chingii* W. T. Wang

木质藤本；生于海拔 600 - 1400m 的山坡灌丛中；分布于贵阳、册亨、荔波、瓮安、罗甸等地。

8. 金毛铁线莲 *Clematis chrysocoma* Franch.

木质藤本；生于海拔 1000 - 2400m 的向阳灌丛中；分布于威宁、麻江、都匀、福泉等地。

9. 平坝铁线莲 *Clematis clarkeana* Lévl. et Vant.【*Clematis anshunensis* M. Y. Fang.】

木质藤本；生于山坡林边；分布于清镇、平坝、西秀、六枝、安龙、惠水、三都、龙里等地。

10. 杯柄铁线莲 *Clematis connata* var. *trullifera*（Franch.）W. T. Wang【*Clematis trullifera*（Franch.）Finet et Gagnep.】

木质藤本；生于海拔 2800m 以下的山坡灌丛中；分布于赫章等地。

11. 滑叶藤 *Clematis fasciculiflora* Franch.

木质藤本；生于海拔 1500 - 2000m 的山坡丛林、草丛中或林边；分布于黔西南等地。

12. 山木通 *Clematis finetiana* Lévl. et Vant.

木质藤本；生于海拔 950 - 1300m 的山坡灌丛中或沟边；分布于开阳、贵阳、印江、剑河、雷山、平塘、长顺、瓮安、独山、罗甸、福泉、荔波、都匀、惠水、龙里、兴义、安龙、关岭等地。

13. 小蓑衣藤 *Clematis gouriana* Roxb. ex DC.

木质藤本；生于海拔 700 - 1600m 的山谷、路旁灌丛中；分布于贵阳、湄潭、普安、册亨、大方、平坝、凯里、瓮安、罗甸、惠水、龙里等地。

14. 粗齿铁线莲 *Clematis grandidentata*（Rehd. et Wils.）W. T. Wang【*Clematis argentilucida* W.

T. Wang】

落叶藤本；生于海拔 1000 – 2000m 的山坡或山沟灌丛中；分布于贵阳、开阳、修文、大方、长顺、独山、罗甸等地。

15. 丽江铁线莲 *Clematis grandidentata* var. *likiangensis*（Rehd.）W. T. Wang【*Clematis argenti-lucida* var. *likiangensis*（Rehd.）W. T. Wang.】

落叶藤本；生于海拔 1150 – 2000m 的山坡灌丛中；分布于兴义、兴仁等地。

16. 金佛铁线莲 *Clematis gratopsis* W. T. Wang

落叶藤本；生于海拔 500 – 1700m 的山坡灌丛中；分布于凤冈等地。

17. 单叶铁线莲 *Clematis henryi* Oliv.

木质藤本；生于海拔 200 – 1700m 的溪边、山谷、阴湿的坡地、林下及灌丛中，缠绕于树上；分布于开阳、贵阳、江口、贞丰、雷山、雷公山、麻江、长顺、都匀、惠水、三都、龙里等地。

18. 毛单叶铁线莲 *Clematis henryi* var. *mollis* W. T. Wang

木质藤本；生于海拔 400 – 500m 的山谷森林或灌丛中；分布地不详。

19. 大叶铁线莲 *Clematis heracleifolia* DC.

直立草本或半灌木；生于海拔 300 – 2000m 的林缘或灌丛中；分布于黔东南等地。

20. 滇川铁线莲 *Clematis kockiana* Schneid.

木质藤本；生于海拔 1600m 以上的山坡、森林中；分布省内西部等地。

21. 贵州铁线莲 *Clematis kweichowensis* C. Péi

木质藤本；生于海拔 1400 – 2100m 的山坡林下的阴湿环境中，攀援于树上；分布于盘县等地。

22. 毛蕊铁线莲 *Clematis lasiandra* Maxim.

草质藤本；生于海拔 680 – 1300m 的林边、路旁灌丛中；分布于印江、江口、贵定、遵义、贵阳、长顺等地。

23. 绣毛铁线莲 *Clematis leschenaultiana* DC.

木质藤本；生于海拔 1000 – 1200m 的山坡灌丛中；安龙、兴义、独山、罗甸等地。

24. 荔波铁线莲 *Clematis liboensis* Z. R. Xu

木质藤本；生于海拔 800m 左右的石灰岩丘陵上的森林中；分布于荔波等地。

25. 凌云铁线莲 *Clematis lingyunensis* W. T. Wang

木质藤本；生于溪边疏林中；分布地不详。

26. 毛柱铁线莲 *Clematis meyeniana* Walp.

木质藤本；生于海拔 1250 – 1600m 的山坡灌丛中；分布于息烽、贵阳、赤水、梵净山、雷山、榕江、贞丰、兴义、安龙、册亨、独山、罗甸、荔波等地。

27. 绣球藤 *Clematis montana* Buch. -Ham. ex DC.

木质藤本；生于海拔 1300 – 2300m 的林边与灌丛中；分布于印江、雷山、梵净山、都匀、惠水、三都、龙里等地。

28. 大花绣球藤 *Clematis montana* var. *longipes* W. T. Wang【*Clematis montana* var. *grandiflora* Hook.】

木质藤本；生于海拔 600m 的林边；分布于贞丰、荔波、罗甸等地。

29. 合苞铁线莲 *Clematis napaulensis* DC.

木质藤本；生于海拔 1800 – 2400m 的山坡林中；分布地不详。

30. 裂叶铁线莲 *Clematis parviloba* Gardn. et Champ.

落叶藤本；生于海拔 850 – 1300m 的山坡灌丛中；分布于威宁、兴仁、册亨、湄潭、贵阳、瓮安、贵定、长顺、福泉、荔波、惠水、龙里、麻江、黔西、大方等地。

31. 钝萼铁线莲 *Clematis peterae* Hand. -Mazz.

木质藤本；生于海拔 1300－1700m 的林中、灌丛中或溪边；分布于湄潭、遵义、纳雍、大方、威宁、兴仁、水城、三都、龙里等地。

32. 毛果铁线莲 *Clematis peterae* var. *trichocarpa* W. T. Wang

木质藤本；生于海拔 600－2400m 的山坡、山谷、溪边灌丛中或山脚路边；分布于兴义等地。

33. 华中铁线莲 *Clematis pseudootophora* M. Y. Fang

攀援草质藤本；生于海拔 1280m 的阳坡的沟边、林下及灌丛中；分布于梵净山等地。

34. 扬子铁线莲 *Clematis puberula* var. *ganpiniana* (Lévl. et Vant.) W. T. Wang【*Clematis ganpiniana* (Lévl. et Vant.) Tamura】

木质藤本；生于海拔 1200－1600m 地山坡灌丛或疏林中；分布于湄潭、西秀、平坝、雷山、瓮安、荔波、惠水、龙里等地。

35. 毛果扬子铁线莲 *Clematis puberula* var. *tenuisepala* (Maxim.) W. T. Wang【*Clematis ganpiniana* var. *tenuisepala* (Maxim.) C. T. Ting】

木质藤本；生于海拔 250－1000m 的山坡林下、沟边或路边草丛；分布于梵净山等地。

36. 五叶铁线莲 *Clematis quinquefoliolata* Hutch.

木质藤本；生于海拔 1350m 的山坡灌丛中或林边；分布于贵阳、印江、道真、长顺等地。

37. 毛茛铁线莲 *Clematis ranunculoides* Franch.

草质藤本；生于海拔 500－2500m 的灌丛中或溪边湿润地；分布于印江、江口、贵定、遵义、贵阳等地。

38. 曲柄铁线莲 *Clematis repens* Finet et Gagnep.

攀援藤本；生于海拔 1900m 的林中；分布于雷山、罗甸、荔波等地。

39. 莓叶铁线莲 *Clematis rubifolia* Wright

木质藤本；生于海拔 800－2000m 的山谷，坡地及林边，攀援于树上；分布于黔南等地。

40. 半钟铁线莲 *Clematis sibirica* var. *ochotensis* (Pallas) S. H. Li et Y.【*Clematis platyseppala* (Trautv. et Meg) Hand. -Mazz】

木质藤本；生于海拔 600－1200m 的山谷、林边及灌丛中；分布于大沙河等地。

41. 菝葜叶铁线莲 *Clematis smilacifolia* Wall.【*Clematis loureiriana* DC.】

木质藤本；生于海拔 1300－2300m 的沟边、山坡及林中，攀援于树枝上；分布于兴义等地。

42. 细梗铁线莲 *Clematis tenuipes* W. T. Wang【*Clematis parviloba* var. *tenuipes* (W. T. Wang) C. T. Ting.】

木质藤本；生于海拔 800m 的山谷疏林中；分布于平塘等地。

43. 狭卷萼铁线莲 *Clematis tubulosa* var. *ichangense* (Rehd. et Wils.) W. T. Wang

木质藤本；分布于施秉等地。

44. 柱果铁线莲 *Clematis uncinata* Champ. et Benth.

木质藤本；生于海拔 750－1300m 的山坡灌丛中；分布于兴仁、兴义、安龙、望谟、贵阳、平塘、独山、罗甸、都匀、惠水、三都、龙里、榕江、松桃、德江等地。

45. 尾叶铁线莲 *Clematis urophylla* Franch.

木质藤本；生于海拔 400－900m 的山坡灌丛中或路边；分布于兴义、兴仁、安龙、贵定、福泉、都匀、惠水、龙里、麻江、黔西等地。

46. 云贵铁线莲 *Clematis urophylla* Franch.

木质藤本；生于海拔 1000－1650m 的山坡、林边或林中；分布于罗甸、惠水、龙里等地。

47. 云南铁线莲 *Clematis vaniotii* Lévl.

木质藤本；生于海拔 1600－2900m 的山坡、溪边或林中；分布于钟山等地。

48. 对叶铁线莲 *Clematis zygophylla* Hand. -Mazz.

木质藤本；分布于西秀等地。

（十二）黄连属 *Coptis* Salisbury

1. 黄连 *Coptis chinensis* Franch.

多年生草本；生于海拔 900 – 1300m 的林中潮湿处；分布于贵阳、桐梓、正安、印江、江口、凯里、三都等地。

（十三）翠雀属 *Delphinium* Linnaeus

1. 白蓝翠雀花 *Delphinium albocoeruleum* Maxim.

多年生草本；生于海拔 1800 – 2000m 的林缘或山坡草地；分布于钟山、水城等地。

2. 还亮草 *Delphinium anthriscifolium* Hance【*Delphinium anthriscifolium* var. *calleryi*（Franch.）】

多年生草本；生于海拔 300 – 1300m 的河边或山坡灌丛中；分布于赤水、湄潭、贵阳、兴义、望谟、罗甸、平塘、榕江、剑河等地。

3. 大花还亮草 *Delphinium anthriscifolium* var. *majus* Pamp.

多年生草本；生于海拔 180 – 1740m 的山地；分布于剑河等地。

4. 卵瓣还亮草 *Delphinium anthriscifolium* var. *savatieri*（Franch.）Munz

多年生草本；生于海拔 300 – 1300m 的草坡中；分布于贵阳、天柱等地。

5. 滇川翠雀花 *Delphinium delavayi* Franch.

多年生草本；生于海拔 1500 – 2300m 的山坡、路旁；分布于盘县、兴义等地。

6. 须花翠雀花 *Delphinium delavayi* var. *pogonanthum*（Hand. -Mazz.）W. T. Wang

多年生草本；生于海拔 1500 – 2200m 的阴处、灌木林中；分布于威宁、赫章、水城、盘县等地。

7. 毛梗翠雀花 *Delphinium eriostylum* Lévl.【*Delphinium bonvalotii* var. *eriostylum*（Lévl.）W. T. Wang.】

多年生草本；生于海拔 600 – 1900m 的溪边或草坡上；分布于七星关等地。

8. 糙叶毛梗翠雀花 *Delphinium eriosylum* var. *hispidum*（W. T. Wang）W. T. Wang【*Delphinium bonvalotii* var. *hispidum* W. T. Wang】

多年生草本；生于海拔 1200m 的山坡草地；分布于望谟等地。

9. 峨眉翠雀花 *Delphinium omeiense* W. T. Wang

多年生草本；生于海拔 1750m 的林中；分布于水城等地。

10. 螺距黑水翠雀花 *Delphinium potaninii* var. *bonvalotii*（Franch.）W. T. Wang【*Delphinium bonvalotii* Franch.】

多年生草本；分布于威宁等地。

11. 水城翠雀花 *Delphinium shuichengense* W. T. Wang

多年生草本；生于海拔 1800m 的山谷灌丛中；分布于水城等地。

12. 长距翠雀花 *Delphinium tenii* Lévl.

多年生草本；生于海拔 1970m 的山地草坡或林边；分布于水城等地。

13. 三小叶翠雀花 *Delphinium trifoliolatum* Finet et Gagnep.

多年生草本；生于海拔 1600m 的林中；分布于施秉、大沙河等地。

14. 威宁翠雀花 *Delphinium weiningense* W. T. Wang

多年生草本；生于海拔 2100m 的坡地；分布于威宁等地。

15. 云南翠雀花 *Delphinium yunnanense*（Franch.）Franch.

多年生草本；生于海拔 1700 – 2000m 的灌丛中；分布于大方、盘县、晴隆等地。

（十四）人字果属 *Dichocarpum* W. T. Wang et P. K. Hsiao

1. 铁线蕨叶人字果 *Dichocarpum adiantifolium*（Hk. f. et Thoms.）W. T. Wang et Hsiao

多年生草本；生于海拔 1200 – 1600m 的林下或沟边阴湿处；分布地不详。

2. 耳状人字果 *Dichocarpum auriculatum*（Franch.）W. T. Wang et P. G. Xiao

多年生草本；生于海拔 650 – 1600m 的山地阴处或疏林下石缝中；分布地不详。

3. 蕨叶人字果 *Dichocarpum dalzielii*（J. R. Drumm. et Hutch.）W. T. Wang et P. G. Xiao

多年生草本；生于海拔 750 – 1600m 的山地密林下、溪旁及沟边等的荫湿处；分布于兴仁、印江等地。

4. 金沙人字果 *Dichocarpum dalzielii* var. *jinshaense* D. Z. Fu et S. Z. He

多年生草本；生境不详；分布于金沙等地。

5. 纵肋人字果 *Dichocarpum fargesii*（Franch.）W. T. Wang et P. G. Xiao

多年生草本；生于海拔 1300 – 1600m 的山谷阴湿处；分布于梵净山等地。

6. 小花人字果 *Dichocarpum franchetii*（Finet et Gagnep.）W. T. Wang et P. G. Xiao

多年生草本；生于海拔 1100 – 1650m 的山地密林或疏林中或沟底潮湿处；分布于印江、雷公山、凯里等地。

7. 人字果 *Dichocarpum sutchuenense*（Franch.）W. T. Wang et P. G. Xiao

多年生草本；生于海拔 1450 – 2150m 的山地林下湿润处或溪边的岩石旁；分布于大沙河等地。

（十五）碱毛茛属 *Halerpestes* Green

1. 碱毛茛 *Halerpestes sarmentosa*（Adams）Kom.

多年生草本；生于海拔 2000m 以下的山坡上；分布于大沙河等地。

（十六）铁筷子属 *Helleborus* Linnaeus

1. 铁筷子 *Helleborus thibetanus* Franch.

多年生草本；生于海拔 1100m 以上的山地林中或灌丛中；分布于正安等地。

（十七）獐耳细辛属 **Hepatica Miller**

1. 川鄂獐耳细辛 *Hepatica henryi*（Oliv.）Steward

多年生草本；生于海拔 1300 – 2500m 的山地林下或阴湿草坡；分布于习水等地。

（十八）毛茛属 *Ranunculus* Linnaeus

1. 禺毛茛 *Ranunculus cantoniensis* DC.

多年生草本；生于海拔 500 – 2500m 的田边、沟旁水湿地；分布于赤水、松桃、贵阳、纳雍、凯里、独山、罗甸、望谟、安龙、兴义等地。

2. 茴茴蒜 *Ranunculus chinensis* Bunge

一年生草本；生于海拔 700 – 2500m 的溪边、田旁的水湿草地；分布于赤水、绥阳、遵义、松桃、碧江、黎平、七星关、普定、兴仁、册亨等地。

3. 铺散毛茛 *Ranunculus diffusus* DC.

多年生草本；生于海拔 1000 – 2900m 的林缘和湿润草丛中；分布于钟山、水城等地。

4. 西南毛茛 *Ranunculus ficariifolius* Lévl. et Vant.

一年生草本；生于海拔 1000 – 2000m 的林缘湿地和水沟旁；分布于贵定、雷山等地。

5. 毛茛 *Ranunculus japonicus* Thunb.

多年生草本；生于海拔 200 – 2500m 的田沟旁和林缘路边的湿草地上；分布于正安、赤水、绥阳、松桃、碧江、江口、大方、七星关、威宁、普定、贵阳、息烽、贵定、雷山、黎平、荔波、晴隆、兴仁等地。

6. 伏毛毛茛 *Ranunculus japonicus* var. *propinquus*（C. A. Mey.）W. T. Wang

多年生草本；生于海拔 1200 – 1500m 的林缘路边；分布于兴义、平坝等地。

7. 昆明毛茛 *Ranunculus kunmingensis* W. T. Wang

多年生草本；生于海拔 1500 – 2700m 的山坡、溪边、疏林或灌丛中；分布于钟山、水城等地。

8. 展毛昆明毛茛 *Ranunculus kunmingensis* var. *hispidus* W. T. Wang

多年生草本；生于海拔 1800m 左右的山坡、林缘；分布于钟山等地。

9. 石龙芮 *Ranunculus sceleratus* **L.**

一年生草本；生于海拔 200－2300m 的河沟边及平原湿地；分布于赤水、正安、遵义、碧江、贵阳、大方、七星关、威宁、普定、晴隆、兴义、册亨、罗甸等地。

10. 棱喙毛茛 *Ranunculus trigonus* **Hand. -Mazz.**【*Ranunculus shuichengensis* **L. Liao**】

多年生草本；生于海拔 1700－1800m 的林缘沟旁湿草地中；分布于钟山、水城等地。

11. 扬子毛茛 *Ranunculus sieboldii* **Miq.**

多年生草本；生于海拔 300－2500m 的山坡林边及平原湿地；分布于兴仁、望谟、罗甸、绥阳、遵义、七星关、梵净山、贵定等地。

12. 钩柱毛茛 *Ranunculus silerifolius* **Lévl.**

多年生草本；生于海拔 1000－2000m 的草坡或沟旁；分布地不详。

13. 长花毛茛 *Ranunculus silerifolius* **var.** *dolicanthus* **L. Liao**

多年生草本；生于海拔 1200－1300m 的草坡；分布地不详。

14. 褐鞘毛茛 *Ranunculus sinovaginatus* **W. T. Wang**【*Ranunculus vaginatus* **Hand. -Mazz.**】

多年生草本；生于海拔 1500－2900m 的山坡草丛或沟旁；分布于水城等地。

（十九）天葵属 *Semiaquilegia* Makino

1. 天葵 *Semiaquilegia adoxoides*（**DC.**）**Makino**

多年生草本；生于海拔 800－1200m 的山坡、灌丛边湿润处；分布于兴义、兴仁、七星关、威宁、赤水、正安、遵义、碧江、黎平、贵阳等地。

（二〇）唐松草属 *Thalictrum* Linnaeus

1. 尖叶唐松草 *Thalictrum acutifolium*（**Hand. -Mazz.**）**B. Boivin**

多年生草本；生于海拔 800－2000m 的山沟、山脚潮湿处；分布于黎平、雷公山、凯里、江口、印江、正安、务川、绥阳等地。

2. 直梗高山唐松草 *Thalictrum alpinum* **var.** *elatum* **O. E. Ulbr.**

多年生草本；生于海拔 2400m 的山顶；分布于威宁等地。

3. 星毛唐松草 *Thalictrum cirrhosum* **Lévl.**

多年生草本；生于海拔 2200－2400m 的山地沟旁灌丛中或山坡上；分布于威宁等地。

4. 偏翅唐松草 *Thalictrum delavayi* **Franch.**

多年生草本；生于海拔 1900m 的山坡灌丛中；分布于纳雍、威宁等地。

5. 角药偏翅唐松草 *Thalictrum delavayi* **var.** *mucronatum*（**Finet et Gagnep.**）**W. T. Wang et S. H. Wang**

多年生草本；生于海拔 1900m 的山坡草地或林中；分布于威宁、盘县等地。

6. 梵净山唐松草 *Thalictrum fanjingshanense* **S. Z. He et B. L. Guo**

多年生草本；分布于梵净山等地。

7. 西南唐松草 *Thalictrum fargesii* **Franch. ex Finet et Gagnep.**

多年生草本；生于海拔 1300－2400m 的山地林中、草地、陡崖旁或沟边；分布于正安等地。

8. 多叶唐松草 *Thalictrum foliolosum* **DC.**

多年生草本；生于海拔 1500－2900m 的山地林中或草坡；分布于大沙河等地。

9. 盾叶唐松草 *Thalictrum ichangense* **Lecoy. ex Oliv.**

多年生草本；生于海拔 600－1900m 山地沟边、灌丛中或林中；分布于兴义、晴隆、西秀、关岭、修文、松桃、水城、凯里等地。

10. 爪哇唐松草 *Thalictrum javanicum* **Bl.**

多年生草本；生于海拔 800－2300m 的山谷、水旁；分布于清镇、威宁、梵净山、雷公山、凤冈、湄潭、黄平、赫章、紫云等地。

11. 微毛爪哇唐松草 *Thalictrum javanicum* var. *puberulum* W. T. Wang

多年生草本；生于山坡灌丛中；分布于威宁等地。

12. 小果唐松草 *Thalictrum microgynum* Lecoy. ex Oliv.

多年生草本；生于海拔 800 – 1100m 的草丛或灌木林下；分布于务川等地。

13. 东亚唐松草 *Thalictrum minus* var. *hypoleucum*（Siebold et Zucc.）Miq.

多年生草本；生于海拔 1100 – 1300m 的山坡草地与林边灌丛中；分布于遵义、湄潭、沿河、松桃、贵阳、清镇、兴义等地。

14. 拟盾叶唐松草 *Thalictrum pseudoichangense* Q. E. Yang et G. H. Zhu

多年生草本；分布于黔西南等地。

15. 多枝唐松草 *Thalictrum ramosum* B. Boivin

多年生草本；生于海拔 800 – 1400m 的山坡灌丛中；分布于德江等地。

16. 网脉唐松草 *Thalictrum reticulatum* Franch.

多年生草本；生于海拔 2200 – 2500m 的山坡草丛或疏林中；分布于威宁等地。

17. 狭翅钩柱唐松草 *Thalictrum uncatum* var. *angustialatum* W. T. Wang

多年生草本；生于海拔 1550m 的山地沟边；分布于威宁等地。

18. 弯柱唐松草 *Thalictrum uncinulatum* Franch. ex Lecoy.

多年生草本；生于海拔 1500 – 2000m 的山坡林下；分布于纳雍、遵义等地。

（二一）尾囊草属 *Urophysa* Ulbrich

1. 尾囊草 *Urophysa henryi*（Oliv.）Ulbr.

多年生草本；生于山地岩石旁或陡崖上；分布于松桃等地。

十六、小檗科 Berberidaceae

（一）小檗属 *Berberis* Linnaeus

1. 渐尖叶小檗 *Berberis acuminata* Franch.

常绿灌木；生于海拔 1420 – 1800m 的山坡灌丛中；分布于清镇、普安、安龙等地。

2. 峨眉小檗 *Berberis aemulans* Schneid.

落叶灌木；生于海拔 1950m 的山坡路旁或灌丛中；分布于桐梓等地。

3. 堆花小檗 *Berberis aggregata* Schneid.

半常绿灌木；生于海拔 1300 – 2350m 的山坡灌丛中；分布于威宁、水城、金沙、黔西、贵阳、荔波等地。

4. 黄芦木 *Berberis amurensis* Rupr.

落叶灌木；生于海拔 1100 – 2850m 的山地灌丛中、沟谷、林缘、疏林中、溪旁或岩石旁；分布于大沙河等地。

5. 锐齿小檗 *Berberis arguta*（Franch.）Schneid.

常绿灌木；生于海拔 1350 – 2300m 的山坡林中或竹林中潮湿地；分布于桐梓、雷公山、兴义等地。

6. 黑果小檗 *Berberis atrocarpa* Schneid.

常绿灌木；生于海拔 600 – 2800m 的山坡灌丛中；分布于贵阳、威宁、瓮安等地。

7. 汉源小檗 *Berberis bergmanniae* Schneid.

常绿灌木；生于海拔 1150 – 1300m 的山坡林下或路旁林缘；分布于道真、贵阳等地。

8. 二色小檗 *Berberis bicolor* Lévl.

常绿灌木；生于海拔 1300 – 2000m 的山顶或沟谷林中；分布于黎平、雷公山、贵定、龙里、惠水、贵阳、梵净山、兴义、威宁、黔西等地。

9. 贵州小檗 *Berberis cavaleriei* Lévl.

常绿灌木；生于海拔 800 – 2300m 的山坡灌丛中或路旁；分布于岑巩、都匀、贵定、开阳、贵阳、清镇、黔西、平坝、西秀、普安、威宁等地。

10. 华东小檗 *Berberis chingii* Cheng

常绿灌木；生于海拔 680 – 840m 的山坡灌丛中；分布于贵阳、锦屏、黎平等地。

11. 淳安小檗 *Berberis chunanensis* T. S. Ying

常绿灌木；生于海拔 1400 – 1900m 的林下或石隙中；分布于六盘水等地。

12. 贡山小檗 *Berberis coryi* Veitch

半常绿灌木；生于海拔 1400 – 1900m 的悬崖、干燥岩坡或岩堆上；分布于六盘水等地。

13. 直穗小檗 *Berberis dasystachya* Maxim.

落叶灌木；海拔 800 – 2400m 的向阳山地灌丛中、山谷溪旁、林缘、林下、草丛中；分布于梵净山等地。

14. 壮刺小檗 *Berberis deinacantha* Schneid.

常绿灌木；生于海拔 1800 – 2400m 的山坡草地或山顶灌丛中；分布于威宁、盘县等地。

15. 刺红珠 *Berberis dictyophylla* Franch.

落叶灌木；生于海拔 1300 – 2500m 的灌丛、林缘、路旁等地；分布于省内西部等地。

16. 丛林小檗 *Berberis dumicola* Schneid.

常绿灌木；生于海拔 1400 – 1900m 的山坡灌丛中、林缘、路边或向阳山石坡；分布于六盘水等地。

17. 南川小檗 *Berberis fallaciosa* Schneid.

常绿灌木；生于海拔 1400 – 1900m 的山坡灌丛中、林下、路边、沟边或林缘；分布于钟山等地。

18. 大叶小檗 *Berberis ferdinande – coburgii* Schneid.

常绿灌木；生于海拔 1400 – 1900m 山坡及路边灌丛中；分布于六盘水等地。

19. 福建小檗 *Berberis fujianensis* C. M. Hu

常绿灌木；生于海拔 1600 – 2300m 的山谷林下或山顶灌丛中；分布于梵净山、施秉等地。

20. 湖北小檗 *Berberis gagnepainii* Schneid.【*Berberis gagnepainii* var. *lanceifolia* Ahrendt】

常绿灌木；生于海拔 700 – 2600m 的山坡林中或灌丛中；分布于贵阳、梵净山、凤冈、务川、贞丰、碧江等地。

21. 毕节小檗 *Berberis guizhouensis* T. S. Ying

常绿灌木；生于海拔 1350 – 2540m 的山坡灌丛中；分布于威宁、七星关、赫章等地。

22. 川鄂小檗 *Berberis henryana* Schneid.

落叶灌木；生于海拔 1700m 的林下沟边；分布于梵净山等地。

23. 西昌小檗 *Berberis insolita* Schneid.

常绿灌木；生于海拔 1450m 的山坡灌丛中；分布于桐梓等地。

24. 金佛山小檗 *Berberis jingfushanensis* T. S. Ying

常绿灌木；分布于海拔 1650m 的杂木林中、路旁荒坡；分布于大沙河等地。

25. 豪猪刺 *Berberis julianae* Schneid.

常绿灌木；生于海拔 1100 – 2540m 的山坡灌丛中及路旁、草地、林缘；分布于黄平、雷公山、独山、惠水、长顺、瓮安、罗甸、福泉、都匀、贵定、三都、龙里、开阳、息烽、贵阳、清镇、修文、镇宁、黔西、遵义、西秀、普安、威宁等地。

26. 滑叶小檗 *Berberis liophylla* Schneid.

常绿灌木；生于海拔 1400 – 1900m 的林缘或灌丛中；分布于六盘水等地。

27. 万源小檗 *Berberis metapolyantha* Ahrendt

半常绿灌木；海拔 1400 – 1900m 的山坡、路边；分布于钟山等地。

28. 淡色小檗 *Berberis pallens* Franch

落叶灌木；生于海拔 1400 – 1900m 的山坡灌丛；分布于六盘水等地。

29. 盘县小檗 *Berberis panxianensis* Hsiao

落叶灌木；生于海拔 1600 – 1800m 的山坡林缘；分布于盘县、兴仁等地。

30. 平坝小檗 *Berberis pingbaensis* M. T. An

半常绿灌木；生于海拔 1300m 左右的灌丛和灌草坡中；分布于平坝等地。

31. 细叶小檗 *Berberis poiretii* Schneid.

落叶灌木；生于海拔 600 – 2300m 的山地灌丛、山沟河岸或林下；分布于大沙河等地。

32. 刺黄花 *Berberis polyantha* Hemsl.

半常绿灌木；生于海拔 1650m 的林下；分布于桐梓等地。

33. 粉叶小檗 *Berberis pruinosa* Franch.

常绿灌木；生于海拔 1220 – 2390m 的山坡或河滩灌丛中；分布于遵义、威宁、盘县、关岭、兴仁等地。

34. 柳叶小檗 *Berberis salicaria* Fedde

落叶灌木；生于海拔 1200m 的山坡疏林中、林下或林缘；分布于兴义等地。

35. 刺黑珠 *Berberis sargentiana* Schneid.

常绿灌木；生于海拔 1600m 左右的山坡灌丛中、路边、岩缝、竹林中或山沟旁林下；分布于佛顶山等地。

36. 华西小檗 *Berberis silva – taroucana* Schneid.

常绿灌木；生于海拔 1600m 的山坡林缘、灌丛中；分布于开阳等地。

37. 假豪猪刺 *Berberis soulieana* Schneid.

常绿灌木；生于海拔 840m 的山坡灌丛中；分布于松桃等地。

38. 亚尖叶小檗 *Berberis subacuminata* Schneid.

常绿灌木；生于海拔 700 – 1700m 的山坡林下或灌丛中；分布于梵净山、安龙等地。

39. 川西小檗 *Berberis tischleri* Schneid.

落叶灌木；生于海拔 1400 – 1900m 的山坡灌丛中或林中；分布于六盘水等地。

40. 芒齿小檗 *Berberis triacanthophora* Fedde

常绿灌木；生于海拔 1450 – 2200m 的山坡灌丛中；分布于大方、纳雍、水城等地。

41. 永思小檗 *Berberis tsienii* T. S. Ying

落叶灌木；生于海拔 2100 – 2160m 的山谷灌丛中；分布于盘县、水城、贵定等地。

42. 巴东小檗 *Berberis veitchii* Schneid.

常绿灌木；生于海拔 700 – 1350m 的山坡灌丛中或林下沟边；分布于梵净山、石阡、施秉等地。

43. 春小檗 *Berberis vernalis*（Schneid.）Chamb.

常绿灌木；生于海拔 1400 – 1900m 的灌丛或林下；分布于六盘水等地。

44. 庐山小檗 *Berberis virgetorum* Schneid.

落叶灌木；生于海拔 800 – 1600m 的山谷林缘；分布于梵净山、沿河、绥阳等地。

45. 西山小檗 *Berberis wangii* Schneid.

常绿灌木；生于海拔 1200 – 1900m 的山坡灌丛、岩石缝中；分布于关岭、盘县等地。

46. 威宁小檗 *Berberis weiningensis* T. S. Ying

常绿灌木；生于海拔 1950 – 2600m 的山坡灌丛中或山地草地；分布于威宁等地。

47. 威信小檗 *Berberis weixinensis* S. Y. Bao

常绿灌木；生于海拔 1800m 的河边、路旁；分布于钟山等地。

48. 金花小檗 *Berberis wilsoniae* Hemsl.

落叶或半常绿灌木；生于海拔 1400 – 2200m 的高山灌丛、林缘及路边；分布于威宁、盘县、水城、七星关、镇宁、贵阳、赫章、纳雍、织金、金沙、大方、惠水、三都、龙里等地。

49. 古宗金花小檗 *Berberis wilsoniae* var. *guhtzunica*（Ahrendt）Ahrendt

半常绿灌木；生于海拔 1400 – 2160m 的山坡路旁岩石缝中或草地；分布于威宁、水城、贵阳等地。

50. 梵净小檗 *Berberis xanthoclad* Schneid.

常绿灌木；生于海拔 1300 – 2300m 的山坡林下或山顶灌丛中；分布于梵净山、雷公山等地。

51. 鄂西小檗 *Berberis zanlanscianensis* Pamp.

常绿灌木；生于海拔 1600 – 1750m 的山坡密林中；分布于安龙等地。

52. 紫云小檗 *Berberis ziyunensis* P. G. Xiao

常绿灌木；生于海拔 640 – 1300m 的石灰岩山地灌丛中；分布于荔波、紫云、惠水等地。

（二）红毛七属 *Caulophyllum* Michaux

1. 红毛七 *Caulophyllum robustum* Maxim.

多年生草本；生于海拔 1500 – 2500m 的山谷林下或沟旁；分布于梵净山、桐梓、绥阳等地。

（三）八角莲属 *Dysosma* Woodson

1. 小八角莲 *Dysosma difformis*（Hemsl. et E. H. Wilson）T. H. Wang

多年生草本；生于海拔 800 – 1950m 的山地林下湿地；分布于桐梓、石阡、雷公山、荔波、罗甸、安龙等地。

2. 贵州八角莲 *Dysosma majorensis*（Gagnep.）Ying

多年生草本；生于海拔 750 – 1800m 的山谷林下及沟旁；分布于梵净山、沿河、道真、务川、正安、施秉、麻江、台江、雷公山、黄平、三都、龙里、贵定、赤水、习水、纳雍等地。

3. 川八角莲 *Dysosma veitchii*（Hemsl. et E. H. Wilson）Fu et Ying

多年生草本；生于海拔 1200 – 2500m 的山谷林下潮湿地；分布于梵净山、雷公山、台江、榕江、正安、绥阳、贵阳、七星关、威宁、赫章、纳雍、水城、安龙等地。

4. 八角莲 *Dysosma versipellis*（Hance）M. Cheng

多年生草本；生于海拔 300 – 2400m 的山地林下；分布于碧江、镇远、天柱、锦屏、黄平、雷公山、三都、平塘、荔波、威宁、水城、关岭、镇宁、西秀、紫云、惠水、望谟、册亨、安龙等地。

（四）淫羊藿属 *Epimedium* Linnaeus

1. 粗毛淫羊藿 *Epimedium acuminatum* Franch.

多年生草本；生于海拔 400 – 2100m 的山坡、沟谷林下或灌丛中；分布于贵阳、开阳、惠水、清镇、息烽、紫云、西秀、镇宁、关岭、贞丰、兴仁、兴义、赫章、织金、水城、七星关、六枝、黔西、大方、金沙、盘县、道真、务川、习水、绥阳、碧江、江口、印江、福泉、贵定、凯里、黎平、天柱、平塘等地。

2. 保靖淫羊藿 *Epimedium baojingense* Q. L. Chen et B. M. Yang

多年生草本；生于海拔 500 – 600m 的沟边；分布于松桃等地。

3. 黔北淫羊藿 *Epimedium borealiguizhouense* S. Z. He et Y. K. Ying

多年生草本；生于海拔 300 – 1500m 的山谷溪边；分布于沿河、贵阳等地。

4. 短茎淫羊藿 *Epimedium brachyrrhizum* Stearn

多年生草本；生于海拔 600 – 1200m 的山坡林下；分布于息烽、贵阳、梵净山等地。

5. 毡毛淫羊藿 *Epimedium coactum* H. R. Liang et W. M. Yan

多年生草本；生于海拔 800 – 1100m 的山坡林下；分布于凯里、剑河、雷山等地。

6. 德务淫羊藿 *Epimedium dewuense* S. Z. He，Probst et W. F. Xu

多年生草本；生于海拔 1200 – 1400m 的山坡灌丛或林下；分布于德江等地。

7. 长蕊淫羊藿 *Epimedium dolichostemon* **Stearn**

多年生草本；生于海拔 900 – 1300m 的山坡灌丛或草丛中；分布于务川等地。

8. 木鱼坪淫羊藿 *Epimedium franchetii* **Stearn**

多年生草本；生于海拔 1200 – 1500m 的山坡林下；分布于贵阳等地。

9. 湖南淫羊藿 *Epimedium hunanense*（**Hand. -Mazz.**）**Hand. -Mazz.**

多年生草本；生于海拔 400 – 1400m 的山坡、路旁、河谷石缝中；分布于天柱、都匀、黄平、三穗等地。

10. 黔岭淫羊藿 *Epimedium leptorrhizum* **Stearn**

多年生草本；生于海拔 450 – 1500m 的山谷、山坡林下、灌丛中；分布于贵阳、平坝、江口、印江、岑巩、龙里、独山、平塘、凤冈、台江、湄潭、贵定等地。

11. 宝兴淫羊藿 *Epimedium davidii* **Franchet【***Epimedium membranaceum* **K. I. Mey.】**

多年生草本；生于海拔 1100 – 2800m 的灌丛或林下；分布于威宁等地。

12. 多花淫羊藿 *Epimedium multiflorum* **Ying**

多年生草本；生于海拔 500 – 800m 的山坡沟谷；分布于玉屏、印江、望谟等地。

13. 天平山淫羊藿 *Epimedium myrianthum* **Stearn**

多年生草本；生于海拔 650 – 850m 的山坡、灌丛、草地；分布于玉屏、松桃、江口、施秉、岑巩等地。

14. 小叶淫羊藿 *Epimedium parvifolium* **S. Z. He et T. L. Zhang**

多年生草本；生于海拔 1300 – 1450m 的林下或灌丛中；分布于松桃等地。

15. 拟巫山淫羊霍 *Epimedium pseudowushanense* **B. L. Guo**

多年生草本；生于海拔 1100 – 1300m 的灌丛中；分布于雷山等地。

16. 柔毛淫羊藿 *Epimedium pubescens* **Maxim.**

多年生草本；生于海拔 600 – 1500m 的山谷林下；分布于金沙、息烽等地。

17. 普定淫羊藿 *Epimedium pudingense* **S. Z. He, Y. Y. Wang et B. L. Guo**

多年生草本；生于海拔 1200 – 1300m 的山坡灌丛中；分布于普定等地。

18. 三枝九叶草 *Epimedium sagittatum*（**Sieb. et Zucc.**）**Maxim.**

多年生草本；生于海拔 500 – 900m 的山坡沟边；分布于开阳、松桃、江口等地。

19. 光叶淫羊藿 *Epimedium sagittatum* **var.** *glabratum* **Ying**

多年生草本；生于海拔 700m 的林下；分布地不详。

20. 贵州淫羊藿 *Epimedium sagittatum* **var.** *guizhouense* **S. Z. He et B. L. Guo**

多年生草本；生于海拔 900 ~ 1100m 的山谷林下；分布于开阳等地。

21. 水城淫羊霍 *Epimedium shuichengense* **S. Z. He**

多年生草本；生于海拔 1700 – 1800m 的山坡灌丛中；分布于水城等地。

22. 单叶淫羊藿 *Epimedium simplicifolium* **T. S. Ying**

多年生草本；生于海拔 900 – 1100m 的沟谷中；分布于务川、绥阳等地。

23. 四川淫羊藿 *Epimedium sutchuenense* **Franch.**

多年生草本；生于海拔 400 – 1900m 的山坡林下；分布于贵阳、金沙等地。

24. 巫山淫羊藿 *Epimedium wushanense* **T. S. Ying**

多年生草本；生于海拔 300 – 1700m 山坡林下、灌丛、草丛中；分布于开阳、荔波、雷山、独山、三都、榕江、从江、凯里、黎平、台江等地。

（五）十大功劳属 *Mahonia* **Nuttall**

1. 阔叶十大功劳 *Mahonia bealei*（**Fortune**）**Carr.**

常绿灌木或小乔木；生于海拔 440 – 2100m 的山坡林下、林缘、草地、路旁或灌丛中；分布于江口、思南、务川、正安、黄平、台江、都匀、黎平、荔波、平塘、瓮安、独山、福泉、都匀、惠水、贵定、龙里、开阳、贵阳、修文、麻江、习水、仁怀、威宁、纳雍、水城、梵净山、月亮山、佛顶山、松桃、石阡等地。

2. 小果十大功劳 *Mahonia bodinieri* Gagnep.

常绿灌木或小乔木；生于海拔 360 – 1800m 的山坡林下、林缘、灌丛中或路旁草地；分布于松桃、梵净山、沿河、德江、凤冈、碧江、思南、务川、正安、绥阳、湄潭、遵义、天柱、施秉、剑河、独山、贵定、长顺、罗甸、福泉、惠水、龙里、平塘、贵阳、开阳、习水、赤水、金沙、黔西、纳雍、紫云、平坝、麻江等地。

3. 宜章十大功劳 *Mahonia cardiophylla* Ying et Boufford

常绿灌木；生于海拔 1100 – 2360m 的山谷灌丛中；分布于威宁、贵阳等地。

4. 长柱十大功劳 *Mahonia duclouxiana* Gagnep.

常绿灌木；生于海拔 700 – 1750m 的石灰岩山地林中；分布于瓮安、独山、平塘、荔波、罗甸、都匀、惠水、龙里、平坝、开阳、镇宁、关岭、望谟、兴仁、兴义、普安、盘县等地。

5. 宽苞十大功劳 *Mahonia eurybracteata* Fedde

常绿灌木；生于海拔 500 – 1400m 的山坡林下或灌丛中；分布于开阳、贵阳、梵净山、德江、道真、正安、金沙、平塘、罗甸、长顺、龙里、惠水、安龙等地。

6. 安坪十大功劳 *Mahonia eurybracteata* var. *ganpinensis* (Lévl.) Ying et Boufford【*Mahonia ganpinensis* (Lévl.) Fedde】

常绿灌木；生于海拔 340 – 1100m 的山坡沟旁、河边岩石缝或灌丛中；分布于松桃、德江、江口、凤冈、思南、正安、福泉、贵阳、黔西、赤水、荔波等地。

7. 十大功劳 *Mahonia fortunei* (Lindl.) Fedde

常绿灌木；生于海拔 500 – 1260m 的山谷林中，沟旁、路边或灌丛中；分布于梵净山、雷公山、道真、正安、黄平、榕江、开阳、贵阳、清镇、黔西、金沙、习水、赤水、罗甸、平塘、独山、长顺、福泉、都匀、惠水、贵定、三都、龙里等地。

8. 细柄十大功劳 *Mahonia gracilipes* (Oliv.) Fedde

常绿灌木；生于海拔 1800m 的山谷林下；分布于梵净山、福泉等地。

9. 遵义十大功劳 *Mahonia imbricata* Ying

常绿灌木；生于海拔 1230 – 2240m 的山谷林下或灌丛中；分布于梵净山、道真、雷公山、三都、都匀、贵定、贵阳、遵义、清镇、普安、大方、盘县、水城等地。

10. 台湾十大功劳 *Mahonia japonica* (Thunb.) DC.

常绿灌木；生于海拔 800 – 2400m 的林中或灌丛中；分布于梵净山、湄潭等地。

11. 长苞十大功劳 *Mahonia longibracteata* Takeda

常绿灌木；生于海拔 1900 – 2000m 的山坡林下、灌丛中；分布于水城等地。

12. 小叶十大功劳 *Mahonia microphylla* T. S. Ying et G. R. Long

常绿灌木；生于海拔 650m 的石灰岩山顶、山脊林下或灌丛中；分布于大沙河等地。

13. 短序十大功劳 *Mahonia breviracema* Y. S. Wang et P. K. Hsiao【*Mahonia monodens* J. Y. Wu, H. N. Qin et S. Z. He】

常绿灌木；生于海拔 1000m 左右的山坡灌丛；分布于贵阳等地。

14. 尼泊尔十大功劳 *Mahonia napaulensis* DC.

常绿灌木或小乔木；生于海拔 1200 – 2000m 的常绿落叶阔叶混交林中；分布于水城等地。

15. 亮叶十大功劳 *Mahonia nitens* Schneid.

常绿灌木；生于海拔 950 – 1350m 的石灰岩山地林中或灌丛中；分布于息烽、六枝、普定、镇宁、关岭、册亨、安龙、贞丰、兴义、兴仁、罗甸、龙里、惠水等地。

16. 阿里山十大功劳 *Mahonia oiwakensis* **Hayata**

常绿灌木；生于海拔 650－2200m 的山坡林下、林缘或灌丛中；分布于梵净山、雷公山、从江、贵阳、清镇、织金、习水、威宁、赫章、纳雍、水城、六枝、大方、七星关、盘县、关岭、三都、罗甸、龙里、惠水、贵定、安龙等地。

17. 峨眉十大功劳 *Mahonia polyodonta* **Fedde**

常绿灌木；生于海拔 1300m 以上的山谷林下；分布于息烽、贵阳、梵净山、桐梓、长顺等地。

18. 沈氏十大功劳 *Mahonia shenii* **Chun**

常绿灌木；生于海拔 900－1400m 的山谷密林下；分布于黎平、榕江、从江、雷公山、荔波、平塘、三都、都匀、惠水、龙里、贵阳等地。

19. 长阳十大功劳 *Mahonia sheridaniana* **Schneid.**

常绿灌木或小乔木；生于海拔 1000－1750m 的山谷路旁；分布于贵阳、从江、凤冈、松桃等地。

（六）南天竹属 *Nandina* **Thunberg**

1. 南天竹 *Nandina domestica* **Thunb.**

常绿灌木；生于海拔 600－1500m 的山坡灌丛中或岩石缝中；分布于梵净山、沿河、德江、正安、遵义、习水、金沙、平坝、修文、西秀、贵阳、开阳、息烽、施秉、镇远、天柱、台江、黄平、黎平、荔波、贵定、都匀、长顺、瓮安、独山、罗甸、福泉、惠水、三都、龙里、晴隆等地。

十七、木通科 Lardizabalaceae

（一）木通属 *Akebia* **Decaisne**

1. 木通 *Akebia quinata*（**Houtt.**）**Decne.**

落叶木质藤本；生于海拔 300－1500m 的山地灌丛、林缘和沟谷中；分布于都匀、贵定、三都等地。

2. 三叶木通 *Akebia trifoliata*（**Thunb.**）**Koidz.**

半常绿木质藤本；生于海拔 900－2000m 的山地沟谷边疏林或丘陵灌丛中；分布于贵阳、息烽、开阳、清镇、麻阳河、佛顶山、梵净山、雷公山、月亮山、纳雍、大方、普定、赤水、德江、印江、台江、黎平、麻江、黔西、黔南等地。

3. 白木通 *Akebia trifoliata* **subsp.** *australis*（**Diels**）**T. Shimizu**

半常绿木质藤本；生于海拔 500－1500m 的灌丛中或疏林内阴湿处；分布于兴义、兴仁、安龙、册亨、望谟、七星关、西秀、平坝、贵阳、修文、松桃、印江、雷山、石阡、天柱、榕江、黔南等地。

（二）猫儿屎属 *Decaisnea* **J. D. Hooker et Thomson**

1. 猫儿屎 *Decaisnea insignis*（**Griff.**）**Hook. f. et Thomson**〔*Decaisnea fargesii* **Franch**〕

落叶灌木；生于海拔 800－2200m 的山坡、沟谷杂木林下；分布于大方、遵义、盘县、兴义、贞丰、贵阳、清镇、息烽、修文、江口、雷山、黎平、佛顶山、宽阔水、雷公山、梵净山、道真、台江、普定、罗甸、长顺、瓮安、独山、都匀、惠水、贵定、三都、龙里等地。

（三）八月瓜属 *Holboellia* **Wallich**

1. 五月瓜藤 *Holboellia angustifolia* **Wall.**〔*Holboellia faragesii* **Reaub.**〕

常绿缠绕性木质藤本；生于海拔 520－1500m 的山坡灌丛中或疏林内；分布于雷公山、梵净山、宽阔水、印江、威宁、水城、赤水、湄潭、贵阳、清镇、兴义、安龙、雷山、长顺、瓮安、罗甸、荔波、都匀、惠水、贵定、三都、龙里等地。

2. 线叶八月瓜 *Holboellia angustifolia* **subsp.** *linearifolia* **T. Chen et H. N. Qin**

常绿缠绕性木质藤本；生于海拔 1300－2700m 的山坡林中或林缘；分布地不详。

3. 鹰爪枫 *Holboellia coriacea* **Diels**

常绿缠绕性木质藤本；生于海拔 700 – 1200m 的路旁灌丛中或疏林内；分布于贵阳、遵义、三都、罗甸、瓮安、荔波、都匀等地。

4. 牛姆瓜 *Holboellia grandiflora* **Réaub.**

常绿缠绕性木质藤本；生于海拔 1300 – 2400m 的沟旁灌丛中或杂木林内；分布于贵阳、习水、梵净山、独山等地。

5. 八月瓜 *Holboellia latifolia* **Wall.**

常绿缠绕性木质藤本；生于海拔 1750m 的山地密林下；分布于贵阳、息烽、桐梓、长顺、瓮安、罗甸、福泉、荔波、都匀、惠水、贵定、三都、龙里等地。

6. 小花鹰爪枫 *Holboellia parviflora*（**Hemsl.**）**Gagnep.**

常绿缠绕性木质藤本；生于海拔海拔 1800 – 1900m 的林缘、山坡、混交林中；分布地不详。

7. 棱茎八月瓜 *Holboellia pterocaulis* **T. Chen et Q. H. Chen**

常绿缠绕性木质藤本；生于海拔 980 – 1500m 的山谷密林中；分布于遵义、雷公山、三都、惠水等地。

（四）大血藤属 *Sargentodoxa* **Rehder et E. H. Wilson**

1. 大血藤 *Sargentodoxa cuneata*（**Oliv.**）**Rehd. et Wils.**

落叶木质缠绕藤本；生于海拔 500 – 1800m 的山坡林中或路旁灌丛中；分布于松桃、梵净山、天柱、黄平、雷公山、黎平、贵阳、息烽、开阳、清镇、修文、佛顶山、麻阳河、麻江、德江、施秉、水城、赤水、道真、从江、印江、台江、黔南等地。

（五）野木瓜属 *Stauntonia* **de Candolle**

1. 黄蜡果 *Stauntonia brachyanthera* **Hand. -Mazz.**

常绿木质藤本；生于海拔 500 – 1200m 的杂木林内荫处；分布于梵净山、天柱、剑河、雷公山、榕江、福泉、都匀、三都等地。

2. 西南野木瓜 *Stauntonia cavalerieana* **Gagnep.**

常绿木质藤本；生于海拔 500 – 1500m 的山谷疏林中；分布于梵净山、雷公山、松桃、天柱、锦屏、剑河、榕江、黎平、台江、贵定、独山、荔波、都匀、惠水、龙里等地。

3. 野木瓜 *Stauntonia chinensis* **DC.**

常绿木质藤本；生于海拔 500 – 1300m 的山地密林、山腰灌丛或山谷溪边疏林中；分布于瓮安、荔波等地。

4. 羊瓜藤 *Stauntonia duclouxii* **Gagnep.**

常绿木质藤本；生于海拔 1100m 的山脚沟底灌丛中；分布于雷公山、三都等地。

5. 牛藤果 *Stauntonia elliptica* **Hemsl.**

常绿木质藤本；生于海拔 1100 – 1160m 的溪沟旁灌丛中；分布于绥阳、梵净山等地。

6. 钝药野木瓜 *Stauntonia leucantha* **Diels ex Y. C. Wu**

常绿木质藤本；生于海拔 700 – 1000m 的山谷疏林中或灌丛中；分布于印江、江口、榕江、从江、都匀、三都等地。

7. 倒卵叶野木瓜 *Stauntonia obovata* **Hemsl.**

常绿木质藤本；生于海拔 1400m 的灌丛中；分布于贵定、荔波、惠水、龙里等地。

8. 尾叶那藤 *Stauntonia obovatifoliola* **subsp.** *urophylla*（**Hand. -Mazz.**）**H. N. Qin**〔*Stauntonia hexaphylla* **f.** *intermedia* **Y. C. Wu.**〕

常绿木质藤本；生于海拔 500 – 1200m 的疏林中或山沟旁灌丛中；分布于印江、江口、雷山、榕江、荔波等地。

十八、防己科 Menispermaceae

（一）球果藤属 *Aspidocarya* J. D. Hooker et Thomson

1. 球果藤 *Aspidocarya uvifera* Hook. f. et Thomson

大型木质藤本；生于海拔 600－1200m 的山谷林中；分布于遵义、毕节地区等地。

（二）锡生藤属 *Cissampelos* Linnaeus

1. 锡生藤 *Cissampelos pareira* var. *hirsuta*（Buch. ex DC.）Forman

木质藤本；生于海拔 500－900m 的沟谷林中；分布于安龙、兴义、册亨、罗甸等地。

（三）木防己属 *Cocculus* Candolle

1. 樟叶木防己 *Cocculus laurifolius* DC.

常绿灌木；生于海拔 600－1600m 的沟谷、林缘和山坡灌丛中；分布于遵义、桐梓、正安、道真、绥阳、兴义、黎平、宽阔水、开阳、赤水、兴仁、荔波、长顺、罗甸、贵定等地。

2. 木防己 *Cocculus orbiculatus*（L.）DC.

木质藤本；生于海拔 600－1600m 的山地灌丛、林缘及村寨附近；分布于正安、兴义、安龙、兴仁、贵阳、望谟、罗甸、福泉、都匀、龙里等地。

3. 毛木防己 *Cocculus orbiculatus* var. *mollis*（Wall. ex Hook. f. et Thomson）Hara

木质藤本；生于疏林中和灌丛中；分布于贵阳、兴义、兴仁、普安、福泉等地。

（四）轮环藤属 *Cyclea* Arnott ex Wight

1. 粉叶轮环藤 *Cyclea hypoglauca*（Schauer）Diels

木质藤本；生于海拔 700－1500m 的山地疏林、灌丛中；分布于贵阳、兴义、安龙、册亨、黎平等地。

2. 黔贵轮环藤 *Cyclea insularis* subsp. *guangxiensis* H. S. Lo

草质藤本；生境不详；分布于册亨等地。

3. 轮环藤 *Cyclea racemosa* Oliv.

木质藤本；生于海拔 800－2100m 的山地林中；分布于印江、湄潭、贵阳、清镇、惠水、关岭、荔波、惠水、三都、龙里等地。

4. 四川轮环藤 *Cyclea sutchuenensis* Gagnep.

草质藤本；生于海拔 700－1200m 的山坡灌丛、林中、林缘；分布于兴义、兴仁、安龙等地。

5. 西南轮环藤 *Cyclea wattii* Diels

木质藤本；生于海拔 600－1100m 的山地灌丛和林缘；分布于独山、平塘、惠水、龙里、兴义、安龙等地。

（五）秤钩风属 *Diploclisia* Miers

1. 秤钩风 *Diploclisia affinis*（Oliv.）Diels

木质藤本；生于海拔 400m 左右的林缘或疏林中；分布于剑河、瓮安、荔波等地。

2. 苍白秤钩风 *Diploclisia glaucescens*（Bl.）Diels

木质藤本；生于海拔 700－1200m 的林中、林缘、灌丛中；分布于镇远、三穗、荔波、瓮安等地。

（六）夜花藤属 *Hypserpa* Miers

1. 夜花藤 *Hypserpa nitida* Miers

木质藤本；生于林中或林缘；分布于荔波等地。

（七）粉缘藤属 *Pachygone* Miers

1. 肾子藤 *Pachygone valida* Diels

木质藤本；生于密林中；分布于黔南等地。

（八）连蕊藤属 *Parabaena* Miers

1. 连蕊藤 *Parabaena sagittata* **Miers**

草质藤本；生于海拔 500 – 1000m 的冲沟林或灌丛中；分布于罗甸、望谟、册亨、安龙等地。

（九）细圆藤属 *Pericampylus* Miers

1. 细圆藤 *Pericampylus glaucus*（**Lam.**）**Merr.**

木质藤本；生于海拔 300 – 1400m 的林中、林缘、灌丛中；分布于正安、道真、从江、黎平、锦屏、荔波、独山、都匀等地。

（十）防己属 *Sinomenium* Diels

1. 风龙 *Sinomenium acutum*（**Thunb.**）**Rehd. et Wils.**

木质落叶藤本；生于海拔 600 – 1800m 的灌丛、岩坎、溪流两岸、林缘；分布于贵阳、开阳、修文、桐梓、道真、绥阳、正安、凤冈、兴仁、雷山、佛顶山、梵净山、雷公山、宽阔水、台江、黎平、麻江、平塘、荔波、贵定、三都、长顺、瓮安、独山、罗甸、福泉、惠水、龙里等地。

（十一）千金藤属 *Stephania* Loureiro

1. 白线薯 *Stephania brachyandra* **Diels**

草质落叶藤本；生于海拔 1000 – 1700m 的林区沟谷边；分布于水城等地。

2. 金线吊乌龟 *Stephania cephalantha* **Hayata**

落叶藤本；生于海拔 550 – 2100m 的山地岩边、路旁、灌丛和林缘；分布于佛顶山、梵净山、麻阳河、正安、麻江、道真、清镇、榕江、黎平、从江、锦屏、长顺、福泉、荔波、惠水等地。

3. 一文钱 *Stephania delavayi* **Diels**

草质藤本；生于海拔 600 – 1200m 的山坡灌丛中；分布于兴义、安龙、罗甸、三都、望谟等地。

4. 血散薯 *Stephania dielsiana* **Y. C. Wu**

缠绕藤本；生于海拔 600 – 1000m 的山坡岩石缝中；分布于罗甸、安龙等地。

5. 江南地不容 *Stephania excentrica* **H. S. Lo**

多年生缠绕性藤本；生于海拔 800 – 1600m 的灌丛中；分布于贵定、瓮安、松桃、荔波等地。

6. 草质千金藤 *Stephania herbacea* **Gagnep.**

草质藤本；生于山地路边灌丛中；分布地不详。

7. 桐叶千金藤 *Stephania hernandifolia*（**Willd.**）**Walp.**

藤本；生于海拔 600 – 1800m 的山坡林中；分布于贵阳、西秀、兴义、罗甸、长顺、独山、惠水、贵定、龙里等地。

8. 千金藤 *Stephania japonica*（**Thunb.**）**Miers**

木质藤本；生于村边或旷野灌丛中；分布于雷公山、三都等地。

9. 汝兰 *Stephania sinica* **Diels**

落叶藤本；生于林中沟谷边；分布于松桃、沿河、德江等地。

10. 粉防己 *Stephania tetrandra* **S. Moore**

缠绕性落叶草质藤本；生于村边、旷野、路边等处的灌丛中；分布于沿河等地。

11. 黄叶地不容 *Stephania viridiflavens* **H. S. Lo et M. Yang**

落叶草质藤本；生于海拔 700 – 1100m 的石灰岩山地；分布于兴义、安龙等地。

（十二）青牛胆属 *Tinospora* Miers

1. 青牛胆 *Tinospora sagittata*（**Oliv.**）**Gagnep.**【*Tinospora capillipes* **Gagnep.**】

多年生常绿缠绕藤本；生于海拔 800 – 1700m 的山坡、林下、林缘、沟边、路旁、石缝中；分布于七星关、遵义、碧江、西秀、贵阳、开阳、清镇、长顺、罗甸、福泉、荔波、惠水、三都、平塘、贵定、龙里、兴义、宽阔水、台江、大方、赤水、仁怀、册亨、黎平等地。

十九、马桑科 Coriariaceae

（一）马桑属 *Coriaria* Linnaeus

1. 马桑 *Coriaria nepalensis* Wall.【*Coriaria sinica* Maxim.】

落叶灌木；生于海拔 400 – 2900m 的灌丛中；广泛分布于长顺、瓮安、独山、罗甸、福泉、荔波、都匀、惠水、龙里、平塘、三都、贵定等省内大部分地区。

二〇、清风藤科 Sabiaceae

（一）泡花树属 *Meliosma* Blume

1. 珂楠树 *Meliosma alba* (Schltdl.) Walp.【*Meliosma beaniana* Rehd.】

落叶乔木；生于海拔 1000 – 2500m 湿润山地的密林或疏林中；分布于开阳、贵阳、赤水、习水、罗甸等地。

2. 泡花树 *Meliosma cuneifolia* Franch.

落叶灌木或小乔木；生于海拔 800 – 1500m 的山坡疏林中；分布于开阳、清镇、纳雍、绥阳、都匀、长顺、独山、罗甸、福泉、贵定、平塘等地。

3. 光叶泡花树 *Meliosma cuneifolia* var. *glabriuscula* Cufod.

落叶灌木或小乔木；生于海拔 600 – 2000m 的林间；分布于大沙河等地。

4. 垂枝泡花树 *Meliosma flexuosa* Pamp.

灌木或小乔木；生于海拔 1150 – 1640m 的疏林林缘或疏林中；分布于开阳、绥阳、梵净山、黎平、锦屏、瓮安、独山、福泉等地。

5. 香皮树 *Meliosma fordii* Hemsl.

常绿小乔木；生于海拔 600 – 800m 的水旁、路边疏林中；分布于贵阳、荔波、三都、瓮安、榕江等地。

6. 辛氏泡花树 *Meliosma fordii* var. *sinii* (Diels) Law

常绿小乔木；生于海拔 400 – 1200m 的山脚疏林中；分布于三都、黎平、贵阳、开阳等地。

7. 腺毛泡花树 *Meliosma glandulosa* Cufod.

常绿乔木；生于海拔 800 – 1400m 的沟旁、山谷密林中；分布于梵净山、凯里等地。

8. 贵州泡花树 *Meliosma henryi* Diels

常绿乔木；生于海拔 500 – 1200m 的山谷或山坡疏林中；分布于贵阳、开阳、修文、息烽、三都、瓮安、罗甸、荔波、都匀、惠水、贵定、龙里等地。

9. 异色泡花树 *Meliosma myriantha* var. *discolor* Dunn

落叶乔木；生于海拔 500 – 2100m 的山坡林中；分布于梵净山、息烽、凯里、雷山、黎平、锦屏、独山、罗甸、都匀等地。

10. 柔毛泡花树 *Meliosma myriantha* var. *pilosa* (Leconte) Law

落叶乔木；生于海拔 1000 – 1200m 的林中；分布于梵净山、息烽等地。

11. 红柴枝 *Meliosma oldhamii* Miq. et Maxim.

落叶乔木；生于海拔 1150 – 1640m 的山坡疏林中；分布于绥阳、梵净山、贵阳、黎平、锦屏、长顺、瓮安、独山、荔波、惠水、龙里等地。

12. 细花泡花树 *Meliosma parviflora* Lecomte

落叶灌木或小乔木；生于海拔 1200m 以下的溪边林中或丛林中；分布于大沙河等地。

13. 狭序泡花树 *Meliosma paupera* Hand. -Mazz.

常绿乔木；生于海拔 500m 的山坡疏林中；分布于荔波等地。

14. 漆叶泡花树 *Meliosma rhoifolia* Maxim.

常绿乔木；生于海拔 300 – 1800m 的常绿阔叶林中；分布于惠水等地。

15. 腋毛泡花树 *Meliosma rhoifolia* var. *barbulata* (Cufod.) Law

常绿乔木；生于海拔 1200 – 1400m 的山坡疏林中；分布于梵净山、贵阳、息烽、都匀、瓮安、贵定等地。

16. 笔罗子 *Meliosma rigida* Sieb. et Zucc.

常绿乔木；生于海拔 400 – 1120m 的山脚阴处林地；分布于贵阳、织金、绥阳、长顺、瓮安、独山、福泉、荔波、都匀、惠水、三都、龙里、凯里、雷山等地。

17. 毡毛泡花树 *Meliosma rigida* var. *pannosa* (Hand. -Mazz.) Law

常绿乔木；生于海拔 600 – 1300m 的山坡疏林中；分布于梵净山、都匀、瓮安、罗甸、贵定、榕江等地。

18. 樟叶泡花树 *Meliosma squamulata* Hance

常绿乔木；生于海拔 600 – 1000m 的密林中；分布于梵净山、荔波、长顺、罗甸、贵定、三都、雷山等地。

19. 西南泡花树 *Meliosma thomsonii* King ex Brandis

常绿乔木；生于海拔 1200 – 2000m 的林中；分布地不详。

20. 山楼花泡花树 *Meliosma thorelii* Lecomte

常绿乔木；生于海拔 800 – 900m 的山坡疏林中；分布于贵阳、息烽、开阳、安龙、荔波、罗甸、福泉、三都、榕江等地。

21. 暖木 *Meliosma veitchiorum* Hemsl.

常绿乔木；生于海拔 1130m 的山坡疏林中；分布于贵阳、息烽、绥阳、三都等地。

22. 云南泡花树 *Meliosma yunnanensis* Franch.

常绿乔木；生于海拔 1100 – 1300m 的山坡林中；分布于贵阳、息烽、绥阳、清镇等地。

(二)清风藤属 *Sabia* Colebrooke

1. 鄂西清风藤 *Sabia campanulata* subsp. *ritchieae* (Rehd. et Wils.) Y. F. Wu

落叶攀援木质藤本；生于海拔 1000 – 1100m 的山坡疏林中；分布于贵阳、息烽、梵净山、雷山、惠水等地。

2. 平伐清风藤 *Sabia dielsii* Lévl.

落叶攀援木质藤本；生于海拔 400 – 1000m 的山坡灌丛中或林下岩石上；分布于贵阳、开阳、安龙、望谟、贵定、榕江、瓮安、独山、罗甸、荔波、惠水、龙里等地。

3. 灰背清风藤 *Sabia discolor* Dunn

常绿攀援木质藤本；生于海拔 600 – 1200m 的山坡、路边疏林中；分布于贵阳、开阳、修文、都匀、荔波、长顺、罗甸、福泉、贵定、凯里、黄平、黎平等地。

4. 凹萼清风藤 *Sabia emarginata* Lecomte

落叶木质藤本；生于海拔 950 – 1300m 的沟底、阳坡疏林中或灌丛中；分布于贵阳、凯里、黎平、瓮安、福泉等地。

5. 清风藤 *Sabia japonica* Maxim.

落叶攀援木质藤本；生于海拔 560 – 800m 的山坡疏林中；分布于贵阳、开阳、清镇、修文、锦屏、黎平、长顺、独山、福泉、荔波、都匀等地。

6. 长脉清风藤 *Sabia nervosa* Chun ex Y. F. Wu

常绿攀援木质藤本；生于海拔 850m 以下的溪边、山谷、山坡林间；分布于兴义等地。

7. 锥序清风藤 *Sabia paniculata* Edgew. ex J. D. Hooker et Thoms.

常绿攀援木质藤本；生于海拔 1000m 左右的林中；分布于荔波等地。

8. 小花清风藤 *Sabia parviflora* Wall. ex Roxb

常绿木质攀援藤本；生于海拔 600 – 780m 的路边疏林中；分布于贵阳、开阳、安龙、兴仁、册亨、望谟、罗甸、长顺、独山、都匀、惠水等地。

9. 四川清风藤 *Sabia schumanniana* Diels

落叶攀援木质藤本；生于海拔 1300 – 1600m 的山坡疏林中；分布于贵阳、息烽、开阳、七星关、威宁、绥阳、梵净山、长顺、荔波等地。

10. 多花清风藤 *Sabia schumanniana* subsp. *pluriflora*（Rehd. et Wils.）Y. F. Wu［*Sabia schumanniana* subsp. *pluriflora*. var. bicolor（L. Chen）Y. F. Wu］

落叶攀援木质藤本；生于海拔 1300 – 1600m 的山坡、溪旁疏林中；分布于七星关、威宁等地。

11. 尖叶清风藤 *Sabia swinhoei* Hemsl.

常绿攀援木质藤本；生于海拔 480 – 1070m 的山坡疏林中；分布于遵义、梵净山、江口、印江、贵阳、息烽、清镇、贵定、瓮安、三都、惠水、罗甸、长顺、福泉、荔波、龙里、凯里、锦屏等地。

12. 阔叶清风藤 *Sabia yunnanensis* subsp. *latifolia*（Rehd. et Wils.）Y. F. Wu

落叶木质攀援藤本；生于海拔 1200m 的山坡疏林中；分布于贵阳、雷公山、都匀、荔波等地。

二一、罂粟科 Papaveraceae

（一）紫堇属 *Corydalis* Candolle

1. 川东紫堇 *Corydalis acuminata* Franch.【*Corydalis acuminata* subsp. *hupehensis* C. Y. Wu】

多年生草本；生于海拔 1400 – 2300m 的山坡草地或林下沟边；分布于江口、雷山等地。

2. 北越紫堇 *Corydalis balansae* Prain

多年生无毛草本；生于海拔 500 – 800m 的山坡灌丛或河边潮湿处；分布于平塘、印江等地。

3. 地柏枝 *Corydalis cheilanthifolia* Hemsl.

多年生无毛草本；海拔 850 – 1700m 的阴湿山坡或石缝中；分布于贵阳、西秀、兴仁等地。

4. 开阳黄堇 *Corydalis clematis* Lévl.

多年生草本。生于海拔 1700m 左右的石质山、边坡；分布于开阳、息烽等地。

5. 南黄堇 *Corydalis davidii* Franch.

多年生无毛草本；生于海拔 1700 – 2000m 的山坡密林中岩石上或灌丛中潮湿处；分布于大方、安龙等地。

6. 师宗紫堇 *Corydalis duclouxii* Lévl. et Vant.【*Corydalis asterostigma* Lévl.】

多年生无毛草本；生于海拔 1500 – 2300m 的林下、灌丛中、山谷、箐沟或岩缝中；分布于省内西部等地。

7. 紫堇 *Corydalis edulis* Maxim.

一年生草本；生于海拔 400 – 1200m 的沟边或荒地；广泛分布于全省各地。

8. 籽纹紫堇 *Corydalis esquirolii* Lévl.

多年生草本；生于海拔 500 – 1000m 的山坡岩石上或灌丛中阴湿处；分布于安龙、册亨、荔波等地。

9. 异齿紫堇 *Corydalis heterodonta* Lévl.

直立草本；生于海拔 1300 – 1400m 的林缘；分布于贵阳、贵定、清镇、梵净山等地。

10. 刻叶紫堇 *Corydalis incisa*（Thunb.）Pers.

一年或二年生草本；生于海拔 200 – 1800m 的林缘、路边或疏林中；分布于桐梓等地。

11. 凯里紫堇 *Corydalis kailiensis* Z. Y. Su

多年生草本；生于海拔 1400m 左右的水边、路边或林下；分布于雷山、凯里、清镇等地。

12. 蛇果黄堇 *Corydalis ophiocarpa* Hook. f. et Thoms.

草本无毛；生于海拔 2700m 以下的沟谷、林缘；分布于大沙河等地。

13. 贵州黄堇 *Corydalis parviflora* Z. Y. Su et Lidén

多年生草本；生于海拔 1300 – 1440m 的石灰岩缝隙中；分布于安龙等地。

14. 小花黄堇 *Corydalis racemosa*（Thunb.）Pers.

一年生草本；生于海拔 200 – 1200m 的山地沟边或多石地方；分布于梵净山、望谟、贵阳、平塘、罗甸等地。

15. 岩黄连 *Corydalis saxicola* Bunting

多年生草本；生于海拔 700 – 1300m 的岩石缝中；分布于独山、罗甸、平塘、安龙等地。

16. 地锦苗 *Corydalis sheareri* S. Moore

多年生草本；生于海拔 400 – 1200m 的水边或林下潮湿地；分布于印江、江口、罗甸等地。

17. 金钩如意草 *Corydalis taliensis* Franch.

多年生草本；生于海拔 700 – 2700m 的山地林下或阴处岩石上灌丛中；分布于威宁等地。

18. 大叶紫堇 *Corydalis temulifolia* Franch.

多年生草本；生于海拔 1000 – 1500m 的常绿阔叶林或山谷潮湿处；分布于雷山等地。

19. 鸡雪七 *Corydalis temulifolia* subsp. *aegopodioides*（Lévl. et Vant.）C. Y. Wu

多年生草本；生于海拔 1800 – 2700m 的林下、林缘、灌丛中或沟边、路旁；分布于独山等地。

20. 毛黄堇 *Corydalis tomentella* Franch.

丛生草本；生于海拔 700 – 950m 的岩石缝隙；分布于大沙河等地。

21. 滇黄堇 *Corydalis yunnanensis* Franch.

多年生草本；生于海拔 1100m 的石灰岩漏斗地；分布于惠水等地。

22. 川鄂黄堇 *Corydalis wilsonii* N. E. Br.

多年生草本；生于海拔 2000m 左右的岩石缝隙中；分布于大沙河等地。

23. 延胡索 *Corydalis yanhusuo* W. T. Wang ex Z. Y. Su et C. Y. Wu

多年生草本；引种；省内有栽培。

（二）紫金龙属 *Dactylicapnos* Wallich

1. 扭果紫金龙 *Dactylicapnos torulosa*（Hook. f. et Thoms.）Hutch.

草质藤本；生于海拔 1200 – 2900m 的山地灌丛中或岩石上；分布于省内西部等地。

（三）血水草属 *Eomecon* Hance

1. 血水草 *Eomecon chionantha* Hance

多年生草本；生于海拔 600 – 1800m 的林下阴处或山谷沟边；分布于息烽、清镇、遵义、梵净山、雷公、黎平等地。

（四）荷青花属 *Hylomecon* Maximowicz

1. 荷青花 *Hylomecon japonica*（Thunb.）Prantl et Kük.

多年生草本；生于海拔 1800 – 2400m 的林下、林缘或沟边；分布于桐梓等地。

2. 锐裂荷青花 *Hylomecon japonica* var. *subincisa* Fedde

多年生草本；生于海拔 1000 – 2400m 的林下；分布于大沙河等地。

（五）黄药属 *Ichtyoselmis* Lidén et Fukuhara

1. 黄药 *Ichtyoselmis macrantha*（Oliv.）Lidén【*Dicentra macrantha* Oliv.】

多年生草本；生于海拔 1500 – 2700m 的山地疏林或潮湿地中；分布于黔南等地。

（六）博落回属 *Macleaya* R. Brown

1. 博落回 *Macleaya cordata*（Willd.）R. Br.

多年生草本；生于海拔 800 – 1400m 的山坡灌丛或沟边岩石上；分布于印江、贵阳、雷山、瓮安等地。

（七）绿绒蒿属 Meconopsis Vig.

1. 椭果绿绒蒿 Meconopsis chelidoniifolia Bureau et Franchet

多年生草本；生于海拔 2000m 的沟谷边；分布于纳雍等地。

（八）罂粟属 Papaver Linnaeus

1. 虞美人 Papaver rhoeas L.

一年生草本；引种；省内有栽培。

2. 罂粟 Papaver somniferum L.

一年或两年生草本；引种；省内有栽培。

二二、水青树科 Tetracentraceae

（一）水青树属 Tetracentron Oliver

1. 水青树 Tetracentron sinense Oliv.

落叶乔木；生于海拔 1200 – 1700m 的山谷林中；分布于七星关、印江、惠水、雷山、罗甸、贵定、三都、龙里、施秉、盘县、水城、织金、赫章、纳雍、石阡、道真等地。

二三、连香树科 Cercidiphyllaceae

（一）连香树属 Cercidiphyllum Siebold et Zuccarini

1. 连香树 Cercidiphyllum japonicum Sieb. et Zucc.【*Cercidiphyllum japonicum* var. *sinense* Rehd. et E. H. Wils.】

落叶乔木；生于海拔 650 – 2700m 的山谷边缘或林中开阔地的杂木林中；分布于纳雍、梵净山、大方、水城、织金、盘县、赫章等地。

二四、领春木科 Eupteleaceae

（一）领春木属 Euptelea Siebold et Zuccarini

1. 领春木 Euptelea pleiosperma Hook. f. et Thomson

落叶乔木；生于海拔 800 – 2000m 的山地杂木林中；分布于贵阳、开阳、清镇、修文、梵净山、纳雍、盘县、道真、大方、普定、织金、松桃、桐梓、册亨、黎平、瓮安、麻江、黔西等地。

二五、悬铃木科 Platanaceae

（一）悬铃木属 Platanus Linnaeus

1. 法国梧桐 Platanus acerifolia（Aiton）Willd.

落叶乔木；原产法国；省内有栽培。

二六、金缕梅科 Hamamelidaceae

（一）蕈树属 Altingia Noronha

1. 蕈树 Altingia chinensis（Champ. ex Benth.）Oliv. ex Hance

常绿乔木；生于海拔 500 – 1000m 的常绿阔叶林中；分布于荔波、惠水、罗甸、都匀、贵定、三都、平塘、雷山、榕江等地。

2. 毛蕈树 *Altingia chinensis* f. *pubescens* X. H. Song

常绿乔木；生于海拔 520m 的阔叶林中；分布于荔波等地。

3. 细柄蕈树 *Altingia gracilipes* Hemsl.

常绿乔木；生于海拔 400 – 1000m 常绿的阔叶林中；分布于三都等地。

4. 赤水蕈树 *Altingia multinervis* Cheng

常绿乔木；生于海拔 800 – 1200m 的阔叶林中；分布于赤水等地。

5. 薄叶蕈树 *Altingia tenuifolia* Chun ex H. T. Chang

常绿乔木；生于海拔 1000m 的森林中；分布于独山等地。

6. 云南蕈树 *Altingia yunnanensis*

常绿乔木；生于海拔 1000m 的森林中；分布于贞丰、册亨、荔波等地。

(二)蜡瓣花属 *Corylopsis* Siebold et Zuccarini

1. 桤叶蜡瓣花 *Corylopsis alnifolia*（Lévl.）Schneid.

落叶灌木或小乔木；生于海拔 1000 – 1200m 的山地林中；分布于盘县、大方、贵阳、贵定、瓮安、福泉等地。

2. 怒江蜡瓣花 *Corylopsis glaucescens* Hand. -Mazz.

落叶灌木或小乔木；生于海拔 1700 – 2100m 的林中；分布于雷公山等地。

3. 小果蜡瓣花 *Corylopsis microcarpa* H. T. Chang

落叶灌木；生于海拔 800 – 1900m 的山地灌丛中；分布于赫章、水城等地。

4. 瑞木 *Corylopsis multiflora* Hance

落叶灌木或小乔木；生于海拔 1000 – 1500m 的疏林中；分布于荔波、独山、罗甸、都匀、惠水、三都、龙里、丹寨、施秉、雷山、印江、江口、榕江等地。

5. 黔蜡瓣花 *Corylopsis obovata* H. T. Chang

落叶灌木；生于海拔 1000 – 1200m 的森林中；分布于贵阳、梵净山、黄平、施秉、长顺、瓮安、福泉、都匀、龙里等地。

6. 峨眉蜡瓣花 *Corylopsis omeiensis* X. J. Yang

落叶灌木；生于海拔 1500m 的山坡疏林中；分布于盘县、册亨、罗甸等地。

7. 圆叶蜡瓣花 *Corylopsis rotundifolia* H. T. Chang

落叶灌木或小乔木；生于海拔 800 – 1200m 的山坡疏林中；分布于梵净山、瓮安等地。

8. 蜡瓣花 *Corylopsis sinensis* Hemsl.【*Corylopsis sinensis* var. *parvifolia* H. T. Chang】

落叶灌木或小乔木；生于海拔 1000 – 1500m 的林下灌丛中；分布于独山、福泉、都匀、惠水、三都、龙里、宽阔水等地。

9. 秃蜡瓣花 *Corylopsis sinensis* var. *calvescens* Rehd. et Wils.

落叶灌木或小乔木；生于海拔 1000 – 1500m 的山地林下；分布于雷公山、德江、梵净山等地。

10. 星毛蜡瓣花 *Corylopsis stelligera* Guill.

落叶灌木或小乔木；生于海拔 1300m 的山地密林中；分布于赫章、雷山、荔波等地。

11. 红药蜡瓣花 *Corylopsis veitchiana* Bean

落叶灌木；生于海拔 1400m 的林下；分布于长顺、梵净山等地。

12. 绒毛蜡瓣花 *Corylopsis velutina* Hand. -Mazz.

落叶灌木；生于海拔 1000 – 1200m 的山谷密林下；分布于从江等地。

13. 四川蜡瓣花 *Corylopsis willmottiae* Rehd. et Wils.

落叶灌木；生于海拔 1200 – 2600m 的林缘；分布于荔波、大沙河等地。

（三）双花木属 *Disanthus* Maximowicz

1. 长柄双花木 *Disanthus cercidifolius* subsp. *longipes*（H. T. Chang）K. Y. Pan

落叶灌木；生于海拔 450 - 1200m 的混交林中；分布于都匀、从江等地。

（四）假蚊母树属 *Distyliopsis* Endress

1. 尖叶假蚊母树 *Distyliopsis dunnii*（Hemsl.）P. K. Endress【*Sycopsis dunnii* Hemsl. 】

常绿灌木或小乔木；生于海拔 800 - 1500m 的山地常绿林中；分布于开阳、修文、三都、瓮安、罗甸等地。

2. 樟叶假蚊母树 *Distyliopsis laurifolia*（Hemsl.）P. K. Endress【*Sycopsis laurifolia* Hemsley】

常绿灌木或小乔木；生于海拔 1300 - 1500m 的山地密林中；分布于兴义、荔波等地。

（五）蚊母树属 *Distylium* Siebold et Zuccarini

1. 小叶蚊母树 *Distylium buxifolium*（Hance）Merr.

常绿灌木；生于海拔 450 - 1200m 的河边或沟边；分布于望谟、荔波等地。

2. 中华蚊母树 *Distylium chinense*（Franch. ex Hemsl.）Diels

常绿灌木；生于海拔 1000 - 1300m 的溪边、河边湿润地；分布于罗甸、独山、荔波、惠水、平塘、德江等地。

3. 闽粤蚊母树 *Distylium chungii*（Metc.）W. C. Cheng

常绿小乔木；生于海拔 1000 - 1200m 的疏林中；分布于印江、独山、福泉、三都等地。

4. 尖尾蚊母树 *Distylium cuspidatum* H. T. Chang

常绿小乔木；生于海拔 500 - 1400m 的山地疏林中；分布于丹寨、福泉等地。

5. 窄叶蚊母树 *Distylium dunnianum* Lévl.

常绿灌木；生于海拔 700 - 1400m 的山地疏林中；分布于兴义、织金、关岭、贵阳、修文、龙里、罗甸、三都、瓮安、独山、福泉、荔波、都匀、惠水、贵定等地。

6. 大叶蚊母树 *Distylium macrophyllum* H. T. Chang

常绿灌木或小乔木；生于海拔 1000 - 1200m 的森林中；分布于大沙河等地。

7. 杨梅蚊母树 *Distylium myricoides* Hemsl.

常绿乔木或灌木；生于海拔 500 - 1000m 的山地常绿阔叶林中；分布于贵阳、册亨、梵净山、黎平、长顺、瓮安、独山、罗甸、福泉、荔波、惠水、龙里、平塘等地。

8. 屏边蚊母树 *Distylium pingpienense*（Hu）Walk.【*Distylium pingpienense* var. *serratum* E. Walk. 】

常绿灌木或小乔木；生于海拔 800 - 1000m 的森林中；分布于开阳、绥阳、遵义、三都、荔波、惠水、龙里等地。

9. 蚊母树 *Distylium racemosum* Siebold et Zucc.

常绿灌木或小乔木；生于海拔 1000 - 1300m 的森林中；分布于天柱、荔波、都匀等地。

10. 黔蚊母树 *Distylium tsiangii* Chun ex E. Walker

常绿小乔木或灌木；生于海拔 700 - 1300m 的山谷密林中；分布于开阳、修文、印江、独山、贵定、三都、龙里等地。

（六）秀柱花属 *Eustigma* Gardner et Champion

1. 褐毛秀柱花 *Eustigma balansae* Oliv.

常绿乔木；生于海拔 400 - 500m 的山地密林或疏林中；分布于望谟等地。

2. 云南秀柱花 *Eustigma lenticellatum* C. Y. Wu

常绿乔木；生于海拔 700 - 1200m 的山地密林中；分布于荔波等地。

3. 秀柱花 *Eustigma oblongifolium* Gardner et Champ.

常绿灌木或小乔木；生于海拔 1000 - 2000m 的山地密林中；分布于黎平等地。

(七)马蹄荷属 *Exbucklandia* R. W. Brown

1. 长瓣马蹄荷 *Exbucklandia longipetala* H. T. Chang

常绿小乔木；生于海拔 350–1500m 的山谷密林中；分布于独山、荔波、都匀、惠水等地。

2. 马蹄荷 *Exbucklandia populnea*（R. Br. ex Griff.）R. W. Br.

常绿乔木；生于海拔 500–1200m 的山地常绿林中；分布于兴仁、独山、长顺、罗甸、都匀、惠水、三都等地。

3. 大果马蹄荷 *Exbucklandia tonkinensis*（Lecomte）H. T. Chang

常绿乔木；生于海拔 800–1500m 的山地常绿林中；分布于惠水、荔波、都匀、三都、龙里、榕江等地。

(八)金缕梅属 *Hamamelis* Linnaeus

1. 金缕梅 *Hamamelis mollis* Oliv.

落叶灌木或小乔木；生于海拔 700–1000m 的山地密林中；分布于梵净山等地。

(九)枫香树属 *Liquidambar* Linnaeus

1. 缺萼枫香树 *Liquidambar acalycina* H. T. Chang

落叶乔木；生于海拔 600m 以上的山地常绿林中；分布于梵净山、镇远、罗甸等地。

2. 枫香树 *Liquidambar formosana* Hance【*Liquidambar formosana* var. *monticola* Rehd. et Wils.】

落叶乔木；生于海拔 1500m 以下的村寨及山地密林中阳光充足地；广泛分布于长顺、瓮安、独山、罗甸、福泉、荔波、都匀、惠水、贵定、三都、龙里、平塘等省内大部分地区。

(十)继木属 *Loropetalum* R. Brown

1. 檵木 *Loropetalum chinense*（R. Br.）Oliv.

落叶灌木或小乔木；生于海拔 400–1530m 的山地落叶灌丛中；分布于安龙、罗甸、荔波、长顺、瓮安、福泉、都匀、惠水、贵定、三都、龙里、平塘、贵阳、独山、雷山、江口、印江、松桃等地。

2. 大果檵木 *Loropetalum lanceum* Hand. -Mazz.

常绿乔木；生于海拔 1000m 的山地常绿林中；分布于榕江、荔波等地。

3. 四药门花 *Loropetalum subcordatum*（Benth.）Oliv.

常绿灌木或小乔木；生于海拔 500–700m 的山地疏林中；分布于茂兰等地。

(十一)壳菜果属 Mytilaria Lecomte

1. 壳菜果 *Mytilaria laosensis* Lec.

常绿乔木；引种；省内有栽培。

(十二)红花荷属 *Rhodoleia* Champion ex Hooker

1. 红花荷 *Rhodoleia championii* Hook. f.

常绿乔木；生于海拔 1000m 的山地密林中；分布地不详。

2. 大果红花荷 *Rhodoleia macrocarpa* H. T. Chang

常绿乔木；生于山地常绿林中；分布于荔波等地。

3. 小花红花荷 *Rhodoleia parvipetala* Tong

常绿乔木；生于海拔 500–1000m 的常绿林地中；分布于荔波等地。

(十三)半枫荷属 *Semiliquidambar* Chang

1. 半枫荷 *Semiliquidambar cathayensis* H. T. Chang

常绿乔木；生于海拔 1300m 以下的山地密林中；分布于贵阳、榕江、从江、三都、瓮安、赤水、雷公山、茂兰、思南等地。

2. 细柄半枫荷 *Semiliquidambar chingii*（Metc.）H. T. Chang【*Semiliquidambar chingii* var. *longipes* Y. K. Li et X. M. Wang.】

常绿乔木；生于海拔 1000m 的山地密林中；分布于荔波等地。

（十四）水丝梨属 *Sycopsis* Oliver

1. 柳叶水丝梨 *Sycopsis salicifolia* Li.

常绿灌木；生于海拔 900 – 1200m 的山地常绿林中；分布于惠水等地。

2. 水丝梨 *Sycopsis sinensis* Oliv.

常绿乔木；生于海拔 1300 – 1500m 的山地常绿林及灌丛；分布于修文、梵净山、荔波等地。

3. 滇水丝梨 *Sycopsis yunnanensis* H. T. Chang

常绿灌木或小乔木；生于海拔 800 – 1000m 的常绿森林中；分布于荔波等地。

二七、交让木科 Daphniphyllaceae

（一）虎皮楠属 *Daphniphyllum* Blume

1. 牛耳枫 *Daphniphyllum calycinum* Benth.

常绿灌木；生于海拔 380 – 600m 的疏林或灌丛中；分布于荔波、黎平等地。

2. 纸叶虎皮楠 *Daphniphyllum chartaceum* Rosenth.

常绿乔木；生于海拔 1600 – 2100m 的疏林或密林中；分布于安龙等地。

3. 西藏虎皮楠 *Daphniphyllum himalense*（Benth.）Mull. – Arg.

常绿乔木；生于海拔 310m 左右的常绿阔叶林中；分布于从江等地。

4. 交让木 *Daphniphyllum macropodum* Miq.

常绿乔木；生于海拔 1300 – 2154m 的山腰、山谷密林中；分布于贵阳、开阳、雷公山、从江、荔波、长顺、瓮安、独山、罗甸、福泉、惠水、贵定、三都、平塘等地。

5. 虎皮楠 *Daphniphyllum oldhamii*（Hemsl.）Rosenth.【*Daphniphyllum longistylum* S. S. Chien；*Daphniphyllum oblongum* S. S. Chien；*Daphniphyllum salicifolium* S. S. Chien.】

常绿灌木或乔木；生于海拔 330 – 1400m 的疏林、密林或灌丛中；分布于赤水、三都、荔波、长顺、瓮安、都匀、惠水、平塘、独山、罗甸、福泉、贵定、榕江、从江、黎平等地。

6. 显脉叶虎皮楠 *Daphniphyllum paxianum* K. Rosenth.

常绿灌木或小乔木；生于海拔 680 – 730m 的阴处、密林中；分布于荔波、独山、都匀、三都等地。

7. 假轮叶虎皮楠 *Daphniphyllum subverticillatum* Merr.

常绿灌木；生于海拔 450 – 500m 的林中；分布于贵定等地。

二八、杜仲科 Eucommiaceae

（一）杜仲属 *Eucommia* Oliver

1. 杜仲 *Eucommia ulmoides* Oliv.

落叶乔木；生于海拔 300 – 1700m 的低山、谷地或低坡的疏林中；分布于贵阳、修文、遵义、黔西、三都、惠水等地。

二九、榆科 Ulmaceae

（一）糙叶树属 *Aphananthe* Planchon

1. 糙叶树 *Aphananthe aspera*（Thunb.）Planch.

落叶乔木；生于海拔 500 – 1400m 的山谷、溪边林中；分布于贵阳、开阳、息烽、独山、贵定、长顺、瓮安、罗甸、福泉、都匀、惠水、三都、平塘、榕江、黎平、锦屏、赤水、梵净山、贞丰等地。

(二)朴属 *Celtis* Linnaeus

1. 紫弹树 *Celtis biondii* Pamp.

落叶小乔木至乔木；生于海拔 500 – 2000m 的山地灌丛或杂木林中；分布于纳雍、七星关、安龙、罗甸、惠水、独山、都匀、长顺、瓮安、福泉、荔波、龙里、平塘、册亨、望谟、西秀、平坝、贵阳、湄潭、凤冈、梵净山、印江、凯里、施秉、榕江、黄平、锦屏、松桃、石阡等地。

2. 黑弹树 *Celtis bungeana* Bl.

落叶乔木；生于海拔 150 – 2300m 的路旁、山坡、灌丛或林边；分布于印江、松桃、锦屏、务川、安龙、贵阳、长顺、瓮安、独山、罗甸、荔波、都匀、贵定、三都、平塘等地。

3. 小果朴 *Celtis cerasifera* Schneid.

落叶乔木；生于海拔 800 – 2400m 的山坡灌丛或沟谷杂木林中；分布于贵阳、安龙、瓮安、荔波等地。

4. 珊瑚朴 *Celtis julianae* Schneid.

落叶乔木；生于海拔 600 – 1300m 的山坡或山谷林中或林缘；分布于册亨、印江、黄平、贵阳、赤水、麻阳河、月亮山、梵净山、佛顶山、道真、荔波、麻江、黔南等地。

5. 朴树 *Celtis sinensis* Pers.【*Celtis tetrandra* Roxburgh subsp. *sinensis* (Persoon) Y. C. Tang.】

落叶乔木；生于海拔 600 – 1800m 的路旁、山坡、林缘；分布于威宁、七星关、凯里、黎平、江口、印江、贵阳、册亨、望谟、黔南等地。

6. 四蕊朴 *Celtis tetrandra* Roxb.【*Celtis kunmingensis* Cheng et Hong】

落叶乔木；生于海拔 700 – 1500m 的沟谷、河谷的林中或林缘以及山坡灌丛中；分布于贵阳等地。

7. 假玉桂 *Celtis timorensis* Span.【*Celtis cinnamomea* Lindl. ex Planchon.】

常绿乔木；生于海拔 800 – 1000m 的山地疏林中；分布于安龙、赤水、长顺、罗甸、荔波、三都等地。

8. 西川朴 *Celtis vandervoetiana* Schneid.

落叶乔木；生于海拔 600 – 1400m 的山谷阴处、林中；分布于贵阳、黎平、罗甸、荔波等地。

(三)青檀属 *Pteroceltis* Maximowicz

1. 青檀 *Pteroceltis tatarinowii* Maxim.

落叶乔木；生于海拔 200 – 1500m 的山谷溪边石灰岩山地疏林中；分布于碧江、思南、贵阳、惠水、罗甸、平塘、荔波、长顺、瓮安、独山、龙里、佛顶山、道真、黄平、黔西、关岭、贞丰等地。

(四)山黄麻属 *Trema* Loureiro

1. 狭叶山黄麻 *Trema angustifolia* (Planch.) Bl.

落叶小乔木；生于海拔 1600m 以下的阳坡灌丛或疏林中；分布于三都等地。

2. 光叶山黄麻 *Trema cannabina* Lour.

落叶灌木或小乔木；生于海拔 200 – 860m 的山坡疏林、灌丛较向阳湿润处；分布于黎平、从江、石阡、榕江、印江、松桃、荔波、独山、罗甸、三都等地。

3. 山麻油 *Trema cannabina* var. *dielsiana* (Hand.-Mazz.) C. J. Chen

落叶灌木或小乔木；生于海拔 260 – 1180m 的山脚水旁、路旁、灌丛中；分布于赤水、绥阳、印江、瓮安、荔波、平塘等地。

4. 羽脉山黄麻 *Trema levigata* Hand.-Mazz.

落叶小乔木；生于海拔 150 – 2800m 的向阳山坡杂木林或灌丛中、或干热河谷疏林中；分布于罗甸、望谟等地。

5. 银毛叶山黄麻 *Trema nitida* C. J. Chen

落叶小乔木；生于海拔 600 – 1800m 的石灰岩山坡较湿润的疏林中；分布于七星关、黎平、独山、罗甸、三都等地。

6. 异色山黄麻 *Trema orientalis*（L.）Bl.

落叶乔木；生于海拔 400 - 1900m 的山谷开旷的较湿润林中或较干燥的山坡灌丛中；分布于七星关、锦屏、天柱、赤水、安龙、罗甸、望谟、兴义等地。

7. 山黄麻 *Trema tomentosa*（Roxb.）H. Hara

落叶小乔木；生于海拔 2000m 以下湿润的河谷和山坡混交林中，或空旷的山坡；分布于独山、罗甸、三都等地。

（五）榆属 *Ulmus* Linnaeus

1. 多脉榆 *Ulmus castaneifolia* Hemsl.

落叶乔木；生于海拔 500 - 1600m 的山坡灌丛中、山谷及路旁；分布于雷公山、沿河、印江、松桃、望谟、安龙、麻阳河、佛顶山、梵净山、石阡、黎平、台江、册亨、黔南等地。

2. 昆明榆 *Ulmus changii* var. *kunmingensis*（W. C. Cheng）W. C. Cheng et L. K. Fu

落叶乔木；生于海拔 650 - 1800m 的山地林中；分布于威宁、贵阳、锦屏、罗甸、长顺、独山等地。

3. 黑榆 *Ulmus davidiana* Planch.

落叶乔木；生于海拔 1250m 的石灰岩山地及谷地；分布于贵阳等地。

4. 大果榆 *Ulmus macrocarpa* Hance

落叶乔木或灌木；生于海拔 700 - 1800m 的山坡或山谷；分布于大沙河等地。

5. 榔榆 *Ulmus parvifolia* Jacquem.

落叶乔木；生于海拔 800m 以下的平原、丘陵、山坡及谷地；分布于册亨、兴义、贵阳、长顺、瓮安、独山、罗甸、惠水、贵定、龙里等地。

6. 榆树 *Ulmus pumila* L.

落叶乔木；生于海拔 1000 - 2500m 的山坡、山谷；分布于贵阳、瓮安、罗甸、福泉、惠水、贵定、三都、龙里、黔东南、铜仁地区等地。

7. 红果榆 *Ulmus szechuanicaa* Fang.

落叶乔木；生于海拔 1250m 的酸性或微酸性山地阔叶林中；分布于贵阳等地。

（六）榉树属 *Zelkova* Spach

1. 大叶榉树 *Zelkova schneideriana* Hand. -Mazz.

落叶乔木；生于海拔 200 - 1800m 的溪间水旁或山坡土层较厚的疏林中；分布于黎平、黄平、贵阳、平塘、长顺、瓮安、独山、罗甸、福泉、都匀、惠水、贵定、三都、龙里、册亨、望谟等地。

2. 榉树 *Zelkova serrata*（Thunb.）Makino

落叶乔木；分布于 500 - 1900m 的河谷、溪边疏林中；分布于黎平、长顺、瓮安、独山、罗甸、荔波、惠水、贵定、三都、龙里、平塘等地。

3. 大果榉 *Zelkova sinica* Schneid.

落叶乔木；生于海拔 800 - 2500m 的山谷、溪旁及较湿润的山坡疏林中；分布于贵阳等地。

三〇、大麻科 Cannabaceae

（一）大麻属 *Cannabis* Linnaeus

1. 大麻 *Cannabis sativa* L.

一年生草本；原产锡金等地；省内有栽培。

（二）葎草属 *Humulus* Linnaeus

1. 啤酒花 *Humulus lupulus* L. [*Humulus lupulus* var. *cordifolius*（Miq.）Maxim.]

多年生草本；引种；省内有栽培。

2. 葎草 *Humulus scandens*（Lour.）Merr.

一年生草本；生于海拔 300 - 1300m 的山坡、路旁荒地住宅附近；广泛分布于全省各地。

三一、桑科 Moraceae

（一）波罗蜜属 *Artocarpus* J. R. Forster et G. Forster

1. 白桂木 *Artocarpus hypargyreus* Hance

乔木；生于海拔 300 - 1600m 的常绿阔叶林中；分布于荔波等地。

2. 二色波罗蜜 *Artocarpus styracifolius* Pierre

乔木；生于海拔 500 - 1500m 的森林中；分布于三都等地。

3. 胭脂 *Artocarpus tonkinensis* A. Chev. ex Gagnep.

常绿乔木；生于海拔 400 - 800m 的山坡阳处；分布于望谟、罗甸等地。

（二）构树属 *Broussonetia* L'Héritier ex Ventenat

1. 蔓构 *Broussonetia kaempferi* var. *australis* Suzuki

落叶灌木；生于海拔 300 - 1000m；分布于黔南等地。

2. 楮 *Broussonetia kazinoki* Sieb. et Zucc.

落叶灌木；生于中海拔以下的山坡林缘、沟边、住宅近旁；分布于大沙河、黔南等地。

3. 构树 *Broussonetia papyrifera*（Linn.）L'Hér. ex Vent.

落叶乔木；生于海拔 650 - 2200m 的低山丘陵、荒地、水边；广泛分布于全省各地。

（三）水蛇麻属 *Fatoua* Gaudichaud - Beaupré

1. 水蛇麻 *Fatoua villosa*（Thunb.）Nakai

一年生草本；多生于荒地或道旁，或岩石及灌丛中；分布于铜仁地区等地。

（四）榕属 *Ficus* Linnaeus

1. 石榕树 *Ficus abelii* Miq.

落叶灌木；生于河边灌丛中；分布于贵阳、安龙、册亨、望谟、罗甸、独山、三都、平塘、榕江等地。

2. 大果榕 *Ficus auriculata* Lour.

常绿乔木或小乔木；生于海拔 300 - 600m 的沟谷路边疏密林中；分布于兴义、安龙、册亨、望谟、罗甸等地。

3. 垂叶榕 *Ficus benjamina* L.

落叶大乔木；生于海拔 300 - 1000m 的石灰岩山地及村寨附近；分布于望谟、罗甸、都匀等地。

4. 无花果 *Ficus carica* L.

落叶灌木；原产地中海沿岸；省内有栽培。

5. 多型册亨榕 *Ficus cehengensis* var. *multiformis* S. S. Chang

落叶灌木。

6. 雅榕 *Ficus concinna*（Miq.）Miq.

常绿乔木；生于海拔 800 - 2000m 山坡疏林中；分布于兴义、独山、荔波等地。

7. 钝叶榕 *Ficus curtipes* Corner

落叶乔木；海拔 530 - 1350m 的石灰岩山地或村寨附近；分布地不详。

8. 歪叶榕 *Ficus cyrtophylla*（Wall. ex Miq.）Miq.

落叶灌木或小乔木；生于海拔 500 - 800m 的山地疏林中；分布于兴仁、册亨、望谟、罗甸、荔波、长顺、三都、平塘等地。

9. 印度榕 *Ficus elastica* Roxb.

落叶乔木；原产不丹等地；省内有栽培。

10. 矮小天仙果 *Ficus erecta* Thunb.【*Ficus erecta* var. *beecheyana* f. *koshunensis*（Hayata）Corner】

落叶小乔木或灌木；生于山地、灌丛中或溪边林下；分布于长顺、独山、罗甸、惠水等地。

11. 黄毛榕 *Ficus esquiroliana* Lévl.

落叶小乔木；生于沟谷阔叶林中；分布于册亨、罗甸等地。

12. 台湾榕 *Ficus formosana* Maxim.【*Ficus formosana* f. *shimadai* Hayata】

落叶灌木；生于低海拔山地；分布于月亮山、黎平、大沙河、都匀、贵定等地。

13. 金毛榕 *Ficus fulva* Reinw. ex Bl.

落叶小乔木；生于沟谷阔叶林中；分布于册亨、罗甸等地。

14. 冠毛榕 *Ficus gasparriniana* Miq.【*Ficus gasparriniana* var. *viridescens*（Lévl. et Vant.）Corner】

落叶灌木；生于海拔 500 - 2000m 的林下、山谷、路边；分布于贵阳、息烽、兴义、安龙、册亨、望谟、榕江、黎平、荔波、罗甸、平塘、独山、都匀、三都等地。

15. 长叶冠毛榕 *Ficus gasparriniana* var. *esquirolii*（Lévl. et Vant.）Corner

落叶灌木；生于海拔 500 - 1000m 的山地灌丛或沟边湿润地区；分布于兴义、安龙、都匀等地。

16. 菱叶冠毛榕 *Ficus gasparriniana* var. *laceratifolia*（Lévl. et Vant）Corner【*Ficus laceratifolia* Lévl. et Vant. 】

落叶灌木；生于海拔 600 - 1300m 的山地灌丛中；分布于贵阳、独山、罗甸、荔波、兴义、望谟、赤水、开阳等地。

17. 大叶水榕 *Ficus glaberrima* Bl.

落叶乔木；生于海拔 800 - 1000m 的山坡、路旁或石灰岩山地疏林下；分布于兴义、安龙、望谟、息烽、施秉、罗甸、荔波等地。

18. 贵州榕 *Ficus guizhouensis* S. S. Chang

藤状灌木；生于海拔 500 - 650m 的石灰岩山地；分布于榕江等地。

19. 藤榕 *Ficus hederacea* Roxb.

藤状灌木；生于海拔 1050m 的石灰岩山地；分布于兴义等地。

20. 尖叶榕 *Ficus henryi* Warb.

落叶小乔木；生于海拔 700 - 1300m 的山坡、山谷疏林中；分布于开阳、贵阳、息烽、凯里、黄平、榕江、雷公山、梵净山、瓮安、荔波、独山、福泉、都匀、惠水、三都等地。

21. 异叶榕 *Ficus heteromorpha* Hemsl.

落叶灌木或小乔木；生于山谷、坡地及林中；全省除西北部及西部地区处，各地都有分布。

22. 粗叶榕 *Ficus hirta* Vahl【*Ficus hirta* var. *imberbis* Gagnep. 】

落叶灌木或小乔木；生于海拔 500 - 1000m 的山坡疏林中；分布于兴义、安龙、望谟、罗甸、平塘、独山、三都、黎平等地。

23. 对叶榕 *Ficus hispida* L. f.

落叶灌木或小乔木；生于海拔 700 - 1500m 的山坡或沟谷阔叶林中；分布于兴义、册亨、望谟、罗甸、都匀等地。

24. 大青树 *Ficus hookeriana* Corner

落叶大乔木；生于海拔 500 - 2200m 的石灰岩山地；分布于兴义、安龙、镇宁等地。

25. 壶托榕 *Ficus ischnopoda* Miq.

灌木状小乔木；生于海拔 160 - 1600m 的河滩地带；分布于兴义、安龙、望谟、册亨、罗甸、荔波、平塘、黎平等地。

26. 光叶榕 *Ficus laevis* Bl.

攀援藤状灌木或附生；生于海拔 800 – 1600m 的山地雨林中；分布于望谟、罗甸等地。

27. 榕树 *Ficus microcarpa* Linn. f.

落叶大乔木；生于海拔 400 – 800m 的山地沟谷阔叶林中；分布于兴义、安龙、望谟、罗甸、三都、荔波、平塘等地。

28. 九丁榕 *Ficus nervosa* Heyne ex Roth

常绿乔木或小乔木；生于海拔 400 – 1600m 的山区林中；分布于兴义、罗甸、三都、望谟、册亨、安龙等地。

29. 苹果榕 *Ficus oligodon* Miq.

落叶小乔木；生于海拔 200m 左右的沟谷林中；分布于兴义、安龙、册亨、望谟、罗甸、镇宁等地。

30. 直脉榕 *Ficus orthoneura* Lévl. et Vant.

落叶小乔木；生于海拔 500 – 800m 的山地阔叶林中；分布于兴义等地。

31. 琴叶榕 *Ficus pandurata* Hance

落叶小灌木；生于海拔 900 – 1500m 的山地、旷野或灌丛林下；分布于贵阳、息烽、修文、长顺、独山、都匀等地。

32. 豆果榕 *Ficus pisocarpa* Bl.

落叶乔木；生于海拔 200 – 1600m 的石灰岩山地；分布于望谟等地。

33. 褐叶榕 *Ficus pubigera*（Wall. ex Miq.）Kurz

藤状灌木；生于海拔 400 – 1300m 的石灰岩山地；分布于兴义、望谟、安龙、榕江、罗甸、荔波、都匀等地。

34. 大果褐叶榕 *Ficus pubigera* var. *maliformis*（King）Corner

藤状灌木；生于海拔 300 – 1900m 的林下；分布于安龙、榕江、长顺、罗甸、荔波、平塘等地。

35. 薜荔 *Ficus pumila* L.

攀援或匍匐灌木；生于石灰岩山坡上；分布于黔西南、黔中、黔南、黔东南等地。

36. 聚果榕 *Ficus racemosa* L.

常绿乔木；生于海拔 300 – 650m 的潮湿地带；分布于兴义、安龙、册亨、望谟、罗甸、镇宁等地。

37. 乳源榕 *Ficus ruyuanensis* S. S. Chang

灌木或小乔木；生于海拔 500m 的山谷密林中；分布于贵阳、开阳、独山、施秉等地。

38. 匍茎榕 *Ficus sarmentosa* Buch. -Ham. ex J. E. Sm.

匍匐或攀援木质藤状灌木；生于海拔 500 – 1400 的山谷岩石上；分布于七星关、荔波、江口等地。

39. 大果爬藤榕 *Ficus sarmentosa* var. *duclouxii*（Lévl. et Vant.）Corner

大型攀援木质藤状灌木；生于海拔 600 – 1600m 的石灰岩山坡灌丛中；分布于贵阳、修文、威宁、安龙、赤水、罗甸、江口等地。

40. 珍珠莲 *Ficus sarmentosa* var. *henryi*（King ex Oliv.）Corner

木质藤状灌木；生于海拔 790 – 1800m 的山地灌丛中；分布于黔西南、黔东北、黔南、黔中、黔东南等地。

41. 爬藤榕 *Ficus sarmentosa* var. *impressa*（Champ.）Corner

藤状爬行灌木；生于海拔 900 – 1500m 的石灰岩山地；广泛分布于全省各地。

42. 尾尖爬藤榕 *Ficus sarmentosa* var. *lacrymans*（Lévl.）Corner

藤状攀援灌木；生于海拔 600 – 1300m 的石灰岩山地阴湿地区；分布于贵阳、修文、黔西南、黔东北、黔南、黔东南等地。

43. 长柄爬藤榕 *Ficus sarmentosa* var. *luducca*（Roxb.）Corner

攀援藤状灌木；生于海拔 1000 – 1400m 的山坡岩石上；分布于兴义、安龙、兴仁、绥阳、三都等地。

44. 白背爬藤榕 *Ficus sarmentosa* var. *nipponica*（Franch. et Sav.）Corner

木质藤状灌木；生于海拔 500 – 1200 的山地灌丛中；分布于兴义、安龙、梵净山等地。

45. 鸡嗉子榕 *Ficus semicordata* Buch. -Ham. ex Sm.

落叶小乔木；生于海拔 400 – 1000m 的沟谷林中；分布于册亨、罗甸、望谟、三都等地。

46. 竹叶榕 *Ficus stenophylla* Hemsl.【*Ficus stenophylla* var. *macropodocarpa*（Lévl. et Vant.）Corner】

常绿小灌木；生于海拔 160 – 1300m 的溪旁潮湿处；分布于贵阳、望谟、安龙、独山、瓮安、罗甸、长顺、都匀、惠水、贵定、三都、龙里、平塘等地。

47. 假斜叶榕 *Ficus subulata* Bl.

攀援状灌木；生于海拔 800m 以下的疏林中；分布于安龙、镇宁等地。

48. 笔管榕 *Ficus subpisocarpa* Gagnep.【*Ficus superba* var. *japonica* Miq.】

落叶乔木；生于海拔 300 – 1400m 的山地；分布于荔波等地。

49. 地果 *Ficus tikoua* Bur.

常绿匍地藤本；生于海拔 800 – 1400m 的荒地、草坡或岩石缝中；分布于贵阳、纳雍、施秉、长顺、瓮安、独山、罗甸、荔波、都匀、惠水、贵定、三都、平塘等省内大部分地区。

50. 斜叶榕 *Ficus tinctoria* subsp. *gibbosa*（Bl.）Corner

乔木或附生；生于潮湿的山谷或岩石上；分布于镇宁、安龙、册亨、望谟、罗甸、荔波、独山、三都等地。

51. 楔叶榕 *Ficus trivia* Corner

灌木或小乔木；生于山坡疏林中；分布于兴义、安龙、罗甸、独山、荔波等地。

52. 光叶楔叶榕 *Ficus trivia* var. *laevigata* S. S. Chang

灌木或小乔木；生境不详；分布于平塘、荔波等地。

53. 岩木瓜 *Ficus tsiangii* Merr. ex Corner

灌木或乔木；生于海拔 600 – 1000m 的山谷、沟边潮湿地；分布于兴义、贞丰、安龙、册亨、沿河、开阳、息烽、荔波等地。

54. 平塘榕 *Ficus tuphapensis* Drake

直立灌木；生于海拔 400 – 1500m 的石灰岩山坡；分布于平塘、罗甸、惠水等地。

55. 波缘榕 *Ficus undulata* S. S. Changin

灌木；生于海拔 600 – 980m 的山地、路旁及密林中；分布于施秉等地。

56. 杂色榕 *Ficus variegata* Bl.【*Ficus variegata* var. *chlorocarpa* Benth. ex King】

落叶乔木；生于海拔 700m 的沟谷林中；分布于赤水、长顺、独山、罗甸、荔波、都匀、三都等地。

57. 变叶榕 *Ficus variolosa* Lindl. ex Benth.

灌木或小乔木；生于海拔 500 – 1000m 的沟边、灌丛中；分布于雷公山、江口、荔波、独山等地。

58. 白肉榕 *Ficus vasculosa* Wall. ex Miq.

落叶乔木；生于海拔 800m 的山地沟谷阔叶林中；分布于兴义、安龙、罗甸、独山、龙里等地。

59. 黄葛树 *Ficus virens* Aiton【*Ficus virens* var. *sublanceolata*（Miq.）Corner】

落叶乔木；生于海拔 500 – 800m 的路边、溪边、村寨附近；分布于兴义、安龙、长顺、三都、平塘、罗甸、赤水、桐梓等地。

（五）柘属 *Maclura* Nutt.

1. 构棘 *Maclura cochinchinensis*（Lour.）Corner

落叶直立或攀援状灌木；生于海拔 400～1400m 的沟边、坡脚；分布于贵阳、开阳、息烽、兴义、月亮山、梵净山、麻阳河、望谟、安龙、江口、凯里、台江、麻江、荔波、罗甸、平塘、瓮安、长顺、独山、福泉、荔波、都匀、惠水、三都等地。

2. 毛柘藤 *Maclura pubescens*（Tréc.）Z. K. Zhou et M. G. Gilbert【*Cudrania pubescens* Trec.】

落叶木质藤状灌木；生于海拔 500～1100m 的山坡林缘；分布于贵阳、长顺、独山、惠水等地。

3. 柘 *Maclura tricuspidata* Carr.

落叶灌木或小乔木；生于海拔 500～2200m 阳光充足的山地或林缘；分布于贵阳、黄平、凯里、松桃、印江、施秉、长顺、瓮安、独山、罗甸、福泉、荔波、都匀、惠水、贵定、龙里、平塘等地。

（六）桑属 *Morus* Linnaeus

1. 桑 *Morus alba* L.

落叶乔木或灌木；引种；省内有栽培。

2. 鸡桑 *Morus australis* Poir.【*Morus australis* var. *linearipartita* Cao】

落叶灌木或小乔木；生于海拔 200～1500m 的山坡林下或灌丛中；广泛分布于全省各地。

3. 华桑 *Morus cathayana* Hemsl.

落叶小乔木或为灌木状；生于海拔 900～1300m 的向阳山坡或沟谷；分布于遵义、湄潭、绥阳、凤冈、荔波、贵定、安龙、贞丰、德江等地。

4. 荔波桑 *Morus liboensis* S. S. Chang

落叶乔木；生于海拔 700m 左右的石灰岩山地；分布于册亨、荔波等地。

5. 奶桑 *Morus macroura* Miq.【*Morus laevigata* Wall. ex Brand.】

落叶小乔木或为灌木状；生于海拔 650～1400m 的林下；分布于绥阳、荔波、贞丰等地。

6. 蒙桑 *Morus mongolica*（Bur.）Schneid.【*Morus yunnanensis* Koidz.；*Morus mongolica* var. *yunnanensis*（Koidz.）C. Y. Wu et Cao】

落叶小乔木或灌木；生于海拔 300～1500m 的山坡疏林下；分布于贵阳、息烽、安龙、望谟、罗甸、平塘、长顺、独山、都匀、惠水、贵定、龙里等地。

7. 裂叶桑 *Morus trilobata*（S. S. Chang）Z. Y. Cao【*Morus alba* var. *diabolico* koidz】

落叶乔木；生于海拔 800m 的山坡；分布于凯里、龙里等地。

8. 长穗桑 *Morus wittiorum* Hand. -Mazz.

落叶乔木或灌木；生于海拔 540～1400m 的山坡疏林中或山脚沟边；分布于贵阳、开阳、息烽、修文、从江、黎平、册亨、望谟、印江、凯里、雷山、绥阳、梵净山、长顺、瓮安、独山、罗甸、福泉、荔波、都匀、惠水等地。

三二、荨麻科 Urticaceae

（一）苎麻属 *Boehmeria* Jacquin

1. 序叶苎麻 *Boehmeria clidemioides* var. *diffusa*（Wedd.）Hand. -Mazz.

多年生草本；生于海拔 600～1800m 的山坡灌丛中或山谷水旁；分布于遵义、习水、印江、兴义、册亨、贵阳、贵定、独山、福泉、惠水等地。

2. 密球苎麻 *Boehmeria densiglomerata* W. T. Wang

多年生草本；生于海拔 1300m 的灌丛中；分布于兴仁等地。

3. 长序苎麻 *Boehmeria dolichostachya* W. T. Wang

亚灌木或小灌木；生于海拔 900～1300m 的山坡、灌丛中；分布于兴仁、兴义、安龙、独山、平塘等地。

4. 柔毛苎麻 *Boehmeria dolichostachya* var. *mollis*（W. T. Wang）W. T. Wang et C. J. Chen

亚灌木或小灌木；生于海拔 500 - 700m 的丘陵灌丛中；分布地不详。

5. 海岛苎麻 *Boehmeria formosana* Hayata

多年生草本或亚灌木；生于海拔 1400m 以下的疏林下、灌丛中或沟边；分布于黔东南等地。

6. 野线麻 *Boehmeria japonica*（L. f.）Miq.【*Boehmeria longispica* Steud.】

多年生草本；生于海拔 1000 - 1300m 的山坡、沟边或林缘；分布于遵义、兴义、清镇、贵阳、贵定、瓮安等地。

7. 水苎麻 *Boehmeria macrophylla* Hornem.

落叶灌木或小乔木；生于海拔 800 - 1300m 的山谷林下或沟边；分布于开阳、兴义、册亨、望谟、荔波、榕江等地。

8. 糙叶苎麻 *Boehmeria macrophylla* var. *scabella*（Roxb.）Long【*Boehmeria platyphylla* var. *scabrella*（Roxb.）Wedd.】

灌木或亚灌木；生于海拔 1000 - 1300m 的山坡林下；分布于兴义、独山等地。

9. 苎麻 *Boehmeria nivea*（L.）Gaudich.

亚灌木；生于海拔 300 - 1800m 的山坡、路旁、水边；分布于赤水、金沙、绥阳、凤冈、正安、德江、印江、开阳、贵阳、独山、罗甸、长顺、瓮安、福泉、都匀、贵定、三都、平塘、镇远等地。

10. 青叶苎麻 *Boehmeria nivea* var. *tenacissima*（Gaudich.）Miq.【*Boehmeria nivea* var. *nipononivea*（Koidz.）W. T. Wang】

亚灌木；分布于册亨等地。

11. 长叶苎麻 *Boehmeria penduliflora* Wedd. ex Long【*Boehmeria macrophylla* D. Don】

直立灌木；生于海拔 500 - 2000m 的山坡、路旁；分布于兴义、册亨、罗甸、福泉等地。

12. 八棱麻 *Boehmeria siamensis* Craib

灌木；生于海拔 400 - 1700m 的山地阳坡灌丛或疏林中；分布于册亨、望谟、罗甸等地。

13. 赤麻 *Boehmeria silvestrii*（Pamp.）W. T. Wang

多年生草本；生于海拔 1000 - 1500m 的山谷灌丛或林下阴湿处；分布于梵净山、松桃、惠水、瓮安等地。

14. 小赤麻 *Boehmeria spicata*（Thunb.）Thunb.【*Boehmeria gracilis* C. H. Wright】

多年生草本；生于海拔 1200 - 2200m 的沟边、林缘、阴湿地；分布于纳雍、梵净山、凯里、雷公山等地。

15. 密毛苎麻 *Boehmeria tomentosa* Wedd.

灌木；生于海拔 1500 - 2400m 的山地林中、灌丛或沟边；分布于兴义。

16. 八角麻 *Boehmeria tricuspis*（Hance）Makino【*Boehmeria platanifolia* Franch. et Savatier.】

多年生草本；生于海拔 1000 - 1500m 的山谷灌丛或林下阴湿处；分布于梵净山、松桃、惠水、瓮安、长顺等地。

17. 阴地苎麻 *Boehmeria umbrosa*（Hand.-Mazz.）W. T. Wang【*Boehmeria pseudotricuspis* W. T. Wang.】

多年生草本；生于海拔 1200 - 1800m 的山坡灌丛中；分布于兴仁、普安等地。

18. 黔桂苎麻 *Boehmeria zollingeriana* var. *blinii*（Lévl.）C. J. Chen【*Boehmeria blinii* Lévl.】

亚灌木；生于海拔 1000m 以下的山坡路旁；分布于关岭、册亨、罗甸等地。

（二）微柱麻属 *Chamabainia* Wight

1. 微柱麻 *Chamabainia cuspidata* Wight

多年生草本；生于海拔 1000 - 2000m 的山地林中、灌丛、沟边或石上；分布于遵义、湄潭、都匀、黎平等地。

（三）水麻属 *Debregeasia* Gaudichaud – Beaupré

1. 长叶水麻 *Debregeasia longifolia*（Burm. f.）Wedd.

落叶灌木；生于海拔 500 – 2900m 的山谷、溪边两岸灌丛中和森林中的湿润处；分布于贵阳、开阳、修文、息烽、月亮山、太阳山、梵净山、雷公山、望谟、麻江、黔南等地。

2. 水麻 *Debregeasia orientalis* C. J. Chen【*Debregeasia edulis* auct. non（Sieb. et Zucc.）】

落叶灌木；生于海拔 400 – 1900m 的溪谷河流两岸潮湿地中；分布于麻阳河、威宁、宽阔水、绥阳、贵阳、赤水、习水、普定、黎平、从江、榕江、台江、太阳山、雷公山、兴义、黄平、印江、梵净山、石阡、佛顶山、望谟、黔南等地。

3. 鳞片水麻 *Debregeasia squamata* King ex Hook. f.

落叶灌木；生于海拔 150 – 1500m 的溪谷两岸阴湿灌丛中；分布于黔南等地。

（四）楼梯草属 *Elatostema* J. R. Forster et G. Forster

1. 安龙楼梯草 *Elatostema anlongense* W. T. Wang.

多年生草本；生于石灰岩山地；分布于安龙等地。

2. 深绿楼梯草 *Elatostema atroviride* W. T. Wang

多年生草本；生于海拔 230 – 450m 的石灰山林中；分布于黔南等地。

3. 华南楼梯草 *Elatostema balansae* Gagnep.

多年生草本；生于海拔 300 – 2100m 的山谷林中或沟边阴湿地；分布于安龙、罗甸等地。

4. 短齿楼梯草 *Elatostema brachyodontum*（Hand. -Mazz.）W. T. Wang

多年生草本；生于海拔 500 – 1100m 的山谷林中或沟边石上；分布于清镇等地。

5. 显苞楼梯草 *Elatostema bracteosum* W. T. Wang

多年生草本；生于海拔 450m 的山谷阴湿处；分布于桐梓等地。

6. 革叶楼梯草 *Elatostema coriaceifolium* W. T. Wang

多年生草本；生于海拔 500 – 900m 的密林岩石或阴湿处；分布于荔波等地。

7. 骤尖楼梯草 *Elatostema cuspidatum* Wight

多年生草本；生于海拔 650 – 1900m 的阴湿地、山坡灌丛中；分布于纳雍、梵净山、德江、安龙、独山、瓮安、榕江等地。

8. 锐齿楼梯草 *Elatostema cyrtandrifolium*（Zoll. et Moritzi）Miq.【*Elatostema herbaceifolium* Hayata】

多年生草本；生于海拔 450 – 1400m 的山谷溪边石上或山洞或林中；分布于安龙、清镇、贵阳等地。

9. 都匀楼梯草 *Elatostema duyunense* W. T. Wang et Y. G. Wei

多年生草本；生于海拔 1200m 的山地疏林中；分布于都匀等地。

10. 梨序楼梯草 *Elatostema ficoides* Wedd.

多年生草本；生于海拔 900 – 2000m 的山谷林中、灌丛或沟边阴湿处或石上；分布于沿河等地。

11. 算盘楼梯草 *Elatostema glochidioides* W. T. Wang

多年生草本；生于海拔 800m 的森林中；分布于荔波等地。

12. 环江楼梯草 *Elatostema huanjiangense* W. T. Wang et Y. G. Wei

多年生草本；生于海拔 200 – 800m 石灰岩山坡林下；分布于黄平等地。

13. 疏晶楼梯草 *Elatostema hookerianum* Wedd.

多年生草本；生于海拔 900m 左右的山谷、林下、石上；分布于独山等地。

14. 宜昌楼梯草 *Elatostema ichangense* H. Schroet.

多年生草本；生于海拔 300 – 900m 的山地常绿阔叶林中或石上；分布于德江等地。

15. 楼梯草 *Elatostema involucratum* Franch. et Sav.

多年生草本；生于海拔 200 – 2000m 的山谷沟边石上、林中或灌丛中；分布于息烽、雷山等地。

16. 荔波楼梯草 *Elatostema liboense* W. T. Wang

多年生草本；生于海拔 800m 的密林中的岩石上；分布于荔波等地。

17. 显脉楼梯草 *Elatostema longistipulum* Hand. -Mazz.

多年生草本；生于海拔 1000 – 1300m 的山谷沟边或林边；分布于安龙等地。

18. 多序楼梯草 *Elatostema macintyrei* Dunn

亚灌木；生于海拔 170 – 750m 的山谷林中或沟边阴处；分布于望谟等地。

19. 巨序楼梯草 *Elatostema megacephalum* W. T. Wang

多年生草本；生于海拔 1000 – 2000m 的山谷常绿阔叶林中；分布于兴义等地。

20. 异叶楼梯草 *Elatostema monandrum* (D. Don) H. Hara

小叶草；生于海拔 2100m 的山地林中、沟边、阴湿石上；分布于盘县等地。

21. 瘤茎楼梯草 *Elatostema myrtillus* (Lévl.) Hand. -Mazz.

多年生草本；生于海拔 300 – 1000m 的石灰岩山谷林中或沟边石上；分布于安龙等地。

22. 南川楼梯草 *Elatostema nanchuanense* W. T. Wang

多年生草本；生于海拔 600 – 1200m 的山谷阴处；分布于正安等地。

23. 托叶楼梯草 *Elatostema nasutum* Hook. f. 【*Elatostema stipulosum* Hand. -Mazz.】

多年生草本；生于海拔 400 – 2400m 的山地林中、草坡或山谷阴湿处；分布于梵净山、雷公山等地。

24. 短毛楼梯草 *Elatostema nasutum* var. *puberulum* (W. T. Wang) W. T. Wang

多年生草本；生于海拔 650m 的山谷阴湿处或疏林中；分布于月亮山等地。

25. 长圆楼梯草 *Elatostema oblongifolium* Fu

多年生草本；生于海拔 450 – 900m 的低山山谷阴湿处；分布于西秀等地。

26. 钝叶楼梯草 *Elatostema obtusum* Wedd.

蔓生草本；生于海拔 1500m 的沟边、林下；分布于雷公山等地。

27. 三齿钝叶楼梯草 *Elatostema obtusum* var. *trilobulatum* (Hayata) W. T. Wang

蔓生草本；生于海拔 700 – 1600m 的山谷溪边、林下；分布于黔东南等地。

28. 小叶楼梯草 *Elatostema parvum* (Bl.) Miq. 【*Elatostema backeri* H. Schroet.】

多年生草本；生于海拔 1000 – 2800m 的山坡林下、石上或沟边；分布于黔西南等地。

29. 樱叶楼梯草 *Elatostema prunifolium* W. T. Wang

多年生草本；海拔 700 – 1900m 的山地林下或溪边；分布于册亨、道真、正安等地。

30. 滇桂楼梯草 *Elatostema pseudodissectum* W. T. Wang

多年生草本；生于海拔 1100 – 2200m 的山谷林中石上或陡崖上；分布于贞丰、清镇等地。

31. 多脉楼梯草 *Elatostema pseudoficoides* W. T. Wang

多年生草本；生于海拔 1200 – 2200m 的山谷林中、林边或溪边；分布于大沙河等地。

32. 密齿楼梯草 *Elatostema pycnodontum* W. T. Wang

多年生草本；生于海拔 800 – 1400m 的林下；分布于兴仁、石阡、息烽等地。

33. 多枝楼梯草 *Elatostema ramosum* W. T. Wang

多年生草本；生于海拔 1500m 的山地林下；分布于册亨等地。

34. 石生楼梯草 *Elatostema rupestre* (Buch. -Ham.) Wedd.

多年生草本；生于海拔 170 – 1500m 的林下、灌丛中、潮湿地；分布于赤水、水城、安龙、望谟、罗甸等地。

35. 对叶楼梯草 *Elatostema sinense* H. Schroet.

多年生草本；生于海拔 500 – 2000m 的山谷沟边阴处或密林中；分布于纳雍、印江、安龙、独山等地。

36. 庐山楼梯草 *Elatostema stewardii* **Merr.**

多年生草本；生于海拔 580 – 1400m 的山谷沟边或林下；分布于贞丰、雷公山等地。

37. 伏毛楼梯草 *Elatostema strigulosum* **W. T. Wang〔***Elatostema strigulosum* **var.** *semitriplinerve* **W. T. Wang〕**

多年生草本；生于海拔 600 – 1000m 的灌丛下、溪边；分布于赤水等地。

38. 拟骤尖楼梯草 *Elatostema subcuspidatum* **W. T. Wang**

多年生草本；生于海拔 1600 – 1900m 的林下；分布于大沙河等地。

39. 条叶楼梯草 *Elatostema sublineare* **W. T. Wang**

多年生草本；生于海拔 400 – 800m 的山沟；分布于瓮安、罗甸等地。

40. 细尾楼梯草 *Elatostema tenuicaudatum* **W. T. Wang**

亚灌木；生于海拔 300 – 2200m 的山谷密林中；分布于罗甸等地。

41. 薄叶楼梯草 *Elatostema tenuifolium* **W. T. Wang**

多年生草本；海拔 1000 – 1100m 的山地林中石上；分布于都匀等地。

42. 疣果楼梯草 *Elatostema trichocarpum* **Hand. -Mazz.**

多年生草本；生于海拔约 1000 – 1800m 的山地阴湿处；分布地不详。

（五）蝎子草属 *Girardinia* Gaudichaud – Beaupré

1. 大蝎子草 *Girardinia diversifolia* （Link）**Friis〔***Girardinia palmata* **Bl. ；** *Girardinia palmata* **subsp.** *ciliata* **C. J. Chen〕**

多年生草本；生于海拔 600 – 1500m 的山谷、溪旁、山地林边或疏林下；分布于普安、凯里等地。

2. 红火麻 *Girardinia diversifolia* **subsp.** *triloba* （C. J. Chen）**C. J. Chen et Friis〔***Girardinia cuspidata* **subsp.** *triloba* **C. J. Chen〕**

多年生草本；生于海拔 300 – 1300m 的山坡林下和溪边荫湿处；分布于西秀等地。

（六）糯米团属 *Gonostegia* Turczaninow

1. 糯米团 *Gonostegia hirta* （Bl. ex Hassk.）**Miq.**

多年生草本；生于海拔 500 – 1200m 山沟或山坡草地；分布于黔南、黔东南、黔西南、黔东北等地。

（七）艾麻属 *Laportea* Gaudichaud – Beaupré

1. 珠芽艾麻 *Laportea bulbifera* （Sieb. et Zucc.）**Wedd.**

多年生草本；1400 – 1840m 的林下、灌丛中；分布于绥阳、梵净山、兴义、雷公山、榕江、黄平等地。

2. 艾麻 *Laportea cuspidata* （Wedd.）**Friis〔***Laportea macrostachya* （Maxim.）**Ohwi〕**

多年生草本；生于海拔 200 – 2250m 的沟旁、林下、潮湿处；分布于纳雍、雷公山等地。

（八）假楼梯草属 *Lecanthus* Weddell

1. 假楼梯草 *Lecanthus peduncularis* （Wall. ex Royle）**Wedd.**

多年生草本；生于海拔 1500 – 2000m 的山坡、山谷、林下、潮湿处；分布于纳雍、大方、绥阳、凯里等地。

2. 冷水花假楼梯草 *Lecanthus pileoides* **S. S. Chien et C. J. Chen**

一年生草本；生于海拔 2100m 的石灰岩山地的阴处；分布于黔西南等地。

（九）水丝麻属 *Maoutia* Weddell

1. 水丝麻 *Maoutia puya* （Hook.）**Wedd.**

灌木；生于海拔 400 – 2000m 的溪谷阴湿疏林灌丛中；分布于兴义、安龙、册亨、贞丰、望谟、黔南等地。

（十）花点草属 *Nanocnide* Blume

1. 花点草 *Nanocnide japonica* **Bl.**

多年生草本；生于海拔 600 – 1500m 的山坡阴湿处；分布于梵净山等地。

2. 毛花点草 *Nanocnide lobata* **Wedd.**

多年生草本；生于海拔 1200m 的山坡下或路旁；分布于梵净山、雷公山等地。

（十一）紫麻属 *Oreocnide* Miquel

1. 紫麻 *Oreocnide frutescens* （**Thunb.**）**Miq.**

直立灌木；生于海拔 300 – 1500m 的山谷、溪边或林下潮湿地；分布于黔西南、黔南、北盘江、红水河一带。

2. 广西紫麻 *Oreocnide kwangsiensis* **Hand. -Mazz.**

灌木；生于海拔 800m 的石灰岩疏林中或灌丛中；分布于荔波等地。

3. 凹尖紫麻 *Oreocnide obovata* **var.** *paradoxa* （**Gagnep.**）**C. J. Chen**

灌木；生于海拔 650m 左右的山谷水边；分布于从江、盘县、三都等地。

（十二）墙草属 *Parietaria* Linnaeus

1. 墙草 *Parietaria micrantha* **Ledeb.**

一年生铺散草本；生于海拔 700 – 2900m 的山坡阴湿草地屋宅、墙上或岩石下阴湿处；分布于大沙河等地。

（十三）赤车属 *Pellionia* Gaudichaud – Beaupré

1. 短叶赤车 *Pellionia brevifolia* **Benth.**

小型草本；生于海拔 350 – 1500m 的山地林中、山谷溪边或岩石边；分布于雷山等地。

2. 异被赤车 *Pellionia heteroloba* **Wedd.**【*Pellionia heteroloba* **var.** *minor* **W. T. Wang**】

草本；生于海拔 650 – 980m 的山谷沟边或灌丛中阴湿处；分布于习水等地。

3. 滇南赤车 *Pellionia paucidentata* （**H. Schroet.**）**S. S. Chien**

多年生草本；生于海拔 800 – 1000m 的山谷溪边阴湿处或林中；分布地不详。

4. 赤车 *Pellionia radicans* （**Sieb. et Zucc.**）**Wedd.**

多年生草本；生于海拔 500 – 1200m 的沟旁；分布于印江、江口等地。

5. 吐烟花 *Pellionia repens* （**Lour.**）**Merr.**

多年生草本；生于海拔 800 – 1100m 的山谷林中或石上阴湿处；分布于册亨、榕江等地。

6. 曲毛赤车 *Pellionia retrohispida* **W. T. Wang**

多年生草本；生于海拔 350 – 1550m 的山谷林中；分布于大沙河等地。

7. 蔓赤车 *Pellionia scabra* **Benth.**

亚灌木；生于海拔 300 – 1200m 的山谷溪边或林中；分布于桐梓、罗甸等地。

（十四）冷水花属 *Pilea* Lindley

1. 圆瓣冷水花 *Pilea angulata* （**Bl.**）**Bl.**

多年生草本；生于海拔 800 – 2300m 的山坡阴湿处；分布于独山等地。

2. 华中冷水花 *Pilea angulata* **subsp.** *latiuscula* **C. J. Chen**

多年生草本；生于海拔 1200 – 1600m 的山谷林下阴湿处；分布于印江、普安、贞丰、兴仁、安龙、清镇等地。

3. 长柄冷水花 *Pilea angulata* **subsp.** *petiolaris* （**Sieb. et Zucc.**）**C. J. Chen**

多年生草本；生于海拔 750 – 1100m 的山坡林下阴湿处；分布于德江等地。

4. 湿生冷水花 *Pilea aquarum* **Dunn**

多年生草本；生于海拔 350 – 1500m 的山沟水边阴湿处；分布于桐梓等地。

5. 短角湿生冷水花 *Pilea aquarum* subsp. *brevicornuta*（Hayata）C. J. Chen

多年生草本；生于海拔 200 – 800m 的山谷、溪边阴处或半阴处潮湿的草丛中；分布于罗甸等地。

6. 竹叶冷水花 *Pilea bambusifolia* C. J. Chen

草本；生于海拔 1300m 阴湿的岩石上；分布于关岭等地。

7. 五萼冷水花 *Pilea boniana* Gagnep.

多年生草本；生于海拔 300 – 2200m 的山谷林下；分布于安龙等地。

8. 花叶冷水花 *Pilea cadierei* Gagnep. et Guillaumin

多年生草本；引种；分布地不详。

9. 石油菜 *Pilea cavaleriei* Lévl.

草本；生于海拔 800 – 1500m 的山谷阴湿岩石上；分布于清镇、荔波、独山、平坝等地。

10. 圆齿石油菜 *Pilea cavaleriei* subsp. *crenata* C. J. Chen

草本；生于海拔 600m 的悬崖上；分布地不详。

11. 心托冷水花 *Pilea cordistipulata* C. J. Chen

多年生草本；生于海拔 1100 – 1300m 的山谷阴湿地；分布于桐梓等地。

12. 椭圆叶冷水花 *Pilea elliptilimba* C. J. Chen

草本；生于海拔 580 – 1580m 的山谷阴湿处；分布于安龙、息烽等地。

13. 点乳冷水花 *Pilea glaberrima*（Bl.）Bl.

近攀援草本或亚灌木；生于海拔 500 – 1300m 的林下；分布于兴仁、安龙、独山等地。

14. 翠茎冷水花 *Pilea hilliana* Hand. -Mazz.

一年生草本；生于海拔 1100 – 2000m 的岩石上和沟边阴湿处；分布于纳雍、印江等地。

15. 山冷水花 *Pilea japonica*（Maxim.）Hand. -Mazz.

草本；生于海拔 500 – 1900m 的山坡林下、山谷溪旁草丛中或石缝、树干长苔藓的阴湿处，常成片生长；分布于印江等地。

16. 隆脉冷水花 *Pilea lomatogramma* Hand. -Mazz.

多年生草本；生于海拔 1000 – 2000m 的林下路边阴处或溪旁石上；分布于梵净山等地。

17. 长茎冷水花 *Pilea longicaulis* Hand. -Mazz.

亚灌木；生于海拔 700m 的石灰岩山坡阴湿处；分布于大沙河等地。

18. 黄花冷水花 *Pilea longicaulis* var. *flaviflora* C. J. Chen

亚灌木；生于海拔 450 – 1500m 的林下阴湿处；分布于册亨、德江等地。

19. 鱼眼果冷水花 *Pilea longipedunculata* S. S. Chien et C. J. Chen

草本；生于海拔 1400 – 2800m 的林下阴湿处或石上；分布于黔西南等地。

20. 大叶冷水花 *Pilea martini*（Lévl.）Hand. -Mazz.

多年生草本；生于海拔 1100 – 1950m 的山坡林下沟旁阴湿处；分布于纳雍、大方等地。

21. 中间型冷水花 *Pilea media* C. J. Chen

多年生草本；200 – 650m 的山谷灌丛下石上阴湿处；分布于罗甸等地。

22. 长序冷水花 *Pilea melastomoides*（Poir.）Wedd.

高大草本或半灌木；生于海拔 700 – 1750m 的林下和山谷阴湿处；分布地不详。

23. 念珠冷水花 *Pilea monilifera* Hand. -Mazz.

一年生草本；生于海拔 980 – 1360m 的沟边于密林中阴湿处；分布于印江、梵净山、雷山、榕江等地。

24. 冷水花 *Pilea notata* C. H. Wright

多年生草本；生于海拔 600 – 1400m 的山谷、水边岩石上阴湿处；分布于习水、印江、贵阳、瓮安等地。

25. 盾叶冷水花 *Pilea peltata* Hance

肉质草本；生于海拔 500m 左右的石灰岩山上石缝或灌丛下阴处；分布于雷山等地。

26. 镜面草 *Pilea peperomioides* Diels

多年生肉质草本；生于海拔 780 – 2900m 的山谷林下阴湿处；分布于清镇、省内西部等地。

27. 齿叶矮冷水花 *Pilea peploides* var. *major* Wedd.

一年生草本；生于海拔 500 – 1600m 的阔叶林中、沟边潮湿地或岩石上；分布于雷山等地。

28. 石筋草 *Pilea plataniflora* C. H. Wright

多年生草本；生于海拔 200 – 1200m 的山坡林下或石灰岩壁上；分布于赤水、遵义、思南、望谟、册亨、兴义、兴仁、安龙、罗甸等地。

29. 假冷水花 *Pilea pseudonotata* C. J. Chen

亚灌木；生于海拔 700 – 800m 的山谷密林下阴湿处；分布于册亨等地。

30. 透茎冷水花 *Pilea pumila*（L.）A. Gray

一年生草本；生于海拔 400 – 2200m 的山坡林下或岩石缝的阴湿处；分布于贵阳等地。

31. 钝尖冷水花 *Pilea pumila* var. *obtusifolia* C. J. Chen

一年生草本；生于海拔 500 – 1500m 的山地半阴坡峭壁或石缝中、墙壁沟边湿润处；分布于赤水、习水、正安、沿河、荔波等地。

32. 红花冷水花 *Pilea rubriflora* C. H. Wright

多年生草本或亚灌木；生于海拔约 800 – 1500m 的山坡阴湿处；分布于大沙河等地。

33. 厚叶冷水花 *Pilea sinocrassifolia* C. J. Chen

平卧草本；生于海拔 200 – 1000m 的山坡水边阴处石上；分布于黔南等地。

34. 粗齿冷水花 *Pilea sinofasciata* C. J. Chen

一年生草本；生于海拔 700 – 2500m 的山谷、山脚、林下潮湿地；分布于七星关、印江、德江、盘县、兴义、安龙、榕江、凯里、黄平等地。

35. 翅茎冷水花 *Pilea subcoriacea*（Hand. -Mazz.）C. J. Chen

多年生草本；生于海拔 800 – 1800m 的山谷林下阴湿处；分布于遵义、印江、望谟等地。

36. 玻璃草 *Pilea swinglei* Merr.

草本；生于海拔 500 – 1500m 的沟边林下潮湿处；分布于雷公山、梵净山等地。

37. 鹰嘴冷水花 *Pilea unciformis* C. J. Chen

多年生草本；生于海拔 1320m 的石灰岩山坡常绿阔叶林下；分布于安龙等地。

38. 疣果冷水花 *Pilea verrucosa* Hand. -Mazz.

多年生草本；生于海拔 850 – 1100m 的山谷阴湿处；分布于遵义、雷山等地。

（十五）雾水葛属 *Pouzolzia* Gaudichaud – Beaupré

1. 红雾水葛 *Pouzolzia sanguinea*（Bl.）Merr.

灌木；生于海拔 1000 – 2300m 的向阳坡地草丛或疏林下或路旁；分布于清镇、遵义、罗甸、都匀等地。

2. 雅致雾水葛 *Pouzolzia sanguinea* var. *elegans*（Wedd.）FriisChen

灌木；生于海拔 300 – 2300m 的山坡草地或灌丛中；分布于清镇、安龙、册亨、贞丰、兴义等地。

3. 雾水葛 *Pouzolzia zeylanica*（L.）Benn. et R. Br.

多年生草本；生于海拔 300 – 800m 的草地上或田边，灌丛中或疏林中、沟边；分布于大沙河等地。

（十六）藤麻属 *Procris* Commerson ex Jussieu

1. 藤麻 *Procris crenata* C. B. Rob.

多年生草本；生于海拔 300 – 1000m 的山地林中石上，有时附生于大树上；分布于黔西南等地。

（十七）荨麻属 *Urtica* Linnaeus

1. 小果荨麻 *Urtica atrichocaulis*（Hand. -Mazz.）C. J. Chen〖*Urtica dioica* var. *atrichocaulis* Hand. -Mazz.〗

多年生草本；生于海拔 700 - 2100m 的山脚路旁、山谷或沟边；分布于威宁、望谟、安龙、普安、雷山、紫云等地。

2. 荨麻 *Urtica fissa* E. Pritz.

多年生草本；生于海拔 600 - 1500m 的林边或林地阴湿处；分布于普安、平坝、贵阳等地。

3. 宽叶荨麻 *Urtica laetevirens* Maxim.

多年生草本；生于海拔 800m 以上的林下潮湿地；分布于大沙河等地。

三三、马尾树科 Rhoipteleaceae

（一）马尾树属 *Rhoiptelea* Diels et Handel-Mazzetti

1. 马尾树 *Rhoiptelea chiliantha* Diels et Hand. -Mazz.

落叶乔木；生于海拔 700 - 2500m 的杂木林中；分布于独山、雷山、黎平、从江、榕江、剑河、台江、丹寨、都匀、罗甸、荔波、都匀、惠水、贵定、三都、龙里等地。

三四、胡桃科 Juglandaceae

（一）喙核桃属 *Annamocarya* A. Chevalier

1. 喙核桃 *Annamocarya sinensis*（Dode）J. - F. Leroy

落叶乔木；生于海拔 200 - 700m 的山谷疏林中；分布于榕江、三都、罗甸、荔波等地。

（二）山核桃属 *Carya* Nuttall

1. 山核桃 *Carya cathayensis* Sarg.

落叶乔木；生于海拔 400 - 1200m 的山麓疏林中或腐殖质丰富的山谷；分布于安龙等地。

2. 湖南山核桃 *Carya hunanensis* W. C. Cheng et R. H. Chang ex Chang et Lu

落叶乔木；生于海拔 800 - 1000m 的山坡疏林中；分布于德江、天柱、黎平、锦屏等地。

3. 贵州山核桃 *Carya kweichowensis* Kuang et A. M. Lu

落叶乔木；生于海拔 1300m 的山地常绿林中；分布于安龙、清镇、兴义、荔波、罗甸、惠水等地。

4. 越南山核桃 *Carya tonkinensis* Lecomt.

落叶乔木；生于海拔 800 - 900m 的山坡；分布于安龙等地。

（三）青钱柳属 *Cyclocarya* Iljinskaya

1. 青钱柳 *Cyclocarya paliurus*（Batal.）Iljinsk.

落叶乔木；生于海拔 640 - 1800m 的山地常绿林中；分布于贵阳、开阳、息烽、兴仁、安龙、册亨、贞丰、普安、绥阳、印江、梵净山、佛顶山、宽阔水、都匀、惠水、长顺、瓮安、独山、罗甸、福泉、三都、龙里、平塘、松桃、兴义、黎平、丹寨、台江、榕江、太阳山、月亮山、雷公山等地。

（四）黄杞属 *Engelhardia* Leschenault ex Blume

1. 黄杞 *Engelhardia roxburghiana* Wall.〖*Engelhardia fenzeli*i Merr.〗

半常绿乔木；生于海拔 200 - 1500m 的林中；分布于贵阳、开阳、息烽、修文、清镇、望谟、独山、长顺、瓮安、荔波、都匀、惠水、贵定、三都、龙里、赤水、天柱、黎平、丹寨等地。

2. 齿叶黄杞 *Engelhardia serrata* Bl.

落叶乔木；生于海拔 700 - 1000m 的山坡林中；分布于长顺等地。

3. 云南黄杞 *Engelhardia spicata* Lesch. ex Reinw.

落叶乔木；生于海拔 550 – 2100m 的山坡杂木林中；分布于兴义、安龙、罗甸等地。

4. 爪哇黄杞 *Engelhardia spicata* var. *aceriflora*（Reinw.）Koord. et Valeton〔*Engelhardia acerifloro*（Reinw.）Bl.〕

落叶小乔木；生于海拔 1000 – 1400m 的山坡或林中；分布于望谟、罗甸等地。

5. 毛叶黄杞 *Engelhardia spicata* var. *colebrookeana*（Lindl. ex Wall.）Koord. et Valeton〔*Engelhardia colebrookeana* Lindl.〕

落叶小乔木；生于海拔 1400 – 2000m 的沟谷密林中；分布于兴义、安龙、望谟、罗甸、关岭、镇宁等地。

（五）胡桃属 *Juglans* Linnaeus

1. 胡桃楸 *Juglans mandshurica* Maxim.〔*Juglans cathayensis* Dode〕

落叶乔木；生于海拔 800 – 2800m 的山坡路边或密林中；分布于安龙、凯里、雷山、镇远、印江、瓮安、罗甸、福泉、都匀、贵定、三都等地。

2. 胡桃 *Juglans regia* L.

落叶乔木；生于海拔 400 – 1800m 的山坡、路边及村寨附近；分布普遍，主要分布于赫章、威宁、七星关等地。

3. 泡核桃 *Juglans sigillata* Dode

落叶乔木；生于海拔 1300 – 2900m 的山坡或山谷林中；分布地不详。

（六）化香树属 *Platycarya* Siebold et Zuccarini

1. 化香树 *Platycarya strobilacea* Sieb. et Zucc.〔*Platycarya longipes* Wu〕

落叶小乔木；生于海拔 600 – 1300m 的向阳山坡及杂木林中；分布于兴义、安龙、瓮安、施秉、雷山、黄平、沿河、印江、榕江、从江、黔南等地。

（七）枫杨属 *Pterocarya* Kunth

1. 湖北枫杨 *Pterocarya hupehensis* Skan

落叶乔木；生于海拔 700 – 2000m 的河溪岸边、湿润的森林中；分布于贵阳、开阳、修文、威宁、雷山、凯里、独山、瓮安、贵定等地。

2. 华西枫杨 *Pterocarya macroptera* var. *insignis*（Rehd. et Wils.）W. E. Manning〔*Pterocarya insignis* Rehd. et Wils.〕

落叶乔木；生于海拔 1100 – 2700m 的山坡或林中；分布于盘县、从江等地。

3. 枫杨 *Pterocarya stenoptera* C. DC.

落叶乔木；生于海拔 400 – 1500m 的沿溪涧河滩、阴湿山坡地的林中；分布于七星关、兴义、安龙、望谟、紫云、罗甸、平塘、长顺、独山、荔波、都匀、惠水、贵定、三都、赤水、正安、务川、桐梓、湄潭、西秀、贵阳、雷山、印江、松桃、宽阔水、麻阳河、佛顶山、梵净山、普定、兴仁、黎平、江口、道真、台江等地。

三五、杨梅科 Myricaceae

（一）杨梅属 *Myrica* Linnaeus

1. 毛杨梅 *Myrica esculenta* Buch. -Ham. ex D. Don

常绿乔木；生于海拔 400 – 1300m 的疏林中；分布于兴义、册亨、望谟、罗甸、荔波、惠水、三都、龙里、平塘等地。

2. 云南杨梅 *Myrica nana* A. Chev.

常绿灌木；生于海拔 1100 – 2400m 的山坡、林缘及灌丛中；分布于威宁、兴义、安龙等地。

3. 杨梅 *Myrica rubra*（Lour.）**Sieb. et Zucc.**

常绿乔木；生于海拔 500 – 1300m 的山坡或山谷林中；广泛分布于长顺、瓮安、独山、福泉、荔波、惠水、都匀、贵定、三都、龙里、平塘等全省大部分地区。

三六、壳斗科 Fagaceae

（一）栗属 **Castanea Miller**

1. 锥栗 *Castanea henryi*（Skan）**Rehd. et Wils.**

落叶乔木；生于海拔 150 – 1800m 的丘陵与山地的混交林中；分布于天柱、锦屏、黎平、江口、从江、瓮安、福泉、惠水、贵定、三都、龙里等地。

2. 栗 *Castanea mollissima* **Bl.**

落叶乔木；生于海拔 2800m 以下的山地；广泛分布于长顺、瓮安、独山、罗甸、福泉、荔波、惠水、都匀、贵定、三都、龙里、平塘等全省大部分地区。

3. 茅栗 *Castanea seguinii* **Dode**

落叶小乔木或灌木；生于海拔 400 – 2000m 的山坡灌丛中；广泛分布于长顺、瓮安、独山、罗甸、福泉、荔波、惠水、都匀、贵定、三都、龙里、平塘等全省大部分地区。

（二）锥属 *Castanopsis*（D. Don）**Spach**

1. 南宁锥 *Castanopsis amabilis* **W. C. Cheng et C. S. Chao**

常绿乔木；生于海拔 300 – 900m 的山地密林中；分布于荔波等地。

2. 榄壳锥 *Castanopsis boisii* **Hick. et A. Camus**

常绿乔木；生于海拔 1000 – 1500m 的山地密林中较湿润处；分布于惠水等地。

3. 米槠 *Castanopsis carlesii*（Hemsl.）**Hay.**

常绿乔木；海拔 1500m 以下的山地混交林中；分布于贵阳、息烽、宽阔水、长顺、瓮安、福泉、荔波、都匀、惠水、贵定、龙里等地。

4. 短刺米槠 *Castanopsis carlesii* var. *spinulosa* **W. C. Cheng et C. S. Chao**

常绿乔木；生于海拔 1000 – 1700m 的山地杂木林中；分布于贵阳、开阳、梵净山、惠水、三都、瓮安、独山、罗甸、都匀、龙里、绥阳、习水、赤水、平坝等地。

5. 瓦山锥 *Castanopsis ceratacantha* **Rehd. et Wils.**

常绿乔木；生于海拔 1500 – 2500m 的山地疏林或密林中；分布于锦屏、榕江、贞丰、惠水、荔波、赤水等地。

6. 锥 *Castanopsis chinensis*（Spreng.）**Hance**

常绿乔木；生于海拔 1500m 以下的山地杂木林中；分布于安龙、三都等地。

7. 窄叶锥 *Castanopsis choboensis* **Hick. et A. Camus**

常绿乔木；生于海拔 1000m 以下的山地疏林中；分布于黔南等地。

8. 厚皮锥 *Castanopsis chunii* **W. C. Cheng**

常绿乔木；生于海拔 1000 – 2000m 的山地杂木林中；分布于都匀、绥阳、黔西、七星关、独山、罗甸、荔波、都匀、惠水、贵定、三都、龙里、黔东南等地。

9. 高山锥 *Castanopsis delavayi* **Franch.**

常绿乔木；生于海拔 1500 – 2800m 的山地杂木林中；分布于黔西南等地。

10. 甜槠 *Castanopsis eyrei*（Champ. ex Benth.）**Tutcher**【*Castanopsis* eyrei var. *neocavaleriei*】

常绿乔木；生于海拔 300 – 1700m 的山地疏或密林中；分布于清镇、开阳、天柱、黎平、贵阳、赤水、黔南等地。

11. 罗浮锥 *Castanopsis fabri* **Hance**

常绿乔木；生于海拔 2000m 以下的山地杂木林中；分布于开阳、锦屏、黎平、三都、罗甸、荔波、三都、盘县等地。

12. 栲 *Castanopsis fargesii* Franch.

常绿乔木；生于海拔 200 – 2100m 的山地杂木林中；分布于清镇、开阳、梵净山、锦屏、黎平、榕江、息烽、册亨、赤水、黔南等地。

13. 黧蒴锥 *Castanopsis fissa*（Champ. ex Benth.）Rehd. et Wils.

常绿乔木；生于海拔 1600m 以下的山地疏林中；分布于从江、锦屏、黎平、三都等地。

14. 小果锥 *Castanopsis fleuryi* Hick. et A. Camus

常绿乔木；生于海拔 600 – 2400m 的山地疏或密林中；分布于惠水等地。

15. 毛锥 *Castanopsis fordii* Hance

常绿乔木；生于海拔 1200m 以下的山地灌木或乔木林中；分布于息烽、黎平、惠水、龙里等地。

16. 湖北锥 *Castanopsis hupehensis* C. S. Chao

常绿乔木；生于海拔 600 – 1000m 的山地中；分布于黎平、镇远、罗甸、福泉等地。

17. 红锥 *Castanopsis hystrix* Hook. et Thoms. ex A. DC.

常绿乔木；生于海拔 1600m 以下的山地常绿阔叶林中；分布于惠水、三都、长顺、瓮安、独山、罗甸、荔波、贵定、龙里等地。

18. 秀丽锥 *Castanopsis jucunda* Hance

常绿乔木；生于海拔 1000m 以下的山坡疏或密林中；分布地不详。

19. 贵州锥 *Castanopsis kweichowensis* Hu

常绿乔木；生于海拔 400 – 800m 石灰岩山地的常绿阔叶林中；分布于榕江、黄平、独山、三都、荔波等地。

20. 鹿角锥 *Castanopsis lamontii* Hance

常绿乔木；生于海拔 500 – 2500m 的山地疏或密林中；分布于三都、惠水等地。

21. 元江锥 *Castanopsis orthacantha* Franch.

常绿乔木；生于海拔 1500 – 2900m 的山地疏或密林中；分布于省内西部等地。

22. 扁刺锥 *Castanopsis platyacantha* Rehd. et Wils.

常绿乔木；生于海拔 1500 – 2500m 的山地疏或密林中；分布于七星关、纳雍、兴义、瓮安、惠水等地。

23. 苦槠 *Castanopsis sclerophylla*（Lindl.）Schott.

常绿乔木；生于海拔海拔 200 – 1000m 的山地疏或密林中；分布于黔东北、惠水、龙里等地。

24. 棕毛锥 *Castanopsis tessellata* Hick. et A. Camus

常绿乔木；生于海拔约 500m 以下的常绿阔叶林中；分布于三都等地。

25. 钩锥 *Castanopsis tibetana* Hance

常绿乔木；生于海拔 470 – 1650m 的山地杂木林中；分布于贵阳、梵净山、榕江、锦屏、天柱、都匀、三都、惠水、瓮安、罗甸、福泉、荔波、龙里、贞丰、息烽、务川、雷公山、宽阔水、佛顶山、月亮山、雷山、赤水、台江等地。

26. 蒺藜锥 *Castanopsis tribuloides*（Sm.）A. DC.

常绿乔木；生于海拔约 1300m 的山坡灌丛中；分布于荔波等地。

27. 淋漓锥 *Castanopsis uraiana*（Hay.）Kanehira et Hatusima〔*Lithocarpus uraiana*（Hayata）Hayata〕

常绿乔木；生于海拔 500 – 1500m 的山地常绿阔叶林；分布于荔波等地。

（三）青冈属 *Cyclobalanopsis* Oersted

1. 贵州青冈 *Cyclobalanopsis argyrotricha*（A. Camus）Chun et Y. T. Chang ex Y. C. Hsu et H.

W. Jen

常绿乔木；生于海拔 1600m 的山谷、山地阔叶林中；分布于贵阳、长顺、独山、荔波、惠水、三都、平塘等地。

2. 窄叶青冈 *Cyclobalanopsis augustinii*（Skan）**Schott.**

常绿乔木；生于海拔 1200 – 2700m 的山坡森林中；分布与七星关、兴义、赤水、瓮安、独山、惠水、贵定等地。

3. 栎子青冈 *Cyclobalanopsis blakei*（Skan）**Schott.**

常绿乔木；生于海拔 150 – 2500m 的山地密林中；分布于贵阳、惠水、三都等地。

4. 靖西青冈 *Cyclobalanopsis chingsiensis*（Y. T. Chang）**Y. T. Chang et Q. Chen**

常绿乔木；生于海拔 1000 – 1100m 的沟谷森林中；分布黔西南等地。

5. 黄毛青冈 *Cyclobalanopsis delavayi*（Franch.）**Schott.**

常绿乔木；生于海拔 1000 – 2800m 的常绿阔叶林或松栎混交林中；分布于贵阳、开阳、赫章、威宁、盘县、瓮安等地。

6. 碟斗青冈 *Cyclobalanopsis disciformis*（Chun et Tsiang）**Y. C. Hsu et H. W. Jen**

常绿乔木；生于海拔 200 – 1500m 的山地阔叶林中；分布于开阳、兴仁、赤水等地。

7. 华南青冈 *Cyclobalanopsis edithiae*（Skan）**Schott.**

常绿乔木；生于阔叶林中；分布于贵阳等地。

8. 饭甑青冈 *Cyclobalanopsis fleuryi*（Hickel et A. Camus）**Chun ex Q. F. Zheng**

常绿乔木；生于海拔 500 – 1500m 的山地密林中；分布于雷山、望谟、雷公山、从江、罗甸、荔波、惠水、三都、龙里等地。

9. 毛曼青冈 *Cyclobalanopsis gambleana*（A. Camus）**Y. C. Hsu et H. W. Jen**

常绿乔木；生于海拔 1100 – 2900m 的山地杂木林中；分布于贵阳、从江、梵净山等地。

10. 赤皮青冈 *Cyclobalanopsis gilva*（Bl.）**Oerst.**

常绿乔木；生于海拔 300 – 1500m 的山地阔叶林中；分布于开阳、黎平、天柱、三都、长顺、独山、龙里等地。

11. 青冈 *Cyclobalanopsis glauca*（Thunb.）**Oerst.**

常绿乔木；生于海拔 150 – 2600m 的山坡、山谷的常绿阔叶林或杂木林中；分布于息烽、开阳、修文、梵净山、松桃、锦屏、榕江、黎平、黄平、雷山、册亨、兴义、贵阳、务川、桐梓、思南、绥阳、赤水、黔南等地。

12. 滇青冈 *Cyclobalanopsis glaucoides* **Schott.**

常绿乔木；生于海拔 1500 – 2500m 的山地阔叶林中；分布于贵阳、息烽、威宁、纳雍、兴义、长顺、罗甸、贵定等地。

13. 细叶青冈 *Cyclobalanopsis gracilis*（Rehd. et Wils.）**W. C. Cheng et T. Hong**

常绿乔木；生于海拔 500 – 2600m 的山地杂木林中；分布于开阳、凯里、黎平、梵净山、长顺、瓮安、独山、福泉、荔波、都匀、惠水、贵定、三都、龙里、平塘等地。

14. 毛枝青冈 *Cyclobalanopsis helferiana*（A. DC.）**Oerst.**

常绿乔木；生于海拔 900 – 2000m 的林中；分布于黔南等地。

15. 大叶青冈 *Cyclobalanopsis jenseniana*（Hand.-Mazz.）**W. C. Cheng et T. Hong ex Q. F. Zheng**

常绿乔木；生于海拔 300 – 1700m 的山坡、山谷、沟边杂木林中；分布于开阳、三都、瓮安、罗甸、贵定、兴义、赤水等地。

16. 毛叶青冈 *Cyclobalanopsis kerrii*（Craib）**Hu**

常绿乔木；生于海拔 160 – 1800m 的山地疏林中；分布于罗甸、望谟、册亨、安龙等地。

17. 多脉青冈 *Cyclobalanopsis multinervis* W. C. Cheng et T. Hong

常绿乔木；生于海拔1000 – 2000m 的林中；分布于贵阳、清镇、开阳、修文、瓮安、独山、荔波、梵净山、宽阔水等地。

18. 小叶青冈 *Cyclobalanopsis myrsinifolia*（Bl.）Oerst.

常绿乔木；生于海拔200 – 2500m 的山谷杂木林中；分布于贵阳、息烽、开阳、修文、凯里、黄平、雷山、黎平、德江、都匀、独山、梵净山、正安等地。

19. 竹叶青冈 *Cyclobalanopsis neglecta* Schott.【*Cyclobalanopsis bambusaefolia*（Hance）Chun ex Y. C. Hsu et H. W. Jen】

常绿乔木；生于海拔500 – 2200m 的山地密林中；分布于瓮安、惠水等地。

20. 曼青冈 *Cyclobalanopsis oxyodon*（Miq.）Oerst.

常绿乔木；生于海拔700 – 2800m 的山坡、山谷杂木林中；分布于贵阳、修文、威宁、正安等地。

21. 毛果青冈 *Cyclobalanopsis pachyloma*（Seem.）Schott.

常绿乔木；生于海拔200 – 1000m 的湿润山地、山谷森林中；分布于榕江、黄平、荔波、独山、三都等地。

22. 托盘青冈 *Cyclobalanopsis patelliformis*（Chun）Y. C. Hsu et H. W. Jen

常绿乔木；生于海拔400 – 1000m 的常绿阔叶林中；分布于惠水等地。

23. 亮叶青冈 *Cyclobalanopsis phanera*（Chun）Y. C. Hsu et H. W. Jen

常绿乔木；生于海拔900 – 2000m 的杂木林中；分布于惠水等地。

24. 云山青冈 *Cyclobalanopsis sessilifolia*（Bl.）Schott.【*Cyclobalanopsis nubium*（Hand. -Mazz.）Chun ex Q. F. Zheng】

常绿乔木；生于海拔650 – 1700m 的山地杂木林中；分布于凯里、雷山、榕江、三都、长顺、独山、罗甸、梵净山等地。

25. 西畴青冈 *Cyclobalanopsis sichourensis* Hu

常绿乔木；生于海拔850 – 1500m 的常绿阔叶林中；分布地不详。

26. 褐叶青冈 *Cyclobalanopsis stewardiana*（A. Camus）Y. C. Hsu et H. W. Jen

常绿乔木；生于海拔1000 – 2800m 的山顶、山坡杂木林中；分布于贵阳、梵净山、绥阳、瓮安、惠水等地。

27. 厚缘青冈 *Cyclobalanopsis thorelii*（Hickel et A. Camus）Hu

常绿乔木；生于海拔500 – 1100m 的山地阔叶林中；分布于罗甸、瓮安、荔波等地。

28. 毛脉青冈 *Cyclobalanopsis tomentosinervis* Y. C. Hsu et H. Wei Jen

常绿乔木；生于海拔2300m 的山地常绿阔叶林中；分布于黔东北等地。

（四）水青冈属 *Fagus* Linnaeus

1. 米心水青冈 *Fagus engleriana* Seem.

落叶乔木；生于海拔1500 – 2500m 的山地林中；分布于梵净山等地。

2. 水青冈 *Fagus longipetiolata* Seem.【*Fagus bijiensis* C. F. Wei et Y. T. Chang】

落叶乔木；生于海拔300 – 2400m 的山地杂木林中；分布于贵阳、开阳、榕江、雷山、施秉、梵净山、松桃、江口、印江、纳雍、七星关、都匀、三都、独山、长顺、瓮安、罗甸、福泉、惠水、贵定、龙里、平塘、安龙、兴义、贞丰、息烽、清镇、遵义、仁怀、桐梓、绥阳等地。

3. 亮叶水青冈 *Fagus lucida* Rehd. et Wils.【*Fagus lucida* var. *nayonica*（Y. T. Chang）K. M. Lan】

落叶乔木；生于海拔700 – 2000m 的混交林中；分布于梵净山、榕江、雷公山、清镇、七星关、桐梓、宽阔水、纳雍、罗甸、惠水、贵定、三都、龙里等地。

（五）柯属 *Lithocarpus* **Blume**

1. 愉柯 *Lithocarpus amoenus* Chun et C. C. Huang

常绿乔木；生于海拔 300 – 1000m 的山地杂木林中；分布于黔南等地。

2. 短尾柯 *Lithocarpus brevicaudatus*（Skan）Hayata

常绿乔木；生于海拔 300 – 1900m 的山地杂木林中；分布于清镇、普定、惠水、瓮安、独山、罗甸、福泉、荔波、三都、榕江、雷山、凯里、贵阳、德江、赤水等地。

3. 美叶柯 *Lithocarpus calophyllus* Chun ex C. C. Huang et Y. T. Chang

常绿乔木；生于海拔 500 – 1200m 的山地常绿阔叶林中；分布于黔南等地。

4. 册亨柯 *Lithocarpus chehengensis* Huang et Y. T. Chang

常绿乔木；分布于册亨等地。

5. 粤北柯 *Lithocarpus chifui* Chun et Tsiang

常绿乔木；生于海拔 1200 – 1400m 的山谷杂木林中；分布于雷公山等地。

6. 包果柯 *Lithocarpus cleistocarpus*（Seem.）Rehd. et Wils.

常绿乔木；生于海拔 1000 – 2300m 的山地山地乔木或灌木林中；分布于安龙、雷山、印江、梵净山、大方、宽阔水、佛顶山、水城、盘县、习水等地。

7. 峨眉包槲柯 *Lithocarpus cleistocarpus* var. *omeiensis* W. P. Fang

常绿乔木；生于海拔 1500 – 2400m 的山地杂木林中；分布于习水、仁怀等地。

8. 窄叶柯 *Lithocarpus confinis* C. C. Huang ex Y. C. Hsu et H. W. Jen

常绿乔木；生于海拔 1500 – 2400m 的较干燥的山坡次生林中；分布于贵阳、兴仁、兴义、安龙、威宁、独山、罗甸、都匀、三都等地。

9. 烟斗柯 *Lithocarpus corneus*（Lour.）Rehd.

常绿乔木；生于海拔 1000m 以下的常绿阔叶林；分布于独山、罗甸、荔波、惠水、贵定、三都、龙里等地。

10. 白皮柯 *Lithocarpus dealbatus*（Hook. f. et Thoms. ex Miq.）Rehd.

常绿乔木；生于海拔 1000 – 2800m 的山地杂木林中；分布于威宁、贵定等地。

11. 厚斗柯 *Lithocarpus elizabethiae*（Tutcher）Rehd.

常绿乔木；生于海拔 150 – 1200m 的山地杂木林中；分布于从江、锦屏、三都、瓮安、罗甸、福泉、都匀、惠水、贵定、龙里等地。

12. 枇杷叶柯 *Lithocarpus eriobotryoides* C. C. Huang et Y. T. Chang

常绿乔木；生于海拔 1000 – 1500m 的山地沟谷杂木林中；分布于梵净山、瓮安等地。

13. 川柯 *Lithocarpus fangii*（Hu et W. C. Cheng）C. C. Huang et Y. T. Chang

常绿乔木；生于海拔 800 – 1000m 的山地杂木林中；分布于遵义、赤水、仁怀等地。

14. 泥椎柯 *Lithocarpus fenestratus*（Roxb.）Rehd.

常绿乔木；生于海拔 1700m 以下的山地常绿阔叶林中；分布于赤水、雷公山等地。

15. 密脉柯 *Lithocarpus fordianus*（Hemsl.）Chun

常绿乔木；生于海拔 700 – 1500m 的常绿阔叶林中；分布于罗甸、三都、独山、荔波、雷山等地。

16. 柯 *Lithocarpus glaber*（Thunb.）Nakai

常绿乔木；生于海拔 1500m 以下的山地杂木林中；分布于贵阳、锦屏、玉屏、长顺、瓮安、独山、罗甸、福泉、荔波、都匀、惠水、三都、龙里、平塘等地。

17. 耳叶柯 *Lithocarpus grandifolius*（D. Don）S. N. Biswas〔*Lithocarpus spicatus*（Smith）Rehd. et Wils.〕

常绿乔木；生于海拔 600 – 1900m 的山地常绿阔叶林中；分布于宽阔水等地。

18. 瘰耳柯 *Lithocarpus haipinii* Chun

常绿乔木；生于海拔 1000m 以下的常绿阔叶林中；分布于从江、瓮安等地。

19. 硬壳柯 *Lithocarpus hancei* (Benth.) Rehd.

常绿乔木；生于海拔 2600m 以下的阔叶林中；分布于贵阳、息烽、清镇、绥阳、赤水、榕江、雷山、大方、威宁、黔南等地。

20. 港柯 *Lithocarpus harlandii* (Hance ex Walp.) Rehd.

常绿乔木；生于海拔 400 – 700m 的山地阔叶林中；分布于贵定、大沙河等地。

21. 灰柯 *Lithocarpus henryi* (Seemen) Rehd. et Wils.

常绿乔木；生于海拔 1400 – 2100m 的山地杂木林中；分布于榕江、雷山、印江、梵净山、沿河、瓮安、独山、罗甸等地。

22. 滑壳柯 *Lithocarpus levis* Chun et C. C. Huang

常绿乔木；生于海拔 900 – 1500m 的山地常绿阔叶林中；分布于兴仁、雷山、凯里等地。

23. 木姜叶柯 *Lithocarpus litseifolius* (Hance) Chun

常绿乔木；生于海拔 500 – 2500m 的山地常绿阔叶林中；分布于贵阳、龙里、大沙河等地。

24. 大叶柯 *Lithocarpus megalophyllus* Rehd. et Wils.

常绿乔木；生于海拔 900 – 2200m 的山地杂木林中；分布于赤水、长顺、瓮安、独山、罗甸、都匀、惠水、三都、龙里、平塘等地。

25. 光果柯 *Lithocarpus nitidinux* (Hu) Chun ex C. C. Huang et Y. T. Chang

常绿乔木；生于海拔 1100m 的山地疏林中；分布于罗甸、独山、三都等地。

26. 榄叶柯 *Lithocarpus oleaefolius* A. Camus

常绿乔木；生于海拔 500 – 1200m 的山地杂木林中；分布于黔南等地。

27. 圆锥柯 *Lithocarpus paniculatus* Hand. -Mazz.

常绿乔木；生于海拔 600 – 1400m 的山地常绿阔叶林中；分布于雷山、七星关、赤水等地。

28. 星毛柯 *Lithocarpus petelotii* A. Camus

常绿乔木；生于海拔 1000 – 1800m 的山地杂木林中；分布于惠水、瓮安、荔波等地。

29. 钦州柯 *Lithocarpus qinzhouicus* C. C. Huang et Y. T. Chang

常绿乔木；生于海拔 200m 的山谷常绿阔叶林或与马尾松和锥属植物混生；分布于荔波等地。

30. 南川柯 *Lithocarpus rosthornii* (Schott.) Barn.

常绿乔木；生于海拔 300 – 900m 的山地杂木林中；分布于开阳、七星关、赤水、仁怀等地。

31. 菱果柯 *Lithocarpus taitoensis* (Hayata) Hayata

常绿乔木；生于海拔 1500m 以下的山地杂木林中；分布地不详。

(六)栎属 *Quercus* Linnaeus

1. 岩栎 *Quercus acrodonta* Seem.

常绿乔木；生于海拔 300 – 2300m 的山谷或山坡；分布于贵阳、松桃等地。

2. 麻栎 *Quercus acutissima* Carruth.

落叶乔木；生于海拔 150 – 2200m 的落叶林中；广泛分布于全省各地。

3. 槲栎 *Quercus aliena* Bl.

落叶乔木；生于海拔 150 – 2000m 的混交林中；广泛分布于全省各地。

4. 锐齿槲栎 *Quercus aliena* var. *acutiserrata* Maxim. ex Wenz.

落叶乔木；生于海拔 150 – 2700m 的山地杂木林中；分布于赫章、七星关、大方、安龙、平塘、长顺、瓮安、独山、惠水、龙里、贵阳等地。

5. 西南高山栎 *Quercus aquifolioides* Rehd. et Wils.

常绿乔木；生于海拔 2000 – 2900m 的山地森林、灌丛中；分布于威宁、赫章等地。

6. 槲树 *Quercus dentata* Thunb.

落叶乔木；生于海拔 150 – 2700m 的山地杂木林中；分布于七星关、黔西、安龙等地。

7. 匙叶栎 *Quercus dolicholepis* A. Camus【*Quercus spathulata* Seemen】

常绿乔木；生于海拔 500 – 2800m 的山地森林中；分布于贵阳、松桃、大沙河等地。

8. 巴东栎 *Quercus engleriana* Seem.

常绿乔木；生于海拔 700 – 2700m 的山坡、山谷疏林中；分布于息烽、松桃、七星关、威宁、大方、织金、赫章、长顺、瓮安、独山、惠水、平塘等地。

9. 白栎 *Quercus fabri* Hance

落叶乔木或灌木状；生于海拔 150 – 2000m 的山地杂木林中；广泛分布于全省各地。

10. 大叶栎 *Quercus griffithii* Hook. f. et Thoms. ex Miq.

落叶乔木；生于海拔 700 – 2800m 的混交林中；分布于贵阳、三都、黔西等地。

11. 帽斗栎 *Quercus guajavifolia* Lévl.【*Quercus pannosa* Hand. -Mazz. 】

常绿灌木或小乔木；生于海拔 2500m 的山地森林及灌丛中；分布于威宁等地。

12. 尖叶栎 *Quercus oxyphylla*（Wils. ）Hand. -Mazz.

常绿乔木；生于海拔 200 – 2900m 的山坡、山谷灌丛中；分布地不详。

13. 乌冈栎 *Quercus phillyreoides* A. Gray

常绿灌木或小乔木；生于海拔 300 – 1200m 的山坡、山顶和山谷密林中，常生于山地岩石上；分布于贵阳、修文、开阳、清镇、梵净山、印江、石阡、独山、兴仁、平塘、遵义、赤水、长顺、瓮安、独山、罗甸、福泉、荔波、惠水、贵定、龙里、平塘等地。

14. 毛脉高山栎 *Quercus rehderiana* Hand. -Mazz.

常绿乔木；生于海拔 1500 – 2300m 的山地森林中；分布于威宁、七星关、盘县、赫章等地。

15. 灰背栎 *Quercus senescens* Hand. -Mazz.

常绿乔木或灌木；生于海拔 1900 – 2900m 的山坡、山谷森林中；分布于威宁、七星关等地。

16. 麻栎 *Quercus serrata* Thunb.【*Quercus glandulifera* Bl. ；*Quercus glandulifera* var. *brevipetiolata*（DC. ）Nakai】

落叶乔木；生于海拔 200 – 2000m 的山地或沟谷林中；分布于七星关、大方、贵阳、荔波、独山、龙里、黔西等地。

17. 富宁栎 *Quercus setulosa* Hickel et A. Camus

常绿乔木；生于海拔 150 – 1300m 的山坡、山顶森林中；分布于荔波等地。

18. 刺叶高山栎 *Quercus spinosa* David ex Franch.

常绿灌木；生于海拔 900 – 2800m 的山坡、山谷森林中；分布于威宁等地。

19. 炭栎 *Quercus utilis* Hu et W. C. Cheng

常绿乔木；生于海拔 1000 – 1500m 的山坡，多见于石灰岩山地；分布于织金、荔波等地。

20. 栓皮栎 *Quercus variabilis* Bl.

落叶乔木；生于海拔 600 – 2900m 的常绿或落叶林中；分布于威宁、七星关、大方、道真、罗甸、雷山、望谟、榕江、德江、荔波、从江、独山、沿河、松桃、黔南等地。

21. 云南波罗栎 *Quercus yunnanensis* Franch.【*Quercus dentata* var. *oxyloba* Franch；*Quercus malacotricha* A. Camus】

落叶乔木；生于海拔 1000 – 2600m 的山地杂木林中或阔叶林中；分布于贵阳、开阳、七星关、黔西、安龙、惠水、贵定、龙里等地。

三七、桦木科 Betulaceae

（一）桤木属 Alnus Miller

1. 桤木 *Alnus cremastogyne* Burk.

落叶乔木；生于海拔 500–2000m 的山坡或岸边的林中；分布于赤水、遵义、道真、长顺、瓮安、都匀、惠水、贵定、三都、平塘等地。

2. 日本桤木 *Alnus japonica*（Thunb.）Steud.

落叶乔木；生于海拔 800–1500m 的山坡、河边、路旁；分布于碧江等地。

3. 川滇桤木 *Alnus ferdinandi–coburgii* Schneid.

落叶乔木；生于海拔 400–2300m 的山坡、岸边的林中或潮湿地；分布于七星关、威宁、水城、罗甸等地。

4. 尼泊尔桤木 *Alnus nepalensis* D. Don

落叶乔木；生于海拔 200–2800m 的山坡林或村寨中；分布于贵阳、修文、七星关、织金、惠水、长顺、独山、罗甸、荔波、都匀、贵定、三都、平塘、安龙、黎平等地。

5. 江南桤木 *Alnus trabeculosa* Hand.-Mazz.

落叶乔木；生于海拔 200–1000m 的山谷或河谷的林中；分布于荔波等地。

（二）桦木属 *Betula* Linnaeus

1. 西桦 *Betula alnoides* Buch.-Ham. ex D. Don

落叶乔木；生于海拔 700–2100m 的山坡杂木林中；分布于册亨等地。

2. 华南桦 *Betula austrosinensis* Chun ex P. C. Li

落叶乔木；生于海拔 700–1900m 的山顶或山坡杂木林中；分布于绥阳、息烽、梵净山、雷山、月亮山、三都等地。

3. 香桦 *Betula insignis* Franch.

落叶乔木；生于海拔 1400–1700m 的阔叶林中；分布于梵净山等地。

4. 亮叶桦 *Betula luminifera* H. J. P. Winkl.

落叶乔木；生于海拔 200–2900m 的阳坡阔叶林中；广泛分布于长顺、瓮安、独山、罗甸、福泉、荔波、都匀、惠水、贵定、三都、龙里、平塘等全省大部分地区。

5. 糙皮桦 *Betula utilis* D. Don

落叶乔木；生于海拔 1700–2900m 的山坡林中；分布于大沙河等地。

（三）鹅耳枥属 *Carpinus* Linnaeus

1. 粤北鹅耳枥 *Carpinus chuniana* Hu

落叶乔木；生于海拔 800–1200m 的沟谷密林中；分布于印江、荔波等地。

2. 华千斤榆 *Carpinus cordata* var. *chinensis* Franch.

落叶乔木；生于海拔 700–2500m 的潮湿山坡杂木林中；分布于威宁等地。

3. 川黔千斤榆 *Carpinus fangiana* Hu

落叶大乔木；生于海拔 900–1700m 的山坡林中；分布于贵定、梵净山、太阳山、佛顶山、宽阔水、雷山等地。

4. 厚叶鹅耳枥 *Carpinus firmifolia*（H. J. P. Winkl.）Hu

落叶乔木；生于海拔 1500m 的石山疏林中；分布于贵阳等地。

5. 川鄂鹅耳枥 *Carpinus henryana*（H. J. P. Winkl.）H. J. P. Winkl.

落叶乔木；生于海拔 1600–2900m 的山地林中；分布于黔西等地。

6. 贵州鹅耳枥 *Carpinus kweichowensis* Hu

落叶乔木；生于海拔 1100 – 1450m 的常绿阔叶混交林中；分布于瓮安、独山、罗甸、福泉、荔波、惠水、贞丰、梵净山、安龙等地。

7. 荔波鹅耳枥 *Carpinus lipoensis* Y. K. Li

落叶乔木；生于海拔 850m 的石灰岩山地；分布于荔波、惠水等地。

8. 短尾鹅耳枥 *Carpinus londoniana* H. J. P. Winkl.

落叶乔木；生于海拔 300 – 1800m 的潮湿山坡或山谷的杂木林中；分布于独山、三都等地。

9. 云南鹅耳枥 *Carpinus monbeigiana* Hand. -Mazz.

落叶乔木；生于海拔 1700 – 2800m 的山地林中；分布于大沙河、三都等地。

10. 峨眉鹅耳枥 *Carpinus omeiensis* Hu et D. Fang

落叶乔木；生于海拔 1000 – 1900m 的山坡密林中；分布于德江等地。

11. 多脉鹅耳枥 *Carpinus polyneura* Franch.

落叶乔木；生于海拔 400 – 2300m 的阔叶林或灌丛中；分布于威宁、七星关、绥阳、德江、印江、长顺、瓮安、独山、荔波、都匀、惠水、贵定等地。

12. 云贵鹅耳枥 *Carpinus pubescens* Burk.

落叶乔木；生于海拔 450 – 1500m 的山谷或山坡林中，也生于山顶或石山坡的灌木林中；分布于七星关、织金、兴仁、兴义、安龙、贵阳、平坝、黎平、黔南等地。

13. 紫脉鹅耳枥 *Carpinus purpurinervis* Hu

落叶小乔木；生于海拔 1000m 的山地疏林中或山顶岩石上的灌木林中；分布兴义、独山等地。

14. 岩生鹅耳枥 *Carpinus rupestris* A. Camus

落叶小乔木；生于海拔 1000 – 1700m 的石山灌丛中；分布于水城、兴义、长顺、独山、罗甸、惠水等地。

15. 宽苞鹅耳枥 *Carpinus tsaiana* Hu

落叶乔木；生于海拔 1200 – 1500m 的山坡杂木林中或石坡上；分布于安龙等地。

16. 昌化鹅耳枥 *Carpinus tschonoskii* Maxim. 【*Carpinus paoshingensis* Hu et D. Fang】

落叶乔木；生于海拔 1100 – 2400m 的疏林中；分布于水城、息烽、瓮安等地。

17. 遵义鹅耳枥 *Carpinus tsunyihensis* Hu

落叶乔木；生于海拔 900 – 1000m 的混交林中；分布于遵义等地。

18. 鹅耳枥 *Carpinus turczaninowii* Hance

落叶乔木；生于海拔 500 – 2000m 的山坡或山谷林中；分布于龙里、平塘等地。

19. 雷公鹅耳枥 *Carpinus viminea* Lindl.

落叶乔木；生于海拔 700 – 2600m 的山坡杂木林中；分布于梵净山、雷公山、月亮山、绥阳、惠水、瓮安、独山、罗甸、荔波、都匀、贵定、三都、龙里等地。

（四）榛属 *Corylus* Linnaeus

1. 华榛 *Corylus chinensis* Franch.

落叶乔木；生于海拔 1100m 以上的山坡密林中；分布于贵阳、湄潭等地。

2. 披针叶榛 *Corylus fargesii* Schneid. 【*Corylus chinensis* var. *fargesii* (Franch.) Hu；*Corylus rostrata* var. *fargesii* Franch. 】

落叶小乔木；生于海拔 800 – 2900m 的山谷林中；分布于七星关等地。

3. 刺榛 *Corylus ferox* Wall.

落叶乔木；生于海拔 1700 – 2900m 的山坡林中；分布于梵净山等地。

4. 藏刺榛 *Corylus ferox* var. *thibetica* (Batal.) Franch.

叶乔木或小乔木；生于海拔 1000 – 2900m 的混交林中；分布于威宁、七星关、梵净山等地。

5. 榛 *Corylus heterophylla* Fisch. ex Trautv.

落叶灌木或小乔木；生于海拔 200 - 1000m 的山地阴坡灌丛中；分布于大沙河、惠水、龙里等地。

6. 川榛 *Corylus heterophylla* var. *sutchuenensis* Franch.

落叶灌木或小乔木；生于海拔 500 - 2500m 的向阳山坡灌丛中；分布于全省大部分地区。

7. 滇榛 *Corylus yunnanensis* (Franch.) A. Camus

落叶灌木或小乔木；生于海拔 1600 - 2900m 的山坡灌丛中；分布于兴义、黔西、贵定等地。

(五)铁木属 *Ostrya* Scopoli

1. 多脉铁木 *Ostrya multinervis* Rehd.

落叶乔木；生于海拔 1100 - 1750m 的杂木林中；分布于梵净山、独山、都匀等地。

2. 毛果铁木 *Ostrya trichocarpa* D. Fang et Y. S. Wang

落叶乔木；生于海拔 800 - 1300m 的石灰岩山地林中；分布于荔波等地。

三八、商陆科 Phytolaccaceae

(一)商陆属 *Phytolacca* Linnaeus

1. 商陆 *Phytolacca acinosa* Roxb.

多年生草本；生于海拔 500 - 2900m 的沟谷、山坡林下、林缘路旁；广泛分布于全省各地。

2. 垂序商陆 *Phytolacca americana* L.

多年生草本；原产北美；栽培于全省各地。

3. 多药商陆 *Phytolacca polyandra* Batal.

多年生草本；生于海拔 1100m 以上的山坡林下、山沟、河边、路旁；分布地不详。

三九、紫茉莉科 Nyctaginaceae

(一)黄细心属 *Boerhavia* Linnaeus

1. 黄细心 *Boerhavia diffusa* L.

多年生草本；生于海拔 150 - 1900m 的干热河谷地；分布于兴义、黔南等地。

(二)叶子花属 *Bougainvillea* Commerson ex Jussieu

1. 光叶子花 *Bougainvillea glabra* Choisy

藤状灌木；原产巴西；省内有栽培。

2. 叶子花 *Bougainvillea spectabilis* Willd.

藤状灌木；原产热带美洲；省内有栽培。

(三)紫茉莉属 *Mirabilis* Linnaeus

1. 紫茉莉 *Mirabilis jalapa* L.

一年生草本；原产热带美洲；栽培于全省各地。

四○、番杏科 Aizoaceae

(一)龙须海棠属 *Mesembryanthemum* Linnaeus

1. 美丽日中花 *Mesembryanthemum spectabile* Haw.

多年生常绿草本；原产非洲南部；省内有栽培。

四一、仙人掌科 Cactaceae

（一）鼠尾鞭属 *Aporocactus* Lemaire

1. 鼠尾鞭 *Aporocactus flagelliformis*（L.）Lem.

多年生肉质草本；省内有栽培。

（二）山影拳属 *Cereus*

1. 仙人山 *Cereus pitajaya* DC.

多年生肉质草本；省内有栽培。

（三）昙花属 *Epiphyllum* Haworth

1. 昙花 *Epiphyllum oxypetalum*（DC.）Haw.

灌木状的肉质植物；原产墨西哥；省内有栽培。

（四）仙人球属 *Mamillaria*

1. 仙人球 *Mamillaria uncinata* Zucc. ex Pfeiff.

多年生肉质草本；省内有栽培。

（五）令箭荷花属 *Napalxochia*

1. 令箭荷花 *Napalxochia ackermannii*（Haw.）Kunth.

多年生灌木状草本；省内有栽培。

2. 小令箭荷花 *Napalxochia phyllanthoides*（DC.）Britt. et Rose

多年生灌木状草本；省内有栽培。

（六）量天尺属 *Hylocereus*（A. Berger）Britton et Rose

1. 量天尺 *Hylocereus undatus*（Haw.）Britt. et Rose

攀援肉质灌木；省内有栽培。

（七）仙人掌属 *Opuntia* Miller

1. 胭脂掌 *Opuntia cochenillifera*（L.）Mill.

肉质灌木或小乔木；省内有栽培。

2. 梨果仙人掌 *Opuntia ficus – indica*（L.）Mill.

肉质灌木或小乔木；省内有栽培。

3. 白毛掌 *Opuntia leucotricha* DC.

肉质植物，灌木状；省内有栽培。

4. 黄毛掌 *Opuntia microdasys*（Lehm.）Pfeiff.

肉质植物，灌木状；省内有栽培。

5. 仙人掌 *Opuntia dillenii*（Ker Gawl.）Haw.【*Opuntia stricta* var. *dillenii*（Ker Gawl.）L. D. Benson】

丛生肉质灌木；原产墨西哥东海岸等地；逸生或栽培于兴义等地。

（八）蟹爪兰属 *Schlumbergera*

1. 蟹爪兰 *Schlumbergera truncata*（Haw.）Moran

丛生肉质灌木；省内有栽培。

四二、藜科 Chenopodiaceae

（一）千针苋属 *Acroglochin* Schrader

1. 千针苋 *Acroglochin persicarioides*（Poir.）Moq.

一年生草本；生于田边、路旁、河边、荒地等处；分布于贵阳、西秀、普安、平坝、盘县、兴仁、兴义等地。

（二）甜菜属 *Beta* Linnaeus

1. 甜菜 *Beta vulgaris* L.

二年生草本；省内有栽培。

（三）藜属 *Chenopodium* Linnaeus

1. 尖头叶藜 *Chenopodium acuminatum* Willd.

一年生草本；生于路边；分布于施秉等地。

2. 藜 *Chenopodium album* L.

一年生草本；生于路旁、荒地及田间；分布于全省各地。

3. 杖藜 *Chenopodium giganteum* D. Don

一年生草本；分布于贵阳、七星关、普安、西秀、平坝、沿河、印江、册亨等地。

4. 细穗藜 *Chenopodium gracilispicum* H. W. Kung

一年生草本；生于山坡草地、林缘、河边等处；分布于大沙河等地。

5. 杂配藜 *Chenopodium hybridum* L.

一年生草本；生于村边、路旁、林缘和溪边；分布于大沙河等地。

6. 小藜 *Chenopodium ficifolium* Smith

一年生草本；为普通田间杂草，有时也生于荒地、道旁、垃圾堆等处；分布于全省各地。

（四）刺藜属 *Dysphania* R. Brown

1. 土荆芥 *Dysphania ambrosioides*（L.）Mosyakin et Clemants〖*Chenopodium ambrosioides* L.〗

一年生草本；省内有栽培。

（五）地肤属 *Kochia* Roth

1. 地肤 *Kochia scoparia*（L.）Schrad.

一年生草本；生于田边、路旁、荒地等；省内有栽培。

（六）猪毛菜属 *Salsola* Linnaeus

1. 猪毛菜 *Salsola collina* Pall.

一年生草本；生村边，路边及荒芜场所；分布地不详。

（七）菠菜属 *Spinacia* Linnaeus

1. 菠菜 *Spinacia oleracea* L.

一年生草本；省内有栽培。

四三、苋科 Amaranthaceae

（一）牛膝属 *Achyranthes* Linnaeus

1. 土牛膝 *Achyranthes aspera* L.

多年生草本；生于海拔 500－1300m 的山脚、路旁、草地较阴湿处；分布于贵阳、西秀、兴义、碧江等地。

2. 银毛土牛膝 *Achyranthes aspera* var. *argentea* C. B. Clarke〖*Achyranthes aspera* var. *argentea*（Thwaites）C. B. Clarke〗

多年生草本；生于山坡；分布于大沙河等地。

3. 禾叶土牛膝 *Achyranthes aspera* var. *rubrofusca*（Wight）Hook. f.

多年生草本；分布于大沙河等地。

4. 牛膝 *Achyranthes bidentata* Bl.

多年生草本；生于海拔 500 – 1500m 的山坡阴湿处；分布于贵阳、兴义、碧江、大方等地。

5. 红叶牛膝 *Achyranthes bidentata* var. *bidentata* form. *rubra* Ho【*Achyranthes bidentata* f. *rubra* Ho】

多年生草本；分布于大沙河等地。

6. 柳叶牛膝 *Achyranthes longifolia* (Makino) Makino

多年生草本；生于海拔 1000m 以下的山坡路边；分布于贵阳、兴义、安龙等地。

(二)白花苋属 *Aerva* Forsskål

1. 少毛白花苋 *Aerva glabrata* Hook. f.

多年生草本；生于海拔 2500m 以下的山坡阴处；分布地不详。

2. 白花苋 *Aerva sanguinolenta* (L.) Bl.

多年生草本；生于海拔 1100 – 2300m 的山坡灌丛中；分布于罗甸、望谟、安龙、兴义等地。

(三)莲子草属 *Alternanthera* Forsskål

1. 锦绣苋 *Alternanthera bettzickiana* (Regel) G. Nichols.

多年生草本；省内有栽培。

2. 喜旱莲子草 *Alternanthera philoxeroides* (Mart.) Griseb.

多年生草本；省内有栽培。

3. 莲子草 *Alternanthera sessilis* (L.) R. Br. ex DC.

多年生草本；生于水边、阴湿处；分布于望谟等地。

(四)苋属 *Amaranthus* Linnaeus

1. 凹头苋 *Amaranthus blitum* L. 【*Amaranthus ascendens* Loiseleur – Deslongchamps；*Amaranthus lividus* L. 】

一年生草本；生于田野、人家附近的杂草地上；分布于全省各地。

2. 尾穗苋 *Amaranthus caudatus* L.

一年生草本；省内有栽培。

3. 老鸦谷 *Amaranthus cruentus* L. 【*Amaranthus paniculatus* L. 】

一年生草本；省内有栽培。

4. 绿穗苋 *Amaranthus hybridus* L.

一年生草本；生于海拔 400 – 1100m 的田野、旷地或山坡；分布地不详。

5. 反枝苋 *Amaranthus retroflexus* L.

一年生草本；生于农田、地边、宅旁；分布于贵阳、黔南、黔西南、黔东南等地。

6. 刺苋 *Amaranthus spinosus* L.

一年生草本；生于山坡路旁；分布于黔中、黔南、黔东南等地。

7. 苋 *Amaranthus tricolor* L.

一年生草本；省内有栽培。

8. 皱果苋 *Amaranthus viridis* L.

一年生草本；省内有栽培。

(五)青葙属 *Celosia* Linnaeus

1. 青葙 *Celosia argentea* L.

一年生草本；生于海拔 200 – 1000m 的路旁、荒地、河滩等疏松土壤中；分布于全省各地。

2. 鸡冠花 *Celosia cristata* L.

一年生草本；省内有栽培。

(六)杯苋属 *Cyathula* Blume

1. 川牛膝 *Cyathula officinalis* K. C. Kuan

多年生草本；生于海拔 1500m 以上的荒坡；分布于兴义地区。

2. 绒毛杯苋 *Cyathula tomentosa*（Roth）**Moq.**

小灌木；生于海拔 1800 – 2300m 的林下；分布于兴义地区。

（七）浆果苋属 *Deeringia* R. Brown

1. 浆果苋 *Deeringia amaranthoides*（Lam.）**Merr.**【*Clcadostachys frutescens* D. Don.】

攀援灌木；生于海拔 2200m 以下的山坡、路边灌丛中；分布于册亨等地。

（八）千日红属 *Gomphrena* Linnaeus

1. 千日红 *Gomphrena globosa* L.

一年生草本；省内有栽培。

四四、马齿苋科 Portulacaceae

（一）马齿苋属 *Portulaca* Linnaeus

1. 大花马齿苋 *Portulaca grandiflora* Hook.

一年生草本；省内有栽培。

2. 马齿苋 *Portulaca oleracea* L.

一年生草本；生于菜园、农田、路旁，为田间常见杂草；分布于全省各地。

（二）土人参属 *Talinum* Adanson

1. 土人参 *Talinum paniculatum*（Jacq.）**Gaertn.**

一年生或多年生草本；省内有栽培。

四五、落葵科 Basellaceae

（一）落葵薯属 *Anredera* Jussieu

1. 落葵薯 *Anredera cordifolia*（Ten.）**Steenis**【*Boussingaultia gracilis* var. *pseudobaselloides*（Hauman）**Bailey.**】

多年生缠绕草质藤本；省内有栽培。

（二）落葵属 *Basella* Linnaeus

1. 落葵 *Basella alba* L.【*Basella rubra* L.】

一年生缠绕草本；省内有栽培。

四六、粟米草科 Molluginaceae

（一）粟米草属 *Mollugo* Linnaeus

1. 粟米草 *Mollugo stricta* L.

一年生草本；生于海拔 500 – 1300m 的山坡路边、草地；分布于平坝、普安、兴仁、册亨、望谟等地。

四七、石竹科 Caryophyllaceae

（一）无心菜属 *Arenaria* Linnaeus

1. 无心菜 *Arenaria serpyllifolia* L.

一年或二年生草本；生于海拔 200 – 1550m 的河边、山脚、荒坡、路旁或耕地中；分布于全省各地。

（二）短瓣花属 *Brachystemma* D. Don

1. 短瓣花 *Brachystemma calycinum* D. Don

一年生草本；生于海拔 540 – 2300m 的山坡、田边、河边；分布于罗甸、望谟等地。

（三）卷耳属 *Cerastium* Linnaeus

1. 簇生泉卷耳 *Cerastium fontanum* subsp. *vulgare*（Hartm.）Greuter et Burdet【*Cerastium caespitosum* Gilib. ex Ascherson】

多年生、一年或二年生草本；生于海拔 500 – 2500m 的耕地上；分布于威宁、江口等地。

2. 球序卷耳 *Cerastium glomeratum* Thuill.

一年生草本；生于海拔 300 – 1300m 的河滩、草地、灌丛中；分布于全省各地。

（四）石竹属 *Dianthus* Linnaeus

1. 须苞石竹 *Dianthus barbatus* L.

多年生草本；省内有栽培。

2. 香石竹 *Dianthus caryophyllus* L.

多年生草本；省内有栽培。

3. 石竹 *Dianthus chinensis* L.

多年生草本；分布于全省各地。

4. 西洋石竹 *Dianthus deltoides* L.

多年生草本；省内有栽培。

5. 日本石竹 *Dianthus japonicus* Thunb.

多年生草本；省内有栽培。

6. 长萼瞿麦 *Dianthus longicalyx* Miq.

多年生草本；生于海拔 900 – 1950m 的山坡草地、林下；分布地不详。

7. 常夏石竹 *Dianthus plumarius* L.

多年生草本；省内有栽培。

8. 瞿麦 *Dianthus superbus* L.

多年生草本；生于海拔 400m 以上的山地疏林下、林缘、草甸、沟谷溪边；分布于贵阳等地。

（五）荷莲豆草属 *Drymaria* Willdenow ex Schultes

1. 荷莲豆草 *Drymaria cordata*（L.）Willd. ex Schult.

一年生草本；生于海拔 200 – 1900m 的山谷溪流边和杂木林缘；分布于兴义、罗甸等地。

（六）石头花属 *Gypsophila* Linnaeus

1. 长蕊石头花 *Gypsophila oldhamiana* Miq.

多年生草本；引种；省内有栽培。

（七）剪秋罗属 *Lychnis* Linnaeus

1. 毛剪秋罗 *Lychnis coronaria*（L.）Desr.

多年生草本；省内有栽培。

2. 剪秋罗 *Lychnis fulgens* Fisch.

多年生草本；生于海拔 400 – 2000m 的山地林缘地带；分布于威宁、湄潭等地。

3. 剪红纱花 *Lychnis senno* Sieb. et Zucc.

多年生草本；省内有栽培。

（八）鹅肠菜属 *Myosoton* Moench

1. 鹅肠菜 *Myosoton aquaticum*（L.）Moench

二年或多年生草本；生于海拔 350 – 2700m 的河流两旁冲积沙地的低湿处或灌丛林缘和水沟旁；分

布于贵阳等地。

（九）金铁锁属 *Psammosilene* W. C. Wu et C. Y. Wu

1. 金铁锁 *Psammosilene tunicoides* W. C. Wu et C. Y. Wu

多年生草本；生于海拔 2000－2800m 向阳的山坡、荒地及岩石缝中；分布于威宁等地。

（十）孩儿参属 *Pseudostellaria* Pax

1. 蔓孩儿参 *Pseudostellaria davidii*（Fr.）Pax

多年生草本；生于海拔 1500－2200m 的溪边、林缘或石质山坡；分布地不详。

2. 异花孩儿参 *Pseudostellaria heterantha*（Maxim.）Pax【*Pseudostellaria maximowicziana*（Franch. et Savatier）Pax.】

多年生草本；生于海拔 2300m 的山麓岩石上；分布于梵净山等地。

3. 细叶孩儿参 *Pseudostellaria sylvatica*（Maxim.）Pax

多年生草本；生于海拔 1500－2800m 的松林或混交林下阴湿处；分布于全省各地。

（十一）漆姑草属 *Sagina* Linnaeus

1. 漆姑草 *Sagina japonica*（Sw.）Ohwi

一年生小草本；生于海拔 350－1900m 的河边沙地、荒地、草地、林下、溪边或河滩；分布于全省各地。

2. 根叶漆姑草 *Sagina maxima* A. Gray

一年生草本；生于海拔 2100m 的石质山坡草地；分布于水城等地。

（十二）肥皂草属 *Saponaria* Linnaeus

1. 肥皂草 *Saponaria officinalis* L.

多年生草本；省内有栽培。

（十三）蝇子草属 *Silene* Linnaeus

1. 女娄菜 *Silene aprica* Turcz. ex Fisch. et C. A. Mey【*Melandrium apricum*（Turcz.）Rohrb.】

一年或二年生草本；生于山坡草地、灌丛中、林下、河岸或田埂；分布于纳雍、七星关、遵义、贵阳等地。

2. 高雪轮 *Silene armeria* L.

一年生草本；省内有栽培。

3. 掌脉蝇子草 *Silene asclepiadea* Franch.【*Melandrium asclepiadeum* Hand. -Mazz. *Melandrium viscidulum* var. *szechuenense*（Wils.）Hand. -Mazz.】

多年生草本；生于海拔 1800－2800m 的灌丛草地或林缘；分布于贵阳、盘县、普安、威宁等地。

4. 狗筋蔓 *Silene baccifera*（L.）Roth【*Cucubalus baccifer* L.】

多年生草本；生于海拔 400－2000m 的灌丛、林缘、山坡、路旁、沟边、山谷或草地；分布于全省各地。

5. 麦瓶草 *Silene conoidea* L.

一年生草本；生于麦田中或荒地上；分布于威宁等地。

6. 疏毛女娄菜 *Silene firma* Siebold et Zucc.【*Melandrium firmum*（Sieb. et Zucc.）Rohrb.

一年或二年生草本；生于海拔 300－2500m 的草坡、灌丛或林缘草地；分布地不详。

7. 鹤草 *Silene fortunei* Vis.

多年生草本；生于海拔 420－2240m 的草坡、灌丛、草地、林下或沟边；分布地不详。

8. 细蝇子草 *Silene gracilicaulis* C. L. Tang

多年生草本；生于海拔 2200－2800m 的山坡草地；分布于威宁等地。

9. 内蒙古女娄菜 *Silene orientalimongolica* Kozhevn.【*Melandrium apricum*（Turcz.）Rohrb.】

一年或二年生草本；生于山坡草地；分布于纳雍、遵义、七星关、贵阳等地。

10. 大蔓樱草 *Silene pendula* L.

一年或二年生草本；原产欧洲南部；省内有栽培。

11. 石生蝇子草 *Silene tatarinowii* Regel

多年生草本；生于海拔 800 – 2900m 的灌丛中、疏林下多石质的山坡或岩石缝中；分布地不详。

12. 粘萼蝇子草 *Silene viscidula* Franch.【*Melandrium viscidulum*（Franch.）Williams】

多年生草本；生于石灰岩草坡；分布于威宁等地。

（十四）大爪草属 *Spergula* Linnaeus

1. 大爪草 *Spergula arvensis* L.

一年生草本；生于河边草地；分布于盘县等地。

（十五）繁缕属 *Stellaria* Linnaeus

1. 雀舌草 *Stellaria alsine* Grimm

二年生草本；生于田间麦地、溪岸或潮湿地方；分布于习水、赤水、威宁、七星关、梵净山等地。

2. 中国繁缕 *Stellaria chinensis* Regel

多年生草本；生于海拔 500 – 1300m 的山坡、林下、灌丛、石缝中或湿地；分布地不详。

3. 大叶繁缕 *Stellaria delavayi* Franch.

多年生草本；生于海拔 2000m 以下的山地、林缘草坡、山谷水旁；分布于大方等地。

4. 石竹叶繁缕 *Stellaria dianthifolia* F. N. Williams【*tellaria yunnanensis* Fr. f. villosa C. Y. Wu】

多年生草本；生于海拔 2100 – 2700m 的山脚林缘草丛中；分布于威宁等地。

5. 繁缕 *Stellaria media*（L.）Vill.

一年或二年生草本；生于路旁、田间草地；分布于全省各地。

6. 皱叶繁缕 *Stellaria monosperma* var. *japonica* Maxim.

多年生草本；生于海拔 1200 – 1500m 以下的山地树荫下；分布于大方等地。

7. 鸡肠繁缕 *Stellaria neglecta* Weihe ex Bluff et Fingerh.

一年或二年生草本；生于海拔 900 – 1200m 的杂木林内；分布地不详。

8. 峨眉繁缕 *Stellaria omeiensis* C. Y. Wu et Y. W. Cui ex P. Ke

一年生草本；生于海拔 1450 – 2850m 的林内或草丛中；分布于雷山、凯里等地。

9. 箐姑草 *Stellaria vestita* Kurz【*Stellaria pseudosaxatilis* Hand. -Mazz.；*Stellaria axatilis* Buch. -Ham. Buch. -Ham.】

多年生草本；生于海拔 600 – 2000m 的山坡疏林、石滩或石隙中、草坡或林下；分布于赤水、习水、七星关、贵阳等地。

10. 抱茎箐姑草 *Stellaria vestita* var. *amplexicaulis*（Hand. -Mazz.）C. Y. Wu

多年生草本；生于海拔 2000 – 2800m 的山坡、疏林灌丛中；分布于威宁等地。

11. 巫山繁缕 *Stellaria wushanensis* F. N. Williams【*Stellaria wushanensis* var. *trientaloides* Hand. -Mazz.】

一年生草本；生于海拔 1000 – 2000m 的丘陵或山地树阴潮湿处；分布于印江、江口、凯里、雷山、罗甸等地。

（十六）麦蓝菜属 *Vaccaria* Wolf

1. 麦蓝菜 *Vaccaria hispanica*（Mill. .）Rauschert【*Vaccaria segetalis*（Neck.）Garcke】

一年或二年生草本；生于麦田中；分布于贵阳等地。

四八、蓼科 Polygonaceae

（一）金线草属 *Antenoron* Rafinesque

1. 金线草 *Antenoron filiforme*（Thunb.）Rob. et Vaut.

多年生草本；生山海拔 150 - 2500m 的山坡林缘、山谷路旁；分布于全省各地。

2. 短毛金线草 *Antenoron filiforme* var. *neofiliforme* (Nakai) A. J. Li

多年生草本；生于海拔 150 - 2300m 的山坡林下、林缘、山谷湿地；分布于全省各地。

（二）珊瑚藤属 *Antigonon* Endlicher

1. 珊瑚藤 *Antigonon leptopus* Hook. et Arn.

多年生攀援状藤本；原产墨西哥；省内有栽培。

（三）荞麦属 **Fagopyrum** Miller

1. 金荞麦 *Fagopyrum dibotrys* (D. Don) H. Hara【*Polygonum cymosum* Trew.】

多年生草本；生于海拔 250 - 2900m 的山谷湿地、山坡灌丛中；分布全省各地。

2. 荞麦 *Fagopyrum esculentum* Moench【*Polygonum fagopyrum* L.】

一年生草本；原产中亚；省内有栽培。

3. 细柄野荞 *Fagopyrum gracilipes* (Hemsl.) Dammer ex Diels【*Polygonum gracilipes* Hemsl.】

一年生草本；生于海拔 300m 以上的山坡灌丛中；分布于七星关、西秀等地。

4. 长柄野荞麦 *Fagopyrum statice* (Lévl.) H. Gross【*Polygonum statice* Lévl.】

多年生草本；生于海拔 1300 - 2200m 的山坡路旁、草坡；分布于兴义、西秀等地。

5. 苦荞麦 *Fagopyrum tataricum* (L.) Gaertn.【*Polygonum tataricum* L.】

一年生草本；生于海拔 500 - 2900m 的田边、路旁、山坡、河谷；分布省内西部等地。

（四）首乌属 *Fallopia* Adanson

1. 木藤蓼 *Fallopia aubertii* (L. Henry) Holub

半灌木；生于海拔 900 - 2900m 的山坡草地、山谷灌丛中；分布于贵阳、罗甸等地。

2. 蔓首乌 *Fallopia convolvulus* (L.) A. Löve【*Polygonum convolvulus* L.】

一年生草本；生于山坡草地、山谷灌丛、沟边湿地；分布于贵阳、兴义等地。

3. 牛皮消首乌 *Fallopia cynanchoides* (Hemsl.) Haraldson【*Polygonum cynanchoides* Hemsl.】

多年生草本；生于海拔 1100 - 2400m 的山谷灌丛、山坡林下；分布于全省各地。

4. 齿翅首乌 *Fallopia dentatoalata* (F. Schmidt) Holub【*Polygonum dentato - alatum* F. Schmidt et Maxim.】

一年生草本；生于海拔 2800m 以下的山坡草丛、山谷湿地；分布于毕节地区。

5. 酱头 *Fallopia denticulata* (C. C. Huang) J. Holub【*Polygonum denticulatum* Huang】

多年生草本；生于海拔 2450m 的山坡灌丛中；分布于盘县、兴仁、晴隆、西秀等地。

6. 何首乌 *Fallopia multiflora* (Thunb.) Haraldson【*Polygonum multiflorum* Thunb.】

多年生草本；生于海拔 200 - 2900m 的山坡石隙间、墙下、路旁；分布于全省各地。

7. 毛脉首乌 *Fallopia multiflora* var. *ciliinervis* (Nakai) Yonek. et H. Ohashi【*Polygonum multiforum* Thunb. var. *cillinerve* (Nakai) Steward】

多年生草本；生于海拔 200 - 2700m 的山坡路旁；分布于省内西部等地。

（五）竹节蓼属 *Homalocladium* Bailey

1. 竹节蓼 *Homalocladium platycladum* (F. Muell. ex Hook.) L. H. Bailey

直立或稍攀援灌木；原产南太平洋所罗门群岛；省内有栽培。

（六）山蓼属 *Oxyria* Hill

1. 中华山蓼 *Oxyria sinensis* Hemsl.

多年生草本；生于海拔 1600 - 2900m 的山坡、山谷路旁；分布地不详。

（七）蓼属 *Polygonum* Linnaeus

1. 两栖蓼 *Polygonum amphibium* L.

多年生草本；生于海拔 2900m 以下的湖泊边缘的浅水中、沟边及田边湿地；分布于威宁、赫章、黔西等地。

2. 阿萨姆蓼 *Polygonum assamicum* Meissn.

一年生草本；生于海拔 200 – 1000m 的水边、山谷湿地；分布地不详。

3. 萹蓄 *Polygonum aviculare* L. 【*Polygonum aviculare* var. *vegetum* Ledeb.】

一年生草本；生于路旁、草地、沟边湿地；分布于全省各地。

4. 毛蓼 *Polygonum barbatum* L.

多年生草本；生于海拔 200 – 1300m 的沟边湿地及林下；分布于兴义等地。

5. 钟花神血宁 *Polygonum campanulatum* Hook. f.

多年生草本；生于海拔 2100 – 2900m 的山坡、沟谷湿地；分布地不详。

6. 绒毛钟花神血宁 *Polygonum campanulatum* var. *fulvidum* Hook. f.

多年生草本；生于海拔 1400 – 2500m 的山坡、山沟路旁；分布于梵净山等地。

7. 头花蓼 *Polygonum capitatum* Buch. -Ham. ex D. Don

多年生草本；生于山坡、山谷湿地；分布于全省各地。

8. 火炭母 *Polygonum chinense* L.

多年生草本；生于海拔 2400m 以下的山坡草丛、山谷湿地；分布于全省各地。

9. 硬毛火炭母 *Polygonum chinense* var. *hispidum* Hook. f.

多年生草本；生于海拔 600 – 2800m 的山坡草地、山谷灌丛；分布于兴义、西秀等地。

10. 宽叶火炭母 *Polygonum chinense* var. *ovalifolium* Meissn.【*Polygonum chinense* var. *malaicum* (Danser) Stew.】

多年生草本；生于海拔 1200 – 2900m 的山坡林下；分布于全省各地。

11. 窄叶火炭母 *Polygonum chinense* var. *paradoxum* (Lévl.) A. J. Li【*Polygonum dielsii* Lévl.】

多年生草本；生于林下湿地；分布于兴义等地。

12. 革叶蓼 *Polygonum coriaceum* Sam.

多年生草本；生于海拔 2800m 左右的高山草地、路旁山坡；分布于盘县、威宁等地。

13. 大箭叶蓼 *Polygonum darrisii* Lévl.【*Polygonum sagittifolium* Lévl. et Vant.】

一年生草本；生于海拔 300 – 1700m 的山谷草地、沟旁、湿润处；分布于贵阳、黔东南、黔南等地。

14. 稀花蓼 *Polygonum dissitiflorum* Hemsl.

一年生草本；生于海拔 150 – 1500m 的河边湿地、山谷草丛；分布地不详。

15. 六铜钱叶神血宁 *Polygonum forrestii* Diels

多年生草本；生于高山草坡路旁；分布于七星关、赫章、威宁等地。

16. 长箭叶蓼 *Polygonum hastato – sagittatum* Mak.

一年生草本；生于水边、沟边湿地；分布地不详。

17. 辣蓼 *Polygonum hydropiper* L.

一年生草本；生于水边、路旁；分布于全省各地。

18. 蚕茧蓼 *Polygonum japonicum* Meisn.【*Polygonum macranthum* Meisn.】

多年生草本；生于海拔 1700m 以下的沼泽地区、沟渠、溪边；分布于全省各地。

19. 愉悦蓼 *Polygonum jucundum* Meissn.

一年生草本；生于海拔 2000m 以下的山坡草地、山谷路旁及沟边湿地；分布于贵阳、梵净山等地。

20. 柔茎蓼 *Polygonum kawagoeanum* Makino【*Polygonum tenellum* var. *micranthum* (Meisn.) C. Y. Wu.；*Polygonum minus* Huds.】

一年生草本；生于海拔 1500m 以下的田边湿地或山谷溪边；分布于麻江等地。

21. 马蓼 *Polygonum lapathifolium* L.【*Polygonum nodosum* Persoon】
一年生草本；生于田边、路旁、水边、荒地或沟边湿地；分布于全省各地。

22. 绵毛马蓼 *Polygonum lapathifolium* var. *salicifolium* Sibthorp
一年生草本；生于田边、路旁、水边、荒地或沟边湿地；分布于全省各地。

23. 长鬃蓼 *Polygonum longisetum* Bruijn
一年生草本；生于海拔 2900m 以下的山谷水边、河边草地；分布于全省各地。

24. 圆基长鬃蓼 *Polygonum longisetum* var. *rotundatum* A. J. Li【*Polygonum barbatum* var. *gracile*（Denser）Steward】
一年生草本；生于海拔 2900m 以下的沟边湿地、水塘边；分布于贵阳、沿河、梵净山等地。

25. 长戟叶蓼 *Polygonum maackianum* Regel
一年生草本；生于海拔 1600m 以下的山谷水边、山坡湿地；分布地不详。

26. 圆穗拳参 *Polygonum macrophyllum* D. Don【*Polygonum sphaerostachyum* Meisner.】
多年生草本；生于草坡、高山草地；分布于七星关、遵义等地。

27. 小头蓼 *Polygonum microcephalum* D. Don
多年生草本；生于海拔 1000 – 2000m 的山坡林下、山谷草丛；分布地不详。

28. 绢毛神血宁 *Polygonum molle* D. Don
半灌木；生于海拔 1300 – 2900m 的山坡林下、山谷草地；分布于兴义等地。

29. 光叶神血宁 *Polygonum molle* var. *frondosum*（Meisn.）A. J. Li【*Polygonum paniculatum* Bl.】
半灌木；生于高山草地；分布于兴义等地。

30. 倒毛神血宁 *Polygonum molle* var. *rude*（Meisn.）A. J. Li【*Polygonum panicultum* var. *rude*（Meisn.）Stew.】
半灌木；生于高山草地；分布于兴义、黔东南等地。

31. 小蓼花 *Polygonum muricatum* Meissn.【*Polygonum strigosum* var. *muricatum*（Meisn.）】
一年生草本；生于水边、湿地；分布于黔南、七星关等地。

32. 尼泊尔蓼 *Polygonum nepalense* Meissn.
一年生草本；生于山坡草地、山谷路旁；分布于全省各地。

33. 红蓼 *Polygonum orientale* L.
一年生草本；生于海拔 2700m 以下的沟边湿地、村边路旁；分布于全省各地。

34. 草血竭 *Polygonum paleaceum* Wall. ex Hook. f.
多年生草本；生于山坡草地、林缘；分布于全省各地。

35. 掌叶蓼 *Polygonum palmatum* Dunn
多年生草本；生于海拔 350 – 1500m 的山谷水边、山坡林下湿地；分布于黔东南等地。

36. 杠板归 *Polygonum perfoliatum* L.
一年生草本；生于海拔 2300m 以下的田边、路旁、山谷湿地；分布于全省各地。

37. 春蓼 *Polygonum persicaria* L.
一年生草本；生于海拔 1800m 以下的沟边湿地；分布于贵阳、西秀等地。

38. 习见蓼 *Polygonum plebeium* R. Br.
一年生草本；生于海拔 2200m 以下的路旁、草地、田土边；分布于全省各地。

39. 丛枝蓼 *Polygonum posumbu* Buch. -Ham. ex D. Don【*Polygonum caeapitosum* Bl.】
一年生草本；生于海拔 2900m 以下的山地溪边或湿地；分布于全省各地。

40. 疏蓼 *Polygonum praetermissum* Hook. f.
一年生草本；生于海拔 1400 – 1800m 的沟边湿地、河边；分布地不详。

41. 伏毛蓼 *Polygonum pubescens* Bl.【*Polygonum hydropiper* var. *flaccidum*（Meisner）Steward；

Polygonum hydropiper var. *fulaccidium* （ Meisn. ） Steward. ; *Polygonum hydropiper* var. *hispidum* （Buch. -Ham. ex D. Don）Steward】

一年生草木；生于海拔 150 – 2700m 的沟边、水旁、田边湿地；分布于全省各地。

42. 羽叶蓼 *Polygonum runcinatum* Buch. -Ham. ex D. Don

多年生草本；生于海拔 1200 – 2900m 的山坡草地、山谷灌丛，分布于全省各地。

43. 伞房花赤胫散 *Polygonum runcinatum* var. *corymbosum*

多年生草本；分布于全省各地。

44. 赤胫散 *Polygonum runcinatum* var. *sinense* Hemsl.

多年生草本；分布于全省各地。

45. 箭头蓼 *Polygonum sagittatum* L.【*Polygonum sieboldii* Meissn. 】

一年生蔓生草本；生于山谷、沟旁、水边；分布于贵阳、黔东南、黔南等地。

46. 刺蓼 *Polygonum senticosum* （Meisn. ） Franch. et Sav.

多年生攀援草本；生于海拔 150 – 1500m 的山坡、山谷及林下；分布于全省各地。

47. 西伯利亚神血宁 *Polygonum sibiricum* Laxm.

多年生草本；生于路边、湖边、河滩、山谷湿地；分布地不详。

48. 糙毛蓼 *Polygonum strigosum* R. Br.

多年生草本；生于海拔 1000 – 2000m 的山谷水边、林下湿地；分布地不详。

49. 支柱拳参 *Polygonum suffultum* Maxim.

多年生草本；生于山坡路旁、林下湿地及沟边；分布于七星关、遵义等地。

50. 细穗支柱拳参 *Polygonum suffultum* var. *pergracile* （Hemsl. ） Sam.

多年生草本；生于山坡林缘、山谷湿地；分布地不详。

51. 戟叶蓼 *Polygonum thunbergii* Sieb. et Zucc.

一年生草本；生于海拔 90 – 2400m 的山谷湿地、山坡草丛；分布于全省各地。

52. 蓼蓝 *Polygonum tinctorium* Aiton

一年生草本；生于路旁、草地；分布于全省各地。

53. 粘蓼 *Polygonum viscoferum* Makino【*Polygonum viscoferum* var. *robustum* Makino】

一年生草本；生于海拔 500 – 1800m 的山坡路旁；分布梵净山、都匀等地。

54. 香蓼 *Polygonum viscosum* Buch. -Ham. ex D. Don

一年生草本；生于海拔 1900m 以下的山坡路旁、水边；分布于大沙河等地。

55. 珠芽拳参 *Polygonum viviparum* L.

多年生草本；生于海拔 1200m 以上的山坡林下；分布于梵净山等地。

（八）虎杖属 *Reynoutria* Houttuyn

1. 虎杖 *Reynoutria japonica* Houtt.【*Polygonum cuspidatum* Sieb. et Zucc. 】

多年生草本；生于海拔 150 – 2000m 的山坡灌丛、山谷、路旁、田边湿地；分布于全省各地。

（九）大黄属 *Rheum* Linnaeus

1. 药用大黄 *Rheum officinale* Baill.

多年生草本；生于山沟或林下；分布于七星关、遵义等地。

（十）酸模属 *Rumex* Linnaeus

1. 酸模 *Rumex acetosa* L.

多年生草本；生于山谷、草地、林缘；分布于全省各地。

2. 小酸模 *Rumex acetosella* L.

多年生草本；生于海拔 1400m 的路边草地；分布于水城等地。

3. 水生酸模 *Rumex aquaticus* L.

多年生草本；生于山谷水边，沟边湿地；分布于大沙河等地。

4. 皱叶酸模 *Rumex crispus* L.

多年生草本；生于海拔 2500m 以下的河滩、沟边湿地；分布于全省各地。

5. 齿果酸模 *Rumex dentatus* L.

一年生草本；生于海拔 2500m 以下的沟边湿地、山坡路旁；分布于全省各地。

6. 戟叶酸模 *Rumex hastatus* D. Don

半灌木；生于沙质荒坡、山坡阳处；分布于水城、威宁、赫章等地。

7. 羊蹄 *Rumex japonicus* Houtt.

多年生草本；生于田边路旁、河滩、沟边湿地；分布于大沙河等地。

8. 红筋土大黄 *Rumex madaio* Makino

多年生草本；分布于大沙河等地。

9. 刺酸模 *Rumex maritimus* L.

一年生草本；生于河边湿地、田边路旁；分布于全省各地。

10. 小果酸模 *Rumex microcarpus* Campd.

一年生草本；生于海拔 2200m 以下的河边、田边路旁、山谷湿地；分布地不详。

11. 尼泊尔酸模 *Rumex nepalensis* Spreng.

多年生草本；生于山坡路旁、山谷草地；分布于全省各地。

12. 长刺酸模 *Rumex trisetifer* Stokes

一年生草本；生于海拔 1300m 以下的田边湿地、水边、山坡草地；分布于全省各地。

四九、白花丹科 Plumbaginaceae

（一）蓝雪花属 *Ceratostigma* Bunge

1. 蓝雪花 *Ceratostigma plumbaginoides* Bunge

多年生草本；生于海拔 1650 – 2500m 的灌丛、路旁；分布于水城、威宁、七星关等地。

2. 岷江蓝雪花 *Ceratostigma willmottianum* Stapf

落叶半灌木；生于海拔 1300 – 2300m 的路旁、荒野、岩壁处；分布于威宁、水城等地。

（二）白花丹属 *Plumbago* L.

1. 蓝花丹 *Plumbago auriculata* Lam.

常绿柔弱半灌木；原产南非南部；省内有栽培。

2. 白花丹 *Plumbago zeylanica* L.

常绿半灌木；生于海拔 600 – 1500m 的灌丛或草地中；分布于兴义、罗甸、望谟、西秀、贵阳等地。

五〇、芍药科 Paeoniaceae

（一）芍药属 *Paeonia* Linnaeus

1. 芍药 *Paeonia lactiflora* Pall.

多年生草本；引种；省内有栽培。

2. 美丽芍药 *Paeonia mairei* Lévl.

多年生草本；生于海拔 1500 – 2700m 的山坡林缘阴湿处；分布于七星关等地。

3. 草芍药 *Paeonia obovata* Maxim.

多年生草本；生于海拔 800 – 2600m 的山坡草地及林缘；分布于遵义、平坝等地。

4. 拟草芍药 *Paeonia obovata* subsp. *willmottiae*（Stapf）D. Y. Hong et K. Y. Pan

多年生草本；生于海拔 800 – 2800m 的山坡草地及林缘；分布于大沙河等地。

5. 牡丹 *Paeonia suffruticosa* Andrews

落叶灌木；引种；省内有栽培。

五一、山茶科 Theaceae

（一）杨桐属 *Adinandra* Jack

1. 川杨桐 *Adinandra bockiana* E. Pritz. ex Diels

常绿灌木或小乔木；生于海拔 800 – 1250m 的山坡路旁灌丛中或山地疏林或密林中；分布于绥阳、赤水、都匀、惠水、三都、龙里等地。

2. 尖萼川杨桐 *Adinandra bockiana* var. *acutifolia*（Hand. -Mazz.）Kobuski

常绿灌木或小乔木；生于海拔 620 – 1450m 的山坡路旁灌丛中，也常见于山地疏林中或密林中以及沟谷溪河边林缘稍阴湿地；分布于遵义、赤水、习水、黔西、都匀、三都、独山、惠水、龙里、凯里、榕江、从江、黎平、雷山、丹寨等地。

3. 两广杨桐 *Adinandra glischroloma* Hand. -Mazz.

常绿灌木或乔木；生于海拔 650 – 1750m 的山地林中阴湿地；分布于黎平等地。

4. 大萼杨桐 *Adinandra glischroloma* var. *macrosepala*（Metcalf）Kobuski

常绿灌木或乔木；生于海拔 1700m 以下的森林或灌丛中；分布于荔波等地。

5. 粗毛杨桐 *Adinandra hirta* Gagnep.

常绿灌木或小乔木；生于海拔 400 – 1900m 的山坡路旁或沟谷溪边的杂木林中；分布于荔波、独山、罗甸、福泉、凯里、黄平、榕江、丹寨等地。

6. 大萼粗毛杨桐 *Adinandra hirta* var. *macrobracteata* L. K. Ling

常绿灌木或小乔木；生于海拔 700 – 1000m 的山坡或山谷林中；分布于荔波等地。

7. 杨桐 *Adinandra millettii*（Hook. et Arn.）Benth. et Hook. f. ex Hance

常绿灌木或小乔木；生于海拔 150 – 1800m 的山坡灌丛中或山地密林中；分布于黎平、独山、都匀、惠水等地。

8. 亮叶杨桐 *Adinandra nitida* Merr. ex H. L. Li

常绿 灌木或乔木；生于海拔 500 – 1000m 的沟谷溪边、林缘、林中或石岩边；分布于荔波、榕江、从江等地。

（二）茶梨属 *Anneslea* Wallich

1. 茶梨 *Anneslea fragrans* Wall.

常绿乔木；生于海拔 500 – 2500m 的山坡林中或林缘沟谷地以及山坡溪沟边阴湿地；分布于黎平、榕江、丹寨、荔波等地。

（三）山茶属 *Camellia* Linnaeus

1. 安龙瘤果茶 *Camellia anlungensis* H. T. Chang

常绿灌木或小乔木；生于海拔 400 – 1300m 的山坡或山谷林下及沟边；分布于安龙、册亨、望谟、罗甸、龙里等地。

2. 短柱油茶 *Camellia brevistyla*（Hayata）Cohen – Stuart【*Camellia obtusifolia* Chang】

常绿灌木或小乔木；生于海拔 300 – 1100m 的灌丛或林中；分布于独山、三都等地。

3. 细叶短柱油茶 *Camellia brevistyla* var. *microphylla*（Merr.）Ming【*Camellia microphylla*（Merr.）】

常绿灌木或小乔木；生于海拔 300 – 900m 的灌丛中；分布于梵净山、锦屏等地。

4. 石山瘤果茶 *Camellia calcarea* K. M. Lan

常绿灌木；生境不详；分布于荔波等地。

5. 长尾毛蕊茶 *Camellia caudata* Wall.

常绿灌木至小乔木；生于海拔 200－1200m 的山坡林下；分布于荔波、赤水等地。

6. 秀丽红山茶 *Camellia concina* Y. K. Li

常绿灌木至小乔木；分布于七星关、大方等地。

7. 心叶毛蕊茶 *Camellia cordifolia*（Metc.）Nakai【*Camellia wenshanensis* Hu】

常绿灌木至小乔木；生于海拔 300－900m 的灌丛中；分布于安龙、榕江、独山、荔波等地。

8. 光萼心叶毛蕊茶 *Camellia cordifolia* var. *glabrisepala* T. L. Ming

常绿灌木至小乔木；生于海拔 500－1700m 的灌丛或林下；分布于黔西南等地。

9. 突肋茶 *Camellia costata* Hu et S. Ye Liang ex H. T. Chang【*Camellia yungkiangensis* Hung T. Chang】

常绿灌木至小乔木；生于海拔 600－1300m 的密林下；分布于普安、榕江、荔波等地。

10. 贵州连蕊茶 *Camellia costei* Lévl.【*Camellia dubia* Sealy】

常绿灌木或小乔木；生于海拔 600－1500m 的山脚、山坡林缘或疏林中；分布于望谟、贞丰、清镇、三都、罗甸、贵定、平塘、长顺、独山、惠水、龙里、赤水等地。

11. 厚叶山茶 *Camellia crassifolia* Chang

常绿灌木或小乔木；生于海拔 500－700m 的疏林；分布于赤水等地。

12. 光萼厚轴茶 *Camellia crassicolumna* var. *multiplex* T. L. Ming

常绿小乔木；生于海拔 1900－2300m 的常绿阔叶林中；分布于黔西等地。

13. 连蕊茶 *Camellia cuspidata*（Kochs）Wright ex Gard

常绿灌木；生于海拔 1000－1200m 的山坡林下；分布于开阳、梵净山、瓮安、独山、罗甸、福泉、都匀、惠水、三都、龙里等地。

14. 大花连蕊茶 *Camellia cuspidata* var. *grandiflora* Sealy【*Camellia acutissima* Chang】

常绿灌木；生于海拔 700－1100m 的山地灌丛中；分布于开阳、福泉等地。

15. 长管连蕊茶 *Camellia elongata*（Rehd. et Wils.）Rehder

常绿灌木或小乔木；生于海拔 1100－1300m 的山坡林下或沟旁；分布于梵净山、雷山等地。

16. 枱叶连蕊茶 *Camellia euryoides* Lindl.

常绿灌木或小乔木；生于海拔 1300m 的林下；分布于梵净山等地。

17. 毛花连蕊茶 *Camellia fraterna* Hance

常绿灌木或小乔木；生于海拔 300－1100m 的林下；分布于赤水、黎平等地。

18. 短管红山茶 *Camellia glabsipetala* Chang

常绿灌木；分布于七星关、赫章等地。

19. 长瓣短柱茶 *Camellia grijsii* Hance

常绿灌木或小乔木；生于海拔 1500m 以下的林中；分布于赤水、长顺、龙里等地。

20. 贵州金花茶 *Camellia huana* T. L. Ming et W. J. Zhang【*Camellia guizhouensis* T. L. Ming et W. J. Zhang】

常绿灌木或小乔木；生于海拔 600－800m 的山谷灌丛或林下；分布于册亨、罗甸等地。

21. 秃房茶 *Camellia gymnogyna* H. T. Chang

常绿灌木；生于海拔 1400m 的林下；分布于习水、雷山、三都等地。

22. 赫章红山茶 *Camellia hezhagnessis* Y. K. Li

常绿灌木；生于海拔 2600m 左右的林下；分布于赫章、七星关等地。

23. 芙蓉红山茶 *Camellia hilisciflora* Y. K. Li

常绿灌木；分布于赤水、习水、桐梓等地。

24. 离蕊金花茶 *Camellia liberofilamenta* **Hung T. Chang et C. H. Yang**〗

常绿灌木或小乔木；生于海拔 660m 的山谷、林下；分布于册亨等地。

25. 冬青叶瘤果茶 *Camellia ilicifolia* **Y. K. Li ex Hung T. Chang**〖*Camellia ilicifolia* f. *rubimuricata* (Hung T. Chang et Z. R. Xu) T. L. Ming; *Camellia rubimuricata* Hung T. Chang et Z. R. Xu. ; *Camellia litchi* **Hung T. Chang**〗

常绿灌木或小乔木；生于海拔 800 – 1300m 的常绿阔叶林下或沟边灌丛中；分布于荔波、平塘、遵义、赤水等地。

26. 狭叶瘤果茶 *Camellia ilicifolia* var. *neriifolia*（H. T. Chang）T. L. Ming〖*Camellia neriifolia* **Chang**〗

常绿小乔木；生于海拔 1000 – 1200m 的常绿阔叶林中；分布于赤水、都匀等地。

27. 柠檬金花茶 *Camellia indochinensis* **Merr.**

常绿灌木；生于海拔 600 – 800m 的山坡阴处或疏林下；分布于册亨、罗甸等地。

28. 山茶 *Camellia japonica* **L.**

常绿灌木或小乔木；省内有栽培。

29. 四川毛蕊茶 *Camellia lawii* **Sealy**

常绿灌木；生于海拔 1000m 左右的林缘、灌丛中；分布地不详。

30. 长梗茶 *Camellia longipedicellata*（Hu）H. T. Chang et D. Fang

常绿灌木；生于海拔 200m 左右的石灰岩灌丛中；分布地不详。

31. 龙头山大树茶 *Camellia longtousanica* **Chang**

常绿灌木；分布于安龙等地。

32. 小黄花茶 *Camellia luteoflora* **Y. K. Li ex Hung T. Chang et F. A. Zeng**

常绿灌木或小乔木；生于海拔 900 – 1100m 的悬崖峭壁上或散生于林中；分布于赤水等地。

33. 毛蕊山茶 *Camellia mairei*（Lévl.）Melch.

常绿灌木或小乔木；生于海拔 500 – 1800m 的常绿阔叶林或灌丛中；分布于七星关、黔西、赤水、黎平、榕江、大方等地。

34. 石果毛蕊山茶 *Camellia mairei* var. *lapidea*（Y. C. Wu）Sealy〖*Camellia longistyla* **Chang apud Zeng et Zhou**; *Camellia longigyna* **H. T. Chang**; *Camellia lapida* **Wu**; *Camellia delicata* **Y. K. Li**〗

常绿灌木或小乔木；生于海拔 900 – 1300m 的山坡林中；分布于赤水、雷山、三都等地。

35. 油茶 *Camellia oleifera* **Abel**

常绿灌木或小乔木；生于海拔 200 – 1800m 山坡灌丛或林中的酸性黄壤；分布于黔东、黔中、黔东南、黔南等地。

36. 变蕊油茶 *Camellia oleifera* var. *staminoclifera*

常绿灌木或中乔木；生境不详；分布于贵阳、玉屏、惠水、龙里等地。

37. 小瘤果茶 *Camellia parvimuricata* **H. T. Chang**

常绿灌木；生于海拔 500 – 1000m 的常绿阔叶林或灌丛中；分布于贵阳、修文、施秉、江口、瓮安等地。

38. 光枝小瘤果茶 *Camellia parvimuricata* var. *songtaoensis* **K. M. Lan et H. H. Zhang**

常绿灌木；生于海拔 700m 的林中；分布于松桃等地。

39. 西南山茶 *Camellia pitardii* **Coh. – Stu.**〖*Camellia pitardii* var. *alba* **Chang**〗

常绿灌木至小乔木；生于海拔 1100 – 2000m 的山坡疏林或灌丛中；分布于七星关、大方、纳雍、金沙、盘县、晴隆、兴仁、贞丰、安龙、清镇、贵阳、开阳、修文、雷山、遵义、印江、江口、赤水、梵净山、紫云、都匀、独山、贵定、龙里、长顺、罗甸、荔波、惠水、三都、平塘等地。

40. 多变西南山茶 *Camellia pitardii* var. *compressa*（H. T. Chang et X. K. Wen）T. L. Ming

常绿灌木至小乔木；生于海拔700－1000m的阔叶林中；分布于道真等地。

41. 隐脉西南山茶 *Camellia pitardii* var. *cryptoneura*（H. T. Chang）Ming〖*Camellia cryptoneura* **Chang**〗

常绿灌木至小乔木；生于海拔500－1000m的林下；分布于习水、独山等地。

42. 多齿山茶 *Camellia polyodonta* **How ex Hu**〖*Camellia villosa* **Chang et S. Y. Lian**〗

常绿灌木；生于海拔500－1000m的林缘或疏林下；分布于赤水、荔波、独山、锦屏、黎平、榕江、天柱、从江等地。

43. 三江瘤果茶 *Camellia pyxidiacea* **Z. R. Xu，F. P. Chen et C. Y. Deng**

常绿小乔木；生于海拔700－800m的常绿灌丛中；分布于安龙、册亨、望谟、兴义等地。

44. 红花三江瘤果茶 *Camellia pyxidiacea* var. *rubituberculata*（H. T. Chang ex M. J. Lin et Q. M. Lu）T. L. Ming〖*Camellia rubituberculata* **Hung T. Chang ex**〗

常绿小乔木；生于海拔1000－1200m的常绿阔叶林中；分布于晴隆、兴仁等地。

45. 滇山茶 *Camellia reticulata* **Lindl.**〖*Camellia paucipetala* **Hung T. Chang**；*Camellia pitardii* var. *yunnanenica* **Sealy**；*Camellia kweichowensis* **Hung T. Chang et Y. K. Li.**〗

常绿灌木至小乔木；生于海拔1000－2900m的林下；分布于盘县、威宁、七星关、清镇、都匀等地。

46. 皱果茶 *Camellia rhytidocarpa* **H. T. Chang et S. Y. Liang**〖*Camellia lipingensis* **Hung T. Chang**；*Camellia zengii* **Hung T. Chang.**〗

常绿灌木；生于海拔500－1100m的山坡密林中或林下；分布于赤水、黎平、荔波、长顺、三都等地。

47. 川鄂连蕊茶 *Camellia rosthorniana* **Hand. -Mazz.**〖*Camellia lipoensis* **Chang et Xu**〗

常绿灌木；生于海拔600－1400m的山坡和山脚林下或林缘；分布于贵阳、梵净山、荔波、罗甸、瓮安、独山、惠水、贵定、三都、龙里、丹寨、榕江、锦屏、黎平等地。

48. 柳叶毛蕊茶 *Camellia salicifolia* **Champ. ex Benth.**

常绿灌木至小乔木；生于海拔300－800m的林下、灌丛中；分布于荔波等地。

49. 怒江山茶 *Camellia saluenensis* **Stapf ex Bean**〖*Camellia saluenensis* f. *minor* **Sealy**；*Camellia saluenensis* var. *minor* **Sealy**〗

常绿灌木至小乔木；生于海拔2000－2400m的山坡、山脊林缘或灌丛中；分布于、七星关、威宁、赫章、盘县等地。

50. 兴义大苦茶 *Camellia shenyicacuha* **Chang**

常绿小乔木；分布于兴义等地。

51. 茶 *Camellia sinensis*（L. ）**O. Kuntze**

常绿灌木或小乔木；生于海拔1000－1200m的山坡；分布于兴义、榕江、雷山、黄平、习水、遵义、湄潭、梵净山、玉屏、贵阳、西秀、平坝、都匀、瓮安等地。

52. 普洱茶 *Camellia sinensis* var. *assamica*（Mast. ）**Kitamura**〖*Camellia assamica* var. *kucha* **Hung T. Chang et H. S. Wang**〗

常绿灌木或小乔木；生于海拔150－1500m的阔叶林中；分布于三都等地。

53. 都匀茶 *Camellia sinensis* var. *punctata* **Y. K. Li**

常绿灌木；分布于都匀、贵定等地。

54. 红花茶 *Camellia sinensis* var. *rubella* **Y. K. Li et Ling**

常绿灌木或小乔木；分布于黎平等地。

55. 假退色红山茶 *Camellia subalbescens* **Y. K. Li et Zeng**

常绿灌木；分布于息烽等地。

56. 大厂茶 *Camellia tachangensis* F. C. Zhang〔*Camellia tetracocca* Chang〕

常绿乔木；生于海拔 1500 – 1800m 的山谷密林中；分布于普安等地。

57. 疏齿大厂茶 *Camellia tachangensis* var. *remotiserrata*（H. T. Chang et al. ex H. T. Chang）Ming

常绿小乔木；生于海拔 900 – 1400m 的常绿阔叶林与针叶林中；分布于黔北等地。

58. 毛萼连蕊茶 *Camellia transarisanensis*（Hayata）Cohen – Stuart〔*Camellia handelii* Sealy〕

常绿灌木；生于海拔 600 – 1000m 的山坡林缘或石山林下；分布于开阳、清镇、遵义、瓮安、荔波等地。

59. 毛萼屏边连蕊茶 *Camellia tsingpienensis* var. *pubisepala* H. T. Chang〔*Camellia parvicaudata* Chang〕

常绿灌木至小乔木；生于海拔 700 – 1000m 的山坡疏林下；分布于黎平、榕江、三都、荔波等地。

60. 瘤果茶 *Camellia tuberculata* Chien

常绿灌木；生于海拔 500 – 800m 的林下或灌丛中；分布于赤水、开阳、长顺、瓮安等地。

61. 秃蕊瘤果茶 *Camellia tuberculata* var. *atuberculata*（H. T. Chang）T. L. Ming

常绿灌木；生于 700m 的林下或灌丛中；分布于赤水等地。

62. 线叶连蕊茶 *Camellia viridicalyx* var. *linearifolia* Ming

常绿灌木；生于海拔 300m 左右的灌丛中；分布于罗甸等地。

63. 茶梅 *Camellia sasanqua* Thunb.

常绿灌木；原产日本；省内有栽培。

64. 猴子木 *Camellia yunnanensis*（Pit. ex Diels）Cohen – Stuart〔*Camellia acutiserrata* Chang〕

常绿小乔木；生于海拔 600m 的山坡林中；分布于册亨、罗甸等地。

（四）红淡比属 *Cleyera* Thunberg

1. 凹脉红淡比 *Cleyera incornuta* Y. C. Wu

常绿灌木或小乔木；生于海拔 1180 – 1200m 的山坡密林中；分布于梵净山、绥阳等地。

2. 红淡比 *Cleyera japonica* Thunb.

常绿灌木或小乔木；生于海拔 620 – 1385m 的山坡路旁疏林中；分布于赤水、贵阳、从江、黎平、罗甸、惠水、三都、龙里等地。

3. 大花红淡比 *Cleyera japonica* var. *wallichiana*（DC.）Sealy〔*Cleyera japonica* var. *grandiflora*（Wallich ex Choisy）Kobuski〕

常绿灌木或小乔木；生于海拔 800 – 1500m 的山坡疏林中；分布于贵阳、贞丰、榕江等地。

4. 齿叶红淡比 *Cleyera lipingensis*（Hand. -Mazz.）Ming〔*Cleyera japonica* var. *lipingensis*（Handel-Mazzetti）Kobuski.〕

常绿灌木或小乔木；生于海拔 800 – 1150m 的山脚、山坡林中；分布于赤水、习水、遵义、梵净山、清镇、三都、惠水、瓮安、独山、罗甸、福泉、荔波、都匀、龙里、兴仁、贞丰、黎平等地。

5. 厚叶红淡比 *Cleyera pachyphylla* Chun ex Hung T. Chang

常绿灌木或小乔木；生于海拔 350 – 1800m 的山地或山顶林中及疏林中；分布于荔波等地。

（五）柃属 *Eurya* Thunberg

1. 尖叶毛柃 *Eurya acuminatissima* Merr. et Chun

常绿灌木或小乔木；生于海拔 800m 的山坡疏林中；分布于罗甸、福泉、荔波、惠水、三都、龙里、平塘等地。

2. 川黔尖叶柃 *Eurya acuminoides* Hu et L. K. Ling

常绿灌木；生于海拔 800m 的山谷疏林中；分布于开阳、习水等地。

3. 尖萼毛柃 *Eurya acutisepala* **Hu et L. K. Ling**

常绿灌木或小乔木；生于海拔 800 – 1400m 的山坡、水沟边；分布于梵净山、雷山、榕江、独山、瓮安、罗甸、都匀、惠水、三都、龙里等地。

4. 翅柃 *Eurya alata* **Kobuski**

常绿灌木；生于海拔 300 – 1600m 的山地沟谷、溪边密林中或林下路旁阴湿处；分布于石阡、印江、碧江、雷山等地。

5. 短柱柃 *Eurya brevistyla* **Kobuski**

常绿灌木或小乔木；生于海拔 800 – 1400m 的阳坡密林中；分布于息烽、七星关、绥阳、梵净山、安龙、雷山、黄平、长顺、独山、福泉、惠水、龙里等地。

6. 米碎花 *Eurya chinensis* **R. Br.**

常绿灌木；生于海拔 800m 以下的低山丘陵山坡灌丛路边或溪河沟谷灌丛中；分布于麻阳河、荔波等地。

7. 华南毛柃 *Eurya ciliata* **Merr.**

常绿灌木或小乔木；生于海拔 600m 的山脚林缘处；分布于荔波、长顺、平塘等地。

8. 二列叶柃 *Eurya distichophylla* **Hemsl.**

常绿灌木或小乔木；生于海拔 200 – 1500m 的山坡疏林中；分布于清镇、赤水等。

9. 岗柃 *Eurya groffii* **Merr.**

常绿灌木或小乔木；生于海拔 550 – 800m 的山坡、路旁疏林下；分布于安龙、册亨、赤水、罗甸、荔波、瓮安、三都等地。

10. 丽江柃 *Eurya handel – mazzettii* **H. T. Chang**

常绿灌木或小乔木；生于海拔 1000 – 2900m 的山地沟谷疏林或密林；分布于省内西部等地。

11. 微毛柃 *Eurya hebeclados* **Ling**

常绿 灌木或小乔木；生于海拔 500 – 850m 的山脚、山坡灌丛中；分布于贵阳、黎平、天柱、荔波、贵定等地。

12. 披针叶毛柃 *Eurya henryi* **Hemsl.** 【*Eurya distichophylla* var. *henryi*（Hemsl.）Kobuski】

常绿灌木；生于海拔 1700 – 2300m 的山地林中或林缘阴湿地；分布地不详。

13. 凹脉柃 *Eurya impressinervis* **Kobuski**

常绿灌木或小乔木；生于海拔 800 – 1500m 的山坡、路旁灌丛中；分布于贵阳、息烽、雷山、黎平、三都、独山、荔波、都匀、惠水、龙里等地。

14. 柃木 *Eurya japonica* **Thunb.**

常绿灌木；生于海拔 300 – 2500m 的山坡或山谷灌丛中；分布于荔波、都匀等地。

15. 贵州毛柃 *Eurya kueichowensis* **P. T. Li**【*Eurya kueichowensis* **Hu et L. K. Ling**】

常绿灌木或小乔木；生于海拔 400 – 1100m 的林中阴湿地或山谷、溪旁、岩石旁；分布于贵阳、赤水、桐梓、梵净山、都匀、长顺、瓮安、独山、罗甸、荔波、惠水、贵定、三都、龙里、平塘等地。

16. 细枝柃 *Eurya loquaiana* **Dunn**

常绿灌木或小乔木；生于海拔 400 – 1400m 的山坡、山脊密林中；分布于赤水、梵净山、望谟、贞丰、贵阳、都匀、三都、荔波、惠水、长顺、瓮安、独山、罗甸、福泉、惠水、龙里、平塘、丹寨、雷山等地。

17. 金叶细枝柃 *Eurya loquaiana* var. *aureopunctata* **H. T. Chang**

常绿灌木或小乔木；生于 800 – 1700m 的山坡密林中；分布于赤水、息烽、安龙、荔波、天柱、瓮安等地。

18. 黑柃 *Eurya macartneyi* **Champ.**

常绿灌木或小乔木；生于海拔 240 – 1000m 的山地、山坡沟谷林中；分布于佛顶山等地。

19. 丛化柃 *Eurya metcalfiana* Kobuski

常绿灌木；生于海拔 180 – 1600m 的山地林中、林缘及沟谷溪边灌丛中；分布于雷山等地。

20. 格药柃 *Eurya muricata* Dunn

常绿灌木或小乔木；生于海拔 700 – 1200m 的山脚、山腰疏林下；分布于贵阳、赤水、绥阳、都匀、独山等地。

21. 毛枝格药柃 *Eurya muricata* var. *huana* (Kobuski) L. K. Ling

常绿灌木或小乔木；生于海拔 900 – 1100m 的山坡疏林下；分布于贵阳、赤水、黄平、梵净山、长顺、瓮安、惠水、龙里等地。

22. 细齿叶柃 *Eurya nitida* Korth.【*Eurya nitida* Korthals var. *aurescens* (Rehd. et Wils.) Kobuski】

常绿灌木或小乔木；生于海拔 400 – 1450m 的山坡、路旁灌丛中；分布于赤水、绥阳、梵净山、贵阳、息烽、安龙、册亨、都匀、三都、荔波、长顺、瓮安、独山、罗甸、福泉、惠水、龙里、平塘、天柱、雷山、丹寨等地。

23. 矩圆叶柃 *Eurya oblonga* Yang

常绿灌木或小乔木；生于海拔 1100 – 1500m 的河边、山脊疏林下；分布于贵阳、清镇、赤水、雷山、都匀等地。

24. 钝叶柃 *Eurya obtusifolia* H. T. Chang

常绿灌木或小乔木；生于海拔 800 – 1200m 山坡疏林中；分布于习水、赤水、遵义、桐梓、贵阳、松桃、黎平、瓮安、福泉、惠水、贵定、龙里等地。

25. 金叶柃 *Eurya obtusifolia* var. *aurea* (Lévl.) Ming【*Eurya aurea* (Lévl.) Hu et L. K. Ling.】

常绿灌木或小乔木；生于海拔 1100 – 1400m 的山坡灌丛中；分布于梵净山、沿河、安龙、雷山、榕江等地。

26. 大叶五室柃 *Eurya quinquelocularis* Kobuski

常绿灌木或小乔木；生于海拔 800m 的林间旷地；分布于赤水等地。

27. 窄基红褐柃 *Eurya rubiginosa* var. *attenuata* H. T. Chang

常绿灌木；生于海拔 400 – 800m 的山坡林中、林缘以及山坡路旁或沟谷边灌丛中；分布于佛顶山等地。

28. 半齿柃 *Eurya semiserrulata* H. T. Chang

常绿灌木或小乔木；生于海拔 600 – 1900m 的山坡路旁灌丛中；分布于贵阳、威宁、遵义、梵净山、荔波、独山、罗甸、都匀、惠水等地。

29. 窄叶柃 *Eurya stenophylla* Merr.

常绿灌木；生于海拔 400 – 600m 的山脚、河旁；分布于贵阳、开阳、息烽、赤水、荔波、惠水、龙里等地。

30. 四角柃 *Eurya tetragonoclada* Merr. et Chun

常绿灌木或乔木；生于海拔 550 – 1900m 的沟谷、山顶密林内、山坡灌丛中；分布于遵义、独山等地。

31. 屏边柃 *Eurya tsingpienensis* Hu

常绿灌木；生于海拔 1200 – 1700m 的山地林中或溪沟边林缘阴湿处；分布于荔波等地。

32. 单耳柃 *Eurya weissiae* Chun

常绿灌木；生于海拔 400 – 900m 的山坡密林下；分布于荔波、三都、瓮安、罗甸、黎平等地。

（六）大头茶属 *Polyspora* Sweet

1. 黄药大头茶 *Polyspora chrysandra* (Cowan) Hu ex Barthol. et Ming

常绿小乔木；生于海拔 800 – 1200m 的林下、灌丛中；分布于赤水、道真、绥阳等地。

2. 四川大头茶 *Polyspora speciosa*（Kochs）**Barthol. et T. L. Ming**〔*Polyspora kwangsiensis* **Chang**〕

常绿乔木；生于海拔 800 - 1000m 的山谷疏林中；分布于赤水、习水、息峰、长顺、独山等地。

（七）核果茶属 *Pyrenaria* **Blume**

1. 粗毛核果茶 *Pyrenaria hirta* **Keng**〔*Tutcheria hirta*（Hand. -Mazz.）**Li**〕

常绿乔木；生于海拔 150 - 1600m 的山脚、山坡密林中；分布于黎平、从江、榕江、荔波等地。

2. 心叶核果茶 *Pyrenaria hirta* var. *cordatula*（Li）**S. X. Yang et Ming ex S. X. Yang**〔*Tutcheria hirta* var. *cordatula* **Li**〕

常绿乔木；生于海拔 300 - 820m 的山谷密林中；分布于梵净山等地。

3. 斑枝核果茶 *Pyrenaria maculatoclada*（Y. K. Li）**S. X. Yang**〔*Tutcheria maculatoclada* **Y. K. Li**〕

常绿乔木；生于海拔 700 - 1000m 的密林中；分布于三都、荔波等地。

4. 小果核果茶 *Pyrenaria microcarpa* **Keng**〔*Tutcheria microcarpa* **Dunn.**〕

常绿乔木或灌木；生于海拔 300 - 1000m 的山脚灌丛中；分布于荔波等地。

5. 屏边核果茶 *Pyrenaria pingpienensis*（Hung T. Chang）**S. X. Yang et T. L. Ming**〔*Tutcheria kweichowensis* **Chang et Y. K. Li**〕

常绿乔木；生于海拔 850m 的林内；分布于赤水等地。

7. 长柱核果茶 *Pyrenaria spectabilis* var. *greeniae*（Chun）**S. X. Yang**〔*Tutcheria greeniae* **Chun**〕

常绿乔木；生于海拔 910m 的阔叶林中；分布于三都等地。

（八）木荷属 *Schima* **Reinwardt ex Blume**

1. 银木荷 *Schima argentea* **E. Pritz.**

常绿乔木；生于海拔 640 - 1400m 的密林中；分布于贵阳、开阳、修文、息烽、赤水、梵净山、安龙、册亨、罗甸、荔波、都匀、瓮安、三都、惠水、长顺、独山、福泉、龙里、平塘、雷山、黎平、丹寨、榕江等地。

2. 短梗木荷 *Schima brevipedicellata* **H. T. Chang**

常绿乔木；生于海拔 500m 左右的常绿阔叶林中；分布地不详。

3. 钝齿木荷 *Schima crenata* **Korth.**

常绿乔木；生于海拔 700 - 1000m 的常绿阔叶林中；分布于黎平等地。

4. 江西木荷 *Schima kiangsiensis* **Chang**

常绿乔木；分布于黎平等地。

5. 小花木荷 *Schima parviflora* **Cheng et H. T. Chang ex H. T. Chang**

常绿乔木；生于海拔 600 - 1800m 的密林、灌丛中；分布于威宁、安龙、息烽、赤水、罗甸、惠水、荔波、三都、龙里等地。

6. 华木荷 *Schima sinensis*（Hemsl. et E. H. Wilson）**Airy - Shaw**〔*Schima grandiperulata* **Hung T. Chang.**〕

常绿乔木；生于海拔 1400 - 2200m 的常绿阔叶林中；分布于梵净山、雷山等地。

7. 木荷 *Schima superba* **Gardner et Champ.**

常绿大乔木；生于海拔 400 - 1800m 的常绿阔叶林中；分布于开阳、七星关、绥阳、罗甸、三都、荔波、长顺、瓮安、独山、福泉、都匀、惠水、贵定、龙里、平塘、丹寨、黎平、锦屏等地。

8. 红木荷 *Schima wallichii*（DC.）**Korth.**

常绿乔木；生于海拔 850 - 1800m 的常绿阔叶林、半常绿季雨林或次生季雨林中；分布于兴义、安龙、册亨、罗甸、瓮安、贵定、三都等地。

（九）紫茎属 *Stewartia* **Linnaeus**

1. 心叶紫茎 *Stewartia cordifolia*（H. L. Li）**J. Li et Ming ex J. Li**〔*Hartia guizhouensis* **Ye**〕

常绿乔木；生于海拔 400 – 1300m 的山坡疏林或密林中；分布于榕江、黎平等地。

2. 翅柄紫茎 *Stewartia pteropetiolata* **W. C. Cheng**【*Hartia sinensis* **Dunn**】

常绿乔木；生于海拔 600m – 1800m 的山坡疏林中；分布于荔波等地。

3. 紫茎 *Stewartia sinensis* **Rehd. et E. H. Wilson**

半常绿小乔木；生于海拔 1400 – 2200m 的山坡密林中；分布于梵净山、从江、惠水、龙里等地。

4. 广东柔毛紫茎 *Stewartia villosa* var. *kwangtungensis*（**Chun**）**J. Li et Ming**【*Hartia villosa* var. *kwangtungensis*（**Chun**）**Hung T. Chang**】

常绿乔木；生于海拔 600 – 700m 的山坡疏林中；分布于荔波等地。

（十）厚皮香属 *Ternstroemia* **Mutis ex Linnaeus f.**

1. 厚皮香 *Ternstroemia gymnanthera*（**Wight et Arn.**）**Bedd.**

常绿灌木或小乔木；生于海拔 1390 – 1900m 的山地林中、林缘或近山顶疏林中；分布于梵净山、绥阳、黔南等地。

2. 阔叶厚皮香 *Ternstroemia gymnanthera* var. *wightii*（**Choisy**）**Hand. -Mazz.**

常绿灌木或小乔木；生于海拔 1400 – 2800m 的疏林或灌丛中；分布于开阳、息烽、梵净山、松桃、丹寨等地。

3. 大果厚皮香 *Ternstroemia insignis* **Y. C. Wu**

常绿乔木；生于海拔 800m – 2600m 的山坡疏林中；分布于兴仁等地。

4. 厚叶厚皮香 *Ternstroemia kwangtungensis* **Merr.**

常绿灌木或小乔木；生于海拔 750 – 1700m 的山地或山顶林中、溪边、灌丛中；分布于黎平等地。

5. 尖萼厚皮香 *Ternstroemia luteoflora* **L. K. Ling**

常绿小乔木；生于海拔 800 – 1600m 的山坡疏林中；分布于梵净山、安龙、荔波、黎平、雷山、从江、独山、罗甸、荔波、惠水、龙里等地。

6. 亮叶厚皮香 *Ternstroemia nitida* **Merr.**

常绿灌木或小乔木；生于海拔 1000 – 1300m 的山谷或山坡疏林中；分布于雷山、丹寨等地。

7. 四川厚皮香 *Ternstroemia sichuanensis* **L. K. Ling**

灌木或小乔木；生于海拔 600 – 1800m 的山坡疏林或灌丛中；分布于清镇等地。

五二、猕猴桃科 Actinidiaceae

（一）猕猴桃属 *Actinidia* **Lindley**

1. 软枣猕猴桃 *Actinidia arguta*（**Sieb. et Zucc.**）**Planch. ex Miq.**【*Actinidia arguta* var. *purpurea*（**Rehd.**）**C. F. Liang**】

落叶大型藤本；生于海拔 700 – 1000m 的沟谷、林缘中；分布于雷山、榕江、独山、龙里、三都、威宁、梵净山等地。

2. 硬齿猕猴桃 *Actinidia callosa* **Lindl.**

落叶大型藤本；生于海拔 400 – 2200m 的林中、林缘、灌丛、路旁、溪边；分布于凯里、雷山、江口、松桃、印江、德江、独山、长顺、瓮安、罗甸、福泉、荔波、都匀、惠水、龙里、平塘、安龙、绥阳、贵阳等地。

3. 异色猕猴桃 *Actinidia callosa* var. *discolor* **C. F. Liang**【*Actinidia fanjingshanensis* **S. D. Shi et Q. B. Wang.**】

落叶大型藤本；生于海拔 800 – 1800m 的林缘；分布于梵净山等地。

4. 京梨猕猴桃 *Actinidia callosa* var. *henryi* **Maxim.**

落叶藤本；生于海拔 500 – 1200m 的山谷、溪流、沟边、灌丛中；分布于德江、沿河、江口、松桃、都匀、瓮安、独山、罗甸、福泉、惠水、三都、龙里、望谟、册亨、凯里、黄平、桐梓、凤冈、纳雍、石阡、西秀、开阳、清镇、贵阳、七星关等地。

5. 毛叶硬齿猕猴桃 *Actinidia callosa* var. *strigillosa* C. F. Liang

落叶藤本；生于海拔 750 – 1400m 的灌丛、林缘；分布于开阳、凯里等地。

6. 城口猕猴桃 *Actinidia chengkouensis* C. Y. Chang

落叶藤本；生于海拔 1000 – 2000m 的树林中；分布于瓮安、龙里等地。

7. 中华猕猴桃 *Actinidia chinensis* Planch.

落叶藤本；生于海拔 400 – 2200m 的林缘灌丛及林中；分布于兴仁、兴义、安龙、望谟、册亨、凯里、黎平、从江、榕江、雷山、锦屏、黄平、镇远、西秀、龙里、惠水、平塘、长顺、瓮安、都匀、独山、贵定、罗甸、清镇、贵阳、遵义、桐梓、道真、纳雍、碧江、印江、江口、松桃、大方、六枝、盘县、水城、七星关等地。

8. 美味猕猴桃 *Actinidia chinensis* var. *deliciosa* (A. Chev.) A Chev. 【*Actinidia chinensis* var. *hispida* C. F. Liang 】

落叶藤本；生于海拔 600 – 1900m 的林缘、灌丛中；分布于安龙、兴仁、兴义、凯里、雷山、榕江、都匀、独山、紫云、开阳、长顺、罗甸、清镇、贵阳、仁怀、印江、石阡、威宁等地。

9. 金花猕猴桃 *Actinidia chrysantha* C. F. Liang

落叶藤本；生于海拔 900 – 1300m 的疏林、灌丛、森林中开放的向阳处；分布于荔波等地。

10. 毛花猕猴桃 *Actinidia eriantha* Benth. 【*Actinidia fulvicoma* var. *lanata* (Hemsl.) C. F. Liang】

落叶藤本；生于海拔 350 – 1000m 的山谷、溪边、林缘、林中；分布于贵定、凯里、黎平、雷山、榕江、黄平、施秉、天柱、瓮安、独山、荔波、罗甸、福泉、都匀、惠水、三都、龙里等地。

11. 条叶猕猴桃 *Actinidia fortunatii* Finet et Gagnep. 【*Actinidia glaucophylla* F. Chun】

半常绿藤本；生于海拔 700 – 1500m 的灌丛、林缘、林中；分布于凯里、黎平、榕江、雷山、平坝、贵定、独山、平塘、瓮安、荔波、都匀、惠水、三都、龙里等地。

12. 黄毛猕猴桃 *Actinidia fulvicoma* Hance

半常绿藤本；生于海拔 400m 左右的山坡疏林、灌丛中；分布于惠水等地。

13. 糙毛猕猴桃 *Actinidia fulvicoma* var. *hirsuta* Finet et Gagnep.

半常绿藤本；生于海拔 900 – 1200m 的林缘灌丛中；分布于兴仁、三都、瓮安、罗甸、都匀、龙里等地。

14. 蒙自猕猴桃 *Actinidia henryi* Dunn【*Actinidia carnosifolia* var. *glaucescens* C. F. Liang】

半常绿藤本；生于海拔 1400 – 2500m 的山地密林、灌丛中；分布于安龙、望谟、凯里、从江、雷山、德江、印江、惠水、龙里等地。

15. 长叶猕猴桃 *Actinidia hemsleyana* Dunn

落叶藤本；生于海拔 500 – 900m 的山地林中；分布于黔东南、荔波等地。

16. 中越猕猴桃 *Actinidia indochinensis* Merr.

落叶藤本；生于海拔 600 – 1300m 的山地密林中；分布于瓮安等地。

17. 狗枣猕猴桃 *Actinidia kolomikta* (Maxim. et Rupr.) Maxim. 【*Actinidia leptophylla* C. Y. Wu；】

落叶藤本；生于海拔 1800 – 2400m 的山地林中；分布于七星关、大沙河、瓮安等地。

18. 滑叶猕猴桃 *Actinidia laevissima* C. F. Liang 【*Actinidia jiangkouensis* S. D. Shi et Z. C. Zhang；*Actinidia laevissima* var. *floscula* S. D. Shi】

落叶藤本；生于海拔 1300 – 1750m 的山地灌丛或疏林中；分布于贵阳、印江、江口等地。

19. 小叶猕猴桃 *Actinidia lanceolata* Dunn

落叶藤本；生于海拔 300 – 800m 的灌丛或疏林中；分布于荔波等地。

20. 阔叶猕猴桃 *Actinidia latifolia* (Gardn. et Champ.) Merr.

落叶藤本；生于海拔 700 – 1800m 山谷溪流两旁的溪流、灌丛中；分布于从江、榕江、雷山、凯里、松桃、印江、德江、独山、福泉、荔波、惠水、三都、龙里等地。

21. 黑蕊猕猴桃 *Actinidia melanandra* Franch.

落叶藤本；生于海拔 1100 – 1800m 的林缘、灌丛中；分布于贵阳、雷山、绥阳、纳雍、印江、大方、荔波等地。

22. 倒卵叶猕猴桃 *Actinidia obovata* Chun ex C. F. Liang

落叶藤本；生于海拔 1000 – 1600m 的林缘、冲沟中；分布于清镇、江口等地。

23. 葛枣猕猴桃 *Actinidia polygama* (Sieb. et Zucc.) Maxim.

落叶藤本；生于海拔 900 – 2300m 的森林中；分布于印江、雷山、黎平、七星关、瓮安等地。

24. 红茎猕猴桃 *Actinidia rubricaulis* Dunn

半常绿藤本；生于海拔 500 – 1600m 的山谷、灌丛、林缘中；分布于贵阳、开阳、修文、印江、江口、望谟、册亨、都匀、长顺、瓮安、罗甸、荔波、三都、平塘、安龙、兴义、兴仁、赤水、桐梓、七星关等地。

25. 革叶猕猴桃 *Actinidia rubricaulis* var. *coriacea* (Finet et Gagnep.) C. F. Liang

半常绿藤本；生于海拔 500 – 1300m 的灌丛、路边；分布于贵阳、息烽、印江、江口、松桃、榕江、黄平、罗甸、独山、荔波、长顺、瓮安、福泉、都匀、惠水、贵定、三都、龙里、平塘、安龙、赤水、习水、务川、桐梓、七星关等地。

26. 密花猕猴桃 *Actinidia rufotricha* var. *glomerata* C. F. Liang

半常绿藤本；生于海拔 900 – 1500m 的山谷、路旁灌丛中；分布于贵阳、安龙、都匀等地。

27. 花楸猕猴桃 *Actinidia sorbifolia* C. F. Liang

落叶藤本；生于海拔 900 – 1400m 的灌丛中；分布于贵阳、安龙、印江等地。

28. 安息香猕猴桃 *Actinidia styracifolia* C. F. Liang

落叶藤本；生于海拔 600 – 900m 的山谷林缘，山坡灌丛，山坡疏林中；分布地不详。

29. 显脉猕猴桃 *Actinidia venosa* Rehd.

落叶藤本；生于海拔 1200 – 2400m 的山地林中；分布于黔东南、黔北、荔波等地。

30. 毛蕊猕猴桃 *Actinidia trichogyna* Franch.

落叶藤本；生于海拔 1000 – 1800m 的山地树林中；分布于沿河等地。

31. 葡萄叶猕猴桃 *Actinidia vitifolia* C. Y. Wu

落叶藤本；生于海拔 1600 – 1900m 的石灰岩山地；分布于七星关、瓮安等地。

（二）藤山柳属 *Clematoclethra* Maximowicz

1. 藤山柳 *Clematoclethra scandens* (Franch.) Maxim. 〔*Clematoclethra guizhouensis* C. F. Liang. Y. C. Chen; *Clematoclethra variabilis* C. F. Liang et Y. C. Chen; *Clematoclethra cordifolia* Franch.〕

落叶木质藤本；生于海拔 1900 – 2100m 的山地；分布于大方等地。

2. 猕猴桃藤山柳 *Clematoclethra scandens* subsp. *actinidioides* (Maxim.) Y. C. Tang et Q. Y. Xiang〔*Clematoclethra lasioclada* Maxim.; *Clematoclethra actinidioides* var. *populifolia* C. F. Liang et Y. C. Chen; *Clematoclethra franchetii* Kom.; *Clematoclethra faberi* Franch.〕

落叶木质藤本；生于海拔 1200 – 1700m 的山林中；分布于桐梓、梵净山、大沙河等地。

（三）水东哥属 *Saurauia* Willdenow

1. 尼泊尔水东哥 *Saurauia napaulensis* DC. 〔*Saurauia napaulensis* var. *montana* C. F. Liang et Y. S. Wang〕

乔木；生于海拔 800 – 1300m 的疏林、灌丛、山谷中；分布于习水、雷山、罗甸、三都等地。

2. 聚锥水东哥 *Saurauia thyrsiflora* C. F. Liang et Y. S. Wang

小乔木或灌木；生于海拔 400 – 1300m 的山林、灌丛、山谷中；分布于望谟、册亨、三都、罗甸、荔波、兴义、兴仁等地。

3. 水东哥 *Saurauia tristyla* **DC.**

小乔木或灌木；生于海拔 1700m 以下的山地林下或灌丛中；分布于三都、平塘等地。

4. 云南水东哥 *Saurauia yunnanensis* **C. F. Liang et Y. S. Wang**

小乔木或灌木；生于海拔 400 – 1700m 的山地林下、灌丛、山谷的阴湿处；分布地不详。

五三、肋果茶科 Sladeniaceae

（一）肋果茶属 *Sladenia* Kurz

1. 肋果茶 *Sladenia celastrifolia* **Kurz**

常绿乔木；生于海拔 800 – 1600m 的山谷林中；分布于兴义等地。

五四、五列木科 Pentaphylacaceae

（一）五列木属 *Pentaphylax* Gardner et Champion

1. 五列木 *Pentaphylax euryoides* **Gardn. et Champ.**

常绿乔木或灌木；生于海拔 650 – 2000m 的密林中；分布于荔波、独山、罗甸、三都、凯里、雷公山、丹寨等地。

五五、沟繁缕科 Elatinaceae

（一）沟繁缕属 *Elatine* Linnaeus

1. 长梗沟繁缕 *Elatine ambigua* **Wight**

一年生草本；生于池沼和湖泊中；分布于黔东南等地。

五六、藤黄科 Clusiaceae

（一）藤黄属 *Garcinia* Linnaeus

1. 木竹子 *Garcinia multiflora* **Champ. ex Benth.**

常绿乔木；生于海拔 700m 以下的山坡疏林或密林中；分布于独山、荔波、都匀、惠水、黎平等地。

2. 岭南山竹子 *Garcinia oblongifolia* **Champ. ex Benth.**

常绿乔木；生于海拔 400 – 1200m 的平地、丘陵、沟谷密林或疏林中；分布于兴义、册亨、榕江、罗甸等地。

（二）金丝桃属 *Hypericum* Linnaeus

1. 尖萼金丝桃 *Hypericum acmosepalum* **N. Robson**

灌木；生于海拔 900 – 2300m 的山坡路旁、灌丛、林间空地、开旷的溪边以及荒地上；分布于威宁、盘县、安龙、雷山、长顺、惠水、贵定、龙里、平塘等地。

2. 黄海棠 *Hypericum ascyron* **L.**

多年生草本；生于海拔 2600m 以下的山坡林下、林缘、草丛、草甸、溪边及河岸；分布于金沙、沿河、德江、印江、松桃、贵阳、镇宁、独山、兴义、册亨、安龙等地。

3. 赶山鞭 *Hypericum attenuatum* **Fisch. ex Choisy**

多年生草本；生于海拔 2000m 以下田边、草地、山坡、林下及林缘；分布于大沙河等地。

4. 无柄金丝桃 *Hypericum augustinii* N. Robson

灌木；生于海拔 2000m 以下的山坡、草地及灌丛中；分布于威宁、兴仁、兴义、册亨、安龙、罗甸等地。

5. 栽秧花 *Hypericum beanii* N. Robson

灌木；生于海拔 1500 – 2100m 的疏林或灌丛中、溪旁、以及草坡或石坡上；分布于贞丰、安龙、梵净山等地。

6. 连柱金丝桃 *Hypericum cohaerens* N. Robson

灌木；生于海拔 1450 – 2000m 的石间灌丛中；分布于梵净山等地。

7. 弯萼金丝桃 *Hypericum curvisepalum* N. Robson

灌木；生于海拔 1800 – 2900m 干燥或多石的山坡及开旷的林地；分布于普安等地。

8. 挺茎遍地金 *Hypericum elodeoides* Choisy

多年生草本；生于海拔 750m 左右的山坡草丛、灌丛、林下及田埂上；分布于榕江等地。

9. 小连翘 *Hypericum erectum* Thunb.

多年生草本；生于海拔 1000m 左右的林缘草丛中；分布于贵阳等地。

10. 扬子小连翘 *Hypericum faberi* R. Keller

多年生草本；生于海拔 600 – 2000m 的山坡草地、灌丛中或沟边；分布于赫章、七星关、大方、绥阳、印江、沿河、贵阳、瓮安、普安、盘县、兴义、安龙、榕江、梵净山等地。

11. 西南金丝梅 *Hypericum henryi* Lévl. et Vant.

灌木；生于海拔 1300 – 2440m 的山坡、山谷的疏林下或灌丛中；分布于黔西南等地。

12. 岷江金丝梅 *Hypericum henryi* subsp. *uraloides* (Rehder) N. Robson

灌木；生于海拔 1800 – 2400m 的山坡或山谷的疏林下或灌丛中；分布于普安等地。

13. 地耳草 *Hypericum japonicum* Thunb.

一年或多年生草本；生于海拔 300 – 2900m 的田边、沟边、草地以及撩荒地上；分布于威宁、七星关、大方、纳雍、金沙、赤水、沿河、印江、松桃、贵阳、平坝、瓮安、龙里、望谟、罗甸、独山、荔波、黄平、凯里、雷山、从江、梵净山等地。

14. 贵州金丝桃 *Hypericum kouytchense* Lévl.

灌木；生于海拔 2300m 以下的草地、山坡、河滩、多石地；分布于威宁、七星关、黔西、金沙、印江、江口、盘县、平坝、普安、息烽、清镇、贵阳、凯里、黄平、施秉、兴义、兴仁、册亨、望谟、安龙、独山、三都、瓮安、长顺、罗甸、福泉、惠水、贵定、龙里、平塘等地。

15. 纤枝金丝桃 *Hypericum lagarocladum* N. Robson

灌木；生于海拔 900 – 2500m 的山谷、山坡、沟边灌丛中；分布于黔南等地。

16. 狭叶金丝桃 *Hypericum lagarocladum* subsp. *angustifolium* N. Robson

灌木；生于海拔 400 – 1400m；分布地不详。

17. 展萼金丝桃 *Hypericum lancasteri* N. Robson

灌木；生于海拔 1750 – 2550m 的草坡及溪边；分布于西秀等地。

18. 金丝桃 *Hypericum monogynum* L.

灌木；生于海拔 1500m 以下的山地灌丛中；分布于金沙、习水、平塘、独山、荔波、长顺、龙里等地。

19. 金丝梅 *Hypericum patulum* Thunb.

灌木；生于海拔 2800m 以下的山坡或山谷的疏林下、路旁或灌丛中；分布于七星关、遵义、绥阳、松桃、贵阳、清镇、兴仁、兴义、安龙、望谟、罗甸、长顺、独山、荔波、惠水、贵定、龙里、平塘、梵净山等地。

20. 贯叶连翘 *Hypericum perforatum* L.

多年生草本；生于海拔 500 – 2000m 的山坡、路旁、草地、林下及河边等处；分布于七星关、思南、松桃、普安、兴义、贞丰、贵阳、黄平、都匀、雷山、梵净山等地。

21. 中国金丝桃 *Hypericum perforatum* subsp. *chinense* N. Robson

多年生草本；生于海拔 400 – 2200m 的山坡灌丛中；分布地不详。

22. 云南小连翘 *Hypericum petiolulatum* subsp. *yunnanense*（Franch.）N. Robson

多年生草本；生于海拔 1700 – 2900m 的山坡草地、路旁、石岩上及林缘草地；分布地不详。

23. 元宝草 *Hypericum sampsonii* Hance

多年生草本；生于海拔 1200m 以下的山坡、路边、草地、灌丛中、田边、沟边；分布于贵阳、习水、息烽、印江、德江、松桃、兴义、册亨、安龙、罗甸、平塘、独山、凯里、黄平、榕江、黎平等地。

24. 密腺小连翘 *Hypericum seniawinii* Maxim.

多年生草本；生于海拔 500 – 1600m 的山坡、草地、林缘中；分布于平塘、雷公山等地。

25. 星萼金丝桃 *Hypericum stellatum* N. Robson

灌木；生于海拔 500 – 1200m 的阳处石缝、灌丛及路旁；分布于习水等地。

26. 匙萼金丝桃 *Hypericum uralum* Buch. -Ham. ex D. Don

灌木；生于海拔 1500 – 2700m 的草坡或岩石坡、疏林下、草地及悬岩上；分布于普安、兴义等地。

27. 遍地金 *Hypericum wightianum* Wall. ex Wight et Arn.

一年生草本；生于海拔 800 – 2750m 的田地或路旁草丛中；分布于威宁、七星关、沿河、松桃、安龙、望谟、罗甸等地。

五七、杜英科 Elaeocarpaceae

（一）杜英属 *Elaeocarpus* Linnaeus

1. 金毛杜英 *Elaeocarpus auricomus* C. Y. Wu ex H. T. Chang
常绿小乔木；生于海拔 1000 – 1500m 的常绿林里；分布于荔波等地。

2. 中华杜英 *Elaeocarpus chinensis*（Gardn. et Chanp.）Hook. f. ex Benth.
常绿小乔木；生于海拔 350 – 1350m 的常绿林中；分布于清镇、独山、惠水、三都等地。

3. 杜英 *Elaeocarpus decipiens* Hemsl.
常绿乔木；生于海拔 400 – 700m 的阔叶林中；分布于兴义、安龙等地。

4. 显脉杜英 *Elaeocarpus dubius* A. DC.
常绿乔木；生于海拔 600 – 700m 的林中；分布于赤水等地。

5. 褐毛杜英 *Elaeocarpus duclouxii* Gagnep.
常绿乔木；生于海拔 700 – 950m 的疏林、谷地；分布于施秉、凯里、榕江、从江、黎平、贵阳、三都、平塘、荔波、瓮安、福泉、赤水、锦屏、贵定、印江、雷公山、梵净山等地。

6. 秃瓣杜英 *Elaeocarpus glabripetalus* Merr.
常绿乔木；生于海拔 400 – 1200m 的常绿林中；分布于贵阳、从江、锦屏、黎平、天柱、荔波、惠水等地。

7. 棱枝杜英 *Elaeocarpus glabripetalus* var. *alatus*（Kunth）H. T. Chang
常绿乔木；生于海拔 300 – 500m 的常绿林中；分布于兴仁等地。

8. 薯豆 *Elaeocarpus japonicus* Sieb. et Zucc.
常绿乔木；生于海拔 400 – 2300m 的常绿阔叶林或混交林中；广泛分布于黔中、黔南、黔东、黔北等地。

9. 澜沧杜英 *Elaeocarpus japonicus* var. *lantsangensis*（Hu）**H. T. Chang**

常绿乔木；生于海拔 1400 – 2800m 的常绿阔叶林中；分布于黔北、黔东等地。

10. 披针叶杜英 *Elaeocarpus lanceifolius* **Roxb.**

常绿乔木；生于海拔 2300 – 2600m 的山坡上；分布于锦屏、安龙等地。

11. 灰毛杜英 *Elaeocarpus limitaneus* **Hand. -Mazz.**

常绿小乔木；生于海拔 500 – 900m 的山坡密林中；分布于黄平、黎平、从江、长顺、瓮安、独山、都匀、惠水、三都、龙里、平塘等地。

12. 绢毛杜英 *Elaeocarpus nitentifolius* **Merr. et Chun**

常绿乔木；生于海拔 1400m 的常绿林中；分布于梵净山等地。

13. 长柄杜英 *Elaeocarpus petiolatus*（Jack）**Wall. ex Kurz**

常绿乔木；生于海拔 1400m 以下的常绿林中；分布于贵阳、长顺、荔波、平塘等地。

14. 山杜英 *Elaeocarpus sylvestris*（Lour.）**Poir.**

常绿乔木；生于海拔 300 – 2000m 的常绿林中；分布于赤水、黎平、从江、长顺、瓮安、福泉、荔波、都匀、惠水、龙里、贵定、平塘、佛顶山、月亮山等地。

（二）猴欢喜属 *Sloanea* **Linnaeus**

1. 百色猴欢喜 *Sloanea chingiana* **Hu**

常绿乔木；生于海拔 600 – 1100m 的石灰岩森林中；分布于惠水等地。

2. 仿栗 *Sloanea hemsleyana*（Ito）**Rehd. et Wils.**

常绿乔木；生于海拔 1110 – 1400m 的常绿林中；分布于织金、沿河、兴仁、安龙、都匀、独山、荔波、惠水、贵定、龙里、平塘、凯里、黎平等地。

3. 薄果猴欢喜 *Sloanea leptocarpa* **Diels**

常绿乔木；生于海拔 800 – 1100m 的山沟、谷地的阔叶林中；分布于兴仁、兴义、三都、独山、惠水、榕江、黎平等地。

4. 猴欢喜 *Sloanea sinensis*（Hance）**Hemsl.**

常绿乔木；生于海拔 700 – 1000m 的常绿林中；省内除西部高海拔地区外有广泛分布。

五八、椴树科 Tiliaceae

（一）柄翅果属 *Burretiodendron* **Rehder**

1. 柄翅果 *Burretiodendron esquirolii*（Lévl.）**Rehd.**

落叶乔木；生于海拔 700m 以下的石灰岩山谷常绿林中；分布于望谟、册亨、罗甸、安龙等地。

（二）田麻属 *Corchoropsis* **Siebold et Zuccarini**

1. 田麻 *Corchoropsis tomentosa* S（Thunb.）**Makino**

一年生草本；生于低山及山坡上；分布于瓮安、江口等地。

（三）黄麻属 *Corchorus* **Linnaeus**

1. 甜麻 *Corchorus aestuans* **L.**

一年生草本；生于海拔 450 – 1000m 的田地、溪边、路旁或草地；分布于册亨、荔波等地。

2. 黄麻 *Corchorus capsularis* **L.**

一年生草本；原产亚洲热带；省内望谟、独山等地有栽培。

3. 长蒴黄麻 *Corchorus olitorius* **L.**

一年生草本；原产印度；省内独山等地有栽培。

（四）滇桐属 *Craigia* **W. W. Smith et W. E. Evans**

1. 滇桐 *Craigia yunnanensis* **W. W. Sm. et W. E. Evans**

落叶乔木；生于海拔 500 - 1600m 的疏林中；分布于独山等地。

(五)扁担杆属 *Grewia* Linnaeus

1. 苘麻叶扁担杆 *Grewia abutilifolia* W. Vent ex Juss.

落叶灌木至小乔木；生于荒野灌丛草地上；分布于册亨、望谟、瓮安、罗甸等地。

2. 扁担杆 *Grewia biloba* G. Don

落叶灌木或小乔木；生于海拔 600 - 800m 的山脚、山坡、路旁灌丛或密林中；分布于兴义、安龙、独山、罗甸、福泉、荔波、锦屏等地。

3. 小叶扁担杆 *Grewia biloba* var. *microphylla*（Maxim.）Hand. -Mazz.

落叶灌木或小乔木；生于海拔 300 - 600m 的山坡灌丛中；分布于赤水、仁怀、贵阳、印江、独山、惠水等地。

4. 小花扁担杆 *Grewia biloba* var. *parviflora*（Bunge）Hand. -Mazz.

落叶灌木或小乔木；生于海拔 850 - 1100m 的山谷、山脚、路旁、水旁灌丛或密林中；分布于印江、松桃、兴义、安龙、望谟等地。

5. 朴叶扁担杆 *Grewia celtidifolia* Juss.

落叶灌木；生于海拔 1800m 以下的疏林或灌丛中；分布地不详。

6. 毛果扁担杆 *Grewia eriocarpa* Juss.

落叶灌木或小乔木；生于海拔 300 - 1200m 的路旁或林中；分布于兴仁、兴义、安龙、望谟、罗甸、荔波等地。

7. 黄麻叶扁担杆 *Grewia henryi* Burret

落叶灌木或小乔木；生于海拔 340 - 1100m 的山坡灌丛中；分布于兴义、安龙、册亨、望谟、罗甸、独山等地。

(六)椴树属 *Tilia* Linnaeus

1. 多毛椴 *Tilia chinensis* var. *intonsa*（Sieb. et Zucc.）Hsu et Zhuge【*Tilia fulvosa* Chang】
落叶乔木；分布于佛顶山、黔中等地。

2. 华东椴 *Tilia japonica* Simonk.
落叶乔木；分布于桐梓等地。

3. 黔椴 *Tilia kueichouensis* Hu
落叶乔木；生境不详；分布于惠水、龙里、遵义一带等地。

4. 灰背椴 *Tilia oliveri* var. *cinerascens* Rehd. et Wils.【*Tilia populifolia* Hung T. Chang】
落叶乔木；生境不详；分布于黔东北等地。

5. 少脉椴 *Tilia paucicostata* Maxim.
落叶乔木；生境不详；分布于贵定等地。

6. 少花椴 *Tilia pouciflora* K. M. Lan et L. L Deng
落叶乔木；分布于雷山等地。

7. 椴树 *Tilia tuan* Szyszyl.【纤椴 *Tilia gracilis* Chang】【*Tilia angustibracteata* Hung T. Chang；*Tilia omeiensis* Fang】

落叶乔木；生于海拔 1200 - 2000m 的林中；广泛分布于长顺、瓮安、独山、罗甸、福泉、荔波、都匀、贵定、三都等地。

8. 毛芽椴 *Tilia tuan* var. *chinensis*（Szyszyl.）Rehd. et Wils.
落叶乔木；分布于全省各地。

(七)刺蒴麻属 *Triumfetta* Linnaeus

1. 单毛刺蒴麻 *Triumfetta annua* L.
一年生草本或亚灌木；生于山坡及路旁；分布于册亨、长顺、罗甸、荔波等地。

2. 毛刺蒴麻 *Triumfetta cana* Bl.【*Triumfetta tomentosa* Bojer】

落叶半灌木；生于海拔 300m 的平地或灌丛中；分布于兴义、罗甸等地。

3. 长勾刺蒴麻 *Triumfetta pilosa* Roth

落叶半灌木；生于海拔 700 - 1200m 的干燥坡地灌丛中；分布于兴仁、安龙、册亨、长顺、瓮安、罗甸等地。

4. 刺蒴麻 *Triumfetta rhomboidea* Jacquem.【*Triumfetta bartramii* L.】

落叶半灌木；生于海拔 600m 左右的村旁、河边或灌丛中；分布于册亨、荔波、罗甸等地。

五九、梧桐科 Sterculiaceae

（一）昂天莲属 *Ambroma* Linnaeus f.

1. 昂天莲 *Ambroma augustum*（L.）L. f.

常绿灌木；生于山谷或林缘；分布于册亨、罗甸等地。

（二）刺果藤属 *Byttneria* Loefling

1. 刺果藤 *Byttneria grandifolia* DC.【*Byttneria aspera* Colebr.】

灌木；生于疏林中或山谷溪旁；分布于安龙等地。

（三）火绳树属 *Eriolaena* Candolle

1. 火绳树 *Eriolaena spectabilis*（DC.）Planch. ex Mast.

落叶灌木或小乔木；生于海拔 340 - 1300m 的山谷、山坡疏林中或灌丛中；分布于望谟、罗甸、册亨、安龙、开阳、都匀等地。

（四）梧桐属 *Firmiana* Marsili

1. 梧桐 *Firmiana simplex*（L.）W. Wight【*Firmiana platanifolia*（L. f.）Marsili】

落叶乔木；生于村边、宅旁、石灰岩山坡；分布于遵义、湄潭、兴仁、册亨、西秀、贵阳、麻江、雷公山、黔南等地，省内广泛栽培。

（五）山芝麻属 *Helicteres* Linnaeus

1. 山芝麻 *Helicteres angustifolia* L.

常绿小灌木；生于草坡上；分布于贵定等地。

2. 长序山芝麻 *Helicteres elongata* Wall. ex Mast.

常绿灌木；生于海拔 750m 的路边；分布于册亨等地。

3. 细齿山芝麻 *Helicteres glabriuscula* Wall. ex Mast.

常绿灌木；生于山坡灌丛中；分布于册亨、罗甸等地。

4. 雁婆麻 *Helicteres hirsuta* Lour.

落叶灌木；生于丘陵或灌丛中；分布于安龙等地。

5. 剑叶山芝麻 *Helicteres lanceolata* DC.

常绿灌木；生于山坡草地上或灌丛中；分布于望谟、罗甸等地。

（六）马松子属 *Melochia* Linnaeus

1. 马松子 *Melochia corchorifolia* L.

半灌木状草本；生于田野间或低丘陵地原野间；分布地不详。

（七）翅子树属 *Pterospermum* Schreber

1. 翻白叶树 *Pterospermum heterophyllum* Hance

常绿乔木；生于山脚或林中；分布于罗甸、荔波等地。

（八）梭罗树属 *Reevesia* Lindley

1. 瑶山梭罗 *Reevesia glaucophylla* H. H. Hsue

落叶乔木；生于海拔 500m 的山坡疏林中或山脚路旁；分布于独山、黎平等地。

2. 梭罗树 *Reevesia pubescens* **Mast.**

常绿乔木；生于海拔 1000m 左右的水旁、山坡疏林中；分布于贵阳、惠水、长顺、瓮安、独山、罗甸、福泉、荔波、贵定、三都、龙里、平塘等地。

（九）苹婆属 *Sterculia* Linnaeus

1. 粉苹婆 *Sterculia euosma* **W. W. Sm.**

常绿乔木；生于海拔 800m 的山坡密林中；分布于望谟、罗甸等地。

2. 西蜀苹婆 *Sterculia lanceaefolia* **Roxb. ex Roxb.**

常绿乔木或灌木；生于海拔 800 – 2000m 的山坡密林中；分布于望谟、罗甸、三都等地。

3. 假苹婆 *Sterculia lanceolata* **Cav.**

常绿乔木；生于海拔 1000m 的山谷、山坡、山沟阴处、疏林地、灌丛中或密林中；分布于兴义、兴仁、册亨、望谟、安龙、罗甸、独山、荔波等地。

4. 苹婆 *Sterculia monosperma* **Vent.【***Sterculia nobilis* **Smith】**

常绿乔木；生于杂木林或灌丛中；分布于兴义、罗甸、荔波、三都、从江等地。

六〇、木棉科 Bombacaceae

（一）木棉属 *Bombax* Linnaeus

1. 木棉 *Bombax ceiba* **L.【***Gossampinus malabarica*（**DC.**）**Merr.】**

落叶乔木；生于干热河谷；分布于册亨、望谟、罗甸、龙里、平塘、安龙、南北盘江红水河一带。

（二）瓜栗属 *Pachira* Aublet

1. 瓜栗 *Pachira aquatica* **Aublet【***Pachira macrocarpa*（**Cham. et Schlecht.**）**Walp.】**

落叶乔木；原产中美墨西哥至哥斯达黎加；省内有栽培。

六一、锦葵科 Malvaceae

（一）秋葵属 *Abelmoschus* Medicus

1. 长毛黄葵 *Abelmoschus crinitus* **Wall.**

多年生草本；生于海拔 500 – 900m 的山坡草丛或灌丛中；分布于兴仁、望谟、罗甸等地。

2. 黄蜀葵 *Abelmoschus manihot*（**L.**）**Medik.**

一年或多年生草本；生于山谷草丛、田边或沟旁灌丛中；省内有栽培。

3. 刚毛黄蜀葵 *Abelmoschus manihot* **var.** *pungens*（**Roxb.**）**Hochr.**

一年或多年生草本；生于海拔 1000 – 2100m 的山谷草丛、田边或沟旁灌丛中；分布于桐梓、遵义、碧江等地。

4. 黄葵 *Abelmoschus moschatus*（**L.**）**Medik.**

一年或二年生草本；生于山谷、溪涧旁或山坡灌丛中；分布于黎平等地。

5. 箭叶秋葵 *Abelmoschus sagittifolius*（**Kurz**）**Merr.**

多年生草本；生于海拔 400 – 1000m 的山脚、路边草丛中；分布于罗甸、册亨等地。

（二）苘麻属 *Abutilon* Miller

1. 磨盘草 *Abutilon indicum*（**L.**）**Sweet**

一年或多年生草本；生于海拔 400 – 800m 的山坡草丛中；分布于罗甸、瓮安、望谟等地。

2. 华苘麻 *Abutilon sinense* **Oliv.**

灌木；生于海拔 450 – 1200m 的路旁、山坡灌丛中；分布于兴义、罗甸等地。

3. 金铃花 *Abutilon pictum*（Gill. ex Hook.）Walp.【*Abutilon striatum* Dickson.】

常绿灌木；原产南美洲；省内有栽培。

4. 苘麻 *Abutilon theophrasti* Medik.

一年生亚灌木状草本；生于海拔 450 – 1100m 的路边、山坡灌丛中；分布于兴仁、安龙、罗甸等地。

（三）蜀葵属 *Alcea* Linnaeus

1. 蜀葵 *Alcea rosea* L.【*Althaea rosea*（L.）Cavan.】

二年生草本；分布于贵阳、西秀、遵义等地。

（四）大萼葵属 *Cenocentrum* Gagnepain

1. 大萼葵 *Cenocentrum tonkinense* Gagnep.

落叶灌木；生于海拔 750 – 1600m 的沟谷、疏林或草丛中；分布于册亨等地。

（五）棉属 *Gossypium* Linnaeus

1. 草棉 *Gossypium herbaceum* L.

一年生草本至亚灌木；原产阿拉伯和小亚细亚；省内有栽培。

2. 陆地棉 *Gossypium hirsutum* L.

一年生草本；原产美洲；省内有栽培。

（六）木槿属 *Hibiscus* Linn.

1. 美丽芙蓉 *Hibiscus indicus*（Burm. f.）Hochr.

落叶灌木；生于海拔 700 – 2000m 的山谷灌丛中；分布于惠水、龙里、黔西南等地。

2. 贵州芙蓉 *Hibiscus labordei* Lévl.

落叶灌木；生于海拔 550 – 800m 的山坡灌丛中；分布于从江、都匀、三都、瓮安、独山、罗甸、荔波、惠水、贵定、龙里等地。

3. 木芙蓉 *Hibiscus mutabilis* L.

落叶灌木或小乔木；引种；省内有栽培。

4. 朱槿 *Hibiscus rosa – sinensis* L.

常绿灌木；引种；省内有栽培。

5. 重瓣朱槿 *Hibiscus rosa – sinensis* var. *rubro – plenus* Sweet

常绿灌木；引种；省内有栽培。

6. 吊灯扶桑 *Hibiscus schizopetalus*（Dyer）Hook. f.

常绿灌木；原产东非热带；省内有栽培。

7. 华木槿 *Hibiscus sinosyriacus* L. H. Bailey

落叶灌木；生于海拔 800 – 1000m 的灌丛中或路边、林边；分布于松桃、思南、平坝、都匀、瓮安、榕江、雷山、黎平等地。

8. 木槿 *Hibiscus syriacus* L.

落叶灌木；生于海拔 480 – 1250m 的疏林中；分布于月亮山、佛顶山、道真、贵阳、台江、兴义、丹寨、黎平、印江、江口、赤水、桐梓、麻江、黔南等地。

9. 长苞木槿 *Hibiscus syriacus* var. *longibracteatus* S. Y. Hu

落叶灌木；引种；省内有栽培。

10. 牡丹木槿 *Hibiscus syriacus* var. *paeoniflorus* L. F. Gagnep.

落叶灌木；引种；省内有栽培。

11. 白花牡丹木槿 *Hibiscus syriacus* var. *totoalbus* T. Moore【*Hibiscus syriacus* f. *totus – albus* T. Moore】

落叶灌木；引种；省内有栽培。

12. 紫花重瓣木槿 *Hibiscus syriacus* var. *violaceus* L. F. Gagnep.

落叶灌木；引种；省内有栽培。

13. 白花重瓣木槿 *Hibiscus syriacus* var. *alboplenus* Loudon【*Hibiscus syriacus* f. *albus - plenus* Loudon Trees et Shrubs】

落叶灌木；引种；省内有栽培。

14. 野西瓜苗 *Hibiscus trionum* L.

一年生草本；生于平原、山野、丘陵、田埂等处；分布于贵阳、遵义、绥阳、平坝、兴义、兴仁、普安、都匀、凯里等地。

（七）锦葵属 *Malva* Linnaeus

1. 锦葵 *Malva cathayensis* M. G. Gilbert，Y. Tang et Dorr【*Malva sinensis* Cavan.】

二年或多年生草本；省内有栽培。

2. 圆叶锦葵 *Malva pusilla* Sm.【*Malva rotundifolia* L.】

多年生草本；生于草坡等处；分布于绥阳、正安、西秀、兴仁、黎平、从江等地。

3. 野葵 *Malva verticillata* L.【*Malva verticillata* var. *chinensis*（Miller）S. Y. Hu.】

二年生草本；生于林边、田边、山坡湿润处；分布于赤水、遵义、绥阳、碧江、兴仁、兴义、西秀、惠水、贵阳、普定等地。

4. 冬葵 *Malva verticillata* var. *crispa* L.【*Malva crispa*（L.）L.】

一年生草本；引种；省内有栽培。

5. 中华野葵 *Malva verticillata* var. *rafiqii* Abedin.

二年或多年生草本；分布地不详。

（八）悬铃花属 *Malvaviscus* Fabricius

1. 垂花悬铃花 *Malvaviscus penduliflorus* DC.【*Malvaviscus arboreus* var. *penduliflorus*（DC.）Schery】

灌木；原产墨西哥和哥伦比亚；省内有栽培。

（九）黄花稔属 *Sida* Linnaeus

1. 白背黄花稔 *Sida rhombifolia* L.

直立亚灌木；生于山坡草丛中、或路边；分布于西秀、盘县、安龙、罗甸、长顺、三都等地。

2. 拔毒散 *Sida szechuensis* Matsuda

直立亚灌木；生于海拔300 - 1800m的灌丛、溪边、路旁；分布于盘县、安龙、册亨、罗甸、长顺等地。

3. 云南黄花稔 *Sida yunnanensis* S. Y. Hu

直立亚灌木；生于灌丛、草坡等处；分布于兴仁、兴义、册亨等地。

（十）梵天花属 *Urena* Linnaeus

1. 地桃花 *Urena lobata* L.

直立亚灌木；生于海拔500 - 900m的山坡灌丛中；分布于赤水、兴义、兴仁、册亨、望谟、罗甸、荔波、长顺、瓮安、独山、福泉、都匀、三都、平塘、从江、雷山、榕江等地。

2. 粗叶地桃花 *Urena lobata* var. *glauca*（Bl.）Borssum Waalkes【*Urena lobata* var. *scabriuscula*（DC.）Walpers】

直立亚灌木；生于海拔500 - 1000m的田边、灌丛中；分布于兴义、罗甸、荔波、榕江等地。

3. 云南地桃花 *Urena lobata* var. *yunnanensis* S. Y. Hu

直立亚灌木；生于海拔800 - 1000m的山坡、路旁；分布于兴仁、兴义、册亨等地。

4. 梵天花 *Urena procumbens* L.

小灌木；生于海拔300 - 1600m的山坡灌丛中；分布地不详。

5. 波叶梵天花 *Urena repanda* **Roxb. ex Sm.**

多年生草本；生于海拔 600 - 1400m 的山坡灌丛中或路边；分布于西秀、兴义、兴仁、独山、望谟、册亨、黎平等地。

六二、茅膏菜科 Droseraceae

（一）茅膏菜属 *Drosera* Linnaeus

1. 茅膏菜 *Drosera peltata* **Sm. ex Willd.**

多年生草本；生于海拔 1200 - 2900m 的疏林下、草丛或灌丛中、田边、水旁、草坪；分布于省内北至威宁、纳雍、南到安龙、雷山、凯里等地。

六三、大风子科 Flacourtiaceae

（一）山桂花属 *Bennettiodendron* Merrill

1. 山桂花 *Bennettiodendron leprosipes*（**Clos**）**Merr.**【*Bennettiodendron lanceolatum* **H. L. Li.** ; *Bennettiodendron brevipes* **Merr.**】

常绿灌木或小乔木；生于海拔 600 - 700m 山坡水旁或石山林下；分布于安龙、望谟、荔波、独山、罗甸等地。

（二）山羊角树属 *Carrierea* Franchet

1. 山羊角树 *Carrierea calycina* **Franch.**

落叶乔木；生于海拔 1100 - 2000m 的山谷疏林中岩石上；分布于贵阳、开阳、修文、盘县、绥阳、瓮安、都匀、惠水、龙里等地。

2. 贵州嘉丽树 *Carrierea dunniana* **Lévl.**

落叶乔木；生于海拔 1100m 的山坡水边疏林中；分布于开阳、息烽、贵定、惠水、罗甸、龙里等地。

（三）脚骨脆属 *Casearia* Jacquin

1. 毛叶脚骨脆 *Casearia velutina* **Bl.**【*Casearia villilimba* **Merr.** ; *Casearia balansae* **Gagn.**】

落叶小乔木；生于海拔 700m 的山谷密林中；分布于荔波、罗甸等地。

（四）刺篱木属 *Flacourtia* Commerson ex L'Héritier

1. 刺篱木 *Flacourtia indica*（**Burm. f.**）**Merr.**

落叶灌木或小乔木；生于海拔 300 - 1400m 的灌丛中；分布于惠水等地。

2. 大果刺篱木 *Flacourtia ramontchi* **L'Hér.**

落叶大灌木；生于海拔 600m 的山谷疏林下；分布于罗甸、惠水等地。

3. 大叶刺篱木 *Flacourtia rukam* **Zoll. et Moritzi**

常绿乔木；引种；省内兴义等地有栽培。

（五）大风子属 *Hydnocarpus* Gaertner

1. 海南大风子 *Hydnocarpus hainanensis*（**Merr.**）**Sleum.**

常绿乔木；生于海拔 500m 以下的低山丘陵；分布地不详。

（六）山桐子属 *Idesia* Maximowicz

1. 山桐子 *Idesia polycarpa* **Maxim.**

落叶乔木；生于海拔 800 - 1200m 的村寨附近或山坡疏林中；分布于梵净山、雷公山、贵阳、赤水、纳雍、黔南等地。

2. 毛叶山桐子 *Idesia polycarpa* **var.** *vestita* **Diels**

落叶乔木；生于海拔 1100 – 1200m 的山坡疏林中；分布于绥阳、贵阳、瓮安、贵定等地。

（七）栀子皮属 *Itoa* Hemsley

1. 栀子皮 *Itoa orientalis* Hemsl.

常绿乔木；生于海拔 500 – 1400m 的山坡疏林中；分布于开阳、修文、册亨、兴义、罗甸、荔波、三都、长顺、瓮安、独山、惠水、贵定等地。

2. 光叶栀子皮 *Itoa orientalis* var. *glabrescens* C. Y. Wu ex G. S. Fan

常绿乔木；生于海拔 500 – 1700m 的山坡疏林中；分布地不详。

（八）山拐枣属 *Poliothyrsis* Oliver

1. 山拐枣 *Poliothyrsis sinensis* Oliv.

落叶乔木；生于海拔 800 – 1200m 的山坡疏林或密林中；分布于兴义、册亨、安龙、贵阳、德江、瓮安、惠水、龙里等地。

（九）柞木属 *Xylosma* G. Forster

1. 柞木 *Xylosma congesta*（Lour.）Merr.【*Xylosma japonicum*（Walp.）A. Gray. ；*Xylosma japonicum* var. *pubescens*（Rehd. et Wils.）Chang ；*Xylosma racemosa* var. *caudata*（S. S. Lai）S. S. Lai】

常绿灌木或小乔木；生于海拔 800 – 2000m 的山坡路旁或村旁；分布于七星关、大方、黔西、贵阳、兴义、安龙、册亨、荔波、锦屏等地。

2. 南岭柞木 *Xylosma controversum* Clos.【*Xylosma controversum* var. *glabrum* S. S. Lai】

常绿灌木或小乔木；生于海拔 600 – 1100m 的山坡、路旁疏林中；分布于开阳、德江、荔波、长顺、罗甸、福泉、荔波、都匀、惠水、贵定、独山等地。

3. 毛叶南岭柞木 *Xylosma controversum* var. *pubescens* Q. E. Yang

常绿灌木或小乔木；生境不详；分布于贵阳、兴义等地。

4. 疏花柞木 *Xylosma laxiflorum* Merr. et Chun ind.

常绿灌木；生于海拔 900 – 1200m 的山坡、林缘；分布于修文、独山、兴义等地。

5. 长叶柞木 *Xylosma longifolium* Clos.

常绿灌木或小乔木；生于海拔 600 – 1100m 的山坡疏林中或石山林内；分布于贵阳、安龙、荔波等地。

六四、旌节花科 Stachyuraceae

（一）旌节花属 *Stachyurus* Siebold et Zuccarini

1. 石山旌节花 *Stachyurus calcareus* Chang et Xu

常绿灌木或小乔木；分布于黔南等地。

2. 中国旌节花 *Stachyurus chinensis* Franch.【*Stachyurus salicifolius* var. *lancifolius* C. Y. Wu；*Stachyurus chinensis* var. *latus* H. L. Li】

落叶灌木；生于海拔 1000 – 1600m 的山谷、沟边、灌丛和林缘；分布于七星关、纳雍、遵义、沿河、德江、印江、松桃、贵阳、开阳、清镇、修文、瓮安、黄平、都匀、独山、长顺、福泉、荔波、惠水、三都、龙里、平塘、凯里、雷山、普安、兴义、罗甸等地。

3. 西域旌节花 *Stachyurus himalaicus* Hook. f. et Thoms. ex Benth.【*Stachyurus himalaicus* var. *dasyrachis* C. Y. Wu；*Stachyurus chinensis* var. *brachystachyus* C. Y. Wu et S. K. Chen】

落叶灌木或小乔木；生于海拔 400 – 2200m 的山坡灌丛或疏林下；分布于习水、遵义、印江、松桃、江口、大方、贵阳、开阳、都匀、长顺、瓮安、独山、罗甸、福泉、惠水、贵定、龙里、凯里、盘县、普安、兴仁、安龙、册亨、望谟、平塘、荔波、榕江等地。

4. 荔波旌节花 *Stachyurus lipoensis* **K. M. Lan**

灌木；分布于茂兰等地。

5. 倒卵叶旌节花 *Stachyurus obovatus* （**Rehd.** ）**Hand. -Mazz.**

常绿灌木或小乔木；生于海拔 700 – 1300m 的山坡林中，或林缘、路旁、灌丛中；分布于贵阳、修文、七星关、赤水、习水、遵义、绥阳、长顺、平塘等地。

6. 凹叶旌节花 *Stachyurus retusus* **Y. C. Yang**

落叶灌木；生于海拔 1600 – 2000m 的山坡杂木林中；分布于赤水等地。

7. 柳叶旌节花 *Stachyurus salicifolius* **Franch.**【*Stachyurus salicifolius* **var.** *lancifolius* **C. Y. Wu**】

常绿灌木；生于海拔 1500m 的山坡、林缘或村寨路旁；分布于开阳、绥阳、长顺等地。

8. 云南旌节花 *Stachyurus yunnanensis* **Franch.**【*Stachyurus oblongifolius* **Wang et Tang** 】

常绿灌木；生于海拔 1000 – 1800m 的林中或林缘；分布于绥阳、德江、七星关、水城、纳雍、西秀、贵阳、开阳、罗甸、平塘、独山、长顺、瓮安、荔波、惠水、三都、龙里等地。

六五、堇菜科 Violaceae

（一）堇菜属 *Viola* Linnaeus

1. 鸡腿堇菜 *Viola acuminata* **Ledeb.**

多年生草本；生于海拔 1000 – 1100m 的林缘、山坡草地；分布于贵阳、清镇等地。

2. 如意草 *Viola arcuata* **Bl.**

多年生草本；生于海拔 420 – 1600m 的阴湿草地；分布于遵义、平坝、贵阳、罗甸、剑河、榕江、黎平等地。

3. 戟叶堇菜 *Viola betonicifolia* **Sm.**【*Viola patrinii* **var.** *nepaulensis* **Ging.** 】

多年生草本；生于海拔 250 – 1800m 的林中，向阳坡地上；分布于水城、贵阳、福泉、榕江、织金等地。

4. 球果堇菜 *Viola collina* **Bess.**

多年生草本；生于海拔 600 – 1250m 的灌丛、山坡、草坡、沟谷及路旁较阴湿处；分布于七星关、遵义、湄潭、望谟、西秀等地。

5. 深圆齿堇菜 *Viola davidii* **Franch.**【*Viola schneideri* **W. Beck.** 】

多年生草本；生于海拔 780m 的溪旁、草坡、石上或密林下；分布于梵净山、雷山等地。

6. 灰叶堇菜 *Viola delavayi* **Franch.**

多年生草本；生于海拔 2400 – 2600m 的山顶阴草坡，灌丛下；分布于威宁等地。

7. 七星莲 *Viola diffusa* **Ging.**【*Viola diffusa* **var.** *brevibarbata* **C. J. Wang**】

一年生草本；生于海拔 500 – 1660m 的山地林下、林缘、草坡、溪谷旁、岩石缝隙中；分布于七星关、水城、江口、册亨、安龙、贵阳、罗甸、贵定、福泉、凯里、剑河、雷山、天柱、黎平等地。

8. 柔毛堇菜 *Viola fargesii* **H. Boissieu**【*Viola principis* **H. de Boiss.** ； *Viola principis* **var.** *acutifolia* **C. J. Wang**】

多年生草本；生于海拔 1600 – 1800m 的沟边湿润草地；分布于七星关、雷山、兴义等地。

9. 阔萼堇菜 *Viola grandisepala* **W. Beck.**

多年生草本；生于海拔 330 – 1000m 的阴湿山坡上；分布于贵阳、龙里、长顺、锦屏等地。

10. 紫花堇菜 *Viola grypoceras* **A. Gray**

多年生草本；生于海拔 280 – 1800m 的山腰、林下、灌丛阴处；分布于七星关、碧江、印江、江口、贵阳、凯里、雷山、台江、天柱、黎平等地。

11. 光叶堇菜 *Viola sumatrana* **Miq.**【*Viola hossei* **W. Becker**】

多年生草本；生于海拔 2000m 以下的阴蔽林下、林缘、溪畔、沟边岩石缝隙中；分布地不详。

12. 长萼堇菜 *Viola inconspicua* Bl.

多年生草本；生于海拔 280 - 1200m 的林缘、山坡草地、田边及溪旁等处；分布于七星关、兴义、兴仁、贵阳、罗甸、凯里、剑河、天柱、锦屏、黎平、榕江等地。

13. 福建堇菜 *Viola kosanensis* Hayata【*Viola kiangsiensis* W. Beck.】

多年生草本；生于海拔 2000 - 2700m 的山坡林缘、河边阴湿地；分布于麻江等地。

14. 广东堇菜 *Viola kwangtungensis* Melch.【*Viola sikkimensis* W. Beck.】

多年生草本；生于海拔 1500m 以上的山地林下、林缘、溪谷或河旁等地；分布于黔西南等地。

15. 亮毛堇菜 *Viola lucens* W. Beck.

多年生小草本；生于海拔 1800m 以下的山坡草丛或路旁等处；分布地不详。

16. 犁头叶堇菜 *Viola magnifica* Ching J. Wang ex X. D. Wang

多年生草本；生于海拔 700 - 1900m 的山坡林下或林缘、谷地的阴湿处；分布于松桃等地。

17. 萱 *Viola moupinensis* Franch.【*Viola vaginata* Maxim.】

多年生草本；生于海拔 560 - 1800m 的林缘旷地或灌丛中、溪旁及草坡；分布于赫章、江口、印江、松桃、安龙等地。

18. 小尖堇菜 *Viola mucronulifera* Hand. -Mazz.

多年生草本；生于海拔 1300 - 1900m 的岩石上、林下阴湿处；分布于梵净山等地。

19. 悬果堇菜 *Viola pendulicarpa* W. Beck.

多年生草本；生于海拔 300 - 2400m 的山地林缘及河流两岸阴湿处；分布于梵净山等地。

20. 茜堇菜 *Viola phalacrocarpa* Maxim.

多年生草本；生于海拔 1250 - 2200m 的向阳山坡草地、灌丛及林缘等处；分布于七星关、水城、兴义等地。

21. 紫花地丁 *Viola philippica* Sasaki【*Viola yedoensis* Makino】

多年生草本；生于海拔 250 - 1300m 的田间、荒地、山坡草丛、林缘或灌丛中；分布于七星关、织金、兴义、贵阳、凯里、雷山等地。

22. 匍匐堇菜 *Viola pilosa* Bl.

多年生草本；生于海拔 800 - 2500m 的山地林下、草地或路边；分布地不详。

23. 小齿堇菜 *Viola serrula* W. Beck.

多年生草本；生于海拔 300 - 2000m 的山坡草地或灌丛下；分布于西秀等地。

24. 庐山堇菜 *Viola stewardiana* W. Beck.

多年生草本；生于海拔 600 - 1500m 的山坡草地、路边、杂木林下、山沟溪边或石缝中；分布地不详。

25. 纤茎堇菜 *Viola tenuissima* Chang

多年生草本；生于海拔 2300 - 2900m 的山地林下或阴湿处岩缝中；分布于黔北等地。

26. 滇西堇菜 *Viola tienschiensis* W. Beck.

多年生草本；生于海拔 2100m 左右的草坡、灌丛或疏林中；分布地不详。

27. 三色堇 *Viola tricolor* L.

一、二或多年生草本；省内有栽培。

28. 云南堇菜 *Viola yunnanensis* W. Beck. et H. Boiss.

多年生草本；生于海拔 1300 - 2400m 的山地林下、林缘草地、沟谷或路旁岩石上较湿润处；分布于贵阳、织金等地。

29. 心叶堇菜 *Viola yunnanfuensis* W. Beck.【*Viola concordifolia* C. J. Wang】

多年生草本；生于海拔 1000 - 1250m 的山坡、路旁；分布于兴义、贵阳等地。

六六、柽柳科 Tamaricaceae

（一）柽柳属 *Tamarix* Linnaeus

1. 柽柳 *Tamarix chinensis* Lour.【*Tamarix juniperina* Bunge】

落叶灌木或乔木；生境不详；分布于安龙、贞丰等地。

2. 多枝柽柳 *Tamarix ramosissima* Ledeb.

落叶灌木；引种；省内有栽培。

六七、西番莲科 Passifloraceae

（一）西番莲属 *Passiflora* Linnaeus

1. 月叶西番莲 *Passiflora altebilobata* Hemsl.

草质藤本；生于海拔 600 – 1500m 的山谷、疏林中；分布于大沙河、水城等地。

2. 西番莲 *Passiflora caerulea* L.

草质藤本；原产热带美洲；省内有栽培。

3. 杯叶西番莲 *Passiflora cupiformis* Mast.

草质藤本；生于海拔 400 – 1300m 的山坡、路边林下或沟谷灌丛中；分布于兴义、兴仁、安龙、望谟、罗甸、瓮安、长顺、荔波、都匀等地。

4. 鸡蛋果 *Passiflora edulis* Sims

草质藤本；原产大小安的列斯群岛；省内望谟、贵阳等地有栽培。

5. 镰叶西番莲 *Passiflora wilsonii* Hemsl.【*Passiflora rhombiformis* S. Y. Bao；*Passiflora perpera* Mast.】

草质藤本；生于海拔 1300 – 2500m 的山坡灌丛中；分布于望谟等地。

六八、番木瓜科 Caricaceae

（一）番木瓜属 *Carica* Linnaeus

1. 番木瓜 *Carica papaya* L.

常绿小乔木；原产热带美洲；省内兴义、册亨、望谟、罗甸、荔波等地有栽培。

六九、葫芦科 Cucurbitaceae

（一）盒子草属 *Actinostemma* Griffith

1. 盒子草 *Actinostemma tenerum* Griff.

草本；多生于水边；分布于贵阳、榕江等地。

（二）冬瓜属 *Benincasa* Savi

1. 冬瓜 *Benincasa hispida*（Thunb.）Cogn.【*Lagenaria siceraria* var. *hispida*（Thunb.）H. Hara】

一年生蔓生或架上草本；省内有栽培。

（三）假贝母属 *Bolbostemma* Franquer

1. 刺儿瓜 *Bolbostemma biglandulosum*（Hemsl.）Franq.

一年生草质攀援藤本；生于海拔 620m 左右的山谷路旁灌丛中；分布于望谟等地。

2. 假贝母 *Bolbostemma paniculatum*（Maxim.）Franq.

一年生草质攀援藤本；省内有栽培。

(四)西瓜属 *Citrullus* Schrader ex Ecklon et Zeyher

1. 西瓜 *Citrullus lanatus*（Thunb.）Matsum. et Nakai

一年生蔓生草本藤本；省内有栽培。

(五)黄瓜属 *Cucumis* Linnaeus

1. 甜瓜 *Cucumis melo* L.

一年生草质攀援藤本；省内有栽培。

2. 菜瓜 *Cucumis melo* var. *conomon*（Thunb.）Makino

一年生蔓生草本藤本；省内有栽培。

3. 黄瓜 *Cucumis sativus* L.

一年生蔓生草本藤本；省内有栽培。

4. 西南野黄瓜 *Cucumis sativus* var. *hardwickii*（Royle）Alef.

一年生蔓生草本藤本；生于海拔 700 – 2000m 的山坡、林下、路旁及灌丛中；分布地不详。

(六)南瓜属 *Cucurbita* Linnaeus

1. 黑子南瓜 *Cucurbita ficifolia* Bouche

多年生蔓性草本；省内有栽培。

2. 笋瓜 *Cucurbita maxima* Duchesne ex Lam.

一年生蔓生草本；省内有栽培。

3. 南瓜 *Cucurbita moschata*（Duch. ex Lam.）Duch. ex Poir.

一年生蔓生草本；省内有栽培。

4. 西葫芦 *Cucurbita pepo* L.

一年生蔓生草本；省内有栽培。

(七)毒瓜属 *Diplocyclos*（Endlicher）T. Post et Kuntze

1. 毒瓜 *Diplocyclos palmatus*（L.）C. Jeffrey

攀援草本；生于海拔 1000m 的左右的山坡疏林或灌丛中；分布于荔波等地。

(八)金瓜属 *Gymnopetalum* Arnott

1. 金瓜 *Gymnopetalum chinensis*（Lour.）Merr.

草质攀援藤本；生于海拔 300 – 800m 的山坡、路旁、疏林及灌丛中；分布于罗甸、册亨等地。

2. 凤瓜 *Gymnopetalum scabrum*（Loureiro）W. J. de Wilde et Duyfjes【*Gymnopetalum integrifolium*（Roxb.）Kurz】

一年生草本；生于海拔 400 – 800m 的山坡及草丛中；分布地不详。

(九)绞股蓝属 *Gynostemma* Blume

1. 翅茎绞股蓝 *Gynostemma caulopterum* S. Z. He

多年生攀援草本；生于海拔 400 – 700m 的溪谷潮湿地；分布于仁怀、紫云等地。

2. 光叶绞股蓝 *Gynostemma laxum*（Wall.）Cogn.

多年生攀援草本；生于海拔 800m 的石灰岩山地；分布于荔波等地。

3. 长梗绞股蓝 *Gynostemma longipes* C. Y. Wu ex C. Y. Wu et S. K. Chen

多年生攀援草本；分布于海拔 1800m 的沟边林下；分布于大方等地。

4. 五柱绞股蓝 *Gynostemma pentagynum* Z. P. Wang

多年生攀援草本；生于海拔 700 – 1000m 的石灰岩山谷及沟谷残次林中；分布于正安等地。

绞股蓝 *Gynostemma pentaphyllum*（Thunb.）Makino

多年生攀援草本；生于海拔 800 – 2300m 的山坡、路旁灌丛中或山沟密林下；分布于七星关、大方、平坝、西秀、盘县、普安、梵净山、德江、遵义、兴仁、安龙、榕江等地。

（十）雪胆属 *Hemsleya* Cogniaux ex F. B. Forbes et Hemsley

1. 肉花雪胆 *Hemsleya carnosiflora* C. Y. Wu et C. L. Chen

多年生攀援草本；生于海拔 1000m 的山脚林缘；分布于宽阔水、水城等地。

2. 雪胆 *Hemsleya chinensis* Cogn. ex F. B. Forbes et Hemsl.

多年生攀援草本；生于海拔 1900m 的山坡灌丛中；分布于大方等地。

3. 罗锅底 *Hemsleya macrosperma* C. Y. Wu ex C. Y. Wu et C. L. Chen

多年生攀援草本；生于海拔 1800 - 2900m 的疏林下或灌丛中；分布于佛顶山等地。

4. 彭县雪胆 *Hemsleya pengxianensis* W. J. Chang【*Hemsleya pengxianensis* var. *jinfushanensis* L. T. Shen et W. J. Chang】

多年生草本藤本；生于海拔 2000m 左右的林缘及山谷灌丛中；分布于大沙河等地。

5. 蛇莲 *Hemsleya sphaerocarpa* Kuang et A. M. Lu

多年生攀援草本；生于海拔 800 - 1400m 的沟边、林下；分布于梵净山、黄平、凯里、雷山、黎平、榕江、望谟等地。

6. 母猪雪胆 *Hemsleya villosipetala* C. Y. Wu et C. L. Chen

多年生攀援草本；生于海拔 2000m 的灌丛中；分布于纳雍等地。

（十一）葫芦属 *Lagenaria* Seringe

1. 葫芦 *Lagenaria siceraria*（Molina）Standl.

一年生攀援草本；省内有栽培。

（十二）丝瓜属 *Luffa* Miller

1. 广东丝瓜 *Luffa acutangula*（L.）Roxb.

一年生攀援草本；省内有栽培。

2. 丝瓜 *Luffa cylindrica* Roem.

一年生攀援草本；省内有栽培。

（十三）苦瓜属 *Momordica* Linnaeus

1. 苦瓜 *Momordica charantia* L.

一年生攀援草本；省内有栽培。

2. 木鳖子 *Momordica cochinchinensis*（Lour.）Spreng.

粗壮大藤本；生于海拔 450 - 1100m 的山沟、林缘及路旁；分布于贵阳等地。

3. 凹萼木鳖 *Momordica subangulata* Bl.

纤细攀援草本；生于海拔 300 - 1500m 的山坡、路旁阴处；分布于兴义、罗甸等地。

（十四）帽儿瓜属 *Mukia* Arnott

1. 帽儿瓜 *Mukia maderaspatana*（L.）M. J. Roem.

一年生攀援草本；生于海拔 500 - 800m 的山坡灌丛及疏林中；分布于兴仁、望谟、册亨、兴义等地。

（十五）裂瓜属 *Schizopepon* Maximowicz

1. 湖北裂瓜 *Schizopepon dioicus* Cogn. ex Oliv.

一年生攀援草本；生于海拔 1800m 的山坡、路旁灌丛或山谷林下；分布于遵义、大方等地。

2. 毛蕊裂瓜 *Schizopepon dioicus* var. *trichogynus* Hand. -Mazz.

一年生攀援草本；生于海拔 1800 - 2200m 的山脚、路旁灌丛中；分布于威宁、遵义等地。

3. 四川裂瓜 *Schizopepon dioicus* var. *wilsonii*（Gagnep.）A. M. Lu et Z. Y. Zhang

一年生攀援草本；生于海拔 1950m 的山坡灌丛中；分布于大方等地。

（十六）佛手瓜属 *Sechium* P. Browne

1. 佛手瓜 *Sechium edule*（Jacq.）Sw.

多年生草质藤本；省内有栽培。

（十七）罗汉果属 *Siraitia* Merrill

1. 罗汉果 *Siraitia grosvenorii*（Swingle）C. Jeffrey ex A. M. Lu et Z. Y. Zhang

多年生攀援草本；生于海拔 400 – 1400m 的山坡林下及河边湿地、灌丛；分布于黄平、榕江、望谟等地。

（十八）茅瓜属 *Solena* Loureiro

1. 茅瓜 *Solena amplexicaulis*（Lam.）Gandhi

多年生攀援草本；生于海拔 400 – 700m 的山坡、路旁灌丛或疏林下；分布于兴义、望谟、兴仁、安龙、罗甸等地。

（十九）赤瓟属 *Thladiantha* Bunge

1. 大苞赤瓟 *Thladiantha cordifolia*（Bl.）Cogn.【*Thladiantha globicarpa* A. M. Lu et Z. Y. Zhang】

多年生攀援草本；生于海拔 500 – 1500m 的山坡、路旁灌丛或林缘中；分布于贵阳、习水、威宁、梵净山、凯里、雷山、榕江、兴仁、兴义、安龙、册亨、望谟、罗甸等地。

2. 川赤瓟 *Thladiantha davidii* Franch.

多年生攀援草本；生于海拔 1100 – 2100m 的路旁、沟边及灌丛中；分布于梵净山等地。

3. 齿叶赤瓟 *Thladiantha dentata* Cogn.

多年生攀援草本；生于海拔 500 – 2100m 的路旁、山坡、沟边或灌丛中；分布于雷山等地。

4. 皱果赤瓟 *Thladiantha henryi* Hemsl.【*Thladiantha henryi* var. *verrucosa*（Cogn.）A. M. Lu et Z. Y. Zhang】

多年生攀援草本；生于海拔 1150 – 2000m 的山坡林下、路旁或灌丛中；分布于大沙河、水城等地。

5. 异叶赤瓟 *Thladiantha hookeri* C. B. Clarke【*Thladiantha hookeri* var. *pentadactyla*（Cogn.）A. M. Lu et Z. Y. Zhang；*Thladiantha hookeri* var. *heptadactyla*（Cogn.）A. M. Lu et Z. Y. Zhang；*Thladiantha hookeri* var. *palmatifolia* Chakrav.】

多年生攀援草本；生于海拔 1200 – 2400m 的山谷、沟边、林下；分布于遵义、威宁、榕江、兴义、大沙河等地。

6. 长叶赤瓟 *Thladiantha longifolia* Cogn. ex Oliv.

多年生攀援草本；生于海拔 1200 – 1800m 的沟边、坡脚、杂木林缘；分布于贵阳、雷山等地。

7. 南赤瓟 *Thladiantha nudiflora* Hemsl. ex Forbes et Hemsl.

多年生攀援草本；生于海拔 900 – 1800m 的沟边、林缘或山坡灌丛中；分布于七星关、大方、贵阳、德江、赫章等地。

8. 鄂赤瓟 *Thladiantha oliveri* Cogn. ex Mottet

草质攀援藤本；生于海拔 800 – 1800m 的山坡、路旁、山脚、沟边灌丛中或林缘；分布于赤水、习水、梵净山、遵义、大方、雷山等地。

9. 云南赤瓟 *Thladiantha pustulata*（Lévl.）C. Jeffrey ex A. M. Lu et Z. Y. Zhang

多年生攀援草本；生于海拔 1500 – 1900m 的山谷、路旁灌丛中；分布于遵义、大方等地。

10. 金佛山赤瓟 *Thladiantha pustulata* var. *jingfushanensis* A. M. Lu et J. Q. Li

多年生攀援草本；生于海拔 1100 – 1800m 的沟谷、林缘潮湿地；分布于兴仁等地。

11. 长毛赤瓟 *Thladiantha villosula* Cogn.

多年生攀援草本；生于海拔 1700 – 2000m 的山谷、沟边、路旁灌丛中；分布于大方、纳雍等地。

（二〇）栝楼属 *Trichosanthes* Linnaeus

1. 蛇瓜 *Trichosanthes anguina* L.

一年生攀援藤本；省内有栽培。

2. 短序栝楼 *Trichosanthes baviensis* **Gagnep.**

攀援草本；生于海拔 600 - 1500m 的常绿阔叶林下或灌丛中；分布于贵阳、兴义、望谟等地。

3. 王瓜 *Trichosanthes cucumeroides*（Ser.）**Maxim.**

多年生攀援藤本；生于海拔 650 - 1100m 的山坡、路旁、沟边灌丛中；分布于贵阳、雷山、榕江、黎平等地。

4. 波叶栝楼 *Trichosanthes cucumeroides* var. *dicoelosperma*（C. B. Clarke）**S. K. Chen【***Trichosanthes ascendens* **C. Y. Cheng et C. H. Yueh.】**

多年生攀援藤本；生于海拔 600 - 1180m 的密林中；分布地不详。

5. 大方油栝楼 *Trichosanthes dafangensis* **N. G. Ye et S. J. Li**

多年生攀援藤本；生于海拔 1000 - 1800m 的山坡、灌丛中；分布于大方等地。

6. 糙点栝楼 *Trichosanthes dunniana* **Lévl.**

藤状攀援草本；生于海拔 700 - 1900m 的山谷密林中或山坡疏林或灌丛中；分布于贞丰、兴义、安龙等地。

7. 裂苞栝楼 *Trichosanthes fissibracteata* **C. Y. Wu ex C. Y. Cheng et C. H. Yueh**

攀援草本；生于海拔 1100 - 1500m 的山谷密林中或山坡灌丛中；分布地不详。

8. 湘佳栝楼 *Trichosanthes hylonoma* **Hand. -Mazz**

多年生攀援草本；生于海拔 900m 的沟边；分布于雷山等地。

9. 栝楼 *Trichosanthes kirilowii* **Maxim.**

多年生攀援草本；生于海拔 200 - 1800m 的山坡林下、灌丛中、草地和村旁田边；分布于贵阳、都匀等地。

10. 长萼栝楼 *Trichosanthes laceribractea* **Hayata**

攀援草本；生于海拔 200 - 1000m 的山谷密林中或山坡路旁；分布地不详。

11. 全缘栝楼 *Trichosanthes ovigera* **Bl.**

多年生攀援草本；生于海拔 500 - 1000m 的山坡灌丛或林下；分布于江口、册亨等地。

12. 趾叶栝楼 *Trichosanthes pedata* **Merr. et Chun**

多年生攀援草本；生于海拔 200 - 1500m 的山谷疏林中、灌丛或路旁草地中；分布于大沙河等地。

13. 五角栝楼 *Trichosanthes quinquangulata* **A. Gray**

多年生攀援草本；生于海拔 580 - 850m 的山坡林中或路旁；分布地不详。

14. 中华栝楼 *Trichosanthes rosthornii* **Harms**

多年生攀援草本；生于海拔 700 - 1400m 的山坡灌丛或林缘中；分布于道真、湄潭、七星关、贵阳、息烽、普安等地。

15. 多卷须栝楼 *Trichosanthes rosthornii* var. *multicirrata*（C. Y. Cheng et C. H. Yueh）**S. K. Chen**

多年生攀援草本；生于海拔 900m 左右的灌丛中；分布于罗甸等地。

16. 红花栝楼 *Trichosanthes rubriflos* **Thorel ex Cayla**

多年生攀援藤本；生于海拔 300 - 400m 的山坡、路旁、沟边灌丛中；分布于罗甸、望谟等地。

17. 丝毛栝楼 *Trichosanthes sericeifolia* **C. Y. Cheng et C. H. Yueh**

多年生攀援藤本；生于海拔 700 - 1500m 的山坡灌丛中；分布于安龙、望谟、罗甸等地。

18. 三尖栝楼 *Trichosanthes tricuspidata* **Lour.**

攀援草质藤本；生于海拔 900m 的山坡灌丛中；分布于安龙、望谟等地。

19. 薄叶栝楼 *Trichosanthes wallichiana*（Ser.）**Wight**

多年生攀援草本；生于海拔 920 - 2200m 的山谷混交林中；

（二一）马㼎儿属 *Zehneria* Endlicher

1. 马㼎儿 *Zehneria japonica*（Thunb.）H. Y. Liu【*Zehneria indica*（Lour.）Keraudren】

攀援草本；生于海拔 500 – 1600m 的水沟旁、溪边灌丛中；分布于贵阳、册亨等地。

2. 钮子瓜 *Zehneria bodinieri*（Lévl.）W. J. de Wilde et Duyfjes

攀援草本；生于海拔 700 – 1500m 的山坡、路旁、沟边灌丛中；分布于江口、贵阳、兴仁、兴义、安龙、册亨、望谟等地。

七〇、秋海棠科 Begoniaceae

（一）秋海棠属 *Begonia* Linnaeus

1. 美丽秋海棠 *Begonia algaia* L. B. Sm. et Wassh.【*Begonia calophylla* Irmsch.】

多年生草本；生于海拔 320 – 800m 的山谷水沟边阴湿处、山地灌丛中、石壁上和河畔或阴坡林下；分布于册亨等地。

2. 银星秋海棠 *Begonia argenteo-guttata* Hort. ex L. H. Bailey Stand.

多年生草本；原产美洲；省内有栽培。

3. 歪叶秋海棠 *Begonia augustinei* Hemsl.

多年生草本；生于海拔 990 – 1000m 的灌丛下或山谷潮湿处石上；分布于贵阳、兴义、安龙等地。

4. 昌感秋海棠 *Begonia cavaleriei* Lévl.

多年生草本；生于海拔 570 – 1280m 的山沟阴湿处岩石上、山脚和山谷潮湿处密林下；分布于贵阳、龙里、关岭、惠水、安龙、亨册、罗甸、荔波、独山等地。

5. 册亨秋海棠 *Begonia cehengensis* T. C. Ku

多年生草本；生于海拔 700 – 800m 左右的山沟；分布于册亨等地。

6. 赤水秋海棠 *Begonia chishuiensis* T. C. Ku

多年生草本；生于海拔 600 – 800m 的潮湿密林岩石上；分布于赤水、习水等地。

7. 周裂秋海棠 *Begonia circumlobata* Hance

多年生草本；生于海拔 250 – 1100m 的密林下山沟边、山谷密林下石上、山地路旁水边；分布于黎平、惠水、三都、长顺、荔波等地。

8. 食用秋海棠 *Begonia edulis* Lévl.

多年生草本；生于海拔 500 – 1500m 的山坡水沟边岩石上、山谷潮湿处，混交林下岩石上和山坡沟边；分布于罗甸、兴义等地。

9. 秋海棠 *Begonia grandis* Dryand.【*Begonia evansiana* Andr.】

多年生草本；生于海拔 600 – 1100m 的山谷潮湿石壁上、山谷溪旁密林石上、山沟边岩石上和山谷灌丛中；分布于贵阳、绥阳、湄潭、印江、水城、盘县、惠水、雷山等地。

10. 中华秋海棠 *Begonia grandis* subsp. *sinensis*（A. DC.）Irmsch.【*Begonia sinensis* DC.】

多年生草本；生于海拔 300 – 2900m 的阴湿岩石上、或阴湿地；分布于贵阳、威宁、赫章、纳雍、开阳、江口、沿河、兴仁、独山、荔波等地。

11. 独牛 *Begonia henryi* Hemsl.

多年生草本；生于海拔 800 – 2600m 的林下阴湿地或潮湿岩石上；分布于清镇、威宁等地。

12. 开阳秋海棠 *Begonia kaiyangensis* S. Z. He et Y. M. Shui

多年生草本；生于海拔 700 – 800m 的潮湿石灰岩上；分布于开阳等地。

13. 心叶秋海棠 *Begonia labordei* Lévl.

多年生草本；生于海拔 800 – 1200m 的林下潮湿岩石上；分布于贵阳、兴义、黔南等地。

14. 圆翅秋海棠 *Begonia laminariae* Irmsch.

多年生草本；生于海拔 1400 – 1800m 的石山混交林下，疏林中阴湿处；分布于安龙等地。

15. 蕺叶秋海棠 *Begonia limprichtii* Irmsch.

多年生草本；生于海拔 500 – 1000m 的阴湿岩石上；分布于赤水、松桃、江口、瓮安等地。

16. 黎平秋海棠 *Begonia lipingensis* Irmsch.

多年生草本；生于海拔 350 – 1120m 的灌丛下湿处岩石上、山地、山谷灌丛下湿处、路边水旁或密林中湿处；分布于黎平、榕江、沿河、独山等地。

17. 粗喙秋海棠 *Begonia longifolia* Bl. 【*Begonia crassirostris* Irmsch.】

多年生草本；生于海拔 300m 左右的路旁灌丛潮湿地上；分布于黎平、册亨等地。

18. 截裂秋海棠 *Begonia miranda* Irmsch.

多年生草本；生于海拔 1200 – 1600m 的山脚密林中；分布于安龙等地。

19. 云南秋海棠 *Begonia modestiflora* Kurz. 【*Begonia yunnanensis* Lévl.】

多年生草本；生于海拔 700 – 1400m 的林下潮湿岩石上；分布地不详。

20. 裂叶秋海棠 *Begonia palmata* D. Don【*Begonia laciniata* Roxb.】

多年生草本；生于海拔 450 – 1900m 的山谷、密林潮湿地；分布于威宁、雷山、黎平、从江、三都、榕江等地。

21. 红孩儿 *Begonia palmata* var. *bowringiana*（Champ. ex Benth.）Golding et Kareg.

多年生草本；生于海拔 150 – 1700m 的潮湿岩石上；分布于册亨、雷山、黎平、从江、三都、榕江等地。

22. 小叶秋海棠 *Begonia parvula* Lévl. et Vant.

多年生草本；生于海拔 200m 左右的阴湿岩石上；分布于安龙等地。

23. 掌裂秋海棠 *Begonia pedatifida* Lévl.

多年生草本；生于海拔 350 – 1700m 的林下潮湿处、常绿林山坡沟谷、阴湿林下石壁上、山坡阴处密林下或林缘；分布于湄潭、惠水、兴仁等地。

24. 盾叶秋海棠 *Begonia peltatifolia* H. L. Li

多年生草本；生于海拔 570 – 1280m 的山谷、密林潮湿处；分布于关岭、惠水、安龙、册亨、罗甸、荔波等地。

25. 罗甸秋海棠 *Begonia porteri* Lévl. et Vant.

多年生草本；生于海拔 400m 左右的林下阴湿处；分布于罗甸等地。

26. 大王秋海棠 *Begonia rex* Putz. 【*Begonia longiciliata* C. Y. Wu.】

多年生草本；生于海拔 400 – 1100m 的山沟岩石上和山沟密林中；分布地不详。

27. 榕江秋海棠 *Begonia rongjiangensis* T. C. Ku

多年生草本；生于海拔 500m 的沟谷溪流边；分布于榕江等地。

28. 玉柄秋海棠 *Begonia rubinea* H. Z. Li et H. Ma

多年生草本；生于海拔 700m 左右的潮湿岩石上；分布于习水等地。

29. 四季海棠 *Begonia semperflorens* Link et Otto

多年生草本；省内有栽培。

30. 长柄秋海棠 *Begonia smithiana* Yu

多年生草本；生于海拔 600 – 1000m 的密林阴湿岩石上；分布于德江、印江、江口、凯里、雷山、榕江等地。

31. 光叶秋海棠 *Begonia summoglabra* Yu

多年生草本；生于海拔 400 – 1400m 的潮湿岩石上；分布于习水等地。

32. 截裂秋海棠 *Begonia truncatiloba* Irmsch.

中型草本；生于海拔 1000 – 1600m 的山脚密林中；分布于安龙等地。

33. 一点血 *Begonia wilsonii* **Gagnep.**

多年生草本；生于海拔 700 - 1950m 的山坡密林下、沟边石壁上或山坡阴处岩石上；分布于习水、仁怀、锦屏等地。

34. 兴义秋海棠 *Begonia xingyiensis* **T. C. Ku**

多年生草本；海拔 1100m 左右的山谷岩石上；分布于兴义等地。

35. 习水秋海棠 *Begonia xishuiensis* **T. C. Ku**

多年生草本；生于海拔 700 - 800m 的潮湿地的岩石上；分布于习水等地。

36. 遵义秋海棠 *Begonia zunyiensis* **S. Z. He et Y. M. Shui**

多年生草本；生于海拔 780m；分布于遵义等地。

七一、杨柳科 Salicaceae

(一)杨属 *Populus* Linnaeus

1. 响叶杨 *Populus adenopoda* **Maxim.**

落叶乔木；生于海拔 300 - 2500m 的阳坡灌丛、杂木林中；广泛分布于长顺、瓮安、独山、罗甸、福泉、荔波、都匀、惠水、贵定、三都、龙里、平塘等全省大部分地区。

2. 加杨 *Populus canadensis* **Moench**

落叶乔木；引种；省内有栽培。

3. 山杨 *Populus davidiana* **Dode**

落叶乔木；生于海拔 1800 - 2200m 的山坡、山脊和沟谷地带；分布于威宁、惠水、龙里等地。

4. 大叶杨 *Populus lasiocarpa* **Oliv.**

落叶乔木；生于海拔 1200 - 2200m 的山坡杂木林中；分布于水城、凤冈、贵定等地。

5. 钻天杨 *Populus nigra* var. *italica* (**Moench**) **Koehne**

落叶乔木；引种；省内有栽培。

6. 冬瓜杨 *Populus purdomii* **Rehd.**

落叶乔木；引种；省内有栽培。

7. 清溪杨 *Populus rotundifolia* var. *duclouxiana* (**Dode**) **Gomb.**

落叶乔木；生于海拔 2800m 左右的山坡；分布地不详。

8. 小叶杨 *Populus simonii* **Carr.**

落叶乔木；引种；省内有栽培。

9. 毛白杨 *Populus tomentosa* **Carr.**

落叶乔木；生于海拔 1500m 以下的温和平原地区；分布于福泉、都匀、惠水、贵定、三都、龙里等地。

10. 滇杨 *Populus yunnanensis* **Dode**

落叶乔木；生于海拔 1300 - 2700m 的山地；分布于七星关等地。

(二)柳属 *Salix* Linnaeus

1. 垂柳 *Salix babylonica* **L.**

落叶乔木；生于海拔 700 - 1400m；广泛分布于息烽、长顺、瓮安、独山、罗甸、福泉、惠水、都匀、贵定、三都、龙里、平塘等全省大部分地区。

2. 中华柳 *Salix cathayana* **Diels**

落叶灌木；生于海拔 1100 - 1500m 的山坡灌丛中；分布于贵阳、息烽、清镇、黔西、绥阳、桐梓、道真、赤水、长顺、独山、福泉、荔波、惠水、都匀、贵定、龙里、平塘等地。

3. 滇大叶柳 *Salix cavaleriei* **Lévl.**

落叶乔木；生于海拔 1800 – 2500m 的山坡密林中；分布于威宁、赫章、兴义、册亨、瓮安、独山、罗甸、贵定等地。

4. 褐背柳 *Salix daltoniana* **Anderss.**

落叶灌木或小乔木；生于海拔 1600m 以上的山坡灌丛中；分布于黔西南等地。

5. 银背柳 *Salix ernestii* **Schneid.**

落叶灌木；生于海拔 2000m 左右的山坡；分布于桐梓等地。

6. 巴柳 *Salix etosia* **Schneid.**

落叶灌木或小乔木；生于海拔 1300 – 2000m 的林缘、溪边、湿地和路旁；分布于贵定、惠水、龙里等地。

7. 川红柳 *Salix haoana* **Fang**

落叶灌木；生于海拔 500 – 1900m 的沟边；分布于省内中北部等地。

8. 柴枝柳 *Salix heterochroma* **Seemen**

灌木或小乔木；生于海拔 1450 – 2100m 的林缘、山谷等处；分布于大沙河等地。

9. 川柳 *Salix hylonoma* **Schneid.**

落叶小乔木；生于海拔 2300m 左右的山坡密林中；分布于印江、松桃、梵净山、瓮安、荔波等地。

10. 小叶柳 *Salix hypoleuca* **Seemen ex Diels**

落叶灌木；生于海拔 1400 – 2700m 的山坡、林缘及山沟；分布于罗甸、福泉、荔波、三都等全省大部分地区。

11. 贵州柳 *Salix kouytchensis*（**Lévl.**）**Schneid.**

落叶灌木；生于河边；分布于贵定等地。

12. 丝毛柳 *Salix luctuosa* **Lévl.**

落叶灌木；生于海拔 1500 – 2900m 的山沟、山坡等处；分布于梵净山等地。

13. 旱柳 *Salix matsudana* **Koidz.**【*Salix matsudana* var. *tortuosa* **Vim.**】

落叶乔木；省内有栽培。

14. 木里柳 *Salix muliensis* **Goerz ex Rehd. et Kobuski**

落叶灌木；分布于黔东北等地。

15. 草地柳 *Salix praticola* **Hand. -Mazz. ex Enand.**

落叶灌木；生于海拔 1000 – 1500m 的草坡或山坡；分布于月亮山等地。

16. 南川柳 *Salix rosthornii* **Seemen**

落叶乔木或灌木；生于海拔 2600m 左右的山地；分布于大沙河等地。

17. 硬叶柳 *Salix sclerophylla* **Anderss.**

落叶灌木；生于山坡、沟边或林中；分布于黔西南等地。

18. 中国黄花柳 *Salix sinica*（**K. S. Hao ex C. F. Fang et A. K. Skvortsov**）**G. H. Zhu**

落叶 灌木或小乔木；生于山坡林下；分布于黔北等地。

19. 四子柳 *Salix tetrasperma* **Roxb.**

落叶乔木；生于海拔 1800m 以下的河边；分布于黔西南等地。

20. 秋华柳 *Salix variegata* **Franch.**

落叶灌木；生于海拔 420m 的河滩砂石处和水旁；分布于赤水、惠水、龙里等地。

21. 皂柳 *Salix wallichiana* **Anderss.**

落叶灌木或小乔木；生于海拔 900 – 2000m 的山地、林缘中；分布于贵阳、清镇、息烽、修文、开阳、威宁、黎平、锦屏、水城、绥阳、黔西、长顺、瓮安、罗甸、福泉、都匀、惠水、三都、平塘等地。

22. 绒毛皂柳 *Salix wallichiana* var. *pachyclada*（Lévl. et Vant.）C. Wang et C. F. Fang

落叶灌木或乔木；生于海拔 900 – 2000m 的山地、林缘中；分布地不详。

23. 紫柳 *Salix wilsonii* Seemen ex Diels

落叶乔木；生于海拔 500 – 1300m 的山沟、河边；分布于贵阳、开阳、印江、松桃、江口、雷山、雷公山、梵净山、月亮山、黔西、台江、锦屏、黎平、麻江、长顺、瓮安、独山、福泉、荔波、惠水、都匀、贵定、三都、龙里、平塘等地。

七二、山柑科 Capparaceae

（一）山柑属 *Capparis* Linnaeus

1. 野香橼花 *Capparis bodinieri* Lévl.

常绿灌木或小乔木；生于海拔 400 – 1200m 的山坡或沟谷灌丛中；分布于兴义、望谟、罗甸等地。

2. 广州山柑 *Capparis cantoniensis* Lour.

常绿攀援灌木；生于海拔 400 – 1000m 的山沟水边或平地疏林中；分布于望谟、册亨、罗甸、平塘等地。

3. 马槟榔 *Capparis masakai* Lévl.

常绿灌木或攀援植物；生于海拔 1600m 以下的沟谷或山坡密林中；分布于望谟、罗甸等地。

4. 雷公橘 *Capparis membranifolia* Kurz

常绿藤本或灌木；生于海拔 160 – 1000m 的山坡、山脚、沟边林下或灌丛中；分布于兴义、安龙、望谟、罗甸等地。

七三、白花菜科 Cleomaceae

（一）羊角菜属 *Gynandropsis* Candolle

1. 羊角菜 *Gynandropsis gynandra*（L.）Briq.【*Cleome gynandra* Linnaeus】

一年生草本；生于海拔 300m 的路旁、荒地；分布于罗甸等地。

（二）醉蝶花属 *Tarenaya* Rafinesque

1. 醉蝶花 *Tarenaya hassleriana*（Chodat）Iltis【*Cleome spinosa* Jacq.】

一年生草本；原产热带美洲；省内有栽培。

七四、十字花科 Brassicaceae

（一）鼠耳芥属 *Arabidopsis* Heynhold in Holl et Heynhold

1. 鼠耳芥 *Arabidopsis thaliana*（L.）Heynh.

一年生草本；生于海拔 2000m 以下的草丛、沙滩湿地或荒地草坡；分布于印江等地。

（二）南芥属 *Arabis* Linnaeus

1. 硬毛南芥 *Arabis hirsuta*（L.）Scop.【*Arabis sagittata*（Bertol.）DC.】

一年或二年生草本；生于海拔 2200m 的山脚灌丛中；分布于威宁等地。

2. 圆锥南芥 *Arabis paniculata* Franch.【*Arabis alpina* var. *parviflora* Franch.】

一年生草本；生于海拔 900 – 1100m 的山坡草丛中；分布于威宁、贵阳、西秀等地。

3. 垂果南芥 *Arabis pendula* L.

多年生草本；生于海拔 1300m 的山沟林下；分布于印江等地。

（三）芸苔属 *Brassica* Linnaeus

1. 芥菜 *Brassica juncea*（L.）Czern.【*Brassica juncea* var. *multiceps* Tsen et Lee】

一年生草本；引种；省内有栽培。

2. 芥菜疙瘩 *Brassica juncea* var. *nopiformis*（Palleux et Bois）Gladis【*Brassica juncea* var. *megarrhiza* Tsen et Lee】

一年生草本；引种；省内有栽培。

3. 榨菜 *Brassica juncea* var. *tumida* M. Tsen et S. H. Lee

一年生草本；引种；省内有栽培。

4. 芥苔 *Brassica juncea* var. *scaposus* Li

一年生草本；引种；省内有栽培。

5. 欧洲油菜 *Brassica napus* L.

一年或二年生草本；原产欧洲；省内有栽培。

6. 蔓菁甘蓝 *Brassica napus* var. *napobrassica*（L.）Rchb.【*Brassica napobrassica* Mill.】

二年生草本；原产地中海沿岸；省内有栽培。

7. 野甘蓝 *Brassica oleracea* L.

二或多年生草本；原产地中海；省内有栽培。

8. 花椰菜 *Brassica oleracea* var. *botrytis* L.

二或多年生草本；原产欧洲；省内有栽培。

9. 甘蓝 *Brassica oleracea* var. *capitata* L.

二或多年生草本；原产欧洲；省内有栽培。

10. 擘蓝 *Brassica oleracea* var. *gongylodes* L.【*Brassica caulorapa* Psaq.】

二或多年生草本；原产欧洲；省内有栽培。

11. 绿花菜 *Brassica oleracea* var. *italica* Plenck

二或多年生草本；原产欧洲；省内有栽培。

12. 蔓菁 *Brassica rapa* L.

二年生草本；原产地中海；省内有栽培。

13. 青菜 *Brassica rapa* var. *chinensis*（L.）Kitam.【*Brassica chinensis* L.；*Brassica narinosa* L. H. Bailey.】

一年或二年生草本；原产亚洲；省内有栽培。

14. 白菜 *Brassica rapa* var. *glabra* Regel【*Brassica pekinensis* Rupr.】

一年或二年生草本；引种；省内有栽培。

15. 芸苔 *Brassica rapa* var. *oleifera* DC.【*Brassica campestris* var. *purpuraria* L. H. Bailey】

二年生草本；引种；省内有栽培。

（四）荠属 *Capsella* Medikus

1. 荠 *Capsella bursa - pastoris*（L.）Medik.

一年或二年生草本；生于山坡、田边及路旁；分布于全省各地。

（五）碎米荠属 *Cardamine* Linnaeus

1. 安徽碎米荠 *Cardamine anhuiensis* D. C. Zhang et J. Z. Shao

多年生草本；生于海拔1000m以下的山坡、沟谷处；分布地不详。

2. 博氏碎米荠 *Cardamine bodinieri*（Lévl.）Lauener

多年生草本；生于海拔1100m；分布于贵阳等地。

3. 露珠碎米荠 *Cardamine circaeoides* Hook. f. et Thoms.

多年生草本；生于海拔1350 - 2500m 的山谷、沟边及林下阴湿岩石上；分布于黎平等地。

4. 光头山碎米荠 *Cardamine engleriana* O. E. Schulz

多年生草本；生于海拔 800 – 2400m 的山坡林下阴处或山谷沟边、路旁潮湿地方；分布于大沙河等地。

5. 弯曲碎米荠 *Cardamine flexuosa* With.

一年或二年生草本；生于田边、路旁、溪边、潮湿林下及草地；分布于全省各地。

6. 莓叶碎米荠 *Cardamine fragariifolia* O. E. Schulz【*Cochlearia alatipes* Hand. -Mazz. 】

多年生草本；生于山坡沟边；分布于清镇等地。

7. 山芥碎米荠 *Cardamine griffithii* Hook. f. et Thoms.

多年生草本；生于海拔 1800m 的山谷、水旁；分布于雷公山等地。

8. 碎米荠 *Cardamine hirsuta* L.

一年生草本；生于海拔 2900m 以下的山坡、路旁、荒地及耕地的草丛中；分布于全省各地。

9. 湿生碎米荠 *Cardamine hygrophila* T. Y. Cheo et R. C. Fang

一年或多年生草本；生于海拔 1400 – 2200m 的山沟或溪边潮湿地；分布于大沙河等地。

10. 弹裂碎米荠 *Cardamine impatiens* L.

一年或二年生草本；生于路旁、山坡、沟谷、水边或阴湿地；分布于省内中部地区。

11. 白花碎米荠 *Cardamine leucantha*（Tausch）O. E. Schulz

多年生草本；生于海拔 200 – 2000m 的路边、山坡湿草地、杂木林下及山谷沟边阴湿处；分布于印江、水城、遵义等地。

12. 水田碎米荠 *Cardamine lyrata* Bunge

多年生草本；生于海拔 1000m 以下的水田中或沟边；分布于全省东部地区。

13. 大叶碎米荠 *Cardamine macrophylla* Willd.

多年生草本；生于海拔 1800m 左右的林下沟边；分布于梵净山等地。

14. 圆齿碎米荠 *Cardamine scutata* Thunb.

一年或二年生草本；生于海拔 2100m 以下的山沟、山坡、路旁湿地；分布地不详。

15. 唐古碎米荠 *Cardamine tangutorum* O. E. Schulz

多年生草本；生于海拔 2100 – 2400m 的山沟、草地或林下阴湿处；分布于大沙河等地。

（六）桂竹香属 *Cheiranthus* Linnaeus

1. 桂竹香 *Cheiranthus cheiri* Linn.

二年或多年生草本；原产欧洲南部；省内有栽培。

（七）播娘蒿属 *Descurainia* Webb et Berthelot

1. 播娘蒿 *Descurainia sophia*（L.）Webb ex Prantl

一年生草本；引种；省内有栽培。

（八）葶苈属 *Draba* Linnaeus

1. 葶苈 *Draba nemorosa* L.

一年或二年生草本；生于水旁、路旁、草丛中；分布于毕节地区等地。

（九）糖芥属 *Erysimum* Linnaeus

1. 小花糖芥 *Erysimum cheiranthoides* L.

一年生草本；生于海拔 500 – 2000m 的山坡、山谷、路旁及村旁荒地；分布于佛顶山等地。

（十）山萮菜属 *Eutrema* R. Brown

1. 三角叶山萮菜 *Eutrema deltoideum*（Hook. f. et Thoms.）O. E. Schulz

多年生草本；生于岩石裂缝、陡坡阴湿处；分布于大沙河等地。

2. 日本山萮菜 *Eutrema tenue*（Miq.）Makino

多年生草本；分布地不详。

3. 云南山萮菜 *Eutrema yunnanense* **Franch.**

多年生草本；生于海拔 600－1900m 的林下、山坡草丛或沟边；分布于大沙河、梵净山等地。

（十一）菘蓝属 *Isatis* **Linnaeus**

1. 菘蓝 *Isatis tinctoria* **L.**

二年生草本；原产欧洲；省内有栽培。

（十二）独行菜属 *Lepidium* **Linnaeus**

1. 独行菜 *Lepidium apetalum* **Willd.**

一年或二年生草本；生在海拔 400－2000m 的山坡、山沟、路旁及村庄附近；分布于全省各地。

2. 楔叶独行菜 *Lepidium cuneiforme* **C. Y. Wu**

二年生草本；生于海拔 800－2000m 的山坡、河滩、村旁、路边等处；分布于贵阳等地。

3. 北美独行菜 *Lepidium virginicum* **L.**

一年或二年生草本；原产北美洲；省内有栽培。

（十三）紫罗兰属 *Matthiola* **R. Brown**

1. 紫罗兰 *Matthiola incana*（**L.**）**R. Br.**

二年或多年生草本；原产南欧；省内有栽培。

（十四）豆瓣菜属 *Nasturtium* **R. Brown**

1. 豆瓣菜 *Nasturtium officinale* **R. Br.**

多年生水生或湿生草本；全省除高海拔地区外，各地均产。

（十五）堇叶芥属 *Neomartinella* **Pilger**

1. 堇叶芥 *Neomartinella violifolia*（**Lévl.**）**Pilg.**

一年生草本；生于海拔 800－1600m 的山谷、林下、沟边阴湿处；分布于紫云等地。

（十六）诸葛菜属 *Orychophragmus* **Bunge**

1. 诸葛菜 *Orychophragmus violaceus*（**L.**）**O. E. Schulz**

一年或二年生草本；生于山坡林下；分布于贵阳等地。

（十七）萝卜属 *Raphanus* **Linnaeus**

1. 萝卜 *Raphanus sativus* **L.**

二年或一年生草本；省内有栽培。

（十八）蔊菜属 *Rorippa* **Scopoli**

1. 广州蔊菜 *Rorippa cantoniensis*（**Lour.**）**Ohwi**

一年或二年生草本；生于海拔 500－1800m 的田边路旁、山沟、河边或潮湿地；分布于全省大部分地区。

2. 无瓣蔊菜 *Rorippa dubia*（**Pers.**）**H. Hara**

一年生草本；生于路边、沟边、田埂和山坡上；分布于全省各地。

3. 蔊菜 *Rorippa indica*（**L.**）**Hiern**

一年或二年生草本；生于海拔 230－1450m 的山坡、路旁、田边和荒地；分布于全省各地。

4. 涩生蔊菜 *Rorippa palustris*（**L.**）**Bess.**【*Rorippa islandica*（**Oeder**）**Borb.**】

一年生或稀多年生草本；生于海拔 2900m 以下的溪岸、潮湿地、田边、山坡草地或草场；分布于威宁、水城等地。

（十九）遏蓝菜属 *Thlaspi* **Linnaeus**

1. 菥蓂 *Thlaspi arvense* **L.**

一年生草本；生于海拔 2900m 以下的路旁，沟边或村落附近；分布于威宁、赫章、七星关、遵义等地。

（二〇）阴山荠属 *Yinshania* Y. C. Ma et Y. Z. Zhao

1. 锐棱阴山荠 *Yinshania acutangula*（O. E. Schulz）Y. H. Zhang

一年生草本；生于洞口岩石山上；分布于紫云等地。

2. 柔毛阴山荠 *Yinshania henryi*（Oliv.）Y. H. Zhang【*Cochlearia henryi*（Oliv.）O. E. Schulz】

一年或二年生草本；生于海拔1000m的阴湿岩洞或岩缝中；分布于正安等地。

3. 卵叶阴山荠 *Yinshania paradoxa*（Hance）Y. Z. Zhao【*Hilliella paradoxa*（Hance）Y. H. Zhang et H. W. Li.】

一年生草本；生于海拔300 – 1000m的山坡、沟谷、路边或林下阴湿处；分布于大沙河等地。

七五、桤叶树科 Clethraceae

（一）山柳属 *Clethra*（Gronov.）Linnaeus

1. 单毛桤叶树 *Clethra bodinieri* Lévl.

常绿灌木；生于海拔500 – 1200m的山谷灌丛中；分布于榕江、丹寨、都匀、贵定、荔波、独山、罗甸、惠水、三都、龙里等地。

2. 云南桤叶树 *Clethra delavayi* Franch.【*Clethra cavaleriei* Lévl.】

乔木或灌木；生于海拔750 – 1500m的山地林缘或林中；分布于贵定、长顺、瓮安、独山、福泉、都匀、惠水、三都、龙里、从江、雷公山、黄平、安龙、兴仁、梵净山等地。

3. 华南桤叶树 *Clethra fabri* Hance

半常绿灌木；生于海拔300 – 2000m的密林或草坡中；分布于兴义、罗甸等地。

4. 城口桤叶树 *Clethra fargesii* Franch.【*Clethra magnifica* Fang et L. C. Hu；*Clethra magnifica* var. *trichocarpa* L. C. Hu】

落叶灌木或小乔木；生于海拔1000 – 1800m的路边密林中或灌木林内；分布于习水、七星关、梵净山、三都等地。

5. 贵州桤叶树 *Clethra kaipoensis* Lévl.【*Clethra kaipoensis* var. *polyneura*（Li）Fang et L. C. Hu】

落叶灌木或小乔木；生于海拔900 – 1400m的山谷灌丛中；分布于榕江、雷山、从江、梵净山、长顺、贵定、瓮安、独山、荔波、惠水、三都等地。

6. 湖南桤叶树 *Clethra sleumeriana* Hao

灌木；生于海拔1700m的山顶密林中；分布于兴仁、印江等地。

七六、杜鹃花科 Ericaceae

（一）树萝卜属 *Agapetes* D. Don ex G. Don

1. 红苞树萝卜 *Agapetes rubrobracteata* R. C. Fang et S. H. Huang

常绿附生灌木；生于海拔1400 – 1900m的山坡岩石上或灌丛中；分布于安龙等地。

（二）梅笠草属 *Chimaphila* Pursh

1. 喜冬草 *Chimaphila japonica* Miq.

常绿半灌木草本；生于海拔2500m的山地；分布于威宁、赫章等地。

（三）假木荷属 *Craibiodendron* W. W. Smith

1. 假木荷 *Craibiodendron stellatum*（Pierre）W. W. Sm.

常绿小乔木；生于海拔500 – 1000m的山坡灌丛中；分布于罗甸、独山、望谟、册亨、安龙等地。

（四）吊钟花属 *Enkianthus* Loureiro

1. 灯笼吊钟花 *Enkianthus chinensis* Franch.

落叶灌木或小乔木；生于海拔 1100 – 2400m 的杂木林或灌丛中；分布于惠水、平塘、独山、罗甸、贵定、龙里、雷山、黔东北等地。

2. 毛叶吊钟花 *Enkianthus deflexus*（Griff.）Schneid.

落叶灌木或小乔木；生于海拔 1000 – 2900m 的疏林下或灌丛中；分布于荔波、贵定等地。

3. 吊钟花 *Enkianthus quinqueflorus* Lour.【*Enkianthus dunnii* Lévl.】

落叶灌木或小乔木；生于海拔 700m 的山地丘陵灌丛中；分布于荔波、惠水、贵定、三都、龙里等地。

4. 越南吊钟花 *Enkianthus ruber* Dop

落叶灌木；生于海拔 1000 – 2180m 的干燥山坡灌丛中；分布于惠水、龙里等地。

5. 晚花吊钟花 *Enkianthus serotinus* Chun et Fang

落叶灌木；生于海拔 800 – 1500m 的林中；分布地不详。

6. 齿缘吊钟花 *Enkianthus serrulatus*（Wils.）Schneid.

落叶灌木或小乔木；生于海拔 1300m 左右的沟边杂木林中；分布于凯里、雷山、黄平、梵净山、赤水、瓮安、福泉、都匀等地。

（五）白珠树属 *Gaultheria* Kalm ex Linnaeus

1. 四川白珠 *Gaultheria cuneata*（Rehd. et Wils.）Bean

常绿灌木；生于海拔 2000 – 2600m 的疏林中；分布于黔东南等地。

2. 芳香白珠 *Gaultheria fragrantissima* Wall.【*Gaultheria forrestii* Diels.】

常绿灌木至小乔木；生于海拔 1000 – 1600m 的阳坡；分布于梵净山等地。

3. 尾叶白珠 *Gaultheria griffithiana* Wight

常绿灌木或小乔木；生于海拔 1300 – 2400 的杂木林中；分布于大沙河等地。

4. 毛滇白珠 *Gaultheria leucocarpa* var. *crenulata*（Kurz）T. Z. Hsu

常绿灌木；生于低海拔至高海拔的阳坡或灌丛中；分布于全省各地。

5. 滇白珠 *Gaultheria leucocarpa* var. *yunnanensis*（Franch.）T. Z. Hsu et R. C. Fang【*Gaultheria leucocarpa* var. *cumingiana*（Vidal）T. Z. Hsu】

常绿灌木；生于海拔 600 – 1100m 的林中；分布于西秀、兴义、安龙、长顺、瓮安、独山、罗甸、福泉、都匀、惠水、贵定、三都、龙里等地。

6. 四裂白珠 *Gaultheria tetramera* W. W. Sm.

常绿灌木；生于海拔 1800 – 2400m 的灌丛中；分布于盘县等地。

7. 西藏白珠 *Gaultheria wardii* Marq. et Airy – Shaw

常绿灌木；生于海拔 2130m 的路边、灌木林下；分布于水城等地。

（六）珍珠花属 *Lyonia* Nuttall

1. 秀丽珍珠花 *Lyonia compta*（W. W. Sm. et Jeffr.）Hand. -Mazz.

常绿灌木；生于海拔 1000 – 2500m 的开阔灌丛中或林缘，水藓沼泽中特有；分布于修文等地。

2. 珍珠花 *Lyonia ovalifolia*（Wall.）Drude

常绿或落叶灌木或小乔木；生于海拔 400 – 1500m 的林下或灌丛中；分布于赤水、习水、梵净山、西秀、贵阳、七星关、凯里、黄平、荔波、独山、长顺、瓮安、福泉、都匀、惠水、贵定、三都、龙里、平塘、兴义、安龙、普安等地。

3. 小果珍珠花 *Lyonia ovalifolia* var. *elliptica*（Sieb. et Zucc.）Hand. -Mazz.

常绿或落叶灌木或小乔木；生于海拔 700 – 1500m 的山坡阴处或灌丛中；分布于松桃、印江、贵阳、西秀、凯里、望谟、册亨、安龙、兴义、兴仁、普安、盘县、七星关、黔南等地。

4. 毛果珍珠花 *Lyonia ovalifolia* var. *hebecarpa*（Franch. ex F. B. Forbes et Hemsl.）Chun

常绿或落叶灌木或小乔木；生于海拔 1400－2900m 的阳坡灌丛中；分布地不详。

5. 狭叶珍珠花 *Lyonia ovalifolia* var. *lanceolata*（Wall.）Hand. -Mazz.

常绿或落叶灌木或小乔木；生于海拔 700－1400m 的山地灌丛中；分布于赤水、习水、梵净山、瓮安、西秀、贵阳、七星关、凯里、黄平、荔波、独山、长顺、罗甸、都匀、贵定、龙里、平塘、兴义、安龙、普安等地。

6. 毛叶珍珠花 *Lyonia villosa*（Wall. ex C. B. Clarke）Hand. -Mazz.【*Lyonia villosa* var. *pubescens*（Franch.）Rehd.】

落叶灌木或小乔木；生于海拔 700－1100m 的山坡林缘或灌丛中；分布于贵阳、兴义、黎平等地。

（七）水晶兰属 *Monotropa* L.

1. 松下兰 *Monotropa hypopitys* L.【*Hypopitys monotropa* var. *hirsuta* Roth Tent.】

多年生腐生草本；生于海拔 1500－2000m 的山坡、山地疏林中；分布于赫章、雷公山、宽阔水等地。

2. 水晶兰 *Monotropa uniflora* L.

多年生肉质腐生草本；生于海拔 1750－1800m 的山顶密林中；分布于修文、梵净山等地。

（八）沙晶兰属 *Monotropastrum* H. Andres

1. 球果假沙晶兰 *Monotropastrum humile*（D. Don）H. Hara【*Cheilotheca macrocarpa*（H. Andrs.）Y. L. Chou】

多年生腐生草本；生于海拔 800m 的山地阔叶林或针阔叶混交林下；分布于黔南等地。

（九）马醉木属 *Pieris* D. Don

1. 美丽马醉木 *Pieris formosa*（Wall.）D. Don

常绿灌木或小乔木；生于海拔 700－1700m 的灌丛中或疏密林中；广泛分布于长顺、瓮安、福泉、都匀、惠水、贵定、三都、龙里等全省大部分地区。

2. 马醉木 *Pieris japonica*（Thunb.）D. Don ex G. Don

常绿灌木或小乔木；生于海拔 800－1200m 的山地灌丛中；分布于大沙河等地。

（十）鹿蹄草属 *Pyrola* Linnaeus

1. 鹿蹄草 *Pyrola calliantha* Andres

多年生常绿草本；生于海拔 1750m 的山顶密林下；分布于梵净山等地。

2. 贵阳鹿蹄草 *Pyrola corbieri* Lévl.

多年生常绿草本；生于海拔 1100－2000m 的松林下；分布于贵阳、赫章等地。

3. 普通鹿蹄草 *Pyrola decorata* Andres

常绿草本状小半灌木；生于海拔 900－1400m 松林下或草坡阴湿地带；分布于独山、凯里、黎平等地。

4. 大理鹿蹄草 *Pyrola forrestiana* Andres

常绿草本状小半灌木；生于海拔 1900m 的针阔混交林下；分布于水城等地。

5. 贵州鹿蹄草 *Pyrola mattfeldiana* Andres

常绿草本状小半灌木；生于海拔 2600－2900m 的山地林下；分布于开阳等地。

6. 皱叶鹿蹄草 *Pyrola rugosa* Andres

多年生常绿草本；分布于海拔 1800－2000m 的山地灌丛中；分布于六盘水等地。

（十一）杜鹃花属 *Rhododendron* L.

1. 碟花杜鹃 *Rhododendron aberconwayi* Cowan

常绿灌木；生于海拔 1600－1700m 的山坡疏林中；分布于安龙等地。

2. 弯尖杜鹃 *Rhododendron adenopodum* Franch.

常绿灌木；生于海拔 1000 – 2200m 的山坡灌木林中；分布于大沙河等地。

3. 迷人杜鹃 Rhododendron agastum Balf. f. et W. W. Sm.

常绿灌木；生于海拔 1700 – 1900m 灌丛中；分布于大方、七星关、长顺等地。

4. 光柱迷人杜鹃 Rhododendron agastum var. pennivenium（Balf. f. et Forr.）T. L. Ming

常绿灌木；生于海拔 1660m 的低山坡地；分布于织金等地。

5. 问客杜鹃 Rhododendron ambiguum Hemsl.

常绿灌木；生于海拔 1200m 的山地疏林中；分布于贵定、黔北等。

6. 桃叶杜鹃 Rhododendron annae Franch.

常绿灌木；生于海拔 1500 – 2600m 的坡地；分布于贵阳、盘县、织金、惠水、贵定、龙里等地。

7. 团花杜鹃 Rhododendron anthosphaerum Diels

常绿灌木或小乔木；生于海拔 2000 – 2900m 的山坡、沟边灌丛中和针阔叶混交林下；分布地不详。

8. 石生杜鹃 Rhododendron araiophyllum subsp. lapidosum（T. L. Ming）M. Y. Fang〔Rhododendron lapidosum T. L. Ming〕

常绿灌木；生于海拔 1900m 山坡灌丛中；分布于七星关、水城、安龙等地。

9. 树型杜鹃 Rhododendron arboreum Sm.

常绿乔木；生于海拔 1700 – 1900m 的山坡灌丛中；分布于七星关等地。

10. 毛肋杜鹃 Rhododendron augustinii

常绿灌木；生于海拔 1000 – 2100m 的灌丛中；分布于盘县等地。

11. 银叶杜鹃 Rhododendron argyrophyllum Franch.

常绿小乔木或灌木；生于海拔 1600 – 2300m 的山坡、沟谷的丛林中；分布于都匀、惠水、龙里等地。

12. 黔东银叶杜鹃 Rhododendron argyrophyllum subsp. nankingense（Cowan）D. F. Chamb.

常绿小乔木或灌木；生于海拔 1250 – 2000m 的山坡密林中；分布于梵净山、雷山等地。

13. 大关杜鹃 Rhododendron atrovirens Franch.

常绿灌木；生于海拔 1600m 的山坡灌丛中；分布于七星关等地。

14. 阔柄杜鹃 Rhododendron platypodum Diels

常绿灌木或小乔木；生于海拔 1820 – 2130m 的干岩石上或密林中；分布地不详。

15. 耳叶杜鹃 Rhododendron auriculatum Hemsl.

常绿灌木或小乔木；生于海拔 600 – 2000m 的山坡上或沟谷森林中；分布于印江、都匀等地。

16. 腺萼马银花 Rhododendron bachii Lévl.

常绿灌木；生于海拔 500 – 1300m 的低山灌丛中或疏林中；分布于清镇、榕江、凯里、梵净山、望谟、安龙、赤水、瓮安、独山、罗甸、福泉、都匀、三都、龙里等地。

17. 百里杜鹃 Rhododendron bailiense Y. P. Ma，C. Q. Zhang and D. F. Chamb.

常绿小灌木；生于海拔 1800 – 2100m 的山坡灌丛中；分布于百里杜鹃、盘县等地。

18. 百纳杜鹃 Rhododendron bainaense Xiang Chen et Cheng H. Yang

常绿灌木或小乔木；生于海拔 1920m 的山坡灌丛中；分布于黔西等地。

19. 短梗杜鹃 Rhododendron brachypodum W. P. Fang et P. S. Liu

常绿灌木；生于海拔 1000 – 1500m；分布于大沙河等地。

20. 短尾杜鹃 Rhododendron brevicaudatum R. C. Fang et S. S. Chang

常绿灌木；生于海拔 1400 – 1600m 的阔叶林下；分布于雷山、安龙等地。

21. 短脉杜鹃 Rhododendron brevinerve Chun et Fang

常绿小乔木；生于海拔 1000 – 1700m 的山坡、山谷林下；分布于雷公山、梵净山等地。

22. 美容杜鹃 Rhododendron calophytum Franch.

常绿灌木或小乔木；生于海拔 1550 – 1700m 的山坡密林中；分布于雷山、绥阳、都匀等地。

23. 疏花美容杜鹃 *Rhododendron calophytum* var. *pauciflorum* **W. K. Hu**

常绿灌木或小乔木；生于海拔 1800 – 2100m；分布于大沙河等地。

24. 美被杜鹃 *Rhododendron calostrotum* **Balf. f. et Kingdon – Ward**〔*Rhododendron rivulare* **Hand. -Mazz.**〕

常绿灌木；生于海拔 500 – 900m 的山坡灌丛中；分布于德江、榕江、从江、黎平、黄平、雷山、瓮安、独山、罗甸、福泉、荔波、惠水、贵定、龙里、平塘、三都、贵定、都匀等地。

25. 多花杜鹃 *Rhododendron cavaleriei* **Lévl.**

常绿灌木；生于海拔 600 – 1600m 的溪边或山坡、疏林或灌丛中；分布于开阳、安龙、贵定、从江、黎平、独山、都匀、惠水、贵定、龙里等地。

26. 刺毛杜鹃 *Rhododendron championae* **Hook.**

常绿灌木；生于海拔 500 – 1300m 的山谷疏林中；分布于都匀等地。

27. 树枫杜鹃 *Rhododendron changii*（**Fang**）**Fang**

常绿灌木；生于海拔 1600 – 2000m 的灌丛中；分布于大沙河等地。

28. 红滩杜鹃 *Rhododendron chihsinianum* **Chun et Fang**

常绿小乔木；生于海拔 850 – 1800m 的疏林中或岩石上；分布于黎平、从江等地。

29. 金萼杜鹃 *Rhododendron chrysocalyx* **Lévl. et Vant.**

落叶灌木；生于海拔 500 – 1000m 的山脚或河边灌丛中；分布于罗甸、荔波、惠水、贵定、龙里等地。

30. 睫毛萼杜鹃 *Rhododendron ciliicalyx* **Franch.**

常绿灌木；生于海拔 2000m 的山坡灌丛中；分布于梵净山等地。

31. 长柱睫毛萼杜鹃 *Rhododendron ciliicalyx* subsp. *lyi*（**Lévl.**）**R. C. Fang**〔*Rhododendron lyi* **Lévl.**〕

常绿灌木；生于海拔 1300m 的山坡灌丛中或石灰岩山上；分布于镇宁、兴义等地。

32. 粗脉杜鹃 *Rhododendron coeloneurum* **Diels**

常绿乔木；生于海拔 1500 – 1800m 杂木林中；分布于赤水等地。

33. 秀雅杜鹃 *Rhododendron concinnum* **Hemsl.**

常绿灌木；生于海拔 1800m 的灌木林中；分布于水城等地。

34. 腺果杜鹃 *Rhododendron davidii* **Franch.**

常绿灌木或小乔木；生于海拔 2300m 的疏林中；分布于梵净山等地。

35. 凹叶杜鹃 *Rhododendron davidsonianum* **Rehd. et Wils.**

常绿灌木；生于海拔 2400m 的山坡灌丛中；分布于威宁等地。

36. 大白杜鹃 *Rhododendron decorum* **Franch.**

常绿灌木或小乔木；生于海拔 1600 – 2100m 的山沟、山坡疏密林中；分布于雷山、黎平、七星关、威宁、都匀、惠水、龙里等地。

37. 高尚大白杜鹃 *Rhododendron decorum* subsp. *diaprepes*（**Balf. f. et W. W. Sm.**）**T. L. Ming**

常绿灌木或小乔木；生于海拔 1700m 的林中；分布于百里杜鹃等地。

38. 小柱大白杜鹃 *Rhododendron decorum* subsp. *parvistigmatis* **W. K. Hu**

常绿灌木或小乔木；生于海拔 2100m 的灌丛中；分布于大沙河等地。

39. 马缨杜鹃 *Rhododendron delavayi* **Franch.**

常绿灌木或小乔木；生于海拔 1700 – 2000m 的山坡灌丛中；分布于大方、七星关、威宁、水城、长顺、都匀、惠水、三都、龙里、黔西等地。

40. 腺柱马缨杜鹃 *Rhododendron delavayi* var. *adenostylum* **Xiang Chen et Xun Chen**

常绿灌木或小乔木；生于海拔 1720m 的山坡灌丛中；分布于百里杜鹃等地。

41. 狭叶马缨杜鹃 *Rhododendron delavayi* var. *peramoenum*（Balf. f. et Forrest）T. L. Ming

常绿灌木或小乔木；生于海拔 1700 – 2600m 的常绿阔叶林或针阔叶混交林中；分布于百里杜鹃等地。

42. 毛柱马缨杜鹃 *Rhododendron delavayi* var. *pilostylum* K. M. Feng

常绿灌木或小乔木；生于海拔 2150m 的灌木林中；分布于水城等地。

43. 微毛马缨杜鹃 *Rhododendron delavayi* var. *puberulum* Xiang Chen et Xun Chen

常绿灌木或小乔木；生于海拔 2150m 的灌丛中；分布于水城等地。

44. 皱叶杜鹃 *Rhododendron denudatum* Lévl.

常绿灌木或小乔木；生于海拔 2000 – 2900m 的山坡灌丛中；分布于水城等地。

45. 光房皱叶杜鹃 *Rhododendron denudatum* var. *glabriovarium* Xiang Chen et Xun Chen

常绿灌木或小乔木；生于海拔 2100m 的山坡灌丛中；分布于百里杜鹃等地。

46. 喇叭杜鹃 *Rhododendron discolor* Franch.【*Rhododendron fortunei* subsp. *discolor*（Franch.）Chamberlain】

常绿灌木或小乔木；生于海拔 1500m 的山坡疏林中；分布于兴仁等地。

47. 缺顶杜鹃 *Rhododendron emarginatum* Hemsl. et E. H. Wilson

常绿灌木；生于海拔 1200 – 2000m 的阔叶林中树上或岩石上；分布于贵定、安龙、贞丰、惠水、龙里等地。

48. 枇杷叶杜鹃 *Rhododendron eriobotryoides* Xiang Chen et Jia Y. Huang

常绿灌木；生于海拔 1650m 的灌丛中；分布于百里杜鹃等地。

49. 大喇叭杜鹃 *Rhododendron excellens* Hemsl. et E. H. Wils.

常绿灌木；生于海拔 800 – 1500m 的林中；分布于贵定、惠水、三都、龙里、安龙等地。

50. 大云锦杜鹃 *Rhododendron faithiae* Chun

常绿灌木或小乔木；生于海拔 1800m 的灌木林中；分布于威宁、雷山等地。

51. 丁香杜鹃 *Rhododendron farrerae* Sweet

落叶灌木；生于海拔 800 – 2100m 的山地密林中；分布于雷公山等地。

52. 黔中杜鹃 *Rhododendron feddei* Lévl.

常绿灌木或小乔木；分布地不详。

53. 繁花杜鹃 *Rhododendron floribundum* Franch.

常绿灌木或小乔木；生于海拔 2680m 的山坡疏林中；分布于威宁等地。

54. 云锦杜鹃 *Rhododendron fortunei* Lindl.

常绿灌木或小乔木；生于海拔 1300 – 2300m 处；分布于威宁、雷山、都匀等地。

55. 贵定杜鹃 *Rhododendron fuchsiifolium* Lévl.

常绿小灌木；生于海拔 1300m 的灌丛中；分布于开阳、贵定、福泉、惠水、龙里等地。

56. 富源杜鹃 *Rhododendron fuyuanense* Zeng H. Yang

常绿灌木；生于海拔 1800m 的灌丛中；分布于钟山等地。

57. 大果杜鹃 *Rhododendron glanduliferum* Franch.

常绿灌木或小乔木；生于海拔 1700 – 1800m 的山顶密林中；分布于安龙等地。

58. 贵州杜鹃 *Rhododendron guizhouense* M. Y. Fang

常绿灌木或小乔木；生于海拔 1700 – 2400m 的杂木林中；分布于梵净山等地。

59. 光枝杜鹃 *Rhododendron haofui* Chun et Fang

常绿灌木；生于海拔 1700 – 1800m 的山坡灌木林中；分布于印江、雷山等地。

60. 弯蒴杜鹃 *Rhododendron henryi* Hance

常绿灌木；生于海拔 500 - 1000m 的林内；分布于佛顶山等地。

61. 黄坪杜鹃 *Rhododendron huangpingense* **Xiang Chen et Jia Y. Huang**

常绿灌木或小乔木；生于海拔 1700m 的山坡灌丛中；分布于百里杜鹃等地。

62. 凉山杜鹃 *Rhododendron huianum* **W. P. Fang**

常绿灌木或小乔木；生于海拔 1800 - 2000m 的灌丛中；分布于梵净山等地。

63. 比利时杜鹃 *Rhododendron hybridum* **Hot**

常绿灌木；原产比利时；省内有栽培。

64. 粉白杜鹃 *Rhododendron hypoglaucum* **Hemsl.**

常绿灌木；生于海拔 1500 - 2100m 的山坡林中；分布于大沙河等地。

65. 淡紫杜鹃 *Rhododendron lilacinum* **Xiang Chen et Xun Chen**

常绿灌木；生于海拔 1700m 的山坡灌丛中；分布于百里杜鹃等地。

66. 粉紫杜鹃 *Rhododendron impeditum* **Balf. f. et W. W. Sm.**

常绿灌木；生于海拔 2340m 的山腹水旁潮湿地阳处；分布于威宁等地。

67. 不凡杜鹃 *Rhododendron insigne* **Hemsl. et E. H. Wilson**

常绿灌木；生于海拔 1500 - 2000m 的山沟、溪边的灌丛中；分布于威宁等地。

68. 露珠杜鹃 *Rhododendron irroratum* **Franch.**

常绿灌木或小乔木；生于海拔 1800 - 2000m 的山顶灌木林中；分布于安龙、盘县、纳雍、七星关等地。

69. 红花露珠杜鹃 *Rhododendron irroratum* subsp. *pogonostylum* （**I. B. Balfour et W. W. Sm.**） **D. F. Chamb.**

常绿灌木或小乔木；生于海拔 1700 - 2400m 的山坡阔叶林中；分布于省内西部等地。

70. 金波杜鹃 *Rhododendron jinboense* **Xiang Chen et X. Chen**

常绿灌木；生于海拔 1600m 的山脚开阔处；分布于百里杜鹃等地。

71. 九龙山杜鹃 *Rhododendron jiulongshanense* **Xiang Chen et Jiayong Huang**

常绿灌木或小乔木；生于海拔 1800 - 2000m 的山顶或山坡灌丛中；分布于百里杜鹃等地。

72. 广西杜鹃 *Rhododendron kwangsiense* **Hu ex Tam**

近常绿灌木；生于海拔 700 - 1600m 的山谷、山坡灌丛中或岩石上；分布于荔波、独山、罗甸、雷山、兴仁、贞丰等地。

73. 广东杜鹃 *Rhododendron kwangtungense* **Merr. et Chun**

落叶灌木；生于海拔 800m 的灌丛中；分布于黎平等地。

74. 西施花 *Rhododendron latoucheae* **Franch.**

常绿灌木或小乔木；生于海拔 1000 - 2000m 的杂木林中；分布于清镇、织金、七星关、都匀等地。

75. 雷公山杜鹃 *Rhododendron leigongshanense* **C. H. Yang et Z. G. Xie et Y. F. Yu**

常绿小乔木；生于海拔 1350 - 1540m 的山坡；分布于雷公山等地。

76. 雷山杜鹃 *Rhododendron leishanicum* **Fang et S. S. Chang ex D. F. Chamb.**

常绿灌木；生于海拔 1850 - 2300m 的山坡灌丛中或草地上；分布于雷公山、梵净山等地。

77. 薄叶马银花 *Rhododendron leptothrium* **Balf. f. et Forrest**

灌木或小乔木；生于海拔 1477m 的灌丛中；分布于贵阳等地。

78. 南岭杜鹃 *Rhododendron levinei* **Merr.**

常绿灌木或小乔木；生于海拔 1400m 的灌木林中；分布于贵定、惠水、龙里等地。

79. 荔波杜鹃 *Rhododendron liboense* **Zheng R. C. et K. M. Lan**

常绿乔木；生于海拔 600 - 700m 的喀斯特山地；分布于荔波等地。

80. 百合花杜鹃 *Rhododendron liliiflorum* **Lévl.**

常绿灌木或乔木；生于海拔 1100 – 1500m 的溪边岩石上、山坡疏林或灌丛中；分布于贵定、都匀、惠水、龙里、雷山、安龙等地。

81. 长鳞杜鹃 *Rhododendron longesquamatum* Schneid.

常绿灌木或小乔木；生于海拔 2300 – 2900m 的疏、密林中；分布于梵净山、绥阳等地。

82. 长柄杜鹃 *Rhododendron longipes* Rehd. et Wils.

常绿灌木或小乔木；生于海拔 2000 – 2500m 的疏林中或灌丛中；分布地不详。

83. 金山杜鹃 *Rhododendron longipes* var. *chienianum* (D. Fang) D. F. Chamb.

常绿灌木或小乔木；生于海拔 1700 – 2100m 的疏林中及灌丛中；分布于大沙河等地。

84. 长轴杜鹃 *Rhododendron longistylum* Rehd. et Wils.

常绿灌木；生于海拔 1000 – 2300m 的灌丛、绝壁或岩坡；分布于印江等地。

85. 黄花杜鹃 *Rhododendron lutescens* Franch.

常绿灌木；生于海拔 700 – 1000m 的山坡灌丛中；分布于贵定、惠水、龙里等地。

86. 小白杜鹃 *Rhododendron maculatum* Xiang Chen et Jiayong Huang

常绿灌木；生于海拔 1700m 的斜坡；分布于百里杜鹃等地。

87. 麻花杜鹃 *Rhododendron maculiferum* Franch.

常绿灌木；生于海拔 1200 – 1700m 的疏林中；分布于七星关、安龙、水城等地。

88. 贵州大花杜鹃 *Rhododendron magniflorum* W. K. Hu

常绿小乔木；生于海拔 1740 – 1750m 的山地或山坡密林中；分布于西南部。

89. 岭南杜鹃 *Rhododendron mariae* Hance

落叶灌木；生于海拔 650m 的山坡灌丛中；分布于荔波、罗甸、三都等地。

90. 满山红 *Rhododendron mariesii* Hemsl. et E. H. Wils.

落叶灌木；生于海拔 500 – 800m 的丘陵地带灌丛中；分布于瓮安、都匀、长顺、独山、罗甸、福泉、惠水、贵定、龙里、平塘、凯里、印江、松桃、江口等地。

91. 照山白 *Rhododendron micranthum* Turcz.

常绿灌木；生于海拔 1000m 以上的山坡灌丛、干谷、峭壁或岩缝中；分布于雷公山等地。

92. 亮毛杜鹃 *Rhododendron microphyton* Franch.

常绿灌木；生于海拔 1000 – 1400m 的山坡灌丛中；分布于安龙、兴义等地。

93. 小花杜鹃 *Rhododendron minutiflorum* Hu

常绿灌木；生于海拔 1400m 的山坡灌丛中；分布于开阳、兴义等地。

94. 羊踯躅 *Rhododendron molle* (Bl.) G. Don

落叶灌木；生于海拔 1100 – 1700m 的丘陵地带；分布于七星关、盘县、贵阳等地。

95. 毛棉杜鹃 *Rhododendron moulmainense* Hook.

常绿灌木或小乔木；生于海拔 700 – 1500m 的山谷和山坡林下；分布于雷山、从江、独山等地。

96. 宝兴杜鹃 *Rhododendron moupinense* Franch.

常绿灌木；生于海拔 2000m 的林缘岩石上或树干上；分布于梵净山等地。

97. 白花杜鹃 *Rhododendron mucronatum* (Bl.) G. Don

落叶灌木；生于海拔 1750m 的灌丛中；分布于黔西、都匀、三都等地。

98. 倒矛杜鹃 *Rhododendron oblancifolium* M. Y. Fang

常绿灌木；生于海拔 500 – 1300m 的河边、沟边的杂木林中；分布于梵净山等地。

99. 峨马杜鹃 *Rhododendron ochraceum* Rehd. et Wils.

常绿灌木；生于密林下；分布于大沙河等地。

100. 短果峨马杜鹃 *Rhododendron ochraceum* var. *brevicarpum* W. K. Hu

常绿灌木；生于密林下；分布于大沙河等地。

101. 八蕊杜鹃 *Rhododendron octandrum* M. Y. He

常绿灌木；生于海拔 1450m 的山谷疏林中；分布于梵净山等地。

102. 稀果杜鹃 *Rhododendron oligocarpum* Fang et X. S. Zhang

常绿灌木或小乔木；生于海拔 1800 – 2500m 的山顶灌丛或森林中；分布于梵净山等地。

103. 团叶杜鹃 *Rhododendron orbiculare* Decne.

常绿灌木；生于海拔 2150m 的灌木林中；分布于水城等地。

104. 心基杜鹃 *Rhododendron orbiculare* subsp. *cardiobasis* (Sleumer) D. F. Chamb.【*Rhododendron oligocarpum* subsp. *Cardiobasis* (Sleumer) Chamb.】

常绿灌木；生于海拔 1300 – 1500m 的山坡疏林中；分布于从江等地。

105. 马银花 *Rhododendron ovatum* (Lindl.) Planch. ex Maxim.

常绿灌木；生于海拔 1000m 的灌丛中；分布于都匀、梵净山等地。

106. 云上杜鹃 *Rhododendron pachypodum* Balf. f. et W. W. Sm.

常绿灌木；生于海拔 1800 – 2200m 的山坡灌丛中；分布于水城、盘县、兴义等地。

107. 毛果缺顶杜鹃 *Rhododendron poilanei* Dop【*Rhododendron euonymifolium* Lévl.；*Rhododendron emarginatum* var. *eriocarpum* K. M. Feng】

常绿灌木；生于海拔 1400 – 1800m 的岩石上或灌丛中；分布于贵定、安龙等地。

108. 多鳞杜鹃 *Rhododendron polylepis* Franch.

常绿灌木或小乔木；生于海拔 1400 – 2600m 的灌丛中；分布于印江、宽阔水等地。

109. 早春杜鹃 *Rhododendron praevernum* Hutch.

常绿灌木至小乔木；生于海拔 1500 – 2500m 的森林中；分布于威宁、桐梓等地。

110. 普底杜鹃 *Rhododendron pudiense* Xiang Chen et Jiayong Huang

常绿小乔木；生于海拔 1650m 的山腰灌丛中；分布于百里杜鹃等地。

111. 锦绣杜鹃 *Rhododendron*X *pulchrum* Sweet

半常绿灌木；引种；省内有栽培。

112. 腋花杜鹃 *Rhododendron racemosum* Franch.

常绿灌木；生于海拔 1800 – 2400m 的疏林灌丛中；分布于七星关、威宁、贵定等地。

113. 基毛杜鹃 *Rhododendron rigidum* Franch.

半常绿或常绿灌木；生于海拔 1700m 的山坡疏林中；分布于水城等地。

114. 大钟杜鹃 *Rhododendron ririei* Hemsl. et E. H. Wils.

常绿灌木或小乔木；生于海拔 1300 – 1900m 的密林中或岩石上；分布于印江等地。

115. 滇红毛杜鹃 *Rhododendron rufohirtum* Hand. -Mazz.

常绿灌木；生于海拔 1000 – 2300m 的山坡草地或灌丛中；分布于兴义、安龙、盘县、七星关等地。

116. 糙叶杜鹃 *Rhododendron scabrifolium* Franch.

常绿灌木；生于海拔 1600m 的林下；分布于黔西等地。

117. 毛果杜鹃 *Rhododendron seniavinii* Maxim.

半常绿灌木；生于海拔 700 – 1000m 的丘陵地带；分布于瓮安、雷山、安龙、梵净山等地。

118. 锈叶杜鹃 *Rhododendron siderophyllum* Franch.

常绿灌木；生于海拔 1400 – 1900m 的山坡灌丛中；分布于息烽、贵阳、贵定、惠水、龙里、梵净山、大方、七星关等地。

119. 猴头杜鹃 *Rhododendron simiarum* Hance

常绿灌木；生于海拔 600 – 1000m 山坡灌丛中；分布于黄平、施秉、福泉等地。

120. 杜鹃 *Rhododendron simsii* Planch.

落叶灌木；生于海拔 500 – 1200m 的山地疏林灌丛或松林下；广泛分布于黔东南、黔西南、黔东北、黔南等地。

121. 华木兰杜鹃 *Rhododendron sinonuttallii* **Balf. f. et Forrest**

灌木；生于海拔 1200 – 2800m 的沟边杂林或林中岩壁上；分布于安龙等地。

122. 白碗杜鹃 *Rhododendron souliei* **Franch.**

常绿灌木；生于海拔 2400m 的灌丛中；分布于兴义等地。

123. 红花杜鹃 *Rhododendron spanotrichum* **Balf. f. et W. W. Sm.**

常绿小乔木；生于海拔 1500 – 1700m 的疏林中；分布于盘县等地。

124. 碎米花 *Rhododendron spiciferum* **Franch.**

常绿灌木；生于海拔 1200m 的山坡灌丛中；分布于贵阳、惠水、龙里等地。

125. 爆杖花 *Rhododendron spinuliferum* **Franch.**

常绿灌木；生于海拔 2200m 的山坡灌丛中；分布于威宁等地。

126. 长蕊杜鹃 *Rhododendron stamineum* **Franch.**

常绿灌木或小乔木；生于海拔 500 – 1600m 的灌丛或疏林中；分布于贵阳、开阳、息烽、修文、清镇、雷山、安龙、贞丰、兴仁、梵净山、黔南等地。

127. 涧上杜鹃 *Rhododendron subflumineum* **Tam**

常绿灌木；生于海拔 1700m 的密林中阴湿处；分布于雷公山等地。

128. 淡粉杜鹃 *Rhododendron subroseum* **Xiang Chen et Jiayong Huang**

常绿灌木；生于海拔 1650m 的山坡灌丛中；分布于百里杜鹃等地。

129. 四川杜鹃 *Rhododendron sutchuenense* **Franch.**

常绿灌木或小乔木；生于海拔 1550m 的疏林中；分布于雷公山等地。

130. 硬叶杜鹃 *Rhododendron tatsienense* **Franch.**

常绿灌木；生于海拔 1700m 的山坡林下；分布于梵净山等地。

131. 田林马银花 *Rhododendron tianlinense* **Tam**

常绿灌木或小乔木；生于海拔 1200m 的山地密林中；分布于榕江等地。

132. 昭通杜鹃 *Rhododendron tsaii* **W. P. Fang**

常绿灌木；生于海拔 2740m 左右的灌丛沼泽中；分布于盘县等地。

133. 云南三花杜鹃 *Rhododendron triflorum* subsp. *multiflorum* **R. C. Fang**

常绿灌木；生于海拔 1200 – 1500m 的灌丛中；分布于黔西、宽阔水等地。

134. 平房杜鹃 *Rhododendron truncatovarium* **L. M. Gao et D. Z. Li**

常绿灌木；生于海拔 1700m 的灌丛中；分布于台江、榕江等地。

135. 毛柄杜鹃 *Rhododendron valentinianum* **Forrest ex Hutch.**

常绿灌木；生于海拔 1500 – 1600m 的沟边岩石上；分布于贵定、惠水、龙里、安龙等地。

136. 玫色杜鹃 *Rhododendron vaniotii* **Lévl.**

常绿灌木或小乔木；分布地不详。

137. 亮叶杜鹃 *Rhododendron vernicosum* **Franch.**

常绿灌木或小乔木；生于海拔 1350 – 2000m 的疏林或灌丛中；分布于梵净山、麻江、宽阔水、正安、黔西北等地。

138. 柳条杜鹃 *Rhododendron virgatum* **Hook.**

常绿灌木；生于海拔 2000m 的灌丛中；分布于水城等地。

139. 凯里杜鹃 *Rhododendron westlandii* **Hemsl.【***Rhododendron kaliense* **W. P. Fang et M. Y. H】**

常绿乔木；生于海拔 700 – 1500m 的山脊密林中；分布于雷公山、三都等地。

140. 圆叶杜鹃 *Rhododendron williamsianum* **Rehd. et Wils.**

常绿灌木；生于海拔 1500m 的山坡灌丛中；分布于兴义、贵定、龙里等地。

141. 皱皮杜鹃 *Rhododendron wiltonii* **Hemsl. et E. H. Wils.**

常绿灌木；生于海拔 1700m 的山坡灌丛中；分布于大方等地。

142. 西昌杜鹃 *Rhododendron xichangense* **Z. J. Zhao**

常绿灌木；生于海拔 1500－2200m 的路旁中；分布于百里杜鹃等地。

143. 习水杜鹃 *Rhododendron xishuiense* **C. H. Yang et C. D. Yang**

常绿乔木；生于海拔 630m 的山顶；分布于习水等地。

144. 云南杜鹃 *Rhododendron yunnanense* **Franch.**

落叶、半落叶或常绿灌木；生于海拔 1200－1700m 的山坡疏林或灌丛中；分布于贵阳、七星关、黔西、都匀、惠水、贵定、龙里、平塘等地。

145. 白面杜鹃 *Rhododendron zaleucum* **Balf. f. et W. W. Sm.**

灌木或小乔木；生于海拔 1400－1700m 的灌木林中；分布于贵阳、七星关等地。

146. 鳞叶白面杜鹃 *Rhododendron zaleucum* subsp. *lepidofolium* **Xiang Chen et Xun Chen**

灌木或小乔木；生于海拔 1700m 的灌木林中；分布于七星关等地。

（十二）越桔属 *Vaccinium* Linnaeus

1. 白花越桔 *Vaccinium albidens* **Lévl. et Vant.**

常绿灌木或小乔木；生于海拔 1400－2300m 的山脊、山谷阔叶林内或灌丛中；分布地不详。

2. 南烛 *Vaccinium bracteatum* **Thunb.**

常绿灌木或小乔木；生于海拔 420－1700m 疏林、密林及灌丛中；分布于贵阳、开阳、修文、清镇、沿河、德江、松桃、兴仁、安龙、荔波、长顺、瓮安、独山、罗甸、福泉、都匀、惠水、贵定、龙里、从江、黎平等地。

3. 短梗乌饭 *Vaccinium brevipedicellatum* **C. Y. Wu ex Fang et Z. H. Pan**

常绿灌木；生于海拔 1200m 的山顶灌丛岩石上；分布于望谟等地。

4. 短尾越桔 *Vaccinium carlesii* **Dunn**

常绿灌木或乔木；生于海拔 750－1700m 的山脚、山坡、潮湿地、密林及灌丛中；分布于贵阳、安龙、绥阳、瓮安、独山、福泉、都匀、黄平、黎平、从江、梵净山等地。

5. 苍山越桔 *Vaccinium delavayi* **Franch.**

常绿小灌木；生于海拔 2400m 左右的岩石、树干上；分布地不详。

6. 樟叶越桔 *Vaccinium dunalianum* **Wight**

常绿灌木；生于海拔 1500－1700m 的密林或灌丛中；分布于兴仁、安龙、贞丰、贵定、龙里等地。

7. 大樟叶越桔 *Vaccinium dunalianum* var. *megaphyllum* **Sleum.**

常绿灌木；生于海拔 1400－2500m 的沟谷林中；分布于黔西南等地。

8. 尾叶越桔 *Vaccinium dunalianum* var. *urophyllum* **Rehd. et Wils.**

常绿灌木；生于海拔 850－1600m 的密林或灌丛中；分布于兴义、安龙、兴仁、纳雍、平坝、贵阳、长顺、罗甸、惠水、龙里等地。

9. 隐距越桔 *Vaccinium exaristatum* **Kurz**

常绿小乔木；生于海拔 200－1200m 山坡、山顶灌丛中；分布于兴义、安龙、望谟、罗甸等地。

10. 齿苞越桔 *Vaccinium fimbribracteatum* **C. Y. Wu**

常绿灌木；生于海拔 900－1200m 的山坡林内；分布于绥阳等地。

11. 臭越桔 *Vaccinium foetidissimum* **Lévl. et Vant.**

常绿灌木；生于海拔 900－1500m 的林中；分布于贵定、惠水、龙里等地。

12. 乌鸦果 *Vaccinium fragile* **Franch.**

常绿灌木；生于海拔 2300m 的灌丛中；分布于威宁、七星关、大方等地。

13. 灰叶乌饭 *Vaccinium glaucophyllum* **C. Y. Wu et R. C. Fang**

常绿灌木；生于海拔 1700 – 1800m 的山坡密林中；分布于安龙等地。

14. 无梗越桔 *Vaccinium henryi* Hemsl.

落叶灌木；生于海拔 750 – 2100m 的山坡灌丛中；分布于梵净山等地。

15. 黄背越桔 *Vaccinium iteophyllum* Hance

常绿灌木或小乔木；生于海拔 390 – 1300m 的山顶、山坡，阴处、阳处，疏林、密林及灌丛中；分布于赤水、松桃、天柱、黎平、从江、榕江、雷山、黄平、瓮安、平塘、独山、罗甸、福泉、望谟、安龙等地。

16. 扁枝越桔 *Vaccinium japonicum* var. *sinicum*（Nakai）Rehd.【*Hugeria vaccinioides*（Lévl.　）Hara 】

落叶灌木；生于海拔 1100 – 1250m 的山坡灌丛中；分布于贵阳、瓮安等地。

17. 长尾乌饭 *Vaccinium longicaudatum* Chun ex W. P. Fang et Z. H. Pan

常绿灌木；生于海拔 750 – 1580m 的山地疏林中；分布于黔东南、大沙河、瓮安等地。

18. 江南越桔 *Vaccinium mandarinorum* Diels【*Vaccinium laetum* Diels. 】

常绿灌木或小乔木；生于海拔 450 – 1700m 的山坡灌丛或杂木林中或路边林缘；分布于赤水、从江、荔波、长顺、独山、罗甸、福泉、望谟、贞丰、安龙、兴仁等地。

19. 宝兴越桔 *Vaccinium moupinense* Franch.

常绿灌木；生于海拔 900 – 2400m 的阔叶林中；分布于兴仁、安龙等地。

20. 峨眉越桔 *Vaccinium omeiense* Fang

常绿灌木；生于海拔 1850 – 2050m 的山坡林内或石上，有时附生于壳斗科植物树干上；分布地不详。

21. 椭圆叶越桔 *Vaccinium pseudorobustum* Sleum.

常绿灌木；生于海拔 850 – 1250m 的山顶；分布于贵阳、荔波、独山、罗甸、三都等地。

22. 毛萼越桔 *Vaccinium pubicalyx* Franch.

常绿灌木或小乔木；生于海拔 350 – 1350m 的疏林、灌丛中；分布于安龙、册亨、黄平、凯里、黎平、瓮安、福泉、三都等地。

23. 多毛毛萼越桔 *Vaccinium pubicalyx* var. *leucocalyx*（Lévl.）Rehd.

常绿灌木或小乔木；生于海拔 650 – 1700m 的潮湿地、灌丛中；分布于安龙、册亨、望谟、罗甸、贵定、黎平等地。

24. 峦大越桔 *Vaccinium randaiense* Hayata

常绿灌木；生于海拔 400 – 900m 山地林内或林缘；分布于清镇等地。

25. 林生越桔 *Vaccinium sciaphilum* C. Y. Wu

常绿灌木；生于海拔 1200m 的山顶灌丛岩石上；分布于望谟等地。

26. 广西越桔 *Vaccinium sinicum* Sleum.

常绿灌木；生于海拔 1200m 的石灰岩山顶岩石上灌丛中；分布于关岭等地。

27. 米饭花 *Vaccinium sprengelii*（G. Don）Sleumer

常绿灌木或乔木；生于海拔 700 – 1600m 的阔叶林中；分布于瓮安、荔波等地。

28. 凸脉越桔 *Vaccinium supracostatum* Hand. -Mazz.

常绿灌木；生于海拔 400 – 1700m 的山坡密林或山地灌丛中；分布于安龙、惠水、兴仁等地。

29. 刺毛越桔 *Vaccinium trichocladum* Merr. et Metc.

常绿灌木；生于海拔 650 – 1740m 的山脚、山坡、疏林、密林及灌丛中；分布于兴仁、安龙、贞丰、惠水、荔波等地。

30. 三花越桔 *Vaccinium triflorum* Rehd.

常绿灌木；生于海拔 900m 湿润地区；分布于西秀、长顺等地。

31. 红花越桔 Vaccinium urceolatum Hemsl.

常绿灌木或小乔木；生于海拔 800 - 1300m 的地区；分布于贵阳、安龙、荔波等地。

32. 越桔 Vaccinium vitis - idaea L.

常绿灌木；生于海拔 1000m 左右的林下；分布于惠水等地。

七七、岩梅科 Diapensiaceae

（一）岩匙属 *Berneuxia* Decaisne

1. 岩匙 Berneuxia thibetica Decne.

多年生草本；生于海拔 1700 - 2100m 的岩石上、山腹、山坡、草地的潮湿地中；分布于纳雍等地。

七八、山榄科 Sapotaceae

（一）肉实树属 *Sarcosperma* Hook. f.

1. 大肉实树 Sarcosperma arboreum Buch. -Ham. ex C. B. Clarke

常绿乔木；生于海拔 500m 的河谷疏林中；分布于册亨等地。

（二）铁榄属 *Sinosideroxylon*（Engler）Aubréville

1. 铁榄 Sinosideroxylon pedunculatum（Hemsl.）H. Chuang

常绿乔木；生于海拔 700 - 1100m 的山地林中；分布于黔西南、长顺、荔波、惠水、开阳等地。

2. 革叶铁榄 Sinosideroxylon wightianum（Hook. et Arn.）Aubrév.

常绿乔木，稀灌木；生于海拔 500 - 1500m 的石灰岩小山、灌丛及混交林中；分布于独山、罗甸、荔波、惠水、三都等地。

3. 滇铁榄 Sinosideroxylon yunnanense（C. Y. Wu）H. Chuang

常绿乔木；生于海拔 1200m 的山腹灌丛中；分布于望谟等地。

七九、柿树科 Ebenaceae

（一）柿树属 *Diospyros* Linnaeus

1. 瓶兰花 Diospyros armata Hemsl.

半常绿或落叶乔木；引种；省内有栽培。

2. 大理柿 Diospyros balfouriana Diels

灌木或小乔木；生于混交林中；分布于龙里等地。

3. 乌柿 Diospyros cathayensis Steward

常绿或半常绿乔木；生于海拔 600 - 1500m 的河谷、山地、山坡的疏林或密林中；分布于贵阳、开阳、清镇、修文、江口、安龙、荔波、长顺、瓮安、独山、罗甸、福泉、都匀、惠水、龙里、黎平等地。

4. 岩柿 Diospyros dumetorum W. W. Sm.

常绿乔木；生于海拔 600 - 1500m 的山谷、水旁、密林下或灌丛中；分布于赤水、望谟、荔波、都匀、独山、瓮安等地。

5. 乌材 Diospyros eriantha Champ. ex Benth.

常绿乔木或灌木；生于海拔 500m 以下的山地疏林、密林或灌丛中；分布于荔波等地。

6. 贵阳柿 Diospyros esquirolii Lévl.

常绿乔木；分布于贵阳等地。

7. 梵净山柿 Diospyros fanjingshanica S. K. Lee

常绿灌木或小乔木；生于海拔 500m 左右的密林中；分布于梵净山、瓮安等地。

8. 山柿 Diospyros japonica Sieb. et Zucc.【Diospyros glaucifolia Metc.；Diospyros glaucifolia var. brevipes S. Lee】

落叶乔木；生于海拔 600－1300m 的山坡、山谷的疏林或密林或灌丛中；分布于贵阳、修文、荔波、独山、都匀、施秉、黎平等地。

9. 凯马柿 Diospyros kaimaensis K. M. Lan

分布于梵净山等地。

10. 柿 Diospyros kaki Thunb.

落叶大乔木；分布于全省大部分地区。

11. 野柿 Diospyros kaki var. silvestris Makino

落叶大乔木；生于海拔 600－1600m 山地林中或山坡灌丛中；分布于全省各地。

12. 黄毛柿 Diospyros longipes K. M. Lan

分布于茂兰等地。

13. 龙胜柿 Diospyros longshengensis S. K. Lee

常绿灌木；生于山谷密林中；分布于荔波、瓮安等地。

14. 君迁子 Diospyros lotus L.

落叶乔木；生于海拔 600－1600m 的山坡、山谷路旁的林中或灌丛中；分布于印江、沿河、贵阳、息烽、修文、贞丰、册亨、三都、瓮安、长顺、独山、罗甸、福泉、都匀、惠水、贵定、龙里、平塘、黎平、凯里、雷山等地。

15. 罗浮柿 Diospyros morrisiana Hance

落叶乔木；生于海拔 400－1300m 的山谷、山腰、路旁、灌丛中及林中；分布于惠水、江口、荔波、三都、罗甸、龙里、平塘、榕江、从江等地。

16. 油柿 Diospyros oleifera Cheng

落叶乔木；生于村寨、路旁等地；分布于贵阳、开阳、荔波、贵定、三都等地。

17. 老鸦柿 Diospyros rhombifolia Hemsl.

落叶小乔木；生于海拔 1100m 的山坡、路旁、村寨边；分布于贵阳、惠水、贵定、龙里等地。

18. 石山柿 Diospyros saxatilis S. K. Lee

分布于茂兰等地。

19. 西畴君迁子 Diospyros sichourensis C. Y. Wu

常绿乔木；生于海拔 800－1700m 的混交林中或林谷溪畔；分布于省内东北部、大沙河等地。

20. 川柿 Diospyros sutchuensis Yang

常绿或半常绿小乔木；生于海拔 1655m 的石灰岩山灌丛中；分布于盘县等地。

21. 湘桂柿 Diospyros xiangguiensis S. Lee

常绿灌木或小乔木；生于石灰岩石山疏林下或溪畔；分布于荔波等地。

22. 贞丰柿 Diospyros zhenfengensis S. K. Lee

常绿乔木；生于灌丛中；分布于开阳、贞丰、荔波等地。

八〇、安息香科 Styracaceae

（一）赤杨叶属 Alniphyllum Matsum

1. 滇赤杨叶 Alniphyllum eberhardtii Guill.

落叶乔木；生于海拔 950m 的山腹、路旁、密林下；分布于望谟等地。

2. 赤杨叶 *Alniphyllum fortunei* (Hemsl.) Makino

落叶乔木；生于海拔 500 - 1200m 的常绿阔叶林中；分布于贵阳、兴仁、贞丰、紫云、惠水、罗甸、都匀、独山、三都、荔波、长顺、瓮安、福泉、贵定、龙里、梵净山、雷公山、剑河、榕江、从江、天柱、黎平等地。

（二）银钟花属 *Halesia* J. Ellis ex Linnaeus

1. 银钟花 *Halesia macgregorii* Chun

落叶乔木；生于海拔约 1100m 的山地密林中；分布于从江、剑河、瓮安、惠水、三都等地。

（三）山茉莉属 *Huodendron* Rehder

1. 双齿山茉莉 *Huodendron biaristatum* (W. W. Sm.) Rehd.

落叶乔木；生于海拔 530 - 1200m 的山地林中；分布于望谟、独山、三都、榕江等地。

2. 岭南山茉莉 *Huodendron biaristatum* var. *parviflorum* (Merr.) Rehd.

落叶灌木至小乔木；生于海拔 300 - 600m 的山谷密林中；分布于三都等地。

3. 西藏山茉莉 *Huodendron tibeticum* (J. Anthony) Rehd.

落叶乔木或灌木；生于海拔 650 - 800m 的山地林中或沟谷湿地；分布于雷山、从江、榕江、都匀、三都等地。

4. 广西山茉莉 *Huodendron tomentosum* var. *guangxiensis* S. M. Hwang er C. F. Liang

落叶乔木；生于密林中；分布于荔波等地。

（四）陀螺果属 *Melliodendron* Handel-Mazzetti

1. 陀螺果 *Melliodendron xylocarpum* Hand. -Mazz.

落叶乔木；生于海拔 550m 的山地林中；分布于罗甸、从江、黎平等地。

（五）白辛树属 *Pterostyrax* Siebold et Zuccarini

1. 小叶白辛树 *Pterostyrax corymbosus* Sieb. et Zucc.

落叶乔木；生于海拔 400 - 1600m 的山区河边以及山坡低凹而湿润的地方；分布于瓮安等地。

2. 白辛树 *Pterostyrax psilophyllus* Diels ex Perkins

落叶乔木；生于海拔 890 - 1780m 的山地林中；分布于水城、望谟、息烽、松桃、梵净山、施秉、雷山、黎平、榕江、从江、长顺、瓮安、独山、罗甸、都匀、三都、龙里等地。

（六）木瓜红属 *Rehderodendron* Hu

1. 广东木瓜红 *Rehderodendron kwangtungense* Chun

落叶乔木；生于海拔 1165 - 1400m 的山地林中；分布于江口、雷山、从江、黎平等地。

2. 贵州木瓜红 *Rehderodendron kweichowense* Hu

落叶乔木；生于海拔 500 - 1300m 的山地林中；分布于七星关、独山、三都、龙里、榕江、月亮山等地。

3. 木瓜红 *Rehderodendron macrocarpum* Hu

落叶乔木；生于海拔 1340 - 1900m 的山地林中；分布于习水、雷山、榕江、从江、三都、龙里等地。

（七）秤锤树属 Sinojackia Hu

1. 棱果秤锤树 *Sinojackia henryi* (Dummer) Merrill

落叶灌木或小乔木；生于山地林中；分布于瓮安等地。

2. 秤锤树 *Sinojackia xylocarpa* Hu

落叶乔木；生于海拔 500 - 800m 的林缘或疏林中；分布于荔波等地。

（八）安息香属 *Styrax* Linnaeus

1. 赛山梅 *Styrax confusus* Hemsl.

落叶灌木或小乔木；生于海拔 560 - 1100m 的杂木林或灌木中；分布于息烽、独山、长顺、瓮安、罗甸、梵净山、从江、黎平等地。

2. 垂珠花 *Styrax dasyanthus* Perk.

落叶乔木；生于海拔 850 – 1800m 的山地阳坡林中；分布于兴仁、安龙、梵净山、雷山、从江、三都等地。

3. 白花龙 *Styrax faberi* Perk.

落叶灌木；生于海拔 740 – 1100m 的山地灌丛中；分布于湄潭、贵阳、修文、开阳、清镇、梵净山、荔波、独山、惠水、贵定、三都、龙里、平塘、从江、黎平等地。

4. 大花安息香 *Styrax grandiflorus* Griff.

落叶灌木或小乔木；生于海拔 730 – 1200m 山地林中或林缘；分布于贵阳、清镇、都匀、独山、荔波、贵定、三都、梵净山、黎平、从江等地。

5. 老鸹铃 *Styrax hemsleyanus* Diels

落叶乔木；生于海拔 1000 – 2000m 的山地或河谷林中；分布于贵阳、梵净山、黎平等地。

6. 野茉莉 *Styrax japonicus* Sieb. et Zucc.

落叶灌木或小乔木；生于海拔 600 – 1200m 山地林中或灌丛中；分布于七星关、水城、盘县、普定、晴隆、兴仁、贞丰、息烽、修文、西秀、清镇、贵阳、凯里、梵净山、独山、三都、长顺、罗甸、福泉、荔波、都匀、惠水、贵定、龙里、平塘、从江、黎平等地。

7. 毛萼野茉莉 *Styrax japonicus* var. *calycothrix* Gilg

落叶灌木或小乔木；生于海拔 1000 – 1900m 山地林中；分布于威宁、安龙、普安、清镇、贵阳、凯里、雷山、龙里等地。

8. 大果安息香 *Styrax macrocarpus* Cheng

落叶乔木；生于海拔 500 – 850m 的山谷密林中；分布于三都等地。

9. 芬芳安息香 *Styrax odoratissimus* Champ. ex Benth.

落叶小乔木；生于海拔 650 – 1300m 山坡或旁林中；分布于贵阳、印江、江口、黎平、从江、荔波、独山、三都等地。

10. 粉花安息香 *Styrax roseus* Dunn

落叶小乔木；生于海拔 1000 – 2300m 的疏林中；分布于黔西、黎平、瓮安等地。

11. 栓叶安息香 *Styrax suberifolius* Hook. et Arn.

落叶乔木；生于海拔 330 – 850m 的山坡及常绿林中；分布于开阳、瓮安、凯里、雷山、梵净山、天柱、黎平、榕江、从江、安龙、荔波、惠水、三都、龙里等地。

12. 越南安息香 *Styrax tonkinensis*（Pierre）Craib ex Hartw.

乔木；生于海拔 750 – 1000m 的山地林中；分布于贞丰、三都、瓮安、罗甸、荔波、都匀、榕江、从江等地。

八一、山矾科 Symplocaceae

（一）山矾属 *Symplocos* Jacquin

1. 腺叶山矾 *Symplocos adenophylla* Wall. ex G. Don

常绿乔木；生于海拔 200 – 800m 的路边、水旁、山谷或疏林中；分布于黎平、瓮安、荔波等地。

2. 腺柄山矾 *Symplocos adenopus* Hance

常绿灌木或小乔木；生于海拔 950 – 2000m 的山坡、山谷密林中；分布于印江、梵净山、开阳、息烽、安龙、册亨、都匀、贵定、荔波、瓮安、独山、罗甸、福泉、惠水、龙里、凯里、雷山、黎平、榕江、从江等地。

3. 薄叶山矾 *Symplocos anomala* Brand

常绿灌木或小乔木；生于海拔 550 – 1700m 的山坡、山谷密林中和路旁；分布于贵阳、息烽、清镇、开阳、大方、习水、绥阳、印江、江口、梵净山、兴义、兴仁、安龙、贞丰、贵定、龙里、瓮安、荔波、长顺、独山、罗甸、福泉、惠水、三都、平塘、凯里、雷公山、黄平、黎平、从江、榕江等地。

4. 南国山矾 *Symplocos austrosinensis* Hand. -Mazz.

常绿乔木；生于海拔 1000m 的山谷、密林中；分布于贵定、荔波、瓮安、凯里、从江等地。

5. 越南山矾 *Symplocos cochinchinensis* (Lour.) S. Moore

常绿乔木；生于海拔 1500m 以下的溪边、路旁或阔叶林中；分布于黔东南、三都等地。

6. 黄牛奶树 *Symplocos cochinchinensis* var. *laurina* (Retz.) Noot.【*Symplocos laurina* Wall.】

常绿乔木；生于海拔 700m 左右的山谷疏、密林中及山坡灌丛中；分布于贵阳、修文、贵定、荔波、凯里、从江等地。

7. 密花山矾 *Symplocos congesta* Benth.

常绿乔木或灌木；生于海拔 500 – 600m 的低山密林中和山谷沟边潮湿地；分布于清镇、三都、荔波、从江等地。

8. 厚叶山矾 *Symplocos crassilimba* Merr.

常绿乔木；生于海拔 400 – 1000m 的山地、山顶溪边密林中；分布于荔波等地。

9. 坚木山矾 *Symplocos dryophila* C. B. Clarke

常绿乔木；生于海拔 2100m 的山坡杂木林中；分布于佛顶山等地。

10. 羊舌树 *Symplocos glauca* (Thunb.) Koidz.

常绿乔木；生于海拔 350 – 800m 的山坡、山谷密林中和河谷潮湿地；分布于册亨、雷公山、榕江、瓮安、荔波等地。

11. 团花山矾 *Symplocos glomerata* King ex C. B. Clarke

常绿乔木或灌木；生于海拔 1400m 的常绿阔叶林中；分布于习水等地。

12. 毛山矾 *Symplocos groffii* Merr.

常绿小乔木或乔木；生于海拔 450 – 1400m 的山谷疏林和山坡灌丛中；分布于息烽、册亨、平塘、荔波、独山、罗甸、惠水、龙里、凯里、雷山等地。

13. 海桐山矾 *Symplocos heishanensis* Hayata

常绿乔木；生于海拔 1300m 以下的林中；分布于梵净山等地。

14. 光叶山矾 *Symplocos lancifolia* Sieb. et Zucc.

常绿小乔木；生于海拔 330 – 1850m 的山谷、山坡林中、路旁；分布于遵义、习水、印江、江口、梵净山、松桃、册亨、望谟、平坝、贵阳、瓮安、贵定、独山、荔波、三都、罗甸、都匀、惠水、龙里、凯里、雷公山、黄平、从江、黎平、榕江等地。

15. 光亮山矾 *Symplocos lucida* (Thunb.) Sieb. et Zucc.【*Symplocos phyllocalyx* Clarke；*Symplocos sinuata* Brand】

常绿乔木；生于海拔 1200 – 2100m 的山坡、山谷密林中和路旁；分布于纳雍、大方、梵净山、龙里、荔波、瓮安、独山、罗甸、雷山、施秉、黎平等地。

16. 单花山矾 *Symplocos ovatilobata* Noot.

常绿小乔木；生于海拔 600 – 800m 的密林中；分布于惠水、龙里等地。

17. 白檀 *Symplocos paniculata* (Thunb.) Miq.

落叶灌木或小乔木；生于海拔 950 – 2630m 的山坡、山谷疏、密林中及路旁灌丛中；分布于威宁、赫章、大方、梵净山、兴仁、兴义、安龙、贵阳、清镇、凯里、雷山、黄平、黎平、榕江、瓮安、独山、罗甸、福泉、都匀、贵定等地。

18. 少脉山矾 *Symplocos paucinervia* Noot.

常绿灌木；生于灌木林中；分布于惠水等地。

19. 南岭山矾 *Symplocos pendula* var. *hirtistylis*（C. B. Clarke）Noot.【*Symplocos confusa* Brand】

常绿灌木或小乔木；生于海拔 700－870m 的山谷疏林中；分布于黎平、从江、三都等地。

20. 铁山矾 *Symplocos pseudobarberina* Gontsch.

常绿乔木；生于海拔 1000m 的山地密林中；分布于大沙河等地。

21. 多花山矾 *Symplocos ramosissima* Wall. ex G. Don

常绿灌木或小乔木；生于海拔 570－2000m 的山坡、山谷密林中和河谷潮湿地；分布于纳雍、绥阳、贵阳、息烽、开阳、江口、印江、梵净山、兴仁、安龙、册亨、龙里、贵定、平塘、长顺、瓮安、独山、罗甸、福泉、都匀、惠水、三都、凯里、雷公山、黄平、施秉、黎平、从江等地。

22. 老鼠矢 *Symplocos stellaris* Brand

常绿乔木；生于海拔 600－1360m 的山坡疏、密林中及河谷边灌丛中；分布于遵义、江口、印江、梵净山、贵阳、开阳、清镇、贵定、都匀、瓮安、长顺、独山、罗甸、福泉、荔波、三都、龙里、平塘、凯里、雷山等地。

23. 铜绿山矾 *Symplocos stellaris* var. *aenea*（Hand.-Mazz.）Noot.【*Symplocos aenea* Hand.-Mazz.】

常绿乔木；生于海拔 1000－1800m 的林中；分布于清镇、大沙河等地。

24. 山矾 *Symplocos sumuntia* Buch.-Ham. ex D. Don【*Symplocos subconnata* Hand.-Mazz.；*Symplocos decora* Hance】

常绿乔木；生于海拔 500－2100m 的山谷密林及山坡疏林或灌丛中；分布于大方、遵义、息烽、江口、印江、梵净山、盘县、水城、兴仁、安龙、贵阳、清镇、开阳、修文、贵定、瓮安、长顺、独山、罗甸、福泉、荔波、都匀、惠水、三都、龙里、平塘、雷山、黄平、施秉、黎平、从江、榕江等地。

25. 绿枝山矾 *Symplocos viridissima* Brand

常绿灌木或小乔木；生于海拔 600－1500m 的密林中；分布于黔东南等地。

26. 微毛山矾 *Symplocos wikstroemiifolia* Hayata

常绿灌木或乔木；生于海拔 800－900m 的山谷密林下或灌丛中；分布于息烽、惠水、独山、荔波、福泉、龙里、雷山、凯里、黄平、从江、榕江等地。

八二、紫金牛科 Myrsinaceae

（一）紫金牛属 *Ardisia* Sw.

1. 少年红 *Ardisia alyxiifolia* Tsiang ex C. Chen

常绿小灌木；生于海拔 1000m 山谷疏林或灌木林；分布于贵定、独山、惠水、龙里等地。

2. 九管血 *Ardisia brevicaulis* Diels

常绿小灌木；生于海拔 400－1200m 林下阴湿处；分布于开阳、三都、贵定、黎平、正安、榕江、雷公山、梵净山等地。

3. 尾叶紫金牛 *Ardisia caudata* Hemsl.

常绿灌木；生于海拔 1000－2200m 的山谷、山坡疏、密林下，溪边或阴湿的地方；分布地不详。

4. 小紫金牛 *Ardisia chinensis* Benth.

常绿亚灌木状矮灌木；生于海拔 300－800m 的山谷、山地疏、密林下，阴湿的地方或溪旁；分布于瓮安、荔波等地。

5. 伞形紫金牛 *Ardisia corymbifera* Mez

常绿灌木；生于海拔 700－1500m 的疏、密林下，潮湿或略干燥的地方；分布于茂兰等地。

6. 朱砂根 *Ardisia crenata* Sims【*Ardisia crenata* var. *bicolor*（Walker）C. Y. Wu et C. Chen】

常绿灌木；生于海拔 500－2000m 林下或阴湿灌木林中；分布于全省各地。

7. 百两金 *Ardisia crispa* （Thunb.） A. DC.【*Ardisia crispa* var. *amplifolia* Walk；*Ardisia crispa* var. *dielsii*（Lévl.） Walk.】

常绿灌木；生于海拔 400 – 1800m 山谷中；分布于贵阳、开阳、清镇、贞丰、雷山、印江、大方、惠水、都匀、罗甸、独山、荔波、平塘、长顺、贵定、三都、龙里、梵净山等地。

8. 剑叶紫金牛 *Ardisia ensifolia* Walker

常绿灌木；生于海拔约 700m 的密林下、阴湿处或石缝间；分布于惠水等地。

9. 月月红 *Ardisia faberi* Hemsl.

常绿小灌木或亚灌木；生于海拔 1000 – 1300m 的山谷疏林下阴湿处或石缝间；分布于开阳、惠水、长顺、独山、荔波、龙里、正安、松桃等地。

10. 小乔木紫金牛 *Ardisia garrettii* H. R. Fletcher【*Ardisia arborescens* Wall.】

常绿灌木或小乔木；生于海拔 700m 石灰岩山疏林灌丛中；分布于兴义、罗甸、惠水、安龙等地。

11. 走马胎 *Ardisia gigantifolia* Stapf

常绿大灌木或亚灌木；生于海拔 800 – 1000m 山间疏林下阴湿地；分布于独山、三都等地。

12. 柳叶紫金牛 *Ardisia hypargyrea* C. Y. Wu et C. Chen【*Ardisia quinquegona* var. *salicifolia*（E. Walker）C. M. Hu et J. E. Vidal】

灌木或灌木状小乔木；生于海拔 700 – 1550m 的山谷、山坡疏、密林下，阴处；分布于大沙河等地。

13. 紫金牛 *Ardisia japonica*（Thunb.） Bl.

常绿小灌木或亚灌木；生于海拔 900 – 1200m 的山间林下阴湿地方；分布于贵阳、黔西、桐梓、习水、赤水、正安、务川、七星关、长顺、福泉、都匀、惠水、贵定、三都、龙里、平塘等地。

14. 山血丹 *Ardisia lindleyana* D. Dietr.【*Ardisia punctata* Lindl.】

常绿灌木；生于海拔 300 – 1150m 的山谷、山坡密林下；分布于三都等地。

15. 心叶紫金牛 *Ardisia maclurei* Merr.

常绿近草质亚灌木或小灌木；生于海拔 420m 疏林下石隙间阴湿处；分布于罗甸等地。

16. 虎舌红 *Ardisia mamillata* Hance

常绿小灌木；生于海拔 500 – 1200m 山谷杂木林下阴湿处；分布于独山、荔波、三都、榕江、从江、丹寨等地。

17. 纽子果 *Ardisia virens* Kurz【*Ardisia virens* var. *annamensia* Pitard；*Ardisia maculosa* Mez】

常绿灌木；生于海拔 900 – 1100m 的山顶疏林下或密林下；分布于黎平、雷山、册亨、三都等地。

18. 莲座紫金牛 *Ardisia primulifolia* Gardn. et Champ.

小灌木或近草本；生于海拔 600 – 1400m 的山坡杂木疏林下阴湿地；分布于独山、荔波等地。

19. 九节龙 *Ardisia pusilla* A. DC.

亚灌木状小灌木；生于海拔 700 – 1500m 的山间林下或溪边阴湿处；分布于黔西、绥阳、印江、金沙、安龙、赫章、三都等地。

20. 罗伞树 *Ardisia quinquegona* Bl.

灌木或灌木状小乔木；生于海拔 200 – 1000m 的山坡疏、密林中，或林中溪边阴湿处；分布于佛顶山等地。

21. 南方紫金牛 *Ardisia thyrsiflora* D. Don【*Ardisia yunnanensis* Mez ；*Ardisia depressa* C. B. Clarke】

灌木或小乔木；生于海拔 600 – 800m 的山谷、山坡疏林灌丛或坡边阴湿处；分布于罗甸、独山、荔波、望谟、安龙、兴义等地。

22. 雪下红 *Ardisia villosa* Roxb.

灌木；生于海拔 500 – 1540m 的疏、密林下石缝间，坡边或路旁阳处；分布于大沙河等地。

（二）酸藤子属 *Embelia* N. L. Burman

1. 当归藤 *Embelia parviflora* Wall. ex A. DC.

攀援灌木或藤本；生于海拔 800 - 1200m 的疏林、林缘或灌丛中；分布于贵阳、清镇、开阳、都匀、独山、瓮安、荔波、惠水、贵定、三都、龙里、关岭、碧江、印江等地。

2. 疏花酸藤子 *Embelia pauciflora* Diels

攀援藤本或灌木；生于海拔 1300 - 1500m 的山坡疏林灌丛中；分布于贵阳、清镇、开阳、独山、都匀、惠水、贵定、三都、龙里等地。

3. 白花酸藤子 *Embelia ribes* Burm. f.

攀援灌木或藤本；生于海拔 500 - 1000m 的林缘或灌丛中；分布于罗甸、独山、望谟、册亨等地。

4. 瘤皮孔酸藤子 *Embelia scandens*（Lour.）Mez

攀援灌木；生于海拔 300 - 900m 的山坡、山谷疏、密林或疏灌丛中；分布于荔波等地。

5. 短梗酸藤子 *Embelia sessiliflora* Kurz

攀援灌木或藤本；生于海拔 900 - 1200m 的疏林或林缘灌丛向阳处；分布于兴义、安龙等地。

6. 平叶酸藤子 *Embelia undulata*（Wall.）Mez【*Embelia subcoriacea*（C. B. Clarke）Mez；*Embelia longifolia*（Benth）Hemsl.】

攀援灌木；生于海拔 700 - 1800m 的山谷、山坡疏林中；分布于贵阳、开阳、荔波、瓮安、都匀、独山、惠水、龙里、威宁、关岭、印江等地。

7. 密齿酸藤子 *Embelia vestita* Roxb.【*Embelia rudis* Hand. -Mazz.；*Embelia oblongifolia* Hemsl.】

攀援灌木；生于海拔 400 - 1600m 的林中或灌丛中；分布于贵阳、开阳、雷山、正安、独山、罗甸、长顺、三都、瓮安、福泉、荔波、都匀、安龙、兴义、松桃、梵净山、月亮山等地。

（三）杜茎山属 *Maesa* Forsskål

1. 短序杜茎山 *Maesa brevipaniculata*（C. Y. Wu et C. Chen）Pipoly et C. Chen【*Maesa parvifolia* var. *brevipaniculata* C. Y. Wu et C. Chen】

灌木或攀援灌木；生于海拔 700m 杂木林下阴湿处；分布于罗甸等地。

2. 湖北杜茎山 *Maesa hupehensis* Rehd.

灌木；生于海拔 600 - 1300m 的山间林下或溪边林下；分布于贵阳、三都、长顺、福泉、都匀等地。

3. 毛穗杜茎山 *Maesa insignis* Chun

灌木；生于海拔 600 - 1000m 的山坡密林下；分布于贵阳、开阳、息峰、册亨、瓮安、独山、罗甸、荔波、都匀、惠水等地。

4. 杜茎山 *Maesa japonica*（Thunb.）Moritzi. et Zoll.

灌木；生于海拔 500 - 1600m 的山坡或石灰岩山杂木林下阳处或灌丛中；分布于贵阳、龙里、都匀、独山、平塘、荔波、长顺、瓮安、罗甸、福泉、惠水、贵定、三都、黎平、松桃、梵净山、水城、兴义等地。

5. 金珠柳 *Maesa montana* A. DC.

灌木或小乔木；生于海拔 400 - 1400m 的山地疏林或山间杂木林下；分布于贵阳、开阳、雷山、罗甸、长顺、福泉、荔波、都匀、惠水、三都、平塘、册亨、安龙等地。

6. 小叶杜茎山 *Maesa parvifolia* A. DC.

灌木；生于海拔 400 - 1650m 的疏、密林下或开阔的山坡灌丛中；分布于惠水等地。

7. 鲫鱼胆 *Maesa perlarius*（Lour.）Merr.

小灌木；生于海拔 450 - 1650m 的山坡疏林或路旁灌丛中湿润处；分布于罗甸、瓮安、荔波、都匀、三都、龙里、印江、梵净山等地。

8. 软弱杜茎山 *Maesa tenera* Mez

灌木；生于林缘开阔地；分布于瓮安、荔波、佛顶山等地。

（四）铁仔属 *Myrsine* L.

1. 铁仔 *Myrsine africana* L.【*Myrsine africana* var. *acuminata* C. Y. Wu et C. Chen】

灌木；生于海拔 600 - 2500m 的石灰岩山坡、荒坡疏林或林缘向阳干燥地；分布于全省各地。

2. 平叶密花树 *Myrsine faberi*（Mez）Pipoly et C. Chen【*Rapanea faberi* Mez 】

乔木；生于海拔 500 - 1200m 的常绿阔叶林森林、溪流旁、潮湿的地方；分布于兴义、惠水、荔波等地。

3. 广西密花树 *Myrsine kwangsiensis*（E. Walker）Pipoly et C. Chen【*Rapanea kwangiensis* E. Walker；*Rapanea kwangsiensis* var. *lanceolata* C. Y. Wu et C. Chen】

小乔木；生于海拔 560 - 700m 的山坡疏林中或石灰岩杂木林中；分布于册亨、望谟、兴义、独山、罗甸、荔波、平塘等地。

4. 打铁树 *Myrsine linearis*（Lour.）Poir.【*Rapanea linearis*（Lour.）S. Moore】

灌木或乔木，生于海拔 600 - 900m 的山间疏林或荒坡灌丛或石灰岩山灌丛中；分布于贵阳、清镇、罗甸、望谟、册亨等地。

5. 密花树 *Myrsine seguinii* Lévl.【*Rapanea neriifolia* Mez.】

大灌木或小乔木；生于海拔 400 - 1300m 的山坡疏林或灌丛中；分布于开阳、罗甸、长顺、瓮安、独山、荔波、惠水、贵定、平塘、册亨、望谟、兴义等地。

6. 针齿铁仔 *Myrsine semiserrata* Wall.【*Myrsine semiserrata* var. *brachypoda* Z. Y. Zhu.】

大灌木或小乔木；生于海拔 600 - 1700m 的山坡疏林路旁及石灰岩山坡向阳坡地；分布于贵阳、开阳、修文、遵义、施秉、荔波、平塘、独山、长顺、瓮安、福泉、都匀、惠水、三都、兴义、册亨、七星关、大沙河等地。

7. 光叶铁仔 *Myrsine stolonifera*（Koidz.）E. Walker

灌木；生于海拔 500 - 2000m 的疏林中潮湿处；分布于长顺、独山、罗甸、都匀、惠水、龙里、平塘等全省各地。

8. 瘤枝密花树 *Myrsine verruculosa*（C. Y. Wu et C. Chen）Pipoly et C. Chen【*Rapanea verruculosa* C. Y. Wu et C. Chen】

灌木；生于海拔 1500m 的石灰岩山坡开阔的林下；分布于大沙河、长顺、荔波、贵阳等地。

八三、报春花科 Primulaceae

（一）点地梅属 *Androsace* Linnaeus

1. 腋花点地梅 *Androsace axillaris*（Franch.）Franch.

多年生草本；生于海拔 2400 - 2600m 的灌丛草地中；分布于威宁等地。

2. 莲叶点地梅 *Androsace henryi* Oliv.

多年生草本；生于海拔 2000m 的山坡密林中；分布于纳雍等地。

3. 贵州点地梅 *Androsace kouytchensis* Bonati

多年生草本；生于海拔 2200m 荒山草地；分布于龙里等地。

4. 梵净山点地梅 *Androsace medifissa* Chen et Y. C. Yang

多年生草本；生于海拔 2580m 山坡草地；分布于印江、梵净山等地。

5. 异叶点地梅 *Androsace runcinata* Hand. -Mazz.

多年生草本；生于海拔 1200 - 1500m 的荒山草地；分布于龙里等地。

6. 点地梅 *Androsace umbellata*（Lour.）Merr.

一年或二年生草本；生于海拔 780m 的山坡草地；分布于罗甸等地。

（二）仙客来属 *Cyclamen* Linnaeus

1. 仙客来 *Cyclamen persicum* Mill.

多年生草本；原产希腊等地；省内有栽培。

（三）珍珠菜属 *Lysimachia* Linnaeus

1. 广西过路黄 *Lysimachia alfredii* Hance

多年生草本；生于海拔 220－900m 的山谷溪边、沟旁湿地、林下和灌丛中；分布地不详。

2. 小广西过路黄 *Lysimachia alfredii* var. *chrysosplenioides*（Hand.-Mazz.）F. H. Chen et C. M. Hu

多年生草本；生于山谷疏林下；分布地不详。

3. 虎尾花 *Lysimachia barystachys* Bunge

多年生草本；生于海拔 800－2000m 的山坡、路旁灌丛中；分布于大沙河等地。

4. 双花香草 *Lysimachia biflora* C. Y. Wu

多年生草本；生于海拔 2400m 的山谷草地；分布于盘县等地。

5. 短蕊香草 *Lysimachia brachyandra* F. H. Chen et C. M. Hu

多年生草本；生于海拔 1200m 的山坡草地及林下；分布于兴义等地。

6. 泽珍珠菜 *Lysimachia candida* Lindl.

一年或二年生草本；生于海拔 500m 的阴湿草地或路旁；分布于望谟等地。

7. 细梗香草 *Lysimachia capillipes* Hemsl.

一年生草本；生于海拔 520m 的草地半阴处；分布于习水等地。

8. 石山细梗香草 *Lysimachia capillipes* var. *cavaleriei*（Lévl.）Hand.-Mazz.

一年生草本；生于海拔 300－1200m 的石灰岩山地；分布地不详。

9. 近总序香草 *Lysimachia chapaensis* Merr.【*Lysimachia subracemosa* C. Y. Wu】

多年生草本；生于海拔 900m 的山坡草地；分布于独山等地。

10. 过路黄 *Lysimachia christiniae* Hance

多年生草本；生于海拔 800－2300m 的沟边、路旁阴湿处和山坡林下；分布于雷公山等地。

11. 露珠珍珠菜 *Lysimachia circaeoides* Hemsl.

多年生草本；生于海拔 900－1100m 的山坡草地、疏林、灌丛下；分布于德江、瓮安、印江、平坝、黄平等地。

12. 矮桃 *Lysimachia clethroides* Duby

多年生草本；生于海拔 800－1900m 的山坡草地；分布于全省各地。

13. 临时救 *Lysimachia congestiflora* Hemsl.

多年生草本；生于海拔 800m 的山坡路旁；分布于凯里、榕江、平塘等地。

14. 延叶珍珠菜 *Lysimachia decurrens* G. Forst.

多年生草本；生于海拔 300m 的山坡阴湿处；分布于罗甸、安龙等地。

15. 小寸金黄 *Lysimachia deltoidea* var. *cinerascens* Franch.

多年生草本；生于海拔 1000m 的山坡草地，灌丛中和岩石边；分布于贵阳、开阳、普定等地。

16. 独山香草 *Lysimachia dushanensis* F. H. Chen et C. M. Hu

常绿草本；生于海拔 900m 山坡草地；分布于独山等地。

17. 贵州过路黄 *Lysimachia esquirolii* Bonati

多年生草本；生于海拔 600－800m 的山坡密林或沟边；分布于罗甸、望谟等地。

18. 五岭管茎过路黄 *Lysimachia fistulosa* var. *wulingensis* F. H. Chen et C. M. Hu

多年生草本；生于海拔 850－1300m 的路旁草地、山坡、沟旁；分布于雷山、梵净山等地。

19. 富宁香草 *Lysimachia fooningensis* C. Y. Wu

多年生草本；生于海拔 800 – 1300m 的林下和山谷中；分布于兴义等地。

20. 红根草 *Lysimachia fortunei* Maxim.

多年生草本；生于海拔 900 – 1100m 的山坡草地；分布于独山、施秉、榕江、罗甸等地。

21. 点腺过路黄 *Lysimachia hemsleyana* Maxim.

多年生草本；引种；省内有栽培。

22. 叶苞过路黄 *Lysimachia hemsleyi* Franch.【*Lysimachia franchetii* R. Knuth 】

多年生草本；生于海拔 1650m 的山坡、路旁、沟底或灌丛中；分布于威宁等地。

23. 贵州宜昌过路黄 *Lysimachia henryi* var. *guizhouensis* C. M. Hu

多年生草本；生于海拔 700 – 1100m 的山坡草地中；分布于江口等地。

24. 巴山过路黄 *Lysimachia hypericoides* Hemsl.

多年生草本；生于海拔 2200m 的山坡路旁草地；分布于印江等地。

25. 三叶香草 *Lysimachia insignis* Hemsl.

多年生草本；生于海拔 300 – 1600m 的山坡草地中；分布于三都等地。

26. 长蕊珍珠菜 *Lysimachia lobelioides* Wall.

一年生草本；生于海拔 1000 – 1250m 的草地；分布于安龙、平坝等地。

27. 假琴叶过路黄 *Lysimachia lychnoides* F. H. Chen et C. M. Hu

多年生草本；生于海拔 1600m 山坡草地；分布于雷公山、黎平等地。

28. 山萝过路黄 *Lysimachia melampyroides* R. Knuth

多年生草本；生于海拔 1100 – 1800m 的山坡草地；分布于盘县、松桃等地。

29. 小果无腺排草 *Lysimachia microcarpa* var. *eglandulosa* C. Y. Wu

多年生草本；分布于兴义、兴仁等地。

30. 兴义香草 *Lysimachia millerietii*（Lévl.）Hand. -Mazz.

多年生草本；生于山坡林缘；分布于兴义等地。

31. 木茎香草 *Lysimachia navillei*（Lévl.）Hand. -Mazz.

多年生草本；生于海拔 1200 – 1400m 的山坡疏林下或石岩潮湿地；分布于安龙、册亨等地。

32. 落地梅 *Lysimachia paridiformis* Franch.

多年生草本；生于海拔 950 – 1100m 的石山灌丛阴处；分布于德江、道真、贵阳、息烽等地。

33. 狭叶落地梅 *Lysimachia paridiformis* var. *stenophylla* Franch.【*Lysimachia trientaloides* Hemsl.】

多年生草本；生于海拔 1100m 的阴湿疏林下或石下；分布于清镇、赤水、平塘等地。

34. 小叶珍珠菜 *Lysimachia parvifolia* Franch.

多年生草本；生于海拔 300m 的旱地；分布于罗甸等地。

35. 巴东过路黄 *Lysimachia patungensis* Hand. -Mazz.

多年生草本；生于海拔 500 – 1000m 林下或溪边；分布于麻阳河等地。

36. 阔叶假排草 *Lysimachia petelotii* Merr.【*Lysimachia sikokiana* Miq. ；*Lysimachia sikokiana* Subsp. *petelotii*（Merr.）C. M. Hu】

多年生草本；生于海拔 1200m 的林下边沟谷阴处；分布于兴义、罗甸等地。

37. 叶头过路黄 *Lysimachia phyllocephala* Hand. -Mazz.

多年生草本；生于海拔 900m 的水旁、沟底密林中；分布于清镇、七星关、安龙、龙里、兴义、梵净山等地。

38. 短毛叶头过路黄 *Lysimachia phyllocephala* var. *polycephala*（S. S. Chien）F. H. Chen et C. M. Hu

多年生草本；生于海拔 1100 – 2100m 的山谷林下和林缘湿处；分布于大沙河等地。

39. 显苞过路黄 *Lysimachia rubiginosa* **Hemsl.**

多年生草本；生于海拔 900 – 1600m 的山坡坡、路旁、沟底或灌丛中；分布于绥阳、雷山、施秉、江口等地。

40. 伞花落地梅 *Lysimachia sciadantha* **C. Y. Wu**

多年生草本；生于海拔 750m 的山坡、路旁、阴处灌丛中；分布于习水等地。

41. 腺药珍珠菜 *Lysimachia stenosepala* **Hemsl.**

多年生草本；生于海拔 1000 – 1950m 的阴湿草地、水旁、沟边；分布于安龙、大方、纳雍、瓮安等地。

42. 云贵腺药珍珠菜 *Lysimachia stenosepala* var. *flavescens* **F. H. Chen et C. M. Hu**

多年生草本；生于海拔 1150 – 1250m 阴湿山沟；分布于清镇、安龙、兴仁等地。

43. 轮花香草 *Lysimachia subverticillata* **C. Y. Wu**

多年生草本；生于海拔 500 – 750m 山坡草地；分布于独山等地。

44. 蔓延香草 *Lysimachia trichopoda* **Franch.**

多年生草本；生于海拔 1200 – 1800m 的湿润疏林下；分布于望谟等地。

（四）报春花属 *Primula* **Linnaeus**

1. 乳黄雪山报春 *Primula agleniana* **Balf. f. et Forrest**

多年生草本；生于海拔 1200m 的高山草坡和溪边草地；分布于大沙河等地。

2. 香花报春 *Primula aromatica* **W. W. Sm. et Forrest**

多年生草本；生于海拔 400m 的山谷路边土坎上；分布于黎平等地。

3. 霞红灯台报春 *Primula beesiana* **Forrest**

多年生草本；生于海拔 1200m 的溪边和沼泽草地；分布于望谟等地。

4. 黔西报春 *Primula cavaleriei* **Petitm.**

多年生草本；生于海拔 1200 – 1500m 的山谷、岩石缝中；分布于惠水、七星关、习水、大沙河等地。

5. 垂花穗状报春 *Primula cernua* **Franch.**

多年生草本；生于海拔 1000m 的山谷、阳坡；分布于凯里等地。

6. 滇北球花报春 *Primula denticulata* subsp. *sinodenticulata* （**Balf. f. et Forr.**）**W. W. Sm.**〖*Primula denfieulata* subsp. *alta*（**Balf. f. et. Forr.**）**W. W. Smith et Fletcher**〗

多年生草本；生于海拔 1200 – 2500m 的灌丛草地中；分布于贵阳、水城、雷山、威宁等地。

7. 贵州卵叶报春 *Primula esquirolii* **Petitm.**

多年生草本；生于海拔 1000m 的石灰岩壁上；分布于清镇、平坝、西秀等地。

8. 梵净报春 *Primula fangingensis* **F. H. Chen et C. M. Hu**

多年生草本；生于海拔 2100 – 2300m 的近山顶的阴处草地和岩石上；分布于梵净山等地。

9. 垂花报春 *Primula flaccida* **N. P. Balakr.**

多年生草本；生于海拔 2200 – 2600m 的阴湿岩石上；分布于威宁等地。

10. 小报春 *Primula forbesii* **Franch.**

二年生草本；生于海拔 630m 的湿草地、田埂上；分布于大沙河等地。

11. 广东报春 *Primula kwangtungensis* **W. W. Sm.**

多年生草本；生于海拔 1550m 的山腹、密林下、岩石上；分布于道真等地。

12. 贵州报春 *Primula kweichouensis* **W. W. Sm.**

多年生草本；生于海拔 1900m 的石灰岩上；分布于江口、梵净山等地。

13. 多脉贵州报春 *Primula kweichouensis* var. *venulosa* **C. M. Hu**

多年生草本；生于岩壁上；分布于绥阳等地。

14. 光萼报春 *Primula levicalyx* **C. M. Hu et Z. R. Xu**

多年生草本；生于海拔900m的石灰岩缝中；分布于荔波等地。

15. 习水报春 *Primula lithophila* **F. H. Chen et C. M. Hu**

多年生草本；生于山谷潮湿岩石上；分布于习水等地。

16. 报春花 *Primula malacoides* **Franch.**

二年生草本；生于海拔900–1200m的田边湿地；分布于黔中各地。

17. 中旬海水仙 *Primula monticola*（**Hand. -Mazz.**）**F. H. Chen et C. M. Hu**

多年生草本；生于海拔1500–2300m的山脚、草地；分布于龙里、大方、威宁等地。

18. 俯垂粉报春 *Primula nutantiflora* **Hemsl.**

多年生草本；生于湿润的岩缝中；分布于乌江等地。

19. 鄂报春 *Primula obconica* **Hance**

多年生草本；生于海拔1000–2000m的石灰岩山地草坡；分布于贵阳、水城、威宁、赫章、黔西、大方、道真等地。

20. 齿萼报春 *Primula odontocalyx*（**Franch.**）**Pax**

多年生草本；生于海拔1650m的山坡草地林下；分布于道真等地。

21. 卵叶报春 *Primula ovalifolia* **Franch.**

多年生草本；生于海拔1350–1600m的林下、山谷阴处；分布于道真、梵净山等地。

22. 海仙花 *Primula poissonii* **Franch.**

多年生草本；生于海拔2430m的路旁湿草地；分布于威宁等地。

23. 滇海水仙花 *Primula pseudodenticulata* **Pax**

多年生草本；生于海拔1600m的水旁、沼泽地带；分布于黔北等地。

24. 倒卵叶报春 *Primula rugosa* **N. P. Balakr.**

多年生草本；生于海拔1420m的山腹岩石上；分布于道真等地。

25. 岩生报春 *Primula saxatilis* **Kom.**

多年生草本；生于林下或岩石缝中；分布于施秉等地。

26. 小伞报春 *Primula sertulum* **Franch.**

多年生草本；生于海拔650–1250m的草坡上；分布于道真、江口、梵净山等地。

27. 藏报春 *Primula sinensis* **Sabine ex Lindl.**

多年生草本；生于海拔1000m以下蔽荫和湿润的石灰岩缝中；分布于西秀等地。

28. 波缘报春 *Primula sinuata* **Franch.**

多年生草本；生于海拔1700m的林下；分布于大沙河等地。

29. 凉山灯台报春 *Primula stenodonta* **Balf. f. ex W. W. Smith et H. R. Fletcher**

多年生草本；生于海拔2100m的水旁草地；分布于威宁等地。

30. 绒毛报春 *Primula tsiangii* **W. W. Sm.**

多年生草本；生于海拔450–1100m的湿润岩石上；分布于雷山、桐梓等地。

31. 香海仙花 *Primula wilsonii* **Dunn**

多年生草本；生于海拔2280m的山谷、沼泽地；分布于威宁等地。

（五）水茴草属 *Samolus* **Linnaeus**

1. 水茴草 *Samolus valerandi* **L.**

一年生草本；生于海拔1200–1400m水沟、河滩；分布于兴义、江口、贵阳等地。

八四、海桐花科 Pittosporaceae

(一)海桐花属 *Pittosporum* Banks

1. 聚花海桐 *Pittosporum balansae* DC.

常绿灌木；生于海拔 400 – 1000m 的山地密林中；分布于荔波等地。

2. 短萼海桐 *Pittosporum brevicalyx*（Oliv.）Gagnep.

常绿灌木或小乔木；生于海拔 600 – 1700m 的石灰岩山地杂木林中或沟边灌丛中；分布于兴义、兴仁、贞丰、安龙、遵义、凤冈、西秀、清镇、贵阳、册亨、望谟、罗甸、独山、平塘、荔波、长顺、瓮安、惠水、三都、龙里、黎平等地。

3. 皱叶海桐 *Pittosporum crispulum* Gagnep.

常绿灌木；生于海拔 700 – 1100m 的沟边林下或灌丛中；分布于赤水、福泉、荔波等地。

4. 大叶海桐 *Pittosporum daphniphylloides* var. *adaphniphylloides*（Hu et F. T. Wang）W. T. Wang【*Pittosporum adaphniphylloides* Hu et F. T. Wang】

常绿灌木；生于海拔 500 – 2400m 的山谷沟边林中；分布于开阳、兴义、习水、绥阳、务川、印江、江口、松桃、梵净山、长顺、独山、惠水、贵定、三都、龙里、平塘等地。

5. 突肋海桐 *Pittosporum elevaticostatum* H. T. Chang et S. Z. Yan

常绿灌木；生于海拔 800 – 1200m 的山谷、溪边、山坡的林下及灌丛中；分布于遵义、印江等地。

6. 光叶海桐 *Pittosporum glabratum* Lindl.

常绿灌木；生于海拔 500 – 1700m 的山腹、山谷、溪边林下或灌丛中；分布于贵阳、开阳、清镇、修文、绥阳、印江、江口、梵净山、三都、荔波、长顺、瓮安、独山、罗甸、都匀、惠水、贵定、三都、龙里、平塘、凯里、雷公山、天柱、黎平、从江等地。

7. 狭叶海桐 *Pittosporum glabratum* var. *neriifolium* Rehd. et Wils.

常绿灌木；生于海拔 600 – 1700m 山腹、山谷、溪边林下或灌丛中；分布于贵阳、开阳、兴仁、兴义、赤水、绥阳、遵义、德江、松桃、梵净山、施秉、雷公山、三都、荔波、独山、福泉、都匀、惠水、贵定、龙里、黎平、榕江、从江等地。

8. 小柄果海桐 *Pittosporum henryi* Gowda

常绿灌木；生于海拔 800 – 1300m；分布于瓮安、梵净山等地。

9. 异叶海桐 *Pittosporum heterophyllum* Franch.

常绿灌木；分布于大沙河等地。

10. 海金子 *Pittosporum illicioides* Makino【*Pittosporum sahnianum* Gowda】

常绿灌木；生于海拔 500 – 1600m 的山谷、溪边灌丛中、石灰岩山地杂木林下；分布于赤水、习水、遵义、湄潭、平坝、贵阳、凯里、施秉、雷公山、剑河、沿河、松桃、梵净山、德江、石阡、天柱、黎平、长顺、瓮安、独山、福泉、都匀、惠水、三都、龙里、平塘等地。

11. 昆明海桐 *Pittosporum kunmingense* H. T. Chang et S. Z. Yan

常绿灌木或小乔木；生于海拔 800 – 1300m 的山脚、沟边林下及灌丛中；分布于兴仁、罗甸、惠水等地。

12. 贵州海桐 *Pittosporum kweichowense* Gowda

常绿灌木；生于海拔 1000m 的林下或岩石缝中；分布于西秀、惠水、贵定等地。

13. 卵果海桐 *Pittosporum lenticellatum* Chun ex H. Peng et Y. F. Deng【*Pittosporum ovoideum* H. T. Chang et S. Z. Yan】

常绿灌木；生于海拔 600 – 1100m 的石灰岩山地常绿阔叶林中；分布于罗甸、平塘、独山、荔波、惠水、三都、龙里、黎平等地。

14. 薄萼海桐 *Pittosporum leptosepalum* Gowda

常绿灌木或小乔木；生于常绿林下；分布于大沙河等地。

15. 峨眉海桐 *Pittosporum omeiense* H. T. Chang et S. Z. Yan

常绿灌木；生于海拔 900 - 1800m 的山谷溪边杂木林下或灌丛中；分布于安龙、贞丰等地。

16. 小果海桐 *Pittosporum parvicapsulare* H. T. Chang et S. Z. Yan

常绿灌木；生于海拔 500m 左右的山丘灌丛中；分布于黎平、荔波等地。

17. 少花海桐 *Pittosporum pauciflorum* Hook. Et Arn. 〔*Pittosporum ovoideum* Gowda〕

常绿灌木；生于海拔 600 - 1100m 的石灰岩山地常绿阔叶林中；分布于罗甸、平塘、独山、荔波、黎平等地。

18. 全秃海桐 *Pittosporum perglabratum* H. T. Chang et S. Z. Yan

常绿灌木；生于海拔 800 - 1900m 的山谷、溪边、山坡密林下及灌丛中；分布于贵阳、惠水、龙里、梵净山、雷公山等地。

19. 缝线海桐 *Pittosporum perryanum* Gowda

常绿灌木；生于海拔 600 - 1500m 的丘陵、低山的山脚、山谷、山腹的石灰岩杂木林下及溪边灌丛中；分布于清镇、册亨、荔波、长顺、瓮安、独山、三都、平塘、黎平、榕江等地。

20. 狭叶缝线海桐 *Pittosporum perryanum* var. *linearifolium* H. T. Chang et S. Z. Yan

常绿灌木；生于海拔 800 - 1100m 的丘陵、低山的山脚、山谷、山腹的石灰岩杂木林下及溪边灌丛中；分布于贵阳、长顺、独山、罗甸、惠水、三都、龙里、平塘、榕江等地。

21. 柄果海桐 *Pittosporum podocarpum* Gagnep.

常绿灌木；生于海拔 900 - 1300m 的沟边、山坡灌丛中；分布于七星关、赤水、福泉、荔波等地。

22. 线叶柄果海桐 *Pittosporum podocarpum* var. *angustatum* Gowda

常绿灌木；生于海拔 1200 - 1500m 的沟边、山坡灌丛中；分布于兴仁、雷公山、荔波、瓮安、贵定、三都等地。

23. 毛花柄果海桐 *Pittosporum podocarpum* var. *molle* W. D. Han

常绿灌木；生于海拔 1000m 以下的灌丛中；分布于荔波等地。

24. 海桐 *Pittosporum tobira* 〔Thunb.〕W. T. Aiton

常绿灌木或小乔木；引种；省内有栽培。

25. 四子海桐 *Pittosporum tonkinense* Gagnep.

常绿灌木；生于海拔 600 - 1300m 的石灰岩山地杂木林下及灌丛中；分布于贵阳、安龙、罗甸、平塘、荔波、独山等地。

26. 棱果海桐 *Pittosporum trigonocarpum* Lévl.

常绿灌木；生于海拔 600 - 2000m 的山谷、山腹密林下或灌丛中；分布于普安、盘县、安龙、赤水、习水、绥阳、湄潭、遵义、梵净山、贵阳、惠水、雷公山、三都、罗甸、独山、平塘、荔波、龙里等地。

27. 崖花子 *Pittosporum truncatum* E. Pritz.

常绿灌木；生于海拔 300 - 2600m 的山谷、溪边林下或山坡灌丛中；分布于息烽、开阳、修文、赤水、遵义、德江、罗甸、荔波、都匀、平塘、梵净山等地。

28. 管花海桐 *Pittosporum tubiflorum* H. T. Chang et S. Z. Yan

常绿灌木；生于海拔 800 - 1500m 的山沟林下；分布于正安、雷公山等地。

29. 波叶海桐 *Pittosporum undulatifolium* H. T. Chang et S. Z. Yan

常绿小乔木；生于海拔 1000 - 1600m 的沟边杂木林中；分布于安龙、长顺、荔波等地。

30. 木果海桐 *Pittosporum xylocarpum* Hu et F. T. Wang

常绿灌木；生于海拔 700 - 1400m 的沟边林下或灌丛中；分布于七星关、习水、清镇等地。

八五、景天科 Crassulaceae

(一)落地生根属 *Bryophyllum* Salisbury

1. 落地生根 *Bryophyllum pinnatum*（L. f.）Oken

多年生草本；原产非洲；省内罗甸、望谟等地栽培或逸生。

(二)八宝属 *Hylotelephium* H. Ohba

1. 八宝 *Hylotelephium erythrostictum*（Miq.）H. Ohba

多年生草本；生于海拔 700 – 1300m 的山坡草地或河谷；分布于雷山、锦屏、松桃、瓮安、长顺等地。

(三)费菜属 *Phedimus* Rafinesque

1. 黄菜 *Phedimus aizoon*（L.）'t Hart

多年生草本；生于海拔 800 – 2600m 的阳坡岩石上；分布于贵阳、雷山、金沙、威宁、赫章等地。

2. 齿叶费菜 *Phedimus odontophyllus*（Frod.）'t Hart〔*Sedum odontophyllum* Frod.〕

多年生草本；生于海拔 800 – 1300m 的山坡阴湿岩石上；分布于清镇、习水、赤水等地。

(四)红景天属 *Rhodiola* Linnaeus

1. 云南红景天 *Rhodiola yunnanensis*（Franch.）S. H. Fu〔*Rhodiola henryi*（Diels）S. H. Fu〕

多年生草本；生于海拔 1800 – 2600m 的稀疏林中潮湿的山坡草地上；分布于江口、赫章、威宁等地。

(五)景天属 *Sedum* Linnaeus

1. 东南景天 *Sedum alfredii* Hance

多年生草本；生于海拔 1650 – 1900m 的山地沟边灌丛潮湿的岩石缝中或湿地上；分布于印江、江口、凯里等地。

2. 珠芽景天 *Sedum bulbiferum* Makino

多年生草本；生于海拔 800 – 1500m 的林下、河沟、路旁潮湿之地；分布于道真、七星关、清镇等地。

3. 互生叶景天 *Sedum chauveaudii* var. *margaritae*（Raym. -Hamet）Frodin

多年生草本；生于海拔 1650m 的混交林岩石上；分布于威宁等地。

4. 大叶火焰草 *Sedum drymarioides* Hance

一年生草本；生于海拔 450 – 1200m 的阴湿石灰岩山地；分布于贵阳、锦屏、岑巩、道真等地。

5. 细叶景天 *Sedum elatinoides* Franch.

一年生草本；生于海拔 500 – 1300m 的山沟密林、水旁潮湿地；分布于贵阳、习水、道真、岑巩等地。

6. 凹叶景天 *Sedum emarginatum* Migo

多年生草本；生于海拔 450 – 1200m 的山坡沟谷、路旁潮湿地；分布于贵阳、绥阳、道真、习水、雷山、岑巩、松桃、江口、清镇、瓮安等地。

7. 梵净山景天 *Sedum fanjingshanensis* C. D. Yang et X. Y. Wang

多年生草本；生于海拔 2200 – 2400m 的岩石上；分布于梵净山等地。

8. 小山飘风 *Sedum filipes* Hemsl.

一年或二年生草本；生于海拔 820m 的潮湿岩石上或林下；分布于江口等地。

9. 日本景天 *Sedum japonicum* Sieb. ex Miq.

多年生草本；生于海拔 1000 – 1500m 的山地沟谷阴湿岩石缝中；分布于遵义、水城、赫章等地。

10. 佛甲草 *Sedum lineare* Thunb.

多年生草本；生于海拔 750 – 1200m 的阴湿山坡岩石上；分布于道真、七星关、金沙、雷山、黎平、松桃等地。

11. 山飘风 *Sedum majus*（Hemsl.）Migo

小草本；生于海拔 800 – 1400m 的密林下或阴湿处；分布于梵净山、册亨等地。

12. 多茎景天 *Sedum multicaule* Wall. ex Lindl.

多年生草本；生于海拔 2610m 山顶阴湿处岩石上；分布于盘县等地。

13. 大苞景天 *Sedum oligospermum* Maire【*Sedum amplibracteatum* K. T. Fu】

一年生草本；生于海拔 1950m 山沟密林，水旁潮湿地；分布于雷公山等地。

14. 叶花景天 *Sedum phyllanthum* Lévl. et Vant.

多年生草本；生于海拔 400 – 800m 的岩石上；分布于平坝、清镇等地。

15. 垂盆草 *Sedum sarmentosum* Bunge

多年生草本；生于海拔 800 – 1500m 石灰岩缝中；分布于贵阳、都匀、瓮安、清镇、七星关、绥阳、习水、道真、锦屏等地。

16. 火焰草 *Sedum stellariifolium* Franch.

一年或二年生草本；生于海拔 450 – 1200m 的山坡阴湿石缝或居民房顶上；分布于贵阳、金沙、清镇、道真、石阡、江口、岑巩等地。

17. 四芒景天 *Sedum tetractinum* Frod.

多年生草本；生于海拔 500 – 1000m 的溪边岩石上；分布于黔东南等地。

18. 安龙景天 *Sedum tsiangii* Frod.

一年生草本；生于海拔 500 – 2250m 的稀疏灌木林、草坡岩石缝中；分布于安龙、水城、威宁等地。

19. 短蕊景天 *Sedum yvesii* Raym. -Hamet

多年生草本；生于海拔 1500m 以下的山脚沟边石上或土上；分布于贵阳、水城、清镇等地。

（六）石莲属 *Sinocrassula* Berger

1. 石莲 *Sinocrassula indica*（Decne.）A. Berger

二年生草本；生于海拔 1000 – 1800m 的石灰岩山地、灌木林下的浅层薄土石缝中；分布于贵阳、清镇、惠水、织金、水城、西秀等地。

八六、虎耳草科 Saxifragaceae

（一）落新妇属 *Astilbe* Buchanan-Hamilton ex D. Don

1. 落新妇 *Astilbe chinensis*（Maxim.）Franch. et Sav.

多年生草本；生于海拔 800 – 1700m 的阴湿山谷、山冲、林边或沟边；分布于赤水、织金、绥阳、正安、印江、雷山、榕江、黎平等地。

2. 大落新妇 *Astilbe grandis* Stapf ex Wils.

多年生草本；生于海拔 450 – 2000m 的阴湿山谷、山冲、林边或沟边；分布于碧江、赫章等地。

3. 多花落新妇 *Astilbe rivularis* var. *myriantha*（Diels）J. T. Pan

多年生草本；生于海拔 1100 – 2500m 的林下、灌丛及沟谷阴处；分布地不详。

（二）岩白菜属 *Bergenia* Moench

1. 岩白菜 *Bergenia purpurascens*（Hook. f. et Thoms.）Engl.

多年生草本；生于海拔 1400m 的林边或草丛中；分布于赫章、印江等地。

（三）草绣球属 *Cardiandra* Siebold et Zuccarini

1. 草绣球 *Cardiandra moellendorffi*（Hance）Migo

亚灌木；生于海拔 900m 的林下或水沟边；分布于都匀等地。

2. 疏花草绣球 *Cardiandra moellendorffi* var. *laxiflora*（H. L. Li）C. F. Wei

亚灌木；生于海拔 700－1000m 的山谷、山坡密林或疏林中；分布地不详。

（四）金腰属 *Chrysosplenium* Linnaeus

1. 滇黔金腰 *Chrysosplenium cavaleriei* Lévl. et Vant.

多年生草本；生于海拔 1300－2900m 的林下湿地或山谷石隙；分布地不详。

2. 锈毛金腰 *Chrysosplenium davidianum* Decne. ex Maxim.

多年生草本；生于海拔 1300m 的潮湿地；分布于雷公山、宽阔水等地。

3. 肾萼金腰 *Chrysosplenium delavayi* Franch.

多年生草本；生于海拔 2200m 左右的溪边湿地；分布于威宁、道真、桐梓等地。

4. 天胡荽金腰 *Chrysosplenium hydrocotylifolium* Lévl. et Vant.

多年生草本；生于海拔 1300－2400m 的石灰岩隙；分布于正安、平坝等地。

5. 峨眉金腰 *Chrysosplenium hydrocotylifolium* var. *emeiense* J. T. Pan

多年生草本；生于海拔 980m 的山谷沟旁；分布于金沙等地。

6. 绵毛金腰 *Chrysosplenium lanuginosum* Hook. f. et Thomson

多年生草本；生于海拔 1500m 左右的湿润地；分布于正安、道真等地。

7. 大叶金腰 *Chrysosplenium macrophyllum* Oliv.

多年生草本；生于海拔 1300－1500m 的山坡林下或沟旁；分布于赫章、正安、绥阳、瓮安、江口等地。

8. 韫珍金腰 *Chrysosplenium wuwenchenii* Z. P. Jien

多年生草本；分布于大沙河等地。

（五）赤壁草属 *Decumaria* Linnaeus

1. 赤壁木 *Decumaria sinensis* Oliv.

常绿攀援灌木；生于海拔 800－1600m 山谷、沟边；分布于赤水、绥阳等地。

（六）溲疏属 *Deutzia* Thunberg

1. 灰叶溲疏 *Deutzia cinerascens* Rehd.

落叶灌木；生于海拔 800－950m 的山谷、沟底；分布于镇宁等地。

2. 齿叶溲疏 *Deutzia crenata* Sieb. et Zucc.

落叶灌木；原产日本；逸生于独山、罗甸、惠水、三都、龙里等地。

3. 异色溲疏 *Deutzia discolor* Hemsl.

落叶灌木；生于海拔 1000－2500m 的山坡或溪边灌丛中；分布于大沙河等地。

4. 狭叶溲疏 *Deutzia esquirolii*（Lévl.）Rehd.

落叶灌木；生于海拔 1000－2000m 的林下；分布于贵阳、惠水、龙里等地。

5. 粉被溲疏 *Deutzia hypoglauca* Rehd.

落叶灌木；生于海拔 1000－2200m 的山坡灌丛中；分布于大沙河等地。

6. 长叶溲疏 *Deutzia longifolia* Franch.

落叶灌木；生于海拔 1800－2900m 的山坡林下、灌丛中；分布于赫章等地。

7. 多辐线溲疏 *Deutzia multiradiata* W. T. Wang

落叶灌木；生于海拔 500－1600m 的山地杂木林中；分布于大沙河等地。

8. 褐毛溲疏 *Deutzia pilosa* Rehd.

落叶灌木生于海拔 400－2000m 的山地林缘或石缝中；分布于贵阳、惠水、龙里、桐梓等地。

9. 灌丛溲疏 *Deutzia rehderiana* Schneid.

落叶灌木；生于海拔 500－2000m 的山坡灌丛中；分布于石阡等地。

10. 粉红溲疏 *Deutzia rubens* Rehd.

落叶灌木；生于海拔 2100m 的山坡灌丛中；分布于大沙河等地。

11. 溲疏 *Deutzia scabra* Thunb.

落叶灌木；生于海拔 900 – 1200m 山坡灌丛中或林边；分布于赤水、绥阳、黎平、三都、普定等地。

12. 四川溲疏 *Deutzia setchuenensis* Franch.【*Deutzia pilosa* var. *ochrophloeos* Rehd.】

落叶灌木；生于海拔 800 – 1200m 的山坡灌丛中或林边；分布于江口、贵阳、三都、荔波、长顺、瓮安、独山、福泉、惠水、龙里等地。

（七）黄常山属 *Dichroa* Loureiro

1. 大明常山 *Dichroa daimingshanensis* Y. C. Wu

落叶灌木；生于海拔 400 – 800m 的山谷阴湿林中；分布于从江、瓮安等地。

2. 常山 *Dichroa febrifuga* Lour.

落叶灌木；生于海拔 900 – 1200m 的林边、沟边阴湿处；分布于息烽、修文、赤水、习水、道真、正安、绥阳、印江、黎平、雷山、兴义、普定、长顺、独山、罗甸、福泉、荔波、都匀、惠水、贵定、三都、龙里、平塘等地。

3. 罗蒙常山 *Dichroa yaoshanensis* Y. C. Wu

落叶灌木；生于海拔 500 – 1200m 的山谷林下；分布于黎平、独山等地。

（八）绣球属 *Hydrangea* Linnaeus

1. 冠盖绣球 *Hydrangea anomala* D. Don

落叶藤本；生于海拔 1100 – 1900m 的山坡岩石上或沟谷林下；分布于贵阳、大方、印江、独山、罗甸等地。

2. 马桑绣球 *Hydrangea aspera* D. Don【*Hydrangea villosa* Rehd.；*Hydrangea villosa* var. *delicatula* Chun；*Hydrangea villosa* f. *sterilis* Rehd.】

落叶灌木；生于海拔 800 – 1850m 的灌丛或林中；分布于纳雍、水城、黄平、雷山、榕江、从江、黎平、绥阳、普定、赤水、遵义、福泉、梵净山、佛顶山等地。

3. 中国绣球 *Hydrangea chinensis* Maxim.【*Hydrangea umbellata* Rehd.；*Hydrangea umbellata* f. *sterilis*】

落叶灌木；生于海拔 800 – 2200m 的灌丛或林下；分布于贵阳、息烽、清镇、赤水、梵净山、雷公山、盘县、黎平、罗甸等地。

4. 酥醪绣球 *Hydrangea coenobialis* Chun【*Hydrangea stenophylla* var. *decorticata* Chun.】

落叶灌木；生于海拔 910 – 1100m 的灌丛中；分布于三都、惠水、龙里、丹寨、凯里、雷公山、黎平等地。

5. 西南绣球 *Hydrangea davidii* Franch.【*Hydrangea yunnanensis* Rehd.】

落叶灌木；生于海拔 1000 – 1700m 的路旁或疏林下；分布于贵阳、息烽、清镇、习水、印江、松桃、安龙、雷山、从江、长顺、独山、罗甸、福泉、荔波、都匀、惠水、三都、龙里、平塘等地。

6. 白被绣球 *Hydrangea hypoglauca* Rehd.

落叶灌木；生于海拔 1000 – 1850m 的山坡灌丛中；分布于威宁、梵净山、雷公山、独山等地。

7. 粤西绣球 *Hydrangea kwangsiensis* Hu【*Hydrangea kwangsiensis* Chun】

落叶灌木；生于海拔 650 – 700m 的山谷疏林下或灌丛中；分布于荔波、三都等地。

8. 狭叶绣球 *Hydrangea lingii* G. Hoo

落叶灌木；生于海拔 250 – 850m 的山谷密林或疏林下或山坡灌丛中；分布地不详。

9. 临桂绣球 *Hydrangea linkweiensis* Chun

落叶灌木；生于海拔 800m 的林边；分布于黎平等地。

10. 莼兰绣球 Hydrangea longipes Franch.

落叶灌木；生于海拔 1100 – 1350m 的灌丛中或林下；分布于贵阳、梵净山、松桃、江口、黄平、佛顶山、瓮安、福泉、都匀等地。

11. 绣毛绣球 Hydrangea longipes var. fulvescens（Rehd.）W. T. Wang ex C. F. Wei【Hydrangea fulvescens var. rehderiana Chun.】

落叶灌木；生于海拔 820m 的林中；分布于荔波、独山等地。

12. 绣球 Hydrangea macrophylla（Thunb.）Ser.【Hydrangea macrophylla f. hortensia Wils.】

落叶灌木；原产日本；省内有栽培或逸生。

13. 圆锥绣球 Hydrangea paniculata Sieb.

落叶灌木或小乔木；生于海拔 800 – 1700m 的山坡灌丛中；分布于贵阳、清镇、赤水、遵义、江口、兴义、瓮安、雷公山、长顺、独山、罗甸、福泉、都匀、惠水、贵定、三都、龙里、平塘等地。

14. 粗枝绣球 Hydrangea robusta Hook. f. et Thoms.【Hydrangea rosthornii Diels】

落叶灌木；生于海拔 600 – 1990m 的山谷、沟边灌丛中；分布于大方、纳雍、惠水、荔波、长顺、罗甸、龙里等地。

15. 柳叶绣球 Hydrangea stenophylla Merr. et Chun

落叶灌木；生于海拔 600 – 1200m 的灌丛中；分布于榕江、独山等地。

16. 蜡莲绣球 Hydrangea strigosa Rehd.【Hydrangea strigosa var. angustifolia（Hemsl.）Rehd.；Hydrangea strigosa f. sterilis Rehd.】

落叶灌木；生于海拔 670 – 1700m 的山坡灌丛中与路边；分布于七星关、水城、绥阳、江口、印江、松桃、黎平、贵阳、息烽、清镇、开阳、都匀、修文、长顺、独山、罗甸、福泉、荔波、惠水、三都、龙里、平塘等地。

17. 挂苦绣球 Hydrangea xanthoneura Diels

落叶灌木；生于海拔 1000 – 1300m 的林边、沟边；分布于黄平、佛顶山、雷公山、福泉、贵定等地。

（九）鼠刺属 Itea Linnaeus

1. 厚叶鼠刺 Itea coriacea Y. C. Wu

常绿灌木或小乔木；生于海拔 640 – 900m 的疏林中；分布于黎平、榕江、凯里、雷山、福泉、惠水、龙里等地。

2. 腺鼠刺 Itea glutinosa Hand. -Mazz.

常绿灌木或小乔木；生于海拔 850 – 1400m 的路边林中；分布于江口、黎平、瓮安等地。

3. 冬青叶鼠刺 Itea ilicifolia Oliv.

常绿灌木；生于海拔 900 – 1200m 的石灰山的山脚至山腰林中；分布于遵义、绥阳、册亨、西秀、贵阳、息烽、开阳、修文、仁怀、德江、镇宁、兴义、荔波、长顺、独山、罗甸、福泉、惠水、贵定、龙里等地。

4. 毛鼠刺 Itea indochinensis Merr.【Itea quizhouensis H. T. Chang et Y. K. Li】

常绿灌木或小乔木；生于海拔 160 – 1400m 的疏林、灌丛、林缘或溪旁；分布于罗甸、册亨、荔波、独山、兴义等地。

5. 毛脉鼠刺 Itea indochinensis var. pubinervia（H. T. Chang）C. Y. Wu

常绿灌木或小乔木；生于海拔 850m 的灌丛中；分布于望谟、兴义等地。

6. 大叶鼠刺 Itea macrophylla Wall.

常绿小乔木；生于海拔 690 – 1050m 的石灰岩林边；分布于册亨、荔波、罗甸等地。

7. 子农鼠刺 Itea kwangsiensis H. T. Chang

常绿小乔木；生于海拔 1200m 的疏林中；分布于望谟、罗甸等地。

8. 峨眉鼠刺 *Itea omeiensis* Schneid.〔*Itea chinensis* var. *oblonga*（Hand. Mazz.）Y. C. Wu〕

常绿灌木或小乔木；生于海拔 1000 – 1500m 的疏林中；分布于开阳、修文、赤水、榕江、雷公山、长顺、瓮安、独山、罗甸、福泉、荔波、惠水、三都、龙里、平塘等地。

9. 滇鼠刺 *Itea yunnanensis* Franch.

常绿灌木或小乔木；生于海拔 980 – 1200m 的石灰岩山上的灌丛中或疏林下；分布于遵义、兴义、西秀、贵阳、惠水、荔波、长顺、罗甸、都匀、三都、龙里、平塘等地。

（十）梅花草属 *Parnassia* Linnaeus

1. 突隔梅花草 *Parnassia delavayi* Franch.

多年生草本；生于海拔 1800 – 2800m 的溪边疏林中；分布于赫章等地。

2. 宽叶梅花草 *Parnassia dilatata* Hand. -Mazz.

多年生草本；生于河边；分布于安龙等地。

3. 龙场梅花草 *Parnassia esquirolii* Lévl.

多年生草本；分布贵州（龙场）。

4. 凹瓣梅花草 *Parnassia mysorensis* F. Heyne ex Wight et Arn.

多年生草本；生于海拔 2300m 的沟边或湿地；分布于威宁等地。

5. 倒卵叶梅花草 *Parnassia obovata* Hand. -Mazz.

多年生草本；生于河边和潮湿地；分布于六枝等地。

6. 贵阳梅花草 *Parnassia petitmenginii* Lévl.

多年生小草本；分布于遵义、贵阳等地。

7. 鸡肫草 *Parnassia wightiana* Wall. ex Wight et Arn.

多年生草本；生于海拔 900 – 1400m 的山谷旁、林下、水沟边湿润处；分布于威宁、江口、松桃、兴仁、惠水、施秉等地。

（十一）扯根菜属 *Penthorum* Linnaeus

1. 扯根菜 *Penthorum chinense* Pursh

多年生草本；生于河边；分布于西秀、兴仁等地。

（十二）山梅花属 *Philadelphus* Linnaeus

1. 尾萼山梅花 *Philadelphus caudatus* S. M. Hwang

落叶灌木；生于海拔 1550m 的常绿阔叶林林下灌丛中；分布于雷公山等地。

2. 滇南山梅花 *Philadelphus henryi* Koehne

落叶灌木；生于海拔 1300 – 2200m 的山坡灌丛中；分布地不详。

3. 太平花 *Philadelphus pekinensis* Rupr.

落叶灌木；引种；省内有栽培。

4. 紫萼山梅花 *Philadelphus purpurascens*（Koehne）Rehd.

落叶灌木；生于海拔 1840m 的村寨旁；分布于兴义等地。

5. 绢毛山梅花 *Philadelphus sericanthus* Koehne

落叶灌木；生于海拔 1200 – 1600m 的林边或灌丛中；分布于独山、荔波、都匀、惠水、梵净山、雷公山等地。

（十三）冠盖藤属 *Pileostegia* J. D. Hooker et Thomson

1. 星毛冠盖藤 *Pileostegia tomentella* Hand. -Mazz.

常绿攀援灌木；生于海拔约 500m 的河边岩石上；分布于锦屏等地。

2. 冠盖藤 *Pileostegia viburnoides* Hook. f. et Thoms.

常绿攀援灌木；生于海拔 400 – 1300m 的湿润河谷、或山谷林边；分布于贵阳、赤水、习水、普定、惠水、三都、瓮安、独山、罗甸、福泉、荔波、都匀、龙里、从江、黎平、江口等地。

（十四）茶藨子属 *Ribes* L.

1. 革叶茶藨子 *Ribes davidii* Franch.

常绿灌木；生于海拔 900－1400m 的山坡阴湿处、路边、岩石上或林中石壁上；分布于遵义、从江等地。

2. 贵州茶藨子 *Ribes fasciculatum* var. *guizhouense* L. T. Lu

落叶灌木；生于海拔 2400m 的山脚下；分布于威宁等地。

3. 冰川茶藨子 *Ribes glaciale* Wall.

落叶灌木；生于海拔 900－2900m 的山坡或山谷丛林及林缘或岩石上；分布于黄平等地。

4. 湖南茶藨子 *Ribes hunanense* C. Y. Yang et C. J. Qi

落叶灌木；生于海拔 1000－2500m 的山地或山谷林中，常附生于乔木上；分布于从江等地。

5. 桂叶茶藨子 *Ribes laurifolium* Jancz.

常绿灌木；生于海拔 2500m 以下的山坡、沟边、或林中；分布地不详。

6. 宝兴茶藨子 *Ribes moupinense* Franch.

落叶灌木；生于 2500m 的林下；分布于江口等地。

7. 渐尖茶藨子 *Ribes takare* D. Don

落叶灌木；生于海拔 1400－2800m 的山坡疏、密林下、灌丛中或山谷沟边；分布于凯里、雷山、梵净山等地。

8. 细枝茶藨子 *Ribes tenue* Jancz.

落叶灌木；生于 2000－2300m 的林边；分布于江口等地。

（十五）鬼灯檠属 *Rodgersia* A. Gray

1. 羽叶鬼灯檠 *Rodgersia pinnata* Franch.

多年生草本；生于海拔 2400m 的林下、林缘、灌丛、或石隙中；分布地不详。

2. 西南鬼灯檠 *Rodgersia sambucifolia* Hemsl.

多年生草本；生于 1950－2300m 山坡灌丛中或稀林下；分布于威宁、赫章等地。

（十六）虎耳草属 *Saxifraga* Linnaeus

1. 双喙虎耳草 *Saxifraga davidii* Franch.

多年生草本；生于海拔 1500－2400m 的山沟石隙；分布于大沙河等地。

2. 齿瓣虎耳草 *Saxifraga fortunei* Hook. f.

多年生草本；分布于大沙河等地。

3. 芽生虎耳草 *Saxifraga gemmipara* Franch.

多年生草本；生于海拔 2450m 的山坡草丛中；分布于威宁等地。

4. 蒙自虎耳草 *Saxifraga mengtzeana* Engl. et Irmsch.【*Saxifraga ovatocordata* Hand. -Mazz.】

多年生草本；分布于大沙河等地。

5. 扇叶虎耳草 *Saxifraga rufescens* var. *flabellifolia* C. Y. Wu et J. T. Pan

多年生草本；生于海拔 625－2100m 的林下、沟边湿地或石隙；分布于印江等地。

6. 虎耳草 *Saxifraga stolonifera* Curtis

多年生草本；生于海拔 900－1500m 的沟边岩石上或林下岩石的湿地或湿润处；分布于息烽、开阳、七星关、赫章、赤水、习水、道真、江口、兴仁、兴义、西秀、贵阳、都匀、三都等地。

（十七）钻地风属 *Schizophragma* Siebold et Zuccarini

1. 椭圆钻地风 *Schizophragma elliptifolium* C. F. Wei

落叶木质藤本或藤状灌木；生于海拔 1400－2100m 的沟边石旁灌丛中或山坡疏林下或山脊上；分布地不详。

2. 白背钻地风 *Schizophragma hypoglaucum* Rehd.

落叶木质藤本；生于海拔 1000 – 1200m 山坡密林中或旷地岩石旁；分布于贵阳、印江、松桃、锦屏等地。

3. 钻地风 *Schizophragma integrifolium* **Oliv.**

落叶木质藤本或藤状灌木；生于海拔 900 – 1500m 的山谷、山腰、山脚灌丛中；分布于贵阳、梵净山、修文、赤水、独山、福泉等地。

4. 粉绿钻地风 *Schizophragma integrifolium* **var.** *glaucescens* **Rehd.**

落叶木质藤本或藤状灌木；生于海拔 250 – 2000m 的山谷密林或山坡林缘或山顶疏林下，常攀援于乔木或石壁上；分布于贵阳、贞丰等地。

5. 柔毛钻地风 *Schizophragma molle* （**Rehd.**）**Chun**

落叶木质攀援藤本；生于海拔 730m 的路边林中或山谷峭壁上；分布于修文、都匀、瓮安、独山、都匀等地。

（十八）峨屏草属 *Tanakaea* **Franchet et Savatier**

1. 峨屏草 *Tanakaea radicans* **Franch. et Sav.** 【*Tanakaea omeiensis* **Nakai**】

多年生草本；生于海拔 1200 – 1300m 的阴湿石隙；分布于道真、绥阳等地。

（十九）黄水枝属 *Tiarella* **Linnaeus**

1. 黄水枝 *Tiarella polyphylla* **D. Don**

多年生草本；生于海拔 1600m 的林边湿润处；分布于贵阳、开阳、黎平等地。

八七、蔷薇科 Rosaceae

（一）龙芽草属 *Agrimonia* **Linnaeus**

1. 小花龙芽草 *Agrimonia nipponica* **var.** *occidentalis* **Koidz.**

多年生草本；生于海拔 200 – 1500m 的山坡草地、山谷溪边、灌丛、林缘及林下；分布于黔东南等地。

2. 龙芽草 *Agrimonia pilosa* **Ledeb.**

多年生草本；生于山野草坡、路旁、灌丛或林缘及疏林下；分布于全省各地。

3. 黄龙尾 *Agrimonia pilosa* **var.** *nepalensis* **Ledeb.**

多年生草本；生于溪边、草坡、路旁或疏林中；分布于全省各地。

（二）桃属 *Amygdalus* **Linnaeus**

1. 山桃 *Amygdalus davidiana* （**Carr.**）**Fanch.** 【*Prunus davidiana* （**Carr.**）**Fanch**】

落叶乔木；生于海拔 1800 – 2520m 的向阳山坡处；分布于贵阳、息烽、修文、威宁、赫章、七星关、水城、纳雍、长顺、瓮安、独山、福泉、荔波、都匀、惠水、贵定、三都、龙里、平塘等地。

2. 桃 *Amygdalus persica* **L.** 【*Prunus persica* （**L.**）**Batsch**】【*Amygdalus persica* **var.** *scleropersica* （**Reich.**）**Yu et Lu**】

落叶乔木；引种；省内有栽培。

3. 碧桃 *Amygdalus persica* **f.** *duplex* **Rehd.** 【*Prunus persica* **f.** *duplex* **Rehd.**】

落叶乔木；引种；省内有栽培。

4. 垂枝碧桃 *Amygdalus persica* **f.** *pendula* **Dipp.**

落叶乔木；引种；省内有栽培。

5. 红花碧桃 *Amygdalus persica* **f.** *rubro – plena* **Schneid.**

落叶乔木；引种；省内有栽培。

6. 绯桃 *Amygdalus persica* **f.** *magnifica* **Schneid.** 【*Prunus persica* **f.** *magnifica* **Schneid.**】

落叶乔木；引种；省内有栽培。

7. 日月桃 *Amygdalus persica* **f.** *versicolor* **Voss.** 【*Prunus persica* **f.** *versicolor* **Voss.**】

落叶乔木；引种；省内有栽培。

8. 榆叶梅 *Amygdalus triloba* （Lindl.）**Rick.**

落叶灌木稀小乔木；引种；省内有栽培。

（三）杏属 *Armeniaca* **Scopoli**

1. 梅 *Armeniaca mume* **Sieb.**【*Prunus mume* **Sieb. et Zucc.**】

落叶小乔木；生于海拔550－2000m的山谷林中；分布于贵阳、修文、息烽、清镇、习水、威宁、梵净山、平塘、荔波、长顺、瓮安、独山、罗甸、福泉、都匀、贵定、三都、龙里、雷公山、榕江等地。

2. 杏 *Armeniaca vulgaris* **Lam.**【*Prunus armeniaca* **L.**】

落叶乔木；原产亚洲西部；省内有栽培。

3. 野杏 *Armeniaca vulgaris* **var.** *ansu* （Maxim.）**Yü et Lu**【*Prunus armeniaca* **var.** *ansu* **Maxim.**】

落叶乔木；原产亚洲西部；省内有栽培。

（四）假升麻属 *Aruncus* **Linnaeus**

1. 假升麻 *Aruncus sylvester* **Kostel. ex Maxim.**

多年生草本；生于海拔1200m的山坡杂木林中；分布于湄潭等地。

（五）樱属 *Cerasus* **Miller**

1. 微毛樱桃 *Cerasus clarofolia* （Schneid.）**Yü et Li**【*Prunus pilosiuscula* （Schneid.）**Koehne**】

落叶灌木或小乔木；生于海拔1500－2000m的山谷林中；分布于雷公山、梵净山、惠水等地。

2. 锥腺樱桃 *Cerasus conadenia* （Koehne）**Yü et Li**【*Prunus conadenia* **Koehne**】

乔木或灌木；生于海拔2540m的山谷林中；分布于威宁等地。

3. 华中樱桃 *Cerasus conradinae* （Koehne）**Yü et Li**【*Prunus conradinae* **Koehne**】

落叶乔木；生于海拔560－1100m的山谷疏林中；分布于贵阳、开阳、清镇、施秉、独山、荔波、长顺、独山、罗甸、都匀、惠水、三都、龙里、平塘等地。

4. 尾叶樱桃 *Cerasus dielsiana* （Schneid.）**Yü et Li**【*Prunus dielsiana* **Schneid.**】

落叶乔木或灌木；生于海拔900m的山谷林中；分布于贵阳、江口、荔波、都匀、惠水等地。

5. 短梗尾叶樱桃 *Cerasus dielsiana* **var.** *abbreviata* （Cardot）**Yü et Li**

落叶乔木或灌木；生于海拔1250m的林中；分布地不详。

6. 麦李 *Cerasus glandulosa* （Thunb.）**Sokolovsk.**【*Prunus glandulosa* **Thunb.**】

落叶灌木；生于山谷灌丛中；分布于梵净山等地。

7. 郁李 *Cerasus japonica* （Thunb.）**Loisel.**【*Prunus japonica* **Thunb.**】

落叶灌木；省内有栽培。

8. 散毛樱桃 *Cerasus patentipila* （Hand. -Mazz.）**Yü et Li**

落叶乔木或灌木；生于山坡林中；分布于龙里等地。

9. 多毛樱桃 *Cerasus polytricha* （Koehne）**Yü et Li**【*Prunus polytricha* **Koehne**】

落叶乔木或灌木；生于海拔900－1300m的山谷林中；分布于雷公山、荔波、瓮安、独山、福泉、都匀等地。

10. 樱桃 *Cerasus pseudocerasus* （Lindl.）**London**【*Prunus pseudocerasus* **Lindl.**；*Prunus scopulorum* **Koehne**】

落叶乔木；生于海拔450－1200m的山谷沟旁；分布于习水、遵义、贵阳、印江、江口、长顺、瓮安、独山、福泉、都匀、惠水、贵定、龙里、平塘、荔波等地。

11. 细齿樱桃 *Cerasus serrula* （Franch.）**Yü et Li**【*Prunus serrulata* **Lindl.**】

落叶乔木；生于海拔1250m的山谷林中；分布于贵阳、开阳、修文、梵净山、都匀、惠水等地。

12. 山樱花 *Cerasus serrulata*（Lindl.）London【*Prunus serrulata* Lindl.】

落叶乔木；原产日本；省内有栽培。

13. 日本晚樱 *Cerasus serrulata* var. *lannesiana*（Carr.）T. T. Yu et C. L. Li

落叶乔木；原产日本；省内有栽培。

14. 刺毛樱桃 *Cerasus setulosa*（Batal.）Yü et Li【*Prunus setulosa* Batal.】

落叶小乔木或灌木；生于海拔1780m的山谷密林中；分布于梵净山等地。

15. 毛樱桃 *Cerasus tomentosa*（Thunb.）Wall.【*Prunus tomentosa* Thunb.】

落叶灌木；生于海拔1400m的山谷灌丛中；分布于雷公山、瓮安、独山等地。

16. 东京樱花 *Cerasus yedoensis*（Matsum.）A. V. Vassiljeva

落叶乔木；原产日本；省内有栽培。

（六）木瓜属 *Chaenomeles* Lindley

1. 木瓜海棠 *Chaenomeles cathayensis*（Hemsl.）Schneid.

落叶灌木至小乔木；生于海拔900－1800m的山坡，林边灌丛中；分布于湄潭、纳雍、清镇等地。

2. 木瓜 *Chaenomeles sinensis*（Thouin）Koehne

落叶灌木或小乔木；引种；省内有栽培。

3. 贴梗海棠 *Chaenomeles speciosa*（Sweet）Nakai

落叶灌木；生境不详；分布于遵义、湄潭、清镇、贵定、长顺、瓮安、独山、都匀、平塘等地。

（七）无尾果属 *Coluria* R. Brown

1. 大头叶无尾果 *Coluria henryi* Batal.

多年生草本；生在岩石上；分布地不详。

2. 光柱无尾果 *Coluria omeiensis* var. *nanzhengensis* Yu et Ku

多年生草本；生于海拔2300m；分布于江口等地。

（八）枸子属 *Cotoneaster* B. Ehrhart

1. 匍匐枸子 *Cotoneaster adpressus* Bois

落叶匍匐灌木；生于海拔1400－2000m的山坡灌丛中；分布于贵阳、修文、瓮安、贵定、梵净山等地。

2. 川康枸子 *Cotoneaster ambiguus* Rehd. et Wils.

落叶灌木；生于海拔1900m的岩石及路旁灌丛中；分布于贵阳、大方等地。

3. 泡叶枸子 *Cotoneaster bullatus* Bois

落叶灌木；生于海拔2240m的山谷阴处；分布于印江等地。

4. 黄杨叶枸子 *Cotoneaster buxifolius* Wall. ex Lindl.

常绿至半常绿灌木；生于海拔1150－1300m的山坡灌丛中；分布于七星关、清镇等地。

5. 厚叶枸子 *Cotoneaster coriaceus* Franch.

常绿灌木；生于海拔1130－1300m的山坡或山沟灌丛中；分布于贵阳、安龙等地。

6. 矮生枸子 *Cotoneaster dammeri* Schneid.

常绿灌木；生于海拔1500－2350m的山坡岩石上或路旁；分布于长顺、福泉、惠水、龙里、印江、江口、威宁等地。

7. 滇中矮生枸子 *Cotoneaster dammeri* subsp. *songmingensis* C. Y. Wu et Lihua Zhou

常绿灌木；生于海拔1800－2600m的多石山地或稀疏杂木林内；分布于盘县、威宁等地。

8. 木帚枸子 *Cotoneaster dielsianus* E. Pritz.

落叶灌木；生于海拔1200－2260m的山坡疏林下、山谷或河滩灌丛中；分布于贵阳、习水、印江、威宁等地。

9. 小叶木帚枸子 *Cotoneaster dielsianus* var. *elegans* Rehd. et Wils.

落叶灌木；生于海拔 2000 – 2300m 的密林下；分布地不详。

10. 散生栒子 *Cotoneaster divaricatus* Rehd. et Wils.

落叶灌木；生于海拔 1600m 以上多石砾坡地及山沟灌丛中；分布于省内东北部等地。

11. 麻核栒子 *Cotoneaster foveolatus* Rehd. et Wils.

落叶灌木；生于海拔 1700 – 2000m 的山坡路边或沟底密林中；分布于梵净山、大方等地。

12. 西南栒子 *Cotoneaster franchetii* Bois

半常绿灌木；生于海拔 1300 – 1700m 的疏林下、山坡路旁或灌丛中；分布于息烽、习水、绥阳、印江、大方、纳雍、惠水、贵定、龙里等地。

13. 光叶栒子 *Cotoneaster glabratus* Rehd. et Wils.

半常绿灌木；生于海拔 820 – 1300m 的河谷及山坡灌丛中；分布于印江、安龙、长顺、瓮安、独山、都匀、惠水、龙里、平塘等地。

14. 粉叶栒子 *Cotoneaster glaucophyllus* Franch.

半常绿灌木；生于海拔 1200 – 2800m 的山坡开旷地杂木林中；分布于惠水、龙里等地。

15. 小叶粉叶栒子 *Cotoneaster glaucophyllus* var. *meiophyllus* W. W. Sm.

半常绿灌木；生于海拔 800 – 1200m 的山坡岩石边；分布于贵阳、息烽、瓮安、惠水、龙里、威宁、纳雍、盘县等地。

16. 细弱栒子 *Cotoneaster gracilis* Rehd. et Wils.

落叶灌木；生于海拔 1000m 以上的湖泊、池塘、沟渠、沼泽及河流缓流带；分布于湄潭等地。

17. 平枝栒子 *Cotoneaster horizontalis* Decne.

落叶或半常绿匍匐灌木；生于海拔 1200m 以上的山坡路旁或疏林中；分布于习水、印江、长顺、瓮安、独山、福泉、都匀、惠水、贵定、龙里、平塘等地。

18. 小叶平枝栒子 *Cotoneaster horizontalis* var. *perpusillus* Schneid.

落叶或半常绿匍匐灌木；生于海拔 1500 – 2400m 的山地灌丛中；分布于贵阳、息烽、印江、遵义、湄潭、威宁、长顺、瓮安、独山、福泉、贵定、三都等地。

19. 小叶栒子 *Cotoneaster microphyllus* Wall. ex Lindl.

常绿灌木；生于多石山坡、灌丛中或林缘；分布于赫章等地。

20. 宝兴栒子 *Cotoneaster moupinensis* Franch.

落叶灌木；生于海拔 2000 – 2500m 的山坡林中；分布于梵净山、大方等地。

21. 水栒子 *Cotoneaster multiflorus* Bunge

落叶灌木；生于海拔 1200m 以上的沟谷、山坡林内或林缘；分布于佛顶山等地。

22. 暗红栒子 *Cotoneaster obscurus* Rehd. et Wils.

落叶灌木；生于海拔 1500m 以上的山谷、河旁丛林内；分布于省内东北部等地。

23. 毡毛栒子 *Cotoneaster pannosus* Franch.

半常绿灌木；生于海拔 1100m 以上的灌丛、岩石上；分布于赫章等地。

24. 麻叶栒子 *Cotoneaster rhytidophyllus* Rehd. et Wils.

常绿或半常绿灌木；生于海拔 1100 – 2300m 的岩石上或山坡阳处灌丛中；分布于修文、习水、七星关、威宁、贵阳、惠水、龙里等地。

25. 柳叶栒子 *Cotoneaster salicifolius* Franch.

半常绿或常绿灌木；生于海拔 820 – 1500m 的山地、沟边杂木林中或山坡灌丛中；分布于贵阳、开阳、德江、梵净山、七星关、赫章、大方、清镇、贵定等地。

26. 大叶柳叶栒子 *Cotoneaster salicifolius* var. *henryanus*（Schneid.）Yu

半常绿或常绿灌木；生于海拔 700 – 1900m 开放地；分布于大沙河等地。

27. 皱叶柳叶栒子 *Cotoneaster salicifolius* var. *rugosus*（E. Pritz.）Rehd. et Wils.

半常绿或常绿灌木；生于海拔 400－1900m 的山坡上；分布于大沙河等地。

28. 细枝栒子 *Cotoneaster tenuipes* Rehd. et Wils.

落叶灌木；生于海拔 1900m 以上的丛林间或多石山地；分布于瓮安等地。

29. 陀螺果栒子 *Cotoneaster turbinatus* Craib

常绿灌木；生于海拔 1800－2700m 的江边或沟谷中；分布于长顺、罗甸等地。

（九）山楂属 *Crataegus* Linnaeus

1. 野山楂 *Crataegus cuneata* Sieb. et Zucc.

落叶灌木；生于海拔 1000－1400m 的山坡灌丛中；分布于清镇、贵阳、修文、息烽、长顺、瓮安、独山、罗甸、福泉、都匀、惠水、贵定、三都、龙里、平塘等地。

2. 湖北山楂 *Crataegus hupehensis* Sarg.

落叶乔木或灌木；生于海拔 500m 以上的山坡灌丛中；分布于雷公山等地。

3. 甘肃山楂 *Crataegus kansuensis* Wils.

落叶灌木或乔木；生于海拔 1000m 以上的杂木林中、山坡阴处及山沟旁；分布地不详。

4. 毛山楂 *Crataegus maximowiczii* Schneid.

灌木或小乔木；生于海拔 200m 以上的杂木林中或林边、河岸沟边及路边；分布于水城等地。

5. 山楂 *Crataegus pinnatifida* Bunge

落叶乔木；引种；省内有栽培。

6. 云南山楂 *Crataegus scabrifolia* (Franch.) Rehd.

落叶乔木；生于海拔 1500m 的松林林缘或灌丛中；分布于大方、清镇、西秀、安龙等地。

7. 少毛山楂 *Crataegus wilsonii* Sarg.

落叶灌木；生于海拔 2250m；分布于威宁等地。

（十）榅桲属 *Cydonia* Miller

1. 榅桲 *Cydonia oblonga* Mill.

落叶灌木或小乔木；原产中亚细亚；省内有栽培。

（十一）移核属 *Docynia* Dcne.

1. 云南移 *Docynia delavayi* (Franch.) Schneid.

常绿乔木；生于海拔 2400m 山谷杂木林中；分布于威宁等地。

（十二）蛇莓属 *Duchesnea* J. E. Smith

1. 皱果蛇莓 *Duchesnea chrysantha* (Zoll. et Mor.) Miq.

多年生草本；生于海拔 1000m 的草坡、路边、草地上；分布于贵阳等地。

2. 蛇莓 *Duchesnea indica* (Andr.) Focke

多年生草本；生于海拔 1800m 以下的山地、草地、路旁潮湿处；分布于梵净山等地。

（十三）枇杷属 *Eriobotrya* Lindley

1. 窄叶南亚枇杷 *Eriobotrya bengalensis* var. *angustifolia* Card.

常绿乔木；生于海拔 1200－1800m 的山坡杂木林中；分布于梵净山等地。

2. 大花枇杷 *Eriobotrya cavaleriei* (Lévl.) Rehd.

常绿乔木；生于海拔 700－1500m 的山坡、山谷、沟边杂木林中；分布于贵阳、开阳、都匀、长顺、瓮安、罗甸、惠水、三都、龙里、平塘、雷山、黎平、贞丰、独山、望谟、从江等地。

3. 香花枇杷 *Eriobotrya fragrans* Champ.

常绿小乔木或灌木；生于海拔 800－850m 的山坡丛林中；分布于荔波等地。

4. 窄叶枇杷 *Eriobotrya henryi* Nakai

常绿灌木或小乔木；生于山坡灌丛中；分布于六枝、荔波等地。

5. 枇杷 *Eriobotrya japonica* (Thunb.) Lindl.

常绿小乔木；引种；省内有栽培。

6. 小叶枇杷 *Eriobotrya seguinii*（Lévl.）**Card. ex Guillaumin**

常绿灌木；生于海拔 1000 – 1500m 的山坡林中；分布于镇宁、荔波等地。

（十四）草莓属 *Fragaria* **Linnaeus**

1. 草莓 *Fragaria ananassa*（Weston）**Duch.**

多年生草本；原产南美；省内有栽培。

2. 黄毛草莓 *Fragaria nilgerrensis* **Schltdl. ex Gay**

多年生草本；生于海拔 900 – 2600m 的山坡草地阳处或路旁；分布于贵阳、息烽、开阳、清镇、赤水、习水、梵净山、威宁、水城、雷山、兴义、安龙等地。

3. 粉叶黄毛草莓 *Fragaria nilgerrensis* var. *mairei*（Lévl.）**Hand. -Mazz.**

多年生草本；生于海拔 800 – 2700m 的山坡草地、林缘、沟谷、灌丛中；分布地不详。

4. 西藏草莓 *Fragaria nubicola*（Hook. f.）**Lindl. ex Lacaita**

多年生草本；生于海拔 2300m 的草地上；分布于梵净山等地。

5. 野草莓 *Fragaria vesca* **L.**

多年生草本；生于山坡、草地、林下；分布于贵阳等地。

（十五）路边青属 *Geum* **Linnaeus**

1. 路边青 *Geum aleppicum* **Jacquem.**

多年生草本；生于海拔 2160 – 2800m 的山顶草地、山坡灌丛中；分布于梵净山、威宁、雷山等地。

2. 柔毛路边青 *Geum japonicum* var. *chinense* **F. Bolle**

多年生草本；生于海拔 650 – 1100m 的山坡草地、灌丛、路旁；分布于印江、江口、七星关、瓮安、贵阳、大沙河等地。

（十六）棣棠花属 *Kerria* **Candolle**

1. 棣棠花 *Kerria japonica*（L.）**DC.**

落叶灌木；生于海拔 600 – 1200m 的河边、沟谷林中或灌丛中；分布于贵阳、开阳、梵净山、长顺、瓮安、独山、福泉、都匀、贵定、平塘等地。

2. 重瓣棣棠花 *Kerria japonica* f. *pleniflora*（Witte）**REHD.**

落叶灌木；引种；省内有栽培。

（十七）桂樱属 *Laurocerasus* **Duhamel**

1. 南方桂樱 *Laurocerasus australis* **Yü et Lu**〔*Prunus australis*（Yü et Lu）**Q. H. Chen**〕

常绿灌木至小乔木；生于海拔 750m 的山坡林中；分布于望谟、独山等地。

2. 毛背桂樱 *Laurocerasus hypotricha*（Rehd.）**Yü et Lu**

常绿乔木；生于海拔 200m 以上的山坡、山谷或溪边疏林内；分布地不详。

3. 腺叶桂樱 *Laurocerasus phaeosticta*（Hance）**Schneid.**〔*Prunus phaeosticta*（Hance）**Maxim.**；*Laurocerasus phaeosticta* f. *ciliospinosa* **Chun. ex Yü et Lu**；*Laurocerasus phaeosticta* f. *lasioclada*（Rehd.）**Yü et Lu**〕

落叶乔木；生于海拔 560 – 1350m 的山谷密林中；分布于贵阳、开阳、榕江、从江、罗甸、荔波、独山等地。

4. 刺叶桂樱 *Laurocerasus spinulosa*（Sieb. et Zucc.）**Schneid.**〔*Prunus spinulosa* **Sieb. et Zucc**〕

常绿乔木；生于海拔 680 – 1350m 的山坡疏密林中；分布于贵阳、开阳、印江、雷山、从江、荔波、三都、罗甸、都匀等地。

5. 尖叶桂樱 *Laurocerasus undulata*（Buch. -Ham. ex D. Don）**M. Roem.**〔*Prunus undulata* **Buch. -Ham. ex D. Don**；*Prunus undulata* f. *microbotrys*（Koehne）**Q. H. Chen**〕

常绿灌木至小乔木；生于海拔 1100 – 1500m 的山谷密林中；分布于贵阳、开阳、印江、安龙、贞丰、兴仁等地。

6. 大叶桂樱 *Laurocerasus zippeliana*（Miq.）Yü et Lu【*Prunus zippeliana* Miq.】

常绿乔木；生于海拔 850 – 1400m 的山坡路旁或林中；分布于息烽、德江、绥阳、贵阳、兴仁、长顺、瓮安、独山、罗甸、福泉、惠水、龙里等地。

（十八）臭樱属 *Maddenia* J. D. Hooker et Thomson

1. 锐齿臭樱 *Maddenia incisoserrata* Yü et Ku

落叶灌木；生于海拔 1200 – 2000m 的山坡林中；分布于遵义、梵净山等地。

2. 华西臭樱 *Maddenia wilsonii* Koehne

落叶小乔木或灌木；生于海拔 2500m 的山顶；分布于梵净山等地。

（十九）苹果属 *Malus* Miller

1. 花红 *Malus asiatica* Nakai

落叶小乔木；生于山坡阳处；分布于省内北部等地。

2. 山荆子 *Malus baccata*（Linn.）Borkh.

落叶乔木；生于海拔 150 – 1500m 的山坡杂木林中及山谷阴处灌丛中；分布于惠水等地。

3. 台湾海棠 *Malus doumeri*（Bois）A. Chev.【*Malus melliana*（Hand. -Mazz.）Rehd.】

落叶乔木；生于海拔 700m 以上的山地林中或山谷沟边；分布于黔西南、三都、荔波等地。

4. 垂丝海棠 *Malus halliana* Koehne

落叶小乔木；生于海拔 1400m 以下的山坡灌丛中；分布于清镇等地。

5. 湖北海棠 *Malus hupehensis*（Pamp.）Rehd.

落叶乔木；生于海拔 800 – 1900m 的山坡密林、沟边丛林或路旁；分布于开阳、清镇、息烽、印江、江口、贵阳、雷山、瓮安、独山、惠水、贵定、龙里、平塘等地。

6. 毛山荆子 *Malus mandshurica*（Maxim.）Kom. ex Juz.

落叶乔木；引种；省内有栽培。

7. 西府海棠 *Malus* ×*micromalus* Makino【*Malus micromalus* Makino】

落叶小乔木；省内有栽培。

8. 沧江海棠 *Malus ombrophila* Hand. -Mazz.

落叶小乔木；引种；省内有栽培。

9. 西蜀海棠 *Malus prattii*（Hemsl.）Schneid.

落叶乔木；生于海拔 1400m 以上的山坡杂木林中；分布于大沙河等地。

10. 楸子 *Malus prunifolia*（Willd.）Borkh.

落叶乔木；省内有栽培。

11. 苹果 *Malus pumila* Mill.

落叶乔木；省内有栽培。

12. 三叶海棠 *Malus sieboldii*（Regel）Rehd.

落叶灌木；生于海拔 800 – 1200m 的沟边或山坡杂木林中或灌丛中；分布于贵阳、江口、雷山、黎平、长顺、都匀、惠水、平塘等地。

13. 海棠花 *Malus spectabilis*（Ait.）Borkh.

落叶乔木；生于海拔 2000m 以下的平原或山地；分布于龙里、平塘等地。

14. 滇池海棠 *Malus yunnanensis*（Franch.）Schneid.

落叶乔木；引种；省内有栽培。

15. 川鄂滇池海棠 *Malus yunnanensis* var. *veitchii*（Osborn）Rehd.

落叶乔木；生于海拔 1200 – 2300m 的沟谷密林或山顶密林阴处；分布于印江、江口、梵净山等地。

（二〇）绣线梅属 *Neillia* D. Don

1. 川康绣线梅 *Neillia affinis* **Hemsl.**

落叶灌木；生于海拔 2100m 的杂木林中；分布于水城等地。

2. 毛叶绣线梅 *Neillia ribesioides* **Rehd.**

落叶灌木；生于海拔 1000 – 2500m 的山坡、山谷疏林下或灌丛中；分布于贵阳、威宁等地。

3. 中华绣线梅 *Neillia sinensis* **Oliv.**

落叶灌木；生于海拔 800 – 2350m 的山坡、山谷、河边、路旁、山脚灌丛或疏林中；分布于息烽、威宁、七星关、大方、印江、松桃、梵净山、宽阔水、雷公山、凯里、黄平、黎平、锦屏、普安、兴仁、兴义、安龙、望谟、都匀、瓮安、独山、福泉、惠水、龙里等地。

4. 云南绣线梅 *Neillia serratisepala* **Li**

落叶灌木；生于海拔 2000m 的山坡林边或灌丛中；分布于三都等地。

5. 裂叶西康绣线梅 *Neillia thibetica* **var.** *lobata* （Rehd.）Yu

落叶灌木；生于海拔 2100m 的杂木林中；分布于水城等地。

6. 毛果绣线梅 *Neillia thyrsiflora* **var.** *tunkinensis* （J. E. Vidal）J. E. Vidal

落叶灌木；生于海拔 1700m 的山谷疏林中；分布于七星关等地。

（二一）小石积属 *Osteomeles* **Lindley**

1. 华西小石积 *Osteomeles schwerinae* **Schneid.**

落叶或半常绿灌木；生于海拔 400m 的山坡灌丛中；分布于习水等地。

（二二）稠李属 *Padus* **Miller**

1. 稠李 *Padus avium* **Miller**【*Padus racemosa* （Lam.）Gilib.】

落叶乔木；生于海拔 350m 的山坡、灌丛、山谷中；分布于碧江等地。

2. 短梗稠李 *Padus brachypoda* （Batal.）**Schneid.**【*Prunus brachypoda* **Batal.**】

落叶乔木；生于海拔 1350 – 2360m 的山谷林中；分布于贵阳、梵净山、雷公山、长顺等地。

3. 橉木 *Padus buergeriana* （Miq.）**Yü et Ku**【*Prunus buergeriana* **Miq.**；*Prunus venosa* **Koehne**】

落叶乔木；生于海拔 700 – 1650m 山谷林中；分布于贵阳、安龙、册亨、长顺、瓮安、独山、罗甸、荔波、都匀、龙里、平塘、梵净山、雷公山等地。

4. 灰叶稠李 *Padus grayana* （Maxim.）**Schneid.**【*Padus grayana* （Maxim.）**Schneid.**】

落叶小乔木；生于海拔 800 – 1500m 山谷林中；分布于贵阳、清镇、息烽、雷公山、从江、独山、都匀等地。

5. 粗梗稠李 *Padus napaulensis* （Ser.）**Schneid.**

落叶乔木；生于海拔 1200m 以上的北坡常绿、落叶阔叶混交林中或背阴开阔沟边；分布地不详。

6. 细齿稠李 *Padus obtusata* （Koehne）**Yü et Ku**【*Prunus vaniotii* **Lévl.**】

落叶乔木；生于海拔 1400 – 2500m 山谷林中；分布于威宁、瓮安、都匀、贵定、梵净山、雷公山等地。

7. 星毛稠李 *Padus stellipila* （Koehne）**Yü et Ku**

落叶乔木；生于海拔 1000 – 1800m 的山坡、路旁或灌丛中；分布地不详。

8. 绢毛稠李 *Padus wilsonii* **Schneid.**【*Prunus sericea* （Batal.）**Koehne**；*Prunus rufomicans* **Koehne**】

落叶乔木；生于海拔 1300 – 1800m 的山坡林中；分布于清镇、大方、纳雍、梵净山等地。

（二三）石楠属 *Photinia* **Lindley**

1. 安龙石楠 *Photinia anlungensis* **Yu**

常绿灌木；生于海拔 1300m 的山坡上；分布于安龙等地。

2. 柳叶锐齿石楠 *Photinia arguta* **var.** *salicifolia* （Decne.）J. E. Vidal

灌木或小乔木；生于海拔 1100 – 1300m 的灌丛、沟壑、河道附近；分布地不详。

3. 中华石楠 *Photinia beauverdiana* Schneid.【*Photinia beauverdiana* var. *notabilis*（Schneid.）Rehd. et Wils.】

落叶灌木或小乔木；生于海拔 600 – 1900m 的山坡、山谷杂木林中；分布于贵阳、习水、松桃、梵净山、宽阔水、息烽、七星关、雷公山、黎平、榕江、兴仁、安龙、长顺、独山、罗甸、荔波、都匀、惠水、三都、龙里、平塘、瓮安等地。

4. 短叶中华石楠 *Photinia beauverdiana* var. *brevifolia* Card.

落叶灌木或小乔木；生于海拔 900 – 1500m 的杂木林中；分布于贵阳、锦屏、独山、三都等地。

5. 湖北石楠 *Photinia bergerae* Schneid.

落叶灌木；生于海拔 1260m 的山坡上；分布于石阡等地。

6. 短叶石楠 *Photinia blinii*（Lévl.）Rehdl.

落叶灌木；生于河床；分布于贵阳、惠水、龙里等地。

7. 贵州石楠 *Photinia bodinieri* Lévl.【*Photinia davidsoniae* Rehd.】

常绿乔木；生于海拔 700 – 1500m 的杂木林中；分布于息烽、开阳、修文、清镇、道真、德江、松桃、石阡、普定、贵阳、册亨、瓮安、惠水、三都、龙里、长顺、独山、罗甸、福泉、荔波、都匀、贵定、平塘等地。

8. 长叶贵州石楠 *Photinia bodinieri* var. *longifolia* Card.

常绿乔木；生于海拔 600 – 1300m 的路边、山坡、森林；分布于贵阳、道真、都匀、惠水等地。

9. 城口石楠 *Photinia calleryana*（Decne.）Card.【*Photinia esquirolii*（Lévl.）Rehd.；*Photinia brevipetiolata* Cardot】

灌木或小乔木；生于海拔 2000m 的山区；分布于望谟、兴仁、安龙、贞丰、贵定等地。

10. 宜山石楠 *Photinia chingiana* Hand. -Mazz.

灌木；生于海拔 1000m 的开旷森林或河岸；分布地不详。

11. 黎平石楠 *Photinia chingiana* var. *lipingensis*（Y. K. Li et M. Z. Yang）L. T. Lu et C. L. Li

灌木；生于海拔 400m 的山林中；分布于黎平等地。

12. 厚叶石楠 *Photinia crassifolia* Lévl.

常绿灌木；生于海拔 500 – 1700m 的山坡丛林中；分布于梵净山、赫章、纳雍、清镇、贵阳、西秀、独山、惠水、三都、龙里、安龙等地。

13. 红叶石楠 *Photinia x fraseri*

常绿小乔木；引种；省内有栽培。

14. 光叶石楠 *Photinia glabra*（Thunb.）Maxim.

常绿乔木；生于海拔 500 – 1100m 的杂木林中；分布于锦屏、印江、遵义、石阡、贵阳、清镇、贵定、黎平、荔波、长顺、瓮安、独山、罗甸、都匀、惠水、三都、龙里、平塘、安龙等地。

15. 褐毛石楠 *Photinia hirsuta* Hand. -Mazz.

落叶灌木或乔木；生于海拔 800m 以下的森林、河谷、山坡疏林中；分布于大沙河等地。

16. 陷脉石楠 *Photinia impressivena* Hayata

灌木或小乔木；生于海拔 400m 以上的森林、灌丛、小溪边；分布于大沙河等地。

17. 全缘石楠 *Photinia integrifolia* Lindl.【*Photinia integrifolia* var. *notoniana*（Wight et Arnott）Vidal】

常绿乔木；生于海拔 2200m 的山脚村寨边；分布于威宁等地。

18. 垂丝石楠 *Photinia komarovii*（Lévl. et Vant.）L. T. Lu et C. L. Li

落叶灌木；生于海拔 400 – 1500m 的山坡、路边、疏林处；分布地不详。

19. 倒卵叶石楠 *Photinia lasiogyna*（Franch.）Schneid.

灌木或小乔木；生于海拔 1300 – 1800m 的山坡灌丛中；分布于平坝、贵阳、锦屏、安龙、龙里等地。

20. 罗城石楠 *Photinia lochengensis* Yu

小乔木或灌木；生于海拔 300m 的岩石、河流边；分布于茂兰等地。

21. 小叶石楠 *Photinia parvifolia*（E. Pritz.）Schneid.

落叶灌木；生于海拔 600 – 1300m 的山坡、路旁的灌丛中或林下；分布于贵阳、梵净山、印江、石阡、天柱、雷山、黎平、三都、瓮安、独山、福泉、荔波、都匀、惠水、龙里等地。

22. 假小叶石楠 *Photinia parvifolia* var. *subparvifolia*（Y. K. Li et X. M. Wang）L. T. Lu et C. L. Li

落叶灌木；生于海拔 500 – 600m 的山谷林中；分布于荔波等地。

23. 毛果石楠 *Photinia pilosicalyx* Yu

落叶灌木；生于海拔 1000 – 1200m 的山坡、山脚杂木林中；分布于兴义、安龙、惠水、贵定等地。

24. 罗汉松叶石楠 *Photinia podocarpifolia* Yu

落叶灌木；生于海拔 300 – 710m 的山坡灌丛中；分布于三都、罗甸、安龙等地。

25. 桃叶石楠 *Photinia prunifolia*（Hook. et Arn.）Lindl.

常绿乔木；生于海拔 500 – 1200m 的山坡疏林中；分布于贵阳、习水、梵净山、遵义、凯里、雷山、黄平、榕江、独山、荔波、都匀、惠水、贵定、三都等地。

26. 饶平石楠 *Photinia raupingensis* K. C. Kuan

常绿乔木；生于海拔 314m 的常绿阔叶林林下灌丛中；分布于榕江等地。

27. 绒毛石楠 *Photinia schneideriana* Rehd. et Wils.

灌木或小乔木；生于海拔 1000 – 1800m 的杂木林中；分布于开阳、清镇、德江、梵净山、宽阔水、石阡、贵阳、锦屏、都匀、惠水、龙里等地。

28. 小花石楠 *Photinia schneideriana* var. *parviflora*（Card.）L. T. Lu et C. L. Li【*Photinia parviflora* Card.】

落叶乔木；生于海拔 1650m 的杂木林中；分布于安龙等地。

29. 石楠 *Photinia serratifolia*（Desf.）Kalkman【*Photinia serrulata* Lindl.】

常绿小乔木；生于海拔 800 – 1800m 的杂木林中；分布于贵阳、赤水、遵义、镇远、瓮安、都匀、碧江等地。

30. 窄叶石楠 *Photinia stenophylla* Hand. -Mazz.

灌木；生于海拔 400 – 600m 的沟谷水边灌丛中；分布于贵阳、清镇、三都、长顺、贵定、黎平等地。

31. 独山石楠 *Photinia tushanensis* Yu

灌木；生于海拔 840m 的山顶灌丛中；分布于独山、长顺、罗甸、荔波、惠水、三都等地。

32. 毛叶石楠 *Photinia villosa*（Thunb.）DC.

落叶灌木或小乔木；生于海拔 800 – 1200m 的山坡灌丛中；分布于贵阳、息烽、开阳、清镇、雷山、天柱、黎平、长顺、独山、荔波、惠水、龙里等地。

33. 光萼石楠 *Photinia villosa* var. *glabricalcyina* L. T. Lu et C. L. Li

落叶灌木或小乔木；生于海拔 1100m 以下的阳坡、路旁、混交林或灌丛中；分布于凯里、榕江、雷山、天柱等地。

34. 庐山石楠 *Photinia villosa* var. *sinica* Rehd. et Wils.

落叶灌木或小乔木；生于海拔 900 – 1200m 的山坡疏林或灌丛中；分布于息烽、威宁、锦屏、榕江等地。

（二四）委陵菜属 *Potentilla* Linnaeus

1. 蛇莓委陵菜 *Potentilla centigrana* Maxim.

一年或二年生草本；生于海拔2200m的荒地、林缘及林下湿地处；分布于草海、水城等地。

2. 委陵菜 *Potentilla chinensis* Ser.

多年生草本；生于海拔800－1500m的山坡草地、沟谷、灌丛中和林下；分布于湄潭、七星关、瓮安、贵阳、息烽、西秀等地。

3. 翻白草 *Potentilla discolor* Bunge

多年生草本；生于海拔500－1100m山坡草地、山谷、沟边及疏林下；分布于绥阳、遵义、湄潭、天柱、贵阳、锦屏等地。

4. 三叶委陵菜 *Potentilla freyniana* Bornm.

多年生草本；生于海拔530－1620m的山坡草地、路旁；分布于赤水、威宁、水城、贵阳等地。

5. 柔毛委陵菜 *Potentilla griffithii* Hook. f.

多年生草本；生于海拔2260m的山坡草地、路旁、林缘和林下；分布于威宁等地。

6. 蛇含委陵菜 *Potentilla kleiniana* Wight et Arn.

一年、二年或多年生草本；生于海拔400－2000m的山坡草地、路旁、田边、沟旁；省内从北至南广为分布。

7. 银叶委陵菜 *Potentilla leuconota* D. Don

多年生草本；生于海拔2200m的山坡草地；分布于梵净山等地。

8. 西南委陵菜 *Potentilla lineata* Trevir.【*Potentilla fulgens* Lehmann】

多年生草本；生于海拔1700－2260m的山坡草地、灌丛中及林缘；分布于七星关、威宁、水城、安龙、兴义等地。

9. 绢毛匍匐委陵菜 *Potentilla reptans* var. *sericophylla* Franch.

多年生草本；生于海拔1400－2400m的山坡草地、田埂上；分布于威宁、西秀、水城等地。

10. 朝天委陵菜 *Potentilla supina* L.

一年或二年生草本；生于海拔2200m的草地、路旁、田边、荒地；分布于威宁等地。

11. 三叶朝天委陵菜 *Potentilla supina* var. *ternata* Peterm.

一年或二年生草本；生于海拔450－2200m的山坡草地、灌丛中、林缘和河边沙滩上；分布于威宁、盘县、安龙等地。

12. 汶川委陵菜 *Potentilla wenchuensis* H. Ikeda et H. Ohba

多年生草本；生于草地、砾石山坡；分布地不详。

（二五）扁核木属 *Prinsepia* Royle

1. 扁核木 *Prinsepia utilis* Royle

落叶直立或攀援灌木；生于海拔1100－2160m的山坡、路旁或灌丛中；分布于威宁、西秀、平坝、贵阳、息烽、清镇、修文、开阳、贵定、长顺、独山、罗甸、福泉、都匀、惠水、龙里、平塘、瓮安等地。

（二六）李属 *Prunus* Linnaeus

1. 紫叶李 *Prunus cerasifera* f. *atropurpurea*（Jacq.）Rehd.

落叶灌木或小乔木；引种；省内有栽培。

2. 李 *Prunus salicina* Lindl.

落叶乔木；引种；省内有栽培。

3. 欧洲李 *Prunus domestica* L.

落叶乔木；原产西亚和欧洲；省内有栽培。

（二七）臀果木属 *Pygeum* Gaertner

1. 臀果木 *Pygeum topengii* Merr.

常绿乔木；生于山坡疏林中；分布于荔波、从江、榕江等地。

（二八）火棘属 *Pyracantha* M. Roemer

1. 窄叶火棘 *Pyracantha angustifolia*（Franch.）Schneid.

常绿灌木或小乔木；生于海拔 1600－2200m 的山坡灌丛中；分布于贵阳、威宁等地。

2. 全缘火棘 *Pyracantha atalantioides*（Hance）Stapf

常绿灌木或小乔木；生于海拔 500－1000m 的山坡或河边坡地灌丛中；分布于贵阳、修文、开阳、江口、雷山、平塘、长顺、瓮安、独山、罗甸、福泉、荔波、都匀、惠水、贵定、龙里等地。

3. 细圆齿火棘 *Pyracantha crenulata*（D. Don）M. Roem.

常绿灌木或小乔木；生于海拔 950－1100m 的山坡或沟边灌丛中；分布于贵阳、开阳、雷山、长顺、瓮安、独山、罗甸、福泉、都匀、惠水、贵定、龙里、平塘等地。

4. 细叶细圆齿火棘 *Pyracantha crenulata* var. *kansuensis* Rehd.

常绿灌木或小乔木，生于海拔 1500m 以上的山谷、路边、河旁或坡地，分布地不详。

5. 火棘 *Pyracantha fortuneana*（Maxim.）H. L. Li

常绿灌木；生于海拔 600－1400m 的山坡灌丛中；分布于赤水、习水、德江、印江、江口、湄潭、七星关、瓮安、清镇、西秀、安龙、长顺、独山、罗甸、福泉、荔波、都匀、惠水、贵定、三都、龙里、平塘等地。

（二九）梨属 *Pyrus* Linnaeus

1. 杜梨 *Pyrus betulifolia* Bunge

落叶乔木；生于海拔 400－2200m 的平地或山坡阳处；分布于贵阳、清镇、威宁、纳雍、独山、惠水、龙里、平塘等地。

2. 豆梨 *Pyrus calleryana* Decne.

落叶乔木；生于海拔 800－1800m 的杂木林中；分布于黎平、普安、安龙等地。

3. 川梨 *Pyrus pashia* Buch. -Ham. ex D. Don

落叶乔木；生于海拔 380m 以上的山谷斜坡、丛林中；分布于七星关、黎平、独山、惠水、贵定、龙里、安龙等地。

4. 大花川梨 *Pyrus pashia* var. *grandiflora* Card.

落叶乔木；分布地不详。

5. 滇梨 *Pyrus pseudopashia* Yu

落叶乔木；生于海拔 550m 的山区杂木林中；分布于从江等地。

6. 沙梨 *Pyrus pyrifolia*（Burm. f.）Nakai

落叶乔木；生于海拔 950－1150m 的山坡或沟边；分布于印江、湄潭、贵阳、黎平、从江、长顺、独山、罗甸、福泉、荔波、都匀、惠水、三都、龙里、平塘等地。

7. 麻梨 *Pyrus serrulata* Rehder

落叶乔木；生于海拔 900－1270m 的沟边林中、林边或灌丛中；分布于印江、贵阳、龙里、罗甸、惠水、贵定、三都、榕江、册亨等地。

（三〇）石斑木属 *Rhaphiolepis* Lindley

1. 细叶石斑木 *Rhaphiolepis lanceolata* H. H. Hu

常绿灌木；生于海拔 300m 的灌丛中；分布于三都等地。

2. 石斑木 *Rhaphiolepis indica*（L.）Lindl.

常绿灌木；生于海拔 800－1600m 的山坡、路旁、沟边灌丛中或疏林下；分布于贵阳、清镇、江口、都匀、独山、长顺、瓮安、罗甸、荔波、惠水、三都、贵定、锦屏、黎平、贞丰等地。

3. 绣毛石斑木 *Rhaphiolepis ferruginea* Metc.

常绿乔木或灌木；生于海拔 300－600m 的山谷或路旁疏林中；分布于荔波等地。

(三一) 蔷薇属 *Rosa* Linnaeus

1. 木香花 *Rosa banksiae* Aiton

常绿攀援小灌木；引种；省内有栽培。

2. 黄木香花 *Rosa banksiae* f. *lutea* (Lindl.) Rehd.

常绿攀援小灌木；生于海拔 1450m 左右的山坡林下；分布于息烽等地。

3. 单瓣木香花 *Rosa banksiae* var. *normalis* Regel

常绿攀援小灌木；生于海拔 500－1500m 的沟谷中；分布于息烽等地。

4. 弯刺蔷薇 *Rosa beggeriana* Schrenk

灌木；生于海拔 800－2000m 的山坡、山谷、河边或路旁等处；分布于惠水、龙里等地。

5. 硕苞蔷薇 *Rosa bracteata* J. C. Wendl.

常绿蔓生灌木；生于海拔 300m 以下的溪边、路旁和灌丛中；分布地不详。

6. 月季花 *Rosa chinensis* Jacq.

常绿灌木；引种；全省普遍有栽培。

7. 单瓣月季花 *Rosa chinensis* var. *spontanea* (Rehd. et Wils.) Yü et Ku

常绿灌木；生于山坡灌丛中；分布于修文、开阳等地

8. 伞房蔷薇 *Rosa corymbulosa* Rolfe

常绿小灌木；生于海拔 1600－2000m 的灌丛中、山坡、林下或河边；分布于湄潭、荔波等地。

9. 小果蔷薇 *Rosa cymosa* Tratt.

常绿攀援灌木；生于海拔 500－1200m 的向阳山坡、河谷灌丛中；分布于赤水、印江、江口、七星关、贵阳、息烽、修文、开阳、清镇、雷山、长顺、瓮安、独山、罗甸、福泉、荔波、都匀、惠水、贵定、三都、龙里、平塘等地。

10. 腺梗蔷薇 *Rosa filipes* Rehd. et Wils.

常绿灌木；生于海拔 1300－2300m 的山坡路边；分布于水城等地。

11. 绣球蔷薇 *Rosa glomerata* Rehd. et Wils.

常绿灌木；生于海拔 2270m 的山坡阳处灌丛中或林缘；分布于威宁等地。

12. 卵果蔷薇 *Rosa helenae* Rehd. et Wils.

落叶灌木；生于海拔 1000－1160m 的山坡、沟边、灌丛中；分布于开阳、瓮安等地。

13. 软条七蔷薇 *Rosa henryi* Bouleng.

常绿蔓生灌木；生于海拔 700－1100m 的山谷、林缘和灌丛中；分布于修文、印江、七星关、纳雍、长顺、独山、罗甸、荔波、都匀、惠水、龙里、平塘等地。

14. 赫章蔷薇 *Rosa hezhangensis* T. L. Xu

常绿灌木；生于海拔 2440－2800m；分布于威宁等地。

15. 贵州刺梨 *Rosa kweichowensis* Yü et Ku

常绿灌木；生于海拔 1070m 左右的山坡阳处或多石的山上；分布于贵阳、清镇、贵定等地。

16. 金樱子 *Rosa laevigata* Michx.

常绿攀援灌木；生于海拔 300－1600m 的山野路旁、溪边、灌丛中；分布于印江、思南、遵义、碧江、镇远、天柱、贵阳、息烽、雷山、榕江、黎平、锦屏、平塘、独山、长顺、瓮安、罗甸、福泉、荔波、都匀、惠水、龙里、贵定、三都等地。

17. 毛萼蔷薇 *Rosa lasiosepala* Metc.

攀援灌木；生于海拔 1230m 的沟边杂木林中；分布于开阳、雷山等地。

18. 长尖叶蔷薇 *Rosa longicuspis* Bertol.

攀援灌木；生于海拔 2000m 山坡灌丛中；分布于贵阳、兴义等地。

19. 多花长尖叶蔷薇 *Rosa longicuspis* var. *sinowilsonii*（Hemsl.）Yü et Ku

攀援灌木；分布地不详。

20. 亮叶月季 *Rosa lucidissima* Lévl.

常绿或半常绿攀援灌木；生于海拔 840m 的沟边或山坡灌丛中；分布于印江、平坝、瓮安、荔波、惠水等地。

21. 毛叶蔷薇 *Rosa mairei* Lévl.

矮小灌木；生于海拔 2300m 以上的山坡阳处或沟边杂木林中；分布地不详。

22. 华西蔷薇 *Rosa moyesii* Hemsl. et Wils.

常绿灌木；生于山坡或灌丛中；分布于大沙河、瓮安等地。

23. 野蔷薇 *Rosa multiflora* Thunb.

落叶攀援灌木；生于海拔 1000m 左右的林缘、路旁、灌丛中；分布于贵阳、清镇、长顺、瓮安、福泉、荔波、都匀、惠水、贵定、三都、龙里、平塘等地。

24. 白玉堂 *Rosa multiflora* var. *alboplena* Yu et Ku

落叶攀援灌木；省内有栽培。

25. 七姊妹 *Rosa multiflora* var. *carnea* Thory

落叶攀援灌木；分布地不详。

26. 粉团蔷薇 *Rosa multiflora* var. *cathayensis* Rehd. et Wils.

落叶攀援灌木；生于海拔 700 – 1070m 山坡林缘、灌丛中；分布于江口、长顺、独山、平塘、贵阳等地。

27. 香水月季 *Rosa odorata*（Andr.）Sweet

常绿或半常绿攀援灌木；引种；省内有栽培。

28. 峨眉蔷薇 *Rosa omeiensis* Rolfe

落叶直立灌木；生于海拔 750m 以上的山坡、山脚下或灌丛中；分布地不详。

29. 扁刺峨眉蔷薇 *Rosa omeiensis* f. *pteracantha*（Franch.）Rehd. et Wils.

落叶直立灌木；生于海拔 2260m 的山坡杂木林中或灌丛中；分布于威宁、贵定等地。

30. 刺梨 *Rosa roxburghii* Tratt.

落叶灌木；生于海拔 1070 – 1500m 的山地、灌丛、山坡；分布于贵阳、修文、七星关、黔西、长顺、瓮安、独山、罗甸、福泉、荔波、都匀、惠水、贵定、龙里、平塘等地。

31. 白花刺梨 *Rosa roxburghii* f. *candida* S. D. Shi

落叶灌木；生于海拔 1300m；分布于道真等地。

32. 无刺刺梨 *Rosa roxburghii* f. *inermis* S. D. Shi

落叶灌木；生于海拔 1300m；分布于安龙等地。

33. 单瓣缫丝花 *Rosa roxburghii* f. *normalis* Rehd. et Wils.

落叶灌木；生于海拔 300 – 1800m 的向阳山坡、路旁、灌丛中；除威宁外，广泛分布于瓮安、惠水、三都、龙里等省内大部分地区。

34. 悬钩子蔷薇 *Rosa rubus* Lévl. et Vant.

常绿匍匐灌木；生于海拔 160 – 1300m 的沟边、路旁、灌丛中、林下；分布于道真、赤水、正安、德江、七星关、贵阳、息烽、清镇、普安、平塘、兴仁、望谟、罗甸、独山、兴义、安龙等地。

35. 玫瑰 *Rosa rugosa* Thunb.

常绿灌木；引种；省内有栽培。

36. 大红蔷薇 *Rosa saturata* Baker

灌木；生于海拔 2200 – 2400m 的山坡、灌丛中或水沟旁；分布于纳雍等地。

37. 绢毛蔷薇 *Rosa sericea* Lindl.

常绿直立灌木；生于海拔 2000m 以上的山顶、山谷斜坡或向阳山地；分布于贵定等地。

38. 宽刺绢毛蔷薇 *Rosa sericea* f. *pteracantha* Franch.

直立灌木；生于海拔 2400m 的路旁、山坡灌丛中；分布于威宁等地。

39. 钝叶蔷薇 *Rosa sertata* Rolfe

落叶灌木；生于海拔 2240m 的山坡、沟边或疏林中；分布于梵净山等地。

40. 川西蔷薇 *Rosa sikangensis* Yu et Ku

小灌木；生于海拔 2200m 的山谷灌丛中；分布于威宁等地。

41. 无子刺梨 *Rosa sterilis* S. D. Shi

落叶攀援灌木；生于海拔 1500m；分布于七星关、兴仁等地。

42. 光枝无子刺梨 *Rosa sterilis* var. *leioclada* M. T. An. Y. Z. Cheng et M. Zhong

落叶攀援灌木；生于海拔 1300m；分布于西秀等地。

（三二）悬钩子属 *Rubus* Linnaeus

1. 柔毛尖叶悬钩子 *Rubus acuminatus* var. *puberulus* Yü et Lu

攀援灌木；生于海拔 1000 - 1500m 的山坡灌丛或疏林中；分布于清镇、兴义、册亨、长顺、瓮安、独山、平塘等地。

2. 腺毛莓 *Rubus adenophorus* Rolfe

攀援灌木；生于低海拔至中海拔的山地、山谷、疏林润湿处或林缘；分布于清镇、梵净山、长顺、平塘等地。

3. 粗叶悬钩子 *Rubus alceifolius* Poir.

攀援灌木；生于海拔 500 - 1500m 的山坡、路旁灌丛中或杂木林里；分布于贵阳、贞丰、兴义、安龙、都匀、独山、瓮安、罗甸、独山、惠水、三都、龙里等地。

4. 秀丽莓 *Rubus amabilis* Focke

灌木；生于海拔 1000m 以上的山麓、沟边或山谷丛林中；分布于大沙河等地。

5. 刺萼秀丽莓 *Rubus amabilis* var. *aculeatissimus* Yü et Lu

灌木；生于海拔 1900 - 2600m 的森林边缘、路旁；分布于大沙河等地。

6. 周毛悬钩子 *Rubus amphidasys* Focke

常绿蔓性灌木；生于海拔 400 - 1800m 的山坡、沟边灌丛中或林下；分布于梵净山、习水、黄平、贵阳、清镇、雷山、榕江、长顺、独山、惠水、平塘等地。

7. 狭苞悬钩子 *Rubus angustibracteatus* Yü et Lu

攀援灌木；生于海拔 1900 - 2200m 的山林中；分布于沿河等地。

8. 西南悬钩子 *Rubus assamensis* Focke

攀援灌木；生于海拔 1000 - 1500m 的山坡、路旁灌丛中、杂木林下或林缘；分布于赤水、习水、七星关、息烽、纳雍、安龙、独山等地。

9. 桔红悬钩子 *Rubus aurantiacus* Focke

灌木；生于海拔 2120m 的山谷、溪旁或山坡疏密杂木林中或灌丛中；分布于水城等地。

10. 钝叶桔红悬钩子 *Rubus aurantiacus* var. *obtusifolius* Yü et Lu

灌木；生于海拔 1600m 的山坡、河边灌丛中；分布于清镇、西秀、瓮安等地。

11. 竹叶鸡爪茶 *Rubus bambusarum* Focke

常绿攀援灌木；生于海拔 1600m 的山坡灌丛中；分布于梵净山等地。

12. 粉枝莓 *Rubus biflorus* Buch. -Ham. ex Sm.

常绿攀援灌木；生于海拔 2900m 以下的山谷、杂木林里；分布于长顺、独山、罗甸、福泉、都匀、惠水、贵定、龙里、平塘等省内大部分地区。

13. 寒莓 *Rubus buergeri* Miq.

落叶直立或匍匐小灌木；生于阔叶林下或山地疏密杂木林中；分布于梵净山、江口、威宁、施秉、清镇、贵阳、都匀、长顺、瓮安、独山、罗甸、福泉、惠水、贵定、龙里、平塘、贞丰、榕江等地。

14. 猬莓 *Rubus calycanthus* Lévl.【*Rubus echinoides* Metc.】

落叶攀援灌木；生于海拔 1000 – 1400m 的山坡、林边灌丛中；分布于关岭、罗甸、望谟、安龙、册亨、瓮安、独山、贵定等地。

15. 尾叶悬钩子 *Rubus caudifolius* Wuzhi

攀援灌木；生于海拔 1300 – 2200m 的山坡、路旁、杂木林中或灌丛中；分布于梵净山、雷山、福泉等地。

16. 长序莓 *Rubus chiliadenus* Focke

攀援状灌木；生于海拔 1000m 的山脚、路旁、岩石灌丛中；分布于习水、西秀、福泉、惠水、三都等地。

17. 掌叶覆盆子 *Rubus chingii* Hu【*Rubus palmatus* Hemsl.】

藤状灌木；生于低海拔至中海拔地区的山坡、路边阳处或阴处灌丛中；分布于荔波等地。

18. 毛萼莓 *Rubus chroosepalus* Focke

半常绿攀援灌木；生于海拔 300 – 2000m 的山坡、路旁、河谷灌丛中或林缘；分布于贵阳、桐梓、松桃、梵净山、遵义、都匀、平塘、独山、贵定、安龙等地。

19. 蛛丝毛萼莓 *Rubus chroosepalus* var. *araneosus* Q. H. Chen et T. L. X

半常绿攀援灌木；生于海拔 1000m 以下的灌丛中；分布于习水等地。

20. 华中悬钩子 *Rubus cockburnianus* Hemsl.

灌木；生于海拔 900 – 2900m 的向阳山坡灌丛中或沟谷杂木林内；分布于威宁、兴义等地。

21. 小柱悬钩子 *Rubus columellaris* Tutcher

攀援灌木；生于海拔 1000 – 1600m 的山坡、路边灌丛中或疏林下；分布于雷山、安龙、望谟、独山等地。

22. 密花悬钩子 *Rubus confertiflorus* Q. H. Chen et T. L. Xu

攀援灌木；分布于兴仁、贞丰等地。

23. 山莓 *Rubus corchorifolius* L. f.

落叶直立灌木；生于向阳山坡、溪边灌丛中；分布于长顺、独山、罗甸、福泉、荔波、惠水、贵定、三都、龙里、平塘等省内大部分地区。

24. 插田泡 *Rubus coreanus* Miq.

攀援灌木；生于海拔 600 – 1600m 的山坡、路旁、灌丛中和沟边林下；分布于梵净山、桐梓、贵阳、凯里、雷山、望谟、长顺、独山、罗甸、荔波、都匀、惠水、三都、龙里、平塘等地。

25. 毛叶插田泡 *Rubus coreanus* var. *tomentosus* Card.

攀援灌木；生于海拔 600 – 1600m 的沟谷旁和山坡灌丛中；分布于开阳、正安、思南、长顺、独山、平塘等地。

26. 厚叶悬钩子 *Rubus crassifolius* Yü et Lu

攀援灌木；生于海拔 2000m 的山顶草地、高山岩隙间或密林旁；分布于雷山等地。

27. 长叶悬钩子 *Rubus dolichophyllus* Hand. -Mazz.

藤状灌木；生于海拔 700 – 1800m 的山坡灌丛中；分布于威宁、兴仁、安龙等地。

28. 毛梗长叶悬钩子 *Rubus dolichophyllus* var. *pubescens* Yü et Lu

藤状灌木；生于海拔 2100m 的山谷灌丛中；分布于息烽、盘县等地。

29. 椭圆悬钩子 *Rubus ellipticus* Sm.

落叶灌木；生于海拔 1000 – 2600m 的干旱山坡、山谷或疏林内；分布于黔北、三都等地。

30. 栽秧泡 *Rubus ellipticus* var. *obcordatus* Focke

落叶小灌木；生于海拔 700 – 1800m 的山坡、山谷、路旁灌丛中或疏林下；分布于赤水、七星关、都匀、平塘、罗甸、独山、福泉、荔波、惠水、望谟、兴义、安龙等地。

31. 桉叶悬钩子 *Rubus eucalyptus* Focke

灌木；生于海拔 1000 – 2500m 的灌丛中、山坡或杂木林下；分布于赤水等地。

32. 大红泡 *Rubus eustephanos* Focke

灌木；生于海拔 500 – 2310m 的山坡、沟边灌丛中；分布于梵净山等地。

33. 峨眉悬钩子 *Rubus faberi* Focke

灌木；生于海拔 1000m 的山地；分布于印江等地。

34. 梵净山悬钩子 *Rubus fanjingshanensis* L. T. Lu ex Bouff. et al.

灌木；生于海拔 2000 – 2300m 的高山上；分布于赫章、梵净山等地。

35. 黔桂悬钩子 *Rubus feddei* Lévl. et Vant.

攀援灌木；生于海拔 680 – 1200m 的山坡、路旁灌丛中或疏林下；分布于贞丰、兴义、安龙、册亨、罗甸、独山、贵定、望谟等地。

36. 攀枝莓 *Rubus flagelliflorus* Focke

攀援或匍匐小灌木；生于海拔 1500m 的山谷灌丛中；分布于望谟等地。

37. 光果悬钩子 *Rubus glabricarpus* W. C. Cheng

灌木；生于低到中等海拔的河岸、森林中；分布于平塘等地。

38. 中南悬钩子 *Rubus grayanus* Maxim.

灌木；生于海拔 1500 – 2000m 的山坡、向阳山脊、谷地灌丛中或溪边水旁杂木林下；分布于雷山等地。

39. 戟叶悬钩子 *Rubus hastifolius* Lévl. et Vant.

常绿攀援灌木；生于海拔 600 – 1500m 山坡、沟谷、路旁的灌丛中或林缘；分布于梵净山、石阡、黄平、雷山、荔波等地。

40. 鸡爪茶 *Rubus henryi* Hemsl. et Kuntze

常绿攀援灌木；生于海拔 1800m 的斜坡、山谷、森林、灌丛中；分布于印江等地。

41. 大叶鸡爪茶 *Rubus henryi* var. *sozostylus*（Focke）Yü et Lu

常绿攀援灌木；生于海拔 1900m 的山地、路旁疏林或灌丛中；分布于务川、遵义、黔南等地。

42. 黄平悬钩子 *Rubus huangpingensis* Yü et Lu

常绿攀援灌木；生于山顶灌丛中；分布于黄平、贵定等地。

43. 湖南悬钩子 *Rubus hunanensis* Hand. -Mazz.

攀援灌木；生于海拔 500 – 1500m 的山谷、山坡、林缘；分布于清镇、都匀、雷公山、榕江等地。

44. 宜昌悬钩子 *Rubus ichangensis* Hemsl. et Kuntze

落叶或半常绿攀援灌木；生于海拔 750 – 1300m 的山坡、山谷、路旁灌丛中或林下；分布于习水、江口、梵净山、遵义、黄平、贵定、都匀、长顺、瓮安、独山、罗甸、福泉、惠水、三都、龙里、平塘、兴仁、安龙、册亨、榕江等地。

45. 拟覆盆子 *Rubus idaeopsis* Focke

灌木；生于海拔 900 – 1800m 的山谷、山坡灌丛中；分布于纳雍、安龙、册亨、贵定等地。

46. 白叶莓 *Rubus innominatus* S. Moore

落叶灌木；生于海拔 500 – 2300m 的山坡、山谷、路边灌丛中或疏林下；分布于贵阳、威宁、梵净山、绥阳、思南、雷山、兴仁、长顺、瓮安、独山、罗甸、福泉、荔波、都匀、平塘等地。

47. 蜜腺白叶莓 *Rubus innominatus* var. *aralioides*（Hance）Yü et Lu

落叶灌木；生于海拔 600 – 2100m 的山坡灌丛中；分布于榕江、水城等地。

48. 无腺白叶莓 *Rubus innominatus* var. *kuntzeanus*（Hemsl.）L. H. Bailey

落叶灌木；生于海拔 900 – 2000m 的山坡、路旁灌丛中；分布于松桃、梵净山、息烽、清镇、平塘、瓮安、独山等地。

49. 宽萼白叶莓 *Rubus innominatus* var. *macrosepalus* Metc.

落叶灌木；生于海拔达 2000m 的山地；分布于印江等地。

50. 五叶白叶莓 *Rubus innominatus* var. *quinatus* L. H. Bailey

落叶灌木；分布于安龙、册亨、石阡、大方等地。

51. 红花悬钩子 *Rubus inopertus*（Focke）Focke

攀援灌木；生于海拔 800 – 2000m 的山坡、山谷沟边灌丛中；分布于贵阳、清镇、赤水、梵净山、纳雍、雷山、黎平、长顺、瓮安、独山、平塘等地。

52. 灰毛泡 *Rubus irenaeus* Focke

常绿灌木；生于海拔 500 – 1600m 的山坡林下阴处；分布于松桃、梵净山、七星关、息烽、织金、雷山、榕江、瓮安、福泉、都匀、惠水等地。

53. 金佛山悬钩子 *Rubus jinfoshanensis* Yü et Lu

攀援灌木；生于海拔 1600 – 2100m 山坡岩缝中；分布于大沙河等地。

54. 高粱泡 *Rubus lambertianus* Ser.

半落叶藤状灌木；生于低海拔的山坡、山沟、路旁和林缘；分布于贵阳、纳雍、水城、碧江、兴义、金沙、长顺、瓮安、独山、罗甸、福泉、都匀、惠水、贵定、龙里、平塘等地。

55. 光滑高粱泡 *Rubus lambertianus* var. *glaber* Hemsl.

半落叶藤状灌木；生于海拔 200 – 1200m 的山坡和林缘；分布于七星关、赤水、习水、黎平、瓮安、印江、松桃、沿河、德江等地。

56. 腺毛高粱泡 *Rubus lambertianus* var. *glandulosus* Card.

半落叶藤状灌木；生于海拔 1500m 的山谷灌丛中；分布于七星关、纳雍、盘县、水城、湄潭、瓮安、独山、金沙、印江、松桃、平坝等地。

57. 毛叶高粱泡 *Rubus lambertianus* var. *paykouangensis*（Lévl.）Hand. -Mazz.

半落叶藤状灌木；生于海拔 200 – 1200m 的山坡灌丛中；分布于赤水、威宁、七星关、贵定、德江、紫云、兴义、安龙、罗甸、册亨、瓮安、独山、都匀、惠水、龙里、榕江等地。

58. 绵果悬钩子 *Rubus lasiostylus* Focke

半直立灌木；生于海拔 1000 – 2500m 的山坡灌丛、森林边缘和路旁；分布于梵净山等地。

59. 狭萼多毛悬钩子 *Rubus lasiotrichos* var. *blinii*（Lévl.）L. T. Lu【*Rubus blinii* Lévl.】

攀援灌木；生于灌丛中；分布于贵定、开阳、大沙河等地。

60. 疏松悬钩子 *Rubus laxus* Focke

攀援灌木；生于海拔 1400m 的山谷；分布于惠水等地。

61. 白花悬钩子 *Rubus leucanthus* Hance

攀援灌木；生于海拔 1000 – 2500m 的山坡、沟边灌丛中或林下；分布于独山、雷山、望谟等地。

62. 角裂悬钩子 *Rubus lobophyllus* Shih. ex Metc.

攀援灌木；生于海拔 500 – 1000m 的山坡灌丛中或疏林下；分布于西秀、兴仁等地。

63. 棠叶悬钩子 *Rubus malifolius* Focke

落叶蔓生灌木；生于海拔 300 – 1200m 的山坡、路旁、杂木林或灌丛中；分布于梵净山、桐梓、息烽、凯里、雷公山、黎平、安龙、兴义、罗甸、独山、荔波、都匀、三都等地。

64. 长萼棠叶悬钩子 *Rubus malifolius* var. *longisepalus* T. T. Yu et L. T. Lu

蔓生灌木；生于低海拔的山地溪旁或山谷疏密林内；分布于江口等地。

65. 楸叶悬钩子 *Rubus mallotifolius* Wu et Yu et Lu

攀援灌木；生于海拔 1000m 左右的山谷密林中；分布于兴义等地。

66. 喜阴悬钩子 *Rubus mesogaeus* Focke

攀援灌木；生于海拔 1000－1800m 的山坡、山谷灌丛中或疏林下；分布于梵净山、宽阔水、大方、独山等地。

67. 红泡刺藤 *Rubus niveus* Thunb.【*Rubus foliolosus* D. Don】

攀援灌木；生于海拔 500－2100m 的山坡、路旁灌丛中或林下；分布于赤水、德江、松桃、威宁、贵阳、开阳、凯里、兴义、罗甸、安龙、册亨、长顺、瓮安、独山、都匀、惠水、贵定、三都、龙里、平塘等地。

68. 长圆悬钩子 *Rubus oblongus* T. T. Yu et L. T. Lu

攀援灌木；生于海拔 1800m 的山坡密林下；分布于七星关、纳雍等地。

69. 太平莓 *Rubus pacificus* Hance

常绿矮小灌木；生于海拔 300－1000m 的山地路旁或杂木林内；分布于茂兰等地。

70. 琴叶悬钩子 *Rubus panduratus* Hand. -Mazz.

攀援灌木；生于山地疏林或山谷中；分布于雷山、荔波等地。

71. 脱毛琴叶悬钩子 *Rubus panduratus* var. *etomentosus* Hand. -Mazz.

攀援灌木；生于海拔约 800m 的森林中；分布于黎平等地。

72. 乌泡子 *Rubus parkeri* Hance

攀援灌木；生于海拔 1000m 以下的山坡、路旁、山谷、疏林和灌丛中；分布于赤水、桐梓、七星关、思南、湄潭、息烽、荔波、长顺、独山、罗甸、贵定、平塘等地。

73. 茅莓 *Rubus parvifolius* L.

小灌木；生于海拔 400－2600m 的生山坡杂木林下、向阳山谷、路旁或荒野；分布于长顺、独山、罗甸、福泉、都匀、惠水、三都、龙里等省内大部分地区。

74. 腺花茅莓 *Rubus parvifolius* var. *adenochlamys* (Focke) Migo

小灌木；生于海拔 900m 的向阳山坡或林下；分布于册亨等地。

75. 黄泡 *Rubus pectinellus* Maxim.

草本或半灌木；生于海拔 800－2300m 的山坡、河谷林下；分布于梵净山、息烽、黄平、凯里、长顺、独山、惠水等地。

76. 盾叶莓 *Rubus peltatus* Maxim.

直立或攀援灌木；生于海拔 800－1600m 的山坡、林缘或林下；分布于宽阔水、雷山、福泉等地。

77. 掌叶悬钩子 *Rubus pentagonus* Wall. ex Focke

蔓生灌木；生于海拔 1300m 以上的常绿林下、杂木林内或灌丛中；分布于水城等地。

78. 无刺掌叶悬钩子 *Rubus pentagonus* var. *modestus* (Focke) T. T. Yu et L. T. Lu

蔓生灌木；生于海拔 1600－2800m 的林缘灌丛中；分布于梵净山等地。

79. 多腺悬钩子 *Rubus phoenicolasius* Maxim.

灌木；生于低海拔至中海拔的林下、路旁或山沟谷底；分布于水城、瓮安等地。

80. 菰帽悬钩子 *Rubus pileatus* Focke

攀援灌木；生于海拔 1400－2800m 的沟谷边、路旁疏林下或山谷阴处密林下；分布于大沙河等地。

81. 羽萼悬钩子 *Rubus pinnatisepalus* Hemsl.

藤状灌木；生于海拔达 2900m 的山地灌丛中阴处；分布于威宁、黎平等地。

82. 密腺羽萼悬钩子 *Rubus pinnatisepalus* var. *glandulosus* Yü et Lu

藤状灌木，生于海拔 500m 以上的湿润山坡或沟边灌丛中；分布于兴义、石阡等地。

83. 梨叶悬钩子 *Rubus pirifolius* Sm.

攀援灌木；生于海拔 800m 的山坡灌丛中；分布于望谟、惠水等地。

84. 绒毛梨叶悬钩子 *Rubus pirifolius* var. *tomentosus* Kuntze ex Franch.

攀援灌木；生于海拔 1850m 的灌丛中；分布于安龙等地。

85. 五叶鸡爪茶 *Rubus playfairianus* Hemsl. ex Focke

落叶或半常绿攀援或蔓性灌木；生于海拔 1000m 的灌丛中；分布于正安等地。

86. 大乌泡 *Rubus pluribracteatus* Lu et Bouff. 【*Rubus multibracteatus* Lévl. et Vant.】

灌木；生于海拔 700 – 1500m 的山坡、路旁灌丛中或林缘；分布于平塘、兴仁、安龙、罗甸、长顺、独山、荔波、惠水、贵定、三都、龙里等地。

87. 针刺悬钩子 *Rubus pungens* Cambess.

匍匐灌木；生于海拔 2200m 以上的山坡林下、林缘或河边；分布于三都等地。

88. 香莓 *Rubus pungens* var. *oldhamii*（Miq.）Maxim.

攀援状灌木；生于海拔 1000 – 1700m 的山谷灌丛中或山地疏林中；分布于江口、遵义等地。

89. 五叶悬钩子 *Rubus quinquefoliolatus* Yü et Lu

攀援灌木；生于海拔 1800 – 2100m 的山坡灌丛中或杂木林中；分布于水城、安龙、都匀、三都等地。

90. 锈毛莓 *Rubus reflexus* Ker Gawl.

攀援灌木；生于海拔 1000m 的山坡灌丛中；分布于梵净山、独山、荔波、都匀、三都等地。

91. 浅裂锈毛莓 *Rubus reflexus* var. *hui*（Diels ex Hu）Metc.

攀援灌木；生于海拔 500 – 1500m 的山坡灌丛或山谷疏林中；分布于梵净山、都匀、独山、雷山、榕江等地。

92. 深裂悬钩子 *Rubus reflexus* var. *lanceolobus* Metc.

攀援灌木；生于低海拔的山谷或水沟边疏林中；分布于黎平等地。

93. 长叶锈毛莓 *Rubus reflexus* var. *orogenes* Hand.-Mazz.

攀援灌木；生于低海拔的山地林下；分布于都匀、黄平、雷山、兴义等地。

94. 曲萼悬钩子 *Rubus refractus* Lévl.

攀援灌木；生于海拔 2000m 的杂木林中；分布于西秀、贵定等地。

95. 空心泡 *Rubus rosifolius* Sm.

直立或攀援灌木；生于海拔 800m 的山坡林下；分布于望谟、遵义、荔波、惠水、贵定、三都、龙里等地。

96. 棕红悬钩子 *Rubus rufus* Focke

攀援灌木；生于海拔 500 – 2000m 的山坡灌丛中或林下；分布于梵净山、印江、江口、清镇、兴仁、安龙、瓮安等地。

97. 掌裂棕红悬钩子 *Rubus rufus* var. *palmatifidus* Cardot

攀援灌木；生于海拔 900 – 1100m 的林下沟边；分布于印江、月亮山等地。

98. 川莓 *Rubus setchuenensis* Bureau et Franch.

落叶灌木；生于低海拔的山坡、路旁、林缘和灌丛中；分布于长顺、瓮安、独山、罗甸、福泉、都匀、惠水、贵定、三都、龙里、平塘等省内大部分地区。

99. 桂滇悬钩子 *Rubus shihae* Metc.【*Rubus liboensis* T. L. Xu.】

攀援灌木；生于海拔 850m；分布于荔波等地。

100. 黑腺美饰悬钩子 *Rubus subornatus* var. *melanadenus* Focke

灌木；生于海拔 2100m 的岩石坡地灌丛中及沟谷杂木林内；分布于水城等地。

101. 红腺悬钩子 *Rubus sumatranus* Miq.

直立或攀援灌木；生于海拔 500 – 1800m 的山坡灌丛中或林下、林缘；分布于梵净山、都匀、凯里、雷山、黎平、安龙、册亨、独山、罗甸、荔波、贵定等地。

102. 木莓 *Rubus swinhoei* Hance

落叶或半常绿灌木；生于海拔300－1500m的山坡、路旁、沟边灌丛中；分布于松桃、印江、梵净山、石阡、遵义、纳雍、贵阳、凯里、雷公山、平塘、罗甸、都匀等地。

103. 灰白毛莓 *Rubus tephrodes* Hance

攀援状落叶灌木；生于海拔750－1500m的山坡、路旁、灌丛中；分布于松桃、江口、石阡、湄潭、贵阳、平坝、长顺、瓮安、独山、福泉、惠水、贵定、龙里、平塘等地。

104. 无腺灰白毛莓 *Rubus tephrodes* var. *ampliflorus*（Lévl. et Vant.）Hand. -Mazz.

攀援灌木；生于低海拔的山地；分布于松桃等地。

105. 硬腺灰白毛莓 *Rubus tephrodes* var. *holadenus*（Lévl.）L. T. Lu

攀援灌木；生于海拔1500m以下的山坡上；分布于西秀等地。

106. 长腺灰白毛莓 *Rubus tephrodes* var. *setosissimus* Hand. -Mazz.

攀援灌木；生于海拔1500m的山坡、路旁灌丛中；分布于水城、贵阳等地。

107. 三花悬钩子 *Rubus trianthus* Focke

落叶藤状灌木；生于海拔500－1800m的山地、路旁灌丛中或林下；分布于清镇、梵净山、遵义、凯里、雷山等地。

108. 光滑悬钩子 *Rubus tsangii* Merr.

攀援灌木；生于海拔800－1400m的山坡灌丛中或林下；分布于息烽、黄平、罗甸、望谟等地。

109. 东南悬钩子 *Rubus tsangorum* Hand. -Mazz.

藤状灌木；生于海拔200－1200m的山地疏密林下或灌丛中；分布于雷山、印江等地。

110. 红毛悬钩子 *Rubus wallichianus* Wight et Arn.【*Rubus pinfaensis* Lévl. et Vant.】

攀援灌木；生于海拔500－2200m的山坡、山谷、路旁灌丛中或林缘；广泛分布于贵定等地。

111. 务川悬钩子 *Rubus wuchuanensis* S. Z. He

藤状蔓性灌木；生于海拔800－1000m的山谷林下；分布于务川等地。

112. 黄脉莓 *Rubus xanthoneurus* Focke

攀援灌木；生于海拔800－1500m的山坡、山谷灌丛中或密林下；分布于印江、梵净山、遵义、贵阳、清镇、雷公山、罗甸、瓮安、独山、福泉、都匀、龙里、兴义、安龙等地。

113. 短柄黄脉莓 *Rubus xanthoneurus* var. *brevipetiolatus* Yü et Lu

攀援灌木；生于海拔550－1450m的山谷或杂木林中；分布于凯里等地。

114. 腺毛黄脉莓 *Rubus xanthoneurus* var. *glandulosus* Yü et Lu

攀援灌木；生于低海拔的山坡、河边灌丛中；分布于兴义、榕江、雷山等地。

115. 西畴悬钩子 *Rubus xichouensis* Yü et Lu

攀援灌木；生于海拔2200m的山坡疏林内或常绿阔叶林下；分布于水城、钟山等地。

（三三）地榆属 *Sanguisorba* Linnaeus

1. 虫莲 *Sanguisorba filiformis*（Hook. f.）Hand. -Mazz.

多年生草本；生于海拔2240m的山坡、水旁或潮湿地；分布于威宁等地。

2. 地榆 *Sanguisorba officinalis* L.

多年生草本；生于海拔2900m以下的草原、草甸、山坡草地、灌丛中、疏林下；分布于赤水、习水、思南、遵义、镇远、水城、贵阳、西秀等地。

3. 长叶地榆 *Sanguisorba officinalis* var. *longifolia*（Bertol.）Yü et Lu

多年生草本；生于海拔1070m的山坡草地、灌丛中、疏林及湿地；分布于贵阳等地。

（三四）山莓草属 *Sibbaldia* Linnaeus

1. 白叶山莓草 *Sibbaldia micropetala*（D. Don）Hand. -Mazz.

多年生草本；生于海拔2400m左右的山坡草地阳处；分布于威宁等地。

（三五）珍珠梅属 *Sorbaria*（Seringe ex Candolle）A. Braun

1. 高丛珍珠梅 *Sorbaria arborea* Schneid.

落叶灌木；生于海拔 2500m 的山坡林地、山溪及沟边；分布于赫章等地。

（三六）花楸属 *Sorbus* Linnaeus

1. 水榆花楸 *Sorbus alnifolia*（Sieb. et Zucc.）C. Koch

落叶乔木；生于海拔 500 – 2200m 山坡疏林中；分布于清镇、威宁等地。

2. 毛背花楸 *Sorbus aronioides* Rehd.

落叶灌木或乔木；生于海拔 1000 – 2100m 的山坡、石山杂木林中；分布于梵净山、宽阔水、都匀、独山、荔波、惠水、三都、龙里、黎平等地。

3. 美脉花楸 *Sorbus caloneura*（Stapf）Rehd.

落叶乔木或灌木；生于海拔 800 – 1900m 的山坡、山谷杂木林中；分布于松桃、江口、梵净山、赤水、七星关、宽阔水、清镇、赫章、纳雍、都匀、独山、长顺、瓮安、罗甸、福泉、荔波、惠水、贵定、龙里、贞丰、黎平等地。

4. 冠萼花楸 *Sorbus coronata*（Card.）T. T. Yu et H. T. Tsai

落叶乔木；生于海拔 1200 – 2500m 的山谷杂木林中；分布于威宁、纳雍、盘县、雷山等地。

5. 疣果花楸 *Sorbus corymbifera*（Miq.）Khep et Yakovlev【*Sorbus granulosa*（Bertol.）Rehd.】

落叶乔木；生于海拔 1300 – 2400m 的山谷林中；分布于威宁、兴仁等地。

6. 棕脉花楸 *Sorbus dunnii* Rehd.

落叶小乔木；生于海拔 1000m 左右的山谷、山坡疏林中；分布于雷山、榕江、瓮安、都匀等地。

7. 附生花楸 *Sorbus epidendron* Hand. -Mazz.

落叶灌木或乔木；生于海拔 2300m 以上的山谷、河旁疏密丛林中或附生在其他大乔木上；分布于黔北等地。

8. 石灰树 *Sorbus folgneri*（Schneid.）Rehd.

落叶乔木；生于海拔 700 – 1700m 的山坡杂木林中；分布于桐梓、仁怀、梵净山、七星关、宽阔水、遵义、贵阳、惠水、雷山、黎平、榕江、安龙、长顺、瓮安、独山、罗甸、福泉、荔波、都匀、贵定、龙里、平塘等地。

9. 圆果花楸 *Sorbus globosa* T. T. Yu et Tsai

落叶乔木；生于海拔 1000 – 1700m 的密林中；分布于雷公山、安龙、荔波等地。

10. 江南花楸 *Sorbus hemsleyi*（Schneid.）Rehd.【*Sorbus xanthoneura* Rehd.】

落叶乔木或灌木；生于海拔 1000 – 2500m 的山谷、山坡杂林中；分布于梵净山、威宁、雷山、榕江、黔南、长顺等地。

11. 湖北花楸 *Sorbus hupehensis* Schneid.

落叶乔木；生于海拔 1800 – 2600m 的山坡、路旁、沟边、疏林中；分布于梵净山、威宁等地。

12. 毛序花楸 *Sorbus keissleri*（Schneid.）Rehd.

落叶乔木；生于海拔 1200 – 2100m 的山谷或岩石山坡杂木林中；分布于贵阳、梵净山、荔波、惠水、龙里等地。

13. 大果花楸 *Sorbus megalocarpa* Rehd.

落叶灌木或乔木；生于海拔 900 – 1800m 的山谷、沟边林中；分布于梵净山、息烽、宽阔水、安龙、都匀、惠水、龙里等地。

14. 楔叶大果花楸 *Sorbus megalocarpa* var. *cuneata* Rehd.

落叶灌木或乔木；生于海拔 800 – 1000m 的山谷、山坡或石山林中；分布于松桃、梵净山、宽阔水、黄平、雷山、兴义等地。

15. 花楸树 *Sorbus pohuashanensis*（Hance）Hedl.

落叶乔木；生于海拔 900 – 2500m 的山坡或山谷杂木林内；分布于大沙河等地。

16. 西南花楸 Sorbus rehderiana Koehne

落叶灌木或小乔木；生于海拔 2600m 以上的山地丛林中；分布于大沙河等地。

17. 鼠李叶花楸 Sorbus rhamnoides（Decne.）Rehd.

落叶乔木；生于海拔 1400 – 1900m 的山谷、山坡杂木林中；分布于松桃、从江等地。

18. 红毛花楸 Sorbus rufopilosa Schneid.

落叶灌木或小乔木；生于海拔 2200 – 2600m 的山坡杂木林中；分布于梵净山等地。

19. 四川花楸 Sorbus setschwanensis（Schneid.）Koehne

落叶灌木；生于海拔 2200m 左右的山坡杂木林中；分布于梵净山等地。

20. 华西花楸 Sorbus wilsoniana Schneid.

落叶乔木；生于海拔 1600 – 2200m 的山坡杂木林中；分布于赤水、梵净山、大方、纳雍、宽阔水、雷山、都匀等地。

21. 长果花楸 Sorbus zahlbruckneri Schneid.

落叶乔木或灌木；生于海拔 900 – 1800m 的山谷、山坡或石山林中；分布于松桃、梵净山、七星关、赫章、黄平、雷公山、榕江、从江等地。

（三七）绣线菊属 *Spiraea* Linnaeus

1. 拱枝绣线菊 Spiraea arcuata Hook. f.

常绿小灌木；生于杂木林下；分布于梵净山等地。

2. 绣球绣线菊 Spiraea blumei G. Don

落叶灌木；生于海拔 500 – 2000m 的向阳山坡、杂木林内或路旁；分布于大沙河、荔波、三都等地。

3. 麻叶绣线菊 Spiraea cantoniensis Lour.

落叶灌木；引种；省内有栽培。

4. 独山绣线菊 Spiraea cavaleriei Lévl.

落叶小灌木；生于山坡沟谷或路旁；分布于独山等地。

5. 中华绣线菊 Spiraea chinensis Maxim.

落叶灌木；生于海拔 1000m 的山坡、山谷灌丛中；分布于贵阳、息烽、锦屏、长顺、瓮安、独山、罗甸、福泉、都匀、惠水、贵定、龙里、平塘等地。

6. 粉叶绣线菊 Spiraea compsophylla Hand. -Mazz.

落叶灌木；生于沟边岩壁以及杂木林边；分布于荔波、平塘等地。

7. 翠蓝茶 Spiraea henryi Hemsl.

落叶灌木；生于海拔 1000 – 1400m 的沟边、山坡、山顶疏林或灌丛中；分布于梵净山、德江、宽阔水、黔西、惠水、龙里等地。

8. 峨眉翠蓝茶 Spiraea henryi var. omeiensis T. T. Yu〔Spiraea henryi var. glabrata T. T. Yu et L. T. Lu.〕

落叶灌木；生于海拔 1300m 的山坡、路旁、密林中；分布于印江等地。

9. 疏毛绣线菊 Spiraea hirsuta（Hemsl.）Schneid.

落叶灌木；生于海拔 700m 的山坡；分布于松桃、荔波等地。

10. 绣线菊 Spiraea japonica L. f.

落叶灌木；生于海拔 1600m 的山坡；分布于贵阳、息烽、开阳、宽阔水、册亨、长顺、瓮安、福泉、都匀等地。

11. 渐尖绣线菊 Spiraea japonica var. acuminata Franch.

落叶灌木；生于海拔 800 – 2200m 的山坡、山谷或疏密林中；分布于清镇、水城、宽阔水、黎平、从江、册亨、长顺、瓮安、独山、惠水、三都、平塘、龙里等地。

12. 急尖绣线菊 *Spiraea japonica* var. *acuta* **T. T. Yu**

落叶灌木；生于海拔 2500 – 2700m 的混交林、草坡；分布地不详。

13. 光叶绣线菊 *Spiraea japonica* var. *fortunei*（Panchon）**Rehd.**

落叶灌木；生于海拔 700 – 1450m 的山坡路旁、河谷、山谷灌丛中或草坡上；分布于黔西、织金、赤水、江口、梵净山、松桃、绥阳、瓮安、独山、长顺、惠水、贵定、三都、龙里、凯里、雷山、丹寨、贵阳、息烽、安龙等地。

14. 贵州绣线菊 *Spiraea kweichowensis* **T. T. Yu et L. T. Lu**

落叶灌木；生于海拔 2000m 的山顶岩石上；分布于梵净山等地。

15. 华西绣线菊 *Spiraea laeta* **Rehd.**

落叶灌木；生于海拔 1200 – 2500m 的山坡杂林下或灌丛中；分布于息烽、惠水等地。

16. 毛枝绣线菊 *Spiraea martini* **Lévl.**

落叶灌木；生于海拔 1130m 的山坡、山谷、路旁或灌丛中；分布于安龙、长顺、贵定等地。

17. 长梗毛枝绣线菊 *Spiraea martini* var. *pubescens* **T. T. Yu**

落叶灌木；生于海拔 700m 的石灰岩山地；分布于独山等地。

18. 毛叶长蕊绣线菊 *Spiraea miyabei* var. *pilosula* **Rehd.**

落叶灌木；生于海拔 1000 – 1600m 的山林中；分布于桐梓等地。

19. 毛叶绣线菊 *Spiraea mollifolia* **Rehd.**

落叶灌木；生于海拔 2600m 以上的山坡、山谷灌丛中或林缘；分布于贵阳、天柱、锦屏、瓮安、福泉、惠水、龙里等地。

20. 细枝绣线菊 *Spiraea myrtilloides* **Rehd.**

落叶灌木；引种；省内有栽培。

21. 广椭绣线菊 *Spiraea ovalis* **Rehd.**

落叶灌木；生于海拔 2000m 的山顶岩石下阳处；分布于梵净山等地。

22. 笑靥花 *Spiraea prunifolia* **Sieb. et Zucc.**

落叶灌木；引种；省内有栽培。

23. 南川绣线菊 *Spiraea rosthornii* **E. Pritz. ex Diels**

落叶灌木；生于海拔 1000m 以上的山溪沟边或山坡杂木丛林内；分布于大沙河等地。

24. 柳叶绣线菊 *Spiraea salicifolia* **L.**

直立灌木；生于海拔 200 – 900m 的河流沿岸、湿草原、空旷地和山沟中；分布于都匀等地。

25. 鄂西绣线菊 *Spiraea veitchii* **Hemsl.**

落叶灌木；生于海拔 2000m 以上的山坡草地或灌丛中；分布地不详。

26. 陕西绣线菊 *Spiraea wilsonii* **Duthie**

落叶灌木；生于海拔 1000m 以上的山谷疏林、岩坡或田野路旁；分布地不详。

（三八）红果树属 *Stranvaesia* **Lindley**

1. 毛萼红果 *Stranvaesia amphidoxa* **Schneid.**

常绿灌木或小乔木；生于海拔 600 – 2100m 的山坡、灌丛中和杂木林中；分布于道真、宽阔水、七星关、大方、瓮安、普安、清镇、都匀、长顺、瓮安、独山、惠水、贵定、龙里、荔波、黎平等地。

2. 湖南红果树 *Stranvaesia amphidoxa* var. *amphileia*（Hand.-Mazz.）**T. T. Yu**

常绿灌木或小乔木；生于海拔 1300 – 1700m 的密林中；分布于梵净山、松桃、兴仁、兴义、安龙等地。

3. 红果树 *Stranvaesia davidiana* **Decne.**

常绿灌木或小乔木；生于海拔 600 – 1500m 的山坡、路旁或灌丛中；分布于息烽、印江、仁怀、七星关、安龙、长顺、瓮安、独山、都匀、惠水、龙里、贵定等地。

4. 波叶红果树 *Stranvaesia davidiana* var. *undulata*（Decne.）Rehd. et Wils.

常绿灌木或小乔木；生于海拔 800－2300m 山坡、林下和灌丛中；分布于梵净山、七星关、大方、息烽、黄平、雷山、榕江、福泉等地。

八八、豆科 Leguminosae

I. 云实亚科 Caesalpinioideae Taub.

（一）顶果木属 *Acrocarpus* Wight ex Arnott

1. 顶果树 *Acrocarpus fraxinifolius* Wight ex Arn.

落叶乔木；生于海拔 1000－1200m 的疏林中；分布于兴义、册亨、望谟、罗甸等地。

（二）羊蹄甲属 *Bauhinia* Linnaeus

1. 阔裂叶羊蹄甲 *Bauhinia apertilobata* Merr. et Metc.

藤本；生于海拔 380m 的山脚路旁灌丛中；分布于黎平、福泉等地。

2. 火索藤 *Bauhinia aurea* Lévl.

木质藤本；生于海拔 400－900m 的山坡路旁灌丛中；分布于安龙、册亨、望谟、贞丰、关岭、罗甸、荔波等地。

3. 红花羊蹄甲 *Bauhinia blakeana* Dunn

常绿乔木；原产亚洲南部；省内有栽培。

4. 鞍叶羊蹄甲 *Bauhinia brachycarpa* Wall. ex Benth.

直立或攀援小灌木；生于海拔 460－760m 的山脚、沟旁、及山坡灌丛中；分布于兴义、安龙、贞丰、册亨、荔波、三都、惠水、罗甸、平塘、长顺、独山等地。

5. 龙须藤 *Bauhinia championii*（Benth.）Benth.

藤本；生于海拔 600－800m 的山坡路旁灌丛中；分布于贵阳、兴义、安龙、册亨、罗甸、荔波、长顺、瓮安、独山、福泉、三都、平塘、锦屏等地。

6. 粉叶羊蹄甲 *Bauhinia glauca*（Wall. ex Benth.）Benth.

木质藤本；生于海拔 680－900m 的河谷、山脚灌丛中；分布于贵阳、梵净山、长顺、独山、罗甸、荔波、都匀、贵定、三都、平塘等地。

7. 薄叶羊蹄甲 *Bauhinia glauca* subsp. *tenuiflora*（Watt ex C. B. Clarke）K. Larsen et S. S. Larsen〔*Bauhinia glauca* subsp. *hupehana*（Graib）T. C. Chen；*Bauhinia glauca* subsp. *pernervosa*（L. Chen）T. C. Chen；*Bauhinia pernervosa* L. Chen；*Bauhinia hupehana* Craib〕

木质藤本；生于山麓和沟谷的密林或灌丛中；分布于贵阳等地。

8. 黔南羊蹄甲 *Bauhinia quinanensis* T. C. Chen

木质藤本；生于海拔 1000－1300m 的山坡灌丛中；分布于安龙、册亨、兴仁等地。

9. 囊托羊蹄甲 *Bauhinia touranensis* Gagnep.〔*Bauhinia genuflexa* Craib〕

木质藤本；生于海拔 920－1000m 的山坡灌丛中；分布于册亨、罗甸等地。

10. 洋紫荆 *Bauhinia variegata* L.

小乔木或灌木；生于海拔 1000－1500m；分布于荔波等地。

11. 云南羊蹄甲 *Bauhinia yunnanensis* Franch.

藤本；生于海拔 900－1100m 的山脊或灌丛中；分布于关岭、荔波等地。

（三）云实属 *Caesalpinia* Linnaeus

1. 云实 *Caesalpinia decapetala*（Roth）Alston〔*Caesalpinia decapetala* var. *pubescens*（T. Tang et

F. T. Wang ex C. W. 】

藤本；生于海拔 440 - 1500m 山坡、路旁向阳灌丛中；分布于赤水、习水、梵净山、德江、松桃、贵阳、安龙、望谟、兴义、兴仁、息烽、修文、平坝、罗甸、荔波、长顺、瓮安、独山、福泉、都匀、惠水、贵定、三都、龙里、平塘、雷山、黄平、黎平、天柱、锦屏等地。

2. 华南云实 *Caesalpinia crista* L. 【*Caesalpinia kwangtungensis* Merr. ；*Caesalpinia szechuenensis* Craib. 】

有刺藤本；生于海拔 800m 的路旁灌丛中；分布于开阳、修文、息烽、赤水、习水、碧江、瓮安、荔波、惠水、龙里、长顺、罗甸等地。

3. 大叶云实 *Caesalpinia magnifoliolata* Metc.

有刺藤本；生于海拔 360 - 1500m 的山坡灌丛中；分布于安龙、册亨、兴义、兴仁、望谟、罗甸、荔波、长顺、独山、都匀、惠水、平塘等地。

4. 小叶云实 *Caesalpinia millettii* Hook. et Arn.

有刺藤本；生于山脚灌丛中或溪水旁；分布地不详。

5. 喙荚云实 *Caesalpinia minax* Hance

有刺藤本；生于海拔 400 - 1050m 的山坡灌丛中；分布于兴义、望谟、罗甸等地。

6. 苏木 *Caesalpinia sappan* L.

小乔木；原产印度、缅甸、越南、马来半岛及斯里兰卡；省内册亨、望谟、罗甸等地有栽培。

7. 鸡嘴簕 *Caesalpinia sinensis* (Hemsl.) J. E. Vidal 【*Mezonevron sinense* var. *parvifolium* Hemsl. ；*Caesalpinia parvifolium* Hemsl. 】

藤本；生于灌丛中；分布地不详。

（四）紫荆属 *Cercis* Linnaeus

1. 紫荆 *Cercis chinensis* Bunge【*Cercis chinensis* f. *pubescens* C. F. Wei】

落叶灌木或小乔木；生于海拔 1180 - 1200m 的平地、溪旁；分布于遵义、兴义、都匀、贵阳、息烽、修文、长顺、独山、罗甸、惠水、贵定、三都、龙里、平塘等地。

2. 广西紫荆 *Cercis chuniana* Metc.

落叶乔木；生于海拔 600 - 1900m 的山谷、溪边疏林或密林中；分布于黔东南等地。

3. 湖北紫荆 *Cercis glabra* Pamp. 【*Cercis yunnanensis* Hu et Cheng】

落叶乔木；生于海拔 800 - 1300m 的石灰岩山坡上或林中；分布于息烽、开阳、修文、印江、镇宁、德江、贵阳、平坝、清镇、安龙、册亨、长顺、瓮安、独山、福泉、惠水、贵定、龙里、平塘等地。

4. 垂丝紫荆 *Cercis racemosa* Oliv.

落叶乔木；生于海拔 1300m 的疏林中；分布于贵阳、七星关等地。

（五）豆茶属 *Chamaecrista* Moench

1. 山扁豆 *Chamaecrista mimosoides* (L.) Greene【*Cassia mimosoides* L. 】

一年生或多年生亚灌木状草本；原产热带美洲；广泛栽培于省内各地。

2. 大叶山扁豆 *Chamaecrista leschenaultiana* (DC.) O. Degener【*Cassia leschenaultiana* DC. 】

一年生或多年生亚灌木状草本；生于海拔 700 - 1100m 的山坡草地；分布于贵阳、开阳、息烽、清镇、兴仁、普安、水城等地。

（六）凤凰木属 *Delonix* Rafinesque

1. 凤凰木 *Delonix regia* (Bojer ex Hook.) Rafin.

落叶乔木；原产马达加斯加；省内有栽培。

（七）格木属 *Erythrophleum* R. Brown

1. 格木 *Erythrophleum fordii* Oliv.

常绿乔木；生于海拔 400 - 700m 的山坡疏林中或路旁；分布于安龙、册亨、望谟、罗甸、从江、黎平等地。

（八）皂荚属 *Gleditsia* Linnaeus

1. 华南皂荚 *Gleditsia fera*（Lour.）Merr.

落叶乔木；生于海拔 400m 的石山林中；分布于荔波等地。

2. 滇皂荚 *Gleditsia japonica* var. *delavayi*（Franch.）L. Chu Li〔*Gleditsia delavayi* Franch.〕

落叶乔木或小乔木；生于海拔 1300m 的山脚疏林中；分布于兴义、瓮安等地。

3. 野皂荚 *Gleditsia microphylla* D. A. Gordon ex Y. T. Lee

落叶灌木或小乔木；生于海拔 1200m 的石山灌丛中；分布于贵阳、水城、瓮安、贵定等地。

4. 皂荚 *Gleditsia sinensis* Lam.

落叶乔木或小乔木；生于海拔 650 - 1300m 的山脚、村前屋后；分布于长顺、瓮安、独山、罗甸、福泉、荔波、都匀、惠水、贵定、三都、龙里、平塘等省内大部分地区。

（九）肥皂荚属 *Gymnocladus* Lamarck

1. 肥皂荚 *Gymnocladus chinensis* Baill.

落叶乔木；生于海拔 800 - 1200m 的山坡林中或村旁有栽植；分布于赤水、贵阳、荔波、瓮安、独山、都匀、惠水、贵定、龙里、黎平等地。

（十）仪花属 *Lysidice* Hance

1. 短萼仪花 *Lysidice brevicalyx* Hance

常绿乔木；生于海拔 500 - 1000m 的河谷、沟边或山脚疏林中；分布于安龙、册亨、望谟、贞丰、罗甸、独山等地。

2. 仪花 *Lysidice rhodostegia* Hance

常绿灌木或小乔木；生于海拔 500m 以下的山地丛林中，常见于灌丛、路旁与山谷溪边；分布地不详。

（十一）老虎刺属 *Pterolobium* R. Brown ex Wight et Arnott

1. 老虎刺 *Pterolobium punctatum* Hemsl.〔*Caesalpinia aestivalis* Chun et F. C. How〕

木质藤本；生于海拔 800 - 1200m 的向阳山坡、路旁或岩石缝中；分布于开阳、修文、清镇、道真、兴义、册亨、安龙、望谟、贵阳、长顺、瓮安、独山、罗甸、福泉、荔波、都匀、惠水、贵定、三都、龙里、平塘、黎平等地。

（十二）番泻决明属 *Senna* Miller

1. 双荚决明 *Senna bicapsularis*（L.）Roxb.〔*Cassia bicapsularis* L.〕

直立灌木；原产美洲热带地区；省内有栽培。

2. 豆茶决明 *Senna nomame*（Makino）T. C. Chen〔*Cassia nomame*（Makino）Kitagawa〕

一年生草本；生于海拔 2000m 的山坡草丛中；分布于威宁等地。

3. 望江南 *Senna occidentalis*（L.）Link〔*Cassia occiedntalis* L.〕

落叶灌木；原产热带美洲；省内兴义、安龙、望谟、册亨、罗甸等地有栽培或逸生。

4. 槐叶决明 *Senna sophera*（L.）Roxb.〔*Senna occidentalis* var. *sophera*（L.）X. Y. Zhu；*Cassia sophera* L.〕

落叶灌木或半灌木；原产热带美洲；省内有栽培。

5. 黄槐决明 *Senna surattensis*（Burm. f.）H. S. Irwin et Barneby〔*Cassia suffruticosa* Koen. ex Roth Nov〕

落叶灌木或小乔木；原产西印度；省内有栽培。

6. 粉叶决明 *Senna sulfurea*（DC.）H. S. Irwin et Barneby〔*Senna surattensis* subsp. *glauca*（Lam.）X. Y. Zhu〕

落叶灌木或小乔木；分布地不详。

7. 决明 Senna tora（L.）Roxb.【Cassia tora Linn.】

一年生亚灌木状草本；原产热带美洲；省内兴仁、安龙等地有栽培或逸生。

8. 黄花槐 Sophora xanthoantha C. Y. Ma

草本或亚灌木；引种；省内有栽培。

（十三）任豆属 Zenia Chun

1. 任豆 Zenia insignis Chun

落叶乔木；生于海拔 523－600m 的山脚林缘或石缝中；分布于兴义、安龙、册亨、望谟、罗甸、荔波、三都、长顺、独山、惠水、龙里、平塘、丹寨、梵净山、沿河、务川等地。

Ⅱ. 含羞草亚科 Mimosoideae Taub.

（一）金合欢属 Acacia Miller

1. 台湾相思 Acacia confusa Merr.【Acacia richii A.】

常绿乔木；生于海拔 400－500m 的山谷、坡上或河边；分布于罗甸等地。

2. 银荆树 Acacia dealbata Link

常绿灌木或小乔木；原产澳洲；省内有栽培。

3. 光叶金合欢 Acacia delavayi Franch.

有刺木质藤本；生于海拔 500－900m 的山坡疏林中；分布于兴义、安龙、册亨、望谟、长顺、独山、罗甸等地。

4. 昆明金合欢 Acacia delavayi var. kunmingensis C. Chen et H. Sun

藤本；生于海拔 1500m 次生林中；分布地不详。

5. 金合欢 Acacia farnesiana（L.）Willd.

灌木或小乔木；原产热带美洲；省内罗甸、都匀、贵定等地有栽培或逸生。

6. 黑荆 Acacia mearnsii De Wildeman

常绿乔木；原产澳大利亚；省内有栽培。

7. 羽叶金合欢 Acacia pennata（L.）Willd.

攀援藤本；生于海拔 800－1100m 的山坡灌丛中；分布于安龙、独山、都匀等地。

8. 藤金合欢 Acacia concinna（Willd.）DC.【Acacia rugata（Lam.）Voigt.；Acacia sinuata（Lour.）Merr.】

攀援藤本；生于林边、山脚灌丛中；分布于黎平、罗甸、荔波、三都等地。

9. 越南金合欢 Acacia vietnamensis I. C. Nielsen

攀援灌木；生于灌丛中；分布地不详。

（二）海红豆属 Adenanthera Linnaeus

1. 海红豆 Adenanthera microsperma Teijsm. et Binnend.【Adenanthera pavonina L.】

落叶乔木；生于海拔 1000m 以下的山坡林中、山谷阴处；分布于贞丰、罗甸等地。

（三）合欢属 Albizia Durazzini

1. 光叶合欢 Albizia lucidior（Steud.）Nielsen【Albizia bracteata Dunn】

乔木；生于海拔 800－1000m 的山沟、山坡上的林中；分布于贞丰、安龙、罗甸等地。

2. 楹树 Albizia chinensis（Osbeck）Merr.

落叶乔木；生于山坡林中或田坎边、路旁、谷地；分布于关岭、兴义、安龙等地。

3. 巧家合欢 Albizia duclouxii Gagnep.

落叶乔木；生于海拔 520m 的河沟边；分布于望谟等地。

4. 合欢 *Albizia julibrissin* **Durazz.**

落叶乔木；生于海拔 500 – 1400m 的河边沟旁、山谷、山坡林地；分布于贵阳、江口、印江、关岭、雷山、册亨、长顺、瓮安、独山、罗甸、福泉、荔波、都匀、惠水、贵定、三都、龙里、平塘等地。

5. 山槐 *Albizia kalkora*（**Roxb.**）**Prain**【*Acacia macrophylla* **Bunge**】

落叶小乔木或灌木；生于海拔 300 – 1400m 的路旁沟边、溪边山坡林中；分布于印江、安龙、贵阳、修文、碧江、长顺、瓮安、独山、罗甸、福泉、荔波、都匀、惠水、贵定、三都、龙里、平塘等地。

6. 毛叶合欢 *Albizia mollis*（**Wall.**）**Boiv.**

乔木；生于海拔 400 – 1300m 河边山坡林中；分布于安龙、望谟等地。

7. 香合欢 *Albizia odoratissima*（**L. f.**）**Benth.**

常绿乔木；生于海拔 500 – 700m 的山坡林中或灌丛中；分布于安龙、罗甸、瓮安、荔波等地。

（四）猴耳环属 *Archidendron* **F. Mueller**

1. 猴耳环 *Archidendron clypearia*（**Jack**）**I. C. Nielsen**【*Pithecellobium clypearia*（**Jack**）**Benth. ;** *Abarema clypearia*（**Jack**）**Kosterm.**】

常绿乔木；生于海拔 500 – 1800m 的森林、山坡平坦处、河边、路旁；分布于安龙、罗甸、三都等地。

2. 亮叶猴耳环 *Archidendron lucidum*（**Benth.**）**I. C. Nielsen**【*Abarema lucida*（**Benth.**）**Kosterm. ;** *Pithecellobium lucidum* **Benth.**】

常绿乔木；生于山坡林中、灌丛中、路旁；分布于赤水、大沙河、罗甸、三都等地。

（五）　藤子属 *Entada* **Adanson**

1. 榼藤 *Entada phaseoloides*（**L.**）**Merr.**

常绿木质藤本；生于海拔 700m 的山坡、山沟潮湿地灌丛或林中；分布于开阳、册亨等地。

（六）银合欢属 *Leucaena* **Bentham**

1. 银合欢 *Leucaena leucocephala*（**Lam.**）**de Wit**

常绿小乔木；原产热带美洲；省内有栽培。

（七）含羞草属 *Mimosa* **Linnaeus**

1. 含羞草 *Mimosa pudica* **L.**

直立或蔓性或攀援半灌木状草本；原产热带美洲；省内有栽培。

Ⅲ. 蝶形花亚科 Papilionoideae Taub.

（一）田皂角属 *Aeschynomene* **Linnaeus**

1. 合萌 *Aeschynomene indica* **L.**

一年生草本或亚灌木状；生于海拔 330 – 1800m 的山谷、路旁、水旁、草地；分布于都匀、罗甸、松桃、普定、盘县、贞丰等地。

（二）紫穗槐属 *Amorpha* **Linnaeus**

1. 紫穗槐 *Amorpha fruticosa* **L.**

落叶灌木；原产美国；省内有栽培。

（三）两型豆属 *Amphicarpaea* **Elliot ex Nuttall**

1. 两型豆 *Amphicarpaea edgeworthii* **Benth.**【*Amphicarpaea bracteata* subsp. *edgeworthii*（**Benth.**）**H. Ohashi**】

一年生缠绕草本；生于林缘、山脚、路旁杂草丛中；分布于贵阳等地。

2. 锈毛两型豆 *Amphicarpaea ferruginea* **Benth.【***Amphicarpaea rufescens*（Franch. Y. T. Wei et S. K. Lee.）**】**

多年生草质藤本；生于海拔 2400 – 2500m 的山坡灌丛中；分布于威宁等地。

（四）肿荚豆属 *Antheroporum* **Gagnepain**

1. 肿荚豆 *Antheroporum harmandii* **Gagnep.**

常绿乔木；生于海拔 200 – 1000m 的山谷湿润的疏林中；分布于安龙等地。

（五）土圞儿属 *Apios* **Fabricius**

1. 肉色土圞儿 *Apios carnea*（**Wall.**）**Benth. ex Baker**

缠绕藤本；生于海拔 1300m 的山路旁、溪边的灌丛中；分布于贞丰等地。

2. 土圞儿 *Apios fortunei* **Maxim.**

缠绕草本；生于海拔 300 – 1000m 的山坡、路旁灌丛中；分布于思南、印江、兴仁等地。

3. 纤细土圞儿 *Apios gracillima* **Dunn**

缠绕草本；生于海拔 1500m 的山坡、路旁阳处；分布于威宁等地。

4. 大花土圞儿 *Apios macrantha* **Oliv.**

缠绕藤本；生于海拔 1800 – 2400m 的河谷、山坡灌丛中；分布于黔北等地。

（六）落花生属 *Arachis* **Linnaeus**

1. 落花生 *Arachis hypogaea* **L.**

一年生草本；原产南美；省内有栽培。

（七）黄耆属 *Astragalus* **Linnaeus**

1. 斜茎黄耆 *Astragalus laxmannii* **Jacq.【***Astragalus adsurgens* **Pall.】**

多年生草本；引种；省内有栽培。

2. 地八角 *Astragalus bhotanensis* **Baker**

多年生草本；生于海拔 600 – 2800m 的山坡路旁或草丛中；分布于威宁、贵阳等地。

3. 蒙古黄耆 *Astragalus mongholicus* **Bunge【***Astragalus membranacus* **Bunge Astrag.】**

多年生草本；生于林缘、灌丛、林间及山坡草地；分布于贵阳等地。

多年生高大直立草本，贵阳。

4. 紫云英 *Astragalus sinicus* **L.**

二年生草本；生于海拔 400m 以上的田边山坡林中潮湿处；分布于贵阳等地。

（八）木豆属 *Cajanus* **Candolle**

1. 木豆 *Cajanus cajan*（**Linnaeus**）**Huth**

灌木；省内有栽培。

2. 大花虫豆 *Cajanus grandiflorus*（**Benth. ex Baker**）**Maesen【***Atylosia grandiflorus*（**Benth. ex Bak.**）**】**

木质缠绕藤本；生于海拔 800m 的山坡林下；分布于兴义等地。

3. 长叶虫豆 *Cajanus mollis*（**Benth.**）**Maesen【***Atylosia mollis*（**Wind.**）**Benth.】**

攀援木质藤本；生于海拔 400 – 600m 的山坡上；分布于兴义、安龙、册亨等地。

4. 蔓草虫豆 *Cajanus scarabaeoides*（**L.**）**Thouars【***Atylosia scarabaeoides*（**L.**）**Benth.】**

草质藤本；生于海拔 400 – 500m 的山沟河谷、山坡灌丛中或草坡上；分布于兴义、安龙等地。

（九）鸡血藤属 *Callerya* **Endlicher**

1. 绿花鸡血藤 *Callerya championii*（**Benth.**）**X. Y. Zhu【***Millettia championii* **Benth.】**

藤本；生于海拔 800m 以下的山谷岩石、溪边灌丛中；分布于惠水、龙里等地。

2. 灰毛鸡血藤 *Callerya cinerea*（**Benth.**）**Schot【***Millettia cinerea* **Benth.】**

攀援灌木或藤本；生于海拔 1120m 的山坡次生常绿林中；分布地不详。

3. 滇缅鸡血藤 *Callerya dorwardii*（Coll. et Hemsl.）Z. Wei et Pedley【*Millettia shunningensis* Hu.】

攀援藤本；生于海拔 800 – 1500m 的山坡杂木林中；分布地不详。

4. 黔滇鸡血藤 *Callerya gentiliana*（Lévl.）Z. Wei et Pedley【*Millettia gentiliana* Lévl.】

藤本；生于海拔 1200 – 2500m 的石灰岩山地杂木林中；分布地不详。

5. 喙果鸡血藤 *Callerya tsui*（Metc.）Z. Wei et Pedley【*Millettia tsui* Metc.】

藤本；生于海拔 200 – 1600m 的山坡灌丛中或密林中；分布于榕江、惠水等地。

6. 香花鸡血藤 *Callerya dielsiana*（Harms）P. K. Lôc ex Z. Wei et Pedley【*Millettia dielsiana* Harms】

木质藤本；生于海拔 600 – 1400m 的山坡灌丛中；分布于赤水、纳雍、盘县、兴仁、贞丰、兴义、安龙、册亨、望谟、德江、松桃、印江、江口、惠水、贵阳、息烽、贵定、独山、长顺、瓮安、罗甸、荔波、都匀、三都、龙里、平塘、黄平、施秉、凯里、丹寨、雷山、榕江、从江等地。

7. 异果鸡血藤 *Callerya dielsiana* var. *heterocarpa*（Chun ex T. C. Chen）X. Y. Zhu【*Millettia dielsiana* var. *heterocarpa*（Chun ex T. C. Chen）X. Y. Zhu】

攀援灌木；生于山坡杂木林边缘或灌丛中；分布于荔波等地。

8. 宽序鸡血藤 *Callerya eurybotrya*（Drake）Schot【*Millettia eurybotrya* Drake】

攀援灌木；生于海拔 500 – 600m 的山坡、灌丛中；分布于罗甸、册亨等地。

9. 长梗鸡血藤 *Callerya longipedunculata*（Z. Wei）X. Y. Zhu【*Millettia longipedunculata* Z. Wei】

藤本；生于常绿阔叶林中；分布地不详。

10. 亮叶鸡血藤 *Callerya nitida*（Benth.）R. Geesink【*Millettia nitida* Benth.】

攀援灌木；生于海拔 800m 以下的山坡疏林下、灌丛中；分布于开阳、修文、瓮安、贵阳、安龙、独山、长顺、罗甸、福泉、荔波、都匀、三都、平塘、丹寨、榕江、从江、黎平等地。

11. 峨眉鸡血藤 *Callerya nitida* var. *minor*（Z. Wei）X. Y. Zhu【*Millettia nitida* var. *minor* Z. Wei；*Millettia nitida* var. *minor*（Z. Wei）X. Y. Zhu】

攀援灌木；生于海拔 1000m 以上的山地疏林与灌丛中；分布于长顺、瓮安、独山、福泉等地。

12. 皱果鸡血藤 *Callerya oosperma*（Dunn）Z. Wei et Pedley【*Millettia oosperma* Dunn】

藤状灌木；生于山谷水旁、山坡密林中；分布于兴仁、兴义、安龙、册亨、望谟、榕江、独山、罗甸、都匀、惠水、龙里等地。

13. 网络鸡血藤 *Callerya reticulata*（Benth.）Schot【*Millettia reticulata* Benth.】

藤本；生于海拔 1000m 以下山坡灌丛中；分布于赤水、梵净山、兴义、罗甸、荔波、贵定等地。

14. 锈毛鸡血藤 *Callerya sericosema* Dunn【*Millettia sericosema* Hance】

攀援灌木；生于海拔 500 – 1200m 的山坡灌丛中；分布于赤水、沿河、七星关、湄潭、印江、江口、贵阳、雷山、黎平、长顺、独山、惠水、贵定、平塘等地。

15. 美丽鸡血藤 *Callerya speciosa*（Champ. ex Benth.）Schot【*Millettia speciosa* Champ. ex Benth.】

藤本；生于海拔 1500m 以下的疏林、路旁、灌丛中、偶见溪边及山谷内；分布于安龙、长顺、惠水等地。

16. 球子鸡血藤 *Callerya sphaerosperma*（Z. Wei）Z. Wei et Pedley【*Millettia sphaerosperma* Z. Wei】

藤本；生于海拔 1000m 左右的山谷疏林下、溪边；分布于望谟、罗甸等地。

（十）杭子梢属 *Campylotropis* Bunge

1. 白花杭子梢 *Campylotropis alba* Iokawa et H. Ohashi

灌木；引种；省内有栽培。

2. 西南杭子梢 *Campylotropis delavayi*（Franch.）Schindl.

灌木；生于海拔 1000m 的灌丛或草坡中；分布于贵阳、兴义、福泉、惠水、贵定、龙里等地。

3. 思茅杭子梢 *Campylotropis harmsii* Schindl.

灌木；生于海拔约 1000 – 1300m 的密林中；分布地不详。

4. 元江杭子梢 *Campylotropis henryi*（Schindl.）Schindl.

灌木；生于海拔 650 – 1600m 的山坡、灌丛及林下；分布于兴义等地。

5. 毛杭子梢 *Campylotropis hirtella*（Franch.）Schindl.

灌木；生于海拔 900 – 2600m 的山脚、路旁、山谷、山坡灌丛中及疏林中；分布于贵阳、威宁等地。

6. 杭 子 梢 *Campylotropis macrocarpa*（Bunge）Rehd.【*Campylotropis macrocarpa* f. *giraldii*（Schindl.）】

灌木；生于海拔 1000 – 1200m 的山坡灌丛中或林下；分布于贵阳、修文、安龙、兴义等地。

7. 太白山杭子梢 *Campylotropis macrocarpa* var. *hupehensis*（Pamp.）Iokawa et H. Ohashi【*Campylotropis macrocarpa* var. *giraldii*（Schindl.）P. Y. Fu】

灌木；生于海拔 600 – 1600m 的山坡、灌丛及林缘；分布地不详。

8. 绒毛叶杭子梢 *Campylotropis pinetorum* subsp. *velutina*（Dunn）H. Ohashi【*Campylotropis velutina*（Dunn）Schindl.】

灌木；生于海拔 400 – 1000m 的山顶、山坡的灌丛中及疏林中；分布于贵阳、罗甸、安龙等地。

9. 小雀花 *Campylotropis polyantha*（Franch.）Schindl.

灌木；生于海拔 1000 – 2000m 的山坡灌丛中；分布于西秀、兴义、长顺、独山等地。

10. 光果小雀花 *Campylotropis polyantha* f. *leiocarpa*（Pamp.）Iokawa et H. Ohashi

灌木；生于海拔 1300m 以上的山坡、沟谷、林缘、林内、路边、灌丛等处；分布地不详。

11. 三棱枝杭子梢 *Campylotropis trigonoclada*（Franch.）Schindl.

灌木；生于海拔 800 – 1400m 的山坡、林下；分布于贵阳、清镇、关岭、兴仁、安龙、荔波、长顺、罗甸、都匀、惠水、贵定、龙里等地。

（十一）刀豆属 *Canavalia* Candolle

1. 小刀豆 *Canavalia cathartica* Thouars【*Canavalia microcarpa*（DC.）】

二年生草质藤本；生于海拔 400 – 500m 河边的公路旁；分布于罗甸等地。

2. 直生刀豆 *Canavalia ensiformis*（L.）DC.

亚灌木状一年生草本；原产中美洲及西印度群岛；省内有栽培。

3. 刀豆 *Canavalia gladiata*（Jacq.）DC.

草质缠绕藤本；原产热带美洲；省内有栽培。

4. 海刀豆 *Canavalia rosea*（Sw.）DC.【*Canavalia maritima*（Aubl.）Thou.；*Canavalia obtusifolia*（Lam.）DC.】

草质藤本；生于海拔 400 – 500m 的山坡灌丛中；分布于安龙等地。

（十二）锦鸡儿属 *Caragana* Fabricius

1. 锦鸡儿 *Caragana sinica*（Buchoz）Rehd.

灌木；生于山坡灌丛中；分布于息烽、开阳、修文、清镇、贵阳、长顺、瓮安、惠水、贵定、三都、龙里、平塘等地。

（十三）蝙蝠草属 *Christia* Moench

1. 台湾蝙蝠草 *Christia campanulata*（Wall.）Thoth.

灌木或亚灌木；生于海拔 400 – 1100m 的荒草坡地、路旁；分布于黔西南等地。

（十四）香槐属 *Cladrastis* Rafinesque

1. 小花香槐 *Cladrastis delavayi*（Franch. Prain【*Cladrastis sinensis* Hemsl.】

乔木；生于海拔 1500－1800m 的山沟、山坡、密林中；分布于贵阳、雷山、荔波等地。

2. 翅荚香槐 *Cladrastis platycarpa*（Maxim.）Makino

乔木；生于海拔 600－1100m 的山坡、山脚林缘或疏林中；分布于贵阳、开阳、修文、印江、兴义、册亨、贞丰、望谟、三穗、三都、长顺、瓮安、独山、罗甸、福泉、荔波、都匀、惠水、贵定、龙里、平塘等地。

3. 藤香槐 *Cladrastis scandens* C. Y. Ma

藤本或攀援状灌木；生于海拔 1130m 的山坡灌丛中；分布于安龙、罗甸等地。

4. 香槐 *Cladrastis wilsonii* Takeda

落叶乔木；生于海拔 1000－1500m 的山坡、路旁和疏、密林中；分布于贵阳、息烽、雷山、瓮安、独山、荔波、惠水等地。

（十五）蝶豆属 *Clitoria* Linnaeus

1. 三叶蝶豆 *Clitoria mariana* L.

攀援状亚灌木；引种；省内有栽培。

2. 蝶豆 *Clitoria ternatea* L.

攀援状草质藤本；贵阳有栽培。

（十六）舞草属 *Codariocalyx* Hasskarl

1. 圆叶舞草 *Codoriocalyx gyroides*（Roxb. ex Link）Z. Y. Zhu

直立灌木；生于海拔 100－1500m 的平原、河边草地及山坡疏林中；分布于安龙、贞丰、兴义、独山、荔波、雷山等地。

2. 舞草 *Codoriocalyx motorius*（Houtt.）H. Ohashi【*Codariocalyx motorius* var. *glaber* X. Y. Zhu et Y. F. Du】

小灌木；生于海拔 500－1000m 的山坡、路旁、山谷湿地及疏林下；分布于兴义、贞丰、册亨、平塘、罗甸、三都等地。

（十七）小冠花属 *Coronilla* Linnaeus

1. 绣球小冠花 *Coronilla varia* L.

多年生草本；原产欧洲；省内有栽培。

（十八）巴豆藤属 *Craspedolobium* Harms

1. 巴豆藤 *Craspedolobium unijugum*（Gagnep.）Z.【*Craspedolobium schochii* Harms】

攀援灌木；生于海拔 700－800m 的山坡；分布于兴义、罗甸等地。

（十九）猪屎豆属 *Crotalaria* Linnaeus

1. 响铃豆 *Crotalaria albida* Heyne ex Roth

多年生草本；生于海拔 200－2800m 的山坡、路旁、河溪旁的草丛或灌丛中；分布于罗甸、兴仁等地。

2. 大猪屎豆 *Crotalaria assamica* Benth.

直立高大半灌木状草本；生于海拔 150m 以上的山谷、溪边阳处、山坡灌丛中；分布于兴义、安龙等地。

3. 长萼猪屎豆 *Crotalaria calycina* Schrank

多年生草本；生于海拔 1400m 以下的山坡灌丛中或路旁；分布于罗甸等地。

4. 中国猪屎豆 *Crotalaria chinensis* L.

草本；生于海拔 150－1000m 的缓山坡疏林下、草地上；分布于威宁、安龙等地。

5. 假地蓝 *Crotalaria ferruginea* Graham ex Benth.

草本；生于海拔 400 – 1000m 的山坡、山谷、灌丛中；分布于安龙、兴义等地。

6. 菽麻 *Crotalaria juncea* L.

直立草本；原产印度；省内有栽培。

7. 线叶猪屎豆 *Crotalaria linifolia* L. f.

多年生直立草本；生于海拔 500 – 2500m 的山坡草地上、路旁、田边；分布于兴仁、贞丰、安龙、独山等地。

8. 头花猪屎豆 *Crotalaria mairei* Lévl.【*Crotalaria capitata* Benth.】

直立草本；生于海拔 800 – 2100m 的山坡疏林中，草地上；分布于威宁、安龙等地。

9. 假苜蓿 *Crotalaria medicaginea* Lam.

直立或铺地散生草本；生于海拔 1400m 以下的路旁草地上；分布于册亨等地。

10. 猪屎豆 *Crotalaria pallida* Aiton

多年生草本；引种；省内有栽培。

11. 野百合 *Crotalaria sessiliflora* L.

直立草本；生于海拔 700 – 1500m 的山坡、草地、路旁或灌丛中；分布于独山、平塘、安龙等地。

12. 大托叶猪屎豆 *Crotalaria spectabilis* Roth

直立高大草本；引种；省内有栽培。

13. 四棱猪屎豆 *Crotalaria tetragona* Roxb. ex Andr.

多年生草本；生于海拔 500 – 1600m 的山谷、路旁潮湿地灌丛中；分布于安龙、册亨等地。

14. 光萼猪屎豆 *Crotalaria trichotoma* Bojer【*Crotalaria usaramoensis* E. G. Baker；*Crotalaria zanzibarica* Benth.】

草本或亚灌木；原产南美洲；省内有栽培。

（二〇）补骨脂属 *Cullen* Medikus

1. 补骨脂 *Cullen corylifolium*（L.）Medikus【*Psoralea corylifolia* L.】

一年生草本；省内有栽培。

（二一）黄檀属 *Dalbergia* Linnaeus f.

1. 秧青 *Dalbergia assamica* Benth.【*Dalbergia balansae* Prain；*Dalbergia szemaoensis* Prain】

乔木；生于海拔 350 – 1400m 的山地疏林、灌丛中；分布于望谟、罗甸、赤水、独山、荔波、三都等地。

2. 两粤黄檀 *Dalbergia benthamii* Prain

藤本或灌木；生于海拔 600 – 1000m 的森林中；分布于梵净山、荔波、惠水、三都、龙里等地。

3. 缅甸黄檀 *Dalbergia burmanica* Prain

乔木；生于海拔 800 – 1800m 的山谷林缘灌丛中；分布于江口、印江等地。

4. 大金刚藤 *Dalbergia dyeriana* Prain ex Harms

大木质藤本；生于海拔 900 – 1300m 的山坡林下、灌丛中或路旁林缘；分布于贵阳、修文、梵净山、惠水、龙里等地。

5. 藤黄檀 *Dalbergia hancei* Benth.

木质藤本；生于海拔 1000 – 1200m 的山坡林缘或灌丛中或山溪旁；分布于印江、江口、贵阳、息烽、开阳、清镇、修文、长顺、瓮安、独山、罗甸、福泉、荔波、都匀、惠水、贵定、三都、龙里、平塘等地。

6. 蒙自黄檀 *Dalbergia henryana* Prain

大藤本；生于海拔 900 – 1400m 的沟边、坡上、杂木林中；分布于雷山等地。

7. 黄檀 *Dalbergia hupeana* Hance

乔木；生于海拔 600 – 1400m 的林中、溪旁、山沟灌丛中；分布于榕江、瓮安、福泉、荔波、都匀、贵定、三都、龙里、平塘等地。

8. 象鼻藤 *Dalbergia mimosoides* **Franch.**

灌木；生于海拔 400 - 1300m 的河边阴湿处；分布于罗甸、雷山等地。

9. 钝叶黄檀 *Dalbergia obtusifolia*（**Bak.**）**Prain**

乔木；引种；省内有栽培。

10. 降香黄檀 *Dalbergia odorifera* **T. C. Chen**

乔木；引种；省内有栽培。

11. 斜叶黄檀 *Dalbergia pinnata*（**Lour.**）**Prain**

落叶乔木；生于海拔 1400m 以下的山地密林中；分布于贵阳等地。

12. 多体蕊黄檀 *Dalbergia polyadelpha* **Prain**

乔木；生于海拔 1000 - 2000m 的山坡密林或灌丛中；分布于惠水等地。

13. 毛叶黄檀 *Dalbergia sericea* **G. Don**

乔木；生于海拔 1600m 的山坡路旁；分布于惠水等地。

14. 狭叶黄檀 *Dalbergia stenophylla* **Prain**〔*Dalbergia cavaleriei* **Lévl.** 〕

木质藤本；生于潮湿地区的灌丛中或公路旁的山坡；分布于兴义、安龙、长顺、罗甸等地。

15. 滇黔黄檀 *Dalbergia yunnanensis* **Franch.**

大藤本或大灌木；生于海拔 1800 - 2000m 的山路旁或山坡森林下灌丛中；分布于贵阳、兴义、长顺、罗甸、惠水、龙里等地。

（二二）假木豆属 *Dendrolobium*（**Wight et Arnott**）**Bentham**

1. 假木豆 *Dendrolobium triangulare*（**Retz.**）**Schindl.**

灌木；生于海拔 420 - 800m 的山坡灌丛中；分布于兴义、罗甸、瓮安、荔波等地。

（二三）鱼藤属 *Derris* **Loureiro**

1. 黔桂鱼藤 *Derris cavaleriei* **Gagnep.**

木质藤本；生于海拔 300 - 1000m 的山林中；分布于贞丰、安龙、三都等地。

2. 毛果鱼藤 *Derris eriocarpa* **F. C. How**

木质藤本；生于海拔 900 - 1200m 的山坡灌丛中；分布于兴义、三都等地。

3. 锈毛鱼藤 *Derris ferruginea* **Benth.**

攀援状灌木；生于海拔 500 - 800m 的灌丛或疏林中；分布于望谟、罗甸等地。

4. 中南鱼藤 *Derris fordii* **Oliv.**

木质藤本；生于海拔 500 - 1600m 的山坡或溪边灌丛或疏林中；分布于三都、册亨、长顺、独山、罗甸、荔波、惠水等地。

5. 亮叶中南鱼藤 *Derris fordii* **var.** *lucida* **F. C. How**

木质藤本；生于石山上；分布于兴义、望谟、长顺、独山、罗甸、都匀等地。

6. 边荚鱼藤 *Derris marginata*（**Roxb.**）**Benth.**

木质藤本；生于海拔 400 - 600m 的山脚、林边岩石上或山谷灌丛中；分布于印江等地。

7. 东京鱼藤 *Derris tonkinensis* **Gagnep.**

攀援状灌木或乔木；生于山坡上的灌木或疏林；分布于罗甸、荔波、三都等地。

8. 鱼藤 *Derris trifoliata* **Lour.**

攀援状灌木；生于灌丛中；分布于茂兰、三都等地。

9. 云南鱼藤 *Derris yunnanensis* **Chun et F. C. How**

大木质藤本；生于海拔 2000m 的山坡灌丛中；分布于都匀、独山、贵定、三都等地。

（二四）山蚂蝗属 *Desmodium* **Desvaux**

1. 圆锥山蚂蝗 *Desmodium elegans* **DC.**

灌木；生于海拔 1000 – 2500m 的山坡、草地、路旁或疏林下；分布于威宁、瓮安等地。

2. 大叶山蚂蝗 *Desmodium gangeticum*（**L.**）**DC.**

半灌木；生于海拔 300 – 900m 的山坡、路旁或灌丛中；分布于兴义、安龙、罗甸、长顺、独山、平塘、梵净山、雷公山等地。

3. 疏果山蚂蝗 *Desmodium griffithianum* **Benth.**

半灌木；生于海拔 450 – 2000m 的山坡、草地、疏林下；分布于威宁、望谟等地。

4. 假地豆 *Desmodium heterocarpon*（**L.**）**DC.**

小灌木或半灌木；生于海拔 300 – 1800m 的山谷、水沟边、山坡、路旁、灌丛或林下；分布于七星关、德江、贵阳、兴义、安龙、罗甸、惠水、贵定、龙里等地。

5. 大叶拿身草 *Desmodium laxiflorum* **DC.**

半灌木；生于海拔 200 – 2400m 的山坡、路旁、山谷或林边；分布于赤水、凤冈等地。

6. 小叶三点金 *Desmodium microphyllum*（**Thunb.**）**DC.**【*Codariocalyx microphyllus*（**Thunb.**）**H. Ohashi**】

多年生草本；生于海拔 420 – 2000m 的山坡、草地、灌丛、疏林下；分布于威宁、赫章、赤水、印江、松桃、瓮安、贵阳、清镇、兴义、兴仁、安龙、都匀、平塘、罗甸、雷山、榕江、锦屏等地。

7. 饿蚂蝗 *Desmodium multiflorum* **DC.**

直立灌木；生于海拔 600 – 2300m 的山坡；草地、路旁、灌丛中；分布于七星关、遵义、印江、江口、贵阳、独山、长顺、都匀、惠水、龙里、平塘、雷公山、盘县、安龙、紫云、兴仁等地。

8. 长波叶山蚂蝗 *Desmodium sequax* **Wall.**

直立灌木；生于海拔 400 – 800m 的山坡、路旁、灌丛中；分布于赤水、习水、仁怀、江口、清镇、惠水、普安、盘县、兴义、独山、长顺、罗甸、福泉、荔波、都匀、三都、龙里、平塘、安龙、雷山、榕江等地。

9. 狭叶山蚂蝗 *Desmodium stenophyllum* **Pampan.**

灌木；生于海拔 2300m 以上的山坡灌丛或河边；分布于瓮安、三都等地。

10. 广东金钱草 *Desmodium styracifolium*（**Osbeck**）**Merr.**

直立亚灌木状草本；生于海拔 750m 的次生林中；分布于佛顶山等地。

11. 绒毛山蚂蝗 *Desmodium velutinum*（**Willd.**）**DC.**

小灌木或亚灌木；生于海拔 700 – 1400m 的山坡、路旁、草地；分布于贞丰、罗甸等地。

12. 长苞绒毛山蚂蝗 *Desmodium velutinum* subsp. *longibracteatum*（**Schindl.**）**H. Ohashi**

小灌木或亚灌木；生于海拔 170 – 1400m 的灌丛中或混交林中；分布地不详。

13. 单叶拿身草 *Desmodium zonatum* **Miq.**

直立小灌木；生于海拔 500 – 1300m 的山地密林中；分布于贞丰等地。

（二五）山黑豆属 *Dumasia* **Candolle**

1. 硬毛山黑豆 *Dumasia hirsuta* **Craib**

缠绕状草质藤本；生于海拔 900 – 1400m 的山坡、河谷的灌丛中；分布于江口等地。

2. 柔毛山黑豆 *Dumasia villosa* **DC.**

缠绕状草质藤本；生于海拔 400 – 2500m 的路旁、河边及空旷地；分布地不详。

3. 云南山黑豆 *Dumasia yunnanensis* **Y. T. Wei et S. K. Lee**

多年生缠绕草本；生于海拔 2100 – 2300m 的山脚荒地和路旁、山谷潮湿地；分布于威宁等地。

（二六）野扁豆属 *Dunbaria* **Wight et Arnott**

1. 长柄野扁豆 *Dunbaria podocarpa* **Kurz**

多年生缠绕藤本；生于海拔 800m 以下的溪边林中、旷野灌丛或向阳的草坡上；分布地不详。

2. 圆叶野扁豆 *Dunbaria rotundifolia*（**Lour.**）**Merr.**

多年生缠绕藤本；生于海拔 600m 的山地灌丛中；分布于罗甸等地。

3. 野扁豆 *Dunbaria villosa*（Thunb.）Makino

多年生缠绕草本；生于海拔 1800 – 2100m 山坡草丛中；分布于兴义、安龙、罗甸等地。

（二七）镰瓣豆属 *Dysolobium*（Benth.）prain

1. 镰瓣豆 *Dysolobium grande*（Wall. ex Benth.）Prain【*Mucuna chienkweiensis* G. Z. Li】

木质缠绕藤本；生于海拔约 300 – 450m 的山坡、山谷林中湖潮湿处或林缘、河边等地；分布于罗甸等地。

（二八）鸡头薯属 *Eriosema*（Candolle）Desvaux

1. 鸡头薯 *Eriosema chinense* Vogel【*Eriosema himalaicum* H. Ohashi】

多年生草本；生于海拔 400 – 600m 的河边山坡灌丛中；分布于兴义、安龙等地。

（二九）刺桐属 *Erythrina* Linnaeus

1. 鹦哥花 *Erythrina arborescens* Roxb.

小乔木或乔木；生于海拔 450 – 2100m 的山沟公路旁或斜坡草地上；分布于清镇、兴义、安龙、望谟等地。

2. 龙牙花 *Erythrina corallodendron* L.

灌木或小乔木；原产南美洲；省内有栽培。

3. 刺桐 *Erythrina variegata* Linn.

大乔木；原产印度至大洋洲海岸；省内有栽培。

（三〇）山豆根属 *Euchresta* Bennett

1. 山豆根 *Euchresta japonica* Hook. f. ex Regel【*Euchresta trifolilata* Merr.】

藤状灌木；生于海拔 800 – 1400m 的山坡森林中；分布于罗甸、梵净山等地。

（三一）千斤拔属 *Flemingia* Roxburgh

1. 贵州千斤拔 *Flemingia kweichowensis* T. Tang et F. T. Wang ex Y. T. Wei et S. K. Lee

直立灌木；生于海拔 300 – 400m 的山坡阴处；分布于榕江等地。

2. 大叶千斤拔 *Flemingia macrophylla*（Willd.）Kuntze ex Prain

直立灌木；生于海拔 200 – 1800m 的山坡灌丛间或旷野草地上；分布于兴义、安龙、罗甸、三都等地。

3. 千斤拔 *Flemingia prostrata* Roxb. f. ex Roxb.【*Flemingia philippinensis* Merr. et Rolfe】

直立或披散亚灌木；生于海拔 150 – 300m 的山坡草地；分布于罗甸等地。

4. 球穗千斤拔 *Flemingia strobilifera*（L.）R. Br.

直立灌木；生于海拔 900 – 1400m 的山坡灌丛中；分布于兴义、罗甸等地。

（三二）干花豆属 *Fordia* Hemsley

1. 干花豆 *Fordia cauliflora* Hemsl.

灌木；生于海拔 500m 的山地疏林中或水旁；分布于兴仁等地。

2. 小叶干花豆 *Fordia microphylla* Dunn ex Z. Wei

灌木；生于海拔 800 – 2000m 的山谷岩石坡地或灌林中；分布于贞丰等地。

（三三）大豆属 *Glycine* Willdenow

1. 大豆 *Glycine max*（L.）Merr.

一年生草本；引种；省内有栽培。

2. 野大豆 *Glycine soja* Sieb. et Zucc.

一年生缠绕草本；生于海拔 300 – 800m 的山野路旁灌丛中；分布于碧江、凯里等地。

（三四）甘草属 *Glycyrrhiza* Linnaeus

1. 甘草 *Glycyrrhiza uralensis* Fisch. ex DC.

多年生直立草本；引种；省内有栽培。

（三五）长柄山蚂蝗属 *Hylodesmum* **H. Ohashi et R. R. Miller**

1. 侧序长柄山蚂蝗 *Hylodesmum laterale*（Schindl.）H. Ohashi et R. R. Mill.

直立草本；生于海拔 1980m 的林中溪边；分布于水城等地。

2. 疏花长柄山蚂蝗 *Hylodesmum laxum*（DC.）H. Ohashi et R. R. Mill.

直立草本；生于海拔 330 – 1500m 的疏林中、阴湿处；分布于七星关、独山、江口、锦屏、水城等地。

3. 黔长柄山蚂蝗 *Hylodesmum laxum* subsp. *lateraxum*（H. Ohashi）H. Ohashi et R. R. Mill.

直立草本；分布于兴义等地。

4. 羽叶长柄山蚂蝗 *Hylodesmum oldhamii*（Oliv.）H. Ohashi et R. R. Mill.【*Podocarpium oldhami*（Olev.）Yang et Huang】

多年生草本；生于海拔 1100m 的山谷、林边、沟边或林中；分布于贵阳、沿河、息烽、都匀、瓮安等地。

5. 长柄山蚂蝗 *Hylodesmum podocarpum*（DC.）H. Ohashi et R. R. Mill.【*Podocarpium podocarpum*（DC.）Yang et Huang.

直立草本；生于海拔 600 – 2300m 的山坡、草地、路旁、沟边、山谷和灌丛中；分布于威宁、习水、碧江、印江、思南、贵阳、清镇、平坝、罗甸、长顺、瓮安、独山、惠水、贵定、龙里、平塘等地。

6. 宽卵叶长柄山蚂蝗 *Hylodesmum podocarpum* subsp. *fallax*（Schindl.）H. Ohashi et R. R. Mill.【*Podocarpium podocarpum* var. *fallax*（Schindl.）Yang et Huang】

直立草本；生于海拔 400 – 1100m 的山坡、路旁、疏林下；分布于印江、都匀、长顺、独山、罗甸、贵定、平塘、三都、息烽、赤水、榕江等地。

7. 尖叶长柄山蚂蝗 *Hylodesmum podocarpum* subsp. *oxyphyllum*（DC.）H. Ohashi et R. R. Mill.【*Podocarpium podocarpum* var. *oxyphyllum*（DC.）Yang et Huang】

直立草本；生于海拔 600 – 2300m 的山谷、路旁、山地、草地、林下、灌丛中；分布于贵阳、纳雍、七星关、赤水、习水、印江、德江、平坝、盘县、普安、普定、兴义、册亨、独山、雷山、榕江、黔南等地。

8. 四川长柄山蚂蝗 *Hylodesmum podocarpum* subsp. *szechuenense*（Craib）H. Ohashi et R. R. Mill.【*Podocarpium podocarpum* var. *szechuenense*（Craib）Yang et Huang】

直立草本；生于海拔 600 – 1400m 的山谷、水旁、山坡、路旁、灌丛中；分布于纳雍、习水、印江、湄潭、清镇、平坝、贵阳、都匀、罗甸、惠水、贵定、龙里、榕江等地。

（三六）木蓝属 *Indigofera* **Linnaeus**

1. 多花木蓝 *Indigofera amblyantha* Craib

直立灌木；生于海拔 600 – 1600m 的山坡草地灌丛中；分布于荔波等地。

2. 深紫木蓝 *Indigofera atropurpurea* Buch. -Ham. ex Hornem.

灌木或小乔木；生于海拔 600 – 1000m 的山坡路旁的灌丛中或林缘；分布于瓮安、贵阳、兴义、贞丰、安龙、册亨、望谟、罗甸、独山、长顺、惠水、贵定、三都、龙里等地。

3. 丽江木蓝 *Indigofera balfouriana* Craib

灌木；生于海拔 2400 – 2500m 的山坡疏林中阳处；分布于威宁等地。

4. 河北木蓝 *Indigofera bungeana* Walp.【*Indigofera pseudotinctoria* Matsumura.】

直立灌木；生于海拔 500 – 2300m 的山坡林缘、灌丛中、溪边、草坡；分布于全省各地。

5. 椭圆叶木蓝 *Indigofera cassioides* Rottler ex DC.

直立灌木；生于海拔 300 – 400m 的山坡草地灌丛中；分布于罗甸等地。

6. 尾叶木蓝 *Indigofera caudata* **Dunn**

灌木；生于海拔 500－600m 的山谷、山坡灌丛中；分布于兴义等地。

7. 庭藤 *Indigofera decora* **Lindl.**

灌木；生于海拔 200－1800m 的沟谷、山坡灌丛中；分布于安龙、贵定等地。

8. 宜昌木蓝 *Indigofera decora* var. *ichangensis* (**Craib**) **Y. Y. Fang et C. Z. Zheng**

灌木；生于灌丛或杂木林中；分布地不详。

9. 密果木蓝 *Indigofera densifructa* **Y. Y. Fang et C. Z. Zheng**

灌木；生于海拔 700m 的灌丛中；分布于凯里等地。

10. 黔南木蓝 *Indigofera esquirolii* **Lévl.**

灌木；生于海拔 300－900m 的山坡、河边、路旁的灌丛中；分布于兴义、兴仁、安龙、罗甸、平塘、独山、荔波、三都、福泉、惠水、龙里、凯里等地。

11. 假大青蓝 *Indigofera galegoides* **DC.**

灌木或亚灌木；生于海拔 1000－1700m 的旷野或山谷中；分布于茂兰等地。

12. 亨利木蓝 *Indigofera henryi* **Craib**

灌木；生于海拔 2000－2900m 的山坡草地上；分布于威宁等地。

13. 西南木蓝 *Indigofera mairei* **Pamp.**【*Indigofera monbeigii* **Craib.** 】

灌木；生于海拔 2100－2700m 的山坡灌丛中；分布于普定、威宁、独山、平塘等地。

14. 黑叶木蓝 *Indigofera nigrescens* **Kurz ex King et Prain**

灌木；生于海拔 900－1500m 的山顶岩石上或田坎、灌丛中；分布于兴义、安龙、雷山等地。

15. 网叶木蓝 *Indigofera reticulata* **Franch.**

小灌木；生于海拔 1200－2900m 山坡、疏林下灌丛中及林缘草坡；分布于赫章、盘县、贵定等地。

16. 刺序木蓝 *Indigofera silvestrii* **Pamp.**

灌木；生于海拔 1300m 以下的山坡灌丛中或草地上；分布地不详。

17. 远志木蓝 *Indigofera squalida* **Prain**【*Indigofera polygaloides* **Gagnep.** 】

多年生草本或亚灌木状；生于海拔 400－500m 的山坡、公路旁的草地上；分布于贞丰、安龙等地。

18. 茸毛木蓝 *Indigofera stachyodes* **Lindl.**

灌木；生于海拔 700－2400m 的山坡阳处灌丛中；分布于习水、安龙、望谟、贵阳、长顺、独山、罗甸、都匀、惠水、龙里等地。

19. 野青树 *Indigofera suffruticosa* **Mill.**

灌木或亚灌木；原产热带美洲；省内有栽培。

20. 四川木蓝 *Indigofera szechuensis* **Craib**

灌木；生于山坡、路旁、沟边及灌丛中；分布于三都等地。

21. 木蓝 *Indigofera tinctoria* **L.**

亚灌木；省内各地均有栽培，赫章有逸生。

22. 尖叶木蓝 *Indigofera zollingeriana* **Miq.**

直立亚灌木；生于旷地、塘边、山坡路旁及林下；分布于三都等地。

(三七) 鸡眼草属 *Kummerowia* Schindler

1. 长萼鸡眼草 *Kummerowia stipulacea* (**Maxim.**) **Makino**

一年生草本；生于海拔 400－1100m 的山坡、路旁、草地、林下阴湿处；分布于贵阳、习水等地。

2. 鸡眼草 *Kummerowia striata* (**Thunb.**) **Schindl.**

一年生草本；生于海拔 500－1400m 的山坡、路旁、山脚和河沟边；分布于贵阳、惠水、七星关、习水、瓮安、印江、德江、西秀、平坝、普安、雷山、安龙、梵净山等地。

（三八）扁豆属 *Lablab* Adans.

1. 扁豆 *Lablab purpureus*（L.）Sweet【*Dolichos lablab* L.】

多年生缠绕藤本；原产非洲；省内有栽培。

（三九）山黧豆属 *Lathyrus* Linnaeus

1. 大山黧豆 *Lathyrus davidii* Hance

多年生草本；生于海拔 1800m 的路边、山坡、草丛中；分布于钟山等地。

2. 香豌豆 *Lathyrus odoratus* L.

一年生攀援草本；原产意大利；省内有栽培。

3. 牧地山黧豆 *Lathyrus pratensis* L.

多年生草本；生于海拔 1000 – 2900m 的沟边、山坡、林缘灌丛间的草地上；分布于威宁、赫章、七星关、大方等地。

（四〇）胡枝子属 *Lespedeza* Michaux

1. 绿叶胡枝子 *Lespedeza buergeri* Miq.

直立灌木；生于海拔 1500m 以下的山坡、林下、山沟和路旁；分布于瓮安、惠水、龙里等地。

2. 中华胡枝子 *Lespedeza chinensis* G. Don

小灌木；生于海拔 2500m 以下的灌丛中、林缘、路旁、山坡、林下草丛等处；分布于大沙河等地。

3. 截叶铁扫帚 *Lespedeza cuneata*（Dum. Cours.）G. Don

直立小灌木；生于海拔 600 – 2300m 的山坡、草地、路旁、山脚、岩石上灌丛中；分布于威宁、赤水、湄潭、印江、贵阳、西秀、平坝、普安、兴义、安龙、独山、罗甸、瓮安、惠水、三都、龙里、雷山等地。

4. 大叶胡枝子 *Lespedeza davidii* Franch.

直立灌木；生于海拔 870 – 1800m 的山坡、路旁、草丛或密林中；分布于印江、贵阳、雷山、榕江、长顺、瓮安、福泉、都匀、惠水、贵定、龙里、平塘等地。

5. 兴安胡枝子 *Lespedeza davurica*（Laxm.）Schindl.

小灌木；生于干山坡、草地、路旁及沙质地上；分布地不详。

6. 束花铁马鞭 *Lespedeza fasciculiflora* Franch.

多年生草本；生于海拔 2000m 左右的高山草坡；分布于江口、印江等地。

7. 美丽胡枝子 *Lespedeza thunbergii* subsp. *formosa*（Vog.）H. Ohashi【*Lespedeza formosa*（Vog.）Koehne】

直立灌木；生于海拔 2800m 以下山坡、路旁及林缘灌丛中；分布于佛顶山、长顺、瓮安、开阳等地。

8. 铁马鞭 *Lespedeza pilosa*（Thunb.）Sieb. et Zucc.

多年生草本；生于海拔 450 – 900m 的山脚、山坡、草地、林下；分布于思南、印江、榕江等地。

9. 绒毛胡枝子 *Lespedeza tomentosa*（Thunb.）Sieb. ex Maxim.

灌木；生于海拔 500 – 1200m 的荒坡、路边或林下；分布于贵阳、清镇、独山、惠水、龙里等地。

10. 细梗胡枝子 *Lespedeza virgata*（Thunb.）DC.

小灌木；生于海拔 780 – 1120m 的山坡、草地、灌丛中；分布于印江、贵阳、三都等地。

（四一）百脉根属 *Lotus* Linnaeus

1. 百脉根 *Lotus corniculatus* L.

多年生草本；生于海拔 2300m 以下的山坡、路旁、草地、田间湿润处；分布于贵阳、威宁、纳雍、施秉等地。

2. 细叶百脉根 *Lotus tenuis* Waldst. et Kit. ex Willd.

多年生草本；生于草地、水边；分布于贵阳等地。

（四二）马鞍树属 *Maackia* Ruprecht

1. 马鞍树 *Maackia hupehensis* Takeda

落叶乔木；生于海拔 550－2300m 的山坡、溪边、谷地；分布于草海等地。

（四三）苜蓿属 *Medicago* Linnaeus

1. 褐斑苜蓿 *Medicago arabica*（L.）Huds.

一年生草本；原产欧洲南部和地中海区域；省内有栽培。

2. 天蓝苜蓿 *Medicago lupulina* L.

一、二年生或多年生草本；生于海拔 500－1400m 的山坡、沟边、河岸、路旁；分布于贵阳、息烽、纳雍、湄潭、印江、西秀等地。

3. 南苜蓿 *Medicago polymorpha* L.

一年或二年生草本；分布地不详。

4. 紫苜蓿 *Medicago sativa* L.

多年生草本；原产欧洲；省内有栽培。

（四四）草木犀属 *Melilotus* Miller

1. 白花草木犀 *Melilotus albus* Medik.

二年生草本；生于海拔 2100m 以下的路旁或灌丛中；贵阳、威宁有栽培。

2. 印度草木犀 *Melilotus indicus*（L.）All.

一年生草本；生于山坡、山沟、溪旁、路旁或栽培；分布于清镇、都匀、三穗等地。

3. 草木犀 *Melilotus officinalis*（L.）Lamarck【*Melilotus suaveolens* Ledeb.】

一年或二年生草本；分布于省内大部分地区。

（四五）崖豆藤属 *Millerettia* Wight et Arnott

1. 厚果崖豆藤 *Millettia pachycarpa* Benth.

大型木质藤本；生于海拔 300－700m 的山坡灌丛中；分布于息烽、修文、开阳、赤水、关岭、兴仁、兴义、安龙、望谟、罗甸、长顺、独山、荔波、都匀、惠水、贵定、三都、龙里、平塘、瓮安、榕江、黎平等地。

2. 海南崖豆藤 *Millettia pachyloba* Drake【*Callerya pachyloba*（Drake）H. Sun】

藤本；生于海拔 1500m 以下的山林中；分布于安龙、荔波、三都等地。

3. 薄叶崖豆 *Millettia pubinervis* Kurz

小乔木；生于海拔 500－800m 的沟谷杂木林中；分布于惠水、龙里等地。

4. 印度崖豆 *Millettia pulchra*（Benth.）Kurz

直立灌木或小乔木；生于海拔 1700m 的山坡林中或灌丛中；分布于安龙、三都等地。

5. 疏叶崖豆 *Millettia pulchra* var. *laxior*（Dunn）Z.

直立灌木或小乔木；生于海拔 200－1100m 的河岸的灌丛；分布地不详。

6. 无患子叶崖豆藤 *Millettia sapindifolia* T. C. Chen

攀援灌木；生于海拔 1100－1200m 的山谷岩石上、山地杂木林中；分布于册亨、罗甸等地。

7. 绒毛崖豆 *Millettia velutina* Dunn.

落叶小乔木；生于海拔 1200－1300m 的山谷林中；分布于贵阳、兴义等地。

（四六）黧豆属 *Mucuna* Adanson

1. 白花油麻藤 *Mucuna birdwoodiana* Tutcher

攀援藤本；生于海拔 400－500m 的山坡、疏林下灌丛中；分布于从江、福泉、三都等地。

2. 贵州黧豆 *Mucuna bodinieri* Lévl.【*Mucuna terrens* Lévl.】

攀援木质藤本；生于海拔 1000－1500m 的山坡林下；分布于晴隆、罗甸等地。

3. 大果油麻藤 *Mucuna macrocarpa* **Wall.**

大型木质藤本；生于海拔 1000 – 1200m 的山谷疏林中；分布于兴义、罗甸、惠水、三都等地。

4. 刺毛黧豆 *Mucuna pruriens*（**L.**）**DC.**

一年生半木质藤本；生于海拔 400 – 500m 的山坡灌丛中；分布于安龙等地。

5. 黧豆 *Mucuna pruriens* **var.** *utilis*（**Wall. ex Wight**）**Baker ex Burck**【*Mucuna cochinchinensis*（**Lour.**）**A. Chev.**】

一年生草质缠绕藤本；省内有栽培。

6. 常春油麻藤 *Mucuna sempervirens* **Hemsl.**

常绿木质藤本；生于海拔 600 – 1250m 的亚热带森林、灌丛、溪谷、河边；分布于贵阳、息烽、开阳、清镇、修文、长顺、瓮安、独山、罗甸、荔波、都匀、三都、册亨、兴义、凯里、赤水等地。

（四七）土黄芪属 *Nogra* **Merrill**

1. 广西土黄芪 *Nogra guangxiensis* **C. F. Wei**

攀援草质藤本；生于海拔 800 – 900m 的山谷缓山坡的灌丛中；分布于安龙、望谟等地。

（四八）小槐花属 *Ohwia*（**Bentham**）**Baker**

1. 小槐花 *Ohwia caudata*（**Thunb.**）**Ohashi**【*Desmodium caudatum*（**Thunb.**）**DC. Prodr.**】

直立灌木或亚灌木；生于海拔 400 – 900m 的山脚，路旁、草地、坡地、竹林下阴处、灌丛中；分布于湄潭、思南、印江、兴义、榕江、黎平、锦屏、都匀、长顺、瓮安、独山、罗甸、福泉、惠水、贵定、三都、龙里、平塘等地。

（四九）驴豆属 *Onobrychis* **Miller**

1. 驴食草 *Onobrychis viciifolia* **Scop.**

多年生草本；原产欧洲；省内有栽培。

（五〇）红豆属 *Ormosia* **Jackson**

1. 花榈木 *Ormosia henryi* **Prain**

常绿乔木；生于海拔 800 – 1200m 的山坡、林缘和村寨旁；分布于开阳、梵净山、赤水、贵阳、锦屏、正安、关岭、天柱、黎平、瓮安、独山、罗甸、都匀、惠水、贵定、三都、龙里、平塘、石阡、沿河、务川、凯里、从江、荔波、雷公山等地。

2. 红豆树 *Ormosia hosiei* **Hemsl. et E. H. Wilson**

常绿或落叶乔木；生于海拔 800m 林中或林缘；分布于赤水、息烽、瓮安、都匀、惠水、三都、龙里、平塘、关岭、桐梓等地。

3. 小叶红豆 *Ormosia microphylla* **Merr. et L. Chen**

灌木或乔木；生于海拔 600 – 800m 的山坡、坡脚、林中；分布于荔波、三都、黎平等地。

4. 秃叶红豆 *Ormosia nuda*（**K. C. How**）**R. H. Chang et Q. W. Yao**

常绿乔木；生于海拔 700 – 1260m 的山坡、林缘；分布于赤水、平坝、正安、安龙、荔波等地。

5. 岩生红豆 *Ormosia saxatilis* **K. M. Lan**

常绿乔木；生于海拔 800 – 1185m 的石灰岩上；分布于贵阳、开阳、清镇、修文、晴隆、黎平、长顺、独山、惠水、贵定、三都、龙里等地。

6. 软荚红豆 *Ormosia semicastrata* **Hance**【*Ormosia semicastrata* **f.** *pallida* **F. C. How**】

常绿乔木；生于海拔 800 – 900m 的山坡、路旁、疏、密林中；分布于黎平、三都、榕江等地。

7. 木荚红豆 *Ormosia xylocarpa* **Chun ex Merr. et L. Chen**

常绿乔木；生于海拔 800m 的山地、村寨旁或林中；分布于黎平、瓮安、荔波等地。

（五一）豆薯属 *Pachyrhizus* **Richard ex Candolle**

1. 豆薯 *Pachyrhizus erosus*（**L.**）**Urb.**

多年生缠绕、藤状草本；原产热带美洲；省内有栽培。

（五二）紫雀花属 *Parochetus* Buchanan-Hamilton ex D. Don

1. 紫雀花 *Parochetus communis* Buch. -Ham. ex D. Don

草本；生于海拔 1800m 的山谷草地；分布于七星关、普定等地。

（五三）菜豆属 *Phaseolus* Linnaeus

1. 荷包豆 *Phaseolus coccineus* L.

一年生草本；原产中美洲；省内有栽培。

2. 棉豆 *Phaseolus lunatus* L.

一年生草本；原产热带美洲；省内大方、赫章有栽培。

3. 菜豆 *Phaseolus vulgaris* L.

一年生草本；原产美洲；省内各地均有栽培。

4. 龙牙豆 *Phaseolus vulgaris* var. *humilis* Alef.

一年生草本；原产美洲；省内各地均有栽培。

（五四）排钱树属 *Phyllodium* Desvaux

1. 排钱树 *Phyllodium pulchellum*（L.）Desv.

半灌木；生于海拔 200 – 2000m 的山坡、草地、岩石灌丛下 ；分布于安龙等地。

（五五）膨果豆属 *Phyllolobium* Fischer

1. 牧场膨果豆 *Phyllolobium pastorium*（H. T. Tsai et T. T. Yu）M. L. Zhang et Podlech〔*Astragalus pastorius* H. T. Tsai et T. T. Yü〕

多年生草本；生于海拔 1840m 草地；分布于水城等地。

（五六）豌豆属 *Pisum* Linnaeus

1. 豌豆 *Pisum sativum* L.

一年生草本；省内有栽培。

（五七）葛属 *Pueraria* Candolle

1. 贵州葛 *Pueraria bouffordii* H. Ohashi

缠绕藤本；生于海拔 700 – 1000m 的河岸边；分布地不详。

2. 黄毛萼葛 *Pueraria calycina* Franch.

缠绕藤本；生于海拔 1150 – 1650m 的灌丛中；分布于纳雍、紫云、西秀、黄平、台江等地。

3. 食用葛 *Pueraria edulis* Pamp.

缠绕藤本；生于海拔 1000 – 2900m 的山沟森林中 ；分布于赤水、罗甸、贵定等地。

4. 丽花葛藤 *Pueraria elegans* Wang et Tang

缠绕藤本；生于海拔 700 – 1200m 的山脚、山坡旁灌丛中；分布于贵阳、梵净山等地。

5. 葛 *Pueraria montana*（Lour.）Merr.

缠绕藤本；生于海拔 800 – 1000m 的山坡灌丛中或疏林下；分布于息烽、长顺、独山、罗甸、都匀、惠水、龙里、平塘、梵净山等地。

6. 葛麻姆 *Pueraria montana* var. *lobata*（Willd.）Maesen et S. M. Almeida ex Sanjappa et Predeep〔*Pueraria lobata*（Willd.）Ohwin Bull.〕

缠绕藤本；生于 600 – 900m 的沟谷山坡林下；分布于贵阳、息烽、兴义、安龙、望谟、罗甸、长顺、瓮安、独山、福泉、荔波、都匀、惠水、贵定、龙里、平塘等地。

7. 粉葛 *Pueraria montana* var. *thomsonii*（Benth.）Wiersema ex D. B. Ward〔*Pueraria thomsonii* Benth.〕

缠绕草质藤本；生于海拔 800 – 1000m 的水沟边或山林下；分布于雷山、榕江、都匀、瓮安等地。

8. 峨眉葛藤 *Pueraria omeiensis* Wang et Tang

缠绕藤本；生于海拔 600 – 900m 的沟谷、山坡林下或灌丛中；分布于贵阳、兴义、安龙、望谟、罗甸等地。

9. 苦葛 *Pueraria peduncularis*（Graham ex Benth.）Benth.

缠绕藤本；生于海拔 1000 – 2500m 的山坡灌丛中、疏林下；分布于威宁、兴义、罗甸等地。

10. 三裂叶野葛 *Pueraria phaseoloides*（Roxb.）Benth.

缠绕藤本；生于海拔 700 – 800m 的缓山坡疏林下路旁；分布于兴义等地。

（五八）密子豆属 *Pycnospora* R. Brown ex Wight et Arnott

1. 密子豆 *Pycnospora lutescens*（Poir.）Schindl.

多年生半灌木状草本；生于海拔 1300m 的山坡草地、路边水边；分布于册亨等地。

（五九）鹿藿属 *Rhynchosia* Loureiro

1. 渐尖叶鹿藿 *Rhynchosia acuminatifolia* Makino

缠绕草本；生于路边林下草丛中；分布地不详。

2. 中华鹿藿 *Rhynchosia chinensis* H. T. Chang ex Y. T. Wei et S. K. Lee

缠绕或攀援状草本；生于山坡路旁草丛中；分布地不详。

3. 菱叶鹿藿 *Rhynchosia dielsii* Harms

缠绕草本；常生于海拔 600 – 2100m 的山坡、路旁灌丛中；分布地不详。

4. 喜马拉雅鹿藿 *Rhynchosia himalensis* Benth. ex Baker

攀援状草本；生于海拔 1300 – 2000m 的山沟田地旁，湿地或灌丛中；分布于安龙等地。

5. 鹿藿 *Rhynchosia volubilis* Lour.

缠绕草质藤本；生于海拔 400 – 1200m 的山坡杂草中；分布于赤水、习水、思南、印江、江口、贵阳等地。

（六〇）刺槐属 *Robinia* Linnaeus

1. 毛洋槐 *Robinia hispida* L

落叶灌木；原产北美；省内有栽培。

2. 刺槐 *Robinia pseudoacacia* L.

落叶乔木；原产美国；省内有栽培。

（六一）田菁属 *Sesbania* Scopoli

1. 田菁 *Sesbania cannabina*（Retz.）Poir.

一年生亚灌木状直立草本；可能原产于澳大利亚和西南太平洋岛屿；省内罗甸、贵阳等地有栽培或逸生。

（六二）宿苞豆属 *Shuteria* Wight et Arn

1. 西南宿苞豆 *Shuteria vestita* Wight et Arn.〔*Shuteria involucrata* var. *villosa*（Pampan.）Ohashi；光宿苞豆 *Shuteria involucrata* var. *glabrata*（Wight et Arn.）H. Ohashi；*Shuteria pampaniniana* Hand. -Mazz〕

多年生草质藤本；生于山谷、林中、草地和路旁；分布于安龙、兴义等地。

（六三）坡油甘属 *Smithia* Aiton

1. 黄花合叶豆 *Smithia blanda* Wall.〔*Smithia blamda* Wall.〕

半灌木；生于海拔 1000 – 2100m 的山坡或平地湿润草地上；分布于平坝等地。

2. 缘毛合叶豆 *Smithia ciliata* Benth.

一年生草本；生于海拔 2800m 以下的村边、路旁草坡湿地上；分布于贞丰等地。

3. 坡油甘 *Smithia sensitiva* Aiton

一年生草本；生于海拔 150 – 1000m 的田边或低湿处；分布地不详。

（六四）槐属 *Sophora* Linnaeus

1. 白花槐 *Sophora albescens* J. St. -Hil.〔*Sophora velutina* var. *albescens*（Rehder）P. C.

Tsoong.】

落叶灌木；生于海拔 1600 – 2200m 的山谷及灌丛中；分布于安龙、瓮安、荔波、罗甸等地。

2. 白刺花 *Sophora davidii*（Franch.）**Skeels**

灌木或小乔木；生于海拔 1000 – 2300m 的山坡、荒地、路旁灌丛中；分布于威宁、盘县、贵阳、关岭、兴义等地。

3. 柳叶槐 *Sophora dunnii* **Prain**

小灌木；生于海拔 1000 – 2000m 的山谷及山坡林中；分布地不详。

4. 苦参 *Sophora flavescens* **Aiton**

半灌木；生于海拔 300 – 1200m 的山坡、路旁、疏林下和灌丛中；省内各地野生。

5. 红花苦参 *Sophora flavescens* var. *galegoides*（Pall.）**DC.**

草本或亚灌木；分布地不详。

6. 槐 *Sophora japonica* **L.**【*Sophora japonica* f. *pendula* **Loudon**】

落叶乔木；引种；省内有栽培。

7. 细果槐 *Sophora microcarpa* **C. Y. Ma**

灌木或小乔木，生于海拔 1000 – 1700m 的山地丛林或次生林中；分布地不详。

8. 锈毛槐 *Sophora prazeri* **Prain**【*Sophora prazeri* var. *mairei*（Pamp.）**P. C. Tsoong**】

灌木或小乔木；生于海拔 700 – 1800m 的山坡灌丛或岩石上；分布于望谟、罗甸、荔波等地。

9. 越南槐 *Sophora tonkinensis* **Gagnep.**【*Sophora subprostrata* **Chun et T. C. Chen.**】

纤细灌木；生于海拔 900 – 1100m 的山地、山谷；分布于惠水、西秀、兴义、安龙、贞丰、荔波、独山、三都、平塘、龙里等地。

10. 紫花越南槐 *Sophora tonkinensis* var. *purpurascens* **C. Y. Ma**

灌木；生于海拔 1130m 的阳坡丛林中；分布于安龙等地。

11. 短绒槐 *Sophora velutina* **Lindl.**

灌木；生于海拔 1000 – 2500m 的山谷、山坡或河边灌木林中；分布于兴义等地。

12. 光叶短绒槐 *Sophora velutina* var. *cavaleriei*（Lévl.）**Brummitt et Gillett**

灌木；生于海拔 1000 – 2500m 的山谷、山坡或河边灌木林中；分布于兴义、罗甸等地。

13. 长颈槐 *Sophora velutina* var. *dolichopoda* **C. Y. Ma**

灌木；生于海拔 500 – 2000m 的山谷河边杂木林中；分布于望谟等地。

（六五）**葛芦茶属** *Tadehagi* **Ohashi**

1. 蔓茎葫芦茶 *Tadehagi pseudotriquetrum*（DC.）**H. Ohashi**

亚灌木；生于海拔 500 – 2000m 的山地疏林下；分布地不详。

2. 葫芦茶 *Tadehagi triquetrum*（L.）**H. Ohashi**【*Tadehagi triguetrum*（L.）**H. Ohashi**】

灌木或亚灌木；生于海拔 500 – 700m 的山坡、路旁、草地、山脚、山谷湿地；分布于兴义、贞丰等地。

（六六）**高山豆属** *Tibetia*（Ali）**Tsui**

1. 高山豆 *Tibetia himalaica*（Baker）**H. P. Tsui**

多年生草本；生于海拔 2400 – 2500m 的缓山坡草地上；分布于威宁等地。

（六七）**车轴草属** *Trifolium* **Linnaeus**

1. 绛车轴草 *Trifolium incarnatum* **L.**

一年生草本；原产欧洲地中海沿岸；省内有栽培或逸生。

2. 红车轴草 *Trifolium pratense* **L.**

多年生草本；原产欧洲中部；省内有栽培或逸生。

3. 白车轴草 *Trifolium repens* **L.**

多年生草本；原产欧洲；省内有栽培或逸生。

(六八)胡卢巴属 *Trigonella* Linnaeus

1. 胡卢巴 *Trigonella foenum-graecum* L.

一年生草本；原产地中海中部；省内有栽培。

(六九)狸尾豆属 *Uraria* Desvaux

1. 滇南狸尾豆 *Uraria lacei* Craib〔*Uraria clarkei*（Clarke）Gagnep.〕

灌木；生于海拔 900m 的山坡、岩石上、灌丛中；分布于安龙等地。

2. 狸尾豆 *Uraria lagopodioides*（L.）Desv. ex DC.

多年生草本；生于海拔 300 - 1100m 的山坡、山谷、路旁、草地；分布于罗甸、贞丰、安龙、兴义等地。

3. 美花狸尾豆 *Uraria picta*（Jacq.）Desv.

半灌木；生于海拔 500 - 800m 的山脚、路旁、山坡、旷地；分布于贞丰、安龙等地。

4. 中华狸尾豆 *Uraria sinensis*（Hemsl.）Franch.

半灌木；生于海拔 2000m 以下的山坡、灌丛、疏林中或岩石上；分布于威宁、贵阳、独山等地。

(七○)算珠豆属 *Urariopsis* Schindler

1. 算珠豆 *Urariopsis cordifolia*（Wall.）Schindl.

灌木；生于海拔 500m 的山坡路旁；分布于安龙等地。

(七一)野豌豆属 *Vicia* Linnaeus

1. 广布野豌豆 *Vicia cracca* L.

多年生蔓性草本；生于海拔 2900m 以下的山坡草地；分布于赫章、七星关、思南、贵阳、安龙等地。

2. 蚕豆 *Vicia faba* L.

一年生直立草本；原产欧洲地中海沿岸；省内广泛栽培。

3. 小巢菜 *Vicia hirsuta*（L.）Gray

一年生蔓性草本；生于海拔 400 - 600m 的路边灌丛中或田边、沟边；分布于印江、思南等地。

4. 大叶野豌豆 *Vicia pseudo-orobus* Fisch. et C. A. Mey.

多年生攀援性草本；生于海拔 1300 - 2300m 的山坡灌丛中；分布于威宁、七星关、安龙等地。

5. 救荒野豌豆 *Vicia sativa* L.

一年或二年生草本；生于海拔 800 - 2400m 的山下草地、路边灌木林下；分布于威宁、贵阳等地。

6. 窄叶野豌豆 *Vicia sativa* subsp. *nigra* Ehrhart〔*Vicia pilosa* M. Beib.〕

一年或二年生草本；生于滨海至海拔 2900m 的河滩、山沟、谷地、田边草丛；分布地不详。

7. 野豌豆 *Vicia sepium* L.

多年生蔓性草本；生于海拔 800 - 1200m 的草坡或疏林草地下；分布于贵阳等地。

8. 大野豌豆 *Vicia sinogigantea* B. J. Bao et Turland〔*Vicia gigantea* Bunge〕

多年生草本；生于海拔 600 - 2900m 的山坡及山顶灌丛中；分布于威宁等地。

9. 四籽野豌豆 *Vicia tetrasperma*（L.）Schreb.

一年生纤细藤状草本；生于海拔 400 - 1200m 的路边灌丛中或田边地上；分布于思南、印江、贵阳等地。

10. 歪头菜 *Vicia unijuga* A. Braun

多年生草本；生于海拔 800 - 2400m 的山坡林缘、路边灌丛中或草坡上；分布于贵阳、威宁等地。

11. 长柔毛野豌豆 *Vicia villosa* Roth.

一年生藤本草本；原产欧洲、中亚、伊朗；省内有栽培。

(七二) 豇豆属 *Vigna* Savi

1. 赤豆 *Vigna angularis*（Willd.）Ohwi et H. Ohashi

一年生直立草本；省内有栽培。

2. 绿豆 *Vigna radiata*（L.）R. Wilczek

一年生直立草本；省内有栽培。

3. 赤小豆 *Vigna umbellata*（Thunb.）Ohwi et H. Ohashi

一年生直立草本；省内有栽培。

4. 豇豆 *Vigna unguiculata*（L.）Walp.

一年生缠绕草本；省内广泛栽培。

5. 眉豆 *Vigna unguiculata* subsp. *cylindrica*（L.）Verdc.【*Vigna cylindrica*（L.）Skeels】

一年生近直立草本；省内广泛栽培。

6. 长豇豆 *Vigna unguiculata* subsp. *sesquipedalis*（L.）Verdcourt【*Vigna sesquipedalis*（L.）Fruwirth.】

一年生缠绕藤本；引种；省内有栽培。

7. 野豇豆 *Vigna vexillata*（L.）A. Rich.

多年生缠绕草本；生于山坡、林缘、山麓、路旁坡坎草丛中；分布于贵阳、荔波等地。

(七三) 紫藤属 *Wisteria* Nuttall

1. 紫藤 *Wisteria sinensis*（Sims）Sweet【*Wisteria sinensis* f. *alba*（Lindl.）Rehd. et Wils.】

落叶藤本；引种；省内有栽培。

八九、胡颓子科 Elaeagnaceae

(一) 胡颓子属 *Elaeagnus* Linnaeus

1. 佘山羊奶子 *Elaeagnus argyi* Levl.

落叶或常绿直立灌木；生于海拔 300m 的林下；分布于荔波等地。

2. 长叶胡颓子 *Elaeagnus bockii* Diels

常绿直立灌木；生于海拔 600 - 2100m 的阳坡、路旁灌丛中；分布于梵净山、罗甸、福泉、荔波、惠水、龙里、贵阳等地。

3. 石山胡颓子 *Elaeagnus calcarea* Z. R. Xu

半常绿直立小灌木；生于海拔 800 - 900m 的石灰岩山地林中；分布于荔波等地。

4. 长柄胡颓子 *Elaeagnus delavayi* Lecomte

常绿直立或蔓状灌木；生于海拔 2020m 的灌丛中；分布于雷公山等地。

5. 巴东胡颓子 *Elaeagnus difficilis* Serv.【*Elaeagnus cuprea* Rehd.】

常绿直立或蔓状灌木；生于海拔 800 - 1700m 的山坡灌丛、林缘等处；分布于息烽、贵阳、修文、雷山、凯里、平塘、罗甸、都匀、惠水、三都、龙里、德江、印江等地。

6. 短柱胡颓子 *Elaeagnus difficilis* var. *brevistyla* W. K. Hu et H. F. Chow

常绿直立或蔓状灌木；生于海拔 1600m 左右的杂灌丛中，分布于大沙河等地。

7. 蔓胡颓子 *Elaeagnus glabra* Thunb.

常绿蔓状或攀援状灌木；生于海拔 250 - 1300m 的灌丛、林缘；分布于独山、平塘、瓮安、罗甸、福泉、都匀、惠水、贵定、三都、龙里、西秀、贵阳、息烽、开阳、赤水、德江、江口等地。

8. 贵州羊奶子 *Elaeagnus guizhouensis* C. Y. Chang

落叶或落叶直立灌木；生于海 400 - 1300m 的山坡灌丛中；分布于贵阳、江口等地。

9. 宜昌胡颓子 *Elaeagnus henryi* Warb. ex Diels

常绿直立或蔓状灌木；生于海拔 400 – 2000m 的灌丛、林缘、路旁；分布于贵阳、开阳、黎平、安龙、印江、江口、长顺、瓮安、独山、罗甸、福泉、荔波、都匀、惠水、龙里等地。

10. 披针叶胡颓子 *Elaeagnus lanceolata* **Warb.〔***Elaeagnus lanceolata* **subsp.** *grandifolia* **Servett.〕**

常绿直立或蔓状灌木；生于海拔 1500m 的林缘；分布于贵阳、开阳、修文、清镇、绥阳、长顺、瓮安、独山、罗甸、荔波、都匀、贵定、平塘等地。

11. 长裂胡颓子 *Elaeagnus longiloba* **C. Y. Chang**

常绿直立灌木；分布于七星关等地。

12. 银果牛奶子 *Elaeagnus magna*（**Servett.**）**Rehd.**

落叶直立灌木；生于海拔 1000m 左右的山坡灌丛、林缘、路旁处；分布于贵阳、息烽、松桃、三都等地。

13. 木半夏 *Elaeagnus multiflora* **Thunb.**

落叶灌木；生于海拔 1100 – 1600m 的山坡灌丛中；分布于黄平、施秉等地。

14. 南川牛奶子 *Elaeagnus nanchuanensis* **C. Y. Chang**

落叶灌木；生于海拔 700 – 1600m 的山坡灌丛中；分布于黔北、惠水、贵阳等地。

15. 白花胡颓子 *Elaeagnus pallidiflora* **C. Y. Chang**

常绿直立灌木；分布于大沙河等地。

16. 胡颓子 *Elaeagnus pungens* **Thunb.**

常绿直立灌木；生于海拔 2000m 以下的灌丛、林缘、路旁向阳处；分布于贵阳、息烽、册亨、兴义、兴仁、罗甸、瓮安、长顺、独山、福泉、都匀、惠水、贵定、三都、龙里、平塘、普安、印江、江口等地。

17. 卷柱胡颓子 *Elaeagnus retrostyla* **C. Y. Chang**

常绿直立灌木；生于海拔 1450m 的向阳干旱灌丛中；分布于贵阳、七星关等地。

18. 攀援胡颓子 *Elaeagnus sarmentosa* **Rehd.**

常绿直立或蔓状灌木；生于海拔 1550m 的常绿阔叶林密林下处；分布于雷公山等地。

19. 星毛羊奶子 *Elaeagnus stellipila* **Rehd.**

落叶或半常绿直立灌木；生于海拔 1200m 的灌丛中；分布于贵阳、独山、惠水、龙里等地。

20. 牛奶子 *Elaeagnus umbellata* **Thunb.**

落叶直立灌木；生于海拔 2900m 以下的疏林灌丛中；分布于威宁、七星关、福泉、三都等地。

（二）沙棘属 *Hippophae* **Linnaeus**

1. 沙棘 *Hippophae rhanoides* **L.**

落叶乔木或灌木；引种；省内有栽培。

九〇、山龙眼科 Proteaceae

（一）银桦属 *Grevillea* **R. Brown**

1. 银桦 *Grevillea robusta* **A. Cunn. ex R. Br.**

常绿大乔木；原产大洋洲；省内有栽培。

（二）山龙眼属 *Helicia* **Loureiro**

2. 网脉山龙眼 *Helicia reticulata* **W. T. Wang**

常绿乔木；生于海拔 300 – 1500m 的山地林中；分布于赤水、望谟、都匀、三都、罗甸、荔波、榕江等地。

九一、川苔草科 Podostemaceae

（一）飞瀑草属 *Cladopus* H. Möller

1. 飞瀑草 *Cladopus nymanii* H. Moller

多年生沉水草本；分布于黎平等地。

九二、小二仙草科 Haloragaceae

（一）小二仙草属 *Gonocarpus* Thunberg

1. 黄花小二仙草 *Gonocarpus chinensis*（Lour.）Orchard【*Haloragis chinensis*（Lour.）Merr.】

多年生陆生草本植物；生于海拔 150–1500m 潮湿的荒山草丛中；分布地不详。

2. 小二仙草 *Gonocarpus micranthus* Thunb.【*Haloragis micrantha*（Thunb.）R. Br. ex Sieb. et Zucc.】

多年生草本；生于草丛中；分布于七星关、水城、兴义、西秀、贵阳、遵义、碧江、雷山、都匀、罗甸等地。

（二）　属 *Myriophyllum* Linnaeus

1. 穗状孤尾藻 *Myriophyllum spicatum* L.

多年生沉水草本；生于浅水沟、沼泽、池塘、水库边缘；分布于全省各地。

2. 狐尾藻 *Myriophyllum verticillatum* L.

多年生沉水草本；生于浅水沟、沼泽、池塘、水库边缘；分布于全省各地。

九三、千屈菜科 Lythraceae

（一）紫薇属 *Lagerstroemia* Linnaeus

1. 尾叶紫薇 *Lagerstroemia caudata* Chun et F. C. How ex S. K. Lee et L. F. Lau

落叶大乔木；生于海拔 700–940m 的低山或河谷疏林中；分布于印江、镇远、荔波、瓮安等地。

2. 川黔紫薇 *Lagerstroemia excelsa*（Dode）Chun ex S. Lee et L. F. Lau

落叶大乔木；生于海拔 720–2000m 的山谷密林中；分布于平坝、松桃、梵净山、瓮安、福泉、惠水、龙里等地。

3. 紫薇 *Lagerstroemia indica* L.

落叶灌木或小乔木；喜生于肥沃湿润的土壤上；分布于兴义、安龙、贵阳、开阳、修文、息烽、清镇、都匀、罗甸、瓮安、凤冈、松桃等地。

4. 南紫薇 *Lagerstroemia subcostata* Koehne

落叶灌木或乔木；分布于大沙河等地。

（二）千屈菜属 *Lythrum* Linnaeus

1. 千屈菜 *Lythrum salicaria* L.

多年生草本；生于海拔 1100–2000m 的水旁湿地；分布于威宁、赫章、盘县、兴仁、贵阳、清镇、贵定、锦屏等地。

（三）石榴属 *Punica* Linnaeus

1. 石榴 *Punica granatum* L.

落叶灌木或小乔木；原产巴尔干半岛至伊朗及其邻近地区；省内有栽培。

2. 重瓣石榴 *Punica granatum* var. *pleniflora* Hayne.

落叶灌木或小乔木；引种；省内有栽培。

（四）节节菜属 *Rotala* Linnaeus

1. 密花节节菜 *Rotala densiflora*（Roth）Koehne

一年生草本；生于湿地上；分布于贵阳、兴仁等地。

2. 节节菜 *Rotala indica*（Willd.）Koehne

一年生草本；生于稻田中或湿地上；分布于册亨等地。

3. 轮叶节节菜 *Rotala mexicana* Cham. ex Schltdl.

一年生草本；生于海拔560m左右的浅水湿地中；分布于江口等地。

4. 五蕊节节菜 *Rotala rosea*（Poir.）C. D. K. Cook ex H. Hara〔*Rotala pentandra*（Roxb.）Blatt. et Hallb. 〕

一年生草本；生于湿地、田野或水田中；分布地不详。

5. 圆叶节节菜 *Rotala rotundifolia*（Buch. -Ham. ex Roxb.）Koehne

一年生草本；生于海拔300 – 1900m的水田或潮湿的地方；分布于兴义、安龙、大方、纳雍、赤水、桐梓、西秀、贵阳、清镇、凯里、雷山、榕江、镇远、剑河、长顺、罗甸等地。

（五）虾子花属 *Woodfordia* Salisbury

1. 虾子花 *Woodfordia fruticosa*（L.）Kurz

灌木；生于海拔200 – 400m的山坡路旁；分布于罗甸等南盘江红水河岸诸县。

九四、瑞香科 Thymelaeaceae

（一）瑞香属 *Daphne* Linnaeus

1. 尖瓣瑞香 *Daphne acutiloba* Rehd.

常绿灌木；生于海拔1400 – 2900m的山坡密林及灌丛中；分布于贵阳、息烽、纳雍、贞丰、安龙、册亨、西秀、罗甸、平塘、荔波、长顺、瓮安、独山、都匀、雷山、黎平等地。

2. 长柱瑞香 *Daphne championii* Benth.

常绿灌木；生于海拔400m的山地路旁灌丛中；分布于罗甸等地。

3. 滇瑞香 *Daphne feddei* Lévl.

常绿直立灌木；生于海拔1800 – 2600m的疏林下或灌丛中；分布于平坝、惠水、三都、龙里等地。

4. 芫花 *Daphne genkwa* Sieb. et Zucc.

落叶灌木；生于海拔300 – 1000m的山坡路旁或疏林中；分布于贵阳、三都、惠水、龙里、榕江等地。

5. 毛瑞香 *Daphne kiusiana var. atrocaulis*（Rehd.）F. Maek.〔*Daphne odora* var. *atrocaulis* Rehd.〕

常绿灌木；生于海拔800 – 2000m的潮湿山坡林下或沟谷灌丛中；分布于松桃、印江、石阡、瓮安、荔波、惠水、三都、龙里、西秀、雷山、黎平等地。

6. 雷山瑞香 *Daphne leishanensis* H. F. Zhou

落叶直立灌木；生于海拔1110m的河谷地带；分布于雷山等地。

7. 长瓣瑞香 *Daphne longilobata*（Lec.）Turr.

常绿灌木；生于海拔300 – 1500m的石灰岩灌丛中；分布于荔波等地。

8. 瑞香 *Daphne odora* Thunb.

常绿直立灌木；引种；省内有栽培。

9. 白瑞香 *Daphne papyracea* Wall. ex Steud.

常绿灌木；生于海拔700 – 2000m的石灰岩山坡灌丛中；分布于七星关、习水、独山、安龙、剑河、贵阳、梵净山、长顺、瓮安、独山、罗甸、福泉、荔波、都匀、惠水、贵定、龙里、平塘等地。

10. 山辣子皮 *Daphne papyracea* var. *crassiuscula* **Rehd.**

常绿灌木；生于海拔 1000 – 2900m 的山坡灌丛中或草坡；分布地不详。

11. 凹叶瑞香 *Daphne retusa* **Hemsl.**

常绿灌木；生于草坡或灌木林下；分布于梵净山等地。

12. 唐古特瑞香 *Daphne tangutica* **Maxim.**

常绿灌木；生于海拔 1500 – 2000m 的山坡杂木林中；分布于正安、仁怀、桐梓、遵义、印江、都匀等地。

（二）结香属 *Edgeworthia* **Meisner**

1. 结香 *Edgeworthia chrysantha* **Lindl.**

落叶灌木；生于阴湿肥沃的土地；分布于赫章、遵义、贵阳、贵定、镇远、望谟、册亨等地。

（三）狼毒属 *Stellera* **Linnaeus**

1. 狼毒 *Stellera chamaejasme* **L.**

多年生草本；生于海拔 2600 – 2900m 的向阳山坡、草丛中；分布于威宁、七星关、大方、水城、盘县、安龙、兴仁等地。

（四）荛花属 *Wikstroemia* **Endlicher**

1. 互生叶荛花 *Wikstroemia alternifolia* **Batalin**

灌木；生于山坡灌丛和石缝中；分布于大沙河等地。

2. 岩杉树 *Wikstroemia angustifolia* **Hemsl.**

小灌木；生于海拔 150 – 200m 的山地灌丛中；分布于赤水、黎平、瓮安等地。

3. 头序荛花 *Wikstroemia capitata* **Rehd. et Wils.**

灌木；生于海拔 1000m 的山地疏林下或灌丛中；分布于印江等地。

4. 河朔荛花 *Wikstroemia chamaedaphne* **Meissn.**

灌木；生于海拔 500 – 1900m 的山坡及路旁；分布于麻阳河等地。

5. 窄叶荛花 *Wikstroemia chui* **Merr.**

常绿灌木；生于阴暗潮湿地；分布于福泉等地。

6. 一把香 *Wikstroemia dolichantha* **Diels**【*Wikstroemia effusa* **Rehd.**】

灌木；生于海拔 1000m 的山地路旁阳处灌丛中；分布于德江、独山、惠水、龙里等地。

7. 了哥王 *Wikstroemia indica*（**L.**）**C. A. Mey.**

灌木；生于海拔 1500m 左右的山地丘陵、草坡灌丛中；分布于印江、凯里、独山、荔波、长顺、罗甸、惠水、贵定、三都、龙里、安龙、册亨、黎平等地。

8. 白腊叶荛花 *Wikstroemia ligustrina* **Rehd.**

灌木；生于海拔 1900 – 2700m 的林边阴处或山坡灌丛中；分布于大沙河等地。

9. 小黄构 *Wikstroemia micrantha* **Hemsl.**

灌木；生于海拔 750 – 1200m 的山坡、山谷、林下灌丛中；分布于赤水、德江、松桃、瓮安、独山、荔波、长顺、罗甸、福泉、安龙等地。

10. 北江荛花 *Wikstroemia monnula* **Hance**

落叶灌木；生于海拔 1000m 的山谷灌丛中；分布于赤水、凯里等地。

11. 粗轴荛花 *Wikstroemia pachyrachis* **S. L. Tsai**

灌木；生于海拔 300 – 1500m 的山地密林、灌丛及岩石上；分布于荔波等地。

12. 多毛荛花 *Wikstroemia pilosa* **Cheng**

灌木；生于海拔 700m 的路旁灌丛中；分布于松桃等地。

13. 轮叶荛花 *Wikstroemia stenophylla* **E. Pritzel ex Diels**

常绿灌木；生于海拔 1600 – 2500m 的向阳山坡、路旁及河边；分布于贵阳、修文、赤水、剑河等地。

14. 平伐荛花 *Wikstroemia vaccinium*（Lévl.）**Rehd.**

灌木；生于斜坡岩石缝中；分布于贵定等地。

九五、菱科 Trapaceae

（一）菱属 *Trapa* Linnaeus

1. 细果野菱 *Trapa incisa* **Sieb. et Zucc.**【*Trapa maximowiczii* **Korsh.**】

一年生浮水草本；生于沼泽、池塘、水流缓慢的江河中；分布于威宁、惠水、黎平、天柱等地。

2. 欧菱 *Trapa natans* **L.**【*Trapa japonica* **Flerow**；*Trapa quadrispinosa* **Roxb.**；*Trapa bispinosa* **Roxbu.**；*Trapa bicornis* **var.** *cochinchinensis*（**Lour. H. Gluck**；*Trapa potaninii* **V. Vassil**】

一年生浮水草本；分布于惠水、天柱、威宁、大方等地。

九六、桃金娘科 Myrtaceae

（一）红千层属 *Callistemon* R. Br.

1. 红千层 *Callistemon rigidus* **R. Br.**

常绿灌木；原产澳大利亚；省内有栽培。

（二）子楝树属 *Decaspermum* J. R. Forster et G. Forster

1. 子楝树 *Decaspermum gracilentum*（**Hance**）**Merr. et L. M. Perry**【*Decaspermum esquirolii*（**Lévl.**）**Chang et Miau**】

常绿灌木或小乔木；生于低、中山灌丛中；分布于安龙、荔波、罗甸、长顺、独山、惠水、三都等地。

2. 五瓣子楝树 *Decaspermum parviflorum*（**Lam.**）**A. J. Scott**

常绿灌木或小乔木；生于海拔 2000m 以下的山坡、灌丛、森林中；分布地不详。

（三）桉属 *Eucalyptus* L' Héritier

1. 赤桉 *Eucalyptus camaldulensis* **Dehnh.**【*Eucalyptus camaldulensis* **var.** *brevirostris*（**P. V. Muell.**）**Blak.**】

常绿大乔木；原产澳大利亚；省内有栽培。

2. 短喙赤桉 *Eucalyptus camaldulensis* **var.** *brevirostris*（**F. V. Muell. ex Miq.**）**Blakely**

常绿大乔木；原产澳大利亚；省内有栽培。

3. 柠檬桉 *Eucalyptus citriodora* **Hook.**

常绿大乔木；原产澳大利亚；省内有栽培。

4. 邓恩桉 *Eucalyptus dunnii* **Maiden**

常绿大乔木；原产澳大利亚；省内有栽培。

5. 窿缘桉 *Eucalyptus exserta* **F. V. Muell.**

常绿大乔木；原产澳大利亚；省内有栽培。

6. 小窿缘桉 *Eucalyptus exserta* **var.** *parula* **Blak.**

常绿大乔木；原产澳大利亚；省内有栽培。

7. 蓝桉 *Eucalyptus globulus* **Labill.**

常绿大乔木；原产澳大利亚；省内有栽培。

8. 斜脉胶桉 *Eucalyptus kirtoniana* **F. V. Muell.**

常绿大乔木；原产澳大利亚；省内有栽培。

9. 直干蓝桉 *Eucalyptus maidenis* **F. V. Muell.**

常绿大乔木；原产澳大利亚；省内有栽培。

10. 大叶桉 *Eucalyptus robusta* **Smith**

常绿大乔木；原产澳大利亚；省内有栽培。

11. 柳叶桉 *Eucalyptus saligna* **Smith**

常绿大乔木；原产澳大利亚；省内有栽培。

12. 细叶桉 *Eucalyptus tereticornis* **Smith**

常绿大乔木；原产澳大利亚；省内有栽培。

（四）白千层属

1. 白千层 *Melaleuca leucadendron* **L.**

常绿乔木；原产澳大利亚；省内有栽培。

（五）番石榴属 *Psidium* **Linnaeus**

1. 番石榴 *Psidium guajava* **L.**

常绿灌木或小乔木；原产南美洲；省内兴义、安龙、望谟、罗甸等地有栽培。

（六）桃金娘属 *Rhodomyrtus*（**Candolle**）**Reichenbach**

1. 桃金娘 *Rhodomyrtus tomentosa*（**Aiton**）**Hassk.**

常绿灌木；多生于丘陵灌丛中及荒山草地中；分布于罗甸、荔波等地。

（七）蒲桃属 *Syzygium* **P. Browne ex Gaertner**

1. 华南蒲桃 *Syzygium austrosinense*（**Merr. et L. M. Perry**）**Chang et Miau**

常绿灌木或小乔木；生于海拔 300 – 2300m 的常绿阔叶林中；分布于梵净山、荔波等地。

2. 赤楠 *Syzygium buxifolium* **Hook. et Arn.**

常绿 灌木或小乔木；生于海拔 300 – 1200m 的山地疏林或灌丛中；分布于赤水、遵义、贵阳、江口、锦屏、罗甸、荔波等地。

3. 轮叶赤楠 *Syzygium buxifolium* **var.** *verticillatum* **C. Chen**

常绿灌木或小乔木；生于海拔 300 – 1200m 的山坡灌丛中；分布于三都、荔波等地。

4. 水竹蒲桃 *Syzygium fluviatile*（**Hemsl.**）**Merr. et L. M. Perry**

常绿灌木；生于海拔 1000m 以下的山谷、石缝、水边灌丛中；分布地不详。

5. 簇花蒲桃 *Syzygium fruticosum*（**Roxb.**）**DC.**

常绿乔木；生于海拔 450 – 1200m 的疏林中；分布于兴义、安龙等地。

6. 轮叶蒲桃 *Syzygium grijsii*（**Hance**）**Merr. et L. M. Perry**

常绿灌木；生于海拔 900m 以下的沟谷灌丛中；分布于三都、荔波等地。

7. 贵州蒲桃 *Syzygium handelii* **Merr. et L. M. Perry**

常绿灌木；生于海拔 900m 以下的灌丛或常绿林中；分布于安龙、荔波、锦屏等地。

9. 蒲桃 *Syzygium jambos*（**L.**）**Alston**

常绿乔木；生于海拔 1500m 以下的水边及河谷湿地；分布于赤水、罗甸等地。

九七、柳叶菜科 Onagraceae

（一）柳兰属 *Chamerion*（**Rafinesque**）**Rafinesque ex Holub**

1. 毛脉柳兰 *Chamerion angustifolium* **subsp.** *circumvagum*（**Mosquin**）**Hoch**

多年生草本；分布地不详。

（二）露珠草属 *Circaea* Linnaeus

1. 高原露珠草 *Circaea alpina* subsp. *imaicola*（Asch. et Mag.）Kitamura

多年生草本；生于海拔 2200m 的山顶、草地；分布于梵净山等地。

2. 水珠草 *Circaea canadensis* subsp. *quadrisulcata*（Maxim.）Bouff.【*Circaea quadrisulcata*（Maxim.）Franch. et Savat.】

多年生草本；生于海拔 800 - 1200m 的山坡灌丛或林下；分布于贵阳、赤水、习水、黄平、施秉、雷公山、普安等地。

3. 露珠草 *Circaea cordata* Royle

多年生草本；生于海拔 500 - 1200m 的林下阴湿处；分布于贵阳、威宁、遵义、雷公山、剑河、都匀等地。

4. 谷蓼 *Circaea erubescens* Franch. et Sav.

多年生草本；生于海拔 880 - 1560m 的林下或山谷阴湿处；分布于贵阳、绥阳、印江、榕江、盘县、都匀、贵定、龙里、惠水、长顺等地。

5. 南方露珠草 *Circaea mollis* Sieb. et Zucc.

多年生草本；生于海拔 870 - 2200m 的山坡林下阴湿处；分布于赤水、习水、梵净山、印江、思南、贵阳、普安等地。

（三）柳叶菜属 *Epilobium* Linnaeus

1. 毛脉柳叶菜 *Epilobium amurense* Hausskn.

多年生草本；生于海拔 2200 - 2800m 的山顶湿地；分布于印江、雷山、大方等地。

2. 光滑柳叶菜 *Epilobium amurense* subsp. *cephalostigma*（Hausskn.）C. J. Chen

多年生草本，叶较窄；生于海拔 600 - 2100m 的林缘或水沟旁；分布于贵阳、大方、凯里等地。

3. 腺茎柳叶菜 *Epilobium brevifolium* subsp. *trichoneurum*（Hausskn.）P. H. Raven

多年生草本；生于海拔 1400 - 2300m 的林下阴湿处；分布于贵阳、清镇、赫章、纳雍、盘县、普安、遵义、雷山、凯里等地。

4. 圆柱柳叶菜 *Epilobium cylindricum* D. Don

多年生草本；生于海拔 1200 - 1500m 的沟边阴湿地；分布于贵阳、七星关、印江、遵义等地。

5. 柳叶菜 *Epilobium hirsutum* L.

多年生草本；生于海拔 1000 - 1700m 林下湿处，沟边或沼泽地；分布于威宁、赫章、大方、水城、绥阳、松桃、贵阳、瓮安、平坝、兴义、兴仁、贞丰、册亨、思南、凯里等地。

6. 锐齿柳叶菜 *Epilobium kermodei* P. H. Raven

多年生草本；生于海拔 900 - 2100m 的阴湿处；分布于贵阳、印江、雷山、松桃、黄平、施秉、凯里、纳雍等地。

7. 硬毛柳叶菜 *Epilobium pannosum* Hausskn.【*Epilobium brevifolium* subsp. *pannosum*（Hausskn.）P. H. Raven】

多年生草本；生于海拔 1500 - 2200m 的林下阴处；分布于贵阳、兴义等地。

8. 小花柳叶菜 *Epilobium parviflorum* Schreber

多年生草本；生于海拔 1500m 的沼泽地或阴湿处；分布于威宁、松桃、贵阳、平坝等地。

9. 阔柱柳叶菜 *Epilobium platystigmatosum* C. Robin.

多年生草本；生于海拔 1000 - 2000m 的山区草坡、沟谷或溪边湿润处；分布地不详。

10. 长籽柳叶菜 *Epilobium pyrricholophum* Franch. et Savat.

多年生草本；生于海拔 690m 的林下沟边湿地；分布于黎平等地。

11. 短梗柳叶菜 *Epilobium royleanum* Hausskn.

多年生草本；生于山区，沿河谷、溪沟、路旁，或荒坡湿处；分布地不详。

12. 中华柳叶菜 *Epilobium sinense* **Lévl.**

多年生草本；生于海拔 1200 – 1900m 的水旁、沟边阴湿地；分布于七星关、纳雍、兴义等地。

13. 滇藏柳叶菜 *Epilobium wallichianum* **Hausskn.**

多年生草本；生于海拔 1900m 的沟旁湿地；分布于印江、普安、纳雍等地。

（四）倒挂金钟属 *Fuchsia* **Linnaeus**

1. 倒挂金钟 *Fuchsia* × *hybrida* **Hort. ex Sieb. et Voss.**

灌木状草本；原产美洲；省内有栽培。

（五）丁香蓼属 *Ludwigia* **Linnaeus**

1. 假柳叶菜 *Ludwigia epilobioides* **Maxim.**

一年生草本；生于海拔 500 – 590m 的沟边、田间、沼泽地；分布于兴义、平坝、江口、剑河、锦屏、榕江等地。

2. 毛草龙 *Ludwigia octovalvis*（Jacq.）**P. H. Raven**

亚灌木状草本；生于海拔 570m 的沟边或沼泽地；分布于册亨、兴义等地。

3. 丁香蓼 *Ludwigia prostrata* **Roxb.**

一年生草本；生于海拔 500 – 590m 的田边、沟边湿地处；分布于金沙、黔西、水城、贵阳、凤冈、镇远、天柱、锦屏、剑河、黎平、榕江、长顺、独山、荔波等地。

（六）月见草属 *Oenothera* **Linnaeus**

1. 月见草 *Oenothera biennis* **L.**

二年生草本；原产北美；省内有栽培。

2. 黄花月见草 *Oenothera glazioviana* **Michli**

直立二年生至多年生草本；原产欧洲；省内有栽培。

3. 粉花月见草 *Oenothera rosea* **L'Hér. ex Aitch.**

一年生草本；原产美国得克萨斯州南部至墨西哥；省内贵阳、望谟等地有栽培或逸生。

4. 待宵草 *Oenothera stricta* **Ledeb. et Link【***Oenothera odorata* **Jacq.】**

二年生草本；原产南美；省内有栽培或逸生。

5. 四翅月见草 *Oenothera tetraptera* **Cav.**

一年或多年生草本；原产墨西哥等地；省内有栽培或逸生。

九八、野牡丹科 Melastomataceae

（一）柏拉木属 *Blastus* **Loureiro**

1. 少花柏拉木 *Blastus pauciflorus*（Benth.）**Guill.【***Blastus cavaleriei* **Lévl. et Vant.；***Blastus dunnianus* **Lévl.】**

灌木；生于海拔 700 – 1500m 的山坡疏林下；分布于雷山、都匀、独山、惠水、贵定、三都、龙里等地。

2. 柏拉木 *Blastus cochinchinensis* **Lour.**

灌木；生于海拔 600m 的阔叶林内；分布于册亨、罗甸等地。

（二）野海棠属 *Bredia* **Blume**

1. 赤水野海棠 *Bredia esquirolii*（Lévl.）**Lauener**

亚灌木；生于海拔 800 – 950m 的林下或阳坡灌丛中；分布于赤水等地。

2. 叶底红 *Bredia fordii*（Hance）**Diels【***Phyllagathis fordii* **var.** *micrantha* **C. Chen】**

小灌木；生于海拔 350 – 900m 的林下潮湿处或溪边；分布于榕江、印江、独山、荔波、平塘等地。

3. 短柄野海棠 *Bredia sessilifolia* **H. L. Li**

灌木；生于海拔 600 - 900m 的山谷、山坡林下阴湿处；分布于罗甸、荔波、独山、三都等地。

4. 云南野海棠 *Bredia yunnanensis*（Lévl.）**Diels**

草本或亚灌木；生于海拔约 690m 的山谷次生林下沟边石缝间；分布于荔波等地。

（三）异药花属 *Fordiophyton* **Stapf**

1. 异药花 *Fordiophyton faberi* **Stapf**

草本或亚灌木；生于海拔 600 - 1300m 的林下、灌丛及沟边、路旁；分布于惠水、都匀、榕江、雷山、习水、兴仁等地。

（四）野牡丹属 *Melastoma* **Linnaeus**

1. 地菍 *Melastoma dodecandrum* **Lour.**

小灌木；生于海拔 1350m 以下的山坡灌草丛中；分布于贵阳、都匀、独山、惠水、荔波、长顺、瓮安、福泉、龙里、雷山、榕江等地。

2. 细叶野牡丹 *Melastoma intermedium* **Dunn**

小灌木和灌木；生于海拔 1300m 以下的山坡灌草丛或土边矮草丛中；分布于榕江、荔波、平塘、罗甸、惠水、龙里等地。

3. 野牡丹 *Melastoma malabathricum* **L.**【*Melastoma affine* **D. Don**；*Melastoma normale* **D. Don**】

灌木；生于海拔 400 - 1300m 的山坡湿润或干燥地方、多疏林、竹林、灌草丛中或路旁、沟边；分布于荔波、都匀、惠水、贵定、三都、龙里、平塘、罗甸、长顺、独山、雷山、榕江、兴仁、安龙等地。

（五）金锦香属 *Osbeckia* **Linnaeus**

1. 金锦香 *Osbeckia chinensis* **L.**

直立草本或亚灌木；生于海拔 1200m 以下的荒山、草坡、路旁或疏林下向阳处；分布于贵阳、都匀、独山、长顺、荔波、黎平、松桃、关岭、兴仁等地。

2. 星毛金锦香 *Osbeckia stellata* **Ham. ex D. Don**：**C. B. Clarke**【*Osbeckia crinita* **Benth.**；*Osbeckia opipara* **C. Y. Wu et C. Chen**；*Osbeckia opipara* **C. Y. Wu et C. Chen**】

灌木；生于海拔 500 - 2000m 的山坡草地、灌丛中、山谷溪边、林缘湿润地；除黔西北较高山地外，分布于省内大部分地区。

（六）尖子木属 *Oxyspora* **Candolle**

1. 尖子木 *Oxyspora paniculata*（D. Don）**DC.**

灌木；生于海拔 400 - 600m 的季雨林下、阴湿处或溪边；分布于望谟、册亨、罗甸、长顺、独山、荔波、惠水、三都、龙里等地。

2. 滇尖子木 *Oxyspora yunnanensis* **H. L. Li**

灌木；生于海拔 1300 - 2800m 的密林下或江边岩石缝中；分布地不详。

（七）锦香草属 *Phyllagathis* **Blume**

1. 锦香草 *Phyllagathis cavaleriei*（Lévl. et Vant.）**Guillaum.**【*Phyllagathis cavaleriei* **var.** *tankahkeei*（Merr.）**C. Y. Wu**】

草本；生于海拔 400 - 1200m 的山谷、山坡疏林下岩石地方或水沟旁；分布于雷山、黎平、榕江、从江、独山、惠水、荔波、正安、松桃、平坝等地。

2. 大叶熊巴掌 *Phyllagathis longiradiosa*（C. Chen）**C. Chen**

草本或小灌木；生于海拔 600 - 1300m 的阔叶林下；分布于榕江、松桃、关岭等地。

（八）偏瓣花属 *Plagiopetalum* **Rehder**

1. 偏瓣花 *Plagiopetalum esquirolii*（Rehd.）**Rehd.**

灌木；生于海拔 500 - 1500m 的疏林下湿润地方或林缘，灌草丛中；分布于安龙、贞丰、罗甸等地。

（九）肉穗草属 *Sarcopyramis* Wallich

1. 肉穗草 *Sarcopyramis bodinieri* Lévl. et Vant.

小草本；生于海拔 700 – 1400m 的山谷林下阴湿处，或灌草丛石隙间；分布于贵阳、独山、都匀、黄平、松桃、施秉、赤水等地。

2. 楮头红 *Sarcopyramis napalensis* Wall.

直立草本；生于海拔 800 – 1700m 的林下阴湿地或路边；分布于都匀、独山、雷山、松桃、大方等地。

（十）蜂斗草属 *Sonerila* Roxburgh

1. 直立蜂斗草 *Sonerila erecta* Jack【*Sonerila epilobioides* Stapf et King 】

小灌木或亚灌木；生于海拔 600 – 900m 的山谷、山坡林下或阴湿地方；分布于安龙、兴义等地。

2. 小蜂斗草 *Sonerila leata* Stapf

灌木；生于海拔 1300m 以下的山谷、林下阴湿地或沟边。分布于安龙、兴义等地。

九九、使君子科 Combretaceae

（一）风车子属 *Combretum* Leefl.

1. 石风车子 *Combretum wallichii* DC.

木质藤本；生于海拔 650 – 1350m 的山坡、路旁灌丛中；分布于贵阳、清镇、兴义、安龙、兴仁、册亨、荔波、罗甸、长顺、独山、惠水等地。

（二）使君子属 *Quisqualis* Linnaeus

1. 使君子 *Quisqualis indica* L.

攀援状灌木；生于河谷山坡上；分布于赤水等地。

一〇〇、八角枫科 Alangiaceae

（一）八角枫属 *Alangium* Lamarck

1. 高山八角枫 *Alangium alpinum*（Clark）W. W. Smith et Cave

落叶乔木；生于海拔 2100m 的常绿落叶阔叶混交林中；分布于纳雍等地。

2. 八角枫 *Alangium chinense*（Lour.）Harms

落叶灌木或小乔木；生于海拔 280 – 1800m 的山地或疏林中；分布于兴义、兴仁、安龙、册亨、望谟、普安、盘县、大方、七星关、纳雍、赫章、绥阳、遵义、习水、贵阳、息烽、开阳、修文、德江、印江、岑巩、雷山、黔南等省内大部分地区。

3. 稀花八角枫 *Alangium chinense* subsp. *pauciflorum* W. P. Fang

落叶灌木或小乔木；生于海拔 650 – 2000m 的山坡疏林中；分布于贵阳、绥阳、梵净山、江口、罗甸等地。

4. 伏毛八角枫 *Alangium chinense* subsp. *strigosum* W. P. Fang

落叶灌木或小乔木；生于海拔 600 – 1300m 的山坡疏林中；分布于兴义、兴仁、贞丰、望谟、贵阳、瓮安、罗甸、惠水、贵定、龙里、独山、凯里、雷公山、梵净山、松桃等地。

5. 深裂八角枫 *Alangium chinense* subsp. *triangulare*（Wanger.）W. P. Fang

落叶灌木或乔木；生于海拔 1200 – 1800m 的山坡林缘；分布于修文、威宁、黄平、长顺、瓮安、福泉等地。

6. 小花八角枫 *Alangium faberi* Oliv.

落叶灌木；生于海拔 1200m 以下的疏林中；分布于贵阳、开阳、修文、龙里、湄潭、德江、沿河、印江、梵净山、黄平、黔南州等地。

7. 异叶八角枫 *Alangium faberi* var. *heterophyllum* Y. C. Yang

落叶灌木；生于海拔 1200m 以下的岩石上或土质瘠薄的疏林中；分布于开阳、修文、西秀、长顺、黄平、黎平、瓮安、三都、平塘等地。

8. 小叶八角枫 *Alangium faberi* var. *perforatum*（Lévl.）Rehder

落叶灌木；生于海拔 1100m 以下的山坡疏林中；分布于平坝、贵阳、修文、正安、雷山、黎平、榕江、瓮安、贵定等地。

9. 阔叶八角枫 *Alangium faberi* var. *platyphyllum* Chun et F. C. How

落叶灌木；生于海拔 350m 左右的山坡疏林中；分布于黎平等地。

10. 毛八角枫 *Alangium kurzii* Craib

落叶乔木，稀灌木；生于海拔 1000m 左右的阔叶林中；分布于瓮安、独山、三都、龙里、梵净山、江口等地。

11. 云山八角枫 *Alangium kurzii* var. *handelii*（Schnarf）W. P. Fang

落叶乔木，稀灌木；生于海拔 500m 左右的疏林中；分布于贵阳、凯里、榕江、瓮安、惠水等地。

12. 厚叶八角枫 *Alangium kurzii* var. *pachyphyllum* Fang et Su

高大乔木；生于海拔 1050m 的山坡林中；分布于黎平、三都等地。

13. 三裂瓜木 *Alangium platanifolium* var. *trilobum*（Miq.）Ohwi

落叶灌木或小乔木；生于海拔 1700m 以下的向阳山坡或疏林中；分布于贵阳、息烽、遵义、绥阳、江口、印江、镇远、凯里、剑河、瓮安、独山、罗甸、福泉、都匀、惠水、贵定等地。

一○一、蓝果树科 Nyssaceae

（一）喜树属 *Camptotheca* Decaisne

1. 喜树 *Camptotheca acuminata* Decne.

落叶乔木；生于海拔 1000m 以下的林边或溪边；分布于兴义、兴仁、安龙、册亨、望谟、罗甸、贵阳、都匀、三都、独山、长顺、瓮安、福泉、荔波、惠水、贵定、龙里、平塘、黄平、凯里等地。

（二）珙桐属 *Davidia* Baill.

1. 珙桐 *Davidia involucrata* Baill.

落叶乔木；生于海拔 700－2100m 的沟谷混交林中；分布于梵净山、佛顶山、宽阔水、大沙河、江口、印江、织金、松桃、绥阳等地。

2. 光叶珙桐 *Davidia involucrata* var. *vilmoriniana*（Dode）Wanger.

落叶乔木；生于海拔 1500－2200m 的润湿的常绿、落叶阔叶混交林中；分布于梵净山、清镇、纳雍、大方、织金、水城、盘县、黔西、赫章等地。

（三）蓝果树属 *Nyssa* Linnaeus

1. 瑞丽蓝果树 *Nyssa shweliensis*（W. W. Sm.）Airy–Shaw

落叶乔木；生于海拔 1200m 的山沟；分布于望谟等地。

2. 蓝果树 *Nyssa sinensis* Oliv.

落叶乔木；生于海拔 670－1500m 的山谷混交林中；分布于贵阳、息烽、清镇、修文、黄平、从江、凯里、梵净山、绥阳、望谟、安龙、长顺、瓮安、独山、罗甸、福泉、荔波、都匀、惠水、贵定、三都、龙里、平塘等地。

一〇二、山茱萸科 Cornaceae

（一）山茱萸属 *Cornus* Linnaeus

1. 红瑞木 *Cornus alba* Linn.【*Swida alba* Opiz】

落叶灌木；引种；省内有栽培。

2. 华南梾木 *Cornus austrosinensis* W. P. Fang et W. K. Hu

落叶乔木；生于海拔 1500m 的山坡林中；分布于册亨、瓮安、罗甸等地。

3. 头状四照花 *Cornus capitata* Wall.【*Dendrobenthamia capitata*（Wall.）Hutch.】

常绿乔木；生于海拔 1600 – 1800m 的山脚、路旁，密林及灌丛中；分布于普安、平坝、都匀、龙里等地。

4. 川鄂山茱萸 *Cornus chinensis* Wanger.【*Macrocarpium chinensis*（Wanger.）Hutch.】

落叶乔木；生于海拔 1300 – 1800m 的林内；分布于梵净山、七星关、威宁、纳雍、遵义、绥阳、瓮安等地。

5. 灯台树 *Cornus controversa* Hemsl.【*Bothrocaryum controversum*（Hemsl.）Pojark.；*Cornus controversa* var. *angustifolia* Wanger.】

落叶乔木；生于海拔 620 – 2000m 的密林中、林缘和沟边；分布于贵阳、息烽、开阳、纳雍、遵义、平坝、德江、凤冈、思南、梵净山、石阡、江口、盘县、兴义、望谟、册亨、凯里、雷山、瓮安、独山、三都、荔波、长顺、罗甸、福泉、都匀、惠水、贵定、龙里、平塘、施秉、天柱、黎平、榕江、从江等地。

6. 尖叶四照花 *Cornus elliptica*（Pojark.）Q. Y. Xiang et Bofford【*Dendrobenthamia angustata*（Chun）Fang；*Dendrobenthamia longipedunculata* S. S. Chang et X. Chen】

常绿乔木或灌木；生于海拔 430 – 2200m 的山坡、山谷、密林、疏林、灌丛中；分布于贵阳、息烽、威宁、水城、德江、松桃、梵净山、天柱、锦屏、雷公山、黎平、荔波、瓮安、罗甸、都匀、惠水、长顺、独山等地。

7. 红椋子 *Cornus hemsleyi* Schneid. et Wanger.【*Swida hemsleyi* Schneid. et（Wanger.）Soják】

落叶乔木；生于海拔 1300 – 1400m 的落叶阔叶林中；分布于贵阳等地。

8. 香港四照花 *Cornus hongkongensis* Hemsl.【*Dendrobenthamia hongkongensis*（Hemsl.）Hutch.】

常绿乔木或小乔木；生于海拔 650 – 1350m 的山顶、山坡、山谷、路旁、疏林、密林中；分布于贵阳、七星关、习水、册亨、贵定、独山、荔波、罗甸、福泉、惠水、三都、龙里、黄平、施秉、雷公山、月亮山、太阳山、从江、黎平等地。

9. 褐毛四照花 *Cornus hongkongensis* subsp. *ferruginea*（Y. C. Wu）Q. Y. Xiang【*Dendrobenthamia ferruginea*（Wu）Fang】

常绿小乔木或灌木；生于海拔 200 – 1100m 的森林、山谷、山坡、路旁；分布于大沙河等地。

10. 大型四照花 *Cornus hongkongensis* subsp. *gigantea*（Hand.-Mazz.）Q. Y. Xiang【*Dendrobenthamia gigantea*（Hand.-Mazz.）Fang；*Dendrobenthamia gigantea* var. *caudata* Fang et W. K. Hu】

常绿小乔木；生于海拔 1300 – 1480m 的山坡、山谷、密林、疏林中；分布于习水、安龙、册亨、荔波等地。

11. 黑毛四照花 *Cornus hongkongensis* subsp. *melanotricha*（Pojark.）Q. Y. Xiang【*Dendrobenthamia melanotricha*（Pojark.）Fang】

常绿灌木或小乔木；生于海拔 810 – 1000m 的山腹、山谷、密林、疏林中；分布于习水、丹寨、贵定等地。

12. 东京四照花 *Cornus hongkongensis* subsp. *tonkinensis*（W. P. Fang）Q. Y. Xiang〖*Dendrobenthamia brevipedunculata* Fang et Hsich；*Dendrobenthamia qianxinanica* S. S. Chang et X. Chen.；*Dendrobenthamia tonkinensis* Fang〗

常绿乔木；生于海拔 1500 – 1750m 的山区；分布于七星关、清镇、平坝、兴仁、安龙、贞丰、独山等地。

13. 四照花 *Cornus kousa* subsp. *chinensis*（Osborn）Q. Y. Xiang〖*Dendrobenthamia japonica* var. *chinensis*（Osborn）Fang〗

落叶小乔木或乔木；生于海拔 1200 – 2300m 的山坡、山沟、疏林、路旁、灌丛中；分布于贵阳、威宁、赫章、水城、七星关、大方、绥阳、长顺、瓮安、独山、都匀、惠水、三都、龙里等地。

14. 梾木 *Cornus macrophylla* Wall.

落叶乔木；生于海拔 800 – 2540m 的山坡、山腹、疏林、密林及灌丛中；分布于贵阳、息烽、修文、瓮安、长顺、独山、福泉、都匀、惠水、三都、龙里、平塘、威宁、绥阳、印江、松桃、沿河、德江、施秉等地。

15. 多脉四照花 *Cornus multinervosa*（Pojark.）Q. Y. Xiang〖*Dendrobenthamia multinervosa*（Pojark.）Fang〗

落叶乔木；生于海拔 1400m 的森林中；分布于贵阳等地。

16. 长圆叶梾木 *Cornus oblonga* Wall.〖*Swida oblonga*（Wall.）Soják〗

常绿灌木或小乔木；生于海拔 1000 – 2900m 的溪边疏林内或常绿阔叶林中；分布于荔波等地。

17. 毛叶梾木 *Cornus oblonga* var. *griffithii* C. B. Clarke〖*Swida oblonga* var. *griffithii*（Clarke）W. K. Hu〗

常绿灌木或小乔木；生于海拔 1200m 的石灰岩山上；分布于兴义等地。

18. 山茱萸 *Cornus officinalis* Sieb. et Zucc.

落叶乔木；引种；省内有栽培。

19. 小花梾木 *Cornus parviflora* S. S. Chien〖*Swida parviflora*（Chien）Holub〗

落叶灌木至小乔木；生于海拔 500 – 660m 的山谷灌丛中；分布于江口、德江、黄平、都匀、独山、荔波、瓮安、贵定、三都等地。

20. 小梾木 *Cornus quinquenervis* Franch.〖*Swida paucinervis*（Hance）Soják〗〖*Cornus paucinervis* Hance〗

落叶灌木；生于海拔 280 – 1750m 的沟谷、山脚灌丛中；分布于赤水、德江、印江、梵净山、松桃、贵阳、平塘、平坝、盘县、兴义、安龙、册亨、罗甸、都匀、瓮安、独山、福泉、惠水、贵定、龙里等地。

21. 康定梾木 *Cornus schindleri* Wanger.〖*Swida schindleri*（Wanger.）Soják；*Cornus scabrida* Franch.〗

落叶乔木；生于海拔 1100m 的山脚；分布于贵阳等地。

22. 灰叶梾木 *Cornus schindleri* subsp. *poliophylla*（Schneid. et Wanger.）Q. Y. Xiang〖*Cornus poliophylla* Schneid. et Wanger.；*Swida poliophylla*（Schneid. et Wanger.）Soják〗

落叶灌木或小乔木；生于海拔 1100 – 1900m 的森林或灌丛斜坡和山谷；分布于大沙河等地。

23. 卷毛梾木 *Cornus ulotricha* Schneid. et Wanger.〖*Swida ulotricha*（Schneid. et Wanger.）Soják〗

常绿乔木；生于海拔 850 – 2650m 的沟边或杂木林中；分布地不详。

24. 毛梾 *Cornus walteri* Wanger.〖*Swida walteri*（Wanger.）Soják；*Cornus walteri* var. *confertiflora* Fang et W. K. Hu〗

落叶乔木；生于海拔 300 – 1800m 的林中；分布于开阳、遵义、瓮安、罗甸、都匀等地。

25. 光皮梾木 *Cornus wilsoniana* Wanger.【*Swida wilsoniana*(Wanger.)Soják】

落叶乔木；生于海拔 1130－1500m 的山谷、潮湿地、疏林中；分布于贵阳、息烽、修文、瓮安、长顺、独山、福泉、荔波、惠水、贵定、龙里、兴义、黎平、安龙、西秀等地。

一〇三、青荚叶科 Helwingiaceae

（一）青荚叶属 *Helwingia* Willdenow

1. 中华青荚叶 *Helwingia chinensis* Batal.【*Helwingia chinensis* var. *microphylla* Fang et Soong】

常绿灌木；生于海拔 1100－1400m 的林下或沟边；分布于贵阳、息烽、碧江、石阡、长顺、瓮安、独山、罗甸、福泉、惠水、贵定、三都、龙里、雷公山、大沙河等地。

2. 钝齿青荚叶 *Helwingia chinensis* var. *crenata*（Lingelsh. ex H. Limpr.）Fang【*Helwingia chinensis* f. *megaphylla* Fang】

常绿灌木；生于海拔 900－1300m 的山脚、沟边、林下；分布于梵净山、从江等地。

3. 西域青荚叶 *Helwingia himalaica* Hook. f. et Thomson ex C. B. Clarke【*Helwingia himalaica* var. *parvifolia* Li】

落叶灌木；生于海拔 900－1300m 阴湿林下或沟边；分布于息烽、清镇、梵净山、雷公山、普安、兴义、黎平、榕江、贵阳、长顺、瓮安、独山、罗甸、福泉、都匀、惠水、贵定、三都、龙里等地。

4. 青荚叶 *Helwingia japonica*（Thunb. ex Murray）F. Dietr.

落叶灌木；生于海拔 700－2500m 的山谷、山脚湿润处；分布于贵阳、开阳、长顺、瓮安、独山、罗甸、福泉、荔波、都匀、惠水、贵定、三都、龙里、梵净山、贞丰、雷公山、月亮山等地。

5. 白粉青荚叶 *Helwingia japonica* var. *hypoleuca* Hemsl. ex Rehd.

落叶灌木；生于海拔 1300－2600m 的山间杂木林中；分布于威宁、黄平、瓮安、福泉、梵净山等地。

6. 峨眉青荚叶 *Helwingia omeiensis*（W. P. Fang）H. Hara et S. Kuros.

常绿小乔木或灌木，生于海拔 600－1700m 林中；分布于黔东北等地。

一〇四、桃叶珊瑚科 Aucubaceae

（一）桃叶珊瑚属 *Aucuba* Thunberg

1. 斑叶珊瑚 *Aucuba albopunctifolia* F. T. Wang

常绿灌木；生于海拔 1100－1600m 的林中；分布于贵阳、开阳、梵净山、清镇等地。

2. 窄斑叶珊瑚 *Aucuba albopunctifolia* var. *angustula* W. P. Fang et Z. P. Song

常绿灌木，海拔 1300－2100m 的林下；分布于大沙河等地。

3. 桃叶珊瑚 *Aucuba chinensis* Benth.

常绿灌木；生于海拔 1350－1800m 山谷密林中或山脚沟边；分布于贵阳、开阳、长顺、瓮安、独山、福泉、荔波、三都、龙里、平塘、雷山、普安等地。

4. 狭叶桃叶珊瑚 *Aucuba chinensis* var. *angusta* F. T. Wang

常绿灌木，生于海拔 330－500m 的林中；分布地不详。

5. 细齿桃叶珊瑚 *Aucuba chlorascens* F. T. Wang

常绿灌木；生于海拔 1400m 的灌木林中；分布于兴义等地。

6. 纤尾桃叶珊瑚 *Aucuba filicauda* Chun et F. C. How

常绿灌木；生于海拔 1200－1800m 的山坡林下；分布于开阳、雷山等地。

7. 少花桃叶珊瑚 *Aucuba filicauda* var. *pauciflora* W. P. Fang et Z. P. Song

常绿灌木；生于海拔 1400m 的灌木林中；分布于开阳、遵义、兴义等地。

8. 喜马拉雅珊瑚 *Aucuba himalaica* Hook. f. et Thoms.

常绿灌木；生于海拔 1000 - 2300m 的林下；分布于息烽、开阳、清镇、贵阳、兴义、安龙、独山、罗甸、荔波、惠水、贵定、龙里、平塘、梵净山等地。

9. 长叶珊瑚 *Aucuba himalaica* var. *dolichophylla* W. P. Fang et Z. P. Song

常绿灌木；生于海拔 1100m 的山谷或路边灌木林中；分布于贵阳、开阳、息烽、修文、清镇、梵净山、平塘、长顺、瓮安、独山、福泉、惠水、贵定、龙里等地。

10. 倒披针叶珊瑚 *Aucuba himalaica* var. *oblanceolata* W. P. Fang et Z. P. Song

常绿灌木；生于海拔约 1700m 的林中；分布于大沙河等地。

11. 密毛桃叶珊瑚 *Aucuba himalaica* var. *pilosissima* W. P. Fang et Z. P. Song

常绿灌木；生于海拔 1000 - 1300m 的林中；分布于大沙河等地。

12. 花叶青木 *Ancuba japonica* var. *variegata* Dombrain

常绿灌木；原产日本或韩国；省内有栽培。

13. 倒心叶珊瑚 *Aucuba obcordata*（Rehd.）Fu ex W. K. Hu et Soong

常绿灌木；生于海拔 900 - 2000m 的山坡或山脚灌木林中或沟边；分布于贵阳、息烽、开阳、梵净山、江口、遵义等地。

一〇五、十齿花科 Dipentodontaceae

（一）十齿花属 *Dipentodon* Dunn

1. 十齿花 *Dipentodon sinicus* Dunn

落叶小乔木；生于海拔 1000 - 1620m 的山坡林内或灌丛中；分布于百里杜鹃、大方、织金、水城、贵阳、雷山、榕江、黎平、从江、剑河、台江、盘县、三都、惠水、长顺、独山、罗甸、都匀、龙里、望谟、安龙、纳雍等地。

一〇六、铁青树科 Olacaceae

（一）赤苍藤属 *Erythropalum* Blume

1. 赤苍藤 *Erythropalum scandens* Bl.

木质藤木；生于海拔 500m 的灌丛中；分布于册亨、罗甸等地。

（二）青皮木属 *Schoepfia* Schreb.

1. 华南青皮木 *Schoepfia chinensis* Gard. et Champ.

落叶小乔木；生于海拔 2000m 以下的山地沟谷或溪边林中；分布于荔波等地。

2. 香芙木 *Schoepfia fragrans* Wall.

常绿小乔木；生于海拔 850 - 2100m 的密林、疏林或灌丛中；分布于大沙河等地。

3. 青皮木 *Schoepfia jasminodora* Sieb. et Zucc.

落叶乔木；生于海拔 800 - 1300m 的湿润山脚，山腰稀林中；分布于印江、黎平、三都、平塘、惠水、长顺、瓮安、独山、罗甸、荔波、贵定、龙里、贵阳、开阳、清镇、修文、赤水、道真等地。

一〇七、檀香科 Santalaceae

（一）重寄生属 *Phacellaria* Bentham

1. 重寄生 *Phacellaria fargesii* Lecomte

多年重寄生小草本；生于海拔 1000 – 1400m 的林中；分布于清镇等地。

2. 硬序重寄生 *Phacellaria rigidula* Benth.

寄生灌木；生于海拔 700m 的次生林中；分布于望谟等地。

（二）檀梨属 *Pyrularia* Michaux

1. 檀梨 *Pyrularia edulis*（Wall.）A. DC.

落叶小乔木或灌木；生于海拔 800 – 1520m 的疏林中；分布于雷公山、月亮山、安龙、兴义、道真、麻江、三都等地。

（三）百蕊草属 *Thesium* Linnaeus

1. 百蕊草 *Thesium chinense* Turcz.

多年生半寄生性草本；生于海拔 600 – 1200m 的草坡、林缘、山坡灌丛中；分布于关岭、惠水、贵阳、清镇、遵义、贵定、独山等地。

2. 长梗百蕊草 *Thesium chinense* var. *longipedunculatum* Y. C. Chu

多年生半寄生性草本；生于路旁、草坡；分布于兴义、关岭、惠水等地。

3. 露柱百蕊草 *Thesium himalense* Royle

多年生半寄生性草本；生于海拔 2000m 的山坡草地；分布于盘县、威宁等地。

一〇八、桑寄生科 Loranthaceae

（一）离瓣寄生属 *Helixanthera* Loureiro

1. 离瓣寄生 *Helixanthera parasitica* Lour.

半寄生灌木；生于海拔 1500m 以下的山地常绿阔叶林中；分布于罗甸、长顺、望谟、安龙等地。

（二）桑寄生属 *Loranthus* Jacquin

1. 桐树桑寄生 *Loranthus delavayi* Tiegh.

半寄生灌木；生于海拔 2900m 以下的山谷、山地常绿阔叶林中；分布于清镇、遵义、梵净山、都匀、雷山、黎平等地。

2. 南桑寄生 *Loranthus guizhouensis* H. S. Kiu

落叶灌木；生于海拔 200 – 1400m 的山地常绿阔叶林中；分布于贵阳、清镇、平坝、兴仁、兴义、长顺、瓮安、独山、罗甸、都匀、贵定、平塘等地。

（三）鞘花属 *Macrosolen*（Blume）Blume

1. 双花鞘花 *Macrosolen bibracteolatus*（Hance）Danser

半寄生灌木；生于海拔 300 – 1800m 的山地常绿阔叶林中；分布于三都、独山、罗甸等地。

2. 鞘花 *Macrosolen cochinchinensis*（Lour.）Tiegh.

半寄生灌木；生于海拔 500 – 700m，常寄生在油桐、杉木、油茶树上；分布于贵阳、清镇、兴义、安龙、册亨、天柱、赤水、黎平、罗甸等地。

（四）梨果寄生属 *Scurrula* Linnaeus

1. 梨果寄生 *Scurrula atropurpurea*（Bl.）Danser〔*Scurrula philippensis*（Cham. et Schlecht.）G. Don〕

半寄生灌木；生于海拔 1200 – 2900m 的山地阔叶林中；分布于兴义、兴仁、安龙、西秀、罗甸等地。

2. 滇藏梨果寄生 *Scurrula buddleioides*（Desr.）G. Don

半寄生灌木；生于海拔 1250 – 2200m 的河谷或山地阔叶林中，寄生于桃树、梨树、马桑、一担柴或荚蒾属、柯属等植物上；分布于黔西南等地。

3. 红花寄生 *Scurrula parasitica* L.

半寄生灌木；生于海拔 870m 的山地常绿阔叶林中；分布于开阳、兴仁、兴义、镇宁、惠水、罗甸、荔波、平塘、独山、福泉、贞丰、望谟、雷公山、安龙、麻江等地。

4. 小红花寄生 Scurrula parasitica var. graciliflora（Roxb. ex Schult.）H. S. Kiu

半寄生灌木；生于海拔 850 – 2100m 的山谷或山地阔叶林中；分布于兴义、兴仁、罗甸等地。

（五）钝果寄生属 Taxillus Tieghem

1. 松柏钝果寄生 Taxillus caloreas（Diels）Danser

半寄生灌木；生于海拔 2000m 的针叶林或针、阔叶混交林中；分布于威宁等地。

2. 柳树寄生 Taxillus delavayi（Tiegh.）Danser

半寄生灌木；生丁海拔 1500 – 2100ⅿ 的高原山地疏林及村寨旁；分布于威宁、水城、赫章等地。

3. 锈毛钝果寄生 Taxillus levinei（Merr.）H. S. Kiu

半寄生灌木；生于海拔 200 – 1200m 的阔叶林中；分布于贵阳、梵净山等地。

4. 木兰寄生 Taxillus limprichtii（Grün.）H. S. Kiu

半寄生灌木；生于海拔 300 – 890m 的山地阔叶林中或住宅旁；分布于罗甸、惠水、长顺、榕江等地。

5. 毛叶钝果寄生 Taxillus nigrans（Hance）Danser

半寄生灌木；生于海拔 600 – 1200m 的阔叶林中；分布于兴义、盘县、安龙、册亨、印江、梵净山、长顺、瓮安、独山、罗甸等地。

6. 桑寄生 Taxillus sutchuenensis（Lec.）Danser

半寄生灌木；生于海拔 300 – 1750m 的山地阔叶林中；分布于兴义、兴仁、贞丰、册亨、望谟、紫云、盘县、普安、晴隆、六枝、水城、纳雍、七星关、大方、织金、西秀、平坝、贵阳、息烽、惠水、罗甸、瓮安、龙里、遵义、绥阳、赤水、习水、桐梓、湄潭、松桃、印江、思南、碧江、石阡、江口、岑巩、镇远、剑河、凯里、雷山、榕江、黎平、天柱、锦屏、黄平、三穗等地。

7. 灰毛桑寄生 Taxillus sutchuenensis var. duclouxii（Lecomte）H. S. Kiu

半寄生灌木；生于海拔 600 – 1600m 的山地阔叶林中；分布于贵阳、碧江、水城等地。

8. 滇藏钝果寄生 Taxillus thibetensis（Lecomte）Danser【Taxillus thibetensis var. albus Jiarong Wu.】

半寄生灌木；生于海拔 1600 – 2000m 的山地阔叶林中或村寨旁；分布于威宁、盘县等地。

（六）大苞寄生属 Tolypanthus（Blume）Blume

1. 黔桂大苞寄生 Tolypanthus esquirolii（Lévl.）Lauener

半寄生灌木；寄生于油茶、杉木、梨树上；分布于兴义、安龙、惠水、罗甸、贵定、独山、长顺、福泉、荔波、三都、天柱、榕江、从江、黎平、思南、碧江等地。

2. 大苞寄生 Tolypanthus maclurei（Merr.）Danser

半寄生灌木；生于海拔 150 – 1200m 的山地、山谷或溪畔常绿阔叶林中，寄生于油茶、檵木、柿树、紫薇或杜鹃属、杜英属、冬青属等植物上；分布于安龙、兴义、惠水、罗甸、贵定、独山、天柱、榕江、从江、黎平、思南、碧江、凯里、黄平、荔波等地。

一〇九、槲寄生科 Viscaceae

（一）栗寄生属 Korthalsella Tieghem

1. 栗寄生 Korthalsella japonica（Thunb.）Engl.

亚灌木；生于海拔 500 – 1200m 的山地河谷、溪边、灌木或山地阔叶林中；分布于关岭、罗甸、瓮安、三都、独山、贵定、荔波、余庆、锦屏、天柱等地。

（二）槲寄生属 *Viscum* Linnaeus

1. 卵叶槲寄生 *Viscum album* subsp. *meridianum*（Danser）D. G. Long

常绿小灌木；生于海拔 1300 - 2400m 的山地阔叶林中；分布于贵阳、兴义、湄潭等地。

2. 扁枝槲寄生 *Viscum articulatum* Burm. f.【*Viscum nepalense* Sprengel】

亚灌木；生于海拔 1200m 以下林中，常寄生于壳斗科植物上；分布于开阳、兴义、兴仁、荔波等地。

3. 槲寄生 *Viscum coloratum*（Kom.）Nakai

灌木；生于海拔 500 - 1400m 的阔叶林中，寄生于榆、杨、柳、桦、栎、梨、李、苹果、枫杨、赤杨、椴属植物上；分布于惠水、贵定等地。

4. 柿寄生 *Viscum diospyrosicola* Hayata

亚灌木；生于海拔 200 - 2100m 的平原或山地阔叶林中；分布于惠水、长顺、独山、罗甸、凯里、石阡、册亨等地。

5. 枫香槲寄生 *Viscum liquidambaricola* Hayata

亚灌木；生于海拔 400 - 1200m 的山地阔叶林中，常寄生于枫香、油桐、壳斗科及其它桑寄生科植物上；分布于罗甸等省内大部分地区。

6. 五脉槲寄生 *Viscum monoicum* Roxb. ex DC.

灌木；生于海拔 800m，寄生于壳斗科植物上；分布于望谟、罗甸等地。

7. 柄果槲寄生 *Viscum multinerve*（Hayata）Hayata

灌木；生于海拔 500 - 1200m 的山地常绿阔叶林中；分布于兴仁、安龙、贞丰等地。

8. 绿茎槲寄生 *Viscum nudum* Danser

灌木；生于海拔 2150m 的针叶阔叶混交林中；分布于威宁等地。

9. 云南槲寄生 *Viscum yunnanense* H. S. Kiu

灌木；生于海拔 1000m 的山地阔叶林中，寄生于中平树上；分布于惠水等地。

一一〇、蛇菰科 Balanophoraceae

（一）蛇菰属 *Balanophora* J. R. Forster et G. Forster

1. 短穗蛇菰 *Balanophora abbreviata* Bl.

肉质草本。生于海拔 600 - 1500m 林下；分布地不详。

2. 葛菌 *Balanophora harlandii* Hook. f.

肉质草本；生于海拔 800 - 1500m 的山地阔叶林下或灌丛下阴湿处；分布于梵净山、沿河、石阡、施秉、雷公山、平塘、绥阳、黔西、水城、盘县、兴义、贞丰等地。

3. 红菌 *Balanophora involucrata* Hook. f.

肉质草本；生于海拔 880 - 2300m 的竹林或针、阔林下阴湿处；分布于梵净山、雷公山、三都、黔西、威宁等地。

4. 日本蛇菰 *Balanophora japonica* Makino

肉质草本；寄生于林中木本植物的根上；分布于雷公山等地。

5. 疏花蛇菰 *Balanophora laxiflora* Hemsl.【*Balanophora rugosa* Tam；*Balanophora spicata* Hayata】

肉质草本；生于海拔 1400 - 2200m 的灌丛下或林下；分布于梵净山、贵阳、织金、黔西、六枝、兴仁、兴义等地。

6. 多蕊蛇菰 *Balanophora polyandra* Griff.

肉质草本；生于海拔 1200 - 1800m 的山谷林下；分布于从江、大方、黔西、镇宁、兴义等地。

7. 杯茎蛇菰 *Balanophora subcupularis* **P. C. Tam**

肉质草本；生于海拔 380 – 650m 的林下或山谷旁阴湿处；分布于三都、麻江、赤水等地。

一一一、卫矛科 Celastraceae

（一）南蛇藤属 *Celastrus* Linnaeus

1. 苦皮藤 *Celastrus angulatus* **Maxim.**

藤状灌木；生于海拔 460 – 2200m 的山坡密林下或灌丛中；分布于道真、德江、印江、江口、松桃、遵义、纳雍、盘县、安龙、清镇、贵阳、凯里、瓮安、黄平、独山、福泉、罗甸、惠水、龙里等地。

2. 小南蛇藤 *Celastrus cuneatus*（**Rehd. et Wils.**）**C. Y. Cheng et T. C. Kao**

藤状灌木；生于海拔 600m 的山坡或路旁的灌丛中；分布地不详。

3. 大芽南蛇藤 *Celastrus gemmatus* **Loes.**

藤状灌木；生于海拔 900 – 1900m 的山坡林内或路旁、沟旁灌丛中；分布于德江、印江、江口、凤冈、绥阳、纳雍、普安、修文、贵阳、安龙、兴仁、望谟、独山、荔波、长顺、瓮安、罗甸、都匀、惠水、三都、龙里、平塘、雷山、榕江、黎平等地。

4. 灰叶南蛇藤 *Celastrus glaucophyllus* **Rehd. et Wils.**

藤状灌木；生于海拔 520 – 1200m 的密林下；分布于贵阳、雷山、黎平、惠水等地。

5. 青江藤 *Celastrus hindsii* **Benth.**

常绿藤状灌木；生于海拔 800 – 1700m 的山地灌丛中多岩石处；分布于贵阳、开阳、清镇、兴仁、安龙、西秀、惠水、平塘、独山、荔波等地。

6. 小果南蛇藤 *Celastrus homaliifolius* **P. S. Hsu**

藤状灌木；生于海拔 693m 的山谷常绿阔叶林、次生疏林或灌丛中，坡地、河边或沟边。分布于从江等地。

7. 滇边南蛇藤 *Celastrus hookeri* **Prain**

藤状灌木；生境不详；分布于荔波等地。

8. 粉背南蛇藤 *Celastrus hypoleucus*（**Oliv.**）**Warb. ex Loes.**

藤状灌木；生于海拔 850 – 1800m 的山坡路旁灌丛中；分布于贵阳、开阳、梵净山、松桃、石阡、施秉、遵义、雷公山、长顺、瓮安、福泉、平塘等地。

9. 独子藤 *Celastrus monospermus* **Roxb.**【*Monocelastrus monospermus*（**Roxb.**）**Wang et Tang**】

落叶藤状灌木；生于海拔 700 – 1100m 的林下灌丛中；分布于贵阳、荔波、龙里等地。

10. 窄叶南蛇藤 *Celastrus oblanceifolius* **Chen H. Wang et P. C. Tsoong**

藤状灌木；生于海拔 500 – 1000m 的山坡湿地或溪边灌丛中；分布于荔波等地。

11. 南蛇藤 *Celastrus orbiculatus* **Thunb.**

落叶藤状灌木；生于海拔 450 – 2200m 的山坡灌丛；分布于都匀、惠水、平塘、大沙河等地。

12. 灯油藤 *Celastrus paniculatus* **Willd.**

常绿藤状灌木；生于海拔 200 – 2000m 的丛林地带；分布于大沙河等地。

13. 短梗南蛇藤 *Celastrus rosthornianus* **Loes.**

落叶藤状灌木；生于海拔 350 – 1250m 的山坡路旁、灌丛中或疏林中阳处；分布于赤水、习水、绥阳、思南、德江、印江、松桃、水城、纳雍、贵阳、贵定、瓮安、独山、平塘、罗甸、荔波、都匀、三都、龙里等地。

14. 宽叶短梗南蛇藤 *Celastrus rosthornianus* **var.** *loeseneri*（**Rehd. et Wils.**）**C. Y. Wu**

落叶藤状灌木；生于海拔 620 – 1300m 的山坡灌丛中多岩石处或林内；分布于兴仁、安龙、贵阳、瓮安、江口、松桃、龙里等地。

15. 皱叶南蛇藤 *Celastrus rugosus* **Rehd. et Wils.**【*Celastrus glaucophyllus* var. *rugosus*（Rehd. et Wils.）C. Y. Cheng et T. C. Kao】

藤状灌木；生于海拔 1400 – 1800m 的山坡路旁或灌丛中；分布于梵净山、望谟等地。

16. 显柱南蛇藤 *Celastrus stylosus* **Wall.**【*Celastrus stylosus* var. *angustifolius* C. Y. Chen et T. C. Kao】

落叶藤状灌木；生于海拔 300 – 1280m 的灌丛或疏林中；分布于贵阳、印江、江口、松桃、绥阳、习水、纳雍、安龙、兴仁、贞丰、兴义、罗甸、贵定、长顺、瓮安、独山、福泉、都匀、惠水、三都、龙里、黄平、雷山、榕江等地。

17. 皱果南蛇藤 *Celastrus tonkinensis* **Pitard**

常绿藤状灌木；生于海拔 1000 – 1800m 的山坡灌丛或林中；分布于长顺、瓮安、独山、罗甸、荔波、都匀等地。

18. 长序南蛇藤 *Celastrus vaniotii*（Lévl.）**Rehd.**

藤状灌木；生于海拔 1150 – 1800m 的山谷密林内或灌丛中；分布于赤水、七星关、贵阳、梵净山、兴仁、贞丰、望谟、独山、瓮安、罗甸、荔波、惠水、龙里、雷公山等地。

（二）卫矛属 *Euonymus* Linnaeus

1. 刺果卫矛 *Euonymus acanthocarpus* **Franch.**

落叶灌木；生于海拔 700 – 2500m 的山谷林内阴湿处或多岩石处；分布于梵净山、绥阳、桐梓、威宁、安龙、兴仁、贵阳、贵定、都匀、长顺、瓮安、独山、罗甸、荔波、惠水、贵定、三都、龙里、雷公山、剑河、从江、黎平等地。

2. 三脉卫矛 *Euonymus acanthoxanthus* **Pitard**【*Euonymus subvrinervis* Rehd.】

常绿灌木；生于海拔 500 – 800m 的林中；分布于罗甸等地。

3. 星刺卫矛 *Euonymus actinocarpus* **Loes.**【*Euonymus angustatus* Spranue】

落叶灌木；生于海拔 700 – 1250m 的山谷密林中；分布于贵阳、剑河、荔波等地。

4. 小千金 *Euonymus aculeatus* **Hemsl.**

直立或攀援灌木；生于海拔 500 – 1200m 的山林中，常缠绕大树或岩石上；分布于贵阳、盘县、西秀、绥阳、贵定、独山、都匀、龙里、印江、江口等地。

5. 卫矛 *Euonymus alatus*（Thunb.）**Sieb.**

落叶灌木；生于海拔 700 – 1500m 的山地灌丛中；分布于印江、江口、平坝、贵阳、瓮安、罗甸、福泉、荔波、都匀、惠水、贵定、三都、龙里、平塘、石阡等地。

6. 南川卫矛 *Euonymus bockii* **Loes. ex Diels**【*Euonymus orgyalis* W. W. Smith】

常绿灌木；生于海拔 750 – 1300m 的山地灌丛中；分布于开阳、清镇、兴仁、兴义、望谟、贞丰、罗甸等地。

7. 百齿卫矛 *Euonymus centidens* **Lévl.**

落叶灌木；生于海拔 800 – 1100m 的山坡或密林中；分布于赤水、习水、梵净山、瓮安、长顺、福泉、荔波、三都、龙里、黄平等地。

8. 灰绿卫矛 *Euonymus cinereus* **Lawson**

藤状灌木；生于海拔 200 – 1160m 的山谷林中或灌丛中；分布于晴隆、罗甸等地。

9. 角翅卫矛 *Euonymus cornutus* **Hemsl.**【*Euonymus cornutoides* Hemsl. ；*Euonymu frigidus* Wallich var. *cornutoides*（Loesener）C. Y. Cheng】

半常绿灌木；生于海拔 1600 – 2600m 的山谷林中；分布于贵阳、威宁、绥阳、梵净山等地。

10. 裂果卫矛 *Euonymus dielsianus* **Loes. et Diels**【*Euonymus leclerei* Lévl.】

常绿灌木或小乔木；生于海拔 700 – 1300m 的山地林中、沟溪旁及路边灌丛中；分布于印江、凤冈、思南、绥阳、天柱、黄平、施秉、榕江、息烽、贵阳、西秀、安龙、罗甸、平塘、荔波、长顺、瓮安、独山、福泉、惠水、贵定、龙里等地。

11. 双歧卫矛 *Euonymus distichus* Lévl.

常绿灌木；生于海拔 700–1100m 的沟旁灌丛中；分布于赤水、湄潭、贵阳、贵定、龙里等地。

12. 棘刺卫矛 *Euonymus echinatus* Wall.【*Euonymus subsessilis* Sprague】

攀援灌木；生于海拔 400–1500m 的山谷林中或沟旁灌丛中；分布于赤水、习水、桐梓、七星关、梵净山、西秀、兴仁、贞丰、安龙、册亨、望谟、贵阳、荔波、瓮安、独山、罗甸、都匀、惠水、三都、龙里等地。

13. 扶芳藤 *Euonymus fortunei*（Turcz.）Hand.-Mazz.

常绿匍匐灌木；生于海拔 1000–2200m 的林缘或灌丛中岩石处；分布于梵净山、雷山、贵阳、龙里、都匀、长顺、瓮安、独山、罗甸、荔波、惠水、贵定、三都、平坝、纳雍、盘县、安龙等地。

14. 冷地卫矛 *Euonymus frigidus* Wall. ex Roxb【*Euonymus porphyreus* Loes.】

落叶灌木；生于海拔 1100–1300m 的林中；分布于贵阳、镇远、惠水、贵定、龙里等地。

15. 纤齿卫矛 *Euonymus giraldii* Loes. ex Diels

落叶灌木或小乔木；生于海拔 1000–2700m 的山坡、路边灌丛中；分布于大沙河等地。

16. 大花卫矛 *Euonymus grandiflorus* Wall.

落叶灌木或小乔木；生于海拔 2500m 以下的山坡灌丛中；分布于息烽、威宁、荔波等地。

17. 西南卫矛 *Euonymus hamiltonianus* Wall. et Roxb.【*Euonymus hamiltonianus* f. *lanceifolius*（Loes.）C. Y. Chang】

落叶灌木或小乔木；生于海拔 2600m 以下的山坡林内；分布于贵阳、息烽、修文、威宁、大方、普安、盘县、兴义、绥阳、梵净山、黄平、雷山、独山、罗甸、福泉、贵定等地。

18. 湖北卫矛 *Euonymus hupehensis*（Loes.）Loes.

常绿灌木；生于海拔 1000–2500m 森林和灌丛中；分布地不详。

19. 冬青卫矛 *Euonymus japonicus* Thunb.

常绿灌木或小乔木；原产日本；省内有栽培。

20. 贵州卫矛 *Euonymus kweichowensis* Chung H. Wang

落叶灌木；生于海拔 860–1650m 的山谷林内或山坡灌丛中；分布于息烽、松桃、梵净山、施秉、贵定等地。

21. 疏花卫矛 *Euonymus laxiflorus* Champ. et Benth.【*Euonymus forbesianus* Loes.】

常绿灌木或小乔木；生于海拔 800–1600m 的山谷密林中；分布于贵阳、江口、贵定、三都、平塘、荔波、独山、惠水、龙里、雷山、榕江、黎平等地。

22. 庐山卫矛 *Euonymus lushanensis* F. H. Chen et Chen H. Wang

落叶灌木；生于海拔 600–1000m 的林中和灌丛中；分布地不详。

23. 白杜 *Euonymus maackii* Rupr.【*Euonymus bungeanus* Maxim.】

落叶乔木；生于海拔 700–1100m 的山坡疏林中；分布于务川、德江、印江、水城、罗甸、长顺、瓮安、惠水、贵定、龙里、贵阳等地。

24. 大果卫矛 *Euonymus myrianthus* Hemsl.【*Euonymus myrianthus* var. *tenuis* C. Y. Cheng ex T. L. Xu et Q. H. Chen】

常绿灌木；生于海拔 800–1600m 的山谷林中；分布于贵定、丹寨、独山、荔波、平塘、都匀、雷山、黎平、贞丰、安龙、兴仁、雷公山等地。

25. 中华卫矛 *Euonymus nitidus* Benth.【*Euonymus chinensis* Lindl.；*Euonymus uniflorus* Lévl. et Vant.；*Euonymus oblongifolius* Loes. et Rehd.】

常绿灌木或小乔木；生于海拔 500–1200m 的山谷密林中；分布于松桃、江口、印江、习水、息烽、修文、清镇、兴仁、兴义、安龙、望谟、荔波、都匀等地。

26. 海桐卫矛 *Euonymus pittosporoides* C. Y. Cheng ex J. S. Ma

常绿灌木；生于海拔 150 – 1800m 的林地；分布地不详。

27. 假游藤卫矛 *Euonymus pseudovagans* Pitard

常绿灌木；生于海拔 300 – 2400m 的混交林和灌丛中；分布地不详。

28. 短翅卫矛 *Euonymus rehderianus* Loes.

常绿灌木或小乔木；生于海拔 450 – 1500m 的山地林中；分布于桐梓、贵阳、龙里、惠水、贵定、龙里、清镇、晴隆、兴仁、册亨等地。

29. 柳叶卫矛 *Euonymus salicifolius* Loes. 【*Euonymus lawsonii* var. *salicifolius*（Loes.）C. Y. Cheng】

常绿灌木；生于混交林中；分布于大沙河等地。

30. 石枣子 *Euonymus sanguineus* Loes. ex Diels

落叶灌木；生于海拔 1200 – 1720m 的山谷灌丛中；分布于梵净山、绥阳、瓮安等地。

31. 陕西卫矛 *Euonymus schensianus* Maxim.

落叶灌木；生于海拔 600 – 1000m 的沟边丛林中；分布地不详。

32. 疏刺卫矛 *Euonymus spraguei* Hayata

落叶灌木；生于海拔 1100m 左右的灌丛中；分布于荔波等地。

33. 茶色卫矛 *Euonymus theacola* C. Y. Cheng

常绿灌木；生于海拔 1200m 的灌丛中；分布于册亨、龙里等地。

34. 茶叶卫矛 *Euonymus theifolius* Wall.

常绿直立或藤状灌木；生于海拔 600 – 2050m 的山坡岩石上或石旁；分布地不详。

35. 染用卫矛 *Euonymus tingens* Wall.

常绿小乔木或灌木；生于海拔 2300 – 2500m 的山地林中；分布于盘县、荔波等地。

36. 游藤卫矛 *Euonymus vagans* Wall. ex Roxb.

常绿藤本；生于海拔 1100 – 1200m 的岩石山疏林中；分布于贵阳、开阳、兴仁、惠水等地。

37. 曲脉卫矛 *Euonymus venosus* Hemsl.

落叶灌木或小乔木；生于海拔 700 – 2500m 的山间林下或岩石山坡林丛中；分布于大沙河等地。

38. 疣点卫矛 *Euonymus verrucosoides* Loes.

落叶灌木；生于海拔 840 – 900m 的岩石山灌丛中；分布于梵净山、荔波等地。

39. 荚谜卫矛 *Euonymus viburnoides* Prain

落叶藤状或直立灌木；生于海拔 1280m 的山坡密林中；分布于安龙、惠水等地。

40. 长刺卫矛 *Euonymus wilsonii* Sprague

常绿藤状灌木；生于海拔 330 – 1900m 山坡林中或灌丛中；分布于威宁、纳雍、水城、盘县、兴仁、安龙、三都、独山等地。

41. 云南卫矛 *Euonymus yunnanensis* Franch.

常绿或半常绿乔木；生于海拔 1700 – 2400m 的林地；分布地不详。

（三）沟瓣木属 *Glyptopetalum* Thwaites

1. 罗甸沟瓣 *Glyptopetalum feddei*（Lévl.）D. Hou

常绿灌木；生于海拔 700 – 800m 的山坡林内；分布于罗甸、贵定、惠水等地。

2. 刺叶沟瓣 *Glyptopetalum ilicifolium*（Franch.）C. Y. Cheng et Q. S. Ma

常绿灌木；生于海拔 560 – 1150m 的半阴坡、林下；分布于黔南等地。

（四）裸实属 *Gymnosporia* Wight et Arnott

1. 贵州裸实 *Gymnosporia esquirolii* Lévl.【*Maytenus esquirolii*（Lévl.）C. Y. Cheng】

灌木；生于海拔 800m 的森林、灌丛、山坡中；分布于罗甸等地。

2. 刺茶裸实 _Gymnosporia variabilis_（Hemsl.）Loesener【_Maytenus variabilis_（Hemsl.）C. Y. Cheng】

灌木；生于海拔 250 – 800m 的山地灌丛中；分布于赤水、遵义、罗甸、独山等地。

（五）翅子藤属 _Loeseneriella_ A. C. Smith

1. 皮孔翅子藤 _Loeseneriella lenticellata_ C. Y. Wu

木质藤本；生于海拔 700 – 1000m 的山谷疏林中；分布于望谟、兴义等地。

（六）假卫矛属 _Microtropis_ Wallich ex Meisner

1. 福建假卫矛 _Microtropis fokienensis_ Dunn

灌木；生于海拔 1650m 的山谷疏林中；分布于雷山等地。

2. 密花假卫矛 _Microtropis gracilipes_ Merr. et Metc.

灌木；生于海拔 700 – 1500m 山谷密林内或灌丛中；分布于兴仁、三都、独山、榕江等地。

3. 斜脉假卫矛 _Microtropis obliquinervia_ Merr. et Freem.

灌木或小乔木；生于海拔 1200 – 1300m 的山谷密林中；分布于兴仁、雷山、荔波、独山、罗甸、三都、从江、榕江等地。

4. 木樨假卫矛 _Microtropis osmanthoides_（Hand. -Mazz.）Hand. -Mazz.

灌木；生于山谷密林潮湿处；分布地不详。

5. 广序假卫矛 _Microtropis petelotii_ Merr. et Freem.

乔木；生于海拔 1550m 的山顶密林中；分布于从江、长顺等地。

6. 方枝假卫矛 _Microtropis tetragona_ Merr. et Freem.

灌木或小乔木；生于海拔 1000 – 2000m 林中或近溪边；分布于荔波、月亮山等地。

7. 三花假卫矛 _Microtropis triflora_ Merr. et Freem.

灌木或小乔木；生于海拔 1480 – 1750m 的山坡林中；分布于习水、七星关、绥阳、兴仁、长顺、瓮安、独山、惠水、龙里等地。

8. 云南假卫矛 _Microtropis yunnanensis_（Hu）C. Y. Cheng et T. C. Kao

灌木或小乔木；生于海拔 1300 – 1700m 山顶密林中；分布于贞丰、安龙、贵阳、惠水、龙里等地。

（七）永瓣藤属 _Monimopetalum_ Rehder

1. 永瓣藤 _Monimopetalum chinense_ Rehd.

藤状灌木；生于海拔 400 – 700m 的山坡、路边及山谷杂林中；分布于龙里等地。

（八）核子木属 _Perrottetia_ H. B. K.

1. 核子木 _Perrottetia racemosa_（Oliv.）Loes.

灌木；生于海拔 400 – 1200m 的山地林中或灌丛中；分布于梵净山、德江、沿河、遵义、雷山、三都、荔波、独山、都匀、册亨、贞丰等地。

（九）五层龙属 _Salacia_ Linnaeus

1. 海南五层龙 _Salacia hainanensis_ Chun et F. C. How

攀援灌木；生于海拔 480 – 700m 的山坡丛林中；分布于西秀、册亨等地。

2. 无柄五层龙 _Salacia sessiliflora_ Hand. -Mazz.

灌木；生于海拔 1000m 左右的山坡灌丛中；分布于望谟、兴义、关岭、罗甸、荔波、惠水等地。

（十）雷公藤属 _Tripterygium_ J. D. Hooker

1. 雷公藤 _Tripterygium wilfordii_ Hook. f.【_Tripterygium hypoglaucum_（Lévl.）Hutch.】

攀援灌木；生于海拔 800 – 1850m 山坡林内或灌丛中；分布于梵净山、雷公山、龙里、兴仁、罗甸、都匀、惠水、贵定、龙里等地。

一一二、冬青科 Aquifoliaceae

（一）冬青属 *Ilex* Linnaeus

1. 满树星 *Ilex aculeolata* Nakai

落叶乔木；生于海拔 1100m 的阔叶林中；分布于天柱、黎平等地。

2. 刺叶冬青 *Ilex bioritsensis* Hayata

常绿灌木或小乔木；生于海拔 1800m 的阔叶林中；分布于梵净山、荔波等地。

3. 短梗冬青 *Ilex buergeri* Miq.

常绿乔木或灌木；生于山坡、沟边常绿阔叶林中或林缘；分布于大沙河等地。

4. 华中枸骨 *Ilex centrochinensis* S. Y. Hu

常绿灌木；生于海拔 1500m 的山谷林下、灌丛中；分布于金沙、贵阳等地。

5. 凹叶冬青 *Ilex championii* Loes.

常绿灌木或乔木；生于海拔 700 – 1200m 的常绿阔叶林中；分布于梵净山、荔波等地。

6. 沙坝冬青 *Ilex chapaensis* Merr.

落叶乔木；生于海拔 550m 的谷地密林中；分布于从江等地。

7. 冬青 *Ilex chinensis* Sims【*Ilex purpurea* Hassk.】

常绿大乔木；生于海拔 500 – 1000m 的山坡常绿阔叶林中和林缘；广泛分布于省内大部分 地区。

8. 苗山冬青 *Ilex chingiana* Hu et T. Tang

常绿乔木；生于海拔 800 – 1300m 的山地阔叶林中；分布于贵阳、三都等地。

9. 纤齿枸骨 *Ilex ciliospinosa* Loes.

常绿灌木或小乔木；生于海拔 2000m 左右的阔叶林中；分布于七星关、赫章、威宁等地。

10. 密花冬青 *Ilex confertiflora* Merr.

常绿灌木或小乔木；生于海拔 700 – 1200m 的山坡林中或林缘；分布于黎平等地。

11. 珊瑚冬青 *Ilex corallina* Franch.【*Ilex corallina* var. *macrocarpa* S. Y. Hu】

常绿小乔木；生于海拔 400 – 2400m 的阔叶林中、疏灌林地或路旁；分布于安龙、印江、江口、松桃、七星关、清镇、贵阳、长顺、瓮安、独山、罗甸、福泉、都匀、惠水、龙里、平塘等地。

12. 刺叶珊瑚冬青 *Ilex corallina* var. *loeseneri* Lévl. ex Rehd.【*Ilex corallina* var. *aberrans* Hand. - Mazz.】

常绿小乔木；生于海拔 700 – 2100m 的山地林中；分布于贵阳、安龙、纳雍、长顺、瓮安、独山、罗甸、福泉、龙里、平塘等地。

13. 枸骨 *Ilex cornuta* Lindl. et Paxton

常绿灌木或小乔木；生于海拔 1900m 以下的山坡、丘陵等灌丛、疏林中；分布于雷公山等地。

14. 齿叶冬青 *Ilex crenata* Thunb.

常绿灌木；生于海拔 700 – 2100m 的丘陵，山地杂木林或灌丛中；分布于荔波等地。

15. 弯尾冬青 *Ilex cyrtura* Merr.

常绿乔木；生于海拔 1100m 的阔叶林中；分布于绥阳、都匀、贵定、三都等地。

16. 毛枝冬青 *Ilex dasyclada* C. Y. Wu ex Y. R. Li

常绿灌木；生于海拔 1600m 的山坡混交林中；分布于荔波等地。

17. 陷脉冬青 *Ilex delavayi* Franch.

常绿灌木或乔木；生于灌丛中；分布于荔波等地。

18. 细齿冬青 *Ilex denticulata* Wall.

常绿灌木；生于混交林中；分布于荔波等地。

19. 滇贵冬青 *Ilex dianguiensis* **C. J. Tseng**

常绿小乔木；生于海拔 1400 – 2000m 的山地林中或灌丛中；分布于七星关等地。

20. 龙里冬青 *Ilex dunniana* **Lévl.**

常绿乔木，生于海拔 1300m 的阔叶林中；分布于龙里、独山、都匀、惠水、绥阳等地。

21. 显脉冬青 *Ilex editicostata* **Hu et T. Tang**

常绿小乔木；生于海拔 1300m 的阔叶林中；分布于瓮安、梵净山、宽阔水等地。

22. 厚叶冬青 *Ilex elmerrilliana* **S. Y. Hu**

常绿灌木或小乔木；生于海拔 1200m 的常绿阔叶林中；分布于三都、独山、罗甸、惠水等地。

23. 狭叶冬青 *Ilex fargesii* **Franch.**

常绿小乔木；生于海拔 1600 – 2500m 的中山阔叶林中；分布于都匀、龙里、梵净山等地。

24. 锈毛冬青 *Ilex ferruginea* **Hand. -Mazz.**

常绿灌木；生于海拔 1000m 左右的石灰岩疏林下、林缘灌丛中；分布于贵阳、平塘、独山、罗甸、都匀、惠水、龙里等地。

25. 硬叶冬青 *Ilex ficifolia* **C. J. Tseng ex S. K. Chen et Y. X. Feng【***Ilex ficifolia* **f.** *daiyunshanensis* **C. J. Tseng】**

常绿乔木或灌木；生于海拔 850m 的山腹密林下；分布于江口、惠水等地。

26. 榕叶冬青 *Ilex ficoidea* **Hemsl.**

常绿乔木；生于中海拔阔叶林内；分布于三都、独山、都匀、龙里、雷公山、梵净山等地。

27. 台湾冬青 *Ilex formosana* **Maxim.**

常绿乔木；生于海拔 300 – 1500m 的低山谷地带常绿阔叶林中；分布于三都、瓮安、黎平等地。

28. 薄叶冬青 *Ilex fragilis* **Hook. f.【***Ilex fragilis* **f.** *kingii* **Loes.】**

落叶灌木或小乔木；分布于海拔 2200 – 2500m 的山顶林中；分布于威宁等地。

29. 康定冬青 *Ilex franchetiana* **Loes.**

常绿灌木或小乔木；生于海拔 800 – 2300m 的山地阔叶林中；分布于惠水、宽阔水、梵净山等地。

30. 贵州冬青 *Ilex guizhouensis* **C. J. Tseng**

常绿乔木；生境不详；分布于独山等地。

31. 海南冬青 *Ilex hainanensis* **Merr.**

常绿小乔木；生于海拔 1000m 左右的常绿阔叶林中；分布于都匀、荔波、三都、榕江、从江等地。

32. 细刺枸骨 *Ilex hylonoma* **Hu et T. Tang**

常绿乔木；生于海拔 700 – 1780m 的山坡林中；分布于贵阳、望谟、贞丰、瓮安、罗甸、荔波、惠水等地。

33. 全缘冬青 *Ilex integra* **Thunb.**

常绿乔木；生境不详；分布于都匀、三都等地。

34. 中型冬青 *Ilex intermedia* **Loes. et Diels**

常绿乔木；生于海拔 600 – 1500m 的中山密林中；分布于碧江、绥阳等地。

35. 皱柄冬青 *Ilex kengii* **S. Y. Hu**

常绿乔木；生于海拔 1300m 的阔叶林中；分布于独山等地。

36. 凸脉冬青 *Ilex kobuskiana* **S. Y. Hu**

常绿灌木或小乔木；生于海拔 550 – 1550m 的山坡常绿阔叶林中；分布地不详。

37. 广东冬青 *Ilex kwangtungensis* **Merr.**

常绿乔木或小乔木；生于海拔 1000m 的常绿阔叶林中；分布于三都、荔波、黎平、榕江等地。

38. 大叶冬青 *Ilex latifolia* **Thunb.**

常绿大乔木；生于海拔 600 – 1000m 的山坡常绿阔叶林中、灌丛中或竹林中；分布于荔波、罗甸、贵定、三都、开阳、习水、榕江等地。

39. 溪畔冬青 *Ilex lihuaensis* **T. R. Dudley.**

常绿灌木；生于山地溪边；分布于荔波等地。

40. 木姜冬青 *Ilex litseifolia* **Hu et T. Tang**

常绿灌木至小乔木；生于海拔 800 – 1100m 的阔叶林中；分布于黎平、贵阳、惠水、三都、龙里等地。

41. 矮冬青 *Ilex lohfauensis* **Merr.**

常绿灌木；生于海拔 800m 的水旁疏林下；分布于雷公山等地。

42. 大果冬青 *Ilex macrocarpa* **Oliv.**

落叶大乔木；生于海拔 400 – 2400m 的村寨、路旁；分布于贵阳、遵义、赤水、惠水、都匀、三都、长顺、瓮安、独山、罗甸、龙里、平塘等地。

43. 长梗冬青 *Ilex macrocarpa* **var.** *longipedunculata* **S. Y. Hu**

落叶乔木；生于海拔 600 – 2200m 的山坡林中；分布于瓮安等地。

44. 谷木叶冬青 *Ilex memecylifolia* **Champ. ex Benth.**

常绿灌木；生于海拔 300 – 600m 的低山、沟边、灌丛中；分布于榕江、独山、荔波等地。

45. 河滩冬青 *Ilex metabaptista* **Loes.**

常绿灌木或小乔木；生于海拔 450 – 1040m 水旁、河滩；分布于长顺、瓮安、独山、福泉、都匀、惠水、贵定、龙里、平塘等地。

46. 紫金牛叶冬青 *Ilex metabaptista* **var.** *bodinieri*（Loesener）**G. Barriera〖***Ilex metabaptista* **var.** *myrsinoides*（Lévl.）**Rehd.**〗

常绿灌木或小乔木；生于海拔 430m 左右的河滩；分布于赤水、黎平、望谟、贵定等地。

47. 小果冬青 *Ilex micrococca* **Maxim.〖***Ilex micrococca* **f.** *pilosa* **S. Y. Hu**〗

落叶乔木；生于海拔 1000 – 1300m 的常绿阔叶林中；分布于贵阳、开阳、清镇、安龙、三都、长顺、独山、罗甸、福泉、荔波、都匀、惠水、贵定、平塘、松桃、梵净山、雷山、黎平等地。

48. 南川冬青 *Ilex nanchuanensis* **Z. M. Tan**

常绿灌木；生于海拔 600 – 800m 的山地林中；分布于大沙河等地。

49. 疏齿冬青 *Ilex oligodonta* **Merr. et Chun**

常绿灌木；生于海拔 800 – 1200m 的密林中或丛林中；分布于龙里等地。

50. 具柄冬青 *Ilex pedunculosa* **Miq.**

常绿小乔木；生于海拔 1000 – 1500m 的阔叶林中；分布于平塘、梵净山、雷公山等地。

51. 五棱苦丁茶 *Ilex pentagona* **S. K. Chen, Y. X. Feng et C. F. Liang**

常绿乔木；生于海拔 1400 – 1500m 的石灰山林中；分布于绥阳，荔波等地。

52. 猫儿刺 *Ilex pernyi* **Franch.**

常绿灌木；生于海拔 1050 – 2500m 的山坡向阳处；分布于正安、道真等地。

53. 多脉冬青 *Ilex polyneura*（Hand. -Mazz.）**S. Y. Hu**

落叶大乔木；生于海拔 1000 – 2600m 的山谷林中或灌丛中；分布于独山、七星关等地。

54. 毛冬青 *Ilex pubescens* **Hook. et Arn.**

常绿灌木或小乔木；生于山坡常绿阔叶林中、林缘、灌丛中及溪边；分布于罗甸、瓮安、惠水、龙里、安龙、册亨、望谟、兴义等地。

55. 广西毛冬青 *Ilex pubescens* **var.** *kwangsiensis* **Hand. -Mazz.**

常绿灌木；生于海拔 700m 的常绿阔叶林中；分布于荔波、瓮安等地。

56. 黔灵山冬青 *Ilex qianlingshanensis* **C. J. Tseng**

常绿乔木；生于海拔 1100 – 1300m 的茂密森林中；分布于松桃、江口、贵阳等地。

57. 铁冬青 *Ilex rotunda* Thunb.【*Ilex rotunda* var. *microcarpa*（Lindl. et Pax.）S. Y. Hu】

常绿乔木；生于海拔 400 – 1100m 的山坡常绿阔叶林中和林缘；分布于梵净山、雷山、施秉、榕江、佛顶山、惠水、贵定、三都、龙里等地。

58. 黔桂冬青 *Ilex stewardii* S. Y. Hu

常绿灌木或小乔木；生于海拔 1000m 的山地阔叶林中；分布于锦屏、荔波、罗甸、独山、安龙、册亨、望谟等地。

59. 香冬青 *Ilex suaveolens*（Lévl.）Loes.

常绿乔木；生于海拔 1000 – 1500m 的阔叶林内，分布于梵净山、宽阔水、锦屏、黎平、雷山、黄平、雷公山、道真、台江、习水、都匀、瓮安、福泉、惠水、贵定、龙里、松桃、贵阳等地。

60. 微香冬青 *Ilex subodorata* S. Y. Hu

常绿乔木；生于海拔 1600m 的密林中；分布于贞丰等地。

61. 四川冬青 *Ilex szechwanensis* Loes.

常绿乔木；生于海拔 300 – 2500m 的阔叶林及灌丛中；分布于贵阳、修文、三都、独山、长顺、瓮安、罗甸、荔波、都匀、惠水、贵定、龙里、平塘、碧江、赤水等地。

62. 灰叶冬青 *Ilex tetramera*（Rehd.）C. J. Tseng

常绿乔木；生于海拔 700 – 1800m 的较湿热的常绿阔叶林中；分布于赤水、三都、独山等地。

63. 三花冬青 *Ilex triflora* Bl.【*Ilex theicarpa* Hand. -Mazz.】

常绿灌木或小乔木；生于海拔 250 – 1800m 的阔叶林或灌丛中；分布于贵阳、清镇、三都、独山、瓮安、都匀、碧江、松桃、赤水等地。

64. 紫果冬青 *Ilex tsoi* Merr. et Chun

落叶小乔木；生于海拔 1000 – 1500m 的阔叶林内；分布于梵净山、宽阔水、黄平、雷山、瓮安等地。

65. 伞序冬青 *Ilex umbellulata*（Wall.）Loes.

常绿灌木；生于海拔 500 – 17000m 的山坡常绿阔叶林和疏林中；分布于瓮安等地。

66. 微脉冬青 *Ilex venulosa* Hook. f.

常绿灌木或小乔木；生于山坡常绿阔叶林或混交林中；分布于荔波等地。

67. 绿叶冬青 *Ilex viridis* Champ. ex Benth.

常绿灌木或小乔木；生于海拔 300 – 1700m 的山地和丘陵地区的常绿阔叶林下，疏林及灌丛中；分布于贵阳、水城、望谟、荔波、贵定等地。

68. 尾叶冬青 *Ilex wilsonii* Loes.

常绿乔木；生丁海拔 800 – 1300m 的阔叶林中；分布于三都、瓮安、独山、荔波、都匀、贵定、黎平、梵净山等地。

69. 云南冬青 *Ilex yunnanensis* Franch.

常绿灌木或小乔木；生于海拔 1500m 左右的密林或灌丛中；分布于梵净山、雷公山、盘县、赫章、罗甸等地。

70. 高贵云南冬青 *Ilex yunnanensis* var. *gentilis* Loes. ex Diels

常绿灌木或小乔木木；生于海拔 1100m 左右的石灰岩疏林或灌丛中；分布于清镇、平坝、贵阳、惠水、龙里等地。

一一三、茶茱萸科 Icacinaceae

（一）粗丝木属 *Gomphandra* Wallich ex Lindley

1. 毛粗丝木 *Gomphandra mollis* Merr.

灌木或小乔木；生于海拔 300－1100m 的疏、密林及山地季雨林或山谷中；分布于荔波等地。

2. 粗丝木 *Gomphandra tetrandra*（Wall.）Sleum.

灌木或小乔木；生于海拔 700－1000m 的石灰岩山灌丛中；分布于荔波、独山等地。

（二）无须藤属 *Hosiea* Hemsley et E. H. Wilson

1. 无须藤 *Hosiea sinensis*（Oliv.）Hemsl. et Wils.

攀援藤本；生于海拔 1200－2100m 的林中，缠绕树上；分布于大沙河等地。

（三）微花藤属 *Iodes* Blume

1. 瘤枝微花藤 *Iodes seguini*（Lévl.）Rehd.

木质藤本；生于海拔 1100m 的石灰岩山坡灌丛中或岩石上；分布于望谟、安龙、贞丰、镇宁、罗甸等地。

2. 小果微花藤 *Iodes vitiginea*（Hance）Hemsl.

木质藤本；生于海拔 400－1450m 的山谷路旁灌丛中；分布于兴义、册亨、望谟、安龙、罗甸、荔波等地。

（四）定心藤属 *Mappianthus* Handel-Mazzetti

1. 定心藤 *Mappianthus iodoides* Hand. -Mazz.

木质藤本；生于海拔 800－1800m 的疏林、灌丛及沟谷林内；分布于荔波、罗甸、惠水等地。

（五）假柴龙树属 *Nothapodytes* Blume

1. 马比木 *Nothapodytes pittosporoides*（Oliv.）Sleum.

矮灌木；生于海拔 450－1600m 的林中；分布于贵阳、开阳、修文、石阡、凯里、三穗、长顺、瓮安、独山、罗甸、福泉、惠水、贵定、三都、平塘、七星关、金沙等地。

一一四、黄杨科 Buxaceae

（一）黄杨属 *Buxus* Linnaeus

1. 匙叶黄杨 *Buxus harlandii* Hanelt

常绿灌木；生于溪旁或疏林中；分布于威宁；赫章、西秀、印江、雷山、平坝、大方等地。

2. 雀舌黄杨 *Buxus bodinieri* Lévl.

常绿灌木；生于海拔 400－1500m 的疏林、灌丛中；分布于平坝、都匀、龙里、兴义、安龙、贵阳、惠水、遵义、长顺、黔东南等地。

3. 头花黄杨 *Buxus cephalantha* Lévl. et Vant.

常绿灌木；生于山谷岩石中；分布于平坝、龙里、都匀、惠水、贵定、三都等地。

4. 大花黄杨 *Buxus henryi* Mayr

常绿灌木或小乔木；生于海拔 1000－1600m 的山坡林下；分布于务川、道真、荔波、平塘、独山、瓮安、黎平、剑河等地。

5. 宜昌黄杨 *Buxus ichangensis* Hatusima

常绿灌木；生于海拔 300－1200m 的江岸、山坡林下或向阳岩缝中；分布于瓮安、三都等地。

6. 大叶黄杨 *Buxus megistophylla* Lévl.

常绿灌木或小乔木；生于海拔 400－1200m 的山地、河谷、山坡林下；分布于关岭、镇宁、惠水、长顺、罗甸、瓮安、独山、福泉、荔波、都匀、贵定、三都、平塘等地。

7. 黄杨 *Buxus sinica*（Rehd. et Wils.）M. Cheng

常绿灌木或小乔木；生于海拔 700 – 1500m 的山谷林中；分布于桐梓、绥阳、湄潭、平坝、贵阳、紫云、平塘、龙里、长顺、瓮安、独山、罗甸、福泉、荔波、都匀、惠水、贵定、三都、雷山、镇远等地。

8. 小叶黄杨 *Buxus sinica* var. *parvifolia* M. Cheng

常绿灌木或小乔木；生于海拔 1000m 的岩石上；分布于碧江、都匀、惠水、三都、平塘等地。

9. 杨梅黄杨 *Buxus myrica* Lévl.

常绿灌木；生于海拔 350 – 1300m 的溪边、山坡、林下；分布于望谟、平坝、罗甸、福泉等地。

10. 狭叶杨梅黄杨 *Buxus myrica* var. *angustifolia* Gagnep.

常绿灌木；生于海拔 800 – 1300m 的溪流河岸疏林中；分布于清镇、镇宁等地。

11. 皱叶黄杨 *Buxus rugulosa* Hatus.

常绿灌木；生于海拔 1600 – 3500m 的山顶、山坡灌丛或悬崖石缝中；分布地不详。

12. 狭叶黄杨 *Buxus stenophylla* Hance

常绿灌木；生于海拔 800 – 1300m 的溪流河岸疏林中；分布于绥阳、玉屏、贵定、三穗等地。

（二）板凳果属 *Pachysandra* A. Michaux

1. 板凳果 *Pachysandra axillaris* Franch.【*Pachysandra axillaris* var. *glaberrima*（Hand. -Mazz.）C. Y. Wu】

常绿或半常绿亚灌木；生于海拔 1000 – 2100m 的山地路旁、林下或落木林中；分布于水城、纳雍、关岭、长顺、独山等地。

2. 多毛板凳果 *Pachysandra axillaris* var. *stylosa*（Dunn）M. Cheng

常绿或半常绿亚灌木；生于海拔 500 – 1800m 的山地林下阴湿处；分布于桐梓、正安、兴义、兴仁、西秀、关岭、长顺、修文、贵阳、长顺、独山、罗甸等地。

3. 顶花板凳果 *Pachysandra terminalis* Sieb. et Zucc.

亚灌木；生于海拔 800 – 1800m 的山地、林下、阴湿处；分布于桐梓、正安、兴义、安龙等地。

（三）野扇花属 *Sarcococca* Lindley

1. 羽脉野扇花 *Sarcococca hookeriana* Baill.

常绿灌木；生于海拔 1000 – 2500m 山地林下；分布于威宁、赫章、西秀、印江、雷山、平坝、大方、瓮安等地。

2. 双蕊野扇花 *Sarcococca hookeriana* var. *digyna* Franch.

常绿灌木；生于海拔 1000 – 2500m 的林下阴处；分布于威宁、赫章等地。

3. 长叶柄野扇花 *Sarcococca longipetiolata* M. Cheng

常绿灌木；生于海拔 200 – 1000m 山地、丘陵沟谷或溪边林下；分布于荔波等地。

4. 野扇花 *Sarcococca ruscifolia* Stapf【*Sarcococca ruscifolia* var. *chinensis*（Franch.）Rehd. et Wils.】

常绿灌木；生于海拔 400 – 2300m 的石灰岩林缘、灌丛、路旁、林下等地；分布于贵阳、开阳、息烽、清镇、长顺、瓮安、独山、罗甸、福泉、荔波、都匀、惠水、贵定、三都、龙里、平塘等全省大部分地区。

5. 厚叶野扇花 *Sarcococca wallichii* Stapf

常绿灌木；生于海拔 1300 – 2700m 的林下湿润山坡或沟谷中；分布于瓮安等地。

一一五、大戟科 Euphorbiaceae

（一）铁苋菜属 *Acalypha* Linnaeus

1. 尾叶铁苋菜 *Acalypha acmophylla* Hemsl.

落叶灌木；生于海拔 150 – 1750m 山谷、沟旁坡地灌丛中；分布于印江、安龙、册亨、望谟等地。

2. 铁苋菜 *Acalypha australis* L.

一年生草本；生于海拔 200 – 1200m 的路旁、田边、旱地；分布于全省各地。

3. 裂苞铁苋菜 *Acalypha supera* Forssk.【*Acalypha brachystachya* Hornem.】

一年生草本；生于低海拔的山坡；分布于除西北部外的大部分地区。

（二）山麻杆属 *Alchornea* Swartz

1. 山麻杆 *Alchornea davidii* Franch.

落叶灌木；生于海拔 300 – 1000m 的沟谷或溪畔、河边的坡地灌丛中；分布于长顺、独山、罗甸、福泉、荔波、平塘等省内大部分地区。

2. 椴叶山麻杆 *Alchornea tiliifolia*（Benth.）Müll. – Arg.

落叶灌木或小乔木；生于海拔 250 – 1300m 的山地或山谷林下或疏林下，或石灰岩山灌丛中；分布于黔南等地。

3. 红背山麻杆 *Alchornea trewioides*（Benth.）Müll. – Arg.

落叶灌木；生于海拔 1000m 以下的山地灌丛中或林下；分布于黔东南、罗甸、荔波、三都等地。

4. 绿背山麻杆 *Alchornea trewioides* var. *sinica*（Benth.）Müll. – Arg.

落叶灌木；生于海拔 500 – 1200m 石灰岩山地疏林中；分布于安龙等地。

（三）五月茶属 *Antidesma* Linnaeus

1. 西南五月茶 *Antidesma acidum* Retz.

灌木或小乔木；生于海拔 150 – 1500m 的山地疏林中；分布于西秀等地。

2. 五月茶 *Antidesma bunius*（L.）Spreng.

乔木或灌木；生于海拔 200 – 1000m 的山地疏林中；分布于兴义、安龙、罗甸、荔波、平塘等地。

3. 酸味子 *Antidesma japonicum* Sieb. et Zucc.

乔木或灌木；生于海拔 300 – 1700m 的山地林中；分布于贞丰、凯里、雷山、榕江、独山、罗甸、荔波、惠水、三都等地。

4. 山地五月茶 *Antidesma montanum* Bl.

乔木或灌木；生于海拔 700 – 1500m 的山地密林中；分布于兴义、三都等地。

5. 小叶五月茶 *Antidesma montanum* var. *microphyllum* Petra ex Hoffmam.【*Antidesma venosum* E. Mey. ex Tul. ; *Antidesma pseudomicrophyllum* Croizat】

灌木；生于海拔 1200m 以下的山地的路旁、沟旁、灌丛中；分布于赤水、兴义、册亨、望谟、罗甸、平塘、独山、惠水等地。

（四）银柴属 *Aporusa* Blume

1. 云南银柴 *Aporosa yunnanensis*（Pax et K. Hoffm.）Metc.

乔木或灌木；生于海拔 600 – 1300m 的林边、溪旁灌丛与密林中；分布于罗甸、黔西部等地。

（五）重阳木属 *Bischofia* Blume

1. 秋枫 *Bischofia javanica* Bl.

常绿或半常绿大乔木；生于海拔 800m 以下的路旁、疏林中；分布于锦屏、黎平、兴义、安龙、望谟、都匀、罗甸、荔波、长顺、独山、惠水等地。

2. 重阳木 *Bischofia polycarpa*（Lévl.）Airy – Shaw

落叶乔木；生于海拔 300 – 1000m 的低山区林中；分布于开阳、西秀、兴义、安龙、望谟、册亨、罗甸、长顺、独山、荔波、惠水、龙里、平塘等地。

（六）留萼木属 *Blachia* Baill.

1. 大果留萼木 *Blachia andamanica*（Kurz）Hook. f.

灌木；生于海拔 500 – 600m 的石灰岩山林中；分布地不详。

2. 留萼木 *Blachia pentzii*（Müll. Arg.）Benth.

灌木；生于山谷、河边的林下或灌丛中；分布于兴义等地。

（七）黑面神属 *Breynia* J. R. Forster et G. Forster

1. 黑面神 *Breynia fruticosa*（L.）Müll. Arg.

直立灌木；生于山坡、平地旷野疏林中或灌丛中；分布于省内西部至南部等地。

2. 钝叶黑面神 *Breynia retusa*（Dennst.）Alston

落叶灌木；生于海拔 300 – 2000m 的山地疏林下、山谷林下、山坡灌丛中；分布于兴仁、罗甸等地。

3. 小叶黑面神 *Breynia vitis – idaea*（Burm.）C. E. C. Fisch.

灌木；生于海拔 150 – 1000m 的山地、灌丛中；分布于兴仁、长顺、望谟、罗甸、平塘、独山等地。

（八）土蜜树属 *Bridelia* Willdenow

1. 禾串树 *Bridelia balansae* Tutcher〔*Bridelia insulana* Hance〕

乔木；生于海拔 200 – 1000m 山坡疏林中；分布于贞丰、罗甸等地。

2. 大叶土蜜树 *Bridelia retusa*（L.）A. Jussieu〔*Bridelia fordii* Hance. ；*Bridelia pierrei* Gagnep.〕

乔木；生于海拔 150 – 1400m 的山地疏林中；分布于都匀、关岭、罗甸、荔波、安龙等地。

（九）白桐树属 *Claoxylon* A. Jussieu

1. 白桐树 *Claoxylon indicum*（Reinw. ex Bl.）Hassk.

小乔木或灌木；生于海拔 500 – 1500m 的平原、山谷或河谷疏林中；分布于大沙河等地。

（十）蝴蝶果属 *Cleidiocarpon* Airy – Shaw

1. 蝴蝶果 *Cleidiocarpon cavaleriei*（Lévl.）Airy – Shaw

乔木；生于山地疏林中；分布于安龙、册亨、望谟、罗甸、惠水、龙里等地。

（十一）棒柄花属 *Cleidion* Blume

1. 灰岩棒柄花 *Cleidion bracteosum* Gagnep.

小乔木；生于海拔 400 – 600m 的石灰岩密林中；分布于罗甸、荔波等地。

2. 棒柄花 *Cleidion brevipetiolatum* Pax et K. Hoffm.

小乔木；生于海拔 200 – 800m 的荫蔽疏林中；分布于安龙、册亨、望谟、罗甸、独山、荔波等地。

（十二）巴豆属 *Croton* Linnaeus

1. 鸡骨香 *Croton crassifolius* Geisel.

灌木；生于海拔 800m 左右的干旱山坡灌丛中；分布于三都等地。

2. 荨麻叶巴豆 *Croton cnidophyllus* Radcliffe-Smith et Govaerts〔*Croton urticifolius* Y. T. Chang et Q. H. Chen. ；*Croton guizhouensis* H. S. Kiu〕

灌木；生于海拔 400 – 700m 的河边及灌丛中；分布于兴仁、望谟、贞丰、罗甸等地。

3. 石山巴豆 *Croton euryphyllus* W. W. Sm.

灌木；生于海拔 200 – 2400m 的疏林中；分布于荔波等地。

4. 毛果巴豆 *Croton lachnocarpus* Benth.

灌木；生于海拔 150 – 900m 的河谷暖热地区的山坡、溪边灌丛中；分布于长顺、独山、罗甸、荔波、惠水、龙里、黔东南等地。

5. 巴豆 *Croton tiglium* L.

灌木或小乔木；生于海拔 300 – 700m 的河谷暖热地区，野生或栽培；分布于修文、清镇、赤水、习水、湄潭、独山、荔波、都匀等地。

6. 小巴豆 *Croton tiglium* var. *xiaopadou* Y. T. Chang et S. Z. Huang，H. S. Kiu

灌木或小乔木；生于疏林中或石灰岩山灌丛中；分布于黔南等地。

（十三）黄蓉花属 *Dalechampia* Linnaeus

1. 黄蓉花 *Dalechampia bidentata* var. *yunnanensis* Pax et Hoffm.

攀援灌木；生于海拔约 300m 的次生常绿阔叶林下；分布于碧江等地。

（十四）丹麻杆属 *Discocleidion*（Müller Argoviensis）Pax et K. Hoffmann

1. 毛丹麻杆 *Discocleidion rufescens*（Franch.）Pax et K. Hoffm.

小乔木或灌木；生于海拔 200 – 1000m 的山坡、路旁、灌丛中；分布于开阳、息烽、松桃、镇远、三穗、福泉、天柱等地。

（十五）核果木属 *Drypetes* Vahl

1. 核果木 *Drypetes indica*（Müll. Arg.）Pax et K. Hoffm.

乔木；生于海拔 400 – 1600m 的山地密林或疏林中；分布于荔波等地。

2. 网脉核果木 *Drypetes perreticulata* Gagnep.

乔木；生于海拔 800m 以下的季雨林中；分布于安龙、罗甸等地。

（十六）大戟属 *Euphorbia* Linnaeus

1. 火殃勒 *Euphorbia antiquorum* L.

肉质灌木状小乔木；原产印度；省内有栽培。

2. 霸王鞭 *Euphorbia royleana* Boissi.

肉质灌木；引种；省内有栽培。

3. 细齿大戟 *Euphorbia bifida* Hook. et Arn.

一年生草本；生于山坡、灌丛、路旁及林缘；分布于兴义、西秀、安龙等地。

4. 猩猩草 *Euphorbia cyathophora* Murr.

多年生草本；生于沟边、河岸及潮湿的丛林中；分布于全省各地。

5. 乳浆大戟 *Euphorbia esula* L.

多年生草本；生于山坡草地或砂质地上；分布于思南、松桃、湄潭、兴义、贵阳等地。

6. 泽漆 *Euphorbia helioscopia* L.

一年或二年生草本；生于山沟、路旁、荒野及湿地；分布于全省各地。

7. 白苞猩猩草 *Euphorbia heterophylla* L.

一年生直立草本；原产北美；省内有栽培。

8. 飞杨草 *Euphorbia hirta* L.

一年生草本；生于向阳山坡、山谷、路旁或灌丛下；省内除西部外各地均产。

9. 地锦 *Euphorbia humifusa* Willd. ex Schltdl.

一年生草本；生于原野荒地、路旁及田间；分布于全省各地。

10. 湖北大戟 *Euphorbia hylonoma* Hand. -Mazz.

多年生草本；生于海拔 800 – 2500m 的山坡、山沟或灌丛、草地；分布于省内北部、东部、梵净山等地。

11. 通奶草 *Euphorbia hypericifolia* L.

一年生草本；分布地不详。

12. 南亚大戟 *Euphorbia indica* Lam.

一年生草本；生于旷野荒地、路旁、阴湿灌丛中或为田间杂草；省内西部、南部及东部均产。

13. 续随子 *Euphorbia lathyris* L.

二年生草本；省内有栽培。

14. 斑地锦 *Euphorbia maculata* L.

一年生草本；生于石壁上；分布于施秉等地。

15. 银边翠 *Euphorbia marginata* Pursh

一年生草本；原产北美；省内有栽培。

16. 铁海棠 *Euphorbia milii* Des Moul.

直立或稍攀援状灌木；原产非洲；逸生于西秀、兴义、望谟、罗甸等地。

17. 金刚纂 *Euphorbia neriifolia* L.

肉质灌木状小乔木；原产印度；省内有栽培。

18. 大戟 *Euphorbia pekinensis* Rupr.

多年生草本；生于山坡、灌丛、路旁、荒地、草丛、林缘和疏林内；分布于全省各地。

19. 土瓜狼毒 *Euphorbia prolifera* Buch. -Ham. ex D. Don

多年生草本；生于海拔 500 – 2300m 的沟边、草坡或松林下；分布于普定等地。

20. 一品红 *Euphorbia pulcherrima* Willd. ex Klotzsch

灌木；省内有栽培。

21. 钩腺大戟 *Euphorbia sieboldiana* Morr. et Decne

多年生草本；生于山坡及林下草丛中；分布于全省各地。

22. 黄苞大戟 *Euphorbia sikkimensis* Boiss.【*Euphorbia chrysocoma* Lévl. et Vant. 】

多年生草本；生于海拔 600 – 2500m 的沟边、河岸及潮湿的丛林中；分布于全省各地。

23. 千根草 *Euphorbia thymifolia* L.

一年生草本；生于山坡草地或灌丛中；分布于省内南部及西南部等地。

24. 绿玉树 *Euphorbia tirucalli* L.

小乔木；原产非洲东部；省内有栽培。

（十七）海漆属 *Excoecaria* Linnaeus

1. 云南土沉香 *Excoecaria acerifolia* Didr.

灌木至小乔木；生于海拔 800 – 1400m 的山沟沿岸及山坡灌丛中；分布于省内北部、东部等地。

（十八）白饭树属 *Flueggea* Willdenow

1. 一叶萩 *Flueggea suffruticosa*（Pall.）Baill.【*Securinega suffruticosa*（Pall.）Rehd. 】

灌木；生于海拔 800 – 2400m 的山坡灌丛中或山沟、路边；分布于贵定等省内大部分地区。

2. 白饭树 *Flueggea virosa*（Roxb. ex Willd.）Voigt【*Securinega virosa*（Roxb. ex Willd.）Baill. 】

灌木；生于海拔 150 – 1200m 的山地灌丛中；分布于兴义、罗甸、贵定等地。

（十九）算盘子属 *Glochidion* J. R. Forster et G. Forster

1. 红算盘子 *Glochidion coccineum*（Buch. -Ham.）Müll. Arg.

常绿灌木或乔木；生于海拔 450 – 1200m 的山地林中或灌丛中向阳处；分布于贵阳、息烽、兴仁、罗甸等地。

2. 革叶算盘子 *Glochidion daltonii*（Müll. Arg.）Kurz

灌木或乔木；生于海拔 200 – 1700m 的山路旁向阳处和灌丛中；分布于梵净山、兴义、安龙、望谟、罗甸等地。

3. 四裂算盘子 *Glochidion ellipticum* Wight【*Glochidion assamicum*（Müll. Arg.）Hook. f.

乔木；生于海拔 1700m 以下的山地常绿阔叶林中；分布于望谟、罗甸等地。

4. 毛果算盘子 *Glochidion eriocarpum* Champ. ex Benth.

灌木；生于海拔 1300 – 1600m 的山坡、山谷阳处灌丛中；分布于安龙、望谟、罗甸、惠水、龙里、从江等地。

5. 山漆茎 *Glochidion lutescens* Bl.

乔木；生于海拔 700 – 1000m 的山地疏林中；分布于安龙、罗甸等地。

6. 甜叶算盘子 *Glochidion philippicum*（Cav.）C. B. Rob.

乔木；生于海拔 170 – 1500m 的山地阔叶林中；分布于安龙、望谟、罗甸、贞丰等地。

7. 算盘子 *Glochidion puberum*（L.）Hutch.

灌木；生于海拔 1500 – 2000m 的山野、村旁、路旁池塘边；分布于全省各地。

8. 圆果算盘子 *Glochidion sphaerogynum*（Müll. Arg.）Kurz

灌木或乔木；生于海拔 1600m 以下的旷野灌丛中或山地林中；分布于独山、惠水等地。

9. 里白算盘子 *Glochidion triandrum*（Blanco）C. B. Rob.

灌木或乔木；生于海拔 1000m 的山坡、山谷疏林中；分布于贵阳、清镇、松桃、长顺等地。

10. 湖北算盘子 *Glochidion wilsonii* Hutch.

灌木；生于海拔 600 – 1600m 的山坡、路旁向阳处及灌林中；分布于德江、印江、贵阳、镇远、榕江、册亨、望谟、瓮安、独山、罗甸、福泉、惠水、贵定、龙里、雷公山等地。

11. 白背算盘子 *Glochidion wrightii* Benth.

灌木或乔木；生于海拔 240 – 1500m 的山谷、山坡疏密林中或灌丛中；分布于贵阳、望谟、罗甸等地。

（二〇）水柳属 *Homonoia* Loureiro

1. 水柳 *Homonoia riparia* Lour.

常绿小灌木；生于海拔 1000m 以下向阳的河滩、溪涧旁、水淹地；分布于兴义、安龙、册亨、望谟、罗甸等地。

（二一）麻疯树属 *Jatropha* Linnaeus

1. 麻疯树 *Jatropha curcas* L.

落叶灌木或小乔木；原产热带美洲；省内有栽培。

（二二）雀舌木属 *Leptopus* Decaisne

1. 雀儿舌头 *Leptopus chinensis*（Bunge）Pojark.【*Leptopus lolonum*（Hand. -Mazz.）Pojark.】

直立灌木；生于海拔 2900m 以下的山坡阴处、灌丛中、疏林下；分布于贵阳、瓮安、荔波等全省大部分地区。

2. 缘腺雀舌木 *Leptopus clarkei*（Hook. f.）Pojark.【*Leptopus esquirolii*（Lévl.）P. T. Li】

半灌木状藤本；生于海拔 600m 以上的山地疏林下、灌丛中；除黔北、黔东部分县外，全省均产。

3. 方鼎木 *Leptopus fangdingianus*（P. T. Li）Vorontsova et Petra Hoffm.

直立灌木；生于海拔 900 – 1250m 的石灰岩山地林中；分布于贵阳等地。

（二三）血桐属 *Macaranga* Du Petit-Thouars

1. 轮苞血桐 *Macaranga andamanica* Kurz

常绿小乔木；生于海拔 1200m 的山地常绿林中；分布于惠水、罗甸、龙里等地。

2. 中平树 *Macaranga denticulata*（Bl.）Müll. Arg.

常绿乔木；生于海拔 1300m 以下的疏林中；分布于兴义、望谟、罗甸、独山、荔波、都匀、惠水、三都、龙里等地。

3. 草鞋木 *Macaranga henryi*（Pax et K. Hoffm.）Rehd.

灌木或小乔木；生于海拔 300 – 1400m 的山谷、水旁、灌丛中；分布于兴义、册亨、望谟、罗甸、荔波、三都等地。

4. 印度血桐 *Macaranga indica* Wight【*Macaranga adenantha* Gagnep.】

常绿小乔木；生于海拔 1200 – 1850m 的山谷、溪畔常绿阔叶林中或次生林中；分布于兴义、安龙、册亨、望谟、贞丰、罗甸等地。

5. 鼎湖血桐 *Macaranga sampsonii* Hance【*Macaranga hemsleyana* Pax et Hoffm.】

乔木；生于海拔 650m 以下的低山或山地密林或疏林中；分布于罗甸、荔波等地。

(二四) 野桐属 *Mallotus* Loureiro

1. 白背叶 *Mallotus apelta* (Lour.) Müll. Arg.

灌木或小乔木；生于海拔 1000m 以下的山坡或山谷灌丛中；分布于铜仁地区、黔东南、长顺、罗甸、福泉、荔波、贵定、三都等地。

2. 毛桐 *Mallotus barbatus* Müll. Arg.

灌木或小乔木；生于海拔 1000m 以下的山坡、路旁、疏林中；分布于全省各地。

3. 长梗毛桐 *Mallotus barbatus* var. *pedicellaris* Croizat

灌木或小乔木；生于海拔 200 – 700m 的密林中；分布地不详。

4. 长叶野桐 *Mallotus esquirolii* Lévl.【*Mallotus eberhardtii* Gagnep.】

灌木，有时藤本状；生于海拔 300 – 2200m 的山谷溪边疏林中；分布于安龙、册亨、贞丰、望谟、罗甸、三都等地。

5. 野梧桐 *Mallotus japonicus* (Linn. f.) Müll. – Arg.

灌木或小乔木；生于海拔 300 – 600m 的林中；分布于长顺、瓮安、荔波、惠水等地。

6. 东南野桐 *Mallotus lianus* Croiz.

灌木或小乔木；生于海拔 200 – 1100m 的阴湿林中或林缘；分布地不详。

7. 罗城野桐 *Mallotus luchenensis* Metc.

灌木或小乔木；生于海拔 200 – 1300m 的山谷或斜坡、灌丛中；分布地不详。

8. 小果野桐 *Mallotus microcarpus* Pax et Hoffm.

灌木或小乔木；生于海拔 1000m 以下的疏林、灌丛中；分布于望谟、贞丰、荔波、罗甸、榕江、天柱、锦屏等地。

9. 贵州野桐 *Mallotus millietii* Lévl.

乔木、灌木或为藤本状；生于海拔 500 – 1200m 的疏林下或灌丛中；分布于印江、松桃、普定、西秀、清镇、兴义、安龙、贞丰、册亨、望谟、罗甸、荔波、独山、黎平、从江等地。

10. 光叶贵州野桐 *Mallotus millietii* var. *atrichus* Croiz.

乔木、灌木或为藤本状；生于海拔 700 – 1000m 的石灰岩地区、灌丛中；分布地不详。

11. 尼泊尔野桐 *Mallotus nepalensis* Müll. Arg.【*Mallotus japonicus* var. *floccosus* (Müll. Arg.) S. M. Hwang】

灌木或小乔木；生于海拔 1500m 以下的山谷或斜坡、灌丛中；广泛分布于独山、罗甸、福泉、都匀、贵定、三都、龙里、平塘等全省大部分地区。

12. 山地野桐绒 *Mallotus oreophilus* Müll. Arg.【*Mallotus japonicus* var. *ochraceoalbidus* (Müll. Arg.) S. M. Hwang】

小乔木；生于海拔 1000 – 1400m 的山谷、坡地、林下；分布于贵阳、榕江、从江等地。

13. 白楸 *Mallotus paniculatus* (Lam.) Müll. Arg.

乔木或灌木；生于海拔 150 – 1300m 的林缘或灌丛中；分布地不详。

14. 粗糠柴 *Mallotus philippensis* (Lam.) Müll. Arg.

小乔木；生于海拔 500 – 1300m 的山地、路旁、疏林中；分布于全省除西部外的地区。

15. 石岩枫 *Mallotus repandus* (Willd.) Müll. Arg.

攀援状灌木；生于海拔 310m 的山地疏林或林缘；分布于碧江、长顺、瓮安、独山、福泉、荔波、都匀、惠水、贵定、三都、平塘等地。

16. 杠香藤 *Mallotus repandus* var. *chrysocarpus* (Pamp.) S. M. Hwang

小乔木；生于山坡向阳处、路边、岩石上；分布于全省各地。

17. 卵叶石岩枫 *Mallotus repandus* var. *scabrifolius*（A. Juss.）Müll. Arg.【*Mallotus repandus* var. *megaphyllus* Croizat】

小乔木；生于山坡向阳处、路边、岩石上；分布于安龙、册亨、望谟、罗甸等地。

18. 野桐 *Mallotus tenuifolius* Pax【*Mallotus japonicus* var. *floccosus*（Müll. Arg.）S. M. Hwang】

灌木或小乔木；生于海拔1500m以下的山谷或斜坡、灌丛中；分布于全省各地。

19. 黄背野桐 *Mallotus tenuifolius* var. *subjaponicus* Croiz.

灌木；生于海拔500－1500m的山谷、森林、灌丛；分布地不详。

20. 红叶野桐 *Mallotus tenuifolius* var. *paxii*（Pamp.）H. S. Kiu【*Mallotus paxii* Pamp.】

灌木；生于海拔300－1200m的山谷或斜坡，灌丛，次生森林，路旁；分布地不详。

21. 云南野桐 *Mallotus yunnanensis* Pax et K. Hoffm.

灌木；生于海拔300－1500m的山地疏林中；分布于兴义、安龙、惠水、龙里等地。

（二五）木薯属 Manihot P. Miller

1. 木薯 *Manihot esculenta* Crantz.

直立灌木；原产南美洲；省内安龙、册亨、望谟、罗甸、荔波、榕江、从江等地有栽培。

（二六）山靛属 *Mercurialis* Linnaeus

1. 山靛 *Mercurialis leiocarpa* Sieb. et Zucc.

多年生草本；生于海拔1300－2850m的山坡林下或林缘草地；分布于全省除西部外的地区。

（二七）珠子木属 *Phyllanthodendron* Hemsl.

1. 珠子木 *Phyllanthodendron anthopotamicum*（Hand. -Mazz.）Croizat

灌木；生于海拔800－1300m的山地疏林下或灌丛中；分布于兴义、安龙等地。

2. 尾叶珠子木 *Phyllanthodendron caudatifolium* P. T. Li

灌木；生于海拔1300m的山地林中；分布于兴义等地。

3. 枝翅珠子木 *Phyllanthodendron dunnianum* Lévl.

灌木或小乔木；生于山地阔叶林中或石灰岩山地灌丛中；分布于罗甸、独山等地。

4. 宽脉珠子木 *Phyllanthodendron lativenium* Croiz.

灌木；生于海拔700－1200m的山地灌丛中；分布于兴义、安龙、望谟、罗甸等地。

5. 云南珠子木 *Phyllanthodendron yunnanense* Croiz.

灌木或小乔木；生于海拔1670－2300m的山地疏林中；分布地不详。

（二八）叶下珠属 *Phyllanthus* Linnaeus

1. 贵州叶下珠 *Phyllanthus bodinieri*（Lévl.）Rehd.

灌木；生于海拔500－1000m的山地疏林下；分布于镇宁、惠水等地。

2. 滇藏叶下珠 *Phyllanthus clarkei* Hook. f.

灌木；生于海拔800－1800m的山坡林中；分布于安龙等地。

3. 余甘子 *Phyllanthus emblica* L.

灌木或小乔木；生于海拔300－1200m的疏林下或山坡向阳处；分布于修文、清镇、赤水、水城、兴义、安龙、册亨、望谟、罗甸、贵定等地。

4. 落萼叶下珠 *Phyllanthus flexuosus*（Sieb. et Zucc.）Müll. Arg.

灌木；生于海拔700－1500m的路旁、山谷、灌丛中；分布于印江、江口、玉屏、水城、清镇、凯里、罗甸等地。

5. 刺果叶下珠 *Phyllanthus forrestii* W. W. Sm.

灌木；生于海拔300－2500m的山地灌丛中；分布地不详。

6. 云南叶下珠 *Phyllanthus franchetianus* Lévl.

灌木，海拔 400 – 1000m 的灌丛中；分布地不详。

7. 青灰叶下珠 *Phyllanthus glaucus* Wall. ex Müll. Arg.

落叶灌木；生于海拔 200 – 800m 的山地、沟边灌丛中；分布于黔北、黔东、贵阳、长顺、罗甸、福泉、惠水等地。

8. 小果叶下珠 *Phyllanthus reticulatus* Poir.

灌木；生于海拔 200 – 800m 的山谷、路旁、林中；分布于松桃、碧江、玉屏、三穗、凯里、长顺、贵定等地。

9. 红叶下珠 *Phyllanthus tsiangii* P. T. Li〔*Phyllanthus ruber*（Lour.）Spreng.〕

灌木或小乔木；生于海拔 600m 左右的山地疏林下或山谷向阳处；分布于惠水等地。

10. 叶下珠 *Phyllanthus urinaria* L.

一年生草本；生于海拔 1100m 的旷野、草地、河滩、路旁；分布于全省各地。

11. 蜜柑草 *Phyllanthus ussuriensis* Rupr. et Maxim.

一年生草本；生于低海拔的山坡、路旁、草地上；全省均产。

12. 黄珠子草 *Phyllanthus virgatus* G. Forst.

一年生草本；生于海拔 1350m 以下的山坡、草地；分布于兴义、兴仁、贞丰等地。

（二九）蓖麻属 *Ricinus* Linnaeus

1. 蓖麻 *Ricinus communis* L.

一年生粗壮草本或草质灌木；原产非洲；省内有栽培。

（三〇）乌桕属 *Sapium* Loureiro

1. 山乌桕 *Triadica cochinchinensis* Lour.【*Sapium discolor*（Champ. ex Benth.）Müll. Arg.】

落叶乔木或灌木；生于海拔 300 – 1100m 的山谷或山坡混交林中；分布于雷公山、月亮山、梵净山、黎平、从江、台江、惠水、长顺、独山、罗甸、荔波、都匀、惠水、贵定、三都、龙里、平塘等地。

2. 圆叶乌桕 *Triadica rotundifolia*（Hemsl.）Esser【*Sapium rotundifolium* Hemsl.】

落叶乔木或灌木；生于海拔 500 – 1200m 的山坡或旷野；分布于安龙、兴仁、兴义、独山、平塘、长顺、罗甸、荔波、都匀、惠水、贵定、龙里、麻阳河、黄平等地。

3. 乌桕 *Triadica sebifera*（L.）Small【*Sapium sebiferum*（L.）Roxb.；*Sapium pleiocarpum* Y. C. Tsenl】

落叶乔木；生于旷野或疏林中；分布于全省各地。

（三一）异序乌桕属 *Falconeria* Royle

1. 异序乌桕 *Falconeria insignis* Royle【*Sapium insigne*（Royle）Benth. et Hook. f.】

落叶乔木；生于海拔 200 – 800m 的山坡；分布于关岭等地。

（三二）白木乌桕属 *Neoshirakia* Esser

1. 白木乌桕 *Neoshirakia japonica*（Sieb. et Zucc.）Esser【*Sapium japonicum*（Sieb. et Zucc.）Pax et K. Hoffm.】

落叶乔木或灌木；生于海拔 150 – 400m 的丘陵、山坡或林中；分布于罗甸、荔波、惠水、三都、龙里等地。

（三三）守宫木属 *Sauropus* Blume

1. 守宫木 *Sauropus androgynus*（L.）Merr.

灌木；原产印度等地；省内有栽培。

2. 苍叶守宫木 *Sauropus garrettii* Craib

灌木；生于海拔 500 – 1500m 的山地常绿林中或山谷、山坡阴湿灌丛中；分布于赤水、沿河、印江、兴义、安龙、榕江等地。

（三四）地构叶属 *Speranskia* Baillon

1. 广东地构叶 *Speranskia cantonensis*（Hance）Pax et K. Hoffm.

多年生草本；生于海拔 1000 - 2600m 的河流两岸、沟谷中；分布于东部、东南部。

（三五）三宝木属 *Trigonostemon* Blume

1. 三宝木 *Trigonostemon chinensis* Merr.

常绿灌木；生于海拔 400 - 600m 的山谷林中；分布于册亨等地。

2. 长梗三宝木 *Trigonostemon thyrsoideus* Stapf

灌木至小乔木；生于海拔 600 - 1000m 的密林中；分布地不详。

（三六）油桐属 *Vernicia* Loureiro

1. 油桐 *Vernicia fordii*（Hemsl.）Airy Shaw

落叶小乔木；生于海拔 1000m 以下的丘陵山地；分布于全省各地。

2. 木油桐 *Vernicia montana* Lour.

落叶乔木；生于海拔 1300m 以下的疏林中；分布于铜仁地区、黔西南、黔东南、罗甸、荔波、三都、龙里等地。

一一六、鼠李科 Rhamnaceae

（一）勾儿茶属 *Berchemia* Necker ex Candolle

1. 越南勾儿茶 *Berchemia annamensis* Pitard

攀援灌木；生于山地灌丛或林中；分布于惠水等地。

2. 黄背勾儿茶 *Berchemia flavescens*（Wall.）Brongn.

藤状灌木；生于海拔 1200 - 2500m 的山坡灌丛中或林下；分布于大沙河等地。

3. 多花勾儿茶 *Berchemia floribunda*（Wall.）Brongn.

藤状或直立灌木；生于海拔 2600m 以下的阔叶林中；分布于贵阳、息烽、七星关、绥阳、盘县、德江、长顺、罗甸、荔波、三都、平塘、梵净山等地。

4. 大老鼠耳 *Berchemia hirtella* var. *glabrescens* C. Y. Wu ex Y. L. Chen

藤状灌木；生于海拔 1300m 的低中山林中；分布于安龙等地。

5. 毛背勾儿茶 *Berchemia hispida*（Tsai et K. M. Feng）Y. L. Chen et P. K. Chou

攀援灌木；生于海拔 1000 - 2000m 的山地林中或灌丛中；分布于贵阳等地。

6. 光轴勾儿茶 *Berchemia hispida* var. *glabrata* Y. L. Chen et P. K. Chou

攀援灌木；生于海拔 1400 - 1900m 的林缘、灌丛中；分布于七星关、纳雍等地。

7. 大叶勾儿茶 *Berchemia huana* Rehd.

藤状灌木；生于海拔 1000m 以下的山坡灌丛或林中；分布于荔波等地。

8. 牯岭勾儿茶 *Berchemia kulingensis* Schneid.

藤状灌木；生于海拔 300 - 2150m 的林下、灌丛中或路旁；分布于雷山、印江等地。

9. 铁包金 *Berchemia lineata*（L.）DC.

藤状或矮灌木；生于低海拔的山野、路旁或开旷地上；分布于湄潭、荔波等地。

10. 峨眉勾儿茶 *Berchemia omeiensis* Feng ex Y. L. Chen et P. K. Chou

藤状或攀援灌木；生于海拔 450 - 1700m 的山地林下；分布于桐梓、长顺等地。

11. 多叶勾儿茶 *Berchemia polyphylla* Wall. ex Laws.

藤状灌木；生于海拔 300 - 1900m 的路旁、灌丛中；分布于贵阳、安龙、兴义、望谟、独山、罗甸、长顺、黎平等地。

12. 光枝勾儿茶 *Berchemia polyphylla* var. *leioclada*（Hand.-Mazz.）Hand.-Mazz.

藤状灌木；生于海拔 150 – 2100m 的山坡、沟边灌丛或林缘；分布于贵阳、七星关、独山、长顺、瓮安、罗甸、福泉、荔波、惠水、贵定、龙里、平塘、赤水、习水、瓮安、梵净山等地。

13. 毛叶勾儿茶 *Berchemia polyphylla* var. *trichophylla* **Hand. -Mazz.**

藤状灌木；生于海拔 1500 – 1600m 的山谷灌丛或林中；分布于兴义、安龙、罗甸、独山、惠水、三都、龙里等地。

14. 勾儿茶 *Berchemia sinica* **Schneid.**

藤状或攀援灌木；生于海拔 1000 – 2500m 的疏林灌丛下或路旁；分布于黔中、黔北、独山、罗甸、荔波、都匀、惠水、龙里等地。

15. 云南勾儿茶 *Berchemia yunnanensis* **Franch.**

藤状或攀援灌木；生于海拔 1500 – 2900m 的山坡灌丛中；分布于贵阳、开阳、七星关、威宁、长顺、瓮安、福泉、荔波、三都、龙里、平塘等地。

（二）咀签属 *Gouania* **Jacquin**

1. 毛咀签 *Gouania javanica* **Miq.**

攀援灌木；生于低、中海拔疏林中或溪边；分布于罗甸、册亨等地。

（三）枳椇属 *Hovenia* **Thunberg**

1. 枳椇 *Hovenia acerba* **Lindl.**

落叶乔木；生于海拔 2100m 以下的山坡林缘或疏林中；分布于贵阳、开阳、修文、赤水、仁怀、德江、松桃、凤冈、凯里、雷山、福泉、瓮安、荔波、三都、长顺、独山、罗甸、都匀、惠水、龙里、平塘、贵定等地。

2. 北枳椇 *Hovenia dulcis* **Thunb.**

落叶乔木；生于海拔 800 – 1200m 的林边、村旁；分布于赤水、桐梓、正安、贵阳、碧江、江口、锦屏、黎平、都匀、瓮安等地。

3. 毛果枳椇 *Hovenia trichocarpa* **Chun et Tsiang**〔*Hovenia trichocarpa* var. *fulvotomentosa*（**Huet Cheng**）**Y. L. Chen et P. K. Chou.**〕

落叶大乔木；生于海拔 600 – 1300m 的山地林中；分布于贵阳、修文、开阳、息烽、雷公山、月亮山、江口、印江、福泉、瓮安、荔波、三都、长顺、独山、罗甸、都匀、惠水、龙里、平塘等地。

4. 光叶毛果枳椇 *Hovenia trichocarpa* var. *robusta*（**Nakai et Y. Kimura**）**Y. L. Chou et P. K. Chou**

落叶大乔木；生于海拔 800 – 1300m 的山坡疏林中；分布于黄平、雷山、榕江、从江、黎平、惠水、贵定、龙里、贵阳、开阳等地。

（四）马甲子属 *Paliurus* **Tourn ex Miller**

1. 铜钱树 *Paliurus hemsleyanus* **Rehd.**

落叶乔木；生于海拔 1600m 以下的林间；分布于印江、梵净山、罗甸、望谟等地。

2. 马甲子 *Paliurus ramosissimus*（**Lour.**）**Poir.**

落叶灌木；生于海拔 2000m 以下的山地和平原；分布于赤水、七星关、兴义、贵阳、松桃、独山、罗甸、福泉、贵定、三都等地。

（五）猫乳属 *Rhamnella* **Miquel**

1. 多脉猫乳 *Rhamnella martini*（**Lévl.**）**Schneid.**

落叶灌木或小乔木；生于海拔 800 – 2800m 的山地灌丛、沟谷、河边；分布于贵阳、纳雍、平坝、清镇、长顺、独山、罗甸、荔波、都匀、惠水、贵定、龙里、平塘等地。

2. 苞叶木 *Rhamnella rubrinervis*（**Lévl.**）**Rehd.**〔*Chaydaia rubrinervis*（**Lévl.**）**C. Y. Wu ex Y. L. Chen**〕

常绿灌木或藤状灌木；生于海拔 1500m 以下的山地灌丛中；分布于丹寨、册亨、兴义、罗甸等地。

（六）鼠李属 *Rhamnus* Linnaeus

1. 陷脉鼠李 *Rhamnus bodinieri* Lévl.

常绿灌木；生于海拔 1000－2000m 的林缘或灌丛中；分布于安龙、普定、兴义、西秀、罗甸、荔波、都匀等地。

2. 山绿柴 *Rhamnus brachypoda* C. Y. Wu ex Y. L. Chen

灌木；生于海拔 500－1700m 的山坡路边灌丛中；分布于道真、独山、罗甸等地。

3. 石生鼠李 *Rhamnus calcicola* Q. H. Chen

直立 灌木；生于海拔 600－850m 的石灰岩山地林下；分布于贵阳、荔波等地。

4. 黔南鼠李 *Rhamnus chiennanensis* Xu

灌木；分布于黔南等地。

5. 革叶鼠李 *Rhamnus coriophylla* Hand. -Mazz.

灌木至小乔木；生于海拔 800m 的石灰岩山地灌丛中；分布于兴义、惠水、册亨、长顺、独山、罗甸、荔波、惠水、龙里等地。

6. 锐齿革叶鼠李 *Rhamnus coriophylla* var. *acutidens* Y. L. Chen et P. K. Chou

灌木至小乔木；生于海拔 800m 的石灰岩林缘路旁；分布于独山等地。

7. 长叶冻绿 *Rhamnus crenata* Sieb. et Zucc.

落叶灌木或小乔木；生于海拔 1000m 左右的山林、灌丛中、路边；分布于贵阳、清镇、赤水、绥阳、碧江、西秀、普定、黎平、黔南等地。

8. 刺鼠李 *Rhamnus dumetorum* Schneid.

灌木；生于海拔 900－2900m 的灌丛中；分布于贵阳、大方、印江、罗甸、惠水、龙里等地。

9. 贵州鼠李 *Rhamnus esquirolii* Lévl.

灌木稀小乔木；生于海拔 400－1800m 的林下、林缘、坡地或路旁；分布于黔中、黔北、省内西部、长顺、瓮安、罗甸、都匀、惠水、贵定、龙里、平塘等地。

10. 木子花 *Rhamnus esquirolii* var. *glabrata* Y. L. Chen et P. K. Chou

灌木稀小乔木；生于海拔 500－1800m 的山谷密林、林缘或灌丛中；分布于七星关、安龙、兴仁、兴义、贵阳、清镇、修文、息烽、惠水、龙里等地。

11. 黄鼠李 *Rhamnus fulvotincta* Metcalf

灌木稀小乔木；生于海拔 400m 的石灰岩石山坡、路旁、疏林边；分布于桐梓等地。

12. 圆叶鼠李 *Rhamnus globosa* Bunge

灌木稀小乔木；海拔 1600m 以下的山坡、林下或灌丛中；分布于佛顶山等地。

13. 大花鼠李 *Rhamnus grandiflora* C. Y. Wu ex Y. L. Chen

灌木；生于海拔 1000－1800m 的疏林下、缓坡灌丛中；分布于七星关、清镇、凯里、雷山、荔波等地。

14. 海南鼠李 *Rhamnus hainanensis* Merr. et Chun

藤状灌木；生于海拔 600－900m 的山谷密林中；分布于荔波、开阳等地。

15. 亮叶鼠李 *Rhamnus hemsleyana* Schneid.

常绿小乔木，稀灌木；生于海拔 700－2300m 的林下、林缘、灌丛中；分布于威宁、七星关、盘县、纳雍、瓮安、独山、荔波、都匀、惠水、平塘等地。

16. 毛叶鼠李 *Rhamnus henryi* Schneid.

小乔木至高大乔木；生于海拔 1200－2800m 的山坡灌丛中；分布于息烽、绥阳、梵净山、惠水、龙里等地。

17. 异叶鼠李 *Rhamnus heterophylla* Oliv.

灌木；生于海拔 800－1200m 的石灰岩山上、林下或林缘；分布于赤水、贵阳、开阳、修文、清镇、西秀、普定、惠水、荔波、长顺、瓮安、独山、罗甸、福泉、都匀、龙里、从江、黎平等地。

18. 钩齿鼠李 *Rhamnus lamprophylla* Schneid.

灌木或小乔木；生于海拔 400－1600m 的山地灌丛中；分布于黔西南、榕江、月亮山、荔波等地。

19. 薄叶鼠李 *Rhamnus leptophylla* Schneid.

灌木或小乔木；生于海拔 1700－2600m 的林缘、路旁；分布于贵阳、息烽、开阳、绥阳、安龙、黎平、黔南等地。

20. 尼泊尔鼠李 *Rhamnus napalensis*（Wall.）Laws.

灌木至小乔木；生于海拔 1000m 以下的林下及灌丛中；分布于梵净山、罗甸、长顺、独山、荔波等地。

21. 小叶鼠李 *Rhamnus parvifolia* Bunge

灌木；生于海拔 400－2300m 的向阳山坡、草丛或灌丛中；分布于茂兰、荔波等地。

22. 杜鹃叶鼠李 *Rhamnus rhododendriphylla* Y. L. Chen et P. K. Chou

灌木；生于石灰岩山顶；分布于茂兰、荔波等地。

23. 小冻绿树 *Rhamnus rosthornii* E. Pritz. ex Diels

灌木至小乔木；生于海拔 600－2600m 的疏林下、灌丛中；分布于息烽、修文、威宁、盘县、西秀、清镇、平坝、望谟、兴义、罗甸、福泉、荔波、贵定等地。

24. 皱叶鼠李 *Rhamnus rugulosa* Hemsl. ex Forbes et Hemsl.

灌木；生于海拔 500－2300m 的山坡、路旁或沟边灌丛中；分布于梵净山等地。

25. 多脉鼠李 *Rhamnus sargentiana* Schneid.

落叶乔木或灌木；生于海拔 1700－2800m 的山谷林中；分布于茂兰等地。

26. 岩生鼠李 *Rhamnus saxitilis* X. H. Song

灌木；生于海拔 750－950m；分布于茂兰等地。

27. 冻绿 *Rhamnus utilis* Decne.

灌木或小乔木；生于海拔 1500m 以下的山地、山坡疏林下；分布于贵阳、修文、黎平、黔南等地。

28. 毛冻绿 *Rhamnus utilis* var. *hypochrysa*（Schneid.）Rehd.

灌木或小乔木；生于山坡灌丛，森林下层植被；分布于贵阳、西秀、兴仁、榕江、罗甸、惠水、三都、龙里等地。

29. 帚枝鼠李 *Rhamnus virgata* Roxb.

灌木或小乔木；生于海拔 1200－2800m 的山坡灌丛中；分布于贵阳、七星关、大方、黔西等地。

30. 山鼠李 *Rhamnus wilsonii* Schneid.

灌木；生于海拔 300－1500m 的路边灌丛中；分布于贵阳、息烽、开阳、望谟、独山、罗甸、荔波、都匀等地。

（七）雀梅藤属 *Sageretia* Brongniart

1. 纤细雀梅藤 *Sageretia gracilis* J. R. Drumm. et Sarg.

藤状灌木；生于海拔 500－2500m 的山坡灌丛或疏林中；分布于兴义、荔波、罗甸、都匀、惠水、龙里、威宁、贵阳等地。

2. 钩刺雀梅藤 *Sageretia hamosa*（Wall.）Brongn.

常绿藤状灌木；生于海拔 900m 以下的山沟、水边灌丛或密林中；分布于贵阳、开阳、印江、江口、赤水、独山、荔波、惠水、三都等地。

3. 梗花雀梅藤 *Sageretia henryi* Drumm. et Sprague

藤状灌木；生于海拔 650－1400m 的山地灌丛、阴处岩石缝中；分布于七星关、贵阳、修文、雷山、黎平、榕江、平塘、望谟、兴义、盘县、荔波、习水、遵义等地。

4. 疏花雀梅藤 *Sageretia laxiflora* Hand. -Mazz.

藤状或直立灌木；生于海拔700m以下的低山林缘或疏林灌丛中；分布于开阳、罗甸、长顺、福泉、惠水、贵定、龙里、平塘、望谟等地。

5. 亮叶雀梅藤 *Sageretia lucida* Merr.

藤状灌木；生于海拔300 - 800m的山谷疏林中；分布于长顺、瓮安、独山、罗甸、福泉、荔波、都匀、惠水、三都、龙里、平塘等地。

6. 刺藤子 *Sageretia melliana* Hand. -Mazz.

常绿藤状灌木；生于海拔1500m以下的山地路旁；分布于息烽、三都、罗甸等地。

7. 峨眉雀梅藤 *Sageretia omeiensis* Schneid.

藤状灌木；生于山坡灌丛中；分布于贵阳、息烽、开阳、正安、长顺等地。

8. 少脉梅藤 *Sageretia paucicostata* Maxim.

直立灌木，或稀小乔木；生于山坡或山谷灌丛或疏林中；分布于湄潭等地。

9. 皱叶雀梅藤 *Sageretia rugosa* Hance

藤状或直立藤本；生于海拔300 - 1900m的山坡、山谷灌丛或疏林中；分布于施秉、荔波、罗甸、独山、瓮安、长顺、福泉、都匀、惠水、龙里、平塘、兴仁、兴义、大方、贵阳、遵义、印江、沿河等地。

10. 尾叶雀梅藤 *Sageretia subcaudata* Schneid.

藤状或直立灌木；生于海拔1500m的山坡灌丛或林中；分布于册亨等地。

11. 雀梅藤 *Sageretia thea*（Osbeck）M. C. Johnst.

藤状或直立灌木；生于海拔960m的山谷石灰岩上；分布于贵阳、修文 、荔波、独山等地。

12. 毛叶雀梅藤 *Sageretia thea* var. *tomentosa*（Schneid.）Y. L. Chen et P. K. Chou

藤状或直立灌木；生境不详；分布于惠水等地。

（八）翼核果属 *Ventilago* Gaertner

1. 毛果翼核果 *Ventilago calyculata* Tulasne

藤状灌木；生于中海拔低山疏林中；分布于册亨、罗甸等地。

2. 海南翼核果 *Ventilago inaequilateralis* Merr. et Chun

藤状灌木；生于低海拔的低山、沟谷林中；分布于罗甸、黔西南等地。

3. 翼核果 *Ventilago leiocarpa* Benth.

藤状灌木；生于海拔1500m以下疏林下或灌丛中；分布于都匀等地。

4. 毛叶翼核果 *Ventilago leiocarpa* var. *pubescens* Y. L. Chen et P. K. Chou

藤状灌木；生于海拔600 - 1000m的谷地疏林下；分布于望谟、荔波、罗甸等地。

5. 印度翼核果 *Ventilago maderaspatana* Gaertn.

藤状灌木；生于疏林下；分布于安龙等地。

（九）枣属 *Ziziphus* Miller

1. 印度枣 *Ziziphus incurva* Roxb.

乔木；生于海拔1000 - 2500m的中山混交林中；分布于兴义、荔波等地。

2. 枣 *Ziziphus jujuba* Mill.

落叶小乔木；生于海拔1500m以下的山区、丘陵、平原；分布于赤水、习水、遵义、碧江、兴仁、兴义、普安、贵阳、修文、息烽、西秀、普定、惠水、瓮安、罗甸、都匀、贵定、三都、龙里、平塘、玉屏、黎平等地。

3. 无刺枣 *Ziziphus jujuba* var. *inermis*（Bunge）Rehd.

落叶小乔木；生于海拔1600m以下的山区；分布于兴义等地。

4. 滇刺枣 *Ziziphus mauritiana* **Lam.**

小乔木；生于海拔 1800m 以下的山坡、丘陵、河边湿润林中或灌丛中；分布于赤水等地。

5. 毛脉枣 *Ziziphus pubinervis* **Rehd.**

落叶小乔木；生于山区、丘陵、平原；分布于兴义等地。

一一七、火筒树科 Leeaceae

(一) 火筒树属 *Leea* Royen ex Linnaeus

1. 火筒树 *Leea indica* (**Burm. f.**) **Merr.**

直立灌木到小乔木；生于海拔 340m 的低山河谷溪边；分布于望谟等地。

一一八、葡萄科 Vitaceae

(一) 蛇葡萄属 *Ampelopsis* Michaux

1. 蓝果蛇葡萄 *Ampelopsis bodinieri* (**Lévl. et Vant.**) **Rehd.**

木质藤本；生于海拔 900 – 1100m 的山坡灌丛中；分布于兴义、安龙、纳雍、贵阳、清镇、都匀、湄潭、凤冈、雷山、梵净山、罗甸、惠水、贵定、龙里等地。

2. 灰毛蛇葡萄 *Ampelopsis bodinieri* var. *cinerea* (**Gagnep.**) **Rehd.**

木质藤本；生于海拔约 1300m 的山谷林中或山坡灌丛阴处；分布于福泉、都匀、贵定等地。

3. 广东蛇葡萄 *Ampelopsis cantoniensis* (**Hook. et Arn.**) **K. Koch**

木质藤本；生于海拔 500 – 1500m 的山谷潮湿地灌丛中；分布于兴仁、贞丰、都匀、三都、独山、贵定、荔波、长顺、瓮安、福泉、惠水、龙里、平塘、雷山、黎平、榕江、江口等地。

4. 羽叶蛇葡萄 *Ampelopsis chaffanjonii* (**Lévl.**) **Rehd.**

木质藤本；生于海拔 600 – 1600m 的山谷水旁湿地或山坡路旁灌丛中；分布于赤水、绥阳、德江、印江、松桃、黄平、雷山、黎平、榕江、从江、贵阳、清镇、贵定、都匀、惠水、罗甸、兴义、安龙等地。

5. 三裂蛇葡萄 *Ampelopsis delavayana* **Planch. ex Franch.**

木质藤本；生于海拔 440 – 1300m 的山脚阴处密林和灌丛中；分布于赤水、习水、湄潭、德江、印江、松桃、碧江、黄平、雷山、瓮安、罗甸、福泉、惠水、贵定、龙里、独山、贵阳、兴义、安龙、册亨等地。

6. 毛三裂蛇葡萄 *Ampelopsis delavayana* var. *setulosa* (**Diels et Gilg**) **C. L. Li**[*Ampelopsis delavayana* var. *gentiliana* (**Lévl. et Vant.**) **Hand. -Mazz.**]

木质藤本；生于海拔 560 – 1250m 的山谷水旁疏林及灌丛中；分布于赤水、沿河、德江、息烽、贵阳、平塘、瓮安、罗甸、荔波、惠水、贵定、龙里、安龙、册亨等地。

7. 蛇葡萄 *Ampelopsis glandulosa* (**Wall.**) **Momiy.**【*Ampelopsis sinica* (**Miq.**) **W. T. Wang**】

木质藤本；生于海拔 400 – 1200m 的山谷疏林灌丛中；分布于开阳、纳雍、平坝、安龙、印江、松桃、黎平、从江、瓮安、独山、福泉、荔波、都匀、平塘等地。

8. 光叶蛇葡萄 *Ampelopsis glandulosa* var. *hancei* (**Planch.**) **Momiy.**【*Ampelopsis sinica* var. *hancei* (**Planchon**) **W. T. Wang.**】

木质藤本；生于海拔 450 – 1300m 的山谷密林中或山沟水旁阴处灌丛中；分布于兴仁、望谟、清镇、贵阳、惠水、独山、荔波、黄平、罗甸、福泉、龙里、剑河、榕江等地。

9. 异叶蛇葡萄 *Ampelopsis glandulosa* var. *heterophylla* (**Thunb.**) **Momiy.**【*Ampelopsis humulifolia* var. *heterophylla* (**Thunb.**) **K. Koch**】

木质藤本；生于海拔 1200m 左右的山坡阴处灌丛中；分布于黎平、瓮安等地。

10. 牯岭蛇葡萄 *Ampelopsis glandulosa* **var.** *kulingensis* （Rehd.）**Momiy.**【*Ampelopsis brevipedunculata* **var.** *kulingensis* **Rehd.**】

木质藤本；生于海拔 1200－1400m 的山坡灌丛中；分布于贵阳、黎平、瓮安、荔波等地。

11. 微毛蛇葡萄 *Ampelopsis glandulosa* **f.** *puberula* **W. T. Wang**【*Ampelopsis brevipedunculata* **f.** *puberula* **W. T. Wang**】

木质藤本；生于海拔 400－1200m 的山坡疏林或灌丛中；分布于贵阳、安龙、平塘、独山、黎平、江口、松桃等地。

12. 显齿蛇葡萄 *Ampelopsis grossedentata* （Hand.-Mazz.）**W. T. Wang**

木质藤本；生于海拔 760－910m 的山坡、山谷林下灌丛中；分布于印江、江口、松桃、凯里、黎平、从江、榕江、平塘、惠水、荔波、罗甸、贵定、三都等地。

13. 葎叶蛇葡萄 *Ampelopsis humulifolia* **Bunge**

木质藤本；生于海拔 400－1100m 的生山沟地边或灌丛林缘或林中；分布于独山、福泉、都匀、梵净山等地。

14. 白蔹 *Ampelopsis japonica* （Thunb.）**Makino**

木质藤本；生于海拔 400－1100m 的山坡路旁灌丛中；分布于贵阳、黎平、碧江、务川、松桃、惠水、贵定、龙里等地。

15. 大叶蛇葡萄 *Ampelopsis megalophylla* **Diels et Gilg**

木质藤本；生于海拔 1350－1950m 的山坡灌丛或山谷疏林中；分布于清镇、纳雍、大方、贵定等地。

16. 毛枝蛇葡萄 *Ampelopsis rubifolia* （Wall.）**Planch.**【*Ampelopsis megalophylla* **var.** *puberula* **W. T. Wang**】

木质藤本；生于海拔 700－1040m 的山谷阳处灌丛中；分布于梵净山、雷公山、独山、荔波、惠水等地。

（二）乌蔹莓属 *Cayratia* **Jussieu**

1. 白毛乌蔹莓 *Cayratia albifolia* **C. L. Li**【*Cayratia oligocarpa* **var.** *glabra* （Gagnep.）**Rehd.**】

木质藤本；生于海拔 860m 的山脚疏林中；分布于黎平、瓮安、独山、罗甸、福泉、荔波、惠水、龙里等地。

2. 角花乌蔹莓 *Cayratia corniculata* （Benth.）**Gagnep.**

木质藤本；生于海拔 200－600m 的山谷溪边疏林或山坡灌丛；分布于梵净山等地。

3. 乌蔹莓 *Cayratia japonica* （Thunb.）**Gagnep.**

木质藤本；生于海拔 500－1500m 的山坡、沟谷灌丛中及林下；分布于普安、兴仁、兴义、安龙、独山、长顺、罗甸、福泉、印江、江口、雷山、黎平、从江等地。

4. 毛乌蔹莓 *Cayratia japonica* **var.** *mollis* （Wall.）**Momiy.**【*Cayratia japonica* **var.** *pubifolia* **Merr. et Chun**】

木质藤本；生于海拔 350－1250m 的山坡灌丛中；分布于册亨、贵阳、罗甸、三都、瓮安、都匀、惠水、龙里、黎平等地。

5. 尖叶乌蔹莓 *Cayratia japonica* **var.** *pseudotrifolia* （W. T. Wang）**C. L. Li**【*Cayratia pseudotrifolia* **W. T. Wang**】

木质藤本；生于海拔 600－1350m 的山谷沟边及山坡灌丛中；分布于贵阳、黄平、福泉、独山、都匀、印江等地。

6. 华中乌蔹莓 *Cayratia oligocarpa* （Lévl. et Vant.）**Gagnep.**

木质藤本；生于海拔 350－1900m 的山坡、山谷灌丛中及林下；分布于纳雍、大方、清镇、贵阳、开阳、惠水、瓮安、独山、荔波、黄平、长顺、凯里、黎平、雷山、松桃等地。

7. 毛叶乌蔹莓 *Cayratia oligocarpa* var. *czudata* G. L. Li

木质藤本；生于海拔 1350 – 1400m 的灌丛中；分布于大沙河等地。

（三）白粉藤属 *Cissus* Linnaeus

1. 苦郎藤 *Cissus assamica*（Laws.）Craib

木质藤本；生于海拔 700 – 1300m 的山谷路旁灌丛中；分布于西秀、江口、从江、榕江、三都、独山、罗甸等地。

2. 白粉藤 *Cissus repens* Lam.

木质藤本；生于海拔 550m 的山坡路旁；分布于册亨、贞丰等地。

（四）地锦属 *Parthenocissus* Planchon

1. 异叶地锦 *Parthenocissus dalzielii* Gagnep.【*Parthenocissus heterophylla*（Bl.）Merr.】

木质藤本；生于海拔 900 – 1200m 的山坡密林阴处或灌丛中；分布于贵阳、息烽、修文、兴义、兴仁、安龙、西秀、清镇、贵定、都匀、长顺、瓮安、独山、罗甸、福泉、荔波、惠水、龙里、平塘、绥阳、印江、江口、松桃、雷山、黎平、榕江等地。

2. 长柄地锦 *Parthenocissus feddei*（Lévl.）C. L. Li

木质藤本；生于海拔 650 – 1100m 的山谷岩石上；分布地不详。

3. 花叶地锦 *Parthenocissus henryana*（Hemsl.）Graebn. ex Diels et Gilg

木质藤本；生于海拔 700 – 1300m 的灌丛中；分布于习水、贵阳、开阳、清镇、平塘、瓮安、长顺、独山、罗甸、福泉、惠水、贵定、龙里、印江等地。

4. 绿叶地锦 *Parthenocissus laetevirens* Rehd.

木质藤本；生于海拔 650m 的山谷路旁灌丛中；分布于黎平等地。

5. 三叶地锦 *Parthenocissus semicordata*（Wall.）Planch.【*Parthenocissus himalayana*（Royle）Planchon；*Parthenocissus semicordata* var. *rubrifolia*（Lévl. et Vant.）C. L. Li】

木质藤本；生于海拔 1400 – 2100m 的高山密林中及岩石上；分布于贵阳、开阳、安龙、兴义、兴仁、水城、纳雍、绥阳、印江、镇远、榕江、荔波、长顺、瓮安、独山、罗甸、荔波、贵定、三都、龙里、平塘、湄潭等地。

6. 栓翅地锦 *Parthenocissus suberosa* Hand. -Mazz.

木质藤本；生于海拔 800 – 1050m 的山脚溪边灌丛中及岩石上；分布于贵阳、贵定、独山、惠水、三都、龙里等地。

7. 地锦 *Parthenocissus tricuspidata*（Sieb. et Zucc.）Planch.

木质藤本；生于海拔 800 – 1300m 的山坡灌丛中及岩石上；分布于兴仁、安龙、贵阳、独山、荔波、长顺、罗甸、福泉、都匀、惠水、贵定、三都、龙里、平塘、从江等地。

（五）崖爬藤属 *Tetrastigma*（Miquel）Planchon

1. 尾叶崖爬藤 *Tetrastigma caudatum* Merr. et Chun

木质藤本；生于海拔 1130 – 1360m 的山谷林中或山坡灌丛阴处；分布于贵阳、长顺等地。

2. 角花崖爬藤 *Tetrastigma ceratopetalum* C. Y. Wu

木质藤本；生于海拔 1200 – 1800m 的山坡岩石灌丛或混交林中；分布地不详。

3. 七小叶崖爬藤 *Tetrastigma delavayi* Gagnep.

攀援灌木；生于海拔 1000 – 2500m 的山谷林中或灌丛中；分布于望谟等地。

4. 三叶崖爬藤 *Tetrastigma hemsleyanum* Diels et Gilg

草质藤本；生于海拔 600 – 1000m 的山坡灌丛中；分布于赤水、江口、松桃、安龙、贵定、长顺、平塘、荔波、福泉、惠水、龙里、凯里、雷山、从江等地。

5. 蒙自崖爬藤 *Tetrastigma henryi* Gagnep.

木质藤本；生于海拔 600 – 1600m 的山谷林中或路旁；分布地不详。

6. 叉须崖爬藤 *Tetrastigma hypoglaucum* Planch.

木质藤本；生于海拔 950 – 1800m 的水旁潮湿地及山谷林下灌丛中；分布于兴仁、兴义、安龙、雷山、凯里、榕江、黄平、绥阳、习水、江口、印江、松桃等地。

7. 毛枝崖爬藤 *Tetrastigma obovatum* Gagnep.

木质藤本；生于海拔 750 – 1900m 的山谷、山坡林中、林缘或灌丛中；分布于安龙、册亨、长顺、独山、罗甸等地。

8. 崖爬藤 *Tetrastigma obtectum* (Wall. ex Lawson) Planch. ex Franch. 【*Tetrastigma obtectum* var. *pilosum* Gagnep. ；*Tetrastigma obtectum* var. *potentilla* (Lévl. et Vant.) Gagnep. 】

木质藤本；生于海拔 800 – 1350m 的林下岩石上或树干上；分布于兴义、兴仁、晴隆、贞丰、安龙、望谟、贵阳、开阳、印江、罗甸、荔波、惠水、三都、龙里等地。

9. 无毛崖爬藤 *Tetrastigma obtectum* var. *glabrum* (Lévl.) Gagnep.

草质藤本；生于海拔 650 – 1500m 的山坡、山谷岩石上及灌丛中；分布于兴义、兴仁、安龙、平坝、平塘、贵定、罗甸、荔波、龙里、凯里等地。

10. 海南崖爬藤 *Tetrastigma papillatum* (Hance) C. Y. Wu

木质藤本；生于海拔 400 – 700m 的山谷林中；分布地不详。

11. 扁担藤 *Tetrastigma planicaule* (Hook. f.) Gagnep.

常绿木质大藤本；生于海拔 340m 的河谷季雨林中；分布于开阳、罗甸、望谟等地。

12. 石生崖爬藤 *Tetrastigma rupestre* Planch.

木质藤本；生于海拔 500 – 700m 的山坡岩石上及灌丛中；分布于罗甸、望谟、荔波等地。

13. 狭叶崖爬藤 *Tetrastigma serrulatum* (Roxb.) Planch.

木质藤本；生于海拔 800 – 1860m 的山坡潮湿地及山谷林下灌丛中；分布于习水、安龙、贞丰、榕江、福泉、荔波、三都等地。

14. 西畴崖爬藤 *Tetrastigma sichouense* C. L. Li

木质藤本；生于海拔 500 – 2400m 的灌丛或山谷林中；分布地不详。

15. 大果西畴崖爬藤 *Tetrastigma sichouense* var. *megalocarpum* C. L. Li

木质大藤本；生于海拔 600 – 2100m 的山谷林中或山坡岩石或灌丛；分布地不详。

（六）葡萄属 *Vitis* Linnaeus

1. 山葡萄 *Vitis amurensis* Rupr.

木质藤本；生于海拔 600 – 1700m 的山坡、沟谷林或灌丛中；分布于福泉、惠水等地。

2. 美丽葡萄 *Vitis bellula* (Rehder) W. T. Wang

木质藤本；生于海拔 910 – 1300m 的山谷灌丛中；分布于贵阳、清镇、绥阳、平塘、荔波、惠水等地。

3. 桦叶葡萄 *Vitis betulifolia* Diels et Gilg

木质藤本；生于海拔 470 – 2600m 的路旁阳处疏林中；分布于贵阳、黎平、威宁等地。

4. 东南葡萄 *Vitis chunganensis* Hu

木质藤本；生于海拔 530 – 1050m 的山坡灌丛中及山谷疏林中；分布于开阳、凯里、雷山、榕江、平塘、罗甸、荔波、惠水等地。

5. 刺葡萄 *Vitis davidii* (Rom. Caill.) Foex

木质藤本；生于海拔 750 – 1400m 的山坡、山谷密林中；分布于贵阳、开阳、清镇、修文、兴义、册亨、安龙、凯里、雷山、都匀、龙里、荔波、长顺、瓮安、独山、罗甸、福泉、惠水、贵定等地。

6. 锈毛刺葡萄 *Vitis davidii* var. *ferruginea* Merr. et Chun

木质藤本；生于海拔 1200m 左右的山坡林中或灌丛；分布于息烽等地。

7. 葛藟葡萄 *Vitis flexuosa* Thunb.【*Vitis flexuosa* var. *parvifolia*（Roxb.）Gagnep.】

木质藤本；生于海拔 750 – 2520m 的山坡灌丛及山沟疏林阴湿处；分布于习水、沿河、梵净山、松桃、黄平、凯里、施秉、雷山、威宁、大方、贵阳、息烽、安龙、独山、罗甸、长顺、瓮安、福泉、惠水、贵定、龙里等地。

8. 毛葡萄 *Vitis heyneana* Roem. et Schult.【*Vitis quinquangularis* Rehd.】

木质藤本；生于海拔 480 – 1200m 的山坡、山谷灌丛中；分布于赤水、德江、印江、松桃、兴义、兴仁、安龙、册亨、望谟、清镇、贵阳、开阳、罗甸、都匀、独山、长顺、瓮安、福泉、惠水、贵定、龙里等地。

9. 鸡足葡萄 *Vitis lanceolatifoliosa* C. L. Li

木质藤本；生于海拔 300m 左右的次生灌丛中；分布于碧江等地。

10. 绵毛葡萄 *Vitis retordii* Roman.

木质藤本；生于海拔 950m 的路旁灌丛中；分布于贵阳、安龙、长顺、荔波、三都等地。

11. 葡萄 *Vitis vinifera* L.

木质藤本；引种；省内有栽培。

12. 网脉葡萄 *Vitis wilsoniae* H. J. Veitch

木质藤本；生于海拔 820 – 1200m 的山谷、山坡灌丛中；分布于水城、印江、贵阳、平塘、长顺、独山、荔波、惠水、贵定、龙里等地。

（七）俞藤属 *Yua* C. L. Li

1. 大果俞藤 *Yua austro – orientalis*（Metcalf）C. L. Li【*Parthenocissus austro – orientalis* F. P. Metcalf】

木质藤本；生于海拔 900m 的山坡沟谷林中或林缘灌丛中；分布于荔波等地。

2. 俞藤 *Yua thomsoni*（Diels et Gilg）C. L. Li【*Parthenocissus thomsoni*（Laws.）Planch.】

木质藤本；生于海拔 560 – 1200m 的山谷密林潮湿地或山坡疏林中；分布于贵阳、开阳、修文、盘县、水城、兴义、安龙、印江、黄平、施秉、凯里、剑河、天柱、榕江、雷山、瓮安、独山、惠水、平塘、荔波等地。

3. 华西俞藤 *Yua thomsonii* var. *glaucescens*（Diels et Gilg）C. L. Li

木质藤本；生于海拔 1700 – 2000m 的山坡、沟谷、灌丛或树林中，攀援树上；分布地不详。

一一九、古柯科 Erythroxylaceae

（一）古柯属 *Erythroxylum* P. Browne

1. 东方古柯 *Erythroxylum sinense* C. Y. Wu【*Erythroxylum kunthianum* Kurz（1872）】

落叶灌木或小乔木；生于海拔 230 – 2200m 的山坡丛林中；分布于兴义、安龙、雷山、独山、荔波、惠水、贵定等地。

（二）粘木属 *Ixonanthes* Jack

1. 粘木 *Ixonanthes reticulata* Jack【*Ixonanthes chinensis* Champ.】

常绿灌木或乔木；生于海拔 750m 以下的路旁、山谷、山顶、溪旁、沙地、丘陵和疏密林中；分布地不详。

一二〇、亚麻科 Ixonanthaceae

（一）亚麻属 *Linum* Linnaeus

1. 野亚麻 *Linum stelleroides* Planch.

一年或二年生草本；生于海拔 630－2750m 的山坡、路旁和荒山地；分布地不详。

2. 亚麻 *Linum usitatissimum* L.

一年生草本；原产地中海；省内有栽培。

（二）石海椒属 *Reinwardtia* Dumortier

1. 石海椒 *Reinwardtia indica* Dumort.【*Reinwardtia trigyna*（Reichb.）Planch.】

常绿灌木；生于海拔 500－2300m 的路旁、山坡、岩边或沟边；分布于开阳、清镇、修文、兴义、赤水、瓮安、罗甸、荔波等地。

（三）青篱柴属 *Tirpitzia* Hallier

1. 米念芭 *Tirpitzia ovoidea* Chun et How ex Sha

灌木；生于海拔 300－1500m 的山谷、疏林中；分布于三都等地。

2. 青篱柴 *Tirpitzia sinensis*（Hemsl.）Hall.

灌木或小乔木；生于海拔 300－2000m 石灰岩的灌丛中；分布于开阳、兴义、望谟、紫云、惠水、罗甸、长顺、独山、福泉、荔波、都匀、贵定、三都、龙里、平塘等地。

一二一、金虎尾科 Malpighiaceae

（一）盾翅藤属 *Aspidopterys* A. Jussieu ex Endlicher

1. 贵州盾翅藤 *Aspidopterys cavaleriei* Lévl.

木质藤本；生于海拔 280－800m 的山谷密林、疏林或灌丛中；分布于罗甸等地。

2. 花江盾翅藤 *Aspidopterys esquirolii* Lévl.

木质藤本；生于海拔 400－800m 的山地林中；分布于花江等地。

（二）风筝果属 *Hiptage* Gaertner

1. 风筝果 *Hiptage benghalensis*（L.）Kurz

木质藤本；生于海拔 480m 的山腰疏林或沟边灌丛中；分布于罗甸等地。

2. 披针叶风筝果 *Hiptage lanceolata* Arènes

藤状灌木；分布于兴义、罗甸等地。

3. 罗甸风筝果 *Hiptage luodianensis* S. K. Chen

木质藤本；生于海拔 500m 的山坡疏林中；分布于罗甸等地。

4. 小花风筝果 *Hiptage minor* Dunn

木质藤本；生于海拔 200－1400m 的山坡疏林中或灌丛中；分布地不详。

5. 田阳风筝果 *Hiptage tianyangensis* F. N. Wei

木质藤本；生于海拔 500m 的疏林中；分布于罗甸等地。

一二二、远志科 Polygalaceae

（一）远志属 *Polygala* Linnaeus

1. 荷包山桂花 *Polygala arillata* Buch. -Ham. ex D. Don

直立灌木或小乔木；生于海拔 700－2000m 的山坡林下；分布于绥阳、湄潭、正安、江口、雷山、黎平、从江等地。

2. 尾叶远志 *Polygala caudata* Rehd. et Wils.

直立灌木；生于海拔 800－1800m 的石灰岩林中；分布于兴义、兴仁、平坝、惠水、赫章、七星关、大方、黔西、正安、绥阳、松桃、印江、思南、都匀、独山、平塘、荔波、瓮安、罗甸、福泉、惠水、三都、龙里等地。

3. 华南远志 *Polygala chinensis* L.【*Polygala glomerata* Lour.】

一年生草本；生于海拔 500－1000m 的草地、灌丛中；分布于安龙、册亨、望谟等地。

4. 贵州远志 *Polygala dunniana* Lévl.

多年生草本；生于海拔 1500m 的山顶草地或林中；分布于安龙、水城、贵定、平塘、荔波等地。

5. 黄花倒水莲 *Polygala fallax* Hemsl.

直立灌木或小乔木；生于海拔 300－1600m 的山谷林下、山坡阴湿处；分布于赫章、大方、绥阳、黄平、印江、独山、惠水、罗甸、龙里、瓮安、黎平等地。

6. 肾果小扁豆 *Polygala furcata* Royle

一年生草本；生于海拔 1300－1600m 的路旁、岩石边；分布于兴义等地。

7. 香港远志 *Polygala hongkongensis* Hemsl.

多年生草本；生于海拔 800－1200m 的山谷林下；分布于凯里、雷山、望谟等地。

8. 心果小扁豆 *Polygala isocarpa* Chodat

一年生草本；生于海拔 1200－1400m 的树下岩石上或路旁草地；分布于兴仁等地。

9. 瓜子金 *Polygala japonica* Houtt.

多年生草本；生于海拔 500－1800m 的山坡、路旁或林中草丛中；分布于安龙、威宁、七星关、平坝、贵阳、惠水、赤水、遵义、印江、松桃、平塘、荔波等地。

10. 长叶远志 *Polygala longifolia* Poir.

一年生草本；生于海拔 1100－1400m 的林缘草地；分布于兴义、安龙等地。

11. 蓼叶远志 *Polygala persicariifolia* DC.

一年生草本；生于海拔 1200－1600m 的阳处草地、路旁及林下；分布于册亨等地。

12. 小花远志 *Polygala polifolia* Presl【*Polygala arvensis* F.】

一年生草本；生于海拔 1200m 的山坡、路旁草丛中；分布于贵阳、平坝等地。

13. 西伯利亚远志 *Polygala sibirica* L.

多年生草本；生于海拔 500－1400m 的山坡草地、田坝路旁；分布于威宁、关岭、贵阳、瓮安、印江、雷山、黎平等地。

14. 合叶草 *Polygala subopposita* S. K. Chen

一年生草本；生于海拔 900－1400m 山坡路旁或河边草丛中；分布于安龙、七星关等地。

15. 小扁豆 *Polygala tatarinowii* Regel

一年生草本；生于海拔 600－1200m 的山坡草丛及林下；分布于兴义、德江、荔波等地。

16. 长毛籽远志 *Polygala wattersii* Hance

直立灌木或小乔木；生于海拔 1100－1300m 的石灰岩山区阔叶林下或灌丛中；分布于兴义、平坝、贵阳、赤水、遵义、荔波、惠水、龙里、黎平等地。

(二)齿果草属 *Salomonia* Loureiro

1. 齿果草 *Salomonia cantoniensis* Lour.

一年生直立草本；生于海拔 500－1600m 的湿润草地上；分布于赫章、丹寨、都匀、独山等地。

2. 椭圆叶齿果草 *Salomonia ciliata*（L.）DC.【*Salomonia oblongifolia* DC.】

一年生直立草本；生于海拔 600－1000m 的旷野草地；分布于七星关、独山等地。

一二三、省沽油科 Staphyleaceae

（一）野鸦椿属 *Euscaphis* Siebold et Zuccarini

1. 野鸦椿 *Euscaphis japonica* (Thunb.) Dippel

落叶灌木或小乔木；生于海拔 340-2200m 的山谷疏密林中、路旁、河边、沟边杂木林中或山坡灌丛中；分布于赤水、习水、遵义、德江、印江、梵净山、松桃、大方、纳雍、水城、盘县、普安、兴义、册亨、息峰、贵阳、开阳、清镇、修文、三都、独山、荔波、瓮安、长顺、罗甸、福泉、都匀、惠水、贵定、龙里、丹寨、黄平、凯里、雷山、从江、榕江、黎平、锦屏等地。

（二）省沽油属 *Staphylea* Linnaeus

1. 嵩明省沽油 *Staphylea forrestii* Balf. f.

落叶乔木；生于海拔 1000m 左右的沟谷灌丛中；分布于贵阳、息烽、长顺、独山、福泉、荔波、都匀等地。

2. 膀胱果 *Staphylea holocarpa* Hemsl.

落叶灌木或小乔木；生于海拔 1200-2200m 的林中、山坡；分布于都匀等地。

（三）山香圆属 *Turpinia* Ventenat

1. 硬毛山香圆 *Turpinia affinis* Merr. et L. M. Perry

常绿乔木；生于海拔 500-2000m 的沟边阴湿密林中；分布地不详。

2. 锐尖山香圆 *Turpinia arguta* Seem.

落叶灌木；生于海拔 600-900m 的山地林中；分布于雷山、榕江、瓮安、罗甸、三都等地。

3. 绒毛锐尖山香圆 *Turpinia arguta* var. *pubescens* T. Z. Hsu

落叶灌木；生于海拔 400-1200m 的山脚密林中、山坡路旁、水旁及沟边潮湿灌丛中；分布于黔东南、独山、荔波、道真、江口等地。

4. 越南山香圆 *Turpinia cochinchinensis* (Lour.) Merr.

落叶乔木；生于海拔 1200-2100m 的湿润荫处的密林中；分布地不详。

5. 疏脉山香圆 *Turpinia indochinensis* Merr.

落叶灌木或小乔木；生于中海拔山地林中；分布于雷公山等地。

6. 山香圆 *Turpinia montana* (Bl.) Kurz【*Turpinia montana* var. *glaberrima* (Merr.) T. Z. Hsu；*Turpinia montana* var. *stenophylla* (Merr. et Perry) T. Z. Hsu】

落叶小乔木；生于海拔 400-1650m 的路旁、河边、沟底潮湿地或山坡密林中；分布于贵阳、开阳、安龙、兴仁、梵净山、印江、雷山、黎平、锦屏、榕江、独山、长顺、荔波、惠水、三都、罗甸、望谟等地。

7. 大果山香圆 *Turpinia pomifera* (Roxb.) DC.

落叶乔木或灌木；生于低海拔疏密林中、路旁、林边；分布于册亨、黎平、罗甸、荔波、三都等地。

8. 山麻风树 *Turpinia pomifera* var. *minor* C. C. Huang

落叶乔木；生于海拔 380-1100m 的山谷阴处密林中、水旁、河边、沟底灌丛中；分布于册亨、印江、江口、梵净山、雷山、黎平、榕江、三都、独山、都匀、从江等地。

一二四、瘿椒树科 Tapisciaceae

（一）瘿椒树属 *Tapiscia* Oliver

1. 瘿椒树 *Tapiscia sinensis* Oliv.

落叶乔木；生于海拔 600 - 2300m 的山谷、沟谷密林中或河边；分布于息烽、纳雍、盘县、印江、梵净山、石阡、瓮安、独山、都匀、贵定、三都、龙里、黔东南等地。

一二五、伯乐树科 Bretschneideraceae

（一）伯乐树属 *Bretschneidera* Hemsley

1. 伯乐树 *Bretschneidera sinensis* Hemsl.

落叶乔木；生于海拔 500 - 1500m 的山地杂木林中；分布于雷公山、梵净山、佛顶山、荔波、平塘、独山、贵阳、开阳、黎平、丹寨、大方、惠水、瓮安、三都、罗甸、都匀、贵定、龙里、松桃、榕江、从江、贞丰、册亨、赤水、盘县、台江等地。

一二六、无患子科 Sapindaceae

（一）异木患属 *Allophylus* Linnaeus

1. 长柄异木患 *Allophylus longipes* Radlk.

小乔木；生于海拔 600m 的疏林潮湿处；分布于兴义等地。

（二）细子龙属 *Amesiodendron* Hu

1. 细子龙 *Amesiodendron chinense*（Merr.）Hu

常绿乔木；生于海拔 400 - 500m 的河谷季雨林或破坏后的疏林中；分布于望谟、罗甸等地。

（三）黄梨木属 *Boniodendron* Gagnepain

1. 黄梨木 *Boniodendron minus*（Hemsley）T. C. Chen【*Koelreuteria minor* Hemsl.】

落叶灌木或小乔木；生于海拔 600 - 800m 的石灰岩山坡上；分布于平塘、独山、荔波、长顺、罗甸、惠水、三都等地。

（四）倒地铃属 *Cardiospermum* Linnaeus

1. 倒地铃 *Cardiospermum halicacabum* L.【*Cardiospermum halicacabum* var. *microca*rpum（Kunth）Bl.】

草质攀援藤本；生于海拔 400 - 700m 的山坡草地或疏林下干燥处；分布于兴义、望谟、安龙、罗甸等地。

（五）茶条木属 *Delavaya* Franch.

1. 茶条木 *Delavaya toxocarpa* Franch.

灌木或小乔木；引种；省内有栽培。

（六）龙眼属 *Dimocarpus* Loureiro

1. 龙荔 *Dimocarpus confinis*（F. C. How et C. N. Ho）H. S. Lo【*Pseudonephelium confine* F. C. How et C. N. Ho；*Dimocarpus fumatus* subsp. *Indochinensis* Leenh】

常绿大乔木；生于海拔 400 - 1000m 的阔叶林中；分布于册亨、望谟、罗甸等地。

2. 灰岩肖韶子 *Dimocarpus fumatus* subsp. *calcicola* C. Y. Wu

常绿乔木；生于海拔 400 - 600m 的河谷疏林中；分布于册亨、望谟、罗甸等地。

3. 龙眼 *Dimocarpus longan* Lour.

常绿乔木；引种；省内有栽培。

（七）伞花木属 *Eurycorymbus* Handel-Mazzetti

1. 伞花木 *Eurycorymbus cavaleriei*（Lévl.）Rehd. et Hand. -Mazz.

落叶乔木；生于海拔 500 - 1300m 的疏林中；分布于印江、思南、德江、江口、都匀、贵定、惠水、长顺、凯里、黄平、天柱、独山、罗甸、荔波、平塘、三都、黎平、榕江、从江、兴仁、兴义、金沙等地。

（八）栾树属 *Koelreuteria* Laxmann

1. 复羽叶栾树 *Koelreuteria bipinnata* Franch.【*Koelreuteria bipinnata* var. *puberula* Chun；*Koelreuteria integrifoliola* Merr.】

落叶乔木；生于海拔 500 – 1100m 的疏林及石灰岩旷野稀疏杂木林中；分布于贵阳、开阳、息烽、修文、兴义、兴仁、关岭、仁怀、西秀、清镇、黔西、湄潭、思南、沿河、三都、平塘、荔波、长顺、瓮安、独山、罗甸、福泉、都匀、惠水、贵定、龙里等地。

2. 栾树 *Koelreuteria paniculata* Laxm.【*Koelreuteria bipinnata* var. *apiculata* F. C. How et C. N. Ho】

落叶乔木；生于海拔 600 – 1200m 的疏林中；分布于清镇、遵义、凤冈、松桃、德江、锦屏、关岭、三都、荔波、都匀、惠水、贵定、龙里等地。

（九）荔枝属 *Litchi* Sonn.

1. 荔枝 *Litchi chinensis* Sonn.

常绿乔木；引种；省内有栽培。

（十）无患子属 *Sapindus* Linnaeus

1. 川滇无患子 *Sapindus delavayi*（Franch.）Radlk.

落叶乔木；生于海拔 800 – 1180m 的疏林中；分布于兴义、安龙、贵阳、荔波、惠水、龙里等地。

2. 无患子 *Sapindus saponaria* L.【*Sapindus mukorossi* Gaertner】

落叶乔木；生于海拔 400 – 1100m 的疏林中或村寨路边；分布于修文、息烽、兴义、安龙、册亨、榕江、贵阳、瓮安、罗甸、惠水、贵定、三都、龙里等地。

（十一）文冠果属 *Xanthoceras* Bunge

1. 文冠果 *Xanthoceras sorbifolia* Bunge

落叶灌木或小乔木；引种；省内有栽培。

一二七、七叶树科 Hippocastanaceae

（一）七叶树属 *Aesculus* Linnaeus

1. 长柄七叶树 *Aesculus assamica* Griff.【*Aesculus chuniana* Hu et W. P. Fang】

落叶乔木；生于海拔 1600m 的山地林中；分布于册亨、平塘等地。

2. 七叶树 *Aesculus chinensis* Bunge

落叶乔木；生于海拔 2550m 的高山；分布于威宁等地。

3. 天师栗 *Aesculus chinensis* var. *wilsonii*（Rehd.）Turland et N. H. Xia【*Aesculus wilsonii* Rehd.】

落叶乔木；生于海拔 1300m 的左右的山谷阴处密林中；分布于梵净山、黎平、贵定、贵阳、水城、威宁等地。

4. 小果七叶树 *Aesculus tsiangii* Hu et Fang

落叶乔木；生于海拔 1000m 以上的石灰岩山地林中；分布于息烽、都匀、惠水、贵定、荔波、平塘、长顺、普安、册亨、安龙、兴仁等地。

5. 云南七叶树 *Aesculus wangii* Hu

落叶乔木；生于海拔 850 – 1050m 的山谷地带；分布于荔波、贵定、龙里、兴义、安龙、麻江等地。

（二）掌叶木属 *Handeliodendron* Rehder

1. 掌叶木 *Handeliodendron bodinieri*（Lévl.）Rehd.

落叶灌木或乔木；生于海拔 500 – 900m 的疏林中；分布于平塘、独山、罗甸、荔波、平塘、三都、兴义等地。

一二八、槭树科 Aceraceae

(一) 枫属 *Acer* Linnaeus

1. 阔叶枫 *Acer amplum* Rehd. 【*Acer amplum* var. *convexum* (W. P. Fang) W. P. Fang 】

落叶乔木；生于海拔 800 – 1500m 的疏林中；分布于息烽、黎平、纳雍、绥阳、雷公山、正安、大沙河、佛顶山、瓮安、福泉、惠水、长顺等地。

2. 建水阔叶枫 *Acer amplum* subsp. *bodinieri* (Lévl.) Y. S. Chen【*Acer nayongense* W. P. Fang】

落叶乔木；生于海拔 1700 – 1800m 的疏林中；分布于贵阳、开阳、纳雍、长顺、惠水等地。

3. 天台阔叶枫 *Acer amplum* var. *tientaiense* (Schneid.) Rehd.

落叶乔木；生于海拔 1640m 的疏林中；分布于安龙等地。

4. 梓叶枫 *Acer amplum* subsp. *catalpifolium* (Rehd.) Y. S. Chen【*Acer catalpifolium* Rehd. 】

落叶乔木；生于海拔 500 – 2000m 的山谷混交林中；分布于黔北等地。

5. 三角枫 *Acer buergerianum* Miq.

落叶乔木；生于海拔 1500m 以下的混交林中；分布于贵阳、荔波、沿河、福泉、荔波、惠水、龙里等地。

6. 重齿藏南枫 *Acer campbellii* var. *serratifolium* Banerji【*Acer heptalobum* Diels】

落叶乔木；生于海拔 1900m 的混交林中；分布于水城等地。

7. 小叶青皮枫 *Acer cappadocicum* var. *sinicum* (Rehd.) Hand. -Mazz.

落叶乔木；生于海拔 1400 – 2400m 的林中；分布于贵阳、梵净山、纳雍、威宁、江口、台江、黔西、大沙河等地。

8. 长尾枫 *Acer caudatum* Wall. 【*Acer caudatum* var. *multiserratum* (Maxim.) Rehd. 】

落叶乔木；生于海拔 1700m 的疏林中；分布于梵净山、大沙河等地。

9. 黔桂枫 *Acer chingii* Hu

落叶乔木；生于海拔 600 – 1800m 的树林中；分布于贵阳、清镇、雷山、印江、习水、榕江、从江、都匀、大沙河等地。

10. 紫果枫 *Acer cordatum* Pax

常绿乔木；生于海拔 800 – 1200m 的阔叶林中；分布于瓮安、黎平、从江、雷山、黄平、施秉、都匀、三都、大沙河、佛顶山、梵净山等地。

11. 樟叶枫 *Acer coriaceifolium* Lévl. 【*Acer cinnamomifolium* Hayata；*Acer coriaceifolium* var. *microcarpum* W. P. Fang et S. S. Chang】

常绿乔木；生于海拔 500 – 1000m 的阔叶林中；分布于修文、息烽、开阳、佛顶山、荔波、罗甸、福泉、惠水、贵定、黎平、松桃、锦屏、石阡、都匀、宽阔水、大沙河等地。

12. 厚叶枫 *Acer crassum* Hu et W. C. Cheng

常绿乔木；生于海拔 630 – 750m 的阔叶林中；分布于荔波等地。

13. 青榨枫 *Acer davidii* Franch. 【*Acer rubronervium* Y. K. Li】

落叶乔木；生于海拔 600 – 1800m 的林中或山脚湿润处稀林中；分布于水城、赤水、道真、绥阳、息烽、江口、兴义、册亨、望谟、普安、普定、纳雍、锦屏、黎平、从江、榕江、雷山、施秉、惠水、都匀、长顺、瓮安、独山、罗甸、福泉、荔波、贵定、三都、龙里等地。

14. 中华重齿枫 *Acer duplicatoserratum* var. *chinense* C. S. Chang

落叶乔木；生于海拔 200 – 1500m 的落叶林中；分布地不详。

15. 秀丽枫 *Acer elegantulum* W. P. Fang et P. L. Chiu 【*Acer olivaceum* W. P. Fang et P. L. Chiu】

落叶乔木；生于海拔 1290m 的疏林中；分布于榕江等地。

16. 毛花枫 *Acer erianthum* Schwer.

落叶乔木；生于海拔 1100－1550m 的林中；分布于江口、印江、雷公山、黎平、台江、都匀等地。

17. 罗浮枫 *Acer fabri* Hance 【*Acer fabri* var. *rubrocarpum* F. P. Metc.】

常绿乔木；生于海拔 800－1500m 的阔叶林边；分布于贵阳、息烽、开阳、修文、雷公山、麻阳河、宽阔水、道真、纳雍、赤水、习水、正安、普定、都匀、平塘、惠水、独山、荔波、罗甸、福泉、贵定、三都、龙里、黎平、锦屏、施秉、梵净山、黄平、台江、湄潭、佛顶山等地。

18. 扇叶枫 *Acer flabellatum* Rehd.

落叶乔木；生于海拔 1500－2000m 的阔叶林中；分布于黎平、梵净山、雷公山、大沙河等地。

19. 三叶枫 *Acer henryi* Pax

落叶乔木；生于海拔 1000－1200m 的林中；分布于贵阳、息烽、清镇、开阳、宽阔水、习水、黄平、施秉、桐梓、翁安、福泉、都匀、荔波、湄潭、大沙河、梵净山等地。

20. 桂林枫 *Acer kweilinense* W. P. Fang et M. Y. Fang 【*Acer huangpingense* T. Z. Hsu】

落叶乔木；生于海拔 1000－1500m 的阔叶林中；分布于黄平、黎平、从江、大沙河、佛顶山等地。

21. 光叶枫 *Acer laevigatum* Wall. 【*Acer guizhouense* Y. K. Li；*Acer legonsanicum* Y. K. Li】

常绿乔木；生于海拔 880－1500m 的常绿阔叶林中；分布于贵阳、开阳、赤水、兴仁、宽阔水、德江、印江、安龙、石阡、黎平、松桃、三都、荔波、黄平、都匀、长顺、独山、福泉、湄潭、雷公山、大沙河、佛顶山等地。

22. 怒江光叶枫 *Acer laevigatum* var. *salweenense* （W. W. Sm.） J. M. Cowan ex Fang 【*Acer kiukiangense* Hu et W. C. Cheng】

常绿乔木；生于海拔 1000－1700m 的林中；分布于荔波等地。

23. 疏花枫 *Acer laxiflorum* Pax

落叶乔木；生于海拔 1800－2500m 的疏林中；分布于麻江、纳雍、瓮安等地。

24. 荔波枫 *Acer lipoense* K. M. Lan

落叶乔木；生境不详；分布于茂兰等地。

25. 临安枫 *Acer linganense* W. P. Fang et P. L. Chiu

落叶小乔木；生于海拔 1920m 的山谷或溪边林中；分布于纳雍等地。

26. 长柄枫 *Acer longipes* Franch. ex Rehd.

落叶乔木；生于海拔 2100m 的疏林中；分布于水城、独山等地。

27. 龙胜枫 *Acer lungshengense* W. P. Fang et L. C. Hu

落叶乔木；生于海拔 1500－1800m 的山谷疏林中；分布于册亨、兴义、望谟等地。

28. 五尖枫 *Acer maximowiczii* Pax 【*Acer maximowiczii* subsp. *porphyrophyllum* W. P. Fang】

落叶乔木；生于海拔 1800－2500m 的林中；分布于梵净山、雷公山、纳雍、宽阔水等地。

29. 南岭枫 *Acer metcalfii* Rehd.

落叶乔木；生于海拔 800－1500m 的疏林中或溪边；分布于黔东南等地。

30. 苗山枫 *Acer miaoshanicum* W. P. Fang

落叶乔木；生于海拔 900－1200m 的疏林中；分布于翁安、黔东南、大沙河等地。

31. 复叶枫 *Acer negundo* L. 【*Acer saccharum* Marsh.】

落叶乔木；原产北美洲；省内有栽培。

32. 飞蛾枫 *Acer oblongum* Wall. ex DC.

常绿乔木；生于海拔 800－1500m 的密林中；分布于贵阳、开阳、麻阳河、佛顶山、梵净山、宽阔水、道真、赤水、息烽、黎平、从江、印江、绥阳、麻江、都匀、荔波、三都、长顺、瓮安、独山、罗甸、福泉、贵定、平塘、正安、兴义、湄潭、望谟等地。

33. 五裂枫 *Acer oliverianum* **Pax**

落叶乔木；生于海拔 1300 – 1600m 的阔叶林中；分布于赤水、习水、正安、黎平、榕江、雷山、宽阔水、都匀、翁安、三都、荔波、贵定、龙里、大沙河、佛顶山等地。

34. 鸡爪枫 *Acer palmatum* **Thunb.**

落叶乔木；生于海拔 200 – 1200m 的林缘或疏林中；分布于梵净山、桐梓、湄潭、佛顶山、长顺、独山、福泉、平塘等地。

35. 金沙枫 *Acer paxii* **Franch.**

落叶乔木；生于海拔 1500 – 2500m 林中；分布于平坝、茂兰、荔波、都匀等地。

36. 大翅色木槭 *Acer pictum* **subsp.** *macropterum*（**W. P. Fang**）**Ohashi**

落叶乔木；生于海拔 2100 – 2700m 的林中；分布于桐梓等地。

37. 五角枫 *Acer pictum* **subsp.** *mono*（**Maxim.**）**Ohashi**【*Acer mono* **Maxim.**】

落叶乔木；生于海拔 800 – 1500m 的阔叶林中；分布于桐梓等地。

38. 三尖色木枫 *Acer pictum* **subsp.** *tricuspis*（**Rehd.**）**Ohashi**【*Acer mono* **var.** *tricuspis*（**Rehd.**）**Rehd.**】

落叶乔木；生于海拔 1000 – 1800m 的疏林中；分布于黔中、黔北、瓮安等地。

39. 灰叶枫 *Acer poliophyllum* **W. P. Fang et Y. T. Wu**

常绿小乔木；生于海拔 1000 – 1200m 的林中；分布于兴义、兴仁、罗甸等地。

40. 毛脉枫 *Acer pubinerve* **Rehd.**【*Acer pubinerve* **var.** *kwangtungerse*（**Chun**）**Fang.**；*Acer wuyuanense* **W. P. Fang et Y. T. Wu**】

落叶乔木；生于海拔 500 – 1200m 的疏林中；分布于施秉、黔南、都匀、大沙河、雷公山等地。

41. 屏边毛柄枫 *Acer pubipetiolatum* **var.** *pingpienense* **W. P. Fang et W. K. Hu**【*Acer changii* **Xu**】

落叶乔木；生于海拔 1300 – 1500m 的石质山坡或岩石上；分布于荔波等地。

42. 银糖枫 *Acer saccharinum* **L.**

落叶乔木；原产加拿大；省内有栽培。

43. 平坝枫 *Acer shihweii* **F. Chun et W. P. Fang**

常绿乔木；生于海拔 1400m 的密林中；分布于平坝、大方、望谟等地。

44. 中华枫 *Acer sinense* **Pax**【*Acer prolificum* **W. P. Fang et M. Y. Fang**】

落叶乔木；生于海拔 500 – 1950m 的阔叶林中；分布于贵阳、息烽、清镇、佛顶山、雷公山、宽阔水、麻江、道真、台江、赤水、习水、印江、普定、都匀、荔波、惠水、翁安、独山、罗甸、福泉、贵定、三都、龙里、凯里、施秉、纳雍、盘县、梵净山、桐梓、正安等地。

45. 锡金枫 *Acer sikkimense* **Miq.**【*Acer hookeri* **Miq.**】

落叶乔木；生于海拔 2000m 的疏林中；分布于纳雍等地。

46. 毛叶枫 *Acer stachyophyllum* **Hiern**

落叶乔木；生于海拔 1400m 的疏林中；分布于荔波、大沙河等地。

47. 房县枫 *Acer sterculiaceum* **subsp.** *franchetii*（**Pax**）**A. E. Murray**【*Acer franchetii* **Pax**】

落叶乔木木；生于海拔 630 – 1800m 的林中；分布于雷公山、松桃、印江、江口、榕江、梵净山、都匀、大沙河等地。

48. 角叶枫 *Acer sycopseoides* **F. Chun**

常绿小乔木；生于海拔 600 – 1000m 的林中；分布于都匀、荔波、独山、平塘、黎平、大沙河、望谟等地。

49. 七裂薄叶枫 *Acer tenellum* var. *septemlobum*（W. P. Fang et Soong）W. P. Fang et Soong

落叶乔木；生于海拔 1400 – 1700m 的疏林中；分布于大沙河等地。

50. 粗柄枫 *Acer tonkinense* Lec.

落叶乔木；生于海拔 300 – 1800m 的混交林；分布于荔波等地。

51. 元宝枫 *Acer truncatum* Bunge

落叶乔木；生于疏林中；分布于大沙河等地。

52. 天峨枫 *Acer wangchii* W. P. Fang

常绿乔木；生于海拔 700 – 1500m 的阔叶林中；分布于册亨、荔波、独山、松桃等地。

53. 三峡枫 *Acer wilsonii* Rehd.

落叶乔木；生于海拔 800 – 1600m 的阔叶林中；分布于贵阳、息烽、开阳、赤水、宽阔水、正安、江口、黎平、从江、榕江、凯里、雷山、台江、都匀、翁安、荔波、贵定、大沙河、佛顶山、梵净山等地。

（二）金钱枫属 *Dipteronia* Oliver

1. 云南金钱枫 *Dipteronia dyeriana* Henry

落叶乔木；生于海拔 900 – 1300m 的疏林中；分布于兴义、册亨、望谟等地。

2. 金钱枫 *Dipteronia sinensis* Oliv.

落叶乔木；生于海拔 800 – 1300m 的林中；分布于印江、黄平、施秉、石阡等地。

一二九、橄榄科 Burseraceae

（一）橄榄属 *Canarium* Linnaeus

1. 橄榄 *Canarium album*（Lour.）Raeusch.

常绿乔木；原产越南；省内有栽培。

一三〇、漆树科 Anacardiaceae

（一）南酸枣属 *Choerospondias* B. L. Burtt et A. W. Hill

1. 南酸枣 *Choerospondias axillaris*（Roxb.）Burtt et Hill

落叶乔木；生于海拔 300 – 2000m 的山坡、丘陵或沟谷林中；分布于开阳、修文、黎平、长顺、瓮安、独山、罗甸、福泉、荔波、都匀、惠水、贵定、三都、平塘等地。

2. 毛脉南酸枣 *Choerospondias axillaris* var. *pubinervis*（Rehd. et . Wils.）Burtt et Hill

落叶乔木；生于海拔 400 – 1000m 的疏林中；分布于贵阳、清镇、息烽、七星关、赤水、三都、长顺、瓮安、独山、罗甸、惠水等地。

（二）黄栌属 *Cotinus* Miller

1. 粉背黄栌 *Cotinus coggygria* var. *glaucophylla* C. Y. Wu

落叶灌木；生于海拔 1620 – 2400m 的向阳山林和灌丛中；分布于贵阳、七星关、独山、罗甸、惠水、龙里等地。

2. 毛黄栌 *Cotinus coggygria* var. *pubescens* Engl.

落叶灌木；生于海拔 800 – 1500m 的山坡林中；分布于施秉、务川、罗甸、福泉等地。

（三）杧果属 *Mangifera* Linnaeus

1. 扁桃 *Mangifera persiciforma* C. Y. Wu et T. L. Ming

常绿乔木；生于海拔 290m 的低山森林中；分布于望谟、罗甸等地。

（四）藤漆属 *Pegia* Colebrooke

1. 藤漆 *Pegia nitida* Colebr.

攀援状木质藤本；生于海拔 500m 的沟谷林中；分布于册亨、罗甸、荔波等地。

2. 利黄藤 *Pegia sarmentosa*（Lecomte）Hand. -Mazz.

攀援状木质藤本；生于海拔 200－900m 的沟谷林中；分布于罗甸等地。

（五）黄连木属 *Pistacia* Linnaeus

1. 黄连木 *Pistacia chinensis* Bunge

落叶乔木；生于海拔 150－2900m 的石灰岩山地；分布于贵阳、息烽、开阳、修文、长顺、瓮安、独山、罗甸、福泉、荔波、都匀、惠水、贵定、三都、龙里、平塘等全省大部分地区。

2. 清香木 *Pistacia weinmanniifolia* J. Poiss. ex Franch.

常绿灌木或小乔木木；生于海拔 580－2700m 的干热河谷阔叶林中；分布于七星关、兴义、安龙、独山、罗甸、荔波、惠水、贵定、平塘、关岭等地。

（六）盐肤木属 *Rhus* Linnaeus

1. 盐肤木 *Rhus chinensis* Mill.

落叶小乔木；生于海拔 170－2700m 的向阳山坡、沟谷、溪边的疏林或灌丛中；广泛分布于贵阳、开阳、清镇、修文、长顺、瓮安、独山、罗甸、福泉、荔波、都匀、惠水、贵定、龙里、平塘等全省大部分地区。

2. 滨盐肤木 *Rhus chinensis* var. *roxburghii*（DC.）Rehd.

落叶小乔木；生于海拔 280－2800m 的山坡灌丛林中；分布于雷公山等地。

3. 红麸杨 *Rhus punjabensis* var. *sinica*（Diels）Rehd. et Wils.

落叶小乔木；生于海拔 1000m 的山地疏林或灌丛中；分布于息烽、开阳、修文、七星关、盘县、宽阔水、贵阳、雷山、长顺、瓮安、罗甸、福泉、都匀、贵定、三都、龙里、平塘等地。

（七）漆属 *Toxicodendron* Miller

1. 石山漆 *Toxicodendron calcicolum* C. Y. Wu

落叶灌木或小乔木；生于海拔 1500m 的石灰山林下；分布于荔波等地。

2. 小漆树 *Toxicodendron delavayi*（Franch.）F. A. Barkl.

落叶乔木或灌木；生于海拔 1000m 的林中；分布于贵阳、黎平、长顺、瓮安、荔波、惠水、平塘等地。

3. 裂果漆 *Toxicodendron griffithii*（Hook. f.）Kuntze

落叶乔木或灌木；生于海拔 1300m 的灌丛中；分布于安龙、罗甸等地。

4. 五叶漆 *Toxicodendron quinquefoliolatum* Q. H. Chen

落叶灌木；牛于海拔 960m 的石灰岩山脊上；分布于荔波等地。

5. 刺果毒漆藤 *Toxicodendron radicans* subsp. *hispidum*（Engl.）Gillis

落叶乔木或灌木；生于海拔 1300－2000m 的杂木林中；分布于七星关、大方、梵净山、佛顶山、雷公山等地。

6. 野漆 *Toxicodendron succedaneum*（L.）Kuntze

落叶乔木；生于海拔 500－1200m 的杂木林中；分布于开阳、修文、赤水、宽阔水、松桃、德江、施秉、长顺、瓮安、独山、罗甸、福泉、荔波、都匀、惠水、贵定、三都、龙里、平塘等地。

7. 木蜡树 *Toxicodendron sylvestre*（Sieb. et Zucc.）Kuntze

落叶乔木；生于海拔 1000m 的山地阴坡；分布于修文、安龙、惠水、梵净山、黎平、长顺、瓮安、罗甸、福泉、荔波、平塘等地。

8. 毛漆树 *Toxicodendron trichocarpum*（Miq.）Kuntze

落叶乔木；生于海拔 900－1500m 的山坡林中；分布于梵净山、雷公山、黎平等地。

9. 漆 *Toxicodendron vernicifluum*（Stokes）**F. A. Barkl.**

落叶乔木；生于海拔 800－2800m 的向阳山坡林内；分布于贵阳、开阳、大方、德江、长顺、瓮安、独山、罗甸、福泉、荔波、都匀、惠水、贵定、三都、龙里、平塘等地。

一三一、苦木科 Simaroubaceae

（一）臭椿属 *Ailanthus* Desfontaines

1. 臭椿 *Ailanthus altissima*（Mill.）**Swingle**

落叶乔木；生于 2500m 以下的山地；分布于黎平、从江、贵阳、开阳、赤水、瓮安、独山、福泉、荔波、都匀、惠水、贵定、三都、平塘等地。

2. 大果臭椿 *Ailanthus altissima* var. *sutchuenensis*（Dode）**Rehder et E. H. Wilson**

落叶乔木；生于海拔 830m 的山地沟边和较潮湿的疏林或灌木林中；分布于黎平等地。

3. 毛臭椿 *Ailanthus giraldii* **Dode**

落叶乔木；生于海拔 1300m 的山地疏林或灌木林中；分布于大沙河等地。

4. 刺臭椿 *Ailanthus vilmoriniana* **Dode**

落叶乔木；生于海拔 500－2800m 的山坡或山谷阳处疏林中；分布于赤水、松桃、长顺、独山、福泉等地。

（二）鸦胆子属 *Brucea* J. F. Miller

1. 鸦胆子 *Brucea javanica*（L.）**Merr.**

灌木或小乔木；生于海拔 500－900m 的旷野或山麓灌丛中或疏林中；分布于黎平、望谟、瓮安、罗甸等地。

（三）苦木属 *Picrasma* Blume

1. 中国苦树 *Picrasma chinensis* **P. Y. Chen**〔*Picrasma javanica* Bl.〕

常绿乔木；生于海拔 600－1400m 的山地疏林或密林中；分布于册亨等地。

2. 苦树 *Picrasma quassioides*（D. Don）**Benn.**

落叶小乔木；生于海拔 300－1400m 的山坡疏林中；分布于黎平、贵阳、息烽、开阳、清镇、修文、安龙、望谟、惠水、长顺、瓮安、独山、罗甸、福泉、荔波、都匀、贵定、三都、平塘、赤水等地。

一三二、楝科 Meliaceae

（一）米仔兰属 *Aglaia* Loureiro

1. 山椤 *Aglaia elaeagnoidea*（A. Jussieu）**Benth.**〔*Aglaia abbreviata* C. Y. Wu〕

常绿灌木或小乔木；生于海拔 600－1500m 的沟谷或常绿阔叶林下，也见林缘或次生林中；分布于罗甸等地。

2. 望谟崖摩 *Aglaia lawii*（Wight）**C. J. Saldanha et Ramamorthy**〔*Amoora ouangliensis*（Lévl.）C. Y. Wu；*Aglaia tetrapetala* Pierre〕

常绿灌木或小乔木；生于海拔 1000m 的山地林中；分布于望谟、罗甸等地。

3. 米仔兰 *Aglaia odorata* **Lour.**

常绿灌木或小乔木；引种；省内有栽培。

（二）山楝属 *Aphanamixis* Blume

1. 山楝 *Aphanamixis polystachya*（Wall.）**R. N. Parker**

灌木或小乔木；生于低海拔的山地；分布于荔波等地。

（三）麻楝属 *Chukrasia* A. Jussieu

1. 麻楝 *Chukrasia tabularis* A. Juss.【*Chukrasia tabularis* var. *velutina*（M. Roemer）King】

落叶乔木；生于海拔 350 – 1500m 的林缘；分布于册亨、望谟、从江、罗甸、荔波等地。

（四）浆果楝属 *Cipadessa* Blume

1. 浆果楝 *Cipadessa baccifera*（Roth）Miq.【*Cipadessa cinerascens*（Pell.）Hand.-Mazz.】

落叶灌木或小乔木，生于海拔 200 – 1450m 的山坡、山谷、灌丛或密林中及水旁、路边；分布于赤水、大方、册亨、安龙、兴义、罗甸、长顺、瓮安、荔波、惠水、平塘、望谟、关岭、清镇、仁怀等地。

（五）鹧鸪花属 *Heynea* Rroxburgh

1. 鹧鸪花 *Heynea trijuga* Roxb.【*Trichilia connaroides*（Wight et Arn）Bentv.；*Trichilia connaroides* var. *microcarpa*（Pierre）Bentv.】

小乔木或灌木；生于海拔 260 – 1300m 的山坡林中；分布于罗甸、荔波、三都、册亨、从江等地。

2. 茸果鹧鸪花 *Heynea velutina* F. C. How et T. C. Chen【*Trichilia sinensis* Bentv.】

小乔木或灌木；生于低海拔灌木林中；分布于江口等地。

（六）楝属 *Melia* Linnaeus

1. 楝 *Melia azedarach* L.【*Melia toosendan* Sieb. et Zucc.】

落叶乔木；生于海拔 500 – 1900m 的林内、山坡、山谷、路旁和村旁；分布于兴义、安龙、罗甸、平塘、独山、长顺、瓮安、福泉、都匀、惠水、贵定、三都、龙里、贵阳、息烽、修文等地。

（七）地黄连属 *Munronia* Wight

1. 羽状地黄连 *Munronia pinnata*（Wall.）W. Theobald【*Munronia henryi* Harms；*Munronia delavayi* Franch.】

矮小灌木；生于海拔 200 – 1300m 的山坡、山谷、山脚灌丛及路边；分布于修文、罗甸、瓮安、望谟、兴义、兴仁等地。

2. 单叶地黄连 *Munronia unifoliolata* Oliv.【*Munronia unifoliolata* var. *trifoliolata* C. Y. Wu】

矮小灌木；生于海拔 250 – 560m 的路旁、岩石潮湿地阴处及灌木下阴湿处；分布于赤水、印江、瓮安、长顺、清镇等地。

（八）香椿属 *Toona*（Endlicher）M. Roemer

1. 红椿 *Toona ciliata* M. Roem.【*Toona ciliata* var. *yunnanensis*（C. DC.）C. Y. Wu；*Toona ciliata* var. *pubescens*（Franch）Hand.-Mazz.】

落叶乔木；生于海拔 1000m 以下山坡密林中、山脚、沟谷或村旁散生；分布于安龙、册亨、望谟、兴义、罗甸、三都、平塘、沿河、关岭、镇宁、晴隆等地。

2. 香椿 *Toona sinensis*（Juss.）Roem.【*Toona sinensis* var. *schensiana* C. DC.】

落叶乔木；生于海拔 2900m 以下的村边、路边、地旁及石灰岩山下部的坡积土，零星分布；分布于贵阳、清镇、修文、麻江、梵净山、长顺、瓮安、独山、罗甸、福泉、荔波、都匀、惠水、贵定、三都、龙里、平塘等地。

（九）割舌树属 *Walsura* Roxburgh

1. 割舌树 *Walsura robusta* Roxb.【*Glycosmis aglaioides* R. H. Miao】

乔木；生于山地密林或疏林中；分布于安龙、雷公山等地。

一三三、芸香科 Rutaceae

（一）石椒草属 *Boenninghausenia* Reichenbach ex Meisner

1. 臭节草 *Boenninghausenia albiflora*（Hook.）Rchb. ex Meisn. *Boenninghausenia albiflora* var.

pilosa Z. M. Tan；*Boenninghausenia sessilicarpa* Lévl.】

多年生草本；生于海拔 1500－2800m 的石灰岩山地阴处灌丛中；分布于江口、印江、德江、七星关、盘县、水城、开阳、凯里、兴义、纳雍、榕江等地。

（二）柑桔属 *Citrus* Linnaeus

1. 宜昌橙 *Citrus cavaleriei* Lévl. ex Cavalerie【*Citrus ichangensis* Swingle】

常绿小乔木或灌木；生于海拔 520－1700m 的山地密林或疏林中；分布于从江、天柱、荔波、长顺、惠水、瓮安、独山、罗甸、福泉、龙里、平塘、望谟、德江、印江、绥阳、金沙、水城、纳雍、百里杜鹃、息烽、修文、贵阳、开阳、赫章、威宁等地。

2. 金柑 *Citrus japonica* Thunb.【*Fortunella japonica*（Thunb.）Swingle】

常绿灌木；引种；省内有栽培。

3. 香橙 *Citrus* ×*junos* Sieb. ex Tanaka【*Citrus junos* Sieb. ex Tanaka】

常绿小乔木；杂交种；省内有栽培。

4. 柠檬 *Citrus* ×*limon*（L.）Osb.【*Citrus limon* Osb.】

小乔木或灌木；杂交种；省内有栽培。

5. 柚 *Citrus maxima*（Burm.）Merr.【*Citrus grandis*（L.）Osb.】

乔木；原产于亚洲东南部；省内有栽培。

6. 香橼 *Citrus medica* L.【*Citrus medica* var. *sarcodactylis*（Hoola van Nooten）Swingle】

灌木或小乔木；引种；省内有栽培。

7. 柑橘 *Citrus reticulata* Blanco

小乔木或灌木；引种；省内有栽培。

8. 酸橙 *Citrus* ×*aurantium* L.【*Citrus sinensis*（L.）Osb.】

小乔木；杂交种；省内有栽培。

9. 枳 *Citrus trifoliata* L.【*Poncirus trifoliata*（L.）Raf.】

落叶灌木或小乔木；生于海拔 1250m 的河谷或园圃中；分布于贵阳、息烽、清镇、瓮安、惠水、黄平、都匀、贞丰、罗甸、独山、荔波、从江等地。

（三）黄皮属 *Clausena* N. L. Burman

1. 齿叶黄皮 *Clausena dunniana* Lévl.

落叶小乔木；生于海拔 350－1500m 的密林、疏林或灌丛中；分布于贞丰、安龙、兴仁、贵定、平塘、独山、三都、瓮安、长顺、罗甸、福泉、都匀、惠水、龙里、黎平、德江、印江、思南、岑巩、贵阳、开阳、清镇、修文等地。

2. 毛齿叶黄皮 *Clausena dunniana* var. *robusta* C. C. Huang

落叶小乔木；生于海拔 1200－1500m 的山坡密林或灌丛中；分布于贵阳、兴义、安龙、册亨、兴仁、长顺、瓮安、罗甸、荔波等地。

3. 黄皮 *Clausena lansium*（Lour.）Skeels

小乔木；生于海拔 300－850m 左右的河谷低热地区；分布于息烽、从江、望谟、罗甸、福泉、三都等地。

（四）山小桔属 *Glycosmis* Correa

1. 锈毛山小橘 *Glycosmis esquirolii*（Lévl.）Tanaka

灌木或小乔木；生于海拔 600－1300m 的山坡灌丛或密林中；分布于册亨、贞丰、罗甸、贵定等地。

2. 小花山小橘 *Glycosmis parviflora*（Sims）Kurz

灌木或小乔木；生于海拔 280－1000m 的河谷、溪边或山坡的密林、疏林、灌丛中；分布于册亨、望谟、罗甸、梵净山等地。

（五）蜜茱萸属 *Melicope* **J. R. Forster et G. Forster**

1. 三桠苦 *Melicope pteleifolia*（Champ. ex Benth.）Hartl. 〔*Evodia lepta*（Spreng.）Merr.〕

灌木或小乔木；生于低海拔的灌丛中；分布于兴义等地。

（六）小芸木属 *Micromelum* **Blume**

1. 小芸木 *Micromelum integerrimum*（Buch. -Ham. ex Colebr.）M. Roem.

小乔木；生于海拔 200 – 1200m 的河谷、溪边较阴湿的灌丛中；分布于望谟、罗甸、荔波、独山、兴义、安龙、贞丰等地。

（七）九里香属 *Murraya* **J. Koenig ex Linnaeus**

1. 豆叶九里香 *Murraya euchrestifolia* Hayata

小乔木；生于海拔 700 – 1450m 的石灰岩山地的密林；分布于修文、清镇、贞丰、兴仁、安龙、望谟、罗甸、荔波等地。

2. 九里香 *Murraya exotica* L.

小乔木；生于低海拔的平地、缓坡、小丘的灌丛中；分布于罗甸、长顺、独山、荔波、都匀、三都等地。

3. 千里香 *Murraya paniculata*（L.）Jack

小乔木；生于海拔 850 – 1300m 的山坡灌丛和密林中；分布于清镇、兴义、安龙、册亨、贞丰、望谟、镇宁、罗甸、三都、荔波、平塘、黎平等地。

（八）臭常山属 *Orixa* **Thunberg**

1. 臭常山 *Orixa japonica* Thunb.

灌木或小乔木；生于海拔 500 – 1300m 的疏林或灌丛中；分布于印江、七星关、遵义、湄潭、贵阳、息烽、修文、绥阳、荔波、罗甸、瓮安、长顺、福泉、惠水、贵定、三都、龙里等地。

（九）黄檗属 *Phellodendron* **Ruprecht**

1. 黄檗 *Phellodendron amurense* Rupr.

落叶乔木；生于海拔 900 – 1300m 杂木林中或山区河谷沿岸；分布于湄潭等地。

2. 川黄檗 *Phellodendron chinense* Schneid.

落叶乔木；生于海拔 900 – 1100m 的阔叶林中；分布于贵阳、开阳等地。

3. 秃叶黄檗 *Phellodendron chinense* var. *glabriusculum* Schneid.

落叶乔木；生于海拔 800 – 1500m 的山坡疏林中；分布于开阳、湄潭、凤冈、贵阳、剑河、惠水、贵定、三都、龙里等地。

4. 黄皮树 *Phellodendron sinii* Y. C. Wu

落叶乔木；分布于贵阳、江口、贵定等地。

（十）裸芸香属 *Psilopeganum* **Hemsley**

1. 裸芸香 *Psilopeganum sinense* Hemsl.

多年生宿根草本；生于海拔 800m 左右比较温暖、湿润的山坡；分布于赤水、正安、仁怀等地。

（十一）芸香属 *Ruta* **Linnaeus**

1. 芸香 *Ruta graveolens* L.

多年生草本；原产欧洲；省内有栽培。

（十二）茵芋属 *Skimmia* **Thunberg**

1. 乔木茵芋 *Skimmia arborescens* Anders. ex Gamble

常绿小乔木；生于海拔 800m 以上的山区；分布于习水、凯里、雷公山、榕江、从江、安龙、荔波、三都等地。

2. 黑果茵芋 *Skimmia melanocarpa* Rehd. et Wils.

常绿灌木；生于海拔 1900 – 2100m 的常绿落叶阔叶混交林林下；分布于梵净山。

3. 茵芋 *Skimmia reevesiana*（Fort.）Fort.

常绿灌木；生于海拔 600 – 1200m 的高山林缘地区；分布于梵净山、清镇、凯里、雷公山、黎平、瓮安、独山、荔波、贵定等地。

（十三）四数花属 *Tetradium* **Loureiro**

1. 华南吴萸 *Tetradium austrosinense*（Hand. -Mazz.）Hartley

乔木；生于海拔 200 – 1800m 的山地疏林或沟谷中；分布于荔波等地。

2. 石山吴萸 *Tetradium calcicola*（Chun ex Huang）Hartley【*Evodia calcicola* Chun ex C. C. Huang】

小乔木或乔木；生于海拔 300 – 1600m 的灌丛中；分布于独山、荔波等地。

3. 臭檀吴萸 *Tetradium daniellii*（Bennett）T. G. Hartley【*Evodia labordei* Dode；*Euodia baberi* Rehd. et Wils.】

落叶乔木；生于海拔 1000 – 2000m 的疏林中；分布于贵阳、息峰、六枝、桐梓、从江等地。

4. 楝叶吴萸 *Tetradium glabrifolium*（Champ. ex Benth.）Hartley【*Evodia ailantifolia* Pierre.；*Evodia fargesii* Dode】

落叶乔木；生于海拔 1200m 以下的疏林或灌丛中；分布于贵阳、息烽、开阳、修文、贞丰、江口、贵定、长顺、瓮安、罗甸、福泉、荔波、都匀、惠水、三都、龙里、平塘等地。

5. 吴茱萸 *Tetradium ruticarpum*（Juss.）T. G. Hartley【*Tetradium rutaecarpa*（Juss.）Benth.；*Evodia compacta* Hand. -Mazz.】

小乔木；生于海拔 1500m 以下疏林下或林缘旷地或路旁；分布于松桃、江口、梵净山、印江、德江、习水、大方、盘县、水城、绥阳、贵阳、息烽、开阳、清镇、都匀、黄平、平塘、荔波、瓮安、独山、长顺、罗甸、福泉、惠水、贵定、三都、龙里、凯里、安龙、普安、湄潭、纳雍、兴仁、兴义、雷公山、榕江、黎平等地。

6. 牛科吴萸 *Tetradium trichotomum* Lour.【*Evodia trichotoma*（Lour.）Pierre *Evodia trichotoma* var. *pubescens* Huang】

小乔木；海拔 1000 – 1400m 的湿润的丛林中；分布于贵阳、兴义、册亨、安龙、独山、荔波、三都、都匀、罗甸、雷山、榕江、从江等地。

（十四）飞龙掌血属 *Toddalia* **Jussieu**

1. 飞龙掌血 *Toddalia asiatica*（L.）Lam.

木质攀援藤本；生于海拔 380 – 1500m 的山坡、山谷丛林中；分布于习水、开阳、贵阳、息烽、清镇、修文、安龙、荔波、三都、长顺、瓮安、独山、罗甸、福泉、都匀、惠水、贵定、龙里、平塘、册亨等地。

（十五）花椒属 *Zanthoxylum* **L.**

1. 刺花椒 *Zanthoxylum acanthopodium* DC.【*Zanthoxylum acanthopodium* var. *timbor* J. D. Hooker】

落叶灌木；生于海拔 1200 – 2300m 的路旁灌丛中或密林下；分布于三都、盘县、安龙、普安等地。

2. 椿叶花椒 *Zanthoxylum ailanthoides* Sieb. et Zucc.

落叶乔木；生于海拔 800m 左右的山谷、寨旁湿润地；分布于贵阳、清镇、榕江、从江、瓮安、独山、荔波、三都等地。

3. 竹叶花椒 *Zanthoxylum armatum* DC.【*Zanthoxylum planispinum* Sieb. et Zucc.】

落叶小乔木；生于海拔 620 – 2300m 的山坡灌丛中或村旁、路边；分布于赤水、沿河、印江、松桃、思南、江口、梵净山、威宁、纳雍、大方、凤冈、绥阳、遵义、息烽、贵阳、开阳、清镇、修文、西秀、平坝、凯里、雷山、石阡、黄平、黎平、榕江、三都、平塘、独山、瓮安、罗甸、长顺、福泉、荔波、都匀、惠水、龙里、望谟、普安、兴仁、兴义、安龙等地。

4. 毛竹叶花椒 Zanthoxylum armatum var. ferrugineum（Rehd. et Wils.）C. C. Huang【Zanthoxylum planispinum f. ferrugineum（Rehd. et Wils.）Huang】

落叶小乔木；生于海拔 380 – 1300m 的山野、路旁灌丛中；分布于赤水、沿河、印江、松桃、凤冈、湄潭、贵阳、开阳、凯里、黄平、雷山、黎平、都匀、平塘、独山、兴仁、罗甸、安龙、望谟等地。

5. 顶坛花椒 Zanthoxylum planispinum var. dingtanensi Yu – Lin Tu

常绿灌木；生于海拔 900m 以下的喀斯特河谷附近；分布于关岭等地。

6. 岭南花椒 Zanthoxylum austrosinense C. C. Huang

落叶小乔木或灌木；生于海拔 300 – 900m 的坡地疏林或灌丛中；分布于大沙河等地。

7. 花椒 Zanthoxylum bungeanum Maxim.

落叶灌木或小乔木；生于海拔 900 – 2500m 的疏林内；分布于梵净山、遵义、威宁、贵阳、修文、凯里、平塘、都匀、长顺、瓮安、独山、罗甸、福泉、惠水、贵定、三都、龙里等地。

8. 石山花椒 Zanthoxylum calcicola C. C. Huang

藤状灌木；生于海拔 1100 – 1600m 的山坡、山谷灌丛中；分布于兴义、安龙、册亨、独山、罗甸、荔波等地。

9. 糙叶花椒 Zanthoxylum collinsiae Craib

攀援藤本；生于海拔 500 – 1000m 的坡地疏林或灌丛中；分布于黔西南等地。

10. 异叶花椒 Zanthoxylum dimorphophyllum Hemsl.

落叶乔木；生于海拔 800 – 1500m 的路旁或山坡灌丛中；分布于德江、印江、松桃、遵义、瓮安、平塘、长顺、独山、罗甸、福泉、惠水、龙里、贵阳、修文、息烽、清镇、开阳、平坝、水城、兴义等地。

11. 刺异叶花椒 Zanthoxylum dimorphophyllum var. spinifolium Rehd.

落叶乔木；生于海拔 480 – 1310m 的山坡灌丛中或沟旁、路旁；分布于德江、印江、凤冈、绥阳、遵义、瓮安、开阳、贵阳、修文、纳雍、赫章、凯里、独山等地。

12. 蚬壳花椒 Zanthoxylum dissitum Hemsl.

落叶攀援藤本；生于海拔 600 – 1900m 的疏林或密林下；分布于德江、印江、瓮安、施秉、天柱、贵阳、息烽、开阳、清镇、修文、凯里、榕江、黎平、三都、平塘、独山、罗甸、长顺、瓮安、福泉、荔波、惠水、贵定、龙里、望谟等地。

13. 长叶蚬壳花椒 Zanthoxylum dissitum var. lanciforme Huang

攀援藤本；生于海拔 1900m 的山坡灌丛中；分布于贵阳、七星关、瓮安、都匀、贵定等地。

14. 刺壳花椒 Zanthoxylum echinocarpum Hemsl.

攀援藤本；生于海拔 400 – 1000m 的山坡灌丛中；分布于开阳、德江、江口、桐梓、望谟、罗甸、福泉、荔波、惠水、三都等地。

15. 毛刺壳花椒 Zanthoxylum echinocarpum var. tomentosum C. C. Huang

攀援藤本；生于海拔 300 – 810m 的山坡灌丛中；分布于罗甸、安龙等地。

16. 贵州花椒 Zanthoxylum esquirolii Lévl.

小乔木或灌木；生于海拔 750 – 2450m 的山坡灌丛中或疏林下；分布于习水、威宁、纳雍、开阳、贵阳、清镇、修文、普安、独山、长顺、瓮安、荔波、惠水、贵定、三都、龙里等地。

17. 密果花椒 Zanthoxylum glomeratum C. C. Huang

披散灌木；生于海拔 1350m 的山坡灌丛中或密林下；分布于开阳、榕江、从江、荔波、三都、安龙等地。

18. 广西花椒 Zanthoxylum kwangsiense（Hand. -Mazz.）Chun ex C. C. Huang

攀援藤本；生于海拔 480 – 700m 的山坡灌丛中；分布于天柱、荔波、罗甸等地。

19. 荔波花椒 *Zanthoxylum liboense* C. C. Huang

灌木或攀援藤本；生于海拔约 730m 的山谷荫蔽林下或灌丛中；分布于荔波等地。

20. 大花花椒 *Zanthoxylum macranthum*（Hand. -Mazz.）C. C. Huang

攀援藤本；生于海拔 1000 - 2500m 的丛林中或灌丛中；分布于贵阳、息烽、安龙等地。

21. 小花花椒 *Zanthoxylum micranthum* Hemsl.

落叶乔木；生于海拔 1200m 的山坡上；分布于贵阳、开阳、关岭、兴仁、长顺、独山等地。

22. 朵花椒 *Zanthoxylum molle* Rehd.

落叶乔木；生于海拔 900m 以下的密林、山坡上；分布于雷山等地。

23. 多叶花椒 *Zanthoxylum multijugum* Franch.

攀援藤本；生于海拔 1400m 的山顶灌丛中；分布于贵阳、兴义等地。

24. 大叶臭花椒 *Zanthoxylum myriacanthum* Dunn et Tutch.【*Zanthoxylum rhetsoides* Drake】

落叶乔木；生于海拔 900m 的密林中；分布于雷山、三都、都匀、独山、贵定等地。

25. 两面针 *Zanthoxylum nitidum*（Roxb.）DC.【*Zanthoxylum asperum* var. *glabrum* Huang】

木质藤本；生于海拔 500m 以下的山坡、山谷灌丛中；分布于罗甸等地。

26. 菱叶花椒 *Zanthoxylum rhombifoliolatum* C. C. Huang

直立灌木；生于海拔 600m 的山腰草坡上；分布于贵阳、开阳、正安、长顺等地。

27. 花椒簕 *Zanthoxylum scandens* Bl.【*Zanthoxylum cuspidatum* Champ.】

灌木或木质藤本；生于海拔 600 - 1530m 的山坡灌丛中或村旁、路旁、疏密林下；分布于贵阳、开阳、印江、江口、黄平、凯里、榕江、黎平、从江、独山、罗甸、瓮安、福泉、都匀、惠水、三都、龙里、安龙等地。

28. 青花椒 *Zanthoxylum schinifolium* Sieb. et Zucc.

灌木；生于海拔 950m 的山顶阳处灌丛中；分布于贵阳、息烽、黎平、惠水、龙里等地。

29. 野花椒 *Zanthoxylum simulans* Hance

灌木或小乔木；生于平地、低丘陵或略高的山地疏或密林下；分布于贵阳、松桃、碧江、天柱、惠水、贵定、三都、龙里等地。

30. 狭叶花椒 *Zanthoxylum stenophyllum* Hemsl.

灌木或小乔木；生于海拔 1100 - 1300m 的山地灌丛中；分布于贵阳、修文、长顺、瓮安等地。

一三四、酢浆草科 Oxalidaceae

（一）阳桃属 *Averrhoa* Linnaeus

1. 阳桃 *Averrhoa carambola* L.

乔木；原产马来西亚、印度尼西亚；省内有栽培。

（二）感应草属 *Biophytum* Candolle

1. 分枝感应草 *Biophytum fruticosum* Bl.【*Biophytum esquirolii* Lévl.】

多年生草本；生于低海拔的林下或灌丛下；分布地不详。

2. 感应草 *Biophytum sensitivum*（L.）DC.

多年生草本；生于低海拔的林下或灌丛下；分布地不详。

（三）酢浆草属 *Oxalis* Linnaeus

1. 白花酢浆草 *Oxalis acetosella* L.

多年生草本；生于海拔 1450 - 1600m 的杂木林下；分布于水城、大沙河等地。

2. 酢浆草 *Oxalis corniculata* L.

多分枝草本；生于海拔 300 - 1800m 的旷地或田边；分布于赫章、赤水、湄潭、贵阳、瓮安、雷山、江口、榕江、普安、兴义、安龙、望谟、平塘、罗甸等地。

3. 红花酢浆草 *Oxalis corymbosa* DC.

多年生草本；原产美洲；栽培或逸生于遵义、贵阳、独山、黎平、榕江、碧江等地。

4. 山酢浆草 *Oxalis griffithii* Edgew. et Hook. f.

多年生草本；生于海拔 1000 – 2200m 的山地林下阴湿处；分布于贵阳、息烽、赫章、七星关、黔西、大方、遵义、绥阳、正安、瓮安、贵定、碧江、梵净山、剑河、从江、黎平、水城、兴义、惠水、平塘、独山、雷山等地。

一三五、牻牛儿苗科 Geraniaceae

（一）牻牛儿苗属 *Erodium* L' Héritier ex Aiton

1. 牻牛儿苗 *Erodium stephanianum* Willd.

一年生或两年生草本；分布于纳雍等地。

（二）老鹳草属 *Geranium* Linnaeus

1. 五叶老鹳草 *Geranium delavayi* Franch.

多年生草本；生于海拔 2300m 左右的山地草甸、林缘和灌丛；分布于威宁等地。

2. 灰岩紫地榆 *Geranium franchetii* R. Knuth

多年生草本；生于海拔 700 – 2900m 的山地林下、灌丛和草地；分布于黄平、瓮安等地。

3. 宝兴老鹳草 *Geranium moupinense* Franch.

多年生草本，海拔 2280m 的山谷草地；分布于威宁等地。

4. 尼泊尔老鹳草 *Geranium nepalense* Sweet

多年生草本；生于 2900m 以下的山地阔叶林林缘、灌丛、荒山草坡；分布于兴义等地。

5. 二色老鹳草 *Geranium ocellatum* Cambess. 【*Geranium kweichowense* C. C. Huang】

一年生草本；生于海拔 600m 的山坡草地；分布于罗甸。

6. 汉荭鱼腥草 *Geranium robertianum* L. 【*Geranium robertianum* L】

一年生草本；生于海拔 950 – 1100m 的山谷中；分布于息烽、兴义、兴仁等地。

7. 湖北老鹳草 *Geranium rosthornii* R. Knuth【*Geranium henryi* Kunth】

多年生草本；生于海拔 1800 – 1900m 的林下，分布于梵净山等地。

8. 鼠掌老鹳草 *Geranium sibiricum* L.

多年生草本；生于海拔 800 – 2400m 的山坡、路旁；分布于威宁、七星关、梵净山、西秀、平坝、贵阳等地。

9. 中日老鹳草 *Geranium thunbergii* Sieb. et Zucc. 【*Geranium nepalense* Sweet var. *thubergii* (Sieb. et Zucc.) Kudo】

多年生草本；生于海拔 600 – 1400m 的田野、路旁、沟边、山坡处；分布于绥阳、印江、碧江、松桃、贞丰、贵阳、独山等地。

10. 老鹳草 *Geranium wilfordii* Maxim.

多年生草本；生于海拔 1000 – 1300m 的谷地阴湿处；分布于印江等地。

（三）天竺葵属 *Pelargonium* L' Héritier ex Aiton

1. 香叶天竺葵 *Pelargonium* ×*graveolens* L' Hérit.

多年生草本；原产南非；省内有栽培。

2. 天竺葵 *Pelargonium* ×*hortorum* Bailey

多年生草本；原产南非；省内有栽培。

3. 盾叶天竺葵 *Pelargonium peltatum* (L.) Aitch.

多年生草本；原产南非；省内有栽培。

一三六、旱金莲科 Tropaeolaceae

（一）旱金莲属 *Tropaeolum* Linnaeus

1. 旱金莲 *Tropaeolum majus* L.

一年生肉质草本；原产南美秘鲁、巴西等地；省内有栽培。

一三七、凤仙花科 Balsaminaceae

（一）凤仙花属 *Impatiens* Linnaeus

1. 大叶凤仙花 *Impatiens apalophylla* Hook. f.

一年生草本；生于海拔 400－1500m 的水边、林下等阴湿处；分布于普安、兴仁、贞丰、册亨、荔波等地。

2. 芒萼凤仙花 *Impatiens atherosepala* Hook. f.

一年生草本；分布于平坝等地。

3. 凤仙花 *Impatiens balsamina* L.

一年生草本；原产印度等地；栽培于全省各地。

4. 睫毛萼凤仙花 *Impatiens blepharosepala* Pritz. ex Diels

一年生肉质草本；生于海拔 200m 左右的路旁、沟边、林下等阴湿处；分布于威宁等地。

5. 包氏凤仙花 *Impatiens bodinieri* Hook. f.

高大草本；生于海拔 700－1400m 的水沟边或林中潮湿地；分布于平坝、都匀、七星关等地。

6. 赤水凤仙花 *Impatiens chishuiensis* Y. X. Xiong

一年生草本；生于海拔 398m 的洞内瀑布旁湿处；分布于赤水等地。

7. 绿萼凤仙花 *Impatiens chlorosepala* Hand. -Mazz.

一年生草本；生于海拔 300－1300m 的山谷水旁阴处或疏林溪旁；分布于绥阳、安龙、望谟、西秀等地。

8. 厚裂凤仙花 *Impatiens crassiloba* Hook. f.

一年生肉质草本；生于海拔 620－1600m 的水沟、小河、田边等水湿环境；分布于七星关、贵阳、荔波等地。

9. 蓝花凤仙花 *Impatiens cyanantha* Hook. f.

一年生草本；生于海拔 1000－2500m 的林下、沟边、路旁等阴湿环境；分布于七星关、大方、纳雍、盘县、普安、雷山等地。

10. 齿萼凤仙花 *Impatiens dicentra* Franch. ex Hook. f.

一年生草本；生于海拔 850－2700m 的路边、林下、水边、山坡草丛等水湿处；分布于江口、大方、盘县、雷山等地。

11. 梵净山凤仙花 *Impatiens fanjingshanica* Y. L. Chen

一年生草本；生于海拔 680－1500m 的山谷潮湿草坡；分布于梵净山等地。

12. 平坝凤仙花 *Impatiens ganpiuana* Hook. f.

一年生草本；生于海拔 1000－2000m 的沟边、水塘边、林下、草丛等潮湿环境；分布于绥阳、七星关、赫章、大方、平坝、贵阳、清镇等地。

13. 贵州凤仙花 *Impatiens guizhouensis* Y. L. Chen

一年生草本；生于海拔 700－1000m 的山坡林下或阴湿处；分布于梵净山、关岭、清镇等地。

14. 高坡凤仙花 *Impatiens labordei* Hook. f.

纤细草本；生于海拔1400m的山谷、疏林中潮湿地或水沟边；分布于贵阳、清镇、七星关等地。

15. 毛凤仙花 *Impatiens lasiophyton* Hook. f.

一年生草本；生于海拔800－2500m的山谷、林下、草丛、水沟和水塘边；分布于大方、福泉、贵定、独山、锦屏等地。

16. 具鳞凤仙花 *Impatiens lepida* Hook. f.

一年生草本；生于海拔1000m左右的沟边、林下等阴湿处；分布于贵定、天柱等地。

17. 细柄凤仙花 *Impatiens leptocaulon* Hook. f.

一年生草本；生于海拔500－2200m的山谷草丛、水边、沟边等水湿环境；分布于绥阳、清镇、贵阳、贵定、都匀等地。

18. 羊坪凤仙花 *Impatiens leveillei* Hook. f.

高大草本；生于海拔1200－1300m的山坡沟边草地；分布于兴义、兴仁等地。

19. 长翼凤仙花 *Impatiens longialata* Pritz. Ex Diels

一年生草本；分布于500－2000m的山谷沟边、路旁潮湿草丛中；分布于大沙河等地。

20. 路南凤仙花 *Impatiens loulanensis* Hook. f.

一年生草本；生于海拔700－2500m的山谷湿地、林下草丛、水沟边等潮湿环境；分布于七星关、大方、兴义、雷山等地。

21. 水金凤 *Impatiens noli－tangere* L.

一年生草本；生于海拔900－2400m的山坡林下、林缘草地或沟边；分布于大沙河等地。

22. 齿苞凤仙花 *Impatiens martinii* Hook. f.

一年生肉质草本；生于海拔700－2000m的阴湿处；分布于江口、贵定、都匀、梵净山等地。

23. 块节凤仙花 *Impatiens piufanensis* Hook. f.

一年生草本；生于海拔900－2000m的林下、沟边等潮湿环境；分布于江口、七星关、兴仁、贞丰、贵定、梵净山等地。

24. 湖北凤仙花 *Impatiens pritzelii* Hook. f.

多年生草本；生于海拔400－1800m的林下；分布于施秉等地。

25. 辐射凤仙花 *Impatiens radiata* Hook. f.

一年生草本；生于海拔2000m左右的林下、路边草丛等阴湿处；分布于盘县等地。

26. 匍匐凤仙花 *Impatiens reptans* Hook. f.

一年生草本；生于丘陵水边潮湿地上；分布于贵阳等地。

27. 红纹凤仙花 *Impatiens rubrostriata* Hook. f.

一年生草本；生于海拔1700m左右的阴湿环境；分布于安龙等地。

28. 黄金凤 *Impatiens siculifer* Hook. f.

一年生草本；生于海拔500－2500m的林下、草丛、路边、沟边等阴湿环境；分布于绥阳、江口、凯里、雷山、黎平、梵净山等地。

29. 斯格玛凤仙花 *Impatiens sigmoidea* Hook. f.

一年生草本；分布于平坝等地。

30. 勺叶凤仙花 *Impatiens spathulata* Y. X. Xiong

一年生草本；生于海拔390m的洞内瀑布旁湿地；分布于赤水等地。

31. 窄萼凤仙花 *Impatiens stenosepala* Pritz. ex Diels

一年生草本；生于海拔800－1800m的山坡林下、山沟水旁或草丛中；分布于贵阳、梵净山等地。

32. 野凤仙花 *Impatiens textori* Miq.

一年生草本；生于海拔1050m的山沟溪流旁；分布于大沙河等地。

33. 毛萼凤仙花 *Impatiens trichosepala* **Y. L. Chen**

一年生矮小草本；生于海拔 500 – 700m 的山谷河边或疏林中，或潮湿草丛中；分布于榕江等地。

一三八、五加科 Araliaceae

（一）楤木属 *Aralia* **Linnaeus**

1. 野楤头 *Aralia armata*（**Wall. ex D. Don**）**Seem.**

多刺灌木；生于海拔 600 – 1350m 的灌丛中；分布于贵阳、册亨、罗甸、荔波、长顺、瓮安、独山、福泉、平塘、从江等地。

2. 黄毛楤木 *Aralia chinensis* **L.**

灌木或乔木木；生于海拔 850 – 1900m 的山坡灌丛中；分布于纳雍、赤水、绥阳、松桃、梵净山、兴义、晴隆、清镇、贵阳、息烽、开阳、修文、平塘、独山、长顺、瓮安、罗甸、福泉、荔波、都匀、惠水、贵定、龙里、黄平、雷公山等地。

3. 白背叶楤木 *Aralia chinensis* var. *nuda* **Nakai**

灌木或小乔木；生于海拔 600 – 1200m 的林缘或灌丛中；分布于开阳、修文、梵净山、黎平、从江等地。

4. 食用土当归 *Aralia cordata* **Thunb.**

多年生草本；生于海拔 1240m 的山谷密林中；分布于从江等地。

5. 头序楤木 *Aralia dasyphylla* **Miq.**【*Aralia chinensis* var. *dasyphylloides* **Hand. -Mazz.**】

灌木或小乔木；生于海拔 680 – 1500m 的山坡灌丛中；分布于梵净山、贵阳、开阳、册亨、西秀、贵定、罗甸、福泉、荔波、惠水、龙里、黄平等地。

6. 台湾毛楤木 *Aralia decaisneana* **Hance**

灌木；生于海拔 500 – 800m 的山坡灌丛中；分布于分布独山、平塘、三都、长顺、罗甸、都匀、惠水、龙里、雷山等地。

7. 棘茎楤木 *Aralia echinocaulis* **Hand. -Mazz.**

小乔木；生于海拔 800 – 1400m 的林中；分布于修文、梵净山、湄潭、雷山等地。

8. 楤木 *Aralia elata*（**Miq.**）**Seem.**【*Aralia hupehensis* **Hoo**】

灌木或小乔木；生于海拔 800m 的山坡沟旁灌丛中；分布于黎平等地。

9. 虎刺楤木 *Aralia finlaysoniana*（**Wall. ex DC.**）**Seem.**

灌木；生于海拔 150 – 1250m 的密林、丛林、灌丛、沟边、溪边及路旁；分布于贵阳、贞丰等地。

10. 小叶楤木 *Aralia foliolosa* **Seemann**

多刺大灌木；生于海拔 700 – 1800m 的溪流旁、森林、山坡、路旁处；分布于惠水、龙里等地。

11. 黑果土当归 *Aralia melanocarpa*（**Lévl.**）**Lauener**

多年生草本；生于海拔 2400 – 2550m 的山坡密林下；分布于威宁等地。

12. 粗毛楤木 *Aralia searelliana* **Dunn**

小乔木；生于海拔 500 – 2400m 的路旁、森林中；分布于瓮安等地。

13. 波缘楤木 *Aralia undulata* **Hand. -Mazz.**

灌木或乔木；生于海拔 970 – 1600m 的林中；分布于梵净山、雷公山、三都、从江等地。

14. 越南楤木 *Aralia vietnamensis* **Ha**

灌木或小乔木；生于海拔 150 – 1200m 的山坡、丛林、林缘及路边；分布于罗甸等地。

（二）罗伞属 *Brassaiopsis* **Decaisne et Planchon**

1. 狭叶罗伞 *Brassaiopsis angustifolia* **K. M. Feng**

灌木；生于海拔 2100m 的山坡灌丛中；分布于镇宁、独山等地。

2. 直序罗伞 *Brassaiopsis bodinieri*（Lévl.）**J. Wen et Lowry**

灌木或小乔木；生于海拔 500－1000m 潮湿的林下；分布于独山等地。

3. 纤齿罗伞 *Brassaiopsis ciliata* **Dunn**〔*Euaraliopsis ciliata*（Dunn）**Hutch.**〕

有刺灌木；生于海拔 640－1100m 的山坡疏林下岩石处；分布于兴仁、安龙、荔波、都匀、独山、罗甸等地。

4. 盘叶罗伞 *Brassaiopsis fatsioides* **Harms**〔*Euaraliopsis fatsioides*（Harms）**Hutch.**〕

灌木或乔木；生于海拔 1800－2050m 的山谷林中；分布于大方、普安等地。

5. 锈毛罗伞 *Brassaiopsis ferruginea*（**H. L. Li**）**C. Ho**〔*Euaraliopsis ferruginea*（Li）**Hoo et Tseng**〕

灌木；生于海拔 950－1600m 山谷林下；分布于大方、安龙、三都、从江、榕江等地。

6. 罗伞 *Brassaiopsis glomerulata*（**Bl.**）**Regel**〔*Brassaiopsis acuminata* **H. L. Li**；*Brassaiopsis glomerulata* **var.** *longipedicellata* **H. L. Li**〕

灌木或乔木；生于海拔 650－1400m 的山谷密林中；分布于赤水、兴义、安龙、册亨、荔波、独山、罗甸、都匀、惠水、贵定、龙里等地。

7. 细梗罗伞 *Brassaiopsis gracilis* **Hand. -Mazz.**

灌木；生于海拔 1450－1600m 的山坡岩石上或林下；分布于兴仁、安龙、罗甸等地。

8. 广西罗伞 *Brassaiopsis kwangsiensis* **C. Ho**

小乔木；生于海拔 1300m 的疏林中；分布于印江等地。

9. 尖苞罗伞 *Brassaiopsis producta*（**Dunn**）**C. B. Shang**〔*Brassaiopsis spinibracteata* **Hoo**；*Brassaiopsis productum*（**Dunn**）**Shang**〕

灌木或小乔木；生于海拔 1100－1500m 的山谷林中；分布于开阳、六枝、水城、长顺、独山、罗甸、荔波、兴仁、册亨等地。

10. 栎叶罗伞 *Brassaiopsis quercifolia* **G. Hoo**

小乔木；生于海拔 700m 上下的石灰岩林边；分布于独山、荔波、长顺、罗甸、都匀、三都等地。

11. 显脉罗伞 *Brassaiopsis tripteris*（**Lévl.**）**Rehd.**〔*Brassaiopsis phanerophlebia*（**Merr. et Chun**）**P. N. Hô**〕

有刺或无刺矮灌木；生于海拔 600－800m 的林中；分布于册亨、罗甸等地。

（三）**人参木属** *Chengiopanax* **C. B. Shang et J. Y. Huang**

1. 人参木 *Chengiopanax fargesii*（**Franch.**）**C. B. Shang et J. Y. Huang**
落叶乔木。

（四）**树参属** *Dendropanax* **Decne. et Planch.**

1. 缅甸树参 *Dendropanax burmanicus* **Merr.**
灌木或小乔木；生于海拔 640－1300m 的林中；分布于赤水。

2. 榕叶树参 *Dendropanax caloneurus*（**Harms**）**Merr.**
常绿小乔木；生于海拔 1380m 的常绿阔叶林中；分布于清镇等地。

3. 树参 *Dendropanax dentiger*（**Harms**）**Merr.**〔*Dendropanax inflatus* **Li**；*Dendropanax inflatus* **f.** *paniculatus* **Tseng et Hoo**；*Dendropanax inflatus* **f.** *multiflorus* **Tseng et Hoo**〕

乔木或灌木；生于海拔 1050－1900m 的山谷密林中；分布于贵阳、息烽、习水、绥阳、梵净山、安龙、独山、都匀、长顺、瓮安、罗甸、福泉、贵定、龙里、荔波、惠水、从江、榕江、雷公山等地。

4. 海南树参 *Dendropanax hainanensis*（**Merr. et Chun**）**Merr. et Chun**

乔木；生于海拔 630－1200m 的山谷密林中；分布于梵净山、雷公山、从江、榕江、独山、罗甸、荔波等地。

5. 变叶树参 *Dendropanax proteus*（**Champ. ex Benth.**）**Benth.**

常绿灌木；生于海拔950m的山腹密林下；分布于黎平等地。

（五）刺五加属 *Eleutherococcus* Maximowicz

1. 糙叶五加 *Eleutherococcus henryi* Oliv.【*Acanthopanax henryi*（Oliv.）Harms】

灌木；生于海拔1000－2500m的生于林缘或灌丛中；分布于大沙河等地。

2. 藤五加 *Eleutherococcus leucorrhizus* Oliv.【*Acanthopanax leucorrhizus*（Oliv.）Harms】

灌木；生于海拔1700m的山谷林中；分布于修文、雷公山等地。

3. 糙叶藤五加 *Eleutherococcus leucorrhizus* var. *fulvescens*（Harms et Rehd.）Nakai【*Acanthopanax leucorrhizus* var. *fulvescens* Harms et Rehd.】

灌木；生于海拔1430m的山脚路旁灌丛中；分布于绥阳等地。

4. 蜀五加 *Eleutherococcus leucorrhizus* var. *setchuenensis*（Harms）C. B. Shang et J. Y. Huang【*Acanthopanax setchuenensis* Harms ex Diels】

灌木；生于海拔2400m的灌丛中；分布于梵净山等地。

5. 狭叶藤五加 *Eleutherococcus leucorrhizus* var. *scaberulus*（Harms et Rehd.）Nakai【*Acanthopanax leucorrhizus* var. *scaberulus*（Harms et Rehd.）Nakai；*Acanthopanax simonii* Schneid.；*Acanthopanax simonii* var. *longipedicellatus* Hoo】

灌木；生于海拔1400－2000m的灌丛或林下；分布于清镇、大方、纳雍、绥阳、独山、都匀、雷公山等地。

6. 细柱五加 *Eleutherococcus nodiflorus*（Dunn）S. Y. Hu【*Acanthopanax gracilistylus* W. W. Smith；*Acanthopanax gracilistylus* var. *pubescens*（Pampanini）Li；*Acanthopanax gracilistylus* var. *nodiflorus*（Dunn）Li；*Acanthopanax gracilistylus* var. *villosulus*（Harms）H. L. Li；*Acanthopanax hondae* Matsuda】

灌木；生于海拔880－2540m的山坡林内或灌丛中；分布于贵阳、息烽、威宁、纳雍、梵净山、安龙、望谟、贵定、长顺、独山、罗甸、福泉、都匀、惠水、三都、龙里、三穗、黎平等地。

7. 刺五加 *Eleutherococcus senticosus*（Rupr. et Maxim.）Maxim.【*Acanthopanax senticosus*（Rupr. Maxim.）Harms】

灌木；生于海拔500m的山谷、森林、灌丛中；分布于碧江等地。

8. 刚毛白簕 *Eleutherococcus setosus*（H. L. Li）Y. R. Ling【*Acanthopanax trifoliatus* var. *setosus* Li】

灌木；生于海拔680－1400m的山坡灌丛中；分布于贵阳、息烽、清镇、晴隆、兴义、贞丰、册亨、从江、长顺、瓮安、独山、罗甸、三都等地。

9. 白簕 *Eleutherococcus trifoliatus*（L.）S. Y. Hu【*Acanthopanax trifoliatus*（L.）Merr.】

灌木；生于海拔500－1300m的山坡路边、林缘或灌丛中；分布于习水、湄潭、德江、梵净山、松桃、兴仁、西秀、贵阳、开阳、修文、都匀、贵定、瓮安、天柱等地。

（六）八角金盘属 *Fatsia* Decaisne et Planchon

1. 八角金盘 *Fatsia japonica*（Thunb.）Decne. et Planch.

常绿灌木；原产日本；省内有栽培。

（七）吴萸叶五加属 *Gamblea* C. B. Clarke

1. 萸叶五加 *Gamblea ciliata* C. B. Clarke【*Acanthopanax evodiaefolius* var. *gracilis* W. W. Smith；*Acanthopanax evodiaefolius* var. *ferrugineus* W. W. Smith】

灌木或乔木；生于海拔1300－2000m的山坡林中；分布于纳雍、绥阳、安龙、雷公山等地。

2. 吴茱萸五加 *Gamblea ciliata* var. *evodiifolia*（Franch.）C. B. Shang et al【*Acanthopanax evodiifolius* Franch.】

灌木或乔木；生于海拔900－1800m的山坡林中或灌丛中；分布于梵净山、雷山、长顺、荔波、龙里等地。

（八）常春藤属 *Hedera* Linnaeus

1. 常春藤 *Hedera nepalensis* var. *sinensis*（Tobl.）Rehd.

常绿攀援灌木；生于海拔530－2300m的林内或林缘岩石处、攀援于林上；分布于习水、遵义、德江、安龙、册亨、贵定、荔波、长顺、瓮安、独山、罗甸、福泉、都匀、惠水、龙里、平塘、从江等地。

（九）幌伞枫属 *Heteropanax* Seemann

1. 华幌伞枫 *Heteropanax chinensis*（Dunn）H. L. Li

常绿灌木；生于海拔460m山谷林缘；分布于荔波等地。

（十）刺楸属 *Kalopanax* Miquel

1. 刺楸 *Kalopanax septemlobus*（Thunb.）Koidz.

落叶乔木；生于海拔350－1400m的山谷林中或山坡灌丛中；分布于湄潭、息烽、贵阳、开阳、清镇、修文、兴仁、册亨、贵定、平塘、荔波、长顺、瓮安、独山、罗甸、福泉、都匀、惠水、三都、龙里、从江等地。

（十一）大参属 *Macropanax* Miquel

1. 短梗大参 *Macropanax rosthornii*（Harms）C. Y. Wu ex G. Hoo

常绿灌木或小乔木；生于海拔500－1800m的山谷林中或灌丛中；分布于兴义、兴仁、册亨、普安、三都、长顺、独山、惠水、天柱、榕江、从江等地。

2. 波缘大参 *Macropanax undulatus*（Wall. ex G. Don）Seem.

常绿乔木；生于海拔1300－1800m的森林中；分布地不详。

（十二）梁王茶属 *Metapanax* J. Wen et Frodin

1. 异叶梁王茶 *Metapanax davidii*（Franch.）J. Wen ex Frodin【*Nothopanax davidii*（Franch.）Harms ex Diels】

常绿灌木或乔木；生于海拔800－2100m的山坡林内或灌丛中；分布于纳雍、绥阳、道真、德江、梵净山、遵义、石阡、盘县、贵阳、息烽、开阳、清镇、瓮安、黄平、榕江、长顺、独山、罗甸、福泉、荔波、都匀、惠水、贵定、龙里、平塘等地。

2. 梁王茶 *Metapanax delavayi*（Franch.）J. Wen et Frodin【*Nothopanax delavayi*（Franch.）Harms ex Diels】

常绿灌木；生于海拔1200－1900m的山谷林中；分布于开阳、纳雍、梵净山、安龙、独山、都匀、龙里等地。

（十三）人参属 *Panax* Linnaeus

1. 竹节参 *Panax japonicus*（T. Nees）C. A. Mey.

多年生草本；生于海拔1000－2200m的山谷密林下；分布于贵阳、纳雍、梵净山、雷公山、榕江等地。

2. 狭叶竹节参 *Panax japonicus* var. *angustifolius*（Burkill）Cheng et Chu

多年生草本；生于海拔1750－1950m的山谷林下或灌丛下；分布于大方、安龙等地。

3. 疙瘩七 *Panax japonicus* var. *bipinnatifidus*（Seem.）C. Y. Wu et K. M. Feng

多年生草本；生于海拔1300－2100m的高山密林下；分布于江口、织金等地。

4. 珠子参 *Panax japonicus* var. *major*（Burkill）C. Y. Wu et K. M. Feng

多年生草本；生于海拔2000－2550m的山坡密林下或灌丛中；分布于威宁、纳雍等地。

5. 三七 *Panax notoginseng*（Burkill）F. H. Chen ex C. H. Chow

多年生草本；省内有栽培。

6. 西洋参 *Panax quinquefolius* L.

多年生草本；原产北美洲；省内有栽培。

7. 屏边三七 *Panax stipuleanatus* C. T. Tsai et K. M. Feng

多年生草本；生于海拔 1750m 的潮湿刺竹林下；分布于水城等地。

8. 姜状三七 *Panax zingiberensis* C. Y. Wu et K. M. Feng

多年生草本；分布于从江等地。

（十四）羽叶参属 *Pentapanax* Seemann

1. 锈毛羽叶参 *Pentapanax henryi* Harms

常绿灌木或乔木；生于海拔 1700m 的山谷林中；分布于赫章、雷山等地。

（十五）鹅掌柴属 *Schefflera* J. R. Forster et G. Forster

1. 短序鹅掌柴 *Schefflera bodinieri*（Lévl.）Rehder

常绿灌木或小乔木；生于海拔 800 - 1500m 的山谷灌丛中、林缘或疏林中；分布于贵阳、清镇、开阳、赤水、习水、梵净山、石阡、瓮安、贵定、安龙、兴仁、长顺、独山、福泉等地。

2. 中华鹅掌柴 *Schefflera chinensis*（Dunn）H. L. Li

常绿乔木；生于海拔 800m 的林中；分布于罗甸等地。

3. 穗序鹅掌柴 *Schefflera delavayi*（Franch.）Harms

常绿乔木或灌木；生于海拔 500 - 1400m 的山谷阔叶林中或溪、沟旁灌丛中；分布于贵阳、开阳、清镇、赤水、习水、桐梓、遵义、平塘、三都、长顺、瓮安、独山、罗甸、福泉、都匀、惠水、贵定、龙里、雷山、从江、黎平等地。

4. 密脉鹅掌柴 *Schefflera elliptica*（Bl.）Harms

常绿灌木或小乔木；生于海拔 800 - 1000m 的山谷密林中；分布于兴义、罗甸、惠水、三都等地。

5. 贵州鹅掌柴 *Schefflera guizhouensis* C. B. Shang

常绿乔木；生于林中；分布地不详。

6. 鹅掌柴 *Schefflera heptaphylla*（L.）Frodin【*Schefflera octophylla*（Lour.）Harms】

常绿乔木或灌木；生于海拔 500 - 800m 的疏林中；分布于安龙、罗甸、长顺、独山、福泉、荔波、都匀、三都、平塘等地。

7. 红河鹅掌柴 *Schefflera hoi*（Dunn）Vig.

常绿小乔木；生于海拔 1400 - 2900m 山谷密林中；分布于罗甸、平塘等地。

8. 星毛鸭脚木 *Schefflera minutistellata* Merr. ex H. L. Li

常绿灌木或小乔木；生于海拔 1100 - 1500m 的山谷林中或灌丛中；分布于兴仁、贞丰、贵定、三都、独山、荔波、罗甸、都匀、惠水、龙里等地。

9. 球序鹅掌柴 *Schefflera pauciflora* R. Vig.【*Schefflera glomerulata* H. L. Li】

常绿乔木或灌木；生于海拔 350 - 800m 的疏林中；分布于册亨、贞丰、平塘、荔波、荔波、独山、罗甸、都匀、惠水、三都等地。

（十六）通脱木属 *Tetrapanax* K. Koch

1. 通脱木 *Tetrapanax papyrifer*（Hook.）K. Koch

常绿灌木或小乔木；生于海拔 700 - 1500m 的山坡旷地；分布于贵阳、息烽、开阳、兴仁、安龙、望谟、罗甸、平塘、荔波、都匀、三都、瓮安、独山、福泉、黎平等地。

（十七）刺通草属 *Trevesia* Visiani

1. 刺通草 *Trevesia palmata*（DC.）Vis.

常绿小乔木；生于海拔 500 - 1100m 的山谷林中；分布于关岭、贞丰、兴义、安龙、册亨、望谟、长顺、独山、罗甸等地。

一三九、单室茱萸科 Mastixiaceae

（一）马蹄参属 *Diplopanax* Handel-Mazzetti

1. 马蹄参 *Diplopanax stachyanthus* Hand. -Mazz.

常绿乔木；生于海拔 850 – 1100m 的山谷密林中；分布于从江、黎平、惠水、三都、龙里等地。

（二）单室茱萸属 *Mastixia* Blume

1. 单室茱萸 *Mastixia pentandra* subsp. Cambodiana（Pierre）K. M. Matthew

常绿乔木；生于海拔 350 – 900m 的密林中；分布于荔波等地。

一四〇、鞘柄木科 Toricelliaceae

（一）鞘柄木属 *Toricellia* Candolle

1. 角叶鞘柄木 *Toricellia angulata* Oliv.

落叶灌木或小乔木；生于海拔 900 – 2000m 的林缘或溪边；分布于贵阳、修文、长顺、独山、荔波、惠水、贵定、龙里等地。

2. 有齿鞘柄木 *Toricellia angulata* var. *intermedia*（Harms）Hu

落叶灌木或小乔木；生于海拔 900 – 1700m 的林缘或溪边；分布于贵阳、修文、开阳、息烽、梵净山、绥阳、遵义、西秀、兴义、安龙、雷公山、独山、罗甸、荔波、长顺、瓮安、独山、福泉、都匀、惠水、三都、龙里等地。

3. 鞘柄木 *Toricellia tiliifolia* DC.

落叶小乔木；生于海拔 1640 – 2600m 的林缘与森林中；分布于大沙河、荔波、都匀、惠水、三都等地。

一四一、伞形科 Apiaceae

（一）羊角芹属 *Aegopodium* Linnaeus

1. 湘桂羊角芹 *Aegopodium handelii* H. Wolff ex Hand. -Mazz.

直立草本；生于海拔 850 – 1150m 的山谷灌丛下；分布地不详。

2. 巴东羊角芹 *Aegopodium henryi* Diels

直立草本；生于海拔 1600m 的林缘；分布于大沙河等地。

（二）当归属 *Angelica* Linnaeus

1. 重齿当归 *Angelica biserrata*（Shan et C. Q. Yuan）C. Q. Yuan et Shan

多年生草本；生于海拔 1000 – 1700m 的林下草丛或稀疏灌丛中；分布于雷公山、大沙河等地。

2. 台湾当归 *Angelica dahurica* var. *formosana*（Boiss.）Shan et Yuan

多年生草本；引种；省内有栽培。

3. 紫花前胡 *Angelica decursiva*（Miq.）Franch. et Savatier〔*Peucedanum decursivum*（Miq.）Maxim.〕

多年生草本；生于山坡草地或稀疏林下；分布于七星关、凤冈、湄潭、梵净山、贞丰、贵阳、罗甸、三都、惠水、黄平、锦屏等地。

4. 丽江当归 *Angelica likiangensis* H. Wolff

多年生草本；生于山坡草丛或林下；分布地不详。

5. 长序当归 *Angelica longipes* H. Wolff

多年生草本；生于海拔 1100 – 2000m 的开阔地带；分布地不详。

6. 大叶当归 *Angelica megaphylla* Diels

多年生草本；生于海拔 1500 – 2000m 的山地、草丛、溪谷和林下；分布于大沙河等地。

7. 拐芹 *Angelica polymorpha* Maxim.

多年生草本；生于海拔 1000 – 1500m 的山沟溪水旁、杂木林下；分布于习水、普安、兴义等地。

8. 当归 *Angelica sinensis*（Oliv.）Diels

多年生草本；省内各地有栽培；少见野生。

（三）峨参属 *Anthriscus* Persoon

1. 峨参 *Anthriscus sylvestris*（L.）Hoffm.

二年生或多年生草本；生于山坡林下或路旁及山谷溪边石缝中；分布于贵阳等地。

（四）芹属 *Apium* Linnaeus

1. 旱芹 *Apium graveolens* L.

二年生或多年生草本；原产亚洲西南部、非洲北部和欧洲；省内有栽培。

（五）柴胡属 *Bupleurum* Linnaeus

1. 小柴胡 *Bupleurum hamiltonii* Balakr.【*Bupleurum tenue* Buch. -Ham.】

二年生草本；生于海拔 1900 – 2400m 的向阳山坡；分布于七星关、赫章、盘县、雷公山等地。

2. 三苞柴胡 *Bupleurum hamiltonii* var. *paucefulcrans* C. Y. Wu ex R. H. Shan et Yin Li

二年生草本；生于海拔 1300m 的向阳山坡草丛中，或干燥沙地瘠土中；分布于七星关等地。

3. 贵州柴胡 *Bupleurum kweichowense* Shan

多年生草本；生于海拔 2150m 的山坡草地及多岩石山坡上；分布于梵净山等地。

4. 空心柴胡 *Bupleurum longicaule* var. *franchetii* H. Boissieu

多年生草本；生于海拔 2300m 的山坡草地；分布于威宁等地。

5. 竹叶柴胡 *Bupleurum marginatum* Wall. ex DC.

多年生草本；生于海拔 750 – 2300m 的山坡草地或林下；分布于正安、兴义、兴仁、安龙、贵阳等地。

6. 窄竹叶柴胡 *Bupleurum marginatum* var. *stenophyllum*（H. Wolff）Shan et Yin Li

多年生草本；生于海拔 1300m 左右的山坡草丛中；分布于正安、兴义、兴仁、安龙等地。

（六）葛缕子属 *Carum* Linnaeus

1. 葛缕子 *Carum carvi* L.

多年生草本；生于路旁、草地或林下；分布于松桃等地。

（七）积雪草属 *Centella* Linnaeus

1. 积雪草 *Centella asiatica*（L.）Urb.

多年生草本；生于海拔 400 – 2400m 的潮湿草地或水沟边；分布于息烽、松桃、兴义、安龙、普定、罗甸、独山、瓮安、凯里等地。

（八）细叶芹属 *Chaerophyllum* Linnaeus

1. 细叶芹 *Chaerophyllum villosum* DC.

一年生草本；生于海拔 1950 – 2300m 的山谷阴处及路边草地；分布于大方、盘县等地。

（九）蛇床属 *Cnidium* Cusson

1. 蛇床 *Cnidium monnieri*（L.）Cusson

一年生草本；生于海拔 200 – 1000m 的原野；分布于梵净山、安龙、兴义、望谟、罗甸等地。

（十）芫荽属 *Coriandrum* Linnaeus

1. 芫荽 *Coriandrum sativum* L.

一年或二年生草本；原产欧洲地中海地区；全省各地均有栽培。

(十一)鸭儿芹属 *Cryptotaenia* de Candolle

1. 鸭儿芹 *Cryptotaenia japonica* Hassk.

多年生草本；生于海拔 700 – 1300m 的林下阴湿处；分布于纳雍、大方、赤水、松桃、绥阳、思南、石阡、兴义、兴仁、安龙、册亨、独山、瓮安、凯里、雷公山等地。

(十二)胡萝卜属 *Daucus* Linnaeus

1. 野胡萝卜 *Daucus carota* L.

二年生草本；生于海拔 700 – 1300m 的路旁、原野、山间；分布于思南、西秀、贵阳等地。

2. 胡萝卜 *Daucus carota* var. *sativa* Hoffm.

二年生草本；省内有栽培。

(十三)马蹄芹属 *Dickinsia* Franchet

1. 马蹄芹 *Dickinsia hydrocotyloides* Franch.

一年生草本；生于海拔 1400m 左右的山脚路旁的潮湿处；分布于绥阳等地。

(十四)刺芹属 *Eryngium* Linnaeus

1. 刺芹 *Eryngium foetidum* L.

二年生或多年生草本；生于海拔 150 – 1540m 的丘陵、山地林下、路旁、沟边等湿润处；分布地不详。

(十五)茴香属 *Foeniculum* Miller

1. 茴香 *Foeniculum vulgare* Mill.

多年生高大草本；原产地中海地区；省内习水、印江、安龙、望谟、罗甸等地有栽培。

(十六)独活属 *Heracleum* Linnaeus

1. 二管独活 *Heracleum bivittatum* H. Boissieu

多年生草本；生于高海拔的山地林缘路边；分布地不详。

2. 独活 *Heracleum hemsleyanum* Diels

多年生草本；生于海拔 650m 的山谷灌丛中；分布于梵净山等地。

3. 贡山独活 *Heracleum kingdonii* H. Wolff

多年生草本；生于海拔 600 – 2900m 的山谷林缘或草坡上；分布地不详。

4. 短毛独活 *Heracleum moellendorffii* Hance

多年生草本；生于低于 2800m 的阴坡山沟旁、林缘或草甸子；分布于兴义、贵定等地。

5. 椴叶独活 *Heracleum tiliifolium* H. Wolff

多年生草本；生于山地灌丛中或溪谷林缘；分布于梵净山等地。

(十七)天胡荽属 *Hydrocotyle* L.

1. 喜马拉雅天胡荽 *Hydrocotyle himalaica* P. K. Mukh.

多年生草本；生于海拔 2200m 以下的山谷、阴暗潮湿的草丛；分布地不详。

2. 中华天胡荽 *Hydrocotyle hookeri* subsp. *chinensis*（Dunn ex R. H. Shan et S. L. Liou）M. F. Watson et M. L. She【*Hydrocotyle chinensis*（Dunn）Craib】

多年生草本；生于海拔 1000 – 2900m 的河边沟边及阴湿的路旁草地；分布于遵义等地。

3. 普渡天胡荽 *Hydrocotyle hookeri* subsp. *handelii*（H. Wolff）M. F. Watson et M. L. Sheh【*Hydrocotyle handelii* Wolff】

多年生草本；生于海拔 2300 – 2500m 的山坡、路旁、路边杂草地及湿润地区；分布于赫章等地。

4. 红马蹄草 *Hydrocotyle nepalensis* Hook.

多年生草本；生于海拔 500 – 1600m 的山坡、路旁、阴湿处、山沟和溪边草丛中；分布于赤水、梵净山、印江、兴仁、安龙、册亨、罗甸、独山、黄平、榕江等地。

5. 天胡荽 *Hydrocotyle sibthorpioides* Lam.

多年生草本；生于海拔 400 - 2900m 的河沟边、林下；分布于全省各地。

6. 破铜钱 Hydrocotyle sibthorpioides var. batrachium（Hance）Hand. -Mazz. ex Shan

多年生草本；生于海拔 650m 的路边荒地；分布于大沙河等地。

7. 肾叶天胡荽 Hydrocotyle wilfordii Maxim.

多年生草本；生于海拔 350 - 1400m 的阴湿的山谷、田野、沟边、溪边等；分布于大方等地。

（十八）藁本属 Ligusticum Linnaeus

1. 短片藁本 Ligusticum brachylobum Franch.

多年生草本；生于海拔 1500 - 1900m 的山坡草丛中；分布于梵净山、印江、安龙等地。

2. 羽苞藁本 Ligusticum daucoides（Franch.）Franch.

多年生草本；生于海拔 2600 - 2900m 的山地丛林中；分布于赫章等地。

3. 金山川芎 Ligusticum fuxion Hort.

多年生草本；生于海拔 1500m 的荒地、杂木林下；分布于大沙河等地。

4. 匍匐藁本 Ligusticum reptans（Diels）H. Wolff

多年生草本；生于海拔 2100m 左右的山坡潮湿岩石上；分布于梵净山、印江、水城等地。

5. 条纹藁本 Ligusticum striatum DC.【Ligusticum wallichii Franch】

多年生草本；引种；省内湄潭、绥阳、凤冈、正安、松桃、水城、贵阳、惠水、剑河等地有栽培。

6. 藁本 Ligusticum sinense Oliv.

多年生草本；生于海拔 500 - 2700m 的山地草丛中或潮湿地；分布于惠水等地。

（十九）紫伞芹属 Melanosciadium H. de Boissieu

1. 紫伞芹 Melanosciadium pimpinelloideum H. Boissieu

多年生草本；生于海拔 1400 - 1800m 的荫蔽潮湿的竹林中或林缘草地上；分布于七星关等地。

（二〇）白苞芹属 Nothosmyrnium Miquel

1. 白苞芹 Nothosmyrnium japonicum Miq.

多年生草本；生于海拔 650 - 1500m 的山坡林下阴湿地方；分布于梵净山、雷公山、安龙、榕江等地。

2. 川白苞芹 Nothosmyrnium japonicum var. sutchuenense H. Boissieu

多年生草本；生于林下草丛中；分布地不详。

（二一）水芹属 Oenanthe Linnaeus

1. 高山水芹 Oenanthe hookeri C. B. Clarke

多年生草本；生于海拔 2340m 左右的山腹、水沟旁阴处潮湿地；分布于威宁等地。

2. 水芹 Oenanthe javanica（Bl.）DC.

多年生草本；生于海拔 300 - 1700m 的山谷、低湿地及水沟旁；分布于贵阳、赫章、赤水、德江、松桃、梵净山、石阡、罗甸、雷公山等地。

3. 卵叶水芹 Oenanthe javanica subsp. rosthornii（Diels）F. T. Pu【Oenanthe rosthornii Diels】

多年生草本；生于海拔 1100 - 1800m 的水边、山谷及潮湿地；分布于绥阳、印江、普安、凯里等地。

4. 线叶水芹 Oenanthe linearis Wall. ex DC.【Oenanthe sinensis Dunn；Oenanthe dielsii Boiss.】

多年生草本；生于海拔 700 - 2340m 的山谷、水旁潮湿地；分布于贵阳、威宁、兴仁、平塘等地。

5. 蒙自水芹 Oenanthe linearis subsp. rivularis（Dunn）C. Y. Wu et F. T. Pu

多年生草本；生于海拔 1100 - 2000m 的沼地路旁潮湿地或山谷斜坡疏林下；分布地不详。

6. 多裂叶水芹 Oenanthe thomsonii C. B. Clarke

多年生草本；生于海拔 2000 - 2900m 的山坡路旁潮湿草地及溪沟旁；分布地不详。

7. 窄叶水芹 Oenanthe thomsonii subsp. stenophylla（H. Boissieu）F. T. Pu【Oenanthe dielsii var.

stenophylla Boiss. 】

多年生草本；生于海拔 1500 – 2000m 的山谷杂木林下、溪旁水边草丛中；分布于纳雍等地。

(二二)香根芹属 *Osmorhiza* Rafinesque

1. 香根芹 *Osmorhiza aristata*（Thunb.）Rydb.

多年生草本；生于海拔 250 – 1120m 的山坡林下，溪边及路旁草丛中；分布地不详。

2. 疏叶香根芹 *Osmorhiza aristata* var. *laxa*（Royle）Constance et Shan

多年生草本；生于海拔 1600m 以上的林下、山沟及河边草地；分布地不详。

(二三)前胡属 *Peucedanum* Linnaeus

1. 芷叶前胡 *Peucedanum angelicoides* H. Wolff ex Kretschm.

多年生草本；生于海拔 2500m 以上的山坡灌丛及林缘；分布于兴义等地。

2. 华中前胡 *Peucedanum medicum* Dunn

多年生草本；生于海拔 1200m 左右的山坡草丛中；分布于清镇、德江、独山、瓮安等地。

3. 前胡 *Peucedanum praeruptorum* Dunn

多年生草本；生于海拔 200 – 2000m 的山坡草地或稀疏林下；分布于七星关、凤冈、湄潭、梵净山、贞丰、贵阳、息烽、罗甸、三都、惠水、黄平、锦屏等地。

4. 石防风 *Peucedanum terebinthaceum*（Fisch. ex Treviranus）Ledeb.

多年生草本；生于海拔 200 – 1200m 的山坡草地、林下及林缘；分布于大沙河等地。

(二四)茴芹属 *Pimpinella* Linnaeus

1. 锐叶茴芹 *Pimpinella arguta* Diels

多年生草本；生于海拔 1500m 以上的山地沟谷中或林缘草地上；分布地不详。

2. 短果茴芹 *Pimpinella brachycarpa*（Kom.）Nakai

多年生草本；生于海拔 500 – 900m 的河边或林缘；分布地不详。

3. 杏叶茴芹 *Pimpinella candolleana* Wight et Arn.

多年生草本；生于海拔 1300 – 2500m 的山地草坡稀疏的灌木林区、田埂或路旁；分布于榕江、黄平、施秉等地。

4. 革叶茴芹 *Pimpinella coriacea*（Franch.）H. Boissieu

多年生草本；生于海拔 800 – 1200m 的山坡草丛中；分布于大方、湄潭、瓮安等地。

5. 异叶茴芹 *Pimpinella diversifolia* DC.

多年生草本；生于海拔 830 – 1000m 的山坡林下草丛中及路旁；分布于湄潭、瓮安、黄平、榕江等地。

6. 川鄂茴芹 *Pimpinella henryi* Diels

草本；生于海拔 620m 的溪边草丛中；分布于大沙河等地。

7. 下曲茴芹 *Pimpinella refracta* H. Wolff

一年生草本；生于海拔 1200 – 2000m 的山地灌丛中；分布于黔西南等地。

8. 菱叶茴芹 *Pimpinella rhomboidea* Diels

多年生草本；生于海拔 1300m 的林缘；分布于大沙河等地。

9. 羊红膻 *Pimpinella thellungiana* H. Wolff

多年生草本；生于海拔 1400m 的林缘草丛中；分布于大沙河等地。

(二五)囊瓣芹属 *Pternopetalum* Wolff

1. 散血芹 *Pternopetalum botrychioides*（Dunn）Hand. -Mazz.

多年生草本；生于海拔 1160m 的河谷湿润地方；分布于印江等地。

2. 囊瓣芹 *Pternopetalum davidii* Franch.

多年生草本；生于海拔 1500m 以上的阴处潮湿地、岩石上及水旁；分布于瓮安等地。

3. 嫩弱囊瓣芹 *Pternopetalum delicatulum* （H. Wolff） Hand. -Mazz.

多年生草本；生于海拔 1800m 的山坡草地上；分布于安龙等地。

4. 纤细囊瓣芹 *Pternopetalum gracillimum* （H. Wolff） Hand. -Mazz.【*Pternopetalum wangianum* Hand. -Mazz.】

多年生草本；生于海拔 1500 – 2200m 的林下潮湿处或覆盖苔藓的岩石上；分布于梵净山等地。

5. 薄叶囊瓣芹 *Pternopetalum leptophyllum* （Dunn） Hand. -Mazz.

多年生草本；生于海拔 1000 – 1800m 的丛林和阴湿岩石上；分布于遵义等地。

6. 长茎囊瓣芹 *Pternopetalum longicaule* Shan

多年生草本；生于海拔 2000m 以上的丛林中密生苔藓的岩石上；分布地不详。

7. 裸茎囊瓣芹 *Pternopetalum nudicaule* （H. Boissieu） Hand. -Mazz.【*Pternopetalum nudicaule* var. *esetosum* Hand. -Mazz.】

草本；生于海拔 600 – 1600m 的荫蔽潮湿处；分布于开阳、印江、安龙、荔波、雷公山等地。

8. 川鄂囊瓣芹 *Pternopetalum rosthornii* （Diels） Hand. -Mazz.

多年生草本；生于海拔 1700m 的阴湿林下；分布于大沙河等地。

9. 膜蕨囊瓣芹 *Pternopetalum trichomanifolium* （Franch.） Hand. -Mazz.【*Pternopetalum kiangsiense* （Wolff） Hand. -Mazz.】

多年生草本；生于海拔 600 – 1750m 的林下草坡、沟边、山谷及阴湿的岩石上；分布于绥阳、江口、梵净山、凯里、雷公山等地。

10. 五匹青 *Pternopetalum vulgare* （Dunn） Hand. -Mazz.

多年生草本；生于海拔 900 – 1700m 的山谷、山坡灌丛中；分布于江口、梵净山、印江等地。

11. 滇西囊瓣芹 *Pternopetalum wolffianum* （Fedde ex H. Wolff） Hand. -Mazz.

多年生草本；生于海拔 1280m 左右的山沟密林中；分布于安龙等地。

（二六）变豆菜属 *Sanicula* Linnaeus

1. 天蓝变豆菜 *Sanicula caerulescens* Franch.

多年生草本；生于海拔 500 – 1000m 的溪边潮湿地、路旁或阴湿的杂木林下；分布于遵义、湄潭、赤水、习水、雷公山等地。

2. 变豆菜 *Sanicula chinensis* Bunge

多年生草本；生于海拔 570 – 2200m 的阴湿路旁、灌丛中；分布于七星关、梵净山、德江、盘县、安龙、贵阳、瓮安、雷公山等地。

3. 软雀花 *Sanicula elata* Buch. -Ham. ex D. Don

多年生草本；生于海拔 1100 – 1400m 的山坡阴处灌丛中或沟谷边；分布于安龙、兴义、盘县等地。

4. 鳞果变豆菜 *Sanicula hacquetioides* Franch.

草本；生于海拔 2650m 以上的空旷草地、山坡路旁、林下及河沟边草丛中；分布于江口、梵净山、印江、剑河等地。

5. 薄片变豆菜 *Sanicula lamelligera* Hance

多年生草本；生于海拔 700 – 1300m 的山坡林下、沟谷、溪边及湿润地方；分布于贵阳、梵净山、正安、兴仁、平塘、惠水、独山、雷公山等地。

6. 野鹅脚板 *Sanicula orthacantha* S. Moore

多年生草本；生于海拔 500 – 1900m 的山坡阴湿地、沟谷、溪边等处；分布于江口、印江、安龙、雷公山、凯里等地。

7. 走茎鹅脚板 *Sanicula orthacantha* var. *stolonifera* Shan et S. L. Liou

多年生草本；生于海拔 1500 – 1700m 的溪边和阴湿林下；分布于大沙河等地。

8. 皱叶变豆菜 *Sanicula rugulosa* Diels

多年生草本；生于海拔 800m 的溪边杂林下；分布于大沙河等地。

（二七）防风属 *Saposhnikovia* Schischk.

1. 防风 *Saposhnikovia divaricata*（Turcz.）Schischk.

多年生草本；生于海拔 400－800m 的草坡和多石砾的山地上；分布于剑河等地。

（二八）西风芹属 *Seseli* Linnaeus

1. 竹叶西风芹 *Seseli mairei* H. Wolff

多年生草本；生于海拔 1000－2100m 的山坡草丛中；分布于威宁、纳雍、赫章、盘县、兴仁、安龙、兴义等地。

2. 松叶西风芹 *Seseli yunnanense* Franch.

多年生草本；生于海拔 600m 以上的干旱山坡、林下灌丛和草丛中；分布于兴义等地。

（二九）窃衣属 *Torilis* Adanson

1. 小窃衣 *Torilis japonica*（Houtt.）DC.

一年或多年生草本；生于海拔 500－1300m 的林缘、路旁、沟谷及溪边草丛中；分布于松桃、印江、梵净山、石阡、兴义、安龙、册亨、望谟、罗甸、贵阳、平塘、黎平、黄平等地。

2. 窃衣 *Torilis scabra*（Thunb.）DC.

一年或多年生草本；生于海拔 290－1950m 的山坡、荒地、溪边草丛中；分布于大方、赤水、江口、印江、望谟、罗甸、平塘等地。

（三〇）糙果芹属 *Trachyspermum* Link

1. 糙果芹 *Trachyspermum scaberulum*（Franch.）H. Wolff

多年生草本；生于海拔 1000－1350m 的山坡林下；分布于兴义、独山等地。

一四二、马钱科 Loganiaceae

（一）醉鱼草属 *Buddleja* Linnaeus

1. 巴东醉鱼草 *Buddleja albiflora* Hemsl.
灌木；生于海拔 500m 以上的山地灌丛中或林缘；分布七星关等地。

2. 白背枫 *Buddleja asiatica* Lour.
灌木或小乔木；生于海拔 450－1300m 的向阳坡地、路旁及河岸沟渠；分布于兴义、安龙、兴仁、水城、西秀、纳雍、七星关、大方、黔西、清镇、贵阳、息烽、开阳、凯里、镇远、都匀、罗甸、瓮安、惠水、贵定、龙里等地。

3. 大叶醉鱼草 *Buddleja davidii* Franch.
落叶灌木；牛干海拔 750－1400m 的丘陵山地路边、沟渠及灌丛林中；分布于赤水、道真、习水、绥阳、贵阳、修文、瓮安、惠水、三都、长顺、独山、罗甸、福泉、都匀、贵定、龙里、平塘、兴仁、贞丰、册亨、黎平、从江、碧江、梵净山等地。

4. 滇川醉鱼草 *Buddleja forrestii* Diels
灌木；生于海拔 900－1300m 的灌丛林中；分布于贵阳、赤水、桐梓、七星关、瓮安等地。

5. 醉鱼草 *Buddleja lindleyana* Fortune
落叶灌木；生于海拔 600－1100m 的山地路旁、河边灌丛中或林缘；分布于关岭、西秀、松桃、德江、碧江、长顺、贵定、三都、龙里等地。

6. 大序醉鱼草 *Buddleja macrostachya* Wall. ex Benth.
灌木或小乔木；生于海拔 900－1300m 的灌丛林带及沟渠旁；分布于贵阳、开阳、兴义、长顺、惠水、西秀等地。

7. 酒药花醉鱼草 *Buddleja myriantha* Diels

灌木；生于海拔 450m 以上的山地疏林中或山坡、山谷灌丛中；分布地不详。

8. 密蒙花 *Buddleja officinalis* Maxim.

落叶灌木；生于海拔 800 – 1300m 的林缘及山地灌丛中；分布于贵阳、开阳、清镇、安龙、兴义、册亨、正安、务川、长顺、独山、罗甸、福泉、荔波、都匀、惠水、贵定、三都、龙里、黔东南等地。

9. 喉药醉鱼草 *Buddleja paniculata* Wall.

灌木或小乔木；生于海拔 500m 以上的山地路旁灌丛或疏林中；分布地不详。

(二)蓬莱葛属 *Gardneria* Wallich

1. 狭叶蓬莱葛 *Gardneria angustifolia* Wall.

攀缘灌木；生于海拔 950 – 1400m 的灌丛林中；分布于梵净山、雷山、榕江、剑河、从江、三都等地。

2. 柳叶蓬莱葛 *Gardneria lanceolata* Rehd. et Wils.

攀援灌木；生于海拔 500 – 1400m 的石灰岩山地灌丛中；分布于兴义、安龙、兴仁、罗甸、雷山等地。

3. 蓬莱葛 *Gardneria multiflora* Makino

常绿攀缘灌木；生于海拔 800 – 1300m 的谷地溪旁及灌丛中；分布于安龙、西秀、清镇、荔波、三都等地。

(三)钩吻属 *Gelsemium* Jjussieu

1. 钩吻 *Gelsemium elegans*（Gardn. et Champ.）Benth.

常绿木质藤本；生于海拔 650 – 1400m 的丘陵地带；分布于兴义、安龙、黄平、榕江、从江、黎平、天柱、剑河、赤水、罗甸、福泉、荔波、贵定、三都等地。

(四)尖帽花属 *Mitrasacme* Labillardière

1. 水田白 *Mitrasacme pygmaea* R. Br.

一年或多年生草本；生于海拔 500m 以下旷野草地；分布地不详。

(五)度量草属 *Mitreola* Linnaeus

1. 大叶度量草 *Mitreola pedicellata* Benth.

多年生草本；生于海拔 500 – 900m 的山坡林下；分布于罗甸、册亨、望谟等地。

2. 度量草 *Mitreola petiolata*（Gmel.）Torr. et A. Gray

一年生草本；生于海拔 850m 以下的石灰岩山地疏林下或山谷阔叶林中；分布地不详。

3. 网子度量草 *Mitreola reticulata* Tirela – Roudet

草本；生于海拔 874m 的附生于阴湿滴水石壁上；分布于赤水。

一四三、龙胆科 Gentianaceae

(一)穿心草属 *Canscora* Lamarck

1. 铺地穿心草 *Canscora diffusa*（Vahl）R. Br. ex Roem. et Schult.

一年生草本；生于潮湿的耕地；分布地不详。

2. 穿心草 *Canscora lucidissima*（Lévl. et Vant.）Hand. -Mazz.

一年生草本；生于海拔 500 – 800m 的石灰岩山坡较阴湿的岩壁下或石缝中；分布于长顺、独山等地。

(二)藻百年属 *Exacum* Linnaeus

1. 藻百年 *Exacum tetragonum* Roxb.

一年生草本；生于海拔 200 – 1500m 的山坡、路旁、草地；分布于独山等地。

（三）龙胆属 *Gentiana* **Linnaeus**

1. 头花龙胆 *Gentiana cephalantha* **Franch.**

多年生草本；生于海拔 1300 – 2700m 的向阳草坡上；分布于雷山、盘县、水城、威宁、赫章、印江、江口、道真等地。

2. 莲座叶龙胆 *Gentiana complexa* **T. N. Ho**

一年生草本；生于海拔 2300m 以上的路旁、荒地；分布于大沙河等地。

3. 粗茎秦艽 *Gentiana crassicaulis* **Duthie ex Burkill**

多年生草本；生于海拔 2100m 的高山草坡上；分布于威宁、赫章等地。

4. 页岭龙胆 *Gentiana davidii* **Franch.**

一年生草本；生于海拔 1300 – 2000m 的山坡草地、路旁、林缘；分布于江口、水城等地。

5. 密花龙胆 *Gentiana densiflora* **T. N. Ho**

一年生草本；生于海拔 900m 以上的草原、路边、山坡、潮湿的草地、灌丛、森林边缘；分布于大沙河、江口等地。

6. 滇东龙胆 *Gentiana eurycolpa* **Marq.**

一年生草本；生于海拔 1300 – 2900m 的向阳草坡；分布于贵阳、威宁等地。

7. 苍白龙胆 *Gentiana forrestii* **Marq.**

一年生草本；生于海拔 2600m 以上的山坡草地上；分布于威宁等地。

8. 密枝龙胆 *Gentiana franchetiana* **Kusnez.**

一年生草本；生于海拔 1400 – 2300m 的山坡草地上；分布于兴仁、盘县等地。

9. 四数龙胆 *Gentiana lineolata* **Franch.**

一年生草本；生于海拔 2200 – 2400m 的高山向阳草坡、灌丛中；分布于威宁、水城等地。

10. 泸定龙胆 *Gentiana ludingensis* **T. N. Ho**

一年生草本；生于海拔 760m 的山坡路旁；分布于遵义、湄潭等地。

11. 大颈龙胆 *Gentiana macrauchena* **Marq.**【*Gentiana incompta* **Harry Smith.**】

一年生草本；生于海拔 2300m 的高山草地上；分布于威宁等地。

12. 念珠脊龙胆 *Gentiana moniliformis* **Marq.**

一年生草本；生于海拔 1000 – 2700m 的高山向阳草坡上；分布于贵阳、贵定、独山、雷山、罗甸等地。

13. 少叶龙胆 *Gentiana oligophylla* **Harry Sm. ex C. Marq.**

多年生草本；生于海拔 1800 – 2800m 的山坡草地、草丛、路旁及林缘；分布于梵净山、江口等地。

14. 流苏龙胆 *Gentiana panthaica* **Prain et Burk.**

一年生草本；生于海拔 1600m 以上的山坡草地、灌丛中、林下、林缘、河滩及路旁；分布于贵阳、印江、江口、威宁、盘县等地。

15. 小龙胆 *Gentiana parvula* **Harry Smith**

一年生草本；生于海拔 1500 – 2000m 的高山草坡上或路旁；分布于雷山、威宁等地。

16. 鸟足龙胆 *Gentiana pedata* **Harry Smith**

一年生草本；生于海拔 1960m 以上的山坡草地；分布地不详。

17. 糙毛龙胆 *Gentiana pedicellata*（**Wall. ex D. Don**）**Griseb.**

一年生草本；生于海拔 750 – 850m 的山坡草地及路边草地；分布于凯里、雷山等地。

18. 草甸龙胆 *Gentiana praticola* **Franch.**

多年生草本；生于海拔 1000 – 2000m 的高山向阳草坡上；分布于盘县、水城、赫章、普安、兴仁、贞丰、钟山等地。

19. 翼萼龙胆 *Gentiana pterocalyx* **Franch.**

一年生草本；生于海拔 1650 – 2700m 的山坡草地、路边灌丛；分布于威宁、赫章、水城、钟山等地。

20. 红花龙胆 *Gentiana rhodantha* Franch.

一年生草本；生于海拔 600 – 2450m 的向阳山坡草丛及灌丛中；分布于遵义、贵阳、罗甸、安龙、凯里、雷山、清镇、万山、印江、沿河、思南、石阡、德江、仁怀、习水、七星关、金沙、赫章、西秀、普安、贞丰、道真、威宁、平坝、兴义、六枝、盘县、水城、钟山等地。

21. 滇龙胆草 *Gentiana rigescens* Franch.【*Gentiana esquirolii* Lévl.】

多年生草本；生于海拔 1000 – 2700m 的高山向阳草坡上；分布于贵阳、惠水、安龙、凯里、雷山、水城、盘县、松桃、江口、清镇、道真、瓮安、独山、纳雍、赫章、镇宁、平坝、普安、安龙等地。

22. 深红龙胆 *Gentiana rubicunda* Franch.

一年生草本；生于海拔 1500 – 2540m 的山坡草地、路旁；分布于贵阳、清镇、开阳、松桃、印江、江口、道真、威宁等地。

23. 二裂深红龙胆 *Gentiana rubicunda* var. *biloba* T. N. Ho

一年生草本；分布地不详。

24. 小繁缕叶龙胆 *Gentiana rubicunda* var. *samolifolia*（Franch.）C. Marq.【*Gentiana samolifolia* Franch.】

一年生草本；生于海拔 1200 – 1600m 的高山路旁草丛中；分布于贵阳、梵净山、松桃、道真等地。

25. 龙胆 *Gentiana scabra* Bunge

多年生草本；生于海拔 400 – 1700m 的山坡草地、路边、河滩、灌丛中、林缘及林下、草甸；分布于水城等地。

26. 鳞叶龙胆 *Gentiana squarrosa* Ledeb.

一年生草本；生于海拔 110m 以上的山坡、山谷、山顶、干草原、河滩、荒地、路边、灌丛中及高山草甸；分布于雷公山等地。

27. 圆萼龙胆 *Gentiana suborbisepala* Marq.

一年生草本；生于海拔 2100 – 2700m 的高山向阳草坡上；分布于威宁等地。

28. 卡拉龙胆 *Gentiana suborbisepala* var. *kialensis*（Marq.）T. N. Ho

一年生草本；生于草地、山坡；分布地不详。

29. 四川龙胆 *Gentiana sutchuenensis* Franch.

一年生草本；生于海拔 1500 – 2000m 的向阳草坡上；分布于雷山、水城、威宁等地。

30. 大理龙胆 *Gentiana taliensis* Balf. f. et Forrest【*Gentiana heterostemon* Harry Smith】

一年生草本；生于海拔 2300m 的山坡草地、山谷、密林中；分布于威宁等地。

31. 兴仁龙胆 *Gentiana xingrenensis* T. N. Ho

一年生草本；生于海拔 1300m 的灌丛中；分布于兴仁等地。

32. 灰绿龙胆 *Gentiana yokusai* Burk.

一年生矮小草本；生于海拔 1000 – 2300m 左右的向阳草地上；分布于贵阳、西秀、独山、福泉；雷山、绥阳、道真、水城、钟山等地。

33. 云南龙胆 *Gentiana yunnanensis* Franch.

一年生草本；生于海拔 1800 – 2600m 山坡草地、路旁、高山草甸、灌丛中及林下；分布于赫章、盘县、水城、钟山等地。

（四）扁蕾属 *Gentianopsis* Ma

1. 扁蕾 *Gentianopsis barbata*（Froel.）Ma

一年或二年生草本；生于海拔 700m 以上的沟边、山谷河边、山坡草地、林下、灌丛中及沙丘边缘；分布地不详。

2. 回旋扁蕾 *Gentianopsis contorta*（Royle）Ma

二年生或多年生草本；生于海拔 2000m 以上的高山草坡上；分布于威宁等地。

3. 大花扁蕾 *Gentianopsis grandis*（Harry Sm.）Ma

多年生草本；生于海拔 2000 – 2800m 的高山草坡上；分布于威宁、盘县等地。

（五）花锚属 *Halenia* Borkhausen

1. 椭圆叶花锚 *Halenia elliptica* D. Don

一年生草本；生于海拔 1000 – 2700m 的高山草坡或林下、灌丛中；分布于威宁、水城、赫章、七星关、大方、盘县、印江、湄潭、遵义、贵阳、西秀、兴义、雷山等地。

2. 大花花锚 *Halenia elliptica* var. *grandiflora* Hemsl.

一年生草本；生于海拔 1300 – 2500m 的山坡草地、水沟边；分布地不详。

（六）匙叶草属 *Latouchea* Franchet

1. 匙叶草 *Latouchea fokienensis* Franch.

多年生草本；生于海拔 1000 – 1500m 的阴湿林下；分布于印江、松桃等地。

（七）肋柱花属 *Lomatogonium* A. Braun

1. 美丽肋柱花 *Lomatogonium bellum*（Hemsl.）Harry Sm.

一年生草本；生于海拔 1300m 以上的山坡草地、阴湿地、林下；分布地不详。

2. 云贵肋柱花 *Lomatogonium forrestii* var. *bonatianum*（Burkill）T. N. Ho

一年生草本；生于海拔 2000m 以上的高山草坡上；分布于威宁等地。

3. 辐状肋柱花 *Lomatogonium rotatum*（L.）Fries ex Nyman

一年生草本；生于海拔 1400m 以上的水沟边、山坡草地；分布地不详。

（八）獐牙菜属 *Swertia* Linnaeus

1. 狭叶獐牙菜 *Swertia angustifolia* Buch. -Ham. ex D. Don

一年生草本；生于海拔 1000 – 2000m 的荒山草坡上；分布于盘县、水城、兴仁、贵阳等地。

2. 美丽獐牙菜 *Swertia angustifolia* var. *pulchella*（D. Don）Burk.

一年生草本；分布于荔波、兴仁等地。

3. 獐牙菜 *Swertia bimaculata*（Sieb. et Zucc.）Hook. f. et Thoms. ex C. B. Clarke

一年生草本；生于海拔 200m 以上河滩、山坡草地、林下、灌丛中、沼泽地；分布于湄潭、凤冈、松桃、梵净山、水城、威宁、盘县、大方、印江、雷公山等地。

4. 西南獐牙菜 *Swertia cincta* Burkill

一年生草本；生于海拔 2000 – 2400m 的山坡草地上；分布于威宁、盘县、水城、赫章、兴义等地。

5. 北方獐牙菜 *Swertia diluta*（Turcz.）Benth. et Hook. f.

一年生草本；生于海拔 150m 以上的阴湿山坡、山坡林下、田梗、谷地；分布于大沙河等地。

6. 贵州獐牙菜 *Swertia kouitchensis* Franch.

一年生草本；生于海拔 800 – 1600m 的草坡、荒地、路旁；分布于盘县、水城、威宁、湄潭、遵义、江口、印江、凯里、贵阳等地。

7. 大籽獐牙菜 *Swertia macrosperma*（C. B. Clarke）C. B. Clarke

一年生草本；生于海拔 2000 – 2500m 的山坡草地上；分布于盘县、水城、威宁、赫章、雷公山等地。

8. 叶脉獐牙菜 *Swertia nervosa*（Wall. ex G. Don）C. B. Clarke

一年生草本；生于海拔 900 – 1100m 的草坡上；分布于贵阳、独山、凯里等地。

9. 鄂西獐牙菜 *Swertia oculata* Hemsl.

一年生草本；生于海拔 1500m 以下的山坡、灌丛中；分布于贵阳等地。

10. 紫红獐牙菜 *Swertia punicea* Hemsl.

一年生草本；生于海拔 1000 - 1300m 的高山草坡上；分布于贵阳等地。

11. 云南獐牙菜 *Swertia yunnanensis* **Burkill**

一年生草本；生于海拔 1100 - 1400m 的草坡上；分布于贵阳等地。

（九）双蝴蝶属 *Tripterospermum* **Blume**

1. 南方双蝴蝶 *Tripterospermum australe* **J. Murata**

多年生缠绕草本；生于海拔 1300 - 1900m；分布地不详。

2. 双蝴蝶 *Tripterospermum chinense*（**Migo**）**Harry Sm.**

多年生缠绕草本；生于海拔 300 - 1100m 的山坡林下、林缘、灌丛或草丛中；分布于大沙河等地。

3. 峨眉双蝴蝶 *Tripterospermum cordatum*（**Marq.**）**Harry Sm.**

多年生缠绕草本；生于海拔 1000 - 1800m 的山坡林下；分布于湄潭、江口、印江、雷山、锦屏、贵阳、赤水等地。

4. 心叶双蝴蝶 *Tripterospermum cordifolioides* **J. Murata**

多年生缠绕草本；生于海拔 600 - 2800m 的潮湿森林中；分布地不详。

5. 湖北双蝴蝶 *Tripterospermum discoideum*（**Marq.**）**Harry Sm.**

多年生草本；生于海拔 600 - 1600m 的山坡草地；分布于大沙河等地。

6. 新疆双蝴蝶 *Tripterospermum filicaule*（**Hemsl.**）**Harry Sm.**

多年生缠绕草本；生于海拔 350 - 2900m 的阔叶林、杂木林中及林缘、山谷灌丛中；分布于大沙河等地。

7. 毛萼双蝴蝶 *Tripterospermum hirticalyx* **C. Y. Wu et C. J. Wu**

多年生缠绕草本；生于海拔 1400 - 2100m 的生于林下、林内灌丛中、林间路边及山坡草地；分布地不详。

8. 白花双蝴蝶 *Tripterospermum pallidum* **Harry Sm.**

多年生缠绕草本；生于海拔 500 - 1300m 的阔叶林下；分布于三都等地。

一四四、夹竹桃科 Apocynaceae

（一）香花藤属 *Aganosma*（**Blume**）**G. Don**

1. 贵州香花藤 *Aganosma breviloba* **Kerr**【*Aganosma navaillei*（**Lévl.**）**Tsiang**】

攀援灌木；生于海拔 400 - 900m；分布于罗甸等地。

2. 海南香花藤 *Aganosma schlechteriana* **Lévl.**【*Aganosma schlechteriana* **var. *breviloba* Tsiang**；*Aganosma navaillei*（**Lévl.**）**Tsiang**】

攀援灌木；生于海拔 300 - 1200m 的河边及山坡灌丛、山谷阴处及疏林中；分布于开阳、兴义、兴仁、贞丰、安龙、册亨、望谟、罗甸等地。

3. 广西香花藤 *Aganosma siamensis* **Craib**

藤本；生于海拔 300 - 1500m 的山地密林或沟谷疏林中；分布地不详。

（二）鸡骨常山属 *Alstonia* **R. Brown**

1. 羊角棉 *Alstonia mairei* **Lévl.**

直立灌木；生于海拔 700 - 1500m 的岩石峭壁缝中；分布于威宁等地。

2. 鸡骨常山 *Alstonia yunnanensis* **Diels**

灌木；生于海拔 1000 - 1050m 的山坡灌丛中；分布于罗甸、独山、兴义等地。

（三）链珠藤属 *Alyxia* **Banks ex R. Brown**

1. 陷边链珠藤 *Alyxia marginata* **Pitard**【*Alyxia funingensis* **Tsiang et P. T. Li**】

藤状灌木；生于海拔 650m 的山地密林中或灌丛中；分布于荔波等地。

2. 筋藤 *Alyxia levinei* Merr. 【*Alyxia kweichowensis* Tsiang et P. T. Li】

藤状灌木；生于海拔 650 – 1000m 的灌丛中或溪边；分布于；分布于清镇、德江、江口、梵净山、平塘、三都、荔波、长顺、独山、惠水、龙里、册亨等地。

3. 海南链珠藤 *Alyxia odorata* Wall. ex G. Don【*Alyxia vulgaris* Tsiang】

藤状灌木；生于海拔 200 – 2000m 山地疏林或灌丛中；分布于荔波等地。

4. 狭叶链珠藤 *Alyxia schlechteri* Lévl.

藤状藤本；生于海拔 800 – 1500m 的路旁林中或岩石上；分布于贵阳、普安、兴义、平坝、施秉、独山、荔波、平塘、长顺、罗甸、惠水、贵定、三都等地。

5. 链珠藤 *Alyxia sinensis* Champ. ex Benth.

藤状灌木；生于海拔 200 – 500m 的灌丛中或林缘；分布地不详。

（四）鳝藤属 *Anodendron* A. de Candolle

1. 鳝藤 *Anodendron affine* (Hook. et Arn.) Druce

攀援灌木；生于海拔 550m 的山谷灌丛中；分布于赤水、榕江、荔波、三都等地。

（五）假虎刺属 *Carissa* Linnaeus

1. 刺黄果 *Carissa carandas* L.

常绿灌木；引种；省内有栽培。

2. 假虎刺 *Carissa spinarum* L.

灌木或小乔木；生于沙地灌丛中；分布于惠水、龙里等地。

（六）长春花属 *Catharanthus* G. Don

1. 长春花 *Catharanthus roseus* (L.) G. Don

半灌木；原产非洲；省内有栽培。

（七）金平藤属 *Cleghornia* Wight

1. 金平藤 *Cleghornia malaccensis* (Hook. f.) King et Gamble【*Baissea acuminata* (Wight) Benth. ex Hook. f. 】

攀援灌木；生于海拔 500 – 1600m 的山地疏林或溪边沟谷灌丛中；分布地不详。

（八）腰骨藤属 *Ichnocarpus* R. Brown

1. 腰骨藤 *Ichnocarpus frutescens* (L.) W. T. Aiton

木质藤本；生于海拔 150 – 950m 的山地疏林中或灌丛中；分布地不详。

2. 毛叶腰骨藤 *Ichnocarpus frutescens* f. *pubescens* Markgr.

木质藤本；生于山地林中；分布地不详。

（九）山橙属 *Melodinus* J. R. et G. Forster

1. 贵州山橙 *Melodinus chinensis* P. T. Li et Z. R. Xu

木质藤本；生于海拔 800m 的石灰岩山地；分布于荔波等地。

2. 尖山橙 *Melodinus fusiformis* Champ. ex Benth.

木质藤本；生于海拔 750 – 1300m 的灌丛中、山脚林边；分布于清镇、赤水、遵义、贵定、长顺、荔波、惠水、龙里、西秀等地。

3. 川山橙 *Melodinus hemsleyanus* Diels

木质藤本；生于海拔 750 – 1300m 的灌丛中或岩石上；分布于开阳、德江、瓮安、安龙、兴义等地。

4. 景东山橙 *Melodinus khasianus* Hook. f.

木质藤本；生于海拔 1600m 以上的湿润山谷森林中；分布地不详。

5. 薄叶山橙 *Melodinus tenuicaudatus* Tsiang et P. T. Li

攀援灌木；生于海拔 730 – 900m 的山脚路旁灌丛与林中；分布于罗甸、独山、荔波、平塘、惠水、三都、龙里、册亨、兴义等地。

（十）夹竹桃属 *Nerium* Linnaeus

1. 夹竹桃 *Nerium oleander* L.【*Nerium indicum* Mill.】

常绿灌木；原产于伊朗、印度、尼泊尔；省内有栽培。

（十一）富宁藤属 *Parepigynum* Tsiang et P. T. Li

1. 富宁藤 *Parepigynum funingense* Tsiang et P. T. Li

木质藤本；生于海拔 1680m 的林边；分布于盘县等地。

（十二）帘子藤属 *Pottsia* Hooker et Arnott

1. 帘子藤 *Pottsia laxiflora*（Bl.）Kuntze【*Pottsia pubescens* Tsiang】

常绿攀援灌木；生于海拔 880m 的林下、路旁；分布于榕江、三都、罗甸等地。

（十三）萝芙木属 *Rauvolfia* Linnaeus

1. 萝芙木 *Rauvolfia verticillata*（Lour.）Baill.【*Rauvolfia yunnanensis* Tsiang】

灌木；生于海拔 300 – 1300m 的山坡灌丛中；分布于望谟、安龙、兴义、兴仁、罗甸、荔波、贵定、惠水、三都等地。

（十四）毛药藤属 *Sindechites* Oliver

1. 毛药藤 *Sindechites henryi* Oliv.

木质藤本；生于海拔 600 – 1300m 的山坡及沟谷灌丛中；分布于安龙、贵阳、湄潭、西秀、独山、荔波、惠水、贵定、三都、龙里、印江等地。

（十五）羊角拗属 *Strophanthus* de Candolle

1. 羊角拗 *Strophanthus divaricatus*（Lour.）Hook. et Arn.

灌木；生于海拔 1000m 以下的路旁疏林中或山坡灌丛中；分布于黎平、贵定等地。

（十六）狗牙花属 *Tabernaemontana* Linnaeus

1. 伞房狗牙花 *Tabernaemontana corymbosa* Roxb. ex Wall.【*Ervatamia kweichowensis* Tsiang】

灌木或小乔木；生于海拔 500 – 1700m 的山地林中；分布于罗甸、册亨等地。

（十七）黄花夹竹桃属 *Thevetia* Linnaeus

1. 黄花夹竹桃 *Thevetia peruviana*（Pers.）K. Schum.

乔木；原产美洲；省内有栽培。

（十八）络石属 *Trachelospermum* Lemaire

1. 亚洲络石 *Trachelospermum asiaticum*（Sieb. et Zucc.）Nakai【*Trachelospermum gracilipes* Hook. f. ；*Trachelospermum gracilipes* var. *hupehense* Tsiang et P. T. Li】

木质藤本；生于海拔 1000m 以下的灌丛中；分布于贵阳、长顺、惠水、三都、安龙、雷公山、凯里、江口等地。

2. 紫花络石 *Trachelospermum axillare* Hook. f.

木质藤本；生于海拔 580 – 1300m 的山脚疏林、山坡灌丛中；分布于贵阳、息烽、开阳、纳雍、册亨、兴义、安龙、长顺、遵义、宽阔水、印江、梵净山、雷公山、凯里、黎平、天柱、荔波、长顺、瓮安、独山、罗甸、福泉、都匀、三都等地。

3. 贵州络石 *Trachelospermum bodinieri*（Lévl.）Woodson【*Trachelospermum cathayanum* Schneid.】

木质藤本；生于山地林中；分布于贵阳、兴义、三都等地。

4. 短柱络石 *Trachelospermum brevistylum* Hand. -Mazz.

木质藤本；生于海拔 800 – 1300m 的山谷路旁、河边；分布于贵阳、开阳、兴义、雷公山、梵净山、瓮安、罗甸、荔波等地。

5. 绣毛络石 *Trachelospermum dunnii*（Lévl.）Lévl.【*Trachelospermum tenax* Tsiang】

木质藤本；生于海拔 680 - 1200m 的路旁灌丛或山坡阔叶林中；分布于贵阳、开阳、修文、兴义、兴仁、贞丰、望谟、罗甸、独山、长顺、瓮安、福泉、荔波、都匀、惠水、三都、遵义、梵净山、江口、榕江、黄平等地。

6. 络石 *Trachelospermum jasminoides*（Lindl.）Lem.【*Trachelospermum jasminoides* var. *heterophyllum* Tsiang】

木质藤本；生于海拔 500 - 1400m 的灌丛中、岩石上；分布于贵阳、平塘、罗甸、长顺、独山、福泉、荔波、都匀、惠水、贵定、龙里、三都、兴义、安龙、印江、梵净山等地。

（十九）水壶藤属 *Urceola* Roxburgh

1. 毛杜仲藤 *Urceola huaitingii* Chun et Tsiang【*Parabarium huaitingii* Chun et Tsiang】

攀援灌木；生于海拔 270m 的山谷灌丛中；分布于黎平、惠水、龙里等地。

2. 酸叶胶藤 *Urceola rosea*（Hook. et Arn.）D. J. Middleton【*Ecdysanthera rosea* Hook. et Arn.】

藤本；生于海拔 555m 的灌丛中；分布于荔波等地。

（二〇）纽子花属 *Vallaris* N. Burman

1. 大纽子花 *Vallaris indecora*（Baill.）Tsiang et P. T. Li

攀援灌木；生于海拔 1100m 的山坡密林中；分布于安龙等地。

（二一）倒吊笔属 *Wrightia* R. Brown

1. 胭木 *Wrightia arborea*（Dennst.）Mabb.【*Wrightia tomentosa*（Roxb.）Roem. et Schult.】

乔木；生于海拔 500m 的稀林中或路边；分布于罗甸、望谟等地。

2. 蓝树 *Wrightia laevis* Hook. f.

乔木；生于海拔 200 - 1000m 的山地疏林及沟谷密林中；分布地不详。

3. 倒吊笔 *Wrightia pubescens* R. Br.

乔木；生于海拔 520 - 1000m 的山沟灌丛中；分布于罗甸、安龙、兴义等地。

4. 个溥 *Wrightia sikkimensis* Gamble

乔木；生于海拔 530 - 1300m 的向阳处灌丛中；分布于罗甸、安龙、兴仁等地。

一四五、萝藦科 Asclepiadaceae

（一）乳突果属 *Adelostemma* J. D. Hooker

1. 乳突果 *Adelostemma gracillimum*（Wall. ex Wight）Hook. f.

缠绕藤本；生于海拔 600 - 700m 的山谷、路旁灌丛中；分布于兴义、江口等地。

（二）马利筋属 *Asclepias* Linnaeus

1. 马利筋 *Asclepias curassavica* L.

多年生草本；原产拉丁美洲；省内有栽培。

（三）秦岭藤属 *Biondia* Schlechter

1. 黑水藤 *Biondia insignis* Tsiang

多年生草质藤本；生于海拔 1230m 的灌丛中；分布于印江等地。

（四）吊灯花属 *Ceropegia* Linnaeus

1. 短序吊灯花 *Ceropegia christenseniana* Hand. -Mazz.

草质藤本；生于山地林中；分布于望谟、罗甸等地。

2. 剑叶吊灯花 *Ceropegia dolichophylla* Schltr.

草质缠绕藤本；生于海拔 700 - 850m 的山脚、路旁、阳处灌丛中；分布于息烽、兴义、兴仁、贞丰、梵净山等地。

3. 金雀马尾参 *Ceropegia mairei*（Lévl.）H. Huber

多年生草本；生于海拔 1000m 以上的山地石罅中；分布于罗甸等地。

4. 白马吊灯花 *Ceropegia monticola* W. W. Sm.

攀援草本；生于海拔 2000m 以下的河旁、山坡杂木林中；分布地不详。

5. 西藏吊灯花 *Ceropegia pubescens* Wall.

草质藤本；生于海拔 650 - 900m 的沟边、林边；分布于德江、罗甸、荔波、兴仁、贞丰、榕江等地。

（五）白叶藤属 *Cryptolepis* R. Brown

1. 古钩藤 *Cryptolepis buchananii* Schult.

木质藤本；生于海拔 400 - 1650m 的山坡灌丛、坡脚、沟边、山谷阴处；分布于印江、罗甸、安龙、望谟、册亨、兴义、兴仁等地。

2. 白叶藤 *Cryptolepis sinensis*（Lour.）Merr.

木质藤本；生于海拔 1100m 的山谷阴处；分布于兴义等地。

（六）鹅绒藤属 *Cynanchum* Linnaeus

1. 白薇 *Cynanchum atratum* Bunge

多年生草本；生于海拔 800 - 1200m 的山坡；分布于安龙、西秀、贵阳、息烽、平塘等地。

2. 牛皮消 *Cynanchum auriculatum* Royle ex Wight

蔓性半灌木；生于海拔 800 - 2000m 的山坡、林边、河沟边灌丛中；分布于七星关、大方、习水、印江、荔波、瓮安、凯里、雷山、榕江等地。

3. 折冠牛皮消 *Cynanchum boudieri* Lévl. et Vant.

生于海拔 300m 以上的森林边缘、灌丛、河边；分布地不详。

4. 刺瓜 *Cynanchum corymbosum* Wight

多年生草质藤本；生于海拔 800m 的林边；分布于册亨等地。

5. 豹药藤 *Cynanchum decipiens* Schneid.

攀援灌木；生长于山坡、沟谷及路边的灌丛中或林中向阳处；分布地不详。

6. 大理白前 *Cynanchum forrestii* Schltr.

多年生直立草本；生于海拔 1000m 以上的荒原、草甸、林缘及潮湿地；分布于兴仁、兴义等地。

7. 竹灵消 *Cynanchum inamoenum*（Maxim.）Loes.

直立草本；生于海拔 400m 以上的山地疏林、灌丛中或山顶、山坡草地上；分布于印江等地。

8. 景东杯冠藤 *Cynanchum kintungense* Tsiang

缠绕藤本；生于山谷灌丛中；分布地不详。

9. 朱砂藤 *Cynanchum officinale*（Hemsl.）Tsiang et H. D. Zhang

藤状灌木；生于海拔 1200 - 2170m 的山坡、路旁、沟边灌丛中；分布于印江、安龙、贞丰、兴仁、雷山、从江等地。

10. 青羊参 *Cynanchum otophyllum* Schneid.

多年生草质藤本；生于海拔 1000 - 2000m 的山坡或山谷疏林下；分布于威宁、纳雍、松桃、兴义、兴仁、安龙、黄平、雷山等地。

11. 徐长卿 *Cynanchum paniculatum*（Bunge）Kitag.

多年生直立草本；生于海拔 800 - 1100m 的向阳山坡、草丛中；分布于惠水、雷山、榕江、贵阳等地。

12. 柳叶白前 *Cynanchum stauntonii*（Decne.）Schltr. ex Lévl.

直立半灌木；生于海拔 400 - 600m 的山脚灌丛中或溪边；分布于从江、黎平、三都等地。

13. 狭叶白前 *Cynanchum stenophyllum* Hemsl.

直立草本；生于潮湿的低地；分布于独山等地。

14. 轮叶白前 *Cynanchum verticillatum* **Hemsl.**

直立半灌木；生于海拔 500－1000m 的山谷、潮湿的沙地中；分布于兴义等地。

15. 昆明杯冠藤 *Cynanchum wallichii* **Wight**

多年生草质藤本；生于海拔 1000－1600m 的山谷稀林下及山坡灌丛中；分布于印江、江口、兴仁、兴义、西秀等地。

16. 隔山消 *Cynanchum wilfordii* （Maxim.） **Hook. f.**

多年生草质藤本；生于海拔 800－1500m 的灌丛、山谷、山坡、路旁、草地处；分布于大沙河等地。

（十）眼树莲属 *Dischidia* R. Brown

1. 圆叶眼树莲 *Dischidia nummularia* **R. Br.**【*Dischidia minor*（Vahl）Merrill】

附生肉质藤本；生于海拔 600m 的石灰岩山地阔叶林中树干上、峡谷老林中；分布于荔波、兴义等地。

2. 滴锡眼树莲 *Dischidia tonkinensis* **Costantin**【*Dischidia esquirolii*（Lévl. ）Tsiang 】

附生草本；生长于海拔 300－1200m 的山地杂木林中及岩石上；分布于兴义等地。

（八）金凤藤属 *Dolichopetalum* Tsiang

1. 金凤藤 *Dolichopetalum kwangsiense* **Tsiang**

藤状灌木；生于山地森林的原始林区；分布于安龙等地。

（九）南山藤属 *Dregea* E. Meyer

1. 苦绳 *Dregea sinensis* **Hemsl.**

攀援木质藤本；生于海拔 500m 以上的山地疏林中或灌丛中；分布于修文、瓮安等地。

2. 贯筋藤 *Dregea sinensis* **var. *corrugata*（Schneid.）Tsiang et P. T. Li**

攀援木质藤本；生于海拔 1200m 的阴处林下；分布于清镇、修文、息烽、正安、江口、松桃等地。

3. 南山藤 *Dregea volubilis*（L. f. ）**Benth. ex Hook. f.**

攀援木质藤本；生于海拔 900－1200m 的林边或灌丛中；分布于安龙、兴义等地。

（十）纤冠藤属 *Gongronema*（Endlicher）Decaisne

1. 多苞纤冠藤 *Gongronema multibracteolatum* **P. T. Li et X. Ming Wang**

木质藤本；生于海拔 600m；分布于荔波等地。

2. 纤冠藤 *Gongronema napalense*（Wall. ）**Decne.**

木质藤本；生于海拔 450－1050m 的灌丛中；分布于兴义、荔波等地。

（十一）匙羹藤属 *Gymnema* R. Brown

1. 广东匙羹藤 *Gymnema inodorum*（Lour. ）**Decne.**【*Gymnena tingens* Spreng. 】

木质藤本；生于海拔 200－1000m 的山坡灌丛、原始林区、森林中；分布于望谟、安龙等地。

2. 会东藤 *Gymnema longiretinaculatum* **Tsiang**

藤状灌木；生于海拔 1000－2400m 的山地灌丛中；分布于安龙等地。

（十二）醉魂藤属 *Heterostemma* Wight et Arnott

1. 醉魂藤 *Heterostemma alatum* **Wight**

木质藤本；生于海拔 500m 的路边灌丛中；分布于罗甸等地。

2. 台湾醉魂藤 *Heterostemma brownii* **Hayata**

木质藤本；生于海拔 500－1000m 潮湿的森林、山地疏林中；分布地不详。

3. 贵州醉魂藤 *Heterostemma esquirolii*（Lévl. ）**Tsiang**

木质藤本；生于海拔 1000－1100m 的山坡、灌丛中；分布于兴义等地。

4. 长毛醉魂藤 *Heterostemma villosum* **Cost.**

木质藤本；生于海拔 1000 – 2000m 河流附近的灌丛中；分布于安龙等地。

（十三）铰剪藤属 *Holostemma* R. Brown

1. 铰剪藤 *Holostemma ada – kodien* Schult.【*Holostemma annulare*（Roxb.）K. Schum.】
藤状灌木；生于海拔 500m 的山坡；分布于望谟、安龙等地。

（十四）球兰属 *Hoya* R. Brown

1. 球兰 *Hoya carnosa*（L. f.）R. Br.
攀援灌木；生于 200 – 1200m 的平原或山地附生于树上或石上；分布于兴义等地。

2. 黄花球兰 *Hoya fusca* Wall.
藤本；生于海拔 1100m 的山谷岩石上或林下；分布于兴仁、长顺、独山、罗甸、施秉等地。

3. 荷秋藤 *Hoya griffithii* Hook. f.【*Hoya lancilimba* f. *tsoi* Tsiang】
附生攀援灌木；生于海拔 300 – 800m 的山地林中，附生大树；分布地不详。

4. 荔坡球兰 *Hoya lipoensis* P. T. Li et Z. R. Xu
攀附灌木；生于海拔 800m 的山地林边；分布于罗甸、荔波等地。

5. 香花球兰 *Hoya lyi* Lévl.
藤本；生于海拔 1300m 的林中石上；分布于息烽、兴仁、安龙、都匀、惠水等地。

6. 毛球兰 *Hoya villosa* Costantin
木质藤本；生于海拔 400 – 600m 的老林下、山谷、疏林下、岩石上；分布于兴义、罗甸、荔波等地。

（十五）黑鳗藤属 *Jasminanthes* Blume

1. 假木藤 *Jasminanthes chunii*（Tsiang）W. D. Stevens et P. T. Li【*Stephanotis chunii* Tsiang】
藤状灌木；生于海拔 620m 的山谷、阴处疏林下；分布于榕江等地。

2. 黑鳗藤 *Jasminanthes mucronata*（Blanco）W. D. Stevens et P. T. Li【*Stephanotis mucronata*（Bianco）Merr.】
藤状灌木；生于海拔 800m 的山谷、路旁；分布于独山、荔波、从江等地。

（十六）牛奶菜属 *Marsdenia* R. Brown

1. 灵药牛奶菜 *Marsdenia cavaleriei*（Lévl.）Hand. -Mazz. ex Woodson
藤本；生于海拔 600 – 2200m 的森林中；分布地不详。

2. 白药牛奶菜 *Marsdenia griffithii* Hook. f.
粗壮木质藤本；生于海拔 2000m 的山地密林中；分布于三都等地。

3. 大叶牛奶菜 *Marsdenia koi* Tsiang
攀援灌木；生于海拔 1100m 的灌丛中；分布于兴仁等地。

4. 四川牛奶菜 *Marsdenia schneideri* Tsiang【*Marsdenia balansae* Cost.】
攀援灌木；生于海拔 1100m 的山脚密林中；分布于兴仁、荔波等地。

5. 牛奶菜 *Marsdenia sinensis* Hemsl.
缠绕木质藤本；生于海拔 650m 的山脚或河谷灌丛中；分布于开阳、天柱等地。

6. 通光藤 *Marsdenia tenacissima*（Roxb.）Moon
木质藤本；生于海拔 700 – 1100m 的山坡灌丛中或石灰岩山上灌丛中；分布于兴义、安龙、罗甸等地。

7. 蓝叶藤 *Marsdenia tinctoria* R. Br.【*Marsdenia tinctoria* var. *tomentosa* Mas.；*Marsdenia tinctoria* var. *brevis* Cost.】
木质藤本；生于海拔 650m 的路旁、沟底灌丛中；分布于七星关、兴义、罗甸、望谟、荔波等地。

（十七）萝藦属 *Metaplexis* R. Brown

1. 华萝藦 *Metaplexis hemsleyana* Oliv.

多年生草质藤本；生于山谷、路旁或山脚湿润地灌丛中；分布于息烽、江口、绥阳等地。

2. 萝藦 *Metaplexis japonica*（Thunb.）Makino

多年生草质藤本；生于海拔 800 – 1000m 的山谷、路边；分布于印江等地。

（十八）翅果藤属 *Myriopteron* Griffith

1. 翅果藤 *Myriopteron extensum*（Wight et Arn.）K. Schum.

木质藤本；生于海拔 500 – 1200m 的山坡、路旁灌丛中；分布于清镇、安龙、兴仁、荔波、独山、罗甸等地。

（十九）尖槐藤属 *Oxystelma* R. Brown

1. 尖槐藤 *Oxystelma esculentum*（L. f.）Sm.

多年生草质藤本；生于溪河旁潮湿灌丛中或低丘陵林地潮湿沟边岩石上；分布于茂兰等地。

（二〇）杠柳属 *Periploca* Linnaeus

1. 青蛇藤 *Periploca calophylla*（Wight）Falc.

藤状灌木；生于海拔 400 – 600m 的岩石上、灌丛中、稀林边；分布于安龙、长顺、独山、都匀、平塘等地。

2. 黑龙骨 *Periploca forrestii* Schltr.

藤状灌木；生于海拔 800 – 1000m 的向阳林边或灌丛中；分布于纳雍、印江、安龙、兴义、兴仁、贵阳、荔波、三都、瓮安、长顺、独山、罗甸、福泉、惠水、贵定、龙里等地。

3. 杠柳 *Periploca sepium* Bunge

落叶蔓性灌木；生于海拔 800 – 1100m 的疏林边或灌丛中；分布于赤水、桐梓、印江、长顺、瓮安、福泉、荔波、惠水等地。

4. 大花杠柳 *Periploca tsangii* D. Fang et H. Z. Ling

藤状灌木；生于山坡灌丛中；分布于荔波等地。

（二一）石萝藦属 *Pentasacme* Wallich ex Wight

1. 石萝藦 *Pentasacme championii* Betn.

多年生草木；生于海拔 662m 的附生于阴湿石缝中；分布于赤水等地。

（二二）鲫鱼藤属 *Secamone* R. Brown

1. 鲫鱼藤 *Secamone elliptica* R. Br.

藤状灌木；生于海拔 600m 的山地灌丛及疏林中；分布地不详。

2. 催吐鲫鱼藤 *Secamone minutiflora*（Woods.）Tsiang

藤状灌木；生于海拔 400 – 900m 的山坡、山谷灌丛中；分布于平塘、安龙、兴义、册亨等地。

3. 吊山桃 *Secamone sinica* Hand. -Mazz.

藤状灌木；生于海拔 500 – 700m 的林边、灌丛中；分布于安龙、兴仁、平塘、罗甸等地。

（二三）豹皮花属 *Stapelia* Linnaeus

1. 豹皮花 *Stapelia pulchella* Masson

肉质植物；原产热带非洲；省内有栽培。

（二四）须药藤属 *Stelmocrypton* Baillon

1. 须药藤 *Stelmocrypton khasianum*（Kurz）Baill.

缠绕木质藤本；生于海拔 600 – 700m 的路旁；分布于安龙、望谟、兴义等地。

（二五）马莲鞍属 *Streptocaulon* Wight et Arnott

1. 马莲鞍 *Streptocaulon juventas*（Lour.）Merr.【*Streptocaulon griffithii* Hook. F】

木质藤本；生于海拔 300 – 1000m 的山地疏林中或丘陵、山谷密林中，攀援树上；分布于望谟、罗甸等地。

（二六）弓果藤属 *Toxocarpus* Wight et Arnott

1. 西藏弓果藤 *Toxocarpus himalensis* Falc. ex Hook. f.

攀援灌木；生于海拔450m的山腰路旁灌丛中；分布于荔波等地。

2. 毛弓果藤 *Toxocarpus villosus*（Bl.）Decne.

藤状灌木；生于海拔730－1200m的稀林中；分布于望谟、兴义、荔波等地。

3. 小叶弓果藤 *Toxocarpus villosu* var. *thorelii* Cost.

藤状灌木；生于海拔1500m的山林；分布于茂兰等地。

4. 澜沧弓果藤 *Toxocarpus wangianus* Tsiang

攀援灌木；生于海拔1500m的山谷中；分布地不详。

5. 弓果藤 *Toxocarpus wightianus* Hook. et Arn.

攀援灌木；生于海拔500m左右的石上灌丛中；分布于荔波等地。

（二七）娃儿藤属 *Tylophora* R. Brown

1. 花溪娃儿藤 *Tylophora anthopotamica*（Hand. -Mazz.）Tsiang et H. D. Zhang

攀援灌木；生于海拔850m的山地林中；分布于贵阳、瓮安等地。

2. 小叶娃儿藤 *Tylophora flexuosa* R. Br.【*Tylophora dielsii*（Lévl.）Hu】

藤本植物；生于海拔1000m以下的山地疏林中及旷野灌丛中；分布于龙里等地。

3. 多花娃儿藤 *Tylophora floribunda* Miq.

多年生缠绕藤本；生于海拔800－1200m的林边、沟边；分布于绥阳、西秀、赤水、普定等地。

4. 长梗娃儿藤 *Tylophora glabra* Cost.【*Tylophora renchangii* Tsiang】

藤本；生于海拔500m的山地疏林、灌丛中；分布于兴义等地。

5. 紫花娃儿藤 *Tylophora henryi* Warb.

多年生草质藤本；生于林下；分布于安龙等地。

6. 建水娃儿藤 *Tylophora hui* Tsiang

攀援灌木；生于海拔1000－2000m的山地疏林中；分布于榕江等地。

7. 人参娃儿藤 *Tylophora kerrii* Craib

攀援小灌木；生于海拔1050m的灌丛中；分布于兴仁、兴义、荔波等地。

8. 通天连 *Tylophora koi* Merr.

攀援灌木；生于海拔1000m以下山谷潮湿密林中或灌丛中，常攀援于树上；分布于大沙河等地。

9. 娃儿藤 *Tylophora ovata*（Lindl.）Hook. ex Steud.

攀援藤本；生于海拔200－1000m的山地灌丛或杂木林中；分布地不详。

10. 贵州娃儿藤 *Tylophora silvestris* Tsiang

攀援灌木；生于海拔500m以下的山地密林中及路旁旷野地；分布于桐梓、印江等地。

11. 普定娃儿藤 *Tylophora tengii* Tsiang

藤状半灌木；生于山地林中；分布于普定等地。

12. 曲序娃儿藤 *Tylophora tsiangii*（P. T. Li）M. G. Gilbert【*Cynanchum tsiangii* P. T. Li】

多年生草本；生于1300m的灌丛处；分布于兴义等地。

13. 云南娃儿藤 *Tylophora yunnanensis* Schltr.

直立半灌木；生于海拔2000m以下的山坡、向阳旷野及草地上；分布于威宁等地。

一四六、茄科 Solanaceae

（一）山莨菪属 *Anisodus* Link et Otto

1. 铃铛子 *Anisodus luridus* Link【*Anisodus mairei*（Lévl.）C. Y. Wu et C. Chen ex C. Chen et C.

L. Chen】

多年生草本；生于草坡、山地溪边；分布于威宁等地。

（二）颠茄属 *Atropa* **Linnaeus**

1. 颠茄 *Atropa belladonna* L.

多年生草本；原产欧洲；省内有栽培。

（三）天蓬子属 *Atropanthe* **Pascher**

1. 天蓬子 *Atropanthe sinensis*（Hemsl.）Pascher

多年生草本；生于海拔 1380m 以上的 溪边阴湿处；分布于赫章等地。

（四）辣椒属 *Capsicum* **Linnaeus**

1. 辣椒 *Capsicum annuum* L.【*Capsicum annuum* var. *fasciculatum*（Sturt.）Irish.；*Capsicum annuum* var. *grossum*（L.）Sendt.；*Capsicum annuum* var. *conoides* Bailey】

一年生或有限多年生植物；原产墨西哥和南美；省内多有栽培。

（五）树番茄属 *Cyphomandra* **Sendt.**

1. 树番茄 *Cyphomandra betacea* Sendtn.

小乔木或灌木；原产南美洲；省内有栽培。

（六）曼陀罗属 *Datura* **Linnaeus**

1. 毛曼陀罗 *Datura innoxia* Mill.．

一年生草本；广布欧亚大陆及南北美洲；省内均有栽培。

2. 洋金花 *Datura metel* L.

一年生草本；分布地不详。

3. 曼陀罗 *Datura stramonium* L.

草本或半灌木状；原产墨西哥；省内有栽培或逸生。

（七）天仙子属 *Hyoscyamus* **Linnaeus**

1. 天仙子 *Hyoscyamus niger* L.

二年生草本；分布地不详。

（八）红丝线属 *Lycianthes*（Dunal）**Hassler**

1. 红丝线 *Lycianthes biflora*（Lour.）Bitter

半灌木；生于海拔 150 – 2000m 的林下、路旁、水边阴湿地；分布于罗甸、长顺、荔波、望谟、兴义等地。

2. 密毛红丝线 *Lycianthes biflora* var. *subtusochracea* Bitter

半灌木；生于海拔 1200 – 1700m 的路旁或林下；分布地不详。

3. 鄂红丝线 *Lycianthes hupehensis*（Bitter）C. Y. Wu et S. C. Huang

灌木或亚灌木；生于海拔 550 – 1200m 的路边或林下；分布于荔波、七星关等地。

4. 单花红丝线 *Lycianthes lysimachioides*（Wall.）Bitter

多年生草本；生于海拔 1500 – 2200m 林下阴湿处；分布于七星关等地。

5. 茎根红丝线 *Lycianthes lysimachioides* var. *caulorhiza*（Dunal）Bitter

多年生匍匐草本；生于海拔 1650m 以上的林下或溪旁；分布于黔南等地。

6. 中华红丝线 *Lycianthes lysimachioides* var. *sinensis* Bitter

多年生草本；生于海拔 635 – 2000m 的林下和溪边潮湿地区；分布于大沙河等地。

7. 紫单花红丝线 *Lycianthes lysimachioides* var. *purpuriflora* C. Y. Wu et S. C. Huang

多年生草本，海拔 1100 – 1500m 的林下、山谷、水边阴湿地；分布于大沙河等地。

（九）枸杞属 *Lycium* **Linnaeus**

1. 枸杞 *Lycium chinense* Mill.

落叶灌木；栽培或逸生于荒坡、路旁、村边；分布于全省各地。

（十）番茄属 *Lycopersicon* Miller

1. 番茄 *Lycopersicon esculentum* Mill.

一年生或多年生草本；原产南美；省内有栽培。

（十一）假酸浆属 *Nicandra* Adanson

1. 假酸浆 *Nicandra physalodes*（L.）Gaertn.

一年生草本；原产南美；省内有栽培或逸生。

（十二）烟草属 *Nicotiana* Linnaeus

1. 光烟草 *Nicotiana glauca* Graham【*Nicotiana glauca* var. *angustifolia* Comes】

灌木；原产南美；省内有栽培。

2. 黄花烟草 *Nicotiana rustica* L.

一年生草本；原产南美；省内有栽培。

3. 烟草 *Nicotiana tabacum* L.

一年生草本或有限多年生草本；原产南美；省内有栽培。

（十三）碧冬茄属 *Petunia* Jussieu

1. 碧冬茄 *Petunia hybrida*（Hook.）Vilm.

一年生草本；省内有栽培。

（十四）散血丹属 *Physaliastrum* Makino

1. 广西地海椒 *Physaliastrum chamaesarachoides*（Makino）Makino

灌木或草本；生于海拔 300 – 1000m 的林下；分布于江口等地。

2. 散血丹 *Physaliastrum kweichouense* Kuang et A. M. Lu

多年生草本；生于海拔 750m 的林下、沟边潮湿处；分布于凯里、雷山等地。

3. 地海椒 *Physaliastrum sinense*（Hemsl.）D´Arcy et Z. Y. Zhang【*Archiphysalis sinensis*（Hemsl.）Kuang】

多年生草本；生于海拔 1200 – 1400m 的林下或沟旁；分布于德江、榕江等地。

（十五）酸浆属 *Physalis* Linnaeus

1. 酸浆 *Physalis alkekengi* L.

多年生草本；生于海拔 1200m 以上的空旷地或山坡；分布于大沙河等地。

2. 挂金灯 *Physalis alkekengi* var. *francheti*（Mast.）Makino

多年生草本；生于海拔 800m 以上的山坡、林下沟边、路旁；分布于贵阳等地。

3. 苦蘵 *Physalis angulata* L.

一年生草本；生于海拔 500 – 1500m 的荒地土坎或村边路旁；分布于贵阳等地。

4. 小酸浆 *Physalis minima* L.【*Physalis angulata* var. *villosa* Bonati】

一年生草本；生于海拔 1000 – 1300m 的荒地、旷野、路旁；分布于贵阳等地。

（十六）茄属 *Solanum* Linnaeus

1. 喀西茄 *Solanum aculeatissimum* Jacquem.

草本至亚灌木；生于海拔 600 – 2300m 的沟边、灌丛、荒地、草坡或疏林中；分布于息烽等地。

2. 少花龙葵 *Solanum americanum* Mill.【*Solanum photeinocarpum* Nakam. et Odash.】

一年生草本；生于海拔 1000 – 2000m 的田边、荒地、村庄附近；分布于七星关、兴义、安龙、贵阳、江口等地。

3. 牛茄子 *Solanum capsicoides* All.【*Solanum surattense* Burm. f.】

直立草本或半灌木；生于海拔 200 – 1500m 的路旁、荒地、疏林或灌丛中；分布于习水、惠水、罗甸、兴义等地。

4. 假烟叶树 *Solanum erianthum* **D. Don**〔*Solanum verbascifolium* **L.**〕

灌木或小乔木；原产南美洲；省内水城、兴义、安龙、罗甸、长顺、福泉、荔波、望谟、盘县等地有栽培或逸生。

5. 膜萼茄 *Solanum griffithii*（**Prain**）**C. Y. Wu et S. C. Huang**

草本至亚灌木；生于海拔350m的山谷、路旁阴处；分布于罗甸、望谟等地。

6. 野海茄 *Solanum japonense* **Nakai**

藤本；生于海拔250m以上的荒坡、山谷、水边、路旁及山崖疏林下；分布于石阡等地。

7. 澳洲茄 *Solanum laciniatum* **Aiton**〔*Solanum aviculare* **Forst.**〕

灌木；原产欧洲；省内有栽培。

8. 白英 *Solanum lyratum* **Thunb.**〔*Solanum cathayanum* **C. Y. Wu et S. C. Huang**〕

草质藤本；生于海拔500－1200m的灌丛中、山谷及坡地阴湿处；分布于赤水、七星关、兴义、碧江、贵阳等地。

9. 乳茄 *Solanum mammosum* **L.**

直立草本；引种；省内有栽培。

10. 茄 *Solanum melongena* **L.**

草本或亚灌木；省内有栽培。

11. 光枝木龙葵 *Solanum merrillianum* **Liou**〔*Solanum suffruticosum* **Schousb.**〕

直立草本；生于路旁、沟谷阴湿处；分布于思南等地。

12. 龙葵 *Solanum nigrum* **L.**

一年生草本；生于海拔600m以上的园地、山野路旁、荒坡草丛中；分布于贵阳等地。

13. 海桐叶白英 *Solanum pittosporifolium* **Hemsl.**

蔓生小灌木；生于海拔500－2500m的林下、沟边、坡上；分布于雷山等地。

14. 珊瑚豆 *Solanum pseudocapsicum* var. *diflorum*（**Vell.**）**Bitter**

直立分支小灌木；原产巴西；省内有栽培。

15. 木龙葵 *Solanum scabrum* **Mill.**〔*Solanum nigrum* **L.**〕

灌木状；生于海拔600m以上的园地、山野路旁、荒坡草丛中；分布地不详。

16. 蒜芥茄 *Solanum sisymbriifolium* **Lam.**

一年生草本；引种；省内有栽培。

17. 旋花茄 *Solanum spirale* **Roxb.**

灌木；生于海拔500－1900m的溪边、灌丛、林下、路旁阴处；分布于兴仁、安龙、册亨、兴义等地。

18. 水茄 *Solanum torvum* **Sw.**

灌木；原产加勒比海等地；省内独山、罗甸、兴仁、兴义等地有栽培。

19. 阳芋 *Solanum tuberosum* **L.**

多年生草本；原产热带美洲；省内有栽培。

20. 野茄 *Solanum undatum* **Lamaark**〔*Solanum coagulans* **Forsk.**〕

直立草本或半灌木；生于海拔300m的村寨路旁及灌丛中；分布于罗甸等地。

21. 刺天茄 *Solanum violaceum* **Ortega**〔*Solanum chinense* **Dunal**〕

灌木；生于海拔180m以上的荒地及沟边路旁；分布于贵阳、习水、碧江、水城、罗甸、兴义等地。

22. 毛果茄 *Solanum virginianum* **L.**〔*Solanum xanthocar－pum Schrad. et Wendl.*〕

多年生草本；原产热带亚洲；省内有栽培。

（十七）龙珠属 *Tubocapsicum*（Wettst.）**Makino**

1. 龙珠 *Tubocapsicum anomalum*（Franch. et Sav.）**Makino**

多年生草本；生于山谷、水旁；分布于黔南等地。

一四七、旋花科 Convolvulaceae

（一）银背藤属 *Argyreia* **Loureiro**

1. 头花银背藤 *Argyreia capitiformis*（Poir.）**Ooststr.**【*Argyreia capitata*（Vahl.）Arn. ex Choisy】

攀援灌木；生于海拔 500 – 1350m 的山坡灌丛中；分布于兴义、兴仁、册亨、望谟、罗甸等地。

2. 东京银背藤 *Argyreia pierreana* **Bois**【*Argyreia seguinii*（Lévl.）Van. ex Lévl.】

木质藤本；生于海拔 600 – 1400m 的路边灌丛中；分布于兴义、安龙、镇宁、望谟、罗甸等地。

3. 大叶银背藤 *Argyreia wallichii* **Choisy**

木质藤本；生于海拔 750 – 1460m 的混交林及灌丛中；分布于黔南等地。

（二）打碗花属 *Calystegia* **R. Brown**

1. 打碗花 *Calystegia hederacea* **Wall.**

一年生草本；生于海拔 800 – 1400m 的山坡草地、路旁、荒地；分布于贵阳、惠水、龙里等地。

2. 旋花 *Calystegia sepium*（L.）**R. Br.**【*Calystegia silvatica* subsp. *orientalis* Brummitt】

多年生草本；生于海拔 800 – 2200m 的路旁、山坡草地、林缘；分布于兴义、盘县、贵阳、绥阳、正安、碧江等地。

3. 长裂旋花 *Calystegia sepium* var. *japonica*（Choisy）**Makino**

多年生草本；分布地不详。

（三）菟丝子属 *Cuscuta* **Linnaeus**

1. 南方菟丝子 *Cuscuta australis* **R. Br.**

一年生寄生性缠绕草本；生于海拔 800m 的田边、路旁、水沟边；分布于麻江、贵定等地。

2. 菟丝子 *Cuscuta chinensis* **Lam.**

一年生寄生性缠绕草本；生于海拔 800 – 1200m 的山坡、路旁；分布于清镇、江口、碧江等地。

3. 金灯藤 *Cuscuta japonica* **Choisy**

一年生寄生性缠绕草本；生于海拔 590 – 2100m 的山坡灌丛、路旁等地；分布于息烽、兴仁、贵阳、册亨、盘县、水城、纳雍、普安、平坝、江口、瓮安等地。

（四）马蹄金属 *Dichondra* **J. R. et G. Forster**

1. 马蹄金 *Dichondra micrantha* **Urb.**【*Dichondra repens* Forst.】

多年生小草本；生于海拔 800 – 1200m 的山坡草地、田坎、路旁、住宅旁；分布于贵阳、清镇、息烽、修文、独山、遵义、碧江等地。

（五）飞蛾藤属 *Dinetus* **Buchanan-Hamilton ex Sweet**

1. 飞蛾藤 *Dinetus racemosus*（Roxb.）**Buch. -Ham. ex Sweet**【*Porana racemosa* Roxb.】

草质缠绕藤木；生于海拔 670 – 1200m 的山坡灌丛或林缘；分布于安龙、普安、望谟、贵阳、开阳、长顺、平坝、江口等地。

（六）丁公藤属 *Erycibe* **Roxburgh**

1. 锥序丁公藤 *Erycibe subspicata* **Wall. ex G. Don**

攀援灌木；生于海拔 320 – 1250m 的沟谷密林；分布于黔西南等地。

（七）土丁桂属 *Evolvulus* **L.**

1. 土丁桂 *Evolvulus alsinoides*（L.）**L.**

多年生草本；生于海拔 300 – 1800m 的草坡及灌丛中；分布地不详。

（八）番薯属 *Ipomoea* Linnaeus

1. 月光花 *Ipomoea alba* L.【*Calonyction aculeatum*（L.）Hous】

一年生草本；可能原产热带美洲；省内册亨等地有栽培。

2. 蕹菜 *Ipomoea aquatica* Forssk.

一年生草本；引种；省内有栽培。

3. 番薯 *Ipomoea batatas*（L.）Lam.

一年生草本；原产南美洲及大、小安的列斯群岛；省内均有栽培。

4. 毛牵牛 *Ipomoea biflora*（L.）Pers.【*Aniseia biflora*（L.）Choisy】

缠绕草本；生于海拔 800－1200m 的山坡、树旁、林下；分布于册亨、望谟等地。

5. 牵牛 *Ipomoea nil*（L.）Roth【*Pharbitis nil*（L.）Choisy】

一年生缠绕草本；原产热带美洲；省内有栽培。

6. 圆叶牵牛 *Ipomoea purpurea*（L.）Roth【*Pharbitis purpurea*（L.）Roth】

一年生缠绕草本；引种；分布于贵阳、遵义、兴义、都匀等地。

7. 茑萝 *Ipomoea quamoclit* L.【*Quamoclit pennata*（Desr.）Boj.】

一年生缠绕草本；原产热带美洲；省内有栽培。

8. 葵叶茑萝 *Ipomoea × sloteri*（House）van Ooststroom【*Quamoclit × sloteri* House】

一年生缠绕草本；省内有栽培。

9. 刺毛月光花 *Ipomoea setosa* Ker Gawl.【*Calonyction pavonii* Hall. f.】

一年生缠绕草本；引种；分布于贵阳等地。

10. 丁香茄 *Ipomoea turbinata* Lag.【*Calonyction muricatum*（L.）G. Don.】

一年生粗壮缠绕草本；原产地不详；省内兴仁、贵阳等地有栽培。

（九）鱼黄草属 *Merremia* Dennstedt ex Endlicher

1. 山土瓜 *Merremia hungaiensis*（Lingelsh. et Borza）R. C. Fang

多年生缠绕草本；生于海拔 1200－2000m 的草坡、山坡灌丛或松林下；分布于安龙、威宁、水城、平坝等地。

2. 长梗山土瓜 *Merremia longipedunculata*（C. Y. Wu）R. C. Fang

攀援草本；生于海拔 1000m 左右的草地、山坡灌丛；分布于兴义、贞丰、册亨等地。

3. 北鱼黄草 *Merremia sibirica*（L.）Hall. f.

多年生缠绕草本；生于海拔 600m 以上的路边、田边、山地草丛或山坡灌丛；分布于贵阳、息烽、水城等地。

（十）三翅藤属 *Tridynamia* Gagnepain

1. 大果二翅藤 *Tridynamia sincnsis*（Hemsl.）Staples【*Porana sinensis* Hemsl.】

木质藤本；生于海拔 700－1300m 的山坡灌丛中；分布于兴义、安龙、兴仁、望谟、赤水、凤冈、桐梓、思南、江口、荔波等地。

2. 近无毛三翅藤 *Tridynamia sinensis* var. *delavayi*（Gagnep. et Courchet）Staples【*Porana sinensis* var. *delavayi*（Gagn. et Courch.）Rehd.】

木质藤本；生于海拔 1200m 左右的石灰岩灌丛中；分布于册亨等地。

一四八、睡菜科 Menyanthaceae

（一）睡菜属 *Menyanthes*（Tourn.）L.

1. 睡菜 *Menyanthes trifoliata* L.

多年生沼生草本；生于海拔 450m 以上的水塘、沼泽地；分布于水城、贵阳、贵定等地。

（二）荇菜属 *Nymphoides* Seguier

1. 金银莲花 *Nymphoides indica*（L.）Kuntze

多年生浮水草本；生于海拔 1530m 以下的池塘及不甚流动水域；分布于兴义等地。

2. 荇菜 *Nymphoides peltata*（S. G. Gmelin）Kuntze

多年生浮水草本；生于海拔 1800m 以下的池塘或不甚流水的小溪中；分布于清镇、威宁、水城、册亨等地。

一四九、紫草科 Boraginaceae

（一）长蕊斑种草属 *Antiotrema* Handel-Mazzetti

1. 长蕊斑种草 *Antiotrema dunnianum*（Diels）Hand. -Mazz.

多年生草本；生于海拔 1600m 以上的山地疏林、草坡或路旁；分布于威宁等地。

（二）斑种草属 *Bothriospermum* Bunge

1. 柔弱斑种草 *Bothriospermum zeylanicum*（J. Jacq.）Druce【*Bothriospermum tenellum*（Hornem.）Fisch. et Mey.】

一年或多年生草本；生于海拔较低的路旁或水边；分布于江口、平坝、望谟等地。

（三）破布木属 *Cordia* Linnaeus

1. 破布木 *Cordia dichotoma* G. Forst.

乔木；生于海拔 480 – 560m 的疏林中；分布于安龙、册亨、望谟、罗甸等地。

2. 二叉破布木 *Cordia furcans* I. M. Johnst.

灌木至乔木；生于海拔 480m 的山坡疏林中；分布于望谟、罗甸等地。

（四）琉璃草属 *Cynoglossum* Linnaeus

1. 倒提壶 *Cynoglossum amabile* Stapf et Drumm.

多年生草本；生于海拔 1000m 以上的山地草坡或松树林缘；分布于威宁、平坝、兴义、贵阳、瓮安、梵净山等地。

2. 琉璃草 *Cynoglossum furcatum* Wall.【*Cynoglossum zeylanicum*（Vahl）Thunb. ex Lehm.】

草本；生于海拔 300m 以上的山坡草地；分布于水城、湄潭、贵阳、剑河等地。

3. 小花琉璃草 *Cynoglossum lanceolatum* Forssk.

草本；生于海拔 300m 以上的丘陵山地草坡或路旁；分布于威宁、赫章、兴义、安龙、贵阳、平塘、德江、印江、江口、松桃等地。

（五）厚壳树属 *Ehretia* Linnaeus

1. 厚壳树 *Ehretia acuminata*（DC.）R. Br.【*Ehretia thyrsiflora*（Sieb. et Zucc.）Nakai】

落叶乔木；生于低海拔的丘陵或山地林中；分布于望谟、荔波、长顺、罗甸、福泉、荔波、都匀、惠水、贵定、三都、平塘等地。

2. 西南厚壳树 *Ehretia corylifolia* C. H. Wright

落叶小乔木；生于海拔 1500m 以上的山谷疏林、山坡灌丛、干燥路边及湿润的砂质坡地；分布于瓮安等地。

3. 粗糠树 *Ehretia dicksonii* Hance【*Ehretia dicksoni* var. *glabrescens* Nakai】

落叶乔木；生于海拔 500 – 1800m 的山谷疏林或密林中；分布于贵阳、息烽、修文、开阳、威宁、兴义、安龙、册亨、望谟、罗甸、瓮安、独山、荔波、都匀、惠水、贵定、平塘、从江、黎平等地。

4. 云贵厚壳树 *Ehretia dunniana* Lévl.

落叶乔木；生于低海拔林中；分布于贵阳、开阳、罗甸等地。

5. 长花厚壳树 *Ehretia longiflora* Champ. ex Benth.

落叶乔木；生于林中或林缘；分布于独山等地。

6. 上思厚壳树 _Ehretia tsangii_ Johnst.

小乔木；生于海拔 200 – 450m 的山地山谷林中；分布于罗甸等地。

(六)紫草属 _Lithospermum_ Linnaeus

1. 紫草 _Lithospermum erythrorhizon_ Sieb. et Zucc.

多年生草本；生于海拔 1000 – 1300m 向阳的山坡或山谷草丛中；分布于贵阳、安龙等地。

2. 石生紫草 _Lithospermum hancockianum_ Oliv.

多年生草本；生于石灰岩山坡、石缝等处；分布于省内西部等地。

3. 梓木草 _Lithospermum zollingeri_ A. DC.

多年生匍匐草本；生于山坡林下、丘陵草坡或灌丛中；分布于清镇、印江、贵阳等地。

(七)勿忘草属 _Myosotis_ Linnaeus

1. 勿忘草 _Myosotis silvatica_ Ehrh. ex Hoffm.

多年生草本；生于海拔 2650m 的山腹岩石上；分布于威宁等地。

(八)滇紫草属 _Onosma_ Linnaeus

1. 露蕊滇紫草 _Onosma exsertum_ Hemsl.

二年生草本；生于海拔 1850 – 2100m 的空旷草坡及松栎林下；分布地不详。

2. 滇紫草 _Onosma paniculatum_ Bur. et Franch.

二年生草本；生于荒山顶部及石砾地和干燥向阳的草坡上；分布于威宁、七星关、盘县等地。

(九)轮冠木属 _Rotula_ Loureiro

1. 轮冠木 _Rotula aquatica_ Lour.

灌木；生于溪边岩石上；分布于贞丰等地。

(十)车前紫草属 _Sinojohnstonia_ Hu

1. 车前紫草 _Sinojohnstonia plantaginea_ Hu

多年生草本；生于丘陵、沟边草地；分布于江口等地。

(十一)盾果草属 _Thyrocarpus_ Hance

1. 弯齿盾果草 _Thyrocarpus glochidiatus_ Maxim.

一年生草本；生于山坡杂草丛中；分布于遵义等地。

2. 盾果草 _Thyrocarpus sampsonii_ Hance

一年生草本；生于丘陵草地或石山灌丛中；分布于赤水、印江、平塘、罗甸、望谟、册亨等地。

(十二)毛束草属 _Trichodesma_ R. Brown

1. 毛束草 _Trichodesma calycosum_ Coll. et Hemsl.

半灌木；生于海拔 540 – 1050m 的疏林中；分布于兴义、望谟、罗甸等地。

(十三)附地菜属 _Trigonotis_ Steven

1. 西南附地菜 _Trigonotis cavaleriei_（Lévl.）Hand. -Mazz.

多年生草本；生于海拔 900 – 1200m 的山坡、沟谷地带；分布于贵阳、大方、印江、黄平、雷山等地。

2. 狭叶附地菜 _Trigonotis compressa_ I. M. Johnst.

多年生草本；生于海拔 1100 – 2000m 的山地灌丛、林下或路旁；分布于黎平等地。

3. 南川附地菜 _Trigonotis laxa_ I. M. Johnst.

多年生草本；生于海拔 500 – 1600m 的森林、灌丛、峡谷、河流山谷、山路边；分布于梵净山等地。

4. 硬毛南川附地菜 _Trigonotis laxa_ var. _hirsuta_ W. T. Wang ex C. J. Wang

多年生草本；生于海拔 560 – 1600m 的密林下或路旁阴湿处；分布于印江、凯里、雷山等地。

5. 大叶附地菜 *Trigonotis macrophylla* **Vaniot**

多年生草本；生于海拔 1100m 左右的水沟旁；分布于贵阳等地。

6. 毛果大叶附地菜 *Trigonotis macrophylla* var. *trichocarpa* **Hand. -Mazz.**

多年生草本；生于山地草坡或林缘；分布于桐梓、遵义等地。

7. 瘤果大叶附地菜 *Trigonotis macrophylla* var. *verrucosa* **I. M. Johnst.**

多年生草本；生于海拔 1280m 的山坡密林下；分布于安龙等地。

8. 毛脉附地菜 *Trigonotis microcarpa*（**DC.**）**Benth. ex C. B. Clarke**

多年生草本；生于海拔 1000 – 1800m 的山坡草地、灌丛中或溪边草地；分布于西秀、兴义、兴仁、贞丰、安龙等地。

9. 峨眉附地菜 *Trigonotis omeiensis* **Matsuda**

多年生草本；生于海拔 1000 – 1500m 的山地林下、灌丛、溪边、沟旁等较阴湿处；分布于绥阳等地。

10. 附地菜 *Trigonotis peduncularis*（**Trevis.**）**Benth. ex Baker et S. Moore**

一年生草本；生于丘陵草坡、田坎或路边；分布于江口、天柱、贵阳、望谟等地。

一五〇、马鞭草科 Verbenaceae

（一）紫珠属 *Callicarpa* **Linnaeus**

1. 异叶紫珠 *Callicarpa anisophylla* **C. Y. Wu ex W. Z. Fang**

亚灌木或灌木；生于海拔 900 – 1300m 的山坡林下；分布于榕江、册亨等地。

2. 紫珠 *Callicarpa bodinieri* **Lévl.**

灌木；生于海拔 400 – 1500m 的林缘、沟边或灌丛中；分布于道真、梵净山、碧江、赤水、遵义、湄潭、剑河、镇远、黎平、从江、三都、独山、荔波、瓮安、罗甸、福泉、贵阳、清镇、开阳、修文、惠水、平坝、息烽、西秀、安龙等地。

3. 南川紫珠 *Callicarpa bodinieri* var. *rosthornii*（**Diels**）**Rehder**

灌木；生于海拔 500 – 1100m 的山坡、混交林；分布于大沙河等地。

4. 短柄紫珠 *Callicarpa brevipes*（**Benth.**）**Hance**

灌木；生于海拔 730m 的山坡灌丛中；分布于贞丰等地。

5. 华紫珠 *Callicarpa cathayana* **H. T. Chang**

灌木；海拔 1200m 以下的山坡、谷地的丛林中；分布于紫云等地。

6. 白棠子树 *Callicarpa dichotoma*（**Lour.**）**K. Koch**

小灌木；生于海拔 400 – 700m 的山坡灌丛中；分布于赤水、黎平、从江、独山、安龙等地。

7. 杜虹花 *Callicarpa formosana* **Rolfe**

灌木；生于海拔 1400m 的山地灌丛中；分布于册亨等地。

8. 老鸦糊 *Callicarpa giraldii* **Hesse ex Rehd.**

灌木；生于海拔 400 – 1300m 的山坡灌丛中；分布于贵阳、清镇、修文、梵净山、雷公山、黎平、榕江、荔波、长顺、瓮安、独山、罗甸、都匀、惠水、绥阳、赤水、晴隆、赫章、兴义等地。

9. 缙云紫珠 *Callicarpa giraldii* var. *chinyunensis*（**C. P'ei et W. Z. Fang**）**S. L. Chen**〔*Callicarpa chinyunensis* **Pei et W. F. Fang**〕

灌木；生于海拔 300 – 500m 的山坡、混交林中；分布于大沙河等地。

10. 毛叶老鸦糊 *Callicarpa giraldii* var. *subcanescens* **Rehd.**【*Callicarpa giraldii* var. *lyi*（**Lévl.**）**C. Y. Wu**】

灌木；生于海拔 500 – 1700m 的山坡林缘、沟边或灌丛中；分布于沿河、黄平、从江、平坝、安龙、兴仁、瓮安、独山、福泉等地。

11. 湖北紫珠 *Callicarpa gracilipes* Rehd.

灌木；生于海拔 195 – 1500m 的山坡灌丛中；分布于开阳等地。

12. 贵州紫珠 *Callicarpa guizhouensis* Chang et Xu

灌木；分布于荔波等地。

13. 全缘叶紫珠 *Callicarpa integerrima* Champ.

藤本或蔓性灌木；生于海拔 200 – 700m 的山坡或谷地林中；分布于荔波等地。

14. 藤紫珠 *Callicarpa integerrima* var. *chinensis*（P′ei）S. L. Chen

灌木；生于海拔 300 – 1500m 的混交林、山谷中；分布于三都等地。

15. 日本紫珠 *Callicarpa japonica* Thunb.

灌木；生于海拔 340 – 800m 的山坡灌丛中；分布于赤水、黎平、从江、荔波、三都、独山等地。

16. 广东紫珠 *Callicarpa kwangtungensis* Chun

灌木；生于海拔 400 – 1400m 的山坡林下或灌丛中；分布于梵净山、三都、瓮安、榕江、册亨、贞丰等地。

17. 尖萼紫珠 *Callicarpa loboapiculata* Metc.

灌木；生于海拔 350 – 500m 的山坡灌丛中；分布于从江、榕江等地。

18. 长叶紫珠 *Callicarpa longifolia* Lam.

灌木；生于海拔 1700m 的山坡林缘；分布于安龙等地。

19. 白毛长叶紫珠 *Callicarpa longifolia* var. *floccosa* Schauer

灌木；生于海拔 670 – 1380m 的山坡灌丛中；分布于贵阳、沿河、荔波、福泉等地。

20. 披针叶紫珠 *Callicarpa longifolia* var. *lanceolaria*（Roxb.）C. B. Clarke

灌木；生于海拔 800 – 1700m 的林下；分布于石阡等地。

21. 黄腺紫珠 *Callicarpa luteopunctata* H. T. Chang

灌木；生于海拔 800 – 2300m 的山坡或谷地丛林中；分布于石阡等地。

22. 大叶紫珠 *Callicarpa macrophylla* Vahl

灌木；生于海拔 400 – 1300m 的林下、林缘或灌丛中；分布于黎平、盘县、晴隆、关岭、三都、罗甸、长顺、独山、荔波、惠水、贵定、平塘、册亨等地。

23. 窄叶紫珠 *Callicarpa membranacea* H. T. Chang〔*Callicarpa japonica* var. *angustata* Rehd.〕

灌木；生于海拔 500 – 1300m 的山坡灌丛中；分布于开阳、梵净山、从江等地。

24. 红紫珠 *Callicarpa rubella* Lindl.

灌木；生于海拔 400 – 1500m 的溪边和山坡灌丛中；分布于贵阳、开阳、清镇、梵净山、道真、桐梓、雷公山、黎平、瓮安、三都、荔波、长顺、独山、罗甸、福泉、惠水、龙里、平塘、赤水、晴隆、册亨、安龙、兴仁、兴义等地。

25. 狭叶红紫珠 *Callicarpa rubella* var. *angustata* Péi

灌木；生于海拔 650 – 1000m 的山坡灌丛中；分布于从江、贞丰、兴仁、罗甸、惠水、三都、平塘等地。

26. 钝齿红紫珠 *Callicarpa rubella* var. *crenata* Péi

灌木；生于海拔 680 – 1300m 的山地林下；分布于梵净山、黎平、三都、贵定、从江、荔波。

27. 秃红紫珠 *Callicarpa rubella* var. *subglabra*（Péi）H. T. Chang

灌木；生于海拔 400 – 1120m 的溪边和山坡灌丛中；分布于梵净山、雷公山、榕江等地。

（二）莸属 *Caryopteris* Bunge

1. 金腺莸 *Caryopteris aureoglandulosa*（Van.）C. Y. Wu

亚灌木；生于海拔 250 – 500m 的山坡灌丛中；分布于瓮安、罗甸、望谟、安龙、兴仁、兴义等地。

2. 灰毛莸 *Caryopteris forrestii* **Diels**

小灌木；生于海拔 1400 – 1700m 的山坡灌丛中；分布于册亨、安龙等地。

3. 锥花莸 *Caryopteris paniculata* **C. B. Clarke**

攀援灌木；生于海拔 650m 的山坡灌丛中或林缘；分布于兴义、荔波等地。

4. 三花莸 *Caryopteris terniflora* **Maxim.** 【*Caryopteris terniflora* **f.** *brevipedunculata* **P´ei et S. L. Chen.** 】

亚灌木；生于海拔 550m 以上的山坡、旷地及水边；分布于罗甸等地。

5. 叉枝莸 *Caryopteris divaricata*（**Sieb. et Zucc.**）**Maxim.**

多年生草本；生于海拔 750m 以下的林缘、沟边；分布于梵净山等地。

（三）大青属 *Clerodendrum* **Linnaeus**

1. 臭牡丹 *Clerodendrum bungei* **Steud.**

灌木；生于海拔 500 – 1800m 的山谷湿地或灌丛中；分布于贵阳、开阳、息烽、修文、松桃、德江、雷公山、黎平、从江、七星关、威宁、纳雍、普安、晴隆、盘县、西秀、瓮安、罗甸、黄平、三都、长顺、独山、福泉、荔波、都匀、惠水、贵定、平塘、安龙、兴义等地。

2. 大萼臭牡丹 *Clerodendrum bungei* **var.** *megacalyx* **C. Y. Wu ex S. L. Chen**

灌木；生于海拔 1050m 的山坡林缘；分布于大沙河等地。

3. 灰毛大青 *Clerodendrum canescens* **Wall. ex Walp.**

灌木；生于海拔 250 – 880m 的山坡灌丛中；分布于息烽、黎平、从江、榕江、独山等地。

4. 重瓣臭茉莉 *Clerodendrum chinense*（**Osbeck**）**Mabb.** 【*Clerodendrum philippinum* **Schauer** 】

灌木；分布于贵州南部。

5. 臭茉莉 *Clerodendrum chinense* **var.** *simplex*（**Moldenke**）**S. L. Chen**

灌木；生于海拔 300m 的山坡林下；分布于三都等地。

6. 腺茉莉 *Clerodendrum colebrookianum* **Walp.**

灌木或小乔木；生于海拔 1100m 的灌丛中；分布于贵阳、都匀等地。

7. 川黔大青 *Clerodendrum confine* **S. L. Chen et T. D. Zhuang**

灌木；生于海拔 2100m 的山谷岩石上；分布于盘县等地。

8. 大青 *Clerodendrum cyrtophyllum* **Turcz.**

灌木或小乔木；生于海拔 800 – 1000m 的山谷林下或山坡灌丛中；分布于贵阳、开阳、雷公山、黄平、三都、瓮安、独山、罗甸、福泉、荔波、都匀、惠水、贵定、龙里、平塘、黎平、从江、榕江等地。

9. 赪桐 *Clerodendrum japonicum*（**Thunb.**）**Sweet**

灌木；生于海拔 280 – 800m 的山坡密林中；分布于贵阳、修文、罗甸、三都、兴仁等地。

10. 广东大青 *Clerodendrum kwangtungense* **Hand. -Mazz.**

灌木；生于海拔 650 – 750m 的山坡林下或灌丛中；分布于黎平、三都、荔波、惠水、龙里等地。

11. 尖齿臭茉莉 *Clerodendrum lindleyi* **Decne. ex Planch.**

灌木；生于海拔 250 – 750m 的山坡灌丛中；分布于罗甸、长顺、望谟、安龙、兴仁、兴义等地。

12. 黄腺大青 *Clerodendrum luteopunctatum* **P´ei et S. L. Chen**

灌木；生于海拔 900 – 1350m 的山谷林下或山坡灌丛中；分布于梵净山、德江、贵阳、惠水、荔波、贵定、龙里等地。

13. 海通 *Clerodendrum mandarinorum* **Diels**

灌木或乔木；生于海拔 300 – 1800m 的山坡下或灌丛中；分布于梵净山、雷公山、榕江、从江、黄平、三都、独山、荔波、长顺、瓮安、罗甸、都匀、惠水、贵定、龙里、贵阳、平坝、普安、晴隆、册亨、贞丰、安龙、兴仁、兴义等地。

14. 三对节 *Clerodendrum serratum*（L.）Moon

灌木；生于海拔 300 – 1200m 的山坡灌丛中；分布于罗甸、长顺、都匀、惠水、册亨、望谟等地。

15. 三台花 *Clerodendrum serratum* var. *amplexifolium* Moldenke

灌木；生于海拔 500 – 1500m 的山坡灌丛中；分布于罗甸、望谟、册亨、安龙、兴仁、兴义等地。

16. 草本三对节 *Clerodendrum serratum* var. *herbaceum*（Roxb. ex Schauer）C. Y. Wu

灌木；生于海拔 720m 的山地灌丛中；分布于兴义等地。

17. 海州常山 *Clerodendrum trichotomum* Thunb.

灌木或小乔木；生于海拔 1000 – 2200m 的山谷林下或灌丛中；分布于贵阳、开阳、息烽、清镇、梵净山、绥阳、威宁、纳雍、盘县、大方、水城、长顺、罗甸、福泉、荔波、惠水、贵定、龙里等地。

（四）石梓属 *Gmelina* Linnaeus

1. 石梓 *Gmelina chinensis* Benth.

乔木；生于海拔 500 – 650m 的山坡或灌丛中；分布于罗甸、荔波等地。

2. 苦梓 *Gmelina hainanensis* Oliv.

乔木；生于海拔 750m 的阔叶林中；分布于黎平等地。

（五）马缨丹属 *Lantana* Linnaeus

1. 马缨丹 *Lantana camara* L.

直立或蔓性灌木；生于海拔 660 – 1100m 的路旁；分布于荔波、都匀、惠水、龙里等地。

（六）过江藤属 *Phyla* Loureiro

1. 过江藤 *Phyla nodiflora*（L.）E. L. Greene

多年生草本；生于海拔 440 – 1300m 的河漫滩和山坡湿润地；分布于望谟、册亨、安龙、兴仁、兴义等地。

（七）豆腐柴属 *Premna* Linnaeus

1. 黄药 *Premna cavaleriei* Lévl.

小乔木至乔木；生于海拔 200 – 900m 的山坡疏林中；分布于贵阳、荔波、都匀、平坝、安龙、兴仁等地。

2. 石山豆腐柴 *Premna crassa* Hand. -Mazz.

灌木；生于海拔 500 – 1000m 的石灰岩山地的林缘或林下；分布于平坝、镇宁、安龙、兴义、罗甸等地。

3. 黄毛豆腐柴 *Premna fulva* Craib

灌木或小乔木；生于海拔 500 – 900m 的阔叶林中；分布于罗甸、长顺、独山、平塘、望谟、安龙、贞丰等地。

4. 臭黄荆 *Premna ligustroides* Hemsl.

灌木；生于海拔 250 – 1000m 的山坡灌丛中或林缘；分布于贵阳、清镇、修文、息烽、赤水、仁怀、黎平、望谟、长顺、独山、平塘等地。

5. 豆腐柴 *Premna microphylla* Turcz.

灌木；生于海拔 600 – 1200m 的山坡沟边、林缘或灌丛中；分布于黎平、锦屏、榕江、雷公山、黄平、三都、都匀、长顺、瓮安、独山、罗甸、福泉、荔波、惠水、贵定、龙里、平塘、普定、赤水等地。

6. 狐臭柴 *Premna puberula* Pamp.

直立或攀援灌木或小乔木；生于海拔 700 – 1800m 的山坡林缘或灌丛中；分布于梵净山、黎平、雷公山、瓮安、平塘、三都、荔波、惠水、都匀、龙里、贵阳等地。

7. 毛狐臭柴 *Premna puberula* var. *bodinieri*（Lévl.）C. Y. Wu et S. Y. Pao

灌木至小乔木；生于海拔 700 – 1500m 的山坡灌丛中；分布于贵阳、清镇、榕江、平塘、荔波、罗甸、望谟、册亨、安龙、晴隆等地。

（八）四棱草属 *Schnabelia* Handel-Mazzetti

1. 四棱草 *Schnabelia oligophylla* Hand. -Mazz.

草本；生于海拔 600 – 1900m 的山谷溪旁、疏林中；分布于大沙河等地。

2. 四齿四棱草 *Schnabelia tetrodonta*（Y. Z. Sun）C. Y. Wu et C. Chen

草本；生于海拔 500 – 1800m 的山坡上，灌丛下；分布于黔北等地。

（九）马鞭草属 *Verbena* Linnaeus

1. 马鞭草 *Verbena officinalis* L.

多年生草本；生于海拔 700 – 2380m 的山坡、路边及村寨旁；分布于省内大部分地区。

（十）牡荆属 *Vitex* Linnaeus

1. 假四棱草 *Vitex aligophylla* Hand. -Mazz.

草本；生于河岸、沟边阴湿处；分布于荔波。

2. 长叶荆 *Vitex burmensis* Moldenke【*Vitex lanceifolia* S. C. Huang】

灌木至乔木；生于海拔 1050 – 1440m 的山坡林中或灌丛中；分布于册亨、安龙、兴义等地。

3. 灰毛牡荆 *Vitex canescens* Kurz

乔木；生于海拔 240 – 1030m 的山坡林中；分布于梵净山、黄平、黎平、荔波、长顺、独山、罗甸、福泉、都匀、惠水、龙里、平塘、贞丰等地。

4. 黄荆 *Vitex negundo* L.

灌木；生于海拔 240 – 1300m 的山坡路旁灌丛中；分布于德江、松桃、梵净山、雷公山、黎平、从江、榕江、贵阳、息烽、修文、赤水、遵义、三都、罗甸、瓮安、黄平、长顺、独山、福泉、都匀、惠水、贵定、龙里、平塘、紫云、望谟、册亨、安龙、兴仁、兴义等地。

5. 牡荆 *Vitex negundo* var. *cannabifolia*（Sieb. et Zucc.）Hand. -Mazz.

灌木、小乔木；生于海拔 250 – 1050m 的山坡灌丛中；分布于开阳、修文、梵净山、赤水、册亨、兴仁、兴义、长顺、独山、罗甸、荔波等地。

6. 荆条 *Vitex negundo* var. *heterophylla*（Franch.）Rehd.

灌木；生于海拔 350 – 650m 的山坡灌丛中；分布于梵净山、松桃、碧江、湄潭等地。

7. 微毛布惊 *Vitex quinata* var. *puberula*（H. J. Lam）Moldenke

乔木；生于海拔 800m 的山坡；分布于册亨、罗甸等地。

8. 山牡荆 *Vitex quinata*（Lour.）F. N. Will.

常绿乔木；生于海拔 180 – 1200m 的山坡林中；分布于惠水等地。

9. 单叶蔓荆 *Vitex rotundifolia* L. f.【*Vitex trifolia* var. *simplicifolia* Cham.】

落叶灌木；生于河沟边；分布于正安等地。

10. 蔓荆 *Vitex trifolia* L.

落叶小乔木或灌木状；生于海边、河滩. 疏林及村旁；分布于雷公山、荔波等地。

11. 滇牡荆 *Vitex yunnanensis* W. Smith

灌木或小乔木；生于海拔 900m 以上的山坡或树林中；分布于三都、龙里等地。

一五一、唇形科 Lamiaceae

（一）尖头花属 *Acrocephalus* Bentham

1. 尖头花 *Acrocephalus indicus*（Burm. f.）O. Ktze.

一年生草本；生于海拔 600m 以下的田间，有时亦出现于林缘、竹丛及沟边；分布于兴义、贞丰等地。

(二)藿香属 *Agastache* **Clayton ex Gronovius**

1. 藿香 *Agastache rugosa* (**Fisch. et C. A. Mey.**) **Kuntze**

多年生草本；省内均有栽培。

(三)筋骨草属 *Ajuga* **Linnaeus**

1. 筋骨草 *Ajuga ciliata* **Bunge**

多年生草本；生于海拔 340 – 1800m 的山谷溪边、草地、林下及路边草丛中；分布于大沙河等地。

2. 金疮小草 *Ajuga decumbens* **Thunb.**

一年或二年生草本；生于海拔 400 – 1200m 的山坡湿地、田边、路旁；分布于印江、贵阳、黄平、独山、黎平、雷山、剑河、榕江等地。

3. 金疮小草狭叶变种 *Ajuga decumbens* **var.** *oblancifolia* **Sun ex C. H. Hu**

一年或二年生草本；生于海拔 1500m 的路旁或林下；分布于江口、梵净山等地。

4. 白苞筋骨草齿苞变种 *Ajuga lupulina* **var.** *major* **Diels**

多年生草本；生于海拔 2600m 的山地灌丛中；分布于威宁等地。

5. 大籽筋骨草 *Ajuga macrosperma* **Wall. ex Benth.**

草本；生于海拔 400 – 1600m 的山谷、路旁潮湿处；分布于关岭、榕江等地。

6. 紫背金盘 *Ajuga nipponensis* **Makino**

一年或二年生草本；生于海拔 800 – 1300m 的山坡、地旁湿润处；分布于兴义、安龙、贵阳、关岭、荔波、罗甸、印江、石阡等地。

(四)广防风属 *Anisomeles* **R. Brown**

1. 广防风 *Anisomeles indica* (**L.**) **Kuntze【***Epimeredi indica*(**Linn.**) **Rothm.**】

草本；生于海拔 400 – 1580m 的林缘或路旁等荒地上；分布于赤水、兴义、安龙、荔波等地。

(五)药水苏属 *Betonica* **Linnaeus**

1. 药水苏 *Betonica officinalis* **L.**

多年生草本；原产于欧洲及西亚；省内均有栽培。

(六)毛药花属 *Bostrychanthera* **Bentham**

1. 毛药花 *Bostrychanthera deflexa* **Benth.**

草本；生于海拔 500 – 1120m 的密林下湿润处；分布于黄平等地。

(七)风轮菜属 *Clinopodium* **Linnaeus**

1. 风轮菜 *Clinopodium chinense* (**Benth.**) **Kuntze**

多年生草本；生于海拔 1000m 以下的山坡、草丛、路边、沟边、灌丛、林下；分布于威宁等地。

2. 邻近风轮菜 *Clinopodium confine* (**Hance**) **Kuntze**

多年生草本；生于海拔 700 – 1000m 的山坡、草地、田边；分布于镇宁、关岭、荔波等地。

3. 细风轮菜 *Clinopodium gracile* (**Benth.**) **Matsum.**

多年生草本；生于海拔 2400m 的路旁、沟边、空旷草地、林缘、灌丛中；分布于赤水、贵阳、印江、松桃、黄平、福泉等地。

4. 寸金草 *Clinopodium megalanthum* **Jacquem.**

多年生草本；生于海拔 1000 – 1300m 的山坡、路旁、草地、灌丛中及林下；分布于绥阳、松桃、印江、长顺、独山、榕江等地。

5. 峨眉风轮菜 *Clinopodium omeiense* **C. Y. Wu et Hsuan ex H. W. Li**

多年生直立草本；生于海拔约 1700m 的林下；分布于大沙河等地。

6. 灯笼草 *Clinopodium polycephalum* (**Vaniot**) **C. Y. Wu et S. J. Hsuan**

多年生草本；生于海拔 300 – 2400m 的山坡、路旁、林下、灌丛中；分布于湄潭、遵义、兴义、大方、赫章、盘县、平坝、清镇、沿河、德江、松桃、雷山、独山、榕江等地。

7. 匍匐风轮菜 *Clinopodium repens*（**D. Don**）**Benth.**

多年生草本；生于海拔 900 – 2000m 的山坡、草地、林下、路旁、沟边；分布于兴义、安龙、瓮安等地。

8. 麻叶风轮菜 *Clinopodium urticifolium*（**Hance**）**C. Y. Wu et Hsuan ex H. W. Li**

多年生草本；生于海拔 300 – 2240m 的山坡、草地、路旁、林下；分布于大沙河等地。

（八）鞘蕊花属 *Coleus* Loureiro

1. 毛萼鞘蕊花 *Coleus esquirolii*（**Lévl.**）**Dunn**

草本；生于海拔 1100 – 1800m 的石山、山谷岩石旁、草地斜坡等多石地方；分布于兴义、荔波等地。

（九）火把花属 *Colquhounia* Wallich

1. 藤状火把花 *Colquhounia seguinii* **Vaniot**

灌木；生于海拔 240 – 2700m 的灌丛中；分布于西秀等地。

（十）绵穗苏属 *Comanthosphace* S. Moore

1. 绵穗苏 *Comanthosphace ningpoensis*（**Hemsl.**）**Hand. -Mazz.**

多年生草本；生于海拔约 1220m 的山坡草丛及溪旁；分布地不详等地。

（十一）水蜡烛属 *Dysophylla* Blume

1. 齿叶水蜡烛 *Dysophylla sampsonii* **Hance**

一年生草本；生于水旁；分布于水城、安龙等地。

2. 水蜡烛 *Dysophylla yatabeana* **Makino**

多年生草本；生于小河边湿润地；分布于清镇等地。

（十二）香薷属 *Elsholtzia* Willdenow

1. 紫花香薷 *Elsholtzia argyi* **Lévl.**

草本；生于海拔 200 – 1200m 的山坡灌丛中、林下、溪旁及河边草地；分布地不详。

2. 四方蒿 *Elsholtzia blanda*（**Benth.**）**Benth.**

直立草本；生于海拔 800 – 1300m 的路旁、沟边、草坡；分布于兴义、安龙、罗甸、雷山等地。

3. 东紫苏 *Elsholtzia bodinieri* **Vaniot**

多年生草本；生于海拔 1500 – 2300m 的山坡灌丛中、草坡；分布于盘县等地。

4. 香薷 *Elsholtzia ciliata*（**Thunb.**）**Hyland.**

直立草本；生于海拔 1050 – 2500m 的山坡、路旁、林缘、荒地；分布于盘县、威宁、兴义、清镇、平坝、湄潭、凤冈、贵阳、贵定、黄平等地。

5. 吉龙草 *Elsholtzia communis*（**Coll. et Hemsl.**）**Diels**

草本；引种；省内有栽培。

6. 野草香 *Elsholtzia cyprianii*（**Pavol.**）**S. Chow ex P. S. Hsu**〔*Elsholtzia cyprianii* var. *angustifolia* C. Y. Wu et S. C. Huang〕

草本；生于海拔 600 – 2300m 的田边、路旁、河边、林缘草地；分布于兴义、镇宁、西秀、清镇、贵阳、长顺、平坝、贵定、罗甸、独山等地。

7. 黄花香薷 *Elsholtzia flava*（**Benth.**）**Benth.**

直立亚灌木；生于海拔 1100 – 2200m 的山坡、路旁、灌丛中；分布于盘县、普安、贵阳等地。

8. 鸡骨柴 *Elsholtzia fruticosa*（**D. Don**）**Rehd.**【*Elsholtzia fruticosa* f. *inclusa* Sun ex C. H. Hu】

直立灌木；生于海拔 1100 – 2000m 的山谷、路旁、山坡；分布于水城、黔西、遵义、贵阳、贵定等地。

9. 湖南香薷 *Elsholtzia hunanensis* **Hand. -Mazz.**【*Perilla frutescens* var. *auriculatodentata* C. Y. Wu et Hsuan ex H. W. Li.】

一年生草本；生于山坡路旁或林内；分布地不详。

10. 水香薷 *Elsholtzia kachinensis* **Prain**

草本；生于650－1200m的河边、路旁、田边、草地湿润处；分布于江口、碧江、惠水、长顺、瓮安等地。

11. 大黄药 *Elsholtzia penduliflora* **W. W. Sm.**

半灌木；生于海拔1100－2400m的山谷边、密林中、开旷坡地及荒地上；分布于茂兰等地。

12. 长毛香薷 *Elsholtzia pilosa*（**Benth.**）**Benth.**

草本；生于1100m以上的松林下、林缘、山坡草地、河边路旁、岩石上或沼泽草地边缘；分布地不详。

13. 野拔子 *Elsholtzia rugulosa* **Hemsl.**

草本至半灌木；生于海拔1000－2500m的山坡、路旁；分布于赫章、七星关、兴仁、西秀、镇宁、贵阳、惠水、贵定等地。

14. 川滇香薷 *Elsholtzia souliei* **Lévl.**

草本；生于海拔2300m左右的山坡、草地；分布于赫章等地。

15. 穗状香薷 *Elsholtzia stachyodes*（**Link**）**C. Y. Wu**

柔弱草本；生于海拔800－2500m的山坡、荒地、路旁；分布地不详。

16. 球穗香薷 *Elsholtzia strobilifera*（**Benth.**）**Benth.**

直立草本；生于海拔2300m的山坡草地、灌丛边；分布于盘县等地。

（十三）鼬瓣花属 *Galeopsis* **Linnaeus**

1. 鼬瓣花 *Galeopsis bifida* **Boenn.**

一年生草本；生于海拔2500m的林缘、路旁、田边、灌丛、草地等空旷处；分布于七星关、威宁等地。

（十四）活血丹属 *Glechoma* **Linnaeus**

1. 白透骨消狭萼变种 *Glechoma biondiana* **var.** *angustituba* **C. Y. Wu et C. Chen**

多年生草本；生于密林下；分布于大沙河等地。

2. 活血丹 *Glechoma longituba*（**Nakai**）**Kuprian.**

多年生草本；生于海拔500－2000m的林缘、疏林下、草地中、溪边等阴湿处；分布于沿河、德江、兴义、平坝、贵阳、剑河、雷山、榕江等地。

（十五）锥花属 *Gomphostemma* **Bentham**

1. 中华锥花 *Gomphostemma chinense* **Oliv.**

多年生草本；生于海拔650－740m的山地林下阴湿处；分布于荔波等地。

（十六）四轮香属 *Hanceola* **Kudô**

1. 贵州四轮香 *Hanceola cavaleriei*（**Lévl.**）**Kudô**

多年生草本；分布贵定等地。

2. 心卵叶四轮香 *Hanceola cordiovata* **Y. Z. Sun**

一年生草本；生于山坡；分布地不详。

3. 高坡四轮香 *Hanceola labordei*（**Lévl.**）**H. Sun**

草本；生于石洞口；分布于贵阳等地。

4. 四轮香 *Hanceola sinensis*（**Hemsl.**）**Kudô**

多年生草本；生于海拔1240－2200m的亚热带常绿林或混交林中；分布于贵定等地。

（十七）异野芝麻属 *Heterolamium* **C. Y. Wu**

1. 异野芝麻 *Heterolamium debile*（**Hemsl.**）**C. Y. Wu**

草本；生于海拔1700m的林下；分布于大沙河等地。

2. 细齿异野芝麻 *Heterolamium debile* var. *cardiophyllum* （Hemsl.） C. Y. Wu

草本；生于海拔1900m的灌丛下；分布于雷山等地。

（十八）神香草属 *Hyssopus* Linnaeus

1. 神香草 *Hyssopus officinalis* L.

半灌木；原产欧洲；省内有栽培。

（十九）香茶菜属 *Isodon*（Schrader ex Bentham）Spach

1. 腺花香茶菜 *Isodon adenanthus*（Diels）Kudô〖*Rabdosia adenantha*（Diels）Hara〗

多年生草本；生于海拔1100 – 2500m的林缘；分布于威宁、赫章、七星关、兴义等地。

2. 香茶菜 *Isodon amethystoides*（Benth.） H. Hara〖*Rabdosia amethystoides*（Benth.）Hara〗

多年生草本；生于海拔800 – 1100m的山坡林下或草丛湿润处；分布于平坝、贵定、关岭、独山等地。

3. 细锥香茶菜 *Isodon coetsa*（Buch. -Ham. ex D. Don）Kudô〖*Rabdosia coetsa*（Buch. -Ham. ex D. Don）Hara〗

多年生草本或半灌木；生于海拔780m的山坡、路旁土坎；分布于遵义等地。

4. 多毛细锥香茶菜 *Isodon coetsa* var. *cavaleriei*（Lévl.） H. W. Li〖*Rabdosia coetsa* var. *cavaleriei*（Lévl.） C. Y. Wu et H. W. Li〗

多年生草本或半灌木；生于海拔1650m的路旁水沟边阴湿处；分布于赫章等地。

5. 毛萼香茶菜 *Isodon eriocalyx*（Dunn） Kudo〖*Rabdosia eriocalyx*（Dunn） Hara〗

多年生草本或灌木；生于海拔800 – 1300m的山坡、旷地、灌丛中；分布于兴仁、兴义、贞丰、关岭、普安、贵阳、开阳、独山等地。

6. 拟缺香茶菜 *Isodon excisoides*（Y. Z. Sun ex C. H. Hu） H. Hara〖*Rabdosia excisoides*（Sun ex Hu） C. Y. Wu et H. W. Li〗

多年生草本；生于海拔1200m以上的沟边、荒地、疏林下；分布地不详。

7. 淡黄香茶菜 *Isodon flavidus*（Hand. -Mazz.） H. Hara〖*Rabdosia flavida*（Hand. -Mazz.） Hara〗

多年生草本；生于海拔1300 – 1900m的山坡草地；分布于大方、兴义等地。

8. 囊花香茶菜 *Isodon gibbosus*（C. Y. Wu et H. W. Li） H. Hara

多年生草本；生于山地；分布地不详。

9. 粗齿香茶菜 *Isodon grosseserratus*（Dunn） Kudô

多年生草本；生于海拔1600m以上的草坡、林缘或山谷；分布于大沙河等地。

10. 宽叶香茶菜 *Isodon latifolius*（C. Y. Wu et H. W. Li） H. Hara

多年生草本；生于海拔1450 – 2000m的草丛中；分布于大沙河等地。

11. 线纹香茶菜 *Isodon lophanthoides*（Buch. -Ham. ex D. Don） H.〖*Rabdosia lophanthoides*（Buch. -Ham. ex D. Don） Hara〗

多年生柔弱草本；生于海拔800 – 1600m的山坡林下阴湿处；分布于兴义、赫章、平坝、清镇、贵阳等地。

12. 狭基线纹香茶菜 *Isodon lophanthoides* var. *gerardianus*（Benth.） H. Hara〖*Rabdosia lophanthoides* var. *gerandiana*（Benth.） Hara〗

多年生草本；生于杂木林下或灌丛中；分布于兴义等地。

13. 小花线纹香茶菜 *Isodon lophanthoides* var. *micranthus*（C. Y. Wu） H. W. Li

多年生草本；生于海拔1100 – 1900m的森林、溪边；分布于地不详。

14. 大锥香茶菜 *Isodon megathyrsus*（Diels） H. W. Li〖*Rabdosia megathyrsa*（Diels） Hara〗

多年生草本；生于海拔2300m以上的林下；分布于大沙河等地。

15. 显脉香茶菜 *Isodon nervosus*（Hemsl.） Kudô〖*Rabdosia nervosa*（Hemsl.） C. Y. Wu et

H. W. Li]

多年生草本；生于海拔 700 - 1100m 的山坡、草丛、林缘、水旁阴处；分布于江口、贵阳、贵定等地。

16. 叶柄香茶菜 *Isodon phyllopodus*（Diels）Kudô〔*Rabdosia phyllopoda*（Diels）Hara〕

多年生草本；生于海拔 1300 - 2620m 的山坡阳处灌丛中、林缘；分布于盘县、兴义等地。

17. 瘿花香茶菜 *Isodon rosthornii*（Diels）Kudô〔*Rabdosia rosthornii*（Diels）H. Hara〕

直立草本；生于海拔 2000m 的山坡；分布于印江、大方等地。

18. 碎米桠 *Isodon rubescens*（Hemsl.）H. Hara〔*Rabdosia rubescens*（Hemsl.）Hara〕

小灌木；生于海拔 400 - 1500m 的山坡灌丛、林地、砾石地等向阳处；分布于凤冈、印江、碧江、贵阳、瓮安等地。

19. 黄花香茶菜 *Isodon sculponeatus*（Vaniot）Kudo〔*Rabdosia sculponeata*（Vaniot）Hara〕

直立草本；生于海拔 500 - 1700m 的山坡、旷地或灌丛、林缘；分布于赫章、兴义、兴仁、普安、西秀、安龙、册亨、平坝、长顺、罗甸等地。

20. 溪黄草 *Isodon serra*（Maxim.）Kudô〔*Rabdosia serra*（Maxim.）Hara〕

多年生草本；生于海拔 1000 - 1200m 的山坡、草地、林下、路旁；分布于贵阳、贵定等地。

21. 牛尾草 *Isodon ternifolius*（D. Don）Kudô〔*Rabdosia ternifolia*（D. Don）Hara〕

多年生草本或半灌木至灌木；生于海拔 300 - 1200m 的山坡上或疏林下；分布于兴义、册亨、独山、镇宁、罗甸等地。

22. 长叶香茶菜 *Isodon walkeri*（Arn.）H. Hara

多年生草本；生于海拔 300 - 1300m 的水边、林下湿地；分布地不详。

（二〇）香简草属 *Keiskea* Miquel

1. 香简草 *Keiskea szechuanensis* C. Y. Wu

直立草本；生于海拔 1100 - 2200m 的山坡路旁；分布于大沙河等地。

（二一）动蕊花属 *Kinostemon* Kudô

1. 动蕊花 *Kinostemon ornatum*（Hemsl.）Kudô

多年生草本；生于海拔 1000 - 1800m 的山坡林下阴处；分布于开阳、七星关、绥阳、德江、都匀等地。

（二二）夏至草属 *Lagopsis*（Bunge ex Bentham）Bunge

1. 夏至草 *Lagopsis supina*（Steph. ex Willd.）Ikonn. - Gal. ex Knorr.

多年生草本；生于海拔 1000m 的路旁、旷地上；分布于德江等地。

（二三）野芝麻属 *Lamium* Linnaeus

1. 宝盖草 *Lamium amplexicaule* L.

一年或二年生植物；生于海拔 1200m 的路旁、林缘、沼泽草地及宅旁等地；分布于贵阳等地。

2. 野芝麻 *Lamium barbatum* Sieb. et Zucc.

多年生植物；生于海拔 2000m 的路边、溪旁、田埂及荒坡上；分布于七星关等地。

（二四）薰衣草属 *Lavandula* Linnaeus

1. 薰衣草 *Lavandula angustifolia* Mill.

半灌木或灌木；原产地中海地区；省内有栽培。

2. 宽叶薰衣草 *Lavandula latifolia* Vill.

半灌木；原产欧洲南部及地中海地区；省内有栽培。

（二五）益母草属 *Leonurus* Linnaeus

1. 益母草 *Leonurus japonicus* Houttuyn〔*Leonurus artemisia*（Lour.）S. Y. Hu〕

一年或二年生草本；生于海拔可高达 2500m 多种生境，尤以阳处为多；分布于贵阳、凤冈、遵义、湄潭、西秀、平坝、清镇、罗甸、兴义等地。

2. 白花变种 *Leonurus artemisia* var. *albiflorus*（Migo）S. Y. Hu.

一年或二年生草本；生于海拔 350－1600m 的多种生境；分布于赤水、德江、兴仁、贵定、福泉等地。

3. 五裂叶益母草 *Leonurus quinuelobatus* Gilib（L. Villosus Dest）

多年生草本；分布于大沙河等地。

4. 錾菜 *Leonurus pseudomacranthus* Kitag.

多年生草本；生于海拔 1200m 的山坡或丘陵地上；分布于大沙河等地。

（二六）绣球防风属 *Leucas* R. Brown

1. 绣球防风 *Leucas ciliata* Benth.

直立草本；生于海拔 500－2100m 的路旁、溪边、灌丛或草地；分布于盘县、兴义、贞丰等地。

2. 白绒草 *Leucas mollissima* Wall. ex Benth.

直立草本；生于海拔 750－2000m 的阳性灌丛，路旁、草地及隐蔽和溪边的润湿地上；分布于贞丰、兴义、安龙等地。

3. 白绒草疏毛变种 *Leucas mollissima* var. *chinensis* Benth.

草本；生于海拔 470－2300m 的草地、灌丛、河谷和路旁；分布于安龙等地。

（二七）斜萼草属 *Loxocalyx* Hemsley

1. 斜萼草 *Loxocalyx urticifolius* Hemsl.

草本；生于海拔 1100－1800m 的山谷岩石旁、草地斜坡等多石地方；分布于纳雍等地。

（二八）地笋属 *Lycopus* Linnaeus

1. 小叶地笋 *Lycopus cavaleriei* Lévl.【*Lycopus ramosissimus*（Makino）Makino】

多年生草本；生于海拔 850－1700m 田边、沟边或塘边；分布于清镇、瓮安、贵定、黄平、大沙河等地。

2. 地笋 *Lycopus lucidus* Turcz. ex Benth.

多年生草本；生于海拔 320－2600m 的沼泽地、沟边湿地；分布于道真等地。

3. 硬毛地笋 *Lycopus lucidus* var. *hirtus* Regel

多年生草本；生于海拔 800－1500m 的地边潮湿处或水边；分布于兴义、清镇、湄潭、锦屏、剑河等地。

（二九）龙头草属 *Meehania* Britton

1. 华西龙头草 *Meehania fargesii*（Lévl.）C. Y. Wu

多年生草本；生于海拔 1900m 以上的针阔叶混交林或针叶林下处；分布于大沙河等地。

2. 华西龙头草梗花变种 *Meehania fargesii* var. *pedunculata*（Hemsl.）C. Y. Wu

多年生草本；生于海拔 1400m 以上的山地常绿林或针阔叶混交林内；分布于清镇、雷公山等地。

3. 华西龙头草松林变种 *Meehania fargesii* var. *pinetorum*（Hand.-Mazz.）C. Y. Wu

多年生草本；生于海拔 800－1300m 的山地松林内；分布于兴义、贵阳、平坝等地。

4. 华西龙头草走茎变种 *Meehania fargesii* var. *radicans*（Vaniot）C. Y. Wu

多年生草本；生于海拔 1200－1800m 的常绿及落叶阔叶混交林下荫处；分布于贵阳等地。

5. 龙头草 *Meehania henryi*（Hemsl.）Sun ex C. Y. Wu

多年生草本；生于海拔 1000－2000m 的山谷林下阴湿处；分布于梵净山等地。

6. 龙头草长叶变种 *Meehania henryi* var. *kaitcheensis*（Lévl.）C. Y. Wu

多年生草本；生于海拔 500－700m 的山谷、水旁湿润处或密林下；分布于安龙、望谟、凯里、雷山、都匀等地。

7. 龙头草圆基叶变种 *Meehania henryi* var. *stachydifolia*（Lévl.）C. Y. Wu

多年生草本；生于海拔约 700m 的山间溪边林下阴湿处；分布于平坝、三都、雷山等地。

8. 狭叶龙头草 *Meehania pinfaensis*（Lévl.）Sun ex C. Y. Wu

一年生草本；生于山坡地边或山间林下；分布于威宁、平坝、贵阳、龙里等地。

（三〇）蜜蜂花属 *Melissa* Linnaeus

1. 蜜蜂花 *Melissa axillaris*（Benth.）Bakh. f.

多年生草本；生于海拔 600 – 2500m 的路旁、山地、山坡、谷地；分布于七星关、安龙、西秀、贵阳、荔波、雷公山等地。

（三一）薄荷属 *Mentha* Linnaeus

1. 薄荷 *Mentha canadensis* L.【*Mentha haplocalyx* Briq.】

多年生草本；生于海拔 400 – 2100m 的水旁潮湿地；分布于七星关、威宁、大方、遵义、湄潭、凤冈、德江、松桃、兴义、兴仁、西秀、平坝、贵阳、雷山、剑河、凯里、黄平等地。

2. 皱叶留兰香 *Mentha crispata* Schrad. ex Willd.

多年生草本；引种；贵阳有栽培。

3. 圆叶薄荷 *Mentha suaveolens* Ehrhart【*Mentha rotundifolia*（L.）Huds.】

多年生草本；引种；贵阳有栽培。

4. 留兰香 *Mentha spicata* L.

多年生草本；原产南欧等地；省内威宁、七星关、大方、湄潭、凤冈、息烽、松桃、思南、兴义、兴仁、西秀、关岭、平坝、贵阳、水城、都匀、独山、贵定、瓮安、黎平等地栽培或逸生。

（三二）姜味草属 *Micromeria* Bentham

1. 姜味草 *Micromeria biflora*（Buch. -Ham. ex D. Don）Benth.

半灌木；生于海拔 900 – 1200m 的石灰岩山地、开旷草地等处；分布于关岭、兴义、贞丰等地。

（三三）冠唇花属 *Microtoena* Prain

1. 白花冠唇花 *Microtoena albescens* C. Y. Wu et Hsuan

草本；生于林荫下；分布于清镇等地。

2. 冠唇花 *Microtoena insuavis*（Hance）Prain ex Briq.

直立草本或半灌木；生于海拔 800 – 1300m 的林缘处；分布于贞丰、兴仁等地。

3. 大萼冠唇花 *Microtoena megacalyx* C. Y. Wu

草本；生于海拔 1500 – 2200m 的林下水旁或林中；分布于赫章等地。

4. 毛冠唇花 *Microtoena mollis* Lévl.

草本；生于海拔 500 – 1000m 的林缘或林下；分布于罗甸、榕江等地。

5. 宝兴冠唇花 *Microtoena moupinensis*（Franch.）Prain

多年生草本；生于海拔 1570 – 2200m 的草地上及林缘处；分布于大沙河等地。

6. 南川冠唇花 *Microtoena prainiana* Diels

草本；生于海拔 1500 – 2500m 的山地林缘、沟边；分布于七星关、大方、雷公山等地。

7. 近穗状冠唇花 *Microtoena subspicata* C. Y. Wu ex Hsuan

草本；生于海拔 800 – 1100m 的山坡；分布于册亨、望谟等地。

8. 梵净山冠唇花 *Microtoena vanchingshanensis* C. Y. Wu et Hsuan

草本；生于海拔 1500 – 1650m 的山谷河边；分布于梵净山等地。

（三四）美国薄荷属 *Monarda* Linnaeus

1. 美国薄荷 *Monarda didyma* L.

一年生草本；原产美洲；省内有栽培。

2. 拟美国薄荷 *Monarda fistulosa* L.

一年生草本；原产北美洲；省内有栽培。

（三五）石荠苎属 *Mosla*（Bentham）**Buchanan-Hamilton ex Maximowicz**

1. 小花荠苎 *Mosla cavaleriei* **Lévl.**

一年生草本；生于海拔 900－1600m 的疏林下或山坡草地中；分布于正安、贵阳、平坝等地。

2. 石香薷 *Mosla chinensis* **Maxim.**

一年生草本；生于海拔 900－2300m 的草坡或林下；分布于湄潭、正安、松桃、梵净山等地。

3. 小鱼仙草 *Mosla dianthera*（Buch. -Ham. ex Roxb.）**Maxim.**

一年生草本；生于海拔 800－2000m 的山坡、路旁或水边；分布于遵义、正安、黎平等地。

4. 无叶荠苎 *Mosla exfoliata*（C. Y. Wu）**C. Y. Wu et H. W. Li**

一年生直立草本；生于开旷山地；分布于大沙河等地。

5. 少花荠苎 *Mosla pauciflora*（C. Y. Wu）**C. Y. Wu et H. W. Li**

一年生草本；生于海拔 1000－1700m 的路旁、林缘或溪畔；分布于绥阳、湄潭等地。

6. 石荠苎 *Mosla scabra*（Thunb.）**C. Y. Wu et H. W. Li**

一年生草本；生于海拔 1000－2000m 的山坡、路旁或灌丛下；分布于遵义、七星关、独山等地。

（三六）荆芥属 *Nepeta* **Linnaeus**

1. 荆芥 *Nepeta cataria* **L.**

多年生草本；生于海拔 2500m 以下的灌丛或草坡中；分布于威宁、清镇、平坝、贵阳、福泉、黄平等地。

2. 心叶荆芥 *Nepeta fordii* **Hemsl.**

多年生草本；生于灌丛中；分布于大沙河等地。

3. 裂叶荆芥 *Nepeta tenuifolia* **Benth.【***Schizonepeta tenuifolia*（Benth.）**Briq.】**

一年生草本；生于海拔 540－2100m 的山坡路边或山谷、林缘；分布于平坝、盘县等地。

（三七）罗勒属 *Ocimum* **Linnaeus**

1. 罗勒 *Ocimum basilicum* **L.**

一年生草本；生于海拔 500－2000m 的路边、草地；分布于贵阳、正安、黄平等地。

2. 罗勒疏柔毛变种 *Ocimum basilicum* **var.** *pilosum*（Willd.）**Benth.**

一年生草本；分布地不详。

（三八）牛至属 *Origanum* **Linnaeus**

1. 牛至 *Origanum vulgare* **L.**

多年生草本或半灌木；生于海拔 500m 以上的路旁、山坡、林下及草地；分布于赫章、威宁、大方、遵义、湄潭、息烽、沿河、松桃、思南、兴义、兴仁、西秀、关岭、平坝、贵阳、水城、盘县、贵定、独山、瓮安、雷山、黄平等地。

（三九）鸡脚参属 *Orthosiphon* **Bentham**

1. 鸡脚参 *Orthosiphon wulfenioides*（Diels）**Hand. -Mazz.**

多年生草本；生于海拔 1200－2900m 的松林下或草坡；分布于兴义、兴仁等地。

2. 鸡脚参茎叶变种 *Orthosiphon wulfenioides* **var.** *foliosus* **E. Peter**

多年生草本；生于海拔 800－1100m 的疏林下或山坡上；分布于兴义、兴仁等地。

（四〇）假糙苏属 *Paraphlomis* **Prain**

1. 纤细假糙苏 *Paraphlomis gracilis*（Hemsl.）**Kudô**

草本；生于海拔 810－900m 的山沟水旁密林下阴湿处；分布于松桃、碧江等地。

2. 纤细假糙苏罗甸变种 *Paraphlomis gracilis* **var.** *lutienensis*（Y. Z. Sun）**C. Y. Wu**

草本；生于海拔 330－750m 的山地溪边隐蔽处；分布于罗甸、都匀等地。

3. 假糙苏 *Paraphlomis javanica*（Bl.）**Prain**

草本；生于海拔 320－1350m 的热带林荫下；分布于大沙河等地。

4. 假糙苏狭叶变种 *Paraphlomis javanica* var. *angustifolia*（C. Y. Wu）C. Y. Wu et H. W. Li

草本；生于海拔 800 – 1600m 的山谷林下阴湿处岩石上；分布于七星关、镇远等地。

5. 小叶假糙苏 *Paraphlomis javanica* var. *coronata*（Vaniot）C. Y. Wu et H. W. Li

草本；生于海拔 600 – 1350m 的山腰、沟谷、林下阴湿处；分布于七星关、赤水、习水、兴义、安龙、平坝、龙里、松桃、沿河、印江、德江、镇远、天柱、锦屏、荔波、榕江等地。

（四一）紫苏属 *Perilla* Linnaeus

1. 紫苏 *Perilla frutescens*（L.）Britton

一年生草本；引种；省内均有栽培。

2. 回回苏 *Perilla frutescens* var. *crispa*（Benth.）Deane ex Bailey

一年生草本；引种；遵义、湄潭、凤冈有栽培。

3. 野生紫苏 *Perilla frutescens* var. *purpurascens*（Hayata）H. W. Li【*Perilla frutescens* var. *acuta*（Thunb.）Hand. -Mazz. 】

一年生草本；生于海拔 1200 – 2500m 的山地路旁、村边荒地；分布于七星关、安龙、威宁、梵净山、碧江、平坝、贵定等地。

（四二）糙苏属 *Phlomis* Linnaeus

1. 大花糙苏 *Phlomis megalantha* Diels

多年生草本；生于生干冷杉林下或灌丛草坡；分布于大沙河等地。

2. 糙苏 *Phlomis umbrosa* Turcz.

多年生草本；生于海拔 1600 – 2500m 的疏林下或草坡上；分布于梵净山、绥阳、七星关、雷山等地。

3. 糙苏南方变种 *Phlomis umbrosa* var. *australis* Hemsl.

多年生草本；生于海拔 1500 – 2100m 的山坡、灌丛、草地及沟边等地；分布于七星关、赫章、盘县、梵净山等地。

（四三）刺蕊草属 *Pogostemon* Desfontaines

1. 膜叶刺蕊草 *Pogostemon esquirolii*（Lévl.）C. Y. Wu et Y. C. Huang【*Pogostemon glaber* Benth. 】

草本至亚灌木；生于海拔 900m 的山谷、溪边及路旁；分布地不详。

（四四）夏枯草属 *Prunella* Linnaeus

1. 山菠菜 *Prunella asiatica* Nakai

多年生草本；生于海拔 1700m 的路旁、山坡草地、灌丛及潮湿地上；分布于雷公山等地。

2. 夏枯草 *Prunella vulgaris* L.【*Prunella vulgaris* var. *leucantha* Schur】

多年生草本；生于海拔高达 2500m 的山坡、草地、溪边及路旁湿润处；分布于七星关、遵义、凤冈、兴义、安龙、普安、威宁、平坝、清镇、贵阳、修文、瓮安、松桃、印江、碧江、凯里等地。

3. 夏枯草狭叶变种 *Prunella vulgaris* var. *lanceolata*（W. P. C. Barton）Fernald

多年生草本；生于路旁，草坡，灌丛及林缘等处；分布于大沙河等地。

（四五）迷迭香属 *Rosmarinus* Linnaeus

1. 迷迭香 *Rosmarinus officinalis* L.

常绿灌木；原产欧洲及北非地中海沿岸；省内有栽培。

（四六）钩子木属 *Rostrinucula* Kudô

1. 钩子木 *Rostrinucula dependens*（Rehd.）Kudô

灌木；生于海拔 600 – 2500m 的路旁、山坡上；分布于大方、七星关等地。

2. 长叶钩子木 *Rostrinucula sinensis*（Hemsl.）C. Y. Wu

灌木；生于海拔 1000m 的路旁、山坡及悬岩上；分布于凤冈等地。

（四七）掌叶石蚕属 *Rubiteucris* Kudo

1. 掌叶石蚕 *Rubiteucris palmata*（Benth. ex Hook. f.）Kudô

一年生草本；生于海拔 2000 – 2100m 的亚高山针叶林或杂木林下；分布于七星关、大方等地。

（四八）鼠尾草属 *Salvia* Linnaeus

1. 橙色鼠尾草 *Salvia aerea* Lévl.

多年生草本；生于海拔 2000 – 2400m 的山坡；分布于威宁等地。

2. 粟色鼠尾草 *Salvia castanea* Diels

多年生草本；生于海拔 1700m 的山谷潮湿地；分布于大方等地。

3. 贵州鼠尾草 *Salvia cavaleriei* Lévl.

一年生草本；生于海拔 850 – 1450m 的山坡、林下、路旁；分布于梵净山、平坝、贵阳、安龙、凯里、雷山、剑河等地。

4. 贵州鼠尾草紫背变种 *Salvia cavaleriei* var. *erythrophylla*（Hemsl.）E. Peter

一年生草本；生于海拔 750 – 1800m 的山坡、草地、路旁、林下；分布于梵净山、宽阔水、清镇、贵阳等地。

5. 血盆草 *Salvia cavaleriei* var. *simplicifolia* E. Peter

一年生草本；生于海拔 800 – 1300m 的山坡、林下；分布于绥阳、兴义、贵阳、开阳、梵净山、松桃、雷山等地。

6. 华鼠尾草 *Salvia chinensis* Benth.

一年生草本；生于海拔 500m 的山坡或平地的林荫处或草丛中；分布于麻江等地。

7. 毛地黄鼠尾草 *Salvia digitaloides* Diels

一年生草本；生于海拔 2500m 以上的松林下荫燥地或旷坡草地上；分布于茂兰等地。

8. 毛地黄鼠尾草无毛变种 *Salvia digitaloides* var. *glabrescens* E. Peter

一年生草本；生于海拔 2300m 以上的高山草地；分布地不详。

9. 蕨叶鼠尾草 *Salvia filicifolia* Merr.

多年生草本；生于石边或砂地；分布于麻阳河等地。

10. 鼠尾草 *Salvia japonica* Thunb.

一年生草本；生于海拔 220 – 1100m 的山坡、路旁、草丛，水边及林荫下；分布地不详。

11. 南川鼠尾草蕨叶变种 *Salvia nanchuanensis* var. *pteridifolia* Sun

一年或二年生草本；生于海拔 1400 – 1700m 的山谷；分布于梵净山等地。

12. 荔枝草 *Salvia plebeia* R. Br.

一年或二年生草本；生于海拔 1000 – 1600m 的山地、田边、路旁潮湿处；分布于安龙、贞丰、平坝、瓮安、遵义、独山等地。

13. 长冠鼠尾草 *Salvia plectranthoides* Griff.

一年或二年生草本；生于海拔 800 – 2000m 的山坡、地边、路旁；分布于兴义、安龙、关岭、罗甸等地。

14. 红根草 *Salvia prionitis* Hance

一年生草本；生于海拔 800m 以下的山坡、阳处草丛及路边；分布于茂兰等地。

15. 甘西鼠尾草褐毛变种 *Salvia przewalskii* var. *mandarinorum*（Diels）E. Peter

多年生草本；生于海拔 2100m 的山坡；分布于威宁等地。

16. 地埂鼠尾草 *Salvia scapiformis* Hance

一年生草本；生于海拔 1100m 的山谷、林下、山顶；分布于贵阳等地。

17. 地埂鼠尾草硬毛变种 *Salvia scapiformis* var. *hirsuta* E. Peter

一年生草本；生于海拔 1300 – 1900m 的山坡阴湿岩石上；分布于绥阳、雷山等地。

18. 苣叶鼠尾草 *Salvia sonchifolia* **C. Y. Wu**

多年生草本；生于海拔 450m 的石灰岩山林下湿润腐殖质土上；分布于荔波等地。

19. 一串红 *Salvia splendens* **Ker Gawl.**

亚灌木状草本；原产巴西；省内均有栽培。

20. 佛光草 *Salvia substolonifera* **E. Peter**

一年生草本；生于海拔 400 – 1200m 的地边、沟旁、石隙潮湿处；分布于赤水、绥阳、遵义、江口、清镇、正安等地。

21. 云南鼠尾草 *Salvia yunnanensis* **C. H. Wright**

多年生草木；生于海拔 1500 – 2300m 的山坡、山谷、沟边；分布于威宁、水城、盘县、兴义、兴仁等地。

（四九）黄芩属 *Scutellaria* **Linnaeus**

1. 滇黄芩 *Scutellaria amoena* **C. H. Wright**

多年生草本；生于海拔 1300 – 2500m 的山地林下草坡；分布于威宁、兴义、盘县、赫章等地。

2. 半枝莲 *Scutellaria barbata* **D. Don**

多年生草本；生于海拔 750 – 1300m 的田边、溪边湿润草地；分布于平坝、荔波、雷山、剑河、榕江等地。

3. 尾叶黄芩 *Scutellaria caudifolia* **Sun ex C. H. Hu**

多年生草本；生于海拔 900 – 1500m 的山沟草地；分布于息烽、凯里、雷山等地。

4. 赤水黄芩 *Scutellaria chihshuiensis* **C. Y. Wu et H. W. Li**

一年生草本；生于山脚灌丛中，水旁阴湿处；分布于赤水等地。

5. 异色黄芩 *Scutellaria discolor* **Wall. ex Benth.**

多年生草本；生于海拔 600 – 1300m 的山地林下、溪边或草坡上；分布于兴义等地。

6. 岩霍香 *Scutellaria franchetiana* **Lévl.**

多年生草本；生于海拔 600 – 1500m 的山林路旁，土坡湿地；分布于梵净山、瓮安、雷山、榕江等地。

7. 韩信草 *Scutellaria indica* **L.**

多年生草本；生于海拔 500 – 1100m 的山地、疏林下、草地、路旁；分布于赤水、兴义、贵阳、望谟、兴仁、罗甸、贵定等地。

8. 韩信草长毛变种 *Scutellaria indica* **var.** *elliptica* **Sun ex C. H. Hu**

多年生草本；生于海拔 900 – 1100m 的山坡、草地、路旁；分布于桐梓、贵阳、雷山等地。

9. 韩信草小叶变种 *Scutellaria indica* **var.** *parvifolia* **Makino**

多年生草本；生于路旁、疏林下、山坡或荒坡草地上；分布于大沙河等地。

10. 罗甸黄芩 *Scutellaria lotienensis* **C. Y. Wu et S. Chow**

蔓性多分枝的高大草本；生于海拔 700m 的山脚阴处；分布于罗甸等地。

11. 变黑黄芩 *Scutellaria nigricans* **C. Y. Wu**

一年生草本；生于海拔 650m 左右；分布于大沙河等地。

12. 钝叶黄芩 *Scutellaria obtusifolia* **Hemsl.**

多年生草本；生于海拔 450 – 1400m 的山谷林下湿处；分布于赤水、习水、正安、沿河、荔波等地。

13. 钝叶黄芩三脉变种 *Scutellaria obtusifolia* **var.** *trinervata* （**Vaniot**）**C. Y. Wu et H. W. Li**

多年生草本；生于海拔 600 – 1000m 的林下湿地或溪边；分布于独山、黄平等地。

14. 峨眉黄芩锯叶变种 *Scutellaria omeiensis* **var.** *serratifolia* **C. Y. Wu et S. Chow**

多年生草本；生于海拔约 2000m 的山坡林下；分布于纳雍、盘县、望谟等地。

15. 四裂花黄芩 *Scutellaria quadrilobulata* Sun ex C. H. Hu

多年生草本；生于海拔 2400m 的山坡林地阴湿处；分布于盘县等地。

16. 四裂花黄芩硬毛变种 *Scutellaria quadrilobulata* var. *pilosa* C. Y. Wu et S. Chow

多年生草本；生于海拔 2000m 的山坡路旁；分布于大方等地。

17. 石蜈蚣草 *Scutellaria sessilifolia* Hemsl.

多年生草本；生于海拔 800－2600m 的亚热带沟谷林下，灌丛中或潮湿的石山上；分布于大沙河等地。

18. 西畴黄芩 *Scutellaria sichourensis* C. Y. Wu et H. W. Li

多年生草本；生于海拔 750－1000m 的石灰岩山地阔叶林下阴湿处；分布于长顺、荔波等地。

19. 偏花黄芩 *Scutellaria tayloriana* Dunn

多年生草本；生于林下灌丛中或旷地或山坡路旁阴处；分布于兴义等地。

20. 英德黄芩 *Scutellaria yingtakensis* Sun ex C. H. Hu

多年生草本；生于海拔 900－1500m 的山沟林下阴湿处；分布于贵阳、雷山等地。

21. 红茎黄芩 *Scutellaria yunnanensis* Lévl.

多年生草本；生于海拔 900－1200m 的山地林下或山谷沟边；分布于大沙河等地。

22. 柳叶红茎黄芩 *Scutellaria yunnanensis* var. *salicifolia* Sun ex C. H. Hu

多年生草本；生于海拔 460－1500m 的山脚、林下沟谷阴湿处；分布于赤水等地。

（五〇）筒冠花属 *Siphocranion* Kudô

1. 筒冠花 *Siphocranion macranthum*（Hook. f.）C. Y. Wu〔*Siphocranion macranthum* var. *prainianum*（Lévl.）C. Y. Wu et H. W. Li〕

多年生草本；生于海拔 600－2300m 的山坡林下；分布于七星关、盘县、雷山、榕江、清镇、贵定、独山、平坝等地。

2. 光柄筒冠花 *Siphocranion nudipes*（Hemsl.）Kudô

多年生草本；生于海拔 1200－2000m 的林内阴湿处；分布于绥阳、七星关、大方、梵净山等地。

（五一）水苏属 *Stachys* Linnaeus

1. 田野水苏 *Stachys arvensis* L.

一年生草本；生于海拔 600－1400m 的荒地及田中；分布于印江、松桃等地。

2. 毛水苏 *Stachys baicalensis* Fisch. ex Benth.

多年生草本；生于海拔 450－1670m 的湿草地及河岸上；分布于大沙河等地。

3. 水苏 *Stachys japonica* Miq.

多年生草本；生于海拔 230m 以下的水沟、河岸等湿地上；分布于大沙河等地。

4. 西南水苏 *Stachys kouyangensis*（Vaniot）Dunn

多年生草本；生于海拔 1000－1200m 的山地、路旁、旷地、潮湿沟边；分布于贵阳、都匀、印江、平坝、清镇、惠水等地。

5. 西南水苏细齿变种 *Stachys kouyangensis* var. *leptodon*（Dunn）C. Y. Wu

多年生草本；生于沟边、草地潮湿处；分布于贵阳、清镇等地。

6. 针筒菜 *Stachys oblongifolia* Wall. ex Benth.

多年生草本；生于海拔 500－1300m 的山地、田边、沟边、路旁、竹林缘及潮湿地；分布于兴仁、贞丰、湄潭、贵阳、平坝、贵定、罗甸、剑河等地。

7. 狭齿水苏 *Stachys pseudophlomis* C. Y. Wu

多年生草本；生于海拔 1500－2000m 的山坡、草地、沟边潮湿处；分布于印江、务川等地。

8. 甘露子 *Stachys sieboldii* Miq.

多年生草本；生于海拔 850－1800m 的湿润地；分布于威宁、兴义、遵义、碧江、贵阳、都匀等地，多为栽培。

9. 黄花地钮菜 Stachys xanthantha C. Y. Wu

多年生草本；生于海拔 1950 - 2150m 的荒地上；分布于大沙河等地。

（五二）香科科属 *Teucrium* Linnaeus

1. 安龙香科科 Teucrium anlungense C. Y. Wu et S. Chow

多年生草本；生于海拔 550m 的山坡开阔地；分布于安龙、兴仁等地。

2. 二齿香科科 Teucrium bidentatum Hemsl.

多年生草本；生于海拔 1000 - 1300m 的山坡灌木林缘；分布于兴仁、平坝、贵阳、德江、瓮安等地。

3. 全叶香科科 Teucrium integrifolium C. Y. Wu et S. Chow

多年生直立草本；生于海拔约 1000m 的沟边灌丛下；分布于黄平等地。

4. 穗花香科科 Teucrium japonicum Willd.

多年生草本；生于海拔 500 - 1100m 的山地及原野；分布地不详。

5. 大唇香科科 Teucrium labiosum C. Y. Wu et S. Chow

多年生草本；生于海拔 1100 - 1200m 的山坡、林下；分布于德江、兴义、清镇、贵阳等地。

6. 长毛香科科 Teucrium pilosum（Pamp.）C. Y. Wu et S. Chow

多年生草本；生于海拔 800 - 2000m 的山坡、草地、林缘；分布于七星关、大方、湄潭、遵义、息烽、安龙、平坝、清镇、贵阳、长顺、贵定、沿河、德江、松桃、黄平等地。

7. 铁轴草 Teucrium quadrifarium Buch. -Ham. ex D. Don〔Teucrium quadrifarium var. kouytchouense（Lévl.）Mckean〕

半灌木；生于海拔 700 - 1500m 的山坡草地，灌木林缘；分布于兴义、兴仁、贞丰、望谟等地。

8. 香科科 Teucrium simplex Vaniot

直立草本；生于海拔 1200 - 1400m 的山坡阔叶常绿林下阴湿处；分布于平坝、清镇等地。

9. 血见愁 Teucrium viscidum Bl.

多年生草本；生于海拔 750m 的山谷林下；分布于望谟等地。

10. 血见愁大唇变种 Teucrium viscidum var. macrostephanum C. Y. Wu et S. Chow

多年生草本；生于海拔 900 - 1500m 的山坡草地；分布于兴仁、安龙、七星关等地。

11. 血见愁微毛变种 Teucrium viscidum var. nepetoides（Lévl.）C. Y. Wu et S. Chow

多年生草本；生于山地林下阴湿处；分布于贵定等地。

一五二、透骨草科 Phrymaceae

（一）透骨草属 *Phryma* Linnaeus

1. 透骨草 Phryma leptostachya subsp. asiatica（Hara）Kitamura

多年生直立草本；生于海拔 800 - 2300m 的林下、林缘的湿润处；分布于贵阳等地。

一五三、水马齿科 Callitrichaceae

（一）水马齿属 *Callitriche* Linnaeus

1. 水马齿 Callitriche palustris L.

一年生草本；生于海拔 500 - 2300m 的沼泽凹地水中或湿地；分布地不详。

一五四、车前科 Plantaginaceae

（一）车前属 *Plantago* Linnaeus

1. 车前 *Plantago asiatica* L.

多年生草本；生于山坡、草地、田埂路边或村旁空旷地；分布于贵阳等地。

2. 长果车前 *Plantago asiatica* subsp. *densiflora*（J. Z. Liu）Z. Y. Li

二年或多年生草本；生于海拔700m以上的山坡、路旁；分布地不详。

3. 疏花车前 *Plantago asiatica* subsp. *erosa*（Wall.）Z. Y. Li

二年或多年生草本；生于海拔350m以上的山坡草地、河岸、沟边、田边及火烧迹地；分布地不详。

4. 尖萼车前 *Plantago cavaleriei* Lévl.

多年生草本；生于海拔1000-2300m的山谷草地、水旁或路边；分布于威宁、普安、绥阳、江口、贵阳、贵定、独山、雷山、榕江等地。

5. 平车前 *Plantago depressa* Willd.

一年生草本；生于海拔700-1800m的山坡路旁、田边和水旁草地；分布于贵阳、普安、望谟、罗甸、雷山、榕江等地。

6. 长叶车前 *Plantago lanceolata* L.

多年生草本；生于海拔1600m的高山杂草丛中；分布于贵阳等地。

7. 大车前 *Plantago major* L.

多年生草本；生于山谷林边、沟旁、草地、村旁和空旷地；分布于贵阳等地。

一五五、木犀科 Oleaceae

（一）流苏树属 *Chionanthus* Linnaeus

1. 枝花流苏树 *Chionanthus ramiflorus* Roxb.【*Linociera ramiflora*（Roxb.）Wall.】

常绿小乔木；生于海拔600-1300m的山地密林或疏林中；分布于安龙、贞丰、罗甸等地。

2. 大花流苏树 *Chionanthus ramiflorus* var. *grandiflorus* B. M. Miao

常绿灌木或乔木；生于海拔1300m的山坡密林中；分布于贞丰等地。

（二）连翘属 *Forsythia* Vahl

1. 连翘 *Forsythia suspensa*（Thunb.）Vahl【*Forsythia suspensa* f. *pubescens* Rend.】

落叶灌木；生于海拔750m的低山灌丛或林缘；分布于沿河、长顺等地。

2. 金钟花 *Forsythia viridissima* Lindl.

落叶灌木；生于海拔300-1000m的山地、溪边或灌丛中；分布于长顺、平塘等地。

（三）白蜡树属 *Fraxinus* Linnaeus

1. 白蜡树 *Fraxinus chinensis* Roxb.

落叶乔木；生于海拔500-1600m的林中或水边、路旁；分布于纳雍、遵义、江口、印江、兴义、贞丰、安龙、册亨、望谟、贵阳、罗甸、平塘、瓮安、长顺、独山、福泉、荔波、都匀、惠水、贵定、三都、龙里、凯里、施秉、雷山、黎平、从江等地。

2. 花曲柳 *Fraxinus chinensis* subsp. *rhynchophylla*（Hance）E. Murray

落叶乔木；生于海拔1500m以下的山坡、路旁；分布于桐梓等地。

3. 锈毛梣 *Fraxinus ferruginea* Lingelsh.

落叶乔木；生于海拔1300-1800m的山坡次生杂木林中；分布于黔南等地。

4. 多花梣 *Fraxinus floribunda* Wall.

落叶乔木；生于海拔 150 – 2600m 的山谷密林中；分布地不详。

5. 光蜡树 *Fraxinus griffithii* C. B. Clarke

半落叶乔木；生于海拔 150 – 2000m 的干燥山坡、林缘、村旁、河边；分布于茂兰、荔波、三都等地。

6. 苦枥木 *Fraxinus insularis* Hemsl. 【*Fraxinus floribunda* wall】

乔木；生于海拔 560 – 1460m 的溪河傍或山地密林和灌丛中；分布于贵阳、开阳、修文、威宁、印江、江口、兴义、册亨、望谟、平坝、荔波、长顺、瓮安、独山、罗甸、福泉、都匀、惠水、三都、龙里、平塘、凯里、雷山、黎平、榕江、从江等地。

7. 尖萼梣 *Fraxinus longicuspis* Sieb. et Zucc.

小乔木；生于海拔 1700m 的山谷中；分布于息烽、威宁等地。

8. 白枪杆 *Fraxinus malacophylla* Hemsl.

乔木；生于海拔 1300m 的山坡灌丛中；分布于兴义等地。

9. 尖萼梣 *Fraxinus odontocalyx* Hand. -Mazz. ex E. Peter【*Fraxinus huangshanensis* S. S. Sun】

小乔木或乔木；生于海拔 1500 – 1980m 的山地密林中；分布于贵阳、清镇、息烽、印江、江口、雷山、三都等地。

10. 秦岭梣 *Fraxinus paxiana* Lingelsh.

落叶乔木；生于海拔 1270m 的山谷坡地及疏林中；分布于息烽等地。

11. 象蜡树 *Fraxinus platypoda* Oliv.

落叶大乔木；生于海拔 1200 – 2500m 的山坡与溪谷的杂木林中；分布地不详。

12. 三叶梣 *Fraxinus trifoliolata* W. W. Sm.

直立灌木；生于海拔 1500m 以上的河岸或干燥石山上；分布于月亮山等地。

（四）素馨属 *Jasminum* Linnaeus

1. 红素馨 *Jasminum beesianum* Forrest et Diels

缠绕木质藤本；生于海拔 1800 – 2140m 的灌丛中；分布于威宁、七星关等地。

2. 扭肚藤 *Jasminum elongatum*（Bergius）Willd.【*Jasminum amplexicaule* Buch. -Ham. ex G. Don.】

缠绕木质藤本；生于海拔 850m 以下的灌丛、混交林及沙地；分布于关岭等地。

3. 探春花 *Jasminum floridum* Bunge

灌木；生于海拔 2000m 以下的坡地、山谷或林中；分布于省内北部等地。

4. 倒吊钟叶素馨 *Jasminum fuchsiifolium* Gagnep.

攀援灌木；生于海拔 1280m 的山坡、灌丛中；分布于贵阳、安龙等地。

5. 绒毛素馨 *Jasminum hongshuihoense* Z. P. Jien ex B. M. Miao【*Jasminum tomentosum* S. Y. Bao et P. Y. Bai】

攀援灌木；生于海拔 600m 的山坡沟旁；分布于望谟、罗甸等地。

6. 矮探春 *Jasminum humile* L.

灌木或小乔木；生于海拔 2600m 岩石上的灌丛中；分布于威宁等地。

7. 清香藤 *Jasminum lanceolaria* Roxb.【*Jasminum lanceolarium* f. *unifoliolatum* Hand. -Mazz.】

木质藤本；生于海拔 410 – 1500m 的山地密林、疏林或灌木林中；分布于开阳、贵阳、织金、习水、桐梓、遵义、湄潭、凤冈、印江、思南、江口、德江、松桃、兴义、册亨、瓮安、惠水、平塘、独山、三都、荔波、罗甸、福泉、凯里、天柱、黄平、施秉、三穗、雷山、黎平等地。

8. 桂叶素馨 *Jasminum laurifolium* var. *brachylobum* Kurz【*Jasminum laurifolium* Roxb. ex Hornem.】

常绿缠绕藤本；生于海拔 1200m 以下的山谷、丛林或岩石坡灌丛中；分布于兴义、荔波、三都等地。

9. 野迎春 *Jasminum mesnyi* Hance

常绿攀援状灌木；生于海拔 500 – 1000m 的峡谷、林中；分布于西秀、贵阳、惠水、龙里等地。

10. 毛茉莉 *Jasminum multiflorum*（Burm. f.）Andrews

攀援灌木；原产东南亚及印度；省内有栽培。

11. 青藤仔 *Jasminum nervosum* Lour.

缠绕木质藤本；生于海拔 160 – 1200m 的低山、河谷和山坡灌丛或密林中；分布于贵阳、清镇、安龙、册亨、望谟、罗甸、平塘、荔波、长顺、独山、福泉、惠水、三都、龙里等地。

12. 迎春花 *Jasminum nudiflorum* Lindl.

落叶灌木；生于海拔 800 – 1500m 的灌丛或岩石缝中；分布于思南、贵阳、开阳、长顺、三都、罗甸、福泉、都匀、惠水、贵定、平塘等地。

13. 素方花 *Jasminum officinale* L.

攀援灌木；生于海拔 1800m 以上的山谷、灌丛、森林、河流、草地；分布于黔西南等地。

14. 多花素馨 *Jasminum polyanthum* Franch.

攀援灌木；生于海拔 1400m 的山坡灌丛中；分布于兴义、镇宁、西秀等地。

15. 披针叶素馨 *Jasminum prainii* Lévl.

木质藤本；生于海拔 900 – 1700m 的山坡密或灌丛中；分布于安龙、雷山、黎平等地。

16. 茉莉花 *Jasminum sambac*（L.）Aiton

木质藤本或直立灌木；引种；省内兴义、册亨、望谟、罗甸、贵阳等地有栽培。

17. 亮叶素馨 *Jasminum seguinii* Lévl.

攀援灌木；生于海拔 600 – 1300m 山坡疏林和灌丛中；分布于贵阳、息烽、开阳、兴义、兴仁、安龙、贞丰、册亨、关岭、荔波、长顺、独山、罗甸、都匀、三都、平塘等地。

18. 华素馨 *Jasminum sinense* Hemsl.

缠绕藤本；生于海拔 650 – 1500m 的山坡、灌丛、疏林和密林中或路旁岩石上；分布于湄潭、江口、松桃、兴义、兴仁、安龙、册亨、关岭、贵阳、息烽、贵定、瓮安、荔波、长顺、独山、罗甸、福泉、惠水等地。

19. 密花素馨 *Jasminum tonkinense* Gagnep.

攀援灌木；生于海拔 600 – 2000m 的森林、灌丛及峡谷中；分布于安龙等地。

20. 川素馨 *Jasminum urophyllum* Hemsl.【*Jasminum brevidentatum* Chia】

木质藤本；生于海拔 1000m 的山坡灌丛中；分布于施秉、从江等地。

21. 异叶素馨 *Jasminum wengeri* C. E. C. Fisch.

灌木；生于海拔 650 – 1300m 的灌丛及混交林中；分布于石阡等地。

（五）女贞属 *Ligustrum* Linnaeus

1. 狭叶女贞 *Ligustrum angustum* B. M. Miao

小灌木；生于海拔 200 – 1200m 的红水河边山沟中；分布于贵阳、罗甸等地。

2. 长叶女贞 *Ligustrum compactum*（Wall. ex G. Don）Hook. f. ex Thomson ex Brandis

直立灌木或小乔木；生于海拔 680m 以上的山谷疏、密林中及灌丛中；分布于黎平、长顺等地。

3. 散生女贞 *Ligustrum confusum* Decne.

灌木或小乔木；生海拔 1960 – 2200m 的山坡阴处或山沟底部的灌丛中；分布于大方、盘县等地。

4. 紫药女贞 *Ligustrum delavayanum* Har.

灌木；生于海拔 1500 – 2540m 的山地密林或灌丛中；分布于威宁、纳雍、盘县、印江、兴义、雷山、施秉等地。

5. 扩展女贞 *Ligustrum expansum* Rehd.

直立灌木；生于海拔 1300m 左右的生溪旁；分布于石阡、瓮安等地。

6. 细女贞 *Ligustrum gracile* Rehd.【*Ligustrum compactum* var. *glabrum*（Mansf.）Hand. -Mazz.】

灌木；生于海拔 800m 以上的山坡灌丛中；分布地不详。

7. 丽叶女贞 *Ligustrum henryi* Hemsl.

灌木；生于海拔 750 - 2100m 的林下或山坡灌丛中；分布于贵阳、桐梓、德江、松桃、瓮安等地。

8. 日本女贞 *Ligustrum japonicum* Thunb.

常绿灌木；原产日本；省内有栽培。

9. 圆叶女贞 *Ligustrum japonicum* var. *rotundifolium* Nichols

常绿灌木；引种；省内大沙河等地有栽培。

10. 蜡子树 *Ligustrum leucanthum*（S. Moore）P. S. Green【*Ligustrum molliculum* Hance】

落叶灌木或小乔木；生于海拔 300 - 2500m 的山坡林下或路边；分布于大沙河等地。

11. 华女贞 *Ligustrum lianum* P. S. Hsu

常绿灌木；生于海拔 400 - 1700m 的生山谷疏、密林中或灌丛中，或旷野；分布于荔波、三都等地。

12. 女贞 *Ligustrum lucidum* W. T. Aiton

常绿乔木；生海拔 350 - 1700m 的常绿阔叶林或疏林中；分布于赤水、遵义、绥阳、松桃、碧江、兴义、兴仁、安龙、贞丰、册亨、贵阳、息烽、开阳、清镇、修文、独山、瓮安、长顺、罗甸、福泉、荔波、都匀、惠水、贵定、三都、龙里、平塘、施秉、黄平、榕江、黎平等地。

13. 总梗女贞 *Ligustrum pedunculare* Rehd.

灌木；生于海拔 300 - 2600m 的山地地区的森林或灌丛；分布地不详。

14. 阿里山女贞 *Ligustrum pricei* Hayata

灌木或小乔木；生于海拔 820 - 1450m 的溪河旁、密林下或灌丛中；分布于贵阳、遵义、江口、兴仁、瓮安、黄平等地。

15. 小叶女贞 *Ligustrum quihoui* Carr.

常绿灌木；生于海拔 1700m 的山谷路边；分布于贵阳、开阳、修文、赫章、福泉、荔波、都匀、惠水、贵定、三都、龙里、平塘等地。

16. 粗壮女贞 *Ligustrum robustum*（Roxb.）Bl.

乔木；生于海拔 560 - 1400m 的林下或山坡灌丛中；分布于纳雍、湄潭、凤冈、印江、松桃、兴义、兴仁、安龙、贵阳、修文、惠水、瓮安、独山、荔波、长顺、罗甸、福泉、都匀、贵定、三都、龙里、平塘、天柱、黎平等地。

17. 小蜡 *Ligustrum sinense* Lour.【*Ligustrum calleryanum* Decaisne】

落叶灌木或小乔木；生于海拔 670 - 2050m 的山坡路旁或灌木林中；分布于纳雍、赤水、习水、江口、兴仁、贞丰、安龙、西秀、平坝、贵阳、贵定、独山、荔波、长顺、瓮安、罗甸、都匀、惠水、三都、龙里、平塘、黄平、雷山、榕江、黎平、从江等地。

18. 多毛小蜡 *Ligustrum sinense* var. *coryanum*（W. W. Sm.）Hand. -Mazz.

落叶灌木或小乔木；生于海拔 600 - 1200m 的山地疏林或灌木林中；分布于开阳、修文、赤水、德江、兴义、安龙、册亨、望谟、瓮安、平塘、独山等地。

19. 异型小蜡 *Ligustrum sinense* var. *dissimile* S. J. Hao

落叶灌木或小乔木；生于海拔 400 - 1200m 的灌丛山坡上；分布地不详。

20. 罗甸小蜡 *Ligustrum sinense* var. *luodianense* M. C. Chang

落叶灌木或小乔木；生于海拔 200 - 300m 的河边或山坡灌木林中；分布于罗甸等地。

21. 光萼小蜡 *Ligustrum sinense* var. *myrianthum*（Diels）Hoefk.

落叶灌木或小乔木；生于海拔 300 – 1740m 的山地路旁或灌丛中；分布于纳雍、赤水、习水、遵义、绥阳、思南、印江、江口、德江、松桃、兴仁、贞丰、安龙、望谟、西秀、平坝、息烽、贵阳、修文、瓮安、平塘、荔波、独山、罗甸、三都、长顺、天柱、雷山、黎平、榕江、从江等地。

22. 峨边小蜡 *Ligustrum sinense* var. *opienense* **Y. C. Yang**

落叶灌木或小乔木；生于海拔 500 – 2100m 的山坡、山沟、路旁的灌丛中或疏林中，或石灰岩山地的密林中；分布于省内西部和南部等地区。

23. 皱叶小蜡 *Ligustrum sinense* var. *rugosulum*（**W. W. Sm.**）**M. C. Chang**〔*Ligustrum rugosulum* **W. W. Smith**〕

落叶灌木或小乔木，生于海拔 400 – 2000m 的山谷、河边、路旁、山坡疏林或灌丛中或林缘处；分布于黎平、荔波等地。

24. 兴仁女贞 *Ligustrum xingrenense* **D. J. Liu**

常绿灌木；生于海拔 1200m 的灌丛或疏林中，山谷阴湿地或山顶；分布于安龙、兴仁等地。

25. 云贵女贞 *Ligustrum yunguiense* **B. M. Miao**

灌木或小乔木；生于海拔 1500 – 2100m 的山谷林中或灌丛中；分布于大方等地。

（六）木犀榄属 *Olea* **Linnaeus**

1. 尾叶木犀榄 *Olea caudatilimba* **L. C. Chia**

常绿乔木；生于海拔约 1000m 的河谷中部或石灰岩地区；分布于兴义等地。

2. 木犀榄 *Olea europaea* **L.**

常绿小乔木；原产地中海地区；省内有栽培。

3. 广西木犀榄 *Olea guangxiensis* **B. M. Miao**

常绿小乔木；生于海拔 1000m 的山谷密林中；分布于荔波等地。

4. 海南木犀榄 *Olea hainanensis* **H. L. Li**

常绿灌木或小乔木；生于海拔 700m 以下的山谷密林中或疏林溪旁；分布于荔波等地。

5. 云南木犀榄 *Olea tsoongii*（**Merr.**）**P. S. Green**〔*Olea yuennanensis* **Hand. -Mazz.**〕

常绿灌木或乔木；生于海拔 1100m 的山坡灌丛中；分布于兴义、荔波等地。

（七）木犀属 *Osmanthus* **Loureiro**

1. 红柄木犀 *Osmanthus armatus* **Diels**

常绿灌木或小乔木；生于海拔 1400m 左右的山坡灌木林中；分布于大沙河、龙里等地。

2. 狭叶木犀 *Osmanthus attenuatus* **P. S. Green**〔*Osmanthus lipingensis* **J. D. Liu**〕

常绿灌木；生于海拔 1000m 的山地、山坡林中；分布于黎平等地。

3. 山桂花 *Osmanthus delavayi* **Franch.**

常绿灌木；生于海拔 2100m 以上的山地、沟边或灌丛中，或杂木林中；分布地不详。

4. 木犀 *Osmanthus fragrans*（**Thunb.**）**Lour.**

常绿灌木或乔木；分布于贵阳、开阳、长顺、瓮安、独山、连翘、福泉、都匀、惠水、贵定、三都、龙里、平塘等省内大部分地区。

5. 蒙自桂花 *Osmanthus henryi* **P. S. Green**

常绿小乔木；生于海拔 1300m 的密林或疏林中；分布于荔波、贵定、惠水、三都等地。

6. 厚边木犀 *Osmanthus marginatus*（**Champ. ex Benth.**）**Hemsl.**

常绿灌木或乔木；生于海拔 600 – 1300m 的密林或疏林中；分布于开阳、从江、雷山、黎平、瓮安、罗甸等地。

7. 长叶木犀 *Osmanthus marginatus* var. *longissimus*（**H. T. Chang**）**R. L. Lu**

常绿灌木或乔木；生于海拔 1000 – 1700m 的山坡，沟谷、溪边等地的林中；分布地不详。

8. 牛矢果 *Osmanthus matsumuranus* **Hayata**

常绿灌木或乔木；生于海拔 780 – 1740m 的常绿阔叶林林缘或林中；分布于贞丰、安龙、望谟、黎平、三都、独山等地。

9. 总状桂花 Osmanthus racemosus X. H. Song

常绿乔木；生于海拔 620 – 780m 的密林中；分布于荔波等地。

10. 网脉木犀 Osmanthus reticulatus P. S. Green

灌木；生于海拔 1600m 的溪河两岸；分布于贵阳、开阳、修文、梵净山、贵定、惠水、三都、龙里等地。

11. 香花木犀 Osmanthus suavis King ex C. B. Clarke

常绿灌木或小乔木；生于海拔 2600m 的山顶疏林或密林中；分布于盘县等地。

12. 野桂花 Osmanthus yunnanensis（Franch.）P. S. Green

常绿灌木或小乔木；生于海拔 1350m 以上的山坡或沟边密林中，或混交林中；分布于开阳、石阡、瓮安、荔波、龙里等地。

（八）丁香属 *Syringa* **Linnaeus**

1. 紫丁香 Syringa oblata Lindl.

落叶灌木或小乔木；生海拔 300 – 2400m 的山坡丛林、山沟溪边、山谷路旁及滩地水边；分布于贵阳等地。

一五六、玄参科 Scrophulariaceae

（一）毛麝香属 *Adenosma* **R. Brown**

1. 毛麝香 Adenosma glutinosum（L.）Druce

直立草本；生于海拔 300 – 1010m 的山坡荒地、疏林下潮湿处；分布于从江等地。

（二）金鱼草属 *Antirrhinum* **Linn.**

1. 金鱼草 Antirrhinum majus Lim.

多年生或一年生草本；原产欧洲南部；省内有栽培。

（三）来江藤属 *Brandisia* **J. D. Hooker et Thomson**

1. 来江藤 Brandisia hancei Hook. f.

灌木；生于海拔 400 – 1500m 的山坡灌丛中或山谷林下；分布于梵净山、正安、遵义、赤水、习水、贵阳、息烽、修文、清镇、瓮安、独山、平塘、荔波、罗甸、长顺、福泉、都匀、惠水、贵定、龙里、望谟、册亨、安龙、兴义、兴仁等地。

2. 广西来江藤 Brandisia kwangsiensis H. L. Li

攀援灌木；生于海拔 730 – 1400m 的山坡路旁、灌丛中及山谷地带；分布于荔波、册亨等地。

3. 总花来江藤 Brandisia racemosa Hemsl.

藤状灌木；生于海拔 2800m 以下的开旷灌丛中；分布于省内西部等地。

（四）黑草属 *Buchnera* **Linnaeus**

1. 黑草 Buchnera cruciata Buch. -Ham. ex D. Don

直立草本；生于海拔 400 – 600m 的旷野或山坡疏林中；分布于黎平、平塘、罗甸等地。

（五）胡麻草属 *Centranthera* **R. Brown**

1. 胡麻草 Centranthera cochinchinensis（Lour.）Merr.

直立草本；生于海拔 500 – 1400m 的路边草地；分布于独山、罗甸等地。

2. 大花胡麻草 Centranthera grandiflora Benth.

直立粗壮草本；生于海拔 800m 的山坡、路旁及空旷处；分布地不详。

（六）泽番椒属 *Deinostema* T. Yamazaki

1. 有腺泽蓄椒 *Deinostema adenocaula*（Maxim.）T. Yamaz.

纤细草本；生于海拔 560m 的山坡草地；分布于梵净山等地。

（七）毛地黄属 *Digitalis* Linnaeus

1. 毛地黄 *Digitalis purpurea* L.

一年或多年生草本；引种；省内有栽培。

（八）幌菊属 *Ellisiophyllum* Maximowicz

1. 幌菊 *Ellisiophyllum pinnatum*（Wall. ex Benth.）Makino

多年生小草本；生于海拔 700 – 1000m 的水沟阴湿处；分布于正安、雷公山等地。

（九）鞭打绣球属 *Hemiphragma* Wallich

1. 鞭打绣球 *Hemiphragma heterophyllum* Wall.

多年生铺散草本；生于海拔 1200 – 2200m 的山坡草地或石缝中；分布于江口、贵阳、金沙、水城、赫章等地。

（十）石龙尾属 *Limnophila* R. Brown

1. 抱茎石龙尾 *Limnophila connata*（Buch. -Ham. ex D. Don）Hand. -Mazz.

陆生草本；生于溪边，草地水湿处；分布于贵定、独山、贵阳、平坝、西秀、水城等地。

2. 石龙尾 *Limnophila sessiliflora*（Vahl）Bl.

多年生两栖草本；生于水田、沼泽或沟旁湿地；省内均有分布。

（十一）钟萼草属 *Lindenbergia* Lehmann

1. 野地钟萼草 *Lindenbergia muraria*（Roxb. ex D. Don）Bruhl【*Lindenbergia ruderalis*（Vahl）O. Ktze. Rev. Gen.】

一年生草本；生于海拔 800 – 1400m 的山坡路旁；分布于兴义、兴仁、安龙、水城等地。

2. 钟萼草 *Lindenbergia philippensis*（Cham. et Schltdl.）Benth.

灌木状草本；生于海拔 300 – 1400m 的山坡岩石缝中；分布于贵阳、关岭、罗甸、望谟、安龙、兴义等地。

（十二）母草属 *Lindernia* Allioni

1. 长蒴母草 *Lindernia anagallis*（Burm. f.）Pennell

一年生草本；生于海拔 205 – 1200m 的草地、林边、溪旁、田野潮湿处；分布于罗甸、安龙、册亨、望谟、兴仁等地。

2. 泥花母草 *Lindernia antipoda*（L.）Alston

一年生草本；生于田边和潮湿草地；分布于黔东南和黔中等地。

3. 母草 *Lindernia crustacea*（L.）F. Muell.

一年生草本；生于路边、草地、田边等低湿处；分布于绥阳等地。

4. 狭叶母草 *Lindernia micrantha* D. Don【*Lindernia angustifolia*（Benth.）Wettst.】

一年生草本；生于海拔 1500m 以下的水田、河流、山谷草地低湿处；分布于荔波、罗甸、平坝、江口等地。

5. 宽叶母草 *Lindernia nummulariifolia*（D. Don）Wettst.

一年生草本；生于海拔 1100 – 1800m 以下的田边、沟旁、草地等湿润处；分布于雷公山、松桃、贞丰、兴仁、安龙、兴义等地。

6. 陌上菜 *Lindernia procumbens*（Krock.）Philcox

直立草本；生于水边潮湿处；分布于兴义等地。

7. 旱田草 *Lindernia ruellioides*（Colsm.）Pennell

一年生草本；生于海拔 500 – 1200m 的林下或草地；分布于西秀、册亨、安龙、兴义、赤水、习水、仁怀等地。

8. 刺毛母草 *Lindernia setulosa*（Maxim.）Tuyama ex H. Hara

一年生草本，生于海拔700－1350m的山坡路旁、阳处灌丛下或草地湿润处；分布于凯里、黎平、梵净山等地。

9. 瑶山母草 *Lindernia yaoshanensis* P. C. Tsoong

草本；分布于榕江等地。

（十三）通泉草属 *Mazus* Loureiro

1. 平坝通泉草 *Mazus cavaleriei* Bonati

多年生草本；生境不详；分布干平坝等地。

2. 纤细通泉草 *Mazus gracilis* Hemsl.

多年生草本；生于海拔500－1000m的山地、路旁；分布于贵定、兴义、安龙等地。

3. 通泉草 *Mazus pumilus*（N. L. Burman）Steenis〔*Mazus japonicus*（Thunb.）Kuntze〕

多年生草本；生于海拔600－1800m的山坡草地、沟边或路旁；分布于梵净山、雷公山、贵定、平塘、罗甸、安龙等地。

4. 贵州通泉草 *Mazus kweichowensis* P. C. Tsoong et H. P. Yang

多年生草本；生于海拔150－1300m的山坡草地或水旁；分布于雷公山、天柱、平坝、平塘、罗甸、望谟、安龙、兴仁等地。

5. 长蔓通泉草 *Mazus longipes* Bonati

多年生草本；生于海拔1100－2140m的旱田中或路边及草地上；分布于贵定、贵阳、平坝、兴义、威宁等地。

6. 大花通泉草 *Mazus macranthus* Diels

多年生草本；生于海拔2500m以上潮湿的地方；分布于大沙河等地。

7. 匍茎通泉草 *Mazus miquelii* Makino

多年生草本；生于海拔500m的山沟潮湿地；分布于梵净山等地。

8. 岩白菜 *Mazus omeiensis* H. L. Li

多年生草本；生于海拔500－1530m的岩壁阴湿处及灌丛中；分布于梵净山、正安、平坝等地。

9. 美丽通泉草 *Mazus pulchellus* Hemsl.

多年生草本；生于海拔海拔1600m以下的阴湿的岩缝及林下；分布于大沙河等地。

10. 毛果通泉草 *Mazus spicatus* Vant.

多年生草本；生于海拔500－1000m的山坡和路旁草丛中；分布于梵净山、凯里、天柱、荔波、正安、赤水等地。

（十四）山罗花属 *Melampyrum* Linnaeus

1. 滇川山罗花 *Melampyrum klebelsbergianum* Soó

一年生寄生草本；生于海拔1200m以上的山坡草地及林中；分布于贵定等地。

2. 钝叶山罗花 *Melampyrum roseum* var. *obtusifolium*（Bonati）D. Y. Hong

一年生寄生草本；生于海拔1400－2420m的山坡路旁或灌丛中；分布于平坝、安龙、威宁等地。

（十五）沟酸浆属 *Mimulus* Linnaeus

1. 四川沟酸浆 *Mimulus szechuanensis* Pai

多年生草本；生于海拔790－2000m的林下阴湿处；分布于梵净山、桐梓、大方等地。

2. 沟酸浆 *Mimulus tenellus* Bunge

多年生草本；生于海拔700－1200m的水边、林下湿地；分布于湄潭等地。

3. 尼泊尔沟酸浆 *Mimulus tenellus* var. *nepalensis*（Benth.）Tsoong

近直立草本；生于海拔330－2000m的山地沟旁潮湿处；分布于梵净山、天柱、黄平、雷公山、独山、罗甸、安龙、赤水等地。

4. 高大沟酸浆 *Mimulus tenellus* var. *procerus*（Grant）Handel-Mazzetti

多年生草本；生于海拔 200m 以上的林下、沟边；分布于大沙河等地。

（十六）泡桐属 *Paulownia* Siebold et Zuccarini

1. 川泡桐 *Paulownia fargesii* Franch.

落叶乔木；生于海拔 1230 – 2000m 的山坡林中；分布于息烽、修文、梵净山、雷公山、普安、兴义、瓮安、罗甸、惠水、贵定、龙里、平塘等地。

2. 白花泡桐 *Paulownia fortunei*（Seem.）Hemsl.

落叶乔木；生于海拔 430 – 2100m 的山坡、林中或荒地；分布于印江、江口、湄潭、黎平、从江、三都、独山、平塘、长顺、瓮安、罗甸、福泉、都匀、惠水、贵定、龙里、贵阳、册亨、安龙、兴义、盘县等地。

3. 台湾泡桐 *Paulownia kawakamii* T. Ito

落叶小乔木；生于海拔 520 – 900m 的山坡路旁；分布于印江、江口、松桃、雷山、榕江、从江、黎平等地。

4. 南方泡桐 *Paulownia* ×*taiwaniana* T. W. Hu et H. J. Chang【*Paulownia australis* Gong Tong.】

落叶乔木；生于海拔 1200m 的次生林；分布于大沙河等地。

5. 毛泡桐 *Paulownia tomentosa*（Thunb.）Steud.

落叶乔木；生于海拔达 1800m 山地；分布于福泉、都匀、三都、龙里、平塘等地。

（十七）马先蒿属 *Pedicularis* Linnaeus

1. 秦氏马先蒿 *Pedicularis chingii* Bonati

多年生草本；生于海拔 2500m 的山谷；分布于威宁等地。

2. 嘎氏马先蒿 *Pedicularis gagnepainiana* Bonati

多年生草本；生于海拔 2100m 的山坡草地潮湿处；分布于兴义、威宁等地。

3. 平坝马先蒿 *Pedicularis ganpinensis* Vant. ex Bonati

一年或二年生草本；生于海拔 1100 – 2400m 的山坡草地及路旁潮湿地；分布于印江、贵阳、息烽、平坝、威宁等地。

4. 亨氏马先蒿 *Pedicularis henryi* Maxim.

多年生草本；生于海拔 900 – 2600m 的山坡草地、林下、路旁潮湿地；分布于梵净山、雷公山、黎平、独山、盘县、纳雍、安龙、兴义等地。

5. 拉氏马先蒿 *Pedicularis labordei* Vant. ex Bonati

多年生草本；生于海拔 1900 – 2600m 的山坡草地；分布于梵净山、大方、盘县、纳雍、赫章、威宁、安龙等地。

6. 焊菜叶马先蒿 *Pedicularis nasturtiifolia* Franch.

多年生草本；生于海拔 2000m 的林下及其它潮湿处；分布于大沙河等地。

7. 黑马先蒿 *Pedicularis nigra*（Bonati）Vant. ex Bonati

多年生草本；生于海拔 1000 – 1800m 的山坡潮湿草地；分布于雷公山、独山、平塘、贵阳、贵定、普安、盘县、贞丰、兴义、兴仁等地。

8. 尖果马先蒿 *Pedicularis oxycarpa* Franch. ex Maxim.

多年生草本，生于海拔 2500m 以上的山坡、草地；分布于威宁等地。

9. 返顾马先蒿 *Pedicularis resupinata* L.

多年生草本；生于海拔 300 – 2000m 的湿润草地或林缘；分布地不详。

10. 粗茎返顾马先蒿 *Pedicularis resupinata* subsp. *crassicaulis*（Vant. ex Bonati）P. C. Tsoong【*Pedicularis resupinata* var. *crassicaulis*（Vant.）Bonati ex Limpr.】

多年生草本；生于海拔 700 – 1500m 的山坡草地；分布于凤冈、务川、正安、雷公山等地。

11. 拟坚挺马先蒿 *Pedicularis rigidiformis* **Bonati**

多年生草本；分布于六枝等地。

12. 假斗大王马先蒿 *Pedicularis rex* subsp. *pseudocyathus*（**Vant. ex Bonati**）**Tsoong**

多年生草本；生于海拔 1140 – 2600m 的山坡草地或疏林中；分布于石阡、贵阳、平坝、盘县、威宁等地。

13. 狭盔马先蒿 *Pedicularis stenocorys* **Franch.**

多年生草本；生于高山草甸，斜坡；分布于大沙河等地。

14. 斯氏马先蒿 *Pedicularis stewardii* **H. L. Li**

多年生草本；生于海拔 1100 – 2400m 的草坡、路旁及岩石缝中；分布于梵净山等地。

15. 纤裂马先蒿 *Pedicularis tenuisecta* **Franch. ex Maxim.**

多年生草本；生于海拔 1900 – 2600m 的山坡草地潮湿处；分布于大方、纳雍、盘县、赫章、威宁等地。

16. 蒋氏马先蒿 *Pedicularis tsiangii* **H. L. Li**

草本；生于海拔 466m 的空旷小山坡上；分布于安龙等地。

17. 轮叶马先蒿 *Pedicularis verticillata* **L.**

多年生草本；生于海拔 1620m 的山腹灌丛中；分布于大沙河等地。

（十八）松蒿属 *Phtheirospermum* **Bunge**

1. 松蒿 *Phtheirospermum japonicum*（**Thunb.**）**Kanitz**

一年生草本；生于海拔 600 – 1800m 的草地或路旁；分布于梵净山、务川、正安、从江、贵阳、西秀、平坝、普安、盘县、纳雍等地。

2. 裂叶松蒿 *Phtheirospermum tenuisectum* **Bur. et Franch.**

多年生草本；生于海拔 2300 – 2600m 的山谷草地；分布于威宁等地。

（十九）苦玄参属 *Picria* **Loureiro**

1. 苦玄参 *Picria felterrae* **Lour.**

披散草本；生于海拔 750 – 1400m 的疏林中及荒田中；分布于黔西南等地。

（二〇）翅茎草属 *Pterygiella* **Oliver**

1. 杜氏翅茎草 *Pterygiella duclouxii* **Franch.**

一年生草本；生于海拔 1000 – 1400m 的山地草坡或林缘；分布于水城、盘县、关岭、兴仁等地。

（二一）地黄属 *Rehmannia* **Liboschitz ex Fischer et C. A. Meyer**

1. 地黄 *Rehmannia glutinosa*（**Gaertn.**）**Libosch. ex Fisch. et C. A. Mey.**

多年生草本；省内常见有栽培。

（二二）玄参属 *Scrophularia* **Linnaeus**

1. 高玄参 *Scrophularia elatior* **Wall. ex Benth.**

高大草本；生于海拔 2100m 的山坡密林下；分布于盘县等地。

2. 玄参 *Scrophularia ningpoensis* **Hemsl.**

草本；生于海拔 1000 – 1800m 的溪边，丛林或草丛中；分布于凤冈、正安、湄潭、锦屏、黎平、贵阳、普安等地。

（二三）阴行草属 *Siphonostegia* **Bentham**

1. 阴行草 *Siphonostegia chinensis* **Benth.**

一年生草本；生于海拔 800 – 1050m 的山坡草地；分布于梵净山、湄潭、晴隆、安龙、兴义等地。

2. 腺毛阴行草 *Siphonostegia laeta* **S. Moore**

一年生草本；生于海拔 520 – 700m 的草丛或灌木林中阴湿处；分布于梵净山、普安、盘县、水城等地。

（二四）短冠草属 *Sopubia* **Buchanan-Hamilton ex D. Don**

1. 短冠草 *Sopubia trifida* **Buch. -Ham. ex D. Don**

一年生草本；生于海拔 1000 – 1500m 的山坡草地；分布于晴隆、册亨、兴仁等地。

（二五）独脚金属 *Striga* **Loureiro**

1. 独脚金 *Striga asiatica*（**L.**）**Kuntze**

一年生半寄生草本；生于海拔 900m 左右的田坎边和荒草坡上，多寄生；分布于榕江、兴仁等地。

2. 大独脚金 *Striga masuria*（**Buch. -Ham. ex Benth.**）**Benth.**

多年生直立草本；生于海拔 1000 – 1500m 的山坡草地；分布于安龙、兴义等地。

（二六）蝴蝶草属 *Torenia* **Linnaeus**

1. 光叶蝴蝶草 *Torenia asiatica* **L.【** *Torenia glabra* **Osbeck.】**

一年生草本；生于海拔 1100 – 1800m 之间的山坡、路边潮湿处；分布于梵净山、松桃、黄平、榕江、从江、黎平、独山、盘县、普安、罗甸、望谟、册亨、兴仁、安龙、兴义等地。

2. 毛叶蝴蝶草 *Torenia benthamiana* **Hance**

草本；生于山坡、溪旁；分布于梵净山等地。

3. 单色蝴蝶草 *Torenia concolor* **Lindl.**

匍匐草本；生于海拔 340 – 1200m 的林下或路旁；分布于梵净山、黎平、榕江、荔波、贵阳、罗甸、兴义等地。

4. 西南蝴蝶草 *Torenia cordifolia* **Roxb.**

直立草本；生于海拔 680 – 1700m 的山坡、路旁潮湿处；分布于梵净山、独山等地。

5. 紫萼蝴蝶草 *Torenia violacea*（**Azaola ex Blanco**）**Pennell**

直立草本；生于海拔 600 – 1400m 的山坡草地、林下、田边及路旁潮湿处；分布于凤冈、梵净山、湄潭、册亨等地。

（二七）婆婆纳属 *Veronica* **Linnaeus**

1. 北水苦荬 *Veronica anagallis – aquatica* **L.**

多年生（稀一年生）草本；生于河沟边及沼地；分布于贵阳等地。

2. 华中婆婆纳 *Veronica henryi* **T. Yamaz.**

多年生草本；生于海拔 500 – 1400m 的阴湿处；分布于梵净山、雷公山、石阡、贵阳、赤水等地。

3. 多枝婆婆纳 *Veronica javanica* **Bl.**

一年或二年生草本；生于海拔 2300m 以下的山坡、路边、溪边的湿草丛中；省内各地常见。

4. 疏花婆婆纳 *Veronica laxa* **Benth.**

多年生草本；生于海拔 700 – 2500m 的沟谷阴处或山坡林下；分布于梵净山、雷公山、黎平、习水、贵阳、望谟、安龙、纳雍、威宁等地。

5. 蚊母草 *Veronica peregrina* **L.**

一年生草本；生于潮湿荒地或麦田中、路边；分布于天柱、贵阳、平坝、西秀等地。

6. 阿拉伯婆婆纳 *Veronica persica* **Poir.**

一年生草本；生于荒土、路旁；为归化种；省内各地常见。

7. 婆婆纳 *Veronica polita* **Fries【** *Veronica didyma* **Tenore；** *Veronica didyma* **var.** *lilacina* **T. Yama.】**

一年生草本；生于荒地或草坡；省内均有分布。

8. 小婆婆纳 *Veronica serpyllifolia* **L.**

多年生草本；生于海拔 2500m 的高山潮湿草地；分布于威宁等地。

9. 水苦荬 *Veronica undulata* **Wall. ex Jack**

多年生(稀一年生)草本；生于海拔700-800m的水边、沼泽地；分布于正安、贵阳、望谟等地。

(二八)腹水草属 *Veronicastrum* Heister ex Fabricius

1. 爬岩红 *Veronicastrum axillare*（Sieb. et Zucc.）T. Yamaz.

多年生草本；生于海拔700-1200m的林下、林缘草地及山谷阴湿处；分布于沿河、石阡、兴仁等地。

2. 美穗草 *Veronicastrum brunonianum*（Benth.）D. Y. Hong

多年生草本；生于海拔1500-2200m的山谷、阴坡草地及林下；分布于梵净山、盘县、赫章等地。

3. 四方麻 *Veronicastrum caulopterum*（Hance）T. Yamaz.

多年生草本；生于海拔1000m以上的山谷草丛中或疏林下；分布于锦屏、贵阳、兴仁等地。

4. 宽叶腹水草 *Veronicastrum latifolium*（Hemsl.）T. Yamaz.

多年生草本；生于海拔200-1350m的山谷疏林下；分布于凤冈、赤水、习水等地。

5. 长穗腹水草 *Veronicastrum longispicatum*（Merr.）T. Yamaz.

多年生草本；生于林中及灌丛中；分布于大沙河等地。

6. 细穗腹水草 *Veronicastrum stenostachyum* T. Yamaz.

多年生草本；生于海拔600-1300m的山脚草地潮湿处；分布于息烽、开阳、沿河、德江、梵净山、碧江、正安、石阡、瓮安、习水、七星关、兴义等地。

7. 南川腹水草 *Veronicastrum stenostachyum* subsp. *nanchuanense* T. L. Chin et D. Y. Hong

多年生草本；生于海拔800-1300m的林缘及灌丛中；分布于大沙河等地。

8. 腹水草 *Veronicastrum stenostachyum* subsp. *plukenetii*（T. Yamaz.）D. Y. Hong

多年生草本；生于林下及林缘草地；分布于黔东北等地。

一五七、列当科 Orobanchaceae

(一)野菰属 *Aeginetia* Linnaeus

1. 短梗野菰 *Aeginetia acaulis*（Roxb.）Walp.【*Aeginetia pedunculata*（Roxb.）Wall.】

寄生草本；生于海拔1200m处的山坡阴地，林下；分布于安龙等地。

2. 野菰 *Aeginetia indica* L.

一年生寄生草本；生于海拔600-680m的土壤深厚，枯叶多的地方，常寄生于甘蔗根上；分布于江口、黎平、榕江、荔波、兴仁等地。

(二)草丛蓉属 *Boschniakia* C. A. Meyer

1. 丁座草 *Boschniakia himalaica* Hook. f. et Thoms.

寄生肉质草本；生于海拔2210m的高山林下或灌丛中，常寄生于杜鹃花属 *Rhododendron* L. 植物根上；分布于水城等地。

(三)假野菰属 *Christisonia* Gardner

1. 假野菰 *Christisonia hookeri* C. B. Clarke

肉质、寄生小草本；生于海拔1700-2400m的山坡杂木林下，寄生于草根上；分布于绥阳、雷山、梵净山等地。

(四)蔗寄生属 *Gleadovia* Gamble et Prain

1. 宝兴蔗寄生 *Gleadovia mupinense* Hu

肉质草本；生于海拔1000m的山坡林中腐树下；分布于三都等地。

(五)齿鳞草属 *Lathraea* Linnaeus

1. 齿鳞草 *Lathraea japonica* Miq.

寄生肉质草本；生于海拔 1830m 的阔叶林下；分布于遵义等地。

（六）豆列当属 *Mannagettaea* Harry Smith

1. 豆列当 *Mannagettaea labiata* H. Smith

寄生草本，寄生于锦鸡儿属 *Caragana* Fabr. 植物的根部；分布于大沙河等地。

（七）列当属 *Orobanche* Linnaeus

1. 滇列当 *Orobanche yunnanensis*（Beck）Hand. -Mazz.

寄生草本；生于海拔 2200m 以上的山坡及石砾处；分布于威宁、赫章、罗甸、兴义等地。

一五八、苦苣苔科 Gesneriaceae

（一）芒毛苣苔属 *Aeschynanthus* Jack

1. 芒毛苣苔 *Aeschynanthus acuminatus* Wall. ex A. DC.

常绿附生攀援状小灌木；生于海拔 400 –650m 的山谷毛竹林下紫色砂岩石上；分布于赤水等地。

2. 广西芒毛苣苔 *Aeschynanthus austroyunnanensis* var. *guangxiensis*（W. Y. Chun ex W. T. Wang）W. T. Wang

常绿附生攀援状小灌木；生于海拔 400 – 1000m 的石灰岩山林中树上、石上或悬崖上；分布于望谟、贞丰等地。

3. 黄杨叶芒毛苣苔 *Aeschynanthus buxifolius* Hemsl.

常绿附生攀援状小灌木；生于海拔 1000 – 1500m 的山地林中树上或石上；分布于关岭、贵定等地。

（二）异唇苣苔属 *Allocheilos* W. T. Wang

1. 异唇苣苔 *Allocheilos cortusiflorus* W. T. Wang

多年生草本；生于海拔 1400m 的石灰石岩石山丘；分布于兴义等地。

（三）直瓣苣苔属 *Ancylostemon* Craib

1. 凸瓣苣苔 *Ancylostemon convexus* Craib

多年生草本；生于海拔约 2500m 的潮湿峭壁及岩石上；分布于七星关等地。

2. 贵州直瓣苣苔 *Ancylostemon notochlaenus*（Lévl. et Vant.）Craib

多年生草本；生于海拔 1000m 的林下阴湿悬岩上；分布于贵阳、惠水等地。

3. 直瓣苣苔 *Ancylostemon saxatilis*（Hemsl.）Craib

多年生草本；生于海拔 1650 – 2100m 的阴湿岩石上及林下石上；分布于开阳、清镇、大沙河等地。

（四）大苞苣苔属 *Anna* Pellegrin

1. 白花大苞苣苔 *Anna ophiorrhizoides*（Hemsl.）B. L. Burtt et R. Davidson

小灌木；生于海拔 740 – 1200m 的山谷林下阴湿处石上；分布于罗甸、荔波、思南等地。

（五）横蒴苣苔属 *Beccarinda* Kuntze

1. 横蒴苣苔 *Beccarinda tonkinensis*（Pellegr.）B. L. Burtt

多年生草本；生于海拔 1000 – 1400m 的山谷密林下阴湿处石上；分布于息烽、赤水、望谟等地。

（六）旋蒴苣苔属 *Boea* Commerson ex Lamarck

1. 旋蒴苣苔 *Boea hygrometrica*（Bunge）R. Br.

多年生草本；生于海拔 700 – 1100m 的山坡路旁岩石上；分布于安龙、望谟等地。

2. 地胆旋蒴苣苔 *Boea philippensis* C. B. Clarke

多年生草本；生于海拔 700 – 900m 的山腰阴湿处岩石上；分布于安龙、望谟、长顺、罗甸等地。

（七）粗筒苣苔属 *Briggsia* Craib

1. 紫花粗筒苣苔 *Briggsia elegantissima*（Lévl. et Vant.）Craib

多年生草本；生于海拔约 600m 的潮湿悬崖上；分布于贵定、独山等地。

2. 盾叶粗筒苣苔 *Briggsia longipes*（Hemsl. ex Oliv.）Craib

多年生草本；生于海拔 1000－1800m 的林间石缝中及阴湿岩石上；分布于兴仁、安龙等地。

3. 革叶粗筒苣苔 *Briggsia mihieri*（Franch.）Craib

多年生草本；生于海拔 800－1000m 的山地阴湿处石上；分布于七星关、遵义、大方、平坝、清镇、贵阳、开阳、惠水、贵定、凯里等地。

4. 小叶粗筒苣苔 *Briggsia parvifolia* K. Y. Pan

多年生草本；分布于贵定等地。

5. 平伐粗筒苣苔 *Briggsia pinfaensis*（Lévl.）Craib

多年生草本；生于海拔山谷沟边阴湿处石上；分布于贵定 等地。

6. 川鄂粗筒苣苔 *Briggsia rosthornii*（Diels）Burrt

多年生草本；生于海拔 1100－2000m 的林下阴湿岩石上；分布于印江、清镇、雷山等地。

7. 贞丰粗筒苣苔 *Briggsia rosthornii* var. *crenulata*（Hand. -Mazz.）K. Y. Pan

多年生草本；分布于贞丰等地。

8. 锈毛粗筒苣苔 *Briggsia rosthornii* var. *xingrenensis* K. Y. Pan

多年生草本；分布于兴仁等地。

9. 鄂西粗筒苣苔 *Briggsia speciosa*（Hemsl.）Craib

多年生草本；生于海拔 300－1600m 的山坡阴湿岩石上；分布于大沙河等地。

（八）筒花苣苔属 *Briggsiopsis* K. Y. Pan

1. 筒花苣苔 *Briggsiopsis delavayi*（Franch.）K. Y. Pan

多年生草本；生于海拔 250－1500m 的山地山坡阴湿岩石上；分布于习水、赤水等地。

（九）唇柱苣苔属 *Chirita* Buchanan-Hamilton ex D. Don

1. 短毛唇柱苣苔 *Chirita brachytricha* W. T. Wang

多年生草本；生于海拔 400m 的低山林下潮湿岩缝中；分布于荔波等地。

2. 大苞短毛唇柱苣苔 *Chirita brachytricha* var. *magnibracteata* W. T. Wang et D. Y. Chen

多年生草本；生于海拔 740m 的山谷林下石上；分布于荔波等地。

3. 牛耳朵 *Chirita eburnea* Hance

多年生草本；生于海拔 400－1200m 的石灰山林中石上或沟边林下；分布于道真、正安、赤水、习水、贵阳、修文、贵定、长顺、平坝、西秀、兴义、安龙、册亨、瓮安、平塘、独山、荔波、思南等地。

4. 蚂蟥七 *Chirita fimbrisepala* Hand. -Mazz.

多年生草本；生于海拔 400－1000m 的山地林中石上或石崖上，或山谷溪边；分布于锦屏、天柱、罗甸、荔波等地。

5. 桂粤唇柱苣苔 *Chirita fordii*（Hemsl.）D. Wood

多年生草本；生于海拔 1000m 的山地阴湿处石上；分布于沿河等地。

6. 少毛唇柱苣苔 *Chirita glabrescens* W. T. Wang et D. Y. Chen

多年生草本；生于海拔 850m 的山谷林下阴湿处潮湿石上；分布于荔波等地。

7. 疏花唇柱苣苔 *Chirita laxiflora* W. T. Wang

多年生草本；生于石灰岩山石上；分布于兴义等地。

8. 荔波唇柱苣苔 *Chirita liboensis* W. T. Wang et D. Y. Chen

多年生草本；生于海拔 400m 的山腰林下阴处石上潮湿处；分布于荔波、平塘等地。

9. 舌柱唇柱苣苔 *Chirita liguliformis* W. T. Wang

多年生草本；生于海拔 700－800m 的山谷林下阴湿处；分布于安龙、册亨、罗甸、荔波等地。

10. 隆林唇柱苣苔 *Chirita lunglinensis* W. T. Wang

多年生草本；生于海拔 540－800m 的石山谷中或山坡林边石上；分布于独山、兴义、罗甸等地。

11. 大叶唇柱苣苔 *Chirita macrophylla* **Wall.**

多年生草本；生于山地林下石崖上；分布于贞丰等地。

12. 钝齿唇柱苣苔 *Chirita obtusidentata* **W. T. Wang**

多年生草本；生于海拔 1000m 的山谷沟边林下；分布于梵净山等地。

13. 羽裂唇柱苣苔 *Chirita pinnatifida*（**Hand.-Mazz.**）**B. L. Burtt**

多年生草本；生于海拔 320－1300m 的山谷林中石上或溪边；分布于榕江等地。

14. 斑叶唇柱苣苔 *Chirita pumila* **D. Don**

一年生草本；生于海拔 1000－1200m 的山坡路旁或林下岩石上阴湿处；分布于盘县、兴仁、安龙、紫云、望谟等地。

15. 清镇唇柱苣苔 *Chirita secundiflora*（**W. Y. Chun**）**W. T. Wang**

多年生草本；生于阴处岩石上；分布于清镇等地。

16. 钻萼唇柱苣苔 *Chirita subulatisepala* **W. T. Wang**

多年生草本；生于海拔 700m 的林下石缝中；分布于务川等地。

17. 神农架唇柱苣苔 *Chirita tenuituba*（**W. T. Wang**）**W. T. Wang**

多年生草本；生于海拔 370－1000m 的山地岩石缝中、陡崖上或林下；分布于省内东北部等地。

18. 康定唇柱苣苔 *Chirita tibetica*（**Franch.**）**B. L. Burtt**

多年生草本；生于海拔 1400－2400m 的山地林中、陡崖或石上；分布于赫章等地。

19. 细筒唇柱苣苔 *Chirita vestita* **D. Wood**

多年生草本；生于阴处岩石上；分布于清镇、贵定等地。

（十）珊瑚苣苔属 *Corallodiscus* **Batalin**

1. 西藏珊瑚苣苔 *Corallodiscus lanuginosus*（**Wall. ex A. DC.**）**B. L. Burtt**〔*Corallodiscus cordatulus*（**Craib**）**Burtt**〕

多年生草本；生于海拔 700－2100m 的阴处石崖上；分布于威宁、盘县、习水、赤水、大方、兴义、平坝、西秀、贵阳、惠水、沿河等地。

（十一）长蒴苣苔属 *Didymocarpus* **Wallich**

1. 腺毛长蒴苣苔 *Didymocarpus glandulosus*（**W. W. Sm.**）**W. T. Wang**

多年生草本；生于海拔 500－1000m 的山谷林下；分布于兴义、榕江等地。

2. 短萼长蒴苣苔 *Didymocarpus glandulosus* **var.** *minor*（**W. T. Wang**）**W. T. Wang**

多年生草本；生于海拔 800－1000m 的山谷林中石上；分布于黔南等地。

3. 棉毛长蒴苣苔 *Didymocarpus niveolanosus* **D. Fang et W. T. Wang**

多年生草本；生于海拔 1100m 的山谷阴处石上；分布于黔西南等地。

4. 狭冠长蒴苣苔 *Didymocarpus stenanthos* **C. B. Clarke**

多年生草本。生于海拔 690m 的湿润石壁上；分布于赤水等地。

5. 疏毛长蒴苣苔 *Didymocarpus stenanthos* **var.** *pilosellus* **W. T. Wang**

多年生草本；生于海拔 1100－1900m 的山谷林下石上或陡崖上；分布于贞丰、印江、江口、黄平、雷山、贵定、安龙等地。

（十二）盾座苣苔属 *Epithema* **Blume**

1. 盾座苣苔 *Epithema carnosum*（**G. Don**）**Benth.**

多年生草本；生于海拔 900－1400m 的山谷阴处石上或山洞中；分布于兴义、册亨等地。

（十三）圆唇苣苔属 *Gyrocheilos* **W. T. Smith**

1. 稀裂圆唇苣苔 *Gyrocheilos retrotrichus* **var.** *oligolobus* **W. T. Wang**

多年生草本；生于海拔 480－1500m 的山谷林中或阴处石上；分布于从江等地。

（十四）半蒴苣苔属 *Hemiboea* **Clarke**

1. 贵州半蒴苣苔 *Hemiboea cavaleriei* Lévl.

多年生草本；生于海拔 600 – 1500m 的山谷林下阴湿处；分布于清镇、贵定、兴仁、安龙、册亨、独山等地。

2. 疏脉半蒴苣苔 *Hemiboea cavaleriei* var. *paucinervis* W. T. Wang et Z. Y. Li〔*Hemiboea flava* C. Y. Wu ex H. W. Li.〕

多年生草本；生于海拔 800 – 1600m 的山谷林下阴湿处；分布于兴义、安龙、独山等地。

3. 毛果半蒴苣苔 *Hemiboea flaccida* Chun

多年生草本；生于海拔 700 – 1420m 的石灰岩山地密林下石上；分布于荔波等地。

4. 华南半蒴苣苔 *Hemiboea follicularis* C. B. Clarke

多年生草本；生于海拔 560 – 1500m 的林下阴湿处岩边；分布于习水、纳雍、兴义、安龙、册亨等地。

5. 合萼半蒴苣苔 *Hemiboea gamosepala* Z. Y. Li

多年生草本；生于海拔 500 – 1000m 的山谷阴湿处；分布于贞丰、册亨、望谟等地。

6. 纤细半蒴苣苔 *Hemiboea gracilis* Franch.

多年生草本；生于海拔 1500m 左右水沟边阴湿处；分布于印江、锦屏等地。

7. 毛苞半蒴苣苔 *Hemiboea gracilis* var. *pilobracteata* Z. Y. Li

多年生草本；生于海拔 540 – 1000m 的林缘沟旁和山谷阴处；分布于雷山、凯里等地。

8. 大苞半蒴苣苔 *Hemiboea magnibracteata* Y. G. Wei et H. Q. Wen

多年生草本；生于海拔 500 – 700m 的石灰岩石山区河谷森林；分布于黔南等地。

9. 柔毛半蒴苣苔 *Hemiboea mollifolia* W. T. Wang

多年生草本；生于海拔 620 – 900m 的山谷石上；分布于松桃等地。

10. 小苞半蒴苣苔 *Hemiboea parvibracteata* W. T. Wang et Z. Y. Li

多年生草本；生于海拔 900m 的石灰岩茂密的森林；分布于贵州东部及大沙河等地。

11. 短茎半蒴苣苔 *Hemiboea subacaulis* Hand. -Mazz.

多年生草本；生于海拔 600m 以下的山谷石上；分布于镇远等地。

12. 半蒴苣苔 *Hemiboea subcapitata* C. B. Clarke〔*Hemiboea henryi* Clarke〕

多年生草本；生于海拔 600 – 1800m 的山地林下或沟边阴湿处岩石边或石缝中；分布于务川、凤冈、湄潭、印江、德江、遵义、贵阳、开阳、清镇、息烽、贵定、惠水、瓮安、纳雍、盘县、册亨等地。

（十五）金盏苣苔属 *Isometrum* **Craib**

1. 万山金盏苣苔 *Isometrum wanshanense* S. Z. He

多年生草本；生于海拔 970m 的石灰岩山的岩石上；分布于万山等地。

（十六）紫花苣苔属 *Loxostigma* **Clarke**

1. 滇黔紫花苣苔 *Loxostigma cavaleriei*（Lévl. et Vant.）B. L. Burtt

多年生草本；生于海拔 1020m 的山腰土坎下阴湿处或岩石上；分布于贵定、雷山等地。

2. 光萼紫花苣苔 *Loxostigma glabrifolium* D. Fang et K. Y. Pan

多年生草本；生于海拔约 1200m 的石灰岩石壁上或附生树上；分布于贞丰等地。

3. 紫花苣苔 *Loxostigma griffithii*（Wight）C. B. Clarke

亚灌木；生于海拔 650 – 2600m 的潮湿的林中树上或山坡岩石上；分布于省内西部等地。

（十七）吊石苣苔属 *Lysionotus* **D. Don**

1. 桂黔吊石苣苔 *Lysionotus aeschynanthoides* W. T. Wang

常绿亚灌木；生于海拔 900 – 1200m 的山地林中或灌丛中石上，或溪边石上；分布于晴隆、兴义等地。

2. 异叶吊石苣苔 *Lysionotus heterophyllus* **Franchet**

常绿小灌木或亚灌木；生于海拔1417m的常绿阔叶林中树上；分布于榕江等地。

3. 吊石苣苔 *Lysionotus pauciflorus* **Maxim.**【*Lysionotus carnosus* **Hemsl.**；*Lysionotus pauciflorus* **var.** *latifolius* **W. T. Wang**；*Lysionotus pauciflorus* **var.** *linearis* **Rehd.**】

常绿小灌木；生于海拔300－2000m的丘陵或或山顶林中或阴处石崖上或树上；分布于清镇、遵义、七星关、习水、兴义、贵阳、开阳、修文、镇远、雷山、都匀、罗甸、平塘、独山、贵定、长顺、瓮安、福泉、荔波、惠水、三都、沿河、剑河、西秀、平坝、盘县、水城等地。

4. 灰叶吊石苣苔 *Lysionotus pauciflorus* **var.** *indutus* **Chun ex W. T. Wang**

常绿小灌木；生于开阔山地；分布于威宁等地。

5. 齿叶吊石苣苔 *Lysionotus serratus* **D. Don**

常绿亚灌木；生于海拔900－2200m的山地林中树上或石上、溪边或高山草地；分布于兴义、道真、贵阳、西秀、安龙、惠水、罗甸、平塘、荔波、三都、龙里等地。

（十八）单座苣苔属 *Metabriggsia* **W. T. Wang**

1. 单座苣苔 *Metabriggsia ovalifolia* **W. T. Wang**

多年生草本，生于海拔800－1100m的石灰岩山坡林下；分布于茂兰等地。

（十九）后蕊苣苔属 *Opithandra* **Burtt**

1. 灰叶后蕊苣苔 *Opithandra cinerea* **W. T. Wang**

多年生草本；分布于剑河等地。

2. 文采后蕊苣苔 *Opithandra wentsaii* **Zhen Y. Li**

多年生草本；生于海拔400m左右的石灰岩山地；分布于台江等地。

（二〇）马铃苣苔属 *Oreocharis* **Bentham**

1. 长瓣马铃苣苔 *Oreocharis auricula*（**S. Moore**）**C. B. Clarke**【*Oreocharis sericea*（**Lévl.**）**Lévl.**】

多年生草本；生于海拔700－1500m的山地林下阴湿处岩石上；分布于印江、江口、雷山、独山、关岭等地。

2. 贵州马铃苣苔 *Oreocharis cavaleriei* **Lévl.**

多年生草本；生于海拔700－1500m的山谷、沟边及林下潮湿岩石上；分布于龙里等地。

3. 川滇马铃苣苔 *Oreocharis henryana* **Oliv.**

多年生草本；生于海拔980m的山谷岩石上；分布于开阳等地。

（二一）喜雀苣苔属 *Ornithoboea* **Parish ex C. B. Clarke**

1. 贵州喜鹊苣苔 *Ornithoboea feddei*（**Lévl.**）**B. L. Burtt**

多年生草本；生于阴凉干燥的悬崖；分布于关岭、贞丰等地。

（二二）蛛毛苣苔属 *Paraboea*（**Clarke**）**Ridley**

1. 厚叶蛛毛苣苔 *Paraboea crassifolia*（**Hemsl.**）**B. L. Burtt**

多年生草本；生于海拔800－1200m的山地石崖上；分布于清镇、湄潭、罗甸、兴义等地。

2. 白花蛛毛苣苔 *Paraboea glutinosa*（**Hand.-Mazz.**）**K. Y. Pan**

多年生草本；生于海拔400－1400m的山坡岩石上；分布于罗甸等地。

3. 髯丝蛛毛苣苔 *Paraboea martinii*（**Lévl. et Vant.**）**B. L. Burtt**【*Paraboea barbatipes* **K. Y. Pan**】

多年生草本；生于海拔800－1100m的山坡岩石上；分布于平坝、长顺、罗甸、荔波等地。

4. 锈色蛛毛苣苔 *Paraboea rufescens*（**Franch.**）**B. L. Burtt**

多年生草本；生于海拔600－1500m的山坡石山岩石缝间；分布于兴义、兴仁、册亨、安龙、镇宁、罗甸、贵定、独山、关岭等地。

5. 蛛毛苣苔 *Paraboea sinensis* （Oliv.）B. L. Burtt

多年生；生于海拔 400－1200m 的山坡林下石缝中或陡崖上；分布于正安、绥阳、七星关、贵定、荔波等地。

6. 锥序蛛毛苣苔 *Paraboea swinhoei* （Hance）B. L. Burtt【*Paraboea swinhoii* （Hance）Burtt】

多年生草本；生于海拔 300－750m 的山坡林下阴湿岩石上；分布于荔波、独山等地。

7. 小花蛛毛苣苔 *Paraboea thirionii* （Lévl.）B. L. Burtt

多年生草本；生于海拔 305m 左右的阴湿岩石上；分布于兴义等地。

8. 三苞蛛毛苣苔 *Paraboea tribracteata* D. Fang et W. Y. Rao

多年生草本；生于石灰石山地；分布于荔波等地。

（二三）弥勒苣苔属 *Paraisometrum* W. T. Wang.

1. 弥勒苣苔 *Paraisometrum mileense* W. T. Wang

多年生草本；生于海拔 1000－1200m 的山地林下石壁上；分布于兴义等地。

（二四）石山苣苔属 *Petrocodon* Hance

1. 石山苣苔 *Petrocodon dealbatus* Hance

多年生草本；生于海拔 500－700m 的山谷阴处石上或石山林中；分布于独山、黄平、镇远、荔波等地。

2. 齿缘石山苣苔 *Petrocodon dealbatus* var. *denticulatus* （W. T. Wang）W. T. Wang

多年生草本；生于山坡阴湿处岩石 ；分布于黎平等地。

（二五）石蝴蝶属 *Petrocosmea* Oliver

1. 贵州石蝴蝶 *Petrocosmea cavaleriei* Lévl.

多年生草本；生于山地林下湿地上；分布于平坝、清镇、赫章、罗甸等地。

2. 汇药石蝴蝶 *Petrocosmea confluens* W. T. Wang

多年生草本；生于海拔 1340m 的山谷山坡岩石下；分布于望谟等地。

3. 滇黔石蝴蝶 *Petrocosmea martinii* （Lévl.）Lévl.

多年生草本；生于海拔 800－1200m 的山地石壁上；分布于平坝、清镇、龙里、荔波等地。

4. 光蕊滇黔石蝴蝶 *Petrocosmea martinii* var. *leiandra* W. T. Wang

多年生草本；生于陡崖阴湿处；分布于清镇等地。

5. 中华石蝴蝶 *Petrocosmea sinensis* Oliv.

多年生草本；生于海拔 400－500m 的低山阴处石上；分布地不详。

6. 黄斑石蝴蝶 *Petrocosmea xanthomaculata* G. Q. Gou et X. Y. Wang

多年生草本；生于海拔 1760m；分布于沿河等地。

（二六）漏斗苣苔属 *Didissandra* C. B. Clarke

1. 大苞漏斗苣苔 *Didissandra begoniifolia* Lévl.【*Raphiocarpus begoniifolia* （Lévl.）Burtt】

多年生草本；生于海拔 1000－1600m 的山地林下阴湿处；分布于绥阳、兴仁、安龙、望谟、荔波等地。

2. 长梗漏斗苣苔 *Didissandra longipedunculata* C. Y. Wu ex H. W. Li【*Didissandra longipedunculatus* C. Y. Wu ex H. W. Li；*Raphiocarpus longipedunculatus*（C. Y. Wuex H. W. Li）Burtt】

亚灌木；生于海拔 1400－1700m 的林下潮湿处或溪边；分布地不详。

（二七）长冠苣苔属 *Rhabdothamnopsis* Hemsley

1. 长冠苣苔 *Rhabdothamnopsis sinensis* Hemsl.

亚灌木；生于海拔 800－1600m 的山地林中石灰岩上；分布于长顺、平坝、独山、罗甸等地。

（二八）尖舌苣苔属 *Rhynchoglossum* Blume

1. 尖舌苣苔 *Rhynchoglossum obliquum* Bl.【*Rhynchoglossum obliquum* var. *hologlossum* （Hayata）

W. T. Wang〗

多年生草本；生于海拔 1000－1500m 的山地林中或陡崖阴处；分布于兴义、册亨等地。

（二九）线柱苣苔属 *Rhynchotechum* Blume

1. 线柱苣苔 *Rhynchotechum ellipticum*（Wall. ex D. Dietr.）A. DC.〖*Rhynchotechum obovatum*（Griff.）Burtt〗

亚灌木；生于海拔 1300m 的山谷林中或溪边阴湿处；分布于安龙等地。

（三〇）世纬苣苔属 *Tengia* Chun

1. 世纬苣苔 *Tengia scopulorum* Chun

多年生草本；生于海拔 300－1200m 的山地石崖阴处；分布于贵阳、贵定等地。

2. 壶花世纬苣苔 *Tengia scopulorum* var. *potiflora*（S. Z. He）W. T. Wang, A. L. Weitzman, et L. E. Skog〖*Tengia potiflora* S. Z. He〗

多年生草本；生于山坡灌丛中岩石上；分布于修文等地。

（三一）辐花苣苔属 *Thamnocharis* W. T. Wang

1. 辐花苣苔 *Thamnocharis esquirolii*（Lévl.）W. T. Wang

多年生草本；生于海拔 1500－1600m 的山地灌丛中或林下；分布于贞丰、兴仁、安龙等地。

（三二）短檐苣苔属 *Tremacron* Craib

1. 威宁短檐苣苔 *Tremacron aurantiacum* var. *weiningense* S. Z. He et Q. W. Sun

多年生草本；分布于威宁等地。

2. 东川短檐苣苔 *Tremacron mairei* Craib

多年生草本；生于海拔 1800－2600m 的林下岩石上；分布于盘县等地。

（三三）异叶苣苔属 *Whytockia* W. W. Smith

1. 毕节异叶苣苔 *Whytockia bijieensis* Y. Z. Wang et Zhen Y. Li

多年生草本；生于海拔 1500m；分布于七星关等地。

2. 白花异叶苣苔 *Whytockia tsiangiana*（Hand.-Mazz.）A. Weber

多年生草本；生于海拔 870－1300m 的山谷水边石上阴处或林下；分布于印江、贞丰、兴仁等地。

3. 峨眉异叶苣苔 *Whytockia tsiangiana* var. *wilsonii* A. Weber

多年生草本；生于海拔 800－1200m 的山坡阴处；分布于七星关等地。

一五九、爵床科 Acanthaceae

（一）穿心莲属 *Andrographis* Wallich ex Nees

1. 疏花穿心莲 *Andrographis laxiflora*（Bl.）Lindau

一年生草本；生于海拔 700－1000m 的山坡林下；分布于独山、罗甸、贞丰等地。

2. 穿心莲 *Andrographis paniculata*（Burm. f.）Nees

一年生草本；原产地可能在南亚；省内有栽培。

（二）十万错属 *Asystasia* Blume

1. 白接骨 *Asystasia neesiana*（Wall.）Nees〖*Asystasiella neesiana*（Wall.）Lindau〗

多年生草本；生于海拔 650－1850m 的山坡林下或灌丛中；分布于贵阳、息烽、梵净山、沿河、施秉、石阡、榕江、荔波、贵定、开阳、清镇、习水、七星关、大方、纳雍、晴隆、贞丰、兴仁、安龙等地。

（三）假杜鹃属 *Barleria* Linnaeus

1. 假杜鹃 *Barleria cristata* L.

小灌木；生于海拔 200－1200m 的山坡草地或疏林下；分布于罗甸、望谟、册亨、兴义、关岭、水城等地。

(四)钟花草属 *Codonacanthus* Nees

1. 钟花草 *Codonacanthus pauciflorus* (Nees) Nees【*Leptostachya repanda* Q. H. Chen】

多年生草本;生于海拔1000m的林下;分布于盘县、水城、赤水等地。

(五)珊瑚花属 *Cyrtanthera* Nees

1. 珊瑚花 *Cyrtanthera carnea* (Lindl.) Alph. Wood

草本或半灌木;原产巴西;省内有栽培。

(六)狗肝菜属 *Dicliptera* Jussieu

1. 印度狗肝菜 *Dicliptera bupleuroides* Nees

直立草本;生于海拔400m的山坡路旁;分布于罗甸等地。

2. 狗肝菜 *Dicliptera chinensis* (L.) Juss.

一年或二年生草本;生于海拔500-1200m的山坡路旁;分布于瓮安、独山、罗甸、望谟等地。

(七)恋岩花属 *Echinacanthus* Nees

1. 黄花岩恋花 *Echinacanthus lofouensis* (Lévl.) J. R. I. Wood

灌木;生于海拔560-750m的石灰岩山地林下或灌丛中;分布于独山、荔波、罗甸、惠水等地。

(八)可爱花属 *Eranthemum* L.

1. 华南可爱花 *Eranthemum austrosinense* H. S. Lo

直立草本;生于海拔150-700m的山地灌丛中或林下;分布于安龙、罗甸、望谟等地。

2. 毛冠可爱花 *Eranthemum austrosinense* var. *pubipetalum* (S. Z. Huang ex H. P. Tsui) T. L. Li et Y. F. Deng【*Eranthemum pubipetalum* S. Z. Huang ex H. P. Tsui】

多年生草本;生于海拔700m的河边灌丛中;分布于安龙等地。

3. 喜花草 *Eranthemum pulchellum* Andrews

亚灌木;原产印度及热带喜马拉雅地区;省内有栽培。

(九)棵柱花属 *Gymnostachyum* Nees

1. 华裸柱草 *Gymnostachyum sinense* (H. S. Lo) H. Chu【*Andrographis sinensis* H. S. Lo】

多年生草本;生于海拔900m的林下;分布于施秉等地。

(十)水蓑衣属 *Hygrophila* R. Brown

1. 水蓑衣 *Hygrophila ringens* (L.) R. Brown ex Sprengel【*Hygrophila salicifolia* (Vahl) Nees】

多年生草本;生于海拔500-1300m的山地湿处或沟旁;分布于镇远、施秉、荔波、罗甸、望谟、贞丰、兴义等地。

(十一)爵床属 *Justicia* Linnaeus

1. 鸭嘴花 *Justicia adhatoda* L.

大灌木;引种;省内有栽培。

2. 大叶杜根藤 *Justicia alboviridis* R. Ben

多年生草本;生于海拔500-700m的山坡湿地;分布于碧江、江口等地。

3. 华南爵床 *Justicia austrosinensis* H. S. Lo et D. Fang

多年生 草本;生于海拔720-1300m的山坡林下;分布于贞丰、安龙等地。

4. 虾衣花 *Justicia brandegeana* Wassh. et L. B. Sm.【*Drejerella guttata* Bremek.】

小灌木;原产墨西哥;省内有栽培。

5. 圆苞杜根藤 *Justicia championi* T. Anderson【*Justicia chinensis* (Benth.) Q. H. Chen】

多年生草本;生于海拔700-1000m的山坡草地阴湿处;分布于沿河、施秉、石阡、龙里、开阳、水城、兴义等地。

6. 小驳骨 *Justicia gendarussa* N. L. Burman【*Gendarussa vulgaris* Nees】

多年生草本；生于村旁或路边的灌丛中；分布于荔波等地。

7. 贵州赛爵床 *Justicia kouytcheensis*（Lévl.）E. Hossain

多年生草本；生于海拔 1300m 的山坡林下；分布于安龙、兴义等地。

8. 紫苞爵床 *Justicia latiflora* Hemsl.

草本或亚灌木；生于海拔拔 800 – 1400m 的山顶灌丛中；分布于开阳、荔波、金沙、西秀、望谟、安龙、兴仁等地。

9. 野靛棵 *Justicia patentiflora* Hemsl.【*Mananthes patentiflora*（Hemsl.）Bremek.】

多年生草本；生于海拔 500 – 800m 的林内或沟谷溪旁；分布于茂兰等地。

10. 爵床 *Justicia procumbens* L.

多年生草本；生于海拔 350 – 1400m 的山野；分布于省内各地。

11. 杜根藤 *Justicia quadrifaria*（Nees）T. Anderson

多年生草本；生于海拔 600 – 1000m 的山地灌丛中；分布于独山、荔波、榕江等地。

12. 黑叶小驳骨 *Justicia ventricosa* Wall. ex Sims.

多年生草本；生于海拔 1100m 的山顶灌丛中；分布于兴仁、贞丰等地。

（十二）鳞花草属 *Lepidagathis* Willdenow

1. 鳞花草 *Lepidagathis incurva* Buch. -Ham. ex D. Don

多年生草本；生于海拔 200m 的山坡林下；分布于罗甸等地。

（十三）芦莉草属 *Ruellia* Linnaeus

1. 飞来蓝 *Ruellia venusta* Hance【*Leptosiphonium venustum*（Hance）E. Hossain】

多年生草本；生于海拔 350 – 700m 的山谷林下岩缝中或阴湿处；分布于赤水、习水等地。

（十四）纤穗爵床属 *Leptostachya* Nees

1. 纤穗爵床 *Leptostachya wallichii* Nees

多年生草本；生于海拔 1000 – 1200m 的石灰岩山地林中；分布于安龙、贞丰等地。

（十五）地皮消属 *Pararuellia* Bremekamp et Nannega – Bremekamp

1. 罗甸地皮消 *Pararuellia cavaleriei*（Lévl.）E. Hossain

多年生草本；生于海拔 150 – 1400m 的河边；分布于罗甸等地。

2. 地皮消 *Pararuellia delavayana*（Baill.）E. Hossain

多年生草本；生于海拔 800 – 1100m 的山地林中或河边；分布于关岭、望谟、贞丰等地。

（十六）观音草属 *Peristrophe* Nees

1. 观音草 *Peristrophe bivalvis*（L.）Merr.

多年生草本；生于海拔 280 – 1200m 的山坡草地或路旁湿地；分布于罗甸、独山、贵阳、兴义、贞丰等地。

2. 野山蓝 *Peristrophe fera* C. B. Clarke

多年生草本；生于海拔 1200m 的山谷林中；分布于瓮安等地。

3. 海南山蓝 *Peristrophe floribunda*（Hemsl.）C. Y. Wu et H. S. Lo

多年生草本；生于海拔 700 – 1000m 的山地林下或沟旁；分布于七星关、习水、金沙、普安等地。

4. 九头狮子草 *Peristrophe japonica*（Thunb.）Bremek.

多年生草本；生于海拔 560 – 1400m 的山坡路旁、草地和林下湿处；分布于贵阳、黔东北部至黔西南部。

（十七）火焰花属 *Phlogacanthus* Nees

1. 毛脉火焰花 *Phlogacanthus pubinervius* T. Anderson

灌木或小乔木；生于海拔 800 – 1200m 的山坡路旁或灌丛中；分布于石阡、贵定、荔波、罗甸、瓮安、望谟、册亨、安龙、兴义等地。

（十八）山壳骨属 *Pseuderanthemum* Radlkofer

1. 云南山壳骨 *Pseuderanthemum crenulatum*（Wall. ex Lindl.）Radl.【*Pseuderanthemum graciliflorum*（*Nees*）*Ridl.*】

灌木；生于林下或灌丛中；分布于罗甸等地。

2. 海康钩粉草 *Pseuderanthemum haikangense* C. Y. Wu et H. S. Lo

多年生草本；生于海拔 700m 的河边灌丛中；分布于安龙等地。

3. 多花山壳骨 *Pseuderanthemum polyanthum*（C. B. Clarke）Merr.

灌木；生于海拔 600m 的山坡湿地；分布于罗甸等地。

（十九）孩儿草属 *Rungia* Nees

1. 腋花孩儿草 *Rungia axilliflora* H. S. Lo

草本；生于海拔 960m 的山坡灌丛下；分布于关岭、镇宁等地。

2. 匍匐鼠尾黄 *Rungia stolonifera* C. B. Clarke

草本；生于海拔 1800m 的山坡灌丛中湿润处；分布于普安、盘县等地。

（二〇）叉柱花属 *Staurogyne* Wallich

1. 金长莲 *Staurogyne sichuanica* H. S. Lo

草本；生于海拔 570m 的与苔藓混生于潮湿石壁上；分布于赤水等地。

（二一）马蓝属 *Strobilanthes* Blume

1. 肖笼鸡 *Strobilanthes affinis*（Griff.）Terash. ex J. R. I. Wood et J. R. Benett.【*Strobilanthes acrocephala* T. Ander；*Strobilanthes darrisii* Lévl.】

多年生草本；生于海拔 600 – 1300m 的山坡灌丛中或草地；分布于贵阳、平坝、西秀、镇宁、水城、罗甸、册亨、安龙、兴仁等地。

2. 山一笼鸡 *Strobilanthes aprica*（Hance）T. Anders.【*Gutzlaffia aprica* Hance】

多年生草本；生于海拔 800 – 1300m 的山草坡；分布于贵阳、长顺、罗甸、册亨、兴仁、兴义等地。

3. 翅柄马蓝 *Strobilanthes atropurpurea* Nees【*Strobilanthes wallichii* Nees】

多年生草本；生于海拔 1000 – 1400m 的山坡林下草地；分布于梵净山、正安、遵义、石阡、雷公山、榕江等地。

4. 镇宁马蓝 *Strobilanthes atropurpurea* var. *stenophylla*（C. B. Clarke）Y. F. Deng et J. R. I. Wood【*Strobilanthes stenophylla* C. B. Clarke；*Strobilanthes martinii* Lévl.】

多年生草本；生于海拔 650 – 700m 的林下沟旁湿地或河边；分布于镇宁、兴义等地。

5. 耳叶马蓝 *Strobilanthes auriculata* Nees【*Perilepta auriculata*（Ness.）Bremek.】

灌木状草本；分布于荔波等地。

6. 奇瓣马蓝 *Strobilanthes cognata* R. Ben.

多年生草本；生于海拔 700 – 1200m 的山坡灌丛中；分布于贵定、惠水、贞丰等地。

7. 板蓝 *Strobilanthes cusia*（Nees）Kuntze

多年生草本；生于海拔 800 – 1000m 的山坡林下阴湿处；分布于凤冈、石阡、从江、荔波、独山、镇宁、册亨、安龙、兴仁、兴义等地。

8. 弯花马蓝 *Strobilanthes cyphantha* Diels【*Pteracanthus cyphanthus*（Diels）C. Y. Wu et C. C. Hu.】

半灌木；生于海拔 1900 – 2200m 的山顶矮林林缘；分布于梵净山等地。

9. 环毛马蓝 *Strobilanthes cyclus* C. B. Clarke ex W. W. Sm.

亚灌木；生于海拔 1500 – 1800m 的山坡草地；分布于兴仁、兴义等地。

10. 曲枝马蓝 *Strobilanthes dalzielii*（W. W. Smith）Benoist【*Diflugossa divaricata*（Nees）Bremek.

; *Strobilanthes divaricata*（Ness）**T. Anders**】

多年生草本或亚灌木；生于海拔 650 - 700m 的山地灌丛中或路旁；分布于独山、荔波等地。

11. 球花马蓝 *Strobilanthes dimorphotricha* **Hance**【*Strobilanthes equitans* **Lévl.**；*Goldfussia equitans*（**Lévl.**）**E. Hossain**；*Strobilanthes seguinii* **Lévl.**；*Strobilanthes chaffanjonii* **Lévl.**；*Strobilanthes psilostachys* **C. B. Clarke ex W. W. Sm.**】

多年生草本；生于海拔 600 - 1200m 的山地灌丛中或沟旁；分布于贵阳、龙里、金沙、盘县、赤水、兴义、梵净山、石阡、三都、晴隆、普安、从江等地。

12. 白头马蓝 *Strobilanthes esquirolii* **Lévl.**【*Strobilanthes leucocephala* **Craib**】

多年生草本；生于海拔 250 - 750m 的山坡灌丛中；分布于罗甸、贞丰、册亨等地。

13. 城口马蓝 *Strobilanthes flexa* **R. Ben**

多年生草本；生于海拔 1400 - 2700m 的森林；分布地不详。

14. 溪畔黄球花 *Strobilanthes fluviatilis*（**C. B. Clark ex W. W. Sm.**）**E. Moylan et Y. F. Deng**【*Sericocalyx fluviatilis*（**C. B. Clarke ex W. W. Sm.**）**Bremek.**】

多年生草本；生于海拔 300m 的河边；分布于望谟等地。

15. 腺毛马蓝 *Strobilanthes forrestii* **Diels**

多年生草本；生于海拔 2000m 以上的山谷湿地；分布于威宁、桐梓等地。

16. 南一笼鸡 *Strobilanthes henryi* **Hemsl.**【*Paragutzlaffia henryi*（**Hemsl.**）**H. P. Tsui**；*Paragutzlaffia lyi*（**Lévl.**）**H. P. Tsui**】

草本或亚灌木；生于海拔 800 - 1300m 的山坡灌丛中；分布于清镇、平坝、凤冈、惠水、开阳等地。

17. 日本马蓝 *Strobilanthes japonica*（**Thunb.**）**Miq.**

多年生草本；生于海拔 500 - 1650m 的山坡阴湿地或沟旁；分布于兴义、安龙、盘县、赤水、习水等地。

18. 薄叶马蓝 *Strobilanthes labordei* **Lévl.**

多年生草本；生于海拔 1000 - 1300m 的林下湿地或草地；分布于贵阳、贵定、独山、从江、瓮安、黄平等地。

19. 莴苣叶紫云菜 *Strobilanthes lactucifolia* **Lévl.**

多年生草本；生于荆棘地；分布于兴义等地。

20. 蒙自马蓝 *Strobilanthes lamiifolia*（**Nees**）**T. Anderson**

多年生草本；生于海拔 400 - 2100m 的草山或林下；分布地不详。

21. 鼠尾马蓝 *Strobilanthes myura* **R. Ben.**

多年生草本；生于海拔 600 - 750m 的山地路旁湿处或灌丛中；分布独山、荔波等地。

22. 少花马蓝 *Strobilanthes oligantha* **Miq.**

多年生草本；生于海拔 1000 - 1300m 的山坡林下湿地；分布于正安、雷公山、榕江等地。

23. 菱叶马蓝 *Strobilanthes oligocephala* **T. Ander**

多年生草本；生于海拔 1300m 的北盘江峡谷岩石下；分布于水城等地。

24. 圆苞马蓝 *Strobilanthes penstemonoides*（**Nees**）**T. Anders.**

多年生草本或亚灌木；生于海拔 600 - 1500m 的山坡或灌丛中；分布于梵净山、荔波、贵阳、平坝、镇宁、兴仁、赤水等地。

25. 延苞马蓝 *Strobilanthes pteroclada* **R. Ben**

多年生草本；生于海拔 450m 的山地路旁；分布于罗甸等地。

26. 安龙马蓝 *Strobilanthes sinica*（**H. S. Lo**）**Y. F. Deng**【*Dyschoriste sinica* **H. S. Lo**】

多年生草本；生于海拔 1300m 的山坡草地；分布于安龙等地。

27. 四子马蓝 *Strobilanthes tetrasperma*（Champ. ex Benth.）Druce

多年生草本；生于海拔 350－1500m 的山坡林下或湿草地；分布于碧江、石阡、施秉、瓮安、黄平、雷公山、榕江等地。

28. 尖药花 *Strobilanthes tomentosa*（Nees）J. R. I. Wood【*Aechmanthera tomentosa*（Wall.）Nees；*Aechmanthera gossypina*（Nees）Nees】

多年生草本；生于海拔 800－1400m 的山坡草地；分布于罗甸、兴仁、兴义等地。

29. 云南马蓝 *Strobilanthes yunnanensis* Diels

亚灌木；生于海拔 800－2800m 的潮湿灌丛中或背阴的地方；分布于大沙河等地。

（二二）山牵牛属 *Thunbergia* Retzius

1. 直立山牵牛 *Thunbergia erecta*（Benth.）T. Anderson

亚灌木；原产热带美洲；省内有栽培。

2. 碗花草 *Thunbergia fragrans* Roxb.

多年生草本；生于海拔 700－1300m 的山地林下或灌丛中；分布于盘县、罗甸、望谟、兴义等地。

一六〇、胡麻科 Pedaliaceae

（一）胡麻属 *Sesamum* Linnaeus

1. 芝麻 *Sesamum indicum* L.

一年生草本；原产印度；省内有栽培。

一六一、紫葳科 Bignoniaceae

（一）凌霄属 *Campsis* Loureiro

1. 凌霄 *Campsis grandiflora*（Thunb.）K. Schum.

攀援藤本；引种；省内有栽培。

（二）梓属 *Catalpa* Scop.

1. 楸 *Catalpa bungei* C. A. Mey.

落叶乔木；引种；省内有栽培。

2. 灰楸 *Catalpa fargesii* Bur.【*Catalpa fargesii* f. *duclouxii* Gilmour】

落叶乔木；生于海拔 700－1300m 的村庄边、山谷中；分布于遵义、开阳、碧江、贵阳、息烽、盘县、安龙、兴义、兴仁、普安、黎平等地。

3. 梓 *Catalpa ovata* G. Don

落叶乔木；生于海拔 500－2500m 的山坡；分布于开阳、息烽、修文等全省大部分地区。

（三）角蒿属 *Incarvillea* Jussieu

1. 两头毛 *Incarvillea arguta*（Royle）Royle

多年生草本；生于海拔 1300－2800m 的路旁，灌丛中及岩石上；分布于清镇、西秀、威宁、赫章等地。

（四）蓝花楹属 *Jacaranda* Jussieu

1. 蓝花楹 *Jacaranda mimosifolia* D. Don

落叶乔木；原产南美洲；省内有栽培。

（五）火烧花属 *Mayodendron* Kurz

1. 火烧花 *Mayodendron igneum*（Kurz）Kurz

常绿乔木；生于海拔 400m 左右的河谷地带；分布于册亨、望谟、贞丰等地。

（六）木蝴蝶属 *Oroxylum* Ventenat

1. 木蝴蝶 *Oroxylum indicum*（L.）Benth. ex Kurz

落叶乔木；生于海拔 500 – 1100m 的山谷林中或山脚路旁；分布于望谟、册亨、安龙、罗甸等地。

（七）菜豆树属 *Radermachera* Zollinger et Moritzi

1. 菜豆树 *Radermachera sinica*（Hance）Hemsl.

小乔木；生于海拔 300 – 800m 的山谷及石灰岩山坡树林中；分布于罗甸、荔波、黔西南等地。

（八）羽叶楸属 *Stereospermum* Chamisso

1. 羽叶楸 *Stereospermum colais*（Buch. -Ham. ex Dillwyn）Mabb.【*Stereospermum tetragonum*（Wall.）DC.】

落叶乔木；生于海拔 400 – 1800m 的山坡疏密林中；分布于兴仁、罗甸等地。

一六二、狸藻科 Lentibulariaceae

（一）捕虫堇属 *Pinguicula* Linnaeus

1. 高山捕虫堇 *Pinguicula alpina* L.

多年生草本；生于海拔 2300 – 2900m 的阴湿岩壁间或高山杜鹃灌丛下；分布于印江等地。

（二）狸藻属 *Utricularia* Linnaeus

1. 黄花狸藻 *Utricularia aurea* Lour.

一年生水生草本；生于水池或稻田中，是水稻的田间杂草；分布于全省各地。

2. 南方狸藻 *Utricularia australis* R. Br.

多年生水生草本；生于海拔 2500m 以下的湖泊、池塘及稻田中；分布于西秀、贵阳等地。

3. 挖耳草 *Utricularia bifida* L.

一年生陆生小草本；生于海拔 1350m 以下的空旷湿地上；分布于黔东南、黔南、兴义、安龙等地。

4. 短梗挖耳草 *Utricularia caerulea* L.

一年生陆生小草本；生于海拔 2000m 以下的沼泽地、水湿草地或滴水岩壁上；分布于都匀、贵定等地。

5. 缠绕挖耳草 *Utricularia scandens* Benj.

一年生陆生小草本；生于海拔 760m 的沼泽地，缠绕于其它草本植物上；分布于黔西南等地。

6. 尖萼挖耳草 *Utricularia scandens* subsp. *firmula*（Oliv.）Z. Y. Li

陆生小草本；生于海拔 150 – 2900m 的水田、沼泽或沟边湿处；分布于贵定等地。

7. 圆叶挖耳草 *Utricularia striatula* J. Sm.

多年生附生或石生小草本；生于海拔 400m 以上的潮湿地面或树干表面的苔藓中；分布于兴仁等地。

一六三、桔梗科 Campanulaceae

（一）沙参属 *Adenophora* Fischer

1. 丝裂沙参 *Adenophora capillaris* Hemsl.

多年生草本；生于海拔 1400 – 2200m 山地草坡或灌丛中；全省各地均产。

2. 细萼沙参 *Adenophora capillaris* subsp. *leptosepala*（Diels）D. Y. Hong【*Adenophora leptosepala* Diels】

多年生草本；生于海拔 2000m 以上的林缘、草地；分布于兴义等地。

3. 天蓝沙参 *Adenophora coelestis* Diels【*Adenophora ornata* Diels】

多年生草本；生于海拔 1200m 以上的林下、林缘、林间空地或草地中；分布于大沙河等地。

4. 裂叶沙参 *Adenophora lobophylla* Hong

多年生草本；生于海拔 1120m 的草坡；分布于贵阳等地。

5. 湖北沙参 *Adenophora longipedicellata* D. Y. Hong

多年生草本；生于海拔 2400m 以下的山坡草地、灌丛中和峭壁缝里；分布于习水等地。

6. 杏叶沙参 *Adenophora petiolata* subsp. *hunanensis*（Nannf.）D. Y. Hong et S. Ge【*Adenophora hunanensis* Nannf.】

多年生草本；生于海拔 2000m 以下的山坡草地和林缘草地；分布于贵阳、凯里、雷公山、碧江等地。

7. 中华沙参 *Adenophora sinensis* A. DC.

多年生草本；生于海拔 1200m 以下的山地草坡、灌丛或疏林中；分布于贵州东部及中部地区。

8. 长柱沙参 *Adenophora stenanthina*（Ledeb.）Kitag.

多年生草本；生于海拔约 1500m 的山坡草丛、沟边或林缘；分布于大方等地。

9. 沙参 *Adenophora stricta* Miq.

多年生草本；生于海拔 2100 – 2850m 的草丛和岩石缝中；分布地不详。

10. 昆明沙参 *Adenophora stricta* subsp. *confusa*（Nannf.）D. Y. Hong

多年生草本；生于海拔 1000 – 2800m 的开旷山坡或林内；分布于兴义等地。

11. 无柄沙参 *Adenophora stricta* subsp. *sessilifolia* D. Y. Hong

多年生草本；生于海拔 600 – 2000m 的森林边缘或长满草的地方；分布于全省各地。

12. 轮叶沙参 *Adenophora tetraphylla*（Thunb.）Fisch.

多年生草本；生于山地草坡或林边；分布于全省各地。

13. 聚叶沙参 *Adenophora wilsonii* Nannf.

多年生草本；生于海拔 1600m 以下的灌丛中或沟边岩石上；分布于仁怀、罗甸、册亨、望谟、荔波等地。

（二）牧根草属 *Asyneuma* Grisebach et Schenk

1. 球果牧根草 *Asyneuma chinense* D. Y. Hong

多年生草本；生于海拔 2900m 以下的山地草坡、灌丛或疏林中；全省各地均产。

（三）风铃草属 *Campanula* Linnaeus

1. 灰毛风铃草 *Campanula cana* Wall.

多年生草本；生于海拔 1000 – 2800m 的开阔的岩石斜坡、草坡、灌丛；分布于息烽等地。

2. 西南风铃草 *Campanula pallida* Wall.【*Campanula colorata* Wall.】

多年生草本；生于海拔 1000 – 2900m 的山坡草地或疏林下；分布于省内西部、北部及南部等地。

3. 一年生风铃草 *Campanula dimorphantha* Schweinf.【*Campanula canescens* Wall. ex A. DC】

一年生草本；生于海拔 2000m 以下的草地及路边；分布于罗甸等地。

4. 紫斑风铃草 *Campanula punctata* Lam.

多年生草本；生于海拔 1900 – 2300m 处的山地林中、灌丛及草地中；分布于大沙河等地。

（四）金钱豹属 *Campanumoea* Blume

1. 金钱豹 *Campanumoea javanica* Bl.

多年生草本；生于海拔 2400m 以下的灌丛及疏林中；分布于黔西南等地。

2. 小花金钱豹 *Campanumoea javanica* subsp. *japonica* Bl.

多年生草本；生于海拔 2400m 以下的灌丛中及疏林中；除长顺、册亨、兴义、兴仁外，全省其余地区均产。

（五）党参属 *Codonopsis* Wallich

1. 银背叶党参 *Codonopsis argentea* P. C. Tsoong

多年生草本；生于海拔 2000－2300m 的山坡上；分布于梵净山等地。

2. 光叶党参 *Codonopsis cardiophylla* Diels ex Kom.

多年生草本；生于海拔 2000－2900m 的山地草坡及石崖上；分布于碧江、梵净山等地。

3. 鸡蛋参 *Codonopsis convolvulacea* Kurz

多年生草本；生于海拔 1200－2800m 山地灌丛或草坡；分布于威宁、纳雍、普安、水城、盘县等地。

4. 珠子参 *Codonopsis convolvulacea* subsp. *forrestii*（Diels）D. Y. Hong et L. M. Ma

多年生草本；生于海拔 1200m 以上的山地灌丛中；分布于普安等地。

5. 薄叶鸡蛋参 *Codonopsis convolvulacea* subsp. *vinciflora*（Kom.）D. Y. Hong

多年生草本；生于海拔 2500 以上的阳坡灌丛中；分布于省内北部等地。

6. 三角叶党参 *Codonopsis deltoidea* Chipp

多年生草本；生于海拔 1800－2800m 的山地林边及灌丛中；分布于省内西部等地。

7. 松叶鸡蛋参 *Codonopsis graminifolia* Lévl【*Codonopsis convolvulacea* var. *pinifolia*（Hand.-Mazz.）Nannf.】

多年生草本；生于山地林下或灌丛中；分布于威宁等地。

8. 川鄂党参 *Codonopsis henryi* Oliv.

多年生草本；生于海拔 2300m 以上的山坡草地；分布于梵净山、雷公山等地。

9. 羊乳 *Codonopsis lanceolata*（Sieb. et Zucc.）Benth. et Hook. f.

多年生草本；生于海拔 200－1500m 的山地沟边阴湿地区或林内；分布于绥阳、金沙、黔西、贵阳、清镇、江口、长顺等地。

10. 小花党参 *Codonopsis micrantha* Chipp

多年生草本；生于海拔 1950－2600m 的山地灌丛或草地；分布于贵阳、锦屏、兴义等地。

11. 党参 *Codonopsis pilosula*（Franch.）Nannf.【*Codonopsis pilosula* var. *volubilis*（Nannf.）L. T. Shen】

多年生草本；分布于桐梓等地。

12. 川党参 *Codonopsis pilosula* subsp. *tangshen*（Oliv.）D. Y. Hong【*Codonopsis tangshen* Oliv.】

多年生草本；生于海拔 900－2300m 间的山地林边灌丛中；分布于大方、威宁等地，其它地方有栽培。

13. 紫花党参 *Codonopsis purpurea* Wall.

多年生草本；生于海拔 2000m 以上的山地草坡及灌丛中；分布于省内西部等地。

14. 管花党参 *Codonopsis tubulosa* Kom.

多年生草本；生于海拔 1900－2800m 的山地灌木林下及草地；分布于七星关、赫章、织金、纳雍、盘县等地。

（六）蓝钟花属 *Cyananthus* Wallich ex Bentham

1. 细叶蓝钟花 *Cyananthus delavayi* Franch.【*Cyananthus microrhombeus* C. Y. Wu】

多年生草本；海拔 2400m 的山顶阳处；分布于威宁等地。

2. 束花蓝钟花 *Cyananthus fasciculatus* Marquis

一年生草本；生于海拔 2500m 以上的山地林下、灌丛或草坡之中；分布于省内西部等地。

3. 胀萼蓝钟花 *Cyananthus inflatus* Hook. f. et Thomson

一年生草本；生于海拔 1900－2900m 的山地草坡及灌丛；分布于水城、盘县等地。

（七）轮钟花属 *Cyclocodon* Griffith ex J. D. Hooker et Thomson

1. 轮钟花 *Cyclocodon lancifolius*（Roxb.）Kurz【*Campanumoea lancifolia*（Roxb.）Merr.】

多年生直立或蔓性草本；生于海拔 300 – 1800m 的山地草坡、沟边或林内；分布于关岭、兴义、惠水、罗甸、榕江、册亨、纳雍、都匀、独山、荔波等地。

（八）异钟花属 *Homocodon* Hong

1. 同钟花 *Homocodon brevipes*（Hemsl.）D. Y. Hong

一年生匍匐草本；生于海拔 1000 – 2900m 的山地林下、灌丛或草坡；分布于黔西南等地。

（九）半边莲属 *Lobelia* Linnaeus

1. 铜锤玉带草 *Lobelia nummularia* Lam.【*Pratia nummularia*（Lam.）A. Br. et Aschers.】

多年生草本；生于山地草坡或疏林中阴湿地；分布于省内各地。

2. 半边莲 *Lobelia chinensis* Lour.

多年生草本；生于田边、沟边、潮湿地及阴坡；分布于省内各地。

3. 密毛山梗菜 *Lobelia clavata* E. Wimm.

半灌木状草本；生于海拔 1900m 以下的山地草坡、林下或路边；分布于省内西部和西南部等地。

4. 狭叶山梗菜 *Lobelia colorata* Wall.

多年生草本；生于海拔 1000 – 2900m 的沟谷灌丛或潮湿草地上；分布于省内西部及雷公山等地。

5. 江南山梗菜 *Lobelia davidii* Franch.【*Lobelia davidii* var. *kwangsiensis*（E. Winn.）Lian.】

多年生草本；生于海拔 2900m 以下的山地林边或沟边较阴湿处；分布于贵阳、清镇、黔东南、黔南等地。

6. 柳叶山梗菜 *Lobelia iteophylla* C. Y. Wu

多年生草本；生于海拔 800 – 2500m 的山地草坡；分布于省内西部等地。

7. 毛萼山梗菜 *Lobelia pleotricha* Diels

多年生草本；生于海拔 2000m 以上的山坡草地、丛或竹林边缘；分布于省内西部及遵义、雷公山等地。

8. 塔花山梗菜 *Lobelia pyramidalis* Wall.

灌木状草本；生于海拔 1900m 以下的山坡草地、灌丛或路旁；分布于黔西南等地。

9. 西南山梗菜 *Lobelia seguinii* Lévl. et Vant.

半灌木状草本；生于海拔 500 – 2900m 山地草坡和林边；分布于省内西部及北部等地。

10. 卵叶半边莲 *Lobelia zeylanica* L.

多汁草本；生于海拔 2000m 以下的水田边或山谷沟边等阴湿处；分布于雷公山等地。

（十）袋果草属 *Peracarpa* J. D. Hooker et Thomson

1. 袋果草 *Peracarpa carnosa*（Wall.）Hook. f. et Thomson

多年生草本；生于海拔 2900m 以下的山地林下及沟边潮湿地下或石上；分布于水城、凯里等地。

（十一）桔梗属 *Platycodon* A. Candolle

1. 桔梗 *Platycodon grandiflorus*（Jacq.）A. DC.

多年生草本；生于海拔 2000m 以下的山地草坡、灌丛及林边；分布于全省各地。

（十二）兰花参属 *Wahlenbergia* Schrader ex Roth

1. 蓝花参 *Wahlenbergia marginata*（Thunb.）A. DC.

多年生草本；生于海拔 2800m 以下的平坝或山坡的田边、路边或草地；分布于遵义、湄潭、碧江、雷山、凯里、贵阳、威宁等地。

一六四、茜草科 Rubiaceae

（一）水团花属 *Adina* Salisbury

1. 水团花 *Adina pilulifera*（Lam.）Franch. ex Drake

常绿灌木至小乔木；生于海拔 350 – 980m 的河谷疏林下、旷野、路旁或溪边水畔；分布于黎平、从江、榕江、罗甸、惠水、三都等地。

2. 细叶水团花 *Adina rubella* Hance

落叶小灌木；生于低海拔河岸及河漫滩上；分布于镇远、黎平、从江、榕江、荔波、贵定、三都等地。

（二）茜木属 *Aidia* Loureiro

1. 香楠 *Aidia canthioides*（Champ. ex Benth.）Masam.【*Randia canthioides* Champ. ex Benth.】

常绿无刺灌木或乔木；生于海拔 600 – 800m 的山地林中；分布于开阳、雷公山、罗甸、荔波、都匀、三都、龙里等地。

2. 茜树 *Aidia cochinchinensis* Lour.【*Randia cochinchinensis*（Lour.）Merr.】

常绿乔木；生于海拔 400 – 800m 江谷山谷林中；分布于开阳、修文、赤水、雷公山、梵净山、荔波、长顺、独山、罗甸、都匀、三都等地。

3. 多毛茜草树 *Aidia pycnantha*（Drake）Tirveng.【*Randia acuminatissima* Merr.】

常绿灌木至小乔木；生于海拔 650m 的丘陵、山坡、山谷溪边的灌丛或林中；分布于罗甸等地。

（三）簕茜属 *Benkara* Adanson

1. 多刺簕茜 *Benkara depauperata*（Drake）Ridsd.【*Fagerlindia depauperata*（Drake）Tirveng.】

有刺灌木；生于海拔 450m 的山谷密林下；分布于望谟等地。

2. 海南簕茜 *Benkara hainanensis*（Merr.）C. M. Taylor【*Randia hainanensis* Merr.】

常绿有刺灌木或小乔木；生于低海拔河谷林中；分布于独山、三都等地。

（四）鱼骨木属 *Canthium* Lamarck

1. 猪肚木 *Canthium horridum* Bl.

常绿有刺灌木；生于海拔 600m 左右的山坡灌丛中；分布于安龙等地。

（五）风箱属 *Cephalanthus* Linnaeus

1. 风箱树 *Cephalanthus tetrandrus*（Roxb.）Ridsd. et Bakh. f.

落叶灌木或小乔木；生于海拔 700m 的阴蔽的水沟旁或溪畔；分布于息烽、修文、沿河、石阡、台江、黎平、关岭、长顺、瓮安等地。

（六）岩上珠属 *Clarkella* J. D. Hooker

1. 岩上珠 *Clarkella nana*（Edgew.）Hook. f.

矮小草本；生于海拔 1400m 的潮湿岩石上；分布于省内中部等地。

（七）咖啡属 *Coffea* Linnaeus

1. 小粒咖啡 *Coffea arabica* L.

小乔木或大灌木；原产埃塞俄比亚或阿拉伯半岛；省内有栽培。

（八）流苏子属 *Coptosapelta* Korthals

1. 流苏子 *Coptosapelta diffusa*（Champ. ex Benth.）Steenis

常绿藤本或攀援状灌木；生于海拔 1450m 以下的山地灌丛或林下；分布于印江、江口、松桃、黎平、榕江、荔波、都匀等地。

（九）虎刺属 *Damnacanthus* C. F. Gaertner

1. 短刺虎刺 *Damnacanthus giganteus*（Mak.）Nakai【*Damnacanthus subspinosus* Hand. -Mazz.】

短刺灌木；生于海拔 500－700m 山间密林中；分布于独山、三都等地。

2. 云桂虎刺 *Damnacanthus henryi*（Lévl.）**H. S. Lo**

灌木；生于海拔 1200－1800m 的山地密林中；分布地不详。

3. 虎刺 *Damnacanthus indicus* **C. F. Gaertn.**

具刺灌木；生于山地和丘陵的疏、密林下和石岩灌丛中；分布于修文、湄潭、独山、三都等地。

4. 柳叶虎刺 *Damnacanthus labordei*（Lévl.）**H. S. Lo**

常绿小灌木；生于海拔 700－1460m 的山地疏林中；分布于习水、梵净山、都匀、独山、惠水、雷公山、从江等地。

5. 浙皖虎刺 *Damnacanthus macrophyllus* **Sieb. ex Miq.**

具短刺灌木；生于海拔 800－1000m 的山地溪边疏、密林下；分布地不详。

（十）狗骨柴属 *Diplospora* **Candolle**

1. 狗骨柴 *Diplospora dubia*（Lindl.）**Masam.**【*Tricalysia dubia*（Lindl.）**Ohwi**】

常绿灌木或乔木；生于海拔 1500m 以下的山地灌丛或疏林中；分布于贵阳、开阳、梵净山、凯里、天柱、黎平、罗甸、惠水等地。

2. 毛狗骨柴 *Diplospora fruticosa* **Hemsl.**【*Tricalysia fruticosa*（Hemsl.）**K. Schumann apud E. Pritzel**】

常绿灌木或乔木；生于海拔 220－2000m 林中或灌丛中；分布于贵阳、赤水、罗甸、三都等地。

（十一）香果树属 *Emmenopterys* **Oliver**

1. 香果树 *Emmenopterys henryi* **Oliv.**

落叶大乔木；生于海拔 300－2600m 的山顶疏林中；分布于百里杜鹃、大方、赫章、金沙、纳雍、黔西、水城、七星关、织金、六枝、盘县、息烽、修文、开阳、清镇、贵阳、丹寨、雷公山、剑河、天柱、佛顶山、黎平、锦屏、从江、思南、黔南等地。

（十二）拉拉藤属 *Galium* **Linnaeus**

1. 楔叶葎 *Galium asperifolium* **Wall. ex Roxb.**

多年生、蔓生或攀缘草本；生于海拔 1250m 以上的山坡、沟边、田边、草地、灌丛、林中；分布地不详。

2. 毛果楔叶葎 *Galium asperifolium* **var.** *lasiocarpum* **W. C. Chen**

多年生草本；生于海拔 1400m 以上的山坡、农田、河畔、森林；分布地不详。

3. 小叶葎 *Galium asperifolium* **var.** *sikkimense*（Gand.）**Cuf.**

多年生草本；生于海拔 1900m 的山坡草丛中；分布于赫章等地。

4. 车叶葎 *Galium asperuloides* **Edgew.**

一年生草本；生于海拔 920m 以上的山坡、沟边、河滩、草地的草丛或灌丛中及林下；分布地不详。

5. 六叶葎 *Galium hoffmeisteri*（Klotzsch）**Ehrendo. et Schönbeck-Temesy ex R. R. Mill**【*Galium asperuloides* **subsp.** *hoffmeisteri*（Klotzsch）**Hara**】

一年生草本；生于海拔 920－3800m 山地湿处；分布于威宁、贵阳、江口等地。

6. 四叶葎 *Galium bungei* **Steud.**

多年生丛生直立草本；生于海拔 2520m 以下的田边、路旁及林下阴湿处；分布于全省各地。

7. 狭叶四叶葎 *Galium bungei* **var.** *angustifolium*（Loesen.）**Cufod.**

多年生草本；生于海拔 320－2200m 的山地、溪旁的林下、灌丛或草地；分布地不详。

8. 毛四叶律 *Galium bungei* **var.** *punduanoides* **Cufod.**【*Galium martinii* **Lévl. et Vant.**】

多年生草本；生于海拔 900m 以上的山区森林、灌丛或草地、田野、河边；分布于平坝等地。

9. 阔叶四叶葎 *Galium bungei* **var.** *trachyspermum*（A. Gray）**Cufod.**

多年生草本；生于海拔 740m 的山地、旷野、溪边的林中或草地；分布地不详。

10. 大叶猪殃殃 *Galium dahuricum* **Turcz. ex Ledeb.** 【*Galium comari* **Lévl. et Vant.** 】

多年生草本；生于海拔 760－1000m 的林中或草地；分布地不详。

11. 密花拉拉藤 *Galium dahuricum* **var.** *densiflorum*（**Cufod.**）**Ehrend.** 【*Galium pseudoasprellum* **var.** *densiflorum* **Cufod.** 】

多年生草本；生于海拔 700m 以上的山地的林下、灌丛或草地；分布地不详。

12. 小红参 *Galium elegans* **Wall. ex Roxb.**

多年生直立或攀缘草本；生于海拔 650m 以上的山地、溪边、旷野的林中、灌丛、草地或岩石上；分布于兴义等地。

13. 广西拉拉藤 *Galium elegans* **var.** *glabriusculum* **Req. ex DC.**

多年生草本；生于海拔 1100－2900m 的山间谷地；分布于威宁等地。

14. 肾柱拉拉藤 *Galium elegans* **var.** *nephrostigmaticum*（**Diels**）**W. C. Chen**

多年生草本；生于海拔 260m 以上的山地林中或草地；分布地不详。

15. 滇拉拉藤 *Galium yunnanense* **H. Hara et C. Y. Wu**【*Galium elegans* **var.** *nemorosum* **Cufod.** ；*Galium elegans* **var.** *angustifolium* **Cufod.** 】

多年生草本；生于海拔 1900－2200m 的山地草坡、石间缝隙之中；分布于威宁、赫章等地。

16. 猪殃殃 *Galium spurium* **L.**【*Galium aparine* **var.** *tenerum*（**Gren. et Godr.**）**H. G**】

多年生草本；生于海拔 350m 以上的山坡、草地；分布于全省各地。

17. 小叶猪殃殃 *Galium trifidum* **L.**

多年生草本；生于海拔 300－2540m 的潮湿处；分布于清镇等地。

（十三）栀子属 *Gardenia* Ellis

1. 栀子 *Gardenia jasminoides* **Ellis**

常绿灌木；生于海拔 580－1100m 的山间林下酸性土上或河流溪沟边；分布于开阳、兴仁、贞丰、惠水、印江、江口、雷山、黔南等地。

2. 狭叶栀子 *Gardenia stenophylla* **Merr.**

常绿灌木；生于海拔 800m 以下的山谷、溪边林中、灌丛或旷野河边；分布于佛顶山等地。

（十四）耳草属 *Hedyotis* Linnaeus

1. 耳草 *Hedyotis auricularia* **L.**

多年生草本；生于林缘和灌丛中；分布地不详。

2. 细叶亚婆潮 *Hedyotis auricularia* **var.** *mina* **W. C. Ko**

多年生草本；生于路旁沟边潮湿地；分布于从江等地。

3. 双花耳草 *Hedyotis biflora*（**L.**）**Lam.**

一年生草本；生于海拔 1200m 的潮湿旷地或林下；分布于荔波等地。

4. 大苞耳草 *Hedyotis bracteosa* **Hance**

草本；生于山坡疏林下或沟谷两旁湿润土地；分布于石阡等地。

5. 败酱耳草 *Hedyotis capituligera* **Hance**

草本；生于空旷草地上；分布地不详。

6. 剑叶耳草 *Hedyotis caudatifolia* **Merr. et Metc.**

灌木状草本；生于低海拔山地林下或山谷溪边；分布于黔东南等地。

7. 拟金草 *Hedyotis consanguinea* **Hance**【*Hedyotis lancea* **Thunb. ex Maxim.** 】

灌木状草本；生于海拔 700m 的山地林下；分布于荔波等地。

8. 金毛耳草 *Hedyotis chrysotricha*（**Palib.**）**Merr.**

多年生草本；生于海拔 800m 的山谷、路旁；分布于黎平等地。

9. 伞房花耳草 *Hedyotis corymbosa*（L.）Lam.

一年生草本；生于海拔 900m 的旷野或田边路旁；分布于兴义、册亨、望谟、贵阳、龙里、都匀、贵定、平塘、独山、丹寨、三都、松桃等地。

10. 白花蛇舌草 *Hedyotis diffusa* Willd.

一年生草本；生于海拔 900m 的旷野、路旁；分布于赤水、松桃、贵阳、都匀、长顺、雷山、望谟、罗甸、荔波、黎平等地。

11. 牛白藤 *Hedyotis hedyotidea*（DC.）Merr.

藤状灌木；生于低海拔至中海拔山谷灌丛或丘陵山地；分布于册亨等地。

12. 粗毛耳草 *Hedyotis mellii* Tutch.

多年生草本；生于海拔 500m 的山谷、路旁灌丛中；分布于黎平等地。

13. 矮小耳草 *Hedyotis ovatifolia* Cav.

草本；生于杂木林内或山坡草地上；分布地不详。

14. 纤花耳草 *Hedyotis tenelliflora* Bl.

多年生草本；生于海拔 300m 的左右的山谷或田埂上；分布于罗甸、黎平等地。

15. 长节耳草 *Hedyotis uncinella* Hook. et Arn.

多年生草本；生于海拔 200－1200m 的疏林下或干燥旷地；分布于清镇、贵阳、平坝、独山等地。

16. 粗叶耳草 *Hedyotis verticillata*（L.）Lam.

一年生草本；生于海拔 700m 的河滩上；分布于望谟等地。

（十五）土连翘属 *Hymenodictyon* Wallich

1. 土连翘 *Hymenodictyon flaccidum* Wall.

落叶乔木；生于海拔 800m 以上的山谷或溪边的林中或灌丛中；分布于黄果树、关岭、荔波等地。

（十六）龙船花属 *Ixora* Linnaeus

1. 白花龙船花 *Ixora henryi* Lévl.

常绿灌木；生于海拔 500－2000m 的山坡密林中；分布于册亨、罗甸、荔波、三穗等地。

（十七）红芽大戟属 *Knoxia* Linnaeus

1. 红芽大戟 *Knoxia sumatrensis*（Retzius）DC.【*Knoxia corymbosa* Willd.】

草本或亚灌木；生于海拔 500m 左右的山坡路旁；分布于望谟等地。

2. 贵州红芽大戟 *Knoxia mollis* Wight et Arn.

草本或亚灌木；生于灌丛中；分布地不详。

（十八）粗叶木属 *Lasianthus* Jack

1. 梗花粗叶木 *Lasianthus biermannii* King ex Hook. f.

常绿灌木；生于海拔 800m 的山谷林中；分布于黎平、雷公山、瓮安、荔波、都匀、龙里等地。

2. 粗梗粗叶木 *Lasianthus biermannii* subsp. *crassipedunculatus* C. Y. Wu et H. Zhu

常绿灌木；生于海拔 1000－1700m 的森林、潮湿处；分布地不详。

3. 粗叶木 *Lasianthus chinensis*（Champ.）Benth.

常绿灌木；生于海拔 400－900m 的河谷密林中；分布于开阳、江口、黎平、荔波、长顺、独山、罗甸、惠水、三都等地。

4. 长梗粗叶木 *Lasianthus filipes* Chun ex H. S. Lo

常绿灌木；生于山地林中或灌丛；分布于茂兰等地。

5. 罗浮粗叶木 *Lasianthus fordii* Hance

常绿灌木；生于林缘或疏林中；分布于黎平等地。

6. 西南粗叶木 *Lasianthus henryi* Hutch.【*Lasianthus appressihirtus* Simizu】

常绿灌木；常生林缘或疏林中；分布于瓮安、荔波、贵定、月亮山等地。

7. 睫毛粗叶木变种 *Lasianthus hookeri* var. *dunnianus*（Lévl）**H. Zhu**

常绿灌木；生于海拔 380－1450m 的林下；分布于罗甸等地。

8. 日本粗叶木 *Lasianthus japonicus* Miq.【*Lasianthus hartii* Franch.；*Lasianthus japonicus* var. *satsumensis*（Matsum.）Makino；*Lasianthus acuminatissimus* Merr.；*Lasianthus japonicus* var. *lancilimbus*（Merr.）Lo】

常绿灌木；生于海拔 200－1800m 的山地林下灌丛中；分布于梵净山、施秉、天柱、黎平、桐梓、都匀、三都、瓮安、独山、荔波、黎平、从江、大沙河等地。

9. 宽叶日本粗叶木 *Lasianthus japonicus* var. *latifolius* **H. Zhu**

常绿灌木；分布地不详。

10. 云广粗叶木 *Lasianthus japonicus* subsp. *longicaudus*（Hook. f.）**C. Y. Wu et H. Zhu**【*Lasianthus longicaudus* Hook. f.】

常绿灌木；生于海拔 400－850m 的山谷荫蔽处或林下；分布于雷山、黎平、月亮山、瓮安、独山、三都等地。

11. 有梗粗叶木 *Lasianthus rhinocerotis* subsp. *pedunculatus*（Pit.）**H. Zhu**【*Lasianthus koi* Merr. et Chun】

常绿灌木；生于林下阴湿处；分布于梵净山等地。

（十九）野丁香属 *Leptodermis* Wallich

1. 薄皮木 *Leptodermis oblonga* **Bunge**

灌木；生于海拔 2100m 的路边山坡灌丛中；分布于威宁等地。

2. 野丁香 *Leptodermis potanini* **Batal.**

灌木；生于海拔 800－2400m 的山坡灌丛中；分布地不详。

3. 粉绿野丁香 *Leptodermis potanini* var. *glauca*（Diels）**H. Winkl.**

灌木；生于海拔 800－2700m 的山地；分布于兴义等地。

4. 蒙自野丁香 *Leptodermis tomentella* **H. Winkl.**

灌木；生于海拔 1500－2000m 的疏林、灌丛或草地上；分布于威宁等地。

（二〇）滇丁香属 *Luculia* Sweet

1. 滇丁香 *Luculia pinceana* **Hook.**

灌木或乔木；生于海拔 600m 以上的山坡、山谷溪边的林中或灌丛中；分布于荔波等地。

（二一）黄棉木属 *Metadina* Bakhuizen f.

1. 黄棉木 *Metadina trichotoma*（Zoll. et Moritzi）**Bakh. f.**

常绿乔木；生于海拔 300－1000m 山谷溪畔；分布于凯里、修文、天柱、锦屏、黎平、梵净山、雷公山、榕江、月亮山、独山等地。

（二二）巴戟天属 *Morinda* Linnaeus

1. 紫珠叶巴戟 *Morinda callicarpifolia* **Y. Z. Ruan**

藤本；生于山地林下或路旁、沟边、山坡等灌丛中；分布于兴仁等地。

2. 金叶巴戟 *Morinda citrina* **Y. Z. Ruan**

藤本；生于山地疏、密林下；分布于黔南等地。

3. 白蕊巴戟 *Morinda citrina* var. *chlorina* **Y. Z. Ruan**

藤本；生于山地林下或灌丛中；分布于黔南等地。

4. 湖北巴戟 *Morinda hupehensis* **S. Y. Hu**

藤本；生于海拔 400－1000m 的林下或林边灌丛中；分布地不详。

5. 贵州巴戟天 *Morinda kweichowensis* **Y. K. Li**

藤本；分布于黎平等地。

6. 南岭鸡眼藤 *Morinda nanlingensis* **Y. Z. Ruan**

藤本；生于海拔300m的山谷溪旁等山地疏林下或灌丛阴处；分布于榕江等地。

7. 巴戟天 *Morinda officinalis* **How**

藤本；生于山地疏、密林下和灌丛中；分布于三都等地。

8. 细毛巴戟 *Morinda pubiofficinalis* **Y. Z. Ruan**

藤本；生于山谷、山坡林下和水旁灌丛中；分布地不详。

9. 印度羊角藤 *Morinda umbellata* **L.**

常绿攀援灌木；生于海拔800m以下的山谷密林中；分布于赤水、贵定、贞丰、印江、梵净山、雷公山、黎平、瓮安、独山、荔波、都匀、惠水、三都等地。

(二三) 玉叶金花属 *Mussaenda* **Linnaeus**

1. 展枝玉叶金花 *Mussaenda divaricata* **Hutch.**

攀援灌木；生于海拔1400m左右的山地灌丛及路边；分布于册亨、正安、罗甸等地。

2. 椭圆玉叶金花 *Mussaenda elliptica* **Hutch.**

攀援灌木；生于海拔450 – 980m的山地灌丛中；分布于安龙、罗甸等地。

3. 楠藤 *Mussaenda erosa* **Champ. ex Benth.**

攀援灌木；常攀援于疏林乔木树冠上；分布于荔波等地。

4. 大叶白纸扇 *Mussaenda shikokiana* **Makino**【*Mussaenda esquirolii* **Lévl.**；*Mussaenda anomala* **H. L. Li**】

直立或藤状灌木；生于海拔400 – 560m的山坡林下阴湿处；分布于梵净山、锦屏、黎平、从江、三都、荔波、瓮安、独山、罗甸、都匀、惠水、龙里等地。

5. 粗毛玉叶金花 *Mussaenda hirsutula* **Miq.**

落叶攀援状灌木；生于海拔400 – 900m的山地林下或河岸边；分布于修文、三都、惠水、黎平、榕江、从江等地。

6. 小玉叶金花 *Mussaenda parviflora* **Miq.**

攀援灌木或藤本；生于森林和灌丛中；分布于三都等地。

7. 玉叶金花 *Mussaenda pubescens* **W. T. Aiton**

攀援灌木；生于海拔400 – 500m的山坡、路旁及灌丛中；分布于息烽、开阳、修文、望谟、罗甸、长顺、独山、荔波、都匀、惠水、贵定、三都、黎平等地。

8. 单裂玉叶金花 *Mussaenda simpliciloba* **Hand. -Mazz.**

攀援灌木；生于海拔500m左右的山地灌丛中；分布于罗甸、独山等地。

(二四) 腺萼木属 *Mycetia* **Reinwardt**

1. 安龙腺萼木 *Mycetia anlongensis* **H. S. Lo**

灌木；生于海拔1280 – 1700m处的密林下沟溪边；分布于安龙等地。

2. 华腺萼木 *Mycetia sinensis*（**Hemsl.**）**Craib**

灌木；生于海拔200 – 1000m的山地密林中的潮湿之处；分布于荔波等地。

(二五) 密脉木属 *Myrioneuron* **R. Brown ex Kurz**

1. 密脉木 *Myrioneuron faberi* **Hemsl.**【*Myrioneuron oligoneuron* **Hand. -Mazz.**】

灌木状草本；生于海拔360m的河边林下；分布于黎平、赤水、贞丰、望谟、独山、三都、罗甸、荔波等地。

(二六) 新耳草属 *Neanotis* **Lewis**

1. 薄叶新耳草 *Neanotis hirsuta*（**L. f.**）**W. H. Lewis**

匍匐草本；生于低海拔林下或溪边湿地；分布于兴义、贞丰、望谟、正安、息烽、江口等地。

2. 臭味新耳草 *Neanotis ingrata*（**Hook. f.**）**W. H. Lewis**

多年生草本；生于海拔 1000m 以上林下阴湿处；分布于大方、清镇、都匀等地。

3. 西南新耳草 Neanotis wightiana（Wall. ex Wight et Arn.）W. H. Lewis

多年生草本；生于海拔 1000 – 1500m 的草坡、路旁或溪流两岸；分布地不详。

（二七）新乌檀属 Neonauclea Merrill

1. 新乌檀 Neonauclea griffithii（Hook. f.）Merr.

常绿乔木；多生于海拔 800 – 1000m 的山地密林中的沟谷和湿润坡地；分布地不详。

（二八）薄柱草属 Nertera Banks ex Gaertner

1. 薄柱草 Nertera sinensis Hemsl.

草本；生于海拔 500 – 1300m 的溪边或河边岩石上；分布于赤水、松桃、关岭、贞丰、印江、江口、梵净山等地。

（二九）蛇根草属 Ophiorrhiza Linnaeus

1. 广州蛇根草 Ophiorrhiza cantonensis Hance

多年生草本；生于海拔 1700m 以下的溪边或林下湿润处；分布于开阳、遵义、贵阳等地。

2. 中华蛇根草 Ophiorrhiza chinensis H. S. Lo

多年生草本；生于阔叶林下；分布地不详。

3. 瘤果蛇根草 Ophiorrhiza hayatana Ohwi

多年生草本，生于阔叶林中；分布于大沙河等地。

4. 日本蛇根草 Ophiorrhiza japonica Bl.

多年生草本；生于海拔 2400m 以下的山坡密林下或水边岩石潮湿处；分布于安龙、望谟、桐梓、雷山等地。

5. 短小蛇根草 Ophiorrhiza pumila Champ. ex Benth.

多年生草本；生于海拔 1400m 的山腹密林中岩石上；分布于道真等地。

（三〇）鸡爪簕属 Oxyceros Loureiro

1. 琼滇鸡爪簕 Oxyceros griffithii（Hook. f.）W. C. Chen

有刺灌木或乔木；生于海拔 200 – 2400m 的丘陵、山坡、山谷溪边的林中或灌丛中；分布地不详。

（三一）鸡矢藤属 Paederia Linnaeus

1. 耳叶鸡矢藤 Paederia cavaleriei Lévl.

缠绕灌木；生于海拔 880 – 1200m 的山地灌丛中；分布于贵阳、关岭、习水、息烽、都匀、瓮安、惠水等地。

2. 白毛鸡矢藤 Paederia pertomentosa Merr. ex H. L. Li

亚灌木或草质藤本；生于低海拔或石灰岩山地的矮林内；分布于贵阳、修文、瓮安、荔波、三都、龙里等地。

3. 鸡矢藤 Paederia foetida L.【Paederia scandens（Lour.）Merr.；Paederia scandens var. tomentosa（Bl.）Hand.-Mazz.；Paederia stenophylla Merr.】

藤本；生于海拔 200 – 2000m 的山坡灌丛中；分布于全省各地。

4. 云南鸡矢藤 Paederia yunnanensis（Lévl.）Rehd.

藤本；生于海拔 1000m 以上的山坡灌丛中；分布于贞丰、册亨、关岭、罗甸、荔波等地。

（三二）大沙叶属 Pavetta Linnaeus

1. 香港大沙叶 Pavetta hongkongensis Bremek.

灌木或小乔木；生于海拔 1000 – 1400m 的山坡灌丛中；分布于兴义、册亨、荔波、三都等地。

2. 多花大沙叶 Pavetta polyantha R. Br. ex Bremek.

灌木；生于海拔 900 – 1200m 的疏林内或溪旁；分布地不详。

(三三)槽裂木属 *Pertusadina* **Ridsdale**

1. 海南槽裂木 *Pertusadina metcalfii*（**Merr. ex H. L. Li**）**Y. F. Deng et C. M. Hu**〖*Adina hainanensis* **F. C. How**；*Pertusadina hainanensis*（**F. C. How**）**Ridsdale.**〗

大乔木；生于低海拔至中海拔山地林中；分布于荔波等地。

(三四)南山花属 *Prismatomeris* **Thwaites**

1. 四蕊三角瓣花 *Prismatomeris tetrandra*（**Roxb.**）**K. Schum.**

灌木至小乔木；生于海拔 300 – 2400m 的山地杂木林中；分布于荔波等地。

(三五)九节属 *Psychotria* **Linnaeus**

1. 羊果九节 *Psychotria calocarpa* **Kurz**

常绿直立灌木；生于海拔 400m 的山谷毛竹林下紫色砂岩石上；分布于赤水等地。

2. 驳骨九节 *Psychotria prainii* **Lévl.**〖*Cephalis siamica* **Craib**〗

常绿直立灌木；生于海拔 800 – 1200m 的灌木林中或林下；分布于水城、兴仁、册亨、荔波、罗甸等地。

3. 九节 *Psychotria asiatica* **L.**〖*Psychotria rubra*（**Lour.**）**Poir.**〗

常绿直立灌木；生于海拔 285m 的山地灌丛中；分布于罗甸等地。

(三六)茜草属 *Rubia* **Linnaeus**

1. 金剑草 *Rubia alata* **Roxb.**〖*Rubia lanceolata* **Hayata.**；*Rubia cordifolia* var. *Longifolia* **Hang. -Mazz.**〗

草质攀援藤本；生于海拔 600 – 2000m 的山坡密林或灌丛中；分布于惠水、大沙河等地。

2. 中国茜草 *Rubia chinensis* **Regel et Maack**

多年生直立草本；生于海拔 200 – 1330m 的山地林下、林缘和草甸；分布于大沙河等地。

3. 茜草 *Rubia cordifolia* **L.**

草质攀援藤本；生于山地灌丛草坡或林缘；分布于全省各地。

4. 钩毛茜草 *Rubia oncotricha* **Hand. -Mazz.**

藤状草本；生于海拔 500 – 2150m 的空旷山坡或林缘；分布于镇宁等地。

5. 卵叶茜草 *Rubia ovatifolia* **Z. Y. Zhang**

多年生草本；生于海拔 1700 – 2200m 的山地疏林或灌丛；分布于七星关等地。

6. 柄花茜草 *Rubia podantha* **Diels**

草质攀援藤本；生于海拔 1000m 的林缘、疏林中或草地上；分布于荔波等地。

7. 大叶茜草 *Rubia schumanniana* **E. Pritz.**

多年生直立草本；生于海拔 1200 – 2200m 的山地灌丛中或岩石缝隙中；分布于威宁、盘县、兴义、册亨、印江等地。

8. 山东茜草 *Rubia truppeliana* **Loes.**

多年生草本；生于低海拔的林中或灌丛；分布于大沙河等地。

9. 裂果金花属 *Schizomussaenda* **Li**

10. 裂果金花 *Schizomussaenda dehiscens*（**Craib**）**H. L. Li**〖*Schizomussaenda henryi*（**Hutch.**）**X. F. Deng et D. X. Zhang**〗

灌木；生于海拔 1000m 左右的森林中；分布于三都等地。

(三八)白马骨属 *Serissa* **Commerson ex Jussieu**

1. 六月雪 *Serissa japonica*（**Thunb.**）**Thunb.**

常绿灌木；生于海拔 300 – 1200m 山坡灌丛草地；分布于息烽、清镇、贵阳、长顺、独山、罗甸、福泉、贵定、龙里、平塘等地。

2. 白马骨 *Serissa serissoides*（**DC.**）**Druce**

常绿小灌木；生于山地灌丛及路边草丛中；分布于黔中、黔南等地。

（三九）鸡仔木属 *Sinoadina* **Ridsdale**

1. 鸡仔木 *Sinoadina racemosa*（Sieb. et Zucc.）**Ridsdale**

半常绿或落叶乔木；生于海拔 600m 左右的河谷地森林中；分布于兴义、从江、长顺、独山、罗甸、福泉等地。

（四〇）丰花草属 *Spermacoce* **Linnaeus**

1. 丰花草 *Spermacoce pusilla* **Wall.**【*Borreria stricta*（L. f.）G. Mey.】

一年生直立纤细草本；生于低海拔的旷地或路边；分布于贞丰、望谟等地。

（四一）螺序草属 *Spiradiclis* **Blume**

1. 藏南螺序草 *Spiradiclis arunachalensis* **Deb et Rout**【*Spiradiclis caespitosa* f. *subimmersa* H. S. Lo】

多年生草本；生于密蔽阴湿地；分布于望谟等地。

（四二）乌口树属 *Tarenna* **Gaertner**

1. 假桂乌口树 *Tarenna attenuata*（Voigt）**Hutch.**

常绿灌木或乔木；生于海拔 1200m 以下的旷野、丘陵、山地、沟边的林中或灌丛中；分布于罗甸、惠水、大沙河等地。

2. 白皮乌口树 *Tarenna depauperata* **Hutch.**

常绿灌木或乔木；生于海拔 300 - 800m 的山地林中；分布于贞丰、册亨、望谟、黎平、荔波等地。

3. 广西乌口树 *Tarenna lanceolata* **Chun et How ex W. C. Chen**

常绿灌木或乔木；生于海拔 900m 以下的山地灌丛中；分布于凯里、雷公山、榕江等地。

4. 白花若灯笼 *Tarenna mollissima*（Hook. et Arn.）**Rob.**

常绿灌木或乔木；生于海拔 200 - 1100m 的山地林中或灌丛中；分布于荔波等地。

（四三）岭罗麦属 *Tarennoidea* **Tirvengadum et Sastre**

1. 岭罗麦 *Tarennoidea wallichii*（Hook. f.）**Tirveng. et Sastre**【*Randia wallichii* Hook. f.】

常绿小灌木至小乔木；生于海拔 1000m 左右的山地林中；分布于开阳、贞丰、清镇、德江、荔波、瓮安、独山、兴义、惠水等地。

（四四）假繁缕属 *Theligonum* **Linnaeus**

1. 假繁缕 *Theligonum macranthum* **Franch.**

一年生草本；生于海拔 1000 - 2400m 的灌丛下或河边湿地；分布于大沙河等地。

（四五）钩藤属 *Uncaria* **Schreber**

1. 毛钩藤 *Uncaria hirsuta* **Havil.**

木质藤本；生于海拔 600m 左右的阔叶林内；分布于雷山、罗甸、荔波等地。

2. 大叶钩藤 *Uncaria macrophylla* **Wall.**

大藤本；生于次生林中，常攀援于林冠之上；分布于惠水、三都等地。

3. 钩藤 *Uncaria rhynchophylla*（Miq.）**Miq. ex Havil.**

木质藤本；生于海拔 500m 左右的山地阔叶林内；分布于雷山、黎平、榕江、三都、瓮安、独山、罗甸、福泉、荔波、都匀、贵定、龙里等地。

4. 攀茎钩藤 *Uncaria scandens*（Sm.）**Hutch.**

木质藤本；生于海拔 1300m 的山地灌丛疏林；分布于龙里等地。

5. 华钩藤 *Uncaria sinensis*（Oliv.）**Havil.**

木质藤本；生于海拔 920 - 2000m 的山地阔叶林中；分布于贵阳、开阳、梵净山、黎平、长顺、荔波等地。

（四六）尖叶木属 *Urophyllum* **Wallich**

1. 尖叶木 *Urophyllum chinense* Merr. et Chun

灌木或小乔木；生于海拔 360 – 900m 的灌丛、疏林中；分布于黎平等地。

（四七）水锦树属 *Wendlandia* **Bartling ex Candolle**

1. 贵州水锦树 *Wendlandia cavaleriei* Lévl.

灌木或小乔木；生于海拔 200 – 700m 的山坡林中或灌丛中；分布于罗甸、望谟等地。

2. 小叶水锦树 *Wendlandia ligustrina* Wall. ex G. Don

灌木；生于海拔 1550 – 1600m 的山谷林中；分布于晴隆等地。

3. 木姜子叶水锦树 *Wendlandia litseifolia* F. C. How

常绿乔木；生于海拔 500m 左右的山谷；分布于安龙等地。

4. 水晶棵子 *Wendlandia longidens*（Hance）Hutch.

小灌木，生于海拔 1800m 以下的山坡或河边的灌丛中；分布于赤水等地。

5. 柳叶水锦树 *Wendlandia salicifolia* Franch. ex Drake

常绿灌木；生于海拔约 180m 的河流溪沟边或河岸岩石缝中；分布于关岭、册亨、望谟、罗甸等地。

6. 粗叶水锦树 *Wendlandia scabra* Kurz

灌木或乔木；生于海拔 180 – 1540m 的山地林中或灌丛中；分布地不详。

7. 麻栗水锦树 *Wendlandia tinctoria* subsp. *handelii* Cowan

灌木或乔木；生于海拔 200 – 1900m 的山坡或山谷溪边林中或灌丛中；分布于望谟、遵义、荔波等地。

8. 水锦树 *Wendlandia uvariifolia* Hance

灌木或乔木；生于海拔 150 – 1200m 的林下或溪沟边；分布于安龙、册亨、罗甸、惠水、望谟等地。

一六五、北极花科 Linnaeaceae

（一）糯米条属 *Abelia* **R. Brown**

1. 糯米条 *Abelia chinensis* R. Br.【*Abelia lipoensis* M. T. An et G. Q. Gou】

落叶灌木；生于海拔 170 – 1500m 的山顶灌丛中；分布于黎平、兴义、荔波等地。

2. 细瘦糯米条 *Abelia forrestii*（Diels）W. W. Sm.

落叶灌木；生于海拔 1000 – 1600m 的山坡阳处和灌丛中；分布于荔波等地。

3. 蓪梗花 *Abelia uniflora* R. Br.【*Abelia parvifolia* Hemsl.；*Abelia engleriana*（Graebner）Rehd.】

落叶灌木；生于海拔 500 – 1200m 的山坡、路旁或灌丛中；分布于册亨、贵阳、修文、瓮安、凯里等地。

4. 二翅糯米条 *Abelia macrotera*（Graebn. Et Buchw.）Rehd.

落叶灌木；生于海拔 880 – 1700m 的沟边、路边或灌丛中；分布于梵净山、江口、息烽、都匀、黎平等地。

（二）六道木属 *Zabelia*（Rehder）Makino

1. 南方六道木 *Zabelia dielsii*（Graebn.）Makino【*Abelia dielsii*（Graebn.）Rehd.；*Abelia umbellata*（Graebn. et Buchw.）Rehd.】

落叶灌木；生于海拔 2450m 的山坡上；分布于威宁等地。

（三）双盾木属 *Dipelta* Maximowicz

1. 云南双盾木 *Dipelta yunnanensis* Franch.

落叶灌木；生于海拔 1100 - 1500m 的山脚路旁；分布于贵阳、绥阳、惠水等地。

一六六、忍冬科 Caprifoliaceae

（一）鬼吹箫属 *Leycesteria* Wallich

1. 鬼吹箫 *Leycesteria formosa* Wall.【*Leycesteria formosa* var. *stenosepala* Rehd.】

落叶灌木；生于海拔 1100 - 2250m 的山顶灌丛中；分布于威宁、兴义、水城等地。

（二）忍冬属 *Lonicera* Linnaeus

1. 淡红忍冬 *Lonicera acuminata* Wall.【*Lonicera pampaninii* Lévl.；*Lonicera acuminata* var. *depilata* P. S. Hsu et H. J. Wang；*Lonicera trichosepala*（Rehd.）Hsu】

落叶或半常绿藤本；生于海拔 800 - 1900m 的山谷、山顶、山坡、灌丛中或阴处潮湿地；分布于梵净山、印江、雷山、榕江、石阡、黄平、赤水、湄潭、遵义、绥阳、贵阳、息烽、平坝、独山、三都、凯里、黎平、天柱等地。

2. 长距忍冬 *Lonicera calcarata* Hemsl.

藤本；生于海拔 1100 - 1600m 的山坡灌丛中；分布于贵阳、安龙、六枝等地。

3. 须蕊忍冬 *Lonicera chrysantha* var. *koehneana*（Rehd.）Q. E. Yang【*Lonicera chrysantha* subsp. *koehneana*（Rehd.）P. S. Hsu et H. J. Wang】

落叶灌木；生于海拔 1700 - 2100m 的山坡灌丛中；分布于威宁、正安等地。

4. 水忍冬 *Lonicera confusa*（Sweet）DC.

半常绿藤本；生于海拔约 300 - 1500m 的路旁、山坡疏林中或灌丛中；分布于贵阳、清镇、赤水等地。

5. 匍匐忍冬 *Lonicera crassifolia* Batalin

常绿匍匐灌木；生于海拔 1300 - 1500m 的山坡路旁；分布于七星关、道真、绥阳等地。

6. 葱皮忍冬 *Lonicera ferdinandii* Franch.

落叶灌木；生于海拔 1000 - 2000m 的向阳山坡林中或林缘灌丛；分布于佛顶山等地。

7. 锈毛忍冬 *Lonicera ferruginea* Rehd.【*Lonicera nubium*（Hand. -Mazz.）Hand. -Mazz.】

藤本；生于海拔 600 - 1400m 的山坡灌丛中或密林中；分布于贵阳、息烽、安龙、榕江、黄平、松桃等地。

8. 郁香忍冬 *Lonicera fragrantissima* Lindl. et Paxt.【*Lonicera fragrantissima* subsp. *standishii*（Carr.）P. S. Hsu et H. J. Wang】

半常绿或有时落叶灌木；生于海拔 1200 - 2400m 的山谷、山坡或灌丛中；分布于贵阳、息烽、开阳、威宁、遵义等地。

9. 蕊被忍冬 *Lonicera gynochlamydea* Hemsl.

落叶灌木；生于海拔 1200 - 1900m 的山坡密林下或灌丛中；分布于开阳、七星关、纳雍、梵净山等地。

10. 菰腺忍冬 *Lonicera hypoglauca* Miq.【*Lonicera hypoglauca* subsp. *nudiflora* P. S. Hsu et H. J. Wang】

落叶藤本；生于海拔 550 - 1300m 的山沟水旁灌丛中或林中；分布于贵阳、兴义、安龙、望谟、三都、罗甸、凯里、黎平、榕江、从江、平塘等地。

11. 忍冬 *Lonicera japonica* Thunb.

半常绿藤本；生于海拔 600 - 1400m 的山坡、山谷、河边、路旁、密林中、灌丛中或阴坡岩石上；分布于贵阳、息烽、开阳、清镇、修文、凯里、黎平、江口、梵净山等地。

12. 女贞叶忍冬 *Lonicera ligustrina* Wall.

常绿或半常绿灌木；生于海拔 780 – 1230m 的山脚沟底潮湿地或山坡林中；分布于贵阳、开阳、清镇、印江、梵净山、镇远、黄平等地。

13. 蕊帽忍冬 _Lonicera ligustrina_ var. _pileata_（Oliv.）Franch.【_Lonicera pileata_ Oliv.；_Lonicera tricalysioides_ C. Y. Wu】

常绿或半常绿灌木；生于海拔 570 – 2100m 的山脚沟底潮湿地、河谷水边、山沟路旁、山坡密林中、岩缝内或灌丛中；分布于赤水、绥阳、梵净山、盘县、普安、贵阳、修文、息烽、开阳、三都、天柱、瓮安等地。

14. 黑果忍冬 _Lonicera nigra_ L.【_Lonicera lanceolata_ Wall.；_Lonicera lanceolata_ var. _glabra_ S. S. Chien ex P. S. Hsu et H. J. Wang】

落叶灌木；生于海拔 1200 – 1500m 的路边和河谷；分布于黔东南、宽阔水、梵净山、大沙河等地。

15. 金银忍冬 _Lonicera maackii_（Rupr.）Maxim.

落叶灌木；生于海拔 1200 – 1500m 的山坡岩石上、山谷路旁或灌丛中；分布于贵阳、清镇、黎平、兴义等地。

16. 大花忍冬 _Lonicera macrantha_（D. Don）Spreng.【_Lonicera fulvotomentosa_ P. S. Hsu et S. C. Cheng；_Lonicera macranthoides_ Hand. -Mazz.】

半常绿藤本；生于海拔 740 – 900m 的山坡疏林下或灌丛中；分布于贵阳、息烽、开阳、遵义、雷山、榕江、梵净山、印江、兴义、兴仁、册亨、安龙、赤水、绥阳、石阡、都匀、独山、荔波等地。

17. 独山忍冬 _Lonicera pileata_ var. _tushanensis_ Y. C. Tang

常绿或半常绿灌木；生于海拔 870m 的山顶荫处、疏密林中；分布于荔波等地。

18. 皱叶忍冬 _Lonicera reticulata_ Champ.【_Lonicera rhytidophylla_ Hand. -Mazz.】

常绿藤本；生于海拔 700m 的山坡灌丛中；分布于贵阳、从江、三都、独山、荔波等地。

19. 心叶皱叶忍冬 _Lonicera reticulata_ var. _cordifolia_ W. B. Xu

常绿藤本；生于海拔 700m 的 林下灌丛中；分布于三都等地。

20. 凹叶忍冬 _Lonicera retusa_ Franch.

落叶灌木；生于海拔 1000 – 2000m 的山坡或山谷灌木林中；分布于大沙河等地。

21. 岩生忍冬 _Lonicera rupicola_ Hook. f. et Thoms.

落叶灌木；分布于大沙河等地。

22. 细毡毛忍冬 _Lonicera similis_ Hemsl.【_Lonicera macrantha_ var. _heterotricha_ P. S. Hsu et H. J. Wang；_Lonicera similis_ var. _omeiensis_ P. S. Hsu et H. J. Wang】

常绿缠绕藤本；生于海拔 500 – 1600m 的山脚、路旁、河边、沟谷、山坡林中或灌丛中；分布于大方、赤水、习水、绥阳、江口、梵净山、印江、安龙、兴仁、兴义、册亨、贵阳、黄平、从江、锦屏、凯里、罗甸等地。

23. 川黔忍冬 _Lonicera subaequalis_ Rehd.【_Lonicera carnosifolia_ C. Y. Wu】

藤本；生于海拔 1500 – 2450m 的林下阴湿处；分布于七星关、盘县等地。

24. 唐古特忍冬 _Lonicera tangutica_ Maxim.【_Lonicera saccata_ Rehd.；_Lonicera szechuanica_ Batal.】

落叶灌木；生于海拔 1500 – 2500m 的山坡、山顶、草地或疏林下；分布于宽阔水、梵净山、江口等地。

25. 盘叶忍冬 _Lonicera tragophylla_ Hemsl.

落叶藤本；生于海拔 850 – 2100m 的山谷岩石上或灌丛中；分布于赤水、印江等地。

26. 毛花忍冬 _Lonicera trichosantha_ Bur. et Franch.

落叶灌木；生于林下、林缘、河边或田边的灌丛中；分布于大沙河等地。

27. 长叶毛花忍冬 _Lonicera trichosantha_ var. _deflexicalyx_（Diels）P. S. Hsu et H. J. Wang

落叶灌木；生于沟谷水旁、林下、林缘灌丛中或阳坡草地上；分布于大沙河等地。

28. 华西忍冬 *Lonicera webbiana* **Wall. ex DC.**

落叶灌木；生于针、阔叶混交林、山坡灌丛中或草坡上；分布于独山等地。

一六七、五福花科 Adoxaceae

（一）接骨木属 *Sambucus* Linnaeus

1. 血满草 *Sambucus adnata* **Wall. ex DC.**

多年生高大草本或半灌木；生于海拔 900m 的宅旁、路旁、林下或灌丛中；分布于雷山等地。

2. 接骨草 *Sambucus javanica* **Bl.**【*Sambucus chinensis* **Lindl.**】

高大草本或半灌木；生于海拔 650－1600m 的山坡、山沟、水旁潮湿地、密林中或灌丛中；分布于赤水、绥阳、德江、江口、沿河、贵阳、修文、息烽、安龙、龙里、都匀、独山、雷山、黎平、榕江、从江等地。

3. 接骨木 *Sambucus williamsii* **Hance**

落叶灌木或小乔木；生于海拔 1000－1400m 的山谷、水旁、路旁疏林中或灌丛中；分布于江口、贵阳、息烽、修文、开阳、凯里、黎平等地。

（二）荚蒾属 *Viburnum* Linnaeus

1. 蓝黑果荚蒾 *Viburnum atrocyaneum* **C. B. Clarke**

常绿灌木；生于海拔 1300－2400m 的山顶、山坡、灌丛中；分布于威宁、安龙、兴义、西秀、清镇等地。

2. 桦叶荚蒾 *Viburnum betulifolium* **Batal.**【*Viburnum dasyanthum* **Rehd.**；*Viburnum hupehense* **Rehd.**】

落叶灌木或小乔木；生于海拔 330－2630m 的山顶、山坡、山谷、沟边、潮湿林内或灌丛中；分布于威宁、七星关、大方、纳雍、绥阳、印江、梵净山、兴义、安龙、册亨、罗甸、贵阳、息烽、普安、都匀、三都、凯里、雷山、黄平、黎平、榕江等地。

3. 短序荚蒾 *Viburnum brachybotryum* **Hemsl.**

常绿灌木或小乔木；生于海拔 330－2000m 的山地、河边、路旁林中或灌丛中；分布于纳雍、黔西、德江、梵净山、印江、江口、石阡、绥阳、遵义、桐梓、息烽、贵定、凯里、都匀、三都、雷山、平塘、荔波、沿河、黎平、贞丰、兴义、兴仁、安龙、册亨、望谟、罗甸等地。

4. 短筒荚蒾 *Viburnum brevitubum* (**P. S. Hsu**) **P. S. Hsu**

落叶灌木或小乔木；生于海拔 2300m 的林中；分布于梵净山、印江、江口等地。

5. 金佛山荚蒾 *Viburnum chinshanense* **Graebn.**

灌木；生于海拔 330－1600m 的山坡、路旁、山脚、山谷、林中或灌丛草地；分布于大方、绥阳、遵义、赤水、德江、印江、松桃、碧江、贞丰、兴义、兴仁、安龙、望谟、贵阳、清镇、平坝、镇宁、都匀等地。

6. 金腺荚蒾 *Viburnum chunii* **Hsu**【*Viburnum chunii* **var.** *piliferum* **P. S. Hsu.**】

常绿灌木；生于海拔 1900m 以下的灌丛中；分布于榕江等地。

7. 樟叶荚蒾 *Viburnum cinnamomifolium* **Rehd.**

常绿灌木或小乔木；生于海拔 1000－1500m 的山坡灌丛中；分布于麻阳河、钟山等地。

8. 密花荚蒾 *Viburnum congestum* **Rehd.**

常绿灌木；生于海拔 1000－2800m 的山谷或山坡灌丛中；分布于黔东北等地。

9. 伞房荚蒾 *Viburnum corymbiflorum* **P. S. Hsu et S. C. Hsu**

灌木或小乔木；生于海拔 650－1850m 的山坡、山谷、小溪边、路旁、林中或灌丛中；分布于梵净山、印江、遵义、凯里、雷山、清镇、望谟、安龙等地。

10. 多脉伞房荚蒾 *Viburnum corymbiflorum* var. *polynerum* Hsu

灌木或小乔木；分布于茂兰等地。

11. 水红木 *Viburnum cylindricum* Buch. -Ham. ex D. Don

常绿藤本或小乔木；生于海拔 260－1860m 的山顶、山坡、路旁、河谷、山脊、山谷、林中或灌丛中；分布于全省各地。

12. 荚蒾 *Viburnum dilatatum* Thunb.

落叶灌木；生于海拔 650－2540m 的山顶、山坡、沟底、山谷、路旁林中或灌丛中；分布于贵阳、清镇、息烽、威宁、纳雍、江口、梵净山、兴义、安龙、凯里、丹寨等地。

13. 宜昌荚蒾 *Viburnum erosum* Thunb.

落叶藤本；生于海拔 800－1800m 的山顶、山坡、山脚、路旁林中或灌丛中；分布于七星关、大方、赤水、习水、道真、绥阳、江口、松桃、兴义、息烽、修文、瓮安、丹寨等地。

14. 红荚蒾 *Viburnum erubescens* Wall.【*Viburnum erubescens* var. *prattii*（Graebner）Rehder】

落叶灌木或小乔木；生于海拔 1400－2200m 的针、阔叶混交林中；分布于清镇、威宁、沿河、安龙、三都、凯里、雷山、黄平等地。

15. 珍珠荚蒾 *Viburnum foetidum* var. *ceanothoides*（C. H. Wright）Hand. -Mazz.

常绿灌木；生于海拔 800－2800m 的山坡、路旁、山谷、水边或灌丛中；分布于威宁、七星关、大方、纳雍、梵净山、息烽、贵阳、开阳、瓮安、平塘、独山、贵定、普安、兴义、兴仁、安龙、册亨、望谟、罗甸等地。

16. 直角荚蒾 *Viburnum foetidum* var. *rectangulatum*（Graebn.）Rehd.

常绿灌木或藤本；生于海拔 400－1640m 的山顶、山谷、水旁、山脚、路旁密林下或灌丛中；分布于赤水、习水、绥阳、凤冈、梵净山、江口、印江、德江、松桃、沿河、贞丰、兴仁、安龙、贵阳、修文、清镇、瓮安、惠水、贵定、凯里、雷山、丹寨等地。

17. 南方荚蒾 *Viburnum fordiae* Hance

落叶灌木；生于海拔 340－2610m 的山顶、山坡、水边、路旁、山谷疏密林中、潮湿地或灌丛中；分布于威宁、大方、纳雍、湄潭、从江、梵净山、盘县、安龙、册亨、望谟、罗甸、贵阳、都匀、三都、凯里、雷山、丹寨、黄平、黎平、锦屏、榕江等地。

18. 光萼荚蒾 *Viburnum formosanum* subsp. *leiogynum* P. S. Hsu

灌木；生于海拔 700－1100m 的山坡沟谷旁林中；分布于大沙河等地。

19. 蝶花荚蒾 *Viburnum hanceanum* Maxim.

落叶灌木；生于海拔 1000－1600m 的山坡林中；分布于贵阳、绥阳、从江等地。

20. 衡山荚蒾 *Viburnum hengshanicum* Tsiang

落叶灌木；生于海拔 1680－2540m 的山顶、山腹、潮湿地疏林中；分布于威宁、江口、梵净山、雷山等地。

21. 巴东荚蒾 *Viburnum henryi* Hemsl.

常绿或半常绿灌木或小乔木；生于海拔 1400－1700m 的山坡、路旁、潮湿地或林中；分布于贵阳、息烽、绥阳、梵净山、黄平、雷山等地。

22. 长伞梗荚蒾 *Viburnum longiradiatum* P. S. Hsu et S. W. Fan

落叶灌木；生于海拔 2100－2300m 的灌丛中或林缘路边；分布于梵净山等地。

23. 绣球荚蒾 *Viburnum macrocephalum* f. *keteleeri*（Carr.）Rehd.

藤本；生于海拔 2170m 的山顶阳处灌丛中；分布于雷公山等地。

24. 珊瑚树 *Viburnum odoratissimum* Ker Gawl.

常绿灌木或小乔木；生于海拔 800－1180m 的山坡、河边、山沟、密林中或灌丛中；分布于兴仁、兴义、安龙、贵阳、雷山、黎平等地。

25. 少花荚蒾 *Viburnum oliganthum* Batal.

常绿灌木或小乔木；生于海拔 500 – 1700m 的山坡、山谷、路旁林中或灌丛中；分布于纳雍、绥阳、沿河、梵净山、松桃、安龙、望谟、罗甸、贵定、凯里、黄平等地。

26. 粉团 *Viburnum plicatum* Thunb.【*Viburnum plicatum* var. *tomentosum* Miq.】

落叶灌木；生于海拔 1200 – 1540m 的路旁林中或灌丛中；分布于印江、梵净山、清镇等地。

27. 球核荚蒾 *Viburnum propinquum* Hemsl.

常绿灌木；生于海拔 800 – 1500m 的山坡、水旁、山谷、山脚、林中或灌丛中；分布于纳雍、赤水、遵义、绥阳、德江、江口、梵净山、沿河、印江、松桃、兴仁、兴义、安龙、册亨、盘县、贵阳、开阳、修文、息烽、荔波、平塘、独山、瓮安、黄平、镇远、黎平等地。

28. 狭叶球核荚蒾 *Viburnum propinquum* var. *mairei* W. W. Sm.

常绿灌木；生于海拔 280 – 1000m 的山谷、水旁或潮湿岩石中；分布于息烽、修文、赤水等地。

29. 鳞斑荚蒾 *Viburnum punctatum* Buch. -Ham. ex D. Don

常绿藤本或小乔木；生于海拔 1000 – 1350m 的山坡、山腹、路旁或灌丛中；分布于贵阳、清镇、惠水、黎平、册亨等地。

30. 皱叶荚蒾 *Viburnum rhytidophyllum* Hemsl.

常绿灌木或小乔木；生于海拔 860 – 1950m 的山坡路旁、潮湿地或灌丛中；分布于大方、贵阳、凯里、镇远等地。

31. 常绿荚蒾 *Viburnum sempervirens* K. Koch

常绿灌木；生于海拔 100 – 1800m 的山谷密林或疏林中、溪涧旁或丘陵地灌丛中；分布于黎平等地。

32. 具毛常绿荚蒾 *Viburnum sempervirens* var. *trichophorum* Hand. -Mazz.

常绿灌木；生于海拔 700m 左右的山坡、山脚、路旁、林中或灌丛中；分布于赤水、遵义、三都、贵定、黎平、榕江等地。

33. 茶荚蒾 *Viburnum setigerum* Hance

落叶灌木；生于海拔 600 – 2000m 的山坡、路旁、山脊、水旁、疏林或灌丛中；分布于大方、赤水、绥阳、德江、江口、梵净山、印江、沿河、松桃、安龙、册亨、贵阳、息烽、清镇、开阳、惠水、都匀、贵定、独山、三都、丹寨、凯里、雷山、黄平、黎平、榕江、从江等地。

34. 合轴荚蒾 *Viburnum sympodiale* Graebn.

落叶灌木或小乔木；生于海拔 1300 – 2000m 的山坡路旁林中或灌丛中；分布于绥阳、遵义、梵净山、凯里、雷山、丹寨、黄平等地。

35. 腾越荚蒾 *Viburnum tengyuehense* (W. W. Sm.) P. S. Hsu

落叶灌木；生于海拔 1500 – 2100m 的林中；分布地不详。

36. 多脉腾越荚蒾 *Viburnum tengyuehense* var. *polyneurum* (P. S. Hsu) P. S. Hsu

落叶灌木；生于海拔 2300m 的山谷；分布于威宁等地。

37. 三叶荚蒾 *Viburnum ternatum* Rehd.

落叶灌木或小乔木；生于海拔 800 – 1100m 的河谷、山坡或灌丛中；分布于开阳、修文、赤水、绥阳、梵净山等地。

38. 壶花荚蒾 *Viburnum urceolatum* Sieb. et Zucc.【*Viburnum taiwanianum* Hay.】

落叶灌木；生于海拔 600 – 2600m 的山谷林中溪涧旁阴湿处；分布于凯里、丹寨、黄平等地。

39. 烟管荚蒾 *Viburnum utile* Hemsl.

常绿灌木；生于海拔 800 – 2000m 的山脚、山谷、路旁灌丛中或草地；分布于威宁、湄潭、印江、贵阳、息烽、修文、兴义、平塘等地。

一六八、锦带花科 Diervillaceae

（一）锦带花属 *Weigela* Thunberg

1. 木绣球 *Weigela japonica* var. *sinica*（Rehd.）Bailey

落叶灌木；生于海拔 750–1850m 的山坡、山脚、林中或灌丛中；分布于印江、梵净山、宽阔水、息烽、丹寨、凯里、雷山、黄平等地。

一六九、败酱科 Valerianaceac

（一）败酱属 *Patrinia* Jussieu

1. 墓回头 *Patrinia heterophylla* Bunge【*Patrinia angustifolia* Hemsl.】

多年生草本；生于海拔 850–1680m 的岩石缝中、山坡弯路或水沟旁；分布于印江、德江、正安、瓮安、西秀、镇宁、金沙、水城、盘县等地。

2. 少蕊败酱 *Patrinia monandra* C. B. Clarke【*Patrinia punctiflora* P. S. Hsu et H. J. Wang; *Patrinia monandra* var. *formosana*（Kitam.）H. J. Wang】

二年生或多年生草本；生于海拔 350–180m 的山坡草地、路旁、灌丛中或林下及河谷地带；分布于梵净山、凤冈、德江、沿河、正安、湄潭、剑河、瓮安、石阡、荔波、开阳、贵阳、赤水、金沙、关岭、普安、册亨、兴仁、兴义、江口、印江、松桃、遵义、雷公山、施秉、独山、榕江等地。

3. 败酱 *Patrinia scabiosifolia* Fisch. ex Trevir.

多年生草本；生于海拔 600–2200m 的山坡草地、林缘、沟旁路边以及灌丛中；分布于印江、江口、正安、绥阳、剑河、施秉、平塘、修文、平坝、贵阳、西秀、金沙、普安、晴隆、贞丰、兴义、威宁、水城等地。

4. 糙叶败酱 *Patrinia scabra* Bunge【*Patrinia rupestris* subsp. *scabra*（Bunge）H. J. Wang.】

多年生草本；分布于大沙河等地。

5. 攀倒甑 *Patrinia villosa*（Thunb.）Juss.

多年生草本；生于海拔 300–1615m 的山坡草地、路旁、草丛和灌丛中；分布于梵净山、道真、凤冈、思南、务川、正安、湄潭、雷公山、黄平、榕江、荔波、赤水、习水、息烽、紫云、盘县等地。

（二）缬草属 *Valeriana* Linnaeus

1. 柔垂缬草 *Valeriana flaccidissima* Maxim.

多年生草本；生于海拔 650–2300m 的山谷林下潮湿地、沟边或草地；分布于梵净山、桐梓、正安、绥阳、雷公山、贵阳、金沙、七星关、赫章等地。

2. 长序缬草 *Valeriana hardwickii* Wall.

多年生草本；生于海拔 660–2500m 的山坡林下潮湿地、沟旁或山顶草地；分布于省内各地。

3. 蜘蛛香 *Valeriana jatamansi* Jones

多年生草本；生于海拔 700–2400m 的山坡林下潮湿地或山顶草地；分布于凤冈、梵净山、桐梓、正安、湄潭、石阡、雷公山、三都、平塘、贵阳、开阳、遵义、黔西、金沙、罗甸、兴仁、安龙、普安、盘县、纳雍、威宁、钟山等地。

4. 缬草 *Valeriana officinalis* L.【*Valeriana officinalis* var. *latifolia* Briquet】

多年生草本；生于海拔 390–2000m 的山坡草地、林下和沟边；分布于松桃、印江、江口、道真、德江、正安、务川、石阡、施秉、凯里、开阳、平坝等地。

一七〇、川续断科 Dipsacaceae

（一）川续断属 *Dipsacus* Linnaeus

1. 川续断 *Dipsacus asper* Wall.〔*Dipsacus asper* var. *omeiensis* Z. T. Yin〕

多年生草本；生于沟边路旁草丛林边及田埂上；分布于威宁、七星关、兴义、西秀、贵阳、遵义、湄潭、都匀、碧江、梵净山、凯里等地。

2. 深紫续断 *Dipsacus atropurpureus* C. Y. Cheng et Z. T. Yin〔*Dipsacus fulingensis* C. Y. Cheng et Z. T. Yin〕

多年生草本；生于沟边草丛、田野荒坡上；分布地不详。

3. 日本续断 *Dipsacus japonicus* Miq.

多年生草本；生于山坡下部草丛、沟边、路旁、田埂上及撂荒土地等潮湿处；分布于七星关、大方、兴义、西秀、贵阳、遵义、都匀、独山、松桃、镇远、凯里、雷山、江口等地。

（二）双参属 *Triplostegia* Wallich ex Candolle

1. 双参 *Triplostegia glandulifera* Wall. ex DC.

多年生直立草本；生于海拔2200 – 2300m的山坡及路旁疏林下；分布于威宁等地。

一七一、菊科 Asteraceae

（一）蓍属 *Achillea* Linnaeus

1. 蓍 *Achillea millefolium* L.

多年生草本；归化种；原产欧洲、北美；省内有栽培。

2. 云南蓍 *Achillea wilsoniana* Heimerl

多年生草本；生于海拔600 – 1200m的山坡路旁；分布于赤水、兴义、贵阳、三都等地。

（二）和尚菜属 *Adenocaulon* Hooker

1. 和尚菜 *Adenocaulon himalaicum* Edgew.

多年生草本；生于河岸、灌丛、山坡草丛中；分布于湄潭等地。

（三）下田菊属 *Adenostemma* J. R. Forster et G. Forster

1. 下田菊 *Adenostemma lavenia*（L.）Kuntze

一年生草本；生于海拔1300 – 1500m的山坡草地或山沟密林中；分布于兴义、兴仁、望谟、雷公山等地。

2. 宽叶下田菊 *Adenostemma lavenia* var. *latifolium*（D. Don）Hand. -Mazz.

一年生草本；生于海拔650 – 1500m左右的山脚溪旁、草地、灌丛或疏林中；分布于习水、梵净山、江口、兴义、普安、平坝、惠水、瓮安等地 。

（四）藿香蓟属 *Ageratum* Linnaeus

1. 藿香蓟 *Ageratum conyzoides* L.

一年生草本；原产南美洲，归化种；生于海拔300 – 1500m的山谷密林、灌丛、山坡草地或田边、荒地；分布于兴义、贞丰、安龙、望谟、贵阳、惠水、罗甸、荔波、雷公山、从江等地。

（五）兔儿风属 *Ainsliaea* Candolle

1. 长柄兔儿风 *Ainsliaea reflexa* Merr.【*Ainsliaea angustifolia* Hook. f. et Thomas. ex C. B. Clarke】

多年生草本；生于林缘或针叶林下；分布地不详。

2. 心叶兔儿风 *Ainsliaea bonatii* Beauv.

多年生草本；生于海拔 1000m 以上的山坡、路旁、山顶岩石上或混交林下；分布于赫章、兴仁、贵阳等地。

3. 卡氏兔儿风 *Ainsliaea cavaleriei* Lévl.

多年生草本；生于海拔 480 – 900m 的峭壁或林中岩石上或路旁潮湿处；分布于瓮安、惠水、荔波、雷公山、三都、黎平等地。

4. 秀丽兔儿风 *Ainsliaea elegans* Hemsl.【*Ainsliaea elegans* var. *tomentosa* Mattf.】

多年生草本；生于海拔 1000 – 1800m 的林下石旁；分布于罗甸等地。

5. 杏香兔儿风 *Ainsliaea fragrans* Champ. ex Benth.

多年生草本；生于海拔 1300m 以下的山坡灌木林下或路旁、沟边草丛中；分布于雷公山等地。

6. 光叶兔儿风 *Ainsliaea glabra* Hemsl.【*Ainsliaea lancifolia* Franch.】

多年生草本；生于海拔 1200m 左右的沟底潮湿处、岩石上或灌丛中；分布于德江、松桃等地。

7. 四川兔儿风 *Ainsliaea glabra* var. *sutchuenensis*（Franch.）S. E. Freire【*Ainsliaea sutchuenensis* Franch.；*Ainsliaea tenuicaulis* Mattf.】

多年生草本；生于海拔 620 – 1300m 的沟旁荫湿处；分布于关岭、沿河、德江、松桃等地。

8. 纤枝兔儿风 *Ainsliaea gracilis* Franch.

多年生草本；生于海拔 1530m 的山谷路旁；分布于道真等地。

9. 粗齿兔儿风 *Ainsliaea grossedentata* Franch.

多年生草本；生于海拔 1200m 的山坡草地、路旁、密林下；分布于梵净山、雷公山等地。

10. 长穗兔儿风 *Ainsliaea henryi* Diels

多年生草本；生于海拔 900 – 1300m 的沟边、路旁、疏林或密林中阴湿处；分布于正安、松桃、梵净山、雷公山、榕江、黎平等地。

11. 宽叶兔儿风 *Ainsliaea latifolia*（D. Don）Sch. – Bip.

多年生草本；生于海拔 1100 – 2000m 的草坡、路旁岩石上、灌丛中或常绿阔叶林内阴湿处；分布于纳雍、正安、凤冈、贞丰、贵阳、贵定、雷公山等地。

12. 阿里山兔儿风 *Ainsliaea macroclinidioides* Hay.

多年生草本；生于山坡、河谷林下或湿润草丛中；分布于松桃、施秉等地。

13. 药山兔儿风 *Ainsliaea mairei* Lévl.

多年生草本；生于海拔 2200m 的草丛中或山脚灌丛中；分布于威宁等地。

14. 直脉兔儿风 *Ainsliaea nervosa* Franch.

多年生草本；生于海拔 1000 – 1500m 的水旁、林下荫湿处或湿润草丛中；分布罗甸等地。

15. 腋花兔儿风 *Ainsliaea pertyoides* Franch.

多年生草本；生于海拔 1500 – 2500m 的山谷溪旁或林中湿润地；分布于贵阳等地。

16. 白背兔儿风 *Ainsliaea pertyoides* var. *albotomentosa* Beauv.

多年生草本；生于海拔 1500 – 2500m 的山腰阴处草地；分布于七星关等地。

17. 莲沱兔儿风 *Ainsliaea ramosa* Hemsl.

多年生草本；生于海拔 150 – 800m 的水旁潮湿处或山地密林中；分布独山、荔波等地。

18. 红脉兔儿风 *Ainsliaea rubrinervis* C. C. Chang

多年生草本；生于海拔 800 – 1100m 的林地或荒坡上；分布于石阡等地。

19. 细穗兔儿风 *Ainsliaea spicata* Vaniot

多年生草本；生于海拔 1100 – 2000m 的草地、林缘或松林、杂木林中；分布于遵义等地。

20. 三脉兔儿风 *Ainsliaea trinervis* Y. C. Tseng

多年生草本；生于海拔 600 – 900m 的水旁、山谷密林中；分布于榕江等地。

21. 云南兔儿风 *Ainsliaea yunnanensis* Franch.

多年生草本；生于海拔 1900m 左右的山坡、草地及林下；分布于赫章、纳雍等地。

（六）香青属 *Anaphalis* Candolle

1. 黄腺香青 *Anaphalis aureopunctata* Lingelsh et Borza

多年生草本；生于海拔 1100 – 2300m 的山坡草地、疏林或较潮湿的林中；分布于梵净山、江口、盘县、兴义、贵阳等地。

2. 黄腺香青绒毛变种 *Anaphalis aureopunctata* var. *tomentosa* Hand. -Mazz.

多年生草本；生于海拔 2100 – 2300m 的阔叶林内；分布于梵净山等地。

3. 二色香青 *Anaphalis bicolor*（Franch.）Diels

多年生草本；生于海拔 2220m 的高山草坡；分布于威宁等地。

4. 粘毛香青 *Anaphalis bulleyana*（Jeffr.）C. C. Chang

一年或二年生草本；生于海拔 1180 – 2900m 的草地、高山阴湿坡地或岩石上；分布于省内西部等地。

5. 蛛毛香青 *Anaphalis busua*（Buch. -Ham.）

二年生草本；生于海拔 1500 – 2800m 的山谷、坡地、林地或草地；分布于省内西北部等地。

6. 旋叶香青 *Anaphalis contorta*（D. Don）Hook. f.【*Anaphalis contorta* var. *pellucida*（Franch.）Ling】

多年生木质草本；生于海拔约 1250m 的干燥或湿润山坡草地；分布于兴义等地。

7. 萎软香青 *Anaphalis flaccida* Ling

多年生草本；生于海拔 2600m 的山顶草地；分布于威宁等地。

8. 珠光香青 *Anaphalis margaritacea*（L.）Benth. et Hook. f.

多年生草本；生于海拔 650 – 2230m 的草坡、灌丛或路旁；分布于威宁、七星关、大方、黍水、梵净山、印江、兴义、贞丰、平坝、瓮安、榕江等地。

9. 珠光香青黄褐变种 *Anaphalis margaritacea* var. *cinnamomea*（DC.）Herd. ex Maxim.

多年生草本；生于海拔 1000 – 2400m 的草坡或灌丛中；分布于威宁、赫章、纳雍、大方、绥阳、梵净山、德江、盘县、普安、瓮安、雷公山等地。

10. 珠光香青线叶变种 *Anaphalis margaritacea* var. *angustifolia*（Franch. et Savat.）Hay.【*Anaphalis margaritacea* var. *japonica*（Sch. Bip.）Makino】

多年生草本；生于海拔 800 – 1480m 的山坡草地、灌丛、疏林或路旁；分布于七星关、赤水、贞丰、修文、贵阳、惠水等地。

11. 尼泊尔香青 *Anaphalis nepalensis*（Spreng.）Hand. -Mazz.

多年生草本；生于山坡草地、灌丛中；分布于草海等地。

（七）牛蒡属 *Arctium* Linnaeus

1. 牛蒡 *Arctium lappa* L.

二年生草本；生于海拔 950 – 1900m 的山坡或路旁；分布于威宁、湄潭、石阡、盘县、水城、普安、兴义、兴仁、安龙、瓮安等地。

（八）木茼蒿属 *Argyranthemum* Webb. ex Sch. – Bip.

1. 木茼蒿 *Argyranthemum frutescens*（L.）Sch. Bip.

灌木或半灌木；原产北非加纳利群岛；省内有栽培。

（九）蒿属 *Artemisia* Linnaeus

1. 黄花蒿 *Artemisia annua* L.

一年生草本；生于海拔 2000m 的山坡草地、路旁、灌丛中或河岸边；分布于威宁、赤水、湄潭、碧江、贞丰、贵阳、瓮安等地。

2. 奇蒿 *Artemisia anomala* S. Moore

多年生草本；生于海拔 480 – 1100m 山坡路旁及河边；分布于兴仁、榕江等地。

3. 艾 *Artemisia argyi* Lévl. et Vant.【*Artemisia argyi* var. *gracilis* Pamp.】

多年生草本或略成半灌木状；生于海拔 1200m 左右的山坡草地、路旁或田边；分布于凤冈、兴义、安龙等地。

4. 暗绿蒿 *Artemisia atrovirens* Hand. -Mazz.

多年生草本；生于低海拔至 1200m 附近的山坡、草地、路旁等地；分布地不详。

5. 美叶蒿 *Artemisia calophylla* Pamp.

半灌木状草本；生于海拔 1600m 以上的林缘、针阔混交林下、田边、河岸边沙地等；分布地不详。

6. 茵陈蒿 *Artemisia capillaris* Thunb.

半灌木状草本；生于海拔 1080 – 2200m 的山顶草地或山腰灌丛中；分布于威宁、贵阳等地。

7. 青蒿 *Artemisia caruifolia* Buch. -Ham. ex Roxb.

一年生草本；生于海拔 280 – 1100m 的山坡草地或田边；分布于安龙、册亨、望谟、罗甸等地。

8. 大头青蒿 *Artemisia caruifolia* var. *schochii*（Mattf. ）Pamp.

一年生草本；生于山谷、林缘、路旁；分布地不详。

9. 南毛蒿 *Artemisia chingii* Pamp.

多年生草本；生于海拔约 1200m 的山坡草地；分布于册亨等地。

10. 沙蒿 *Artemisia desertorum* Spreng.

多年生草本；生于荒坡、林缘及路旁等；分布地不详。

11. 东俄洛沙蒿 *Artemisia desertorum* var. *tongolensis* Pamp.

多年生草本；生于海拔 2400m 的路旁荒地；分布于赫章等地。

12. 无毛牛尾蒿 *Artemisia dubia* var. *subdigitata*（Mattf. ）Y. R. Ling【*Artemisia subdigitata* Mattf. 】

多年生草本；生于海拔 850 – 2300m 的山坡草地、路边、地边及灌丛中；分布于威宁、七星关、盘县、湄潭、雷公山等地。

13. 垂叶蒿 *Artemisia flaccida* Hand. -Mazz.

多年生草本；生于海拔 1000 – 2500m 以下山地、草坡及路旁；分布于省内西部。

14. 细裂叶莲蒿 *Artemisia gmelinii* Web. ex Stechm.【*Artemisia sacrorum* Ledeb. 】

半灌木状草本；生于海拔 1500m 的山坡、草原、灌丛等；分布地不详。

15. 灰莲蒿 *Artemisia gmelinii* var. *incana*（Bess. ）H. C. Fu【*Artemisia sacrorum* var. *incana*（Bess. ）Y. R. Ling】

半灌木状；生于灌丛、草坡；分布地不详。

16. 臭蒿 *Artemisia hedinii* Ostenf. et Pauls.

一年生草本；生于路边、林缘；分布于石阡等地。

17. 五月艾 *Artemisia indica* Willd.【*Artemisia dubia* var. *septentrionalis* Pamp. 】

半灌木状草本；生于低海拔或中海拔湿润地区的路旁、林缘、坡地及灌丛处；分布地不详。

18. 牡蒿 *Artemisia japonica* Thunb.【*Artemisia Japonica* var. *macrocephala* Pamp. 】

多年生草本；生于海拔 950 – 2620m 的山坡草地、路边、地边或灌丛中；分布于威宁、湄潭、绥阳、梵净山、印江、盘县、普安、兴仁、册亨、贵阳、独山等地。

19. 白苞蒿 *Artemisia lactiflora* Wall. ex DC.

多年生草本；生于海拔 900 – 2300m 的山沟水旁、灌丛中或路边；分布于大方、梵净山、江口、兴义、龙里、雷公山等地。

20. 矮蒿 *Artemisia lancea* Vant.【*Artemisia feddei* Lévl. et Vant. 】

多年生草本；生于海拔 1200 – 2400m 的山坡草地、地边或路旁；分布于赫章、平坝、湄潭、德江、贵阳等地。

21. 野艾蒿 *Artemisia lavandulifolia* DC.

多年生草本；生于低或中海拔地区的路旁、林缘、山坡、草地、山谷、灌丛及河湖滨草地等；分布地不详。

22. 白叶蒿 *Artemisia leucophylla*（Turcz. ex Bess.）C. B. Clarke

多年生草本；生于山坡、路边、林缘、草地、河湖岸边、砾质坡地；分布地不详。

23. 粘毛蒿 *Artemisia mattfeldii* Pamp.

多年生草本；生于海拔 1490 – 2200m 的路旁或地边；分布于威宁、七星关、纳雍等地。

24. 蒙古蒿 *Artemisia mongolica*（Fisch. ex Bess.）Nakai

多年生草本；生于海拔 1160 – 2200m 的草地、路旁、地边或灌丛中；分布于威宁、七星关、纳雍、大方、沿河等地。

25. 多花蒿 *Artemisia myriantha* Wall. ex Bess.

多年生草本；生于海拔 1000 – 2800m 的山坡、路旁与灌丛中；分布地不详。

26. 白毛多花蒿 *Artemisia myriantha* var. *pleiocephala*（Pamp.）Y. R. Ling【*Artemisia pleiocephala* Pamp.】

多年生草本；生于海拔 200 – 1300m 的山坡草地、灌丛、路旁或溪边；分布于册亨、西秀、贵阳、惠水、罗甸等地。

27. 西南牡蒿 *Artemisia parviflora* Buch. -Ham. ex Roxb.【*Artemisia japonica* var. *parviflora* Pamp.】

多年生草本；生于海拔 2200m 的草丛、坡地、林缘及路旁等；分布于宽阔水等地。

28. 魁蒿 *Artemisia princeps* Pamp.

多年生草本；生于海拔 980 – 2210m 的路旁、地边、草地或溪边；分布于威宁、西秀、梵净山、德江、普安、兴义、贵阳、瓮安、惠水等地。

29. 灰苞蒿 *Artemisia roxburghiana* Wall. ex Bess.

半灌木状草本；生于海拔 1490 – 2200m 的山坡、路旁或地边；分布于威宁、七星关等地。

30. 猪毛蒿 *Artemisia scoparia* Waldst. et Kit.

多年生草本或近一、二年生草本；生于海拔约 1000m 的路旁；分布于贵阳、瓮安等地。

31. 蒌蒿 *Artemisia selengensis* Turcz. ex Bess.

多年生草本；生于海拔 1000m 的湿润的疏林中、山坡、路旁、荒地等；分布于贵阳等地。

32. 大籽蒿 *Artemisia sieversiana* Ehrh. ex Willd.

一、二年生草本；生于海拔 1000 – 1300m 的路旁、草坡或地边；分布于贵阳、贵定等地。

33. 中南蒿 *Artemisia simulans* Pamp.

多年生草本；生于低海拔地区的山坡与荒地上；分布地不详。

34. 阴地蒿 *Artemisia sylvatica* Maxim.

多年生草本；生于低海拔湿润地区的林下、林缘或灌丛下阴蔽处；分布地不详。

35. 甘青蒿 *Artemisia tangutica* Pamp.

多年生草本；生于山坡及河边沙地；分布于大沙河等地。

36. 南艾蒿 *Artemisia verlotorum* Lamotte

多年生草本；生于低海拔至中海拔地区的山坡、路旁、田边等地；分布地不详。

37. 毛莲蒿 *Artemisia vestita* Wall. ex Bess.

半灌木状草本或为小灌木状；生于海拔 1490 – 2210m 的山坡路边、地边或灌丛中；分布于威宁、赫章、七星关等地。

（十）紫菀属 *Aster* Linnaeus

1. 三脉紫菀狭叶变种 *Aster ageratoides* var. *gerlachii*（Hance）Chang ex Ling

多年生草本；生于海拔 980 – 1300m 的山地、水旁或溪边岩石上；分布于贵阳、惠水等地。

2. 三脉紫菀异叶变种 *Aster ageratoides* var. *holophyllus* Maxim.

多年生草本；生于路旁、草地、灌丛中；分布于贵阳等地。

3. 三脉紫菀毛枝变种 *Aster ageratoides* var. *lasiocladus*（Hay.）Hand. -Mazz.

多年生草本；生于海拔 350 – 2600m 的山蕉、路旁、草地、灌丛或林中；分布于赤水、习水、湄潭、江口、碧江、盘县、普安、修文、贵阳、瓮安、雷公山等地。

4. 三脉紫菀宽伞变种 *Aster ageratoides* var. *laticorymbus*（Vant.）Hand. – Mazz.

多年生草本；生于山坡草地灌丛中；分布于贵阳等地。

5. 三脉紫菀光叶变种 *Aster ageratoides* var. *leiophyllus*（Franch. et Sav.）Ling

多年生草本；生于海拔 1080m 的山谷路旁；分布于梵净山等地。

6. 三脉紫菀微糙变种 *Aster ageratoides* var. *scaberulus*（Miq.）Ling

多年生草本；生于海拔 600 – 2200m 的山坡草地、路旁、灌丛或疏林下；分布于梵净山、江口、盘县、兴仁、贵阳、瓮安、独山、雷公山等地。

7. 小舌紫菀 *Aster albescens*（DC.）Wall. ex Hand. -Mazz.

灌木；生于海拔 650 – 2000m 的山谷阴处或山沟灌丛中；分布于威宁、习水等地。

8. 长毛小舌紫菀 *Aster albescens* var. *pilosus* Hand. -Mazz.

叶长圆状披针形；生于海拔 2000m 的山谷阴处；分布于威宁等地。

9. 耳叶紫菀 *Aster auriculatus* Franch.

多年生草本；生于海拔 1600 – 2600m 山坡路旁或灌丛中；分布于七星关、赤水、盘县、兴义、安龙等地。

10. 短毛紫菀 *Aster brachytrichus* Franch.

多年生草本；生于灌丛或开旷坡地；分布于贵州西北部。

11. 短毛紫菀细舌变种 *Aster brachytrichus* var. *tenuiligulatus* Ling

多年生草本；生于海拔 2500m 的疏林下；分布于威宁等地。

12. 梵净山紫菀 *Aster fanjingshanicus* Y. L. Chen et D. J. Liu

多年生矮小草本；生于海拔 2000 – 2400m 的山地草坡或岩石上；分布于梵净山等地。

13. 褐毛紫菀 *Aster fuscescens* Bureau et Franch.

多年生草本；分布于大沙河等地。

14. 马兰 *Aster indicus* L.【*Kalimeris indica*（L.）Sch. Bip.；*Kalimeris indica* var. *polymorpha*（Vaniot）Kitam.】

多年生草本；生于海拔 280 – 2400m 的路旁、田边或灌丛中；分布于威宁、赫章、大方、贵阳、惠水、赤水、习水、遵义、湄潭、德江、沿河、安龙、梵净山等地。

15. 短冠东风菜 *Aster marchandii* Lévl.【*Doellingeria marchandii*（Lévl.）Ling】

多年生草本；生于海拔 1100m 的山坡草地；分布于册亨等地。

16. 黔中紫菀 *Aster menelii* Lévl.

多年生草本；生于海拔 800 – 1100m 的路旁草坡；分布于西秀、从江等地。

17. 亮叶紫菀 *Aster nitidus* C. C. Chang

灌木；生于海拔 550 – 1100m 的山坡林下或溪边岩石上；分布于大沙河等地。

18. 石生紫菀 *Aster oreophilus* Franch.

多年生草本；生于海拔 2000m 的山坡、路旁或疏林下；分布于赫章、盘县等地。

19. 琴叶紫菀 *Aster panduratus* Nees ex Walp.

多年生草本；生于海拔 1400m 的路旁草地；分布于都匀、雷公山等地。

20. 东风菜 Aster scaber Thunb.【Doellingeria scabra（Thunb.）Nees】

多年生草本；生于海拔 1350m 的路旁草地；分布于兴仁等地。

21. 狗舌紫菀 Aster senecioides Franch.

多年生草本；生于山谷坡地、针叶林下及山顶石砾地；分布于黎平等地。

22. 秋分草 Aster verticillatus（Reinw.）Brouillet【Rhynchospermum verticillatum Reinw. 】

多年生草本；生于海拔 1050 – 2100m 的山坡草地或灌丛中、石灰岩地区常有生长；分布于大方、绥阳、沿河、盘县、普安、兴义、贞丰、册亨、贵阳、瓮安、独山、雷公山等地。

（十一）苍术属 *Atractylodes* Candolle

1. 白术 Atractylodes macrocephala Koidz.

多年生草本；生于山坡草地及山坡林下；分布于正安等地。

（十二）云木香属 *Aucklandia* Falconer

2. 云木香 Aucklandia costus Falc.【Saussurea costus（Falc.）Lipsch. 】

多年生草本；原产印度；省内有栽培。

（十三）雏菊属 *Bellis* Linnaeus

3. 雏菊 Bellis perennis L.

多年生或一年生葶状草本；引种；省内有栽培。

（十四）鬼针属 *Bidens* Linnaeus

1. 金盏银盘 Bidens biternata（Lour.）Merr. et Sherff

一年生草本；生于海拔 650 – 2200m 的山地草坡、路旁或疏林下；分布于威宁、七星关、江口、凤冈、普安、望谟、西秀、平坝、贵阳、镇远等地。

2. 小花鬼针草 Bidens parviflora Willd.

一年生草本；生于路边荒地、林下及水沟边；分布于大沙河等地。

3. 鬼针草 Bidens pilosa L.【Bidens pilosa var. radiata Sch. Bip. 】

一年生卓本；生于海拔 480 – 1300m 的山坡路旁草地、荒地或灌丛中；分布于赤水、遵义、沿河、安龙、望谟、罗甸、七星关、湄潭、贵阳、瓮安、兴义、兴仁、册亨、雷山等地。

4. 狼杷草 Bidens tripartita L.【Bidens tripartita var. repens（D. Don）Sherff】

一年生草本；生于海拔 680 – 1300m 的山坡、山谷草地、路旁或旱田中；分布于纳雍、江口、安龙、平坝、贵阳、惠水、榕江等地。

（十五）百能葳属 *Blainvillea* Cassini

1. 百能葳 Blainvillea acmella（L.）Philipson

一年生草本；生于海拔 900m 的疏林或密林中、岩石上；分布于册亨等地。

（十六）艾纳香属 *Blumea* Candolle

1. 馥芳艾纳香 Blumea aromatica DC.

粗壮草本或亚灌木状；生于海拔 600 – 1000m 的路旁或山脚溪边；分布于梵净山、兴仁、望谟等地。

2. 艾纳香 Blumea balsamifera（L.）DC.

多年生草本或亚灌木；生于海拔 180 – 1180m 的山地草坡、路旁或灌丛、疏林中；分布于安龙、册亨、望谟、罗甸等地。

3. 节节红 Blumea fistulosa（Roxb.）Kurz

草本；生于海拔 650m 的山坡草地或路旁；分布于罗甸等地。

4. 毛毡草 Blumea hieraciifolia（Sprengel）DC.

草本；生于海拔 300 – 1200m 的田边、路旁、草地或低山灌丛中；分布于黔南等地。

5. 见霜黄 *Blumea lacera*（**Burm. f.**）**DC.**

草本；生于海拔 180 - 700m 的山地草坡、田地边或路旁；分布于望谟、罗甸等地。

6. 六耳铃 *Blumea sinuata*（**Lour.**）**Merr.**【*Blumea laciniata*（**Roxb.**）**DC.**】

草本；生于海拔 440 - 720m 的河沟旁或山坡岩石上；分布于望谟等地。

7. 千头艾纳香 *Blumea lanceolaria*（**Roxb.**）**Druce**

高大草本或亚灌木；生于海拔 420 - 1500m 的林缘、山坡、路旁、草地或溪边；分布地不详。

8. 裂苞艾纳香 *Blumea martiniana* **Vant.**

多年生草本；生于海拔 700 - 850m 的溪流边或空旷草地上；分布于省内西部等地。

9. 东风草 *Blumea megacephala*（**Randeria**）**C. C. Chang et Y. Q. Tseng**

草质藤本；生于海拔 240 - 1300m 的山坡草地、路旁或水旁的灌丛中；分布于赤水、遵义、兴仁、册亨、罗甸、平塘、荔波、榕江、黎平等地。

10. 柔毛艾纳香 *Blumea axillaris*（**Lam.**）**DC.**【*Blumea mollis*（**D. Don**）**Merr.**】

草本；生于海拔 200 - 1300m 的山坡草地、田边、地边、河沟边或路旁；分布于安龙、望谟、罗甸、平塘等地。

11. 假东风草 *Blumea riparia*（**Bl.**）**DC.**

草质藤本；生于海拔 400 - 1800m 的山坡或溪旁；分布于关岭等地。

12. 戟叶艾纳香 *Blumea sagittata* **Gagnep.**

草本；生于海拔 500 - 1000m 的山坡、杂木林下及湿润草丛中；分布于罗甸等地。

13. 拟毛毡草 *Blumea sericans*（**Kurz**）**Hook. f.**【*Blumea hamiltonii* **DC.**】

草本；生于路旁、田边、山谷及丘陵地带草丛中；分布于罗甸、平坝、贵定等地。

14. 拟艾纳香 *Blumea flava*（**DC.**）**Gagnep.**【*Blumeopsis flava*（**DC.**）**Gagnep.**】

一年生草本；生于低海拔草地或路旁；分布于贞丰、罗甸等地。

（十七）金盏花属 *Calendula* **Linnaeus**

1. 金盏花 *Calendula officinalis* **L.**

一年生草本；引种；省内有栽培。

（十八）翠菊属 *Callistephus* **Linnaeus**

1. 翠菊 *Callistephus chinensis*（**L.**）**Nees**

一年或二年生草本；生于山坡撩荒地、山坡草丛、水边或疏林阴处；分布于贵阳等地。

（十九）飞廉属 *Carduus* **Linnaeus**

1. 节毛飞廉 *Carduus acanthoides* **L.**

二年生或多年生植物；生于海拔 2000 - 2500m 路旁草地；分布于威宁等地。

2. 丝毛飞廉 *Carduus crispus* **L.**

二年生或多年生草本；生于海拔 2000m 的山坡草地；分布于大方等地。

（二〇）天名精属 *Carpesium* **Linnaeus**

1. 天名精 *Carpesium abrotanoides* **L.**

多年生草本；生于海拔 800 - 2160m 的山脚路旁、溪边或疏林中；分布于威宁、七星关、习水、普安、兴仁、册亨、西秀、平坝、修文、贵阳、施秉等地。

2. 粗齿天名精 *Carpesium tracheliifolium* **Less.**【*Carpesium cernuum* **L.**】

多年生草本；生于海拔 350 - 2400m 的路旁荒地及山坡、疏林、灌丛中；分布于威宁、赫章、赤水、印江、盘县、兴义、兴仁、安龙、册亨、望谟、贵阳、平塘等地。

3. 金挖耳 *Carpesium divaricatum* **Sieb. et Zucc.**

多年生草本；生于海拔 810 - 1000m 的路旁或灌丛中；分布于习水、梵净山、贵阳、榕江等地。

4. 中日金挖耳 *Carpesium faberi* **C. Winkl.**

多年生草本；生于海拔 670 - 1800m 的山坡荒地或路旁；分布于印江、普安、兴仁、册亨、贵阳、施秉、榕江等地。

5. 长叶天名精 *Carpesium longifolium* F. H. Chen et C. M. Hu

多年生草本；生于海拔 700 - 1200m 的路边或溪、河旁较潮湿的地方；分布于梵净山、清镇、瓮安等地。

6. 小花金挖耳 *Carpesium minus* Hemsl.

多年生草本；生于海拔 800 - 1000m 的水旁、阴处岩石上；分布于沿河等地。

7. 棉毛尼泊尔天名精 *Carpesium nepalense* var. *lanatum* (Hook. f. et Thoms. ex C. B. Clarke) Kitam.

多年生草本；生于海拔 950 - 1500m 的路旁或灌丛中；分布于兴义、瓮安、雷公山等地。

8. 暗花金挖耳 *Carpesium triste* Maxim.

多年生草本；生于林下及溪边；分布于桐梓、宽阔水等地。

(二一)红花属 *Carthamus* Linnaeus

1. 红花 *Carthamus tinctorius* L.

一年生草本；引种；兴义等地有栽培或逸生。

(二二)石胡荽属 *Centipeda* Loureiro

1. 石胡荽 *Centipeda minima* (L.) A. Br. et Aschers.

一年生小草本；生于海拔 400 - 1200m 的路旁草地中；分布于开阳、清镇、望谟、平坝、惠水、黎平等地。

(二三)菊属 *Chrysanthemum* Linnaeus

1. 野菊 *Chrysanthemum indicum* L.【*Dendranthema indicum* (L.) Des Moulins】

多年生草本；生于海拔 350 - 2150m 的山地路旁、疏林灌丛中、山脚溪边或岩石上；分布于修文、梵净山、印江、碧江、安龙、贵阳、开阳、清镇、瓮安、贵定、惠水等地。

2. 甘菊 *Chrysanthemum lavandulifolium* (Fisch. ex Trautv.)【*Dendranthema lavandulifolium* (Fisch. ex Trautv.) Ling et Shih】

多年生草本；生于海拔 1300 - 1500m 的山坡沟边或路旁草地；分布于七星关、安龙等地。

3. 菊花 *Chrysanthemum morifolium* Ramat.【*Dendranthema morifolium* (Ramat.) Tzvel.】

多年生草本；全省有栽培。

4. 小叶菊 *Chrysanthemum parvifolium* C. C. Chang【*Dendranthema parvifolium* (C. C. Chang) C. Shih】

多年生草本；分布于关岭等地。

(二四)蓟属 *Cirsium* Miller

1. 刺儿菜 *Cirsium arvense* var. *integrifolium* Wimmer et Grabowski【*Cirsium setosum* (Willd.) Bieb.】

多年生草本；生于海拔 780 - 2210m 的山坡草地、路旁或地边；分布于威宁、松桃、贵阳、兴义、安龙等地。

2. 灰蓟 *Cirsium botryodes* Petr.【*Cirsium griseum* Lévl.】

多年生草本；生于海拔 2170m 的高山坝子的路旁；分布于威宁等地。

3. 两面蓟 *Cirsium chlorolepis* Petr. ex Hand. -Mazz.

多年生草本；生于海拔约 1300m 的林缘及山坡草地；分布于黔西南等地。

4. 梵净蓟 *Cirsium fanjingshanense* C. Shih

多年生草本；生于山坡草地或荒地中；分布于梵净山等地。

5. 骆骑 *Cirsium handelii* Petr. ex Hand. -Mazz.

多年生草本；生于海拔 1250 – 2400m 的山坡草地或路旁灌丛中；分布于赫章、纳雍、安龙等地。

6. 蓟 *Cirsium japonicum* Fisch. ex DC.

多年生草本；生于海拔 550 – 1370m 的山坡草地、路旁、溪边或松林下；分布于梵净山、江口、松桃、贵阳、荔波、施秉、雷山等地。

7. 覆瓦蓟 *Cirsium leducii* (Franch.) Lévl.

多年生草本；生于海拔 800 – 1350m 的山坡草地或路旁；分布于册亨、贵阳、瓮安、雷公山等地。

8. 线叶蓟 *Cirsium lineare* (Thunb.) Sch. – Bip.【*Cirsium hupehense* Pamp.】

多年生草本；生于海拔 350 – 1300m 的山坡草地、灌丛中或路边；分布于贵阳、梵净山、碧江等地。

9. 马刺蓟 *Cirsium monocephalum* (Vant.) Lévl.

多年生草本；生于海拔 1200 – 2100m 的山坡草地或山谷灌丛中；分布于大方、德江、盘县、普安、平坝、贵阳、雷公山等地。

10. 烟管蓟 *Cirsium pendulum* Fisch. ex DC.

多年生草本；生于海拔 300 – 2200m 的山谷、林缘、林下；分布于大沙河等地。

11. 总序蓟 *Cirsium racemiforme* Y. Ling et C. Shih

多年生草本；生于海拔 1340m 的山坡草地；分布于望谟等地。

12. 牛口蓟 *Cirsium shansiense* Petr.

多年生草本；生于海拔 980 – 2220m 的山坡草地或路边；分布于七星关、威宁、贵阳、兴义、兴仁、惠水等地。

（二五）菊藤属 *Cissampelopsis* (Candolle) Miquel

1. 岩穴藤菊 *Cissampelopsis spelaeicola* (Vant.) C. Jeffrey et Y. L. Chen

大藤状草本或亚灌木；生于海拔 660 – 1000m 的林中乔木或灌木上，石灰岩地区常见；分布于镇宁、荔波等地。

2. 藤菊 *Cissampelopsis volubilis* (Bl.) Miq.

大藤状草本或亚灌木；生于海拔约 1000m 的攀援于林中乔木及灌木上；分布于镇宁等地。

（二六）锥托泽兰属 *Conoclinium* Candolle

1. 锥托泽兰 *Conoclinium coelestinum* (L.) DC.【*Eupatorium coelestinum* L.】

多年生草本；原产美洲；逸生于海拔 330 – 1200m 的兴义、安龙、册亨等南盘江边一带或山坡路旁。

（二七）金鸡菊属 *Coreopsis* Linnaeus

1. 剑叶金鸡菊 *Coreopsis lanceolata* L.

多年生草本；原产北美；省内有栽培。

2. 两色金鸡菊 *Coreopsis tinctoria* Nutt.

一年生草本；原产北美；省内有栽培。

（二八）秋英属 *Cosmos* Cavanilles

1. 秋英 *Cosmos bipinnatus* Cav.

一年生或多年生草本；原产墨西哥；省内有栽培。

2. 硫黄菊 *Cosmos sulphureus* Cav.

一年生草本；原产墨西哥至巴西；省内有栽培。

（二九）野茼蒿属 *Crassocephalum* Moench

1. 野茼蒿 *Crassocephalum crepidioides* (Benth.) S. Moore

多年生直立草本；生于海拔 300 – 1800m 的路边、地边、水旁或灌丛中；分布于绥阳、湄潭、凤冈、梵净山、印江、江口、德江、松桃、普安、兴仁、安龙、册亨、西秀、修文、贵阳、瓮安、惠水、望谟、罗甸、荔波、雷公山、镇远、榕江、黎平等地。

（三○）还阳参属 *Crepis* **Linnaeus**

1. 绿茎还阳参 *Crepis lignea*（Vant.）Babc.

多年生草本；生于海拔 1050m 的山坡草地；分布于兴义、安龙等地。

2. 芜菁还阳参 *Crepis napifera*（Franch.）Babc.

多年生草本；生于海拔 1050m 的山坡草地或松林下；分布于贵阳、兴义、安龙等地。

（三一）假还阳参属 *Crepidiastrum* **Nakai**

1. 黄瓜假还阳参 *Crepidiastrum denticulatum*（Houtt.）Pak【*Ixeris denticulata*（Houtt.）Stebb.；*Prenanthes denticulata* Houtt.；*Paraixeris denticulata*（Houtt.）Nakai】

一年或二年生草本；生于海拔 980－1500m 的路边或山脚溪边岩石上；分布于普安、兴仁、贞丰、册亨、平坝、贵阳、惠水、瓮安、平塘等地。

2. 枝状假还阳参 *Crepidiastrum denticulatum* subsp. *ramosissimum*（Benth.）N. Kilian

一年或二年生草本；生于海拔 600－2000m 的干坡、石缝、悬崖、或路旁；分布地不详。

3. 尖裂假还阳参 *Crepidiastrum sonchifolium*（Maxim.）Pak【*Ixeridium sonchifolium*（Maxim.）C. Shih；*Ixeris sonchifolia* Hance】

多年生草本；生于海拔 300－1000m 的山坡或平原路旁、林下、河滩地、岩石上或庭院中；分布于赤水、印江、贵阳等地。

（三二）蓝花矢车菊属 *Cyanus* **Linnaeus**

1. 蓝花矢车菊 *Cyanus segetum* Hill【*Centaurea cyanus* L.】

一年或二年生草本；引种；省内有栽培。

（三三）杯菊属 *Cyathocline* **Cassini**

1. 杯菊 *Cyathocline purpurea*（Buch. -Ham. ex D. Don）Kuntze

一年生草本；生于海拔 250－700m 的山坡草地、田边、地边；分布于贞丰、册亨、望谟、罗甸等地。

（三四）大丽花属 *Dahlia* **Cavanilles**

1. 大丽花 *Dahlia pinnata* Cav.

多年生草本；原产墨西哥；省内广泛栽培。

（三五）歧笔菊属 *Dicercoclados* **C. Jeffrey et Y. L. Chen**

1. 歧笔菊 *Dicercoclados triplinervis* C. Jeffrey et Y. L. Chen

多年生草本；生于灌丛草坡上；分布于贵定等地。

（三六）鱼眼草属 *Dichrocephala* **L' Héritier ex Candolle**

1. 小鱼眼草 *Dichrocephala benthamii* C. B. Clarke

一年生草本；生于海拔 380－2210m 的山坡草地、路旁或地边；分布于威宁、七星关、赫章、纳雍、兴义、兴仁、安龙、平坝、修文、罗甸等地。

2. 鱼眼草 *Dichrocephala integrifolia*（L. f.）Kuntze【*Dichrocephala auriculata*（Thunb.）Druce】

一年生草本；生于海拔 250－1500m 的山坡草地、旱地、路边或林内；分布于赤水、江口、安龙、册亨、望谟、荔波、雷山等地。

（三七）羊耳菊属 *Duhaldea* **Candolle**

1. 羊耳菊 *Duhaldea cappa*（Buch. -Ham. ex D. Don）Pruski et Anderberg【*Inula cappa*（Buch. -Ham. ex D. Don）DC.】

亚灌木；生于海拔 600－1400m 的山坡山脚草地、路旁、灌丛或疏林中；分布于赤水、凤冈、梵净山、江口、印江、松桃、德江、碧江、兴义、贞丰、安龙、贵阳、瓮安、惠水、平塘、独山、三都、旋秉、雷公山、剑河等地。

2. 显脉旋覆花 *Duhaldea nervosa*（Wall. ex DC.）Anderberg〔*Inula nervosa* Wall. ex Hook. f.〕

多年生草本；生于海拔 1000 - 1490m 的山坡地边、沟边；分布于七星关、关岭、兴义、罗甸、册亨。

（三八）醴肠属 *Eclipta* Linnaeus

1. 鳢肠 *Eclipta prostrata*（L.）L.

一年生草本；生于海拔 300 - 1300m 的荒坡草地、田边路边、河边沙滩地及灌丛中；分布于赤水、凤冈、湄潭、印江、松桃、兴义、安龙、册亨、望谟、平坝、惠水、瓮安、罗甸、黄平等地。

（三九）地胆草属 *Elephantopus* Linnaeus

1. 地胆草 *Elephantopus scaber* L.

多年生坚硬草本；生于海拔 1000m 左右的山坡路旁或阳处草坡；分布于兴义、册亨、荔波等地。

2. 白花地胆草 *Elephantopus tomentosus* L.

多年生坚硬草本；生于山坡旷野、路边或灌丛中；分布地不详。

（四〇）一点红属 *Emilia* Cassini

1. 小一点红 *Emilia prenanthoidea* DC.

一年生草本；生于海拔 550 - 2000m 的路旁、山坡、疏林或密林中，潮湿处常见；分布于兴仁、贞丰、独山、荔波、雷山、凯里、天柱、黎平等地。

2. 一点红 *Emilia sonchifolia* DC.

一年生草本；生于海拔 900 - 1250m 的路旁、草地灌丛中或岩石上；分布于绥阳、兴义、安龙、册亨、惠水等地。

（四一）菊芹属 *Erechtites* Rafinesque

1. 梁子菜 *Erechtites hieraciifolius*（L.）Raf. ex DC.

一年生草本；原产墨西哥；省内赤水、普安、平坝、贵阳、雷公山、榕江等地有栽培或逸生。

（四二）飞蓬属 *Erigeron* Linnaeus

1. 一年蓬 *Erigeron annuus*（L.）Pers.

一年或二年生草本；原产北美洲；逸生于梵净山、修文、贵阳、荔波等地。

2. 短葶飞蓬 *Erigeron breviscapus*（Vant.）Hand. -Mazz.

多年生草本；生于海拔 950 - 2400m 的山顶、草地、灌丛或林缘；分布于威宁、梵净山、安龙、望谟、贵阳、罗甸、平塘、雷公山等地。

3. 长茎飞蓬 *Erigeron acris* subsp. *politus*（Fries）H. Lindb.〔*Erigeron elongatus* Ledeb.〕

二年或多年生草本；生于海拔 1900 - 2600m 的山坡草地、沟边、林缘；分布于大沙河等地。

（四三）白酒草属 *Eschenbachia* Moench

1. 熊胆草 *Eschenbachia blinii*（Lévl.）Brouill.〔*Conyza blinii* Lévl.〕

一年生草本；生于海拔 1800 - 2600m 的山坡草地，荒地路旁或旷野；分布地不详。

2. 香丝草 *Erigeron bonariensis* L.〔*Conyza bonariensis*（L.）Cronq.〕

一年或二年生草本；原产南美洲；省内水城、纳雍、赤水、兴义、安龙、西秀、黎平等地有栽培或逸生。

3. 小蓬草 *Erigeron canadensis* L.〔*Conyza canadensis*（L.）Cronq.〕

一年生草本；原产北美洲；省内威宁、七星关、大方、赤水、凤冈、德江、印江、兴义、望谟、修文、平坝、雷山、平塘等地栽培或逸生。

4. 白酒草 *Eschenbachia japonica*（Thunb.）J. Koster〔*Conyza japonica*（Thunb.）Less.〕

一年或二年生草本；生于海拔 390 - 2380m 的路旁、水旁或山脚草地、地边；分布于威宁、赤水、兴仁、安龙、修文、贵阳、惠水、望谟、罗甸、平塘、荔波等地。

5. 粘毛白酒草 *Eschenbachia leucantha*（D. Don）Brouill.〔*Conyza leucantha*（D. Don）Ludlow et Raven〕

一年生草本；生于海拔 250－1000m 的山坡灌丛中；分布于望谟、镇宁、罗甸等地。

6. 宿根白酒草 *Eschenbachia perennis* (Hand. -Mazz.) Brouill. 【*Conyza perennis* Hand. -Mazz. 】

多年生草本；生于海拔 160m 的河边灌丛中；分布于兴义、罗甸等地。

7. 苏门白酒草 *Erigeron sumatrensis* Retz. 【*Conyza sumatrensis* (Retz.) Walker 】

一年或二年生草本；原产南美洲；省内威宁、七星关、习水、兴义、兴仁、安龙、册亨、望谟、修文、贵阳、惠水、罗甸等地栽培或逸生。

(四四)泽兰属 *Eupatorium* Linnaeus

1. 多须公 *Eupatorium chinense* L.

多年生草本；生于海拔 800－1900m 的山坡草地、山谷、河旁、水边潮湿地；分布于纳雍、赤水、绥阳、凤冈、德江、江口、沿河、盘县、兴义、安龙、册亨、贵阳、独山、瓮安、平塘、雷公山、锦屏等地。

2. 佩兰 *Eupatorium fortunei* Turcz. 【*Eupatorium angustilobum* (Ling) C. Shih；*Eupatorium fortunei* var. *angustilobum* Y. Ling】

多年生草本；生于海拔 1000m 左右的路边灌木林中；分布于湄潭、凤冈、兴义、贵阳、瓮安、台江等地。

3. 异叶泽兰 *Eupatorium heterophyllum* DC.

多年生草本；生于海拔 1300－2200m 的山谷、山坡或山顶的灌丛中或竹丛中；分布于威宁、绥阳、安龙、雷山等地。

4. 白头婆 *Eupatorium japonicum* Thunb. 【*Eupatorium japonicum* var. *tripartitum* Makino 】

多年生草本；生于海拔 700－2200m 的山坡草地、山顶、山脚、山谷、路旁、水旁或灌丛中；分布于湄潭、江口、石阡、松桃、水城、普安、兴义、安龙、贵阳、凯里等地。

5. 林泽兰 *Eupatorium lindleyanum* DC.

多年生草本；生于海拔 780－1500m 的山坡草地、山脚路旁、山谷或灌丛中；分布于赤水、梵净山、兴义、兴仁、贞丰、平坝、贵阳、惠水、雷公山等地。

6. 南川泽兰 *Eupatorium nanchuanense* Y. Ling et Shih

多年生草本；生于海拔 1200－1700m 的山坡；分布于大沙河等地。

(四五)花佩菊属 *Faberia* Hemsley

1. 贵州花佩菊 *Faberia cavaleriei* Lévl. 【*Faberia tsiangii* (C. C. Chang) C. Shih；*Prenanthes cavaleriei* (Lévl.) Stebb. ex Lau. 】

多年生草本；生于海拔 900－1500m 的密林中；分布于绥阳、正安、贵定等地。

2. 狭锥花佩菊 *Faberia faberi* (Hemsl.) N. Kilian【*Prenanthes faberi* Hemsl. 】

多年生草本；生于海拔 1850m 的山坡路旁；分布于绥阳等地。

(四六)天人菊属 *Gaillardia* Fouger

1. 天人菊 *Gaillardia pulchella* Foug.

一年生草本；引种；省内有栽培。

(四七)牛膝菊属 *Galinsoga* Ruiz et Pavon

1. 牛膝菊 *Galinsoga parviflora* Cav.

一年生草本；原产南美洲；逸生于威宁、赫章、贵阳、惠水等地。

2. 粗毛牛膝菊 *Galinsoga quadriradiata* Ruiz et Pav.

一年生草本；原产墨西哥；省内独山等地有栽培。

(四八)合冠鼠麴草属 *Gamochaeta* Weddell

1. 南川合冠鼠麴草 *Gamochaeta nanchuanensis* (Y. Ling et Y. Q. Tseng) Y. S. Chen et R. J. Bayer【*Gnaphalium nanchuanense* Y. Ling et Y. Q. Tseng】

多年生草本；生于海拔 1800 – 2200m 的山坡上；分布于大沙河等地。

2. 匙叶合冠鼠麴草 *Gamochaeta pensylvanica* （Willd.） Cabrera【*Gnaphalium pensylvanicum* Willd.】

一年生草本；生于海拔 280 – 1200m 的山坡草地或地边；分布于赤水、贞丰、罗甸等地。

（四九）火石花属 *Gerbera* L.

1. 白背火石花 *Gerbera nivea* （DC.） Sch. – Bip.

多年生草本；生于高山草地或林缘；分布于省内西北部等地。

2. 火石花 *Gerbera delavayi* Franch.

多年生草本；生于海拔 1370m 的旷地、荒坡或林边草丛中；分布于安龙等地。

3. 蒙自火石花 *Gerbera delavayi* var. *henryi* （Dunn） C. Y. Wu et H. Peng【*Gerbera henryi* Dunn】

多年生草本；生于海拔 1800 – 2800m 的林缘、荒坡或针叶林下；分布于赫章等地。

4. 非洲菊 *Gerbera jamesonii* Bolus

多年生草本；原产非洲；省内有栽培。

（五〇）茼蒿属 *Glebionis* Cassini

1. 蒿子杆 *Glebionis carinata* （Schousb.） Tzvel.【*Chrysanthemum carinatum* Schousb.】

一年生草本；省内有栽培。

2. 南茼蒿 *Glebionis segetum* （L.） Fourr.【*Chrysanthemum segetum* L.】

一年生草本；省内有栽培。

（五一）鼠麴草属 *Gnaphalium* Linnaeus.

1. 细叶鼠麴草 *Gnaphalium japonicum* Thunb.

一年生草本；生于海拔 780 – 1200m 的山坡阳处草地上；分布于江口、贵阳、平塘、荔波、雷山等地。

2. 多茎鼠麴草 *Gnaphalium polycaulon* Pers.

一年生草本；生于海拔 400m 的地边；分布于望谟等地。

（五二）三七草属 *Gynura* Cassini

1. 红凤菜 *Gynura bicolor* （Roxb. ex Willd.） DC.

多年生草本；生于海拔 600 – 1500m 的森林山坡、潮湿的地方；分布于贵阳、福泉、荔波等地。

2. 菊三七 *Gynura japonica* （Thunb.） Juel

多年生草本；生于海拔 900 – 1300m 的路旁、山坡灌丛或密林中较潮湿的地方；分布于湄潭、兴义、兴仁、安龙、西秀、贵阳、修文、瓮安、雷山、锦屏等地。

3. 尼泊尔菊三七 *Gynura nepalensis* DC.

多年生草本；生于海拔 310 – 600m 的溪河边岩石上；分布于赤水、望谟、荔波等地。

4. 平卧菊三七 *Gynura procumbens* （Lour.） Merr.

多年攀援草本；生于海拔 500 – 980m 的山谷水旁或灌丛中较潮湿的地方；分布于罗甸等地。

5. 狗三七 *Gynura pseudochina* （L.） DC.

多年生草本；生于海拔 600m 以上的山坡草地或路旁；分布于水城、兴义、安龙、望谟、罗甸等地。

（五三）向日葵属 *Helianthus* Linnaeus

1. 向日葵 *Helianthus annuus* L.

一年生高大草本；原产北美；省内广泛栽培。

2. 瓜叶葵 *Helianthus debilis* subsp. *cucumerifolius* （Torr. et A. Gray） Heiser【*Helianthus cucumerifolius* Torr. et A. Gary】

一年生或多年生草本；原产北美；省内有栽培。

3. 菊芋 *Helianthus tuberosus* **L.**

多年生草本；原产北美；省内广泛栽培。

（五四）泥胡菜属 *Hemisteptia* **Bunge**

1. 泥胡菜 *Hemisteptia lyrata*（**Bunge**）**Bunge**

一年生草本；生于海拔 250 – 1400m 的路旁或山坡草地和山坡灌丛中；分布于赤水、贵阳、兴仁、望谟、罗甸、荔波等地。

（五五）山柳菊属 *Hieracium* **Linnaeus**

1. 山柳菊 *Hieracium umbellatum* **L.**

多年生草本；生于海拔 1350 – 1900m 的山坡草地及灌丛中；分布于纳雍、梵净山、雷公山等地。

（五六）须弥菊属 *Himalaiella* **Raab – Straube**

1. 三角叶须弥菊 *Himalaiella deltoidea*（**DC.**）**Raab-Straube**【*Saussurea deltoidea*（**DC.**）**Sch. - Bip.**】

二年生草本；生于海拔 700 – 1300m 的路边或山坡、灌丛中或河沟路旁；分布于梵净山、雷公山等地。

2. 小头须弥菊 *Himalaiella nivea*（**DC.**）**Raab – Straube**【*Saussurea crispa* **Vant.**】

二年生草本；生于海拔 1200 – 1800m 的山坡草地、山谷密林下及林缘；分布于贵阳、普安、兴仁、贞丰等地。

3. 叶头须弥菊 *Himalaiella peguensis*（**C. B. Clarke**）**Raab – Straube**【*Saussurea peguensis* **C. B. Clarke**】

多年生草本；生于海拔约 1250m 的山间平地；分布于兴义等地。

（五七）旋覆花属 *Inula* **Linnaeus**

1. 土木香 *Inula helenium* **L.**

多年生草本；引种；省内有栽培。

2. 水朝阳旋覆花 *Inula helianthus – aquatilis* **C. Y. Wu ex Ling**

多年生草本；生于海拔 1000 – 2160m 的路旁、水旁或地边；分布于威宁、七星关、湄潭、水城、贵阳等地。

3. 旋覆花 *Inula japonica* **Thunb.**

多年生草本；生于海拔 850 – 1800m 的路边或水旁岩石上；分布于纳雍、册亨、安龙等地。

4. 线叶旋覆花 *Inula linariifolia* **Turcza.**

多年生草本；生于海拔 1200m 的山坡灌丛中；分布于兴仁、安龙等地。

（五八）小苦荬属 *Ixeridium*（**A. Gray**）**Tzvelev**

1. 小苦荬 *Ixeridium dentatum*（**Thunb.**）**Tzvel.**【*Ixeris dentata*（**Thunb.**）**Nakai**】

多年生草本；生于海拔 380 – 1050m 的山坡、山坡林下、潮湿处或田边；分布于赤水、安龙、册亨、望谟、雷山等地。

2. 细叶小苦荬 *Ixeridium gracile*（**DC.**）**Shih**【*Ixeris gracilis*（**DC.**）**Stebb.**】

多年生草本；生于海拔 900 – 2100m 的山坡或山谷林缘、林下、田间、荒地或草甸；分布于大方、梵净山、江口、兴仁、安龙、平坝、贵阳、雷公山等地。

（五九）苦荬菜属 *Ixeris* **Cassini**

1. 中华苦荬菜 *Ixeris chinensis*（**Thunb.**）**Kitag.**【*Ixeridium chinense*（**Thunb.**）**Tzvel.**】

多年生草本；生于海拔 320 – 1800m 的山坡草地、荒地、路旁、山谷或溪河边；分布于七星关、赤水、印江、普安、兴义、安龙、贵阳等地。

2. 多色苦荬 *Ixeris chinensis* **subsp.** *versicolor*（**Fisch. ex Link**）**Kitam.**【*Ixeridium biparum* **Shih；** *Ixeridium gramineum*（**Fisch.**）**Tzvel.**】

一年生草本；生于海拔 508 - 2000m 的山坡草地；分布于安龙等地。

3. 剪刀股 *Ixeris japonica* (Burm. f.) Nakai

多年草本；生于海拔 1100 - 1300m 的山坡草地或路旁；分布于安龙等地。

4. 苦荬菜 *Ixeris polycephala* Cass.

一年生或两年生草本；生于海拔 400m 左右的路边或山脚溪边岩石上，石灰岩地区常见；分布于江口、望谟等地。

(六〇) 莴苣属 *Lactuca* Linnaeus

1. 台湾翅果菊 *Lactuca formosana* Maxim. 【*Pterocypsela formosana* (Maxim.) C. Shih】

一年或二年生草本；生于海拔 900 - 1500m 的山坡路旁、田坎边；分布于七星关、遵义、贵阳等地。

2. 翅果菊 *Lactuca indica* L. 【*Pterocypsela indica* (L.) C. Shih】

一年或二年生草本；生于海拔 600 - 1800m 的山坡草地、路旁、灌丛中；分布于习水、遵义、江口、兴义、贵阳、龙里、麻江、锦屏等地。

3. 毛脉翅果菊 *Lactuca raddeana* Maxim. 【*Pterocypsela elata* (Hemsl.) C. Shih；*Lactuca elata* Hemsl.】

多年生草本；生于海拔 1120 - 1400m 的山坡草地、路旁、灌丛中；分布于沿河、梵净山、贵阳等地。

4. 莴苣 *Lactuca sativa* L.

一年或二年生草本；引种；省内各地有栽培。

(六一) 六棱菊属 *Laggera* Schultz Bipontinus ex Bentham et J. D. Hooker

1. 六棱菊 *Laggera alata* (D. Don) Sch. - Bip. ex Oliv.

多年生草本；生于海拔 180 - 440m 的山坡草地、灌丛或河沟中；分布于望谟、罗甸等地。

2. 翼齿六棱菊 *Laggera crispata* (Vahl) Hepper et J. R. I. Wood【*Laggera pterodonta* Sch. Bip. ex Oliv.】

一年生草本；生于海拔 180 - 800m 的山坡草地、灌丛、路旁或地边；分布于册亨、望谟、罗甸等地。

(六二) 稻槎菜属 *Lapsanastrum* Pak et K. Bremer

1. 稻槎菜 *Lapsanastrum apogonoides* (Maxim.) J. H. Pak et Bremer 【*Lapsana apogonoides* Maxim.】

一年生草本；生于海拔 500m 的山沟河边、路旁、田间；分布于江口等地。

(六三) 栓果菊属 *Launaea* Cassini

1. 光茎栓果菊 *Launaea acaulis* (Roxb.) Babc. ex Kerr

多年生草本；生于海拔 300 - 800m 的山坡草地、路旁；分布于安龙、望谟、罗甸等地。

(六四) 大丁草属 *Leibnitzia* Cassini

1. 大丁草 *Leibnitzia anandria* (L.) Turcz. 【*Gerbera anandria* (L.) Sch. - Bip.；*Gerbera anandria* var. *densiloba* Mattf.】

多年生草本；生于海拔 1200 - 2400m 的山坡路或灌丛中；分布于威宁、江口、贵阳、雷公山等地。

2. 尼泊尔大丁草 *Leibnitzia nepalensis* (Kunze) Kitam.

多年生草本；生于海拔 1900m 的山坡草地；分布于威宁等地。

3. 灰岩大丁草 *Leibnitzia pusilla* (DC.) S. Gould【*Gerbera serotina* Beauv.】

多年生草本；生于森林岩石上；分布于威宁等地。

(六五) 火绒草属 *Leontopodium* R. Brown

1. 松毛火绒草 *Leontopodium andersonii* C. B. Clarke

多年生草本；生于海拔 1800m 的山谷阳处草地；分布于普安、安龙等地。

2. 艾叶火绒草 *Leontopodium artemisiifolium*（Lévl.）Beauv.

多年生木质草本；生于海拔1000m的亚高山草坡、低中山、杂木边缘以及山谷溪旁；分布于平坝等地。

3. 戟叶火绒草 *Leontopodium dedekensii*（Bur. et Franch.）Beauv.

多年生草本；生于海拔1400m的高山针叶林、灌丛、草地中；分布地不详。

4. 梵净火绒草 *Leontopodium fangingense* Ling

多年生草本；生于海拔2470m的山坡草地或湿润地岩石上；分布于江口等地。

5. 火绒草 *Leontopodium leontopodioides*（Willd.）Beauv.

多年生草本；分布于大沙河等地。

6. 华火绒草 *Leontopodium sinense* Hemsl.

多年生草本；生于海拔850－2210m的山坡草地或疏林下；分布于威宁、纳雍、大方、印江、独山等地。

（六六）橐吾属 *Ligularia* Cassini

1. 齿叶橐吾 *Ligularia dentata*（A. Gray）Hara

多年生草本；生于海拔约1200m的山坡、水边、林缘和林中；分布于贵阳等地。

2. 蹄叶橐吾 *Ligularia fischeri*（Ledeb.）Turcz.

多年生草本；生于海拔1150－2200m水边、草甸子、山坡、灌丛中、林缘及林下；分布于纳雍、梵净山、水城、盘县、清镇、平坝、雷公山等地。

3. 鹿蹄橐吾 *Ligularia hodgsonii* Hook.

多年生草本；生于河边、山坡草地及林中、山谷潮湿地；分布于石阡、贵阳、开阳、锦屏等地。

4. 细茎橐吾 *Ligularia hookeri*（C. B. Clarke）Hand.-Mazz.

多年生草本；生于山坡、灌丛、林中、水边及高山草地；分布于梵净山等地。

5. 狭苞橐吾 *Ligularia intermedia* Nakai

多年生草本；生于海拔700－1500m的草地、路旁潮湿处或密林下；分布于梵净山、江口等地。

6. 大头橐吾 *Ligularia japonica*（Thunb.）Less.

多年生草本；生于海拔900－2300m的水边、山坡草地及林下；分布于贵阳等地。

7. 宽戟橐吾 *Ligularia latihastata*（W. W. Sm.）Hand.-Mazz.

多年生草本；分布于桐梓等地。

8. 贵州橐吾 *Ligularia leveillei*（Van.）Hand.-Mazz.

多年生草本；生于海拔2030m的草地、荒地；分布于平坝、清镇、龙里等地。

9. 川滇橐吾 *Ligularia limprichtii*（Diels ex H. Limpr.）Hand.-Mazz.

多年生草本；生于草地；分布于大沙河等地。

10. 南川橐吾 *Ligularia nanchuanica* S. W. Liu

多年生草本；生于海拔2000－2300m的山坡密林中；分布于梵净山等地。

11. 橐吾 *Ligularia sibirica*（L.）Cass.

多年生草本；生于海拔950－1810m的沼地、湿草地、河边、山坡及林缘；分布于息烽、纳雍、遵义、瓮安、雷公山等地。

12. 毛苞橐吾 *Ligularia sibirica* var. *araneosa* DC.

多年生草本；生于海拔1300－2200m的水边及山坡；分布地不详。

13. 纤细橐吾 *Ligularia tenuicaulis* C. C. Chang

多年生草本；生于海拔1350m的山坡灌丛草地及竹林中；分布湄潭、梵净山、雷公山等地。

14. 簇梗橐吾 *Ligularia tenuipes*（Franch.）Diels

多年生草本；生于海拔2200m以上的水边、山坡湿地及草坡；分布地不详。

15. 离舌橐吾 *Ligularia veitchiana*（Hemsl.）Greenm.

多年生草本；生于海拔 1400 – 2300m 的河边、山坡或林下；分布地不详。

16. 川鄂橐吾 *Ligularia wilsoniana*（Hemsl.）Greenm.

多年生草本；生于海拔 1600 – 2050m 的山坡或林缘、草坡及林下；分布于大沙河等地。

（六七）毛鳞菊属 *Melanoseris* Decaisne

1. 大花毛鳞菊 *Melanoseris atropurpurea*（Franch.）N. Kilian et Z. H. Wang【*Chaetoseris grandiflora*（Franch.）C. Shih】

多年生草本；生于海拔 2800m 的山坡林缘、林下及灌丛中；分布于赫章等地。

2. 蓝花毛鳞菊 *Melanoseris cyanea*（D. Don）Edgeworth【*Chaetoseris cyanea*（D. Don）C. Shih；*Chaetoseris hastata*（Wall. ex DC.）C. Shih】

多年生草本；生于海拔 1800 – 2800m 的山谷灌丛、林下阴湿地；分布于威宁等地。

3. 细莴苣 *Melanoseris graciliflora*（DC.）N. Kilian【*Stenoseris graciliflora*（Wall. ex DC.）C. Shih；*Lactuca graciliflora* DC.；*Stenoseris taliensis*（Franch.）Shih】

多年生草本；生于海拔 2600m 的山坡、灌丛及林缘；分布于盘县等地。

（六八）小舌菊属 *Microglossa* Candolle

1. 小舌菊 *Microglossa pyrifolia*（Lam.）Kuntze

半灌木；生于海拔 280 – 800m 的河沟边或山坡灌丛和疏林下；分布于安龙、册亨、望谟、罗甸等地。

（六九）粘冠草属 *Myriactis* Lessing

1. 圆舌粘冠草 *Myriactis nepalensis* Less.

多年生草本；生于海拔 1250m 以上的疏林、灌丛中或路旁、山谷林缘、近水潮湿地或荒地上；分布于大方、习水、梵净山、盘县、普安、贞丰、安龙、贵阳、贵定等地。

2. 狐狸草 *Myriactis wallichii* Less.

一年生草本；生于海拔 2600m 的山坡草地及林下；分布地不详。

3. 粘冠草 *Myriactis wightii* DC.

一年生草本；生于海拔 2100m 的松林边缘或荒田中；分布于赫章等地。

（七○）羽叶菊属 *Nemosenecio*（Kitamura）B. Nordenstam

1. 滇羽叶菊 *Nemosenecio yunnanensis* B. Nord.

多年生直立草本；生于海拔 1750 – 2100m 的山坡灌丛及草坡；分布于纳雍、盘县等地。

（七一）紫菊属 *Notoseris* Shih

1. 腺毛紫菊 *Notoseris glandulosa*（Dunn）Shih

多年生草本；分布于大沙河等地。

2. 黑花紫菊 *Notoseris melanantha*（Franch.）Shih【*Notoseris gracilipes* Shih；*Notoseris henryi*（Dunn）Shih】

多年生草本；生于海拔 1300 – 2200m 的山坡林下；分布地不详。

3. 全叶紫菊 *Notoseris guizhouensis* Shih

多年生草本；生于海拔 2000m 的山坡、路旁阴处或灌丛中；分布于普安等地。

4. 南川紫菊 *Notoseris porphyrolepis* Shih

多年生草本；生于海拔 2200m 的山坡林下、山顶冷箭竹林内；分布于梵净山等地。

5. 光苞紫菊 *Notoseris macilenta*（Vant. et Lévl.）N. Kilian【*Notoseris psilolepis* Shih】

多年生草本；生于海拔 700 – 1940m 的山谷近水旁及林下；分布于梵净山、江口等地。

（七二）假福王草属 *Paraprenanthes* Chang ex Shih

1. 长叶假福王草 *Paraprenanthes dolichophylla*（Shih）N. Kilian et Z. H. Wang【*Notoseris dolicho-*

phylla Shih 】

多年生草本；生于海拔 1660m 山坡林下；分布于大沙河等地。

2. 密毛假福王草 *Paraprenanthes glandulosissima*（Chang）Shih【*Lactuca glandulosissima* Chang】

一年生草本；生于海拔 500 – 1300m 的山坡林缘、林下；分布于赤水、望谟、罗甸等地。

3. 雷山假福王草 *Paraprenanthes heptantha* Shih et D. J. Liu【*Lactuca heptantha* Shih et D. J. Liu】

一年生草本；生于海拔 650 – 1200m 的山坡草地及林下；分布于雷山、安龙、梵净山等地。

4. 蕨叶假福王草 *Paraprenanthes polypodiifolia*（Franch.）Chang ex Shih【*Lactuca polypodiifolia* Franch.】

多年生草本；生于海拔 340 – 490m 的草地或疏林下；分布于赤水、习水等地。

5. 异叶假福王草 *Paraprenanthes prenanthoides*（Hemsl.）Shih

一年生草本；生于海拔 500 – 1100m 的山坡林下；分布于罗甸等地。

6. 假福王草 *Paraprenanthes sororia*（Miq.）Shih【*Lactuca sororia* Miq.】

一年生草本；生于海拔 340 – 2000m 山坡、山谷灌丛、林下；分布于大方、赤水、梵净山、安龙、贵阳、雷山、从江、黎平等地。

（七三）蟹甲草属 *Parasenecio* W. W. Smith et J. Samll

1. 兔儿风蟹甲草 *Parasenecio ainsliiflorus*（Franch.）Y. L. Chen【*Cacalia ainsliaeiflora*（Franch.）Hand. -Mazz.】

多年生草本；生于海拔 1350 – 2000m 的山坡林缘、林下、灌丛、草坡；分布于大方、兴义、雷公山等地。

2. 两假蟹甲草 *Parasenecio ambiguus*（Ling）Y. L. Chen【*Cacalis ambigua* Ling.】

多年生草本；生于海拔 1200 – 2400m 的山坡林下、林缘或灌丛、草坡阴湿处；分布于大沙河等地。

3. 翠雀叶蟹甲草 *Parasenecio delphiniifolius*（Sieb. -Zucc.）H. Koyama【*Cacalia delphiniphyllus*（Lévl.）Hand. -Mazz.】

多年生草本；生于海拔 1650 – 2900m 的山坡林下阴湿处；分布于赫章等地。

4. 长穗蟹甲草 *Parasenecio longispicus*（Hand. -Mazz.）Y. L. Chen【*Cacalia longispica* Hand. -Mazz.】

多年生草本；生于海拔 2000 – 2900m 的山坡灌丛草地；分布于梵净山等地。

5. 耳翼蟹甲草 *Parasenecio otopteryx*（Hand. -Mazz.）Y. L. Chen【*Cacalia otopteryx* Hand. -Mazz.】

多年生草本；生于海拔 1740 – 2000m 的山坡林下、林缘或灌丛中阴湿处；分布于纳雍、梵净山、雷公山、凯里等地。

6. 蜂斗菜状蟹甲草 *Parasenecio petasitoides*（Lévl.）Y. L. Chen

多年生草本；生于海拔 1750 – 2170m 的山坡林下阴湿处或山坡草地；分布于龙里、梵净山等地。

7. 深山蟹甲草 *Parasenecio profundorum*（Dunn）Y. L. Chen【*Cacalis profundorum*（Dunn）Hand. -Mazz.】

多年生草本，生于海拔 1000 – 2100m 的山坡林缘或山谷潮湿处；分布于大沙河等地。

8. 矢镞叶蟹甲草 *Parasenecio rubescens*（S. Moore）Y. L. Chen【*Cacalis rubescens*（S. Moore）Matsuda.】

多年生草本；生于海拔 800 – 1400m 的山谷林下或林缘灌丛中；分布于大沙河等地。

9. 无毛蟹甲草 *Parasenecio albus* Y. S. Chen【*Cacalia subglabra* Chang】

多年生草本；生于海拔 1290 – 1500m 的山谷河边或山坡灌丛中；分布于绥阳、荔波、施秉等地。

10. 威宁蟹甲草 *Parasenecio weiningensis* S. Z. He et H. Peng

多年生草本；生于山坡灌木林下；分布于威宁等地。

（七四）银胶菊属 *Parthenium* Linnaeus

1. 银胶菊 *Parthenium hysterophorus* L.

一年生草本；原产热带美洲；省内兴义、罗甸等地有栽培。

（七五）苇谷草属 *Pentanema* Cassini

1. 苇谷草 *Pentanema indicum*（L.）Ling

一年或二年生草本；生于荒地；分布地不详。

2. 苇谷草白背变种 *Pentanema indicum* var. *hypoleucum*（Hand. -Mazz.）Ling

一年或二年生草本；生于海拔 250m 的红水河河谷山坡灌丛中；分布于罗甸等地。

（七六）蜂斗菜属 *Petasites* Linnaeus

1. 蜂斗菜 *Petasites japonicus*（Sieb. et Zucc.）Maxim.

多年生草本；生于溪流边、草地或灌丛；分布于大沙河等地。

2. 毛裂蜂斗菜 *Petasites tricholobus* Franch.

多年生草本；生于海拔 780－1260m 的溪河边或路旁；分布于梵净山等地。

（七七）毛连菜属 *Picris* Linnaeus

1. 毛连菜 *Picris hieracioides* L.

二年生草本；生于海拔 800－2500m 的路旁草地、池边、疏林下或溪边；分布于威宁、七星关、梵净山、江口、贵阳、瓮安等地。

2. 日本毛连菜 *Picris japonica* Thunb.

多年生草本；生于海拔 600m 以上的山坡草地、林缘、灌丛中；分布于贵阳、遵义等地。

（七八）兔耳一枝箭属 *Piloselloides*（Lessing）C. Jeffrey ex Cufodontis

1. 兔耳一枝箭 *Piloselloides hirsuta*（Forsskål）C. Jeffrey ex Cufodontis【*Gerbera piloselloides*（L.）Cass.】

多年生草本；生于海拔 280－1500m 的山坡草地、路旁或灌丛中；分布于德江、兴义、兴仁、安龙、长顺、罗甸、平塘、荔波、雷公山、榕江、黎平等地。

（七九）拟鼠麴草属 *Pseudognaphalium* Kirpicznikov

1. 拟宽叶鼠麴草 *Pseudognaphalium adnatum*（DC.）Y. S. Chen【*Gnaphalium adnatum*（Wall. ex DC.）Kitam.】

一年生草本；生于海拔 650－1770m 的山坡、山顶阳处草地、路旁或灌丛之中；分布于江口、贞丰、兴仁、贵阳、瓮安等地。

2. 拟鼠麴草 *Pseudognaphalium affine*（D. Don）Anderberg【*Gnaphalium affine* D. Don】

一年生草本；生于海拔 280－2200m 的向阳的山坡草地、路旁、地边；分布于威宁、江口、印江、沿河、兴义、安龙、贞丰、册亨、望谟、西秀、平坝、修文、贵阳、瓮安、平塘、荔波、凯里、雷山、天柱等地。

3. 金头拟鼠麴草 *Pseudognaphalium chrysocephalum* Hill.【*Gnaphalium chrysocephalum* Franch.】

多年生草本；生于海拔 2600－2800m 的山坡草丛中；分布地不详。

4. 秋拟鼠麴草 *Pseudognaphalium hypoleucum*（DC.）Hill. et B. L. Burtt【*Gnaphalium hypoleucum* DC.】

一年生草本；生于海拔 800－1900m 的山地路旁或山坡上；分布于七星关、赤水、印江、沿河、盘县、兴仁、贞丰、册亨、西秀、息烽、惠水等地。

（八〇）漏芦属 *Rhaponticum* Vaillant

1. 华漏芦 *Rhaponticum chinense*（S. Moore）L. Martins et Hidalgo【*Serratula chinensis* S. Moore】

多年生草本；生于海拔 730m 的山坡草地或林缘、林下、灌丛中或丛缘中；分布于荔波等地。

2. 滇黔漏芦 *Rhaponticum chinense* var. *missionis*（Lévl.）L. Martins

多年生草本；分布地不详。

（八一）金光菊属 *Rudbeckia* Linnaeus

1. 抱茎金光菊 *Rudbeckia amplexicaulis* Vahl

一年生草本；原产北美、墨西哥；省内有栽培。

2. 金光菊 *Rudbeckia laciniata* L.

多年生草本；原产北美；省内有栽培。

（八二）风毛菊属 *Saussurea* Candolle

1. 大坪风毛菊 *Saussurea chetchozensis* Franch.

多年生草本；生于山坡林下或草地；分布于平坝、西秀等地。

2. 假蓬风毛菊 *Saussurea conyzoides* Hemsl.

多年生草本；生于海拔 2000－2100m 的林下；分布于贵定、都匀等地。

3. 心叶风毛菊 *Saussurea cordifolia* Hemsl.

多年生草本；生于海拔 1200－1950m 的路旁、水旁或灌丛中；分布于大方、湄潭、绥阳、雷公山等地。

4. 长梗风毛菊 *Saussurea dolichopoda* Diels

多年生草本；生于海拔 2100m 的山顶草地；分布于梵净山等地。

5. 狭翼风毛菊 *Saussurea frondosa* Hand. -Mazz.

多年生草本；生于海拔 1450－2300m 的山坡或林下；分布于荔波等地。

6. 湖北风毛菊 *Saussurea hemsleyi* Lipsch.

多年生草本；生于海拔 700－2000m 的山坡密林或阴处较潮湿的地方；分布于纳雍、梵净山、江口等地。

7. 风毛菊 *Saussurea japonica*（Thunb.）DC.

二年生草本；生于海拔 1000－1800m 的山坡草地、山谷草地或山脚路旁；分布于普安、兴仁、平坝、贵阳、瓮安、雷公山等地。

8. 少花风毛菊 *Saussurea oligantha* Franch.

多年生草本；生于海拔 1300－2900m 的山坡或山谷林缘及林下；分布于沿河等地。

9. 东俄洛风毛菊 *Saussurea pachyneura* Franch.

多年生草本，生于路旁荒地、山顶草地；分布于威宁、兴义等地。

10. 鸢尾叶风毛菊 *Saussurea romuleifolia* Franch.

多年生草本；生于海拔 2600m 山草坡或灌丛中；分布于威宁等地。

11. 圆叶风毛菊 *Saussurea rotundifolia* F. H. Chen

多年生草本；生于海拔 2200m 山坡路旁；分布于梵净山等地。

（八三）鸦葱属 *Scorzonera* Linnaeus

1. 华北鸦葱 *Scorzonera albicaulis* Bunge

多年生草本；生于海拔 1250m 的山谷或山坡杂木林下或林缘、灌丛中或生荒地、火烧迹地或田间；分布于贵阳等地。

（八四）千里光属 *Senecio* Linnaeus

1. 额河千里光 *Senecio argunensis* Turcz.

多年生根状茎草本；生于海拔 500－2300m 的草坡、山地草甸；分布于大沙河等地。

2. 糙叶千里光 *Senecio asperifolius* Franch.

多年生草本；生于海拔约 1200m 的干旱草地和岩石山坡；分布于兴义等地。

3. 凉山千里光 *Senecio liangshanensis* C. Jeffrey et Y. L. Chen【*Senecio faberi* Hemsl.】

多年生草本；生于海拔 950 – 2700m 的林下、林缘或灌丛中；分布于江口、黄平、施秉、清镇等地。

4. 匍枝千里光 *Senecio filifer* Franch.

多年生草本；生于海拔 1100 – 1600m 山坡阳处或较潮湿的地方；分布于习水、兴仁、安龙等地。

5. 纤花千里光 *Senecio graciliflorus*（Wall.）DC.

多年生草本；生于海拔 2000m 以上的草坡、林缘、林中开旷处或溪边；分布地不详。

6. 菊状千里光 *Senecio analogus* DC.【*Senecio laetus* Edgew.】

多年生草本；生于海拔 1200 – 2300m 的山谷路旁、山顶草地或灌丛中；分布于威宁、纳雍、遵义、兴义、安龙、西秀、平坝、清镇、罗甸等地。

7. 林荫千里光 *Senecio nemorensis* L.

多年生草本；生于海拔 1200 – 1950m 的林中开旷处、草地或溪边；分布于大方、贵阳等地。

8. 裸茎千里光 *Senecio nudicaulis* Buch. -Ham. ex D. Don

多年生草本；生于海拔 1500 – 1850m 的林下、草坡；分布于镇宁、西秀、清镇、罗甸、三都等地。

9. 钝叶千里光 *Senecio obtusatus* Wall. ex DC.

多年生草本；生于海拔 1500m 以上的干旱和潮湿草地、牧场；分布地不详。

10. 西南千里光 *Senecio pseudomairei* Lévl.

多年生草本；生于海拔 1950 – 2220m 的山坡、山谷阴处及竹丛中，分布于盘县、大方、贵定等地。

11. 蕨叶千里光 *Senecio pteridophyllus* Franch.

多年生草本；生于草甸；分布于绥阳等地。

12. 千里光 *Senecio scandens* Buch. -Ham. ex D. Don

多年生草本；生于海拔 300 – 2000m 的森林、灌丛中，攀援于灌木、岩石上或溪边；分布于威宁、石阡、印江、江口、碧江、盘县、兴义、安龙、望谟、贵阳、惠水、罗甸、荔波、黎平等地。

13. 缺裂千里光 *Senecio scandens* var. *incisus* Franch.

多年生草本；生于海拔 800 – 1240m 的攀援于灌丛、岩石上或溪边，分布石阡、修文、贵阳等地。

14. 欧洲千里光 *Senecio vulgaris* L.

一年生草本；生于海拔 1000 – 2220m 的草坡或路旁；分布于威宁、赫章、西秀、贵阳等地。

15. 岩生千里光 *Senecio wightii*（DC. ex Wight）Benth. ex C. B. Clarke

多年生草本；生于海拔约 1300m 的水旁；分布于平坝、贵阳、龙里等地。

（八五）伪泥胡菜属 *Serratula* Linnaeus

1. 伪泥胡菜 *Serratula coronata* L.

多年生草本；生于山坡林下、林缘、草原、草甸或河岸；分布于清镇、平坝等地。

（八六）虾须草属 *Sheareria* S. Moore

1. 虾须草 *Sheareria nana* S. Moore

一年生草本；生于海拔 280m 的山坡、田边、湖边草地或河滩上；分布于赤水、关岭等地。

（八七）豨莶属 *Sigesbeckia* Linnaeus

1. 豨莶 *Sigesbeckia orientalis* L.

一年生草本；生于海拔 300 – 2200m 的山坡草地、山谷、路旁、林缘或灌丛中；分布于威宁、湄潭、江口（梵净山）、碧江、普安、西秀、平坝、瓮安、兴义、安龙、兴仁、册亨、望谟、罗甸、榕江等地。

2. 腺梗豨莶 *Sigesbeckia pubescens*（Makino）Makino

一年生草本；生于海拔 650 – 2200m 的山坡路旁草地林缘或灌丛中及疏林下；分布于威宁、普安、贵阳、江口等地。

3. 腺梗豨莶无腺变型 *Siegesbeckia pubescens* **f.** *eglandulosa* **Y. Ling et X. L. Huang**

一年生草本；生于山坡、山谷林缘、灌丛、河谷、溪边等；分布地不详。

（八八）水飞蓟属 *Silybum* **Adans.**

1. 水飞蓟 *Silybum marianum*（**L.**）**Gaertn.**

一年或二年生草本；原产欧洲；省内有栽培。

（八九）华蟹甲属 *Sinacalia* **H. Robinson et Brettell**

1. 双花华蟹甲 *Sinacalia davidii*（**Franch.**）**H. Koyama**

多年生草本；生于海拔900m以上的草坡、悬崖、路边及林缘；分布于大沙河等地。

（九〇）蒲儿根属 *Sinosenecio* **B. Nordenstam**

1. 黔西蒲儿根 *Sinosenecio bodinieri*（**Vant.**）**B. Nord.**【*Sinosenecio palmatilobus*（**Kitam.**）**C. Jeffrey et Y. L. Chen**】

多年生草本；生于海拔860-1200m的山麓、溪流边及林下阴湿处；分布于遵义、镇宁、平坝、贵阳、开阳、瓮安、荔波、兴义等地。

2. 莲座狗舌草 *Sinosenecio changii*（**B. Nord.**）**B. Nord.**【*Tephroseris changii* **B. Nord.**】

多年生草本；生于海拔1400m的密林阴处；分布于桐梓等地。

3. 耳柄蒲儿根 *Sinosenecio euosmus*（**Hand.-Mazz.**）**B. Nord.**

多年生草本；生于海拔2400m以上的林缘、高山草甸或潮湿处；分布于大沙河等地。

4. 梵净蒲儿根 *Sinosenecio fanjingshanicus* **C. Jeffrey et Y. L. Chen**

矮小草本；生于海拔2100-2200m的岩石上或山顶草地；分布于梵净山等地。

5. 匍枝蒲儿根 *Sinosenecio globigerus*（**Chang**）**B. Nord.**【*Sinosenecio guizhouensis* **C. Jeffrey et Y. L. Chen**】

多年生草本；生于海拔1500-2100m的溪流边、林中及阴湿处；分布于遵义、梵净山等地。

6. 单头蒲儿根 *Sinosenecio hederifolius*（**Dummer**）**B. Nord.**

多年生草本；生于海拔700-2000m的山坡公林下或石灰岩；分布于大沙河等地。

7. 蒲儿根 *Sinosenecio oldhamianus*（**Maxim.**）**B. Nord.**

多年生或二年生茎叶草本；生于海拔300-1500m的林缘、溪边、潮湿岩石；分布于赤水、绥阳、梵净山、江口、兴义、望谟、西秀、贵阳、开阳、罗甸、荔波、雷山、黎平等地。

8. 三脉蒲儿根 *Sinosenecio trinervius*（**Chang**）**B. Nord.**

多年生草本；生于林缘灌丛中；分布于兴义、西秀等地。

9. 紫毛蒲儿根 *Sinosenecio villifer*（**Franch.**）**B. Nord.**

多年生草本；生于海拔2000m的山坡；分布于麻江等地。

（九一）一枝黄花属 *Solidago* **Linnaeus**

1. 一枝黄花 *Solidago decurrens* **Lour.**

多年生草本；生于海拔650-1900m的山坡草地、田边、路旁或灌丛；分布于梵净山、江口、普安、贞丰、册亨、修文、贵阳、惠水、独山等地。

（九二）苦苣菜属 *Sonchus* **Linnaeus**

1. 花叶滇苦菜 *Sonchus asper*（**L.**）**Hill**

一年生草本；可能原产欧洲和地中海地区；省内贵阳等地有栽培。

2. 长裂苦苣菜 *Sonchus brachyotus* **DC.**

多年生草本；生于海拔250-1360m的路旁、岩石上；分布于赤水、湄潭、望谟、贵阳、贵定等地。

3. 苦苣菜 *Sonchus oleraceus* **L.**

一年或二年生草本；生于海拔250-2210m的山坡草地、路旁、溪流边或地边；分布于威宁、修文、安龙、罗甸、贵阳等地。

4. 苣荬菜 *Sonchus wightianus* DC.【*Sonchus arvensis* L.；*Sonchus lingianus* Shih】

多年生草本；生于海拔 600－1500m 的山坡草地、林间草地、潮湿地或溪水旁；分布于七星关、江口、平坝、贵阳、荔波、望谟等地。

(九三) 蟛蜞菊属 *Sphagneticola* O. Hoffmann

1. 澎蜞菊 *Sphagneticola calendulacea*（L.）Pruski【*Wedelia chinensis*（Osbeck）Merr.】

多年生草本；生于路旁、田边、光边或湿润草地上；分布地不详。

2. 山澎蜞菊 *Wollastonia montana*（Bl.）DC.【*Wedelia wallichii* Less.；*Wedelia urticifolia* DC.】

多年生草本；生于海拔 980－1100m 的溪边、路旁或山区沟谷中；分布沿河、兴义、册亨等地。

(九四) 联毛紫菀属 *Symphyotrichum* Nees

1. 钻叶紫菀 *Symphyotrichum subulatum*（Michx.）G. L. Nesom【*Aster subulatus* Michx.】

一年生草本；生于海拔 1000－2160m 山坡灌丛或地边、路旁；分布于威宁、七星关、普安、西秀、平坝、修文、贵阳等地。

(九五) 兔儿伞属 *Syneilesis* Maximowicz

1. 兔儿伞 *Syneilesis aconitifolia*（Bunge）Maxim.

多年生草本；生于海拔 500－1800m 的山坡草地；分布于遵义等地。

(九六) 合耳菊属 *Synotis*（C. B. Clarke）C. Jeffrey et Y. L. Chen

1. 翅柄合耳菊 *Synotis alata*（Wall.）C. Jeffrey et Y. L. Chen

多年生草本；生于海拔 1900m 的林中或灌丛中；分布于纳雍等地。

2. 滇南合耳菊 *Synotis austroyunnanensis* C. Jeffrey et Y. L. Chen

多年生草本；生于海拔 1100m 的混交林及灌丛中；分布于兴仁等地。

3. 昆明合耳菊 *Synotis cavaleriei*（Lévl.）C. Jeffrey et Y. L. Chen

多年生草本；生于海拔约 1000m 的山坡的岩石处、溪边及瀑布边潮湿处；分布于镇宁、兴义等地。

4. 红缨合耳菊 *Synotis erythropappa*（Bur. et Franch.）C. Jeffrey et Y. L. Chen

多年生草本；生于海拔 1350m 林缘或灌丛边、草坡；分布于印江等地。

5. 黔合耳菊 *Synotis guizhouensis* C. Jeffrey et Y. L. Chen

多年生草本；生于山坡林中；分布于纳雍、贵定、平坝等地。

6. 毛叶合耳菊 *Synotis hieraciifolia*（Lévl.）C. Jeffrey et Y. L. Chen

多年生草本；生于海拔 800－1100m 的岩石上；分布于关岭等地。

7. 锯叶合耳菊 *Synotis nagensium*（C. B. Clarke）C. Jeffrey et Y. L. Chen

多年生灌木状草本或亚灌木，生于海拔 150－2000m 的森林、灌丛及草地。分布于西秀、清镇、贵阳、湄潭、石阡、江口、普安、安龙、平塘、荔波等地。

8. 纳雍合耳菊 *Synotis nayongensis* C. Jeffrey et Y. L. Chen

多年生草本；生于海拔 1950m 的灌丛中阴处；分布于纳雍等地。

9. 掌裂合耳菊 *Synotis palmatisecta* Y. L. Chen et J. D. Liu

多年生草本；极少见；分布于贵阳等地。

10. 华合耳菊 *Synotis sinica*（Diels）C. Jeffrey et Y. L. Chen

多年生草本；生于海拔 1850－2200m 的山坡密林中；分布于普安、兴义、贞丰等地。

(九七) 万寿菊属 *Tagetes* Linnaeus

1. 万寿菊 *Tagetes erecta* L.【*Tagetes patula* L.】

一年生草本；原产墨西哥；省内有栽培。

2. 孔雀草 *Tagetes patula* L.

一年生草本；原产墨西哥；省内有栽培。

（九八）菊蒿属 *Tanacetum* Linnaeus

1. 除虫菊 *Tanacetum cinerariifolium*（Trev.）Schultz Bipontinus【*Pyrethrum cinerariifolium* Trev.】

多年生草本；引种；省内有栽培。

（九九）蒲公英属 *Taraxacum* F. H. Wiggers

1. 蒲公英 *Taraxacum mongolicum* Hand. -Mazz.

多年生草本；生于海拔 520 – 2210m 的山坡草地、路旁、沟边；分布于威宁、七星关、印江、望谟、贵阳、惠水、独山等地。

（一〇〇）狗舌草属 *Tephroseris*（Reichenbach）Reichenbach

1. 狗舌草 *Tephroseris kirilowii*（Turcz. ex DC.）Holub

多年生草本；生于海拔 250 – 2000m 的草坡山地或山顶阳处；分布于贵定、独山、黄平等地。

2. 黔狗舌草 *Tephroseris pseudosonchus*（Van.）C. Jeffrey et Y. L. Chen

多年生草本；生于海拔 300 – 1000m 的溪边潮湿处；分布于兴义、清镇、贵阳、榕江等地。

（一〇一）款冬属 *Tussilago* Linnaeus

1. 款冬 *Tussilago farfara* L.

多年生草本；生于路边、山谷湿地或林下；分布贵阳、瓮安、桐梓等地。

（一〇二）斑鸠菊属 *Vernonia* Schreb.

1. 糙叶斑鸠菊 *Vernonia aspera*（Roxb.）Buch. -Ham.

多年生草本；生于海拔 780 – 1250m 的山顶阳处或路旁草地；分布于安龙、册亨、望谟、罗甸、平塘等地。

2. 南川斑鸠菊 *Vernonia bockiana* Diels

灌木或小乔木；生于海拔 500 – 1300m 山地灌丛中和林缘；分布于赤水、仁怀、六枝等地。

3. 广西斑鸠菊 *Vernonia chingiana* Hand. -Mazz.

攀援灌木；生于海拔 680 – 770m 的山地灌丛中的石灰岩上；分布于荔波、罗甸等地。

4. 夜香牛 *Vernonia cinerea*（L.）Less.

一年生或多年生草本；生于海拔 320 – 600m 的灌丛下、密林下或田边、路边；分布于赤水、松桃、罗甸、榕江等地。

5. 毒根斑鸠菊 *Vernonia cumingiana* Benth.

攀援灌木或藤本；生于海拔 600 – 800m 的沟底湿地或山谷密林中；分布于册亨等地。

6. 斑鸠菊 *Vernonia esculenta* Hemsl.

常绿灌木或小乔木；生于海拔 550 – 1300m 的山谷、山坡草地、疏林中或林缘；分布于兴义、安龙、册亨、三都、荔波、长顺、瓮安、独山、罗甸、威宁等地。

7. 展枝斑鸠菊 *Vernonia extensa*（Wall.）DC.

灌木或亚灌木；生于海拔 1200 – 2100m 的山坡路旁，山谷疏林或灌丛中；分布于关岭等地。

8. 台湾斑鸠菊 *Vernonia gratiosa* Hance

攀援藤本；生于海拔 400 – 700m 的山谷溪边或灌丛中；分布于赤水、册亨、望谟、荔波、都匀等地。

9. 咸虾花 *Vernonia patula*（Dryand.）Merr.

一年生粗壮草本；生于山坡草地、灌丛中或林缘；分布于荔波等地。

10. 柳叶斑鸠菊 *Vernonia saligna* DC.

多年生坚硬草本；生于海拔 380 – 1100m 的山坡或山谷溪边；分布于贞丰、册亨、望谟、三都等地。

11. 折苞斑鸠菊 *Vernonia spirei* **Gand.**

多年生草本；生于海拔 900 – 1000m 的山坡草地；分布于册亨等地。

12. 大叶斑鸠菊 *Vernonia volkameriifolia*（**Wall.**）**DC.**

常绿小乔木；生于海拔 600 – 700m 的山脚路旁、河边、沟边或疏林中；分布于息烽、册亨、望谟、长顺、罗甸、荔波、惠水等地。

（一〇三）苍耳属 *Xanthium* **Linnaeus**

1. 苍耳 *Xanthium strumarium* **L.【** *Xanthium sibiricum* **Patrin ex Widd.】**

一年生草本；生于海拔 300 – 2160m 的山坡草地、林中、路旁、河沟边或田边；分布于贵阳、威宁、凤冈、普安、兴仁、贞丰、安龙、册亨、西秀、平坝、罗甸、独山、三都、瓮安、榕江等地。

（一〇四）蜡菊属 *Xerochrysum* **Tzvelev**

1. 蜡菊 *Xerochrysum bracteatum*（**Vent.**）**Tzvel.【** *Helichrysum bracteatum*（**Vent.**）**Andr.】**

一年或二年生草本；原产澳大利亚；省内有栽培。

（一〇五）黄鹌菜属 *Youngia* **Cassini**

1. 鼠冠黄鹌菜 *Youngia cineripappa*（**Babc.**）**Babc. et Stebb.**

多年生草本；生于海拔 930 – 1920m 的山坡路边、山谷疏林或灌丛中；分布于兴仁、平塘、雷公山等地。

2. 红果黄鹌菜 *Youngia erythrocarpa*（**Vant.**）**Babc. et Stebb.**

一年生草本；生于海拔 320 – 1500m 的路旁、地边或山坡草地，石灰岩地区常见；分布于赤水、江口、安龙、望谟、平坝、贵阳、罗甸、平塘、荔波等地。

3. 厚绒黄鹌菜 *Youngia fusca*（**Babc.**）**Babc. et Stebb.**

多年生草本，生于海拔 500 – 1500m 山坡、山脚路旁或河岸；分布于石阡、江口、贵阳、雷公山等地。

4. 异叶黄鹌菜 *Youngia heterophylla*（**Hemsl.**）**Babc. et Stebb.**

一年或二年生草本；生于海拔 420 – 2250m 的山坡林缘、林下及荒地；分布于凯里、安龙等地。

5. 黄鹌菜 *Youngia japonica*（**L.**）**DC.**

一年生草本；生于海拔 1080 – 2500m 的路旁草地、林内沟边或山顶山脊；分布于威宁、兴义、雷山等地。

6. 高大黄鹌菜 *Youngia japonica* **subsp.** *eltonii*（**Hochr.**）**Babc.**

一年生草本；生于海拔 850m 的路旁密灌丛下；分布于荔波等地。

7. 卵裂黄鹌菜 *Youngia japonica* **subsp.** *elstonii*（**Hochr.**）**Babc.【** *Youngia pseudosenecio*（**Van.**）**C. Shih】**

一年生草本；生于海拔 350 – 2460m 的山坡草地、沟谷地、水边阴湿处，屋边草丛中；分布于安龙等地。

8. 川黔黄鹌菜 *Youngia rubida* **Babc. et Stebb.**

一年生草本；生于山坡林缘、林下、岩石下或土壁上；分布于罗甸、册亨等地。

9. 少花黄鹌菜 *Youngia szechuanica*（**E. S. Soderb.**）**S. Y. Hu**

多年生草本；生于海拔 400m 的阴湿岩石上；分布于赤水等地。

（一〇六）百日菊属 *Zinnia* **Linnaeus**

1. 百日菊 *Zinnia elegans* **Jacquem.**

一年生草本；原产墨西哥；省内有栽培。

一七二、泽泻科 Alismataceae

（一）泽泻属 *Alisma* Linnaeus

1. 窄叶泽泻 *Alisma canaliculatum* A. Br. et Bouché

多年生水生或沼生草本；生于湖泊、溪流、水塘、沼泽或积水湿地；分布于宽阔水等地。

2. 东方泽泻 *Alisma orientale*（Sam.）Juz.【*Alisma plantago-aquatica* var. *orientale* Sam.】

多年生水生或沼生草本；生于海拔 500 – 1280m 的湖泊、水塘、沟渠、沼泽中；分布于水城、金沙、七星关、威宁、遵义、清镇、贵阳、惠水、开阳、长顺、兴义、望谟、三都、独山、施秉、德江等地。

（二）慈姑属 *Sagittaria* Linnaeus

1. 冠果草 *Sagittaria guayanensis* subsp. *lappula*（D. Don）Bogin【*Lophotocarpus guyanensis*（H. B. K.）Smith】

多年生水生浮叶草本；生于水塘、湖泊浅水区及沼泽、水田、沟渠等水域；分布于天柱、锦屏、黎平等地。

2. 利川慈姑 *Sagittaria lichuanensis* J. K. Chen, S. C. Sun et H. Q. Wang

多年生沼生草本；生于海拔 500 – 1650m 的沼泽、山间盆地、沟谷浅水湿地及水田中；分布地不详。

3. 矮慈姑 *Sagittaria pygmaea* Miq.

一年生，稀多年生沼生或沉水草本；生于沼泽、湿地、湖边或水田等处；分布于道真、湄潭、贵阳、罗甸、安龙、兴义、清镇、开阳、习水、德江、凯里、榕江、锦屏、黎平、江口、石阡、沿河、七星关、纳雍、金沙等地。

4. 野慈姑 *Sagittaria trifolia* L.【*Sagittaria sagittifolia* var. *longiloba* Turcz.】

多年生水生或沼生草本；生于池沼及稻田；分布于七星关、道真、习水、金沙、碧江、松桃、黄平、沿河、兴义、贵阳、清镇、凯里、册亨、江口、雷山、瓮安等地。

5. 华夏慈姑 *Sagittaria trifolia* subsp. *leucopetala*（Miq.）Q. F. Wang【*Sagittaria trifolia* var. *sinensis* Sims】

多年生水生草本；省内各地栽培。

一七三、水鳖科 Hydrocharitaceae

（一）水筛属 *Blyxa* Noronha.

1. 有尾水筛 *Blyxa echinosperma*（C. B. Clarke）Hook. f.

沉水草本；生于水田、水塘和沟渠中；分布于黎平、天柱、松桃、雷山、石阡等地。

2. 水筛 *Blyxa japonica*（Miq.）Maxim. ex Asch. et Gürke

沉水草本；生于水田或沟渠中；分布于天柱、锦屏、雷山、石阡、江口等地。

（二）黑藻属 *Hydrilla* Richard

1. 黑藻 *Hydrilla verticillata*（L. f.）Royle

多年生沉水草本；生于湖泊和缓慢的流水中；分布于天柱、锦屏、从江、雷山、松桃、江口、凯里、贵阳、西秀、水城、威宁、兴义、荔波、罗甸、册亨、赤水、习水、道真等地。

2. 罗氏轮叶黑藻 *Hydrilla verticillata* var. *roxburghii* Casp.

多年生水生植物；生于淡水中；分布地不详。

（三）海菜花属 *Ottelia* Persoon

1. 海菜花 *Ottelia acuminata*（Gagnep.）Dandy

沉水草本；生于海拔 2700m 以下的湖泊、池塘、沟渠和水田中；分布于威宁等地。

2. 龙舌草 *Ottelia alismoides*（L.）Pers.

沉水草本；生于湖泊、水渠、水塘、水田以及积水洼地中；分布于黎平、从江、石阡等地。

3. 贵州水车前 *Ottelia balansae*（Gagnep.）Dandy【*Ottelia demersa* H. Li et C. X. You；*Ottelia sinensis*（Lévl. et Vant.）Lévl. ex Dandy】

一年或多年生沉水草本；生于池塘、河流及湖泊中；分布于玉屏、贵阳、惠水、长顺等地。

（四）苦草属 *Vallisneria* Linnacus

1. 苦草 *Vallisneria natans*（Lour.）H. Hara

沉水草本；生于静水、河流中；分布于锦屏、天柱、黎平、碧江、贵阳、平塘等地。

一七四、眼子菜科 Potamogetonaceae

（一）眼子菜属 *Potamogeton* L.

1. 菹草 *Potamogeton crispus* L.

多年生沉水草本；生于池塘、水沟、水稻田、灌渠及溪流河水中；分布于省内各地。

2. 鸡冠眼子菜 *Potamogeton cristatus* Regel et Maack

多年生沉水草本；生于静水池塘及水稻田中；分布于省内各地。

3. 眼子菜 *Potamogeton distinctus* A. Benn.

多年生 浮叶草本；生于池塘、水田和水沟等静水中；分布于七星关、黔西、贵阳、黎平、凯里、碧江等地。

4. 光叶眼子菜 *Potamogeton lucens* L.

多年生沉水草本；生于沼泽、湖泊；分布于省内各地。

5. 微齿眼子菜 *Potamogeton maackianus* A. Benn.

多年生沉水草本；生于湖泊、池塘等静水水体中；分布于石阡、碧江、印江、都匀等地。

6. 浮叶眼子菜 *Potamogeton natans* L.

多年生沉水草本；生于池塘、湖泊中；分布于荔波、德江等地。

7. 尖叶眼子菜 *Potamogeton oxyphyllus* Miq.

多年生沉水草本；生于池塘；分布于天柱、都匀、黎平、习水等地。

8. 穿叶眼子菜 *Potamogeton perfoliatus* L.

多年生沉水草本；生于湖泊、池塘、灌渠、河流等水体；分布于施秉、威宁、平塘、碧江、天柱等地。

9. 小眼子菜 *Potamogeton pusillus* L.

多年生沉水草本；生于池塘、湖泊、沼地、水田及沟渠等静水中或缓慢河流中；分布于印江、江口、独山等地。

10. 竹叶眼子菜 *Potamogeton wrightii* Morong【*Potamogeton malaianus* Miq.】

多年生沉水草本；生于灌渠、池塘、河流等静、流水体；分布于威宁、七星关、黔西、习水、贵阳、锦屏、道真、西秀、印江、石阡、碧江等地。

（二）篦齿眼子菜属 *Stuckenia* Börner

1. 篦齿眼子菜 *Stuckenia pectinata*（L.）Börner【*Potamogeton pectinatus* L.】

多年生沉水草本；分布于石阡、印江、都匀等地。

一七五、茨藻科 Najadaceae

（一）茨藻属 *Najas* Linnaeus

1. 纤细茨藻 *Najas gracillima*（A. Braun ex Engelm.）Magnus【*Najas japonica* Nakaiin Journ. Jap. Bot.】

一年生沉水草本；生于海拔达 1800m 的稻田中或藕田中，亦见于水沟和池塘的浅水处；分布于全省各地。

2. 草茨藻 *Najas graminea* Delile

一年生沉水草本；生于海拔达 1800m 的静水池塘、藕田、水稻田和缓流中；分布于全省各地。

3. 大茨藻 *Najas marina* L.

一年生沉水草本；生于水中 0.5 - 3m 或更深，海拔可达 2690m 的池塘、湖泊和缓溪流中，水稻田中甚少；分布于全省各地。

4. 小茨藻 *Najas minor* All.

一年生沉水草本；生于池塘、湖泊、水沟和稻田中，可长于数米深的水底；分布于全省各地。

5. 多孔茨藻 *Najas foveolata* A. Braun ex Magnus【*Najas indica*（Willd.）Cham.】

一年生沉水草本；生于海拔 1800m 的池塘、水沟、藕田、水稻田和缓流河中；分布于全省各地。

一七六、角果藻科 Zannichelliaceae

（一）角果藻属 *Zannichellia* Linnaeus

1. 角果澡 *Zannichellia palustris* L.

多年生沉水草本；生于淡水池沼中；分布于省内各地。

一七七、棕榈科 Arecaceae

（一）省藤属 *Calamus* Linnaeus

1. 大喙省藤 *Calamus macrorrhynchus* Burret

攀援藤本；生于海拔 700 - 900m 的疏密林中；分布于榕江、荔波等地。

2. 尖果省藤 *Calamus oxycarpus* Becc.

茎直立，丛生灌木状；分布于贵定、黔东南等地。

3. 南巴省藤 *Calamus nambariensis* Becc.【*Calamus platyacanthoides* Merr.】

攀援藤本；生于海拔 400m 左右的山地林中；分布于荔波等地。

4. 杖藤 *Calamus rhabdocladus* Burret

攀援藤本；生于海拔 600 - 750m 的疏密林中；分布于荔波、独山、罗甸、惠水等地。

5. 单叶省藤 *Calamus simplicifolius* C. F. Wei

攀援藤本；生境不详；分布于罗甸等地。

6. 多刺鸡藤 *Calamus tetradactyloides* Burret

攀援藤本；生于密林中；分布于荔波等地。

（二）鱼尾葵属 *Caryota* Linnaeus

1. 短穗鱼尾葵 *Caryota mitis* Lour.

常绿小乔木；生于海拔 300 - 610m 山谷林中或村寨旁；分布于安龙、望谟、罗甸、册亨等地。

2. 单穗鱼尾葵 *Caryota monostachya* Becc.

常绿丛生灌木；生于海拔 150 – 1600m 的山坡或沟谷林中；分布地不详。

3. 鱼尾葵 *Caryota maxima* Bl. ex Martius【*Caryota ochlandra* Hance 】

常绿乔木；生于 400 – 600m 的沟谷林中或村寨旁；分布于荔波、罗甸、册亨等地。

（三）黄藤属 *Daemonorops* Blume

1. 黄藤 *Daemonorops jenkinsiana*（Griff.）Martius【*Daemonorops margaritae*（Hance）Beck. 】

有刺藤本，茎初时直立后攀援状；生于山谷密林中；分布于罗甸等地。

（四）散尾葵属 *Dypsis* Noronha ex Martius

1. 散尾葵 *Dypsis lutescens*（H. Wendl.）Beentje et Dransf.【*Chrysalidocarpus lutescens* H. Wendl. 】

丛生灌木；原产马达加斯加；省内有栽培。

（五）油棕属 *Elaeis* Jacq.

1. 油棕 *Elaeis guineensis* Jacq.

直立乔木状；原产非洲热带地区；省内有栽培。

（六）石山棕属 *Guihaia* J. Dransf. S. K. Lee et F. N. Wei

1. 石山棕 *Guihaia argyrata*（S. K. Lee et F. N. Wei）S. K. Lee

丛生灌木；生于堆有腐殖土的石灰岩壁缝中；分布于荔波等地。

2. 两广石山棕 *Guihaia grossifibrosa*（Gagnep.）J. Dransf., S. K. Lee et F. N. Wei

丛生灌木；生于海拔 830m 左右的石灰岩山地上；分布于荔波等地。

（七）蒲葵属 *Livistona* R. Brown

1. 蒲葵 *Livistona chinensis*（Jacq.）R. Br.

多年生常绿乔木；引种；省内有栽培。

（八）刺葵属 *Phoenix* Linn.

1. 加拿列海枣 *Phoenix cananriensis* Hort. ex Chaub.

乔木状；原产西班牙；省内有栽培。

2. 海枣 *Phoenix dactylifera* L.

乔木状；原产西亚和北非；省内有栽培。

3. 刺葵 *Phoenix hanceana* Naud.

茎丛生或单生；原产中国；省内有栽培。

4. 林刺葵 *Phoenix sylvestris* Roxb. Hort. Beng.

多年生常绿乔木；原产印度、缅甸；省内有栽培。

（九）山槟榔属 *Pinanga* Blume

1. 华山竹 *Pinanga sylvestris*（Lour.）Hodel【*Pinanga chinensis* Becc. 】

丛生灌木状；生于海拔 800 – 1200m 的热带与亚热带森林中；分布于望谟等地。

（十）棕竹属 *Rhapis* Linnaeus f. ex Aiton

1. 棕竹 *Rhapis excelsa*（Thunb.）Henry ex Rehd.

常绿灌木状丛生；生于海拔 500 – 650m 山地疏林中；分布于开阳、修文、罗甸、长顺、瓮安、独山、荔波、都匀、三都、龙里、平塘、赤水等地。

2. 细棕竹 *Rhapis gracilis* Burret

常绿灌木状丛生；生于海拔 700 – 1100m 稀疏或密林中；分布于独山、荔波、三都、龙里、贵阳等地。

3. 矮棕竹 *Rhapis humilis* Bl.

常绿灌木状丛生；生于山坡、沟旁、荫蔽湿润的灌丛中；分布于荔波等地。

（十一）丝葵属 *Washingtonia* H. Wendl.

1. 丝葵 *Washingtonia filifera*（Lind. ex Andre）H. Wendl.

乔木状；原产美国西南部；省内有栽培。

（十二）棕榈属 *Trachycarpus* H. Wendland

1. 棕榈 *Trachycarpus fortunei*（Hook.）H. Wendl.

常绿乔木状；生于海拔 400 – 1500m 的疏林或村寨旁；分布于贵阳、西秀、平坝、兴义、兴仁、安龙、望谟、三都、荔波、长顺、瓮安、独山、罗甸、福泉、都匀、惠水、贵定、龙里、平塘等地。

2. 龙棕 *Trachycarpus nanus* Becc.

常绿灌木状；生于海拔 600 – 900m 的石灰岩山地灌丛中；分布于茂兰等地。

一七八、露兜树科 Pandanaceae

（一）露兜树属 *Pandanus* Parkinson

1. 露兜树 *Pandanus tectorius* Sol.

常绿分枝灌木或小乔木；生于海岸沙地；分布地不详。

2. 分叉露兜 *Pandanus urophyllus* Hance【*Pandanus furcatus* Roxb.】

常绿乔木；生于水边溪旁；分布于荔波等地。

一七九、菖蒲科 Acoraceae

（一）菖蒲属 *Acorus* Linnaeus

1. 菖蒲 *Acorus calamus* L.

多年生草本；生于海拔 2600m 以下水边、沼泽湿地或湖泊浮岛；广泛分布于全省各地。

2. 金钱蒲 *Acorus gramineus* Soland.【*Acorus rumphianus* S. Y. Hu；*Acorus tatarinowii* Schott】

多年生草本；生于海拔 2600m 以下的水旁湿地或石上；分布于贵阳、开阳、修文、西秀、关岭等全省各地。

一八〇、天南星科 Araceae

（一）海芋属 *Alocasia*（Schott）G. Don in Sweet

1. 尖尾芋 *Alocasia cucullata*（Lour.）Schott

直立草本；生于海拔 2000m 以下飞溪谷湿地或田边；分布于盘县、镇宁、兴义、晴隆、安龙、望谟、长顺、平塘、都匀、独山等地。

2. 海芋 *Alocasia odora*（Roxb.）K. Koch【*Alocasia macrorrhiza*（L.）】

大型常绿草本；生于海拔 1700m 以下山谷、岩山灌丛石缝中；分布于赤水、习水、仁怀、关岭、兴义、晴隆、安龙、贞丰、望谟、长顺、罗甸、都匀、独山等地。

（二）磨芋属 *Amorphophallus* Blume

1. 白磨芋 *Amorphophallus albus* P. Y. Liu et J. F. Chen

多年生草本；生于海拔 700 – 1100m 草坡或疏林中；省内有栽培。

2. 南蛇棒 *Amorphophallus dunnii* Tutcher

多年生草本；引种；省内有栽培。

3. 花蘑芋 *Amorphophallus konjac* K.【*Amorphophallus rivieri* Durieu】

多年生草本；生于疏林下、林缘或溪旁湿润地或栽培；分布于全省各地。

4. 东亚魔芋 *Amorphophallus kiusianus*（Makino）Makino〖*Amorphophallus sinensis* Belval〗

多年生草本；生于海拔400m的山谷疏密林下或农田边；分布于黎平等地。

5. 滇磨芋 *Amorphophallus yunnanensis* Engl.

多年生草本；生于海拔200－2000m山坡密林下、河谷疏林及荒地；分布于罗甸等地。

（三）雷公连属 *Amydrium* Schott

1. 雷公连 *Amydrium sinense*（Engl.）H. Li

附生藤本；附生于500－1100m常绿阔叶林中树干上或石崖上；分布于息烽、兴义、兴仁、关岭、西秀、罗甸、独山、荔波、镇远、剑河、榕江等地。

（四）天南星属 *Arisaema* Martius

1. 刺柄南星 *Arisaema asperatum* N. E. Br.

多年生草本；生于海拔1300－2900m干山坡林下或灌丛中；分布于梵净山等地。

2. 灯台莲 *Arisaema bockii* Engl.〖*Arisaema sikokianum* var. *serratum*（Makino）Hand. -Mazt.；*Arisaema sikokianum* Franch. et Sav.〗

多年生草本；生于海拔650－1500m山坡林下或沟谷岩石上；分布于贵阳、梵净山、贵定、独山等地。

3. 棒头南星 *Arisaema clavatum* Buchet

多年生草本；生于海拔650－1400m的林下或湿润地；分布于遵义等地。

4. 云台南星 *Arisaema silvestrii* Pamp.〖*Arisaema du-bois-reymondiae* Engl.〗

多年生草本；生于海拔790－1400m的沟谷密林下及山坡灌丛中国；分布于印江、荔波等地。

5. 象南星 *Arisaema elephas* Buchet

多年生草本；生于海拔1000－2000m河岸、山坡林下、草地或荒地；分布于威宁、都匀等地。

6. 一把伞南星 *Arisaema erubescens*（Wall.）Schott

多年生草本；生于海拔2500m以下林下、灌丛、草坡、荒地；分布于贵阳、息烽、开阳等全省各地。

7. 圈药南星 *Arisaema exappendiculatum* H. Hara

多年生草本；生于海拔1280m的山坡林下或林间草地；分布于贵阳等地。

8. 象头花 *Arisaema franchetianum* Engl.

多年生草本；生于海拔2000m以下的林下、灌丛或草坡；分布于贵阳、清镇、关岭、兴义、独山、梵净山等地。

9. 天南星 *Arisaema heterophyllum* Bl.

多年生草本；生于海拔2700m以下的林下、灌丛或阴湿草坡；分布于贵阳、息烽、开阳、清镇等全省各地。

10. 湘南星 *Arisaema hunanense* Hand. -Mazz.

多年生草本；生于海拔650－800m的山谷林下；分布于贵阳、望谟等地。

11. 三匹箭 *Arisaema petiolulatum* Hook. f.〖*Arisaema inkiangense* var. *maculatum* H. Li；*Arisaema inkiangense* H. Li〗

多年生草本；附生于海拔1600m的山谷疏密林下岩石上；分布于道真等地。

12. 花南星 *Arisaema lobatum* Engl.

多年生草本；生于海拔600－2000m的林下或荒地；分布于兴义、清镇、贵阳、雷山、梵净山等地。

13. 褐斑南星 *Arisaema meleagris* Buchet〖*Arisaema meleagris* var. *sinuatum* Buchet〗

多年生草本；生于海拔1800m的山坡灌丛；分布于威宁等地。

14. 雪里见 *Arisaema rhizomatum* C. E. C. Fisch.〖*Arisaema rhizomatum* var. *nudum* Engl.〗

多年生草本；生于海拔 650－2800m 的山坡常绿阔叶林和苔藓层下；分布于金沙、织金、黔西、仁怀、绥阳、印江、松桃、江口、贵定、都匀、独山等地。

15. 瑶山南星 *Arisaema sinii* K. Krause

多年生草本；生于海拔 1000－2300m 的山坡林下；分布于七星关、榕江等地。

16. 望谟南星 *Arisaema wangmoense* M. T. An, H. H. Zhang et Q. Lin

多年生草本；生于海拔 1100m 的山坡灌丛中；分布于望谟等地。

17. 山珠南星 *Arisaema yunnanense* Buchet

多年生草本；生于海拔 700－2500m 的林下、荒地、草丛；分布于威宁、七星关、绥阳、西秀、清镇、关岭等地。

（五）五彩芋属 *Caladium* Vent.

1. 五彩芋 *Caladium bicolor*（Aiton）Vent.

草本；原产南美；省内有栽培。

（六）芋属 *Colocasia* Schott

1. 芋 *Colocasia esculenta*（L.）Schott

多年生草本；引种；省内有栽培。

2. 滇南芋 *Colocasia antiquorum* Schott.【*Colocasia tonoimo* Nakai】

多年生草本；生于海拔 1800m 林下阴湿处或水边；分布于息烽、关岭、兴义、望谟、瓮安、惠水、长顺、罗甸、独山、镇远、麻江、剑河、榕江等地。

3. 假芋 *Colocasia fallax* Schott

多年生草本；生于海拔 830m 的山谷潮湿岩石上；分布于从江等地。

4. 大野芋 *Colocasia gigantea*（Bl.）Hook. f.

多年生草本；生于海拔 400－500m 左右沟谷林缘湿地或石缝中；分布于罗甸等地。

（七）隐棒花属 *Cryptocoryne* Fischer. ex Wydler

1. 旋苞隐棒花 *Cryptocoryne crispatula* Engl.【*Cryptocoryne sinensis* Merr.】

多年生草；生于河滩水边；分布于望谟等地。

（八）龟背竹属 Monstera

1. 龟背竹 *Monstera deliciosa* Liebm.

攀援灌木；原产墨西哥；省内有栽培。

（九）半夏属 *Pinellia* Tenore

1. 滴水珠 *Pinellia cordata* N. E. Br.

多年生草本；生于海拔 1000m 以下林缘溪旁、潮湿草地及岩隙；分布于赤水、贵阳、凯里、雷山等地。

2. 石蜘蛛 *Pinellia integrifolia* N. E. Brown

多年生草木；生于海拔 412m 的附生于阴湿滴水石壁上；分布于赤水等地。

3. 虎掌 *Pinellia pedatisecta* Schott

多年生草本；生于海拔 1100m 以下的林下、山谷或河谷阴湿处；分布于七星关、道真、桐梓、湄潭、凤冈、贵阳、开阳、安龙、望谟、独山、雷山等地。

4. 半夏 *Pinellia ternata*（Thunb.）Tenore ex Breitenb.

多年生草本；生于海拔 2500m 以下的草坡、荒地、玉米地、疏林下或村寨附近；分布于全省各地。

（十）大藻属 *Pistia* Linnaeus

1. 大藻 *Pistia stratiotes* L.

水生飘浮草本；生于温高多雨的平静的淡水池塘和沟渠中；分布于兴义、罗甸、荔波等地。

(十一) 石柑属 *Pothos* Linnaeus

1. 石柑子 *Pothos chinensis*（Raf.）Merr.【*Pothos cathcartii* Schott；*Pothos chinensis* var. *lotienensis* C. Y. Wu et H. Li】

附生藤本；附生于海拔 500－1100m 的阴湿山谷岩石或树干上；分布于纳雍、赤水、习水、关岭、兴义、安龙、贞丰、望谟、罗甸、长顺、独山、荔波、惠水、贵定、三都、龙里、榕江等地。

2. 百足藤 *Pothos repens*（Lour.）Druce

附生常绿藤本；附生于海拔 400－900m 的林下岩石及树干上；分布于兴义、望谟等地。

(十二) 崖角藤属 *Rhaphidophora* Hasskarl

1. 爬树龙 *Rhaphidophora decursiva*（Roxb.）Schott

附生常绿藤本；生于海拔 400－1500m 的林中，匍匐于地面、石上；分布于水城、关岭、兴义、贞丰、册亨、长顺、罗甸、都匀、荔波、独山、惠水、三都、龙里等地。

2. 狮子尾 *Rhaphidophora hongkongensis* Schott

附生常绿藤本；生于海拔 400－900m 的林中，攀附于树干上或石崖上；分布于开阳、兴义、罗甸、荔波等地。

3. 毛过山龙 *Rhaphidophora hookeri* Schott

攀援藤本；生于海拔 300－1800m 的山谷、密林中，攀援于大乔木上；分布于安龙、贞丰、罗甸等地。

(十三) 犁头尖属 *Typhonium* Schott

1. 犁头尖 *Typhonium blumei* Nicolson et Sivadasan【*Typhonium divaricatum*（L）Decne.】

多年生草本；生于海拔 1200m 以下的地边、低洼湿地、草坡、石隙中；分布于赤水、独山等地。

2. 鞭檐犁头尖 *Typhonium flagelliforme*（Lodd.）Bl.

多年生草本；生于海拔 500m 以下的山谷、溪旁、河边湿地；分布于罗甸、独山等地。

(十四) 斑龙芋属 *Sauromatum* Schott

1. 西南犁头尖 *Sauromatum horsfieldii* Miq.【*Typhonium omeiense* H. Li；*Typhonium kunmingense* H. Li；*Typhonium kunmingense* var. *alatum* H. Li ex H. Peng et S. Z. He；*Typhonium kunmingense* var. *cerebriforme* H. Li ex H. Peng et S. Z. He】

多年生草本；生于竹林下杂草丛中或稀疏灌丛下；分布于贵阳、惠水、织金、黔西、西秀等地。

(十五) 马蹄莲属 *Zantedeschia* Spreng.

1. 马蹄莲 *Zantedeschia aethiopica*（L.）Spreng.

多年生粗壮草本；原产非洲；省内有栽培。

一八一、浮萍科 Lemnaccac

(一) 浮萍属 *Lemna* Linnaeus

1. 浮萍 *Lemna minor* L.

水生漂浮草本；生于水田、池沼或其它静水水域；分布于贵阳、锦屏、榕江、松桃、碧江、水城、威宁、盘县、兴义、罗甸、荔波、平塘、惠水、桐梓、正安、习水、赤水、务川等地。

2. 稀脉浮萍 *Lemna aequinoctialis* Welwitsch【*Lemna perpusilla* Torr.】

水生漂浮草本；生于海拔 2800m 以下的池沼中；分布地不详。

(二) 紫萍属 *Spirodela* Schleiden

1. 紫萍 *Spirodela polyrhiza*（L.）Schleid.

水生漂浮草本；生于水田、水塘、湖沟；分布于锦屏、黎平、榕江、从江、天柱、松桃、碧江、江口、六枝、水城、威宁、盘县、兴义、荔波、罗甸、独山、平塘、贵阳、遵义、桐梓、道真、正安、习水、赤水等地。

（三）无根萍 *Wolffia* Horkel ex Schleiden

1. 无根萍 *Wolffia globosa*（Roxb.）Hartog et Plas

水生漂浮草本；生于静水池沼中；分布于荔波等地。

一八二、黄眼草科 Xyridaceae

（一）黄眼草属 Xyris Linnaeus

1. 黄谷精 *Xyris capensis* var. *schoenoides*（Mart.）Nilsson

草本；生于海拔 2010m 的山谷湿地中；分布于纳雍、盘县等地。

一八三、鸭跖草科 Commelinaceae

（一）穿鞘花属 *Amischotolype* Hasskarl

1. 穿鞘花 *Amischotolype hispida*（A. Rich.）D. Y. Hong

多年生粗大草本；生于海拔 2100m 以下的林下及山谷溪边；分布于安龙、册亨等地。

（二）鸭跖草属 *Commelina* Linnaeus

1. 饭包草 *Commelina benghalensis* L.

多年生披散草本；生于海拔 2300m 以下的湿地；分布于册亨等地。

2. 鸭跖草 *Commelina communis* L.

一年生披散草本；生于海拔 300 – 2400m 的山坡草丛、湿地、路旁；分布于赫章、赤水、习水、绥阳、黄平、梵净山、松桃、沿河、平坝、贵阳、开阳、息烽、瓮安、长顺、盘县、兴义、贞丰、安龙、雷山、黎平、独山、荔波等地。

3. 节节草 *Commelina diffusa* Burm.

一年生披散草本；生于海拔 2100m 以下的林中、灌丛中或溪边或潮湿的旷野；分布于安龙、望谟等地。

4. 地地藕 *Commelina maculata* Edgew.

多年生草本；生于海拔 2900m 以下的山坡草地、林下及路旁；分布于纳雍、安龙、兴义、盘县等地。

5. 大苞鸭跖草 *Commelina paludosa* Bl.

多年生粗壮大草本；生于海拔 600 – 900m 的林下及山谷溪边湿地；分布于荔波、榕江、水城等地。

（三）蓝耳草属 *Cyanotis* D. Don

1. 蛛丝毛蓝耳草 *Cyanotis arachnoidea* C. B. Clarke

多年生草本；生于海拔 1300m 左右的林下及山坡湿地；分布于水城、盘县、镇宁、西秀、兴义、兴仁、安龙等地。

2. 四孔草 *Cyanotis cristata*（L.）D. Don

一年生草本；生于海拔 180 – 1500m 的疏林、旷野潮湿处或生于溪旁；分布于西秀、兴义、册亨等地。

3. 蓝耳草 *Cyanotis vaga*（Lour.）Roem. et Schult.

多年生披散草本；生于海拔 1200 – 2700m 的山坡草地中；分布于威宁、赫章、纳雍、织金、水城、西秀、平坝、关岭、兴义、普安、安龙等地。

（四）聚花草属 *Floscopa* Loureiro

1. 聚花草 *Floscopa scandens* Lour.

多年生草本；生于海拔 380 – 700m 的山谷密林下及沟边草地中；分布于荔波、三都等地。

(五)水竹叶属 *Murdannia* Royle

1. 紫背水竹叶 *Murdannia divergens*（C. B. Clarke）A. Brückn.

多年生直立草本；生于草地及林缘；分布于兴仁、兴义、安龙、绥阳、梵净山等地。

2. 根茎水竹叶 *Murdannia hookeri*（C. B. Clarke）A. Brückn.

多年生草本；生于海拔 2800m 以下的林下或山谷沟边；分布地不详。

3. 疣草 *Murdannia keisak*（Hassk.）Hand. -Mazz.

一年生草本；生于海拔 600 – 1400m 的山谷田边湿地或水边；分布于兴仁、榕江等地。

4. 牛轭草 *Murdannia lorlformis*（Hassk.）R. S. Rao ct Kammathy

多年生草本；生于低海拔的山谷溪边林下、山坡草地；分布于望谟等地。

5. 大果水竹叶 *Murdannia macrocarpa* D. Y. Hong

多年生草本；生于海拔 300 – 1600m 的山地林中或潮湿草地中；分布于兴仁等地。

6. 裸花水竹叶 *Murdannia nudiflora*（L.）Brenan

多年生草本；生于海拔 420 – 1300m 的山谷湿地、草丛、荒地及林中；分布于绥阳、梵净山、黎平等地。

7. 细竹篙草 *Murdannia simplex*（Vahl）Brenan

多年生草本；生于海拔 1200m 以下的林中及潮湿草地；分布于赤水、贵阳、兴义、望谟、安龙等地。

8. 水竹叶 *Murdannia triquetra*（Wall. ex C. B. Clarke）Brückn.

多年生草本；生于海拔 1600m 以下的水边湿地中；分布于湄潭、遵义、镇远等地。

(六)杜若属 *Pollia* Thunberg

1. 大杜若 *Pollia hasskarlii* R. S. Rao

多年生直立草本；生于海拔 1200m 以下山谷密林中；分布于安龙等地。

2. 杜若 *Pollia japonica* Thunb.

多年生草本；生于海拔 1200m 以下的林下阴湿处；分布于江口、贵阳、雷山、独山、平塘、印江、榕江、册亨、兴仁等地。

3. 小杜若 *Pollia miranda*（Lévl.）H. Hara【*Pollia omeiensis* D. Y. Hong】

多年生草本；生于海拔 1600m 以下的山谷湿地或草丛中；分布于凯里、雷山、梵净山、兴仁、兴义、安龙、望谟、三都、罗甸等地。

4. 长花枝杜若 *Pollia secundiflora*（Bl.）Bakh. f.

多年生草本；生于低海拔的山谷密林下；分布于册亨、榕江、从江等地。

(七)孔药花属 *Porandra* Hong

1. 孔药花 *Porandra ramosa* D. Y. Hong

多年生攀援草本；生于海拔 400 – 2400m 的林中；分布于安龙、兴义等地。

(八)钩毛子草属 *Rhopalephora* Hasskarl

1. 钩毛子草 *Rhopalephora scaberrima*（Bl.）Faden【*Dictyospermum scaberrimum*（Bl.）J. K. Morton ex Hong】

多年生草本；生于海拔 1100m 的林中或草丛中；分布于册亨等地。

(九)竹叶吉祥草属 *Spatholirion* Ridley

1. 竹叶吉祥草 *Spatholirion longifolium*（Gagnep.）Dunn

多年生缠绕草本；生于海拔 700 – 2200m 的草坡或林下灌丛中；分布于七星关、黔西、遵义、正安、松桃、贵阳、盘县、普安、晴隆、兴仁、兴义、安龙、贞丰、旋秉、雷山、梵净山、榕江等地。

（十）竹叶子属 *Streptolirion* Edgeworth

1. 竹叶子 *Streptolirion volubile* Edgew.

多年生攀援草本；生于海拔 500 - 1800m 的灌丛及草地；分布于大方、绥阳、遵义、贵阳、兴仁、镇远、思南等地。

2. 红毛竹叶子 *Streptolirion volubile* subsp. *khasianum*（C. B. Clarke）D. Y. Hong

草本；生于海拔 1400 - 2000m 的山地草丛中；分布于普安、平坝、都匀等地。

（十一）紫万年青属 *Tradescantia* Hance

1. 吊竹梅 *Tradescantia zebrina* Bosse【*Zebrina pendula* Schnizlein.】

多年生草本；原产墨西哥；省内有栽培。

一八四、谷精草科 Eriocaulaceae

（一）谷精草属 *Eriocaulon* Linnaeus

1. 高山谷精草 *Eriocaulon alpestre* Hook. f. et Thoms. ex Körn.

草本；生于水田、湿地；分布地不详。

2. 谷精草 *Eriocaulon buergerianum* Körn.

草本；生于海拔 400 - 2000m 的山沟湿地及水稻田中；分布于赤水、习水、威宁、赫章、水城、关岭、平坝、贵阳、福泉、贵定、龙里、都匀、罗甸，印江、松桃、黄平、镇远、锦屏、黎平等地。

3. 白药谷精草 *Eriocaulon cinereum* R. Br.

草本；生于海拔 500 - 2000m 的山沟湿地、水沟边及水稻田中；分布于威宁、绥阳、湄潭、遵义、清镇、贵阳、贵定、都匀、兴义、兴仁、安龙、贞丰、册亨、望谟、罗甸、独山等地。

4. 昆明谷精草 *Eriocaulon kunmingense* Z. X. Zhang【*Eriocaulon bilobatum* W. L. Ma】

草本；生于海拔 1000m 左右的湿地沟边；分布于赫章等地。

5. 小谷精草 *Eriocaulon luzulifolium* Mart.

草本；生于海拔 800 - 1200m 的山沟、路旁湿地及水稻田中；分布于贵阳、修文、贵定、安龙等地。

6. 南投谷精草 *Eriocaulon nantoense* Hayata

草本；生于沼泽、稻田中；分布地不详。

7. 尼泊尔谷精草 *Eriocaulon nepalense* Prescott ex Bong.【*Eriocaulon nantoense* var. *trisectum*（Satake）C. E. Chang；*Eriocaulon nantoense* var. *parviceps*（Hand. -Mazz.）W. L. Ma；*Eriocaulon pullum* T. Koyama】

草本；生于海拔 1200 - 2000m 的山野湿地及水稻田中；分布于贵阳、威宁、平坝等地。

8. 云贵谷精草 *Eriocaulon schochianum* Hand. -Mazz.

草本；生于水边池塘；分布地不详。

9. 大药谷精草 *Eriocaulon sollyanum* Royle

草本；生于海拔 500 - 2000m 的山谷湿地及水稻田中；分布于威宁、赫章、水城、兴仁、册亨、望谟、贵阳等地。

10. 菲律宾谷精草 *Eriocaulon truncatum* Buch. -Ham. ex Mart.

草本；生于塘边草地；分布地不详。

一八五、灯心草科 Juncaceae

(一)灯心草属 *Juncus* Linnaeus

1. 翅茎灯心草 *Juncus alatus* Franch. et Sav.

多年生草本；生于海拔 400 – 2300m 的水边、田边、湿草地和山坡林下荫湿处；分布于全省各地。

2. 葱状灯心草 *Juncus allioides* Franch.

多年生草本；生于山坡、草地和林下潮湿处；分布地不详。

3. 小花灯心草 *Juncus articulatus* L.

多年生草本；生于草甸、沙滩、河边、沟边湿地；分布地不详。

4. 小灯心草 *Juncus bufonius* L.

一年生草本；生于湿草地、湖岸、河边、沼泽地；分布地不详。

5. 星花灯心草 *Juncus diastrophanthus* Buchen.

多年生草本；生于海拔 650 – 900m 的溪边、田边、疏林下水湿处；分布地不详。

6. 灯心草 *Juncus effusus* L.

多年生草本；生于河边、河岸、沟渠稻田旁多水湿处；分布于全省各地。

7. 片髓灯心草 *Juncus inflexus* L. 【*Juncus glaucus* Ehrhart ex Sibthorp】

多年生草本；生于海拔 1450 – 2600m 的沼泽、林地水沟边、河岸边坡地；分布于大沙河等地。

8. 细子灯心草 *Juncus leptospermus* Buchen.

多年生草本；生于海拔 1450 – 2800m 的塘边潮湿地；分布地不详。

9. 长蕊灯心草 *Juncus longistamineus* A. Camus

多年生草本；生于草坡上；分布地不详。

10. 分枝灯心草 *Juncus luzuliformis* Franch.

多年生草本；生于海拔 2150 – 2600m 的阴湿岩石上或林下潮湿处；分布地不详。

11. 多花灯心草 *Juncus modicus* N. E. Br.

多年生草本；生于海拔 1700 – 2900m 的山谷、山坡阴湿岩石缝中和林下湿地；分布地不详。

12. 单枝灯心草 *Juncus potaninii* Buchen.

多年生草本；生于海拔 2300 – 2900m 的山坡林下阴湿地或岩石裂缝中；分布地不详。

13. 笄石菖 *Juncus prismatocarpus* R. Br. 【*Juncus leschenaultii* J. Gay ex Laharpe】

多年生草本；生于水田、水沟、沼地；分布于全省各地。

14. 野灯心草 *Juncus setchuensis* Buchen. ex Diels

多年生草本；生于山沟、路旁的浅水处；分布于全省各地。

15. 假灯心草 *Juncus setchuensis* var. *effusoides* Buchen.

多年生草本；生于海拔 560 – 1700m 的阴湿山坡、山沟、林下及路旁潮湿地；分布地不详。

(二)地杨梅属 *Luzula* Candolle

1. 地杨梅 *Luzula campestris* (L.) DC.

多年生草本；生于山坡林下；分布于龙里等地。

2. 散序地杨梅 *Luzula effusa* Buchen.

多年生草本；生于山坡林下、灌丛中、路旁河边湿地；分布地不详。

3. 中国地杨梅 *Luzula effusa* var. *chinensis* (N. E. Br.) K. F. Wu

多年生草本；生于海拔 1500 – 2900m 的竹林下，河边、路旁阴湿处；分布地不详。

4. 多花地杨梅 *Luzula multiflora* (Ehrh.) Lej.

多年生草本；生于山坡草地、林缘水沟旁、溪边潮湿处；分布地不详。

5. 羽毛地杨梅 *Luzula plumosa* E. Mey.

多年生草本；生于溪沟边或路旁潮湿处；分布于印江、江口等地。

6. 淡花地杨梅 *Luzula pallescens* Swartz

多年生草本；生于山坡林下、路边、荒草地；分布于大沙河等地。

一八六、莎草科 Cyperaceae

（一）荆三棱属 *Bolboschoenus* Palla

1. 荆三棱 *Bolboschoenus yagara*（Ohwi）Y. C. Yang et M. Zhan

多年生草本；生于海拔 2170m 的湖缘积水沟内；分布于草海等地。

（二）球柱草属 *Bulbostylis* Kunth

1. 丝叶球柱草 *Bulbostylis densa*（Wall.）Hand. -Mazz.

一年生草本；生于海拔 870 – 1900m 的山坡、草地、路旁、灌丛中；分布于赤水、习水、纳雍、盘县、瓮安、印江、荔波、榕江等地。

（三）薹草属 *Carex* Linnaeus

1. 葱状薹草 *Carex alliiformis* C. B. Clarke

多年生草本；生于海拔 1300 – 1400m 的山坡路旁草地或林下；分布于兴义、望谟、惠水等地。

2. 似横果薹草 Carex subtransversa C. B. Clarke【*Carex alopecuroides* D. Don】

多年生草本；生于海拔 450 – 2700m 林下湿地或草地；分布地不详。

3. 高秆薹草 *Carex alta* Boott

多年生草本；生于海拔 1000 – 1300m 的山坡草地及荒田潮湿地和山沟疏林中；分布于安龙、望谟等地。

4. 宜昌薹草 *Carex ascotreta* C. B. Clarke ex Franch.

多年生草本；生于海拔 150 – 1100m 的低山林下、潮湿处、路边；分布地不详。

5. 浆果薹草 *Carex baccans* Nees

多年生草本；生于海拔 970 – 1450m 的山坡路边或山谷密林下；分布于赤水、江口、六枝、兴仁、册亨、安龙、罗甸、榕江等地。

6. 白里薹草 *Carex blinii* Lévl. et Vant.

多年生草本；生于海拔 300 – 700m 的林下河边或草地；分布地不详。

7. 滨海薹草 *Carex bodinieri* Franch.

多年生草本；生于海拔 750 – 1000m 林下或河边；分布于清镇、梵净山等地。

8. 短芒薹草 *Carex breviaristata* K. T. Fu

多年生草本；生于海拔 600 – 1400m 山坡林下草地或河沟边；分布于梵净山、雷公山等地。

9. 青绿薹草 *Carex breviculmis* R. Br.【*Carex leucochlora* Bunge】

多年生草本；生于海拔 310 – 2100m 的山坡路旁；分布于威宁、赤水、梵净山等地。

10. 短尖薹草 *Carex brevicuspis* C. B. Clarke

多年生草本；生于海拔 1600m 的山坡密林下岩石上；分布于望谟等地。

11. 亚澳薹草 *Carex brownii* Tuckerm.

多年生草本；生于海拔 800m 的疏林下；分布于荔波等地。

12. 褐果薹草 *Carex brunnea* Thunb.

多年生草本；生于海拔 800 – 1200m 的山谷林下阴处；分布于赤水、德江、印江、松桃、兴义、平坝、清镇、贵阳、瓮安、贵定等地。

13. 灰岩生薹草 *Carex calcicola* T. Tang et F. T. Wang

多年生草本；生于海拔 800 – 900m 的石灰岩石山上；分布于荔波、平塘等地。

14. 发秆薹草 *Carex capillacea* Boott

多年生草本；生于海拔 1700 – 1850m 的山谷林下潮湿地；分布于雷公山等地。

15. 中华薹草 *Carex chinensis* Retz.

多年生草本；生于海拔 400 – 1950m 的山谷路旁疏林下；分布于桐梓、惠水、荔波、黎平等地。

16. 复序薹草 *Carex composita* Boott

多年生草本；生于海拔 1430m 的路旁草地；分布于安龙等地。

17. 密花薹草 *Carex confertiflora* Boott

多年生草本，生于海拔 1800 – 2700m 林下湿处，水边或灌木草丛中；分布地不详。

18. 缘毛薹草 *Carex craspedotricha* Nelmes

多年生草本；生于海拔约 300m 水边湿地或湿草地；分布地不详。

19. 十字薹草 *Carex cruciata* Wahlenb.

多年生草本；生于海拔 500 – 1800m 的山坡阴处灌丛中或草地上及山谷潮湿地；分布于七星关、纳雍、赫章、水城、赤水、习水、遵义、绥阳、湄潭、德江、印江、兴仁、兴义、安龙、贵阳、贵定、都匀、独山、罗甸、平塘、荔波、开阳、黄平、施秉、雷公山、榕江等地。

20. 流苏薹草 *Carex densifimbriata* Tang et F. T. Wang

多年生草本；生于海拔 620 – 1400m 的山腰、山谷林下阴湿处；分布于梵净山、江口等地。

21. 粗毛流苏薹草 *Carex densefimbriata* var. *hirsuta* P. C. Li

多年生草本；生于山谷草丛中；分布地不详。

22. 二形鳞薹草 *Carex dimorpholepis* Steud.

多年生草本；分布于贵阳等地。

23. 皱果薹草 *Carex dispalata* Boott ex A. Gray

多年生草本；生于海拔 500 – 2900m 沟边潮湿地或沼泽地；分布于大沙河等地。

24. 签草 *Carex doniana* Spreng.

多年生草本；生于海拔 1200 – 1920m 的山谷密林下潮湿地；分布于道真、桐梓、瓮安、安龙等地。

25. 川东薹草 *Carex fargesii* Franch.

多年生草本；生于海拔 900 – 2000m 山坡密林下或沟边潮湿地；分布于纳雍、道真、梵净山、雷公山等地。

26. 簇穗薹草 *Carex fastigiata* Franch.

多年生草本；分布于大沙河等地。

27. 蕨状薹草 *Carex filicina* Nees

多年生草本；生于海拔 700 2200m 的山坡路旁灌丛下及草地上，分布于赤水、道真、遵义、绥阳、德江、江口、印江、梵净山、普安、兴仁、兴义、安龙、清镇、榕江等地。

28. 丝柄薹草 *Carex filipes* Franch. et Sav.【*Carex filipes* var. *sparsinux*（C. B. Clarke）Kukenth.】

多年生草本；生于海拔 1300 – 2200m 的林下、路边湿地或草丛中；分布地不详。

29. 亮绿薹草 *Carex finitima* Boott

多年生草本；生于海拔 2167 – 2500m 山顶路旁；分布于梵净山、雷公山等地。

30. 溪生薹草 *Carex fluviatilis* Boott

多年生草本；生于海拔 1300 – 2500m 的山谷溪旁或林下湿地；分布于威宁、兴仁、安龙等地。

31. 穿孔薹草 *Carex foraminata* C. B. Clarke

多年生草本；生于海拔 350 – 800m 的山坡林缘，花丛中或山谷石旁阴处，及沟边水中；分布地不详。

32. 拟穿孔薹草 *Carex foraminatiformis* Y. C. Tang et S. Yun Liang

多年生草本；生于海拔 600 – 800m 的沟边或林下草地；分布地不详；

33. 亲族薹草 *Carex gentilis* Franch.

多年生草本；生于海拔 1250m 的山坡草丛中；分布于贵定等地。

34. 宽叶亲族薹草 *Carex gentilis* var. *intermedia* T. Tang et F. T. Wang ex L. K. Dai

多年生草本；生于海拔 1300 – 1950m 的山坡上、沟边和岩石缝中；分布地不详。

35. 穹隆薹草 *Carex gibba* Wahlenb.

多年生草本；生于海拔 500m 的山谷和山脚路旁灌丛下；分布于贵定、罗甸等地。

36. 长梗薹草 *Carex glossostigma* Hand. -Mazz.

多年生草本；生于海拔 800 – 1500m 林下阴湿处；分布于茂兰等地。

37. 双脉囊薹草 *Carex handelii* Kükenth.

多年生草本；生于沟边杂林下、山坡林下或草丛中；分布地不详。

38. 亨氏薹草 *Carex henryi* C. B. Clarke ex Franch.

多年生草本；生于海拔 900 – 1000m 山坡灌丛下阴处或山谷潮湿地；分布于德江、印江等地。

39. 长安薹草 *Carex heudesii* Lévl. et Vant.

多年生草本；生于海拔 1800 – 1920m 山谷林下潮湿地或山腰疏林下；分布于桐梓等地。

40. 印度薹草 *Carex indica* L.

多年生草本；分布于海拔 850m 的山坡草地上；分布于望谟等地。

41. 印度型薹草 *Carex indiciformis* F. T. Wang et Tang ex P. C. Li

多年生草本；生于海拔 400 – 1000m 的密林下或山坡阴处；分布地不详。

42. 狭穗薹草 *Carex ischnostachya* Steud.

多年生草本；生于海拔 340 – 800m 的山谷湿地或山坡水旁阳处；分布于赤水、道真、罗甸等地。

43. 大披针薹草 *Carex lanceolata* Boott

多年生草本；生于海拔 800 – 1260m 山坡路旁岩石上或沟边；分布于印江、贵阳、贵定、雷公山等地。

44. 弯喙薹草 *Carex laticeps* C. B. Clarke

多年生草本；生山坡林下、路旁、水沟边；分布于兴义等地。

45. 舌叶薹草 *Carex ligulata* Nees

多年生草本；生于海拔 520 – 2100m 的山坡草地上或林下阴湿地；分布于威宁、道真、习水、遵义、印江、水城、望谟、贵阳、修文、瓮安、荔波、凯里、雷公山、黎平、施秉、剑河等地。

46. 榄绿果薹草 *Carex olivacea* Boott

多年生草本；生于海拔 1250 – 2900m 的沼泽地或潮湿处；分布地不详。

47. 鄂西薹草 *Carex manciformis* C. B. Clarke ex Franch.

多年生草本；生于海拔 1100m 的山坡疏林下；分布于贵阳等地。

48. 套鞘薹草 *Carex maubertiana* Boott

多年生草本；生于海拔 600m 左右的林下或沟边；分布于荔波等地。

49. 宝兴薹草 *Carex moupinensis* Franch.

多年生草本；生于海拔 850m 的路边草地上；分布于习水等地。

50. 条穗薹草 *Carex nemostachys* Steud.

多年生草本；生于海拔 400 – 1820m 的河边潮湿地或山坡灌丛下，分布于平坝、贵阳、江口、松桃、雷公山等地。

51. 云雾薹草 *Carex nubigena* D. Don ex Tilloch et Taylor

多年生草本；生于海拔 1300 – 2500m 的山坡草地上；分布于威宁、兴仁、安龙等地。

52. 少穗薹草 *Carex oligostachya* Nees et Hook.

多年生草本；生于海拔 900 – 1200m 的山坡草地；分布地不详。

53. 峨眉薹草 *Carex omeiensis* Tang et Wang

多年生草本；生于海拔 1200 – 1500m 山坡林下和沟边；分布于道真、绥阳、江口等地。

54. 霹雳薹草 *Carex perakensis* C. B. Clarke〔*Carex prainii* C. B. Clarke〕

多年生草本；生于海拔 700 – 1800m 的林下阴湿处；分布于茂兰等地。

55. 镜子薹草 *Carex phacota* Spreng.

多年生草本；生于海拔 800 – 1000m 的山坡、山谷灌丛中沟边阳湿地；分布于雷公山等地

56. 粉被薹草 *Carex pruinosa* Boott

多年生草本；生于海拔 340 – 2200m 的山谷阴处潮湿地或路旁草地；分布于赤水、江口、印江、梵净山、荔波、凯里、雷公山、黎平等地。

57. 丝引薹草 *Carex remotiuscula* Wahlenb.

多年生草本；生于海拔 1500m 左右的山谷沟旁；分布于道真等地。

58. 长颈薹草 *Carex rhynchophora* Franch.

多年生草本；生于海拔 600 – 1750m 的山坡、山谷石灰岩上；分布地不详。

59. 书带薹草 *Carex rochebrunii* Franch. et Savat.

多年生草本；生于海拔 1500 – 2100m 的山坡草地、山谷沟边潮湿地；分布于梵净山、雷公山等地。

60. 高山穗序薹草 *Carex rochebruni* subsp. *remotispicula*（Hayata）T. Koyama

多年生草本；分布于印江、凯里、雷山等地。

61. 大理薹草 *Carex rubro – brunnea* var. *taliensis*（Franch.）Küken.

年生草本；生于海拔 950 – 2100m 的沟边潮湿地及山坡草地上；分布于道真、梵净山、雷公山、贵阳等地。

62. 花葶薹草 *Carex scaposa* C. B. Clarke

多年生草本；生于海拔 630 – 1800m 的山坡、山谷密林下潮湿地及溪边林下；分布于息烽、江口、梵净山、安龙、兴仁、贞丰、册亨、贵定、独山、三都、雷公山、黎平、榕江等地。

63. 硬果薹草 *Carex sclerocarpa* Franch.

多年生草本；生于海拔 800 – 1200m 的山坡草地或水边；分布于望谟、罗甸等地。

64. 仙台薹草 *Carex sendaica* Franch.

多年生草本；生于海拔 150 – 1850m 的灌丛中、草丛中、山坡阴处、山沟边或岩石缝中；分布于凤冈等地。

65. 多穗仙台薹草 *Carex sendaica* var. *pseudo-sendaica* T. Koyama

多年生草本；生于海拔 1000 – 1650m 的水田边或灌丛中；分布地不详。

66. 刺毛薹草 *Carex setosa* Boott〔*Carex pachyrrhiza* Franch.〕

多年生草本；生于海拔 1700 – 2000m 的山谷阴处；分布于桐梓、雷公山等地；

67. 宽叶薹草 *Carex siderosticta* Hance

多年生草本；生于海拔 1000 – 2000m 的针阔叶混交林或阔叶林下或林缘；分布于大沙河等地。

68. 相仿薹草 *Carex simulans* C. B. Clarke

多年生草本；生于海拔 700 – 1700m 的山坡路旁、林下和溪边；分布于平坝、雷山等地。

69. 柄果薹草 *Carex stipitinux* C. B. Clarke

多年生草本；生于海拔 800 – 1200m 的山谷林下阴处；分布于瓮安、荔波等地。

70. 草黄薹草 *Carex stramentitia* Boott ex Boeck.

多年生草本；生于海拔 170 – 1000m 的林边草地；分布地不详。

71. 近蕨薹草 *Carex subfilicinoides* Küken.

多年生草本；生于海拔 1200 – 2900m 的常绿阔叶林林缘、山坡阴处、路旁草丛中或田埂上；分布

于大沙河等地。

72. 长柱头薹草 *Carex teinogyna* Boott

多年生草本；生于海拔 350 – 1160m 山坡草地路旁及山谷沟底阴湿处；分布于沿河、印江、碧江、兴仁等地。

73. 藏薹草 *Carex thibetica* Franch.

多年生草本；生于海拔 1000 – 1920m 山谷密林下阴处潮湿地；分布于桐梓、梵净山、雷公山等地。

74. 球结薹草 *Carex thompsonii* Franch.

多年生草本；生于河边沙地或山坡草地；分布于罗甸等地。

75. 高节薹草 *Carex thomsonii* Boott

多年生草本；生于海拔 200 – 750m 的山坡灌丛阴处及河沟中；分布于安龙、望谟、罗甸等地。

76. 截鳞薹草 *Carex truncatigluma* C. B. Clarke

多年生草本；生于海拔 950 – 1450m 山坡密林下级山沟湿地；分布于凯里、雷公山等地。

77. 单性薹草 *Carex unisexualis* C. B. Clarke

多年生草本；生于海拔 1100m 左右水旁草地；分布于兴义、贵阳等地。

78. 沙坪薹草 *Carex wui* Chü ex L. K. Dai

多年生草本；生于海拔 1450m 的山谷河边，分布于道真等地。

79. 遵义薹草 *Carex zunyiensis* T. Tang et F. T. Wang

多年生草本；生于海拔 1250 – 1350m 的山沟密林下水旁阴湿处；分布于遵义、雷公山等地。

（四）莎草属 *Cyperus* Linnaeus

1. 风车草 *Cyperus involucratus* L.【*Cyperus alternifolius* subsp. *flabelliformis* Küken.】

多年生草本；原产于非洲；省内有栽培。

2. 阿穆尔莎草 *Cyperus amuricus* Maxim.

一年生草本；生于山坡、山谷溪边、沟边或河滩沙地；分布地不详。

3. 密穗砖子苗 *Cyperus compactus* Retzius【*Mariscus compactus*（Retz.）Druce】

多年生草本；生于海拔 800m 的路旁；分布于册亨等地。

4. 扁穗莎草 *Cyperus compressus* L.

一年生草本；生于海拔 600 – 1100m 潮湿处；分布于兴义、梵净山、三穗等地。

5. 砖子苗 *Cyperus cyperoides*（L.）Küken.【*Mariscus umbellatus* Vahl；*Mariscus umbellatus* var. *evolutior*（C. B. Clarke）E. G. Camus】

多年生草本；生于海拔 600 – 2170m 的阳处、路旁、灌丛中；分布于威宁、赫章、纳雍、兴义、安龙、册亨、普安、平坝、松桃、贵阳、梵净山、凯里、独山、荔波、天柱、黄平等地。

6. 异型莎草 *Cyperus difformis* L.

一年生草本；生于海拔 400 – 1500m 的山沟、田边、潮湿处；分布于贵阳、赤水、西秀、平坝、普安、安龙、册亨、松桃等地。

7. 云南莎草 *Cyperus duclouxii* E. G. Camus

多年生草本；生于海拔 1800 – 2000m 的山坡、草地、潮湿处；分布于威宁、西秀等地。

8. 高秆莎草 *Cyperus exaltatus* Retz.

多年生草本；生于海拔 550 – 1100m 的山脚潮湿地；分布于册亨、望谟等地。

9. 碎米莎草 *Cyperus iria* L.

一年生草本；生于海拔 420 – 1300m 的山脚、沟边潮湿地；分布于赤水、凤冈、西秀、贞丰、册亨、黄平、都匀、施秉、榕江等地。

10. 具芒碎米莎草 *Cyperus microiria* Steud.

一年生草本；生于海拔 950 – 1120m 的草地、潮湿处；分布于沿河、遵义及黔南等地。

11. 垂穗莎草 *Cyperus nutans* **Vahl**

多年生草本；生于山谷中近水处；分布地不详。

12. 三轮草 *Cyperus orthostachyus* **Franch. et Sav.**

一年生草本；生于海拔 800m 的潮湿处，分布于梵净山等地。

13. 毛轴莎草 *Cyperus pilosus* **Vahl**

多年生草本；生于水田边、河边潮湿处；分布于荔波等地。

14. 香附子 *Cyperus rotundus* **L.**

多年生草本；生于海拔 350－1380m 的山脚、山坡、草地、路旁；分布于纳雍、赤水、凤冈、遵义、翠谯、独山、梵净山等地。

15. 水莎草 *Cyperus serotinus* **Rottb.【***Juncellus serotinus*（**Rottb.**）**C. B. Clarke】**

多年生草本；生于海拔 2170m 的浅水中；分布于威宁等地。

16. 窄穗莎草 *Cyperus tenuispica* **Steud.**

一年生草本；生于海拔 350－500m 的路旁、田野或水田边；分布地不详。

（五）荸荠属 *Eleocharis* **R. Brown**

1. 紫果蔺 *Eleocharis atropurpurea*（**Retz.**）**C. Presl**

一年生草本；生于海拔 420m 的水旁、潮湿地；分布于赤水等地。

2. 无根状茎荸荠 *Eleocharis attenuata* **var.** *erhizomatosa* **T. Tang et F. T. Wang**

多年生草本；生于海拔 500－970m 的山坡、河岸潮湿处；分布于梵净山、凯里等地。

3. 荸荠 *Eleocharis dulcis*（**N. L. Burm.**）**Trin. ex Hensch.【***Eleocharis dulcis*（**Burm. f.**）**Trin. ex Hensch.】**

多年生草本；省内有栽培。

4. 透明鳞荸荠 *Eleocharis pellucida* **J. Presl et C. Presl**

多年生草本；生于海拔 680m 左右的草地潮湿地；分布于施秉、梵净山等地。

5. 稻田荸荠 *Eleocharis pellucida* **var.** *jaoponica*（**Miq.**）**Tang et Wang**

多年生草本；生于海拔 200－1700m 的稻田、浅水中；分布地不详。

6. 血红穗荸荠 *Eleocharis pellucida* **var.** *sanguinolenta* **T. Tang et F. T. Wang**

多年生草本；生于浅水中；分布地不详。

7. 龙师草 *Eleocharis tetraquetra* **Nees**

多年生草本；生于海拔约 500m 的山坡路旁阴湿地、山谷溪边、沟边、水塘边或水甸中；分布地不详。

8. 具刚毛荸荠 *Eleocharis valleculosa* **var.** *setosa* **Ohwi【***Eleocharis valleculosa* **f.** *setosa*（**Ohwi**）**Kitagawa.】**

多年生草本；生于海拔 400－2180m 的山沟潮湿地或浅水中；分布于威宁、贵阳、桐梓、梵净山等地。

9. 牛毛毡 *Eleocharis yokoscensis*（**Franch. et Sav.**）**Ts. Tang et F. T. Wang**

草本；生于海拔 590m 的旱田中；分布于凯里等地。

（六）羊胡子草属 *Eriophorum* **Linnaeus**

1. 丛毛羊胡子草 *Eriophorum comosum* **Nees**

多年生草本；生于海拔 500－700m 的山坡林下；分布于赤水、清镇、修文等地。

2. 中间羊胡子草 *Eriophorum transiens* **Raymond**

多年生草本；分布地不详。

（七）飘拂草属 *Fimbristylis* **Vahl**

1. 夏飘拂草 *Fimbristylis aestivalis*（**Retz.**）**Vahl**

一年生草本；生于海拔 1800 – 2200m 的荒草地、沼地或稻田中；分布于大沙河等地。

2. 复序飘拂草 *Fimbristylis bisumbellata*（Forsk.）Bubani

一年生草本；生于河边、沟旁、山溪边、沙地或沼地，以及山坡上潮湿地方；分布地不详。

3. 扁鞘飘拂草 *Fimbristylis complanata*（Retz.）Link

多年生草本；生于海拔 440 – 1300m 的山沟、路旁、潮湿处；分布于安龙、德江、贵阳、修文、松桃等地。

4. 矮扁鞘飘拂草 *Fimbristylis complanata* var. *exaltata*（T. Koyama）Y. C. Tang ex S. R. Zhang. S. Y. Liang et T. Koy【*Fimbristylis complanata* var. *kraussiana*（Hochstetter ex Steudel）】

多年生草本；生于海拔 900m 左右的山坡、草地、沟谷潮湿处；分布于榕江等地。

5. 两歧飘拂草 *Fimbristylis dichotoma*（L.）Vahl【*Fimbristylis dichotoma* f. *annua*（All.）Ohwi】

一年或短暂多年生草本；生于海拔 500 – 2100m 的山坡、草地、灌丛中、阳处、潮湿地；分布于凤冈、赤水、习水、纳雍、册亨、安龙、梵净山等地。

6. 拟二叶飘拂草 *Fimbristylis diphylloides* Makino

一年或短暂多年生草本；生于海拔 2100m 以下的路边稻田埂上、溪旁、山沟潮湿地、水塘中或水稻田中；分布于榕江、松桃、印江等地。

7. 暗褐飘拂草 *Fimbristylis fusca*（Nees）Benth.

一年生草本；生于海拔 2000m 以下的山顶、草坡、草地、田中；分布地不详。

8. 宜昌飘拂草 *Fimbristylis henryi* C. B. Clarke

一年生草本；生于海拔 2000m 以下的耕地上、岩石上、沼泽地中、河边、山溪边、山谷水塘边、水沟边；分布地不详。

9. 水虱草 *Fimbristylis littoralis* Gaudichaud【*Fimbristylis miliacea*（L.）Vahl】

一年或短暂多年生草本；生于海拔 860 – 1400m 的潮湿处；分布于赤水、凤冈、沿河、印江、梵净山、册亨等地。

10. 独穗飘拂草 *Fimbristylis ovata*（Burm. f.）Kern

多年生草本；生于山坡灌丛中；分布于黔南等地。

11. 五棱秆飘拂草 *Fimbristylis quinquangularis*（Vahl）Kunth【*Fimbristylis quinquangularis* var. *bistaminifera* Tang et F. T. Wang】

一年生或短暂多年生草本；生于海拔 850 – 2100m 山坡阳处；分布于松桃、榕江、施秉、瓮安、梵净山等地。

12. 结壮飘拂草 *Fimbristylis rigidula* Nees

多年生草本；生于海拔 300 – 2600m 的生长于山坡上、路旁、草地、荒地或林下；分布地不详。

13. 畦畔飘拂草 *Fimbristylis squarrosa* Vahl

一年生草本；生于海拔 2200m 以下的湿处；分布地不详。

14. 匍匐茎飘拂草 *Fimbristylis stolonifera* C. B. Clarke

多年生草本；生于海拔 1700 – 1800m 的草地阳处；分布于威宁、罗甸等地。

15. 双穗飘拂草 *Fimbristylis subbispicata* Nees et C. A. Mey.

一年生草本；生于海拔 300 – 1200m 的山坡、山谷空地、沼泽地、溪边、沟旁近水处；分布于大沙河等地。

（八）芙兰草属 *Fuirena* Rottbøll

1. 黔芙兰草 *Fuirena rhizomatifera* T. Tang et F. T. Wang

多年生草本；生于海拔 800m 的沼泽地；分布于都匀等地。

（九）黑莎草属 *Gahnia* J. R. Forster et G. Forster

1. 黑莎草 *Gahnia tristis* Nees

多年生草本；生于海拔 150 – 730m 的山脚；分布于荔波等地。

（十）水蜈蚣属 *Kyllinga* Rottbøll

1. 短叶水蜈蚣 *Kyllinga brevifolia* Rottb.

多年生草本；生于海拔 480 – 1800m 的田边、沟边潮湿地，分布于沿河、绥阳、凤冈、贵阳、开阳、平坝、普安、册亨、安龙、罗甸、望谟、黄平、雷山、黎平、梵净山等地。

2. 圆筒穗水蜈蚣 *Kyllinga cylindrica* Nees

多年生草本；生于海拔 2000m 以下的河边、河滩上或路边沟旁；分布于黔东南等地。

（十一）湖瓜草属 *Lipocarpha* R. Brown

1. 华湖瓜草 *Lipocarpha chinensis*（Osbeck）Kern〔*Lipocarpha senegalensis*（Lam.）Dandy〕

多年生草本；生于海拔 400m 左右的水边和沼泽中；分布于黔东南等地。

2. 湖瓜草 *Lipocarpha microcephala*（R. Br.）Kunth

一年生草本；生于海拔约 400m 的河边、水稻田边或沼泽中；分布地不详。

（十二）扁莎属 *Pycreus* P. Beauvois

1. 宽穗扁莎 *Pycreus diaphanus*（Schrad. et Schult.）S. S. Hooper et T. Koyama〔*Pycreus latespicatus*（Boeck.）C. B. Clarke.〕

一年生草本；生于海拔 1500m 左右的山地阳处；分布于绥阳、平坝等地。

2. 球穗扁莎 *Pycreus flavidus*（Retz.）T. Koyama〔*Pycreus globosus* Reichb.〕

多年生草本；生于海拔 420 – 1800m 的山坡、草地、水旁、潮湿地；分布于赤水、赫章、兴仁、普安、平坝、开阳、德江、松桃、印江、榕江等地。

3. 小球穗扁莎 *Pycreus flavidus* var. *nilagiricus*（Hoschst. ex Steud.）C. Y. Wu〔*Pycreus globosus* var. *nilagiricus*（Hochstetter ex Steudel）C. B. Clarke.〕

多年生草本；生于海拔 1000m 的水边；分布于雷公山等地。

4. 直球穗扁莎 *Pycreus flavidus* var. *strictus*（Roxb.）C. Y. Wu〔*Pycreus globosus* var. *strictus* C. B. Clarke.〕

多年生草本；生于海拔 420 – 1950m 的山坡草地；分布于赤水、七星关、贞丰、施秉等地。

5. 似宽穗扁莎 *Pycreus pseudolatespicatus* L. K. Dai

一年生草本；生于稻田旁；分布地不详。

6. 红鳞扁莎 *Pycreus sanguinolentus*（Vahl）Nees〔*Pycreus sanguinolentus* f. *melanocephalus*（Miquel）L. K. Dai〕

一年生草本；生于海拔 400 – 1615m 的山顶、山坡、山脚，林下；分布于沿河、凤冈、息烽、松桃、梵净山等地。

（十三）刺子莞属 *Rhynchospora* Vahl

1. 刺子莞 *Rhynchospora rubra*（Lour.）Makino

一年生或短暂多年生草本；生于海拔 870 – 1200m 的草地、山坡；分布于册亨、独山、德江、榕江等地。

2. 白喙刺子莞 *Rhynchospora rugosa* subsp. *brownii*（Roem. et Schult.）T. Koyama〔*Rhynchospora brownii* Roem. et Schult.〕

多年生草本；生于海拔 920m 的草地；分布于独山等地。

（十四）水葱属 *Schoenoplectus*（H. G. L. Reichenbach）Palla

1. 萤蔺 *Schoenoplectus juncoides*（Roxb.）Palla〔*Scirpus juncoides* Roxb.〕

多年生草本；生于海拔 180 – 1500m 的沟边、潮湿处；分布于赤水、绥阳、兴仁、安龙、贞丰、瓮安、罗甸、德江、松桃、榕江等地。

2. 水毛花 *Schoenoplectus mucronatus* subsp. *robustus*（Miq.）T. Koyama〔*Scirpus triangulatus*

Roxb.】

多年生草本；生于海拔 1300 – 1840m 的山脚，沟边、潮湿处；分布于息烽、遵义、贞丰、平坝、瓮安、雷公山等地。

3. 水葱 Schoenoplectus tabernaemontani（Gmel.）Palla【Scirpus tabernaemontani C. C. Gmelin】

多年生草本；生于海拔 1500 – 2380m 的浅水中；分布于威宁、纳雍、平坝等地。

4. 三棱水葱 Schoenoplectus triqueter（L.）Palla【Scirpus triqueter L.】

多年生草本；生于海拔 2170m 的湖缘浅水处；分布于威宁等地。

5. 猪毛草 Schoenoplectus wallichii（Nees）T. Koyama【Scirpus wallichii Nees】

多年生草本；生于海拔 1000m 左右的稻田中，或溪边、河旁近水处；分布于贞丰等地。

（十五）赤箭莎属 *Schoenus* **Linnaeus**

1. 赤箭莎 Schoenus falcatus R. Br.

多年生草本；生于海拔约 330m 的沼泽地中；分布于黔南等地。

（十六）藨草属 *Scirpus* **Linnaeus**

1. 华东藨草 Scirpus karuisawensis Makino

多年生草本；生长于河旁、溪边近水处或干枯的河底；分布于大沙河等地。

2. 庐山藨草 Scirpus lushanensis Ohwi

多年生草本；生于海拔 300 – 2800m 的山路旁、阴湿草丛中、沼地、溪旁或山麓空旷处；分布地不详。

3. 百球藨草 Scirpus rosthornii Diels

多年生草本；生于海拔 800 – 900m 的林缘、路旁、潮湿地；分布于习水、兴义、凯里、独山等地。

（十七）珍珠茅属 *Scleria* **P. J. Bergius**

1. 二花珍珠茅 Scleria biflora Roxb.

一年生草本；生于海拔 600m 左右的田边或草场；分布地不详。

2. 黑鳞珍珠茅 Scleria hookeriana Boeck.

多年生草本；生于海拔 900 – 1800m 的山坡、草地、灌丛中；分布于水城、安龙、贞丰、梵净山、雷公山、榕江等地。

3. 毛果珍珠茅 Scleria levis Retz. Observ.【Scleria hebecarpa Nees】

多年生草本；生于海拔 1200m 的草地；分布于册亨等地。

4. 小型珍珠茅 Scleria parvula Steud.

多年生草本；生于海拔 770 – 2000m 的溪边、山谷湿地、稻田或林中；分布地不详。

5. 高秆珍珠茅 Scleria terrestris（L.）Fass

多年生草本；生于海拔 590 – 1770m 的山顶、山坡、林下；分布于安龙、贞丰、册亨、施秉、雷公山、荔波等地。

（十八）刚毛房属 *Trichophorum* **Persoon**

1. 三棱针蔺 Trichophorum mattfeldianum（Kükenth.）S. Y. Liang【Scirpus mattfeldianus Kükenth.】

多年生草本；生于海拔 2200m 的草地；分布于梵净山等地。

2. 玉山针蔺 Trichophorum subcapitatum（Thwaites et Hook.）D. A. Simpson【Scirpus subcapitatus Thwaites et Hooker；Scirpus subcapitatus var. morrisonensis（Hayata）Ohwi.】

多年生草本；生于海拔 900 – 2470m 的林下、灌丛中、沟边、潮湿处；分布于凯里、雷山、梵净山等地。

一八七、禾本科 Poaceae

I. 竹亚科 Bambusoideae Nees

(一)悬竹属 *Ampelocalamus* S. L. Chen et al.

1. 钓竹 *Ampelocalamus breviligulatus* (T. P. Yi) Stapleton et D. Z. Li

多年生草木；生于海拔 400－900m 陡峭的岩石、山坡；分布地不详。

2. 贵州悬竹 *Ampelocalamus calcareus* C. D. Chu et C. S. Chao

藤状竹类；生于海拔 500－870m 的阔叶林下或林缘；分布于荔波、独山等地。

3. 无耳镰序竹 *Ampelocalamus exauritum*

合轴型丛生竹类；生于石灰岩山地；分布于惠水、长顺等地。

4. 多毛悬竹 *Ampelocalamus hirsutissimus* (W. D. Li et Y. C. Zhong) Stapleton et D. Z. Li

合轴型丛生竹类；分布于贵阳等地。

5. 小蓬竹 *Ampelocalamus luodianensis* T. P. Yi et R. S. Wang.【*Drepanostachyum luodianense* (Yi et R. S. Wang) Keng f.】

合轴型丛生竹类；生于 600－1000m 的山坡裸岩上；分布于平塘、罗甸、长顺、惠水、赤水等地。

6. 南川竹 *Ampelocalamus melicoideus* (Keng f.) D. Z. Li et Stapleton【*Drepanostachyum melicoideum* Keng f.】

丛生状竹类；分布于大沙河等地。

7. 爬竹 *Ampelocalamus scandens* Hsueh et W. D. Li

藤状竹类；生于海拔 260－320m 的陡坡上；分布于赤水等地。

(二)青篱竹属 *Arundinaria* Michaux

1. 冷箭竹 *Arundinaria faberi* Rendl.【*Bashania fangiana* (A. Camus) Keng f.】

复轴型丛生竹种；生于海拔 2300 的亚高山针叶林下；分布于梵净山等地。

2. 巴山木竹 *Arundinaria fargesii* E. G. Camus【*Bashania fargesii* (E. G. Camus) Keng f. et Yi】

复轴型丛生竹种；生于海拔 2300m 的杜鹃灌丛中；分布于梵净山等地。

3. 西风竹 *Arundinaria portentosa* Hseuh et Yi

复轴型丛生竹种；生于海拔 720m 的山地黄壤中；分布于赤水等地。

(三)簕竹属 *Bambusa* Schreber

1. 粉箪竹 *Bambusa chungii* McCl.

乔木状丛生竹类；生于山脚平地、河弯及村前屋后；分布于赤水、安龙等地。

2. 料慈竹 *Bambusa distegia* (Keng et Keng f.) L. C. Chia et H. L. Fung

乔木状丛生竹类；生于海拔 400－900m 的村旁、河边；分布于赤水、思南、册亨、罗甸、独山、贵定等地。

3. 慈竹 *Bambusa emeiensis* L. C. Chia et H. L. Fung

乔木状丛生竹类；生于海拔 300－1700m 的村旁、河流两岸及山脚平地；分布于赤水、贵阳、修文、长顺、瓮安、都匀、惠水、贵定、三都、龙里、平塘等地。

4. 坭竹 *Bambusa gibba* McCl.

乔木状丛生竹类；生于海拔 500－900m 的村旁、河边；分布于望谟、三都、独山等地。

5. 鱼肚腩竹 *Bambusa gibboides* W. T. Lin

乔木状丛生竹类；引种；省内三都有栽培。

6. 绵竹 *Bambusa intermedia* C. F. Hsieh et T. P. Yi

乔木状丛生竹类；省内有栽培。

7. 孝顺竹 *Bambusa multiplex*（Lour.）Raeusch. ex Schult.【*Bambusa glaucescens*（Willd.）Sieb. ex Munro】

灌木状丛生竹类；生于海拔 500 – 600m 的山谷、河边；分布于赤水、荔波、长顺、独山、都匀、贵定、平塘等地。

8. 水箪竹 *Bambusa papillata*（Q. H. Dai）K. M. Lan

灌木状丛生竹类；生于海拔 540m 的河边；分布于荔波等地。

9. 撑篙竹 *Bambusa pervariabilis* McCl.

乔木状丛生竹类；生于海拔 400 – 500m 的河边、村旁；分布于赤水、三都等地。

10. 硬头黄竹 *Bambusa rigida* Keng et Keng f.

乔木状丛生竹类；生于海拔 260 – 300m 的村旁及河流两岩；分布于赤水、三都、罗甸等地。

11. 木竹 *Bambusa rutila* McCl.

乔木状丛生竹类；生于海拔 400 – 700m 的河边及村旁；分布于关岭、罗甸等地。

12. 车筒竹 *Bambusa sinospinosa* McCl.

乔木状丛生竹类；生于海拔 500 – 600m 的村旁、河边；分布于赤水、册亨、望谟、兴义、安龙、罗甸、荔波、平塘、关岭等地。

（四）单枝竹属 *Bonia* Balansa

1. 单枝竹 *Bonia saxatilis*（L. C. Chia et al）N. H. Xia

灌木状复轴型竹类；生于海拔 600 – 1000m 的石灰岩山上；分布于荔波等地。

2. 箭秆竹 *Bonia saxatilis* var. *solida*（C. D. Chu et C. S. Chao）D. Z. Li【*Indocalamus solidus* C. D. Chu et C. S. Chao】

灌木状复轴型竹类；生于海拔 600 – 1000m 的石灰岩林下或石缝中；分布于开阳、荔波、安龙等地。

（五）寒竹属 *Chimonobambusa* Makino

1. 狭叶方竹 *Chimonobambusa angustifolia* C. D. Chu et C. S. Chao【*Chimonobambusa linearifolia* W. D. Li et Q. X. Wu】

灌木状散生竹类；生于海拔 500 – 1200m 的林下或呈小片纯竹林；分布于贵阳、开阳、清镇、都匀、荔波、三都、长顺、瓮安、独山、罗甸、福泉、惠水、龙里、雷山、望谟、安龙等地。

2. 平竹 *Chimonobambusa communis*（J. R. Xue et T. P. Yi）T. H. Wen et Ohrnb.

灌木状散生竹类；生于海拔 600 – 1500m 的林下；分布于修文、息烽、湄潭等地。

3. 油竹 *Bambusa surrecta*（Q. H. Dai）Q. H. Dai【*Chimonobambusa communis*（J. R. Xue et T. P. Yi）T. H. Wen et Ohrnb. 】

灌木状散生竹类；生于海拔 1600 – 2000m 之中山地带；分布地不详。

4. 合江方竹 *Chimonobambusa hejiangensis* C. D. Chu et C. S. Chao

灌木状散生竹类；生于海拔 800 – 1200m 的锥栗林下或呈小片竹林；分布于赤水、习水等地。

5. 毛环方竹 *Chimonobambusa hirtinoda* C. S. Chao et K. M. Lan

灌木状散生竹类；生于海拔 1100m 的山坡竹林中；分布于都匀等地。

6. 乳纹方竹 *Chimonobambusa lactistriata* W. D. Li et Q. X. Wu

灌木状散生竹类；生于海拔 500 – 800m 的山脚林下；分布于安龙、册亨、荔波等地。

7. 雷山方竹 *Chimonobambusa leishanensis* T. P. Yi

灌木状散生竹类；生于海拔 1600m；分布于雷山等地。

8. 光竹 *Chimonobambusa luzhiensis*（J. R. Xue et T. P. Yi）T. H. Wen et Ohrnb.

灌木状散生竹类；生于海拔 1700 – 1900m 的阔叶林下；分布于六枝等地。

9. 宁南方竹 *Chimonobambusa ningnanica* **J. R. Xue et L. Z. Gao〔***Chimonobambusa yunnanensis* **Hsueh et W. P. Zhang〕**

灌木状散生竹类；生于海拔 1600 – 2200m；分布地不详。

10. 刺竹子 *Chimonobambusa pachystachys* **Hsueh et T. P. Yi**

灌木状散生竹类；生于海拔 1000 – 2000m 的阔叶林下；分布于绥阳、沿河、大沙河等地。

11. 柔毛筇竹 *Chimonobambusa puberula*（**J. R. Xue et T. P. Yi**）**T. H. Wen et Ohrnb.**

灌木状散生竹类；生于海拔 1600m 的水旁竹林中；分布于六枝等地。

12. 方竹 *Chimonobambusa quadrangularis*（**Franceschi**）**Makino**

灌木状散生竹类；生于海拔 600 – 1200m 的山坡林下；分布于开阳、息烽、习水、遵义、桐梓、绥阳、荔波、长顺、独山、罗甸、都匀、惠水、贵定、龙里、平塘等地。

13. 金佛山方竹 *Chimonobambusa utilis*（**Keng**）**Keng f.**

灌木状散生竹类；生于海拔 1200m 以上的阔叶林下；分布于桐梓、正安、习水、遵义、道真、绥阳等地。

（六）牡竹属 *Dendrocalamus* Nees

1. 大叶慈 *Dendrocalamus farinosus*（**Keng et Keng f.**）**L. C. Chia et H. L. Fung〔***Dendrocalamus ovatus* **N. H. Xia et L. C. Chia〕**

乔木状丛生竹类；生于海拔 400 – 1200m 的山脚、路边、村旁；分布于遵义、赤水、道真、贵阳、罗甸等地。

2. 麻竹 *Dendrocalamus latiflorus* **Munro**

乔木状丛生竹类；生于海拔 500 – 800m 的村前屋后或山脚平地；分布于兴义、安龙、册亨、望谟、长顺、罗甸、都匀、三都、平塘等地。

3. 宽叶尤竹 *Dendrocalamus latiusculus* **Hsueh et Li**

乔木状丛生竹类；生于海拔 230m 的村寨旁；分布于榕江等地。

4. 荔波吊竹 *Dendrocalamus liboensis* **J. R. Xue et D. Z. Li**

直立乔木状竹类；生境不详；分布于荔波等地。

5. 吊丝竹 *Dendrocalamus minor*（**McCl.**）**L. C. Chia et H. L. Fung**

直立乔木状竹类；生于海拔 300 – 500m 的石灰岩地、山脚、村旁；分布于册亨、荔波等地。

6. 花吊丝竹 *Dendrocalamus minor* var. *amoenus*（**Q. H. Dai et C. F. Huang**）**J. R. Xue et D. Z. Li**

直立乔木状竹类；生于石灰岩山地；分布于兴义等地。

7. 粉麻竹 *Dendrocalamus pulverulentus* **L. C. Chia et But**

直立乔木状竹类；引种；省内有栽培。

8. 黔竹 *Dendrocalamus tsiangii*（**McCl.**）**L. C. Chia et H. L. Fung**

乔木状竹类；生于海拔 600 – 1200m 的石灰岩山地；分布于荔波、惠水、都匀等地。

9. 花黔竹 *Dendrocalamus tsiangii* f. *viridistriatus* **X. H. Song ex Hsueh et D. Z. Li.**

乔木状竹类；生于海拔 600 – 1200m 的石灰岩山地；分布于荔波等地。

（七）箭竹属 *Fargesia* Franchet

1. 笼笼竹 *Fargesia conferta* **T. P. Yi**

灌木状合轴散生竹类；生于海拔 1100 – 1760m 的常绿阔叶林下或荒山坡上；分布地不详。

2. 尖尾箭竹 *Fargesia cuspidata*（**Keng**）**Z. P. Wang et G. H. Ye〔***Thamnocalamus cuspidatus*（**Keng**）**P. C. Keng.**〕

灌木状合轴散生竹类；生于海拔 598 – 780m 的山脊竹林中；分布于荔波等地。

3. 棉花竹 *Fargesia fungosa* T. P. Yi

灌木状合轴散生竹类；生于海拔 1800 – 2700m；分布于省内西部。

4. 华西箭竹 *Fargesia nitida* (Mitford ex Stapf) Keng f. ex T. P. Yi〔*Sinarundinaria nitida* (Mitford) Nakai〕

灌木状合轴散生竹类；生境不详；分布于黎平等地。

5. 白竹 *Fargesia semicoriacea* Yi

灌木状合轴散生竹类；生境不详；分布于都匀等地。

6. 箭竹 *Fargesia spathacea* Franch.

灌木状合轴散生竹类；生于林下或荒坡地；分布于福泉、荔波、贵定等地。

7. 红壳箭竹 *Fargesia porphyrea* T. P. Yi

灌木状合轴散生竹类；生于海拔 1250 – 2500m 阔叶林下；分布于赤水等地。

8. 威宁箭竹 *Fargesia weiningensis* Yi et L. Yang

灌木状合轴散生竹类；分布于威宁等地。

（八）井冈寒竹属 *Gelidocalamus* Wen

1. 亮秆竹 *Gelidocalamus annulatus* T. H. Wen

灌木状复轴型竹类；分布于赤水等地。

2. 抽筒竹 *Gelidocalamus tessellatus* T. H. Wen et C. C. Chang

灌木状复轴型竹类；生于海拔 500 – 540m 的山脚林下或小片竹林中；分布于荔波等地。

（九）箬竹属 *Indocalamus* Nakai

1. 赤水箬竹 *Indocalamus chishuiensis* Y. L. Yang et Hsueh

灌木状复轴型竹类；分布于赤水等地。

2. 峨眉箬竹 *Indocalamus emeiensis* C. D. Chu et C. S. Chao

灌木状复轴型竹类；生于海拔 1200m；分布于大沙河等地。

3. 梵净山箬竹 *Indocalamus fanjinshanensis* K. M. Lan et C. T. Yang

灌木状复轴型竹类；分布于梵净山等地。

4. 广东箬竹 *Indocalamus guangdongensis* H. R. Zhao et Y. L. Yang

灌木状复轴型竹类；生于山坡林缘；分布于湄潭等地。

5. 多毛箬竹 *Indocalamus hirsutissimus* Z. P. Wang et P. X. Zhang

灌木状复轴型竹类；生于海拔 500 – 600m 的沟旁林下；分布于望谟、罗甸等地。

6. 光叶箬竹 *Indocalamus hirsutissimus* var. *glabrifolius* Z. P. Wang et N. X. Ma

灌木状复轴型竹类；生于海拔 500m 的林下；分布于册亨等地。

7. 阔叶箬竹 *Indocalamus latifolius* (Keng) McCl.

灌木状复轴型竹类；生于海拔 500 – 900m 的沟旁、岸边；分布于都匀、惠水、贵定、三都、龙里、三穗等地。

8. 箬叶竹 *Indocalamus longiauritus* Hand. -Mazz.

灌木状复轴型竹类；生于海拔 900 – 1200m 的沟旁、岸边、村旁及林缘；分布于思南、贵阳、修文、都匀、罗甸、长顺、瓮安、独山、福泉、荔波、惠水、三都、龙里、平塘、雷山等地。

9. 方脉箬竹 *Indocalamus quadratus* H. R. Zhao et Y. L. Yang

灌木状复轴型竹类；生于海拔 600 – 800m 的山坡、林下；分布于锦屏、黎平等地。

10. 鄂西箬竹 *Indocalamus wilsonii* (Rendle) C. S. Chao et C. D. Chu〔*Indocalamus nubigenus* (P. C. Keng) H. R. Zhao et Y. L. Yang〕

灌木状复轴型竹类；生于海拔 2300m 的山坡、路旁矮林中；分布于道真、梵净山等地。

（十）大节竹属 *Indosasa* McClure

1. 荔波大节竹 *Indosasa lipoensis* C. D. Chu et K. M. Lan

乔木状单轴散生型竹类；生于海拔 590－620m 的竹林中；分布于荔波、龙里等地。

2. 棚竹 *Indosasa longispicata* W. Y. Hsiung et C. S. Chao

乔木状单轴散生型竹类；生于山区阔叶林下；分布于省内东北部等地。

3. 中华大节竹 *Indosasa sinica* C. D. Chu et C. S. Chao

乔木状单轴散生型竹类；生于海拔 400－1100m 的山坡林中和村旁；分布于开阳、荔波、长顺、罗甸、惠水、榕江、雷山等地。

（十一）新小竹属 *Neomicrocalamus* Keng f.

1. 新小竹 *Neomicrocalamus prainii*（Gamble）Keng f.

藤本状竹类；生于海拔 1050m 的石灰岩山地灌丛中；分布于兴义等地。

（十二）少穗竹属 *Oligostachyum* Z. P. Wang et G. H. Ye

1. 糙花少穗竹 *Oligostachyum scabriflorum*（McCl.）Z. P. Wang et G. H. Ye〔*Arundinaria maculosa* C. D. Chu et C. S. Chao〕

乔木状复轴型竹类；生于海拔 700－1200m 的山坡林下；分布于碧江、玉屏、贵阳、西秀、都匀、三都等地。

2. 斗竹 *Oligostachyum spongiosum*（C. D. Chu et C. S. Chao）G. H. Ye et Z. P. Wang〔*Arundinaria spongiosa* C. D. Chu et C. S. Chao〕

乔木状复轴型竹类；生于林缘潮湿地；分布于黎平等地。

（十三）刚竹属 *Phyllostachys* Siebold et Zuccarini

1. 人面竹 *Phyllostachys aurea* Carr. ex Riv. et C. Riv.

乔木状竹类；引种；省内盘县、黔西、赤水、湄潭、六枝、都匀、荔波、瓮安、龙里、雷山等地有栽培。

2. 寿竹 *Phyllostachys bambusoides* f. *shouzhu* T. P. Yi

乔木状单轴型竹类；分布于大沙河等地。

3. 毛竹 *Phyllostachys edulis*（Carr.）J. Houzeau〔*Phyllostachys pubescens* Mazel ex J. Houzeau〕

乔木状单轴型竹类；引种；省内赤水、习水、水城、松桃、贵阳、修文、平坝、三都、惠水、锦屏、天柱、从江、黎平、麻江等地有栽培。

4. 贵州刚竹 *Phyllostachys guizhouensis* C. S. Chao et J. Q. Zhang

乔木状单轴型竹类；生于海拔 1440－1800m 的村旁土壤混沌肥沃的砂壤土上；分布于七星关、纳雍等地。

5. 淡竹 *Phyllostachys glauca* McCl.

乔木状单轴型竹类；黄河至长江流域重要经济用材竹种；省内有栽培。

6. 水竹 *Phyllostachys heteroclada* Oliv.

乔木状单轴型竹类；生于海拔 300－1600m 的河谷、沟边及村旁；分布于七星关、水城、六枝、碧江、江口、印江、松桃、贵阳、修文、西秀、息峰、紫云、兴义、兴仁、都匀、三都、荔波、独山、平塘、罗甸、长顺、瓮安、惠水、贵定、龙里等地。

7. 实心竹 *Phyllostachys heterocycla* f. *solida*（S. L. Chen）C. P. Wang et Z. H. Yu

乔木状单轴型竹类；生于荒坡、陡岩或针阔叶混交林下；分布于赤水等地。

8. 美竹 *Phyllostachys mannii* Gamble〔*Phyllostachys decora* McCl.〕

乔木状单轴型竹类；生于海拔 800－1300m 的山脚平地或土壤肥沃、湿润的山谷竹林中；分布于平坝、独山、都匀、惠水、龙里等地。

9. 毛环竹 *Phyllostachys meyeri* McCl.

乔木状单轴型竹类；生于海拔900－1800m的山脚、山腰和村旁土层深厚肥沃的竹林中；分布于贵阳、龙里、惠水、榕江等地。

10. 篌竹 *Phyllostachys nidularia* Munro

乔木状单轴型竹类；生于海拔400－1200m的村旁、山脚平地；分布于遵义、梵净山、贵阳、三都、罗甸、荔波、平塘、独山、都匀、惠水、龙里、紫云、雷山、黎平等地。

11. 光箨篌竹 *Phyllostachys nidularia* f. *glabrovagina* T. H. Wen

乔木状单轴型竹类；生于海拔500～1000m的村旁、山脚平地；分布于碧江等地。

12. 紫竹 *Phyllostachys nigra* (Lodd. ex Lindl.) Munro

乔木状单轴型竹类；生于海拔800－1300m的村旁；分布于黔西、湄潭、贵阳、修文、开阳、荔波、长顺、罗甸、都匀、惠水、三都、平塘、雷山等地。

13. 毛金竹 *Phyllostachys nigra* var. *henonis* (Mitford) Stapf ex Rendle

乔木状单轴型竹类；生于海拔800－1400m的山坡、山脚或村旁；分布于湄潭、贵阳、修文、平坝、关岭、兴义、龙里、独山、瓮安、罗甸、荔波、都匀、惠水、贵定、平塘、雷山等地。

14. 早园竹 *Phyllostachys propinqua* McCl.

乔木状单轴型竹类；生于村旁竹林中；分布于独山、惠水、龙里、水城、贵阳等地。

15. 桂竹 *Phyllostachys reticulata* (Rupr.) K. Koch〔*Phyllostachys bambusoides* Sieb.〕

乔木状单轴型竹类；生于海拔1800m以下的开放或退化森林中；分布于遵义、湄潭、长顺、罗甸、龙里、平塘、大沙河等地。

16. 红边竹 *Phyllostachys rubromarginata* McCl.

灌木状单轴型竹类；生于海拔500－800m的山沟边和田坝旁；分布于荔波、独山、雷山等地。

17. 金竹 *Phyllostachys sulphurea* (Carr.) Riv. et C. Riv.

乔木状单轴型竹类；引种；省内有栽培。

18. 雷竹 *Phyllostachys violascens* (Carr.) Riv. et C. Riv.

乔木状单轴型竹类；引种；省内有栽培。

（十四）大明竹属 *Pleioblastus* Nakai

1. 苦竹 *Pleioblastus amarus* (Keng) Keng f.

灌木状竹类；生于向阳山坡；分布于荔波、三都、平塘等地。

2. 斑苦竹 *Pleioblastus maculatus* (McCl.) C. D. Chu et C. S. Chao〔*Arundinaria maculata* (McCl.) C. D. Chu et C. S. Chao〕

灌木状单轴型竹类；生于海拔700－1200m的山坡林中；分布于碧江、玉屏、贵阳、西秀、都匀、三都、长顺、瓮安、独山、罗甸、惠水、贵定、龙里、平塘等地。

（十五）泡竹属 *Pseudostachyum* Munro

1. 泡竹 *Pseudostachyum polymorphum* Munro

灌木状散生型竹类；生于海拔450m的沟谷；分布于荔波等地。

（十六）赤竹属 *Sasa* Makino et Shibata

1. 赤竹 *Sasa longiligulata* McCl.

小型灌木状竹类；生于海拔1000－1400m的潮湿峡谷中；分布于梵净山等地。

2. 绒毛赤竹 *Sasa tomentosa* C. D. Chu et C. S. Chao

小型灌木状竹类；生于海拔810m的林下路旁；分布于荔波等地。

（十七）唐竹属 *Sinobambusa* Makino ex Nakai

1. 独山唐竹 *Sinobambusa dushanensis* (C. D. Chu et J. Q. Zhang) T. H. Wen〔*Arundinaria dushanensis* C. D. Chu et J. Q. Zhang〕

乔木状单轴型竹类；生于海拔800m的山坡；分布于独山、龙里等地。

2. 扛竹 *Sinobambusa henryi* (McCl.) **C. D. Chu et C. S. Chao**

乔木状竹类；生于村寨路旁；分布于都匀等地。

(十八)玉山竹属 *Yushania* **P. C. Keng**

1. 窄叶玉山竹 *Yushania angustifolia* **Yi et J. Y. Shi**

灌木状合轴型竹类；分布于贵阳等地。

2. 显耳玉山竹 *Yushania auctiaurita* **T. P. Yi**

灌木状合轴型竹类；生于海拔1750m的黄棕壤阔叶林下；分布于雷山等地。

3. 短锥玉山竹 *Yushania brevipaniculata* (**Hand. -Mazz.**) **Yi**

灌木状合轴型竹类，生境不详；分布于长顺、瓮安、都匀、贵定等地。

4. 仁昌玉山竹 *Yushania chingii* **T. P. Yi**〔*Sinarundinaria chingii* (Yi) **K. M. Lan.**〕

灌木状合轴型竹类；生于海拔1400m的箐沟边坡地之方竹林中；分布于清镇、开阳、息烽、修文、黔南等地。

5. 梵净山玉山竹 *Yushania complanata* **T. P. Yi**〔*Sinarundinaria complanata* (Yi) **K. M. Lan.**〕

灌木状合轴型竹类；生于海拔1200 - 2200m的山顶；分布于清镇、梵净山、大沙河、宽阔水等地。

6. 鄂西玉山竹 *Yushania confusa* (**McCl.**) **Z. P. Wang et G. H. Ye**

灌木状合轴型竹类；生于海拔1000 - 2300m的林下或林中空地；分布于大沙河等地。

7. 雷公山玉山竹 *Yushania leigongshanensis* **Yi er C. H. Yang**

灌木状合轴型竹类；生于海拔2060 - 2178m的山顶；分布于雷公山等地。

8. 白眼竹 *Yushania microphylla* **Yi er L. Yang**

灌木状合轴型竹类；生于海拔2300m；分布于威宁等地。

9. 玉山竹 *Yushania niitakayamensis* (**Hayata**) **Keng f.**

灌木状合轴型竹类；生于海拔1000 - 3000m的空旷地及林下；分布于麻阳河等地。

10. 皱叶玉山竹 *Yushania rugosa* **T. P. Yi**〔*Sinarundinaria rugosa* (Yi) **K. M. Lan.**〕

灌木状合轴型竹类；生于海拔1500 - 1556m的山顶林下或林中空地；分布于望谟等地。

11. 水城玉山竹 *Yushania shuichengensis* **Yi et L. Yang**

灌木状合轴型竹类；生于海拔2400m；分布于水城等地。

12. 细弱玉山竹 *Yushania tenuicaulis* **Yi et J. Y. Shi**

灌木状合轴型竹类；分布于贵阳等地。

13. 单枝玉山竹 *Yushania uniramosa* **Hsueh et T. P. Yi**〔*Sinarundinaria uniramosa* (Hsueh et Yi) **K. M. Lan.**〕

灌木状合轴型竹类；生于海拔1300 - 1600m的石灰岩地区的黄壤土上；分布遵义等地。

II. 稻亚科 Oryzoideae Care

(一)假稻属 *Leersia* **Solander ex Swartz**

1. 李氏禾 *Leersia hexandra* **Sw.**

多年生草本；生于河沟田岸水边湿地；分布于贵阳、清镇、望谟、安龙等地。

2. 假稻 *Leersia japonica* (**Makino ex Honda**) **Honda**

多年生草本；生于水边湿地；分布于思南、贵阳、望谟、安龙、赤水等地。

3. 秕壳草 *Leersia sayanuka* **Ohwi**

多年生草本；生于林下或溪旁；分布于贵阳、罗甸等地。

(二)稻属 *Oryza* **Linnaeus**

1. 稻 *Oryza sativa* **L.**

一年生水生草本；分布全省各地。

（三）菰属 *Zizania* Linnaeus

1. 菰 *Zizania latifolia*（Griseb.）**Turcz. ex Stapf**

多年生草本；引种；省内有栽培。

III. 芦竹亚科 Arundinoideae Tat.

（一）芦竹属 *Arundo* Linnaeus

1. 芦竹 *Arundo donax* **L.**

多年生草本；生于海拔 380－1356m 的河岸道弯、砂质壤土上；分布于思南、习水、赤水、贵阳、关岭、望谟、册亨、兴义等地。

（二）类芦属 *Neyraudia* **J. D. Hooker**

1. 梵净山类芦 *Neyraudia fanjingshanensis* **L. Liu**

多年生丛生草本；生于海拔 900m 的山坡河沟石质草地上；分布于梵净山等地。

2. 类芦 *Neyraudia reynaudiana*（Kunth）**Keng ex Hitchc.**

多年生草本；生于海拔 300－1000m 的山坡、路旁、山谷、草地、灌丛下；分布于印江、思南、贵阳、镇远、独山、罗甸、望谟、册亨、安龙、兴义等地。

（三）芦苇属 *Phragmites* Adans.

1. 芦苇 *Phragmites australis*（Cav.）**Trin. ex Steud.**［*Phragmites communis* Trinius.］

多年生草本；生于海拔 400－2260m 的河岸、池沼、路旁；分布于碧江、威宁、册亨等地。

2. 卡开芦 *Phragmites karka*（Retz.）**Trin. ex Steud.**

多年生草本；生于海拔 1000m 的江河湖岸与溪旁湿地；分布于贵阳、册亨等地。

（四）棕叶芦属 *Thysanolaena* Nees

1. 棕叶芦 *Thysanolaena latifolia*（Roxb. ex Hornem.）**Honda**［*Thysanolaena maxima*（Roxb.）O. Kuntze.］

多年生草本；生于海拔 560－720m 的山坡、灌木林、山谷、草地；分布于罗甸、册亨、兴义等地。

IV. 假淡竹叶亚科 Centothecoideae Soderstr.

（一）假淡竹叶属 *Centotheca* Desvaux

1. 假淡竹叶 *Centotheca lappacea*（L.）**Desv.**

多年生草本；生于林下、林缘、山谷蔽阴处；分布于大沙河等地。

（二）淡竹叶属 *Lophatherum* Brongniart

1. 淡竹叶 *Lophatherum gracile* **Brongn.**

多年生草本；生于海拔 700－1050m 的山坡林下、山脚、沟边、路旁；分布于松桃、印江、德江、贵阳、独山、锦屏、黎平、雷山、榕江等地。

V. 早熟禾亚科 Pooideae Macf. et Wats.

（一）芨芨草属 *Achnatherum* **P. Beauvois**

1. 湖北芨芨草 *Achnatherum henryi*（Rendle）**S. M. Phillips et Z. L. Wu**［*Oryzopsis henryi*（Rendle）**Keng ex P. C. Kuo**］

多年生草本；生于海拔 400m 路旁的灌丛下；分布于赤水、习水、思南等地。

(二)剪股颖属 *Agrostis* Linnaeus

1. 大锥剪股颖 *Agrostis brachiata* Munro ex Hook. f.

多年生丛生草本;生于海拔 1450m 的山谷、山坡的路旁;分布于习水、贵阳、清镇等地。

2. 华北剪股颖 *Agrostis clavata* Trin.【*Agrostis clavata* subsp. *matsumurae*(Hack. ex Honda)Tateoka】

多年生草本;生于 400 – 2500m 的山坡路旁、田边、草地、山顶、林下;分布于威宁、赤水、江口、印江、贵阳、兴义、锦屏、天柱、黎平、雷山等地。

3. 巨序剪股颖 *Agrostis gigantea* Roth

多年生草本;生于低海拔的山坡、山谷和草地上;分布于威宁等地。

4. 多花剪股颖 *Agrostis micrantha* Steud.【*Agrostis micrandra* Keng】

多年生草本;生于海拔 400 – 2200m 的山坡路旁、山沟、草地、田边;分布于威宁、赫章、赤水、习水、江口、贵阳、开阳、修文、望谟、凯里、雷山等地。

5. 泸水剪股颖 *Agrostis nervosa* Nees ex Trin.【*Agrostis schneideri* Pilger】

多年生草本;生于海拔 1100 – 1600m 的山坡草地、路旁;分布于七星关、贵阳等地。

6. 台湾剪股颖 *Agrostis canina* var. *formosana* Hack.【*Agrostis sozanensis* Hayata】

多年生草本;生于海拔 1100 – 2170m 林下灌丛中;分布于贵阳。

7. 西伯利亚剪股颖 *Agrostis sibirica* V. Petr.【*Agrostis stolonifera* L.】

多年生草本;生于海拔 1000 – 1400m 山沟、路旁;分布于江口、贵阳、清镇、雷山、大沙河等地。

(三)看麦娘属 *Alopecurus* Linnaeus

1. 看麦娘 *Alopecurus aequalis* Sobol.

一年生草本;生于海拔 400 – 2170m 路旁、麦地、草地及江边;分布于赤水、习水、江口、印江、思南、清镇、贵阳、安龙等地。

2. 大穗看麦娘 *Alopecurus myosuroides* Hudson

一年生草本;生于海拔 430m 的田野、池塘边;分布于碧江等地。

3. 日本看麦娘 *Alopecurus japonicus* Steud.

一年生草本;生于海拔 1000m 的田边湿地;分布于贵阳等地。

(四)沟稃草属 *Aniselytron* Merrill

1. 沟稃草 *Aniselytron treutleri*(Kuntze)Soják【*Aulacolepis treutleri*(Kuntze)Hack.;*Aulacolepis japonica* Hack.】

多年生草本;生于海拔 1620m 的林下、山谷、草地等阴湿处;分布于七星关、印江、绥阳、雷山等地。

(五)黄花茅属 *Anthoxanthum* L.

1. 藏黄花茅 *Anthoxanthum hookeri*(Griseb.)Rendle

多年生草本,生于海拔 2100m 的山坡草地、高山顶上或栎林下;分布地不详。

2. 台湾黄花茅 *Anthoxanthum horsfieldii*(Kunth ex Bennet)Mez ex Reeder【*Anthoxanthum formosanum* Honda】

多年生草本;生于海拔 1200m 的路旁;分布于贵阳等地。

3. 茅香 *Anthoxanthum nitens*(Weber)Y. Schouten et Veldkamp【*Hierochloë odorata* var. *pubescens* Kryl. Fl. Alt.;*Hierochloë odorata*(L.)Beauv.】

多年生草本;生于海拔 1450m 的路边湿润处;分布于西秀等地。

(六)燕麦属 *Avena* Linnaeus

1. 裸燕麦 *Avena nuda* Linn.

一年生草本;省内有栽培。

2. 野燕麦 *Avena fatua* L.

一年生草本；生于海拔 400 – 1000m 的荒芜田野或为田间杂草；分布于六枝、思南、贵阳、清镇等地。

3. 光稃野燕麦 *Avena fatua* var. *glabrata* Peterm.

一年生草本；生于高海拔的山坡草地、路旁及农田中；分布地不详。

4. 燕麦 *Avena sativa* L.

一年生草本；省内有栽培。

（七）菵草属 *Beckmannia* Host

1. 菵草 *Beckmannia syzigachne*（Steud.）Fernald

一年生草本；生于海拔 1000 – 2260m 的水旁湿地；分布于威宁、贵阳等地。

（八）短柄草属 *Brachypodium* P. Beauvois

1. 草地短柄草 *Brachypodium pratense* Keng ex P. C. Keng

多年生草本；生于海拔 1000m 的路旁灌丛下；分布于贵阳等地。

2. 短柄草 *Brachypodium sylvaticum*（Huds.）P. Beauv.【*Brachypodium sylvaticum* var. *breviglume* Keng】

多年生草本；生于海拔 1000 – 2300m 的路旁、草地、谷地；分布于威宁、贵阳、清镇、紫云等地。

（九）凌风草属 *Briza* Linnaeus

1. 银鳞茅 *Briza minor* L.

一年生草本；生于海拔 400m 的路旁及耕地；分布于赤水等地。

（十）雀麦属 *Bromus* Linnaeus

1. 扁穗雀麦 *Bromus catharticus* Vahl

一年生草本；原产美洲；省内有栽培。

2. 无芒雀麦 *Bromus inermis* Leysser

多年生草本；生于海拔 1000mm 山坡、谷地；分布于贵阳等地。

3. 雀麦 *Bromus japonicus* Thunberg

一年生草本；生于海拔 400 – 1000m 的路边、草地、荒地；分布于思南、贵阳、凯里等地。

4. 假枝雀麦 *Bromus pseudoramosus* Keng ex P. C. Keng

多年生草本；生于海拔 2400m 的山谷、路旁；分布于威宁、赫章、六枝等地。

5. 莎叶雀麦 *Bromus pseudoramosus* var. *sedgioides* Bromus

多年生草本；分布于赫章等地。

6. 疏花雀麦 *Bromus remotiflorus*（Steud.）Ohwi

多年生草本；生于海拔 400 – 1400m 的山脚、路旁、河边；分布于六枝、习水、赤水、思南、江口、贵阳、清镇、天柱、雷山等地。

（十一）拂子茅属 *Calamagrostis* Adanson

1. 拂子茅 *Calamagrostis epigeios*（L.）Roth

多年生草本；生于海拔 400 – 1700m 的路旁、田边、山坡灌丛中；分布于赤水、习水、松桃、印江、梵净山、贵阳、兴义、安龙、天柱、雷山、黄平、榕江等地。

2. 假苇拂子茅 *Calamagrostis pseudophragmites*（Haller f.）Koeler

多年生草本；生于海拔 350 – 2500m 的山坡草地或河岸阴湿之处；分布地不详。

（十二）沿沟草属 *Catabrosa* P. Beauvois

1. 沿沟草 *Catabrosa aquatica*（L.）P. Beauv.

多年生草本；生于海拔 400 – 1000m 的田边、沟边湿地；分布赤水、贵阳等地。

（十三）鸭茅属 *Dactylis* **Linnaeus**

1. 鸭茅 *Dactylis glomerata* **L.**

多年生草本；生于海拔 1000 – 2500m 的山坡路旁、草地；分布于威宁、六枝、贵阳、清镇等地。

（十四）发草属 *Deschampsia* **P. Beauvois**

1. 发草 *Deschampsia cespitosa*（**L.**）**P. Beauv.**

多年生草本；生于海拔 2440m 的山坡、水旁；分布于威宁等地。

（十五）野青茅属 *Deyeuxia* **Clarion**

1. 散穗野青茅 *Deyeuxia diffusa* **Keng**

多年生草本；生于海拔海拔 1900 – 2750m 的山坡草地、灌丛草地及撂荒地草丛；分布地不详。

2. 疏穗野青茅 *Deyeuxia effusiflora* **Rendle**【*Deyeuxia sylvatica* var. *laxiflora* **Rendle**】

多年生草本；生于海拔 1200m 的路旁、山谷、沟边；分布于贵阳、清镇等地。

3. 柔弱野青茅 *Deyeuxia flaccida*（**Keng f.**）**Keng ex S. L. Lu**

多年生草本；生于海拔 2260m 的草地；分布于威宁等地。

4. 箱根野青茅 *Deyeuxia hakonensis*（**Franch. et Sav.**）**Keng**

多年生草本；生于林下；分布于梵净山等地。

5. 异颖草 *Deyeuxia petelotii*（**Hitchc.**）**S. M. Phillips et W. L. Chen**【*Anisachne gracilis* **Keng**】

多年生草本；生于含酸性的沙壤土中；分布于七星关、威宁等地。

6. 野青茅 *Deyeuxia pyramidalis*（**Host**）**Veldkamp**【*Deyeuxia henryi* **Rendl.**；*Deyeuxia arundinacea* var. *ciliata*（**Honda**）**P. C. Kuo et S. L. Lu**】

多年生草本；生于海拔 1000 – 2300m 的路旁、山谷、山坡草地；分布于七星关、威宁、六枝、贵阳、清镇等地。

7. 糙野青茅 *Deyeuxia scabrescens*（**Griseb.**）**Hook. f.**

多年生草本；生于海拔 2110m 的山谷、路旁；分布于大方等地。

8. 藏野青茅 *Deyeuxia tibetica* **Bor**

多年生草本；生于山坡草地；分布于印江等地。

（十六）披碱草属 *Elymus* **Linnaeus**

1. 钙生披碱草 *Elymus calcicola*（**Keng**）**S. L. Chen**【*Roegneria calcicola* **Keng**】

多年生草本；生于海拔 1000 – 2440m 的路旁、草地；分布于七星关、威宁、大方、贵阳等地。

2. 纤毛披碱草 *Elymus ciliaris*（**Trin. ex Bunge**）**Tzvel.**【*Roegneria ciliaris*（**Trin.**）**Nevski**】

多年生草本；生于海拔 400 – 1450m 的山坡路边、山谷、草地；分布于赤水、习水、松桃、贵阳等地。

3. 日本纤毛草 *Elymus ciliaris* var. *hackelianus*（**Honda**）**G. Zhu et S. L. Chen**【*Roegneria japonensis*（**Hond.**）**Keng**】

多年生草本；生于海拔 400 – 1450m 的山坡路旁、山谷、沟边；分布于赤水、习水、思南、贵阳等地。

4. 短芒纤毛草 *Elymus ciliaris* var. *submuticus*（**Honda**）**S. L. Chen**【*Roegneria ciliaris* var. *submutica*（**Honda**）**Keng**】

多年生草本；生于海拔 1370m 的路旁草地；分布于安龙等地。

5. 披碱草 *Elymus dahuricus* **Turcz. ex Griseb.**

多年生草本；生于山坡草地或路边；分布于赫章等地。

6. 圆柱披碱草 *Elymus dahuricus* var. *cylindricus* **Franch.**

多年生草本；生于山坡草地或路边；分布于赫章等地。

7. 长芒披碱草 *Elymus dolichatherus*（**Keng**）**S. L. Chen**【*Roegneria dolichathera* **Keng**】

多年生草本；生于海拔 2350m 的山地林下；分布于茂兰等地。

8. 柯孟披碱草 *Elymus kamoji* (Ohwi) S. L. Chen【*Roegneria kamoji* Ohwi】

多年生草本；生于海拔 400 – 1200m 的山坡、草坡、山脚、田边水旁、山谷、路旁；分布于赤水、习水、思南、松桃、贵阳、望谟、罗甸、凯里等地。

9. 山东披碱草 *Elymus shandongensis* B. Salomon【*Roegneria mayebarana* (Honda) Ohwi】

多年生草本；生于海拔 1000m 的路旁、山坡草地；分布于贵阳、清镇等地。

10. 肃草 *Elymus strictus* (Keng) S. L. Chen【*Roegneria stricta* Keng；*Roegneria stricta* f. *major* Keng；*Roegneria varia* Keng 】

多年生草本；生于海拔 1000m 的路旁；分布于贵阳等地。

11. 麦宾草 *Elymus tangutorum* (Nevski) Hand. -Mazz.

多年生草本；生于海拔 2300m 的路旁、山腹；分布于威宁等地。

12. 小株披碱草 *Elymus zhui* S. L. Chen【*Roegneria minor* Keng】

多年生草本；生于海拔 2260m 路旁；分布于威宁等地。

（十七）羊茅属 *Festuca* Linnaeus

1. 硬序羊茅 *Festuca durata* B. S. Sun et H. Peng

多年生草本；生于海拔海拔 1460 – 2600m 的路边、沟旁、埂地；分布地不详。

2. 高羊茅 *Festuca elata* Keng ex E. B. Alexeev

多年生草本；生于海拔 1000m 的路边、草地；分布于赫章、赤水、贵阳等地。

3. 日本羊茅 *Festuca japonica* Makino

多年生草本；生于海拔 2500m 的路边、溪旁和林下；分布于江口等地。

4. 弱序羊茅 *Festuca leptopogon* Stapf

多年生草本；生于海拔 1000 – 2170m 的林下、山脚、山谷、路旁；分布于赫章、习水、江口、贵阳、雷山等地。

5. 素羊茅 *Festuca modesta* Nees ex Steud.

多年生草本；生于海拔 1000m 林下；分布于印江、贵阳等地。

6. 羊茅 *Festuca ovina* L.

多年生草本；生于海拔 2300m 的山坡；分布于威宁、梵净山等地。

7. 小颖羊茅 *Festuca parvigluma* Steud.

多年生草本；生于海拔 400 – 1000m 的山坡、路旁、山脚；分布于威宁、赤水、印江、思南、贵阳、天柱等地。

8. 草甸羊茅 *Festuca pratensis* Huds.

多年生草本；生于海拔 700 – 2800m 的山坡草地、河谷、水渠边；分布地不详。

9. 紫羊茅 *Festuca rubra* L.

多年生草本，生于海拔 600m 以上的山坡草地、河滩、路旁、灌丛、林下；分布地不详。

10. 瑞士羊茅 *Festuca valesiaca* Schleich. ex Gaud.

多年生草本；海拔 1000 以上的山坡、草甸、草地；分布地不详。

（十八）甜茅属 *Glyceria* R. Brown

1. 甜茅 *Glyceria acutiflora* subsp. *japonica* (Steud.) T. Koyama et Kawano【*Glyceria acutiflora* Torr. 】

多年生草本；生于海拔 470 – 1030m 的田边；分布于印江、贵阳等地。

2. 中华甜茅 *Glyceria chinensis* Keng

多年生草本；生于海拔 1000 – 2260m 的沟边湿地；分布于威宁、贵阳、册亨、兴义等地。

3. 卵花甜茅 *Glyceria tonglensis* C. B. Clarke

多年生草本；生于海拔 1200 – 2260m 的田边、沟边湿地；分布于威宁、大方、贵阳、修文等地。

（十九）异燕麦属 *Helictotrichon* Besser ex Schultes et J. H. Schultes

1. 变绿异燕麦 *Helictotrichon junghuhnii*（Büse）Henr.【*Helictotrichon virescens*（Nees ex Steud.）Henr.；*Helictotrichon polyneurum*（Hook. f.）Henr.】

多年生草本；生于海拔 1000 – 1500m 的山坡草地及林下；分布于赫章、威宁、贵阳、西秀等地。

2. 光花异燕麦 *Helictotrichon leianthum*（Keng）Ohwi

多年生草本；生于海拔 1200m 的高山林下、山谷及荫蔽山坡、潮湿草地；分布于贵阳等地。

3. 粗糙异燕麦 *Helictotrichon schmidii*（Hook. f.）Henr.

多年生草本；生于海拔 2380m 的灌丛中；分布于威宁等地。

4. 小异燕麦 *Helictotrichon virescens* var. *minus* B. S. Sun et H. Peng

多年生草本；生于山坡草地及林下潮湿处；分布于黔西等地。

（二〇）大麦属 *Hordeum* Linnaeus

1. 大麦 *Hordeum vulgare* L.

一年生草本；省内有栽培。

2. 青稞 *Hordeum vulgare* var. *coeleste* L.

一年生草本；省内有栽培。

3. 藏青稞 *Hordeum vulgare* var. *trifurcatum*（Schltdl.）Alef.【*Hordeum vulgare* var. *aegiceras*（Nees ex Royle）Aitchison】

一年生草本；省内有栽培。

（二一）猬草属 *Hystrix* Moench

1. 猬草 *Hystrix duthiei*（Stapf ex Hook. f.）Bor【*Asperella duthiei* Stapf】

多年生草本；生于路旁、林下；分布于赫章、江口、雷山等地。

（二二）仲彬草属 *Kengyilia* C. Yen et J. L. Yang

1. 疏花以礼草 *Kengyilia laxiflora*（Keng）J. L. Yang et al.【*Roegneria laxiflora* Keng.】

多年生草本；生于海拔 2800m 以上的山地、河谷或林缘；分布于荔波等地。

（二三）毒麦属 *Lolium* Linnaeus

1. 多花黑麦草 *Lolium multiflorum* Lamk.

一年生丛生草本；生于海拔 900 – 2440m 的路旁；分布于威宁、贵阳、雷山等地。

2. 黑麦草 *Lolium perenne* L.

多年生丛生草本；生于海拔 680 – 1000m 的路旁草地；分布于威宁、贵阳、凯里等地。

（二四）臭草属 *Melica* Linnaeus

1. 广序臭草 *Melica onoei* Franch. et Sav.

多年生草本；生于海拔 2200m 的湿地、岩石上；分布于赫章、威宁等地。

2. 甘肃臭草 *Melica przewalskyi* Roshev.

多年生草本；生于海拔 1000m 的林下；分布于赫章、贵阳等地。

（二五）粟草属 *Milium* Linnaeus

1. 粟草 *Milium effusum* L.

多年生草本；生于海拔 1300 – 2550m 的林下与阴湿地；分布于梵净山、雷山等地。

（二六） 草属 *Phalaris* Linnaeus

1. 块茎䅟草 *Phalaris tuberosa* L.

多年生草本；生于海拔 1000m 的路旁；分布于贵阳等地。

（二七）梯牧草属 *Phleum* Linnaeus

1. 梯牧草 *Phleum pratense* L.

多年生草本；省内有栽培。

（二八）落芒草属 *Piptatherum* P. Beauvois

1. 钝颖落芒草 *Piptatherum kuoi* S. M. Phillips et Z. L. Wu〖*Oryzopsis obtusa* Stapf〗

多年生草本；生于海拔 400 - 1000m 的路旁、林下；分布于印江、思南、贵阳等地。

2. 落芒草 *Piptatherum munroi*（Stapf）Mez〖*Oryzopsis munroi*（Stapf）Mez〗

多年生草本；生于海拔 2200m 的路旁；分布于威宁等地。

（二九）早熟禾属 *Poa* Linnaeus

1. 白顶早熟禾 *Poa acroleuca* Steud.

多年生草本；生于海拔 400 - 2170m 的沟边、路旁、草地；分布于赤水、贵阳、清镇、雷山等地。

2. 早熟禾 *Poa annua* L.

多年生草本；生于海拔 1000 - 2260m 的路旁、草地、麦地及山顶；分布于威宁、赤水、习水、思南、贵阳、清镇、凯里、雷山等地。

3. 加拿大早熟禾 *Poa compressa* L.

多年生草本；生于海拔 2440m 的山坡草地；分布于威宁等地。

4. 法氏早熟禾 *Poa faberi* Rendle

多年生草本；生于海拔 400 - 2500m 的平原山坡、灌丛草地、山顶林缘、河沟路旁、沙滩、田边；分布于思南、梵净山、贵阳等地。

5. 喀斯早熟禾 *Poa khasiana* Stapf

多年生草本；生于海拔 1000m 的路旁、草地；分布于威宁、贵阳等地。

6. 林地早熟禾 *Poa nemoralis* L.

多年生草本；生于海拔 1000m 以上的山坡林地、林缘、灌丛草地；分布地不详。

7. 尼泊尔早熟禾 *Poa nepalensis*（G. C. Wall. ex Griseb.）Duthie〖*Poa micrandra* Keng〗

多年生草本；生于海拔 1000 的湿地；分布于威宁、贵阳等地。

8. 日本早熟禾 *Poa nepalensis* var. *nipponica*（Koidz.）Soreng et G. Zhu〖*Poa nipponica* Koidz.〗

一年生草本；生于海拔 1000 - 2200m 的路旁；分布于威宁、贵阳等地。

9. 草地早熟禾 *Poa pratensis* L.

多年生草本；生于海拔 1100m 的山坡、路旁、草地；分布于威宁、贵阳等地。

10. 细叶早熟禾 *Poa pratensis* subsp. *angustifolia*（L.）Lejeun.〖*Poa angustifolia* L.〗

多年生草本；生于海拔 500m 以上的松栎林缘、较平缓的山坡草地；分布地不详。

11. 硬质早熟禾 *Poa sphondylodes* Trin.

多年生草本；生于海拔 400 - 1000m 的草地、路旁、山坡及山脚灌丛中；分布于赤水、思南、贵阳等地。

12. 垂枝早熟禾 *Poa szechuensis* var. *debilior*（Hitchc.）Soreng et G. Zhu〖*Poa declinata* Keng ex L. Liu.〗

多年生草本；生于海拔 1350 - 2200m 的山脚、沟边等；分布于威宁、凯里等地。

13. 低山早熟禾 *Poa versicolor* subsp. *stepposa*（Krylov）Tzvel.〖*Poa botryoides*（Trinius ex Grisebach）Komarov〗

多年生草本；生于海拔 400 - 1200m 的山坡草甸草原；分布于赤水、习水、贵阳等地。

14. 多变早熟禾 *Poa versicolor* subsp. *varia*（Keng ex L. Liu）Olonova et G. Zhu〖*Poa varia* Keng ex L. Liu〗

多年生草本；生于海拔 2800m 的山坡草地；分布于梵净山等地。

（三〇）棒头草属 *Polypogon* Desfontaines

1. 棒头草 *Polypogon fugax* Nees ex Steud.

一年生草本；生于海拔 400 – 2440m 的路旁、河边、田边等湿地；分布于威宁、赤水、习水、江口、印江、思南、贵阳、天柱、雷山、凯里等地。

（三一）耿氏假硬草属 *Pseudosclerochloa* Tzvelev

1. 耿氏假硬草 *Pseudosclerochloa kengiana*（Ohwi）Tzvel.【*Sclerochloa kengiana*（Ohwi）Tzvel.】

一年生草本；生于海拔 360m 的池塘边；分布于碧江等地。

（三二）黑麦属 *Secale* Linnaeus

1. 黑麦 *Secale cereale* L.

一年或越年生草本；省内有栽培。

（三三）三毛草属 *Trisetum* Persoon

1. 三毛草 *Trisetum bifidum*（Thunb.）Ohwi

多年生草本；生于海拔 300 – 1200m 的路旁、山脚、山坡灌丛下；分布于赤水、习水、江口、印江、思南、贵阳、修文、清镇、榕江、雷山等地。

2. 西伯利亚三毛草 *Trisetum sibiricum* Rupr.

多年生草本；生于海拔 2440m 的山坡草地；分布于威宁等地。

3. 穗三毛 *Trisetum spicatum*（L.）K. Richt.

多年生草本；生于海拔 750m 的田边；分布于天柱等地。

（三四）小麦属 *Triticum* Linnaeus

1. 小麦 *Triticum aestivum* L.

一年或越年生草本；省内有栽培。

VI. 画眉草亚科 Eragrostoideae Pilger

（一）虎尾草属 *Chloris* Swartz

1. 虎尾草 *Chloris virgata* Sw.

一年生草本；生于海拔 300 – 750m 的路旁、草地；分布于习水、镇宁、关岭、罗甸、册亨等地。

（二）隐子草属 *Cleistogenes* Keng

1. 朝阳隐子草 *Cleistogenes hackelii*（Honda）Honda

多年生草本；生于海拔 1000m 的林边、山坡、路旁；分布于贵阳等地。

2. 宽叶隐子草 *Cleistogenes hackelii* var. *nakaii*（Keng）Ohwi

多年生草本；生于海拔 400 – 1000m 的林边、山坡；分布于习水、贵阳等地。

（三）狗牙根属 *Cynodon* Richard

1. 狗牙根 *Cynodon dactylon*（L.）Persoon

多年生草本；生于海拔 400 – 1200m 的路旁、草地、江边；分布于思南、习水、赤水、贵阳、清镇、榕江、凯里、册亨等地。

2. 双花狗牙根 *Cynodon dactylon* var. *biflorus* Merino

多年生草本；生于村庄附近、道旁河岸、荒地山坡；分布于赫章、赤水等地。

（四）龙爪茅属 *Dactyloctenium* Willdenow

1. 龙爪茅 *Dactyloctenium aegyptium*（L.）Willd.

一年生草本；生于海拔 300m 的山坡、草地；分布于罗甸、册亨等地。

（五）龙常草属 *Diarrhena* P. Beauvois

1. 法利龙常草 *Diarrhena fauriei*（Hack.）Ohwi

多年生草本；生于海拔 1000m 的疏林下；分布于贵阳等地。

（六）穆属 *Eleusine* Gaertner

1. 穆 *Eleusine coracana*（L.）Gaertn.

一年生草本；省内贵阳、六枝等地有栽培。

2. 牛筋草 *Eleusine indica*（L.）Gaertn.

一年生草本；生于海拔 400 – 1000m 的山坡、路旁、草地、田边；分布于思南、习水、赤水、贵阳、榕江、雷山、凯里、罗甸等地。

（七）画眉草属 *Eragrostis* Wolf

1. 鼠妇草 *Eragrostis atrovirens*（Desf.）Trin. ex Steud.

多年生草本；生于路边和溪旁；分布地不详。

2. 秋画眉草 *Eragrostis autumnalis* Keng

一年生草本；生于海拔 400 – 1000m 的耕地和荒芜草地；分布于贵阳、罗甸等地。

3. 大画眉草 *Eragrostis cilianensis*（All.）Vignolo-Lutati ex Janch.

一年生草本；生于海拔 300 – 1000m 的路旁、山坡；分布于威宁、贵阳、锦屏等地。

4. 珠芽画眉草 *Eragrostis cumingii* Steud.【*Eragrostis bulbillifera* Steud.】

多年生草本；生于海拔 400m 的路旁、山坡；分布于六枝、榕江、罗甸等地。

5. 知风草 *Eragrostis ferruginea*（Thunb.）P. Beauv.【*Eragrostis mairei* Hack.；*Eragrostis ferruginea* var. *yunnanensis* Keng】

多年生草本；生于海拔 300 – 2260m 的山坡、路旁、草地、田边；分布于贵阳、赤水、威宁、印江、习水、七星关、天柱、黎平、榕江、雷山等地。

6. 乱草 *Eragrostis japonica*（Thunb.）Trin.

一年生草本；生于海拔 300 – 860m 的田边、路旁、河边；分布于榕江、册亨、安龙等地。

7. 小画眉草 *Eragrostis minor* Host【*Eragrostis poaeoides* Beauv.】

一年生草本；生于海拔 400m 的荒地、草地、路旁、田间；分布于思南、惠水、兴义等地。

8. 多秆画眉草 *Eragrostis multicaulis* Steud.【*Eragrostis pilosa* var. *imberbis* Franch.】

一年生草本；生于海拔 380 – 1400m 的路旁、草地、田间；分布于赫章、贵阳、天柱、锦屏、榕江、凯里、雷山等地。

9. 黑穗画眉草 *Eragrostis nigra* Nees ex Steud.

多年生草本；生于海拔 1000 – 2000m 的草地、路旁、山坡；分布于七星关、贵阳、清镇、六枝、兴义等地。

10. 宿根画眉草 *Eragrostis perennans* Keng

多年生草本；生于海拔 1000 – 1800m 的田野路边及山坡草地；分布于七星关、贵阳、清镇、六枝等地。

11. 画眉草 *Eragrostis pilosa*（L.）P. Beauv.

一年生草本；生于海拔 400 – 1000m 的路旁、山坡、草地、田间；分布于赤水、贵阳、清镇、榕江等地。

（八）千金子属 *Leptochloa* P. Beauvois

1. 千金子 *Leptochloa chinensis*（L.）Nees

一年生草本；生于海拔 400m 的水旁湿地；分布于思南、册亨等地。

2. 虮子草 *Leptochloa panicea*（Retz.）Ohwi

一年生草本；生于海拔 580 – 650m 的耕地、草地、路旁；分布于思南、习水、天柱、榕江、罗甸等地。

（九）乱子草属 *Muhlenbergia* Schreber

1. 弯芒乱子草 *Muhlenbergia curviaristata*（Ohwi）Ohwi

多年生草本；生于海拔 2300m 的山坡、草地；分布于威宁等地。

2. 乱子草 *Muhlenbergia huegelii* **Trin.**

多年生草本；生于海拔 1700 - 2260m 的路旁、山脚湿地、山坡草地，分布威宁、七星关、雷山等地。

3. 日本乱子草 *Muhlenbergia japonica* **Steud.**

多年生草本；生于海拔 2500m 的山脚；分布于威宁等地。

4. 多枝乱子草 *Muhlenbergia ramosa*（**Hackel ex Matsum.** ）**Makino**

多年生草本；生于海拔 1400 - 2300m 的山坡、路旁、山脚、草地；分布于印江、道真、七星关、威宁等地。

（十）显子草属 *Phaenosperma* **Munro ex Benth. et Hook. F**

1. 显子草 *Phaenosperma globosa* **Munro ex Benth.**

多年生草本；生于海拔 400 - 1200m 的林下、山坡、山谷；分布于印江、纳雍、思南、贵阳、清镇等地。

（十一）鼠尾粟属 *Sporobolus* **R. Brown**

1. 双蕊鼠尾粟 *Sporobolus diandrus*（**Retz.** ）**P. Beauv.**

多年生草本；生于海拔 400 - 750m 的山坡、路旁、草坡、田边；分布于习水、清镇、天柱、罗甸等地。

2. 鼠尾粟 *Sporobolus fertilis*（**Steud.** ）**Clayton**〔*Sporobolus indicus* var. *purpureosuffusus*（**Ohwi**）**T. Koyama.** 〕

多年生草本；生于海拔 120 - 2600 的山坡、路旁、田边、草地、河滩；分布于江口、印江、习水、赤水、七星关、清镇、贵阳、关岭、天柱、锦屏、黎平、榕江、雷山、凯里、罗甸、梵净山等地。

（十二）草沙蚕属 *Tripogon* **Roemer et Schultes**

1. 草沙蚕 *Tripogon bromoides* **Roem. et Schult.**

多年生草本；生于海拔 2300m 的山坡岩石上；分布于威宁等地。

2. 小草沙蚕 *Tripogon filiformis* **Nees ex Steud.**

多年生草本；生于海拔 1600 - 2300m 的山坡、路旁、草地和岩石上；分布于威宁、七星关、安龙、普定等地。

3. 长芒草沙蚕 *Tripogon longearistatus* **Hack. ex Honda**

多年生草本；生于山坡，分布地不详。

VII. 黍亚科 Panicoideae A. Br.

（一）水蔗草属 *Apluda* **Linnaeus**

1. 水蔗草 *Apluda mutica* **L.**

多年生草本；生于海拔 2000m 以下的阴坡、河滩或湿润草地；分布威宁、关岭、罗甸、望谟、兴义、册亨等地。

（二）荩草属 *Arthraxon* **P. Beauvois**

1. 光脊荩草 *Arthraxon epectinatus* **B. S. Sun et H. Peng**〔*Arthraxon guizhouensis* S. L. Chen et Y. X. Jin；*Arthraxon xinanensis* S. L. Chen et Y. X. Jin；*Arthraxon xinanensis* var. *laxiflorus* S. L. Chen et Y. X. Jin〕

草本；生于海拔 2100 - 2500m 的山坡、路旁；分布于赫章等地。

2. 荩草 *Arthraxon hispidus*（**Thunb.** ）**Makino**〔*Arthraxon hispidus* var. *cryptatherus*（**Hackel**）**Honda**〕

一年生草本；生于山坡草地阴湿处；分布于全省各地。

3. 矛叶荩草 *Arthraxon lanceolatus*（Roxb.）Hochst.

多年生草本；生于山坡草地、林边及沟边阴湿处；分布于全省各地。

4. 小叶荩草 *Arthraxon lancifolius*（Trin.）Hochst.

一年生草本；生于山坡草地；分布于赫章、水城、清镇、贵阳、册亨等地。

5. 多脉荩草 *Arthraxon multinervis* S. L. Chen et Y. X. Jin

一年生草本；生于海拔1200m的山坡草丛中；分布于兴义等地。

（三）野古草属 *Arundinella* Raddi

1. 孟加拉野古草 *Arundinella bengalensis*（Spreng.）Druce

多年生草本；生于海拔2000m以下的平地、河谷、灌丛、山坡草地及林缘；分布于六枝、贵阳、兴义、罗甸、望谟、册亨等地。

2. 大序野古草 *Arundinella cochinchinensis* Keng

多年生草本；生于山坡草地；分布于务川、贵阳、罗甸、望谟、册亨等地。

3. 硬叶野古草 *Arundinella flavida* Keng

多年生草本；生于干燥山坡上；分布地不详。

4. 溪边野古草 *Arundinella fluviatilis* Hand. -Mazz.

多年生草本；生于石灰岩山地；分布地不详。

5. 大花野古草 *Arundinella grandiflora* Hack.

多年生草本；生于海拔2000-2500m的山坡草地丛中；分布于威宁等地。

6. 毛秆野古草 *Arundinella hirta*（Thunb.）Tanaka

多年生草本；生于海拔1000m以下的山坡、路旁或灌丛中；分布于七星关、纳雍、贵阳、榕江、印江、江口、碧江、务川、罗甸、册亨等地。

7. 西南野古草 *Arundinella hookeri* Munro ex Keng

多年生草本；生于山坡草地或疏林中；分布于威宁、六枝、兴义、安龙等地。

8. 石芒草 *Arundinella nepalensis* Trin.

多年生草本；生于海拔2000m以下的山坡草丛中；分布于务川、贵阳、兴义、罗甸、册亨等地。

9. 岩生野古草 *Arundinella rupestris* A. Camus〔*Arundinella rupestris* var. *pachyathera*（Hand. -Mazz）B. S. Sun et Z. H. Hu〕

多年生草本；生于河床两岸的石隙间及河滩上；分布于黔南等地。

10. 刺芒野古草 *Arundinella setosa* Trin.

多年生草本；生于海拔2500m以下的山坡草地、灌丛、松林或松栎林下；分布于威宁、贵阳、天柱、务川、独山、册亨等地。

11. 无刺野古草 *Arundinella setosa* var. *esetosa* Bor ex S. M. Phillip et S. L. Chen

多年生草本；生于海拔2000m以下的干燥山坡草丛中；分布地不详。

（四）地毯草属 *Axonopus* P. Beauvois

1. 地毯草 *Axonopus compressus*（Sw.）P. Beauv.

多年生草本；原产热带美洲；栽培或逸生于册亨等地。

（五）孔颖草属 *Bothriochloa* Kuntze

1. 臭根子草 *Bothriochloa bladhii*（Retz.）S. T. Blake〔*Bothriochloa intermedia*（R. Br.）A. Camus〕

多年生草本；生于山坡草地或路旁；分布于全省各地。

2. 孔颖臭根子草 *Bothriochloa bladhii* var. *punctata*（Roxb.）R. R.〔*Bothriochloa intermedia* var. *punctata*（Roxb.）Keng〕

多年生草本；生于山坡草地；分布于贵阳、兴义、安龙等地。

3. 复序臭根子草 *Bothriochloa intermedia* var. *haenkei*（Hack.）

多年生草本；生于山坡草地；分布于贵阳、兴义、安龙等地。

4. 白羊草 *Bothriochloa ischaemum*（L.）Keng

多年生草本；生于山坡草地或路旁；分布于全省各地。

（六）臂形草属 *Brachiaria*（Trinius）Grisebach

1. 臂形草 *Brachiaria eruciformis*（Sm.）Griseb.

一年生草本；生于山坡草地；分布于镇宁、兴义等地。

2. 四生臂形草 *Brachiaria subquadripara*（Trin.）Hitchc.

年生草本，生于丘陵草地、田野、疏林下或沙丘上；分布地不详。

3. 毛臂形草 *Brachiaria villosa*（（Lam.）A. Camus

一年生草本；生于田野或山坡草地；分布于七星关、镇宁、贵阳、罗甸、望谟等地。

（七）细柄草属 *Capillipedium* Stapf

1. 硬秆子草 *Capillipedium assimile*（Steud.）A. Camus

多年生亚灌木状草本；生于河边、林中或湿地上；分布于清镇、贵阳、印江、罗甸、兴义、册亨等地。

2. 细柄草 *Capillipedium parviflorum*（R. Br.）Stapf

多年生草本；生于山坡草地、河边、灌丛中；分布于全省各地。

（八）金须茅属 *Chrysopogon* Trinius

1. 竹节草 *Chrysopogon aciculatus*（Retz.）Trin.

多年生草本；生于山坡草地及荒野；分布于镇宁、清镇、贵阳、罗甸、望谟、兴义、安龙、册亨等地。

（九）小丽草属 *Coelachne* R. Brown

1. 小丽草 *Coelachne simpliciuscula*（Wight et Arn. ex Steud.）Munro ex Benth.

一年生草本；生于水边及潮湿地；分布于清镇、都匀等地。

（十）薏苡属 *Coix* Linnaeus

1. 薏苡 *Coix lacryma-jobi* L.

多年生草本；生于河边或阴湿山谷；分布于兴义、遵义、黔南与黔东南等地。

（十一）香茅属 *Cymbopogon* Sprengel

1. 香茅 *Cymbopogon citratus*（DC.）Stapf

多年生草本；省内有栽培。

2. 芸香草 *Cymbopogon distans*（Nees ex Steud.）Will. Watson

多年生草本；生于山坡草地；分布于西秀、六枝、清镇、罗甸等地。

3. 香酚草 *Cymbopogon eugenolatus* L. Liu

多年生草本；生于山坡草地；分布于罗甸、兴义、西秀、贵阳等地。

4. 橘草 *Cymbopogon goeringii*（Steud.）A. Camus

多年生草本；生于山坡草地；分布于关岭、罗甸、榕江、册亨等地。

5. 青香茅 *Cymbopogon mekongensis* A. Camus

多年生草本；生于海拔1000m左右；分布地不详。

6. 扭鞘香茅 *Cymbopogon tortilis*（J. Presl）A. Camus

多年生草本；生于海拔600m以下的山坡草地；分布于西秀、镇宁、关岭、罗甸、册亨、三都等地。

（十二）弓果黍属 *Cyrtococcum* Stapf

1. 弓果黍 *Cyrtococcum patens*（L.）A. Camus

一年生草本；生于林边湿地；分布于罗甸、望谟、兴义、安龙、册亨等地。

2. 散穗弓果黍 *Cyrtococcum patens* var. *latifolium*（Honda）Ohwi

一年生草本；生于山地或丘陵林下；分布地不详。

（十三）双花草属 *Dichanthium* Willemet

1. 双花草 *Dichanthium annulatum*（Forssk.）Stapf

多年生草本；生于海拔500－1800m的山坡草地；分布于贵阳、罗甸、安龙等地。

2. 单穗草 *Dichanthium caricosum*（L.）A. Camus

多年生草本；生于海拔300－1000m的山坡草地及路旁；分布于兴义等地。

（十四）马唐属 *Digitaria* Haller

1. 纤毛马唐 *Digitaria ciliaris*（Retz.）Koeler【*Digitaria adscendens*（Kunth）Henrard】

一年生草本；生于潮湿山坡或路边、田野；分布于全省各地。

2. 毛马唐 *Digitaria ciliaris* var. *chrysoblephara* Fig. et de Not.【*Digitaria chrysoblephara* Fig.】

一年生草本；生于田边路旁与荒野；分布于全省各地。

3. 十字马唐 *Digitaria cruciata*（Nees ex Steud.）A. Camus

一年生草本；生于海拔900－2700m的山坡草地；分布于全省各地。

4. 棒毛马唐 *Digitaria jubata*（Griseb.）Henr.

一年生草本；生于山坡湿地；分布于贵阳等地。

5. 长花马唐 *Digitaria longiflora*（Retz.）Pers.

多年生草本；生于海拔600－1100m的山坡草地、路边及低湿地；分布于全省各地。

6. 马唐 *Digitaria sanguinalis*（L.）Scopoli

一年生草本；生于草地、荒野路边及熟地；分布于全省各地。

7. 海南马唐 *Digitaria setigera* Roth ex Roem. et Schult.【*Digitaria microbachne*（Presl）】

一年生草本；生于山坡、路旁和沙地上；分布于全省各地。

8. 三数马唐 *Digitaria ternata*（Hochst. ex A. Rich.）Stapf

一年生草本；生于林下或田野；分布于全省各地。

9. 紫马唐 *Digitaria violascens* Link

一年生草本；生于海拔1000m左右的山坡草地、路旁及旷野；分布于全省各地。

（十五）觿茅属 *Dimeria* R. Brown

1. 觿茅 *Dimeria ornithopoda* Trin.

一年生草本；生于海拔2000m以下的岩石边、山坡以及潮湿草地；分布于榕江等地。

（十六）稗属 *Echinochloa* P. Beauvois

1. 长芒稗 *Echinochloa caudata* Roshev.

一年生草本；生于田边、路旁及河边湿润处；分布地不详。

2. 光头稗 *Echinochloa colona*（L.）Link【*Echinochloa colonum*（L.）Link】

一年生草本；生于稻田或沼泽地；分布于赤水、习水、贵阳、罗甸、兴义、松桃等地。

3. 稗 *Echinochloa crusgalli*（L.）P. Beauv.【*Echinochloa hispidula*（Retz.）Nees】

一年生草本；生于稻田或沼泽地；分布于全省各地。

4. 小旱稗 *Echinochloa crusgalli* var. *austrojaponensis* Ohwi

一年生草本；生于田野水湿处；分布于雷公山等地。

5. 无芒稗 *Echinochloa crusgalli* var. *mitis*（Pursh）Peterm.

一年生草本；生于田边、路旁及河边湿润处；分布于大沙河等地。

6. 细叶旱稗 *Echinochloa crusgalli* var. *praticola* Ohwi

一年生草本；生于路边草丛中；分布地不详。

7. 西来稗 *Echinochloa crusgalli* var. *zelayensis*（Kunth）Hitchc.

一年生草本；生于水边和坡地；分布于凤冈、贵阳、册亨等地。

8. 孔雀稗 *Echinochloa cruspavonis*（Kunth）Schultes

多年生草本；生于沼泽地或水沟边；分布地不详。

9. 紫穗稗 *Echinochloa esculenta*（A. Braun）H. Scholz【*Echinochloa utilis* Ohwi et Yabuno】

一年生草本；引种；省内有栽培。

10. 湖南稗子 *Echinochloa frumentacea* Link

草本；栽培作物或生于沟边或路旁；分布于威宁、榕江等地。

11. 硬稃稗 *Echinochlou glubrescens* Koss.

草本；生于田间水塘边或湿润地上；分布地不详。

12. 水田稗 *Echinochloa oryzoides*（Ard.）Fritsch【*Echinochloa phyllopogon*（Stapf）Stapf ex Koss.】

一年生草本；生于水塘边或路旁湿润处；分布于凤冈、贵阳、册亨等地。

（十七）蜈蚣草属 *Eremochloa* Büse

1. 西南马陆草 *Eremochloa bimaculata* Hack.

多年生草本；生于海拔 1000 – 1800m 的山坡灌丛中；分布地不详。

2. 蜈蚣草 *Eremochloa ciliaris*（L.）Merr.

多年生草本；生于山坡、路旁、草丛中；分布地不详。

3. 假俭草 *Eremochloa ophiuroides*（Munro）Hack.

多年生草本；生于山坡草地及路旁；分布于全省各地。

4. 马陆草 *Eremochloa zeylanica*（Hackel ex Trimen）Hackel

多年生草本；生于山坡草地及路旁；分布于全省各地。

（十八）野黍属 *Eriochloa* Kunth

1. 野黍 *Eriochloa villosa*（Thunb.）Kunth

一年生草本；生于旷野、山坡和潮湿处；分布于纳雍、贵阳、务川、习水、思南、罗甸等地。

（十九）金茅属 *Eulalia* Kunth

1. 白健秆 *Eulalia pallens*（Hackel）Kuntze

多年生草本；生于山坡草地；分布于六枝、贵阳、独山、兴义等地。

2. 棕茅 *Eulalia phaeothrix*（Hackel）Kuntze

多年生草本；生于山坡草地；分布于全省各地。

3. 四脉金茅 *Eulalia quadrinervis*（Hackel）Kuntze

多年生草本；生于山坡上；分布于全省各地。

4. 金茅 *Eulalia speciosa*（Debeaux）Kuntze

多年生草本；生于山坡草地；分布于全省各地。

5. 红健秆 *Eulalia splendens* Keng et S. L. Chen

多年生草本；生于海拔 800m 的山坡草地；分布于平塘等地。

（二〇）拟金茅属 *Eulaliopsis* Honda

1. 拟金茅 *Eulaliopsis binata*（Retz.）C. E. Hubb.

多年生草本；生于向阳的山坡草丛中；分布于七星关、关岭、西秀、罗甸、安龙、册亨等地。

（二一）耳稃草属 *Garnotia* Brongn.

1. 三芒耳稃草 *Garnotia acutigluma*（Steud.）Ohwi【*Garnotia tenuis* Keng ex S. L. Chen】

多年生草本；生于海拔 300 – 1700m 的丘陵山地潮湿处；分布于贞丰等地。

(二二)球穗草属 *Hackelochloa* Kuntze

1. 球穗草 *Hackelochloa granularis*（L.）Kuntze

一年生草本；生于潮湿的山坡草地；分布于镇宁、罗甸、望谟、安龙、册亨等地。

(二三)牛鞭草属 *Hemarthria* R. Brown

1. 大牛鞭草 *Hemarthria altissima*（Poir.）Stapf et C. E. Hubb.

多年生草本；生于湿润河滩、田边及草地；分布于惠水等地。

2. 扁穗牛鞭草 *Hemarthria compressa*（L. f.）R. Br.

多年生草本；生于海拔 2000m 以下的稻田边、水沟边及水湿处；分布于西秀、贵阳、平坝、赤水、普定、罗甸等地。

3. 牛鞭草 *Hemarthria sibirica*（Gand.）Ohwi

多年生草本；生于湿润河滩、田边及草地；分布于惠水等地。

(二四)黄茅属 *Heteropogon* Persoon

1. 黄茅 *Heteropogon contortus*（L.）P. Beauv. ex Roemer

多年生草本；生于海拔 400－2300m 的山坡草地；分布于赫章、七星关、贵阳、修文、赤水、务川、习水、思南、兴仁、望谟、安龙、册亨等地。

(二五)距花黍属 *Ichnanthus* P. Beauvois

1. 大距花黍 *Ichnanthus pallens* var. *major*（Nees）Stieber【*Ichnanthus vicinus*（F. M. Bailey）Merr.】

多年生草本；生于海拔 150m 的山谷林下阴湿处；分布于黎平等地。

(二六)白茅属 *Imperata* Cyrillo

1. 白茅 *Imperata cylindrica*（L.）Raeuschel

多年生草本；生于路旁、山坡、草地；分布于全省各地。

2. 大白茅 *Imperata cylindrica* var. *major*（Nees）C. E. Hubb.

多年生草本；分布地不详。

(二七)柳叶箬属 *Isachne* R. Brown

1. 白花柳叶箬 *Isachne albens* Trin.

多年生草本；生于海拔 1000－2600m 的树阴处或山坡草地及河边湿地；分布于赤水、册亨等地。

2. 纤毛柳叶箬 *Isachne ciliatiflora* Keng ex Keng f.

多年生草本；生于海拔 1500m 的山坡、路旁、潮湿地；分布于大沙河等地。

3. 小柳叶箬 *Isachne clarkei* Hook. f.【*Isachne beneckei* Hackel】

多年生草本；生于林地边缘潮湿地；分布于兴义、册亨等地。

4. 柳叶箬 *Isachne globosa*（Thunb.）Kuntze

多年生草本；生于低海拔的湿地、稻田边或浅水中；分布于全省各地。

5. 日本柳叶箬 *Isachne nipponensis* Ohwi

多年生草本；生于海拔 1000m 以下的山坡、路旁等湿润草地中；分布于梵净山等地。

6. 矮小柳叶箬 *Isachne pulchella* Roth【*Isachne dispar* Trinius】

一年生草本；生于山坡草地或灌木林下以及溪边水湿处；分布于镇宁等地。

7. 平颖柳叶箬 *Isachne truncata* A. Camus

多年生草本；生于海拔 1000－1500m 的山坡草地；分布于贵定、册亨等地。

(二八)鸭嘴草属 *Ischaemum* Linnaeus

1. 有芒鸭嘴草 *Ischaemum aristatum* L.

多年生草本；生于山坡和路旁；分布于西秀、贵阳、天柱、印江等地。

2. 粗毛鸭嘴草 *Ischaemum barbatum* Retz.

多年生草本；生于山坡草地；分布地不详。

3. 细毛鸭嘴草 *Ischaemum ciliare* Retz.【*Ischaemum indicum*（Houtt.）Merr.】

多年生草本；生于山坡草地及路旁；分布于贵阳、独山、册亨等地。

4. 簇穗鸭嘴草 *Ischaemum polystachyum* J. Presl

多年生草本；生于海拔 400m 以下的潮湿山坡；分布地不详。

5. 田间鸭嘴草 *Ischaemum rugosum* Salisb.【*Ischaemum rugosum* var. *segetum*（Trin.）Hack.】

一年生草本；生于溪边或潮湿处；分布于罗甸、兴义、安龙、册亨等地。

（二九）莠竹属 *Microstegium* Nees

1. 刚莠竹 *Microstegium ciliatum*（Trin.）A. Camus

多年生蔓生草本；生于海拔达 1300m 的山坡草地与沟谷；分布于关岭、罗甸、兴义、册亨、江口等地。

2. 蔓生莠竹 *Microstegium fasciculatum*（L.）Henrard【*Microstegium vagans*（Nees ex Steud.）A. Camus】

多年生草本；生于海拔 800m 以下的林缘和阴湿处；分布于茂兰等地。

3. 竹叶茅 *Microstegium nudum*（Trin.）A. Camus

一年生蔓生草本；生于海拔达 2900m 的阴湿山谷和沟边潮湿处；分布于全省各地。

4. 柔枝莠竹 *Microstegium vimineum*（Trin.）A. Camus【*Microstegium vimineum* var. *imberbe*（Nees ex Steudel）Honda；*Microstegium nodosum*（Kom.）Tzvel】

一年生草本；生于阴湿草地或路旁；分布于威宁、清镇、贵阳、江口、赤水、册亨等地。

（三〇）芒属 *Miscanthus* Andersson

1. 五节芒 *Miscanthus floridulus*（Labill.）Warburg ex K. Schumann

多年生草本；生于山坡草地及河边；分布于全省各地。

2. 尼泊尔芒 *Miscanthus nepalensis*（Trin.）Hack.

多年生草本；生于山坡草地；分布于六枝等地。

3. 双药芒 *Miscanthus nudipes*（Griseb.）Hackel【*Miscanthus szechuanensis* Keng】

多年生草本；生于海拔 1000m 以上林下、山坡林缘、河边路旁及溪流沙滩中；分布于贵阳、威宁、清镇、惠水等地。

4. 红山茅 *Miscanthus paniculatus*（B. S. Sun）Renvoize et S. L. Chen【*Rubimons paniculatus* B. S. Sun】

多年生草本；生于海拔 2500m 以上的干燥山坡；分布地不详。

5. 荻 *Miscanthus sacchariflorus*（Maxim.）Hackel

多年生草本；生于山坡草地及河岸湿地；分布于平坝、清镇等地。

6. 芒 *Miscanthus sinensis* Andersson【*Miscanthus sinensis* var. *purpurascens*（Andersson）Matsumura】

多年生草本；生于海拔 1800m 以下的山坡草地或河边湿地；分布于全省各地。

（三一）球米草属 *Oplismenus* P. Beauvois

1. 竹叶草 *Oplismenus compositus*（L.）P. Beauv.

一年生草本；生于疏林下或阴湿处；分布于兴义、册亨等地。

2. 台湾竹叶草 *Oplismenus compositus* var. *formosanus*（Honda）S. L. Chen et Y. X. Jin

一年生草本；生于疏林下或阴湿处；分布于兴义、册亨等地。

3. 中间型竹叶草 *Oplismenus compositus* var. *intermedius*（Honda）Ohwi

一年生草本；生于山地及丘陵地疏林下阴湿处；分布于惠水等地。

4. 大叶竹叶草 *Oplismenus compositus* var. *owatarii*（Honda）J. Ohwi

一年生草本；生于山地疏林下阴湿地；分布于贵定、榕江、兴义、安龙等地。

5. 求米草 *Oplismenus undulatifolius* （**Ard.**）**Roemer et Schuit.**

一年生草本；生于山野林下或阴湿处；分布于全省各地。

6. 狭叶求米草 *Oplismenus undulatifolius* var. *imbecillis* （**R. Br.**）**Hack.**

一年生草本；生于山坡、草地阴湿处；分布地不详。

（三二）黍属 *Panicum* **Linnaeus**

1. 糠稷 *Panicum bisulcatum* **Thunb.**

一年生草本；生于荒野潮湿处、水边或丘陵地、灌丛中；分布于沿河、江口、贵阳等地。

2. 短叶黍 *Panicum brevifolium* **L.**

一年生草本；生于阴湿处或林缘；分布于贵阳、兴义、册亨等地。

3. 心叶稷 *Panicum notatum* **Retz.**

多年生草本；生于丘陵地灌木林中或山地林缘；分布于贵阳、镇宁、罗甸、望谟、兴义、安龙等地。

4. 细柄黍 *Panicum sumatrense* **Roth ex Roem. et Schult.**【*Panicum psilopodium* var. *epaleatum* **Keng ex S. L. Chen**】

一年生草本；生于丘陵灌丛中或荒野路旁；分布于七星关、贵阳、望谟、册亨等地。

（三三）类雀稗属 *Paspalidium* **Stapf**

1. 类雀稗 *Paspalidium flavidum* （**Retz.**）**A. Camus**

多年生草本；生于海拔 150 – 1500m 的山谷、田边或路旁；分布于贞丰等地。

（三四）雀稗属 *Paspalum* **Linnaeus**

1. 毛花雀稗 *Paspalum dilatatum* **Poir.**

多年生草本；原产南美；省内各地有栽培或逸生。

2. 双穗雀稗 *Paspalum distichum* **L.**

多年生草本；生于潮湿的沟边、路旁或田野；分布于清镇、贵阳、兴义、册亨等地。

3. 鸭驰草 *Paspalum scrobiculatum* **L.**

多年生或一年生草本；生于路旁草地或低湿地；分布于惠水、思南等地。

4. 圆果雀稗 *Paspalum scrobiculatum* var. *orbiculare* （**G. Forst.**）**Hack.**【*Paspalum orbiculare* **Forst.**】

多年生草本；生于山坡草地或荒野；分布于赤水、习水、印江、贵阳、罗甸、兴义、榕江等地。

5. 雀稗 *Paspalum thunbergii* **Kunth ex Steud.**

多年生草本；生于荒野路旁或潮湿处；分布于七星关、思南、赤水等地。

（三五）狼尾草属 *Pennisetum* **Richard**

1. 狼尾草 *Pennisetum alopecuroides* （**L.**）**Spreng.**

多年生草本；生于田边、路旁或山坡草地；分布于全省各地。

2. 御谷 *Pennisetum glaucum* （**L.**）**R. Br.**【*Panicum americanum* **L.**】

一年生草本；原产非洲；省内有栽培。

3. 长序狼尾草 *Pennisetum longissimum* **S. L. Chen et Y. X. Jin**

多年生草本；生于海拔 500 – 2000m 的山坡、路旁及田边；分布于赫章、水城、贵阳、都匀、惠水、罗甸等地。

4. 陕西狼尾草 *Pennisetum shaanxiense* **S. L. Chen et Y. X. Jin**【*Pennisetum longissimum* var. *intermedium* **S. L. Chen et Y. X. Jin.**】

多年生草本；生于海拔 500 – 1100m 的山坡、路边或疏林中；分布于威宁、纳雍、普安、贵阳等地。

（三六）金发草属 *Pogonatherum* P. Beauvois

1. 金丝草 *Pogonatherum crinitum*（Thunb.）Kunth

多年生草本；生于山坡、河边及潮湿的旷野；分布于贵阳、黄平、凯里、榕江、关岭、兴义等地。

2. 金发草 *Pogonatherum paniceum*（Lam.）Hackel

多年生草本；生于山坡草地、河边和石缝等潮湿处；分布于赤水、贵阳、关岭、罗甸、望谟、册亨等地。

（三七）筒轴茅属 *Rottboellia* Linnaeus f.

1. 筒轴茅 *Rottboellia cochinchinensis*（Lour.）Clayton〔*Rottboellia exaltata* L. f.〕

一年生粗壮草本；生于山坡及路旁草丛中；分布于赤水、习水、镇宁、关岭、罗甸、望谟、兴义、册亨等地。

（三八）甘蔗属 *Saccharum* Linnaeus

1. 斑茅 *Saccharum arundinaceum* Retz.

多年生草本；生于山坡及河岸草地；分布于罗甸、望谟、兴义、安龙、册亨、赤水、习水、思南、榕江、从江、黎平等地。

2. 金猫尾 *Saccharum fallax* Balansa〔*Narenga fallax*（Balansa）Bor〕

多年生草本；生于空旷的山坡草地；分布于赤水、习水、镇宁、兴义、思南等地。

3. 台蔗茅 *Saccharum formosanum*（Stapf）Ohwi〔*Erianthus formosanus* Stapf〕

多年生草本；生于山坡草地；分布于镇宁、兴义、册亨等地。

4. 长齿蔗茅 *Saccharum longesetosum*（Andersson）V. Naray.〔*Erianthus rockii* Keng〕

多年生草本；生于山坡草地；分布于安龙等地。

5. 河八王 *Saccharum narenga*（Nees ex Steudel）Wall. ex Hackel〔*Narenga porphyrocoma*（Hance）Bor；〕

多年生草本；生于山坡草地；分布于从江等地。

6. 狭叶斑茅 *Saccharum procerum* Roxb.

多年生草本；生于海拔 1500m 以下的溪流、河谷底部；分布地不详。

7. 蔗茅 *Saccharum rufipilum* Steud.〔*Erianthus rufipilus* Steud.〕

多年生草本；生于山坡草地；分布于习水、贵阳、罗甸、望谟、兴义等地。

8. 竹蔗 *Saccharum sinense* Roxb.

多年生草本；引种；省内有栽培。

9. 甜根子草 *Saccharum spontaneum* L.

多年生草本；生于河沟边、田边和旷野潮湿处；分布于全省各地。

（三九）囊颖草属 *Sacciolepis* Nash

1. 囊颖草 *Sacciolepis indica*（L.）Chase〔*Sacciolepis indica* var. *angusta*（Trin.）Keng〕

一年生草本；生于稻田边或潮湿处；分布于水城、江口、罗甸、兴义等地。

2. 鼠尾囊颖草 *Sacciolepis myosuroides*（R. Br.）Chase ex E. G. Camus

一年生草本；生于湿地、水稻田边或浅水中；分布地不详。

（四〇）裂稃草属 *Schizachyrium* Nees

1. 裂稃草 *Schizachyrium brevifolium*（Sw.）Nees ex Büse

一年生草本；生于海拔 2000m 以下的阴湿处或山坡草地；分布于兴义、安龙等地。

2. 旱茅 *Schizachyrium delavayi*（Hackel）Bor〔*Eremopogon delavayi*（Hack.）A. Camus〕

多年生草本；生于海拔 1200m 以上的山坡、林下、草地；分布地不详。

（四一）狗尾草属 *Setaria* P. Beauvois

1. 莩草 *Setaria chondrachne*（Steud.）Honda

多年生草本；生于路旁、林下、山坡阴湿处或井水边；分布地不详。

2. 大狗尾草 *Setaria faberi* R. A. W. Herrm.

一年生草本；生于荒野及山坡；分布于德江、印江、松桃、瓮安、贵阳等地。

3. 西南莩草 *Setaria forbesiana* (Nees ex Steud.) Hook. f.

多年生草本；生于海拔2300m的山谷、路旁、沟边及山坡草地；分布于印江、思南、贵阳、遵义、望谟等地。

4. 短刺西南莩草 *Setaria forbesiana* var. *breviseta* S. L. Chen et G. Y.

多年生草本；生于路旁荒地；分布于威宁等地。

5. 贵州狗尾草 *Setaria guizhouensis* S. L. Chen et G. Y. Sheng

多年生草本；生于海拔1620m的草地和路旁；分布于七星关等地。

6. 具稃贵州狗尾草 *Setaria guizhouensis* var. *paleata* S. L. Chen et G. Y. Sheng

多年生草本；生于海拔1350m的山坡灌丛中；分布于惠水等地。

7. 粱 *Setaria italica* (L.) P. Beauv.

一年生草本；省内有栽培。

8. 棕叶狗尾草 *Setaria palmifolia* (J. Konig) Stapf

多年生草本；生于山谷林下或山坡阴湿处；分布于清镇、息烽、威宁、六枝、关岭、印江、赤水、惠水、兴义、册亨等地。

9. 幽狗尾草 *Setaria parviflora* (Poir.) Kerguélen【*Setaria glauca* var. *pallide-fusca* (Schumach) T. Koyama.】

多年生草本；生于荒野草地或潮湿处；分布于贵阳、清镇、罗甸、册亨等地

10. 皱叶狗尾草 *Setaria plicata* (Lam.) T. Cooke

多年生草本；生于山坡、山谷的林下阴湿处；分布于清镇、兴义、罗甸、册亨等地。

11. 光花狗尾草 *Setaria plicata* var. *leviflora* (Keng ex S. L. Chen) S. L. Chen et S. M. Philips

多年生草本；生于荒山、路旁阴湿处；分布于惠水、习水、册亨等地。

12. 金色狗尾草 *Setaria pumila* (Poir.) Roem. et Schult.【*Setaria glauca* (L.) Beauv.】

一年生草本；生于路旁或荒野；分布于威宁、西秀、贵阳、榕江、沿河、印江、罗甸、册亨等地。

13. 狗尾草 *Setaria viridis* (L.) P. Beauv.

一年生草本；生于荒野、路旁；分布于全省各地。

14. 巨大狗尾草 *Setaria viridis* subsp. *pycnocoma* (Steud.) Tzvel.

一年生草本；生于海拔2700m以下的山坡、路边、灌木林；分布地不详。

(四二)高粱属 *Sorghum* Moench

1. 高粱 *Sorghum bicolor* (L.) Moench【*Sorghum vulgare* Persl.】

一年生草本；全省各地栽培。

2. 球果高粱 *Sorghum bicolor* var. *subglobosus* (Hack.) Snowden

一年生草本；栽培种；分布地不详。

3. 光高粱 *Sorghum nitidum* (Vahl) Pers.

多年生草本；生于山坡草地或路旁；分布于贵阳、册亨等地。

4. 拟高粱 *Sorghum propinquum* (Kunth) Hitchc.

多年生草本；生于河岸旁或湿润之地；分布于大沙河等地。

5. 苏丹草 *Sorghum sudanense* (Piper) Stapf

一年生草本；原产非洲；省内有栽培。

(四三)大油芒属 *Spodiopogon* Trinius

1. 竹油芒 *Spodiopogon bambusoides* (Keng f.) S. M. Phillips et S. L. Chen【*Eccoilopus bambuso-*

ides P. C. Keng】

　　多年生疏丛型草本；生于山坡草地；分布于石阡等地。

　　2. 油芒 *Spodiopogon cotulifer* (Thunb.) Hack.【*Eccoilopus cotulifer* (Thunberg) A. Camus】

　　多年生草本；生于山坡或山谷草地；分布于七星关、贵阳、关岭、石阡、册亨等地。

　　3. 大油芒 *Spodiopogon sibiricus* Trin.

　　多年生疏丛型草本；生于山坡、路旁林荫之下；分布地不详。

　　（四四）菅属 *Themeda* Forssk.

　　1. 苇菅 *Themeda arundinacea* (Roxb.) A. Camus

　　多年生草本；生于海拔 700 – 2000m 的山坡草丛或山谷湿润地；分布于兴义等地。

　　2. 苞子草 *Themeda caudata* (Nees) A. Camus

　　多年生草本；生于海拔 320 – 2200m 的山坡草地、林缘；分布地不详。

　　3. 西南菅草 *Themeda hookeri* (Griseb.) A. Camus

　　多年生草本；生于海拔 1100 – 2900 米的山坡草丛或林下；分布地不详。

　　4. 中华菅 *Themeda quadrivalvis* (L.) Kuntze【*Themeda chinensis* (A. Camus) S. L. Chen et T. D. Zhuang】

　　多年生草本；生于海拔 400 – 2000m 的山坡草地阳处；分布地不详。

　　5. 黄背草 *Themeda triandra* Forssk.【*Anthistiria japonica* Willd.】

　　多年生草本；生于海拔 2700m 以下的干燥山坡草地；分布于全省各地。

　　6. 菅 *Themeda villosa* (Poir.) A. Camus

　　多年生草本；生于海拔 300 – 2500m 的山坡草地；分布于务川、镇宁、罗甸、望谟、册亨、兴义、碧江等地。

　　（四五）尾稃草属 *Urochloa* P. Beauvois

　　1. 尾稃草 *Urochloa reptans* (L.) Stapf

　　一年生草本；生于荒芜草地或田间；分布于罗甸、望谟、兴义、安龙等地。

　　（四六）玉蜀黍属 *Zea* Linnaeus

　　1. 玉蜀黍 *Zea mays* L.

　　一年生高大草本；原产美国；省内有栽培。

一八八、黑三棱科 Sparganiaceae

　　（一）黑三棱属 *Sparganium* Linnaeus

　　1. 曲轴黑三棱 *Sparganium fallax* Graebn.

　　多年生水生或沼生草本；生于湖泊、沼泽、河沟或水塘边浅水处；分布于省内东北部等地。

　　2. 黑三棱 *Sparganium stoloniferum* (Graebn.) Buch. -Ham. ex Juz.

　　多年生水生或沼生草本；生于池塘、湖泊、河岸浅水处；分布于威宁、遵义等地。

一八九、香蒲科 Typhaceae

　　（一）香蒲属 *Typha* Linnaeus

　　1. 长苞香蒲 *Typha angustata* Bory et Chaub.

　　多年生水生或沼生草本；生于湖泊、河流、池塘浅水、沼泽、沟渠处；分布地不详。

　　2. 水烛 *Typha angustifolia* L.

　　多年生水生或沼生草本；生于沼泽、池塘边缘或河沟浅水处；分布于江口等地。

3. 宽叶香蒲 *Typha latifolia* L.

多年生水生或沼生草本；生于海拔1100m的池塘、浅水沼泽、河边草丛处；分布于贵阳、绥阳等地。

4. 东方香蒲 *Typha orientalis* C. Presl

多年生水生或沼生草本；生于海拔430m的沼池、河边浅水处；分布于息烽等地。

一九〇、芭蕉科 Musaceae

（一）象腿蕉属 *Ensete* Horaninow

1. 象头蕉 *Ensete wilsonii*（Tutcher）Cheesman【*Musa wilsonii* Tutcher】

多年生草本；生于海拔400－800m的沟谷潮湿肥沃土壤中；分布于罗甸等地。

（二）芭蕉属 *Musa* Linnaeus

1. 小果野蕉 *Musa acuminata* Colla【*Musa nana* Lour.】

多年生草本；生于阴湿的沟谷、沼泽、半沼泽及坡地上；分布于兴义、黔南及关岭等地。

2. 芭蕉 *Musa basjoo* Sieb. et Zucc.

多年生草本；原产日本；省内有栽培。

3. 大蕉 *Musa* × *paradisiaca* L.【*Musa sapientum* L】

多年生草本；省内有栽培。

（三）地涌金莲属 *Musella*（Fr.）C. Y. Wu ex H. W. Li

地涌金莲 *Musella lasiocarpa*（Franch.）C. Y. Wu ex H. W. Li

多年生草本；生于海拔1500－2500m的山坡；分布于关岭、贞丰、黎平等地。

一九一、姜科 Zingiberaceae

（一）山姜属 *Alpinia* Roxburgh

1. 竹叶山姜 *Alpinia bambusifolia* C. F. Liang et D. Fang

多年生草本；生于800－1000m的山坡林下；分布于贵阳、册亨、罗甸等地。

2. 山姜 *Alpinia japonica*（Thunb.）Miq.

多年生草本；生于海拔600－1200m的林下阴湿处；分布于印江、江口、德江、安龙、黄平、黎平等地。

3. 长柄山姜 *Alpinia kwangsiensis* T. L. Wu et S. J. Chen

多年生草本；生于海拔400－1200m的山谷中林下阴湿处；分布于兴义、望谟、罗甸等地。

4. 华山姜 *Alpinia oblongifolia* Hayata【*Alpinia chinensis*（Retz.）Roscoe】

多年生草本；生于海拔350－700m的林荫下；分布于从江、榕江、荔波、独山等地。

5. 花叶山姜 *Alpinia pumila* Hook. f.

多年生草本；生于海拔800－1300m山谷阴湿处；分布于从江、榕江、黎平、三都、雷山、江口、松桃、惠水等地。

6. 密苞山姜 *Alpinia stachyodes* Hance【*Alpinia densibracteata* T. L. Wu et S. J. Chen】

多年生草本；生于海拔930－1200m的林下阴湿处；分布于贵阳、松桃、雷山、榕江等地。

7. 艳山姜 *Alpinia zerumbet*（Pers.）B. L. Burtt et R. M. Sm.

多年生草本；生于海拔400－600m的林下阴处；分布于望谟、安龙、贞丰等地。

（二）豆蔻属 *Amomum* Roxburgh

1. 三叶豆蔻 *Amomum austrosinense* D. Fang

多年生草本；生于海拔 600 – 950m 的山谷林下；分布于印江、雷公山等地。

2. 广西豆蔻 *Amomum kwangsiense* D. Fang et X. X. Chen

多年生草本；生于海拔 700m 的山坡林下；分布于册亨等地。

3. 拟草果 *Amomum paratsaoko* S. Q. Tong et Y. M. Xia

多年生草本；生于海拔 1600m 的森林内；分布地不详。

4. 草果 *Amomum tsaoko* Crevost et Lem.

多年生草本；生于海拔 950m 的林下；分布于安龙等地。

（三）距药姜属 *Cautleya* Royle

1. 距药姜 *Cautleya gracilis*（Sm.）Dandy

多年生草本；生于海拔 2300m 的山谷中，有时附生于其它树上；分布于盘县等地。

2. 红苞距药姜 *Cautleya spicata*（Sm.）Bak.

多年生草本；生于海拔 1700 – 1900m 的杂木林下或附生于树上；分布于安龙等地。

（四）姜黄属 *Curcuma* Linnaeus

1. 郁金 *Curcuma aromatica* Salisb.

多年生草本；生于山坡草丛中阴处；分布于安龙等地。

2. 莪术 *Curcuma phaeocaulis* Valeton〔*Curcuma zedoaria*（Christm.）Rosc.〕

多年生草本；生于山谷林下阴处；分布于水城、兴义、罗甸等地。

（五）舞花姜属 *Globba* Linnaeus

1. 毛舞花姜 *Globba barthei* Gagnep.

多年生草本；生于海拔 1050m 的山坡密林下；分布于兴义等地。

2. 峨嵋舞花姜 *Globba emeiensis* Z. Y. Zhu

多年生草本；生于海拔 600 – 1100m 的山地；分布于大沙河等地。

3. 舞花姜 *Globba racemosa* Sm.

多年生草本；生于海拔 400 – 1300m 的山谷密林下或沟旁潮湿地；分布于江口、印江、德江、沿河、绥阳、贞丰、贵阳、贵定、黄平、雷山、榕江、从江、黎平等地。

（六）姜花属 *Hedychium* J. König in Retzius

1. 红姜花 *Hedychium coccineum* Buch. -Ham. ex Sm.

草本；生于海拔 1000m 的山坡密林下；分布于兴义等地。

2. 姜花 *Hedychium coronarium* J. K. enig

草本；生于林中；分布于大沙河等地。

3. 黄姜花 *Hedychium flavum* Roxb.

草本；生于海拔 500 – 1000m 的山谷林中；分布于印江、江口等地。

4. 圆瓣姜花 *Hedychium forrestii* Diels

草本；生于海拔 800 – 1100m 的山谷林下或栽培；分布贵阳、册亨、望谟、罗甸、独山等地。

5. 草果药 *Hedychium spicatum* Buch. -Ham. ex Sm.

草本；生于海拔 1050 – 1800m 的山坡密林下或灌丛中；分布兴义、兴仁、安龙。

（七）苞叶姜属 *Pyrgophyllum*（Gagnepain）T. L. Wu et Z. Y. Chen

1. 大苞姜 *Pyrgophyllum yunnanense*（Gagnep.）T. L. Wu et Z. Y. Chen〔*Caulokaempferia yunnanensis*（Gagnep.）R. M. Smith〕

多年生草本；生于海拔 2100m 山地密林中；分布于威宁等地。

（八）象牙参属 *Roscoea* Smith

1. 高山象牙参 *Roscoea alpina* Royle

多年生草本；生于海拔 2200m 的山坡草地阴处；分布于威宁等地。

（九）姜属 *Zingiber* Miller

1. 珊瑚姜 *Zingiber corallinum* Hance

多年生草本；生于山坡或栽培；分布于镇宁、紫云等地。

2. 蘘荷 *Zingiber mioga*（Thunb.）Roscoe

多年生草本；生于海拔 1000 – 1500m 的山谷阴湿处；分布于兴义、贵阳、凯里等地。

3. 姜 *Zingiber officinale* Roscoe

多年生草本；栽培种；分布于全省各地。

4. 阳荷 *Zingiber striolatum* Diels

多年生草本；生于海拔 500 – 2000m 的山坡林荫下；分布于息烽、贵阳、清镇、纳雍、湄潭、三都等地。

5. 团聚姜 *Zingiber tuanjuum* Z. Y. Zhu

多年生草本；生于海拔 900m 的林下；分布于大沙河等地。

一九二、闭鞘姜科 Costaceae

（一）闭鞘姜属 *Costus* Linnaeus

1. 光叶闭鞘姜 *Costus tonkinensis* Gagnep.

多年生草本；生于海拔 470m 的沟谷阔叶林下阴湿处；分布于望谟等地。

一九三、美人蕉科 Cannaceae

（一）美人蕉属 *Canna* Linnaeus

1. 大花美人蕉 *Canna × generalis* L. H. Bailey

多年生草本；栽培种；栽培于省内主要城市。

2. 美人蕉 *Canna indica* L.【*Canna edulis* Ker Gawler.】

多年生草本；原产热带美洲；省内有栽培。

3. 兰花美人蕉 *Canna × orchioides* L. H. Bailey

多年生草本；原产欧洲；省内有栽培。

一九四、竹芋科 Marantaceae

（一）柊叶属 *Phrynium* Willdenow

1. 尖苞柊叶 *Phrynium placentarium*（Lour.）Merr.

多年生草本；生于海拔 1100m 的山脚林中；分布于兴义等地。

一九五、雨久花科 Pontederiaceae

（一）凤眼莲属 *Eichhornia* Kunth

1. 凤眼蓝 *Eichhornia crassipes*（Mart.）Solms

浮水草本；原产巴西；省内惠水、罗甸、开阳、兴义、荔波、松桃、江口等地有栽培或逸生。

（二）雨久花属 *Monochoria* Presl

1. 箭叶雨久花 *Monochoria hastata*（L.）Solms

多年生水生草本；生于海拔 150 – 700m 的水塘、沟边、稻田等湿地；分布地不详。

2. 鸭舌草 *Monochoria vaginalis*（Burm. f.）C. Presl ex Kunth〔*Monochoria vaginalis* var. *plantaginea*〕

沼生或水生草本；生于海拔 1500m 以下的稻田、沟旁、浅水池塘等水湿处；分布于全省各地。

一九六、百合科 Liliaceae

（一）粉条儿菜属 *Aletris* Linnaeus

1. 高山粉条儿菜 *Aletris alpestris* Diels

多年生草本；生于海拔 1500～2400m 的岩石上或林下石壁上；分布于江口、赤水等地。

2. 无毛粉条儿菜 *Aletris glabra* Bur. et Franch.

多年生草本；生于海拔 1800－2500m 的山坡、灌丛、草坡；分布于赫章、纳雍等地。

3. 腺毛粉条儿菜 *Aletris glandulifera* Bur. et Franch.

多年生草本；生于草丛中或山坡林下；分布于水城等地。

4. 疏花粉条儿菜 *Aletris laxiflora* Bur. et Franch.

多年生草本；生于海拔 800m 的林下、岩石上或荒坡草坪；分布于开阳等地。

5. 粉条儿菜 *Aletris spicata*（Thunb.）Franch.

多年生草本；生于海拔 350－2500m 的路边灌丛或山坡草地；分布于织金、赤水、遵义、贵阳、梵净山等地。

6. 狭瓣粉条儿菜 *Aletris stenoloba* Franch.

多年生草本；生于海拔 1150m 的山麓路边；分布于贵阳、梵净山等地。

（二）葱属 *Allium* Linnaeus

1. 洋葱 *Allium cepa* L.

多年生草本；原产亚洲西部；省内有栽培。

2. 火葱 *Allium cepa* var. *aggregatum* G. Don

多年生草本；原产亚洲西部；省内有栽培。

3. 薤头 *Allium chinense* G. Don

多年生草本；引种；省内有栽培。

4. 梵净山韭 *Allium fanjingshanense* C. D. Yang et G. Q. Gou

多年生草本；生于海拔 2200m；分布于梵净山等地。

5. 葱 *Allium fistulosum* L.

多年生草本；省内有栽培。

6. 宽叶韭 *Allium hookeri* Thwaites

多年生草本；省内有栽培。

7. 薤白 *Allium macrostemon* Bunge

多年生草本；生于海拔 1500m 以下的山坡、丘陵、山谷或草地上；分布于贵阳、遵义、碧江、江口、镇远、凯里、黄平、都匀、独山等地。

8. 滇韭 *Allium mairei* Lévl.

多年生草本；生于海拔 2100－2450m 的山坡、石缝、草地或林下；分布于威宁、盘县等地。

9. 卵叶山葱 *Allium ovalifolium* Hand. -Mazz.

多年生草本；生于林下阴湿处或沟边林缘；分布于梵净山、佛顶山等地。

10. 太白韭 *Allium prattii* C. H. Wright ex Hemsl.

多年生草本；生于海拔 2700m 的山顶草丛中；分布于赫章等地。

11. 蒜 *Allium sativum* L.

多年生草本；省内有栽培。

12. 细叶韭 *Allium tenuissimum* L.

多年生草本；生于海拔450m左右的山坡路旁；分布于梵净山等地。

13. 韭 *Allium tuberosum* Rottler ex Spreng.

多年生草本；省内有栽培。

14. 多星韭 *Allium wallichii* Kunth

多年生草本；生于海拔2600－2700m的草坡中；分布于赫章等地。

（三）芦荟属 *Aloe* Linnaeus

1. 芦荟 *Aloe vera*（L.）N. L. Burman

多年生草本；省内有栽培。

（四）知母属 *Anemarrhena* Bunge

1. 知母 *Anemarrhena asphodeloides* Bunge

多年生草本；生于海拔1450m以下的山坡、草地或路旁较干燥或向阳的地方；贵阳等地有栽培。

（五）天门冬属 *Asparagus* Linnaeus

1. 天门冬 *Asparagus cochinchinensis*（Lour.）Merr.

常绿蔓生半灌木；生于海拔900－1800m的山坡、林下、灌丛中；分布于贵阳、修文、息烽、清镇、望谟、贞丰、长顺、瓮安、荔波、都匀、贵定、平塘等地。

2. 羊齿天门冬 *Asparagus filicinus* D. Don

多年生直立草本；生于密林下或山谷阴湿处；分布于西秀、清镇、贵阳、息烽、习水、镇宁、六枝、安龙、都匀、荔波、惠水、长顺、瓮安、福泉、平塘、雷山、镇远、锦屏、黎平、江口、印江等地。

3. 短梗天门冬 *Asparagus lycopodineus*（Baker）F. T. Wang et Ts. Tang

多年生直立草本；生于海拔450－2600m的林下、灌木丛中或山谷阴湿处；分布于贵阳、清镇、西秀、息烽、荔波等地。

4. 密齿天门冬 *Asparagus meioclados* Lévl.

常绿蔓生半灌木；生于海拔1200m的山坡草丛中；分布于兴义及黔东南等地。

5. 石刁柏 *Asparagus officinalis* L.

多年生直立草本；原产新疆；省内有栽培。

6. 文竹 *Asparagus setaceus*（Kunth）Jessop

常绿多年生草本；原产非洲；省内有栽培。

（六）蜘蛛抱蛋属 *Aspidistra* Ker Gawler

1. 丛生蜘蛛抱蛋 *Aspidistra caespitosa* C. Péi

多年生草本；生于海拔500－1100m林下或竹林下；分布于大沙河等地。

2. 赤水蜘蛛抱蛋 *Aspidistra chishuiensis* S. Z. He et W. F. Xu

多年生草本；分布于赤水等地。

3. 蜘蛛抱蛋 *Aspidistra elatior* Bl.

多年生草本；生于海拔800－900m；分布于息烽、开阳、修文等地。

4. 花叶蜘蛛抱蛋 *Aspidistra elatior* var. *punnctata* Hort.

多年生草本；分布于大沙河等地。

5. 荔波蜘蛛抱蛋 *Aspidistra liboensis* S. Z. He et J. Y. Wu

多年生草本；分布于荔波等地。

6. 罗甸蜘蛛抱蛋 *Aspidistra luodianensis* D. D. Tao

多年生草本；生于海拔300－500m山坡或沟谷林下；分布于罗甸等地。

7. 九龙盘 *Aspidistra lurida* **Ker Gawl.**

多年生草本；生于海拔 500－900m 的山坡林下、河边灌丛中；分布于锦屏、雷山、荔波等地。

8. 小花蜘蛛抱蛋 *Aspidistra minutiflora* **Stapf**

多年生草本；生于海拔 400m 的潮湿山坡和悬崖；分布地不详。

9. 棕叶草 *Aspidistra oblanceifolia* **F. T. Wang et K. Y. Lang**

多年生草本；生于海拔 350－900m 山坡或沟谷林下；分布于独山等地。

10. 平塘蜘蛛抱蛋 *Aspidistra pingtangensis* **S. Z. He et Q. W. Sun**

多年生草本；生于海拔 800－1100m 的河谷或山地陡坡；分布于龙里、贵定、平塘等地。

11. 四川蜘蛛抱蛋 *Aspidistra sichuanensis* **K. Y. Lang et Z. Y. Zhu**

多年生草本；生于海拔 300－1600m 山坡或沟谷林下；分布于安龙、遵义等地。

12. 刺果蜘蛛抱蛋 *Aspidistra spinula* **S. Z. He**

多年生草本；分布于黔西南等地。

13. 大花蜘蛛抱蛋 *Aspidistra tonkinensis* （Gagnep.） **F. T. Wang et K. Y. Lang**

多年生草本；生长在海拔 1800m 的林下；分布于罗甸等地。

14. 卵叶蜘蛛抱蛋 *Aspidistra typica* **Baill.**

多年生草本；生于海拔 400－850m 的林下灌丛中；分布于赤水等地。

15. 坛花蜘蛛抱蛋 *Aspidistra urceolata* **F. T. Wang et K. Y. Lang**

多年生草本；分布地不详。

（七）开口箭属 *Campylandra* **Ker Gawler**

1. 开口箭 *Campylandra chinensis* （Baker） **M. N. Tamura et al.** 【*Tupistra chinensis* **Baker**】

多年生草本；生于海拔 1100－2100m 的山坡谷地或山间凹地潮湿处；分布于雷山、梵净山等地。

2. 筒花开口箭 *Campylandra delavayi* （Franch.） **M. N. Tamura et al.** 【*Tupistra delavayi* **Franch.**】

多年生草本；生于密林下潮湿处；分布于赫章、印江等地。

3. 剑叶开口箭 *Campylandra ensifolia* （F. T. Wang et Ts. Tang） **M. N. Tamura et al.**

多年生草本；生于林下；分布地不详。

4. 疣点开口箭 *Campylandra verruculosa* （Q. H. Chen） **M. N. Tamura et al.** 【*Tupistra verruculosa* **Q. H. Chen**】

多年生草本；分布于平塘、瓮安等地。

5. 弯蕊开口箭 *Campylandra wattii* **C. B. Clarke**【*Tupistra wattii* （C. B. Clarke）**Hook. f.**】

多年生草本；生于海拔 800－1500m 的密林下阴湿处或溪边和山谷旁；分布于兴义、独山、荔波、江口、松桃、雷山等地。

（八）大百合属 *Cardiocrinum* （Endlicher） **Lindley**

1. 荞麦叶大百合 *Cardiocrinum cathayanum* （Wils.） **Stearn**

多年生草本；生于海拔 1280m 的山坡灌木丛中；分布于贵阳、印江、安龙、雷山等地。

2. 大百合 *Cardiocrinum giganteum* （Wall.） **Makino**

多年生草本；生于海拔 1700－1900m 的山坡灌丛中；分布于贵阳、开阳、纳雍、雷山、瓮安、清镇等地。

3. 云南大百合 *Cardiocrinum giganteum* var. *yunnanense* （Leichtlin ex Elwes） **Stearn**

多年生草本；生于海拔 1200m 以上的森林中；分布于纳雍、雷山等地。

（九）吊兰属 *Chlorophytum* **Ker Gawler**

1. 吊兰 *Chlorophytum comosum* （Thunb.） **Baker**

多年生草本；原产非洲；省内有栽培。

2. 西南吊兰 *Chlorophytum nepalense* （Lindl.） **Baker**

多年生草本；生于海拔1300m的林缘、草地或山谷岩石上；分布于省内西部地区。

(十)七筋姑属 *Clintonia* Rafinesque

1. 七筋菇 *Clintonia udensis* Trautv. et C. A. Mey.

多年生草本；生于海拔1600m以上的高山疏林下或阴坡疏林下；分布于麻江等地。

(十一)朱蕉属 *Cordyline* Commerson ex R. Brown

1. 朱蕉 *Cordyline fruticosa*（L.）A. Chev.

常绿灌木；省内有栽培。

2. 剑叶铁树 *Cordyline stricta* Endl.

常绿灌木；原产澳洲；省内有栽培。

(十二)山菅属 *Dianella* Lamarck

1. 山菅 *Dianella ensifolia*（L.）DC.

多年生草本；生于海拔700m的山沟阴处或林下；分布于榕江等地。

(十三)竹根七属 *Disporopsis* Hance

1. 散斑竹根七 *Disporopsis aspersa*（Hua）Engl. ex K. Krause

多年生草本；生于海拔1100 - 2900m 的林下、荫蔽山谷或浮力；分布于大沙河等地。

2. 竹根七 *Disporopsis fuscopicta* Hance

多年生草本；生于林下或山谷灌丛中；分布于安龙等地。

3. 金佛山竹根七 *Disporopsis jinfushanensis* Z. Y. Liu

多年生草本；生于1600 ~ 1700m 的阔叶林下；分布于大沙河等地。

4. 深裂竹根七 *Disporopsis pernyi*（Hua）Diels

多年生草本；生于海拔1000 - 1100m 的山坡阴湿处、水旁；分布于册亨、清镇、贵阳、都匀、梵净山等地。

(十四)万寿竹属 *Disporum* Salisbury ex D. Don

1. 短蕊万寿竹 *Disporum bodinieri*（Lévl. et Vant.）F. T. Wang et Ts. Tang〔*Disporum brachystemon* F. T. Wang et Tang〕

多年生草本；生于海拔1200m以上的灌丛中或林下；分布于绥阳、遵义、惠水、贵阳、息烽、开阳等地。

2. 距花万寿竹 *Disporum calcaratum* D. Don

多年生草本；生于海拔1750m 的林下；分布于水城等地。

3. 万寿竹 *Disporum cantoniense*（Lour.）Merr.

多年生草本；生于海拔700m以上的灌丛中或林下；分布于安龙、遵义、湄潭、贵阳、惠水、罗甸、麻江、丹寨、雷山、梵净山等地。

4. 长蕊万寿竹 *Disporum longistylum*（Lévl. et Vant.）H. Hara

多年生草本；生于海拔400 - 1800m 的林下岩石上；分布地不详。

5. 大花万寿竹 *Disporum megalanthum* F. T. Wang et Ts. Tang

多年生草本；生于海拔1600 - 2500m 的林下、林缘或草地上；分布地不详。

6. 少花万寿竹 *Disporum uniflorum* Baker ex S. Moore〔*Disporum sessile* D. Don〕

多年生草本；生于海拔600 - 2500m 的林下或灌丛中；分布于荔波、梵净山等地。

7. 横脉万寿竹 *Disporum trabeculatum* Gagnep.

多年生草本；生于海拔900 ~ 2000m 的疏林中；分布于贵阳等地。

(十五)鹭鸶草属 *Diuranthera* Hemsley

1. 南川鹭鸶兰 *Diuranthera inarticulata* F. T. Wang et K. Y. Lang

多年生草本；生于海拔1800m 的山地上；分布于大沙河等地。

2. 鹭鸶兰 *Diuranthera major* **Hemsl.**

多年生草本；生于海拔 1200m 左右的山坡上或林下草地；分布于册亨、安龙、望谟、贵定等地。

3. 小鹭鸶兰 *Diuranthera minor*（**C. H. Wright**）**C. H. Wright ex Hemsl.**

多年生草本；生于海拔 2400m 的山坡、林下或路旁；分布于威宁等地。

（十六）贝母属 *Fritillaria* **Linnaeus**

1. 天目贝母 *Fritillaria monantha* **Migo**

多年生草本；生于海拔 700－1200m 的林下、水边或潮湿地上；分布于省内东北部等地。

（十七）萱草属 *Hemerocallis* **Linnaeus**

1. 黄花菜 *Hemerocallis citrina* **Baroni**

多年生草本；省内有栽培。

2. 萱草 *Hemerocallis fulva*（**L.**）**L.**

多年生草本；生于溪沟边或山谷潮湿向阳处；分布于贵阳、修文、惠水、福泉、清镇、西秀、普定、瓮安、息烽等地。

3. 大苞萱草 *Hemerocallis middendorffii* **Trautv. et C. A. Mey.**

多年生草本；生于海拔 2000m 以下的森林，林缘，草甸，湿地；分布于大沙河等地。

4. 折叶萱草 *Hemerocallis plicata* **Stapf**

多年生草本；生于海拔 1150m 的山坡低洼处；分布于贵阳等地。

（十八）异黄精属 *Heteropolygonatum* **M. N. Tamura et Ogisu**

1. 金佛山异黄精 *Heteropolygonatum ginfushanicum*（**F. T. Wang et T. Tang**）**M. N. Tamura et al.**【*Smilacina ginfoshanica* **Wang et Tang**】

多年生草本；生于海拔 1300－1800m 的森林中；分布于江口等地。

（十九）肖菝葜属 *Heterosmilax* **Kunth**

1. 华肖菝葜 *Heterosmilax chinensis* **F. T. Wang**

攀援灌木；生于海拔 780m 的山谷密林中或灌丛下；分布于开阳、罗甸等地。

2. 肖菝葜 *Heterosmilax japonica* **Kunth**

攀援灌木；生于海拔 500－1800m 的山坡密林中或路旁杂木林下；分布于石阡、荔波、都匀、三都等地。

3. 短柱肖菝葜 *Heterosmilax septemnervia* **F. T. Wang et Ts. Tang**

攀援灌木；生于海拔 700－2400m 的山坡密林中、河沟边或路旁；分布于息烽、贵阳、独山、罗甸、荔波等地。

4. 云南肖菝葜 *Heterosmilax yunnanensis* **Gagnep.**

攀援灌木；生于海拔 440－1100m 的山坡灌丛中；分布于安龙、望谟、惠水、独山等地。

（二〇）玉簪属 *Hosta* **Tratt.**

1. 玉簪 *Hosta plantaginea*（**Lam.**）**Asch.**

多年生草本；生于海拔 1050－1400m 的林下、草坡或岩石边；分布于兴义、宽阔水、梵净山等地。

2. 紫萼 *Hosta ventricosa*（**Salisb.**）**Stearn**

多年生草本；生于海拔 500－2400m 的林下、草边或路旁；分布于七星关、贵阳、息烽、开阳、清镇、福泉、梵净山等地。

（二一）百合属 *Lilium* **Linnaeus**

1. 金黄花滇百合 *Lilium bakerianum* var. *aureum* **Grove et Cotton**

多年生草本，生于海拔 1600－1900m 的林下、林缘、灌丛边缘；分布于钟山、水城等地。

2. 黄绿花滇百合 *Lilium bakerianum* var. *delavayi*（**Franch.**）**Wils.**

多年生草本；生于海拔 2500m 的山坡林中或草坡；分布地不详。

3. 紫红花滇百合 *Lilium bakerianum* var. *rubrum* Stearn

多年生草本；生于海拔 1500 – 2000m 的杂木林缘、溪边或山坡草地；分布地不详；

4. 野百合 *Lilium brownii* F. E. Br. ex Miell.

多年生草本；生于海拔 1500m 以下的山坡、灌木林下、路旁、溪旁或石隙中；分布于贵阳、开阳、修文、清镇、西秀、镇宁、普定、晴隆、兴仁、七星关、大方、金沙、仁怀、息烽、遵义、绥阳、正安、湄潭、印江、江口、碧江、松桃、施秉、石阡、岑巩、镇远、黄平、凯里、三都、惠水、独山等地。

5. 百合 *Lilium brownii* var. *viridulum* Baker

多年生草本；生于海拔 1000m 的山坡草地中、疏林下、山沟旁、地边或村旁；分布于大沙河等地。

6. 条叶百合 *Lilium callosum* Sieb. et Zucc.

多年生草本；生于海拔 182 – 640m 的山坡或草丛中；分布于大沙河等地。

7. 川百合 *Lilium davidii* Duch. ex Elwes

多年生草本；生山坡草地、林下潮湿处或林缘；分布于黔北等地。

8. 宝兴百合 *Lilium duchartrei* Franch.

多年生草本；生于海拔 2300m 以上的高山草地、林缘或灌丛中；分布于大沙河等地。

9. 湖北百合 *Lilium henryi* Baker

多年生草本；生于海拔 700 – 1000m 的山地灌丛中；分布于遵义、宽阔水、梵净山、荔波等地。

10. 宜昌百合 *Lilium leucanthum*（Baker）Baker

多年生草本；生于海拔 450 – 1500m 的山沟中；分布于大沙河等地。

11. 川滇百合 *Lilium primulinum* var. *ochraceum*（Franch.）Stearn【*Lilium nepalense* var. *ochraceum*（Franch.）Liang】

多年生草本；生于海拔 1400 – 1700m 的湿润山坡或台地；分布于修文、赫章、贵阳等地。

12. 南川百合 *Lilium rosthornii* Diels

多年生草本；生于海拔 1100m 以下的山沟、溪边或林下；分布于沿河、遵义、宽阔水、贵定、长顺、三都、荔波等地。

13. 泸定百合 *Lilium sargentiae* E. H. Wilson

多年生草本，生于海拔 500 – 2000m 的路边灌丛中或山坡上；分布于大沙河等地。

14. 淡黄花百合 *Lilium sulphureum* Baker ex Hook. f.

多年生草本；生于海拔 900 – 1890m 的路边、草地或山坡阴处疏林下；分布于息烽、黔北等地。

15. 大理百合 *Lilium taliense* Franch.

多年生草本；生于海拔 2700m 以上的山坡上或草丛中；分布于赫章等地。

16. 卷丹 *Lilium tigrinum* Ker Gawl.【*Lilium lancifolium* Thunb.】

多年生草本；生于海拔 400 – 2500m 的山坡灌木林下、草地，路边或水旁；分布于大沙河等地。

17. 卓巴百合 *Lilium wardii* Stapf ex Stern

多年生草本；生于海拔 2030m 的山坡草地或山坡灌丛下；分布地不详。

（二二）山麦冬属 *Liriope* Loureiro

1. 禾叶山麦冬 *Liriope graminifolia*（L.）Baker

多年生草本；生于海拔 2300m 以下的山坡、山谷林下、灌丛中或山沟阴处、石缝间及草丛中；分布于贵阳等地。

2. 矮小山麦冬 *Liriope minor*（Maxim.）Makino

多年生草本；生于海拔 950m；分布于都匀等地。

3. 阔叶山麦冬 *Liriope muscari*（Decne.）L. H. Bailey

多年生草本；生于海拔 1400m 以下的山地、山谷的疏密林下或潮湿处；分布于遵义、贵阳、施秉、雷公山、平塘等地。

4. 山麦冬 *Liriope spicata*（Thunb.）Lour.

多年生草本；生于海拔 1200m 以下的山坡、山谷林下、路旁或湿地；分布于贵阳、修文、榕江等地。

（二三）舞鹤草属 *Maianthemum* F. H. Wiggers

1. 高大鹿药 *Maianthemum atropurpureum*（Franch.）LaFrankie【*Smilacina atropurpurea*（Franch.）F. T. Wang et Tang】

多年生草本；生丁海拔 2100ⅿ 以上的山坡灌丛及林下阴处；分布于赫章等地。

2. 管花鹿药 *Maianthemum henryi*（Baker）LaFrankie【*Smilacina henryi*（Baker）H. Hara.】

多年生草本；生于海拔 2300 – 2400m 的山顶潮湿处；分布于梵净山等地。

3. 鹿药 *Maianthemum japonicum*（A. Gray）LaFrankie【*Smilacina japonica* A. Gray】

多年生草本；生于海拔 1000 – 1200m 的林下阴湿处或岩石缝隙中；分布于惠水、梵净山等地。

4. 长柱鹿药 *Maianthemum oleraceum*（Baker）LaFrankie【*Smilacina oleracea* f. *acuminata*（F. T. Wang et Tang）H. Hara；】

多年生草本；生于海拔 1500 – 2100m 的林下阴湿处；分布于清镇、印江等地。

5. 窄瓣鹿药 *Maianthemum tatsienense*（Franch.）LaFrankie【*Smilacina paniculata*（Baker）F. T. Wang et Tang】

多年生草本；生于海拔 1400 – 2100m 的山坡灌丛中；分布于贵阳、雷公山等地。

6. 合瓣鹿药 *Maianthemum tubiferum*（Batal.）LaFrankie【*Smilacina tubifera* Batal.】

多年生草本；生于海拔 700 – 1000m 的林下阴湿处；分布于正安等地。

（二四）豹子花属 *Nomocharis* Franchet

1. 开瓣豹子花 *Nomocharis aperta*（Franch.）E. H. Wilson【*Nomocharis forrestii* Balf. f.】

多年生草本；生于海拔 2210m 的山坡林下或草坡上；分布于水城等地。

（二五）沿阶草属 *Ophiopogon* Ker Gawler

1. 钝叶沿阶草 *Ophiopogon amblyphyllus* F. T. Wang et L. K. Dai

多年生草本；生于海拔 1650 – 2200m 的疏林下阴处、山坡阴处、有时也见于路边；分布于雷公山等地。

2. 短药沿阶草 *Ophiopogon angustifoliatus*（F. T. Wang et Tang）S. C. Chen【*Ophiopogon bockianus* var. *angustifoliatus* F. T. Wang et Tang】

多年生草本；生于海拔 700 – 2800m 以上的林缘、林中、山谷石缝、山坡灌丛阴湿地、山坡林中溪边阴湿地；分布于清镇、修文、省内西部等地。

3. 连药沿阶草 *Ophiopogon bockianus* Diels

多年生草本；生于海拔 900 – 1300m 的山坡、林下、山谷溪边石缝中；分布于清镇、梵净山等地。

4. 沿阶草 *Ophiopogon bodinieri* Lévl.

多年生草本；生于海拔 600m 以上的山谷潮湿处、沟边、灌木丛下；广泛分布于威宁、赫章、盘县、兴仁、安龙、七星关、织金、金沙、西秀、普安、镇宁、清镇、贵阳、修文、开阳、惠水、遵义、习水、碧江、梵净山、佛顶山、雷公山、黎平、荔波、独山等全省大部分地区。

5. 长茎沿阶草 *Ophiopogon chingii* F. T. Wang et Tang

多年生草本；生于海拔 400 – 1650m 的山坡、灌丛下、林下、岩石缝中；分布于盘县、赤水、遵义等地。

6. 棒叶沿阶草 *Ophiopogon clavatus* C. H. Wright ex Oliv.

多年生草本；生于海拔 1400 – 1600m 的山坡或山谷疏林下、水边；分布于梵净山等地。

7. 厚叶沿阶草 *Ophiopogon corifolius* **F. T. Wang et L. K. Dai**

多年生草本；生于海拔 1200－1400m 的山坡密林下；分布于兴仁、望谟等地。

8. 褐鞘沿阶草 *Ophiopogon dracaenoides*（**Baker**）**Hook. f.**

多年生草本；生于海拔 1000－1300m 的林下潮湿处；分布于兴义等地。

9. 大沿阶草 *Ophiopogon grandis* **W. W. Sm.**

多年生草本；生于海拔 1800－2800m 的山坡杂木林下；分布于威宁、水城等地。

10. 异药沿街草 *Ophiopogon heterandrus* **F. T. Wang et L. K. Dai**

多年生草本；生于海拔 1200m 左右的林下；分布于西秀等地。

11. 间型沿阶草 *Ophiopogon intermedius* **D. Don**

多年生草本；生于海拔 1000m 以上的林下阴湿处、小沟边；分布于贵阳及省内西部地区。

12. 麦冬 *Ophiopogon japonicus*（**L. f.**）**Ker Gawl.**

多年生草本；生于海拔 200－2800m 的山坡阴湿处、林下或溪旁；分布于威宁、七星关、清镇、西秀、贵阳、开阳、修文、都匀、江口、雷山等地。

13. 西南沿阶草 *Ophiopogon mairei* **Lévl.**

多年生草本；生于海拔 1300m 的林下阴湿处；分布于安龙等地。

14. 长药沿阶草 *Ophiopogon peliosanthoides* **F. T. Wang et Tang**

多年生草本；生于海拔 1000－1600m 的山坡灌丛下阴湿处；分布兴龙、安龙等地。

15. 狭叶沿阶草 *Ophiopogon stenophyllus*（**Merr.**）**L. Rodr.**

多年生草本；生于海拔 1150m 的山坡密林下、阴湿处；分布于从江等地。

16. 林生沿阶草 *Ophiopogon sylvicola* **F. T. Wang et Tang**

多年生草本；生于海拔 800－1800m 的阔叶林下阴湿处；分布于正安等地。

17. 多花沿阶草 *Ophiopogon tonkinensis* **L. Rodr.**

多年生草本；生于海拔 1000－1500m 的密林下、空旷的山坡上；分布于息烽等地。

18. 阴生沿阶草 *Ophiopogon umbraticola* **Hance**

多年生草本；生于海拔 700－1000m 的森林、灌丛、悬崖、溪边潮湿阴暗的地方；分布于大沙河、梵净山等地。

（二六）重楼属 *Paris* **Linnaeus**

1. 五指莲重楼 *Paris axialis* **H. Li**

多年生草本；生于海拔 1000m 的林中、苔藓中、潮湿林中；分布于黔西等地。

2. 凌云重楼 *Paris cronquistii*（**Takht.**）**H. Li**

多年生草本；生于海拔 900m 的石灰石山坡、峡谷森林、生苔藓的森林中；分布于安龙等地。

3. 金线重楼 *Paris delavayi* **Franch.**

多年生草本；生于海拔 1400－2100m 的常绿落叶混交林及箭竹灌丛；分布于梵净山等地。

4. 海南重楼 *Paris dunniana* **Lévl.**

多年生草本；生于海拔 1200m 的山坡林中；分布于贵定、罗甸、平塘等地。

5. 球药隔重楼 *Paris fargesii* **Franch.**

多年生草本；生于海拔 1000m 左右的林下或阴湿处；分布于息烽、贵阳、宽阔水、遵义、湄潭、惠水、罗甸、安龙、德江、雷公山等地。

6. 具柄重楼 *Paris fargesii* **var.** *petiolata*（**Baker ex C. H. Wright**）**F. T. Wang et Tang**【*Paris delavayi* **var.** *ovalifolia* **H. Li**】

多年生草本；生于海拔 1000m 以上的杂木林中；分布于贵阳、七星关等地。

7. 黔重楼 *Paris guizhouensis* **S. Z. He**

多年生草本；生于 1400m 的天坑灌木林中；分布于镇宁等地。

8. 毛重楼 *Paris mairei* Lévl.

多年生草本；生于海拔 1800m 以上的高山、草丛或林下阴湿处；分布于纳雍等地。

9. 七叶一枝花 *Paris polyphylla* Sm.

多年生草本；生于海拔 1200m 以上的山地灌丛草坡；分布于贵阳、开阳、清镇、德江、威宁等地。

10. 长药隔重楼 *Paris polyphylla* var. *pseudothibetica* H. Li〔*Paris polyphylla* var. *pseudothibtica* f. macrosepala* H. Li〕

多年生草本；生于海拔 1000m 以上的地生林下及灌丛中；分布于安龙、望谟、雷山、遵义等地。

11. 白花重楼 *Paris polyphylla* var. *alba* H. Li et R. J. Mitch.

多年生草本；分布于惠水等地。

12. 华重楼 *Paris polyphylla* var. *chinensis* (Franch.) H. Hara

多年生草本；生于海拔 600 - 2000m 的林下阴沟、沟谷边草丛中；分布于盘县、册亨、清镇、西秀、惠水、贵阳、息烽、梵净山等地。

13. 狭叶重楼 *Paris polyphylla* var. *stenophylla* Franch.

多年生草本；生于海拔 1000m 以上的林下、草丛阴湿处；分布于惠水、长顺、威宁、梵净山、雷公山等地。

14. 滇重楼 *Paris polyphylla* var. *yunnanensis* (Franch.) Hand. -Mazz.

多年生草本；生于海拔 1400m 以上的山地林下；分布于威宁、七星关、安龙、贵阳、龙里、贵定等地。

15. 黑籽重楼 *Paris thibetica* Franch.

多年生草本；生于海拔 1400m 以上的森林边缘；分布地不详。

16. 平伐重楼 *Paris vaniotii* Lévl.

多年生草本；生于海拔 1000m 的常绿阔叶林下阴湿处；分布于贵定、惠水等地。

17. 南重楼 *Paris vietnamensis* (Takht.) H. Li

多年生草本；生于海拔 1230m 的山坡阴处或密林下；分布于关岭等地。

(二七)球子草属 *Peliosanthes* Andrews

1. 大盖球子草 *Peliosanthes macrostegia* Hance

多年生草本；生于海拔 350 - 1500m 的灌丛中、竹林下；分布于赤水等地。

(二八)晚香玉属 *Polianthes*

1. 晚香玉 *Polianthes tuberosa* L.

多年生草本；原产墨西哥；省内有栽培。

(二九)黄精属 Polygonatum Miller

1. 卷叶黄精 *Polygonatum cirrhifolium* (Wall.) Royle

多年生草本；生于海拔 1200 - 2200m 山坡阴处灌丛中、路边草丛中；分布于息烽、清镇、威宁、安龙、梵净山、雷公山、大沙河等地。

2. 多花黄精 *Polygonatum cyrtonema* Hua

多年生草本；生于海拔 1300 - 1500m 的灌丛林下、山坡阴处；分布于安龙、贵阳、息烽、开阳、雷公山、月亮山、大沙河等地。

3. 距药黄精 *Polygonatum franchetii* Hua

多年生草本；生于海拔 580m 的溪边林缘；分布于大沙河等地。

4. 金佛山黄精 *Polygonatum ginfoshanicum* (Wang et Tang) Wang et Tang

多年生草本；生于海拔 1350m 的阴湿岩壁上；分布于大沙河等地。

5. 细根茎黄精 *Polygonatum gracile* P. Y. Li

多年生草本；生于海拔 1800m 的林下、山坡；分布于钟山等地。

6. 小玉竹 *Polygonatum humile* Fisch. ex Maxim.

多年生草本；生于海拔 800－2000m 的林下或山坡草地；分布于贵阳、修文等地。

7. 毛筒玉竹 *Polygonatum inflatum* Kom.

多年生草本；生于海拔 1500m 的溪边杂木林下；分布于大沙河等地。

8. 滇黄精 *Polygonatum kingianum* Collett et Hemsl.

多年生草本；生于海拔 500－700m 的阴湿山坡林下、灌木丛中；分布于望谟、罗甸等地。

9. 节根黄精 *Polygonatum nodosum* Hua

多年生草本；生于林下、沟谷阴湿地或岩石上；分布于大沙河等地。

10. 玉竹 *Polygonatum odoratum*（Mill.）Druce

多年生草本；生于海拔 500m 以上的林下、山野阴坡；分布于正安等地。

11. 康定玉竹 *Polygonatum prattii* Baker

多年生草本；生于海拔 580m 的林下、灌丛或山坡草地；分布于大沙河等地。

12. 点花黄精 *Polygonatum punctatum* Royle ex Kunth

多年生草本；生于海拔 2000m 左右的山坡林下或岩石缝中；分布于纳雍、雷公山等地。

13. 黄精 *Polygonatum sibiricum* Redouté

多年生草本；生于海拔 800－2800m 的林下、灌丛或山坡阴处；分布于钟山、遵义、七星关等地。

14. 轮叶黄精 *Polygonatum verticillatum*（L.）All.

多年生草本；生于海拔 1260－2200m 的林下、山坡、草地；分布于水城、贵阳、息烽、大沙河等地。

15. 湖北黄精 *Polygonatum zanlanscianense* Pamp.

多年生草本；生于海拔 800－2700m 的林下或山坡阴湿地；分布于开阳、修文、贵阳、大方、施秉、大沙河等地。

（三〇）吉祥草属 *Reineckea* Kunth

1. 吉祥草 *Reineckea carnea*（Andr.）Kunth

多年生草本；生于海拔 170m 以上的阴湿山坡、山谷或密林下；广泛分布于绥阳、贵阳、开阳、修文、长顺、雷山、梵净山等全省大部分地区。

（三一）万年青属 *Rohdea* Roth

1. 万年青 *Rohdea japonica*（Thunb.）Roth

多年生草本；生于海拔 1450m 以下的草地、林下阴湿处；分布于开阳、梵净山、碧江、雷公山、松桃、罗甸、荔波等地。

（三二）虎尾兰属 *Sansevieria*

1. 虎尾兰 *Sansevieria trifasciata* Prain

多年生草本；原产非洲；省内有栽培。

（三三）菝葜属 *Smilax* Linnaeus

1. 弯梗菝葜 *Smilax aberrans* Gagnep.

常绿攀援灌木或半灌木；生于海拔 1200m 以下的林下、灌丛中、山谷、溪旁；分布于兴仁、安龙、贞丰、清镇、沿河、榕江、瓮安、罗甸等地。

2. 尖叶菝葜 *Smilax arisanensis* Hay.

常绿攀援灌木；生于海拔 1500m 以下的林下、灌丛中、山谷、溪边荫蔽处；分布于贵阳、开阳、雷山、榕江、独山、荔波、都匀、惠水、龙里等地。

3. 疣枝菝葜 *Smilax aspericaulis* Wall. ex A. DC.

常绿攀援灌木；生于海拔 900m 以下的林下、灌丛中、山谷阴处；分布于安龙、望谟、册亨、罗甸、独山等地。

4. 西南菝葜 *Smilax biumbellata* T. Koyama【*Smilax bockii* Warb.】

常绿攀援灌木；生于海拔 800－2900m 的林下、灌丛中；分布于凯里、榕江等地。

5. 圆锥菝葜 *Smilax bracteata* C. Presl

常绿攀援灌木；生于海拔 1750m 以下的林下、灌丛中、山坡阴处；分布于平塘、罗甸、独山、荔波、惠水、三都、龙里等地。

6. 密疣菝葜 *Smilax chapaensis* Gagnep.

常绿攀援灌木；生于海拔 600m 的山坡灌丛中或林下；分布于习水等地。

7. 菝葜 *Smilax china* L.

常绿攀援灌木；生于海拔 600－1500m 的林下、石灰岩山坡灌丛中、公路旁；分布于全省各地。

8. 柔毛菝葜 *Smilax chingii* F. T. Wang et Tang

常绿攀援灌木；生于海拔 700－1600m 的林下灌丛中、山坡河沟阴处；分布于兴仁、安龙、纳雍、贞丰、望谟、七星关、习水、清镇、惠水、长顺、瓮安、独山、罗甸、荔波、都匀、德江、凯里、梵净山、雷公山等地。

9. 银叶菝葜 *Smilax cocculoides* Warb.

常绿 攀援灌木；生于海拔 500－1900m 的林下、灌丛中、山坡阴处；分布于贵阳、兴仁、安龙、望谟、贞丰、凯里、荔波等地。

10. 筐条菝葜 *Smilax corbularia* Kunth

常绿攀援灌木；生于海拔 1590m 以下的林下或灌丛中；分布于台江等地。

11. 合蕊菝葜 *Smilax cyclophylla* Warb.

常绿攀援灌木；生于海拔 1600－2700m 的林下、灌丛中或山坡阴处；分布于大沙河等地。

12. 平滑菝葜 *Smilax darrisii* Lévl.

常绿灌木；生于海拔 1100－2200m 的山坡林下、灌丛中；分布于贵阳、册亨、西秀等地。

13. 小果菝葜 *Smilax davidiana* A. DC.

常绿攀援灌木；生于海拔 400－1700m 的山坡、路旁、灌丛中；分布于贵阳、息烽、开阳、清镇、黎平、赤水、荔波、惠水等地。

14. 密刺菝葜 *Smilax densibarbata* F. T. Wang et Tang

常绿攀援灌木；生于海拔 1000－1300m 的森林中；分布于麻江、瓮安、福泉、贵定等地。

15. 托柄菝葜 *Smilax discotis* Warb.

常绿攀援灌木；生于海拔 2450m 的山坡灌丛中阴处；分布于威宁、梵净山、独山、福泉、都匀等地。

16. 长托菝葜 *Smilax ferox* Wall. ex Kunth

常绿攀援灌木；生于海拔 900m 以上的林下、灌丛中、山坡荫蔽处；分布于习水、清镇、开阳、贵阳、西秀、遵义、德江、松桃、雷山、梵净山、榕江、瓮安、罗甸、长顺、独山、荔波、都匀、惠水、龙里等地。

17. 土茯苓 *Smilax glabra* Roxb.

常绿攀援灌木；生于海拔 1800m 以下的林中、灌丛中、河岸边、山坡路旁；分布于兴义、兴仁、安龙、纳雍、七星关、赤水、习水、贵阳、瓮安、长顺、独山、罗甸、福泉、荔波、都匀、惠水、贵定、三都、龙里、福泉、凯里、德江、梵净山、雷公山等地。

18. 黑果菝葜 *Smilax glaucochina* Warb.

常绿攀援灌木；生于海拔 800－1600m 的灌丛中、山坡、路旁；分布于贵阳、开阳、清镇、惠水、长顺、瓮安、独山、罗甸、福泉、荔波、都匀、贵定、龙里、息烽、黄平、镇远等地。

19. 花叶菝葜 *Smilax guiyangensis* C. X. Fu et C. D. Shen

常绿攀援灌木；生于海拔 1300m 的林下灌丛中；分布于贵阳等地。

20. 束丝菝葜 *Smilax hemsleyana* **Craib.**

常绿攀援灌木；生于海拔 630 – 1700m 的林下、灌丛中、山坡、路旁；分布于安龙等地。

21. 粉背菝葜 *Smilax hypoglauca* **Benth.**

常绿攀援灌木；生于海拔 1300m 以下的疏林下、灌丛中；分布于贵阳、兴仁、贞丰、长顺、独山、惠水、三都、龙里、平塘等地。

22. 马甲菝葜 *Smilax lanceifolia* **Roxb.**

常绿攀援灌木；生于海拔 600 – 2000m 的山坡、密林下；分布于贵阳、兴仁、贞丰、安龙、瓮安、独山、罗甸、荔波、都匀、梵净山等地。

23. 折枝菝葜 *Smilax lanceifolia* var. *elongata*（Warb.）**F. T. Wang et Tang**

常绿攀援灌木；生于海拔 500 – 2000m 的山坡路旁、灌丛中；分布于安龙、望谟、普安、遵义、凯里、罗甸、独山、都匀、惠水、榕江、梵净山、雷公山等地。

24. 凹脉菝葜 *Smilax lanceifolia* var. *impressinervia*（F. T. Wang et Tang）**T. Koyama**

常绿攀援灌木；生于海拔 1200 – 2000m 的林下、荫蔽处；分布于贵阳、罗甸、惠水、三都等地。

25. 暗色菝葜 *Smilax lanceifolia* var. *opaca* **A. DC.**

常绿攀援灌木；生于海拔 2000m 以下的山地林下灌丛中；分布于贵阳、罗甸、榕江、梵净山等地。

26. 粗糙菝葜 *Smilax lebrunii* **Lévl.**

常绿攀援灌木；生于海拔 950 – 2900m 的林下、灌丛中、山坡、路旁阴处；分布于贵阳、盘县、罗甸、荔波等地。

27. 长苞菝葜 *Smilax longebracteolata* **Hook. f.**

常绿攀援灌木；生于海拔 1000m 以上的森林、灌丛中；分布地不详。

28. 无刺菝葜 *Smilax mairei* **Lévl.**

常绿攀援灌木；生于海拔 1000m 以上的灌丛中、山谷沟边、路旁；分布于开阳、罗甸、都匀、兴义、安龙等地。

29. 大花菝葜 *Smilax megalantha* **C. H. Wright**

常绿攀援灌木；生于海拔 900m 以上的森林灌丛中；分布地不详。

30. 防己叶菝葜 *Smilax menispermoidea* **A. DC.**

常绿攀援灌木；生于山坡灌丛中；分布于凯里、瓮安、荔波等地。

31. 小叶菝葜 *Smilax microphylla* **C. H. Wright**

常绿攀援灌木；生于海拔 500 – 1600m 的石灰岩山灌丛中、石缝中；分布于七星关、贵阳、息烽、松桃、印江、凤冈、长顺、福泉、荔波、贵定、平塘等地。

32. 缘脉菝葜 *Smilax nervomarginata* **Hayata**

常绿攀援灌木；生于海拔 1000m 以下的林中、灌丛中或山坡路旁；分布于松桃、印江、思南、沿河、江口、梵净山等地。

33. 黑叶菝葜 *Smilax nigrescens* **F. T. Wang et C. L. Tang ex P. Y. Li**

常绿攀援灌木；生于海拔 900 – 2500m 的灌丛中、林下、山坡阴处；分布于开阳、贵阳、兴义、习水、西秀等地。

34. 白背牛尾菜 *Smilax nipponica* **Miq.**

多年生草本；生于海拔 200 – 1400m 的林下、路旁或山坡灌丛中；分布于沿河、雷山、榕江等地。

35. 抱茎菝葜 *Smilax ocreata* **A. DC.**

常绿攀援灌木；生于海拔 600 – 1200m 的山坡灌丛中；分布于兴义、安龙、望谟、罗甸、惠水、平塘、长顺、独山、荔波、三都等地。

36. 平伐菝葜 *Smilax pinfaensis* **Lévl. et Van.**

常绿攀援灌木；生于森林中；分布于贵定等地。

37. 红果菝葜 *Smilax polycolea* **Warb.**

落叶攀援灌木；生于海拔 800 – 2000m 的山坡灌丛中、林下；分布于七星关、大方、遵义、清镇、凯里、松桃、福泉、梵净山、雷公山等地。

38. 苍白菝葜 *Smilax retroflexa*（**F. T. Wang et Ts. Tang**）**S. C. Chen**

常绿攀援灌木；生于 900 – 1700m 的林下或灌丛中；分布地不详。

39. 牛尾菜 *Smilax riparia* **A. DC.**

多年生草质藤本；生于海拔 1600m 以下的林下、灌丛、山沟或山坡草丛中；分布于贵阳、安龙、都匀、长顺、福泉、惠水、江口、雷山等地。

40. 短梗菝葜 *Smilax scobinicaulis* **C. H. Wright**

攀援状落叶灌木；生于海拔 600 – 1300m 的林下、灌丛中或山坡草丛中；分布于普定、贵阳、清镇、梵净山、独山、罗甸、都匀、龙里等地。

41. 华东菝葜 *Smilax sieboldii* **Miq.**

常绿攀援灌木；生于海拔 1800m 以下的森林、灌丛中；分布于大沙河等地。

42. 鞘柄菝葜 *Smilax stans* **Maxim.**

落叶灌木或半灌木；生于海拔 400m 以上的灌丛中、山坡阴处；分布于开阳、贵阳、七星关、大方、遵义、凯里、荔波等地。

43. 三脉菝葜 *Smilax trinervula* **Miq.**

落叶攀援灌木；生于海拔 400 – 1700m 的山坡灌丛中；分布于贵阳、清镇、惠水、三都、龙里等地。

44. 青城菝葜 *Smilax tsinchengshanensis* **F. T. Wang**

常绿直立灌木；生于海拔 800 – 1850m 的林下、灌丛中、山坡路边；分布于开阳、贵阳、清镇、都匀等地。

45. 梵净山菝葜 *Smilax vanchingshanensis*（**F. T. Wang et Ts. Tang**）**F. T. Wang et Ts. Tang**

常绿攀援灌木；生于海拔 600 – 1400m 的林缘、山坡、草丛中；分布于遵义、江口、梵净山等地。

（三四）扭柄花属 *Streptopus* **Michaux**

1. 小花扭柄花 *Streptopus parviflorus* **Franch.**

多年生草本；生于海拔 1800m 的山坡草地上；分布于桐梓等地。

（三五）异蕊草属 *Thysanotus* **R. Brown**

1. 异蕊草 *Thysanotus chinensis* **Benth.**

多年生草本；分布地不详。

（三六）岩菖蒲属 *Tofieldia* **Hudson**

1. 叉柱岩菖蒲 *Tofieldia divergens* **Bur. et Franch.**

多年生草本；生于海拔 1000m 以上的山坡草地、灌丛林下石岩上；分布于兴义等地。

2. 岩菖蒲 *Tofieldia thibetica* **Franch.**

多年生草本；生于海拔 1000 – 1600m 的山坡岩缝中；分布于西秀、平坝、清镇、开阳、贵定等地。

（三七）油点草属 *Tricyrtis* **Wallich**

1. 宽叶油点草 *Tricyrtis latifolia* **Maxim.**

多年生草本；生于海拔 1800 – 2100m 的林缘；分布于水城、钟山等地。

2. 油点草 *Tricyrtis macropoda* **Miq.**

多年生草本；生于海拔 800m 的山地林下、草丛中、岩石缝隙中；分布于惠水、雷山、榕江等地。

3. 黄花油点草 *Tricyrtis pilosa* **Wall.**【*Tricyrtis maculata*（**D. Don**）**J. F. Macbride**】

多年生草本；生于海拔 280 – 2300m 的山坡、林下、路旁；分布于长顺、正安、兴义等地。

4. 绿花油点草 *Tricyrtis viridula* Hir.

多年生草本；生于海拔 1000 – 1800m 的森林林缘；分布地不详。

（三八）藜芦属 *Veratrum* Linnaeus

1. 蒙自藜芦 *Veratrum mengtzeanum* Loes.

多年生草本；生于海拔 1200m 以上的山坡、路旁、林下；分布于织金、长顺、贵阳、德江、梵净山、碧江等地。

2. 藜芦 *Veratrum nigrum* L.

多年生草本；生于海拔 1200 – 2000m 的山坡、林下、草丛中；分布于威宁、赫章、水城、湄潭、都匀、江口、松桃等地。

3. 牯岭藜芦 *Veratrum schindleri* Loes.【*Veratrum japonicum*（Baker）Loes】

多年生草本；生于海拔 1300 – 1600m 的山坡、林下阴湿处；分布于兴仁等地。

4. 狭叶藜芦 *Veratrum stenophyllum* Diels

多年生草本；生于海拔 2000m 的山坡草地上、林下阴处；分布于赫章等地。

（三九）丫蕊花属 *Ypsilandra* Franchet

1. 小果丫蕊花 *Ypsilandra cavaleriei* Lévl. et Vant.

多年生草本；生于海拔 900 – 1400m 的山坡、溪旁；分布于贵定、独山、江口、雷山等地。

2. 丫蕊花 *Ypsilandra thibetica* Franch.

多年生草本生于海拔 1300 – 2900m 的森林、潮湿的地方、山坡背阴的山坡上、山谷中；分布于大沙河等地。

（四〇）丝兰属 *Yucca* Linnaeus

1. 凤尾丝兰 *Yucca gloriosa* L.

常绿灌木；原产北美；省内有栽培。

2. 丝兰 *Yucca smalliana* Fern.

常绿灌木；原产北美；省内有栽培。

一九七、石蒜科 Amaryllidaceae

（一）龙舌兰属 *Agave* Linnaeus

1. 龙舌兰 *Agave americana* L.

多年生草本；原产美洲热带；省内有栽培。

2. 剑麻 *Agave sisalana* Perrine ex Engelm.

多年生草本；原产墨西哥；省内有栽培。

（二）君子兰属 *Clivia* Lindley

1. 君子兰 *Clivia miniata* Regel.

多年生草本；原产非洲；省内有栽培。

2. 垂笑君子兰 *Clivia nobilis* Lindl.

多年生草本；原产非洲；省内有栽培。

（三）文殊兰属 *Crinum* Linnaeus

1. 西南文殊兰 *Crinum latifolium* L.

多年生草本；生于路旁、草坡阳处、河岸沙地；分布于贵阳、兴义、罗甸、荔波、锦屏等地。

（四）仙茅属 *Curculigo* Gaertner

1. 大叶仙茅 *Curculigo capitulata*（Lour.）Kuntze

多年生草本；生于海拔 850 - 2000m 的山地林下、阴湿处；分布于赤水、习水、七星关、望谟等地。

2. 疏花仙茅 *Curculigo gracilis*（**Kurz**）**Hook. f.**

多年生草本；生于海拔约 1000m 的阴湿山地、林下；分布于望谟等地。

3. 仙茅 *Curculigo orchioides* **Gaertn.**

多年生草本；生于海拔 1600m 以下的林中、草地、草坡；分布于赤水、遵义、黔西、贵阳、瓮安、龙里、水城、长顺、惠水、独山、荔波等地。

4. 中华仙茅 *Curculigo sinensis* **S. C. Chen**

多年生草本；生于海拔 1280m 的山地林中；分布于安龙等地。

（五）朱顶红属 *Hippeastrum*

1. 花朱顶红 *Hippeastrum vittatum*（**L'Hér.**）**Herb.**

多年生草本；原产南美；省内有栽培。

（六）小金梅草属 *Hypoxis* **Linnaeus**

1. 小金梅草 *Hypoxis aurea* **Lour.**

多年生草本；生于海拔 850m 的山野路旁；分布于荔波、雷公山等地。

（七）石蒜属 *Lycoris* **Herbert**

1. 忽地笑 *Lycoris aurea*（**L'Hér.**）**Herb.**

多年生草本；生于海拔 600 - 1300m 的阴湿山坡、山谷石缝中；分布于凤岗、黔西、织金、贵阳、榕江等地。

2. 贵州石蒜 *Lycoris guizhouensis* **C. H. Yang et X. Y. Dai**

多年生草本；生于海拔 1625 - 1690m 的灌木林下；分布于百里杜鹃等地。

3. 石蒜 *Lycoris radiata*（**L'Hér.**）**Herb.**

多年生草本；生于海拔 800 - 1600m 的阴湿山坡、山谷石缝中；分布于赤水、正安、务川、凤岗、湄潭、瓮安、贵阳、黔西、关岭等地。

4. 稻草石蒜 *Lycoris straminea* **Lindl.**

多年生草本；生于阴湿山坡、沟谷湿地；分布于赤水、镇远等地。

1. 水仙 *Narcissus tazetta* var. *chinensis* **M. Roem.**

多年生草本；省内有栽培。

（九）葱莲属 *Zephyranthes* **Herbert**

1. 葱莲 *Zephyranthes candida*（**Lindl.**）**Herb.**

多年生草本；原产南美；省内有栽培。

2. 韭莲 *Zephyranthes carinata* **Hcrb.**【*Zephyranthes grandiflora* **Lindl.**】

多年生草本；原产南美；省内有栽培。

一九八、鸢尾科 Iridaceae

（一）雄黄兰属 *Crocosmia* **Planch.**

1. 雄黄兰 *Crocosmia crocosmiflora*（**Nichols**）**N. E. Br.**

多年生草本；原产非洲；省内有栽培。

（二）射干属 *Belamcanda* **Adanson**

1. 射干 *Belamcanda chinensis*（**L.**）**DC.**

多年生草本；生于海拔 600 - 1800m 的草地、沟谷、林缘、路旁；分布于正安、绥阳、织金、普定、紫云、平坝、贵阳、黄平、剑河等地。

（三）番红花属 *Crocus* Linnaeus

1. 番红花 *Crocus sativus* L.

多年生草本；原产欧洲；省内有栽培。

（四）唐菖蒲属 *Gladiolus* Linnaeus

1. 唐菖蒲 *Gladiolus gandavensis* Van Houtte

多年生草本；原产非洲；省内有栽培或逸生。

（五）鸢尾属 *Iris* Linnaeus

1. 单苞鸢尾 *Iris anguifuga* Y. T. Zhao et X. J. Xue

多年生草本；引种；省内有栽培。

2. 金脉鸢尾 *Iris chrysographes* Dykes

多年生草本；生于山坡草地或林缘；分布地不详。

3. 扁竹兰 *Iris confusa* Sealy

多年生草本；生于沟谷湿地、山坡草地；分布于兴义、兴仁、册亨、贞丰等地。

4. 长葶鸢尾 *Iris delavayi* Micheli

多年生草本；生于海拔 2700m 的水沟旁湿地或林缘草地；分布于威宁等地。

5. 德国鸢尾 *Iris germanica* L.

多年生草本；原产欧洲；省内有栽培。

6. 蝴蝶花 *Iris japonica* Thunb.

多年生草本；生于山坡、路旁、疏林、林缘草地；分布于遵义、七星关、大方、平坝、贵阳、碧江、长顺、惠水、凯里、黄平、望谟、罗甸、独山等地。

7. 白蝴蝶花 *Iris japonica* f. *pallescens* P. L. Chiu et Y. T. Zhao

多年生草本；生于山坡较阴蔽而湿润的草地、疏林下或林缘草地；分布于大沙河等地。

8. 白花马蔺 *Iris lactea* Pall. 【*Iris lactea* var. *chinensis*（Fisch.）Koidz. 】

多年生草本；省内有栽培。

9. 紫苞鸢尾 *Iris ruthenica* Ker Gawl.

多年生草本；生于向阳草地或石质山坡；分布地不详。

10. 小花鸢尾 *Iris speculatrix* Hance

多年生草本；生于海拔 900－1400m 的路边、林缘、岩隙及疏林下；分布于开阳、贵阳、荔波、黎平等地。

11. 鸢尾 *Iris tectorum* Maxim.

多年生草本；生于山坡、林缘、水边湿地；分布于遵义、平坝、贵阳、惠水、贵定、都匀、独山、碧江、凯里等地。

12. 扇形鸢尾 *Iris wattii* Baker

多年生草本；生于林缘草地；分布于正安、大方、黔西等地。

（六）庭菖蒲属 *Sisyrinchium* Linnaeus

1. 庭菖蒲 *Sisyrinchium rosulatum* Bickn.

一年生草本；原产南美洲；省内有栽培。

（七）虎皮花属 *Tigridia* Juss.

1. 虎皮花 *Tigridia pavonia*（L. f.）ker－Gawl.

多年生草本；原产欧洲；省内有栽培。

（八）观音兰属 *Tritonia* Ker－Gawl.

1. 观音兰 *Tritonia crocata*（Thunb.）Ker－Gawl.

多年生草本；原产非洲；省内有栽培。

一九九、蒟蒻薯科 Taccaceae

（一）裂果薯属 *Schizocapsa* Hance

1. 裂果薯 *Schizocapsa plantaginea* Hance

多年生草本；生于海拔 200 – 600m 的水边、沟边、山谷、林下、路边、田边潮湿地；分布于兴义、册亨、关岭、西秀、赤水、碧江、荔波、平塘、都匀、独山、黄平、镇远、锦屏、剑河等地。

（二）蒟蒻薯属 *Tacca* J. R. Forster et J. G. A. Forster

1. 箭根薯 *Tacca chantrieri* André

多年生草本；生于海拔 170 – 1300m 的水边、林下或山谷阴湿处；分布地不详。

二〇〇、百部科 Stemonaceae

（一）百部属 *Stemona* Loureiro

1. 大百部 *Stemona tuberosa* Lour.

攀援植物或直立半灌木；生于海拔 500 – 1800m 的山谷、阴湿岩石上、溪边、路旁；分布于兴义、兴仁、安龙、册亨、七星关、修文、息烽、贵阳、遵义、都匀等地。

二〇一、薯蓣科 Dioscoreaceae

（一）薯蓣属 *Dioscorea* Linnaeus

1. 参薯 *Dioscorea alata* L.

缠绕草质藤本；省内有栽培。

2. 蜀葵叶薯蓣 *Dioscorea althaeoides* R. Knuth

缠绕草质藤本；生于海拔 1000 – 2000m 的山坡、沟谷、路旁、灌丛中；分布于威宁、纳雍、水城、印江等地。

3. 丽叶薯蓣 *Dioscorea aspersa* Prain et Burkill

缠绕草质藤本；生于海拔 1400 – 1800m 的灌丛、林缘；分布于兴义、兴仁等地。

4. 异叶薯蓣 *Dioscorea biformifolia* C. Pei et C. T. Ting

缠绕草质藤本；生于海拔 600 – 1800m 的灌丛中、林缘阴处；分布于兴义、安龙等地。

5. 黄独 *Dioscorea bulbifera* L.

缠绕草质藤本；生于海拔 800 – 1400m 的河边草丛、路旁、林缘处；分布于兴义、兴仁、册亨、贵阳、独山等地。

6. 薯莨 *Dioscorea cirrhosa* Lour.

藤本；生于海拔 500 – 1300m 的山坡、路旁、河谷、林中、林缘；分布于兴义、兴仁、望谟、罗甸、贵阳、黔西、赤水、都匀、独山、雷山、从江、榕江等地。

7. 叉蕊薯蓣 *Dioscorea collettii* Hook. f.

缠绕草质藤本；生于海拔 1000 – 2500m 的沟谷、河谷、山坡、灌丛中；分布于威宁、赫章、水城、盘县、兴义等地。

8. 粉北薯蓣 *Dioscorea collettii* var. *hypoglauca*（Palib.）Pei et C. T. Ting

缠绕草质藤本；生于海拔 200 – 2500m 的山谷、山坡、沟边林下；分布于七星关、黔西、道真、正安等地。

9. 高山薯蓣 *Dioscorea delavayi* Franch.【*Dioscorea kamoonensis* Kunth】

缠绕草质藤本；生于海拔 700 – 2200m 的林缘、灌丛、路旁；分布于兴仁、安龙、盘县、普安、平坝、贵阳、清镇、贵定、罗甸、榕江等地。

10. 三角叶薯蓣 *Dioscorea deltoidea* **Wall. ex Griseb.**

缠绕草质藤本；生于灌木丛中及沟谷阔叶林中；分布于麻阳河等地。

11. 七叶薯蓣 *Dioscorea esquirolii* **Prain et Burkill**

缠绕草质藤本；生于海拔 600 – 1100m 的山坡、灌丛中；分布于兴仁、罗甸等地。

12. 无翅参薯 *Dioscorea exalata* **C. T. Ting et M. C. Chang**

缠绕草质藤本，生于海拔 1400m 的山坡灌丛中，分布于兴义等地。

13. 山薯 *Dioscorea fordii* **Prain et Burkill**

缠绕草质藤本；生于海拔 600 – 1300m 的山坡、溪沟旁、路旁、灌丛中；分布于兴仁、贞丰、册亨、福泉、贵定等地。

14. 光叶薯蓣 *Dioscorea glabra* **Roxb.**

缠绕草质藤本；生于海拔 650 – 1200m 的山坡、路旁、林下、灌丛中；分布于兴义、兴仁、册亨、黄平等地。

15. 粘山药 *Dioscorea hemsleyi* **Prain et Burkill**

缠绕草质藤本；生于海拔 950 – 2200m 的灌丛及草地；分布于贵阳、兴义、普安、黔西、印江、雷山、独山等地。

16. 日本薯蓣 *Dioscorea japonica* **Thunb.**

缠绕草质藤本；生于海拔 800 – 1430m 的向阳山坡、灌丛、溪沟边、路旁、林下；分布于兴义、贵阳、开阳、贵定、绥阳、印江、独山、黎平、荔波等地。

17. 毛藤日本薯蓣 *Dioscorea japonica* **var.** *pilifera* **C. T. Ting et M. C. Chang**

缠绕草质藤本；生于海拔 280 – 1100m 的山坡、山谷、沟边、路旁、灌丛中；分布于省内东部等地。

18. 毛芋头薯蓣 *Dioscorea kamoonensis* **Kunth**

缠绕草质藤本；生于海拔 500 – 2900m 的林缘、山沟、山谷路边或灌丛中；分布地不详。

19. 柔毛薯蓣 *Dioscorea martini* **Prain et Burkill**

缠绕草质藤本；生于海拔 700 – 1400m 的溪边、林缘处；分布于兴仁、清镇、贵定等地。

20. 黑珠芽薯蓣 *Dioscorea melanophyma* **Prain et Burkill**

缠绕草质藤本；生于海拔 1200 – 1900m 的林缘、灌木丛中；分布于兴义、兴仁等地。

21. 紫黄姜 *Dioscorea nipponica* **subsp.** *rosthornii* **（Prain et Burkill） C. T. Ting**

缠绕草质藤本；生于海拔 1000 – 1800m 的河谷两侧、半阴半阳的山坡灌丛中或稀疏杂木林内及林缘处；分布于福泉、贵定等地。

22. 光亮薯蓣 *Dioscorea nitens* **Prain et Burkill**

缠绕草质藤本；生于海拔 1100 – 1600m 的阴湿林下；分布于平坝、贵定等地。

23. 黄山药 *Dioscorea panthaica* **Prain et Burkill**

缠绕草质藤本；生于海拔 1000 – 2700m 的灌丛中、山坡、林缘处；分布于威宁、水城、盘县等地。

24. 五叶薯蓣 *Dioscorea pentaphylla* **L.**

缠绕草质藤本；生于海拔 500m 以下的林边或灌丛中；分布于大沙河等地。

25. 褐苞薯蓣 *Dioscorea persimilis* **Prain et Burkill**

缠绕草质藤本；生于海拔 650 – 1200m 的山谷、岩石、路旁、林缘、灌丛中；分布于兴义、金沙、榕江等地。

26. 薯蓣 *Dioscorea polystachya* **Turcz.【** *Dioscorea opposita* **Thunb. 】**

缠绕草质藤本；生于海拔 630 – 1300m 的山坡、岩边、灌丛、林缘、住宅旁或为栽培；分布于兴义、兴仁、安龙、罗甸、贵阳、金沙、思南、印江、石阡等地。

27. 毛胶薯蓣 *Dioscorea subcalva* Prain et Burkill

缠绕草质藤本，生于海拔 600 – 1900m 的山坡、灌丛、林缘、路旁、河边灌丛中；分布于安龙、金沙、贵阳、梵净山、榕江等地。

28. 略毛薯蓣 *Dioscorea subcalva* var. *submollis* (R. Knuth) C. T. Ting et P. P. Ling

缠绕草质藤本；生于海拔 1800 – 2500m 的灌丛、林缘、山谷、山坡处；分布地不详。

29. 细柄薯蓣 *Dioscorea tenuipes* Franch. et Sav.

缠绕草质藤本；生于山谷的疏林下、林缘、毛竹林开阔山凹、溪畔落叶灌丛下；分布于大沙河等地。

30. 山萆薢 *Dioscorea tokoro* Makino

缠绕草质藤本；生于海拔 150 – 1000m 的杂木林下、山坡、沟边、潮湿处；分布于施秉、岑巩、黄平、福泉、松桃等地。

31. 毡毛薯蓣 *Dioscorea velutipes* Prain et Burkill

缠绕草质藤本；生于海拔 1400m 左右的林缘、灌丛中；分布于平坝等地。

32. 云南薯蓣 *Dioscorea yunnanensis* Prain et Burkill

缠绕草质藤本；生于海拔 1100 – 1200m 的林缘、灌木丛中；分布于贵阳、兴仁、赤水等地。

33. 盾叶薯蓣 *Dioscorea zingiberensis* C. H. Wright

缠绕草质藤本；生长在破坏过的杂木林间或森林、沟谷边缘的路旁，常见于腐殖质深厚的土层中，有时也见于石隙中，平地和高山处；分布于石阡等地。

二〇二、水玉簪科 Burmanniaceae

（一）水玉簪属 *Burmannia* Linnaeus

1. 三品一枝花 *Burmannia coelestis* D. Don

一年生草本；生于湿地上；分布地不详。

2. 水玉簪 *Burmannia disticha* L.

一年生草本；生于海拔 630 – 1400m 的中山或低山、较潮湿的草坡、溪边；分布于从江、安龙等地。

二〇三、兰科 Orchidaceae

（一）脆花兰属 *Acampe* Lindlcy

1. 多花脆兰 *Acampe rigida* (Buch. -Ham. ex J. E. Sm.) P. F. Hunt

附生草本；生于海拔 200m 的林中，附生于树上；分布于罗甸、荔波等地。

（二）坛花兰属 *Acanthephippium* Blume

1. 坛花兰 *Acanthephippium sylhetense* Lindl.

地生草本；生于海拔 700 – 800m 的石灰岩山地林下，林下阴蔽处石沟、石缝腐殖土中；分布于荔波等地。

（三）指甲兰属 *Aerides* Loureiro

1. 多花指甲兰 *Aerides rosea* Lodd. ex Lindl. et Paxt.

附生草本；生于海拔 600 – 1200m 的山地林中树干上；分布于安龙、兴义等地。

（四）无柱兰属 *Amitostigma* Schlechter

1. 峨眉无柱兰 *Amitostigma faberi* (Rolfe) Schltr.

地生草本；生于海拔2160m的山顶；分布于梵净山等地。

2. 无柱兰 *Amitostigma gracile*（Bl.）Schltr.

地生草本；生于海拔800m的林下岩石上；分布于雷公山、榕江等地。

3. 卵叶无柱兰 *Amitostigma hemipilioides*（Finet）Tang et F. T. Wang

地生草本；生于海拔1200－1800m的山坡林下岩石缝中；分布于贵阳、平坝等地。

（五）兜蕊兰属 *Androcorys* Schlechter

1. 兜蕊兰 *Androcorys ophioglossoides* Schltr.

地生草本；生于海拔1800－2200m的山坡草地；分布于兴义、威宁等地。

（六）菱兰属 *Rhomboda* Lindley

1. 小片菱兰 *Rhomboda abbreviata*（Lindl.）Ormerod【*Anoectochilus abbreviatus*（Lindl.）Seidenf.】

地生草本；生于海拔1200m的林中；分布于安龙等地。

2. 贵州菱兰 *Rhomboda fanjingensis* Ormerod

地生草本；生于海拔500m的林中；分布于黔东南等地。

3. 艳丽菱兰 *Rhomboda moulmeinensis*（Parish et Rchb. f.）Ormerod【*Anoectochilus moulmeinensis*（Parish et Rchb. f.）Seidenf.】

地生草本；生于海拔550－900m的林下阴湿处；分布于梵净山、榕江、独山、荔波、罗甸、三都等地。

（七）齿唇兰属 *Odontochilus* Blume

1. 西南齿唇兰 *Odontochilus elwesii* C. B. Clarke ex Hook. f.【*Anoectochilus elwesii*（C. B. Clarke ex Hook. f.）King et Pantl.】

地生草本；生于海拔880－1500m的山谷阔叶林下或沟边湿地；分布于梵净山、榕江、安龙、荔波、三都等地。

（八）开唇兰属 *Anoectochilus* Blume

1. 金线兰 *Anoectochilus roxburghii*（Wall.）Lindl.

地生草本；生于海拔750－1200m的阔叶林下阴湿处；分布于开阳、梵净山、龙里、瓮安、荔波、罗甸、三都、兴义、望谟、安龙、册亨等地。

2. 兴仁金线兰 *Anoectochilus xingrenensis* Z. H. Tsi et X. H. Jin

地生草本；生于海拔1200m的林中；分布于兴仁等地。

（九）筒瓣兰属 *Anthogonium* Wallich ex Lindley

1. 筒瓣兰 *Anthogonium gracile* Lindl.

地生草本；生于海拔1600m的山坡草地；分布于兴仁、贞丰等地。

（十）无叶兰属 *Aphyllorchis* Blume

1. 大花无叶兰 *Aphyllorchis gollani* Duthie

腐生草本；生于海拔1300m的林下；分布于望谟等地。

2. 无叶兰 *Aphyllorchis montana* Rchb. f.

腐生草本；生于海拔900－1200m的山地林下；分布于望谟、安龙、兴义等地。

（十一）竹叶兰属 *Arundina* Blume

1. 竹叶兰 *Arundina graminifolia*（D. Don）Hochr.

地生草本；生于海拔450－1300m的山坡、草地或路旁；分布于都匀、独山、荔波、龙里、罗甸、瓮安、榕江、望谟、兴仁、贞丰、兴义等地。

（十二）白及属 *Bletilla* H. G. Reichenbach

1. 小白及 *Bletilla formosana*（Hayata）Schltr.

地生草本；生于海拔 910 – 1300m 的山地林下、路旁、草地；分布于全省各地。

2. 黄花白及 *Bletilla ochracea* Schltr.

地生草本；生于海拔 910 – 1300m 的山地林下、草丛中湿处或沟旁；分布于荔波、三都及省内东部地区。

3. 白及 *Bletilla striata*（Thunb.）Rchb. f.

地生草本；生于海拔 400 – 1800m 的山地林下、灌木丛中、草坡或路旁；分布于省内各地。

（十三）苞叶兰属 *Brachycorythis* Lindley

1. 短距苞叶兰 *Brachycorythis galeandra*（Rchb. f.）Summerh.

地生草本；生于海拔 450 – 1200m 的山坡草地、路旁；分布于黎平、榕江、安龙、兴义、三都等地。

2. 长叶苞叶兰 *Brachycorythis henryi*（Schltr.）Summerh.

地生草本；生于海拔 600 – 920m 山坡草地；分布于独山、罗甸等地。

（十四）石豆兰属 *Bulbophyllum* Thouars

1. 赤唇石豆兰 *Bulbophyllum affine* Lindl.

腐生草本；生于林中树干上或沟谷岩石上；分布于瓮安等地。

2. 芳香石豆兰 *Bulbophyllum ambrosia*（Hance）Schltr.

腐生草本；生于海拔达 1300m 的山地林中树干上；分布于兴义等地。

3. 大叶卷瓣兰 *Bulbophyllum amplifolium*（Rolfe）Balak. et Chowdhury

腐生草本；生于海拔 1000 – 1300m 的山地林缘岩石上；分布于惠水、望谟、册亨、晴隆、兴义等地。

4. 梳帽卷瓣兰 *Bulbophyllum andersonii*（Hook. f.）J. J. Sm.

附生草本；生于海拔 770 – 1800m 的山地林中岩石上；分布于惠水、荔波、独山、平塘、兴义、望谟等地。

5. 直唇卷瓣兰 *Bulbophyllum delitescens* Hance

附生草本；生于海拔 570 – 770m 的林中树杆上；分布于荔波、罗甸等地。

6. 圆叶石豆兰 *Bulbophyllum drymoglossum* Maxim. ex M. Okubo

腐生草本；生于海拔 300 – 2000m 的林下树上或石上；分布于望谟等地。

7. 富宁卷瓣兰 *Bulbophyllum funingense* Z. H. Tsi et S. C. Chen

腐生草本；生于海拔 1000m 的山谷岩石上；分布于兴义等地。

8. 戟唇石豆兰 *Bulbophyllum depressum* King et Pantling【*Bulbophyllum hastatum* T. Tang et F. T. Wang】

腐生草本；生于海拔 400 – 600m 的山地密林中树干上或山谷岩石上；分布于大沙河等地。

9. 麦斛 *Bulbophyllum inconspicuum* Maxim.

腐生草本；生境不详；分布于大沙河等地。

10. 广东石豆兰 *Bulbophyllum kwangtungense* Schltr.

腐生草本；生于海拔 570 – 800m 的山坡林下岩石上；分布于榕江、平塘、荔波、三都、罗甸、黄平等地。

11. 齿瓣石豆兰 *Bulbophyllum levinei* Schltr.

腐生草本；生于海拔 750m 的林中树杆上；分布于清镇、黎平、荔波、三都等地。

12. 伏生石豆兰 *Bulbophyllum reptans*（Lindl.）Lindl.

腐生草本；生于海拔 1200m 的山地林中；分布于贞丰等地。

13. 密花石豆兰 *Bulbophyllum odoratissimum*（J. E. Sm.）Lindl.

腐生草本；生于海拔 800 – 1300m 的山地林下岩石上；分布于锦屏、贵阳、水城、安龙、兴义、荔波等地。

14. 藓叶卷瓣兰 *Bulbophyllum retusiusculum* Rchb. f.

腐生草本；生于海拔 1500m 的山坡林中；分布于贞丰、独山等地。

15. 短足石豆兰 *Bulbophyllum stenobulbon* Parish et Rchb. f.

腐生草本；生于海拔 1200m 的山地林中；分布于兴仁、独山等地。

16. 天贵卷瓣兰 *Bulbophyllum tianguii* K. Y. Lang et D. Luo

腐生草本；生于海拔 1270m 的林下岩石上；分布于贵阳、修文、开阳、息烽、望谟等地。

17. 伞花卷瓣兰 *Bulbophyllum umbellatum* Lindl.

腐生草本；生于海拔 1200m 的山地林中；分布于兴义、荔波、平塘、罗甸等地。

18. 等萼卷瓣兰 *Bulbophyllum violaceolabellum* Seidenf.

腐生草本；生于海拔 500 – 700m 的岩石上；分布于茂兰等地。

19. 革叶石豆兰 *Bulbophyllum xylophyllum* Par. et Rchb.

附生草本；生于海拔 530m 的河旁阔叶树干上；分布于茂兰等地。

（十五）虾脊兰属 *Calanthe* R. Brown

1. 泽泻虾脊兰 *Calanthe alismatifolia* Lindl.

地生草本；生于海拔 450 – 1400m 的山地、林下湿地；分布于务川、正安、遵义、仁怀、金沙、贵阳、开阳、贵定、荔波、独山、平塘、雷公山、榕江等地。

2. 流苏虾脊兰 *Calanthe alpina* Hook. f. ex Lindl.

地生草本；生于山地林下和草坡上；分布于大沙河等地。

3. 弧距虾脊兰 *Calanthe arcuata* Rolfe

地生草本；生于海拔 1500 – 1800m 的山坡林下；分布于道真、正安、桐梓等地。

4. 银带虾脊兰 *Calanthe argenteostriata* C. Z. Tang et S. J. Cheng

地生草本；生于海拔 700 – 1200m 的山地林下；分布于平塘、荔波、罗甸、兴义、安龙等地。

5. 肾唇虾脊兰 *Calanthe brevicornu* Lindl.

地生草本；生于海拔 1500 – 1700m 的山谷下；分布于道真、遵义等地。

6. 棒距虾脊兰 *Calanthe clavata* Lindl.

地生草本；生于海拔 570m 的林下石壁上；分布于赤水等地。

7. 剑叶虾脊兰 *Calanthe davidii* Franch.

地生草本；生于海拔 900 – 2250m 的山地林下；分布于威宁、遵义、金沙、务川、湄潭、道真、梵净山、黎平、黄平、贵阳、都匀、龙里、独山、平坝、西秀、清镇、望谟、安龙、兴义等地。

8. 少花鹤顶兰 *Phaius delavayi*（Finet）P. J. Cribb et Perner〔*Calanthe delavayi* Finet〕

地生草本；生于山谷溪边和混交林下；分布于大沙河等地。

9. 密花虾脊兰 *Calanthe densiflora* Lindl.

地生草本；生于海拔 480m 的山谷、沟旁；分布于赤水等地。

10. 虾脊兰 *Calanthe discolor* Lindl.

地生草本；生于海拔 550 – 1400m 的山地林下；分布于务川、遵义、金沙、盘县、贵阳、三都、贵定、荔波、瓮安、独山、平坝、清镇、西秀、榕江等地。

11. 天府虾脊兰 *Calanthe fargesii* Finet

地生草本；生于海拔 1300 – 1600m 的山坡林下阴湿处；分布于贵阳、纳雍、大方、七星关等地。

12. 钩距虾脊兰 *Calanthe graciliflora* Hayata

地生草本；生于海拔 1000 – 1500m 的山地林下或灌丛中潮湿处；分布于梵净山、雷公山、金沙、兴仁、荔波等地。

13. 叉唇虾脊兰 *Calanthe hancockii* Rolfe

地生草本；生于海拔 1000 – 2600m 的山地常绿阔叶林下和山谷溪边；分布于兴义等地。

14. 疏花虾脊兰 *Calanthe henryi* Rolfe

地生草本；生于海拔 650 – 1400m 的山坡林下；分布于梵净山、黎平等地。

15. 乐昌虾脊兰 *Calanthe lechangensis* Z. H. Tsi et T. Tang

地生草本；生于海拔 550m 的石灰岩山地林下阴湿处；分布于荔波等地。

16. 细花虾脊兰 *Calanthe mannii* Hook. f.

地生草本；生于海拔 1200 – 1600m 的山坡林下；分布于贵阳、开阳、龙里、惠水、西秀、清镇、平坝、镇宁、关岭等地。

17. 香花虾脊兰 *Calanthe odora* Griff.

地生草本；生于海拔 920 – 1200m 的山地林下；分布于碧江、天柱、台江、都匀、独山、平塘、罗甸、三都、望谟、册亨、安龙、兴义等地。

18. 圆唇虾脊兰 *Calanthe petelotiana* Gagnep.

地生草本；生于海拔 700m 的林下阴湿处；分布于赤水等地。

19. 镰萼虾脊兰 *Calanthe puberula* Lindl.

地生草本；生于海拔 1400 – 2500m 的山坡林下；分布于盘县、安龙、独山、三都等地。

20. 反瓣虾脊兰 *Calanthe reflexa* Maxim.

地生草本；生于海拔 600 – 1500m 的林下阴湿处；分布于梵净山、碧江、施秉、镇远、雷山、榕江、望谟、安龙、瓮安等地。

21. 囊爪虾脊兰 *Calanthe sacculata* Schltr.

地生草本；生于海拔 1156m 的山坡林下阴湿处；分布于贵定、独山、三都等地。

22. 长距虾脊兰 *Calanthe sylvatica* (Thouars) Lindl.

多年生草本；生于海拔 650 – 750m 的石灰岩山地林下；分布于茂兰等地。

23. 三棱虾脊兰 *Calanthe tricarinata* Lindl.

地生草本；生于海拔 1500 – 1800m 的山坡林下潮湿处；分布于梵净山、雷公山、金沙、安龙、荔波、三都等地。

24. 裂距虾脊兰 *Calanthe trifida* Tang et F. T. Wang

地生草本；生于海拔 1700m 的常绿阔叶林下；分布于梵净山等地。

25. 三褶虾脊兰 *Calanthe triplicata* (Willem.) Ames

地生草本；生于海拔 750 – 1300m 的山地林下；分布于梵净山、雷公山、榕江、金沙、贵阳、清镇、贵定、惠水、罗甸、望谟、安龙、兴仁等地。

26. 无距虾脊兰 *Calanthe tsoongiana* T. Tang et F. T. Wang

地生草本；生于海拔 1100 – 1500m 的山坡林下阴湿处；分布于开阳、贵阳、龙里、贵定、平坝、贞丰等地。

27. 贵州虾脊兰 *Calanthe tsoongiana* var. *guizhouensis* Z. H. Tsi

地生草本；生于海拔 800m 的山谷、沟边；分布于梵净山等地。

（十六）头蕊兰属 Cephalanthera Richard

1. 大花头蕊兰 *Cephalanthera damasonium* (Mill.) Druce

地生草本；生于海拔 1600m 的林下；分布于贵阳等地。

2. 银兰 *Cephalanthera erecta* (Thunb.) Bl.

地生草本；生于海拔 1000 – 1200m 的山坡、灌木丛中、路旁；分布于台江、雷公山、都匀、龙里、贵定、惠水、独山、贵阳、平坝、西秀、安龙、兴义等地。

3. 金兰 *Cephalanthera falcata* (Thunb.) Bl.

地生草本；生于海拔 880 – 1800m 的山坡林下或沟旁；分布于梵净山、凤冈、石阡、瓮安、贵定、雷公山、黎平、贵阳、开阳等地。

4. 头蕊兰 *Cephalanthera longifolia*（L.）**Fritsch**

地生草本；生于海拔 1000 – 1300m 的林下、灌丛中；分布于剑河、雷公山、三都、惠水、长顺、独山、贵阳、西秀等地。

（十七）独花兰属 *Changnienia* Chien

1. 独花兰 *Changnienia amoena* S. S. **Chien**

地生草本；生于海拔 1100m 的山谷疏林下；分布于台江等地。

（十八）叉柱兰属 *Cheirostylis* Blume

1. 中华叉柱兰 *Cheirostylis chinensis* **Rolfe**

地生草本；生于海拔 500 – 800m 的山坡林下湿处；分布于凤冈、绥阳、瓮安、惠水、长顺、荔波、紫云、兴义等地。

2. 云南叉柱兰 *Cheirostylis yunnanensis* **Rolfe**

地生草本；生于海拔 200 – 1000m 的山坡林下阴湿处；分布于罗甸、望谟、晴隆、关岭、兴义等地。

（十九）异型兰属 *Chiloschista* Lindley

1. 异型兰 *Chiloschista yunnanensis* **Schltr.**

附生草本；生于海拔 500 – 600m 的树上；分布于茂兰等地。

（二○）隔距兰属 *Cleisostoma* Blume

1. 美花隔距兰 *Cleisostoma birmanicum*（Schltr.）**Garay**

附生草本；生于海拔 650m 山腹密林中枯树干上；分布于江口等地。

2. 长叶隔距兰 *Cleisostoma fuerstenbergianum* **Kraenzl.**

附生草本；生于海拔 500 – 1300m 的山地灌丛中的岩石上；分布于罗甸、册亨、兴义等地。

3. 长帽隔距兰 *Cleisostoma longioperculatum* Z. H. **Tsi**

附生草本；生于海拔约 700m 的山地杂木林内树干上；分布于兴义等地。

4. 勐海隔距兰 *Cleisostoma menghaiense* Z. H. **Tsi**

附生草本；生于海拔 500 – 600m 的树上；分布于茂兰等地。

5. 南贡隔距兰 *Cleisostoma nangongense* Z. H. **Tsi**

附生草本；生于海拔约 1700m 的常绿阔叶林中树干上；分布于兴义等地。

6. 大序隔距兰 *Cleisostoma paniculatum*（Ker Gawl.）**Garay**

附生草本；生于海拔 900m 的林中岩石上；分布于荔波、梵净山等地。

7. 短茎隔距兰 *Cleisostoma parishii*（Hook. f.）**Garay**

附生草本；生于海拔 500m 的林内树干上；分布于望谟等地。

8. 尖喙隔距兰 *Cleisostoma rostratum*（Lodd. ex Lindl.）**Garay**

附生草本；生于海拔 450 – 500m 的石灰岩山地林中岩石上；分布于罗甸、荔波、三都、望谟等地。

9. 短序隔距兰 *Cleisostoma striatum*（Rchb. f.）**Garay**〔*Cleisostoma brevipes* Hook. f.〕

附生草本；生于海拔 500 – 1600m 的常绿阔叶林中树干上；分布于荔波等地。

10. 红花隔距兰 *Cleisostoma williamsonii*（Rchb. f.）**Garay**

附生草本；生于海拔 500m 的山地灌丛中树干上或岩石上；分布于罗甸、荔波、册亨等地。

（二一）贝母兰属 *Coelogyne* Lindley

1. 眼斑贝母兰 *Coelogyne corymbosa* **Lindl.**

附生草本；生于海拔 500m 的山地湿润岩石上；分布于荔波等地。

2. 流苏贝母兰 *Coelogyne fimbriata* **Lindl.**

附生草本；生于海拔 720 – 1100m 的林中或林缘树干上；分布于荔波、独山、罗甸、安龙、兴义等地。

3. 栗鳞贝母兰 *Coelogyne flaccida* **Lindl.**

附生草本；生于海拔 900－1000m 的林下阴湿处岩石上；分布于独山、平塘、罗甸、荔波、兴义等地。

（二二）吻兰属 *Collabium* Blume

1. 台湾吻兰 *Collabium formosanum* **Hayata**

地生草本；生于海拔 1740m 的山坡岩石上湿处；分布于安龙、梵净山等地。

（二三）蛤兰属 *Conchidium* Griffith

1. 高山蛤兰 *Conchidium japonicum* （Maxim.）S. C. Chen et J. J. Wood〔*Eria reptans* （Franch. et Sav.）Makino〕

附生草本；生于海拔 900m 的树干上；分布于梵净山等地。

2. 菱唇蛤兰 *Conchidium rhomboidale* （Tang et F. T. Wang）S. C. Chen et J. J. Wood〔*Eria rhomboidalis* T. Tang et F. T. Wang〕

附生草本；生于海拔 1100m 的山地林中；分布于兴仁、荔波、平塘、罗甸等地。

（二四）珊瑚兰属 *Corallorhiza* Gagnebin

1. 珊瑚兰 *Corallorhiza trifida* **Chatel.**

腐生草本；生于海拔 1000－2000m 的林下湿地；分布于桐梓、荔波、三都等地。

（二五）铠兰属 *Corybas* Salisbury

1. 梵净山铠兰 *Corybas fanjingshanensis* **Y. X. Xiong**

地生草本；生于海拔 2300m 的植被中；分布于梵净山等地。

（二六）杜鹃兰属 *Cremastra* Lindley

1. 杜鹃兰 *Cremastra appendiculata* （D. Don）Makino

地生草本；生于海拔 800－1280m 的林下或沟边湿地；分布于贵阳、石阡、雷山、贵定、荔波、三都、普定、安龙等地。

2. 贵州杜鹃兰 *Cremastra guizhouensis* **Q. H. Chen et S. C. Chen**

地生草本；生于海拔 1320m 的山地林缘；分布于册亨等地。

（二七）兰属 *Cymbidium* Swartz

1. 纹瓣兰 *Cymbidium aloifolium* （L.）Sw.

附生草本；生于海拔 700－1200m 的林下岩石上、岩壁上；分布于镇宁、安龙、兴义等地。

2. 莎叶兰 *Cymbidium cyperifolium* **Wall. ex Lindl.**

地生或半附生草本；生于海拔 800－1300m 的山地林下多石处；分布于贵阳、独山、平塘、荔波、瓮安、黔西、金沙、七星关、钟山、册亨、安龙、兴义等地。

3. 送春 *Cymbidium cyperifolium* var. *szechuanicum* （Y. S. Wu et S. C. Chen）S. C. Chen et Z. J. Liu

地生或半附生草本；生于海拔 1000－1300m 的山地林缘；分布于遵义、金沙、织金等地。

4. 落叶兰 *Cymbidium defoliatum* **Y. S. Wu et S. C. Chen**

地生草本；生于海拔 1100m 的山地林下；分布于贵阳、兴义等地。

5. 建兰 *Cymbidium ensifolium* （L.）Sw.

地生草本；生于海拔 700－1900m 的林下、林缘、灌木丛中；分布于从江、剑河、台江、施秉、黄平、三都、荔波、贵阳、西秀、望谟、册亨、金沙、大方、兴义、安龙等地。

6. 长叶兰 *Cymbidium erythraeum* **Lindl.**

腐生草本；生于海拔 1400－2800m 的林中或林缘树上或岩石上；分布于梵净山等地。

7. 蕙兰 *Cymbidium faberi* **Rolfe**

地生草本；生于海拔 800 – 1500m 的山地多石湿润处；分布于省内各地。

8. 多花兰 *Cymbidium floribundum* Lindl.

附生草本；生于海拔 500 – 1500m 的山地林下或灌丛下岩石上；分布于梵净山、雷公山、黎平、榕江、从江、三都、荔波、平塘、罗甸、惠水、贵阳、西秀、紫云、关岭、望谟、贞丰、安龙、兴仁等地。

9. 春兰 *Cymbidium goeringii*（Rchb. f.）Rchb. f.【*Cymbidium goeringii* var. *Apyriflorum* Y. S. Wu】

地生草本；生于海拔 500 – 2200m 山坡林下或林缘；分布于省内各地。

10. 虎头兰 *Cymbidium hookerianum* Rchb. f.

附生草本；生于海拔 700 – 1250m 的山谷林中沟谷旁岩石上或树上；分布于晴隆、册亨、安龙、兴义等地。

11. 黄蝉兰 *Cymbidium iridioides* D. Don

地生草本；生于海拔 1500 – 1800m 的山林中；分布于盘县、普安等地。

12. 寒兰 *Cymbidium kanran* Makino

地生草本；生于海拔 700 – 2300m 的山谷林下、溪沟旁湿润多石处；分布于梵净山、道真、正安、凤冈、石阡、施秉、剑河、雷公山、三都、荔波、独山、遵义、金沙、贵阳、册亨、望谟、晴隆、兴义等地。

13. 兔耳兰 *Cymbidium lancifolium* Hook.

半附生草本；生于海拔 600 – 2000m 的竹林下、疏林下、林缘、溪谷旁石隙或树上；分布于省内各地。

14. 大根兰 *Cymbidium macrorhizon* Lindl.

腐生草本；生于海拔 700 – 1500m 的松林下或河边丛中；分布于碧江、锦屏、凯里、三都、荔波、台江、贵阳、六盘水、织金、西秀、望谟、安龙、兴义等地。

15. 硬叶兰 *Cymbidium mannii* Rchb. f.【*Cymbidium bicolor* subsp. *obtusum* Du Puy et P. J. Cribb】

附生草本；生于海拔 600 – 1250m 的林下岩石上或林中树干上；分布于从江、荔波、罗甸、紫云、镇宁、安龙等地。

16. 珍珠矮 *Cymbidium nanulum* Y. S. Wu et S. C. Chen

地生草本；生于海拔 900 – 1500m 的山地林下多石处；分布于望谟、安龙、兴义等地。

17. 峨眉春蕙 *Cymbidium omeiense* Y. S. Wu et S. C. Chen【*Cymbidium faberi* var. *omeiense*（Y. S. Wu et S. C. Chen）Y. S. Wu et S. C. Chen.】

地生草本；引种；省内有栽培。

18. 邱北冬蕙兰 *Cymbidium qiubeiense* K. M. Feng et H. Li

地生草本；生于海拔 800 – 1300m 的山地、林下；分布于惠水、七星关、六盘水、黔西、紫云、望谟、安龙、兴义等地。

19. 豆瓣兰 *Cymbidium serratum* Schlechter【*Cymbidium goeringii* var. *serratum*（Schlechter）Y. S. Wu et S. C. Chen】

地生草本；生于海拔 500 – 2200m 山坡林下或林缘；分布于省内各地。

20. 墨兰 *Cymbidium sinense*（Jack. ex Andrews）Willd.

地生草本；生于海拔 900 – 1500m 的山地林下或沟谷边荫蔽处；分布于贵阳、清镇、西秀、册亨、安龙、兴义、荔波、三都等地。

21. 果香兰 *Cymbidium suavissimum* Sander ex C. H. Curtis

地生或半附生草本；生于海拔 700 – 1100m 的山地林下岩石上；分布于册亨、安龙、兴义等地。

22. 莲瓣兰 *Cymbidium tortisepalum* Fukuy.

地生草本；省内偶见栽培。

23. 春剑 *Cymbidium tortisepalum* var. *longibracteatum*（Y. S. Wu et S. C. Chen）S. C. Chen et Z. J. Liu【*Cymbidium goeringii* var. *longibracteatum*（Y. S. Wu et S. C. Chen）Y. S. Wu et S. C. Chen】

地生草本；生于海拔 1000 – 2200m 的山坡杂木丛中多石处；分布于贵阳、黔南等地。

24. 西藏虎头兰 *Cymbidium tracyanum* L. Castle

附生草本；生于海拔 900 – 1200m 的林中树干上；分布于册亨、关岭等地。

（二八）杓兰属 *Cypripedium* Linnaeus

1. 大叶杓兰 *Cypripedium fasciolatum* Franch.

地生草本；生于海拔 1600 – 2900m 疏林中、山坡灌丛下或草坡；分布于大沙河等地。

2. 黄花杓兰 *Cypripedium flavum* P. F. Hunt et Summerh.

地生草本；生于海拔 1800m 的林下、林缘、灌丛中或草地上多石湿润之地；分布于大沙河等地。

3. 绿花杓兰 *Cypripedium henryi* Rolfe

地生草本；生于海拔 1100 – 1300m 的山地疏林下；分布于平坝、织金等地。

4. 扇脉杓兰 *Cypripedium japonicum* Thunb.

地生草本；生于海拔 1200 – 1500m 的林下、灌木丛中湿润处；分布于梵净山、松桃、道真、清镇等地。

5. 斑叶杓兰 *Cypripedium margaritaceum* Franch.

地生草本；生于海拔 1500 – 1900m 的石灰岩山地林下；分布于兴义等地。

6. 小花杓兰 *Cypripedium micranthum* Franch.

地生草本；生于海拔 2000 – 2500m 的林下；分布于大沙河等地。

7. 离萼杓兰 *Cypripedium plectrochilum* Franch.

地生草本；生于海拔 1360m 的山脊常绿灌木林下岩石旁腐殖土上；分布于道真等地。

8. 西藏杓兰 *Cypripedium tibeticum* King ex Rolfe

地生草本；生于海拔 1200 – 1400m 的山坡林下；分布于平塘、贵定等地。

（二九）肉果兰属 *Cyrtosia* Blume

1. 矮小肉果兰 *Cyrtosia nana*（Rolfe ex Downie）Garay

腐生草本；生于海拔 550 – 1340m 的林下、沟谷旁阴处；分布于望谟等地。

（三〇）石斛属 *Dendrobium* Swartz

1. 钩状石斛 *Dendrobium aduncum* Wall. ex Lindl.

附生草本；生于海拔 700 – 1000m 的山地林中树干上；分布于黎平、从江、独山、罗甸、荔波、三都、紫云、安龙、贞丰、兴义等地。

2. 矮石斛 *Dendrobium bellatulum* Rolfe

附生草本；海拔 1250 – 2100m 的山地疏林中树干上；分布于荔波等地。

3. 黄石斛 *Dendrobium catenatum* Lindl.【*Dendrobium officinale* Kimura et Migo 】

附生草本；生于海拔 1140 – 1600m 的山地半阴湿岩石上；分布于梵净山、正安、从江、榕江、黎平、独山、荔波、罗甸、长顺、三都、安龙、兴义、金沙、威宁等地。

4. 兜唇石斛 *Dendrobium cucullatum* R. Br.【*Dendrobium aphyllum*（Roxb.）C. E. C. Fisch. 】

附生草本；生于海拔 1000 – 1250m 的山地林中树干上或岩石上；分布于正安、清镇、安龙、兴义等地。

5. 线叶石斛 *Dendrobium chryseum* Rolfe【*Dendrobium aurantiacum* Rchb. f. 】

附生草本；生于海拔 1700m 的阔叶林中树干上；分布于兴义等地。

6. 束花石斛 *Dendrobium chrysanthum* Wall. ex Lindl.

附生草本；生于海拔 500 – 1520m 的山地林中树干上或阴湿岩石上；分布于盘县、关岭、金沙、罗甸、平塘、荔波、安龙、兴义等地。

7. 玫瑰石斛 *Dendrobium crepidatum* Lindl. ex Paxton

附生草本；生于海拔 700 – 1100m 的山地林中树干上或岩石上；分布于罗甸、兴义等地。

8. 叠鞘石斛 *Dendrobium denneanum* Kerr【*Dendrobium aurantiacum* var. *denneanum*（Kerr）Z. H. Tsi】

附生草本；生于海拔 500 – 900m 的山地林中树干上；分布于惠水、平塘、罗甸、关岭、安龙、兴义等地。

9. 齿瓣石斛 *Dendrobium devonianum* Paxton

附生草本；生于海拔 600 – 1300m 的山地林中树干上；分布于罗甸、兴义等地。

10. 梵净山石斛 *Dendrobium fanjingshanense* Z. H. Tsi ex X. H. Jin et Y. W. Zhang

附生草本；生于海拔 800 – 1500m 的树干上；分布于梵净山等地。

11. 流苏石斛 *Dendrobium fimbriatum* Hook.

附生草本；生于海拔 500 – 1500m 山地林中树干上或阴湿岩石上；分布于江口、正安、习水、赫章、关岭、独山、平塘、荔波、罗甸、三都、从江、望谟、安龙、兴义等地。

12. 细叶石斛 *Dendrobium hancockii* Rolfe

附生草本；生于海拔 700 – 1100m 的山地林中树干上或岩石上；分布于罗甸、荔波、平塘、望谟、册亨、安龙等地。

13. 疏花石斛 *Dendrobium henryi* Schltr.

附生草本；生于海拔 700 – 1300m 山地林中树干上或阴湿岩石上；分布于榕江、三都、兴仁、兴义等地。

14. 重唇石斛 *Dendrobium hercoglossum* Rchb. f.

附生草本；生于海拔 700 – 1000m 的山地林中树干上；分布于罗甸、望谟、清镇、册亨、紫云、安龙、贞丰、兴义等地。

15. 聚石斛 *Dendrobium lindleyi* Steudel

附生草本；生于海拔 500 – 800m 的山地林中树干上；分布于都匀、独山、荔波、望谟、册亨、安龙等地。

16. 美花石斛 *Dendrobium loddigesii* Rolfe

附生草本；生于海拔 700 – 1500m 的山地林中树干上或岩石上；分布于盘县、关岭、罗甸、兴义等地。

17. 罗河石斛 *Dendrobium lohohense* Tang et F. T. Wang

附生草本；生于海拔 460 – 1200m 的山地林缘岩石上；分布于沿河、务川、剑河、锦屏、三都、独山、龙里、贵定、平塘、长顺、惠水、罗甸、水城、安龙、兴义、赤水等地。

18. 细茎石斛 *Dendrobium moniliforme*（L.）Sw.【*Dendrobium wilsonii* Rolfe】

附生草本；生于海拔 500 – 1300m 山地林中树干上或阴湿岩石上；分布于江口、石阡、雷公山、黎平、榕江、从江、平塘、罗甸、荔波、安龙、水城、兴义、册亨、习水、遵义、梵净山等地。

19. 石斛 *Dendrobium nobile* Lindl.

附生草本；生于海拔 600 – 1700m 的山地林中树干上或岩石上；分布于江口、黄平、三都、赤水、习水、正安、遵义、大方、水城、罗甸、兴义等地。

20. 紫瓣石斛 *Dendrobium parishii* Rchb. f.

附生草本；分布于兴义等地。

21. 广西石斛 *Dendrobium scoriarum* W. W. Smith【*Dendrobium guangxiense* S. J. Cheng et C. Z.

Tang〕

附生草本；生于海拔 800 – 1380m 的石灰岩山地岩石上或树干上；分布于晴隆、水城、镇宁、兴义等地。

22. 勐海石斛 *Dendrobium sinominutiflorum* S. C. Chen〔*Dendrobium minutiflorum* S. C. Chen et Z. H. Tsi 〕

附生草本；生于海拔 1000 – 1400m 的山地疏林中树干上；分布于兴义等地。

23. 梳唇石斛 *Dendrobium strongylanthum* Rchb. f.

附生草本；生于海拔 1200m 的山地林中；分布于兴仁等地。

（二 ·）绒兰属 *Dendrolirium* Blume

1. 绒兰 *Dendrolirium tomentosum*（J. Koenig）S. C. Chen et J. J. Wood〔*Eria tomentosa* (K. D. Koenig) Hook. f. 〕

附生草本；生于海拔 800m 的林内树干上；分布于望谟、兴义等地。

（三二）尖药兰属 *Diphylax* J. D. Hooker

1. 西南尖药兰 *Diphylax uniformis* (T. Tang et F. T. Wang) T. Tang, F. T. Wang et K. Y. Lang

地生草本；生于海拔 1800m 的山坡林下；分布于梵净山等地。

（三三）合柱兰属 *Diplomeris* D. Don

1. 合柱兰 *Diplomeris pulchella* D. Don

地生草本；生于海拔 1300m 的山坡路旁；分布于兴义等地。

（三四）厚唇兰属 *Epigeneium* Gagnepain

1. 宽叶厚唇兰 *Epigeneium amplum* (Lindl.) Summerh.

附生草本；生于海拔 1000 – 1900m 的林下或溪边岩石上和山地林中树干上；分布于兴义等地。

2. 厚唇兰 *Epigeneium clemensiae* Gagnep.

附生草本；生于海拔 1000 – 1300m 的林中树干上；分布于贵阳、梵净山等地。

3. 单叶厚唇兰 *Epigeneium fargesii* (Finet) Gagnep.

附生草本；生于海拔 400 – 2400m 的沟谷岩石上或山地林中树干上；分布于大沙河等地。

4. 双叶厚唇兰 *Epigeneium rotundatum* (Lindl.) Summerh.

附生草本；生于海拔 1300 – 2500m 的林缘岩石上和疏林中树干上；分布于兴义、独山等地。

（三五）火烧兰属 *Epipactis* Zinn

1. 火烧兰 *Epipactis helleborine* (L.) Crantz

地生草本；生于海拔 600 – 1800m 的山坡林中、灌木丛中；分布于开阳、织金、盘县、水城、赫章、罗甸、兴义等地。

2. 大叶火烧兰 *Epipactis mairei* Schltr.

地生草本；生于海拔 1400 – 1550m 的山坡路旁；分布于道真、沿河等地。

（三六）毛兰属 *Eria* Lindley

1. 匍茎毛兰 *Eria clausa* King et Pantl.

附生草本；生于海拔 700m 的林中岩石上；分布于荔波、平塘、罗甸、三都等地。

2. 半柱毛兰 *Eria corneri* Rchb. f.

附生草本；生于海拔 450 – 1300m 的山地林中树上或岩石上；分布于望谟、紫云、关岭、安龙、兴义、荔波、平塘、罗甸、三都等地。

3. 足茎毛兰 *Eria coronaria* (Lindl.) Rchb. f.

附生草本；生于海拔 800 – 1300m 的山地林中树干上或岩石上；分布于平坝、镇宁、安龙、兴义、荔波、平塘、罗甸等地。

（三七）钳喙兰属 *Erythrodes* Blume

1. 钳唇兰 *Erythrodes blumei*（Lindl.）Schltr.

地生草本；生于海拔 400 – 1500m 的山坡或沟谷常绿阔叶林下阴处；分布于正安等地。

（三八）美冠兰属 *Eulophia* R. Brown

1. 长距美冠兰 *Eulophia dabia*（D. Don）Hochr.

地生草本；生于海拔 800m 以下的山坡草丛或荒原多石的地上；分布于黔西南等地。

2. 美冠兰 *Eulophia graminea* Lindl.

地生草本；生于海拔 700 – 1000m 的山坡草地；分布于罗甸、普安等地。

3. 线叶美冠兰 *Eulophia siamensis* Rolfe ex Downie

地生草本；生于海拔 910m 的林下；分布于惠水等地。

4. 剑叶美冠兰 *Eulophia sooi* W. T. Chun et T. Tang ex S. C. Chen

地生草本；生于海拔 1300m 的山坡草地；分布于安龙等地。

（三九）金石斛属 *Flickingeria* Hawkes

1. 红头金石斛 *Flickingeria calocephala* Z. H. Tsi et S. C. Chen

附生草本；生于海拔 1000 – 1150m 的石灰岩山地林下岩石上；分布于安龙、荔波等地。

2. 流苏金石斛 *Flickingeria fimbriata*（Bl.）Hawkes

附生草本；海拔 760 – 1700m 的山地林中树干上或林下岩石上；分布于望谟等地。

3. 三脊金石斛 *Flickingeria tricarinata* Z. H. Tsi et S. C. Chen〔*Flickingeria tricarinata* var. *viridil-amella* Z. H. Tsi et S. C. Chen〕

附生草本；生于海拔 700 – 900m 的山地疏林中树干上；分布于罗甸、荔波、关岭、兴义等地。

（四〇）山珊瑚兰属 *Galeola* Loureiro

1. 山珊瑚 *Galeola faberi* Rolfe

腐生草本；生于海拔 1500 – 1600m 的疏林下湿润处；分布于赤水、息烽、望谟等地。

2. 毛萼山珊瑚 *Galeola lindleyana*（Hook. f. et Thomson）Rchb. f.

附生草本；生于海拔 1300 – 1550m 的林下沟旁腐殖质丰厚处；分布于梵净山、雷公山、册亨、安龙等地。

（四一）盆距兰属 *Gastrochilus* D. Don

1. 江口盆距兰 *Gastrochilus nanus* Z. H. Tsi

附生草本；生于海拔 1000m 的山地林中树上；分布于梵净山等地。

2. 中华盆距兰 *Gastrochilus sinensis* Z. H. Tsi

附生草本；生于海拔 760 – 1700m 的山坡林中树干上或岩石上；分布于梵净山等地。

3. 宣恩盆距兰 *Gastrochilus xuanenensis* Z. H. Tsi

附生草本；生于海拔 600m 的山坡林缘树干上；分布于梵净山等地。

（四二）天麻属 *Gastrodia* R. Brown

1. 天麻 *Gastrodia elata* Bl.〔*Gastrodia elata* f. *alba* S. Chow；*Gastrodia elata* f. *flavida* S. Chow；*Gastrodia elata* f. *viridis*（Makino）Makino；*Gastrodia elata* f. *glauca* S. Chow〕

腐生草本；生于海拔 1200 – 2000m 的山坡林下空地、林缘、灌丛中；分布于省内各地。

（四三）地宝兰属 *Geodorum* ackson

1. 地宝兰 *Geodorum densiflorum*（Lam.）Schltr.

地生草本；生于海拔 700 – 1000m 的山坡草地或林下；分布于罗甸、望谟、册亨、兴仁等地。

2. 贵州地宝兰 *Geodorum eulophioides* Schltr.

地生草本；生于海拔 600m 的溪沟旁；分布于罗甸等地。

（四四）斑叶兰属 *Goodyera* R. Brown

1. 大花斑叶兰 *Goodyera biflora*（Lindl.）Hook. f.

地生草本；生于海拔 1200m 的林下阴湿处；分布于荔波、独山、三都、梵净山、雷公山等地。

2. 莲座斑叶兰 *Goodyera brachystegia* Hand. -Mazz.

地生草本；生于海拔 1300m 的山地林下；分布于兴义等地。

3. 光萼斑叶兰 *Goodyera henryi* Rolfe

地生草本；生于海拔 1400－1450m 的山地林下湿处；分布于荔波、三都、雷公山、月亮山等地。

4. 花格斑叶兰 *Goodyera kwangtungensis* C. L. Tso

地生草本，生于海拔 2000m 以下生于林下阴处；分布于湄潭等地。

5. 高斑叶兰 *Goodyera procera*（Ker Gawl.）Hook.

地生草本；生于海拔 340－800m 的林下；分布于赤水、习水、仁怀、望谟、紫云、镇宁等地。

6. 小斑叶兰 *Goodyera repens*（L.）R. Br.

地生草本；生于海拔 760m 的山坡沟谷旁；分布于梵净山等地。

7. 滇藏斑叶兰 *Goodyera robusta* Hook. f.

地生草本；生于海拔 1100m 的山地林中；分布于兴仁等地。

8. 斑叶兰 *Goodyera schlechtendaliana* Rchb. f.

地生草本；生于海拔 800－1650m 的山坡林下湿地或沟旁；分布于梵净山、雷公山、黎平、榕江、贵定、荔波、三都、贵阳、册亨等地。

9. 绒叶斑叶兰 *Goodyera velutina* Maxim. ex Regel

地生草本；生于海拔 1200m 以下生于林下阴湿处；分布于从江、荔波、三都等地。

（四五）玉凤花属 *Habenaria* Willdenow

1. 落地金钱 *Habenaria aitchisonii* Rchb. f.

地生草本；生于海拔 2100－2450m 的山坡灌木丛下沟旁或草地；分布于威宁、水城等地。

2. 毛葶玉凤花 *Habenaria ciliolaris* Kraenzl.

地生草本；，生于海拔 900－1400m 的山坡林下或沟旁阴处；分布于梵净山、雷公山、榕江、兴义、荔波、三都等地。

3. 长距玉凤花 *Habenaria davidii* Franch.

地生草本；生于海拔 700－2500m 的山坡林下草地；分布于正安、施秉、平塘、罗甸、贵阳、清镇、晴隆、威宁等地。

4. 厚瓣玉凤花 *Habenaria delavayi* Finet

地生草本；生于海拔 800－1300m 的山地林下或灌木林中；分布于施秉、瓮安等地。

5. 鹅毛玉凤花 *Habenaria dentata*（Sw.）Schltr.

地生草本；生于海拔 630－1500m 的山坡林下；分布于榕江、荔波、独山、三都、关岭、册亨、兴义、水城等地。

6. 线瓣玉凤花 *Habenaria fordii* Rolfe

地生草本；生于海拔 550m 的林下岩石覆土中；分布于茂兰等地。

7. 粉叶玉凤花 *Habenaria glaucifolia* Bur. et Franch.

地生草本；生于海拔 2100－2300m 的山坡灌丛或草地；分布于盘县、兴义等地。

8. 湿地玉凤花 *Habenaria humidicola* Rolfe

地生草本，生于海拔 590－1500m 林下阴湿处；分布于兴义等地。

9. 宽药隔玉凤花 *Habenaria limprichtii* Schltr.

地生草本；生于海拔 1300－1800m 的山坡草地；分布于贵阳、贵定、都匀、平坝、普定等地。

10. 坡参 *Habenaria linguella* Lindl.

地生草本；生于海拔 790 – 1500m 的山坡草地；分布于榕江、独山、都匀、三都、贵阳、晴隆、兴仁、兴义等地。

11. 裂瓣玉凤花 *Habenaria petelotii* Gagnep.

地生草本；生于海拔 900 – 1200m 的山坡林下；分布于剑河、雷公山、独山、荔波等地。

12. 莲座玉凤花 *Habenaria plurifoliata* T. Tang et F. T. Wang

地生草本；生于海拔 600m 的山坡沟旁；分布于盘县、荔波等地。

13. 橙黄玉凤花 *Habenaria rhodocheila* Hance

地生草本；生于海拔 300 – 1500m 的山坡灌丛阴处；分布于榕江、从江等地。

14. 齿片坡参 *Habenaria rostellifer*a Rchb. f.

地生草本；生于海拔 1000 – 1500m 的山坡草地；分布于普定、关岭、兴仁、兴义等地。

15. 中缅玉凤花 *Habenaria shweliensis* W. W. Sm. et Banerji

地生草本；生于海拔 1300 – 1400m 的山坡草地；分布于兴仁、兴义等地。

16. 中泰玉凤花 *Habenaria siamensis* Schltr.

地生草本；生于海拔 600m 的山坡草地；分布于兴仁等地。

17. 狭瓣玉凤花 *Habenaria stenopetala* Lindl.

地生草本；生于海拔 300 – 1750m 的阔叶林下或林缘；分布地不详。

(四六)舌喙兰属 *Hemipilia* Lindley

1. 扇唇舌喙兰 *Hemipilia flabellata* Bur. et Franch.

地生草本；1000 – 2400m 的石灰岩石缝中；分布于威宁、赫章、大方、晴隆等地。

2. 裂唇舌喙兰 *Hemipilia henryi* Rolfe

地生草本；生于海拔 800 – 900m 的多岩石的地方；分布于大沙河等地。

3. 广西舌喙兰 *Hemipilia kwangsiensis* T. Tang et F. T. Wang ex K. Y. Lang

地生草本；生于海拔 600 – 800m 的林下石灰岩岩壁上；分布于茂兰、平塘、罗甸等地。

4. 短距舌喙兰 *Hemipilia limprichtii* Schltr.

地生草本；生于海拔 1000 – 1400m 的山坡灌木丛中或沟旁湿处；分布于清镇 、关岭、晴隆、兴仁、兴义等地。

(四七)角盘兰属 *Herminium* Guett.

1. 裂瓣角盘兰 *Herminium alaschanicum* Maxim.

地生草本；生于海拔 1800 – 2300m 的山坡草地；分布于水城、纳雍、威宁等地。

2. 叉唇角盘兰 *Herminium lanceum*（Thunb. ex Sw.）Vuijk

地生草本；生于海拔 700 – 1300m 的山坡灌木丛中或草地；分布于梵净山、雷公山、从江、黄平、贵定、贵阳、息烽、遵义、绥阳、正安、清镇、晴隆、安龙等地。

3. 角盘兰 *Herminium monorchis*（L. ）R. Br.

地生草本；生于海拔 600m 的灌丛中；分布于荔波等地。

(四八)瘦房兰属 *Ischnogyne* Schlechter

1. 瘦房兰 *Ischnogyne mandarinorum*（Kraenzl.）Schltr.

附生草本；生于海拔 1100 – 1500m 的林下沟旁岩石上；分布于西秀、清镇、镇宁、关岭等地。

(四九)羊耳蒜属 *Liparis* Richard

1. 扁茎羊耳蒜 *Liparis assamica* King et Pantl.

附生草本；生于海拔 800m 的林中树枝上；分布于兴义等地。

2. 圆唇羊耳蒜 *Liparis balansae* Gagnep.

附生草本；生于海拔 1650m 的山谷林下岩石上；分布于贞丰等地。

3. 保亭羊耳蒜 *Liparis bautingensis* T. Tang et F. T. Wang

附生草本；生于海拔 1600m 的林中岩石上；分布于兴义等地。

4. 镰翅羊耳蒜 *Liparis bootanensis* **Griff.** 〖*Liparis bootanensis* var. *angustissima* S. C. Chen et K. Y. Lang〗

附生草本；生于海拔 480 – 700m 的山地林中树干上或岩石上；分布于三都、荔波、平塘、罗甸、赤水、兴义、贞丰等地。

5. 齿唇羊耳蒜 *Liparis campylostalix* **Rchb. f.**

地生草本；生于海拔 1100 – 2800m 的林下、灌丛、草地上；分布地不详。

6. 二褶羊耳蒜 *Liparis cathcartii* **Hook. f.**

地生草本；生于山谷旁湿润处或草地上；分布于罗甸、荔波等地。

7. 丛生羊耳蒜 *Liparis cespitosa* （**Thouars**）**Lindl.**

附生草本；生于海拔 550 – 750m 的树干上；分布于清镇、茂兰等地。

8. 平卧羊耳蒜 *Liparis chapaensis* **Gagnep.**

附生草本；生于海拔 1500m 的生于山地林中的树干上或岩石上；分布于安龙、兴义、三都、罗甸等地。

9. 心叶羊耳蒜 *Liparis cordifolia* **Hook. f.**

地生草本；生于海拔 530 – 700m 的林下岩石上积土处；分布于独山、荔波等地。

10. 大花羊耳蒜 *Liparis distans* **C. B. Clarke**

附生草本；生于海拔 600 – 1300m 的山地林中的树干上或沟旁岩石上；分布于正安、绥阳、遵义、开阳、清镇、兴仁、兴义、赤水、荔波、三都、平塘、罗甸等地。

11. 福建羊耳蒜 *Liparis dunnii* **Rolfe**

地生草本；生于阴湿岩石上；分布于雷公山等地。

12. 贵州羊耳蒜 *Liparis esquirolii* **Schltr.**

附生草本；生于海拔 700 – 950m 的山地林中岩石上；分布于清镇、开阳、独山、荔波、惠水、平塘等地。

13. 小羊耳蒜 *Liparis fargesii* **Finet**

附生草本；生于海拔 1800 – 1950m 的山顶林下岩石上；分布于兴义、赫章等地。

14. 紫花羊耳蒜 *Liparis gigantea* **C. L. Tso**

地生草本；生于海拔 800 – 1300m 的山地林下或灌丛下岩石上；分布于荔波、三都、榕江、兴义等地。

15. 长苞羊耳蒜 *Liparis inaperta* **Finet**

附生草本；生于海拔 700 – 1200m 的山地林下岩石上或树干上；分布于梵净山、雷公山、剑河、台江、榕江、贵定、贵阳、开阳、独山、都匀、三都等地。

16. 羊耳蒜 *Liparis japonica* （**Miq.**）**Maxim.**

地生草本；生于海拔 870 – 2500m 的山坡林下或灌丛下阴湿处；分布于松桃、梵净山、沿河、道真、正安、清镇、水城、盘县、大方、威宁、荔波、三都、独山等地。

17. 广东羊耳蒜 *Liparis kwangtungensis* **Schltr.**

附生草本；生于海拔 600m 的山地林下岩石上；分布于荔波等地。

18. 见血青 *Liparis nervosa* （**Thunb. ex A. Murray**）**Lindl.**

地生草本；生于海拔 550 – 1200m 的山坡林下或灌丛下岩石上；分布于道真、梵净山、务川、绥阳、正安、清镇、仁怀、习水、赤水、册亨、安龙、兴义、黔南州等地。

19. 香花羊耳蒜 *Liparis odorata* （**Willd.**）**Lindl.**

地生草本；生于海拔 450 – 1200m 的山坡草地或林下；分布于正安、榕江、兴义、荔波、三都等地。

20. 长唇羊耳蒜 *Liparis pauliana* **Hand. -Mazz.**

地生草本；生于海拔 800 – 1400m 的林缘、林中岩石上或灌丛下；分布于雷公山等地。

21. 管花羊耳蒜 *Liparis seidenfadeniana* **Szlach.**

附生草本；生境不详；分布地不详。

22. 插天山羊耳蒜 *Liparis sootenzanensis* **Fukuyama**

地生草本；生于海拔 500 – 1500m 的疏林下；分布于荔波等地。

23. 扇唇羊耳标 *Liparis stricklandiana* **Rchb. f.**

附生草本；生于山地林中树干上；分布于贞丰、荔波、罗甸等地。

24. 长茎羊耳蒜 *Liparis viridiflora* （**Bl.**） **Lindl.**

附生草本；生于海拔 600 – 1300m 的山地林下岩石上；分布于贵定、荔波、平塘、罗甸、盘县、兴义等地。

（五〇）鸟巢兰属 *Neottia* **Guettard**

1. 对叶兰 *Neottia puberula* （**Maxim.**） **Szlachetko**〔*Listera puberula* **Maxim.** 〕

地生草本；生于海拔 2200m 的林下；分布于荔波、梵净山等地。

（五一）钗子股属 *Luisia* **Gaudichaud**

1. 钗子股 *Luisia morsei* **Rolfe**

附生草本；生于海拔 700 – 1000m 的山地林中树干上；分布于黎平、荔波、瓮安、平塘、罗甸、安龙、兴义等地。

2. 叉唇钗子股 *Luisia teres* （**Thunb. ex A. Murray**） **Bl.**

附生草本；生于海拔 1000 – 1200m 的山地林中树干上；分布于惠水、荔波、平塘、罗甸、兴义等地。

（五二）沼兰属 *Crepidium* **Blume**

1. 浅裂沼兰 *Crepidium acuminatum* （**D. Don**） **Szlachetko**〔*Malaxis acuminata* **D. Don**〕

地生或半附生草本；生于海拔 600 – 1200m 的山地林下岩石上；分布于兴义、安龙、荔波等地。

2. 二耳沼兰 *Crepidium biauritum* （**Lindl.**） **Szlachetko**〔*Malaxis biaurita* （**Lindl.**） **Kuntz.** 〕

草本，生于海拔 1300m 的山坡林下；分布于安龙等地。

（五三）原沼兰属 *Malaxis* **Solander ex Swartz**

1. 原沼兰 *Malaxis monophyllos* （**L.** ） **Sw.**

地生草本；生于海拔 1500m 的山地林下湿处；分布于道真、正安、荔波等地。

（五四）短瓣兰属 *Monomeria* **Lindley**

1. 短瓣兰 *Monomeria barbata* **Lindl.**

附生草本；生于海拔 800 – 1200m 的林中；分布于清镇、兴义、荔波等地。

（五五）拟毛兰属 *Mycaranthes* **Blume**

1. 指叶拟毛兰 *Mycaranthes pannea* （**Lindl.**） **S. C. Chen et J. J. Wood**〔*Eria pannea* **Lindl.** 〕

附生草本；生于海拔 1200m 的林下岩石上；分布于兴义等地。

（五六）兜被兰属 *Neottianthe* **Schltr.**

1. 密花兜被兰 *Neottianthe cucullata* var. *calcicola* （**W. W. Sm.** ） **Soó**〔*Neottianthe calcicola* （**W. W. Sm.** ） **Schltr.** 〕

地生草本；生于海拔 2100m 的山坡草地；分布于梵净山等地。

2. 二叶兜被兰 *Neottianthe cucullata* （**L.** ） **Schltr.**

地生草本；生于海拔 2100m 的山坡草地；分布于梵净山等地。

（五七）芋兰属 *Nervilia* **Commerson ex Gaudichaud**

1. 广布芋兰 *Nervilia aragoana* **Gaudich.**

地生草本；生于海拔 700 – 1100m 的山坡林下阴湿处；分布于独山、三都、普安等地。

2. 毛唇芋兰 *Nervilia fordii*（Hance）Schltr.

地生草本；生于海拔 550 – 800m 的山地林下岩石上；分布于荔波、平塘、罗甸等地。

3. 七角叶芋兰 *Nervilia mackinnonii*（Duthie）Schltr.

地生草本；生于海拔 700 – 900m 的山地林下；分布于独山、荔波等地。

（五八）鸢尾兰属 *Oberonia* Lindley

1. 剑叶鸢尾兰 *Oberonia ensiformis*（J. E. Sm.）Lindl.

附生草本；生于海拔 900 – 1600m 的林下树干上；分布于兴义、荔波、三都、平塘、罗甸等地。

2. 全唇鸢尾兰 *Oberonia integerrima* Guill.

附生草本；生于海拔 1000 – 1600m 的石灰山林中树上；分布于荔波、平塘、罗甸等地。

3. 广西鸢尾兰 *Oberonia kwangsiensis* Seidenf.

附生草本；生于海拔 550 – 700m，附生于岩石上；分布于茂兰等地。

4. 小叶鸢尾兰 *Oberonia japonica*（Maxim.）Makino

附生草本；生于海拔 650 – 1000m 的林中树上或岩石上；分布于梵净山等地。

5. 棒叶鸢尾兰 *Oberonia cavaleriei* Finet〔*Oberonia myosurus*（Forst. f.）Lindl.〕

附生草本；生于海拔 1200 – 1500m 的山地林中树枝上；分布于贵阳、开阳、惠水、长顺、罗甸、兴义等地。

（五九）红门兰属 *Orchis* Linnaeus

1. 广布红门兰 *Orchis chusua* D. Don

地生草本；生于山坡林下、灌丛下、高山灌丛草地或高山草甸中；分布于大沙河等地。

（六〇）山兰属 *Oreorchis* Lindley

1. 长叶山兰 *Oreorchis fargesii* Finet

地生草本；生于海拔 880 – 1000m 的山谷湿地；分布于雷公山、黎平等地。

2. 山兰 *Oreorchis patens*（Lindl.）Lindl.

地生草本；生于海拔 1850 – 2050m 的林下或沟谷旁；分布于遵义、盘县、纳雍等地。

（六一）羽唇兰属 *Ornithochilus*（Wallich ex Lindley）Bentham et J. D. Hooker

1. 羽唇兰 *Ornithochilus difformis*（Lindl.）Schltr.

附生草本；生于海拔 500 – 600m 的树上；分布于茂兰等地。

（六二）粉口兰属 *Pachystoma* Blume

1. 粉口兰 *Pachystoma pubescens* Bl.

地生草本；生于海拔 400 – 700m 的山坡草地；分布于独山、荔波、罗甸、望谟、兴义等地。

（六三）曲唇兰属 *Panisea*（Lindley）Lindley

1. 平卧曲唇兰 *Panisea cavaleriei* Schlechter

附生草本；生于海拔 800 – 1200m 的林中岩石上；分布于清镇、册亨、兴义等地。

（六四）兜兰属 *Paphiopedilum* Pfitzer

1. 杏黄兜兰 *Paphiopedilum armeniacum* S. C. Chen et F. Y. Liu

地生或半附生植物；生于海拔 800 – 1200m 的峡谷悬崖上；分布于盘县等地。

2. 小叶兜兰 *Paphiopedilum barbigerum* T. Tang et F. T. Wang

地生或半附生草本；生于海拔 750 – 1300m 的石灰岩湿地荫蔽处岩隙积土处；分布于开阳、清镇、贵定、荔波、兴仁、兴义等地。

3. 巨瓣兜兰 *Paphiopedilum bellatulum*（Rchb. f.）Stein

地生或半附生草本；生于海拔 1200m 的石灰岩岩隙积土处；分布于兴义等地。

4. 同色兜兰 *Paphiopedilum concolor*（Lindl. ex Bateman）Pfitzer

地生或半附生草本；生于海拔 1100 – 1300m 的石灰岩岩石缝中积土处；分布于兴义等地。

5. 长瓣兜兰 *Paphiopedilum dianthum* T. Tang et F. T. Wang

附生草本；生于海拔 600 – 1200m 的石灰岩山地的林下岩石上或树干上；分布于盘县、望谟、安龙、兴义等地。

6. 白花兜兰 *Paphiopedilum emersonii* Koopowitz et Cribb

地生或半附生植物草本；生于海拔 780m 的石灰岩灌丛中或林下岩石缝中；分布于荔波等地。

7. 带叶兜兰 *Paphiopedilum hirsutissimum* (Lindl. ex Hook.) Stein

地生或半附生植物草本；生于海拔 700 – 1400m 的山地林下或灌丛下岩石缝积土处，或多石湿土处；分布于平塘、荔波、罗甸、望谟、安龙、兴义等地。

8. 麻栗坡兜兰 *Paphiopedilum malipoense* S. C. Chen et Z. H. Tsi

地生或半附生植物草本；生于海拔 800 – 1100m 的石灰岩山地林下多石处；分布于荔波、兴义等地。

9. 硬叶兜兰 *Paphiopedilum micranthum* T. Tang et F. T. Wang

地生或半附生植物草本；生于海拔 550 – 850m 的石灰岩山地岩石缝隙积土处；分布于江口、德江、瓮安、荔波、罗甸、福泉、册亨、望谟、安龙、兴义等地。

10. 文山兜兰 *Paphiopedilum wenshanense* Z. J. Liu et J. Y. Zhang

地生或半附生植物草本；分布于兴义等地。

（六五）白蝶兰属 *Pecteilis* Rafinesque

1. 龙头兰 *Pecteilis susannae* (L.) Rafin.

地生草本；生于海拔 650 – 1300m 的山地林下、沟旁湿地；分布于独山、荔波、贵阳、镇宁、关岭、晴隆等地。

（六六）钻柱兰属 *Pelatantheria* Ridley

1. 尾丝钻柱兰 *Pelatantheria bicuspidata* (Rolfe et Downie) T. Tang et F. T. Wang

附生草本；生于海拔 1000m 的山地林中树干上；分布于兴义等地。

（六七）阔蕊兰属 *Peristylus* Blume

1. 小花阔蕊兰 *Peristylus affinis* (D. Don) Seidenf.

地生草本；生于海拔 700 – 1300m 的山地林下或灌木丛中；分布于石阡、施秉、开阳、清镇、贵定、独山、安龙、兴义等地。

2. 条叶阔蕊兰 *Peristylus bulleyi* (Rolfe) K. Y. Lang【*Herminium bulleyi* (Rolfe) Tang et F. T. Wang】

地生草本；生于山坡林下和缓坡草地；分布于大沙河等地。

3. 狭穗阔蕊兰 *Peristylus densus* (Lindl.) Santap. et Kapad.

地生草本；生于海拔 1000 – 1300m 的山坡林下或草丛中；分布于榕江、台江、雷公山、三都等地。

4. 一掌参 *Peristylus forceps* Finet

地生草本；生于海拔 900 – 1500m 的山坡草地或沟旁；分布于独山、都匀、贵阳、平坝、普定、水城、金沙、赤水等地。

5. 阔蕊兰 *Peristylus goodyeroides* (D. Don) Lindl.

地生草本；生于海拔 500 – 1200m 的山坡草地或阔叶林下；分布于独山、平塘、罗甸、都匀、兴仁、兴义等地。

（六八）鹤顶兰属 *Phaius* Loureiro

1. 仙笔鹤顶兰 *Phaius columnaris* C. Z. Tang et S. J. Cheng

地生草本；生于海拔 800m 的石灰岩山地林下；分布于望谟、荔波、平塘、罗甸等地。

2. 黄花鹤顶兰 *Phaius flavus* (Bl.) Lindl.

地生草本；生于海拔 650 – 1200m 的山坡林下阴湿地；分布于梵净山、荔波、罗甸、平塘等地。

3. 紫花鹤顶兰 *Phaius mishmensis*（Lindl. et Paxt.）Rchb. f.

地生草本；生于海拔 480m 的山坡林下阴湿地；分布于赤水、荔波、罗甸等地。

4. 鹤顶兰 *Phaius tancarvilleae*（L'Hér.）Bl.

地生草本；生于海拔 700 – 1800m 的石灰岩山地林缘；分布于荔波、三都等地。

（六九）蝶兰属 *Phalaenopsis* Blume

1. 华西蝴蝶兰 *Phalaenopsis wilsonii* Rolfe

附生草本；生于海拔 600 – 1200m 的山地林中树干上；分布于兴义、盘县等地。

（七〇）石仙桃属 *Pholidota* Lindley ex Hooker

1. 节茎石仙桃 *Pholidota articulata* Lindl.

附生草本；生于海拔 800 – 1100m 的林中；分布于开阳、兴仁等地。

2. 细叶石仙桃 *Pholidota cantonensis* Rolfe

附生草本；生于海拔 880 – 1200m 的石灰岩山地林下岩石上阴湿处；分布于荔波、龙里、贵阳、清镇、平坝、安龙、兴义等地。

3. 石仙桃 *Pholidota chinensis* Lindl.

附生草本；生于海拔 340 – 1100m 的山地林中树干上或岩石上；分布于三都、荔波、罗甸、榕江、贞丰、兴仁等地。

4. 单叶石仙桃 *Pholidota leveilleana* Schltr.

附生草本；生于海拔 770 – 970m 的石灰岩山地林中岩石上；分布于惠水、平塘、荔波等地。

5. 长足石仙桃 *Pholidota longipes* S. C. Chen et Z. H. Tsi

附生草本；生于海拔 500 – 600m 的岩石上；分布于茂兰等地。

6. 尖叶石仙桃 *Pholidota missionariorum* Gagnep.

附生草本；生于海拔 1100 – 1300m 的山地林中树上或岩石上；分布于贵阳、开阳、平坝、西秀、兴义、罗甸、长顺等地。

7. 贵州石仙桃 *Pholidota roseans* Schltr.

附生草本；生于海拔 800 – 1200m 的山地灌丛下岩石上；分布于罗甸、独山、三都等地。

8. 云南石仙桃 *Pholidota yunnanensis* Rolfe

附生草本；生于海拔 650 – 1500m 的山地林中树上或岩石上；分布于开阳、清镇、黔东至黔西南等地。

（七一）馥兰属 *Phreatia* Lindley

1. 馥兰 *Phreatia formosana* Rolfe〔*Phreatia evrardii* Gagnep.〕

附生草本；生于海拔 800 – 1800m 的林中透光处的树上；分布于茂兰等地。

（七二）苹兰属 *Pinalia* Lindley

1. 粗茎苹兰 *Pinalia amica*（Rchb. f.）Kuntze

附生草本；生于海拔 550m 的河边悬崖石壁上；分布于茂兰等地。

2. 厚叶苹兰 *Pinalia pachyphylla*（Averyanov）S. C. Chen et J. J. Wood〔*Eria crassifolia* Z. H. Tsi et S. C. Chen〕

附生草本；生于海拔 1080m 的林中；分布于兴义等地。

3. 长苞苹兰 *Pinalia obvia*（W. W. Smith）S. C. Chen et J. J. Wood〔*Eria obvia* W. W. Sm.〕

附生草本；生于海拔 700 – 2000m 的林中树干上；分布于兴义等地。

4. 密花苹兰 *Pinalia spicata*（D. Don）S. C. Chen et J. J. Wood〔*Eria spicata*（D. Don）Hand.-Mazz.〕

附生草本；生于海拔 600 – 900m 的山坡林下或灌丛下岩石下；分布于赤水、习水、荔波等地。

5. 马齿苹兰 *Pinalia szetschuanica*（Schltr.）S. C. Chen et J. J. Wood【*Eria szetschuanica* Schltr.】

附生草本；生于海拔 2300m 左右的山谷岩石上；分布于荔波、荔波等地。

（七三）舌唇兰属 *Platanthera* Richard

1. 二叶舌唇兰 *Platanthera chlorantha* Cust. ex Rchb.

地生草本；生于海拔 2000m 的山坡草丛中；分布于赫章等地。

2. 对耳舌唇兰 *Platanthera finetiana* Schltr.

地生草本；生于海拔 1200 - 2900m 的山坡林下或沟谷中；分布于大沙河等地。

3. 密花舌唇兰 *Platanthera hologlottis* Maxim.

地生草本；生于海拔 1500 - 1800m 的山坡林下湿地；分布于道真、沿河等地。

4. 舌唇兰 *Platanthera japonica*（Thunb. ex A. Marray）Lindl.

地生草本；生于海拔 1300 - 2100m 的山坡林下或灌丛中；分布于梵净山、贵阳、遵义、雷公山、安龙、兴义等地。

5. 条叶舌唇兰 *Platanthera leptocaulon*（Hook. f.）Soo

地生草本；生于海拔 1500 - 2000m 的山坡竹林下；分布于桐梓等地。

6. 尾瓣舌唇兰 *Platanthera mandarinorum* Rchb. f.

地生草本；生于海拔 1200 - 2000m 的山坡草地；分布于梵净山、镇远、西秀等地。

7. 小舌唇兰 *Platanthera minor*（Miq.）Rchb. f.

地生草本；生于海拔 1200 - 1800m 的山坡草地；分布于雷公山、剑河、纳雍、兴义等地。

8. 弓背舌唇兰 *Platanthera curvata* K. Y. Lang【*Platanthera platantheroides*（T. Tang et F. T. Wang）K. Y. Lang】

地生草本；生于山坡林下或灌丛草地；分布于贞丰等地。

（七四）独蒜兰属 *Pleione* D. Don

1. 独蒜兰 *Pleione bulbocodioides*（Franch.）Rolfe

半附生草本；生于海拔 1300 - 1800m 的林下岩石上；分布于雷公山、黄平、榕江、贵定、三都、荔波、兴仁、贞丰等地。

2. 毛唇独蒜兰 *Pleione hookeriana*（Lindl.）B. S. Williams

附生草本；生于海拔 1400 - 1700m 的林下岩石上；分布于榕江、雷公山、三都、荔波等地。

3. 美丽独蒜兰 *Pleione pleionoides*（Kraenzl. ex Diels）Braem et H. Mohr

地生或半附生草本；生于海拔 1750 - 2250m 的林下岩石上；分布于省内东北部等地。

4. 云南独蒜兰 *Pleione yunnanensis*（Rolfe）Rolfe

地生或半附生草本；生于海拔 1100 - 2540m 的林下或林缘岩石上；分布于梵净山、雷公山、贵阳、紫云、盘县、纳雍、威宁、贞丰、安龙、望谟等地。

（七五）朱兰属 *Pogonia* Jussieu

1. 朱兰 *Pogonia japonica* Rchb. f.

地生草本；生于海拔 1000 - 1500m 的山坡草地或林下；分布于道真、凤冈、正安、雷公山、三都、赤水等地。

（七六）钻喙兰属 *Rhynchostylis* Blume

1. 钻喙兰 *Rhynchostylis retusa*（L.）Bl.

附生草本；生于海拔 800m 的林中树干上；分布于兴义等地。

（七七）寄树兰属 *Robiquetia* Gaudichaud

1. 寄树兰 *Robiquetia succisa*（Lindl.）Seidenf. et Garay

附生草本；生于海拔 570 - 1150m 的疏林中树干上或山崖石壁上；分布于荔波等地。

(七八) 鸟足兰属 *Satyrium* Swartz

1. 鸟足兰 *Satyrium nepalense* D. Don

地生草本；生于海拔 1600m 的山坡草地；分布于务川、盘县等地。

2. 缘毛鸟足兰 *Satyrium nepalense* var. *ciliatum*（Lindl.）Hook. f.【*Satyrium ciliatum* Lindl.】

地生草本；生于海拔 1900 – 2620m 的草坡上；分布于雷公山、兴义等地。

(七九) 萼脊兰属 *Sedirea* Garay et Sweet

1. 短茎萼脊兰 *Sedirea subparishii*（Z. H. Tsi）Christenson

附生草本；生于海拔 700 – 900m 的山坡林中树干上；分布于荔波、梵净山等地。

(八〇) 苞舌兰属 *Spathoglottis* Blume

1. 苞舌兰 *Spathoglottis pubescens* Lindl.

地生草本；生于海拔 740 – 1600m 的山坡灌丛中或岩石上；分布于梵净山、雷公山、榕江、荔波、三都、盘县、平坝、西秀、兴仁、兴义、安龙等地。

(八一) 绶草属 *Spiranthes* Richard

1. 绶草 *Spiranthes sinensis*（Pers.）Ames

地生草本；生于海拔 300 – 2000m 的山坡林下、灌丛中或草地；分布于省内大部分地区。

(八二) 带唇兰属 *Tainia* Blume

1. 狭叶带唇兰 *Tainia angustifolia*（Lindl.）Benth. et Hook. f.

地生草本；生于海拔 560m 的林中；分布于安龙等地。

2. 带唇兰 *Tainia dunnii* Rolfe

地生草本；生于海拔 700 – 1000m 的山地灌木丛下湿地；分布于荔波、息烽等地。

3. 大花带唇兰 *Tainia macrantha* Hook. f.

地生草本；生于海拔 700 – 1200m 的山坡林下或沟谷岩石边；分布于独山等地。

(八三) 金佛山兰属 *Tangtsinia* S. C. Chen

1. 金佛山兰 *Tangtsinia nanchuanica* S. C. Chen

地生草本；生于海拔 700 – 1500m 的山坡草地上；分布于贵阳、桐梓、瓮安等地。

(八四) 白点兰属 *Thrixspermum* Loureiro

1. 小叶白点兰 *Thrixspermum japonicum*（Miq.）Rchb. f.

附生草本；生于海拔 900 – 1200m 的沟谷水旁树干上；分布于梵净山等地。

(八五) 笋兰属 *Thunia* H. G. Reichenbach

1. 笋兰 *Thunia alba*（Lindl.）Rchb. f.

半附生草本；生于海拔 700 – 1200m 的山坡林下岩石上；分布于安龙等地。

(八六) 叉喙兰属 *Uncifera* Lindley

1. 叉喙兰 *Uncifera acuminata* Lindl.

附生草本；生于海拔 1200m 的山地林中树干上；分布于都匀、荔波等地。

(八七) 万带兰属 *Vanda* Jones ex R. Brown

1. 琴唇万代兰 *Vanda concolor* Bl.

附生草本；生于海拔 600 – 1200m 的山地林中树干上；分布于罗甸、荔波、平塘、三都、安龙、兴义等地。

(八八) 拟万带兰属 *Vandopsis* Pfitz

1. 拟万带兰 *Vandopsis gogamtea*（Lindl.）Pfitz.

附生草本；生于海拔 500 – 600m 的河边石壁上；分布于望谟等地。

2. 白花拟万代兰 *Vandopsis undulata*（Lindl.）J. J. Smith【*Stauropsis undulata*（Lindl.）Benth. ex Hook. f.】

附生草本；生于林中大乔木树干上或山坡灌丛中岩石上；分布于荔波等地。

(八九) 香荚兰属 *Vanilla* Plumier ex P. Miller

1. 南方香荚兰 *Vanilla annamica* Gagnep.

攀援草本；生于海拔 1260m 的山地石壁上；分布于兴义、罗甸、荔波等地。

(九〇) 旗唇兰属 Kuhlhasseltia J. J. Smith

1. 旗唇兰 *Kuhlhasseltia yakushimensis*（Yamam.）Ormerod〔*Vexillabium yakushimense*（Yamam.）F. Maek. 〕

地生草本；生于海拔 700m 的林下；分布于梵净山等地。

(九一) 线柱兰属 *Zeuxine* Lindley

1. 宽叶线柱兰 *Zeuxine affinis*（Lindl.）Benth. ex Hook. f.

地生草本；生于海拔 600 – 800m 的山坡或沟谷林下阴处；分布于安龙等地。

2. 白肋线柱兰 *Zeuxine goodyeroides* Lindl.

地生草本；生于海拔 600m 的山谷林下阴湿处；分布于三都、平塘等地。